원소의 주기율표

알칼리 금속 (1족), 알칼리 토금속 (2족), 전이 금속 (3–12족), 금속 ↔ 비금속, 할로젠족 (17족), 불활성 기체 (18족)

1 1A	2 2A	3	4	5	6	7	8	9	10	11	12	13 3A	14 4A	15 5A	16 6A	17 7A	18 8A
1 **H** 1.008																	**He** 4.003
3 **Li** 6.941	4 **Be** 9.012											5 **B** 10.81	6 **C** 12.01	7 **N** 14.01	8 **O** 16.00	9 **F** 19.00	10 **Ne** 20.18
11 **Na** 22.99	12 **Mg** 24.31											13 **Al** 26.98	14 **Si** 28.09	15 **P** 30.97	16 **S** 32.07	17 **Cl** 35.45	18 **Ar** 39.95
19 **K** 39.10	20 **Ca** 40.08	21 **Sc** 44.96	22 **Ti** 47.88	23 **V** 50.94	24 **Cr** 52.00	25 **Mn** 54.94	26 **Fe** 55.85	27 **Co** 58.93	28 **Ni** 58.69	29 **Cu** 63.55	30 **Zn** 65.38	31 **Ga** 69.72	32 **Ge** 72.59	33 **As** 74.92	34 **Se** 78.96	35 **Br** 79.90	36 **Kr** 83.80
37 **Rb** 85.47	38 **Sr** 87.62	39 **Y** 88.91	40 **Zr** 91.22	41 **Nb** 92.91	42 **Mo** 95.94	43 **Tc** (98)	44 **Ru** 101.1	45 **Rh** 102.9	46 **Pd** 106.4	47 **Ag** 107.9	48 **Cd** 112.4	49 **In** 114.8	50 **Sn** 118.7	51 **Sb** 121.8	52 **Te** 127.6	53 **I** 126.9	54 **Xe** 131.3
55 **Cs** 132.9	56 **Ba** 137.3	57 **La*** 138.9	72 **Hf** 178.5	73 **Ta** 180.9	74 **W** 183.9	75 **Re** 186.2	76 **Os** 190.2	77 **Ir** 192.2	78 **Pt** 195.1	79 **Au** 197.0	80 **Hg** 200.6	81 **Tl** 204.4	82 **Pb** 207.2	83 **Bi** 209.0	84 **Po** (209)	85 **At** (210)	86 **Rn** (222)
87 **Fr** (223)	88 **Ra** 226	89 **Ac**† (227)	104 **Rf** (261)	105 **Db** (262)	106 **Sg** (263)	107 **Bh** (264)	108 **Hs** (265)	109 **Mt** (268)	110 **Ds** (271)	111 **Rg** (272)	112 **Cn** (285)	113 **Nh** (284)	114 **Fl** (289)	115 **Mc** (288)	116 **Lv** (293)	117 **Ts** (294)	118 **Og** (294)

*란타넘족	58 **Ce** 140.1	59 **Pr** 140.9	60 **Nd** 144.2	61 **Pm** (145)	62 **Sm** 150.4	63 **Eu** 152.0	64 **Gd** 157.3	65 **Tb** 158.9	66 **Dy** 162.5	67 **Ho** 164.9	68 **Er** 167.3	69 **Tm** 168.9	70 **Yb** 173.0	71 **Lu** 175.0
†악티늄족	90 **Th** 232.0	91 **Pa** (231)	92 **U** 238.0	93 **Np** (237)	94 **Pu** (244)	95 **Am** (243)	96 **Cm** (247)	97 **Bk** (247)	98 **Cf** (251)	99 **Es** (252)	100 **Fm** (257)	101 **Md** (258)	102 **No** (259)	103 **Lr** (260)

1–18족 번호는 IUPAC(International Union of Pure and Applied Chemistry)이 권고한 체계를 나타낸다.

원자 질량표*

원소	기호	원자 번호	원자 질량	원소	기호	원자 번호	원자 질량	원소	기호	원자 번호	원자 질량
Actinium	Ac	89	[227]§	Hafnium	Hf	72	178.5	Potassium	K	19	39.10
Aluminum	Al	13	26.98	Hassium	Hs	108	[265]	Praseodymium	Pr	59	140.9
Americium	Am	95	[243]	Helium	He	2	4.003	Promethium	Pm	61	[145]
Antimony	Sb	51	121.8	Holmium	Ho	67	164.9	Protactinium	Pa	91	[231]
Argon	Ar	18	39.95	Hydrogen	H	1	1.008	Radium	Ra	88	226
Arsenic	As	33	74.92	Indium	In	49	114.8	Radon	Rn	86	[222]
Astatine	At	85	[210]	Iodine	I	53	126.9	Rhenium	Re	75	186.2
Barium	Ba	56	137.3	Iridium	Ir	77	192.2	Rhodium	Rh	45	102.9
Berkelium	Bk	97	[247]	Iron	Fe	26	55.85	Roentgenium	Rg	111	[272]
Beryllium	Be	4	9.012	Krypton	Kr	36	83.80	Rubidium	Rb	37	85.47
Bismuth	Bi	83	209.0	Lanthanum	La	57	138.9	Ruthenium	Ru	44	101.1
Bohrium	Bh	107	[264]	Lawrencium	Lr	103	[260]	Rutherfordium	Rf	104	[261]
Boron	B	5	10.81	Lead	Pb	82	207.2	Samarium	Sm	62	150.4
Bromine	Br	35	79.90	Livermorium	Lv	116	[293]	Scandium	Sc	21	44.96
Cadmium	Cd	48	112.4	Lithium	Li	3	6.9419	Seaborgium	Sg	106	[263]
Calcium	Ca	20	40.08	Lutetium	Lu	71	175.0	Selenium	Se	34	78.96
Californium	Cf	98	[251]	Magnesium	Mg	12	24.31	Silicon	Si	14	28.09
Carbon	C	6	12.01	Manganese	Mn	25	54.94	Silver	Ag	47	107.9
Cerium	Ce	58	140.1	Meitnerium	Mt	109	[268]	Sodium	Na	11	22.99
Cesium	Cs	55	132.90	Mendelevium	Md	101	[258]	Strontium	Sr	38	87.62
Chlorine	Cl	17	35.45	Mercury	Hg	80	200.6	Sulfur	S	16	32.07
Chromium	Cr	24	52.00	Molybdenum	Mo	42	95.94	Tantalum	Ta	73	180.9
Cobalt	Co	27	58.93	Moscovium	Mc	115	[288]	Technetium	Tc	43	[98]
Copernicium	Cn	112	[285]	Neodymium	Nd	60	144.2	Tellurium	Te	52	127.6
Copper	Cu	29	63.55	Neon	Ne	10	20.18	Tennessine	Ts	117	[294]
Curium	Cm	96	[247]	Neptunium	Np	93	[237]	Terbium	Tb	65	158.9
Darmstadtium	Ds	110	[271]	Nickel	Ni	28	58.69	Thallium	Tl	81	204.4
Dubnium	Db	105	[262]	Nihonium	Nh	113	[284]	Thorium	Th	90	232.0
Dysprosium	Dy	66	162.5	Niobium	Nb	41	92.91	Thulium	Tm	69	168.9
Einsteinium	Es	99	[252]	Nitrogen	N	7	14.01	Tin	Sn	50	118.7
Erbium	Er	68	167.3	Nobelium	No	102	[259]	Titanium	Ti	22	47.88
Europium	Eu	63	152.0	Oganesson	Og	118	[294]	Tungsten	W	74	183.9
Fermium	Fm	100	[257]	Osmium	Os	76	190.2	Uranium	U	92	238.0
Flerovium	Fl	114	[289]	Oxygen	O	8	16.00	Vanadium	V	23	50.94
Fluorine	F	9	19.00	Palladium	Pd	46	106.4	Xenon	Xe	54	131.3
Francium	Fr	87	[223]	Phosphorus	P	15	30.97	Ytterbium	Yb	70	173.0
Gadolinium	Gd	64	157.3	Platinum	Pt	78	195.1	Yttrium	Y	39	88.91
Gallium	Ga	31	69.72	Plutonium	Pu	94	[244]	Zinc	Zn	30	65.38
Germanium	Ge	32	72.59	Polonium	Po	84	[209]	Zirconium	Zr	40	91.22
Gold	Au	79	197.0								

*가능하면 유효숫자 4개로 나타내었다.

§괄호 안에 주어진 값은 반감기가 가장 긴 동위원소의 질량이다.

줌달의

제11판

일반화학 II

Chemistry

Eleventh Edition

줌달의

제11판

일반화학 II

| 화학교재연구회 옮김 |

Cengage

Australia • Brazil • Canada • Mexico • Singapore • United Kingdom • United States

차례

DPPI Media/Alamy

Mary Evans Picture Library / SuperStock

iStock.com/Basie B

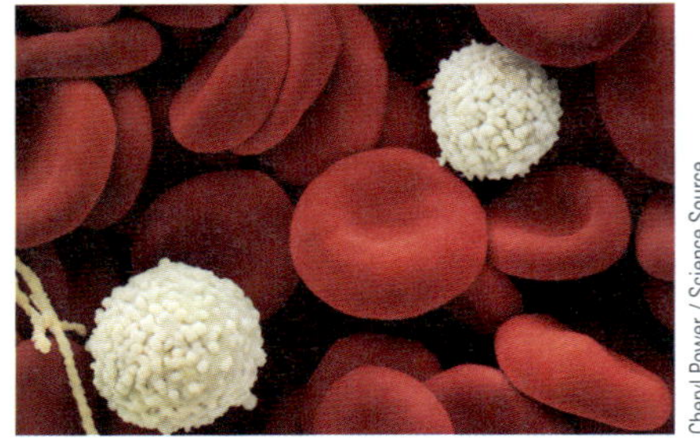
Cheryl Power / Science Source

Chapter 15 | 산–염기 평형 735

Chad Stewart/Getty Images

Chapter 16 | 용해도와 착이온 평형 785

Science Photo Library/Getty Images

Chapter 17 | 자발성, 엔트로피와 자유 에너지 817

Robert Evans / Alamy Stock Photo

Chapter 18 | 전기화학 865

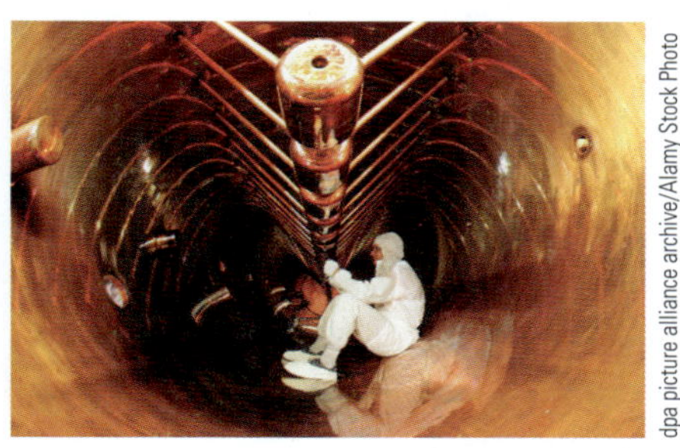
dpa picture alliance archive/Alamy Stock Photo

James Schwabel/Pixtal/Superstock

stanislav rishnyak / Alamy Stock Photo

Podlesnyak Nina/Shutterstock

Chapter 12

2020년 올림픽 여자농구에서 운동 에너지를 사용하는 점프 모습.
(DPPI Media/Alamy)

화학 반응 속도론

Chemical Kinetics

화학의 응용은 주로 화학 반응에 초점을 맞추고 있으며, 화학 반응을 상업적으로 이용하기 위해서는 화학량론, 에너지론, 반응 속도를 포함한 반응의 여러 특성에 대한 지식이 필요하다. 화학 반응은 반응물과 생성물에 의해 정의되며, 반응물과 생성물이 무엇인지는 실험을 통해 알아내야 한다. 반응물과 생성물을 알면 반응식을 쓸 수 있고, 반응식의 균형을 맞출 수 있으며, 화학량론적 계산을 수행할 수 있다. 반응의 또 다른 매우 중요한 특성은 반응의 자발성이다. 반응의 자발성이란 그 과정이 일어나는 *고유한 경향*(inherent tendency)을 말하지만, 그 과정이 일어나는 속도와는 아무 관련이 없다. *자발적이라는 말이 반응이 빠름을 의미하는 것은 아니다.* 너무 느려서 상온에서 몇 주 또는 몇 년이 지나도 반응이 거의 일어나지 않는 것처럼 보이는 자발적인 반응들이 많이 있다. 예를 들면, 기체 상태의 수소와 산소는 결합하려는 고유한 경향이 매우 크다. 즉, 다음과 같이 된다.

$$2H_2(g) + O_2(g) \longrightarrow 2H_2O(l)$$

그러나 실제로 이 두 기체는 25°C에서 결합하여 물이 되는 대신에 무한정 공존할 수 있다. 비슷한 예로 다음의 두 가지 기체 반응을 보자.

$$H_2(g) + Cl_2(g) \longrightarrow 2HCl(g)$$

$$N_2(g) + 3H_2(g) \longrightarrow 2NH_3(g)$$

열역학적인 관점에서 보면 둘 다 잘 일어날 것 같지만, 일반적인 조건에서는 아무런 반응을 관찰할 수 없다. 또한 다이아몬드가 흑연으로 변화하는 과정도 자발적이지만, 너무 느려서 감지할 수 없다.

반응이 유용하려면 적절한 속도로 반응이 일어나야 한다. 비료 생산에 필요한 암모니아 2천만 톤을 매년 생산하기 위해 25°C에서 질소와 수소 기체를 단순히 혼합하고 기다린다고 해서 암모니아가 생성되는 반응이 일어나지는 않는다. 반응의 화학량론과 열역학을 이해하는 것만으로는 충분하지 않으며, 반응의 속도를 지배하는 요인을 이해해야 한다. 반응 속도와 관련된 화학 영역을 **화학 반응 속도론**(chemical kinetics)이라 부른다.

반응 속도론의 주요 목표 중의 하나는 화학 반응이 일어나는 단계들을 이해하는 것이다. 이 일련의 단계들을 *반응 메커니즘(reaction mechanism)*이라고 부른다. 메커니즘을 이해하면 반응을 용이하게 하는 방법을 찾을 수 있다. 한 예로, 암모니아를 생산하는 Haber 공정은 상업적으로 유용한 반응 속도를 얻기 위해 높은 온도를 요구한다. 그러나 반응 속도를 빠르게 해주는 산화철을 사용하지 않으면 그보다도 훨씬 더 높은 온도가 필요하며, 생산 비용도 그만큼 더 들게 된다.

이 장에서는 반응 속도론의 주요 개념을 다룬다. 화학 반응에 대한 속도 법칙, 반응 메커니즘, 간단한 화학 반응 모형을 탐색한다.

12.1 반응 속도

반응 속도라는 개념을 익히기 위해 대기 오염을 일으키는 기체인 이산화 질소의 분해 반응을 생각해 보자. 이산화 질소는 다음과 같이 일산화 질소와 산소로 분해된다.

$$2NO_2(g) \longrightarrow 2NO(g) + O_2(g)$$

300°C에서 이산화 질소가 들어 있는 플라스크에서 반응을 시작하여, 이산화 질소 분해에 따라 이산화 질소, 일산화 질소, 산소의 농도를 측정하는 특정 실험을 생각해 보자. 이 실험의 결과는 표 12.1에 요약되어 있고 그림 12.1에 그려져 있다.

이 결과로부터 시간이 지남에 따라 반응물(NO_2)의 농도는 감소하며, 생성물(NO와 O_2)의 농도는 증가함을 알 수 있다(그림 12.2 참조). 화학 반응 속도론은 이러한 변화가 일

표 12.1 반응 시간의 함수로서 반응물 및 생성물의 농도 $2NO_2(g) \rightarrow 2NO(g) + O_2(g)$ (300°C에서)

시간(±1 s)	농도(mol/L)		
	NO_2	NO	O_2
0	0.0100	0	0
50	0.0079	0.0021	0.0011
100	0.0065	0.0035	0.0018
150	0.0055	0.0045	0.0023
200	0.0048	0.0052	0.0026
250	0.0043	0.0057	0.0029
300	0.0038	0.0062	0.0031
350	0.0034	0.0066	0.0033
400	0.0031	0.0069	0.0035

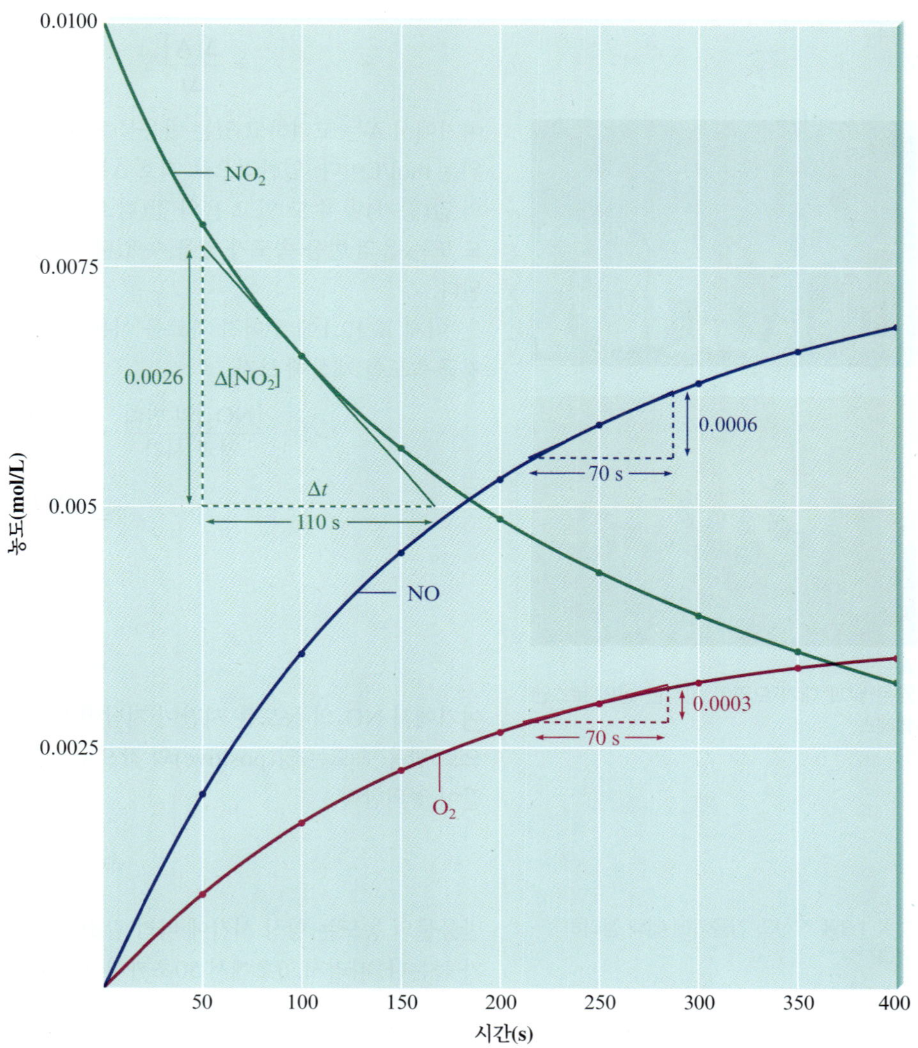

그림 12.1 300°C 이산화 질소가 들어있는 플라스크에서 반응을 시작하였을 때, 시간에 따라 이산화 질소, 일산화 질소 및 산소의 농도를 나타내었다.

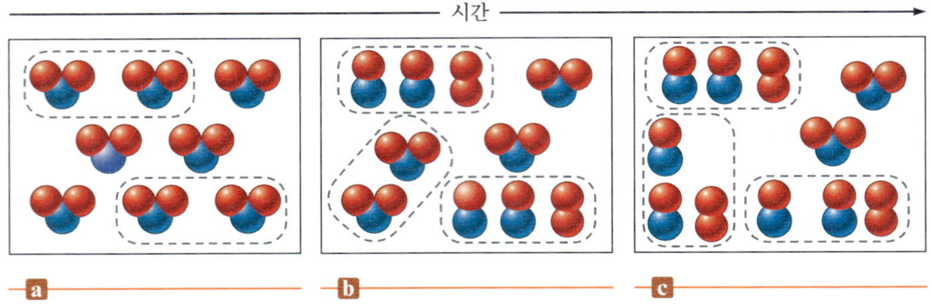

그림 12.2 $2NO_2(g) \rightarrow 2NO(g) + O_2(g)$ 반응의 표현. (**a**) 아주 초기의 반응 ($t = 0$). (**b**) 및 (**c**) 시간이 지남에 따라, NO_2는 NO 및 O_2로 변환된다.

어나는 속도를 다룬다. 어떤 과정의 속도(*rate*)는 특정 시간 동안 주어진 물질의 양의 변화로 정의된다. 화학 반응에서, 변화하는 양은 반응물이나 생성물의 양 또는 농도이다. 따라서, 화학 반응의 **반응 속도**(reaction rate)는 *단위 시간당 반응물 또는 생성물의 농도 변화*로 정의된다.

[A]는 A의 농도를 의미하며, 단위는 mol/L 이다.

$$\text{속도} = \frac{\text{시간 } t_2\text{에서 A의 농도} - \text{시간 } t_1\text{에서 A의 농도}}{t_2 - t_1}$$

$$= \frac{\Delta[\text{A}]}{\Delta t}$$

여기에서 A는 고려하고 있는 반응물 또는 생성물이며, 대괄호는 몰농도를 의미하고, 그 단위는 mol/L이다. 일반적으로 기호 Δ는 주어진 양의 *변화*(*change*)를 나타낸다. 변화는 양의 값(증가)일 수도 있고 음의 값(감소)일 수도 있으므로, 위의 정의에 따라 양의 반응 속도 또는 음의 반응 속도가 있을 수 있다. 그러나 편의상 반응 속도는 항상 양의 값으로 정의된다.

Gerry Boughan/Shutterstock

Trekandshoot/Dreamstime.com

▲ 맑은 날과 대기 오염이 심각한 날의 로스앤젤레스.

이제 표 12.1에 주어진 자료를 이용하여 반응 초기 50초 동안 NO_2의 농도가 변화하는 평균 속도를 계산해 보자.

$$\frac{[NO_2]\text{의 변화}}{\text{경과 시간}} = \frac{\Delta[NO_2]}{\Delta t}$$

$$= \frac{[NO_2]_{t=50} - [NO_2]_{t=0}}{50.\text{ s} - 0\text{ s}}$$

$$= \frac{0.0079\text{ mol/L} - 0.0100\text{ mol/L}}{50.\text{ s}}$$

$$= -4.2 \times 10^{-5}\text{ mol/(L}\cdot\text{s)}$$

여기에서 NO_2의 농도는 시간이 지남에 따라 감소하므로 $\Delta[NO_2]$는 음의 양이다. 관습적으로 반응 속도는 양(positive)의 값으로 나타내기 때문에, 이 특정 반응의 속도는 다음과 같이 정의한다.

$$\text{속도} = -\frac{\Delta[NO_2]}{\Delta t}$$

부록 1.3에 직선의 기울기에 대해 정리하였다.

반응물의 농도는 항상 시간에 따라 감소하므로, 반응물이 포함된 속도 법칙에는 음의 부호가 붙는다. 따라서, 0초에서 50초까지 이 반응의 평균 속도는 다음과 같다.

$$\text{속도} = -\frac{\Delta[NO_2]}{\Delta t}$$

$$= -(-4.2 \times 10^{-5}\text{ mol/(L}\cdot\text{s)})$$

$$= 4.2 \times 10^{-5}\text{ mol/(L}\cdot\text{s)}$$

직업 속의 화학

미국 원자력 규제 위원회 데이터 분석가

William Gardner는 미국 원자력 규제 위원회(U.S. Nuclear Regulatory Commission)에서 근무하며, 발전소들이 운영 허가 갱신을 신청할 때 제출하는 화학 데이터를 검토하는 일을 한다. 이 일은 연료유와 물의 화학에 대한 높은 수준의 전문성이 요구된다. 그는 때때로 현장 점검을 위해 출장을 가기도 한다. 그는 청각 장애인을 위한 최초의 대학인 Gallaudet 대학교에서 학위를 받았다.

William은 청각 장애를 가지고 있으며, 다른 사람들과 달리 시각적 단서에 의존해 세상을 이해해야 하는 경험이 창의적인 문제 해결 능력을 키우는 데 도움이 되었다고 말한다. 이는 새로운 관점과 혁신을 통해 도전 과제를 해결하는 데 자산이 되었다. 비록 모든 것이 쉽게 접근 가능하지는 않더라도, 이러한 장애물을 극복하는 과정이 사람들을 더욱 강하게 만든다고 믿는다.

William Gardner

표 12.2 시간에 따른 이산화 질소의 평균 분해 반응 속도(mol/L · s)*

$\frac{\Delta[NO_2]}{\Delta t}$	시간 간격(s)
4.2×10^{-5}	0 → 50
2.8×10^{-5}	50 → 100
2.0×10^{-5}	100 → 150
1.4×10^{-5}	150 → 200
1.0×10^{-5}	200 → 250

*속도(*rate*)는 시간에 따라 감소함을 유의하라.

여러 시간 간격에서의 이 반응의 평균 속도를 표 12.2에 나타내었다. *속도가 일정하지 않고 시간에 따라 감소함을 유의하라.* 표 12.2에 주어진 속도는 50 초 시간 간격에 대한 *평균 속도(average rate)*이다. 특정 시간에서의 속도(**순간 속도,** instantaneous rate)는 그 점에서의 곡선에 대한 접선의 기울기로부터 계산할 수 있다. 그림 12.1은 $t = 100$초에서 그려진 접선을 보여준다. 이 접선의 *기울기(slope)*는 다음과 같이 $t = 100$초에서의 속도를 알려준다.

$$\text{접선의 기울기} = \frac{y\text{의 변화}}{x\text{의 변화}} = \frac{\Delta[NO_2]}{\Delta t}$$

그러나,
$$\text{속도} = -\frac{\Delta[NO_2]}{\Delta t}$$

그러므로,
$$\text{반응 속도} = -(\text{접선의 기울기}) = -\left(\frac{-0.0026\text{ mol/L}}{110\text{ s}}\right) = 2.4 \times 10^{-5}\text{ mol/(L} \cdot \text{s)}$$

지금까지는 반응물의 관점에서만 이 반응의 속도를 논의하였다. 반응 속도는 생성물의 농도로도 정의될 수 있다. 그러나 반응물의 소모와 생성물의 생성에 대한 상대적인 속도는 화학량론에 따라 결정되기 때문에, 생성물의 농도로 반응 속도를 정의하기 위해서는 균형 맞춘 화학 반응식의 계수를 고려하여야 한다.

예를 들면 현재 논의 중인 반응에서,

$$2NO_2(g) \longrightarrow 2NO(g) + O_2(g)$$

반응물 NO_2와 생성물 NO의 계수는 모두 2이므로, NO가 생성되는 속도는 NO_2가 소모되는 속도와 같다. 이러한 사실은 그림 12.1에서 증명할 수 있다. NO에 대한 곡선은 단지 반전되거나 뒤집힌 것을 제외하면 NO_2에 대한 곡선과 같은 모양이다. 이것은 어느 시간에서든 NO 곡선에 대한 접선의 기울기는 NO_2 곡선의 기울기에 반대 부호를 붙인 것과 동일하다는 것을 의미한다. (두 곡선에 대해 $t = 100$ 초에서 이를 증명해 보라). 균형 맞춘 반응식에서 생성물 O_2에 대한 계수는 1이고, NO의 계수는 2이므로 O_2는 NO에 비해 절반의 속도로 생성됨을 의미한다. 즉, NO의 생성 속도는 O_2 생성 속도의 두 배이다.

이러한 사실 또한 그림 12.1에서 증명할 수 있다. 예를 들어 t = 250초에서,

$$\text{NO 곡선에 대한 접선의 기울기} = \frac{6.0 \times 10^{-4}\ \text{mol/L}}{70.\ \text{s}} = 8.6 \times 10^{-6}\ \text{mol/(L} \cdot \text{s)}$$

$$O_2\ \text{곡선에 대한 접선의 기울기} = \frac{3.0 \times 10^{-4}\ \text{mol/L}}{70.\ \text{s}} = 4.3 \times 10^{-6}\ \text{mol/(L} \cdot \text{s)}$$

t = 250초에서 NO 곡선의 기울기는 O_2 곡선의 기울기의 두 배이며, 이로부터 NO의 생성 속도가 O_2의 생성 속도의 두 배가 됨을 알 수 있다.

속도에 대한 정보는 다음과 같이 요약할 수 있다.

NO_2의 소모 속도	=	NO의 생성 속도	=	2 (O_2의 생성 속도)
$-\dfrac{\Delta[NO_2]}{\Delta t}$	=	$\dfrac{\Delta[NO]}{\Delta t}$	=	$2\left(\dfrac{\Delta[O_2]}{\Delta t}\right)$

시간에 따라 속도가 일정하게 유지되는 반응 유형이 존재하며, 뒤에서 논의할 것이다.

반응 속도는 일반적으로 일정하지 않다는 것을 알았다. 대부분의 반응 속도는 시간에 따라 변한다. 이것은 농도가 시간에 따라 변하기 때문이다(그림 12.1 참조).

반응 속도가 시간에 따라 변하고, 어느 반응물 또는 어느 생성물을 조사하는지에 따라 (균형 맞춘 반응식의 계수에 의존하는 요인에 따라) 반응 속도가 다르므로, 화학 반응의 속도를 설명할 때는 매우 구체적이고 명확해야 한다.

12.2 속도 법칙: 소개

화학 반응은 *가역적*(*reversible*)이다. 이산화 질소의 분해 과정을 논의할 때 이제까지는 다음과 같은 *정반응*(*forward reaction*)만을 고려해 왔다.

$$2NO_2(g) \longrightarrow 2NO(g) + O_2(g)$$

그러나 *역반응*(*reverse reaction*)도 일어날 수 있다. 즉, NO와 O_2가 축적됨에 따라 이들이 반응하여 NO_2를 재생성할 수 있다.

$$O_2(g) + 2NO(g) \longrightarrow 2NO_2(g)$$

기체 상태의 NO_2를 빈 용기에 넣으면 초기에는 다음 반응이 우세하게 일어난다.

$$2NO_2(g) \longrightarrow 2NO(g) + O_2(g)$$

정반응과 역반응의 속도가 같을 때, 반응물과 생성물의 농도에는 변화가 없다. 이를 *화학 평형*(*chemical equilibrium*)이라 한다.

이때 NO_2의 농도 변화($\Delta[NO_2]$)는 오직 정반응에만 의존한다. 그러나 일정 시간이 지나면 생성물이 충분히 생성되어 역반응도 중요해지는데, 이때 $\Delta[NO_2]$는 *정반응과 역반응의 속도 차이*에 의해 결정된다. 역반응의 기여도를 무시할 수 있는 조건에서 반응 속도를 연구하면 이러한 복잡성을 피할 수 있다. 일반적으로 이것은 반응물들을 혼합한 직후, 즉 생성물이 유의미한 수준으로 생성되기 전에 반응을 연구해야 함을 의미한다.

만약 역반응을 무시할 수 있는 조건에서 실험했다면, *반응 속도는 오로지 반응물의 농도에만 의존하게 된다.* 이산화 질소의 분해 반응의 경우 반응 속도는 다음과 같이 적을 수 있다.

$$\text{속도} = k[NO_2]^n \qquad \textbf{(12.1)}$$

반응이 반응물의 농도에 어떻게 의존하는가를 보여주는 위와 같은 표현을 **속도 법칙**(rate

law)이라 한다. 비례 상수 k는 **속도 상수**(rate constant), n은 반응물의 **차수**(order)라 부르며, 이들은 모두 실험 결과에 따라 결정되어야 한다. 반응물의 차수는 정수(0을 포함) 또는 분수도 될 수 있다. 이 책에서는 주로 반응의 차수가 양의 정수인 비교적 간단한 반응만 다루기로 한다.

식 (12.1)의 두 가지 중요한 점은 다음과 같다.

1. 생성물의 농도는 반응 속도 법칙에 나타나지 않는다. 그 이유는 역반응이 전체 반응 속도에 영향을 미치지 않는 조건에서 반응 속도가 측정되기 때문이다.

2. 지수 n 값은 실험에 의해서만 결정된다. 반응 차수는 균형이 맞추어진 화학 반응식으로부터 결정할 수 없다.

무엇보다 먼저 식 (12.1)에서 속도(*rate*)가 정확하게 무엇을 의미하는지 정의할 필요가 있다. 12.1절에서 반응 속도는 단위 시간당 농도의 변화를 의미한다는 것을 알았다. 그렇다면 반응 속도를 정의하기 위해 어떤 반응물 또는 어떤 생성물의 농도를 선택해야 하는가? 예를 들면, 12.1절에서 논의한 O_2와 NO가 생성되는 NO_2의 분해 반응의 경우 우리는 이 세 화학종 중에서 어떤 하나의 화학종을 선택하여 반응 속도를 정의할 수 있었다. 그러나 O_2의 생성 속도는 NO의 절반에 해당하기 때문에 어떤 주어진 반응에서 반응 속도를 기술할 때는 그 화학종을 명시해야 한다. 예를 들면, NO_2의 소모 수준으로 반응 속도를 정의한다면 속도 법칙은 다음과 같다.

$$\text{속도} = -\frac{\Delta[NO_2]}{\Delta t} = k[NO_2]^n$$

또한 O_2의 생성을 기준으로 반응 속도를 정의할 수도 있다.

$$\text{속도}' = \frac{\Delta[O_2]}{\Delta t} = k'[NO_2]^n$$

한 분자의 O_2가 생성되기 위해서는 2분자의 NO_2가 소모되기 때문에 각 화학종에 대한 반응 속도는 다음과 같은 관계를 갖는다.

$$\text{속도} = 2 \times \text{속도}'$$

또는

$$k[NO_2]^n = 2k'[NO_2]^n$$

그리고

$$k = 2 \times k' \text{이다.}$$

이처럼 속도 상수의 값은 반응 속도를 어떻게 정의하는가에 따라 달라진다.

이 책에서는 주어진 반응에 대한 속도가 정확히 무엇을 의미하는지 항상 정확하게 정의하여 어떤 속도 상수가 사용되는지 혼란이 없도록 할 것이다.

속도 법칙의 종류

지금까지 우리는 반응 속도를 농도의 함수로 나타내었다. 예를 들면, 앞에서 정의했던 NO_2의 분해 반응의 속도는 다음과 같다.

$$\text{속도} = -\frac{\Delta[NO_2]}{\Delta t} = k[NO_2]^n$$

일단 n 값이 결정되면 위의 속도 법칙은 이 반응의 속도가 반응물인 NO_2의 농도에 어떻게 의존하는지를 정확하게 알려준다. 반응 속도가 농도에 어떻게 의존하는지를 나타내는 속도 법칙을 **미분 속도 법칙**(differential rate law)이라 하고 간단히 **속도 법칙**(rate law)이라고도 한다. 이처럼 이 책에서 속도 법칙(*rate law*)이라는 용어는 농도의 함수로서 표현된 속도를 의미한다.

미분 속도 법칙(*differential rate law*)이라는 용어는 수학 용어에서 유래한 것이다. 우리는 이를 단순히 하나의 명칭으로 간주할 것이다. 이 책에서는 *미분 속도 법칙*(*differential rate law*)과 *속도 법칙*(*rate law*)이라는 용어를 혼용하여 사용할 것이다.

속도 법칙의 두 번째 종류는 **적분 속도 법칙**(integrated rate law)으로, 이 또한 반응 속도론 공부에 중요하다. 적분 속도 법칙은 *농도가 시간에 따라 어떻게 변화하는지*를 보여준다. 여기서 자세하게 다루지 않지만, 주어진 미분 속도 법칙은 항상 특정한 형태의 적분 속도 법칙과 관련되어 있고, 적분 속도 법칙 역시 특정한 형태의 미분 속도 법칙과 관련이 있다. 즉, 만일 주어진 반응에 대한 미분 속도 법칙을 알면 자연히 그 반응의 적분 속도 법칙을 알 수 있다. 이는 우리가 실험을 통하여 어떤 반응에 대한 둘 중 하나의 속도 법칙 형태를 결정할 수 있다면 나머지 형태의 속도 법칙도 알 수 있다는 것을 의미한다.

실험을 바탕으로 어떤 속도 법칙 식을 결정하는가 하는 문제는 어떤 실험 자료를 모으기가 더 쉬운지에 달려 있다. 만일 농도의 변화에 따라 반응 속도의 변화 측정이 쉽다면 미분(속도/농도) 속도 법칙을 쉽게 구할 수 있다. 반면 시간 변화에 따라 농도 변화를 측정하는 편이 쉽다면 적분(농도/시간) 속도 법칙을 쉽게 결정할 수 있다. 앞으로 우리는 반응 속도 법칙을 결정하는 방법을 논의할 것이다.

그렇다면 우리가 반응 속도 법칙을 결정하는 것에 관심을 두는 이유는 무엇인가? 또한 속도 법칙은 우리에게 어떤 도움을 주는가? 이러한 질문에 대한 답은, 바로 속도 법칙이 반응이 일어나는 단계를 추측할 수 있도록 해주기 때문이다. 대부분의 화학 반응은 한 단계로 일어나지 않고 일련의 연속적인 단계를 거쳐서 일어난다. 따라서 어떤 화학 반응을 이해하기 위해서는 그 반응의 각 단계를 알아야 한다. 예를 들면, 살충제를 개발하는 화학자는 어떤 유형의 분자가 곤충 성장을 억제할 수 있는지를 알기 위해 곤충의 성장 과정에 관련된 일련의 반응을 연구한다. 공업 화학자는 주어진 반응의 속도를 증가시키는 연구를 하는데, 이를 위해서는 가장 느린 단계를 알아야만 한다. 그 이유는 반응 속도를 증가시키기 위해서는 속도가 가장 느린 반응 단계를 빨리 진행하도록 해야 하기 때문이다. 일반적으로 화학자는 반응 속도 법칙 자체에 관심이 있는 것이 아니라, 반응이 일어나는 각 단계에 대한 정보를 주기 때문에 반응 속도 법칙에 관심을 갖는 것이다. 우리는 이 장에서 반응 단계를 알아내는 과정을 공부하게 될 것이다.

복습하기 속도 법칙: 요약

» 속도 법칙에는 두 가지 유형이 있다

1. *미분 속도 법칙*(differential rate law, 흔히 간단하게 *속도 법칙*이라고 한다)은 반응 속도가 농도에 어떻게 의존하는가를 나타낸다.
2. *적분 속도 법칙*(integrated rate law)은 반응에서의 화학종의 농도가 시간에 어떻게 의존하는지를 나타낸다.

» 대부분 역반응을 무시할 수 있는 조건에서의 반응만을 고려하므로, 속도 법칙은 반응물의 농도만을 포함한다.

» 주어진 반응에 대하여, 미분 속도 법칙과 적분 속도 법칙은 서로 연관되어 있으므로 두 속도 법칙 중 하나만 실험적으로 결정하면 된다.

» 실험적으로 어느 유형의 속도 법칙을 결정할 것인가는 실험의 편의성에 달려 있다.

» 반응에 대한 속도 법칙을 아는 것은 중요하다. 그 이유는 속도 법칙의 구체적인 형태를 알면 반응의 각 단계를 추측할 수 있기 때문이다.

12.3 속도 법칙의 유형 결정

주어진 화학 반응이 어떻게 일어나는가를 이해하려면, 먼저 속도 법칙의 *형태(form)*를 결정해야 한다. 즉, 속도 법칙에서 각 반응물 농도에 대한 지수를 실험적으로 결정해야 한다.

표 12.3 $2N_2O_5$(용액) → $4NO_2$(용액) + $O_2(g)$ 반응(45°C)에 따른 농도/시간 실험 결과

$[N_2O_5]$ (mol/L)	시간(s)
1.00	0
0.88	200
0.78	400
0.69	600
0.61	800
0.54	1000
0.48	1200
0.43	1400
0.38	1600
0.34	1800
0.30	2000

이 절에서는 어떤 반응에 대한 미분 속도 법칙을 얻는 방법에 대해 논의하겠다. 먼저 사염화 탄소 용액에서 오산화 이질소가 분해되는 반응을 생각해 보자.

$$2N_2O_5(\text{용액}) \longrightarrow 4NO_2(\text{용액}) + O_2(\text{용액})$$

45°C에서 이 반응을 일으켰을 때의 실험 결과를 표 12.3과 그림 12.3에 나타내었다. 이 반응에서 생성된 산소는 용액에서 공기 중으로 방출되기 때문에 산소는 용액 내의 NO_2와 반응하지 않는다. 따라서, 전체 반응 과정의 어느 시점에서도 역반응의 영향은 고려할 필요가 없으므로 역반응은 무시한다.

N_2O_5의 농도가 0.90 *M*과 0.45 *M*일 때의 반응 속도는 각 점에서의 접선의 기울기로부터 구할 수 있으며(그림 12.3 참조), 그 결과는 다음과 같다.

$[N_2O_5]$	속도(mol/L · s)
0.90 *M*	5.4×10^{-4}
0.45 *M*	2.7×10^{-4}

$[N_2O_5]$가 반으로 줄면 속도도 반이 된다. 이것은 속도가 N_2O_5의 농도의 *1승*(*first power*)에 비례함을 의미하며, 이 반응에 대한 (미분) 속도 법칙은 다음과 같다.

$$\text{속도} = -\frac{\Delta[N_2O_5]}{\Delta t} = k[N_2O_5]^1 = k[N_2O_5]$$

일차 반응: 반응 속도 = k[A]. A의 농도가 2배로 되면 반응 속도도 2배가 된다.

따라서, 이 반응은 N_2O_5에 대한 *일차*(*first-order*) 반응이다. 이 반응에서 반응 차수가 균형 맞춘 반응식의 계수와 같지 *않음*을 주의하라. 이것은 특정 반응물의 차수는 반드시 반응 속도가 반응물의 농도에 따라 어떻게 변화하는가를 실험적으로 *관찰*(*observing*)하여 결정해야 한다는 사실을 다시 한번 강조한다.

우리는 두 가지의 다른 반응물 농도에서 순간 속도를 결정함으로써, N_2O_5의 분해 반응에 대한 속도 법칙이 다음과 같은 형태가 됨을 보여주었다.

$$\text{속도} = -\frac{\Delta[A]}{\Delta t} = k[A]$$

여기에서 A는 N_2O_5를 나타낸다.

초기 속도법

초기 속도의 값은 실험마다 t = 0에 최대한 가까운 t 값에서 결정된다.

반응의 속도 법칙을 실험적으로 결정하는 일반적인 방법 중 하나는 **초기 속도법**(method of initial rates)이다. 반응의 **초기 속도**(initial rate)는 반응이 시작한 바로 직후(즉, t = 0

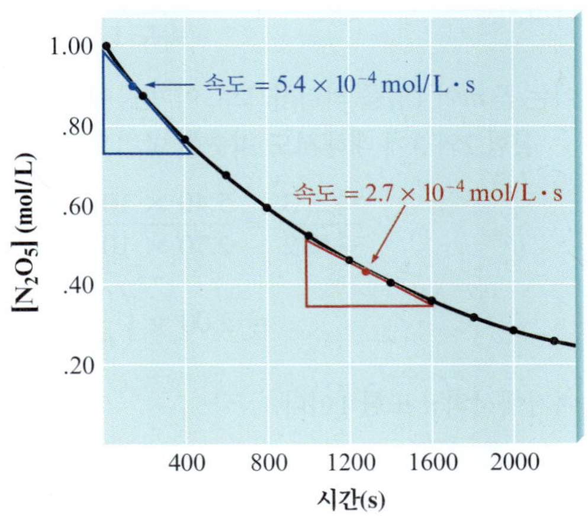

그림 12.3 $2N_2O_5$(*용액*) → $4NO_2$(*용액*) + $O_2(g)$ 반응(45°C)의 시간에 따른 N_2O_5 농도 그래프. $[N_2O_5]$ = 0.90 *M*에서의 반응 속도는 $[N_2O_5]$ = 0.45 *M*에서의 반응 속도의 두 배임에 유의하라.

표 12.4 $NH_4^+(aq) + NO_2^-(aq) \rightarrow N_2(g) + 2H_2O(l)$ 반응에 대한 세 가지 실험에서의 초기 속도

실험	NH_4^+의 초기 농도	NO_2^-의 초기 농도	초기 속도(mol/L · s)
1	0.100 *M*	0.0050 *M*	1.35×10^{-7}
2	0.100 *M*	0.010 *M*	2.70×10^{-7}
3	0.200 *M*	0.010 *M*	5.40×10^{-7}

의 바로 직후)에 측정한 순간 속도이다. 이것은 반응물의 초기 농도가 거의 변화되지 않은 조건에서 반응 속도를 결정한다는 개념이다. 즉, 각 반응물의 초기 농도를 달리하여 여러 번의 실험을 수행하여, 각 실험의 결과로부터 초기 속도를 결정한다. 이 실험 결과를 비교해 보면 초기 속도가 초기 농도에 어떻게 의존하는지를 알 수 있다. 다음 반응식을 사용하여 초기 속도법을 설명하겠다.

$$NH_4^+(aq) + NO_2^-(aq) \longrightarrow N_2(g) + 2H_2O(l)$$

표 12.4는 반응물의 초기 농도를 달리한 세 가지 실험으로부터 얻은 초기 속도를 보여준다. 이 반응의 일반적인 속도 법칙은 다음과 같다.

$$\text{속도} = -\frac{\Delta[NH_4^+]}{\Delta t} = k[NH_4^+]^n[NO_2^-]^m$$

반응 초기 속도가 NH_4^+와 NO_2^-의 초기 농도에 어떻게 의존하는가를 관찰함으로써 n과 m을 결정할 수 있다. 실험 1과 2를 보면 NH_4^+ 농도는 같고 NO_2^-의 농도는 두 배가 되는데, 관찰한 초기 속도 역시 두 배가 된다.

$$\text{속도} = k[NH_4^+]^n[NO_2^-]^m \text{이기 때문에}$$

실험 1에서

$$\text{속도} = 1.35 \times 10^{-7}\ \text{mol/L}\cdot\text{s} = k(0.100\ \text{mol/L})^n(0.0050\ \text{mol/L})^m$$

실험 2에서

$$\text{속도} = 2.70 \times 10^{-7}\ \text{mol/L}\cdot\text{s} = k(0.100\ \text{mol/L})^n(0.0100\ \text{mol/L})^m$$

를 얻는다. 이 두 속도의 비는 다음과 같다.

$$\frac{\text{속도 2}}{\text{속도 1}} = \underbrace{\frac{2.70 \times 10^{-7}\ \text{mol/L}\cdot\text{s}}{1.35 \times 10^{-7}\ \text{mol/L}\cdot\text{s}}}_{2.00} = \frac{\cancel{k(0.100\ \text{mol/L})^n}(0.010\ \text{mol/L})^m}{\cancel{k(0.100\ \text{mol/L})^n}(0.0050\ \text{mol/L})^m}$$

$$= \frac{(0.010\ \text{mol/L})^m}{(0.0050\ \text{mol/L})^m} = (2.0)^m$$

속도 1, 2, 3은 동일한 t ($t = 0$에 아주 가까운)에서 측정하였다.

따라서,

$$\frac{\text{속도 2}}{\text{속도 1}} = 2.00 = (2.0)^m$$

이는 곧 m이 1임을 의미하므로, 이 반응에 대한 속도 법칙은 반응물 NO_2^-에 대해 일차이다.

실험 2와 3에 대해서도 비슷한 방법으로 계산하면 다음과 같은 속도의 비를 얻는다.

$$\frac{\text{속도 3}}{\text{속도 2}} = \frac{5.40 \times 10^{-7}\ \text{mol/L}\cdot\text{s}}{2.70 \times 10^{-7}\ \text{mol/L}\cdot\text{s}} = \frac{(0.200\ \text{mol/L})^n}{(0.100\ \text{mol/L})^n}$$

$$= 2.00 = \left(\frac{0.200}{0.100}\right)^n = (2.00)^n$$

여기에서의 n 또한 1이다.

위의 과정을 통해 n과 m의 값은 모두 1임을 알 수 있었고, 속도 법칙은 다음과 같이 표시된다.

$$\text{속도} = k[NH_4^+][NO_2^-]$$

이 속도 법칙은 NO_2^-와 NH_4^+ 각각에 대해 일차 반응이다. 이때 균형 맞춘 반응식의 계수와 n 및 m 값이 같은 것은 그저 우연일 뿐이라는 사실을 유의하라.

전체 반응 차수는 각 반응물에 대한 반응 차수의 합이다.

전체 반응 차수(overall reaction order)는 n과 m의 합이다. 이 반응에서 $n + m = 2$ 이므로, 이 반응의 전체 반응 차수는 2가 된다.

속도 상수 k의 값은 표 12.4에 있는 세 가지 실험의 결과 중에서 어느 것을 이용해도 계산할 수 있다. 실험 1의 자료로부터 속도 상수 k의 값을 구해 보자.

$$\text{속도} = k[NH_4^+][NO_2^-]$$

$$1.35 \times 10^{-7}\ \text{mol/L}\cdot\text{s} = k(0.100\ \text{mol/L})(0.0050\ \text{mol/L})$$

따라서 k는 다음과 같다.

$$k = \frac{1.35 \times 10^{-7}\ \text{mol/L}\cdot\text{s}}{(0.100\ \text{mol/L})(0.0050\ \text{mol/L})} = 2.7 \times 10^{-4}\ \text{L/mol}\cdot\text{s}$$

예제 12.1 속도 법칙의 결정

산성 수용액에서 브로민산 이온과 브로민화 이온 간의 반응은 다음과 같다.

$$BrO_3^-(aq) + 5Br^-(aq) + 6H^+(aq) \longrightarrow 3Br_2(l) + 3H_2O(l)$$

표 12.5에 네 가지 실험 결과를 나타내었다. 이 자료를 이용하여 세 반응물에 대한 반응 차수, 전체 반응 차수, 그리고 속도 상수 값을 계산하라.

풀이 이 반응에 대한 속도 법칙의 일반적인 형태는 다음과 같다.

$$\text{속도} = k[BrO_3^-]^n[Br^-]^m[H^+]^p$$

위의 식에서 n, m, p 값은 네 가지 실험에서 얻은 속도를 비교함으로써 결정할 수 있다. 오직 $[BrO_3^-]$만 다르게 한 실험 1과 2의 결과로부터 n을 결정할 수 있다.

$$\frac{\text{속도 2}}{\text{속도 1}} = \frac{1.6 \times 10^{-3}\ \text{mol/L}\cdot\text{s}}{8.0 \times 10^{-4}\ \text{mol/L}\cdot\text{s}} = \frac{k(0.20\ \text{mol/L})^n(0.10\ \text{mol/L})^m(0.10\ \text{mol/L})^p}{k(0.10\ \text{mol/L})^n(0.10\ \text{mol/L})^m(0.10\ \text{mol/L})^p}$$

$$2.0 = \left(\frac{0.20\ \text{mol/L}}{0.10\ \text{mol/L}}\right)^n = (2.0)^n$$

■ 따라서, $n = 1$이다.

m의 값을 구하기 위해, $[Br^-]$만 변화시킨 실험 2과 3의 결과를 이용한다.

$$\frac{\text{속도 3}}{\text{속도 2}} = \frac{3.2 \times 10^{-3}\ \text{mol/L}\cdot\text{s}}{1.6 \times 10^{-3}\ \text{mol/L}\cdot\text{s}} = \frac{k(0.20\ \text{mol/L})^n(0.20\ \text{mol/L})^m(0.10\ \text{mol/L})^p}{k(0.20\ \text{mol/L})^n(0.10\ \text{mol/L})^m(0.10\ \text{mol/L})^p}$$

$$2.0 = \left(\frac{0.20\ \text{mol/L}}{0.10\ \text{mol/L}}\right)^m = (2.0)^m$$

■ 따라서, $m = 1$이다.

p의 값을 구하기 위해, $[BrO_3^-]$와 $[Br^-]$를 고정시키고 $[H^+]$만 변화시킨 실험 1과 4의 결과를 이용한다.

표 12.5 $BrO_3^-(aq) + 5Br^-(aq) + 6H^+(aq) \rightarrow 3Br_2(l) + H_2O(l)$ 반응을 연구하기 위한 네 가지 실험 결과

실험	BrO_3^-의 초기 농도(mol/L)	Br^-의 초기 농도(mol/L)	H^+의 초기 농도(mol/L)	측정된 초기 속도(mol/L · s)
1	0.10	0.10	0.10	8.0×10^{-4}
2	0.20	0.10	0.10	1.6×10^{-3}
3	0.20	0.20	0.10	3.2×10^{-3}
4	0.10	0.10	0.20	3.2×10^{-3}

$$\frac{\text{속도 4}}{\text{속도 1}} = \frac{3.2 \times 10^{-3}\ \text{mol/L}\cdot\text{s}}{8.0 \times 10^{-4}\ \text{mol/L}\cdot\text{s}} = \frac{k(0.10\ \text{mol/L})^n(0.10\ \text{mol/L})^m(0.20\ \text{mol/L})^p}{k(0.10\ \text{mol/L})^n(0.10\ \text{mol/L})^m(0.10\ \text{mol/L})^p}$$

$$4.0 = \left(\frac{0.20\ \text{mol/L}}{0.10\ \text{mol/L}}\right)^p$$

$$4.0 = (2.0)^p = (2.0)^2$$

■ 따라서, $p = 2$이다.

이 반응의 속도는 BrO_3^-와 Br^-에 대해 일차이고, H^+에 대해 이차이다. 전체 반응 차수는 $n + m + p = 4$이다.

이제 속도 법칙은 다음과 같이 쓸 수 있다.

$$■\ \text{속도} = k[BrO_3^-][Br^-][H^+]^2$$

반응 속도 상수 k를 계산하기 위해서 네 가지 실험 결과 중 어느 것이라도 이용할 수 있다. 실험 1에서 초기 속도는 8.0×10^{-4} mol/L · s이고 $[BrO_3^-] = 0.100\ M$, $[Br^-] = 0.10\ M$, $[H^+] = 0.10\ M$이다. 속도 법칙에 이 값을 대입하면 다음과 같이 k 값을 얻을 수 있다.

$$8.0 \times 10^{-4}\ \text{mol/L}\cdot\text{s} = k(0.10\ \text{mol/L})(0.10\ \text{mol/L})(0.10\ \text{mol/L})^2$$

$$8.0 \times 10^{-4}\ \text{mol/L}\cdot\text{s} = k(1.0 \times 10^{-4}\ \text{mol}^4/\text{L}^4)$$

$$■\ k = \frac{8.0 \times 10^{-4}\ \text{mol/L}\cdot\text{s}}{1.0 \times 10^{-4}\ \text{mol}^4/\text{L}^4} = 8.0\ \text{L}^3/\text{mol}^3\cdot\text{s}$$

사실성 검산 다른 실험 결과로부터도 동일한 k 값을 얻을 수 있는지 확인하라.

연습문제 12.39~12.42 참조

12.4 적분 속도 법칙

지금까지 검토한 속도 법칙은 반응 속도를 반응물 농도의 함수로써 표시하였다. 반응에 대한 (미분) 속도 법칙이 주어졌을 때, 시간에 따른 반응물의 농도를 표시할 수 있다면 그것도 유용하다. 이 절에서는 이를 어떻게 달성할 수 있는지 살펴보겠다.

먼저 한 종류의 반응물만을 포함하는 반응을 살펴보자.

$$aA \longrightarrow \text{생성물}$$

이러한 유형에 대한 반응 속도 법칙은 다음과 같다.

$$\text{속도} = -\frac{\Delta[A]}{\Delta t} = k[A]^n$$

이제 $n = 1$(일차), $n = 2$(이차), $n = 0$(영차)일 때의 각 적분 속도 법칙을 유도해 보자.

일차 반응 속도 법칙

아래의 반응에 대하여,

$$2N_2O_5(\textit{용액}) \longrightarrow 4NO_2(\textit{용액}) + O_2(g)$$

다음과 같은 속도 법칙을 얻었다.

$$\text{속도} = -\frac{\Delta[N_2O_5]}{\Delta t} = k[N_2O_5]$$

반응 속도가 N_2O_5 농도의 1승에 비례하므로 이것은 **일차 반응**(first-order reaction)이다. 이는 플라스크 속에 들어 있는 N_2O_5의 농도가 갑자기 두 배로 변하면 NO_2와 O_2의 생성 속도도 두 배로 변한다는 것을 의미한다. 이 속도 법칙은 적분법이라 하는 계산 방법을 활용하면 다음과 같은 다른 형태로 표현할 수 있다.

$$\ln[N_2O_5] = -kt + \ln[N_2O_5]_0$$

부록 1.2에 로그에 대한 설명이 있다.

여기에서 ln은 자연로그, t는 시간, $[N_2O_5]$는 시간 t일 때 N_2O_5의 농도이고, $[N_2O_5]_0$는 N_2O_5의 초기 농도($t = 0$, 실험 시작 시의 농도)이다. *적분 속도 법칙*(integrated rate law)이라 부르는 이 식은 반응물 농도를 시간의 함수로 표현한 것이다.

아래와 같은 유형의 반응에 대해서

$$aA \longrightarrow \text{생성물}$$

반응 속도가 농도 [A]에 대하여 일차이면 속도 법칙은 다음과 같이 나타낼 수 있다.

$$\text{속도} = -\frac{\Delta[A]}{\Delta t} = k[A]$$

이때 **일차 적분 속도 법칙**(integrated first-order rate law)은 아래와 같다.

$$\ln[A] = -kt + \ln[A]_0 \qquad \textbf{(12.2)}$$

식 (12.2)에 대하여 주목해야 할 몇 가지 중요한 사항이 있다.

적분 속도 법칙은 반응 시간과 농도의 관계를 나타낸다.

1. 이 식은 A의 농도가 어떻게 시간에 의존하는지 보여준다. A의 초기 농도와 반응 속도 상수 k 값을 알면 임의의 시간에서 A의 농도를 계산할 수 있다.
2. 식 (12.2)는 $y = mx + b$의 형태이므로, x에 대한 y의 그래프는 직선이 되며, 그 기울기는 m, 절편은 b가 된다. 식 (12.2)에서

   $$y = \ln[A] \qquad x = t \qquad m = -k \qquad b = \ln[A]_0$$

   일차 반응에서 t에 대한 ln[A]의 그래프는 항상 직선이다.

   따라서, 일차 반응에서 시간에 대한 농도의 자연로그 값의 그래프는 항상 직선이 된다. 이 사실은 흔히 어떤 반응이 일차 반응인지를 확인하는 데 사용된다. 즉, 다음 반응에서

   $$aA \longrightarrow \text{생성물}$$

   *만일 t에 대한 ln[A]의 그래프가 직선이면 이 반응은 A에 대해 일차*이다. 반대로, 만일 그 그래프가 직선이 아니라면 그 반응은 A에 대해 일차 반응이 아니다.
3. 일차 반응의 적분 속도 법칙은 다음과 같이 [A]와 $[A]_0$의 비 (ratio)로 나타낼 수 있다.

   $$\ln\left(\frac{[A]_0}{[A]}\right) = kt$$

예제 12.2 일차 반응 속도 법칙 I

아래와 같이 기체 상태에서 N_2O_5의 분해 반응을 일정한 온도에서 조사하여 다음 결과를 얻었다.

$$2N_2O_5(g) \longrightarrow 4NO_2(g) + O_2(g)$$

$[N_2O_5]$ (mol/L)	시간(s)
0.1000	0
0.0707	50
0.0500	100
0.0250	200
0.0125	300
0.00625	400

이 자료를 이용하여 반응 속도가 $[N_2O_5]$에 대해 일차임을 증명하고, 속도 상수를 계산하라. 단, 속도 $= -\Delta[N_2O_5]/\Delta t$이다.

풀이 속도 법칙이 $[N_2O_5]$에 대해 일차라는 것은 시간에 대한 $\ln[N_2O_5]$ 그래프를 도시하여 증명할 수 있다.

$\ln[N_2O_5]$	시간(s)
−2.303	0
−2.649	50
−2.996	100
−3.689	200
−4.382	300
−5.075	400

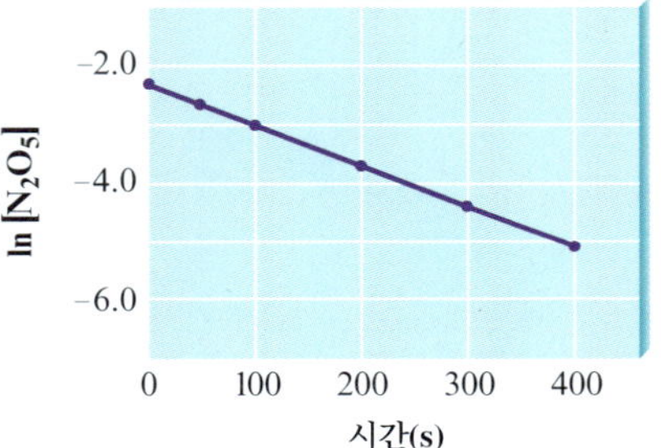

시간 변화에 따른 $\ln[N_2O_5]$의 값은 위 표에 나타나 있으며, 시간과 $\ln[N_2O_5]$의 관계 또한 위에 도시하였다. 그림에서 실험 결과가 직선이므로 이 반응이 N_2O_5에 대해 일차임을 알 수 있다. 이 결과가 일차 반응의 적분 속도 법칙 $\ln[N_2O_5] = -kt + \ln[N_2O_5]_0$를 따르기 때문이다.

반응이 일차이므로, 직선의 기울기는 $-k$이다.

$$\text{기울기} = \frac{y\text{의 변화}}{x\text{의 변화}} = \frac{\Delta y}{\Delta x} = \frac{\Delta(\ln[N_2O_5])}{\Delta t}$$

첫 번째 점과 마지막 점이 정확히 직선 위에 놓여있으므로, 이 두 점을 사용하여 직선의 기울기를 구하면 다음과 같다.

$$\text{기울기} = \frac{-5.075 - (-2.303)}{400.\ \text{s} - 0\ \text{s}} = \frac{-2.772}{400.\ \text{s}} = -6.93 \times 10^{-3}\ \text{s}^{-1}$$

■ $k = -(\text{기울기}) = 6.93 \times 10^{-3}\ \text{s}^{-1}$

연습 문제 12.49 참조

예제 12.3 일차 반응 속도 법칙 II

예제 12.2에서 주어진 자료를 사용하여, 반응 시작 후 150초일 때 $[N_2O_5]$를 계산하라.

풀이 예제 12.2로부터 100초에서 $[N_2O_5] = 0.0500$ mol/L이며 200초에서 $[N_2O_5] = 0.0250$ mol/L임을 알았다. 150초는 100초와 200초의 중간이라는 이유로 이때의 $[N_2O_5]$를 구하기 위해 단순히 산술평균값을 구하는 방법을 이용하기 쉽지만, 이는 옳지 않다. 왜냐하면 시간에 정비례하는 것은 $\ln[N_2O_5]$이지 $[N_2O_5]$가 아니기 때문이다. 150초 후의 $[N_2O_5]$를 구하기 위해서 식 (12.2)를 사용한다.

$$\ln[N_2O_5] = -kt + \ln[N_2O_5]_0$$

Antilog를 취하는 것은 지수를 구하는 것을 의미한다(부록 1.2 참조).

여기서 $t = 150$초, $k = 6.93 \times 10^{-3}\ s^{-1}$(예제 12.2에서 결정), $[N_2O_5]_0 = 0.1000$ mol/L이다.

$$\ln([N_2O_5]_{t=150}) = -(6.93 \times 10^{-3}\ s^{-1})(150.\ s) + \ln(0.100)$$
$$= -1.040 - 2.303 = -3.343$$
$$■\ [N_2O_5]_{t=150} = \text{antilog}(-3.343) = 0.0353\ \text{mol/L}$$

여기서 $[N_2O_5]$의 값이 0.0500 mol/L와 0.0250 mol/L 사이의 중간값이 아니라는 점에 유의하라.

연습 문제 12.49 참조

일차 반응의 반감기

*반응물의 농도가 원래 농도의 절반에 도달하는 데 걸리는 시간*을 **반응물의 반감기**(half-life of a reactant)라 부르며, 이것은 $t_{1/2}$로 표시한다. 예를 들면 예제 12.2에서 논의했던 분해 반응의 반감기를 계산할 수 있다. 그림 12.4에 도시된 자료는 이 반응의 반감기가 100 초임을 보여준다. 다음의 표에 나타낸 숫자로도 알 수 있다.

핵붕괴 반응은 일차 반응이다. 우리는 흔히 시료의 질량이나 원자의 개수를 사용한다.

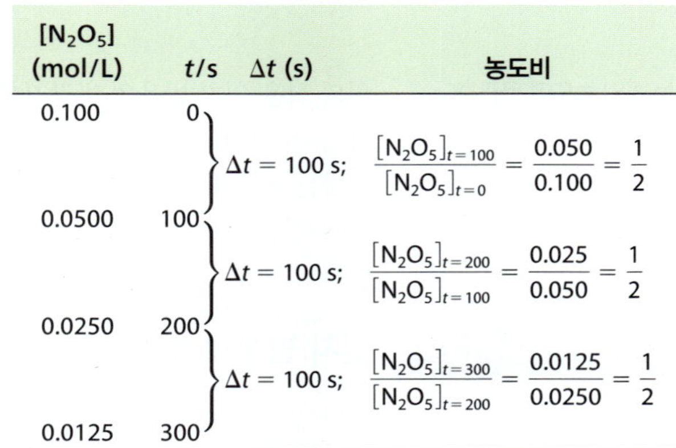

$[N_2O_5]$ (mol/L)	t/s	Δt (s)	농도비
0.100	0		
		$\Delta t = 100$ s;	$\frac{[N_2O_5]_{t=100}}{[N_2O_5]_{t=0}} = \frac{0.050}{0.100} = \frac{1}{2}$
0.0500	100		
		$\Delta t = 100$ s;	$\frac{[N_2O_5]_{t=200}}{[N_2O_5]_{t=100}} = \frac{0.025}{0.050} = \frac{1}{2}$
0.0250	200		
		$\Delta t = 100$ s;	$\frac{[N_2O_5]_{t=300}}{[N_2O_5]_{t=200}} = \frac{0.0125}{0.0250} = \frac{1}{2}$
0.0125	300		

이 반응에서 $[N_2O_5]$가 절반이 될 때까지 항상 100 초가 걸림을 유의하라.

일차 반응의 반감기에 대한 일반적인 식은 다음의 반응에 대한 적분 속도 법칙으로부터 구할 수 있다.

$$aA \longrightarrow \text{생성물}$$

반응이 [A]에 대하여 일차라면 다음 식이 성립한다.

$$\ln\left(\frac{[A]_0}{[A]}\right) = kt$$

정의에 따라 $t = t_{1/2}$일 때 다음과 같이 된다.

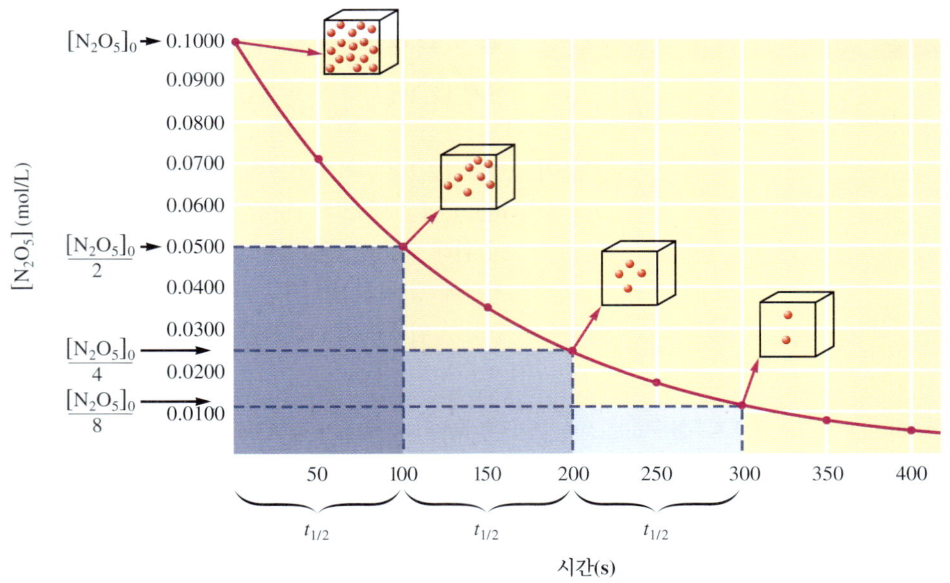

그림 12.4 시간에 대하여 N_2O_5의 분해에 따른 $[N_2O_5]$를 도시한 그래프.

$$[A] = \frac{[A]_0}{2}$$

따라서 $t = t_{1/2}$에서 적분 속도 법칙은 다음과 같다.

$$\ln\left(\frac{[A]_0}{[A]_0/2}\right) = kt_{1/2}$$

또는

$$\ln(2) = kt_{1/2}$$

ln(2)의 값을 대입하고 $t_{1/2}$에 대하여 풀면 다음과 같이 된다.

$$t_{1/2} = \frac{0.693}{k} \quad \textbf{(12.3)}$$

일차 반응에서, $t_{1/2}$는 초기 농도에 무관하다.

위의 식은 *일차 반응의 반감기를 표현하는 일반식*이다. 식 (12.3)은 k로부터 $t_{1/2}$를 구하거나 $t_{1/2}$로부터 k를 계산하는 데 사용할 수 있다. 일차 반응의 반감기는 농도에 의존하지 않는다는 점을 유의하라. 즉, 일차 반응의 반감기는 일정하다. 이러한 성질은 이차 및 영차 반응에서는 성립하지 않음을 보게 될 것이다.

대화형 예제 12.4 일차 반응의 반감기

어떤 일차 반응의 반감기는 20.0분이다.

a. 이 반응의 속도 상수를 계산하라.

b. 이 반응이 75% 완결되려면 시간이 얼마나 걸릴까?

풀이 **a.** 식 (12.3)을 k에 대해 풀면 다음과 같다.

$$k = \frac{0.693}{t_{1/2}} = \frac{0.693}{20.0 \text{ min}} = 3.47 \times 10^{-2} \text{ min}^{-1}$$

b. 아래의 적분 속도 법칙을 이용한다.

$$\ln\left(\frac{[A]_0}{[A]}\right) = kt$$

만약 반응이 75% 완결되었다면 반응물의 75%가 소모되었으며, 25%가 원래의 형태로 존재한다.

$$\frac{[A]}{[A]_0} \times 100\% = 25\%$$

이는 다음을 의미한다.

$$\frac{[A]}{[A]_0} = 0.25 \quad \text{또는} \quad \frac{[A]_0}{[A]} = \frac{1}{0.25} = 4.0$$

따라서 $$\ln\left(\frac{[A]_0}{[A]}\right) = \ln(4.0) = kt = \left(\frac{3.47 \times 10^{-2}}{\text{min}}\right)t$$

그리고 $$t = \frac{\ln(4.0)}{\frac{3.47 \times 10^{-2}}{\text{min}}} = 40.\ \text{min}$$

■ 그러므로 이 반응의 75%가 완결되는 데 40. min이 걸린다.

이 문제를 반감기의 정의를 이용하는 다른 방법으로 풀어보자. 반감기가 한 번 지나면 반응은 50% 완료된다. 초기 농도가 1.0 mol/L라면 반감기가 한 번 지난 후 농도는 0.50 mol/L가 되며, 반감기가 한 번 더 지나면 농도는 0.25 mol/L가 된다. 초기 농도 1.0 mol/L와 비교해 보면 반감기가 두 번 지난 후에는 반응물의 25%가 남는다. 이것이 일반적인 결과이다(반감기가 세 번 지나면 반응물의 몇 %가 남을까?). 이 반응의 반감기가 두 번 지나는 동안 2 (20.0 min), 즉 40.0 min이 경과하며, 이것은 앞의 결과와 일치한다.

연습 문제 12.40과 12.51~54 참조

이차 반응 속도 법칙

다음과 같이 반응물이 한 종류인 일반적인 반응을 보자.

$$aA \longrightarrow \text{생성물}$$

이차 반응: 속도 $= k[A]^2$. A의 농도를 두 배로 하면 반응 속도는 네 배가 되고, A의 농도를 세 배로 하면 반응 속도는 아홉 배가 된다.

이 반응이 [A]에 대하여 이차라면 속도 법칙은 아래와 같다.

$$\text{속도} = -\frac{\Delta[A]}{\Delta t} = k[A]^2 \qquad \textbf{(12.4)}$$

이차 적분 속도 법칙(integrated second-order rate law)은 아래와 같다.

$$\frac{1}{[A]} = kt + \frac{1}{[A]_0} \qquad \textbf{(12.5)}$$

식 (12.5)는 다음과 같은 특징을 갖는다.

이차 반응일 때, t에 대하여 1/[A]의 그래프를 그리면 직선이 된다.

1. t에 대해 1/[A]를 도시하면 기울기가 k인 직선이 된다.
2. 식 (12.5)는 [A]가 시간에 따라 어떻게 변화하는지를 보여주며 만약 k와 $[A]_0$를 안다면 임의의 시간 t에서 [A]를 계산할 수 있다.

이차 반응에서 반감기가 한 번 지났다면($t = t_{1/2}$), 정의에 따라 다음 관계가 얻어진다.

$$[A] = \frac{[A]_0}{2}$$

식 (12.5)는 다음과 같이 된다.

$$\frac{1}{\frac{[A]_0}{2}} = kt_{1/2} + \frac{1}{[A]_0}$$

$$\frac{2}{[A]_0} - \frac{1}{[A]_0} = kt_{1/2}$$

$$\frac{1}{[A]_0} = kt_{1/2}$$

$t_{1/2}$에 대하여 풀면 이차 반응의 반감기를 다음과 같이 얻을 수 있다.

$$t_{1/2} = \frac{1}{k[A]_0} \quad \textbf{(12.6)}$$

예제 12.5 속도 법칙의 결정

두 개의 동일한 분자가 결합하여 만들어진 분자를 *이량체*(*dimer*)라 한다.

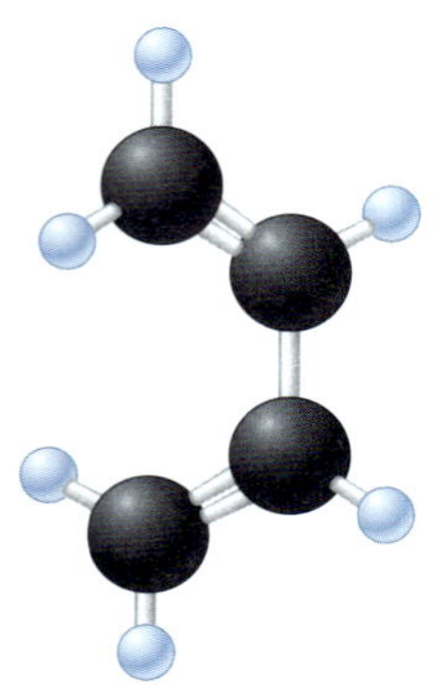
뷰타다이엔(C_4H_6)

뷰타다이엔(butadiene)은 다음 반응과 같이 반응하여 이량체를 이룬다.

$$2C_4H_6(g) \longrightarrow C_8H_{12}(g)$$

주어진 온도에서 이 반응의 실험 결과는 다음과 같다.

$[C_4H_6]$ (mol/L)	시간(±1 s)
0.01000	0
0.00625	1000
0.00476	1800
0.00370	2800
0.00313	3600
0.00270	4400
0.00241	5200
0.00208	6200

a. 이 반응은 일차인가, 이차인가?

b. 이 반응의 반응 속도 상수 값은 얼마인가?

c. 이 실험의 초기 조건에서, 이 반응의 반감기는?

풀이 **a.** 이 반응의 속도 법칙이 일차인지 이차인지를 판단하려면 $\ln[C_4H_6]$ 대 시간 그래프가 직선인지(일차 반응), 또는 $1/[C_4H_6]$ 대 시간 그래프가 직선인지(이차 반응)를 확인해야 한다. 이것을 도시하기 위한 자료는 아래와 같다.

t (s)	$\frac{1}{5[C_4H_6]}$	$\ln[C_4H_6]$
0	100	−4.605
1000	160	−5.075
1800	210	−5.348
2800	270	−5.599
3600	320	−5.767
4400	370	−5.915
5200	415	−6.028
6200	481	−6.175

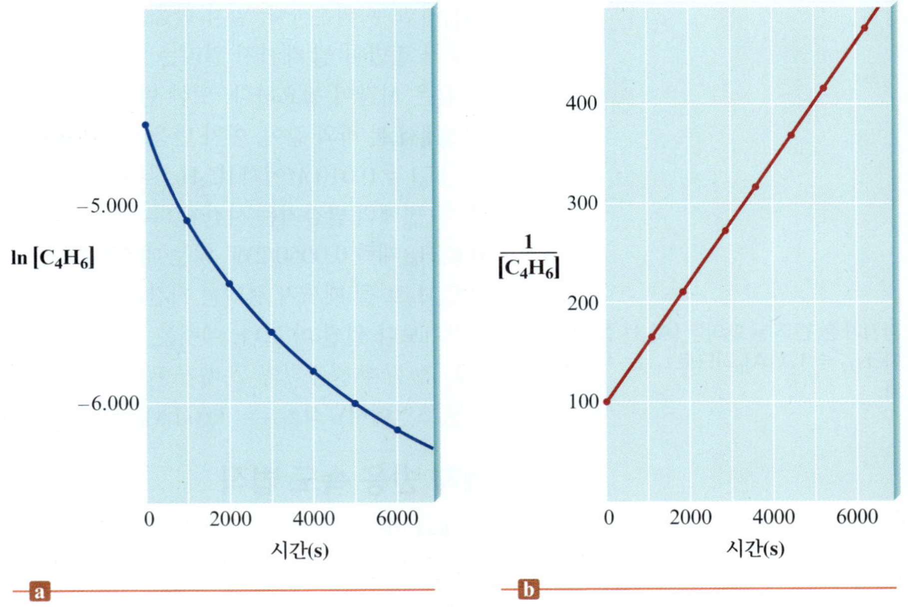

그림 12.5 (**a**) t에 대한 ln[C_4H_6]의 그래프. (**b**) t에 대한 1/[C_4H_6]의 그래프.

도시한 결과는 그림 12.5에 나타내었다. 시간 t에 대한 ln[C_4H_6]의 관계[그림 12.5(a)]가 직선이 아니므로, 이 반응은 일차가 아니다.

■ 그러나 t에 대한 1/[C_4H_6]의 관계[그림 12.5(b)]는 직선이므로, 이 반응은 이차이다. 그러므로 이 이차 반응의 속도 법칙은 다음과 같다.

$$\text{속도} = -\frac{\Delta[C_4H_6]}{\Delta t} = k[C_4H_6]^2$$

b. 이차 반응은 t에 대한 1/[C_4H_6]의 관계를 도시하면 기울기 k를 가진 직선으로 나타난다. 직선에 대한 표준식, $y = mx + b$와 비교하면 $y = 1/[C_4H_6]$, $x = t$이다. 그 기울기는 다음과 같다.

$$\text{기울기} = \frac{\Delta y}{\Delta x} = \frac{\Delta\left(\frac{1}{[C_4H_6]}\right)}{\Delta t}$$

$t = 0$과 $t = 6200$에서의 점을 이용하여 반응 속도 상수를 계산할 수 있다.

■ $$k = \text{기울기} = \frac{(481 - 100)\text{ L/mol}}{(6200. - 0)\text{ s}} = \frac{381}{6200.}\text{L/mol} \cdot \text{s} = 6.14 \times 10^{-2}\text{ L/mol} \cdot \text{s}$$

c. 이차 반응의 반감기 식은 다음과 같다.

$$t_{1/2} = \frac{1}{k[A]_0}$$

이때 $k = 6.14 \times 10^{-2}$ L/mol·s ((b)에서 얻은 값)와 $[A]_0 = [C_4H_6]_0 = 0.01000\ M$ ($t = 0$에서의 농도)를 대입하면

■ $$t_{1/2} = \frac{1}{(6.14 \times 10^{-2}\text{ L/mol} \cdot \text{s})(1.000 \times 10^{-2}\text{ mol/L})} = 1.63 \times 10^3\text{ s}$$

1630초가 지나면 C_4H_6의 초기 농도는 절반으로 줄어든다.

연습 문제 12.51, 12.52, 12.65와 12.66 참조

이차 반응의 $t_{1/2}$는 $[A]_0$에 의존하지만, 일차 반응의 $t_{1/2}$는 $[A]_0$에 무관하다.

일차 반응과 이차 반응의 반감기의 차이를 아는 것이 중요하다. 이차 반응은 $t_{1/2}$는 k와

$[A]_0$에 모두 의존하나, 일차 반응은 $t_{1/2}$는 단지 k에만 의존한다. 일차 반응에서 반응물의 농도가 절반이 될 때까지 걸리는 시간은 일정하고, 반응물의 농도가 다시 절반이 될 때까지 같은 시간이 필요하다. 또한 반응이 계속 진행되는 동안 같은 과정이 반복된다. 예제 12.5에서 본 바와 같이, 이차 반응에서는 그렇게 되지 않는다. 이차 반응의 첫 번째 반감기 ($[C_4H_6] = 0.010\ M$에서 $[C_4H_6] = 0.0050\ M$이 되는 데 필요한 시간)는 1630초임을 알았다. 두 번째의 반감기는 시간에 따른 농도 변화의 실험 결과로부터 추정할 수 있다. 0.0024 M C_4H_6(대략 0.0050/2)로 되는 데 5200초가 걸린다. 따라서, 0.0050 M C_4H_6에서 0.0024 M C_4H_6로 될 때까지 걸리는 시간은 3570초(5200 − 1630)다. 두 번째 반감기가 첫 번째 반감기보다 훨씬 더 길다. 이것은 이차 반응의 특성이다. 실제로 *이차 반응에서 다음 반감기는 전 단계 반감기의 두 배가 된다*(여기에서 가정하고 있는 것처럼, 역반응을 무시할 수 있는 조건에서). 식 $t_{1/2} = 1/(k[A]_0)$을 이용하여 이것을 증명하여 보라.

반감기가 한 번 지날 때마다 $[A]_0$는 절반이 된다. $t_{1/2} = 1/k[A]_0$이므로 $t_{1/2}$는 두 배가 된다.

영차 반응 속도 법칙

한 개의 반응물이 관여하는 대부분의 반응은 일차 또는 이차 반응이다. 그러나 가끔 이런 반응들이 **영차 반응**(zero-order reaction)이 되기도 한다. 영차 반응의 속도 법칙은 다음과 같다.

$$속도 = k[A]^0 = k(1) = k$$

영차 반응의 속도는 일정하다.

영차 반응에서 반응 속도는 일정하며, 일차 또는 이차 반응에서처럼 속도가 농도에 따라 변하지 않는다.

영차 적분 속도 법칙(integrated rate law for a zero-order reaction)은 아래와 같다.

$$[A] = -kt + [A]_0 \qquad \textbf{(12.7)}$$

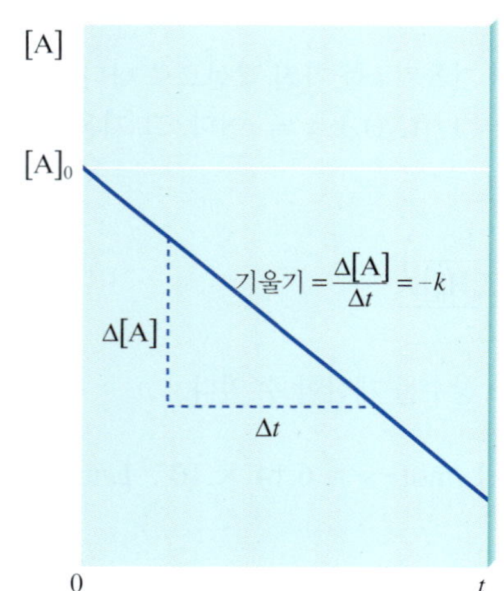

그림 12.6 영차 반응에서 t에 대한 [A]의 그래프.

이때 t에 대하여 [A]를 도시하면, 기울기가 $-k$인 직선이 얻어진다(그림 12.6).

영차 반응의 반감기 식은 적분 속도 법칙으로부터 얻을 수 있다. 정의에 따라 $t = t_{1/2}$일 때 $[A] = [A]_0/2$이므로,

$$\frac{[A]_0}{2} = -kt_{1/2} + [A]_0$$

또는

$$kt_{1/2} = \frac{[A]_0}{2}$$

가 된다. 위의 식을 $t_{1/2}$에 대하여 정리하면 다음과 같다.

$$t_{1/2} = \frac{[A]_0}{2k} \qquad \textbf{(12.8)}$$

영차 반응은 어떤 반응을 일으키기 위하여 금속 표면이나 효소와 같은 물질이 필요한 경우에 주로 발견된다. 일례로, 아래의 분해 반응은 뜨거운 백금 표면 위에서 일어난다.

$$2N_2O(g) \longrightarrow N_2(g) + O_2(g)$$

백금 표면이 완전히 N_2O 분자로 덮인다면, 표면 위의 N_2O 분자만이 반응할 수 있으므로 N_2O의 농도 증가는 반응 속도에 아무런 영향을 주지 않는다. 이러한 조건에서 *반응 속도는 일정하다*. 그 이유는 그림 12.7에서 보듯이, 반응 속도는 전체 N_2O의 농도에 의존하는 것이 아니라 백금 표면 위에서 일어나는 반응에 의해 결정되기 때문이다. 이 반응은 높은 온도에서 백금 표면이 존재하지 않을 때에도 일어날 수 있는데, 이때는 영차 반응이 아니다.

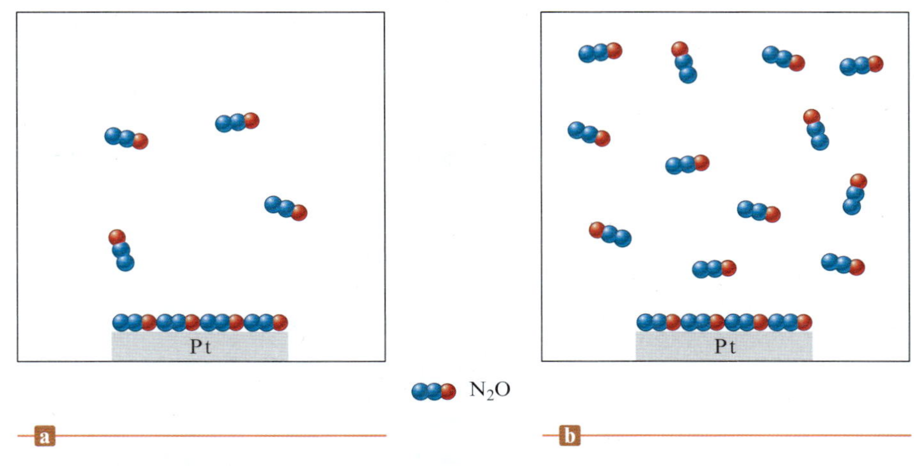

그림 12.7 $2N_2O(g) \rightarrow 2N_2(g) + O_2(g)$의 분해 반응은 백금 표면에서 일어난다. (**b**)에서의 $[N_2O]$가 (**a**)에서의 세 배이다. 그러나 백금 표면에서 반응할 수 있는 분자의 수는 정해져 있으므로, N_2O의 분해 속도는 두 경우 모두 같다. 따라서, 이 반응은 영차 반응이다.

비판적 사고 다음 간단한 반응을 생각하자. aA → 생성물. 여러분은 이 반응을 수행하여 반응 차수를 구하여야 한다. 만일 여러분이 시간 대 반응 속도의 그래프를 그렸다면 이것을 이용하여 반응 차수를 구할 수 있겠는가? 반응 차수가 영차, 일차 및 이차일 때 반응 시간 대 속도의 세 가지 그래프를 그려라. 동일한 그래프용지에 이들을 도시하여 그들을 비교하라. 당신의 답이 옳은지 설명하라.

두 종류 이상의 반응물을 가진 반응의 적분 속도 법칙

지금까지 반응물이 한 종류인 간단한 반응에 대한 적분 속도 법칙만을 다루었다. 좀 더 복잡한 반응을 다루기 위해서는 특별한 방법이 필요하다. 다음 반응을 생각해 보자.

$$BrO_3^-(aq) + 5Br^-(aq) + 6H^+(aq) \longrightarrow 3Br_2(l) + 3H_2O(l)$$

실험 결과로부터 다음과 같은 속도 법칙을 갖는다는 것을 알았다.

$$\text{속도} = -\frac{\Delta[BrO_3^-]}{\Delta t} = k[BrO_3^-][Br^-][H^+]^2$$

만일 이 반응이 $[BrO_3^-]_0 = 1.0 \times 10^{-3}\,M$, $[Br^-]_0 = 1.0\,M$, $[H^+]_0 = 1.0\,M$의 조건에서 진행된다고 가정하자. 반응이 진행됨에 따라 $[BrO_3^-]$는 상당히 감소하지만, Br^-와 H^+ 이온의 초기 농도가 매우 크기 때문에 이 두 반응물은 상대적으로 매우 소량만 소모된다. 따라서, $[Br^-]$와 $[H^+]$는 *거의 일정하게 유지된다*. 즉, Br^- 이온과 H^+ 이온 농도가 BrO_3^- 이온 농도보다 훨씬 더 큰 조건에서는 전체 반응을 통해서 다음의 관계를 가정할 수 있다.

$$[Br^-] = [Br^-]_0 \quad \text{그리고} \quad [H^+] = [H^+]_0$$

따라서, 속도 법칙은 다음과 같다.

$$\text{속도} = k[Br^-]_0[H^+]_0^2[BrO_3^-] = k'[BrO_3^-]$$

위의 식에서 $[Br^-]_0$와 $[H^+]_0$는 상수이므로 다음과 같이 된다.

$$k' = k[Br^-]_0[H^+]_0^2$$

속도 법칙은,

$$\text{속도} = k'[BrO_3^-]$$

일차이다. 그러나 이 속도 법칙은 복잡한 반응을 단순화하여 얻은 것이기 때문에 **유사 일차 반응 속도 법칙**(pseudo-first-order rate law)이라 부른다. 이 실험 조건에서, t에 대하여 $\ln[BrO_3^-]$를 도시하면 기울기가 $-k'$인 직선이 된다. 또한 $[Br^-]_0$와 $[H^+]_0$의 값을 알기 때문에 k 값은 다음 식으로부터 계산할 수 있다.

$$k' = k[\mathrm{Br}^-]_0[\mathrm{H}^+]_0^2$$

이 식을 정리하면 다음과 같다.

$$k = \frac{k'}{[\mathrm{Br}^-]_0[\mathrm{H}^+]_0^2}$$

복잡한 반응의 속도는 한 번에 한 종류 반응물에 의한 효과를 관찰함으로써 결정할 수 있다. 만약 한 반응물의 농도가 다른 반응물에 비해 매우 작다면, 높은 농도를 가진 반응물의 양은 거의 변화하지 않으므로 일정하다고 생각할 수 있다. 따라서 상대적으로 양이 적은 반응물의 농도 변화를 시간에 따라 측정하여 그 반응물에 대한 반응 차수를 결정할 수 있다. 이 방법으로 복잡한 반응의 속도 법칙을 결정할 수 있다.

복습하기 속도 법칙 : 요약

1. 반응의 속도 법칙을 단순화하기 위해 항상 정반응만이 진행되는 조건에서 반응을 조사한다고 가정하였다. 따라서, 속도 법칙에는 반응물의 농도만 포함된다.
2. 속도 법칙에는 두 가지 종류가 있다.
   a. *미분 속도 법칙(differential rate law*, 흔히 *속도 법칙(rate law)*이라 부름)은 속도가 어떻게 농도에 의존하는지를 보여준다. 단일 반응물이 관여하는 반응의 영차 반응, 일차 반응, 이차 반응의 속도 법칙 형태를 표 12.6에 나타내었다.
   b. *적분 속도 법칙(integrated rate law)*은 농도가 시간에 대해 어떻게 의존하는가를 보여준다. 단일 반응물 반응에 대한 영차 반응, 일차 반응, 이차 반응에 해당하는 적분 속도 법칙을 표 12.6에 나타내었다.
3. 미분 속도 법칙을 결정할 것인지, 아니면 적분 속도 법칙을 결정할 것인지는 편리하고 정확하게 모을 수 있는 실험 자료의 종류에 달려 있다. 일단 실험 결과로부터 둘 중 하나의 속도 법칙이 결정되면 그 반응에 대한 나머지 속도 법칙도 쓸 수 있다.
4. 미분 속도 법칙을 실험으로 결정하는 가장 흔한 방법은 초기 속도법이다. 이 방법에서는 반응물의 여러 다른 초기 농도에서, 그리고 같은 t 값(가능한 $t = 0$에 가까운)에서 각각의 순간 속도를 구한다. 이 측정 지점은 농도가 초기 값에서 크게 변하지 않은 지점에 해당한다. 각각의 초기 속도와 초기 농도를 비교하면 여러 반응물의 농도에 대한 속도의 의존성이 얻어진다. 즉, 각 반응물의 차수가 결정된다.
5. 반응의 적분 속도 법칙을 실험으로 결정할 때는 반응이 진행함에 따라 다양한 t 값에서 농도를 측정한다. 그 다음 어떤 적분 속도 법칙이 정확하게 그 실험 결과에 맞는지를 조사한다. 보통 어떤 그래프가 직선을 나타내는지를 확인하는 식으로 알아낸다. 단일 반응물이 관여하는 반응 속도 법칙을 요약하여 표 12.6에 실었다. 일단 정확한 직선이 나타나면 정확한 적분 속도 법칙을 쓸 수 있고 기울기로부터 k 값을 얻을 수 있다. 또한 그 반응에 대한 미분 속도 법칙도 쓸 수 있다.
6. 여러 가지 반응물이 관여하는 반응의 적분 속도 법칙은 한 번의 실험에서 오직 한 가지의 반응물 농도만이 변할 수 있는 조건에서 조사하면 된다. 한 가지 반응물의 농도를 다른 반응물에 비하여 상당히 적게 사용하면 원래의 속도 법칙은 다음과 같이 간단하게 쓸 수 있게 된다. 이를테면

   $$속도 = k[\mathrm{A}]^n[\mathrm{B}]^m[\mathrm{C}]^p$$

   위의 식은 다음과 같이 단순화할 수 있다.

   $$속도 = k'[\mathrm{A}]^n$$

   이 경우 $k' = k[\mathrm{B}]_0^m[\mathrm{C}]_0^p$이고 $[\mathrm{B}]_0 \gg [\mathrm{A}]_0$이고 $[\mathrm{C}]_0 \gg [\mathrm{A}]_0$이다. n의 값은 [A]와 시간 t의 그래프가 직선인지 ($n = 0$), ln[A]와 t의 그래프가 직선인지 ($n = 1$), 또는 1/[A]와 t의 그래프가 직선인지 ($n = 2$) 여부를 통해 결정된다. 적절한 그래프의 기울기를 이용하여 k'의 값을 구할 수 있다. 여러 가지 B와 C의 농도에서 k'값을 측정하면 m, p, 그리고 k'의 값을 알아낼 수 있다.

표 12.6 aA → 생성물의 반응에서 [A]에 대한 영차, 일차 또는 이차 반응 속도론 요약

	차수		
	영차	일차	이차
속도 법칙	속도 = k	속도 = k[A]	속도 = $k[A]^2$
적분 속도 법칙	$[A] = -kt + [A]_0$	$\ln[A] = -kt + \ln[A]_0$	$\frac{1}{[A]} = kt + \frac{1}{[A]_0}$
직선이 얻어지는 데 필요한 그래프	[A] 대 t	ln[A] 대 t	$\frac{1}{[A]}$ 대 t
직선의 기울기와 속도 상수의 관계	기울기 = $-k$	기울기 = $-k$	기울기 = k
반감기	$t_{1/2} = \frac{[A]_0}{2k}$	$t_{1/2} = \frac{0.693}{k}$	$t_{1/2} = \frac{1}{k[A]_0}$

12.5 반응 메커니즘

대부분의 화학 반응은 **반응 메커니즘**(reaction mechanism)이라 부르는 *일련의 단계*(*series of steps*)를 거쳐 진행된다. 어떤 반응을 이해하려면 그 메커니즘을 알아야 한다. 반응 속도론을 연구하는 목적 중의 하나는 전체 반응에 관계되는 각 단계 반응을 가능한 한 정확하게 규명하는 데 있다. 이 절에서는 반응 메커니즘의 몇 가지 기본적인 특성을 탐구하고자 한다.

이산화 질소와 일산화 탄소의 반응을 생각해 보자.

$$NO_2(g) + CO(g) \longrightarrow NO(g) + CO_2(g)$$

실험을 통하여 얻은 이 반응에 대한 속도 법칙은 다음과 같다.

$$속도 = k[NO_2]^2$$

균형 맞춘 반응식이 반응물이 생성물로 *어떻게* 변하는지를 알려주는 것은 아니다.

뒤에서 알게 되겠지만, 이 반응은 균형 맞춘 반응식이 나타내는 것보다 훨씬 복잡하다. 균형 맞춘 반응식은 반응물과 생성물 및 화학량론을 알려주지만, 반응 메커니즘에 대한 직접적인 정보를 주지는 못한다.

이산화 질소와 일산화 탄소의 반응에 대한 메커니즘은 다음의 두 단계를 포함하는 것으로 생각된다.

$$NO_2(g) + NO_2(g) \xrightarrow{k_1} NO_3(g) + NO(g)$$
$$NO_3(g) + CO(g) \xrightarrow{k_2} NO_2(g) + CO_2(g)$$

중간체는 한 단계에서 생성되었다가 다음 단계에서 소모되므로 생성물로 나타나지 않는다.

여기에서 k_1과 k_2는 각 반응의 속도 상수이다. 이 메커니즘에서 기체 NO_3는 **중간체**(intermediate)이다. 중간체는 반응물도 생성물도 아닌 화학종으로, 반응이 진행되는 동안 생성되었다가 없어진다. 이 반응은 그림 12.8에 나타내었다.

이 두 반응 각각을 **단일 단계**(elementary step)라 부르는데, 이러한 *단일 단계 반응의*

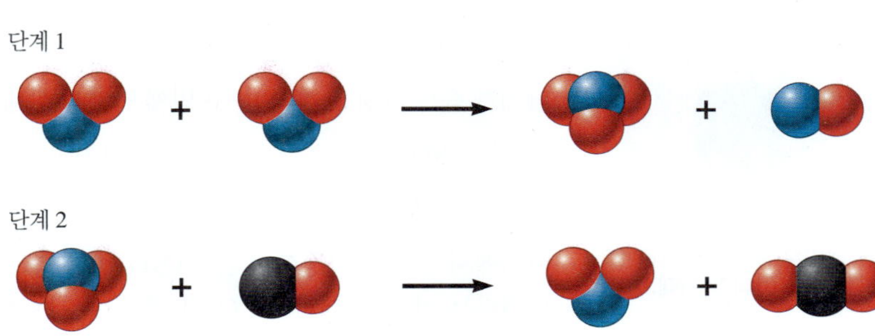

그림 12.8 NO_2와 CO의 반응에서 각 단일 단계 반응의 분자적 표현

표 12.7 단일 단계들의 예

단일 단계(Elementary Step)	분자도	속도 법칙
A → 생성물	*일(Uni-)*분자	속도 = k[A]
A + A → 생성물 (2A → 생성물)	*이(Bi-)*분자	속도 = $k[A]^2$
A + B → 생성물	*이(Bi-)*분자	속도 = k[A][B]
A + A + B → 생성물 (2A + B → 생성물)	*삼(Ter-)*분자	속도 = $k[A]^2[B]$
A + B + C → 생성물	*삼(Ter-)*분자	속도 = k[A][B][C]

접두사 *uni*-는 하나, *bi*-는 둘, *ter*-는 셋을 뜻한다.

일분자 단일 단계는 항상 일차이고, 이분자 단일 단계는 항상 이차이다.

화학 반응의 전체 속도는 가장 느린 단계의 속도가 된다.

속도 법칙은 분자도를 이용하여 표시할 수 있다. **분자도**(molecularity)는 해당 단계에서 나타나는 반응을 일으키기 위해 충돌해야 하는 화학종의 수로 정의한다. 한 개의 분자가 참여하는 반응을 **일분자 반응 단계**(unimolecular step)라 부르며, 두 개 또는 세 개의 화학종의 충돌이 일어나는 반응을 각각 **이분자**(bimolecular) 단계, **삼분자**(termolecular) 단계라 부른다. 그런데 세 개의 분자가 동시에 충돌할 확률은 아주 낮으므로 삼분자 단계는 아주 드물다. 이 세 가지 형태의 단일 단계들의 예와 그 속도 법칙은 표 12.7에 나타내었다. 표 12.7에서 단일 단계 반응의 속도 법칙은 해당 단계의 분자도로부터 *직접(directly)* 구할 수 있음을 주목하라. 예를 들면 이분자 단계에서 속도 법칙은 항상 이차인데, 이때 반응물이 하나인 단계에서는 $k[A]^2$이고, 반응물이 둘인 단계에서는 k[A][B]이다.

이제 반응 메커니즘을 좀 더 정확히 정의할 수 있다. 반응 메커니즘은 *다음 두 가지 조건을 충족해야 하는 일련의 단일 단계*들로 이루어진다.

1. 단일 단계들을 모두 더하면 균형 맞춘 전체 반응식이 되어야 한다.
2. 반응 메커니즘은 실험적으로 결정된 속도 법칙과 일치해야 한다.

이 조건이 어떻게 적용되는지를 보기 위해, 앞에서 논의한 이산화 질소와 일산화 탄소 간 반응의 메커니즘을 생각해 보자. 첫째, 두 단계의 합은 균형 맞춘 전체 반응식이 되어야 한다.

$$NO_2(g) + NO_2(g) \longrightarrow NO_3(g) + NO(g)$$
$$NO_3(g) + CO(g) \longrightarrow NO_2(g) + CO_2(g)$$

$$\cancel{NO_2}(g) + NO_2(g) + \cancel{NO_3}(g) + CO(g) \longrightarrow \cancel{NO_3}(g) + NO(g) + \cancel{NO_2}(g) + CO_2(g)$$
$$\text{전체 반응:}\quad NO_2(g) + CO(g) \longrightarrow NO(g) + CO_2(g)$$

▲ 색깔을 띤 용액이 플라스크로 들어가는 속도는 용액을 붓는 속도가 아니라 깔때기 관의 굵기에 달려 있다.

올바른 메커니즘에 대한 첫 번째 조건은 충족되었다. 두 번째 조건이 충족되는지 보기 위해, **속도-결정 단계**(rate-determining step)라는 새로운 개념을 도입할 필요가 있다. 다단계 반응에서는 한 단계가 다른 모든 단계보다 훨씬 느린 경우가 종종 있다. 반응물은 이 가장 느린 단계가 진행되는 속도만큼만 생성물로 전환될 수 있다. 즉, 전체 반응은 반응 경로에서 가장 느린 단계인 속도 결정 단계보다 더 빠르게 진행될 수는 없다. 이 상황을 비유하자면, 깔때기를 통해 물을 빠르게 용기에 붓는 것과 같다. 물이 용기에 모이는 속도는 물을 붓는 속도보다는 깔때기 입구의 크기에 달려 있다.

이산화 질소와 일산화 탄소의 반응에서 어느 것이 반응 속도 결정 단계일까? 첫 번째 단계가 속도 결정 단계이며, 두 번째 단계는 상대적으로 빠르다고 *가정*하자.

$$NO_2(g) + NO_2(g) \longrightarrow NO_3(g) + NO(g) \qquad \text{느림(반응 속도 결정 단계)}$$
$$NO_3(g) + CO(g) \longrightarrow NO_2(g) + CO_2(g) \qquad \text{빠름}$$

여기에서 우리가 가정한 것은 NO_3의 생성 속도는 NO_3가 CO와 반응하는 속도보다 훨씬 느리다는 것이다. 그러면 CO_2의 생성 속도는 첫 번째 단계에서의 NO_3의 생성 속도에 의해 조절된다. 첫 번째 단계는 단일 단계 반응이므로 분자도로부터 속도 법칙을 나타낼 수 있으며, 이분자 반응인 첫 번째 단계의 속도 법칙은 다음과 같다.

$$NO_3\text{의 생성 속도} = \frac{\Delta[NO_3]}{\Delta t} = k_1[NO_2]^2$$

전체 반응 속도는 가장 느린 단계의 속도에 의해 결정되므로, 다음과 같이 된다.

$$\text{전체 반응 속도} = k_1[NO_2]^2$$

이 식은 앞에서 이미 주어진 실험적으로 결정된 속도 법칙과 일치한다는 것에 주목하라. 위에서 가정한 메커니즘은 앞에서 제시한 두 가지 조건을 만족하므로, 반응에 대한 올바른 메커니즘이 될 수 있다.

화학자는 주어진 반응의 메커니즘을 어떻게 알아낼까? 항상 속도 법칙을 먼저 결정한다. 이어서 화학적 직관과 앞서 제시한 두 가지 규칙을 바탕으로 화학자는 가능한 메커니즘들을 구성하고, 추가 실험을 통해 가능성이 낮은 메커니즘을 제거해 나간다. *메커니즘을 완벽히 증명할 수는 없다*. 우리는 단지 두 가지 조건을 만족하는 메커니즘이 *옳을 가능성*이 있다(possibly)고만 말할 수 있다. 화학 반응의 메커니즘을 규명하는 것은 꽤 어렵고 많은 기술과 경험이 요구된다. 따라서 이 책에서는 이 과정을 대략적으로만 다루기로 한다.

예제 12.6 반응 메커니즘 I

기체 상태인 이산화 질소와 플루오린의 균형 맞춘 반응식은 다음과 같다.

$$2NO_2(g) + F_2(g) \longrightarrow 2NO_2F(g)$$

실험적으로 결정된 속도 법칙은 다음과 같다.

$$\text{속도} = k[NO_2][F_2]$$

이 반응에 제안된 메커니즘은 다음과 같다.

$$NO_2 + F_2 \xrightarrow{k_1} NO_2F + F \quad \text{느림}$$

$$F + NO_2 \xrightarrow{k_2} NO_2F \quad \text{빠름}$$

이것은 가능한 메커니즘인가? 즉, 앞서 제시된 두 조건을 만족하는가?

풀이 첫째 조건은 각 단계 반응의 총합이 균형이 맞추어진 전체 반응식과 같아야 한다는 것이다.

$$NO_2 + F_2 \longrightarrow NO_2F + F$$

$$F + NO_2 \longrightarrow NO_2F$$

$$2NO_2 + F_2 + \cancel{F} \longrightarrow 2NO_2F + \cancel{F}$$

$$\text{전체 반응:} \quad 2NO_2 + F_2 \longrightarrow 2NO_2F$$

이리하여 첫 번째 조건은 만족한다.

두 번째 조건은 실험으로 결정된 속도 법칙과 일치해야 한다는 것이다. 제안된 메커니즘은 첫 단계가 반응 속도 결정 단계이므로 전체 반응 속도는 첫 단계와 같아야 한다. 첫 단계는 이분자 반응이므로 속도 법칙은 다음과 같다.

$$\text{속도} = k_1[NO_2][F_2]$$

이것은 실험적으로 결정된 속도 법칙과 같다. 따라서 두 가지 조건이 모두 충족되므로 제안된 메커니즘은 받아들일 수 있다(이 예제에서 제안된 메커니즘이 정확히 *맞는*(*correct*) 메커니즘이라고 증명한 것은 아님을 유의하라).

연습 문제 12.77과 12.28 참조

비록 예제 12.6에서 제안한 메커니즘이 화학량론적으로 옳고 관찰된 속도 법칙과도 일치하더라도, 다른 메커니즘도 이러한 두 가지 조건을 충족할 수 있다. 예를 들어 다음과 같은 메커니즘도 제시될 수 있다.

$$NO_2 + F_2 \longrightarrow NOF_2 + O \quad \text{느림}$$
$$NO_2 + O \longrightarrow NO_3 \quad \text{빠름}$$
$$NOF_2 + NO_2 \longrightarrow NO_2F + NOF \quad \text{빠름}$$
$$NO_3 + NOF \longrightarrow NO_2F + NO_2 \quad \text{빠름}$$

따라서 이 반응에 가장 타당한 메커니즘을 알아내려면 추가 실험이 필요하다.

첫 번째 단계에서 정반응과 역반응이 빠른 반응의 메커니즘

흔한 반응 메커니즘으로 첫 번째 단계의 정반응과 역반응 *둘 다* 두 번째 단계의 반응에 비해 매우 빠른 형태가 있다. 이런 형태의 한 가지 예는 오존(O_3)이 산소(O_2)로 분해되는 반응이다. 이 반응의 균형 맞춘 반응식과 관찰한 속도식은 다음과 같다.

$$2O_3(g) \rightarrow 3O_2(g)$$

$$\text{속도} = k\frac{[O_3]^2}{[O_2]}$$

이 반응의 속도식은 *생성물(product)의* 농도를 포함하는 특이한 예임을 주목하라. 제안된 반응 메커니즘은 아래와 같다.

$$O_3 \underset{k_{-1}}{\overset{k_1}{\rightleftharpoons}} O_2 + O$$
$$O + O_3 \xrightarrow{k_2} 2O_2$$

첫 번째 단계의 이중 화살표는 정반응과 역반응이 모두 중요하다는 것을 의미한다. 정반응과 역반응의 속도 상수는 각각 k_1과 k_{-1}이다.

두 번째 단계는 O_3 분자의 농도가 매우 낮기 때문에 상대적으로 느리다.

이 메커니즘에서 첫 번째 단계의 정반응과 역반응 모두가 두 번째 단계보다 매우 빠르다고 가정하면, 이것은 두 번째 단계가 속도 결정 단계임을 의미한다. 그러므로 전체 반응 속도는 두 번째 단계의 속도와 일치한다.

$$\text{속도} = k_2[O][O_3]$$

이것은 실험으로 결정한 속도식과 일치하지 않는다. 이 속도식은 산소 원자 즉, 중간체의 농도를 포함한다. 그러나 하나의 가정을 더 도입하면 [O]를 제거할 수 있어 실험과 일치하는 속도식을 얻게 된다. 첫 번째 단계의 정반응과 역반응의 속도가 같다고 가정한다. 즉, 우리는 초기 가역적인 빠른 단계가 평형 상태에 있다고 가정한다. 첫 번째 단계의 정방향 및 역방향 반응 속도는 두 번째 단계의 속도보다 훨씬 빠르므로, 이 가정은 합리적이다. 첫 번째 단계에서 다음과 같이 된다.

$$\text{정반응 속도} = k_1[O_3]$$

그리고

$$\text{역반응 속도} = k_{-1}[O_2][O]$$

첫 번째 단계에서 정반응 속도와 역반응 속도는 같으므로 다음과 같은 식이 된다.

$$k_1[O_3] = k_{-1}[O_2][O]$$

[O]에 대하여 풀면 다음과 같이 된다.

$$[O] = \frac{k_1[O_3]}{k_{-1}[O_2]}$$

이제 [O]를 두 번째 단계 속도식에 대입하면 아래와 같다.

$$속도 = k_2[O][O_3] = k_2\left(\frac{k_1[O_3]}{k_{-1}[O_2]}\right)[O_3] = \frac{k_2k_1[O_3]^2}{k_{-1}[O_2]}$$
$$= k\frac{[O_3]^2}{[O_2]}$$

여기에서 k는 k_2k_1/k_{-1}을 나타내는 복합 상수이다.

두 개의 단일 단계 과정을 가정하고 이 단계들의 상대 속도를 가정하여 유도한(derived) 속도식은 실험적으로 구한 속도식과 일치한다. 또한 이 메커니즘(단일 단계들에 더하여 여러 가정까지 포함한)은 전체 반응의 화학량론을 바르게 나타내므로, 오존이 산소로 분해되는 반응에 대해 받아들일 수 있는 메커니즘이다.

예제 12.7 반응 메커니즘 II

기체 상태에서 $CHCl_3$와 Cl_2의 반응은 다음 식으로 나타낼 수 있다.

$$Cl_2(g) + CHCl_3(g) \longrightarrow HCl(g) + CCl_4(g)$$

이것은 실험으로 결정된 속도식의 차수가 정수가 아닌 경우이다.

$$속도 = k[Cl_2]^{1/2}[CHCl_3]$$

이 반응에 제안된 메커니즘은 다음과 같다.

$$Cl_2(g) \underset{k_{-1}}{\overset{k_1}{\rightleftharpoons}} 2Cl(g)$$ 두 반응 모두 같은 속도로 빠름 (빠른 평형)

$$Cl(g) + CHCl_3(g) \xrightarrow{k_2} HCl(g) + CCl_3(g)$$ 느림

$$CCl_3(g) + Cl(g) \xrightarrow{k_3} CCl_4(g)$$ 빠름

이 메커니즘을 받아들일 수 있을까?

풀이 두 가지 물음에 답하여야 한다. 첫째로, 메커니즘이 옳은 화학량론을 나타내는가? 세 단계를 모두 더하면 올바른 균형 맞춘 반응식이 도출된다.

$$Cl_2(g) \rightleftharpoons 2Cl(g)$$
$$Cl(g) + CHCl_3(g) \longrightarrow HCl(g) + CCl_3(g)$$
$$CCl_3(g) + Cl(g) \longrightarrow CCl_4(g)$$

$$Cl_2(g) + \cancel{Cl}(g) + CHCl_3(g) + \cancel{CCl_3}(g) + \cancel{Cl}(g) \longrightarrow \cancel{2Cl}(g) + HCl(g) + \cancel{CCl_3}(g) + CCl_4(g)$$

$$전체\ 반응:\quad Cl_2(g) + CHCl_3(g) \longrightarrow HCl(g) + CCl_4(g)$$

둘째로, 이 메커니즘이 관찰된 속도식과 일치하는가? 전체 반응 속도는 가장 느린 단계의 속도에 의해 결정되므로,

$$전체\ 속도 = 두\ 번째\ 단계의\ 속도 = k_2[Cl][CHCl_3]$$

가 된다. 염소 원자가 중간체이므로 속도식에서 [Cl]을 없애는 방법을 찾아내야 한다. 이것은 첫째 단계의 정반응과 역반응의 속도가 같음을 이용한다.

$$k_1[Cl_2] = k_{-1}[Cl]^2$$

$[Cl]^2$에 대하여 풀면 다음 식이 된다.

$$[Cl]^2 = \frac{k_1[Cl_2]}{k_{-1}}$$

양쪽에 제곱근을 취하면 다음과 같이 된다.

$$[\text{Cl}] = \left(\frac{k_1}{k_{-1}}\right)^{1/2} [\text{Cl}_2]^{1/2}$$

따라서 속도식은 다음과 같다.

$$\text{속도} = k_2[\text{Cl}][\text{CHCl}_3] = k_2\left(\frac{k_1}{k_{-1}}\right)^{1/2} [\text{Cl}_2]^{1/2}[\text{CHCl}_3] = k[\text{Cl}_2]^{1/2}[\text{CHCl}_3]$$

이때

$$k = k_2\left(\frac{k_1}{k_{-1}}\right)^{1/2}$$

이다. 메커니즘으로부터 유도된 속도식은 실험으로 얻은 속도식과 일치한다. 이 메커니즘은 두 조건을 만족하며, 따라서 받아들일 수 있는 메커니즘이다.

12.6 화학 반응 속도론 모형

화학 반응은 어떻게 일어날까? 우리는 이미 몇 가지 단서를 얻었다. 한 예로, 우리는 화학 반응 속도가 반응물의 농도에 따라 변하는 것을 보았다. 다음 반응을 보자.

$$\text{aA} + \text{bB} \longrightarrow \text{생성물}$$

반응의 초기 속도는 속도 법칙에 따라 아래와 같이 표현할 수 있다.

$$\text{속도} = k[\text{A}]^n[\text{B}]^m$$

이때 각 반응물의 차수는 상세한 반응 메커니즘에 따라 결정된다. 이는 왜 반응 속도가 농도에 따라 달라지는지를 설명해 준다. 그러나 반응 속도에 영향을 주는 다른 요인은 어떻게 설명해야 할까? 가령, 온도는 반응 속도에 어떻게 영향을 주는가?

우리는 우리의 경험으로부터 이 질문에 정성적으로 답할 수 있다. 우리가 냉장고를 쓰는 이유는 저온에서는 음식의 부패가 느려지기 때문이다. 나무의 연소는 고온에서만 우리가 측정할 수 있을 정도의 빠르기로 일어난다. 끓는 물에서 계란을 삶으면, 해발 3048 m (10000 ft) 고도에 있는 콜로라도 레드빌에서보다 해변에서 삶을 때 더 빠르게 익는다. 이 고도에서 물의 끓는점은 약 90°C 정도밖에 되지 않기 때문이다. 이런저런 현상을 관찰하면, *화학 반응은 온도가 오를수록 빨라진다*는 결론을 내릴 수 있다. 실제로 실험을 해 보면, 그림 12.9에서 볼 수 있듯이 거의 모든 속도 상수가 절대 온도의 상승에 따라 기하급수적으로 커진다는 사실을 알 수 있다.

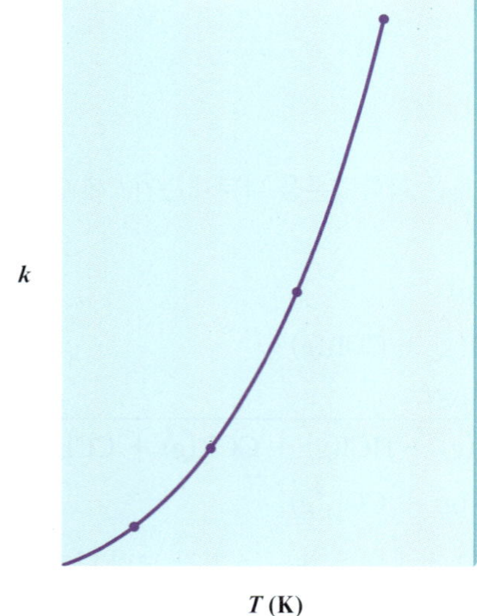

그림 12.9 속도 상수가 절대 온도 상승에 따라 기하급수적으로 증가함을 보여주는 도표. 온도에 따라 k가 변하는 정확한 정도는 반응에 따라 달라진다. 이 그림은 온도가 10 K 상승할 때마다 속도 상수는 두 배가 되는 모습을 보여준다.

이 절에서는 실험에서 관찰된 반응 속도의 특징을 설명할 수 있는 한 모형을 살펴보기로 한다. 이 모형은 **충돌 모형**(collision model) 이라고 부르는데, *분자가 반응하려면 반드시 서로 충돌해야 한다*는 생각에서 비롯되었다. 우리는 이미 이 가정이 어떻게 반응 속도와 농도의 관계를 설명할 수 있는지 알아보았다. 이제는 이 모형이 반응 속도와 온도 사이의 관계도 설명할 수 있는지 알아보자.

기체 분자 운동론은 온도가 오르면 분자의 운동 속도가 빨라지므로 분자 간 충돌도 잦아지리라 예측한다. 이러한 생각은 고온에서 반응 속도가 더 빨라진다는 관찰 결과와도 잘 맞는다. 그러므로 충돌 모형은 실험 결과를 정성적으로 잘 설명한다고 할 수 있다. 그러나 한편으로, 반응 속도를 측정하면 기체 분자의 충돌 빈도를 계산하여 예측한 값보다 상당히 느리게 나온다는 사실도 알 수 있다. 그렇다면 많은 *충돌 중 단지 일부만이 반응을 일으킨다*고 생각할 수밖에 없다. 왜일까?

이러한 의문은 1880년대 Svante Arrhenius가 처음 제기하였다. 그는 *문턱 에너지*(*threshold energy*)가 존재한다고 주장했다. 이를 **활성화 에너지**(activation energy)라고도 하는데, 화학 반응이 일어나기 위하여 반드시 넘어야만 하는 에너지 수준을 뜻한다. 이 주장은 제법 타당하였는데, 기체상 BrNO의 분해 반응을 예시로 알아보자.

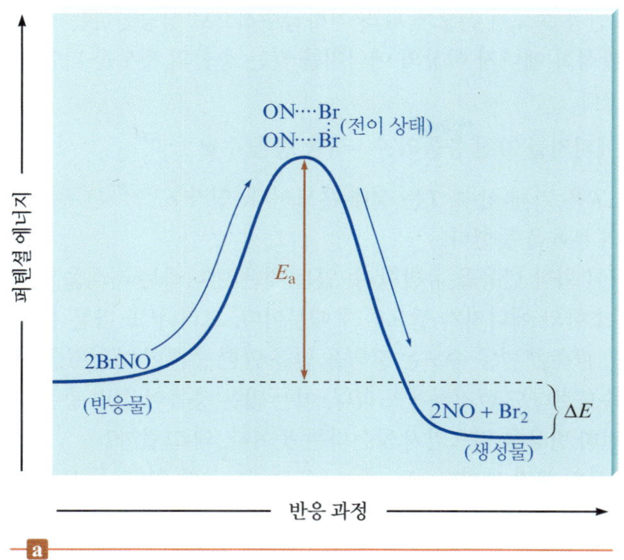

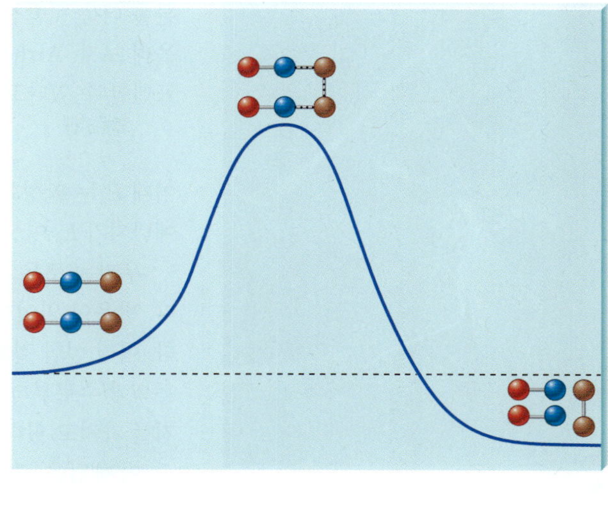

그림 12.10 (**a**) $2BrNO \rightarrow 2NO + Br_2$ 반응의 진행에 따른 퍼텐셜 에너지의 변화. 활성화 에너지 E_a는 BrNO 분자 결합을 교란하는데 필요한 에너지로, 이 에너지가 있어야 비로소 생성물 형성 과정으로 진행할 수 있다. ΔE는 반응물과 생성물 사이의 최종 에너지 차이를 뜻한다. (**b**) 같은 반응을 분자 모형으로 표현한 그림.

$$2BrNO(g) \longrightarrow 2NO(g) + Br_2(g)$$

이 반응에서 두 Br—N 결합이 반드시 깨지고 Br—Br 결합 하나가 생겨야 한다. Br—N 결합 하나를 깨뜨리려면 상당한 에너지 (243 kJ/mol) 가 필요하며, 이 에너지는 어디선가에서 유입되어야만 한다. 충돌 모형은 이 에너지가 반응에 참여하는 분자가 충돌 전에 가지고 있던 운동 에너지에서 유래한다고 가정한다. 분자가 부딪쳐 뒤틀리고 결합이 깨지면서, 운동 에너지는 퍼텐셜 에너지로 전환되고 원자들은 재배열하여 생성물 분자를 만든다.

이러한 반응 진행 과정을 그림 12.10을 보며 상상해 보자. 분자 재배열이 퍼텐셜 에너지 '언덕' 꼭대기에서 일어나고 있다. 퍼텐셜 에너지 장벽이라고 할 수도 있을 것이다. 이 지점에 있는 원자들의 배열을 **활성화물**(activated complex) 또는 **전이 상태**(transition state)라 부른다. BrNO에서 NO와 Br_2가 되는 과정은 발열 반응이다. 이 사실은 생성물이 반응물보다 더 낮은 퍼텐셜 에너지를 가지고 있는 모습으로 표현된다. 그러나 ΔE는 반응 속도에는 아무런 영향을 주지 않는다. 반응 속도는 그보다는 활성화 에너지 E_a가 얼마나 큰가에 달려 있다.

일정 온도에서 활성화 에너지가 클수록 반응은 느리다.

요점은 두 BrNO 분자가 '언덕을 넘어' 생성물을 형성하려면 어떤 최소한의 에너지가 필요하다는 것이다. 이 에너지는 충돌 에너지로써 얻을 수 있다. 두 BrNO 분자가 충돌하더라도 둘의 운동 에너지가 적다면 장벽을 넘지 못한다. 일정 온도에서 수많은 충돌이 일어나지만, 그중 일부만이 생성물을 형성할 정도의 에너지를 갖는다.

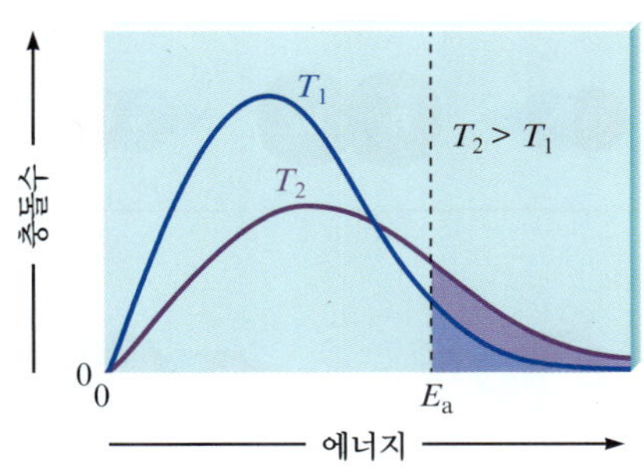

그림 12.11 $T_2 > T_1$일 때, 두 온도에서의 충돌 에너지와 충돌 횟수를 보여주는 도표.

제5장에서 보았던 기체 분자의 속도 분포를 이용하면 이 문제를 더 상세히 다룰 수 있다. 그림 12.11은 서로 다른 두 온도에서의 충돌 에너지 분포를 그린 도표이다. 그림은 또한 반응의 활성화 에너지를 보여준다. 활성화 에너지보다 많은 에너지를 갖는 충돌만 장벽을 넘어 반응을 일으킬 수 있다. 저온 T_1에서 이러한 유효 충돌 분율은 상당히 낮다. 그러나 온도가 T_2로 오르면 활성화 에너지 장벽을 넘을 수 있는 유효 충돌의 분율은 극적으로 증가한다. 온도가 두 배가 되면 유효 충돌 분율은 두 배보다 훨씬 더 증가한다. 실제로 유효 충돌 분율은 온도에 따라 *기하급수적으로*(*exponentially*) 증가한다. 이러한 사실은 이 이

▲
귀뚜라미. 귀뚜라미 울음소리의 진동수는 귀뚜라미의 체온에 따라 달라진다.

론을 더욱 뒷받침해 준다. 반응 속도가 온도에 따라 기하급수적으로 상승한다는 사실을 떠올려 보자. Arrhenius는 활성화 에너지 이상의 에너지를 갖는 충돌의 횟수를 다음과 같이 표현할 수 있다고 가정하였다.

$$\text{활성화 에너지를 가진 충돌의 수} = (\text{총 충돌 수})e^{-E_a/RT}$$

이때 E_a는 활성화 에너지, R은 기체 상수, T는 절대 온도이다. 인자 $e^{-E_a/RT}$는 온도 T에서 에너지가 E_a 이상인 충돌의 분율을 뜻한다.

우리는 모든 분자 충돌이 화학 반응을 유발할 수 있는 것은 아니라는 사실을 알아보았다. 반응이 일어나려면 최소한의 에너지가 필요하기 때문이다. 그러나 또 다른 문제가 있다. 여러 실험 결과를 보면, *관측한 반응 속도는 장벽을 넘을 만한 충분한 에너지를 가진 충돌의 횟수로부터 계산한 속도보다도 현저하게 느리다.* 이는 많은 충돌이 설령 충분한 에너지를 가지고 있더라도 여전히 반응을 일으키지 않는다는 뜻이다. 왜 그럴까?

이 해답은 충돌 시점에서의 **분자 배향**(molecular orientations)에 있다. 두 BrNO 분자 간 반응을 이용하여 이를 설명해 보자 (그림 12.12). 충돌하는 방향에 따라서 어떤 충돌은 반응을 일으키기도 하고, 어떤 충돌은 그렇지 못하기도 한다. 따라서 유효하지 않은 분자 배향을 한 충돌을 고려하여 보정 인자를 추가하여야 한다.

요약하자면, 반응물이 충돌하여 생성물을 형성하려면 아래 두 가지 조건을 반드시 만족하여야 한다.

1. 반응을 유발할 만큼 충돌 에너지가 커야 한다. 즉, 충돌 에너지가 활성화 에너지 이상이어야 한다.
2. 반응물 간의 상대적 배향이 생성물을 구성하는 새로운 결합을 이룰 수 있어야 한다.

이러한 요인을 고려하여, 속도 상수를 다음과 같이 표현할 수 있다.

$$k = zpe^{-E_a/RT}$$

이때 z는 충돌 빈도이다. p는 **입체 인자**(steric factor, 항상 1보다 작다)라 하는데, 유효 배

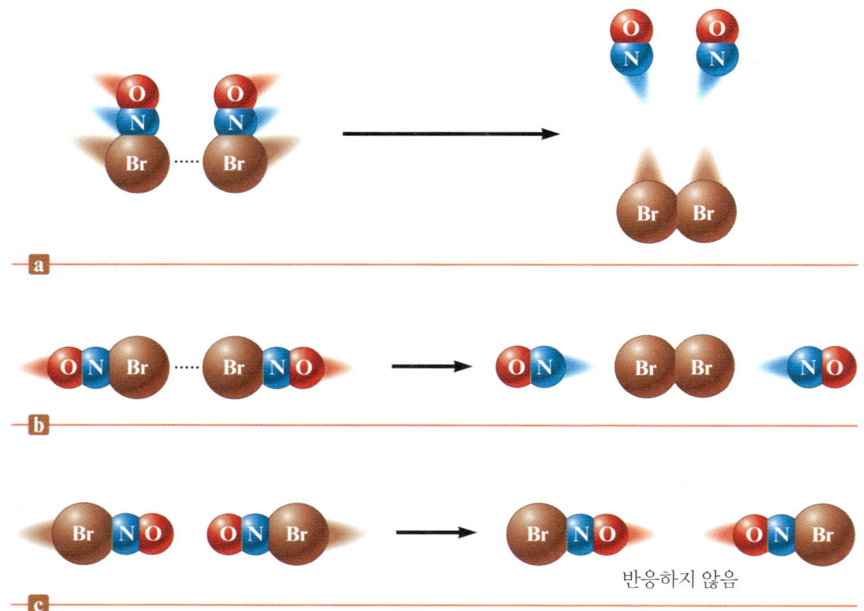

그림 12.12 BrNO 분자 두 개가 충돌할 때 가능한 몇 가지 배향. (a)와 (b) 상황에서는 반응할 수 있지만, (c) 상황에서는 반응할 수 없다.

향을 갖는 충돌의 분율을 나타낸다. $e^{-E_a/RT}$는 반응을 일으킬 수 있을 정도의 에너지를 갖는 충돌의 분율이다. 이상을 바탕으로 위의 식은 보통 다음과 같이 나타낸다.

$$k = Ae^{-E_a/RT} \tag{12.9}$$

이 식을 **Arrhenius 식**(Arrhenius equation) 이라 한다. zp가 A로 대체되었는데, 이때 A를 반응의 **빈도 인자**(frequency factor)라 한다.

Arrhenius 식의 양변에 자연로그를 취하면 다음 식이 된다.

$$\ln(k) = -\frac{E_a}{R}\left(\frac{1}{T}\right) + \ln(A) \tag{12.10}$$

식 (12.10)은 $y = mx + b$ 형인 일차방정식으로, $y = \ln(k)$, $m = -E_a/R$ = 기울기, $x = 1/T$, $b = \ln(A)$ = 절편이다. 따라서, 속도 상수가 Arrhenius 식을 따르는 반응이라면, $\ln(k)$ 대 $1/T$ 그래프를 그리면 직선이 나온다. 기울기와 절편을 이용하면 각각 반응의 E_a와 A값을 구할 수 있다. 대부분의 속도 상수가 근사적으로 Arrhenius 식을 따른다는 사실은 화학 반응을 설명하는 충돌 모형이 합리적임을 보여준다.

비판적 사고 분자 간 화학 반응을 일으키려면 충족해야 하는 조건이 많다. 그런데 만약 모든 충돌이 반응으로 이어진다면 어떻게 될까? 생물의 삶은 어떻게 달라질까?

예제 12.8 활성화 에너지의 결정 I

아래 반응을 여러 온도에서 조사하여 다음 k 값을 얻었다.

$$2N_2O_5(g) \longrightarrow 4NO_2(g) + O_2(g)$$

k (s^{-1})	T (°C)
2.0×10^{-5}	20
7.3×10^{-5}	30
2.7×10^{-4}	40
9.1×10^{-4}	50
2.9×10^{-3}	60

이 반응의 E_a 값을 구하라.

풀이 E_a 값을 구하려면 $\ln(k)$ 대 $1/T$ 그래프를 도시하면 된다. 먼저 $\ln(k)$와 $1/T$ 값을 구하면 아래와 같다.

T (°C)	T (K)	$1/T$ (K^{-1})	k (s^{-1})	$\ln(k)$
20	293	3.41×10^{-3}	2.0×10^{-5}	−10.82
30	303	3.30×10^{-3}	7.3×10^{-5}	−9.53
40	313	3.19×10^{-3}	2.7×10^{-4}	−8.22
50	323	3.10×10^{-3}	9.1×10^{-4}	−7.00
60	333	3.00×10^{-3}	2.9×10^{-3}	−5.84

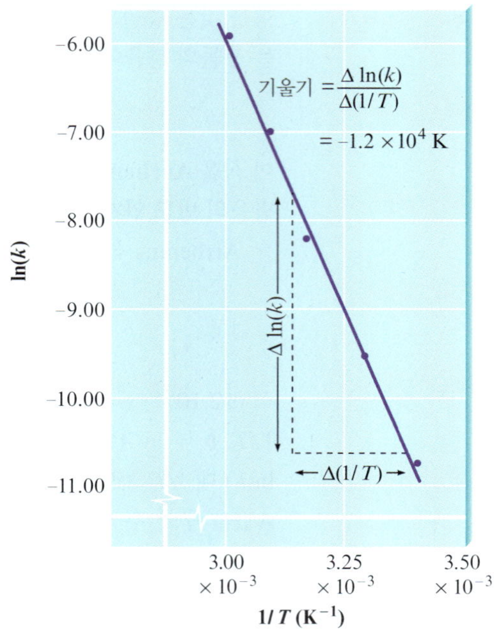

$\ln(k)$ 대 $1/T$의 관계를 보여주는 위 직선의 기울기는 다음과 같다.

$$\frac{\Delta \ln(k)}{\Delta\left(\frac{1}{T}\right)}$$

기울기를 구하면 -1.2×10^4 K이다. E_a 값은 다음 식으로 구할 수 있다.

$$\text{기울기} = -\frac{E_a}{R}$$

$$E_a = -R(\text{기울기}) = -(8.3145 \text{ J/K} \cdot \text{mol})(-1.2 \times 10^4 \text{ K})$$
$$= 1.0 \times 10^5 \text{ J/mol}$$

따라서 이 반응의 활성화 에너지는 1.0×10^5 J/mol 이다.

연습 문제 12.87과 12.88 참조

반응의 E_a를 구하는 가장 일반적인 방법은, 예제 12.8에서 보았듯이 여러 온도에서 속도 상수 k를 측정하여 $\ln(k)$ 대 $1/T$ 그래프를 도시하는 것이다. 그러나 식 (12.10)으로부터 다음과 같은 식을 유도하면, 단 두 온도에서의 k 값을 얻는 것만으로도 E_a를 구할 수 있다.

온도 T_1에서의 속도 상수 k_1은 다음과 같이 구할 수 있다.

$$\ln(k_1) = -\frac{E_a}{RT_1} + \ln(A)$$

온도 T_2 서의 속도 상수 k_2는 다음과 같다.

$$\ln(k_2) = -\frac{E_a}{RT_2} + \ln(A)$$

두 식의 차를 구하면 다음과 같은 형태가 된다.

$$\ln(k_2) - \ln(k_1) = \left[-\frac{E_a}{RT_2} + \ln(A)\right] - \left[-\frac{E_a}{RT_1} + \ln(A)\right]$$
$$= -\frac{E_a}{RT_2} + \frac{E_a}{RT_1}$$

따라서
$$\ln\left(\frac{k_2}{k_1}\right) = \frac{E_a}{R}\left(\frac{1}{T_1} - \frac{1}{T_2}\right) \tag{12.11}$$

그러므로 온도 T_1과 T_2에서 측정한 값 k_1과 k_2를 활용하여 E_a를 구할 수 있다. 예제 12.9를 보자.

비판적 사고 현재 사용하는 냉장고의 내부 온도는 대개 7.2°C이다. 만일 공장에서 내부 온도를 12.8°C로 설정하면 어떻게 될까? 우리의 삶에는 어떤 영향을 줄까?

대화형 예제 12.9 활성화 에너지의 결정 II

CH_4와 S_2 간의 기체상 반응은 다음과 같다.

$$CH_4(g) + 2S_2(g) \longrightarrow CS_2(g) + 2H_2S(g)$$

이 반응의 속도 상수는 550°C에서 1.1 L/mol · s이고 625°C에서 6.4 L/mol · s 이다. 이 값을 활용하여 반응의 E_a를 구하라.

풀이 관련 자료는 아래 표에 제시되어 있다.

k (L/mol · s)	*T* (°C)	*T* (K)
$1.1 = k_1$	550	$823 = T_1$
$6.4 = k_2$	625	$898 = T_2$

이 값을 식 (12.11)에 대입하면 다음과 같다.

$$\ln\left(\frac{6.4}{1.1}\right) = \frac{E_a}{8.3145 \text{ J/K} \cdot \text{mol}}\left(\frac{1}{823 \text{ K}} - \frac{1}{898 \text{ K}}\right)$$

위 식을 E_a에 대하여 풀면 다음 결과를 얻을 수 있다.

$$\blacksquare\ E_a = \frac{(8.3145 \text{ J/K} \cdot \text{mol})\ln\left(\frac{6.4}{1.1}\right)}{\left(\frac{1}{823 \text{ K}} - \frac{1}{898 \text{ K}}\right)}$$
$$= 1.4 \times 10^5 \text{ J/mol}$$

연습 문제 12.89~12.92 참조

우리는 반응 속도를 높이려면 반응물의 농도를 높이거나 온도를 상승시키면 된다는 것을 보았다. 이러한 현상은 반응하려면 분자는 반드시 부딪쳐야 한다는 충돌 모형으로 설명할 수 있다. 고체를 포함한 반응이라면 고체 반응물의 표면적을 늘려 반응 속도를 높일 수 있다. 가령 공기 중에서 큰 통나무보다는 나뭇조각이 더 빠르게 탄다. 이 또한 충돌 모형으로 설명할 수 있다. 표면적이 넓다는 것은 더 많은 반응물 분자가 다른 반응물과 접촉할 수 있다는 뜻이기 때문이다. 반응 속도를 빠르게 하는 다른 방법은 촉매를 사용하는 것인데, 이는 다음 절에서 더 알아보자.

12.7 촉매작용

앞서 우리는 온도 증가에 따라 반응 속도가 급격히 증가하는 것을 보았다. 만약 어떤 반응이 실온에서 빠르게 일어나지 않을 경우, 온도를 높이면 반응 속도를 증가시킬 수 있다. 하지만 이렇게 할 수 없을 때도 있다. 예를 들어 생물의 세포는 상당히 좁은 온도 범위 안에서만 생존할 수 있으며, 인체는 거의 일정한 온도인 37°C (98.6°F)에서 기능하게 되어 있다. 그런데 우리의 삶을 유지하는 수많은 복잡한 생화학 반응은 다른 특별한 수단이 없다면 이 온도에서는 너무나 느리게 진행된다. 그런데도 우리가 우리의 몸을 지탱할 수 있는 것은 체내에 **효소**(enzyme)라 부르는 많은 물질이 있어서 이러한 반응의 속도를 증가시켜 주기 때문이다. 실제로 거의 모든 생화학적으로 중요한 반응은 특정한 효소의 도움을 받는다.

암모니아를 합성하는 Haber 공정과 같이 상업적으로 중요한 반응의 속도를 증가시키기 위해 온도를 높일 수 있지만, 이렇게 하려면 큰 비용이 든다. 실제 화학 공장에서 온도를 높이는 일은 에너지 비용을 상당히 증가시키는 것이다. 적절한 촉매를 이용하면 상대적으로 낮은 온도에서 반응을 촉진할 수 있으며, 결국 생산 단가를 낮출 수 있다.

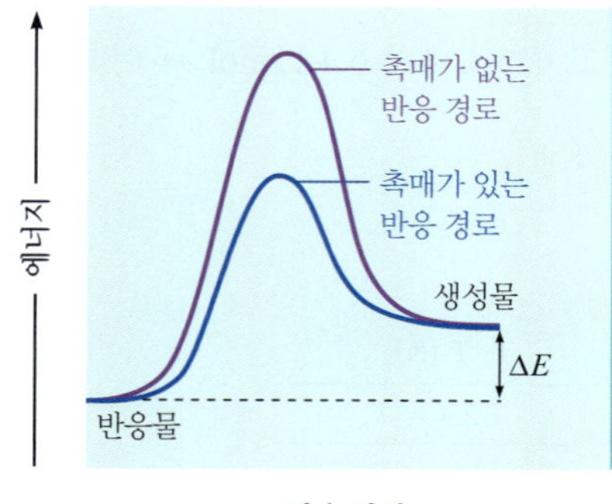

그림 12.13 어떤 반응에서 촉매를 사용하였을 때와 사용하지 않았을 때의 반응 경로에 따른 에너지 그래프.

촉매(catalyst)란, *자기 자신은 반응에서 소모되지 않으면서 반응 속도를 증가시키는 물질*을 말한다. 실제로 거의 모든 생물학적 반응이 효소(생물학적 촉매)에 의해 촉진되듯이 거의 모든 산업 공정에 촉매가 이용되고 있다.

이를테면 황산의 생산에는 산화 바나듐(V)이 사용되며, Haber 공정에는 철과 산화 철의 혼합물이 사용된다.

촉매는 어떻게 작용할까? 각 반응에서는 반응이 일어나기 위해 꼭 넘어야 할 에너지 장벽이 있다는 것을 기억하라. 온도를 올려 분자의 에너지를 증가시키지 않고, 어떻게 반응을 더욱 빠르게 일으킬 수 있을까? 그 답은 반응에 대한 새로운 경로, 즉 *낮은 활성화 에너지(lower activation energy)*를 갖는 새로운 경로를 만드는 것이다. 그림 12.13에서도 볼 수 있듯이, 이것이 바로 촉매가 하는 역할이다. 촉매는 더 낮은 활성화 에너지로 반응이 일어나도록 해 주기 때문에, 주어진 온도에서 유효 충돌의 분율이 훨씬 더 커지게 되어 반응 속도가 증가한다. 이 효과를 그림 12.14에 나타내었다. 이 그림에서 촉매는 반응의 활성화 에너지 E_a를 낮추지만, 반응물과 생성물의 에너지 차이인 ΔE에는 영향을 미치지 않는다는 점에 주목하라.

촉매는 균일 촉매와 불균일 촉매로 나뉜다. **균일 촉매**(homogeneous catalyst)란 *반응물과 같은 상으로 존재하는 촉매*이다. **불균일 촉매**(heterogeneous catalyst)는 *반응물과 다른 상으로 존재하는 촉매*를 의미하며, 보통 고체이다.

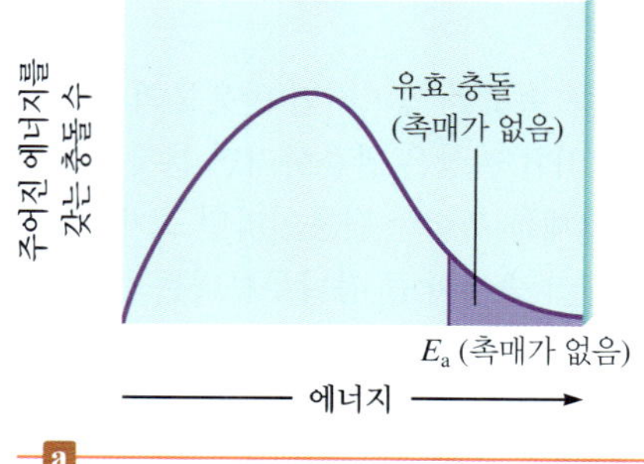

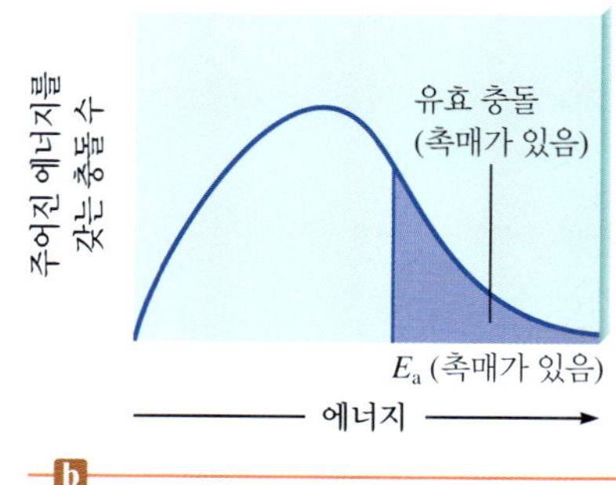

그림 12.14 반응을 일으킬 수 있는 유효 충돌수에 미치는 촉매의 효과. 촉매는 활성화 에너지가 낮은 반응 경로를 제공하기 때문에, 촉매 반응 경로 (b)에서는 비촉매 반응 경로 (a)에서보다 훨씬 더 많은 유효 충돌이 일어난다(주어진 온도 조건에서). 따라서, 온도 증가 없이도 훨씬 높은 속도로 반응물로부터 생성물이 만들어질 수 있다.

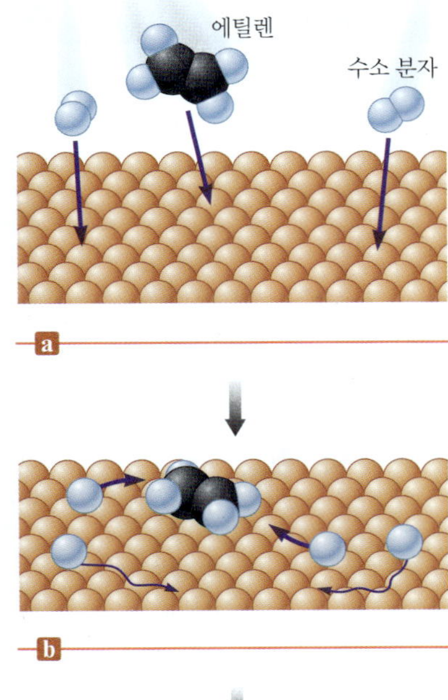

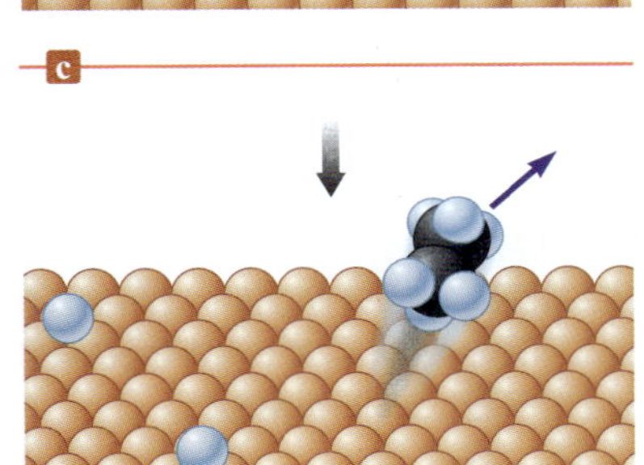

그림 12.15 에틸렌 수소화 반응의 불균일 촉매작용. (**a**) 금속 표면 위에 있는 반응물. (**b**) 수소가 금속 표면에 흡착되어 금속–수소 결합이 생기고 H—H 결합이 끊어진다. 흡착 중에 에틸렌의 π 결합이 끊어지고 금속–수소 결합이 형성된다. (**c**) 흡착된 분자와 원자들이 금속 표면에서 이동하여 서로 접근하면 새로운 C—H 결합이 생성된다. (**d**) 에테인(C_2H_6)의 C 원자들은 결합 용량이 완전히 포화되었으므로 금속 표면에 강하게 결합할 수 없다. 따라서 C_2H_6 분자는 빠져나간다.

불균일 촉매작용

불균일 촉매작용은 대부분 기체 상태의 반응물이 고체 상태의 촉매 표면에 흡착되어 일어난다. **흡착**(adsorption)은 한 물질이 다른 물질의 표면에 모이는 현상이다. 반면에 *흡수*(*absorption*)는 한 물질이 다른 물질로 스며드는 현상이다. 예를 들어 물은 스펀지에 *흡수*된다(absorbed).

불균일 촉매작용의 중요한 한 가지 예는 불포화 탄화수소의 수소화 반응에서 볼 수 있다. 여기에서 불포화 탄화수소란 몇 개의 탄소–탄소 이중 결합이 있는 탄소와 수소로 이루어진 화합물이다. 수소화 반응(hydrogenation)은 기름과 같은 불포화 지방을 포화 지방(Crisco와 같은 고체 쇼트닝)으로 만드는 중요한 공업 과정이다. 이 반응은 C═C 이중 결합에 수소를 첨가하여 C—C 단일 결합으로 만든다.

수소화 반응의 간단한 예로 에틸렌의 반응을 들 수 있다.

$$\underset{\text{에틸렌}}{\mathrm{H_2C{=}CH_2}}(g) + \mathrm{H_2}(g) \longrightarrow \underset{\text{에테인}}{\mathrm{H{-}CH_2{-}CH_2{-}H}}(g)$$

이 반응은 수소 분자의 강한 결합 때문에 활성화 에너지가 매우 높아 실온에서는 아주 느리게 진행된다. 그러나 백금, 팔라듐, 니켈과 같은 고체 촉매를 사용하면 반응 속도가 크게 상승한다. 수소와 에틸렌은 반응이 일어나는 촉매 표면에 흡착된다. 촉매의 가장 중요한 기능은 금속과 수소 간의 인력을 발생시키는 것으로, 이는 H—H 결합을 약화하여 결국 반응을 촉진한다. 이 메커니즘을 그림 12.15에 나타내었다.

복습하기 불균일 촉매작용

일반적으로 불균일 촉매작용은 다음의 4단계로 진행된다.

1. 반응물의 흡착 및 활성화
2. 표면에 흡착된 반응물의 이동
3. 흡착된 물질 간의 반응
4. 생성물의 이탈 혹은 *탈착*(*desorption*)

불균일 촉매작용은 기체 상태의 이산화 황이 기체 상태의 삼산화 황으로 산화하는 반응에서도 볼 수 있는데, 이는 화학 촉매작용의 긍정적인 면과 부정적인 면을 모두 보여준다는 점에서 아주 흥미롭다.

부정적인 면으로는 해로운 대기 오염 물질을 만드는 것이다. 질식할 듯한 냄새와 함께 유독성을 지닌 기체인 이산화 황은 황을 포함하는 연료가 탈 때 항상 형성된다. 그러나 산성비를 내려 환경에 악영향을 주는 것은 삼산화 황이다. 삼산화 황은 대기 중의 물방울과 결합하면 황산을 생성한다.

$$H_2O(l) + SO_3(g) \longrightarrow H_2SO_4(aq)$$

이렇게 생성된 황산은 식물의 성장, 건축물과 조각상, 어류에 상당한 피해를 줄 수 있다.

이산화 황은 맑고 건조한 공기 중에서는 삼산화 황으로 재빨리 산화되지 *않는다*. 그렇다면 문제는 무엇일까? 그 답은 촉매작용이다. 먼지 입자와 물방울이 공기 중에서 O_2와 SO_2 간 반응에 촉매 역할을 하는 것이다.

좋은 면을 보자면, SO_2를 산화하는 불균일 촉매작용이 황산 제조업에 이점을 가져다

화학 관련 읽을거리 Chemical Connections

효소: 자연의 촉매

가장 인상적인 균일 촉매작용의 예들은 자연에서 찾을 수 있다. 식물이나 동물의 생존에 필요한 수많은 복잡한 반응들이 모두 효소에 의해 진행되기 때문이다. 효소는 특정 반응을 촉진하도록 특별히 만들어진 커다란 분자이다. 일반적으로 효소는 α-아미노산의 결합으로 이루어진 중요한 생체 분자의 일종인 단백질이다. α-아미노산은 아래와 같은 일반 구조를 갖고 있다.

$$\mathrm{H_2N{-}CHR{-}COOH}$$

여기에서 R은 20개의 서로 다른 치환기들 가운데 하나를 나타낸다. 이 아미노산 분자들은 서로 연결되어 *단백질*(*protein*)이라 불리는 *고분자*(*polymer*, "많은 부분들"이라는 뜻이다)를 만든다. 단백질의 일반적인 구조는 다음과 같다.

여러 개의 아미노산 조각들 | 치환기 R을 포함한 아미노산 조각 | 치환기 R'을 포함한 아미노산 조각 | 치환기 R"을 포함한 아미노산 조각

인체는 특정한 단백질들이 필요하므로 음식물 속의 단백질은 먼저 아미노산 성분으로 분해된 뒤 체세포에서 새로운 단백질을 만드는 데 사용된다. 단백질에서 한 번에 한 개의 아미노산이 분해되는 반응을 그림 12.17에 나타내었다. 이 반응에서 한 분자의 물과 단백질이 반응하여 한 개의 아미노산과 아미노산 한 개가 줄어든 새로운 단백질이 형성된다. 인체 세포 내에 효소가 없다면 이런 반응들은 너무 느려서 쓸모가 없을 것이다.

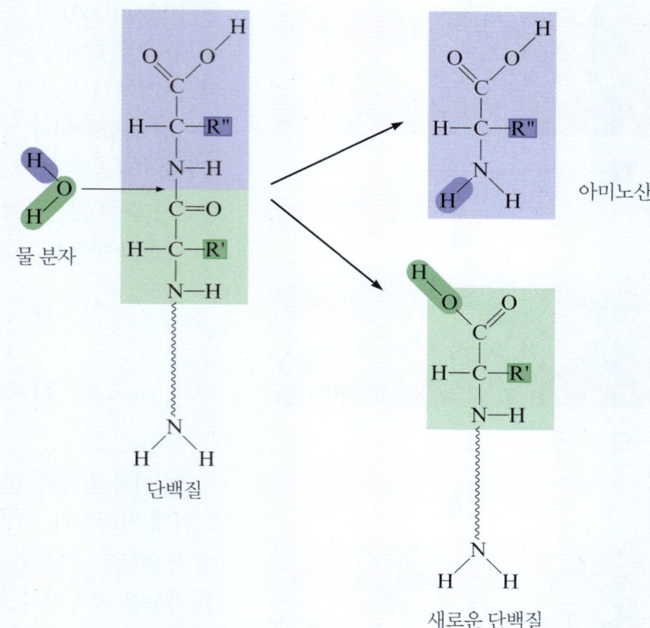

그림 12.17 단백질이 한 분자의 물과 반응하여 말단의 아미노산이 제거되는 과정. 이 반응의 생성물은 떨어져 나간 하나의 아미노산과 작아진 새로운 단백질이다.

이러한 효소 중의 하나는 아연을 포함하는 단백질인 *카복시펩타이드 가수분해 효소-A*(*carboxypeptidase-A*)이다(그림 12.18).

카복시펩타이드 가수분해 효소-A는 작용할 단백질[*기질*(*substrate*)이라고 부름]을 특수한 홈 속으로 포획하여 기질의 끝부분이 촉매작용이 일어나는 활성 자리에 위치하도록 한다(그림 12.19 참조). 이때 Zn^{2+} 이온이 C═O(카보닐)기의 산소에 결합된다는 점에 주목하라. 이 때문에 카보닐기의 전자 밀도가 한쪽으로 쏠려서 이웃의 C—N 결합이 훨씬 더 쉽게 끊어진다. 반응이 끝나면 기질 단백질의 남은 부분과 새로 형성된 아미노산이 효소에 의해 방출된다. 카복시펩타이드 가수분해 효소-A에 관해 설명한 이러한 과정은 다른 효소에서도 많이 볼 수 있는 전형적인 효소 작용이다. 이러한 효소 촉매작용은 다음과 같은 반응 단계로 나타낼 수 있다.

$$\mathrm{E + S \longrightarrow E\cdot S}$$
$$\mathrm{E\cdot S \longrightarrow E + P}$$

여기에서 E는 효소, S는 기질, E · S는 효소와 기질의 복합체, P는 생성물을 나타낸다. 효소와 기질로 만들어진 복합체에서 반응이 진행되며, 반응이 끝나면 효소는 생성물을 내놓고 같은 과정을 되풀이한다. 효소의 가장 놀라운 점은 효율성이다. 효소는 촉매작용을 연속하여 매우 빠르게 되풀이하기 때문에 매우 적은 양으로도 충분한 경우가 많은데, 역설적으로 이 때문에 연구에 필요한 효소를 얻기가 몹시 어렵다.

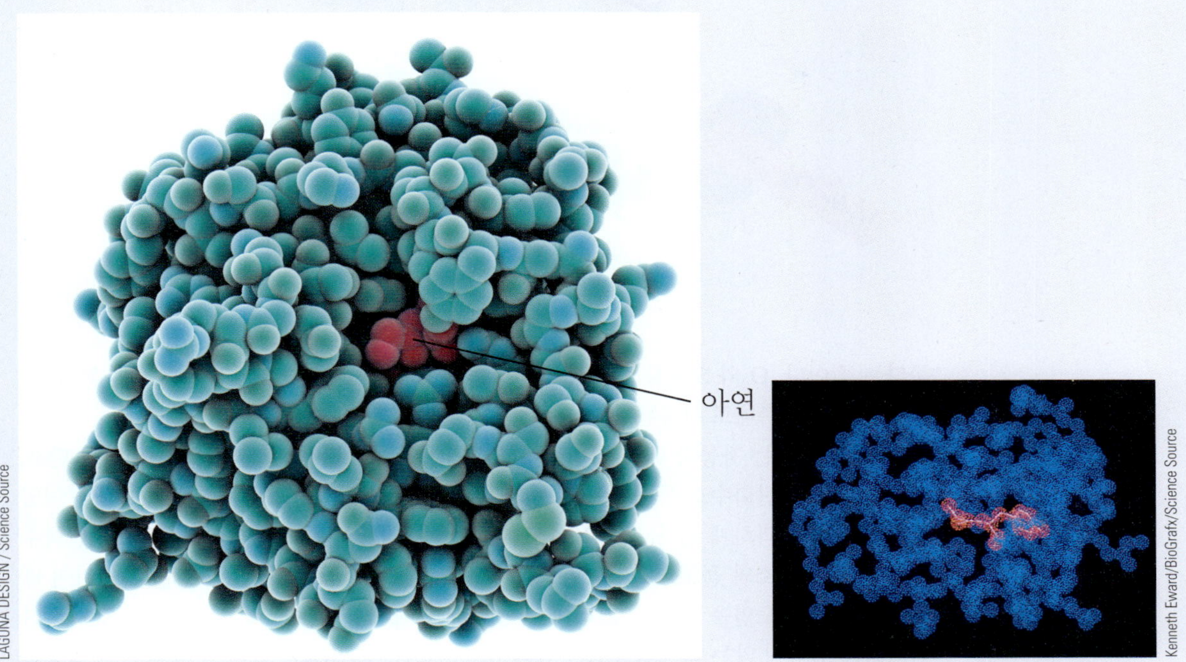

그림 12.18 (a) 307개의 아미노산으로 이루어진 카복시펩타이드 가수분해 효소-A의 구조. 아연 이온은 가운데에 붉은색으로 표시되어 있다. (b) 기질(분홍색)을 특정 위치에 품고 있는 카복시펩타이드 가수분해 효소-A.

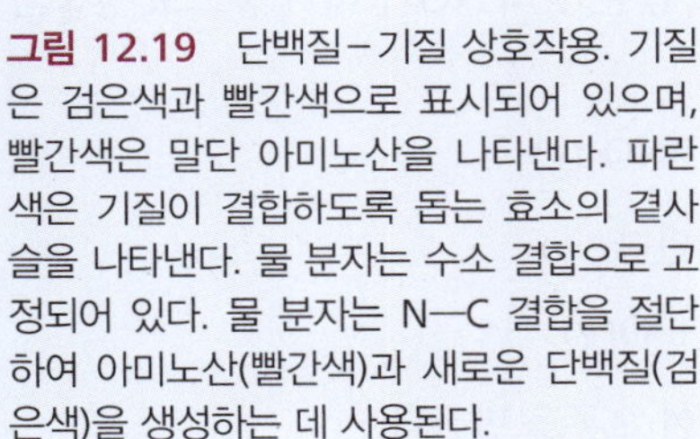

그림 12.19 단백질–기질 상호작용. 기질은 검은색과 빨간색으로 표시되어 있으며, 빨간색은 말단 아미노산을 나타낸다. 파란색은 기질이 결합하도록 돕는 효소의 곁사슬을 나타낸다. 물 분자는 수소 결합으로 고정되어 있다. 물 분자는 N—C 결합을 절단하여 아미노산(빨간색)과 새로운 단백질(검은색)을 생성하는 데 사용된다.

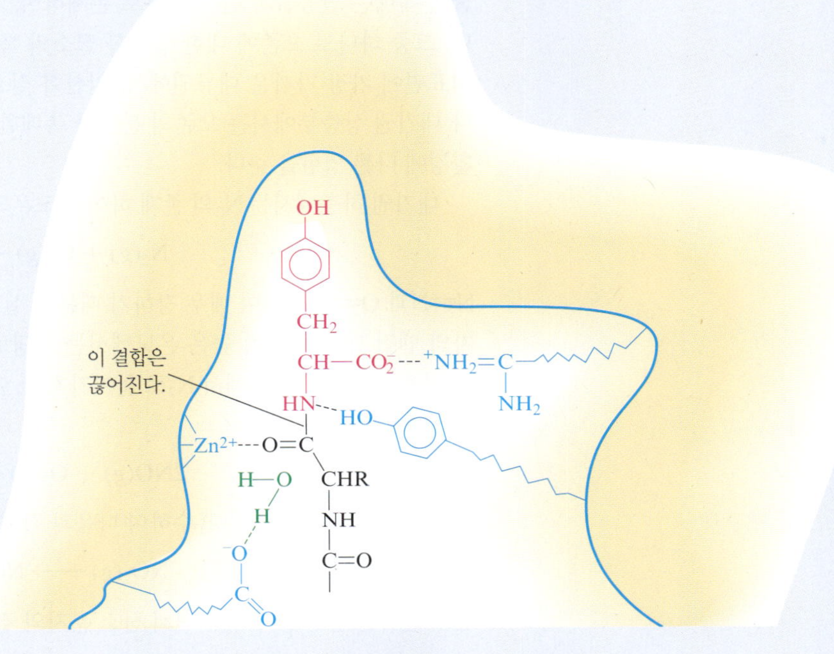

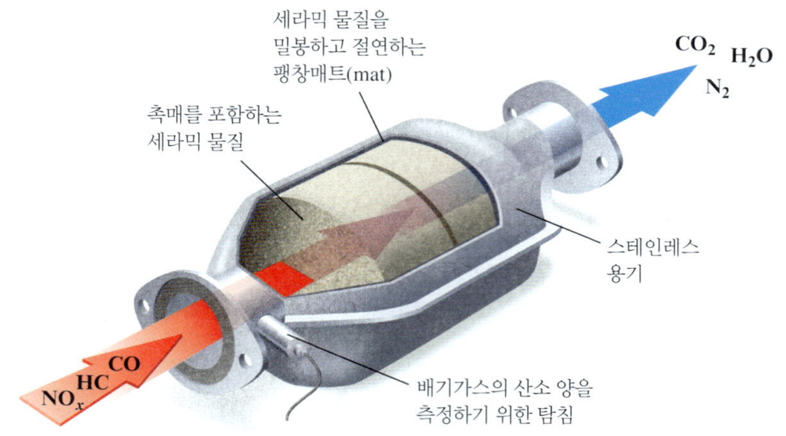

그림 12.16 환경 피해를 최소화하기 위해 자동차 엔진에서 배출되는 배기 가스(HC, 탄화수소; NO_x 질소 산화물, CO)를 촉매 변환기에 통과시킨다.

준다는 점이다. O_2와 SO_2를 반응시켜 SO_3를 만드는 과정에서 백금과 산화 바나듐(V)의 고체 혼합물이 촉매로 사용된다.

불균일 촉매는 자동차 배기관의 촉매 변환기에도 이용된다. 일산화 질소, 일산화 탄소, 연소되지 않은 탄화수소 등이 들어있는 배기가스는 작은 구슬 모양의 고체 촉매가 들어있는 변환기를 통과하게 된다(그림 12.16). 이 촉매는 일산화 탄소를 이산화 탄소로, 탄화수소를 이산화 탄소와 물로, 그리고 일산화 질소를 질소 기체로 바꾸는 과정을 촉진하여 배기가스의 환경 오염을 줄인다. 그러나 이 이로운 촉매작용에는 불행히도 SO_2를 SO_3로 산화시키는 원하지 않는 촉매작용도 수반되며, 이렇게 나온 SO_3는 공기 중의 수분과 반응하여 황산을 만든다.

촉매 변환기에서는 여러 반응이 복잡하게 일어나므로 혼합 촉매가 들어간다. 가장 효과적인 촉매 물질은 전이 금속 산화물 또는 백금이나 팔라듐과 같은 귀금속들이다.

균일 촉매작용

균일 촉매는 반응물과 같은 상으로 존재하며, 기체상과 액체상 촉매 모두 많이 찾을 수 있다. 그중 하나로 오존에 대한 일산화 질소의 특별한 촉매작용을 보자. 대기권을 분류할 때 지표면에 가장 가까운 대류권에서, 일산화 질소는 오존의 생성에 촉매 역할을 한다. 그러나 대기권 상층부에서는 오존의 분해를 촉매한다. 그런데 이 두 가지 촉매 효과 모두 지구 환경에 나쁜 영향을 준다.

대기권 하층에서는 N_2의 존재 하에서 고온의 연소 반응이 일어날 때 NO가 생성된다.

$$N_2(g) + O_2(g) \longrightarrow 2NO(g)$$

N≡N과 O═O 결합이 매우 강하기 때문에 실온에서 이 반응은 매우 느리다. 그러나 자동차의 엔진 내부와 같이 높은 온도에서는 상당량의 NO가 생성된다. 이렇게 만들어진 NO 중 일부는 촉매 변환기에서 N_2로 돌아가지만, 여전히 많은 양의 NO가 대기 중으로 방출되어 산소와 반응한다.

$$2NO(g) + O_2(g) \longrightarrow 2NO_2(g)$$

대기 중에서 NO_2는 빛을 흡수하여 다음과 같이 분해된다.

$$NO_2(g) \xrightarrow{\text{빛}} NO(g) + O(g)$$

산소 원자는 반응성이 매우 커서 산소 분자와 결합하여 오존을 만든다.

$$O_2(g) + O(g) \longrightarrow O_3(g)$$

여기서는 O_2가 NO의 산화제로 표현되었지만, 실제 산화제는 산소와 오염 물질들의 반응에서 생성된 일종의 과산화물일 가능성이 크다. NO와 O_2 사이의 직접적인 반응은 매우 느리다.

오존은 아주 강력한 산화제여서 다른 공해 물질과 반응하여 눈과 폐에 자극을 주는 물질을 만들 수 있으며, 오존 자체로도 독성이 아주 크다.

이러한 일련의 반응에서, 일산화 질소는 소모되지 않고 오존의 생성을 촉진하므로 촉매로 작용한다. 이것은 위의 반응식들을 아래와 같이 더해 보면 알 수 있다.

$$\begin{aligned} NO(g) + \tfrac{1}{2}O_2(g) &\longrightarrow NO_2(g) \\ NO_2(g) &\xrightarrow{\text{빛}} NO(g) + O(g) \\ O_2(g) + O(g) &\longrightarrow O_3(g) \\ \hline \tfrac{3}{2}O_2(g) &\longrightarrow O_3(g) \end{aligned}$$

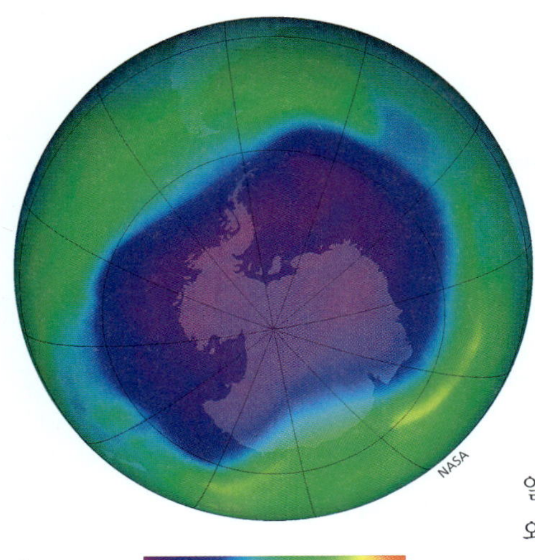

▲ 이 그림은 오존 총량 분포 분광계(Total Ozone Mapping Spectrometer, TOMS) 지구 탐사로 수집한 자료를 보여준다.

성층권에서는 일산화 질소가 반대의 효과를 일으킨다. 즉, 오존층을 파괴하는데, 반응은 다음과 같이 일어난다.

$$\begin{aligned} NO(g) + O_3(g) &\longrightarrow NO_2(g) + O_2(g) \\ O(g) + NO_2(g) &\longrightarrow NO(g) + O_2(g) \\ O(g) + O_3(g) &\longrightarrow 2O_2(g) \end{aligned}$$

일산화 질소는 여기서도 촉매가 되지만, 이때는 O_3가 O_2로 변화하는 과정을 촉매한다. 자외선을 흡수하는 O_3는 고에너지 복사선의 유해한 영향으로부터 우리를 보호하는 데 필수적이기 때문에, 위의 반응은 문제가 될 수 있다. 즉, 상층 대기에서는 태양으로부터 오는 자외선을 차단하는 O_3가 필요하지만, 하층 대기에서는 O_3와 그 산화 생성물들이 호흡기로 들어와 건강을 해치므로 O_3가 필요하지 않다.

오존층은 또한 주로 냉매나 에어로졸의 분무제로 사용되는 안정하고 부식성이 없는 화합물인 클로로플루오로탄소(CFCs)에 의해서도 파괴된다. 이 종류의 물질 중 가장 흔히 사용되는 것은 프레온-12 (CCl_2F_2)이다. 프레온은 그 화학적 안정성 덕분에 유용했지만, 이 때문에 역으로 대기 중에 50년에서 100년 이상까지도 남아있을 수 있어 문제가 된다. 궁극적으로 프레온은 성층권에 도달하여 높은 에너지의 빛을 받아 분해되는데, 그 생성물 중 하나가 염소 원자이다.

프레온-12

$$CCl_2F_2(g) \xrightarrow{\text{빛}} CClF_2(g) + Cl(g)$$

이 염소 원자는 아래와 같이 오존의 분해 반응에서 촉매 역할을 한다.

$$\begin{aligned} Cl(g) + O_3(g) &\longrightarrow ClO(g) + O_2(g) \\ O(g) + ClO(g) &\longrightarrow Cl(g) + O_2(g) \\ \hline O(g) + O_3(g) &\longrightarrow 2O_2(g) \end{aligned}$$

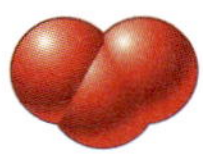

오존

1980년대 남극 상공의 성층권에서 오존층에 구멍이 발견됨으로써 프레온 문제에 많은 관심이 집중되었다. 구멍이 생긴 이유를 알아내기 위한 많은 연구 결과, 성층권에서 일산화 염소(ClO)의 농도가 유독 높다는 것을 알게 되었다. 이 결과는 오존 파괴의 원인이 대기권에 있는 프레온이라는 것을 강하게 암시한다.

이러한 환경문제 때문에 1987년에 국제 협약으로 프레온의 사용이 금지되었다. 이후 남극 상공의 오존층은 점차 다시 회복하고 있다. 현재는 겨울철에는 오존 구멍이 사라졌다가 봄이면 다시 나타나는 계절적인 현상을 보인다. 현재는 프레온의 대체 화합물이 사용되고 있다.

산 촉매작용

산과 염기는 화학 반응에서 촉매로 작용할 수 있다. 예를 들어, 산-촉매 반응에서 반응물은 양성자(H^+)를 얻는다. 양전하를 띤 H^+ 이온은 분자 내의 O, N, S 같은 원자의 비공유 전자쌍이나 불포화 탄화수소의 π 결합에 끌린다.

공업적으로 에탄올을 생산하는 일반적인 방법은 에틸렌과 물의 산 촉매 반응이다.

$$CH_2{=}CH_2 + H_2O \xrightarrow[\text{촉매}]{\text{산}} CH_3CH_2OH$$

이때, H^+는 에틸렌의 이중 결합에 끌려서 반응성이 큰 새로운 중간체를 만든다. 이것은 더 낮은 활성화 에너지를 갖는 새로운 반응 경로를 제공하므로, 산 촉매의 첨가가 없을 때보다 반응을 더 빨리 진행한다.

이 반응의 메커니즘은 다음과 같이 나타낼 수 있다:

$$CH_2{=}CH_2 \xrightarrow{H^+} \underset{\displaystyle H}{\underset{|}{CH_2}}{-}\overset{+}{C}H_2$$

위에 쓴 생성물의 오른쪽에 있는 탄소 원자는 8개의 전자를 갖지 않으므로, 이 생성물은 에틸렌보다 물과의 반응성이 더 크다. 반응은 다음과 같이 진행된다.

$$CH_3{-}\overset{+}{C}H_2 + {:}\underset{\displaystyle H}{\underset{|}{\ddot{O}}}{-}H \longrightarrow CH_3{-}CH_2{-}\underset{\displaystyle H}{\underset{|}{\overset{+}{\ddot{O}}}}{-}H$$

$$CH_3{-}CH_2{-}\underset{\displaystyle H}{\underset{|}{\overset{+}{\ddot{O}}}}{-}H \longrightarrow CH_3{-}CH_2{-}\underset{..}{\ddot{O}}{-}H + H^+$$

이 메커니즘에서 H^+가 최종 반응의 생성물임을 주목하라. 비록 최종 반응의 생성물인 H^+는 처음 반응에 참여한 H^+와 같은 이온은 아니지만, 전체 반응에서 H^+의 알짜 소비는 없다.

개념 정리 및 복습 For Review

주요 용어

화학 반응 속도론

12.1절

반응 속도

순간 속도

12.2절

속도 법칙

속도 상수

반응 차수

(미분) 속도 법칙

적분 속도 법칙

12.3절

초기 속도법

초기 속도

전체 반응 차수

12.4절

일차 반응

일차 적분 속도 법칙

화학 반응 속도론

- 화학 반응 속도에 영향을 주는 요인의 연구
  - 반응 속도는 특정 반응물의 단위 시간 당 농도 변화로 정의한다.
  - 반응 속도의 측정은 흔히 역반응을 무시할 수 있는 조건에서 이루어진다.
- 반응 속도와 열역학적 성질은 기본적으로 관련이 없다.

속도 법칙

- 미분 속도 법칙 : 반응 속도를 농도의 함수로 나타낸다.

$$\text{속도} = -\frac{\Delta[A]}{\Delta t} = k[A]^n$$

  - k는 속도 상수이다.
  - n은 반응 차수로서, 균형 맞춘 반응식의 계수와는 관계가 없다.
- 적분 속도 법칙: 농도를 시간의 함수로 나타낸다.
  - 다음 반응을 보자.

$$aA \longrightarrow \text{생성물}$$

이 반응의 속도는 다음 식으로 주어진다.

$$\text{속도} = k[A]^n$$

반응물의 반감기
이차 적분 속도 법칙
영차 반응
영차 적분 속도 법칙
유사 일차 반응 속도 법칙

12.5절

반응 메커니즘
중간체
단일 단계 반응
분자도
일분자 반응 단계
이분자 반응 단계
삼분자 반응 단계
반응 속도 결정 단계

12.6절

충돌 모형
활성화 에너지
활성화물(전이 상태)
분자 배향
입체 인자
Arrhenius 식
빈도 인자

12.7절

효소
촉매
균일 촉매
불균일 촉매
흡착

$n = 0$:

$$[A] = -kt + [A]_0$$

$$t_{1/2} = \frac{[A]_0}{2k}$$

$n = 1$:

$$\ln[A] = -kt + \ln[A]_0$$

$$t_{1/2} = \frac{0.693}{k}$$

$n = 2$:

$$\frac{1}{[A]} = kt + \frac{1}{[A]_0}$$

$$t_{1/2} = \frac{1}{k[A]_0}$$

- k의 값은 t에 대한 [A]의 적당한 함수의 그래프를 그려서 얻어낼 수 있다.

반응 메커니즘

- 전체 반응을 이루는 일련의 단일 단계 반응
  - 단일 단계 반응: 각 단계 반응의 속도 법칙은 반응의 분자도를 이용하여 나타낼 수 있다.
- 타당한 반응 메커니즘이 되기 위한 두 가지 조건:
  - 단일 단계 반응을 모두 더하면 균형 맞춘 전체 반응식이 되어야 한다.
  - 실험적으로 결정된 속도 법칙과 일치해야 한다.
- 화학 반응은 다른 모든 단계보다 더 느린 단일 단계 반응을 가질 수 있으며, 이 단계를 속도 결정 단계라고 한다.

화학 반응 속도론 모형

- 반응 속도론을 설명하는 가장 단순한 모형은 충돌 모형이다.
  - 분자들이 반응하려면 충돌해야 한다.
  - 충돌 운동 에너지는 생성물을 만들기 위한 반응물 재배열에 필요한 퍼텐셜 에너지를 제공한다.
  - 반응이 일어나기 위해서는 활성화 에너지(E_a)라고 부르는 문턱 에너지가 필요하다.
  - 충돌하는 반응물의 상대적인 배향 역시 반응 속도를 결정하는 요인이다.
  - 이 모형으로부터 Arrhenius 식이 유도된다.

$$k = Ae^{-E_a/RT}$$

  - A는 충돌 빈도와 분자들의 상대적인 배향에 따라 달라진다.
  - E_a 값은 여러 다른 온도에서의 속도 상수 k 값으로부터 구할 수 있다.

촉매

- 자신은 소모되지 않고 반응 속도를 증가시킨다.
- 반응에서 에너지가 낮은 경로를 제공한다.
- 효소는 생물학적 촉매이다.
- 촉매는 균일 촉매와 불균일 촉매로 분류된다.
  - 균일 촉매: 반응물과 같은 상(phase)으로 존재한다.
  - 불균일 촉매: 반응물과는 다른 상으로 존재한다.
- 산과 염기가 촉매 역할을 할 수 있다.

복습 질문

1. *반응 속도(reaction rate)*를 정의하라. 화학 반응의 초기 속도, 평균 속도, 순간 속도의 차이점을 설명하라. 이들 속도 중에서 어느 것이 가장 빠른가? 초기 속도는 관행적으로 사용되는 속도이다. 그 이유를 설명하라.

2. 미분 속도 법칙과 적분 속도 법칙의 차이점을 설명하라. 이들 중 흔히 '반응 속도 법칙'이라고 부르는 것은 어느 것인가? 반응 속도 법칙에서 k는 무엇인가? 반응 속도 법칙에서 차수는 무엇인가? 설명하라.

3. 어떤 반응의 반응 속도 법칙을 결정하는 데 사용할 수 있는 실험 과정은 초기 속도법이다. 초기 속도법에서 구해야 하는 실험 자료는 무엇이며, 반응 속도 법칙에서 k와 각 화학종의 반응 차수를 결정하기 위해 이들 자료를 어떻게 처리해야 하는가? 모든 반응 속도 법칙에서 반응 속도 상수 k의 단위는 같은지 설명하라. 만일 어떤 반응이 A에 대하여 일차일 때, [A]를 3배로 하면 반응 속도는 어떻게 되는가? 만일 어떤 반응에서 [A]를 4배로 하였을 때 초기 반응 속도가 16배로 증가하였다면 반응 차수 n은 얼마인가? 만일 A의 반응 차수가 3차이고 [A]가 2배가 되었다면 초기 반응 속도는 어떻게 되는가? 만일 어떤 반응이 영차일 때, [A]가 반응의 초기 속도에 어떤 영향을 주는가?

4. 어떤 반응의 초기 속도는 시간에 대한 [A]의 그래프에서 $t \approx 0$에서의 접선의 기울기와 같다. 수학적으로 초기 속도 $= \frac{-d[\mathrm{A}]}{dt}$이다. 그러므로 이 반응에 대한 미분 속도 법칙은 다음과 같다.

$$\text{속도} = \frac{-d[\mathrm{A}]}{dt} = k[\mathrm{A}]^n$$

미분 속도 법칙을 사용하여 영차, 일차, 이차 반응의 적분 속도 법칙을 유도하라.

5. 영차 반응, 일차 반응, 이차 반응의 적분 속도 법칙을 생각하자. 어떤 반응에서 몇 가지 화학종에 대하여 시간 대 농도의 자료를 가지고 있다면, 그 반응이 영차, 일차, 이차인지를 '증명'하려면 어떤 그래프를 그려야 하는가? 그 그래프에서 속도 상수 k를 어떻게 구하는가? 각 그래프에서 y 절편은 무엇과 같은가? 반응 속도 법칙이 2개 이상의 화학종에 대한 농도 항을 포함하고 있다면, 반응 속도 법칙의 화학종에 대한 차수와 k를 구하려면 그래프를 어떻게 이용해야 하는가?

6. 영차 반응, 일차 반응, 이차 반응의 적분 속도 법칙을 사용하여 각 반응의 반감기를 나타내는 식을 유도하라. 각 반응의 반감기는 농도에 어떻게 의존하는가? 어떤 반응의 반감기가 20. 초일 때, 그 반응이 만약 영차, 일차, 이차 반응이라면 두 번째 반감기는 어떻게 되겠는가?

7. 다음 각 용어를 정의하라.

a. 단일 단계 반응
b. 분자도
c. 반응 메커니즘
d. 중간체
e. 속도 결정 단계

8. 반응 메커니즘이 합당하다고 말할 수 있는 두 가지 필요조건은 무엇인가? '정확한(correct)' 메커니즘 대신 '합당한(plausible)' 메커니즘이라고 말하는 이유는 무엇인가? 대부분의 반응이 단일 단계 반응으로 일어난다는 것이 사실인가? 설명하라.

9. 충돌 모형의 기본 전제는 무엇인가? 반응 속도는 다음의 각 요인에 어떻게 영향을 받는가?

a. 활성화 에너지
b. 온도
c. 충돌 빈도
d. 충돌 배향

흡열 반응과 발열 반응에 대하여 반응 진행 정도에 따른 퍼텐셜 에너지를 각각 그려라. 또한 각 반응에 대하여 ΔE와 E_a를 표시하라. 각 반응이 발열 반응이거나 흡열 반응일 때, 농도와 온도가 같다면 정반응 속도와 역반응 속도 중 어느 것이 더 큰지 아니면 같은지 예측하라.

10. Arrhenius 식을 써라. 양변에 자연로그를 취한 다음, 이 식을 직선의 방정식($y = mx + b$) 형태로 만들라. Arrhenius 식을 사용하여 직선 관계를 얻으려면 어떤 실험 자료가 필요하며, 실험 자료를 어떻게 처리하여야 하는가? 직선의 기울기는 무엇과 같은가? y 절편은 무엇과 같은가? Arrhenius 식에서 R의 단위는 무엇인가? 두 다른 온도에서 속도 상수의 값을 알고 있을 때, 반응의 활성화 에너지를 구하는 방법을 설명하라.

11. 촉매는 왜 반응 속도를 증가시키는가? 균일 촉매와 불균일 촉매의 차이점은 무엇인가? 주어진 반응에 대하여 촉매를 사용하는 반응 경로와 촉매를 사용하지 않는 반응의 경로는 같은 반응 속도 법칙을 갖는가? 설명하라.

활동 학습 질문*

이 문제들은 학생들이 강의실에서 그룹을 만들어 함께 풀어보도록 고안하였다.

1. 반응 속도론과 열역학적 관점에서 *안정도(stability)*를 정의하라. 그리고 이 두 개념의 차이를 나타내는 예를 들라.
2. 반응 속도 법칙을 결정하기 위해 해야 할 실험을 두 가지 이상 써라.
3. 반응의 각 연속적인 반감기가 시간에 따라 일정하다면, 가장 가능성이 큰 반응 차수는 무엇인가? 각 연속적인 반감기가 시간에 따라 두 배가 된다면, 가장 가능성이 큰 반응 차수는 무엇인가? 각 연속적인 반감기가 시간에 따라 두 배로 감소한다면, 가장 가능성이 큰 반응 차수는 무엇인가?
4. 온도는 속도 상수 k에 어떤 영향을 주는지를 설명하라.
5. 다음 설명을 생각해 보자. "반응이 활성화되기 위해서 초기에 잠깐의 시간이 필요하므로, 일반적으로 화학 반응의 속도는 초기에 약간 증가한다. 그러나 반응 속도는 반응물의 농도에 의존하며, 반응물의 농도가 감소하므로 그 후 반응이 진행됨에 따라 반응 속도는 감소한다." 이 설명에서 옳은 것과 잘못된 것을 모두 지적하고 잘못된 것을 옳게 수정하고 설명하라.
6. $A + B \rightarrow C$의 반응에서, 반응 속도 법칙이 반응물 A에 대하여 영차 반응이 되는 방법을 적어도 두 가지를 들고, 설명하라.
7. 여러분의 친구 중 한 사람이 다음과 같이 말하였다. "균형 맞춘 반응식은 반응물이 어떻게 반응하는지를 말해 준다. 따라서 우리는 균형 맞춘 반응식에서 직접 반응 속도 법칙을 결정할 수 있다." 여러분은 이 친구에게 무엇을 말해 줄 수 있는가?
8. $aA \rightarrow$ 생성물 반응에 대하여 시간에 따른 농도 자료가 주어졌다. 영차 반응, 일차 반응, 이차 반응 중 어떤 반응에 해당하는지 증명할 방법과 속도 상수 k를 결정하는 방법을 말하라.
9. 반응 속도 상수(k)는 다음 중 무엇에 의존하는가? (하나 이상의 답이 있을 수 있다.) 설명하라.
   - **a.** 반응물의 농도
   - **b.** 반응 분자의 충돌 빈도
   - **c.** 온도
   - **d.** 반응 차수
   - **e.** 활성화 에너지
10. 0차, 1차, 2차 반응에 대하여 [A]를 시간에 따른 그래프로 그려라. 이 그래프들을 이용하여 연속적인 반감기를 비교하라. 0차, 1차, 2차 반응의 반감기 차이에 대한 개념적 근거를 제시하라.
11. 유기화학에서 연구되는 전형적인 반응은 한 작용기가 다른 작용기를 치환하는 치환 반응이다. 예를 들어, 유기 브롬화물(다음 메커니즘에서 R—Br)이 에탄올에서 수산화 이온과 반응하면 OH^- 이온이 유기 화합물의 브롬화기를 치환하여 알코올(다음 메커니즘에서 R—OH)을 형성한다. 이 반응에는 두 가지 메커니즘이 제안되었다. 한 메커니즘은 수산화 이온이 분자 뒤에서 공격하여 단일 단계로 브롬화기를 치환하는 것이다(유기화학에서는 이 과정을 S_N2 반응이라고 함).

$$OH^- + R—Br \rightarrow R—OH + Br^-$$

두 번째로 제안된 메커니즘은 유기 브롬화물이 먼저 이온화되고 두 번째 단계에서 수산화물과 결합을 형성하는 두 단계 과정이다(유기화학에서는 두 반응이라고 함):

$$R—Br \rightarrow R^+ + Br^- \qquad \text{1 단계}$$
$$R^+ + OH^- \rightarrow R—OH \qquad \text{2 단계}$$

다음은 두 가지 다른 유기 브롬화물(n-부틸 브로마이드와 t-부틸 브로마이드)이 수산화 이온과 반응하여 알코올을 형성하는 반응의 초기 반응 속도 자료이다.

I. n-부틸 브로마이드(1-브로모 부테인)

$$CH_3—CH_2—CH_2—CH_2—Br$$

[RBr]	$[OH^-]$	반응 속도 = $-\Delta[RBr]/\Delta t$
0.0010 *M*	0.010 *M*	3.0×10^{-3} *M/s*
0.0020 *M*	0.010 *M*	6.0×10^{-3} *M/s*
0.0010 *M*	0.030 *M*	9.0×10^{-3} *M/s*

II. t-부틸 브로마이드(2-브로모-2-메틸프로페인)

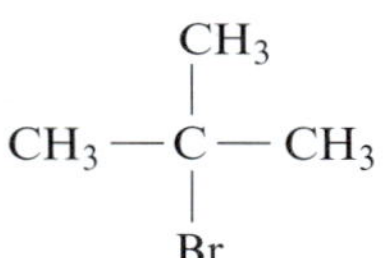

[RBr]	$[OH^-]$	반응 속도 = $-\Delta[RBr]/\Delta t$
0.0010 *M*	0.010 *M*	1.2×10^{-2} *M/s*
0.0020 *M*	0.010 *M*	2.4×10^{-2} *M/s*
0.0010 *M*	0.030 *M*	1.2×10^{-2} *M/s*

각 유기 브롬화물에 대해 다음을 수행하라.

- **a.** 전체 균형 반응식을 작성하라.
- **b.** 속도 상수 값을 포함한 반응의 속도 법칙을 구하라.
- **c.** 제안된 두 가지 메커니즘 중 어느 것이 실험 데이터와 일치하는지 결정하라. 만약 두 단계 메커니즘이 데이터와 일치한다면, 어느 단계가 속도 결정 단계인가? 선택 이유를 설명하라.

분홍색 번호의 질문과 연습문제에 대한 정답은 온라인에서 확인할 수 있습니다(차례의 QR을 스캔해보세요).

질문

12. 표 12.2는 평균 반응 속도가 시간에 따라 어떻게 감소하는지를 보여준다. 일반적으로 평균 반응 속도가 시간이 지남에 따라 감소하는 이유는 무엇인가? 순간 반응 속도는 시간에 어떻게 의존하는가? 관습적으로 초기 반응 속도를 사용하는 이유는 무엇인가?
13. 반응의 속도 법칙은 실험을 통해서만 결정될 수 있다. 속도 법칙을 결정하기 위한 두 가지 실험 과정이 이 장에 요약되어 있다. 두 과정은 무엇이며 속도 법칙을 결정하는 데 어떻게 사용되는가?

* 질문과 연습 문제에서 *반응 속도 법칙(rate law)*이라는 용어는 항상 미분 속도 법칙을 의미한다.

14. 아래 그래프는 두 개의 다른 온도에서 특정 에너지를 가진 충돌 빈도를 나타낸다.

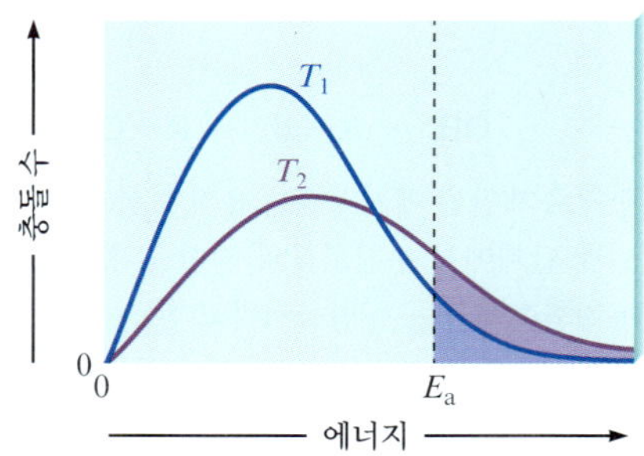

a. T_2와 T_1 중 어느 것이 더 큰가? 어떻게 알 수 있는가?
b. 이 그래프는 화학 반응 속도의 온도 의존성에 대해 무엇을 말해 주는가?

15. 반응 $O_2(g) + 2NO(g) \longrightarrow 2NO_2(g)$ 실험을 통해 결정된 반응 속도 법칙은 다음과 같다.

$$속도 = k[NO]^2[O_2]$$

아래에 나타낸 변화 중 속도 상수 k에 영향을 주는 것은 어느 것인가?
a. 산소 기체의 부분압을 증가시킨다.
b. 온도를 변화시킨다.
c. 적당한 촉매를 사용한다.

16. 아래 주어진 각 문장은 거짓이다. 그 이유를 설명하라.
a. 어떤 반응의 활성화 에너지는 반응의 전체 에너지 변화(ΔE)에 의존한다.
b. 어떤 반응에 대한 속도 법칙은 그 반응의 전체 균형 맞춘 반응식을 조사하여 얻을 수 있다.
c. 대부분의 반응은 한 단계 메커니즘에 의해 일어난다.

17. 일분자 반응과 이분자 반응 단계를 정의하라. 화학 반응에서 삼분자 반응은 매우 드물다. 그 이유는 무엇인가?

18. 미분 속도 법칙이나 적분 속도 법칙 중 반응의 속도 법칙의 형태는 보통 어떤 자료를 더 쉽게 모을 수 있는가에 따라 결정된다. 설명하라.

19. 반응물 중의 하나의 농도를 4배 증가시켰더니 초기 반응 속도가 2배가 되었다. 이 반응물의 차수는 얼마인가? 만일 한 반응물의 차수가 −1이라면, 그 반응물의 농도를 2배로 증가시켰을 때 초기 반응 속도는 어떻게 되겠는가?

20. 수소는 산소와 폭발적으로 반응한다. 그러나 H_2와 O_2의 혼합물은 실온에서 서로 반응하지 않고 독립적으로 존재할 수 있다. H_2와 O_2가 이 조건에서 반응하지 않는 이유를 설명하라.

21. 충돌 모형의 중심 개념은 분자들이 반응하기 위해서는 충돌해야 한다는 것이다. 충돌한 반응물 분자들 모두가 생성물로 되지 않는 이유를 두 가지 제시하라.

22. 아래는 어떤 화학 반응에 대한 에너지 그림이다. 이 그림을 참고하여 다음 질문에 답하라.

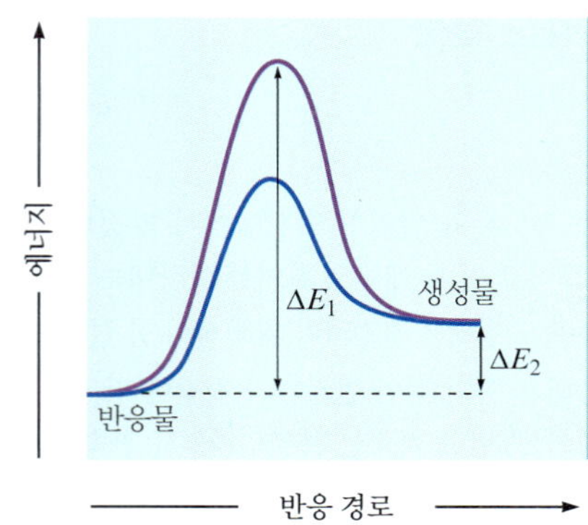

a. 보라색과 파란색 그림 중 어떤 것이 촉매를 사용한 경로인가? 그렇게 말한 이유는?
b. ΔE_1은 무엇을 의미하는가?
c. ΔE_2는 무엇을 의미하는가?
d. 이 반응은 흡열 반응인가, 발열 반응인가?

23. 동식물의 생명을 유지하는 데 필요한 복합 반응(complex reaction)에서 효소는 반응 속도론적으로 중요하다. 그러나 이 반응에 필요한 효소는 아주 소량이다. 이를 설명하라.

24. 락토오스 불내성(lactose intolerance)으로 고통을 받는 사람은 효소인 락타아제(lactase)를 충분히 생산하지 못한다. 왜 이것이 문제인지 설명하라.

25. 어떤 반응에 대해, 학생이 여러 온도에서 반응 속도 상수 k를 구했다. 이 그래프에서 얻을 수 있는 반응에 대한 정보는 무엇인가?

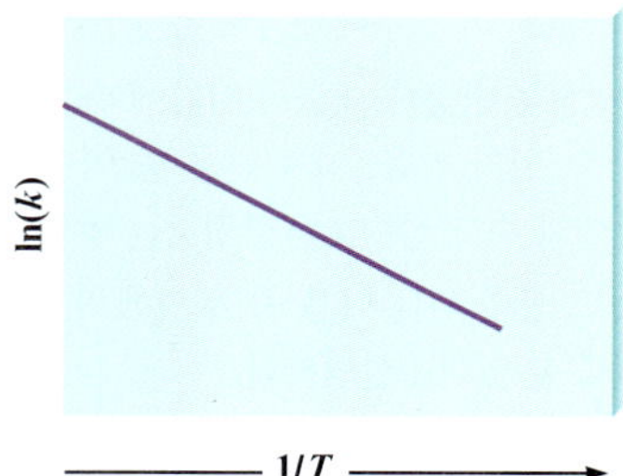

$\ln k$ 대 $1/T$의 그래프로부터 반응에 관한 어떤 정보를 얻을 수 있는가?

26. 촉매를 사용한 반응에서 $1/T$(단위는 K)에 대한 $\ln(k)$를 도시하여 구한 기울기와 촉매를 사용하지 않은 반응에 대하여 $1/T$에 대한 $\ln(k)$를 도시하였을 때, 구한 기울기 중에서 어느 것이 더 큰 음의 기울기를 가지겠는가? 설명하라. 위의 두 반응에 대해 전체 반응 차수는 일차로 가정하라.

27. 반응 $A(g) + B(g) \rightarrow C(g)$의 속도 법칙은 $k[B]$이다. 다음 각 요소는 반응 속도에 어떤 영향을 주는가?
a. A의 농도 증가
b. B의 농도 증가
c. 온도 증가
d. 반응물이 생성물로 전환되는 다른 경로를 제공하여 활성화 에너지를 낮춤

28. 농도에 따른 반감기 의존성에 대한 다음 진술 중 어느 것이 옳은가(true)?

a. 0차 반응의 반감기는 반응이 진행됨에 따라 감소한다.

b. 1차 반응의 반감기는 반응이 진행됨에 따라 감소한다.

c. 2차 반응의 반감기는 반응이 진행됨에 따라 증가한다.

29. 어떤 반응에서 정반응의 활성화 에너지는 역반응보다 더 크다. 이 반응은 ΔE에 대해 양수 값을 갖는가, 음수 값을 갖는가?

30. 화학 반응에서 촉매는 다음 반응에 어떻게 영향을 끼치는가?

a. 정반응의 활성화 에너지

b. 정반응의 속도

c. 반응의 ΔE

d. 역반응의 활성화 에너지

e. 생성되는 생성물의 양

f. 역반응의 속도

연습 문제

연습 문제는 비슷한 유형의 문제를 두 개씩 짝지어 놓았다.

반응 속도

31. 다음 반응을 생각해 보자.

$$4PH_3(g) \longrightarrow P_4(g) + 6H_2(g)$$

어떤 실험에서 일정한 시간 동안 2.0 L의 반응 용기에서 초당 0.0048 mol의 PH_3가 소모되었다. 이 실험에서 P_4와 H_2의 생성 속도는 얼마인가?

32. 티오황산 이온($S_2O_3^{2-}$)은 요오드에 의해 다음과 같이 산화된다.

$$2S_2O_3^{2-}(aq) + I_2(aq) \longrightarrow S_4O_6^{2-}(aq) + 2I^-(aq)$$

실험에서, 반응 시작 후 11.0초 동안 7.05×10^{-3} mol/L의 $S_2O_3^{2-}$가 소모된다. 실험 시작 후 11.0초 동안 $S_2O_3^{2-}$의 생성 속도를 계산하라.

33. 다음은 암모니아를 생산하는 Haber 공정이다.

$$N_2(g) + 3H_2(g) \longrightarrow 2NH_3(g)$$

NH_3의 생성 속도와 H_2의 소모 속도의 관계는?

34. 본문의 그림 12.1은 $NO_2(g)$를 $NO(g)$와 $O_2(g)$로 전환하는 반응에서 반응물과 생성물의 농도 대 시간 데이터를 보여준다. NO_2의 순간 소모 속도는 $t = 100$초에서 그림에 표시되어 있다. $t = 100$초에서 NO와 O_2의 순간 생성 속도는 NO_2가 사라지는 속도와 비교하여 어떠할까?

35. 40°C에서 $H_2O_2(aq)$는 다음 반응과 같이 분해한다.

$$2H_2O_2(aq) \longrightarrow 2H_2O(l) + O_2(g)$$

다음 자료는 여러 시간에서 H_2O_2의 농도를 모은 것이다.

시간(s)	$[H_2O_2]$ (mol/L)
0	1.000
2.16×10^4	0.500
4.32×10^4	0.250

a. 0초와 2.16×10^4초 사이에 H_2O_2 분해 반응의 평균 속도를 계산하라. 이 속도를 사용하여 같은 시간 동안 $O_2(g)$가 생성되는 평균 속도를 계산하라.

b. 2.16×10^4초에서 4.32×10^4초 사이의 H_2O_2 분해 반응의 평균 속도와 $O_2(g)$가 생성되는 평균 속도는 얼마인가?

36. 다음 일반적인 반응을 생각해 보자.

$$aA + bB \longrightarrow cC$$

어떤 시간 Δt 동안 평균 속도를 측정한 결과는 다음과 같다.

$$-\frac{\Delta A}{\Delta t} = 0.0080 \text{ mol/L}\cdot\text{s}$$

$$-\frac{\Delta B}{\Delta t} = 0.0120 \text{ mol/L}\cdot\text{s}$$

$$\frac{\Delta C}{\Delta t} = 0.0160 \text{ mol/L}\cdot\text{s}$$

이 일반적인 반응의 균형을 맞추기 위한 가능한 계수들(a, b, c)을 결정하라.

37. 다음의 단위는 무엇일까? 단, 농도의 단위는 mol/L이고, 시간의 단위는 s이다.

a. 화학 반응 속도

b. 영차 반응 속도 법칙의 속도 상수

c. 일차 반응 속도 법칙의 속도 상수

d. 이차 반응 속도 법칙의 속도 상수

e. 삼차 반응 속도 법칙의 속도 상수

38. 다음 반응을 생각해 보자.

$$Cl_2(g) + CHCl_3(g) \longrightarrow HCl(g) + CCl_4(g)$$

이 반응의 속도 법칙은 다음과 같다.

$$\text{속도} = k[Cl_2]^{1/2}[CHCl_3]$$

k의 단위는 얼마인가? 단, 시간의 단위는 s, 농도의 단위는 mol/L이다.

실험 자료로부터 속도 법칙 구하기: 초기 속도법

39. −10°C에서 $2NO(g) + Cl_2(g) \longrightarrow 2NOCl(g)$ 반응을 실시하여 다음 결과를 얻었다.

$$\text{속도} = -\frac{\Delta[Cl_2]}{\Delta t}$$

$[NO]_0$ (mol/L)	$[Cl_2]_0$ (mol/L)	초기 속도 (mol/L · min)
0.10	0.10	0.18
0.10	0.20	0.36
0.20	0.20	1.45

a. 반응 속도 법칙을 써라.

b. 속도 상수 값은 얼마인가?

40. 25°C에서 다음 반응의 속도 법칙은 다음과 같다.

$$2I^-(aq) + S_2O_8^{2-}(aq) \longrightarrow I_2(aq) + 2SO_4^{2-}(aq)$$

$$\text{속도} = -\frac{\Delta[S_2O_8^{2-}]}{\Delta t}$$

$[I^-]_0$ (mol/L)	$[S_2O_8^{2-}]_0$ (mol/L)	초기 속도 (mol/L · s)
0.080	0.040	12.5×10^{-6}
0.040	0.040	6.25×10^{-6}
0.080	0.020	6.25×10^{-6}
0.032	0.040	5.00×10^{-6}
0.060	0.030	7.00×10^{-6}

a. 속도 법칙을 결정하라.

b. 각 실험에서 속도 상수를 계산하고, 그 평균값을 구하라.

41. 염화 나이트로실(nitrosyl chloride)의 분해 반응을 조사하였다.

$$2NOCl(g) \rightleftharpoons 2NO(g) + Cl_2(g)$$

그 결과는 다음과 같다.

$$속도 = -\frac{\Delta[NOCl]}{\Delta t}$$

$[NOCl]_0$ (분자/cm^3)	초기 속도(분자/cm^3 · s)
3.0×10^{16}	5.98×10^4
2.0×10^{16}	2.66×10^4
1.0×10^{16}	6.64×10^3
4.0×10^{16}	1.06×10^5

a. 속도 법칙을 써라.

b. 속도 상수를 계산하라.

c. 농도 단위를 mol/L로 하여 속도 상수를 계산하라.

42. 다음 자료는 오산화 이질소의 기체상 분해 반응에 대한 것이다.

$$2N_2O_5(g) \longrightarrow 4NO_2(g) + O_2(g)$$

$[N_2O_5]_0$ (mol/L)	초기 속도(mol/L · s)
0.0750	8.90×10^{-4}
0.190	2.26×10^{-3}
0.275	3.26×10^{-3}
0.410	4.85×10^{-3}

반응 속도는 $-\Delta[N_2O_5]/\Delta t$로 정의된다. 이 반응의 속도 법칙을 적고, 속도 상수 값을 계산하라.

43. 다음 반응을 생각해 보자.

$$I^-(aq) + OCl^-(aq) \longrightarrow IO^-(aq) + Cl^-(aq)$$

이 반응에 대한 연구 결과 다음과 같은 결과를 얻었다.

$[I^-]_0$ (mol/L)	$[OCl^-]_0$ (mol/L)	초기 속도 (mol/L · s)
0.12	0.18	7.91×10^{-2}
0.060	0.18	3.95×10^{-2}
0.030	0.090	9.88×10^{-3}
0.24	0.090	7.91×10^{-2}

a. 이 반응의 속도 법칙은 무엇인가?

b. 속도 상수의 값을 계산하라.

c. I^-와 OCl^-의 초기 농도가 모두 0.15 mol/L인 경우 이 반응의 초기 속도를 계산하라.

44. 다음 반응을 생각해 보자.

$$2NO(g) + O_2(g) \longrightarrow 2NO_2(g)$$

이 반응의 속도 법칙은 다음과 같다.

$$속도 = -\frac{\Delta[O_2]}{\Delta t}$$

$[NO]_0$ (분자/cm^3)	$[O_2]_0$ (분자/cm^3)	초기 속도 (분자/cm^3 · s)
1.00×10^{18}	1.00×10^{18}	2.00×10^{16}
3.00×10^{18}	1.00×10^{18}	1.80×10^{17}
2.50×10^{18}	2.50×10^{18}	3.13×10^{17}

$[NO]_0 = 6.21 \times 10^{18}$ 분자/cm^3, $[O_2]_0 = 7.36 \times 10^{18}$ 분자/cm^{3}일 때의 초기 반응 속도는 얼마인가?

45. 20°C에서 헤모글로빈(Hb)과 일산화 탄소(CO)의 반응 속도를 조사하여 μmol/L 단위의 농도로 다음과 같은 결과를 얻었다. (2.21 μmol/L의 헤모글로빈은 2.21×10^{-6} mol/L이다.)

$[Hb]_0$ (μmol/L)	$[CO]_0$ (μmol/L)	초기 속도 (μmol/L · s)
2.21	1.00	0.619
4.42	1.00	1.24
4.42	3.00	3.71

a. Hb와 CO에 대하여 반응 차수를 결정하라.

b. 반응 속도 법칙을 결정하라.

c. 반응 속도 상수 값을 계산하라.

d. $[Hb]_0 = 3.36$ μmol/L, $[CO]_0 = 2.40$ μmol/L일 때, 초기 반응 속도는 얼마인가?

46. 다음 반응을 생각해 보자.

$$2ClO_2(aq) + 2OH^-(aq) \longrightarrow ClO_3^-(aq) + ClO_2^-(aq) + H_2O(l)$$

이 반응의 속도 법칙은 다음과 같다.

$$속도 = -\frac{\Delta[ClO_2]}{\Delta t}$$

$[ClO_2]_0$ (mol/L)	$[OH^-]_0$ (mol/L)	초기 속도 (mol/L · s)
0.0500	0.100	5.75×10^{-2}
0.100	0.100	2.30×10^{-1}
0.100	0.0500	1.15×10^{-1}

a. 반응 속도 법칙을 결정하고, 속도 상수 값을 구하라.

b. $[ClO_2]_0 = 0.175$ mol/L와 $[OH^-]_0 = 0.0844$ mol/L일 때, 초기 반응 속도를 계산하라.

47. 55°C에서 다음 반응에서 얻은 데이터는 표와 같다.

$$(CH_3)_3CBr(aq) + OH^-(aq) \rightarrow (CH_3)_3COH(aq) + Br^-(aq)$$

실험	$[(CH_3)_3CBr]_0$	$[OH^-]_0$	초기 속도 (mol/L · s)
1	0.10 M	0.10 M	1.0×10^{-3}
2	0.20 M	0.10 M	2.0×10^{-3}
3	0.10 M	0.20 M	1.0×10^{-3}
4	0.30 M	0.60 M	?

$[(CH_3)_3CBr]_0 = 0.30\ M$, $[OH^-] = 0.60\ M$일 때, 이 반응의 초기 속도는 얼마인가?

48. 다음 반응식과 어떤 온도에서 수집된 초기 반응 속도 자료를 고려하라.

$$2\ MnO_4^- + 5\ H_2C_2O_4 + 6\ H^+ \rightarrow 2\ Mn^{2+} + 10\ CO_2 + 8\ H_2O$$

$[MnO_4^-]_0$	$[H_2C_2O_4]_0$	$[H^+]_0$	초기 반응 속도 (mol/L · s)
$1.0 \times 10^{-3}\ M$	$1.0 \times 10^{-3}\ M$	1.0 M	2.0×10^{-4}
$2.0 \times 10^{-3}\ M$	$1.0 \times 10^{-3}\ M$	1.0 M	8.0×10^{-4}
$2.0 \times 10^{-3}\ M$	$2.0 \times 10^{-3}\ M$	1.0 M	1.6×10^{-3}
$2.0 \times 10^{-3}\ M$	$2.0 \times 10^{-3}\ M$	2.0 M	1.6×10^{-3}
$3.5 \times 10^{-3}\ M$	$3.0 \times 10^{-3}\ M$	4.0 M	?

반응 속도를 $-\Delta[MnO_4^-]/\Delta t$로 정의하고, $[MnO_4^-]_0 = 3.5 \times 10^{-3}\ M$, $[H_2C_2O_4]_0 = 3.0 \times 10^{-3}\ M$, $[H^+]_0 = 4.0\ M$일 때 초기 반응 속도는 얼마인가?

적분 속도 법칙

49. 과산화 수소의 분해 반응이 조사되었고, 특정 온도에서 다음과 같은 자료가 얻어졌다.

시간(s)	$[H_2O_2]$ (mol/L)
0	1.00
120 ± 1	0.91
300 ± 1	0.78
600 ± 1	0.59
1200 ± 1	0.37
1800 ± 1	0.22
2400 ± 1	0.13
3000 ± 1	0.082
3600 ± 1	0.050

$$\text{속도} = -\frac{\Delta[H_2O_2]}{\Delta t}$$

라고 가정할 때, 속도 법칙, 적분 속도 법칙, 속도 상수의 값을 결정하라. 반응 시작 4000초 후에서의 $[H_2O_2]$ 값을 계산하라.

50. 다음과 같은 일반적 형태의 반응을 고려하라.

$$aA \longrightarrow bB$$

특정 온도에서 $[A]_0 = 2.00 \times 10^{-2}\ M$인 조건 하에, 이 반응에 대한 농도–시간 자료를 수집하였다. ln[A] 대 시간 그래프를 그렸을 때, 직선이 얻어졌으며 그 기울기는 $-2.97 \times 10^{-2}\ min^{-1}$이었다.

a. 이 반응의 속도 법칙, 적분 속도 법칙, 그리고 속도 상수의 값을 결정하라.

b. 이 반응의 반감기를 계산하라.

c. A가 $2.50 \times 10^{-3}\ M$으로 감소하는 데 걸리는 시간은 얼마인가?

51. 다음 반응의 속도는

$$NO_2(g) + CO(g) \longrightarrow NO(g) + CO_2(g)$$

225°C 이하의 온도에서 이산화 질소의 농도에만 의존한다. 225°C 이하의 온도에서 다음과 같은 자료가 수집되었다.

시간(s)	$[NO_2]$ (mol/L)
0	0.500
1.20×10^3	0.444
3.00×10^3	0.381
4.50×10^3	0.340
9.00×10^3	0.250
1.80×10^4	0.174

이 반응의 속도 법칙, 적분 속도 법칙, 속도 상수의 값을 결정하라. 반응 시작 2.70×10^4초 후에서의 $[NO_2]$ 값을 계산하라.

52. 다음과 같은 일반적 형태의 반응을 고려하라.

$$aA \longrightarrow bB$$

특정 온도에서 $[A]_0 = 2.80 \times 10^{-3}\ M$이고, 이 반응에 대한 농도–시간 자료를 수집하였다. 1/[A] 대 시간 그래프를 그렸을 때, 직선이 얻어졌으며 그 기울기는 $+3.60 \times 10^{-2}$ L/mol · s였다.

a. 이 반응의 속도 법칙, 적분 속도 법칙, 그리고 속도 상수의 값을 결정하라.

b. 이 반응의 반감기를 계산하라.

c. A가 $7.00 \times 10^{-4}\ M$으로 감소하는 걸리는 시간은 얼마인가?

53. 알루미나(Al_2O_3) 표면에서 일어나는 에탄올(C_2H_5OH)의 분해 반응

$$C_2H_5OH(g) \longrightarrow C_2H_4(g) + H_2O(g)$$

을 600 K에서 조사하였다. 이 반응에 대한 농도–시간 자료를 수집하였고, [A] 대 시간 그래프를 그렸을 때, 직선이 얻어졌으며 그 기울기는 -4.00×10^{-5} mol/L · s였다.

a. 이 반응의 속도 법칙, 적분 속도 법칙, 그리고 속도 상수의 값을 결정하라.

b. 초기 농도가 $1.25 \times 10^{-2}\ M$일 때, 반응의 반감기를 계산하라.

c. $1.25 \times 10^{-2}\ M$의 C_2H_5OH이 모두 분해되는 데 걸리는 시간은 얼마인가?

54. 500 K에서 구리 표면의 존재 하에, 에탄올은 다음 반응식과 같이 분해된다.

$$C_2H_5OH(g) \longrightarrow CH_3CHO(g) + H_2(g)$$

C_2H_5OH의 압력을 시간에 따라 측정하였고, 다음과 같은 데이터를 얻었다.

시간(s)	$P_{C_2H_5OH}$ (torr)
0	250.
100.	237
200.	224
300.	211
400.	198
500.	185

기체의 압력은 기체의 농도에 직접 비례하므로, 기체 반응의 속도 법칙은 부분 압력의 항들로 표현할 수 있다. 위 자료를 이용하여 이 반응의 속도 법칙, 적분 속도 법칙, 속도 상수의 값을 모두 atm 압력 단위 및 초 시간 단위 항으로 표현하여 결정하라. 반응 시작 900초 이후 C_2H_5OH의 압력을 예측하라. (*힌트*: C_2H_5OH에 대한 반응 차수를 결정하려면, 시간 간격에 따라 C_2H_5OH의 압력이 어떻게 감소하는지 비교하라.)

55. 뷰타다이엔(butadiene)의 이합체화 반응

$$2C_4H_6(g) \longrightarrow C_8H_{12}(g)$$

을 500 K에서 조사하였고, 다음과 같은 자료를 얻었다.

시간(s)	$[C_4H_6]$ (mol/L)
195	1.6×10^{-2}
604	1.5×10^{-2}
1246	1.3×10^{-2}
2180	1.1×10^{-2}
6210	0.68×10^{-2}

$$속도 = -\frac{\Delta[C_4H_6]}{\Delta t}$$

라고 가정할 때, 속도 법칙, 적분 속도 법칙, 속도 상수의 값을 결정하라.

56. 특정 온도에서 다음 반응의 속도를 조사하였다.

$$O(g) + NO_2(g) \longrightarrow NO(g) + O_2(g)$$

a. 한 실험에서는 NO_2가 과량 존재하여, 농도가 1.0×10^{13} 분자/cm^3로 유지되었고, 다음과 같은 데이터가 수집되었다.

시간(s)	[O] (원자/cm^3)
0	5.0×10^9
1.0×10^{-2}	1.9×10^9
2.0×10^{-2}	6.8×10^8
3.0×10^{-2}	2.5×10^8

산소 원자에 대한 반응 차수는 얼마인가?

b. 이 반응은 NO_2에 대해 1차 반응임이 알려져 있다. 전체 반응의 속도 법칙과 속도 상수의 값을 결정하라.

57. 다음 반응에 대한 실험 자료

$$A \longrightarrow 2B + C$$

를 아래와 같이 세 가지 방식의 그래프로 나타내었다(농도 단위는 mol/L).

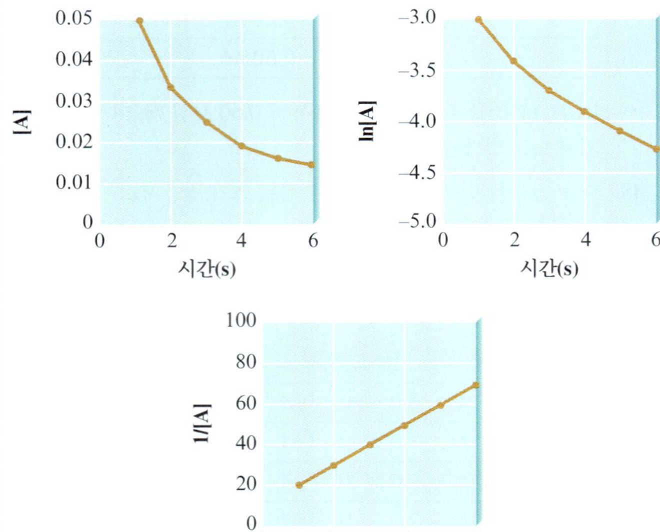

A에 대한 반응 차수는 얼마이고, A의 초기 농도는 얼마인가?

58. 다음 질문에 답할 때 연습 문제 57에 제시된 자료를 참고하라.

a. 9초 후의 A의 농도는 얼마인가?

b. 이 실험에서 처음 세 번의 반감기는 각각 얼마인가?

59. 다음 반응

$$A \longrightarrow B + C$$

은 A에 대해서 0차 반응이며, 25°C에서 반응 속도 상수는 5.0×10^{-2} mol/L · s이다. 25°C에서 $[A]_0 = 1.0 \times 10^{-3}$ M일 때, 실험이 수행되었다.

a. 이 반응에 대한 적분 속도 법칙을 써라.

b. 이 반응의 반감기를 계산하라.

c. $[B]_0 = 0$이라고 가정할 때, 5.0×10^{-3} s 경과 후 B의 농도를 계산하라.

60. 분쇄된 금 표면에서 일어나는 HI의 분해 반응은 150°C에서 영차 반응이다. 아래와 같이 정의된 반응 속도는 1.20×10^{-4} mol/L · s로 일정하다.

$$2HI(g) \xrightarrow{Au} H_2(g) + I_2(g)$$

$$속도 = -\frac{\Delta[HI]}{\Delta t} = k = 1.20 \times 10^{-4} \text{ mol/L} \cdot \text{s}$$

a. 초기 HI 농도가 0.250 mol/L일 때, 반응 시작 후 25분이 지난 시점의 HI 농도를 계산하라.

b. 0.250 M HI가 모두 분해되려면 얼마나 오래 걸리는가?

61. 어떤 1차 반응이 65초 동안에 45.0% 완료되었다. 이 과정의 속도 상수와 반감기는 얼마인가?

62. 어떤 1차 반응이 320.초 동안에 75.0% 완료되었다.

a. 이 반응의 첫 번째와 두 번째 반감기는 얼마인가?

b. 이 반응이 90.0% 완료되는 데에 얼마나 오래 걸리는가?

63. 포스핀(PH_3) 분해 반응의 속도 법칙은 다음과 같다.

$$\text{속도} = -\frac{\Delta[PH_3]}{\Delta t} = k[PH_3]$$

1.00 M PH_3가 0.250 M로 감소하는 데 120초가 걸린다. 2.00 M PH_3이 0.350 M의 농도로 감소하는 데에는 얼마의 시간이 필요한가?

64. DDT(몰질량 = 354.49 g/mol)는 널리 쓰이던 살충제로, 1973년에 미국에서 사용이 금지되었다. 이 금지 조치는 DDT가 다양한 생태계에서 잔류하고, 맹금류의 체내에 고도로 축적되는 현상 때문이었다. 이 살충제는 알껍데기를 얇게 만들어 많은 새를 멸종 위기에 내몰기도 했다. 만약 20 L의 DDT 드럼통을 연못에 쏟아 DDT의 농도가 8.75×10^{-5} M이 되었다면, DDT 농도가 1.41×10^{-7} M까지 감소하는 데 걸리는 시간은 얼마인가? (이 수치는 일반적으로 포유류에게 안전하다고 인정되는 수준이다.) DDT의 분해 반응은 반감기가 56.0일인 일차 반응으로 가정하라.

65. 초기 농도가 0.10 M인 어떤 물질이 이차 반응으로 분해된다. 이 반응의 속도 상수가 0.40 L/mol · min일 때, 농도가 0.020 M까지 도달하는 데 걸리는 시간은 얼마인가?

66. 다음 반응에서

$$2NOBr(g) \longrightarrow 2NO(g) + Br_2(g)$$

반응 속도식은 어떤 온도에서 다음과 같다.

$$\text{속도} = -\frac{\Delta[NOBr]}{\Delta t} = k[NOBr]^2$$

a. $[NOBr]_0 = 0.900$ M일 때, 이 반응의 반감기가 2.00초라면, 이 반응의 k 값을 계산하라.

b. NOBr의 농도가 0.100 M까지 감소하는 데 걸리는 시간은 얼마인가?

67. 다음 반응 A $\longrightarrow$ 생성물에서 $[A]_0 = 0.10$ M일 때, 연속적인 반감기는 10.0분, 20.0분, 40.0분으로 나타났다. 다음 시간에서 A의 농도를 계산하라.

a. 80.0분

b. 30.0분

68. 다음 어떤 일반적인 반응 aA → 생성물에 대한 농도–시간 자료를 참고하라.

[A] (mol/L)	시간(min)
10.0	0
5.00	20.0
3.33	40.1
2.50	60.0
2.00	80.0

a. 반감기의 진행 양상을 바탕으로 [A] = 1.25 M가 되는 시간은 언제인가?

b. t = 150분일 때의 [A]를 계산하라.

69. 테오필린(theophylline)은 폐 기능을 돕기 위해 때때로 사용되는 약물이다. 당신은 환자의 몸에서 테오필린의 농도가 24시간 동안 2.0×10^{-3} M에서 1.0×10^{-3} M으로 감소하는 사례를 관찰했다. 이후 추가 12시간 후 약의 농도가 5.0×10^{-4} M이었다면, 이 약물이 체내에서 대사되는 반응의 속도 상수는 얼마인가?

70. 다음 일반적인 반응 aA → 생성물을 고려하라. $[A]_0 = 4.00$ M일 때, 첫 번째와 두 번째 반감기는 각각 48분과 24분이다. 반응이 81분 동안 진행되었을 때 [A]를 계산하라.

71. 다음 일반적인 반응을 고려하라.

$$2A + 2B \rightarrow 2C + D$$

실험을 통해 반응 속도식은 반응 속도 = $k[A][B]^2$로 결정되었다. $[B]_0 = 5.0$ M, $[A]_0 = 5.0 \times 10^{-4}$ M 조건에서 반응이 수행되었다. 3.0분 후 A의 농도는 2.3×10^{-4} M였다. 이 반응의 속도 상수 k의 값을 계산하라. 반응 속도는 $-\Delta[A]/\Delta t$로 정의된다.

72. 다음의 일반적인 반응을 고려하라.

$$3A + B + C \rightarrow D + E$$

실험을 통해 반응 속도식은 반응 속도 = $k[A]^2[B]$로 결정되었다. $[B]_0 = [C]_0 = 0.40$ M, $[A]_0 = 5.0 \times 10^{-5}$ M 조건에서 반응이 수행되었다. 8.0분 후, A의 농도는 1.7×10^{-6} M였다. 이 반응의 속도 상수 k의 값을 계산하라. 반응 속도는 $-\Delta[A]/\Delta t$로 정의된다.

73. 당신과 동료가 코브라 독에 대한 해독제(AV) 분자를 만들었다고 가정하자. 이 해독제는 뱀 독(V)에 결합하여 무해하게 만드는 역할을 한다. 이 반응의 속도 법칙을 다음과 같이 쓸 수 있다.

$$\text{속도} = k[AV]^1[V]^1$$

당신이 동료로부터 다음 자료를 받았다고 가정하자.

$$[V]_0 = 0.20\ M$$
$$[AV]_0 = 1.0 \times 10^{-4}\ M$$

시간 $t(s)$에 대하여 ln[AV]를 도시하면 기울기가 $-0.32\ s^{-1}$의 직선이 얻어진다. 이 반응의 속도 상수(k)는 얼마인가?

74. 다음의 가상 반응을 고려하라.

$$A + B + 2C \longrightarrow 2D + 3E$$

이 반응의 속도식은 다음과 같다.

$$\text{속도} = -\frac{\Delta[A]}{\Delta t} = k[A][B]^2$$

$[A]_0 = 1.0 \times 10^{-2}$ M, $[B]_0 = 3.0$ M, $[C]_0 = 2.0$ M에서 실험을 하였다. 반응이 시작되고 8.0초 후에 A의 농도를 측정하였더니 3.8×10^{-3} M이었다.

a. 이 반응의 k의 값을 계산하라.

b. 이 실험에 대한 반감기를 계산하라.

c. 13.0초 후 A의 농도를 계산하라.

d. 13.0초 후 C의 농도를 계산하라.

반응 메커니즘

75. 다음 기본 반응식에 대해 속도 법칙을 써라.

a. $CH_3NC(g) \longrightarrow CH_3CN(g)$

b. $O_3(g) + NO(g) \longrightarrow O_2(g) + NO_2(g)$

c. $O_3(g) \longrightarrow O_2(g) + O(g)$

d. $O_3(g) + O(g) \longrightarrow 2O_2(g)$

76. 과산화 수소 분해 반응의 가능한 메커니즘은 다음과 같다.

$$H_2O_2 \longrightarrow 2OH$$
$$H_2O_2 + OH \longrightarrow H_2O + HO_2$$
$$HO_2 + OH \longrightarrow H_2O + O_2$$

연습 문제 49의 결과를 이용하여, 어느 단계가 반응 속도 결정 단계인지 특정하라. 이 반응에 대한 전체 균형 맞춘 반응식은 무엇인가?

77. 어떤 반응에 제안된 메커니즘은 다음과 같다.

$C_4H_9Br \longrightarrow C_4H_9^+ + Br^-$ 느림

$C_4H_9^+ + H_2O \longrightarrow C_4H_9OH_2^+$ 빠름

$C_4H_9OH_2^+ + H_2O \longrightarrow C_4H_9OH + H_3O^+$ 빠름

이 메커니즘으로 예측할 수 있는 반응 속도 법칙을 써라. 이 메커니즘에 대한 전체 균형 맞춘 반응식은 무엇인가? 이 메커니즘에서 반응 중간체는 무엇인가?

78. 기체 상태의 이산화 질소와 일산화 탄소가 반응하여 일산화 질소와 이산화 탄소가 생성되는 반응에 대해 제안된 메커니즘은 다음과 같다.

$NO_2 + NO_2 \longrightarrow NO_3 + NO$ 느림

$NO_3 + CO \longrightarrow NO_2 + CO_2$ 빠름

이 반응 메커니즘으로 예측할 수 있는 속도 법칙을 써라. 이 반응에 대한 전체 균형 맞춘 반응식은 무엇인가?

79. 다음 반응 메커니즘이 연습 문제 39의 결과와 동일한가?

$$NO + Cl_2 \xrightarrow{k_1} NOCl_2$$
$$NOCl_2 + NO \xrightarrow{k_2} 2NOCl$$

그렇다면 어떤 단계가 반응 속도 결정 단계인가?

80. 다음 반응

$$2NO(g) + O_2(g) \longrightarrow 2NO_2(g)$$

의 반응 속도 법칙은 다음과 같다.

$$속도 = k[NO]^2[O_2]$$

다음 반응 메커니즘 중 어떤 것이 이 반응 속도 법칙과 일치하는가?

a. $NO + O_2 \longrightarrow NO_2 + O$ 느림
$O + NO \longrightarrow NO_2$ 빠름

b. $NO + O_2 \rightleftharpoons NO_3$ 빠른 평형
$NO_3 + NO \longrightarrow 2NO_2$ 느림

c. $2NO \longrightarrow N_2O_2$ 느림
$N_2O_2 + O_2 \longrightarrow N_2O_4$ 빠름
$N_2O_4 \longrightarrow 2NO_2$ 빠름

d. $2NO \rightleftharpoons N_2O_2$ 빠른 평형
$N_2O_2 \longrightarrow NO_2 + O$ 느림
$O + NO \longrightarrow NO_2$ 빠름

81. 일반적인 반응 $2A + B \rightarrow C + D$에 대한 반응 메커니즘을 결정하기 위하여 일련의 실험이 수행되었다. 첫 번째 실험에서는 $[A]_0 = 1.0\ M$, $[B]_0 = 1.0 \times 10^{-4}\ M$ 조건에서 농도-시간 데이터가 수집되었고, ln[B] 대 시간 그래프를 그린 결과 음의 기울기를 가지는 직선이 얻어졌다. 두 번째 실험에서는 $[A]_0 = 1.0 \times 10^{-4}\ M$, $[B]_0 = 1.0\ M$ 조건에서 농도-시간 데이터가 수집되었고, 1/[A] 대 시간 그래프를 그린 결과 양의 기울기를 가지는 직선이 얻어졌다. 다음 중 어느 메커니즘이 이 반응의 속도 법칙과 일치하는가? 이 반응의 속도는 $-\Delta[B]/\Delta t$로 정의한다.

I. $A + B \rightleftharpoons E$ 빠른 평형
$E + A \rightarrow C + D$ 느림

II. $A + B \rightleftharpoons E$ 빠른 평형
$E + B \rightarrow C + D$ 느림

III. $A + A \rightarrow E$ 느림
$E + B \rightleftharpoons C + D$ 빠른 평형

82. 다음 반응에 대한 초기 속도 데이터를 고려하라.

$$H_2O_2 + 3\,I^- + 2\,H^+ \longrightarrow I_3^- + 2\,H_2O$$

$[H_2O_2]_0$	$[I^-]_0$	$[H^+]_0$	초기 반응 속도 $(-\Delta[H_2O_2]/\Delta t)$
0.100 M	$5.00 \times 10^{-4}\ M$	$1.00 \times 10^{-2}\ M$	0.137 mol/L · s
0.100 M	$1.00 \times 10^{-3}\ M$	$1.00 \times 10^{-2}\ M$	0.268 mol/L · s
0.200 M	$1.00 \times 10^{-3}\ M$	$1.00 \times 10^{-2}\ M$	0.542 mol/L · s
0.400 M	$1.00 \times 10^{-3}\ M$	$2.00 \times 10^{-2}\ M$	1.084 mol/L · s

한 학생이 위 반응에 대해 다음 두 가지 반응 메커니즘을 제안하였다.

I. $H_2O_2 + I^- \rightarrow H_2O + OI^-$
$OI^- + H^+ \rightarrow HOI$
$HOI + I^- + H^+ \rightarrow I_2 + H_2O$
$I_2 + I^- \rightarrow I_3^-$

II. $H_2O_2 + I^- + H^+ \rightarrow H_2O + HOI$
$HOI + I^- + H^+ \rightarrow I_2 + H_2O$
$I_2 + I^- \rightarrow I_3^-$

어떤 메커니즘이 초기 속도 법칙 데이터와 일치하는가? 가장 적절한 메커니즘에서 속도 결정 단계는 무엇인가?

속도 상수의 온도 의존성과 충돌 모형

83. 아래 에너지 도표에서 다음을 표시하라.

a. 반응물과 생성물의 위치

b. 활성화 에너지

c. 반응의 ΔE

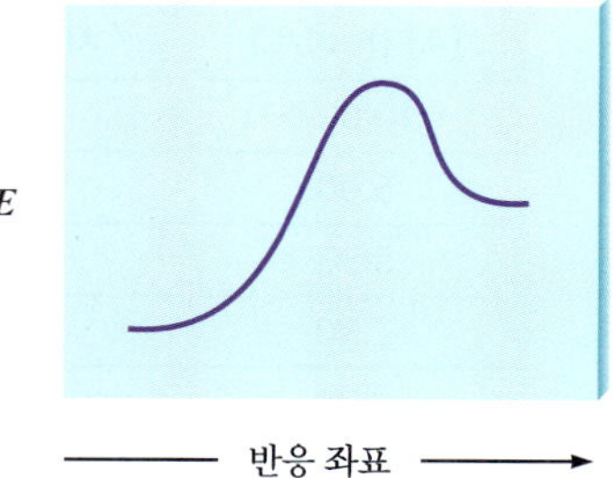

84. 다음의 각 경우에 대해서 에너지 도표를 개략적으로 그려라.

a. $\Delta E = +10$ kJ/mol, $E_a = 25$ kJ/mol

b. $\Delta E = -10$ kJ/mol, $E_a = 50$ kJ/mol

c. $\Delta E = -50$ kJ/mol, $E_a = 50$ kJ/mol

85. 다음 반응

$$NO_2(g) + CO(g) \longrightarrow NO(g) + CO_2(g)$$

의 활성화 에너지는 125 kJ/mol이며, 이 반응의 $\Delta E = -216$ kJ/mol이다. 역반응 [$NO(g) + CO_2(g) \longrightarrow NO_2(g) + CO(g)$]의 활성화 에너지는 얼마인가?

86. 다음 반응

$$X_2(g) + Y_2(g) \longrightarrow 2XY(g)$$

에 대한 활성화 에너지가 167 kJ/mol이며, 이 반응의 $\Delta E = +28$ kJ/mol일 때, XY 분해 반응의 활성화 에너지는 얼마인가?

87. 기체 상태에서 N_2O_5의 분해 반응

$$N_2O_5(g) \longrightarrow 2NO_2(g) + \frac{1}{2}O_2(g)$$

에 대한 속도 상수는 다음과 같은 온도 의존성을 보인다.

T (K)	k (s^{-1})
338	4.9×10^{-3}
318	5.0×10^{-4}
298	3.5×10^{-5}

이 실험 결과를 사용하여 적절한 그래프를 그리고, 이 반응에 대한 활성화 에너지를 계산하라.

88. 다음 반응

$$(CH_3)_3CBr + OH^- \longrightarrow (CH_3)_3COH + Br^-$$

은 특정 용매에서 $(CH_3)_3CBr$에 대하여 일차 반응이고, OH^-에 대하여 영차 반응이다. 여러 다른 온도에서 실험한 결과로부터 속도 상수 k가 얻어졌다. $1/T$에 대하여 $\ln(k)$를 도시한 결과 기울기 -1.10×10^4 K, y 절편은 33.5인 직선이 얻어졌다. k의 단위는 s^{-1}로 가정하자.

a. 이 반응의 활성화 에너지를 결정하라.

b. 빈도 인자 A의 값을 결정하라.

c. 25°C에서 k의 값을 계산하라.

89. $HI(g)$가 $H_2(g)$와 $I_2(g)$로 분해되는 반응의 활성화 에너지는 186 kJ/mol이다. 555 K에서 속도 상수는 3.52×10^{-7} L/mol · s이다. 645 K에서 속도 상수는 얼마인가?

90. 어떤 반응의 속도 상수가 온도 300.K에서 400.K로 증가할 때, 10.0 s^{-1}에서 100. s^{-1}로 증가하였다. 이 반응의 활성화 에너지를 계산하라.

91. 어떤 반응의 활성화 에너지는 54.0 kJ/mol이다. 온도를 22°C에서 더 높은 온도로 올렸더니 속도 상수가 7.00배 증가하였다. 더 높은 온도는 얼마인가?

92. 화학자들은 일반적으로 온도가 10 K 증가함에 따라 반응 속도는 두 배로 증가한다는 경험 법칙을 사용한다. 이것이 올바르게 성립하려면 온도가 25°C에서 35°C로 증가할 때, 활성화 에너지는 얼마가 되어야 하는가?

93. 다음 반응 중 실온에서 더 빠르게 일어날 것으로 예측되는 것은 어느 것인가? 그 이유는? (*힌트*: 어떤 반응의 활성화 에너지가 낮은지를 생각하라.)

$$2Ce^{4+}(aq) + Hg_2^{2+}(aq) \longrightarrow 2Ce^{3+}(aq) + 2Hg^{2+}(aq)$$
$$H_3O^+(aq) + OH^-(aq) \longrightarrow 2H_2O(l)$$

94. 규소 원자의 긴 사슬의 불안정성에 대해 제안된 한 가지 이유는 사슬의 분해 반응이 다음에 나타낸 전이 상태를 가지기 때문이다.

$$H_3Si{-}SiH_3 \longrightarrow$$

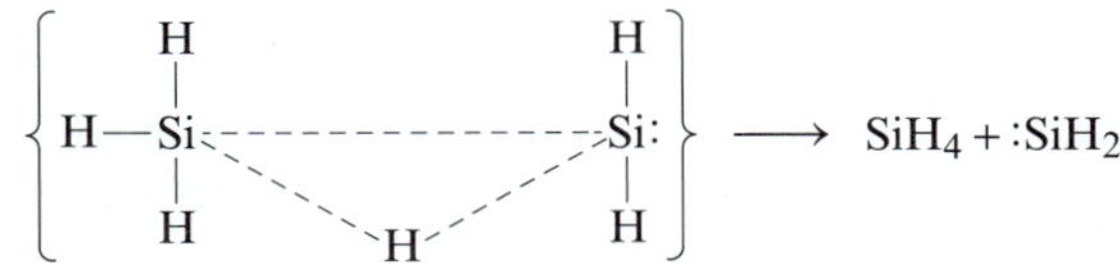

이 과정에 대한 활성화 에너지는 210 kJ/mol이며, 이것은 Si—Si 또는 Si—H의 결합 에너지보다 더 작다. 왜 유기 화합물의 긴 탄소 사슬이 분해되는 반응에서는 비슷한 반응 메커니즘이 적용되지 않는가?

촉매

95. 다음 알켄(C_2H_4)으로부터 알코올(C_2H_5OH)을 생성하는 반응 메커니즘을 참고하라.

$$C_2H_4 + H^+ \rightarrow C_2H_5^+$$
$$C_2H_5^+ + H_2O \rightarrow C_2H_5OH_2^+$$
$$C_2H_5OH_2^+ \rightarrow C_2H_5OH + H^+$$

위 반응 메커니즘에 나타난 모든 화학종을 반응물, 생성물, 촉매, 중간체 중 하나로 분류하라.

96. 다음은 황산, H_2SO_4의 상업적 제조를 위한 하나의 가능한 메커니즘이다.

$$S(s) + O_2(g) \rightarrow SO_2(g)$$
$$SO_2(g) + NO_2(g) \rightarrow SO_3(g) + NO(g)$$
$$NO(g) + \tfrac{1}{2} O_2(g) \rightarrow NO_2(g)$$
$$H_2O(l) + SO_3(g) \rightarrow H_2SO_4(aq)$$

위 반응 메커니즘에 나타난 모든 화학종을 반응물, 생성물, 촉매, 중간체 중 하나로 분류하라.

97. 다음은 상층 대기에서 오존이 파괴되는 하나의 메커니즘이다.

	$O_3(g) + NO(g) \longrightarrow NO_2(g) + O_2(g)$	느림
	$NO_2(g) + O(g) \longrightarrow NO(g) + O_2(g)$	빠름
전체 반응	$O_3(g) + O(g) \longrightarrow 2O_2(g)$	

a. 어느 것이 촉매인가?

b. 어느 것이 중간체인가?

c. 촉매를 사용하지 않았을 때, 다음 반응의 E_a는 14.0 kJ이다.

$$O_3(g) + O(g) \longrightarrow 2O_2(g)$$

촉매를 사용한 경우의 E_a는 11.9 kJ이다. 촉매를 사용했을 때의 반응 속도 상수와, 촉매를 사용하지 않았을 때의 속도 상수의 비는 25°C에서 얼마인가? 각 반응의 빈도 인자 A는 같다고 가정한다.

98. 프레온 가스를 사용할 때 우려되는 점 중 하나는 이 가스가 상층권에 도달하여 다음 반응식에 의해 염소 원자가 생성될 수 있다는 점이다.

$$\underset{\text{프레온-12}}{CCl_2F_2(g)} \xrightarrow{h\nu} CF_2Cl(g) + Cl(g)$$

염소 원자는 오존 분해 반응의 촉매로 작용한다. 아래 반응에 대한 활성화 에너지는 2.1 kJ/mol이다.

$$Cl(g) + O_3(g) \longrightarrow ClO(g) + O_2(g)$$

오존 분해 반응에 더 효과적인 촉매는 NO와 Cl 중에 어느 것인가? (연습 문제 97 참조)

99. 12.7절에 주어진 C_2H_4의 수소화 반응에 대한 메커니즘이 옳다고 가정하면, C_2H_4와 D_2의 반응에서 생성물은 $CH_2D—CH_2D$와 $CHD_2—CH_3$ 중 어느 것일까? C_2H_4와 D_2의 반응을 어떻게 이용하면 12.7절의 메커니즘이 맞는지 확인할 수 있을까?

100. 다음의 두 금속 표면에서 NH_3가 N_2와 H_2로 분해되는 반응을 조사하였다.

표면	E_a (kJ/mol)
W	163
Os	197

촉매를 사용하지 않았을 때, 활성화 에너지는 335 kJ/mol이다.

a. NH_3의 분해 반응에서 어떤 표면이 더 좋은 불균일 촉매인가? 왜 그러한가?

b. 298 K에서 촉매를 사용하지 않은 반응에 비해 W 표면에서의 반응이 몇 배나 빠른가? 각 반응에서 빈도 인자 A는 같다고 가정한다.

c. 두 표면에서의 분해 반응은 다음의 속도 법칙을 따른다.

$$\text{속도} = k\frac{[NH_3]}{[H_2]}$$

반응 속도가 H_2 농도에 반비례하는 것을 어떻게 설명할 수 있겠는가?

101. 불균일 촉매 표면에서 물질의 분해 반응은 대체로 다음과 같은 형태를 보인다.

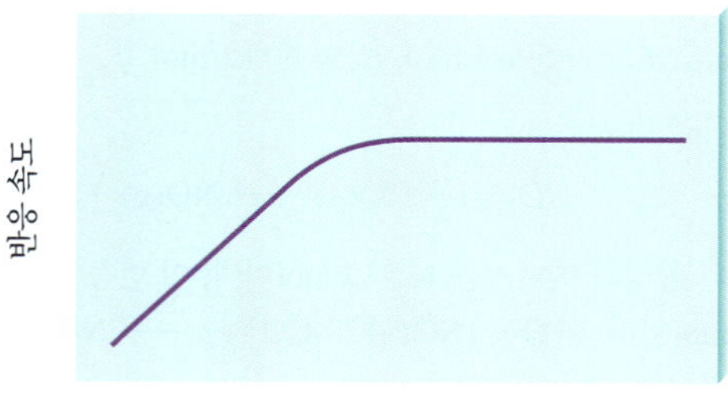

반응 속도가 반응물 농도에 대해 1차 반응에서 0차 반응으로 전환되는 이유는 무엇인가?

102. 효소 촉매 반응은 다음과 같은 메커니즘을 따른다.

$$E + S \rightleftharpoons E \cdot S$$
$$E \cdot S \rightleftharpoons E + P$$

반응 속도와 기질 농도 [S] 사이의 그래프는 다음 그림과 같다.

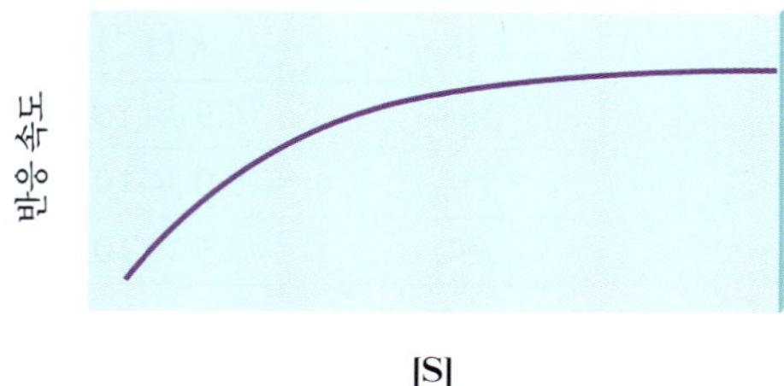

기질의 농도가 높아지면 반응 속도가 더는 [S]에 따라 변하지 않음을 주목하라. 그 이유를 제시하라.

103. 많이 알려진 화학 시연 중 하나는 '마법의 지니(Magic Genie)' 실험으로, 이는 과산화 수소가 촉매의 도움을 받아 물과 산소 기체로 분해되는 반응이다. 촉매를 사용하지 않을 때, 이 반응의 활성화 에너지는 70.0 kJ/mol이다. 촉매를 가해 주었을 때 (20.°C에서) 활성화 에너지는 42.0 kJ/mol이다. 이론적으로 촉매를 사용하지 않을 때의 반응 속도가 20.°C에서 촉매를 사용할 때의 반응 속도와 같게 하려면 과산화 수소 용액을 몇 도(°C)로 가열해야 하는가? 빈도 인자 A는 일정하고 초기 농도도 같다고 가정하라.

104. 600. K에서 어떤 반응에 촉매를 도입했더니 활성화 에너지가 184 kJ/mol에서 59.0 kJ/mol로 변했다. 만일 촉매를 사용하지 않을 대 이 반응이 일어나는 데 대략 2400년 걸린다면, 촉매를 사용한 반응은 얼마나 오래 걸리겠는가? 빈도 인자 A는 일정하고, 초기 농도는 같다고 가정하라.

추가 연습 문제

아래 별표(*)가 붙은 복합 개념 문제들은 온라인에서 제공되며, 학생이 교수자에게 받는 것과 동일한 유형의 상호작용형 도움을 받을 수 있다.

105. 다음 그림은 반응 $2NO_2(g) \longrightarrow 2NO(g) + O_2(g)$의 시간에 따라 존재하는 상태를 나타낸 것이다.

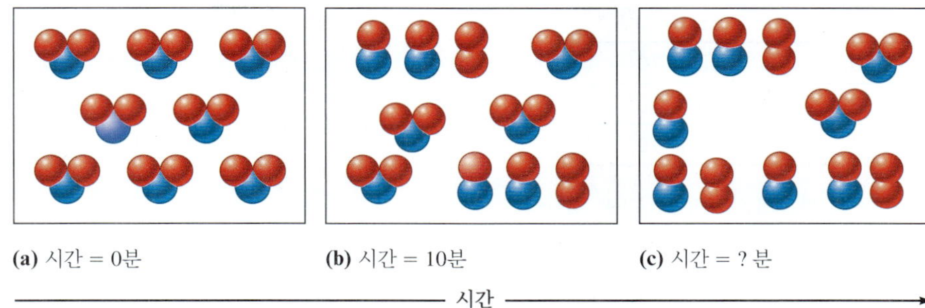

(a) 시간 = 0분 **(b)** 시간 = 10분 **(c)** 시간 = ? 분

시간 ⟶

반응이 다음과 같을 때 (c)의 시간을 결정하라.

a. 일차 반응

b. 이차 반응

c. 영차 반응

106. 다음 반응을 0°C에서 측정한 결과를 다음 표에 나타내었다.

$$H_2SeO_3(aq) + 6I^-(aq) + 4H^+(aq) \longrightarrow Se(s) + 2I_3^-(aq) + 3H_2O(l)$$

$[H_2SeO_3]_0$ (mol/L)	$[H^+]_0$ (mol/L)	$[I^-]_0$ (mol/L)	초기 속도 (mol/L · s)
1.0×10^{-4}	2.0×10^{-2}	2.0×10^{-2}	1.66×10^{-7}
2.0×10^{-4}	2.0×10^{-2}	2.0×10^{-2}	3.33×10^{-7}
3.0×10^{-4}	2.0×10^{-2}	2.0×10^{-2}	4.99×10^{-7}
1.0×10^{-4}	4.0×10^{-2}	2.0×10^{-2}	6.66×10^{-7}
1.0×10^{-4}	1.0×10^{-2}	2.0×10^{-2}	0.42×10^{-7}
1.0×10^{-4}	2.0×10^{-2}	4.0×10^{-2}	13.2×10^{-7}
1.0×10^{-4}	1.0×10^{-2}	4.0×10^{-2}	3.36×10^{-7}

만일 아주 작은 양의 I_3^-가 존재하는 경우에만 위의 표에 보인 관계가 성립한다면 반응 속도 법칙과 속도 상수는 얼마인가? 이 반응의 속도는 다음과 같다고 가정하라.

$$속도 = -\frac{\Delta[H_2SeO_3]}{\Delta t}$$

107. $t = 0$에서 두 개의 반응 용기 중 하나에는 A가, 나머지 하나에는 B가 같은 농도만큼 들어 있다. 이 두 물질이 분해하는 반응이 모두 일차 반응이고 속도 상수가 다음과 같다고 가정하자.

$$k_A = 4.50 \times 10^{-4}\ s^{-1}$$
$$k_B = 3.70 \times 10^{-3}\ s^{-1}$$

[A] = 4.00[B]가 될 때까지 걸리는 시간은 얼마인가?

108. 염화 설퓨릴(sulfuryl chloride, SO_2Cl_2)은 기체 상태에서 이산화 황(SO_2)과 염소(Cl_2) 분자로 분해된다. 5.00×10^{-2} mol의 염화 설퓨릴 시료를 5.00×10^{-1} L의 용기 속에서 600. K로 가열하였더니, 다음 결과가 얻어졌다.

시간 (hours)	0.00	1.00	2.00	4.00	8.00	16.00
$P_{SO_2Cl_2}$ (atm)	4.93	4.26	3.52	2.53	1.30	0.34

이 반응의 속도는 다음과 같이 정의된다.

$$속도 = -\frac{\Delta[SO_2Cl_2]}{\Delta t}$$

a. 600. K에서, 염화 설퓨릴의 분해 반응에 대한 속도 상수 값을 계산하라.

b. 반응의 반감기는 무엇인가?

c. 20.0시간 후에 남아있는 염화 설퓨릴의 분율은 얼마인가?

109. 반응 $2N_2O_5(g) \longrightarrow 4NO_2(g) + O_2(g)$에 대한 속도 법칙은 다음과 같다.

$$속도 = -\frac{\Delta[N_2O_5]}{\Delta t}$$

두 온도에서 반응의 속도를 측정한 결과는 다음 표와 같다.

시간(s)	T = 338 K $[N_2O_5]$	T = 318 K $[N_2O_5]$
0	1.00×10^{-1} M	1.00×10^{-1} M
100.	6.14×10^{-2} M	9.54×10^{-2} M
300.	2.33×10^{-2} M	8.63×10^{-2} M
600.	5.41×10^{-3} M	7.43×10^{-2} M
900.	1.26×10^{-3} M	6.39×10^{-2} M

이 반응에 대한 E_a를 계산하라.

110. 다음 기체 상태의 반응

$$NO(g) + O_3(g) \longrightarrow NO_2(g) + O_2(g)$$

의 온도에 대한 반응 속도 상수의 실험 자료는 다음과 같다.

T (K)	k (L/mol · s)
195	1.08×10^9
230.	2.95×10^9
260.	5.42×10^9
298	12.0×10^9
369	35.5×10^9

이 실험 결과를 도시하고, 반응의 활성화 에너지를 계산하라.

111. 반응 "aA ⟶ 생성물"에 대하여, 시간(초 단위)에 따라 ln[A]를 도시하면, 기울기가 -7.35×10^{-3}인 직선이 얻어진다. $[A]_0 = 0.0100$ M이라면, 반응이 22.9% 완료되는 데 걸리는 시간(초 단위)을 계산하라.

112. 반응 "aA ⟶ 생성물"에 대하여, 어떤 온도에서 시간에 따른 농도 자료를 얻었다. 1/[A]을 시간(초 단위)에 따라 도시하면 기울기 6.90×10^{-2}인 직선이 얻어진다. 이 반응의 미분 속도 법칙, 적분 속도 법칙 그리고 반응 속도 상수를 구하라. 만약 $[A]_0$가 0.100 M이라면, 첫 반감기(초 단위)는 얼마인가? $t = 0$에서 처음 농도가 0.100 M이라면, 두 번째 반감기(초 단위)는 얼마인가?

113. 620. K의 온도에서 부타디엔(butadiene)은 적당한 속도로 이합체를 형성한다. 이 반응이 일어나는 어떤 실험에서 다음 데이터를 얻었다.

t(s)	$[C_4H_6]$ (mol/L)
0	0.01000
1000.	0.00629
2000.	0.00459
3000.	0.00361

a. 이 반응의 차수를 결정하라.
b. 이합체화 반응의 1.0%가 완료될 때까지 걸리는 시간은?
c. 이합체화 반응의 10.0%가 완료될 때까지 걸리는 시간은?
d. 부타디엔의 초기 농도가 0.0200 M이라면 이 반응의 반감기는?
e. 이 문제의 결과와 연습 문제 55의 결과를 이용하여 부타디엔의 이합체화 반응의 활성화 에너지를 구하라.

114. 반응 A → B + C는 A에 대하여 이차 반응이다. $[A]_0 = 0.1000$ M일 때, 반응은 40.0분 만에 20.0% 진행된다. 반응 속도 상수(단위: L/mol · min)를 계산하라.

115. 초기에 0.0800 M이였던 어떤 물질이 반응 속도 상수가 2.50×10^{-2} mol/L · s인 영차 반응으로 분해된다. 계의 농도가 0.0210 M이 될 때까지 걸리는 시간(초 단위)을 계산하라.

116. 기체 상태의 일차 반응인 "A ⟶ 생성물"의 반응 속도 상수는 660. K에서 $k = 7.2 \times 10^{-4}$ s^{-1}이고, 720. K에서 $k = 1.7 \times 10^{-2}$ s^{-1}이다. 만약 295°C에서 A의 초기 압력이 536 torr일 때, A의 압력이 268 torr로 감소할 때까지 걸리는 시간은 얼마일까?

117. 코브라의 독은 먹이의 횡격막에 있는 아세틸 콜린 수용체(acetylcholine receptor)와 결합하여 횡격막 근육 조직의 기능 손상을 유발하고, 궁극적으로 죽음에 이르게 한다. 좀 더 강력한 해독제를 개발하기 위해 일단 코브라의 독이 아세틸 콜린 수용체와 결합하였을 때 독소에 어떠한 변화가 일어나는지 조사하였더니, 독소가 수용체로부터 분리되는 과정의 반응 속도는 다음과 같음을 알 수 있었다.

$$\text{속도} = k[\text{아세틸콜린 수용체} - \text{독소 착물}]$$

만일 이 반응에 대한 활성화 에너지가 37.0°C에서 26.2 kJ/mol이고 $A = 0.850$ s^{-1}이라면 37.0°C에서 아세틸콜린−독소 착물 수용액의 농도가 0.200 M일 때 반응 속도를 계산하라.

118. 아이오도메테인(CH_3I)은 유기화학에서 자주 사용되는 시약 중 하나이다. 이 시약을 적절히 사용하면 다양한 유용한 반응에서 메틸기를 도입할 수 있다. 이 화학물질은 DNA 사슬의 여러 부분과 반응하는 아이오도메테인의 성질 때문에 발암물질로 위험성을 가지고 있다. 다음은 가상의 초기 속도 결과이다.

$[DNA]_0$ (μmol/L)	$[CH_3I]_0$ (μmol/L)	초기 속도 (μmol/L · s)
0.100	0.100	3.20×10^{-4}
0.100	0.200	6.40×10^{-4}
0.200	0.200	1.28×10^{-3}

위 결과를 참고하여 초기 속도 결과를 설명할 수 있는 가능한 메커니즘이 어느 것인지 선택하라.

메커니즘 I $\quad DNA + CH_3I \longrightarrow DNA{-}CH_3^+ + I^-$

메커니즘 II $\quad CH_3I \longrightarrow CH_3^+ + I^-$ 느림

$\quad DNA + CH_3^+ \longrightarrow DNA{-}CH_3^+$ 빠름

119. $A_2(g) + B_2(g) \longrightarrow 2AB(g)$인 가상 반응의 속도 법칙이 다음과 같다.

$$-\frac{\Delta[A_2]}{\Delta t} = k[A_2][B_2]$$

반응 속도 상수는 302°C에서 2.45×10^{-4} L/mol · s이고, 508°C에서 0.891 L/mol · s이다. 이 반응의 활성화 에너지는 얼마인가? 375°C에서의 반응 속도 상수는 얼마인가?

120. 실험에 의하면 귀뚜라미(snowy tree cricket, *Oecanthus fultoni*) 울음소리의 평균 진동수는 다음 표와 같이 온도에 의존한다.

울음소리 속도(min당)	온도(°C)
178	25.0
126	20.3
100.	17.3

울음소리를 조절하는 반응의 활성화 에너지는 얼마인가? 7.5°C에서 예상되는 울음소리 속도는 얼마인가?

121. 최근 여름에 개똥벌레(*Lampyridaes photinus*)가 발광하는 평균 간격을 측정하였더니 21.0°C에서 16.3초, 27.8°C에서 13.0초였다.

a. 발광을 조절하는 반응의 활성화 에너지는 얼마인가?
b. 30.0°C에서 발광의 평균 간격은 얼마인가?
c. 관찰된 간격과 (b)에서 계산한 간격을 '섭씨 온도 = 54 − 2 × (발광 간격)'이라는 경험적 규칙과 비교하라.

122. 촉매를 쓰지 않은 어떤 생화학 반응의 활성화 에너지는 50.0 kJ/mol이다. 37°C에서 촉매를 사용하였을 때 이 반응의 속도 상수는 촉매를 쓰지 않았을 때보다 2.50×10^3배 증가한다. 빈도 인자 A는 촉매를 사용할 때나 사용하지 않을 때 모두 같다고 가정하고, 촉매 사용 반응에 대한 활성화 에너지를 계산하라.

123. 어떤 반응 $A(aq) + B(aq) \longrightarrow$ 생성물(aq)에서 다음과 같은 결과를 얻었다.

$[A]_0$ (mol/L)	$[B]_0$ (mol/L)	초기 반응 속도 (mol/L · s)
0.12	0.18	3.46×10^{-2}
0.060	0.12	1.15×10^{-2}
0.030	0.090	4.32×10^{-3}
0.24	0.090	3.46×10^{-2}

A에 대하여 반응 차수는 얼마인가? B에 대하여 반응 차수는 얼마인가? 반응 속도 상수는 얼마인가?

124. 다음 A, B 사이의 이론적 반응을 가정하자.

$$A + B \longrightarrow \text{생성물}$$

다음 초기 반응 속도를 이용하여 반응 속도 상수를 구하라.

[A] (mol/L)	[B] (mol/L)	초기 반응 속도 (mol/L · s)
0.20	1.0	3.0
0.50	1.0	11.8
2.0	2.0	189.5

125. 다음 반응을 생각해 보자.

$$3A + B + C \longrightarrow D + E$$

이 반응의 속도 법칙은 다음과 같이 정의된다.

$$-\frac{\Delta[A]}{\Delta t} = k[A]^2[B][C]$$

이 실험에서 반응물의 초기 농도는 다음과 같다.

$$[B]_0 = [C]_0 = 1.00\ M,\ [A]_0 = 1.00 \times 10^{-4}\ M$$

a. 3.00분 후에 $[A] = 3.26 \times 10^{-5}\ M$이었다. k 값을 계산하라.
b. 이 실험의 반감기를 계산하라.
c. 10.0분 후 A, B의 농도를 계산하라.

126. 어떤 반응의 활성화 에너지는 40 kJ이고 전체 에너지 변화 (ΔE)는 −100 kJ이다. 다음에 제시된 각각의 퍼텐셜 에너지 그림에서, 가로축은 반응 과정, 세로축은 퍼텐셜 에너지(kJ 단위)이다. 이 반응을 가장 잘 설명하는 그림은 어느 것인가? 참고: 그림들은 축척에 맞게 그려진 것이 아니다.

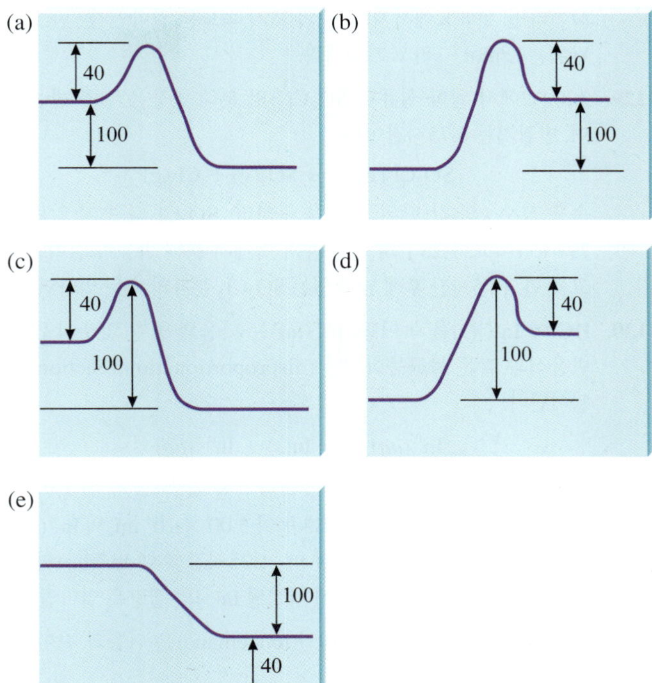

127. $Tl^{3+} + 2\,Ru^{2+} \rightarrow Tl^{+} + 2\,Ru^{3+}$의 반응 속도는 Tl^{3+}가 크게 과량으로 존재할 때 Ru^{2+}의 농도 감소를 측정함으로써 알 수 있다. 단일 실험 데이터가 다음의 세 가지 방식의 그래프로 표시되어 있다. 참고: Y = y축이다.

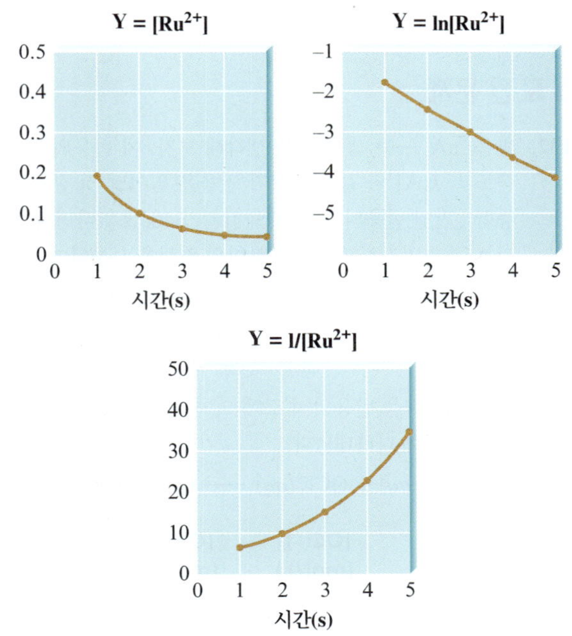

Ru^{2+}에 대한 반응 차수와 Ru^{2+}의 초기 농도는 얼마인가?

a. 영차, 0.3 M **b.** 일차, 0.3 M **c.** 일차, 1.0 M
d. 이차, 1.0 M **e.** 이차, 0.1 M

128. 반응 '$aA + bB \rightarrow$ 생성물'은 각 반응물에 대하여 일차 반응임이 밝혀졌다. 이 반응을 여러 온도에서 수행하고, ln k를 $1/T$ (T는 K 단위)에 따라 도시하였더니, 기울기가 −982.7이고, y 절편이 −0.0726인 직선이 얻어졌다. $[A]_0 = 0.050\ M$, $[B]_0 = 0.075$

M이라면, 298 K에서 이 반응의 초기 속도는 얼마인가? 단, k의 단위는 L/mol · s라고 가정하라.

129. 320.°C에서 염화 설퓨릴(SO_2Cl_2)의 분해 반응은 일차 반응이며, 반감기는 8.75시간이다.

$$SO_2Cl_2(g) \longrightarrow SO_2(g) + Cl_2(g)$$

속도 상수 k의 값(단위: s^{-1})을 구하라. SO_2Cl_2의 초기 압력이 791 torr이고, 1.25 L의 반응 용기 속에서 분해 반응이 일어난다고 하면, 12.5시간 후에 남아 있는 SO_2Cl_2 분자의 수는 얼마인가?

130. HCl에 InCl(s)을 녹이면, $In^+(aq)$는 다음의 균형 맞추지 않은 반응식과 같은 불균등화 반응(disproportionation reaction)이 일어난다.

$$In^+(aq) \longrightarrow In(s) + In^{3+}(aq)$$

이 불균등화 반응은 667초의 반감기를 갖는 일차 반응이다. 2.38 g의 InCl(s)을 묽은 HCl에 녹여 5.00×10^2 mL의 $In^+(aq)$의 초기 용액을 준비했다고 할 때, 1.25시간 후에 $In^+(aq)$의 농도는 얼마인가? 1.25시간 후에 생성된 In(s)의 질량은 얼마인가?

131. 기체 상태의 아이오딘화 에테인(iodoethane)은 다음과 같이 분해 반응이 일어난다.

$$C_2H_5I(g) \longrightarrow C_2H_4(g) + HI(g)$$

660. K에서 $k = 7.2 \times 10^{-4}\ s^{-1}$이고, 720. K에서 $k = 1.7 \times 10^{-2}\ s^{-1}$이다. 325°C에서 일어나는 이 일차 반응의 속도 상수를 계산하라. 245°C에서 아이오딘화 에테인의 초기 압력이 894 torr이라면, 세 번의 반감기 후에 아이오딘화 에테인의 압력은 얼마인가?

도전 문제

132. 반응 "aA ⟶ 생성물"을 생각해 보자. 이 반응의 속도 법칙은 속도 = $k[A]^3$와 같다(삼분자 반응은 일어날 것 같지 않으나 가능함). 만일 반응의 첫 번째 반감기가 40. 초였다면 두 번째 반감기는 몇 초인가? *힌트*: 미적분학의 지식을 사용하여 다음 삼분자 반응의 미분 속도 법칙으로부터 적분 속도 법칙을 유도하라.

$$\text{속도} = \frac{-d[A]}{dt} = k[A]^3$$

133. $[OH^-]$가 다음 반응의 속도에 미치는 영향을 조사하여 그 자료를 다음 표에 나타내었다.

$$I^-(aq) + OCl^-(aq) \longrightarrow IO^-(aq) + Cl^-(aq)$$

$[I^-]_0$ (mol/L)	$[OCl^-]_0$ (mol/L)	$[OH^-]_0$ (mol/L)	초기 속도 (mol/L · s)
0.0013	0.012	0.10	9.4×10^{-3}
0.0026	0.012	0.10	18.7×10^{-3}
0.0013	0.0060	0.10	4.7×10^{-3}
0.0013	0.018	0.10	14.0×10^{-3}
0.0013	0.012	0.050	18.7×10^{-3}
0.0013	0.012	0.20	4.7×10^{-3}
0.0013	0.018	0.20	7.0×10^{-3}

이 반응의 속도 법칙과 속도 상수 값을 결정하라.

134. 주어진 화합물의 두 이성질체(A와 B)는 다음과 같이 이합체화한다.

$$2A \xrightarrow{k_1} A_2$$
$$2B \xrightarrow{k_2} B_2$$

두 반응 과정 모두 반응물에 대한 이차 반응이며, 25°C에서 k_1은 0.250 L/mol · s이다. 25°C에서 A와 B를 다른 용기에 넣었더니, $[A]_0 = 1.00 \times 10^{-2}\ M$이고, $[B]_0 = 2.50 \times 10^{-2}\ M$이었다. 각각의 반응이 3.00분 동안 진행된 후, [A] = 3.00 [B]가 되었다. 이 경우, 속도 법칙은 다음과 같이 정의된다.

$$\text{속도} = -\frac{\Delta[A]}{\Delta t} = k_1[A]^2$$

$$\text{속도} = -\frac{\Delta[B]}{\Delta t} = k_2[B]^2$$

a. 3.00분 후 A_2의 농도를 계산하라.
b. k_2의 값을 계산하라.
c. A의 이량체화 반응에 대한 반감기를 계산하라.

135. 다음 반응에 대하여 두 가지 종류의 실험을 하였다.

$$NO(g) + O_3(g) \longrightarrow NO_2(g) + O_2(g)$$

첫 번째 실험에서는 과량의 O_3를 사용하여 NO의 감소 속도를 측정하였다. 실험 결과, $[O_3]$는 1.0×10^{14} 분자/cm^{3}로 일정하게 남아 있었고, [NO] 농도의 변화는 다음과 같았다.

시간(ms)	[NO](분자/cm^3)
0	6.0×10^8
100 ± 1	5.0×10^8
500 ± 1	2.4×10^8
700 ± 1	1.7×10^8
1000 ± 1	9.9×10^7

두 번째 실험에서는 [NO]를 2.0×10^{14} 분자/cm^{3}로 일정하게 유지하였다. O_3가 감소하는 실험의 결과는 다음과 같다.

시간(ms)	$[O_3]$(분자/cm^3)
0	1.0×10^{10}
50 ± 1	8.4×10^9
100 ± 1	7.0×10^9
200 ± 1	4.9×10^9
300 ± 1	3.4×10^9

a. 각 반응물에 대한 차수는 얼마인가?
b. 전체 반응 속도 법칙은 무엇인가?
c. 각 실험 결과로부터 속도 상수를 구하라.

$$\text{속도} = k'[NO]^x \qquad \text{속도} = k''[O_3]^y$$

d. 전체 속도 법칙에 대한 속도 상수는 얼마인가?

$$\text{속도} = k[NO]^x[O_3]^y$$

136. 다음 반응을 생각해 보자.

$$5Br^-(aq) + BrO_3^-(aq) + 6H^+(aq) \longrightarrow 3Br_2(l) + 3H_2O(l)$$

위 반응은 다음의 반응 메커니즘을 따른다고 생각된다.

$$BrO_3^-(aq) + H^+(aq) \underset{k_{-1}}{\overset{k_1}{\rightleftharpoons}} HBrO_3(aq)$$ 빠른 평형

$$HBrO_3(aq) + H^+(aq) \underset{k_{-2}}{\overset{k_2}{\rightleftharpoons}} H_2BrO_3^+(aq)$$ 빠른 평형

$$Br^-(aq) + H_2BrO_3^+(aq) \xrightarrow{k_3} (Br—BrO_2)(aq) + H_2O(l)$$ 느림

$$(Br—BrO_2)(aq) + 4H^+(aq) + 4Br^-(aq) \longrightarrow \text{생성물}$$ 빠름

이 반응의 속도 법칙을 써라.

137. 기체상에서 염소와 일산화 탄소로부터 포스젠의 생성은 다음 메커니즘으로 진행되는 것으로 생각된다.

$$Cl_2 \underset{k_{-1}}{\overset{k_1}{\rightleftharpoons}} 2Cl$$ 빠른 평형

$$Cl + CO \underset{k_{-2}}{\overset{k_2}{\rightleftharpoons}} COCl$$ 빠른 평형

$$COCl + Cl_2 \xrightarrow{k_3} COCl_2 + Cl$$ 느림

$$2Cl \xrightarrow{k_4} Cl_2$$ 빠름

전체 반응: $CO + Cl_2 \longrightarrow COCl_2$

a. 이 반응에 대한 속도식을 써라.

b. 어느 화학종이 중간체인가?

138. 대부분의 반응은 일련의 단계로 일어난다. 두 단계의 메커니즘으로 일어나는 어떤 반응의 에너지 그림은 다음과 같다.

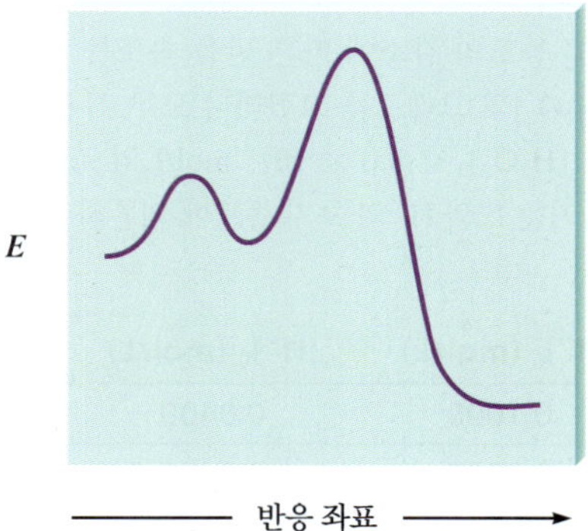

위의 에너지 그림에서 다음을 지적하라.

a. 반응물과 생성물의 위치

b. 전체 반응의 활성화 에너지

c. 반응의 ΔE

d. 두 단계의 반응에서 중간체의 에너지를 나타내는 위치는 어디인가?

e. 이 반응에 대한 메커니즘에서 첫 번째 단계와 두 번째 단계 중에서 어느 단계가 반응 속도 결정 단계인가? 설명하라.

139. 여러분은 $H_2(g) + F_2(g) \longrightarrow 2HF(g)$ 반응을 연구하고 있고, 이 반응에 대한 메커니즘을 결정하려고 한다. 한 반응물의 농도를 다른 반응물에 비해 아주 과량으로 유지하면서 두 번의 실험을 진행하였다(낮은 압력의 반응물은 1.000 atm의 압력에서 시작하였다). 그런데 여러분은 어떤 반응물이 높은 압력의 반응물인지 기록하지 않았고, 이후 그것을 잊어버리게 되었다. 첫 번째 실험 데이터는 다음과 같다.

HF의 압력(atm)	시간(min)
0	0
0.300	30.0
0.600	65.8
0.900	110.4
1.200	169.1
1.500	255.9

두 번째 실험에서는 높은 압력의 반응물의 압력을 훨씬 높이 유지하였고, 외관상의 속도 상수는 동일하였다. 이는 또한 실험실의 다른 동료의 결과로부터 확인되었다. 이 반응의 속도는 35°C에서보다 55°C에서 40.0배 증가하였다. 또한 에너지 그림으로부터 이 반응은 3단계의 메커니즘을 통해 일어나고, 첫 번째 단계가 가장 높은 활성화 에너지를 갖는다는 것을 알 수 있다. 각 화학종의 결합 에너지는 다음과 같다: H—H (432 kJ/mol), F—F (154 kJ/mol), H—F (565 kJ/mol).

a. 연습 문제 138과 같은 정성적인 에너지 그림을 그려라.

b. 이 반응에 대한 적절한 메커니즘을 나타내어라.

c. 이 실험에서 어느 반응물이 한계 반응물인가?

140. $NO_2(g)$의 분해 반응은 다음과 같이 이분자 단일 단계 반응으로 일어난다.

$$2NO_2(g) \longrightarrow 2NO(g) + O_2(g)$$

273 K에서 속도 상수는 2.3×10^{-12} L/mol · s이고, 활성화 에너지는 111 kJ/mol이다. 500. K에서 $NO_2(g)$의 농도가 초기 부분압 2.5 atm에서 1.5 atm으로 줄어드는 데 걸리는 시간을 계산하라. 이상 기체로 행동한다고 가정하라.

141. 다음 반응을 생각해 보자.

$$2A + B \longrightarrow C + D$$

이 반응에 대하여 시간에 따른 반응물 A의 농도 변화 실험에 대한 두 결과는 다음과 같다.

시간(s)	실험 1 [A] (mol/L) × 10^{-2}	실험 2 [A] (mol/L) × 10^{-2}
0	10.0	10.0
20.	6.67	5.00
40.	5.00	3.33
60.	4.00	2.50
80.	3.33	2.00
100.	2.86	1.67
120.	2.50	1.43

실험 1에서, $[B]_0 = 5.0\ M$

실험 2에서, $[B]_0 = 10.0\ M$

$$\text{속도} = \frac{-\Delta[A]}{\Delta t}$$

a. [B]가 [A]보다 훨씬 큰 이유는 무엇인가?

b. 이 반응에 대한 속도 법칙을 쓰고, k 값을 구하라.

c. 이 반응에 대한 다음의 메커니즘 중에서 옳은 것은? 이유를 설명하라.

i. $A + B \rightleftharpoons E$ (빠른 평형)
$E + B \longrightarrow C + D$ (느림)

ii. $A + B \rightleftharpoons E$ (빠른 평형)
$E + A \longrightarrow C + D$ (느림)

iii. $A + A \longrightarrow E$ (느림)
$E + B \longrightarrow C + D$ (빠름)

142. 다음 반응을 생각해 보자.

$$2A + 2B \longrightarrow C + 2D$$

이 반응에 대한 두 실험 결과는 다음과 같다.

시간(s)	실험 1 [A] (mol/L)	실험 2 [A] (mol/L)
0	1.0×10^{-2}	1.0×10^{-2}
10.	8.4×10^{-3}	5.0×10^{-3}
20.	7.1×10^{-3}	2.5×10^{-3}
30.	?	1.3×10^{-3}
40.	5.0×10^{-3}	6.3×10^{-4}

실험 1에서, $[B]_0 = 10.0\ M$.
실험 2에서, $[B]_0 = 20.0\ M$.

$$\text{속도} = \frac{-\Delta[A]}{\Delta t}$$

a. 시간에 대한 농도의 데이터를 이용하여 이 반응의 속도 법칙을 결정하라.

b. 이 반응에 대한 속도 상수(k) 값을 단위를 포함하여 구하라.

c. 실험 1에서 $t = 30.$ s일 때 A의 농도를 계산하라.

143. 다음 가상적인 반응을 생각해 보자.

$$A + B + 2C \longrightarrow 2D + 3E$$

같은 온도에서 이 반응에 대하여 세 번의 실험을 하였다. 반응 속도는 $-\Delta[B]/\Delta t$로 정의된다.

실험 1:

$[A]_0 = 2.0\ M \quad [B]_0 = 1.0 \times 10^{-3}\ M \quad [C]_0 = 1.0\ M$

[B] (mol/L)	시간(s)
2.7×10^{-4}	1.0×10^{5}
1.6×10^{-4}	2.0×10^{5}
1.1×10^{-4}	3.0×10^{5}
8.5×10^{-5}	4.0×10^{5}
6.9×10^{-5}	5.0×10^{5}
5.8×10^{-5}	6.0×10^{5}

실험 2:

$[A]_0 = 1.0 \times 10^{-2}\ M \quad [B]_0 = 3.0\ M \quad [C]_0 = 1.0\ M$

[A] (mol/L)	시간(s)
8.9×10^{-3}	1.0
7.1×10^{-3}	3.0
5.5×10^{-3}	5.0
3.8×10^{-3}	8.0
2.9×10^{-3}	10.0
2.0×10^{-3}	13.0

실험 3:

$[A]_0 = 10.0\ M \quad [B]_0 = 5.0\ M \quad [C]_0 = 5.0 \times 10^{-1}\ M$

[C] (mol/L)	시간(s)
0.43	1.0×10^{-2}
0.36	2.0×10^{-2}
0.29	3.0×10^{-2}
0.22	4.0×10^{-2}
0.15	5.0×10^{-2}
0.08	6.0×10^{-2}

이 반응의 속도 법칙을 쓰고, 반응 속도 상수를 계산하라.

144. 산성 용액에서 H_2O_2와 I^- 이온의 반응은 다음과 같다.

$$H_2O_2(aq) + 3I^-(aq) + 2H^+(aq) \longrightarrow I_3^-(aq) + 2H_2O(l)$$

H_2O_2 농도의 감소에 따른 반응 속도를 연구하여 시간에 대한 $\ln[H_2O_2]$의 그래프를 그렸더니 모두 직선이 얻어졌다. 모든 용액은 $[H_2O_2]_0 = 8.0 \times 10^{-4}$ mol/L의 조건이었다. 이들 직선의 기울기는 I^-와 H^+의 초기 농도에 의존하였고, 그 결과는 다음과 같다.

$[I^-]_0$ (mol/L)	$[H^+]_0$ (mol/L)	기울기(min^{-1})
0.1000	0.0400	−0.120
0.3000	0.0400	−0.360
0.4000	0.0400	−0.480
0.0750	0.0200	−0.0760
0.0750	0.0800	−0.118
0.0750	0.1600	−0.174

이 반응에 대한 속도 법칙은 다음의 형태를 가진다.

$$\text{속도} = \frac{-\Delta[H_2O_2]}{\Delta t} = (k_1 + k_2[H^+])[I^-]^m[H_2O_2]^n$$

a. $[H_2O_2]$와 $[I^-]$에 대한 반응 차수를 결정하라.

b. 속도 상수 k_1과 k_2의 값을 계산하라.

c. 반응 속도가 $[H^+]$에 대해 두 항의 의존성을 가지는 이유를 설명하라.

마라톤 문제

이 문제들은 여러 가지 개념과 기법을 하나의 상황으로 통합하도록 구성되었다.

145. 다음 반응을 생각해 보자.

$$CH_3X + Y \longrightarrow CH_3Y + X$$

25°C에서 두 가지의 실험을 진행하여 얻은 결과는 다음과 같다.

실험 1: $[Y]_0 = 3.0\ M$

$[CH_3X]$ (mol/L)	시간(h)
7.08×10^{-3}	1.0
4.52×10^{-3}	1.5
2.23×10^{-3}	2.3
4.76×10^{-4}	4.0
8.44×10^{-5}	5.7
2.75×10^{-5}	7.0

실험 2: $[Y]_0 = 4.5\ M$

$[CH_3X]$ (mol/L)	시간(h)
4.50×10^{-3}	0
1.70×10^{-3}	1.0
4.19×10^{-4}	2.5
1.11×10^{-4}	4.0
2.81×10^{-5}	5.5

85°C에서도 같은 실험을 하였고, $[CH_3X]_0 = 1.0 \times 10^{-2}\ M$과 $[Y]_0 = 3.0\ M$로 하였을 때, 속도 상수는 7.88×10^8이었다(시간의 단위는 h이다).

a. 25°C에서 이 반응에 대한 속도 법칙과 k 값을 구하라.

b. 85°C에서 반감기를 구하라.

c. 반응의 E_a를 구하라.

d. C—X의 결합 에너지가 약 325 kJ/mol이라면, a와 c에서 구한 결과를 설명할 수 있는 반응 메커니즘을 제시하라.

Chapter 13

바다 생물(Chrysaora Melanaster)을 건강하게 유지하려면 바닷물 수족관의 평형을 세심하게 유지해야 한다. 캐나다 밴쿠버 수족관. (Mary Evans Picture Library / SuperStock)

화학 평형

Chemical Equilibrium

화학량론의 계산에서 화학 반응은 반응물 중 하나가 완전히 없어질 때까지 진행된다고 가정하였다. 많은 반응이 실제로 완결될 때까지 진행된다. 그러한 반응에 대해서는 반응물이 정량적으로 생성물로 변하며 남아 있는 한계 시약의 양은 무시할 수 있다고 가정할 수 있다. 그러나 반응이 완결되기 훨씬 전에 중단되는 경우도 많이 있다. 한 예로 이산화 질소의 이량체화 반응을 들 수 있다.

$$NO_2(g) + NO_2(g) \longrightarrow N_2O_4(g)$$

반응물 NO_2는 짙은 갈색 기체이며 생성물인 이량체, N_2O_4는 무색 기체이다. 25°C에서 NO_2를 밀폐된 진공 유리 그릇 속에 넣으면 NO_2가 N_2O_4로 변함에 따라 초기의 짙은 갈색이 옅어진다. 그러나 오랜 시간이 지나도 그릇 속의 색깔이 완전히 무색으로 되지는 않으며 갈색의 강도가 일정하게 유지된다. 이것은 NO_2의 농도가 더 이상 변하지 않음을 뜻한다. 그림 13.1에서 이것을 분자 수준에서의 모형으로 설명하고 있다. 이 관찰은 이 반응이 완결되기 훨씬 전에 중지되었음을 명백히 나타내는 것이다. 이 반응은 *모든 반응물과 생성물의 농도가 시간에 따라 일정하게 유지*되는 **화학 평형**(chemical equilibrium)에 도달한 것이다.

밀폐된 용기에서 진행되는 모든 화학 반응은 평형에 도달한다. 어떤 반응은 평형의 위치가 생성물 쪽으로 매우 기울어져 있어 반응이 완결된 것처럼 보인다. 이러한 반응은 평형이 *오른쪽으로*(생성물 방향으로) *크게 치우쳐 있다*고 한다. 예를 들어, 화학량론적인 양으로 산소와 수소 기체를 섞어 반응시키면 반응은 거의 완결되며, 그 계가 평형에 도달했을 때 남아 있는 반응물의 양은 매우 적어 무시할 수 있다. 반면에 어떤 반응은 매우 조금밖에 진행되지 않는다. 예를 들어 고체 CaO를 25°C에서 밀폐된 용기 속에 두면 이것이 분해하여 생기는 고체 Ca와 기체 O_2의 양은 아주 적어 검출하기 힘들 정도이다. 이러한 경우는 평형이 *왼쪽으로*(반응물 방향으로) *크게 치우쳐 있다*고 한다.

이 장에서는 화학 반응이 평형에 도달하는 이유와 평형의 특성을 논의하겠다. 특히 평형에 있는 계의 반응물과 생성물의 농도를 어떻게 계산하는가에 대해 공부하기로 한다.

13.1 평형 조건

평형에 있는 반응계의 반응물과 생성물의 농도는 변하지 않으므로 모든 것이 중지된 것처럼 보일지 모른다. 그러나 이것은 사실이 아니다. 분자 수준에서 보면 격렬한 활동이 진행되고 있다. 평형은 정적이 아닌 매우 *동적인(dynamic)* 상황이다. 화학 평형의 개념은 다리로 연결된 두 도시의 자동차의 흐름과 비슷하다. 다리를 건너 양쪽으로 이동하는 교통량이

평형은 동적 상황이다.

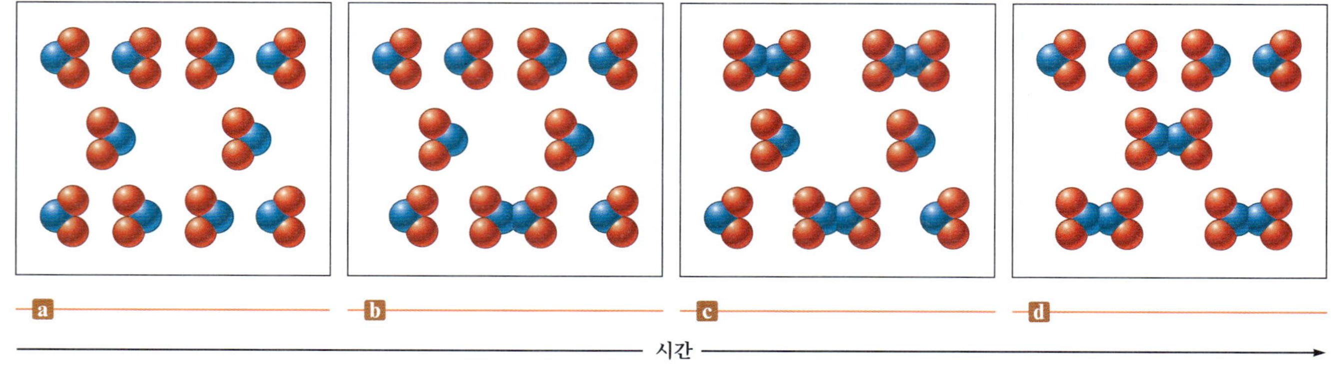

그림 13.1 밀폐된 용기 속에서 시간이 지남에 따라, 반응 $2NO_2(g) \rightleftharpoons N_2O_2(g)$의 분자 수준의 모습. 충분한 시간이 지난 후에는 용기 내의 NO_2와 N_2O_4의 분자 수가 일정해짐을 유의하라(c와 d).

그림 13.2 같은 몰 수의 $H_2O(g)$와 $CO(g)$를 혼합하였을 때 반응, $H_2O(g) + CO(g) \rightleftharpoons H_2(g) + CO_2(g)$에 대한 시간에 대하여 정반응과 역반응의 속도 변화.

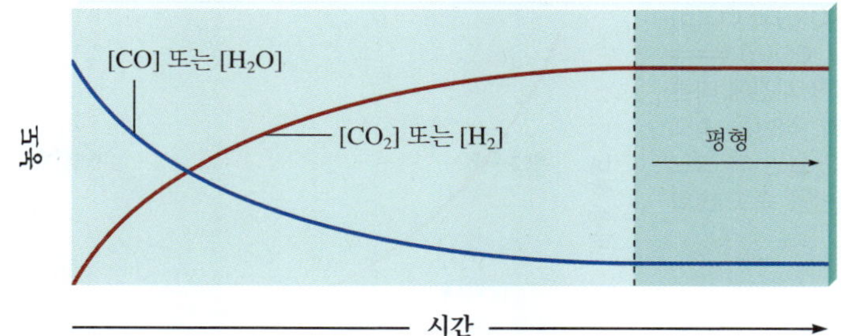

같다고 생각해 보자. 차가 다리를 건너가고 건너오는 것을 볼 수 있으므로 움직임이 있는 것은 분명하다. 그러나 같은 수의 자동차가 들어오고 나가므로 각 도시의 자동차의 수는 변함이 없다. 결과적으로 자동차 수의 *알짜* 변화는 없다.

이 개념이 화학 반응에 어떻게 적용되는지 알아보기 위하여 밀폐된 용기 안에서 수증기와 일산화 탄소가 높은 온도에서 반응하는 경우를 생각해 보자. 다음 반응이 곧 일어날 것이다:

$$H_2O(g) + CO(g) \rightleftharpoons H_2(g) + CO_2(g)$$

만일 같은 몰 수의 CO 기체와 H_2O 기체를 용기에 넣고 반응시켰다면, 시간에 따른 반응물과 생성물의 농도 변화는 그림 13.2과 같을 것이다. CO와 H_2O의 초기 농도가 같으며 그들이 1:1로 반응하므로 두 기체의 농도는 항상 같음에 주목하라. 또한 같은 양의 H_2와 CO_2가 생성되므로 그들의 농도 역시 항상 같다.

그림 13.2는 반응 진행 정도를 나타내는 그림이다. CO와 H_2O를 섞으면 즉시 반응하여 H_2와 CO_2가 생기기 시작한다. 이 반응으로 반응물의 농도는 감소하며, 초기에 0인 생성물의 농도는 증가한다. 그림 13.2에 점선으로 표시한 시간이 지나면 반응물과 생성물의 농도는 더 이상 변하지 않는다. 평형에 도달한 것이다. 주위에서 이 계에 변화를 주지 않는 한 농도의 변화는 일어나지 않을 것이다. 비록 평형이 오른쪽으로 많이 치우쳐 있지만 반응물의 농도는 결코 0이 되지는 않음을 주목하라. 반응물의 농도는 작으나 일정한 값을 가진다. 이것을 그림 13.3에 미시적인 수준의 모형으로 나타내었다.

만일 그림 13.3의 반응 용기에 약간의 $H_2O(g)$를 주입하였다면 (c)와 (d)에 나타낸 반응물과 생성물의 기체 평형 혼합물은 어떤 일이 일어날 것인가? 이 물음에 답하려면 평형 조건을 확실히 알아둘 필요가 있다. 즉, 평형에서는 정반응 속도와 역반응 속도가 같기 때문에 반응물과 생성물의 농도가 일정하게 유지된다. 만일 약간의 H_2O 분자를 주입하면 정반응, $H_2O + CO \rightarrow H_2 + CO_2$은 어떻게 될까? 더 많은 H_2O 분자가 주입되면, H_2O와

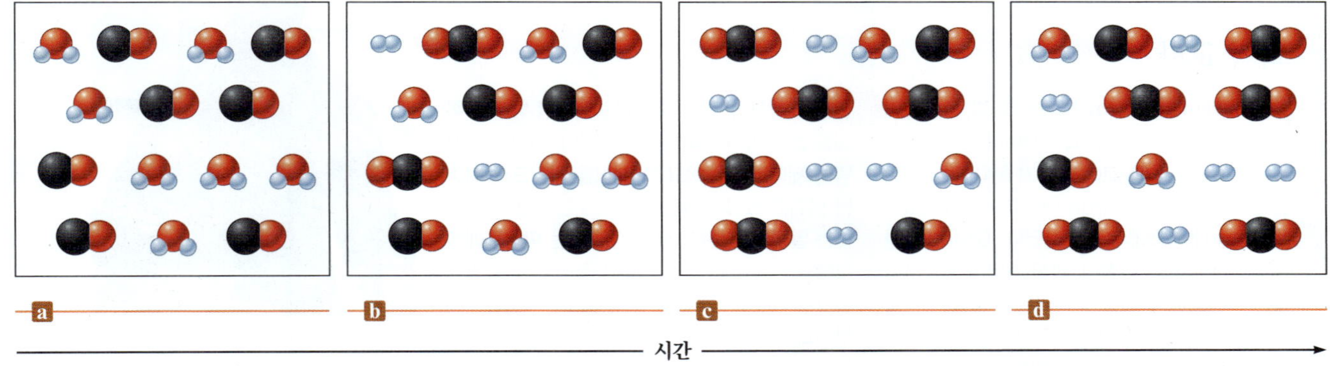

그림 13.3 **(a)** 같은 몰 수의 H_2O와 CO를 혼합하였다. **(b)** 반응이 일어나서 CO_2와 H_2가 생성된다. **(c)** 시간이 흐른 후 평형에 도달하였다. **(d)** 시간이 더 흐르더라도 반응물과 생성물 분자의 수는 일정하다.

그림 13.4 같은 몰 수의 $H_2O(g)$와 $CO(g)$를 혼합하였을 때, $H_2O(g) + CO(g) \rightleftharpoons H_2(g) + CO_2(g)$ 반응에 대한 시간에 따른 정반응과 역반응 속도의 변화. 정반응 속도 상수가 역반응 속도 상수보다 훨씬 더 크므로 시간에 따른 정반응과 역반응 속도 변화가 다르다.

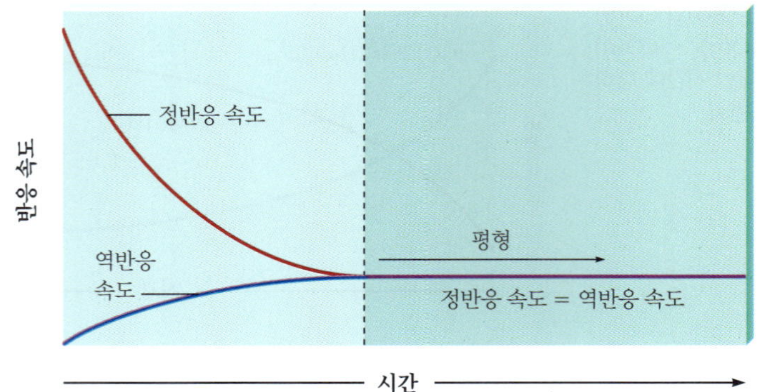

CO 분자가 더 많이 충돌을 일으키므로 정반응이 더 빨리 일어날 것이다. 따라서 더 많은 생성물이 생성되어, 역반응 $H_2O + CO \leftarrow H_2 + CO_2$도 더 빨리 일어날 것이다. 그러므로 계는 정반응과 역반응 속도가 다시 같아질 때까지 변화한다. 이 새로운 평형 위치는 그림 13.3(c)와 (d)에 나타낸 것보다 더 많거나 더 적은 생성물 분자가 들어있게 된다. 이것에 대하여 주의 깊게 생각하라. 만일 지금의 설명이 완전히 이해되지 않으면 계속해서 더 학습하자. 이 장의 뒷부분에서 이러한 유형의 상황을 자세하게 논의할 것이다.

평형은 왜 일어나는가? 제12장에서 분자가 서로 충돌하여 반응이 일어나며, 충돌 수가 증가할수록 반응 속도가 빨라짐을 보았다. 이것이 반응 속도가 농도에 비례하는 이유이다. 이 경우 H_2O와 CO의 농도는 정반응에 의해 줄어든다.

$$H_2O + CO \longrightarrow H_2 + CO_2$$

반응물의 농도가 줄어들수록 정반응의 속도는 느려진다(그림 13.4). 다리 위의 교통량의 비유에서와 같이 역반응도 존재한다.

$$H_2O + CO \longleftarrow H_2 + CO_2$$

이 실험에서 처음에는 H_2와 CO_2가 존재하지 않으므로 역반응이 일어날 수 없다. 그러나 정반응이 진행됨에 따라 H_2와 CO_2의 농도가 증가하여, 역반응의 속도는 증가하며(그림 13.4) 정반응의 속도는 줄어든다. 결국에는 정반응과 역반응의 속도가 같아지는 농도에 도달하게 된다. 이때 이 계는 평형에 도달하였다.

양쪽 방향으로 진행되는 반응을 나타내기 위하여 두 개의 화살표($\rightleftharpoons$)를 사용한다.

어떤 반응의 평형의 위치는 초기 농도, 반응물과 생성물의 상대적인 에너지 및 반응물

직업 속의 화학

화학 교사

Charsetta Grant 박사는 화학 선생님이 된 전직 제약 연구 과학자이다. Grant 박사는 Virginia 대학교에서 유기 화학 박사 학위를 받기 전에 Pittsburgh 대학교와 Carnegie Mellon 대학교에서 공부하였다. Grant 박사는 업계에서 일한 경험이, 과학 개념에 익숙하지 않은 사람들에게 이를 효과적으로 설명하는 능력을 키우는 데 큰 도움이 되었다고 말한다.

젊은 학생들이 과학적 비판적 사고력을 갖춘 인재로 성장하도록 돕는 것은 Grant 박사가 이 일을 하며 가장 좋아하는 부분이다. 누군가가 개념을 제대로 이해하고 그 지식을 바탕으로 뛰어난 성취를 보일 때만큼 보람찬 순간은 없다고 그녀는 말한다. 자신의 길을 걷고 있는 학생들에게 그녀는 가능한 한 많은 화학 실험실 경험을 쌓으라고 조언한다. 직접 손으로 해보는 경험은 그 무엇과도 바꿀 수 없기 때문이다.

Dr. Charsetta Grant

과 생성물이 "규칙적으로 배열된" 정도 등 여러 가지 요인에 의해 결정된다. 에너지와 무질서도는 제16장에서 자세히 다루겠지만 자연은 가장 낮은 에너지와 가장 높은 무질서도를 얻으려는 경향을 가지고 있으므로 이 두 개념은 중요하다. 여기에서는 평형 현상을 단순히 같은 속도로 반대 방향으로 진행되는 두 반응으로 생각하겠다.

화학 평형의 특성

화학 평형의 중요한 특성을 살펴보기 위하여, 원소인 질소와 수소로부터 암모니아를 합성하는 반응을 생각해 보자.

$$N_2(g) + 3H_2(g) \rightleftharpoons 2NH_3(g)$$

미국에서 1년간 생산되는 암모니아는 1500만 톤 이상이다.

암모니아는 옥수수나 다른 농작물을 키우는 데 사용되는 비료의 중요한 원료이므로 이 반응은 상업적으로 매우 중요하다. 이 반응은 제1차 세계대전 직전에 질소 화합물로 된 폭약을 생산할 목적으로 독일에서 연구되었다. 이 연구에서 독일의 화학자 Fritz Haber(1868~1934)는 이 반응으로 암모니아를 대규모로 생산하는 방법을 최초로 개발하였다.

강한 결합을 갖는 분자는 큰 활성화 에너지를 가지며, 25°C에서 매우 느리게 반응한다.

기체 질소와 수소 및 암모니아를 25°C로 유지된 밀폐된 용기에 섞어 두면 각 기체의 초기 농도에 상관없이 시간에 따른 농도 변화는 없다. 왜 그럴까? 어떤 반응의 반응물을 섞었을 때 반응물과 생성물의 농도가 변하지 않으면 다음의 두 가지 가능성을 생각할 수 있다.

1. 그 계가 평형에 도달하였다.
2. 정반응과 역반응의 속도가 너무 느려 그 계가 평형에 도달하는 속도를 측정할 수 없다.

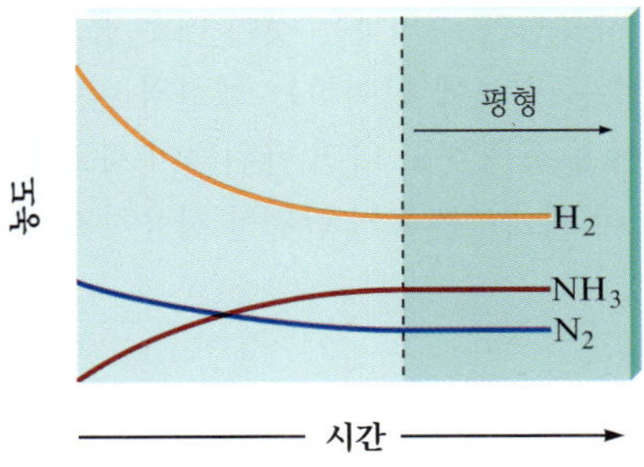

그림 13.5 초기에 $N_2(g)$와 $H_2(g)$만을 섞었을 때, 반응 $N_2(g) + 3H_2(g) \rightleftharpoons 2NH_3(g)$에 대한 농도 변화.

25°C에서 섞여 있는 질소, 수소 및 암모니아의 혼합물은 두 번째 이유가 적용된다. 제8장과 제9장에서 보았듯이 N_2 분자는 매우 강한 삼중 결합(941 kJ/mol)으로 되어 있으므로 반응성이 매우 약하다. H_2 분자 역시 단일 결합치고는 매우 강한 결합(432 kJ/mol)으로 되어 있다. 그러므로 25°C에서 N_2, H_2와 NH_3로 된 혼합물은 촉매를 가하여 정반응과 역반응의 속도를 증가시키지 않는 한 오랜 기간 동안 반응하지 않고 존재할 수 있다. 조건을 적절히 맞추어 주면 이 계는 그림 13.5과 같이 평형에 도달한다. 반응식의 계수 때문에 H_2는 N_2보다 세 배 더 빠르게 없어지며 NH_3는 N_2가 없어지는 것보다 두 배 더 빠르게 생성된다.

13.2 평형 상수

자연 과학은 근본적으로 경험적이며 실험에 근거를 두고 있다. 평형 개념 발전이 그 한 예이다. 수많은 화학 반응의 관찰을 바탕으로 노르웨이의 화학자 Maximilian Guldberg(1836~1902)와 Peter Waage(1833~1900)는 1864년 평형 조건을 일반적으로 기술하는 방법으로 **질량 작용의 법칙**(law of mass action)을 제안하였다. Guldberg와 Waage는 다음 반응에서

질량 작용의 법칙은 실험적 관찰에 근거를 두고 있다.

$$jA + kB \rightleftharpoons lC + mD$$

A, B, C, D가 반응에 관여하는 화합물이고 j, k, l, m이 균형을 맞춘 반응식의 계수라면 질량 작용의 법칙은 다음과 같은 **평형식**(equilibrium expression)으로 나타낼 수 있다고 가정하였다.

$$K = \frac{[C]^l[D]^m}{[A]^j[B]^k}$$

사각 괄호는 *평형에 있는* 화학종의 농도를 나타내며 K는 **평형 상수**(equilibrium constant)라고 부르는 상수이다.

대화형 예제 13.1 평형식 쓰기

다음 반응에 대한 평형식을 써라.

$$4NH_3(g) + 7O_2(g) \rightleftharpoons 4NO_2(g) + 6H_2O(g)$$

풀이 질량 작용의 법칙을 적용하면,

사각 괄호는 mol/L 단위의 농도를 나타낸다.

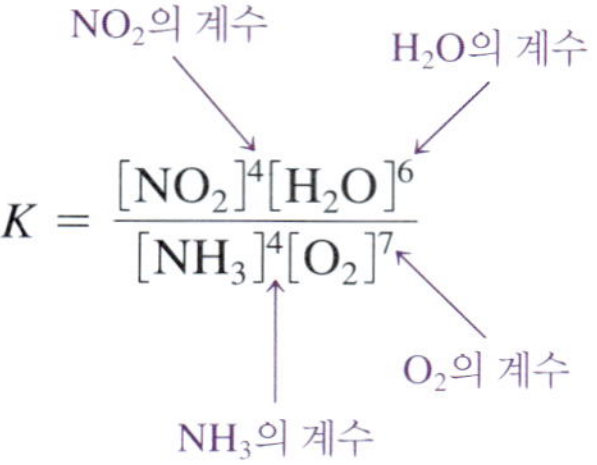

연습 문제 13.33 참조

주어진 온도에서 평형 상수의 값은 각 반응하는 물질들의 평형 농도로부터 예제 13.2와 같이 계산할 수 있다.

이 시점에서 평형 상수는 관습적으로 단위 없이 사용됨을 주의하는 것이 매우 중요하다. 그 이유는 이 책의 범위를 벗어나지만, 평형 상수는 반응에 참여하는 물질의 비이상적인 행동을 보정하는 항을 포함하고 있다. 따라서 이 보정을 하고 나면 단위들이 서로 상쇄되어, 보정된 *K*는 단위를 갖지 않게 된다. 따라서 이 책에서는 *K*의 단위를 사용하지 않는다.

대화형 예제 13.2 *K* 값의 계산

127°C에서 암모니아를 합성하는 Haber 공정에서 다음과 같이 평형 농도가 관찰되었다.

$$[NH_3] = 3.1 \times 10^{-2}\ \text{mol/L}$$
$$[N_2] = 8.5 \times 10^{-1}\ \text{mol/L}$$
$$[H_2] = 3.1 \times 10^{-3}\ \text{mol/L}$$

a. 127°C에서 이 반응의 *K* 값을 계산하라.

b. 127°C에서 다음 반응의 평형 상수값을 계산하라.

$$2NH_3(g) \rightleftharpoons N_2(g) + 3H_2(g)$$

c. 127°C에서 다음 반응식의 평형 상수를 계산하라.

$$\tfrac{1}{2}N_2(g) + \tfrac{3}{2}H_2(g) \rightleftharpoons NH_3(g)$$

풀이 **a.** Haber 공정의 균형 맞춘 반응식은 다음과 같다.

$$N_2(g) + 3H_2(g) \rightleftharpoons 2NH_3(g)$$

따라서

$$\blacksquare\ K = \frac{[NH_3]^2}{[N_2][H_2]^3} = \frac{(3.1 \times 10^{-2})^2}{(8.5 \times 10^{-1})(3.1 \times 10^{-3})^3}$$
$$= 3.8 \times 10^4$$

*K*를 단위 없이 쓴 것을 주목하라.

b. 평형식은 무엇인가? 이 반응은 문제 a에서 나온 반응의 역반응이다. 평형식은 다음과 같다.

$$K' = \frac{[N_2][H_2]^3}{[NH_3]^2}$$

이 반응은 문제 a에서 주어진 반응을 역으로 쓴 것이다. 그러므로 a의 식을 역으로 쓰면 평형식은 다음과 같다.

$$■\ K' = \frac{[N_2][H_2]^3}{[NH_3]^2} = \frac{1}{K} = \frac{1}{3.8 \times 10^4} = 2.6 \times 10^{-5}$$

c. 평형 상수는 무엇인가? 질량 작용의 법칙을 적용하면

$$K'' = \frac{[NH_3]}{[N_2]^{1/2}[H_2]^{3/2}}$$

이 식을 문제 a에 나온 식과 비교하면

$$\frac{[NH_3]}{[N_2]^{1/2}[H_2]^{3/2}} = \left(\frac{[NH_3]^2}{[N_2][H_2]^3}\right)^{1/2}$$

$$K'' = K^{1/2}$$

그러므로

$$■\ K'' = K^{1/2} = (3.8 \times 10^4)^{1/2} = 1.9 \times 10^2$$

연습 문제 13.35와 13.37~13.39 참조

예제 13.2에서 다음과 같은 몇 가지 중요한 결론을 얻을 수 있다. 다음 반응식에서

$$jA + kB \rightleftharpoons lC + mD$$

평형식은

$$K = \frac{[C]^l[D]^m}{[A]^j[B]^k}$$

이것의 역반응에 대한 반응식은

$$K' = \frac{[A]^j[B]^k}{[C]^l[D]^m} = \frac{1}{K}$$

이 반응식을 n으로 곱하면

$$njA + nkB \rightleftharpoons nlC + nmD$$

평형식은

$$K'' = \frac{[C]^{nl}[D]^{nm}}{[A]^{nj}[B]^{nk}} = K^n$$

복습하기 평형식에 대한 결론

- 정반응의 평형식은 역반응의 평형식의 역수이다.
- 어떤 반응의 균형 맞춘 반응식에 n을 곱하면, 새로운 평형식은 원래 평형식의 n승이 된다. 따라서 $K_{새로운} = (K_{원래})^n$
- K값은 관습적으로 단위 없이 쓴다.

표 13.1 반응, $N_2(g) + 3H_2(g) \rightleftharpoons 2NH_3(g)$에 대한 세 가지 실험 결과

실험	초기 농도	평형 농도	$K = \frac{[NH_3]^2}{[N_2][H_2]^3}$
I	$[N_2]_0 = 1.000\ M$ $[H_2]_0 = 1.000\ M$ $[NH_3]_0 = 0$	$[N_2] = 0.921\ M$ $[H_2] = 0.763\ M$ $[NH_3] = 0.157\ M$	$K = 6.02 \times 10^{-2}$
II	$[N_2]_0 = 0$ $[H_2]_0 = 0$ $[NH_3]_0 = 1.000\ M$	$[N_2] = 0.399\ M$ $[H_2] = 1.197\ M$ $[NH_3] = 0.203\ M$	$K = 6.02 \times 10^{-2}$
III	$[N_2]_0 = 2.00\ M$ $[H_2]_0 = 1.00\ M$ $[NH_3]_0 = 3.00\ M$	$[N_2] = 2.59\ M$ $[H_2] = 2.77\ M$ $[NH_3] = 1.82\ M$	$K = 6.02 \times 10^{-2}$

질량 작용의 법칙은 용액 평형과 기체 평형에도 적용된다.

질량 작용의 법칙이 적용되는 범위는 매우 넓다. 그것은 놀랄 정도로 다양한 용액 또는 기체 상태의 화학 반응에 대한 평형을 정확하게 기술한다. 나중에 기술할 몇 가지 경우, 예를 들면 진한 수용액이나 높은 압력을 받고 있는 기체 등과 같이 보정이 필요할 경우도 있으나, 질량 작용의 법칙은 모든 종류의 화학 평형을 정확하게 기술하는 방법을 제공하고 있다.

Ron Hoff/Dreamstime.com

▲
무수 암모니아는 토양에 적용되어 비료로 작용한다.

암모니아 합성 반응을 다시 생각해 보자. 주어진 온도에서 평형 상수 K는 항상 일정한 값을 갖는다. 500°C에서 K 값은 6.0×10^{-2}이다. 이 온도에서 N_2, H_2, NH_3를 혼합하면 이 계는 항상 다음 조건을 만족시키는 평형에 도달한다.

$$\frac{[NH_3]^2}{[N_2][H_2]^3} = 6.0 \times 10^{-2}$$

이 식은 500°C에서 *처음에 섞은 기체의 양에 관계없이* 항상 같은 값을 가진다.

온도가 일정하게 정해지면 평형식으로 정의되는 반응물과 생성물의 비는 일정하지만 각 화학종의 *평형 농도가 항상 일정한 것은 아니다.* 표 13.1에는 암모니아의 합성에 대한 세 가지 실험 결과를 정리하였다. 이 표는 비록 반응 조건에 따라 평형 농도는 전혀 다르지만 *농도의 비에 의해 결정되는 평형 상수는 항상 일정함*(실험 오차 범위 안에서)을 보여주고 있다. 아래첨자 0은 초기 농도를 나타낸다.

주어진 온도에서 어떤 반응의 평형 위치는 수없이 많으나 평형 상수 K는 하나이다.

*각 세트의 평형 농도*를 **평형 위치**(equilibrium position)라고 한다. 주어진 반응에 대해 평형 상수와 평형 위치를 구별하는 것은 매우 중요하다. 특정한 온도에서 주어진 계의 평형 상수값은 *하나*뿐이다. 그러나 평형의 위치는 *무수히* 많다. 어떤 계의 특정한 평형 위치는 초기 농도에 달려 있다. 그러나 평형 상수는 초기 농도와 무관한 상수이다.

대화형 예제 13.3 평형 위치

600°C에서 이산화 황 기체와 산소가 반응하여 삼산화 황을 만드는 반응에서 초기 농도를 달리하여 다음 두 가지 실험 결과를 얻었다.

실험 1		실험 2	
초기	평형	초기	평형
$[SO_2]_0 = 2.00\ M$	$[SO_2] = 1.50\ M$	$[SO_2]_0 = 0.500\ M$	$[SO_2] = 0.590\ M$
$[O_2]_0 = 1.50\ M$	$[O_2] = 1.25\ M$	$[O_2]_0 = 0$	$[O_2] = 0.0450\ M$
$[SO_3]_0 = 3.00\ M$	$[SO_3] = 3.50\ M$	$[SO_3]_0 = 0.350\ M$	$[SO_3] = 0.260\ M$

이 두 가지 경우에 평형 상수가 같음을 보여라.

풀이 이 반응의 균형 맞춘 반응식은

$$2SO_2(g) + O_2(g) \rightleftharpoons 2SO_3(g)$$

질량 작용의 법칙을 적용하면

$$K = \frac{[SO_3]^2}{[SO_2]^2[O_2]}$$

실험 1의 결과를 대입하면,

$$K_1 = \frac{(3.50)^2}{(1.50)^2(1.25)} = 4.36$$

실험 2의 결과를 대입하면,

$$K_2 = \frac{(0.260)^2}{(0.590)^2(0.0450)} = 4.32$$

■ K 값은 실험 오차 범위 안에서 일정하다.

연습 문제 13.40 참조

13.3 압력으로 나타낸 평형식

지금까지 우리는 기체를 포함하는 평형 반응을 농도로서 기술하였다. 기체 상태의 평형은 압력으로 나타낼 수 있다. 기체의 농도와 압력의 관계는 이상 기체 방정식에서 알 수 있다.

이상 기체 방정식은 5.3절에서 설명하였다.

$$PV = nRT \qquad \text{또는} \qquad P = \left(\frac{n}{V}\right)RT = CRT$$

여기에서 C는 n/V 또는 단위 부피당 기체의 몰 수이다. 따라서 C는 *기체의 몰농도*를 나타낸다.

암모니아의 합성 반응에서 평형식을 농도로 나타내면 다음과 같다.

$$K = \frac{[NH_3]^2}{[N_2][H_2]^3} = \frac{(C_{NH_3})^2}{(C_{N_2})(C_{H_2})^3} = K_c$$

같은 식을 *기체의 평형 부분압*으로 나타내면 다음과 같다.

K는 농도로 표현한 평형 상수이며 K_P는 압력으로 표현한 평형 상수이다. 어떤 책에서는 K 대신 K_c를 사용하고 있다.

$$K_p = \frac{(P_{NH_3})^2}{(P_{N_2})(P_{H_2})^3}$$

보통 기호 K와 K_c는 둘 다 농도로 표현한 평형 상수이다. 이 책에서는 농도로 나타낸 평형 상수와 부분압으로 나타낸 평형 상수를 각각 K 및 K_p로 표시한다.

대화형 예제 13.4 K_p 값의 계산

NOCl (nitrosyl chloride)의 생성 반응을 25°C에서 조사하였다.

$$2NO(g) + Cl_2(g) \rightleftharpoons 2NOCl(g)$$

각 화합물의 평형 압력은 다음과 같다.

$$P_{NOCl} = 1.2 \text{ atm}$$
$$P_{NO} = 5.0 \times 10^{-2} \text{ atm}$$
$$P_{Cl_2} = 3.0 \times 10^{-1} \text{ atm}$$

25°C에서 이 반응의 K_p 값을 계산하라.

풀이 이 반응의 K_p 값은 다음과 같다.

$$K_p = \frac{(P_{NOCl})^2}{(P_{NO})^2(P_{Cl_2})} = \frac{(1.2)^2}{(5.0 \times 10^{-2})^2(3.0 \times 10^{-1})}$$
$$= 1.9 \times 10^3$$

연습 문제 13.41과 13.42 참조

어떤 반응의 K와 K_p의 관계는 기체를 이상 기체로 가정하고, $C = P/RT$의 관계로부터 유도할 수 있다. 예를 들면 암모니아 합성 반응에서,

$P = CRT$ 또는 $C = \frac{P}{RT}$

$$K = \frac{[NH_3]^2}{[N_2][H_2]^3} = \frac{(C_{NH_3})^2}{(C_{N_2})(C_{H_2})^3}$$
$$= \frac{\left(\frac{P_{NH_3}}{RT}\right)^2}{\left(\frac{P_{N_2}}{RT}\right)\left(\frac{P_{H_2}}{RT}\right)^3} = \frac{(P_{NH_3})^2}{(P_{N_2})(P_{H_2})^3} \times \frac{\left(\frac{1}{RT}\right)^2}{\left(\frac{1}{RT}\right)^4}$$
$$= \frac{(P_{NH_3})^2}{(P_{N_2})(P_{H_2})^3}(RT)^2$$
$$= K_p(RT)^2$$

그러나 수소와 플루오린으로부터 플루오린화 수소를 합성하는 반응에서,

$$H_2(g) + F_2(g) \rightleftharpoons 2HF(g)$$

K와 K_p의 관계는 다음과 같다.

$$K = \frac{[HF]^2}{[H_2][F_2]} = \frac{(C_{HF})^2}{(C_{H_2})(C_{F_2})}$$
$$= \frac{\left(\frac{P_{HF}}{RT}\right)^2}{\left(\frac{P_{H_2}}{RT}\right)\left(\frac{P_{F_2}}{RT}\right)} = \frac{(P_{HF})^2}{(P_{H_2})(P_{F_2})}$$
$$= K_p$$

따라서 이 반응에서는 K와 K_p가 같다. 이것은 균형 맞춘 반응식에서 양쪽의 계수의 합이 같아 RT 항이 상쇄되기 때문이다. 암모니아 합성 반응의 평형식에서는 분자와 분모의 지수의 합이 달라 RT 항이 상쇄되지 않으므로 K와 K_p가 다르다.

다음과 같은 일반적인 반응에서

$$jA + kB \rightleftharpoons lC + mD$$

K와 K_p의 관계는 다음과 같이 표시된다.

$$K_p = K(RT)^{\Delta n}$$

여기에서 Δn은 *기체* 생성물의 계수의 합에서 *기체* 반응물의 계수의 합을 뺀 값이다. 이 식은 K와 K_p의 정의 및 압력과 농도의 관계로부터 쉽게 유도할 수 있다. 위에 나타낸 일반적

인 반응에 대하여

$$K_p = \frac{(P_C{}^l)(P_D{}^m)}{(P_A{}^j)(P_B{}^k)} = \frac{(C_C \times RT)^l(C_D \times RT)^m}{(C_A \times RT)^j(C_B \times RT)^k}$$

$$= \frac{(C_C{}^l)(C_D{}^m)}{(C_A{}^j)(C_B{}^k)} \times \frac{(RT)^{l+m}}{(RT)^{j+k}} = K(RT)^{(l+m)-(j+k)}$$

$$= K(RT)^{\Delta n}$$

Δn은 항상 생성물들의 계수의 합에서 반응물들의 계수 합을 뺀 값이다.

여기에서 $\Delta n = (l + m) - (j + k)$, 즉 기체 생성물과 기체 반응물에 대한 계수의 합의 차이이다.

비판적 사고 이 책은 $K = K_p$인 반응의 예를 보여주고 있다. 이 책은 "균형 맞춘 반응식의 양편에 있는 계수의 합이 동일하므로" $K = K_p$의 관계가 성립한다고 설명하고 있다. 만약 균형 맞춘 반응식의 양편에 있는 계수의 합이 동일하지 않은 반응에 대하여 어떻게 설명하여야 하는가? 이것은 가능하겠는가?

대화형 예제 13.5 K_p에서 K 값의 계산

예제 13.4에서 구한 K_p 값을 사용하여 25°C에서 다음 반응의 K 값을 계산하라.

$$2NO(g) + Cl_2(g) \rightleftharpoons 2NOCl(g)$$

풀이 K_p 값으로부터 K는 다음 식을 이용하여 계산한다.

$$K_p = K(RT)^{\Delta n}$$

$T = 25 + 273 = 298$ K이고

$$\Delta n = 2 - (2 + 1) = -1$$

↗ 생성물 계수의 합 ↖ 반응물 계수의 합

따라서,

$$K_p = K(RT)^{-1} = \frac{K}{RT}$$

(Δn ↓ 지수 -1)

또는

$$\blacksquare\ K = K_p(RT)$$
$$= (1.9 \times 10^3)(0.08206)(298)$$
$$= 4.6 \times 10^4$$

연습 문제 13.43과 13.44 참조

13.4 불균일 평형

지금까지 우리는 모든 반응물과 생성물이 기체인, 기체상에 대한 계의 평형만을 살펴보았다. 이것을 **균일 평형**(homogeneous equilibria)이라고 한다. 그러나 많은 평형이 한 개 이상의 상을 포함하고 있으며 이것을 **불균일 평형**(heterogeneous equilibria)이라고 한다. 예를 들면 탄산 칼슘을 가열 분해하여 상업적으로 석회석을 만드는 과정은 고체와 기체상을 모두 포함하는 반응이다.

석회석은 미국에서 생산되는 화합물 중 다섯 번째로 많은 양이 생산된다.

$$CaCO_3(s) \rightleftharpoons \underset{\text{석회석}}{\underset{\uparrow}{CaO(s)}} + CO_2(g)$$

이 반응에 질량 작용의 법칙을 그대로 적용하면 다음 평형식이 얻어진다.

순수한 액체와 고체의 농도는 일정하다.

$$K' = \frac{[CO_2][CaO]}{[CaCO_3]}$$

▲ 영국 이스트 서식스(East Sussex)의 세븐 시스터즈(Seven Sisters) 백악 절벽. 이 석회암은 후 백악기로부터 미세 조류(algae)의 탄산 칼슘이 압축되어 형성되었다.

iStock.com/David Callan

그러나 실험에 의하면 *불균일 평형의 위치는 순수한 액체나 고체의 양에 무관하다*(그림 13.6 참조). 이것의 근본적인 이유는 순수한 액체나 고체의 농도는 변할 수 없기 때문이다. 따라서 고체 탄산 칼슘의 분해에 대한 평형식은 다음과 같이 나타낼 수 있다.

$$K' = \frac{[CO_2]C_1}{C_2}$$

여기에서 C_1와 C_2는 고체 CaO와 고체 $CaCO_3$의 농도를 각각 나타내는 상수이다. 이 식은 다음과 같이 고쳐 쓸 수 있다.

$$\frac{C_2K'}{C_1} = K = [CO_2]$$

이 결과로부터 다음과 같은 일반적인 법칙을 얻을 수 있다: 어떤 화학 반응에 순수한 액체나 고체가 관여한다면, 그것들의 농도는 *평형식에 포함되지 않는다*. 이러한 단순화는 순수한 고체나 액체가 관여하는 *경우에만* 한정한다. 기체나 용액의 경우에는 농도가 변할 수 있으므로 평형식을 간단히 줄일 수 없다.

예를 들면 액체 물이 분해하여 수소 기체와 산소 기체를 만드는 반응을 생각해 보자.

$$2H_2O(l) \rightleftharpoons 2H_2(g) + O_2(g)$$

여기에서

$$K = [H_2]^2[O_2] \quad \text{이고,} \quad K_p = (P_{H_2})^2(P_{O_2})$$

물은 순수한 액체이므로 평형식에 포함되어 있지 않다. 그러나 만일 이 반응을 물이 수증기로 존재하는 조건에서 진행시킨다면,

$$2H_2O(g) \rightleftharpoons 2H_2(g) + O_2(g)$$

수증기의 농도 또는 수증기의 압력은 변할 수 있으므로 평형식은 다음과 같이 된다.

$$K = \frac{[H_2]^2[O_2]}{[H_2O]^2} \quad \text{와} \quad K_p = \frac{(P_{H_2})^2(P_{O_2})}{(P_{H_2O})^2}$$

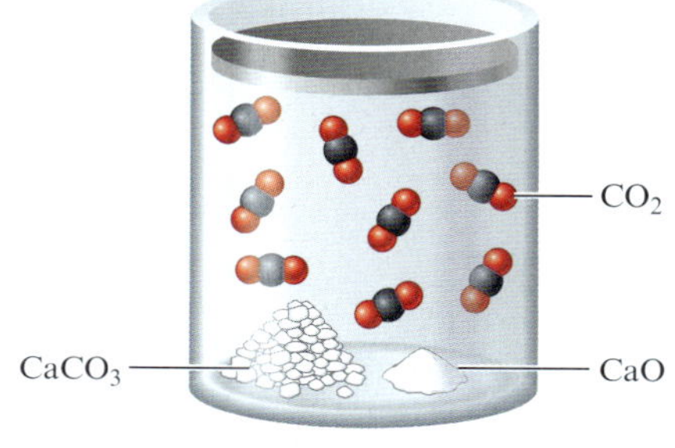

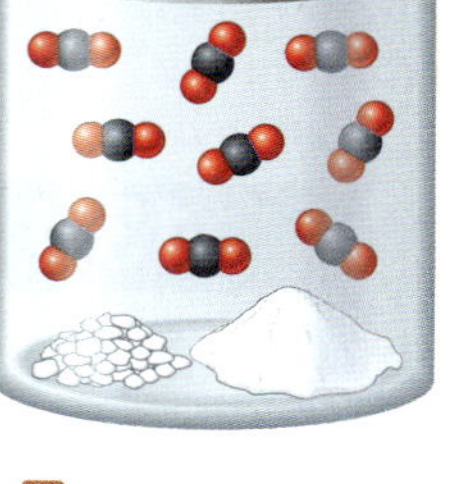

그림 13.6 반응, $CaCO_3(s) \rightleftharpoons CaO(s) + CO_2(g)$의 평형 위치는 반응 용기 속에 존재하는 $CaCO_3(s)$와 $CaO(s)$의 양과는 무관하다.

대화형 예제 13.6 불균일 평형의 평형식

다음 각 반응에 대하여 K와 K_p를 써라.

a. 고체 오염화 인이 분해하여 액체 삼염화 인과 염소 기체가 생기는 반응

b. 짙은 파란색의 황산 구리(II) · 오수화물을 가열하여 물을 수증기의 형태로 제거하고 흰색 고체인 황산 구리(II)를 얻는 반응

풀이 **a.** 이 반응식은 다음과 같다.

$$PCl_5(s) \rightleftharpoons PCl_3(l) + Cl_2(g)$$

평형식을 다음과 같이 표시된다.

$$K = [Cl_2] \quad \text{및} \quad K_p = P_{Cl_2}$$

이 경우 순수한 고체 PCl_5나 순수한 액체 PCl_3의 농도는 평형식에 포함되지 않는다.

b. 반응식은 다음과 같다.

$$CuSO_4 \cdot 5H_2O(s) \rightleftharpoons CuSO_4(s) + 5H_2O(g)$$

평형식은 다음과 같이 표시된다.

$$K = [H_2O]^5 \quad \text{및} \quad K_p = (P_{H_2O})^5$$

고체의 농도는 포함되지 않는다.

연습 문제 13.47과 13.48 참조

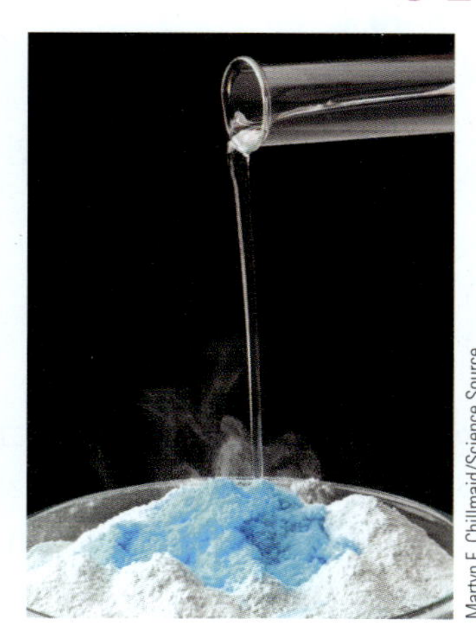

Martyn F. Chillmaid/Science Source

▲ 무수 황산 구리(II)에 물을 가하면 짙은 파란색의 수화된 화합물이 형성된다.

13.5 평형 상수의 응용

어떤 반응의 평형 상수를 알면 반응이 진행되려는 경향(반응 속도는 아님), 어떤 농도가 평형 조건을 나타내는지의 여부, 주어진 초기 농도로부터 도달할 수 있는 평형의 위치 등과 같은 그 반응의 몇 가지 중요한 특징을 예측할 수 있다.

이들 몇 가지 개념을 도입하기 위해 먼저 다음 반응을 생각해 보자.

여기에서 ●와 ●는 두 다른 원자를 나타낸다. 또한 이 반응의 평형 상수는 16이라 가정하자.

실험에서 다음의 양으로 두 종류의 분자를 혼합하였다.

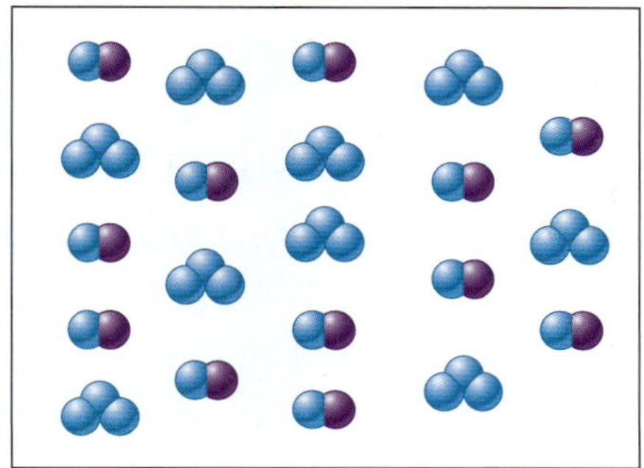

반응물이 반응한 후 계가 평형에 도달하였을 때 계는 어떻게 될까? 평형에서 각 분자들의 비(ratio)는 다음을 만족하여야 한다.

$$\frac{(N)(N)}{(N)(N)} = 16$$

여기에서 각 N은 분자 수를 나타낸다. 초기에 9 분자와 12 분자가 있었다. 계가 평형에 도달함에 따라 5 분자가 없어졌다고 가정하자. 같은 수의 분자와 분자가 반응하므로, 5 분자가 없어졌다. 따라서 5 분자와 5 분자가 생성된다. 이것을 요약하면 다음과 같다.

초기 조건	새로운 조건
9 분자	9 − 5 = 4 분자
12 분자	12 − 5 = 7 분자
0 분자	0 + 5 = 5 분자
0 분자	0 + 5 = 5 분자

그러면 새로운 조건이 이 반응 계의 평형을 나타내는 것인가? 분자 수의 비를 계산하면 그 답을 알 수 있다.

$$\frac{(N)(N)}{(N)(N)} = \frac{(5)(5)}{(4)(7)} = 0.9$$

계산 결과, 평형이 되기 위한 조건인 16이 아니므로 이 계는 평형 위치에 있지 않다. 그러면 평형에 도달하려면 계는 어느 방향으로 이동되어야 하는가? 관찰된 값은 16보다 작으므로 분모를 감소시키고, 분자를 증가시켜야 한다. 즉, 평형에 도달하기 위해서는 계가 오른쪽으로(생성물이 더 많이 생기는 쪽으로) 이동해야 한다. 다시 말하면, 평형에 도달하기 위해서는 원래의 반응물 분자 중에서 5개 이상이 없어져야 한다. 그러면 정확한 숫자는 어떻게 구할 수 있는가? 우리는 평형에 도달하기 위해 없어지는 분자의 수를 알지 못하므로 이 수를 x라고 놓는다. 이제 위에서 사용한 것과 비슷한 표를 만들면 다음과 같다.

초기 조건		새로운 조건
9 분자	x 없어짐	$9-x$ 분자
12 분자	x 없어짐	$12-x$ 분자
0 분자	x 형성됨	x 분자
0 분자	x 형성됨	x 분자

계가 평형에 있으려면 다음의 비가 만족되어야 한다.

$$\frac{(N)(N)}{(N)(N)} = 16 = \frac{(x)(x)}{(9-x)(12-x)}$$

여기에서 x를 푸는 가장 쉬운 방법은 시행착오법이다. 앞에서 논의에서 x는 5보다 크다는 것을 알고 있다. 또한 초기에 9 분자로 시작하였으므로 x는 9보다는 작아야 한다. 모든 수를 사용할 수는 없다. 분모에 0를 넣으면 이 비가 무한히 커진다. 따라서, 시행착오법에 의해 위의 식에 8을 대입하면,

$$\frac{(x)(x)}{(9-x)(12-x)} = \frac{(8)(8)}{(9-8)(12-8)} = \frac{64}{4} = 16$$

이므로 $x = 8$임을 알 수 있다. 평형 혼합물의 모습은 다음과 같다.

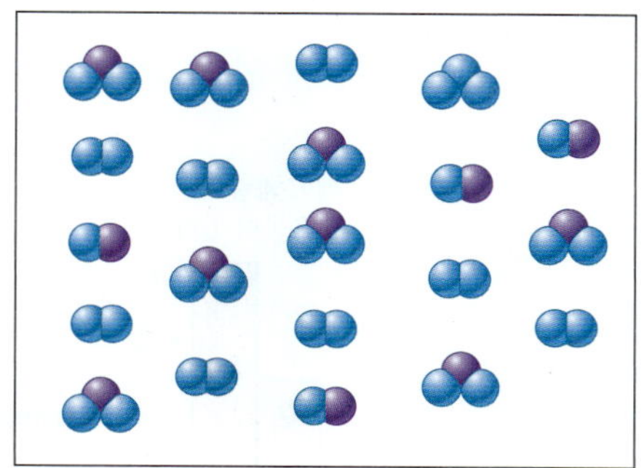

평형 혼합물에는 8 ● 분자. 8 ● 분자, 1 ● 분자 및 4 ● 분자가 들어있음에 유의하라.

그림을 사용한 이 예는 평형의 기본 개념을 이해하는 데 도움을 주었을 것이다. 그러면 더 체계적이고 정량적인 화학 평형을 살펴보기로 하자.

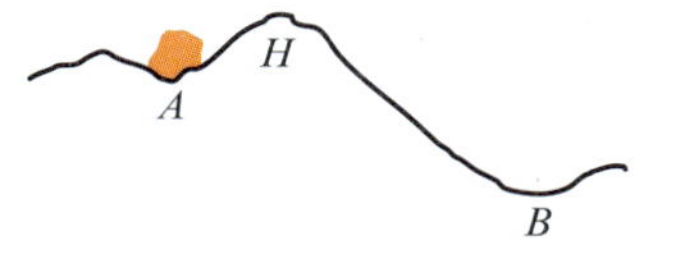

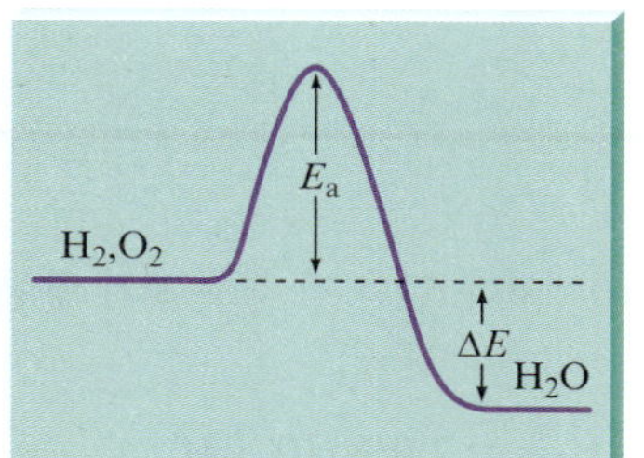

그림 13.7 (a) 열역학적 안정도와 속도론적 안정도의 차이를 나타내는 전형적인 예. 돌덩어리는 위치 *A*에 있을 때보다 위치 *B*에 있을 때 열역학적으로 더 안정(낮은 위치 에너지)하지만 언덕 *H*를 넘을 수 없다. (b) 반응물 H_2와 O_2는 H_2O를 형성하려는 경향이 매우 크다. 즉 H_2O는 H_2와 O_2보다 낮은 에너지를 가지고 있다. 그러나 활성화 에너지 (E_a) 때문에 이 반응은 25°C에서 진행되지 않는다. 이 반응에서 *K*의 크기는 ΔE에 의해 결정되나 반응 속도는 E_a에 의존한다.

반응의 진행 정도

어떤 반응이 진행되려는 고유한 경향은 평형 상수의 크기로부터 알 수 있다. *K*가 1보다 훨씬 크면, 그 반응 계는 평형에서 대부분 생성물로 되어 있다. 즉, 평형이 오른쪽으로 치우쳐 있다. 이러한 반응은 거의 완전히 일어난다. 반면에 *K* 값이 매우 작으면 평형에서 그 계는 대부분이 반응물로 되어 있고 평형의 위치는 왼쪽으로 치우쳐 있다. 이러한 반응은 거의 진행되지 않는다.

*K의 크기와 평형에 도달하는 시간 사이에는 직접적인 관계가 없다*는 사실을 꼭 이해하는 것이 중요하다. 평형에 도달하는 시간은 반응 속도에 의해 결정되며, 반응 속도는 활성화 에너지의 크기에 의해 결정된다. *K*의 크기는 생성물과 반응물 사이의 에너지 차이와 같은 열역학적 요인에 의해 결정된다. 이 차이를 그림 13.7에 나타내었다.

반응 지수

어떤 화학 반응의 반응물과 생성물을 섞었을 때 그 반응이 평형에 있는지, 또는 평형에 도달하기 위하여 그 계가 어느 방향으로 움직일지를 아는 것은 매우 유용하다. 만일 한 반응물이나 생성물의 농도가 영이라면 그 계는 농도가 영인 성분이 생기는 방향으로 이동할 것이다. 그러나 만일 모든 화합물의 초기 농도가 영이 아니면 평형을 향하여 움직이는 방향을 예측하기 어렵다. 이 경우 계가 이동하는 방향을 결정하기 위하여 **반응 지수, *Q*** (reaction quotient)를 사용한다. 반응 지수는 질량 작용의 법칙에 평형 농도가 아닌 *초기 농도*를 대입하여 얻는다. 예를 들면 다음의 암모니아 합성 반응에서

$$N_2(g) + 3H_2(g) \rightleftharpoons 2NH_3(g)$$

반응 지수의 식은 다음과 같다.

$$Q = \frac{[NH_3]_0^2}{[N_2]_0[H_2]_0^3}$$

여기에서 아래첨자 0은 초기 농도를 나타내는 부호이다.

어떤 계가 어느 방향으로 이동하여 평형에 도달할지는 *Q*와 *K*를 비교하면 된다. 이 경우 아래의 세 가지 가능성을 생각할 수 있다(그림 13.8 참조).

1. *Q와 K가 같다.* 이 계는 평형에 있다. 계는 어느 방향으로도 이동하지 않는다.
2. *Q가 K보다 크다.* 이 경우에 반응물의 초기 농도에 대한 생성물의 초기 농도의 비가 너무 크다. 평형에 도달하기 위해서는 생성물의 일부가 반응물로 변하여야 한다. 이 계는 평형에 도달할 때까지 생성물을 소비하여 반응물이 만들어져야 하므로 평형은 *왼쪽으로 이동한다.*

그림 13.8 반응 지수 Q와 평형 상수 K 사이의 관계.

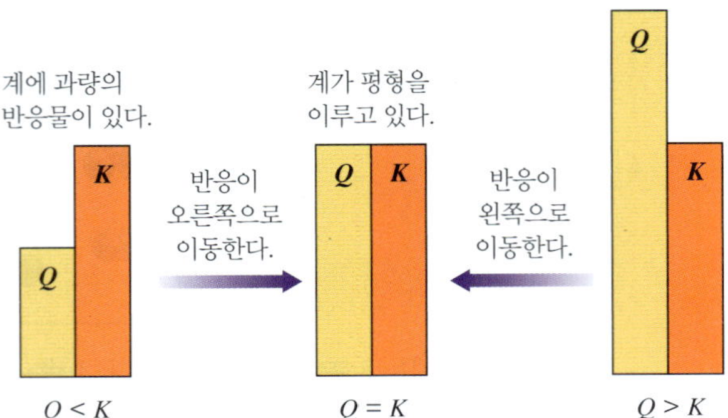

3. *Q가 K보다 작다*. 이 경우에 반응물의 초기 농도에 대한 생성물의 초기 농도의 비가 너무 작다. 이 계는 평형에 도달하기 위해서는 반응물이 소비되어 생성물이 만들어져야 하므로 계의 평형은 *오른쪽으로 이동하여야 한다*.

대화형 예제 13.7 반응 지수의 사용

500°C에서 암모니아 합성 반응의 평형 상수는 6.0×10^{-2}이다. 다음 각 경우 계가 평형에 도달하기 위하여 이동하는 방향을 예측하라.

a. $[NH_3]_0 = 1.0 \times 10^{-3}\ M$; $[N_2]_0 = 1.0 \times 10^{-5}\ M$; $[H_2]_0 = 2.0 \times 10^{-3}\ M$

b. $[NH_3]_0 = 2.00 \times 10^{-4}\ M$; $[N_2]_0 = 1.50 \times 10^{-5}\ M$; $[H_2]_0 = 3.54 \times 10^{-1}\ M$

c. $[NH_3]_0 = 1.0 \times 10^{-4}\ M$; $[N_2]_0 = 5.0\ M$; $[H_2]_0 = 1.0 \times 10^{-2}\ M$

풀이

a. Q의 값은?

$$Q = \frac{[NH_3]_0^2}{[N_2]_0[H_2]_0^3} = \frac{(1.0 \times 10^{-3})^2}{(1.0 \times 10^{-5})(2.0 \times 10^{-3})^3}$$
$$= 1.3 \times 10^7$$

■ $K = 6.0 \times 10^{-2}$이므로 Q는 K보다 훨씬 크다. 평형에 도달하기 위하여 생성물의 농도는 감소하고 반응물의 농도는 증가하여야 한다. 따라서, 이 계는 왼쪽으로 이동한다.

$$N_2(g) + 3H_2(g) \longleftarrow 2NH_3(g)$$

b. Q의 값은?

$$Q = \frac{[NH_3]_0^2}{[N_2]_0[H_2]_0^3} = \frac{(2.00 \times 10^{-4})^2}{(1.50 \times 10^{-5})(3.54 \times 10^{-1})^3}$$
$$= 6.01 \times 10^{-2}$$

■ 이 경우 $Q = K$이다. 그러므로 이 계는 평형에 있으며 어느 방향으로도 이동하지 않는다.

c. Q의 값은?

$$Q = \frac{[NH_3]_0^2}{[N_2]_0[H_2]_0^3} = \frac{(1.0 \times 10^{-4})^2}{(5.0)(1.0 \times 10^{-2})^3}$$
$$= 2.0 \times 10^{-3}$$

■ 여기에서 Q는 K보다 작다. 평형에 도달하기 위하여 반응물의 농도는 감소하고 생성물의 농도는 증가하여야 한다. 이 계는 오른쪽으로 이동한다.

$$N_2(g) + 3H_2(g) \longrightarrow 2NH_3(g)$$

연습 문제 13.55~13.60 참조

평형 압력과 평형 농도의 계산

평형에 관한 문제는 주로 주어진 평형 상수와 초기 농도(또는 압력)로부터 반응물과 생성물의 평형 농도(또는 압력)를 계산하는 것이다. 그러나 이와 같은 문제들이 때로는 수학적으로 복잡할 수도 있으므로, 한 개 또는 그 이상의 평형 농도(또는 압력)를 아는 경우를 먼저 다루기로 한다.

대화형 예제 13.8 평형 압력의 계산 I

액체인 사산화 이질소는 NASA의 아폴로 계획에서 달 착륙선의 연료로 사용되었다. 이것은 기체 상태에서 분해하여 이산화 질소 기체가 된다.

$$N_2O_4(g) \rightleftharpoons 2NO_2(g)$$

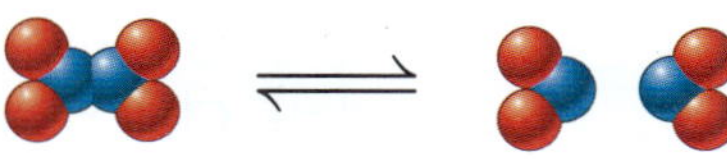

어떤 온도에서 기체 N_2O_4를 플라스크에 넣고 평형에 도달한 계를 생각해 보자. 이 반응의 $K_p = 0.133$ atm이다. 평형에서 N_2O_4의 압력이 2.71 atm으로 측정되었다. $NO_2(g)$의 평형 압력은 얼마인가?

풀이 $NO_2(g)$와 $N_2O_4(g)$의 평형 압력은 다음 식을 만족해야 한다.

$$K_p = \frac{P_{NO_2}{}^2}{P_{N_2O_4}} = 0.133$$

$P_{N_2O_4}$는 아는 값이므로 P_{NO_2}에 대해 풀면,

$$P_{NO_2}{}^2 = K_p(P_{N_2O_4}) = (0.133)(2.71) = 0.360$$

그러므로,

$$\blacksquare \; P_{NO_2} = \sqrt{0.360} = 0.600$$

▲ 1969년 고요의 기지에 착륙한 Apollo II 달착륙선.

연습 문제 13.61과 13.62 참조

대화형 예제 13.9 평형 압력의 계산 II

어떤 온도에서 1.00-L 플라스크에 0.298 mol의 $PCl_3(g)$와 8.70×10^{-3} mol의 $PCl_5(g)$를 채웠다. 계가 평형에 도달했을 때, 플라스크에서 2.00×10^{-3} mol의 $Cl_2(g)$가 발견되었다. 기체 PCl_5는 다음 반응에 따라 분해한다.

$$PCl_5(g) \rightleftharpoons PCl_3(g) + Cl_2(g)$$

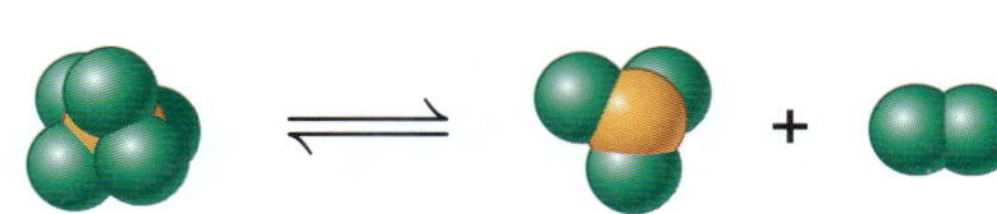

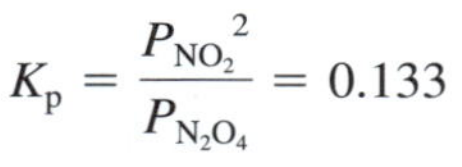

모든 화학종의 평형 농도와 K 값을 계산하라.

풀이 **이 반응의 평형식은?**

$$K = \frac{[Cl_2][PCl_3]}{[PCl_5]}$$

K 값을 구하기 위해서는 모든 화학종의 평형 농도를 계산하여 이 평형식에 대입하면 된다. 평형 농도를 계산하는 가장 좋은 방법은 평형을 향하여 이동하기 전의 초기 농도로부터 시작하는 것이다. 그 다음에 초기 농도로부터 평형 농도를 구한다.

초기 농도는?

$$[Cl_2]_0 = 0$$

$$[PCl_3]_0 = \frac{0.298\ \text{mol}}{1.00\ \text{L}} = 0.298\ M$$

$$[PCl_5]_0 = \frac{8.70 \times 10^{-3}\ \text{mol}}{1.00\ \text{L}} = 8.70 \times 10^{-3}\ M$$

평형에 도달하기 위해 필요한 변화는?

초기에는 Cl_2가 없었으나 평형에서 $2.00 \times 10^{-3}\ M$의 Cl_2가 존재하므로 2.00×10^{-3} mol의 PCl_5가 분해하여 2.00×10^{-3} mol의 Cl_2와 2.00×10^{-3} mol의 PCl_3가 생겼음에 틀림없다. 즉, 평형에 도달하기 위하여 반응은 오른쪽으로 이동하였다.

$$\begin{array}{ccccc} PCl_5(g) & \longrightarrow & PCl_3(g) & + & Cl_2(g) \\ 2.00 \times 10^{-3}\ \text{mol} & \longrightarrow & 2.00 \times 10^{-3}\ \text{mol} & + & 2.00 \times 10^{-3}\ \text{mol} \end{array}$$

↑ 분해된 PCl_5의 알짜 양

↖ ↗ 형성된 생성물의 알짜 양

이제 이 변화 값을 초기 농도에 적용할 수 있다.

평형 농도는?

- $$[Cl_2] = 0 + \frac{2.00 \times 10^{-3}\ \text{mol}}{1.00\ \text{L}} = 2.00 \times 10^{-3}\ M$$ (↖ $[Cl_2]_0$)
- $$[PCl_3] = 0.298\ M + \frac{2.00 \times 10^{-3}\ \text{mol}}{1.00\ \text{L}} = 0.300\ M$$ (↑ $[PCl_3]_0$)
- $$[PCl_5] = 8.70 \times 10^{-3}\ M - \frac{2.00 \times 10^{-3}\ \text{mol}}{1.00\ \text{L}} = 6.70 \times 10^{-3}\ M$$ (↖ $[PCl_5]_0$)

***K* 값은?**

이 평형 농도 값을 평형식에 대입하면 K를 계산할 수 있다.

$$K = \frac{[Cl_2][PCl_3]}{[PCl_5]} = \frac{(2.00 \times 10^{-3})(0.300)}{6.70 \times 10^{-3}}$$

$$= 8.96 \times 10^{-2}$$

연습 문제 13.63~13.66 참조

때로는 평형 농도(또는 압력)는 주어지지 않고 초기 농도만으로 계산을 해야 하는 경우도 있다. 이 경우에는 반응의 화학량론(stoichiometry)을 이용하여 초기 농도로부터 평형 농도(또는 압력)를 계산하여야 한다. 예제 13.10에 보기가 있다.

대화형 예제 13.10 평형 농도의 계산 I

일산화 탄소는 수증기와 반응하여 이산화 탄소와 수소를 만든다. 700 K에서 이 반응의 평형 상수는 5.10이다 각 화학종 1.000 mol을 1.000-L의 플라스크에 혼합하였을 때, 모든 화학종의 평형 농도를 계산하라.

풀이

이 반응의 균형 맞춘 반응식은?

$$CO(g) + H_2O(g) \rightleftharpoons CO_2(g) + H_2(g)$$

평형식은?

$$K = \frac{[CO_2][H_2]}{[CO][H_2O]} = 5.10$$

초기 농도는?

$$[CO]_0 = [H_2O]_0 = [CO_2]_0 = [H_2]_0 = \frac{1.000 \text{ mol}}{1.000 \text{ L}} = 1.000\ M$$

이 계는 평형에 있는가? 아니면 평형에 도달하기 위해 어느 방향으로 이동할 것인가? 이 물음에 대한 답은 Q값을 계산하면 알 수 있다.

$$Q = \frac{[CO_2]_0[H_2]_0}{[CO]_0[H_2O]_0} = \frac{(1.000 \text{ mol/L})(1.000 \text{ mol/L})}{(1.000 \text{ mol/L})(1.000 \text{ mol/L})} = 1.000$$

Q가 K보다 작으므로 이 계는 평형에 있지 않으며 오른쪽으로 이동해야 한다.

평형 농도는?

앞에서와 같이 초기 농도로부터 시작하여 그것을 수정하여 평형 농도를 계산하자. 그런데 평형에 도달하기 위하여 이 계는 얼마나 오른쪽으로 이동할까? 예제 13.9에서는 평형에 도달하기 위하여 필요한 농도의 변화가 주어졌다. 그러나 이 경우에는 그와 같은 정보가 없다.

지금 단계에서 필요한 농도의 변화는 알 수 없으므로 그것을 x라고 하자. 그리고 평형에 도달하기 위하여 x mol/L의 CO가 반응하여야 한다고 가정하자. 이것은 CO의 초기 농도가 x mol/L만큼 감소하였음을 뜻한다.

$$\underset{\text{평형 농도}}{[CO]} = \underset{\text{초기 농도}}{[CO]_0} - \underset{\text{변화량}}{x}$$

1 mol의 CO는 1 mol의 H_2O와 반응하므로 수증기의 농도 역시 x mol/L만큼 감소하여야 한다.

$$[H_2O] = [H_2O]_0 - x$$

반응물의 농도가 감소함에 따라 생성물의 농도는 증가한다. 균형 맞춘 반응식에서 모든 계수가 1이므로 1 mol의 CO_2와 1 mol의 H_2O가 반응하면 1 mol의 CO_2와 1 mol의 H_2가 생성될 것이다. 이 경우에는 평형에 도달하기 위하여 x mol/L의 CO와 x mol/L의 H_2O가 반응한다면 x mol/L의 CO_2와 x mol/L의 H_2가 생성될 것이다:

$$x\text{CO} + x\text{H}_2\text{O} \longrightarrow x\text{CO}_2 + x\text{H}_2$$

따라서 CO_2와 H_2의 초기 농도는 x mol/L만큼 증가할 것이다.

$$[\text{CO}_2] = [\text{CO}_2]_0 + x$$

$$[\text{H}_2] = [\text{H}_2]_0 + x$$

이제 모든 평형 농도를 초기 농도와 변화량, x로 나타내었다.

초기 농도(mol/L)	변화량(mol/L)	평형 농도(mol/L)
$[CO]_0 = 1.000$	$-x$	$1.000 - x$
$[H_2O]_0 = 1.000$	$-x$	$1.000 - x$
$[CO_2]_0 = 1.000$	$+x$	$1.000 + x$
$[H_2]_0 = 1.000$	$+x$	$1.000 + x$

x의 부호는 이동 방향에 따라 결정됨에 유의하라. 이 예제에서 계는 오른쪽으로 이동하므로 생성물의 농도는 증가하고 반응물의 농도는 감소한다. 균형 맞춘 반응식에서 계수가 모두 1이므로 모든 화학종에 대하여 변화 정도가 똑같다.

평형 농도는 평형식을 만족해야 하므로 각 평형 농도를 대입하면 다음과 같다.

$$K = 5.10 = \frac{[\text{CO}_2][\text{H}_2]}{[\text{CO}][\text{H}_2\text{O}]} = \frac{(1.000 + x)(1.000 + x)}{(1.000 - x)(1.000 - x)} = \frac{(1.000 + x)^2}{(1.000 - x)^2}$$

이 식의 오른편은 완전한 제곱의 형태이므로, 문제를 풀기 위해 양변의 제곱근을 취하면, 다음 식과 같이 된다.

$$\sqrt{5.10} = 2.26 = \frac{1.000 + x}{1.000 - x}$$

이것을 풀면,

$$x = 0.387 \text{ mol/L}$$

따라서 이 계는 오른쪽으로 이동하여 0.387 mol/L의 CO와 0.387 mol/L의 H_2O을 소비하여 0.387 mol/L의 CO_2와 0.387 mol/L의 H_2를 생성한다.

이제 평형 농도를 계산할 수 있다.

- $[\text{CO}] = [\text{H}_2\text{O}] = 1.000 - x = 1.000 - 0.387 = 0.613\ M$
- $[\text{CO}_2] = [\text{H}_2] = 1.000 + x = 1.000 + 0.387 = 1.387\ M$

사실성 검산 이 값들을 평형식에 대입하여 정확한 K 값이 나오는지를 확인할 수 있다.

$$K = \frac{[\text{CO}_2][\text{H}_2]}{[\text{CO}][\text{H}_2\text{O}]} = \frac{(1.387)^2}{(0.613)^2} = 5.12$$

이 결과 주어진 K 값 (5.10)과 반올림 오차 이내에서 같으므로 위의 값이 정답임에 틀림이 없다.

연습 문제 13.69와 13.70 참조

대화형 예제 13.11 평형 농도의 계산 II

어떤 온도에서 수소와 플루오린으로부터 HF 기체를 만드는 반응의 평형 상수는 1.15×10^2이다. 한 실험에서, 3.000 mol의 각 반응물을 1.500-L의 플라스크에 넣었다. 모든 화학종의 평형 농도를 계산하라.

풀이 **이 반응의 균형 맞춘 반응식은?**

$$H_2(g) + F_2(g) \rightleftharpoons 2HF(g)$$

평형식은?

$$K = 1.15 \times 10^2 = \frac{[HF]^2}{[H_2][F_2]}$$

초기 농도는?

$$[HF]_0 = [H_2]_0 = [F_2]_0 = \frac{3.000 \text{ mol}}{1.500 \text{ L}} = 2.000\ M$$

Q 값은?

$$Q = \frac{[HF]_0^2}{[H_2]_0[F_2]_0} = \frac{(2.000)^2}{(2.000)(2.000)} = 1.000$$

Q가 K보다 훨씬 작으므로, 평형에 도달하기 위하여 이 계는 오른쪽으로 이동하여야 한다.

필요한 농도 변화량은?

지금 이것은 알지 못하므로 변화량을 x라고 하자. x는 평형에 도달하기 위하여 소비되는 H_2 기체의 몰농도(mol/L)와 같다. 이 반응의 화학량론으로부터 x mol/L의 F_2 기체가 소비되어 $2x$ mol/L의 HF가 생성됨을 알 수 있다.

$$H_2(g) \quad + \quad F_2(g) \longrightarrow 2HF(g)$$
$$x \text{ mol/L} + x \text{ mol/L} \longrightarrow 2x \text{ mol/L}$$

이제 평형 농도는 x로 나타낼 수 있다.

초기 농도 (mol/L)	변화량 (mol/L)	평형 농도 (mol/L)
$[H_2]_0 = 2.000$	$-x$	$[H_2] = 2.000 - x$
$[F_2]_0 = 2.000$	$-x$	$[F_2] = 2.000 - x$
$[HF]_0 = 2.000$	$+2x$	$[HF] = 2.000 + 2x$

이 농도는 아래의 표와 같이 간단하게 나타낼 수 있다.

이러한 형태를 흔히, **ICE** 표라고 부른다. 이것은 영어의 Initial(초기 농도), Change(변화량), Equilibrium(평형 농도)의 첫 글자를 딴 것이다.

	$H_2(g)$	+	$F_2(g)$	$\rightleftharpoons$	$2HF(g)$
초기	2.000		2.000		2.000
변화량	$-x$		$-x$		$+2x$
평형	$2.000 - x$		$2.000 - x$		$2.000 + 2x$

x 값은?

x에 대하여 풀기 위해, 위의 평형 농도를 평형식에 대입한다.

$$K = 1.15 \times 10^2 = \frac{[HF]^2}{[H_2][F_2]} = \frac{(2.000 + 2x)^2}{(2.000 - x)^2}$$

이 식의 오른편은 완전한 제곱의 형태이므로, 양변의 제곱근을 구하면 다음과 같이 된다.

$$\sqrt{1.15 \times 10^2} = \frac{2.000 + 2x}{2.000 - x}$$

x에 대해 풀면 $x = 1.528$이다.

평형 농도는?

- $[H_2] = [F_2] = 2.000\ M - x = 0.472\ M$
- $[HF] = 2.000\ M + 2x = 5.056\ M$

사실성 검산 이 값들을 평형식에 대입하면,

$$\frac{[HF]^2}{[H_2][F_2]} = \frac{(5.056)^2}{(0.472)^2} = 1.15 \times 10^2$$

이 된다. 이것은 주어진 K 값과 잘 일치한다.

연습 문제 13.71과 13.72 참조

13.6 평형 문제의 풀이

지금까지 평형 문제를 푸는 여러 가지 방법을 다루었다. 화학 평형 문제를 분석하는 대표적인 방법은 다음의 각 단계로 요약할 수 있다.

문제 풀이 전략

평형 문제 풀이 전략

1. 반응의 균형 맞춘 반응식을 써라.
2. 질량 작용의 법칙을 이용하여 평형식을 써라.
3. 각 물질의 초기 농도를 적어라.
4. Q를 계산하고, 평형으로 도달하기 위한 이동 방향을 결정하라.
5. 평형에 도달하기 위해 필요한 변화와, 초기 농도의 변화를 고려하여 계산할 평형 농도를 각각 결정하라.
6. 평형 농도를 평형식에 대입하여 미지수를 풀라.
7. 계산된 평형 농도로부터 주어진 K 값이 얻어지는지를 확인하라.

지금까지 우리는 방정식 양변의 제곱근을 구함으로써, 미지수를 풀 수 있는 계만 골라 다루었다. 그러나 이러한 계는 흔하지 않으므로, 보다 일반적인 경우를 다룰 필요가 있다. 3.000 mol의 H_2와 6.000 mol의 F_2를 3.000 L 플라스크에 넣어 플루오린화 수소를 합성하는 반응을 생각해 보자. 이 반응 온도에서 평형 상수 값은 1.15×10^2이다. 위에 기술한 단계적인 방법을 이용하여 각 성분의 평형 농도를 계산해 보자.

1. *이 반응의 균형 맞춘 반응식은?*

$$H_2(g) + F_2(g) \rightleftharpoons 2HF(g)$$

2. *평형식은?*

$$K = 1.15 \times 10^2 = \frac{[HF]^2}{[H_2][F_2]}$$

3. *초기 농도는?*

$$[H_2]_0 = \frac{3.000\ \text{mol}}{3.000\ \text{L}} = 1.000\ M$$

$$[F_2]_0 = \frac{6.000\ \text{mol}}{3.000\ \text{L}} = 2.000\ M$$

$$[HF]_0 = 0$$

4. *Q 값은?*

초기에 HF가 없으므로 Q를 계산할 필요가 없다. 이 계는 평형에 도달하기 위하여 오른쪽으로 이동해야 한다.

5. *평형에 도달하는 데 필요한 변화는?*

x를 평형에 도달하기 위하여 소비되는 H_2의 L당 mol 수라고 하면, 각 평형 농도는 다음과 같이 나타낼 수 있다.

	$H_2(g)$	+	$F_2(g)$	⇌	$2HF(g)$
초기	1.000		2.000		0
변화량	$-x$		$-x$		$+2x$
평형	$1.000 - x$		$2.000 - x$		$2x$

6. *K 값은?*

평형 농도를 평형식에 대입하면

$$K = 1.15 \times 10^2 = \frac{[HF]^2}{[H_2][F_2]} = \frac{(2x)^2}{(1.000 - x)(2.000 - x)}$$

이 식의 오른쪽 항은 완전한 제곱 꼴이 아니므로 제곱근을 구할 수 없다. 그러나 다른 방법으로 이 식을 풀 수 있다.

이 식의 우변의 분모를 양변에 곱하면

$$(1.000 - x)(2.000 - x)(1.15 \times 10^2) = (2x)^2$$

또는

$$(1.15 \times 10^2)x^2 - 3.000(1.15 \times 10^2)x + 2.000(1.15 \times 10^2) = 4x^2$$

이것을 정리하면,

$$(1.11 \times 10^2)x^2 - (3.45 \times 10^2)x + 2.30 \times 10^2 = 0$$

이것은 다음과 같은 일반식을 가지는 이차 방정식이다.

$$ax^2 + bx + c = 0$$

이차 방정식을 사용하는 방법은 부록 1.4에 설명해 놓았다.

이 식에 대한 근의 공식은

$$x = \frac{-b \pm \sqrt{b^2 - 4ac}}{2a}$$

이 예제에서 $a = 1.11 \times 10^2$, $b = -3.45 \times 10^2$ 및 $c = 2.30 \times 10^2$이므로 이 값들을 위의 공식에 대입하면 x에 대하여 다음의 두 가지 값을 얻는다.

$$x = 2.14 \text{ mol/L와 } x = 0.968 \text{ mol/L}$$

그러나 이 두 개의 결과 값 모두가 정답이 될 수는 없다(*주어진* 한 벌의 초기 농도에서 가능한 평형의 위치는 *한 개*뿐임). 그러면 어떻게 정답을 선택할 것인가? H_2의 평형 농도는 다음과 같으므로

$$[H_2] = 1.000\ M - x$$

x 값은 2.14 mol/L가 될 수 없다(1.000 M에서 2.14 M을 빼면 음의 값이 나오는데 이것은 물리적으로 불가능하다). 따라서 x의 정확한 값은 0.968 mol/L이며, 각각의 평형 농도는 다음과 같다.

- $[H_2] = 1.000\ M - 0.968\ M = 3.2 \times 10^{-2}\ M$
- $[F_2] = 2.000\ M - 0.968\ M = 1.032\ M$
- $[HF] = 2(0.968\ M) = 1.936\ M$

사실성 검산

7. 이 평형 농도를 평형식에 대입하여 이것이 정답인지를 확인한다.

$$\frac{[HF]^2}{[H_2][F_2]} = \frac{(1.936)^2}{(3.2 \times 10^{-2})(1.032)} = 1.13 \times 10^2$$

이 값은 주어진 K 값(1.15×10^2)과 잘 일치한다. 따라서 계산한 평형 농도는 정확한 값이다.

이 방법으로 압력을 포함하는 문제를 푸는 예는 예제 13.12에 있다.

대화형 예제 13.12 평형 압력의 계산

어떤 온도에서 수소 기체와 아이오딘 증기로부터 아이오딘화 수소 기체를 만드는 반응의 평형 상수는 1.00×10^2이다. 5.000×10^{-1} atm의 HI와 1.000×10^{-2} atm의 H_2 및 5.000×10^{-3} atm의 I_2를 5.000 L 플라스크에서 혼합하였을 때, 모든 화학종의 평형 압력을 계산하라.

풀이

1. *이 반응의 균형 맞춘 반응식은?*

$$H_2(g) + I_2(g) \rightleftharpoons 2HI(g)$$

2. *평형식(압력 항으로 나타냄)은?*

$$K_p = \frac{{P_{HI}}^2}{(P_{H_2})(P_{I_2})} = 1.00 \times 10^2$$

3. *주어진 초기 압력은?*

$$P_{HI}{}^0 = 5.000 \times 10^{-1} \text{ atm}$$
$$P_{H_2}{}^0 = 1.000 \times 10^{-2} \text{ atm}$$
$$P_{I_2}{}^0 = 5.000 \times 10^{-3} \text{ atm}$$

4. *Q 값은?*

$$Q = \frac{(P_{HI}{}^0)^2}{(P_{H_2}{}^0)(P_{I_2}{}^0)} = \frac{(5.000 \times 10^{-1} \text{ atm})^2}{(1.000 \times 10^{-2} \text{ atm})(5.000 \times 10^{-3} \text{ atm})} = 5.000 \times 10^3$$

Q가 K보다 크므로, 이 계는 평형에 도달하기 위하여 왼쪽으로 이동할 것이다.

지금까지 화학량론의 계산에 mol이나 농도를 사용하였다. 그러나 일정한 온도와 부피에서 기체 상태의 반응에 대해서는, 압력이 mol 수와 정비례하므로, 압력을 사용하여도 된다.

$$P = n\left(\frac{RT}{V}\right) \longleftarrow T\text{와 }V\text{가 일정하면 상수}$$

따라서 평형에 도달하기 위해 필요한 변화를 압력으로 나타낼 수 있다.

5. *평형에 도달하는 데 필요한 변화는?*

계가 평형에 도달하기 위하여 왼쪽으로 이동할 때 생기는 H_2의 압력(atm) 변화를 x라고 하자. 평형 압력은 다음과 같다.

	$H_2(g)$	+	$I_2(g)$	$\rightleftharpoons$	$2HI(g)$
초기	1.000×10^{-2}		5.000×10^{-3}		5.000×10^{-1}
변화량	$+x$		$+x$		$-2x$
평형	$1.000 \times 10^{-2} + x$		$5.000 \times 10^{-3} + x$		$5.000 \times 10^{-1} - 2x$

6. *K_p의 값은?*

이것을 평형식에 대입하면

$$K_p = \frac{(P_{HI})^2}{(P_{H_2})(P_{I_2})} = \frac{(5.000 \times 10^{-1} - 2x)^2}{(1.000 \times 10^{-2} + x)(5.000 \times 10^{-3} + x)}$$

이 식을 정리하면, $a = 9.60 \times 10^1$, $b = 3.5$, $c = -2.45 \times 10^{-1}$인 다음의 이차 방정식이 얻어진다.

$$(9.60 \times 10^1)x^2 + 3.5x - (2.45 \times 10^{-1}) = 0$$

이차 방정식의 근의 공식으로부터 구한 정확한 x 값은 3.55×10^{-2} atm이다.

평형 압력은?

이 값을 이용하여 평형 압력을 계산하면,

- $P_{HI} = 5.000 \times 10^{-1}\ \text{atm} - 2(3.55 \times 10^{-2})\ \text{atm} = 4.29 \times 10^{-1}\ \text{atm}$
- $P_{H_2} = 1.000 \times 10^{-2}\ \text{atm} + 3.55 \times 10^{-2}\ \text{atm} = 4.55 \times 10^{-2}\ \text{atm}$
- $P_{I_2} = 5.000 \times 10^{-3}\ \text{atm} + 3.55 \times 10^{-2}\ \text{atm} = 4.05 \times 10^{-2}\ \text{atm}$

사실성 검산

7. $$\frac{{P_{HI}}^2}{P_{H_2} \cdot P_{I_2}} = \frac{(4.29 \times 10^{-1})^2}{(4.55 \times 10^{-2})(4.05 \times 10^{-2})} = 99.9$$

이 값은 주어진 K 값(1.00×10^2)과 잘 일치한다. 따라서 위에서 계산한 평형 압력은 정답이다.

연습 문제 13.73~13.76 참조

평형 상수가 작은 계의 계산

지금까지 우리는 평형 문제를 풀기 위해서 때때로 상당히 복잡한 계산을 할 필요가 있음을 보았다. 그러나 어떤 조건에서는 계산을 간단하게 줄일 수 있는 경우가 있다. 예를 들어, NOCl 기체가 분해하여 NO 기체와 Cl_2 기체를 만드는 반응을 살펴보자. 35°C에서 이 반응의 평형 상수는 1.6×10^{-5} mol/L이다. 1.0 mol의 NOCl을 2.0 L 플라스크에 넣었을 때 각각의 평형 농도는 얼마일까?

이 반응의 균형 맞춘 반응식은

$$2\text{NOCl}(g) \rightleftharpoons 2\text{NO}(g) + \text{Cl}_2(g)$$

그리고

$$K = \frac{[\text{NO}]^2[\text{Cl}_2]}{[\text{NOCl}]^2} = 1.6 \times 10^{-5}$$

초기 농도는 다음과 같다.

$$[\text{NOCl}]_0 = \frac{1.0\ \text{mol}}{2.0\ \text{L}} = 0.50\ M \qquad [\text{NO}]_0 = 0 \qquad [\text{Cl}_2]_0 = 0$$

초기에는 생성물이 없으므로 이 계는 평형에 도달하기 위하여 오른쪽으로 이동한다. 평형에 도달하기 위하여 필요한 Cl_2 농도의 변화량을 x라 하면, NOCl과 NO의 농도 변화는 균형 맞춘 반응식을 이용하여 계산할 수 있다.

$$\begin{array}{ccc} 2\text{NOCl}(g) & \longrightarrow & 2\text{NO}(g) + \text{Cl}_2(g) \\ 2x & \longrightarrow & 2x \quad + \quad x \end{array}$$

각 농도는 다음과 같이 요약할 수 있다.

	$2NOCl(g)$	$\rightleftharpoons$ $2NO(g)$	+ $Cl_2(g)$
초기	0.50	0	0
변화량	$-2x$	$+2x$	$+x$
평형	$0.50 - 2x$	$2x$	x

평형 농도는 평형식을 만족시켜야 하므로, 평형 농도를 평형식에 대입하면

$$K = 1.6 \times 10^{-5} = \frac{[NO]^2[Cl_2]}{[NOCl]^2} = \frac{(2x)^2(x)}{(0.50 - 2x)^2}$$

이 식을 정리하면 x^3, x^2, x 등의 항을 포함하는 식이 얻어진다. 이것을 직접 풀려면 매우 복잡한 방법이 필요하다. 그러나 이 반응의 K 값이 매우 작기 때문에(1.6×10^{-5}), 이 계가 평형에 도달하기 위해 오른쪽으로 조금밖에 이동하지 않음을 생각하면 문제는 간단히 해결할 수 있다. 즉, x는 *상대적으로 작은 값이다*. 따라서 우리는 대략적으로 $(0.50 - 2x)$를 0.50과 같다고 생각할 수 있다. 즉, x가 매우 작은 값을 갖는다면

$$0.50 - 2x \approx 0.50$$

근사값을 사용하면 복잡한 계산을 간단히 할 수 있다. 그러나 그 타당성은 항상 주의 깊게 확인해야 한다.

이 근사값을 사용하면 평형식은 매우 간단해진다.

$$1.6 \times 10^{-5} = \frac{(2x)^2(x)}{(0.50 - 2x)^2} \approx \frac{(2x)^2(x)}{(0.50)^2} = \frac{4x^3}{(0.50)^2}$$

x^3에 대해 풀면

$$x^3 = \frac{(1.6 \times 10^{-5})(0.50)^2}{4} = 1.0 \times 10^{-6}$$

따라서, $x = 1.0 \times 10^{-2}$가 얻어진다.

이 근사법은 얼마나 타당한가? 만일 $x = 1.0 \times 10^{-2}$이라면

$$0.50 - 2x = 0.50 - 2(1.0 \times 10^{-2}) = 0.48$$

0.50과 0.48의 차이는 0.02 또는 NOCl 초기 농도의 4%이므로, 상대적으로 작은 차이이며 결과에 거의 영향을 미치지 않을 것이다. 즉, $2x$가 0.50에 비하여 매우 작으므로, 근사법으로 계산할 x 값은 정확한 값과 매우 비슷할 것이다. 이 x의 근사값으로부터 평형 농도를 계산하면 다음과 같다.

- $[NOCl] = 0.50 - 2x \approx 0.50\ M$
- $[NO] = 2x = 2(1.0 \times 10^{-2}\ M) = 2.0 \times 10^{-2}\ M$
- $[Cl_2] = x = 1.0 \times 10^{-2}\ M$

사실성 검산

$$\frac{[NO]^2[Cl_2]}{[NOCl]^2} = \frac{(2.0 \times 10^{-2})^2(1.0 \times 10^{-2})}{(0.50)^2} = 1.6 \times 10^{-5}$$

주어진 K 값이 1.6×10^{-5} 이므로 위의 계산 값은 맞다.

이 문제는 처음에 보기보다 풀기가 훨씬 쉽다. 그것은 *K 값이 작아 평형에 도달하기 위해 계가 오른쪽으로 조금밖에 이동하지 않아 근사법으로 계산을 간단히 할 수 있기 때문이다.*

비판적 사고 적은 평형 상수를 가지는 계의 수학적 계산을 단순하게 만들기 위해 근사법을 사용하는 방법을 배웠다. 만일 매우 큰 평형 상수를 갖는 계는 어떻게 할까? 이 경우에도 수학적 계산을 단순화할 수 있을까? 이 책의 예를 사용하되, 평형 상수 값을 1.6×10^5으로 변화시켜 문제를 다시 계산해 보라. $K = 1.6$인 경우에는 근사값을 사용할 수 없는 이유는 무엇인가?

13.7 Le Châtelier의 원리

▲
Henri Louis Le Châtelier(1850~1936)는 프랑스의 물리화학자이면서 야금학자였다. 이 사진은 École Polytechnique의 학생 때의 것이다.

화학 평형의 *위치*(*position*)를 결정하는 요인을 이해하는 것은 중요하다. 예를 들면 어떤 화합물을 생산할 때, 생산을 책임지고 있는 화학자와 화공기사는 원하는 생성물이 가능한 한 많이 얻어지는 반응 조건을 선택하려고 할 것이다. 바꾸어 말하면, 그들은 평형이 오른쪽으로 치우치는 것을 원한다. Fritz Haber가 암모니아 합성법을 개발할 때, 그는 온도와 압력이 암모니아 평형 농도에 어떤 영향을 주는지에 대한 자세한 실험을 하였다. 그의 실험 결과의 일부를 표 13.2에 정리하였다. NH_3의 평형 농도는 압력이 증가함에 따라 증가하나, 온도가 증가하면 감소함에 유의하라. NH_3의 평형 농도는 낮은 온도와 높은 압력 조건에서 높아진다.

그러나 이것으로 모든 문제가 해결된 것은 아니다. 이 반응을 낮은 온도에서 진행시키는 것은 반응 속도가 너무 느려 불가능하다. 비록 온도가 낮아짐에 따라 평형은 오른쪽으로 이동하지만 낮은 온도에서는 평형에 도달하는 속도가 너무 느려 이 공정은 실제로 적용할 수 없다. 이 사실은 한 반응의 열역학과 반응 속도를 모두 조사하여야 그 반응을 결정하는 요인을 모두 이해할 수 있음을 다시금 강조하고 있다.

평형에 있는 계에 농도, 압력 및 온도 변화가 미치는 영향은 **Le Châtelier의 원리**(Le Châtelier's principle)를 사용하여 정성적으로 예측할 수 있다. Le Châtelier의 원리는 다음과 같다. **평형에 있는 어떤 계에 변화가 가해지면, 그 변화를 감소시키려는 방향으로 평형의 위치는 이동한다.** 이 원리는 때때로 상황을 지나치게 단순화시키기도 하지만 대부분의 경우에 매우 잘 맞는다.

농도 변화의 영향

평형에 있는 계에 미치는 농도 변화의 영향을 어떻게 예측하는지를 알기 위해 암모니아 합성 반응을 생각해 보자. 평형에 있는 각 화합물의 농도는 다음과 같다고 가정하자.

$$[N_2] = 0.399\ M \qquad [H_2] = 1.197\ M \qquad [NH_3] = 0.202\ M$$

이 계에 1.000 mol/L의 N_2를 갑자기 넣으면 어떻게 될까? 이 물음에 대한 답은 Q를 계산함으로써 얻을 수 있다. N_2 기체를 넣은 직후의 조정되기 전 농도는,

$$[N_2]_0 = 0.399\ M + \underset{\text{넣어준 } N_2}{\underset{\uparrow}{1.000\ M}} = 1.399\ M$$

$$[H_2]_0 = 1.197\ M$$

$$[NH_3]_0 = 0.202\ M$$

이 계는 더 이상 평형에 있지 않으므로 이 농도를 "초기 농도"로 표시하였다. 그러므로

$$Q = \frac{[NH_3]_0^2}{[N_2]_0[H_2]_0^3} = \frac{(0.202)^2}{(1.399)(1.197)^3} = 1.70 \times 10^{-2}$$

표 13.2 N_2, H_2 및 NH_3 혼합물에 있는 NH_3의 질량 백분율의 온도와 전체 압력에 대한 의존도*

	전체 압력		
온도(°C)	300 atm	400 atm	500 atm
400	48% NH_3	55% NH_3	61% NH_3
500	26% NH_3	32% NH_3	38% NH_3
600	13% NH_3	17% NH_3	21% NH_3

* 각 실험은 H_2와 N_2의 3:1 혼합물로 시작하였다.

K 값이 주어져 있지 않으므로, 처음에 주어진 평형 농도로부터 평형 상수를 계산하면

$$K = \frac{[NH_3]^2}{[N_2][H_2]^3} = \frac{(0.202)^2}{(0.399)(1.197)^3} = 5.96 \times 10^{-2}$$

예상한 바와 같이 N_2의 농도가 증가했기 때문에 Q는 K보다 작다.

따라서, 이 계는 오른쪽으로 이동하여 새로운 평형에 도달할 것이다. 계산은 생략하고, 결과만 요약하면 다음과 같다.

평형 위치 I		평형 위치 II
$[N_2] = 0.399\ M$		$[N_2] = 1.348\ M$
$[H_2] = 1.197\ M$	1.000 mol/L의 N_2를 넣어줌 ⟹	$[H_2] = 1.044\ M$
$[NH_3] = 0.202\ M$		$[NH_3] = 0.304\ M$

이 결과로부터 평형의 위치가 실제로 오른쪽으로 이동하였음을 주목하라. H_2의 농도는 감소하고, NH_3의 농도는 증가하며, N_2의 농도는 추가로 넣어 주었으므로 증가하였다(그러나 질소 기체의 농도는 1.000 mol의 N_2를 가한 직후에 비해 감소하였다).

반응 속도를 고려하면 위의 평형 이동을 설명할 수 있다. 즉, 계에 N_2 분자를 가해주면 N_2와 H_2 사이의 충돌 수가 증가하게 되어 정반응의 속도가 증가한다. 따라서, NH_3 분자의 생성속도가 증가한다. 생성물인 NH_3의 농도가 증가되면 역반응의 속도가 빨라질 것이다. 결국 정반응과 역반응의 속도가 같게 되어, 계는 새로운 평형 위치에 도달한다.

이러한 평형 이동은 Le Châtelier의 원리를 사용하여 정성적으로 예측할 수 있다. 이 계에 준 변화는 질소의 첨가이므로, Le Châtelier의 원리에 의하면 이 계는 질소를 소비하는 방향으로 이동해야 한다. 이것이 첨가의 효과를 줄이는 방법이다. 그러므로 Le Châtelier의 원리는 질소의 첨가가 평형을 오른쪽으로 이동시킨다고 정확하게 예측하고 있다(그림 13.9 참조).

만일 이 계에 질소 대신에 암모니아를 첨가하였다면, 계는 암모니아를 소비하기 위해 왼쪽으로 이동했을 것이다. 따라서 Le Châtelier의 원리는 다음과 같이 쓸 수 있다. **만일 평형(일정한 T와 P 또는 일정한 T와 V)에 있는 반응계에 반응물이나 생성물을 가하면, 그**

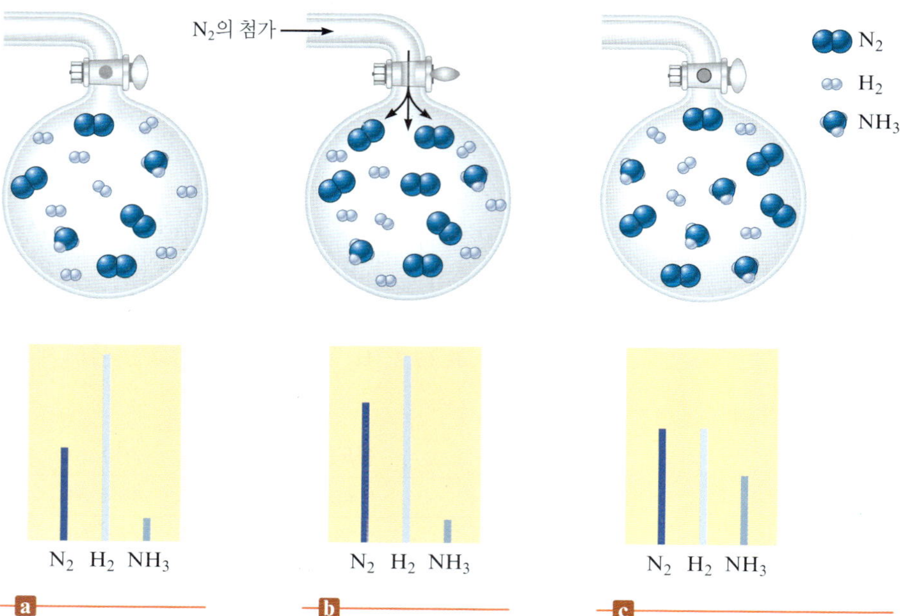

그림 13.9 (**a**) N_2, H_2 및 NH_3의 초기 평형 혼합물. (**b**) N_2의 첨가. (**c**) (a)보다 많은 양의 N_2 (N_2의 첨가 때문)와 적은 양의 H_2 및 많은 양의 NH_3를 가지고 있는 계의 새로운 평형 위치.

계는 가해진 변화를 감소시키는 방향으로 이동한다.

계는 첨가한 성분의 농도를 낮추는 방향으로 이동한다. 만일 반응물이나 생성물을 제거하면, 그 계는 제거된 성분이 생성되는 방향으로 이동한다.

대화형 예제 13.13

Le Châtelier의 원리 사용 I

비소(arsenic, As)는 광석을 산소와 반응시켜[*배소*(*roasting*)라고 부름] 고체인 As_4O_6를 만들고 이것을 탄소로 환원시켜 만든다.

$$As_4O_6(s) + 6C(s) \rightleftharpoons As_4(g) + 6CO(g)$$

다음 각 조건의 변화에 따른 평형 위치의 이동 방향을 예측하라.

a. 일산화 탄소의 첨가

b. 탄소 또는 육산화 사비소(As_4O_6)를 첨가하거나 제거할 때

c. 비소 기체(As_4)의 제거

풀이

a. Le Châtelier의 원리에 따르면 평형은 농도가 증가하는 성분의 반대 방향으로 이동한다. 일산화 탄소를 가하면 평형의 위치는 왼쪽으로 이동한다.

b. 순수한 고체의 양은 평형의 위치에 영향을 미치지 않으므로, 탄소나 육산화 사비소의 양의 변화는 평형을 이동시키지 않는다.

c. 비소 기체를 제거하면, 평형의 위치는 오른쪽으로 이동하며 더 많은 생성물이 얻어진다. 공업적인 공정에서는 반응계로부터 원하는 생성물을 계속 제거하여 수득률을 높인다.

연습 문제 13.85 참조

압력 변화의 영향

기본적으로 기체 성분을 포함하는 반응계의 압력을 변화시키는 방법은 다음의 세 가지가 있다.

1. 기체 반응물 또는 생성물의 첨가 또는 제거
2. 비활성 기체(반응에 참여하지 않는)의 첨가
3. 용기의 부피 변화

우리는 이미 반응물이나 생성물의 첨가 또는 제거의 영향을 고려하였다. 비활성 기체의 첨가는 평형 위치에 영향이 없다. **비활성 기체의 첨가는 전체 압력을 높이지만 반응물이나 생성물의 농도나 부분압에는 아무 영향을 미치지 않는다.** 이 경우에는 첨가된 분자가 어떤 방향의 반응에도 참여하지 않으므로, 어느 방향으로도 평형에 영향을 미치지 못한다. 따라서 계는 원래의 평형 위치에 남아있게 된다.

용기의 부피를 변화시키면, 반응물과 생성물 모두의 농도(따라서 부분압도)가 변화된다. 이 경우에는 Q를 계산하여 평형의 이동 방향을 예측한다. 그러나 기체 성분을 포함하는 계의 경우 더 쉬운 방법이 있다. 부피에 초점을 맞추어 보자. **기체 계가 들어 있는 용기의 부피를 줄이면 그 계는 자체의 부피를 줄이는 방향으로 반응한다. 이것은 그 계에 있는 기체 분자의 총 수를 줄임으로써 가능하다.** 이것은 그림 13.10에 나타낸 NO_2/N_2O_4 계를 사용하여 설명하였다.

이것이 사실인지를 알기 위해, 이상 기체 법칙을 다시 쓰면

$$V = \left(\frac{RT}{P}\right)n$$

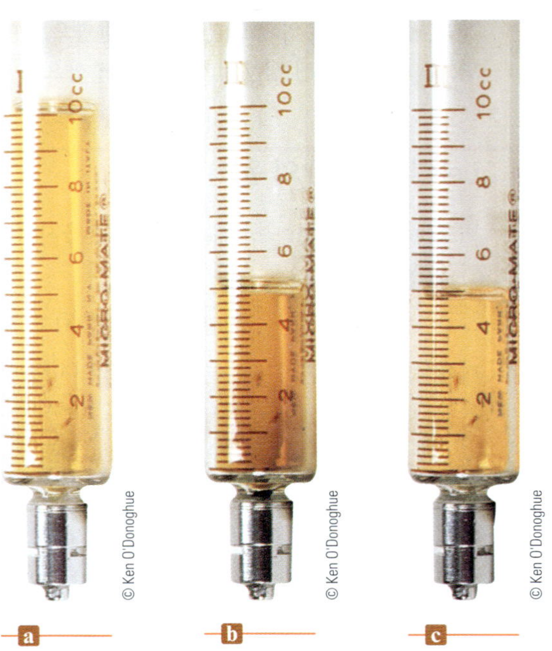

그림 13.10 (**a**) 주사기 속에서 평형으로 있는 갈색의 $NO_2(g)$와 무색의 $N_2O_4(g)$. (**b**) 부피를 갑자기 줄이면, N_2O_4와 NO_2(더 어두운 갈색)의 농도가 모두 증가한다. (**c**) 갑자기 부피를 줄인 후, 몇 초가 지나면 훨씬 더 옅은 갈색이 된다. 이것은 Le Châtelier의 원리에 의해 예측할 수 있는데, $2NO_2(g) \rightleftharpoons N_2O_4(g)$의 평형에서 갈색인 $NO_2(g)$가 분자 수가 더 적은 쪽인 무색의 $N_2O_4(g)$로 평형이 이동하기 때문이다.

일정한 T와 P에서

$$V \propto n$$

즉, 일정한 온도와 압력에서는 기체의 부피가 기체의 몰 수와 정비례한다.

기체 상태의 질소, 수소 및 암모니아의 혼합물이 평형에 있는 계를 생각해 보자(그림 13.11). 만일 부피를 갑자기 줄이면 평형의 위치는 어떻게 될까? 반응 계는 분자의 수를 줄임으로써 부피를 줄일 수 있다. 이것은 반응이 오른쪽으로 이동함을 뜻한다.

$$N_2(g) - 3H_2(g) \rightleftharpoons 2NH_3(g)$$

이 방향으로는 네 개의 분자(한 분자의 질소와 세 분자의 수소)가 반응하여, 두 분자(암모니아)의 생성물이 만들어지므로 *기체 분자의 총 수가 줄어든다*. 새로운 평형의 위치는 원래보다 오른쪽으로 치우쳐 있다. 즉, 평형의 위치는 균형 맞춘 반응식에서 기체 분자의 수가 적은 쪽으로 이동한다.

반대의 경우도 성립한다. 용기의 부피를 증가시키면 계는 부피를 증가시키는 방향으로 이동한다. 암모니아 합성 반응에서 부피를 증가시키면, 계는 기체 분자의 총 수를 증가시키기 위하여 왼쪽으로 이동할 것이다.

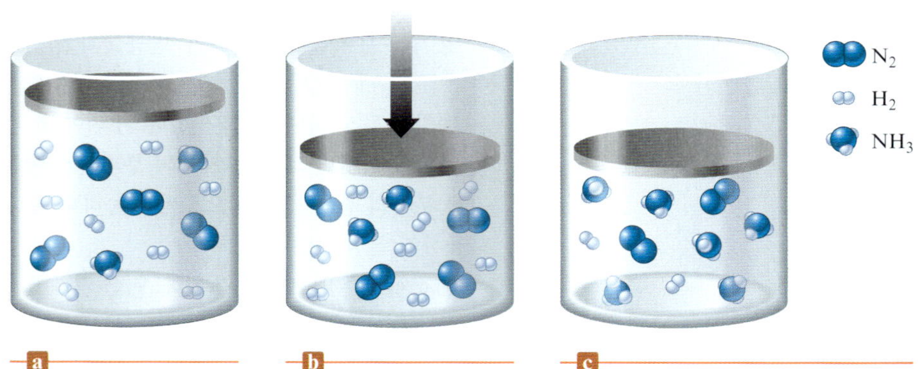

그림 13.11 (**a**) 평형에 있는 $NH_3(g)$, $N_2(g)$ 및 $H_2(g)$의 혼합물. (**b**) 부피를 갑자기 줄인다. (**c**) 계의 새로운 평형 위치. 원래보다 NH_3의 양은 증가하고, N_2 및 H_2는 감소하였다. 용기의 부피가 줄어들면 반응, $N_2(g) + 3H_2(g) \rightleftharpoons 2NH_3(g)$가 오른쪽으로(분자의 수가 감소하는 방향으로) 이동한다.

비판적 사고 당신과 한 친구가 화학시험 공부를 하고 있다. 친구가 "기체 성분이 들어있는 평형계에 비활성 기체를 가해주면 평형 위치는 결코 변하지 않는다"라고 말하였다. 이러한 사실은 일정한 부피를 갖고 있는 계에서는 사실이지만, 일정한 압력의 계에서는 반드시 옳지 않다고 친구에게 설명할 수 있는 방법이 있는가? 일정한 입력의 계에서는 언제 옳은가?

대화형 예제 13.14 Le Châtelier의 원리 사용 II

다음 각 반응에서 부피가 감소할 때 평형의 위치가 이동하는 방향을 예측하라.

a. 다음 반응에 따라 액체 삼염화 인을 합성할 때

$$P_4(s) + 6Cl_2(g) \rightleftharpoons 4PCl_3(l)$$

b. 다음 반응에 따라 기체 오염화 인을 합성할 때

$$PCl_3(g) + Cl_2(g) \rightleftharpoons PCl_5(g)$$

c. 삼염화 인과 암모니아의 반응

$$PCl_3(g) + 3NH_3(g) \rightleftharpoons P(NH_2)_3(g) + 3HCl(g)$$

풀이

a. P_4와 PCl_3는 각각 순수한 고체와 액체이므로 부피 변화의 영향은 Cl_2에 대해서만 생각하면 된다. 부피가 감소하면, 반응물은 여섯 개의 기체 분자가 있고 생성물에는 기체가 없으므로 평형은 오른쪽으로 이동한다.

b. 반응물에는 두 개의 기체 분자가 있고 생성물에는 한 개의 기체 분자밖에 없으므로 부피를 줄이면 반응은 오른쪽으로 이동한다.

c. 균형 맞춘 반응식의 양쪽에 각각 네 개씩의 기체 분자가 있다. 부피의 변화는 평형의 위치에 영향을 주지 않는다. 이 경우 평형의 이동은 없다.

연습 문제 13.88 참조

온도 변화의 영향

지금까지 논의한 변화는 평형의 *위치(position)*에는 영향을 주지만 평형 *상수(constant)* 값은 변화시키지 않음을 유의하여야 한다. 예를 들어, 반응물을 첨가하면 평형의 위치는 오른쪽으로 이동하지만 평형 상수에는 변화가 없다. 새로운 평형 농도는 원래의 평형 상수 값을 만족시킨다.

그러나 평형에 미치는 온도의 영향은 다르다. *K 값은 온도에 따라 변한다.* 이 변화의 방향은 Le Châtelier의 원리를 사용하여 예측할 수 있다.

질소와 수소로부터 암모니아를 합성하는 반응은 발열 반응이다. 이것은 열을 하나의 생성물로 취급하여 다음과 같이 나타낼 수 있다.

$$N_2(g) + 3H_2(g) \rightleftharpoons 2NH_3(g) + 92\ \text{kJ}$$

물론 에너지는 이 반응의 화학 생성물은 아니지만, 그렇게 생각함으로써 쉽게 Le Châtelier의 원리를 적용할 수 있다.

만일 평형에 있는 이 계를 가열하여, 에너지를 가하면 Le Châtelier의 원리는 이 반응이 에너지를 소비하는 방향, 즉 왼쪽으로 이동할 것으로 예상할 수 있다. 이 이동은 NH_3의 농도를 감소시키고, N_2와 H_2의 농도는 증가시킨다. 따라서 *K 값은 감소한다.* 온도 변화에 따라 이 반응의 K 값이 변하는 것을 실험적으로 관찰한 결과는 표 13.3에 있다. 예상한 대로, K 값은 온도가 올라감에 따라 감소하는 것을 알 수 있다.

표 13.3 온도 변화에 따른 암모니아 합성 반응의 K 값*

온도(K)	K
500	90
600	3
700	0.3
800	0.04

* 이 발열 반응에서는 Le Châtelier의 원리에서 예측할 수 있는 바와 같이 온도가 올라감에 따라 K가 감소한다.

반면에 탄산 칼슘의 분해와 같은 흡열 반응에서는

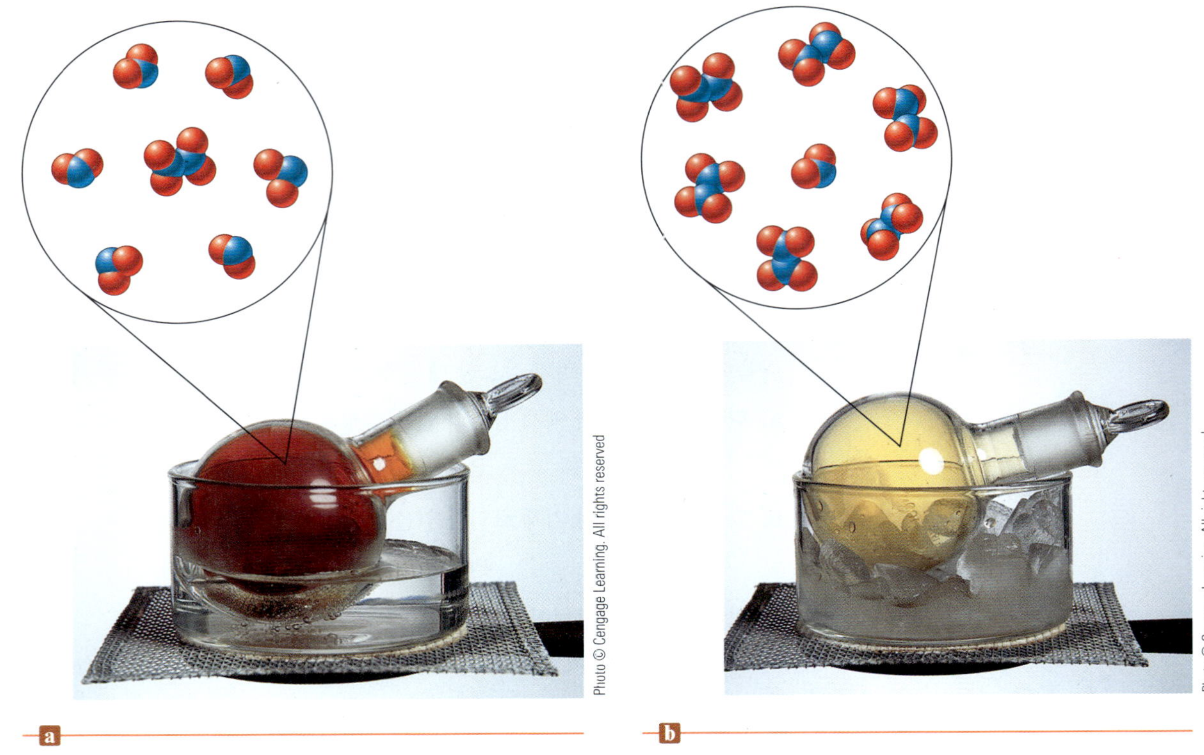

▲
온도가 변화하면 $N_2O_4(g) \rightleftharpoons 2NO_2(g)$로 평형이 이동한다. (**a**) 100°C에서 많은 양의 NO_2가 존재하여 플라스크는 뚜렷한 적갈색을 나타낸다. (**b**) 0°C에서 평형은 무색의 $N_2O_4(g)$로 이동한다.

$$556\ \text{kJ} + CaCO_3(s) \rightleftharpoons CaO(s) + CO_2(g)$$

온도를 증가시키면 평형이 오른쪽으로 이동하여 K 값이 증가한다.

요약하면, 평형에 있는 계에 미치는 온도 변화의 영향을 예측하는 데 Le Châtelier의 원리를 이용하기 위해서는 에너지를 반응물(흡열 과정에서) 또는 생성물(발열 과정에서)로 다루고, 실제로 반응물이나 생성물을 첨가 또는 제거할 때와 꼭 같이 이동 방향을 예측하면 된다. 비록 Le Châtelier의 원리가 K의 변화량을 예측할 수는 없지만 변화의 방향은 정확히 예측한다.

대화형 예제 13.15 Le Châtelier의 원리 사용 III

다음 각 반응에 대하여 온도가 높아지면 K 값이 어떻게 변할지 예측하라.

a. $N_2(g) + O_2(g) \rightleftharpoons 2NO(g)$ $\Delta H° = 181\ \text{kJ}$

b. $2SO_2(g) + O_2(g) \rightleftharpoons 2SO_3(g)$ $\Delta H° = -198\ \text{kJ}$

풀이

a. $\Delta H°$의 부호가 양이므로 이 반응은 흡열 반응이다. 에너지는 반응물로 볼 수 있으며 온도가 높아지면 K 값은 증가한다(평형이 오른쪽으로 이동한다).

b. 이 반응은 발열 반응이다(에너지를 생성물로 볼 수 있다). 온도가 높아지면 K 값은 감소한다(평형은 왼쪽으로 이동한다).

연습 문제 13.95와 13.96 참조

지금까지 평형에 있는 계에 여러 종류의 변화를 가했을 때, Le Châtelier의 원리를 이용하여 그 영향을 어떻게 예측하는지 살펴보았다. 표 13.4에는 여러 가지 요인이 흡열 반응

표 13.4 반응 58 kJ + $N_2O_4(g) \rightleftharpoons 2NO_2(g)$에 대한 평형 위치의 이동

변화	이동
$N_2O_4(g)$의 첨가	오른쪽
$NO_2(g)$의 첨가	왼쪽
$N_2O_4(g)$의 제거	왼쪽
$NO_2(g)$의 제거	오른쪽
$He(g)$의 첨가	변화 없음
용기의 부피 감소	왼쪽
용기의 부피 증가	오른쪽
온도의 증가	오른쪽
온도의 감소	왼쪽

의 평형 위치를 어떻게 변화시키는지 요약하였다.

$$N_2O_4(g) \rightleftharpoons 2NO_2(g) \qquad \Delta H^\circ = 58 \text{ kJ}$$

개념 정리 및 복습 For Review

주요 용어

화학 평형

13.2절

질량 작용의 법칙

평형식

평형 상수

평형 위치

13.4절

균일 평형

불균일 평형

13.5절

반응 지수, Q

13.7절

Le Châtelier의 원리

화학 평형

- 밀폐된 용기에서 화학 반응을 진행시키면, 그 계는 반응물과 생성물의 농도가 시간에 따라 변하지 않는 화학적 평형에 도달하게 된다.
- 동적인 상태: 반응물과 생성물이 끊임없이 상호변환된다.
  - 정반응 속도 = 역반응 속도
- 질량 작용의 법칙: 다음 반응에 대하여

$$jA + kB \rightleftharpoons mC + nD$$

$$K = \frac{[C]^m[D]^n}{[A]^j[B]^k} = \text{평형 상수}$$

  - 평형식에는 순수한 액체나 고체는 포함되지 않는다.
  - 기체상 반응에 대해서는 반응물과 생성물을 부분압의 항으로 나타내며 이때의 평형 상수는 K_p라고 한다.

$$K_p = K(RT)^{\Delta n}$$

  여기에서 Δn은 기체 생성물의 계수의 합에서 기체 반응물의 계수의 합을 뺀 것이다.

평형 위치

- 평형 상수식을 만족하는 한 세트의 반응물과 생성물의 농도
  - 주어진 온도에서 한 반응계의 K는 하나뿐이다.
  - 주어진 온도에서 초기 농도에 따라 가능한 평형의 위치는 무한히 많다.
- K 값이 작다는 것은 평형이 왼쪽에 놓여 있다는 것을 의미한다. 또한 K 값이 크다는 것은 평형이 오른쪽에 놓여 있다는 것을 의미한다.
  - K의 크기는 평형에 도달하는 속도와는 관계가 없다.

- 반응 지수, Q는 평형 농도가 아니고 초기 농도에 대한 질량 작용의 법칙을 적용한 것이다.
  - 만일 $Q > K$이면, 평형에 도달하기 위하여 계는 왼쪽으로 이동한다.
  - 만일 $Q < K$이면, 평형에 도달하기 위하여 계는 오른쪽으로 이동한다.
- 평형의 위치를 나타내기 위한 농도의 계산
  - 주어진 초기 농도(또는 압력)로부터 시작하라.
  - 평형에 도달하는 데 필요한 변화를 정의하라.
  - 이 변화를 초기 농도(또는 압력)에 적용하여 평형 농도(또는 압력)를 계산하라.

Le Châtelier 원리

- 평형에 있는 계에 미치는 농도, 압력, 온도 변화의 영향을 정성적으로 예측할 수 있다.
- 어떤 계에 변화를 주면 평형의 위치는 이 변화를 상쇄하는 방향으로 이동한다.
  - 다른 말로 하면 평형에 있는 계에 어떤 변화를 가하면 평형의 위치는 그 변화를 감소시키는 방향으로 이동한다.

복습 질문

1. 다음 각각에 대하여 화학 평형에 있는 계의 성질을 기술하라.

a. 정반응 속도와 역반응 속도

b. 반응 혼합물의 전체 조성

일반적인 반응 $3A(g) + B(g) \rightarrow 2C(g)$에 대하여, 한 실험자가 반응물만으로 실험을 시작한다면, 시간에 대한 A, B 및 C의 농도 변화를 그래프로 그려라. 또한 시간에 대하여 정반응 속도와 역반응 속도를 나타내는 그래프를 그려라.

2. 질량 작용의 법칙이란 무엇인가? K 값은 초기에 함께 혼합한 반응물과 생성물의 양에 따라 달라진다는 것이 사실인가? 설명하라. 매우 큰 평형 상수 값을 가진 반응은 매우 빠르다는 것은 사실인가? 설명하라. 일정한 온도에서 어떤 계의 평형 상수 값은 단 한 개만 존재하지만 평형의 위치는 무수히 많다. 이 사실을 설명하라.

3. 어떤 온도에서 다음 반응을 생각하자.

$$2NOCl(g) \rightleftharpoons 2NO(g) + Cl_2(g) \qquad K = 1.6 \times 10^{-5}$$
$$2NO(g) \rightleftharpoons N_2(g) + O_2(g) \qquad K = 1 \times 10^{31}$$

각 반응에서 약간의 반응물을 각각 다른 용기에 넣고 평형에 도달하도록 두었다. 평형에서 존재하는 반응물과 생성물의 상대적인 양을 설명하라. 각 경우에 평형에서 정반응과 역반응 중에서 어느 것이 더 빠른가?

4. K와 K_p의 차이점은 무엇인가? 반응에서 $K = K_p$가 성립하는 것은 언제인가? 또한 반응에서 $K \neq K_p$가 성립하는 것은 언제인가? 만일 화학 반응식에서 계수를 3배로 해주었다면, 처음의 K 값과 새로운 K 값은 어떤 관계를 가지는가? 만일 반응이 역으로 일어난다면 역반응의 K_p 값과 초기 반응의 K_p 값과 어떤 관계가 있는가?

5. 균일 평형이란 무엇인가? 불균일 평형이란 무엇인가? 불균일 반응과 균일 반응의 K 식은 어떤 차이점이 있는가? K 식에 포함되어야 할 화학종과 포함되지 않아야 하는 화학종을 정리하라.

6. *평형 상수*와 *반응 지수*의 차이점을 설명하라. $Q = K$일 때의 반응에 대하여 설명하라. $Q < K$일 때의 반응에 대하여 설명하라. 또한 $Q > K$일 때의 반응에 대하여 설명하라.

7. 평형 문제를 풀 때의 단계를 요약하라(13.6절의 처음을 보라). 일반적으로 평형 문제를 풀 때는 반드시 초기 농도, 변화 농도, 평형 농도의 표를 작성해야 한다. 초기 농도, 변화 농도, 평형 농도의 표는 무엇인가?

8. 흔히 나타나는 매우 작은 K 값을 가지는($K \ll 1$) 반응 유형을 공부한다. 보통 평형 문제에서 평형 농도에 대하여 푸는 것은 많은 수학적인 풀이 과정을 필요로 한다. 그러나 작은 K 값($K \ll 1$)을 가지는 반응의 평형 문제를 풀 때 관여되는 방정식은 단순화된다. 작은 K 값을 가지는 반응의 평형 농도를 계산할 때 어떤 가정을 하는가? 가정을 할 때는 가정이 타당한지를 검산해야 한다. 일반적으로 x(또는 $2x$, $3x$ 등)가 어떤 값보다 매우 작다는 가정의 타당성을 검산하는 데 "5% 규칙"을 사용한다. x(또는 $2x$, $3x$ 등)가 가정한 값의 5%보다 작으면 그 가정은 타당하다고 말한다. 만일 5% 이상이 되었다면 평형 농도를 계산하는 데 어떻게 해야 하는가?

9. Le Châtelier의 원리란 무엇인가? 다음 반응을 생각하자.

$$2NOCl(g) \rightleftharpoons 2NO(g) + Cl_2(g)$$

이 반응이 평형에 있다면 다음의 변화가 일어났을 때 어떻게 될 것인가?

a. $NOCl(g)$을 첨가한다.

b. $NO(g)$를 첨가한다.

c. $NOCl(g)$을 제거한다.

d. $Cl_2(g)$를 제거한다.

e. 용기의 부피를 줄인다.

이들 각 변화가 일어난 후, 다시 평형에 도달할 때의 반응의 K 값은 어떻게 변화되겠는가? 반응물이나 생성물의 하나를 첨가하거나 제거하더라도 평형 위치에 어떤 변화도 일어나지 않는 반응의 예를 한 가지 들어보라.

일반적으로 반응 용기의 부피 변화에 대하여 기체상 반응의 평형 위치는 어떤 영향을 받는가? 부피 변화에 영향을 받지 않는 평형 반응에는 어떤 것이 있는가? 설명하라. 기체상 평형 반응에서 견고한 반응 용기에 비활성 기체를 가해주어 압력을 변화시키더라도 평형의 위치가 이동하지 않는 이유는 무엇인가?

10. K 값을 변화시키는 유일한 변화("stress")는 온도이다. 발열 반응에서 온도를 증가시키면 평형의 위치는 어떻게 변하는가? 그리고 K 값은 어떻게 되는가? 흡열 반응에 대해서도 같은 질문에 답하라. 온도를 감소시켰을 때 K 값이 증가한다면 그 반응은 흡열 반응인가, 아니면 발열 반응인가? 설명하라.

활동 학습 질문

이 문제들은 학생들이 강의실에서 그룹을 만들어 함께 풀어보도록 고안하였다.

1. 모두 기체인 4개의 시약(A, B, C 및 D)이 밀폐된 플라스크에서 다음과 같이 반응한다고 생각하자.

$$A(g) + B(g) \rightleftharpoons C(g) + D(g)$$

a. 플라스크에 A를 더 첨가하였다. 다시 평형에 도달하였을 때 각 시약의 평형 농도와 원래의 농도를 비교하라. 당신의 답을 합리화시켜 보라.

b. 평형에 있는 반응 플라스크에 D를 더 첨가하였다. 평형이 이루어진 후에, 원래의 농도에 비해 각 화학종들의 농도가 어떻게 변화되겠는가? 답을 정당화하라.

2. 아래에 나타낸 상자는 다음 반응의 초기 조건을 나타낸다.

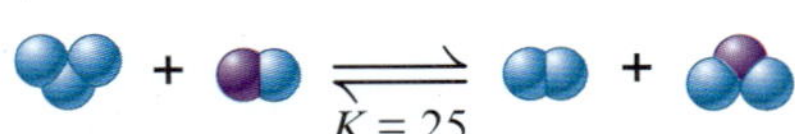

반응물들을 모두 한 상자 속에 혼합하여, 평형에 도달하였다. 이 계의 모습을 나타내는 정량적인 분자의 그림을 그려라. 여러분의 답을 계산으로 증명하라.

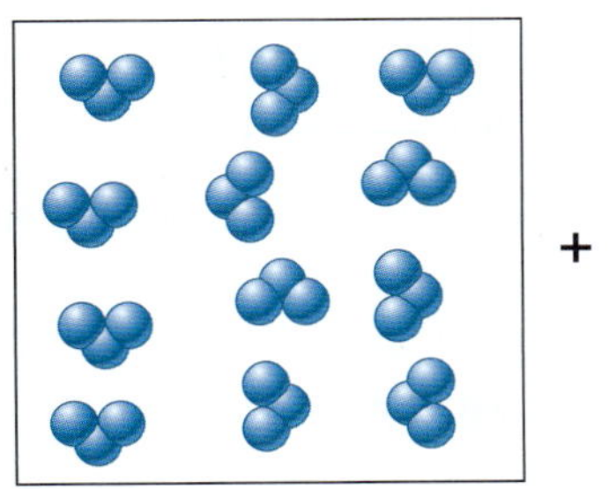
+
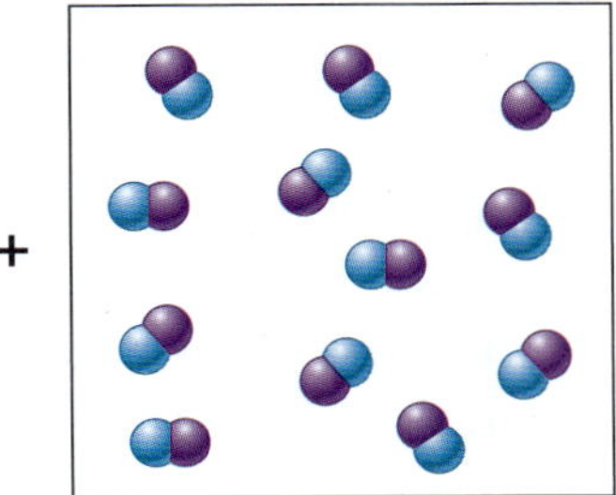

3. 반응 $H_2(g) + I_2(g) \rightleftharpoons 2HI(g)$에서 다음의 두 가지 가능성을 생각하자: (a) 두 반응물을 각각 0.5 mol씩 혼합하고 평형에 도달한 후, 이 계에 1 mol의 H_2를 첨가하였다. 계가 다시 평형에 도달하였다. (b) 1.5 mol H_2와 0.5 mol I_2를 혼합한 후, 계가 평형에 도달하였다. 두 과정에서 최종 평형 혼합물의 농도는 차이가 있을까? 설명하라.

4. 반응 $A(g) + B(g) \rightleftharpoons C(g) + D(g)$에서 다음의 세 가지 상황을 생각하자.

i. 초기 농도가 1.3 M A와 0.8 M B

ii. 초기 농도가 1.3 M A와 0.8 M B 및 0.2 M C

iii. 초기 농도가 2.0 M A와 0.8 M B

앞의 상황에서 D의 평형 농도가 증가하는 순으로 나열하라. 이 순서를 설명하라. 그리고 B의 평형 농도가 증가하는 순으로 나열하고 설명하라.

5. 다음 반응식에 따라 닫힌 용기에서 $H_2O(g)$, $CO(g)$, $H_2(g)$ 및 $CO_2(g)$로 구성된 평형 혼합물을 생각해 보자.

$$H_2O(g) + CO(g) \rightleftharpoons H_2(g) + CO_2(g)$$

a. 평형 혼합물에 $H_2O(g)$를 더 첨가한다. 각 화학물질의 새로운 평형 농도는 평형이 확립된 후 원래 평형 농도와 어떻게 변하는가? 답을 정당화하라.

b. 평형 혼합물에 $H_2(g)$를 더 첨가한다. 각 화학 물질의 새로운 평형 농도는 평형이 다시 이루어진 후 원래 평형 농도와 어떻게 다른가? 답을 정당화하라.

6. 반응 $A(g) + B(g) \rightleftharpoons C(g) + D(g)$을 생각해 보자. 한 친구가 다음과 같이 물었다. "만일 평형에 있는 A, B, C 및 D의 혼합물에 A를 더 첨가하면 C와 D가 더 많이 생성된다고 알고 있다. 그러나 B를 더 첨가하지 않았는데 어떻게 C와 D가 더 많이 생성될까?" 그 친구에게 어떻게 답해야 할까?

7. 다음의 설명을 생각해 보자: "평형에 있는 다음 반응, $A(g) + B(g) \rightleftharpoons C(g)$에서, 각 평형 농도는 [A] = 2 M, [B] = 1 M, [C] = 4 M이었다. 1 L의 용기에서 평형에 있는 이 계에 3 mol B를

첨가하였다. 첫 번째 평형과 두 번째 평형의 평형 상수가 모두 $K = 2$이므로 가능한 평형 조건은 [A] = 1 *M*, [B] = 3 *M*, [C] = 6 *M*이다." 이 설명에서 옳은 표현과 옳지 않은 표현을 모두 지적하라. 그리고 잘못된 표현을 바로잡고 설명하라.

8. 평형은 미시적으로는 동적이지만 거시적으로는 정적이다. 설명하라.

9. 평형 상수 *K* 값은 다음의 어떤 것에 의존하는가(답은 하나 이상일 수 있다)?

a. 반응물의 초기 농도

b. 생성물의 초기 농도

c. 계의 온도

d. 반응물과 생성물의 성질

설명하라.

10. 본문의 13.1절에서 "닫힌 계"에서 평형에 도달했다고 언급되어 있다. "닫힌 계"란 용어의 의미는 무엇이며, 계가 평형에 도달하기 위해서는 왜 닫힌 계가 필요한가? 열린 계에서는 평형에 도달하지 못하는 이유를 설명하라.

11. 밀폐된 용기에서 액체 표면 위의 증기압 발생이 왜 평형을 나타내는지 설명하라. 반대 과정은 어떤 상태인가? 계가 평형 상태에 도달했는가를 어떻게 알아낼 수 있을까?

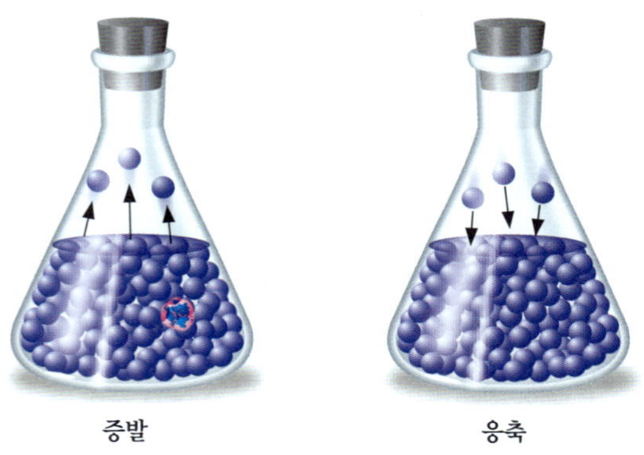

12. 1.0 L의 단단한 플라스크에서 반응 $A(g) + 2B(g) \rightleftharpoons C(g) + D(g)$를 생각해 보자. 각 (a~d)의 상황에 대해 다음 질문에 답하라:

i. 예를 들어, [A]는 95 *M*에서 100 *M* 사이라고 한다면 (가능한 한 작은) 농도 범위를 예측하라.

ii. 예측된 범위에 대한 한계를 어떻게 결정했는지 설명하라.

iii. 다른 정보를 통해 당신이 할 수 있는 일이 무엇인지 나타내라. 예상 범위를 좁혀보라.

iv. (a~d)에 대한 예상 농도를 비교하고, 차이점을 설명하라.

a. 평형에서 [A] = 1 *M*이다. 1 mol의 C를 첨가하였다. 다시 평형에 도달하였을 때, [A]의 값을 예측하라.

b. 평형에서 [B] = 1 *M*이다. 1 mol의 C를 첨가하였다. 다시 평형에 도달하였을 때, [B]의 값을 예측하라.

c. 평형에서 [C] = 1 *M*이다. 1 mol의 C를 첨가하였다. 다시 평형에 도달하였을 때, [C]의 값을 예측하라.

d. 평형에서 [D] = 1 *M*이다. 1 mol의 C를 첨가하였다. 다시 평형에 도달하였을 때, [D]의 값을 예측하라.

13. Le Châtelier의 원리(13.7절)는 다음과 같다. "만일 평형에 있는 계에 어떤 변화를 가하면 평형의 위치는 그 변화를 감소시키는 방향으로 이동한다." 이 원리의 예로서 $N_2(g) + 3H_2(g) \rightleftharpoons 2NH_3(g)$의 계를 사용한다. 만일 평형에 있는 계에 질소 기체를 첨가하면 H_2의 농도는 감소하고, NH_3의 농도는 증가한다. 이 실험에서 부피는 일정하다고 가정한다. 반면에, 피스톤으로 된 용기 속의 반응계에 N_2를 첨가하였다. 다시 평형에 도달되었을 때, 압력이 일정하게 유지되기 위해 NH_3의 양은 감소하고, H_2의 농도는 증가한다. 이것이 어떻게 일어나는지를 설명하라. 또한 평형에 있는 같은 계에 비활성 기체를 첨가하고, 압력을 일정하게 유지시키면 평형의 위치는 변화된다. 그러나 단단한 용기 속에서 평형에 있는 이 계에 비활성 기체를 첨가하면 평형의 위치는 변하지 않는다. 그 이유를 설명하라.

분홍색 번호의 질문과 연습문제에 대한 정답은 온라인에서 확인할 수 있습니다(차례의 QR을 스캔해보세요).

질문

14. 다음과 같이 나타낼 수 있는 N_2와 H_2의 초기 상태의 혼합물을 생각해 보자.

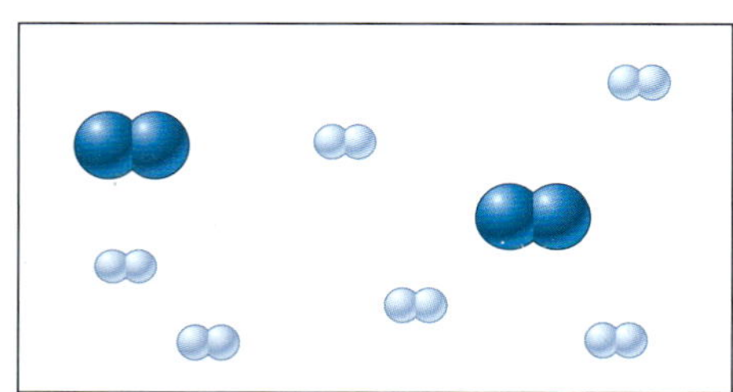

기체들이 반응하여 암모니아(NH_3)가 형성되며 그들의 시간에 대한 농도 변화에 대한 그래프는 다음과 같다.

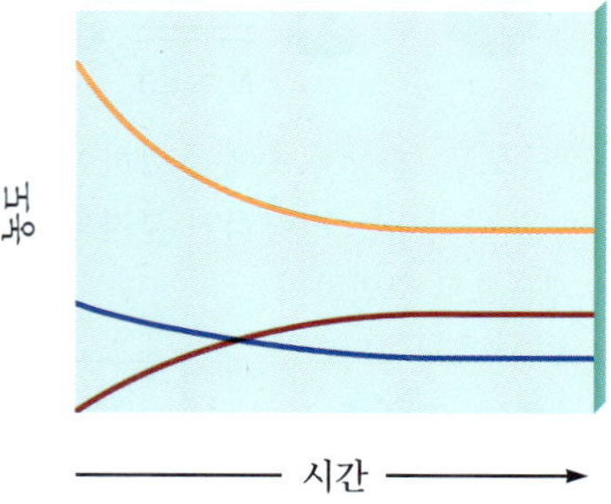

a. 그래프에 있는 각 선이 N_2, H_2, NH_3의 중 어느 것인지를 말하고 답에 대한 합리적인 설명을 하라.

b. 그래프의 상대적인 모양에 대하여 설명하라.

c. 평형은 언제 도달하는가? 그것을 어떻게 아는가?

15. 다음 반응을 생각해 보자.

$$H_2O(g) + CO(g) \rightleftharpoons H_2(g) + CO_2(g)$$

H_2O, CO, H_2 및 CO_2를 평형 농도와 같게 플라스크에 넣었다. 만일 플라스크에 넣은 CO가 ^{14}C로 표지되어 있다면 시간이 무한대로 흐른 후 ^{14}C은 CO에만 있을까? 설명하라.

16. 질문 15에 있는 같은 반응을 생각하자. 한 실험에서 1.0 mol의 $H_2O(g)$와 1.0 mol의 $CO(g)$를 플라스크에 넣고 350°C로 가열하였다. 두 번째 실험에서는 1.0 mol의 $H_2(g)$와 1.0 mol의 $CO_2(g)$를 첫 번째와 동일한 부피의 다른 플라스크에 넣었다. 이 혼합물을 350°C로 가열하였다. 평형에 도달한 다음 이 두 플라스크에 있는 혼합물의 조성에 차이가 있을까?

17. 다음의 일반적인 반응을 생각해 보자:

$$2A_2(g) + B(g) \rightleftharpoons BA_4(g)$$

특정 조건의 세트에서 정반응의 속도가 역반응의 속도보다 더 크다(빠르다). 이 반응이 평형으로 진행되면서 어떤 일이 일어나는지에 대해서 다음 중 어떤 설명이 틀린 것인가?

a. 반응이 평형으로 진행됨에 따라 정반응의 속도가 감소해야 한다.

b. 이 반응이 평형에 도달할 때 K_p 값은 이 반응의 K 값 ($K_p \neq K$)과 같지 않다.

c. $BA_4(g)$의 농도는 반응이 평형으로 진행됨에 따라 증가해야 한다.

d. 이 반응의 평형 상수 값은 1보다 커야($K > 1$) 한다.

18. 어떤 온도에서 다음 반응을 생각해 보자.:

$$2H_2O(g) \rightleftharpoons 2H_2(g) + O_2(g)$$

처음에 H_2 1.0 mol, O_2 1.0 mol, H_2O 1.0 mol이 2.0 L 용기에 담겼다. 이러한 조건에서 역반응 속도는 정방향 반응의 속도보다 크다. 이 반응에 관한 다음 설명 (a~d) 중 평형에 도달하였을 때 어느 것이 옳은가?

a. $K > 1$

b. 평형 상태에서 $[H_2O] = [H_2]$이다.

c. 평형 상태에서 $[H_2O] > 0.50\ M$

d. 평형 상태에서는 $[H_2] = [O_2]$이다.

19. 다음 반응을 생각해 보자: $CO(g) + Cl_2(g) \rightleftharpoons COCl_2(g)$. 298 K에서 이 반응에는 평형 상태의 거의 모든 생성물이 포함되어 있다. 반응물은 거의 존재하지 않는다. 다음 중 어느 것이 반응에 대한 K 값이 가장 가능성이 높은가?

a. 3.7

b. 4.5×10^9

c. 0.027

d. 6.9×10^{-12}

e. 1.0

20. 앞의 장의 수용액 반응에서 약산은 약한 전해질이라고 표시했다. 약한 전해질은 소량의 화합물만이 이온으로 분해되는 물질이라고 말했다. 약산은 일반적으로 5% 미만으로 해리된다. 아세트산의 해리 반응을 설명하는 평형 반응을 보자.

$$HC_2H_3O_2(aq) \rightleftharpoons H^+(aq) + C_2H_3O_2^-(aq) \quad K = ?$$

아세트산($HC_2H_3O_2$)이 약한 전해질(약산)이라는 점을 고려하면 다음 중 위의 평형 반응의 K 값일 가능성이 가장 큰 것은 어느 것인가?

a. 7.2×10^{27}

b. 6.1×10^{14}

c. 5.4×10^{12}

d. 1.5

e. 1.8×10^{-5}

21. 어떤 온도에서 다음 반응을 생각하자.

$$H_2O(g) + CO(g) \rightleftharpoons H_2(g) + CO_2(g) \qquad K = 2.0$$

다음에 나타낸 것과 같이 몇 분자의 H_2O와 CO를 1.0 L의 용기에 넣었다.

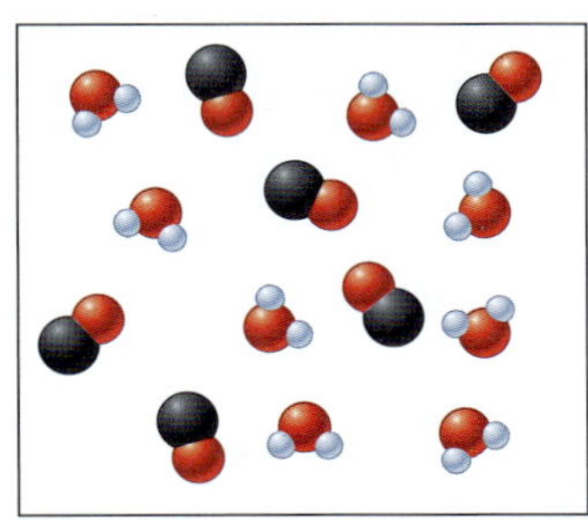

평형에 도달하였을 때, 몇 분자의 H_2O, CO, H_2 및 CO_2가 존재할까? 이 문제를 시행착오법으로 해결하라. 즉, 두 분자의 CO가 반응하여 평형에 도달하였을 때, 세 분자의 CO가 반응하여 평형에 도달하였을 때 등등과 같은 경우를 가정하라.

22. 다음 일반적인 반응을 생각하자.

$$2A_2B(g) \rightleftharpoons 2A_2(g) + B_2(g)$$

몇 분자의 A_2B를 1.0 L 용기에 넣었다. 시간이 경과하는 동안 이 반응 혼합물에 대한 몇 장의 스냅 사진을 찍은 결과는 다음 그림과 같다.

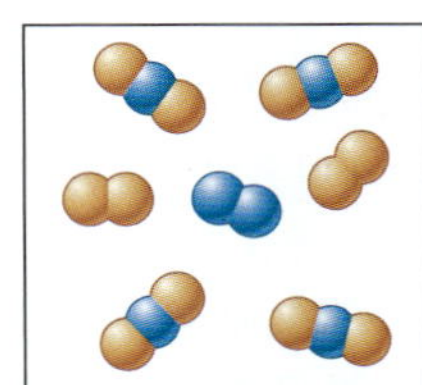 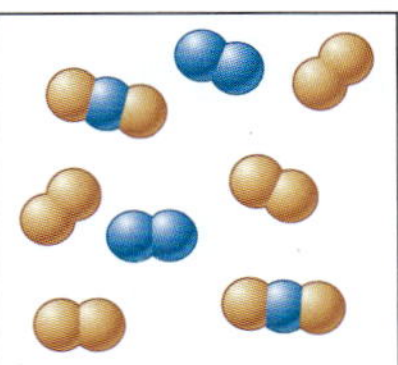 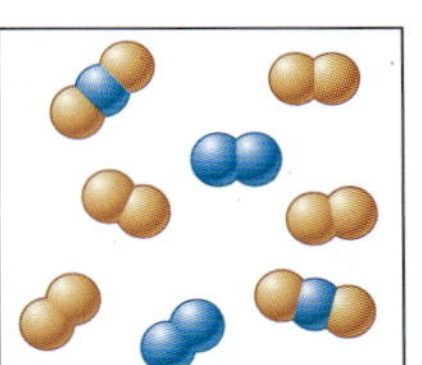

어느 사진이 첫 번째 평형 혼합물을 나타내는 것인가? 설명하라. 초기에 반응한 A_2B의 분자 수는 얼마인가?

23. K, K_p와 Q의 차이점을 설명하라.

24. 다음 반응을 생각하자.

$$H_2(g) + I_2(g) \rightleftharpoons 2HI(g) \quad \text{및} \quad H_2(g) + I_2(s) \rightleftharpoons 2HI(g)$$

평형과 관련하여 이들 두 반응 사이의 두 가지 특성적인 면의 차이점을 나열하라.

25. 298 K에서 2.0 L의 단단한 용기에서 일어나는 다음 반응을 생각해 보자:

$$CaCO_3(s) \rightleftharpoons CaO(s) + CO_2(g) \qquad K_p = 1.04$$

4개의 실험(A~D)은 서로 다른 초기 농도의 반응물 또는 생성물을 사용하여 실행되었다. 각 실험에서는 반응이 진행되어 평형에 도달하였다. 어느 실험(A~D)이 가장 큰 $CO_2(g)$의 평형 부분압을 갖는가?

a. 실험 A: 초기에 100 g $CaCO_3(s)$가 반응한다.

b. 실험 B: 초기에 100 g $CaO(s)$ 및 2 atm의 $CO_2(g)$가 반응하였다.

c. 실험 C: 초기에 100 g $CaCO_3(s)$ 및 100 g $CaO(s)$는 반응시켰다.

d. 실험 D: 초기에 100 g의 $CaCO_3(s)$, 100 g의 $CaO(s)$ 및 2 atm의 $CO_2(g)$를 반응시켰다.

e. $CO_2(g)$의 평형 부분압은 네 가지 실험 모두 동일하였다.

26. 평형 반응을 연구하기 위해 273 K에서 세 가지 실험이 실행되었다:

$$N_2(g) + 3H_2(g) \rightleftharpoons 2NH_3(g)$$

각 실험마다 초기에 서로 다른 양의 기체를 혼합하였고 평형에 도달하기 위해 반응을 시켰다. 표에는 반응이 일어나기 전에 각 실험에 대해 기체의 초기 농도가 요약되어 있다.

실험	1	2	3
초기 농도	$[N_2] = 1.0\ M$ $[H_2] = 1.0\ M$ $[NH_3] = 0$	$[N_2] = 0$ $[H_2] = 0$ $[NH_3] = 1.0\ M$	$[N_2] = 2.0\ M$ $[H_2] = 1.0\ M$ $[NH_3] = 3.0\ M$

각 실험에서 평형에 도달한 후, 이 실험에 관한 다음 설명은 *옳은가*?

a. 실험 1에서 평형 상태에서의 정반응 속도는 역반응 속도보다 클 것이다.

b. 실험 2에서는 초기에 어떤 반응물도 존재하지 않기 때문에 평형에 도달할 수 없다.

c. 각 실험에서 평형에 도달한 후, K의 계산된 값은 세 가지 모두에 대해 같아야 한다.

d. 실험 2보다 실험 3에 대한 계산된 K 값이 더 커야 한다.

27. 전형적인 평형 문제는 어떤 반응에 대한 초기 반응 조건과 K 값을 주고 평형 농도를 구할 것을 요구한다. 이들 계산 중 대부분은 이차 방정식과 삼차 방정식을 풀어야 해답을 구할 수 있다. 이차 방정식과 삼차 방정식을 풀지 않고 평형 농도를 구할 수 있는가?

28. 다음 중 *옳게* 설명한 것은 어느 것인가? 잘못 설명한 것은 틀린 곳을 고쳐라.

a. 어떤 온도에서 평형에 있는 계에 반응물을 가하면 반응은 오른쪽으로 이동하여 다시 평형에 도달한다.

b. 어떤 온도에서 평형에 있는 계에 생성물을 가하였다. 다시 평형에 도달하였을 때 반응의 K 값은 증가한다.

c. 평형에 있는 반응 계에 온도를 증가시키면 반응의 K 값은 증가한다.

d. 어떤 온도에서 평형에 있는 반응 계가 있다. 반응 용기의 부피를 증가시키면 반응은 왼쪽으로 이동하여 평형에 도달한다.

e. 촉매(반응 속도를 증가시키는 물질)의 첨가는 평형 위치에 어떠한 영향도 주지 않는다.

29. 다음과 같은 반응을 생각하자.

$$2N_2O(g) + O_2(g) \rightleftharpoons 4NO(g)$$

계가 평형 상태에 있다고 가정하고, 일정한 온도에서 1 mol의 $N_2O(g)$를 첨가하였다. 반응이 진행되어 다시 평형 상태가 되었을 때, N_2O의 양은 원래 평형 상태의 양보다 증가하겠는가 또는 감소하겠는가? 설명하라. 이 변화에 대한 평형 상수 값은 얼마인가?

30. 처음에 SO_3 1 mol을 일정한 온도에서 2.0 L 용기에 넣었다. 일부 SO_3는 다음과 같은 평형 반응에 의해 반응하여 SO_2와 O_2를 형성한다:

$$2SO_3(g) \rightleftharpoons 2SO_2(g) + O_2(g)$$

다음 그림 중 가장 정확하게 나타내는 것은 무엇인가? 이 반응에 대한 SO_3 농도 대 시간 그래프는 무엇인가? $[SO_3]$는 y축이고 시간은 x축이다.

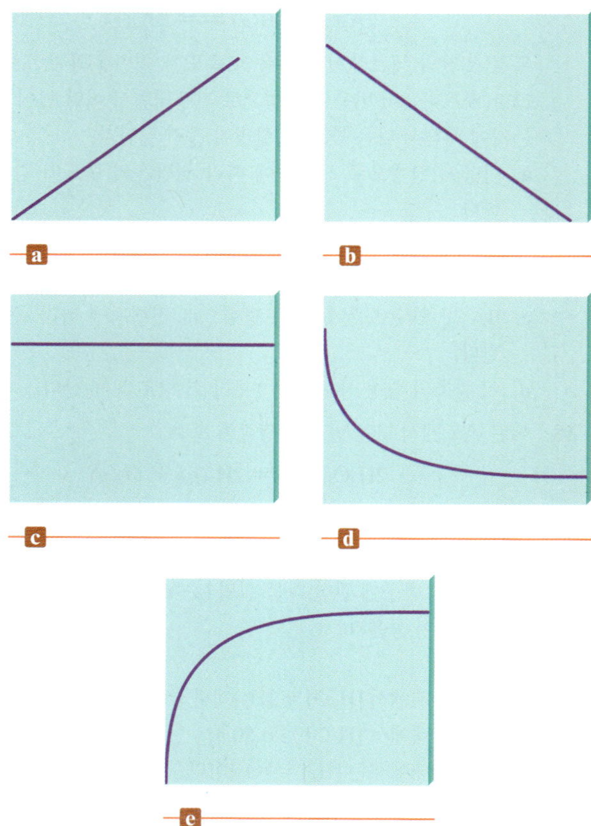

31. 1.0×10^3 g의 고체 $NaHCO_3$ 시료를 125°C의 진공 반응 용기에 넣었다. $NaHCO_3$는 다음 반응에 의해 반응하여 평형에 도달하였다:

$$2NaHCO_3(s) \rightleftharpoons Na_2CO_3(s) + CO_2(g) + H_2O(g) \quad K = 0.25$$

이 실험에 관한 다음 설명 중 *틀린* 것은 어느 것인가?

a. 이 반응의 경우 $K = [CO_2][H_2O]$이다.

b. 평형 상태에서 이 실험에서 CO_2와 H_2O의 농도는 같을 것이다. (평형 상태에서 $[CO_2] = [H_2O]$).

c. 같은 온도에서 1.0×10^3 g 대신 2.0×10^3 g의 고체 $NaHCO_3$가 초기에 반응했다면 K 값은 일정하게 유지된다($K = 0.25$).

d. 2.0×10^3 g의 고체 $NaHCO_3$가 초기에 반응했다면 동일한 온도(1.0×10^3 g 대신), 평형 상태에서 생산되는 CO_2와 H_2O의 양은 증가할 것이다.

e. 이 반응의 경우 $K \neq K_p$

32. 일산화 탄소와 수소로부터 메탄올을 제조하는 다음의 반응은 발열 반응이다.

$$CO(g) + H_2(g) \rightleftharpoons CH_3OH(g)$$

만약 이 반응을 이용하여 메탄올을 상업적으로 생산하려면, 고온과 저온 중 어느 쪽에서 최대 수득률을 얻을 수 있는가? 설명하라.

연습 문제

연습 문제는 비슷한 유형의 문제를 두 개씩 짝지어 놓았다.

평형 상수

33. 다음 각 기체상 반응에 대한 평형 상수식(K)을 써라.

a. $N_2(g) + O_2(g) \rightleftharpoons 2NO(g)$

b. $N_2O_4(g) \rightleftharpoons 2NO_2(g)$

c. $SiH_4(g) + 2Cl_2(g) \rightleftharpoons SiCl_4(g) + 2H_2(g)$

d. $2PBr_3(g) + 3Cl_2(g) \rightleftharpoons 2PCl_3(g) + 3Br_2(g)$

34. 연습 문제 33에 있는 각 반응의 평형식에 대한 K_p를 써라.

35. 어떤 온도에서 다음 반응의 $K = 1.3 \times 10^{-2}$이다.

$$N_2(g) + 3H_2(g) \rightleftharpoons 2NH_3(g)$$

이 온도에서 다음 각 반응의 K를 계산하라.

a. $\frac{1}{2}N_2(g) + \frac{3}{2}H_2(g) \rightleftharpoons NH_3(g)$

b. $2NH_3(g) \rightleftharpoons N_2(g) + 3H_2(g)$

c. $NH_3(g) \rightleftharpoons \frac{1}{2}N_2(g) + \frac{3}{2}H_2(g)$

d. $2N_2(g) + 6H_2(g) \rightleftharpoons 4NH_3(g)$

36. 1495 K에서 다음 반응의 $K_p = 3.5 \times 10^4$이다.

$$H_2(g) + Br_2(g) \rightleftharpoons 2HBr(g)$$

같은 조건에서 다음 각 반응의 K_p를 계산하라.

a. $HBr(g) \rightleftharpoons \frac{1}{2}H_2(g) + \frac{1}{2}Br_2(g)$

b. $2HBr(g) \rightleftharpoons H_2(g) + Br_2(g)$

c. $\frac{1}{2}H_2(g) + \frac{1}{2}Br_2(g) \rightleftharpoons HBr(g)$

37. 어떤 온도에서 평형에 도달해 있는 다음 반응을 생각하자.

$$2NO(g) + 2H_2(g) \rightleftharpoons N_2(g) + 2H_2O(g)$$

각각의 평형 농도를 측정한 결과는 다음과 같다: $[NO(g)] = 8.1 \times 10^{-3}\ M$, $[H_2(g)] = 4.1 \times 10^{-5}\ M$, $[N_2(g)] = 5.3 \times 10^{-2}\ M$, 그리고 $[H_2O(g)] = 2.9 \times 10^{-3}\ M$. 이 온도에서 위 반응의 K 값을 계산하라.

38. 높은 온도에서 원소 상태인 질소와 산소가 반응하면 일산화 질소가 생성된다.

$$N_2(g) + O_2(g) \rightleftharpoons 2NO(g)$$

어떤 온도에서 반응계를 분석하였더니, 각각의 평형 농도가 다음과 같았다. $[N_2] = 0.041\ M$, $[O_2] = 0.0078\ M$, $[NO] = 4.7 \times 10^{-4}\ M$이었다. 이 반응의 K 값을 계산하라.

39. 어떤 온도에서 3.0 L 플라스크에 2.4 mol의 Cl_2, 1.0 mol의 NOCl, 4.5×10^{-3} mol의 NO가 평형에 있다. 이 온도에서 다음 반응의 K를 계산하라.

$$2NOCl(g) \rightleftharpoons 2NO(g) + Cl_2(g)$$

40. 어떤 온도에서 2.00 L 플라스크에 2.80×10^{-4} mol의 N_2, 2.50×10^{-5} mol의 O_2 및 2.00×10^{-2}몰의 N_2O가 평형에 있다. 이 온도에서 다음 반응의 K를 계산하라.

$$2N_2(g) + O_2(g) \rightleftharpoons 2N_2O(g)$$

만일 $[N_2] = 2.00 \times 10^{-4}\ M$, $[N_2O] = 0.200\ M$, 그리고 $[O_2] = 0.00245\ M$ 일 때, 계는 평형에 있는가?

41. 어떤 온도에서 반응, $2NO_2(g) \rightleftharpoons 2NO(g) + O_2(g)$의 평형 압력을 측정하였더니 다음과 같았다.

$$P_{NO_2} = 0.55\ \text{atm}$$
$$P_{NO} = 6.5 \times 10^{-5}\ \text{atm}$$
$$P_{O_2} = 4.5 \times 10^{-5}\ \text{atm}$$

이 온도에서 평형 상수 K_p 값을 계산하라.

42. 어떤 온도에서 반응, $N_2(g) + 3H_2(g) \rightleftharpoons 2NH_3(g)$의 평형 압력을 측정하였더니 다음과 같은 결과를 얻었다.

$$P_{NH_3} = 3.1 \times 10^{-2}\ \text{atm}$$
$$P_{N_2} = 8.5 \times 10^{-1}\ \text{atm}$$
$$P_{H_2} = 3.1 \times 10^{-3}\ \text{atm}$$

같은 온도에서 평형 상수 K_p 값을 계산하라.

만일 $P_{N_2} = 0.525$ atm, $P_{NH_3} = 0.0167$ atm과 $P_{H_2} = 0.0761$ atm이라면, 이 계는 평형에 있는가?

43. 327°C에서 평형 농도가 $[CH_3OH] = 0.15\ M$, $[CO] = 0.24\ M$ 및 $[H_2] = 1.1\ M$인 평형에 있는 다음 반응을 생각하자.

$$CH_3OH(g) \rightleftharpoons CO(g) + 2H_2(g)$$

이 온도에서 K_p를 계산하라.

44. 1100 K에서 다음 반응의 $K_p = 0.25$이다.

$$2SO_2(g) + O_2(g) \rightleftharpoons 2SO_3(g)$$

이 온도에서 K 값은 얼마인가?

45. $N_2O_5(g)$는 $O_2(g)$와 $NO_2(g)$로 분해된다. 다음 중 이 분해 반응에 대한 *올바른* 평형 상수식은 어느 것인가?

a. $\frac{[O_2][NO_2]^2}{[N_2O_5]}$

b. $\frac{[N_2O_5]}{[O_2][NO_2]^2}$

c. $\frac{[O_2][NO_2]}{[N_2O_5]}$

d. $\frac{[N_2O_5]}{[O_2][NO_2]}$

e. $\frac{[O_2][NO_2]^4}{[N_2O_5]^2}$

46. 제논(Xe) 기체와 플루오린(F_2) 기체가 반응하면 특정 온도에서 고체 XeF_4가 생성된다. 다음 중 이 반응에 대한 *올바른* 평형 상수식은 어느 것인가?

a. $\frac{1}{[Xe][F_2]^2}$

b. $\frac{[Xe][F_2]}{[XeF_4]}$

c. $\frac{[XeF_4]}{[Xe][F_2]}$

d. $\frac{[XeF_4]}{[Xe][F_2]^2}$

e. $\frac{1}{[Xe][F_2]}$

47. 다음 각 반응에 대한 K와 K_p 식을 써라.

a. $2NH_3(g) + CO_2(g) \rightleftharpoons N_2CH_4O(s) + H_2O(g)$

b. $2NBr_3(s) \rightleftharpoons N_2(g) + 3Br_2(g)$

c. $2KClO_3(s) \rightleftharpoons 2KCl(s) + 3O_2(g)$

d. $CuO(s) + H_2(g) \rightleftharpoons Cu(l) + H_2O(g)$

48. 다음 각 반응에 대한 K_p 식을 써라.

a. $2Fe(s) + \frac{3}{2}O_2(g) \rightleftharpoons Fe_2O_3(s)$

b. $CO_2(g) + MgO(s) \rightleftharpoons MgCO_3(s)$

c. $C(s) + H_2O(g) \rightleftharpoons CO(g) + H_2(g)$

d. $4KO_2(s) + 2H_2O(g) \rightleftharpoons 4KOH(s) + 3O_2(g)$

49. 연습 문제 47에 있는 반응들 중 K_p와 K가 같은 것은 어느 것인가?

50. 연습 문제 48에 있는 반응들 중 K_p와 K가 같은 것은 어느 것인가?

51. 자가 호흡장치는 때때로 다음을 사용한다. 산소 기체를 생성하는 반응:

$$4KO_2(s) + 2CO_2(g) \rightleftharpoons 2K_2CO_3(s) + 3O_2(g) \quad K = ?$$

특정 온도에서 이 반응의 평형 혼합물에는 4.0 L 용기에 2 mol의 $KO_2(s)$, 4×10^{-10} mol의 $CO_2(g)$, 1 mol의 $K_2CO_3(s)$ 및 0.4 mol의 $O_2(g)$가 들어있다. 이 반응의 평형 상수 K 값을 계산하라.

52. 어떤 온도에서 다음 반응을 생각하자.

$$4Fe(s) + 3O_2(g) \rightleftharpoons 2Fe_2O_3(s)$$

평형에서 2.0 L의 용기 속에 들어 있는 혼합물에는 1.0 mol Fe, 1×10^{-3} mol O_2와 2.0 mol Fe_2O_3가 들어있다. 이 반응의 K를 계산하라.

53. 1200 K에서 다음 반응을 조사한 결과 수증기의 평형 부분압이 15.0 torr이었다. 또한 전체 평형 압력은 36.3 torr이었다.

$$3Fe(s) + 4H_2O(g) \rightleftharpoons Fe_3O_4(s) + 4H_2(g)$$

1200 K에서 이 반응의 K_p를 계산하라. (*힌트*: Dalton의 부분압 법칙을 사용하라.)

54. 725°C에서 다음과 같은 반응을 생각해 보자.

$$C(s) + CO_2(g) \rightleftharpoons 2CO(g)$$

평형 상태에서 4.50 L 용기 속에 탄소가 2.6 g, CO_2의 부분압이 0.0020 atm, 전체 압력이 0.572 atm이다. 725°C에서 이 반응에 대한 K_p 값을 계산하라.

평형 계산

55. 25°C에서 다음 반응의 평형 상수는 0.0900이다.

$$H_2O(g) + Cl_2O(g) \rightleftharpoons 2HOCl(g)$$

다음의 일련의 조건하에서 평형에 있는 계는 어느 것인가? 다음의 평형이 아닌 조건에 있는 계는 어떤 방향으로 이동할까?

a. 1.0 L 플라스크에 1.0 mol HOCl, 0.10 mol Cl_2O와 0.10 mol H_2O이 들어있다.

b. 2.0 L 플라스크에 0.084 mol HOCl, 0.080 mol Cl_2O와 0.98 mol H_2O이 들어있다.

c. 3.0 L 플라스크에 0.25 mol HOCl, 0.0010 mol Cl_2O와 0.56 mol H_2O이 들어있다.

56. 어떤 온도에서 다음 반응의 평형 상수 K_p는 2.4×10^3이다.

$$2NO(g) \rightleftharpoons N_2(g) + O_2(g)$$

다음의 일련의 조건하에서 평형에 있는 계는 어느 것인가? 평형이 아닌 조건에 있는 계는 어떤 방향으로 이동하겠는가?

a. $P_{NO} = 0.012$ atm, $P_{N_2} = 0.11$ atm, $P_{O_2} = 2.0$ atm

b. $P_{NO} = 0.0078$ atm, $P_{N_2} = 0.36$ atm, $P_{O_2} = 0.67$ atm

c. $P_{NO} = 0.0062$ atm, $P_{N_2} = 0.51$ atm, $P_{O_2} = 0.18$ atm

57. 900°C에서 다음 반응의 $K_p = 1.04$이다.

$$CaCO_3(s) \rightleftharpoons CaO(s) + CO_2(g)$$

낮은 온도에서 드라이아이스(고체 CO_2), 산화 칼슘 및 탄산 칼슘을 50.0 L의 반응 용기에 넣고 900°C로 가열하여 드라이아이스가 기체상의 CO_2로 변환되었다. 다음 각 조건과 900°C에서 계가 평형을 향해 이동할 때 산화 칼슘의 초기 농도는 증가할까, 감소할까 또는 변화가 없을까?

a. 655 g의 $CaCO_3$, 95.0 g의 CaO, $P_{CO_2} = 2.55$ atm

b. 780 g의 $CaCO_3$, 1.00 g의 CaO, $P_{CO_2} = 1.04$ atm

c. 0.14 g의 $CaCO_3$, 5000 g의 CaO, $P_{CO_2} = 1.04$ atm

d. 715 g의 $CaCO_3$, 813 g의 CaO, $P_{CO_2} = 0.211$ atm

58. 다음 반응을 생각해 보자.

$$NH_4NO_3(s) \rightleftharpoons N_2O(g) + 2H_2O(g) \quad K = 4.85$$

200. g의 NH_4NO_3 시료를 2.0 M 농도의 $H_2O(g)$와 2.0 M 농도의 $N_4O(g)$를 포함하는 반응 용기에 넣었다. 평형에 도달한 후 NH_4NO_3의 질량은 증가하겠는가, 감소하겠는가 아니면 변화가 없는 상태로 유지되겠는가? 설명하라.

59. 250°C에서 다음 반응을 생각해 보자.

$$N_2(g) + 3H_2(g) \rightleftharpoons 2NH_3(g) \quad K = 0.278$$

처음에 N_2 1.00몰, H_2 1.00몰, NH_3 1.00몰을 2.00 L 용기에 넣었다. 반응이 평형에 도달하였을 때, 평형에서 가장 적은 농도를 가지는 시약은 어떤 시약인가? 또한 가장 큰 농도를 가지는 시약은 어떤 시약인가?

60. 어떤 온도에서 다음 반응을 생각해 보자.

$$I_2(g) + H_2(g) \rightleftharpoons 2HI(g) \quad K = 0.75$$

초기에 I_2 2.0 mol, H_2 2.0 mol 및 HI 2.0 mol을 1.0 L의 견고한 용기에 혼합하였고 반응 후 평형에 도달하였다. 다음 중 이 반응이 평형에 도달하였을 때 *옳게* 설명한 것은 어느 것인가?

a. 평형에서, $[I_2] > [HI]$

b. 평형에서, $[I_2] = 2.0\ M$

c. 평형에서, $[I_2] > [H_2]$

d. 평형에서, $[H_2] < 2.0\ M$

e. 평형에서, $[HI] = 2.5\ M$

61. 주어진 온도에서 다음 반응의 $K = 2.4 \times 10^{-3}$이다.

$$2H_2O(g) \rightleftharpoons 2H_2(g) + O_2(g)$$

2.0-L 용기에서 평형에 도달했을 때 $[H_2O(g)] = 1.1 \times 10^{-1}\ M$

과 $[H_2(g)] = 1.9 \times 10^{-2}\ M$임을 알았다. 이 조건에서 존재하는 $O_2(g)$의 몰 수를 계산하라.

62. 25°C에서 다음 반응의 $K_p = 109$이다.

$$2NO(g) + Br_2(g) \rightleftharpoons 2NOBr(g)$$

Br_2의 평형 부분압이 0.0159 atm이고 NOBr의 평형 부분압이 0.0768 atm이라면, 평형 상태에서의 NO의 부분압을 계산하라.

63. 1.00 L 플라스크에 SO_2 기체 2.00몰과 NO_2 기체 2.00몰을 채우고 가열했다. 평형에 도달한 후, 1.30몰의 기체 NO가 존재하는 것으로 밝혀졌다. 이들 조건하에서 다음 반응이 일어난다고 가정하라.

$$SO_2(g) + NO_2(g) \rightleftharpoons SO_3(g) + NO(g)$$

이 반응의 평형 상수 K 값을 계산하라.

64. 1325 K에서 비어있는 단단한 용기 속에 $S_8(g)$ 시료를 넣었더니 초기 압력이 1.00 atm이었다. 이 용기 속에서 $S_8(g)$는 다음과 같이 $S_2(g)$로 분해된다.

$$S_8(g) \rightleftharpoons 4S_2(g)$$

평형에서 S_8의 부분압을 측정하였더니 0.25 atm이었다. 1325 K에서 이 반응에 대한 K_p를 계산하라.

65. 어떤 온도에서 3.0 L의 단단한 용기에 12.0 mol의 SO_3를 넣었다. SO_3는 다음과 같이 해리된다.

$$2SO_3(g) \rightleftharpoons 2SO_2(g) + O_2(g)$$

평형에서, 3.00 mol의 SO_2가 들어있었다. 이 반응의 K를 계산하라.

66. 298 K에서 다음과 같은 가상적인 반응을 생각해 보자:

$$A(aq) + 2B(aq) \rightleftharpoons 3C(aq) \qquad K = ?$$

여기서 초기 농도는 $[A] = [B] = [C] = 1.00\ M$이다. 그런 다음 반응은 평형에 도달할 때까지 진행되며, 이때 C의 농도는 1.96 M으로 측정되었다. 298 K에서 위 반응의 K 값은 얼마인가?

67. 어떤 온도에서 견고한 용기에 질소 기체와 수소 기체를 넣고 반응시켰다. 이 반응은 다음과 같이 일어난다.

$$3H_2(g) + N_2(g) \rightleftharpoons 2NH_3(g)$$

평형에서 각 농도를 측정하였더니 $[H_2] = 5.0\ M$, $[N_2] = 8.0\ M$ 및 $[NH_3] = 4.0\ M$로 나타났다. 처음에 넣었던 질소 기체와 수소 기체의 농도를 계산하라.

68. 기체 arsine AsH_3은 다음과 같은 반응으로 분해된다:

$$2AsH_3(g) \rightleftharpoons 2As(s) + 3H_2(g)$$

한 실험에서 초기 농도를 알 수 없는 순수 $AsH_3(g)$를 1.0 L 용기에 넣었다. 평형에 도달하였을 때 3.0몰의 $H_2(g)$가 생성되고 6.0몰의 $AsH_3(g)$가 존재하였다. 반응이 일어나기 전의 $AsH_3(g)$의 초기 농도를 계산하라($[AsH_3]_{초기} = ?$).

69. 어떤 온도에서 다음 반응의 $K = 3.75$이다.

$$SO_2(g) + NO_2(g) \rightleftharpoons SO_3(g) + NO(g)$$

네 기체 모두의 초기 농도가 모두 0.0800 M일 때, 기체의 평형 농도를 계산하라.

70. 어떤 온도에서 다음과 같은 반응이 일어나면:

$$H_2(g) + I_2(g) \rightleftharpoons 2HI(g) \qquad K_p = 0.010$$

한 실험에서 $H_2(g)$, $I_2(g)$, 그리고 $HI(g)$를 각각 1.00 atm의 압력으로 처음에 혼합하였다. 평형에 도달했을 때 $HI(g)$의 부분압은 얼마인가?

71. 어떤 일정한 온도에서 다음 반응을 생각해 보자:

$$Cl_2(g) + F_2(g) \rightleftharpoons 2ClF(g) \qquad K_p = 16$$

처음에 3.00 atm의 F_2와 3.00 atm의 Cl_2가 단단한 용기 속에서 반응하는 경우 용기의 평형 부분압을 계산하라.

72. 일정한 어떤 온도에서 다음 반응을 생각해 보자:

$$2HF(g) \rightleftharpoons H_2(g) + F_2(g) \qquad K_p = 4.0$$

용기는 처음에 1.0 atm의 $H_2(g)$와 1.0 atm $F_2(g)$으로 채워져 있다. 평형에 도달하였을 때 F_2의 평형 부분압을 계산하라.

73. 2200°C에서 다음 반응의 $K_p = 0.050$이다.

$$N_2(g) + O_2(g) \rightleftharpoons 2NO(g)$$

플라스크에서 N_2와 O_2의 초기 압력이 각각 0.80 atm과 0.20 atm이었다. N_2 및 O_2와 평형에 있는 NO의 부분압을 계산하라.

74. 25°C에서 다음 반응의 $K = 0.090$이다.

$$H_2O(g) + Cl_2O(g) \rightleftharpoons 2HOCl(g)$$

다음 각 경우에 대하여, 평형에서 모든 화학종의 농도를 계산하라.

a. 1.0 L 플라스크에 1.0 g H_2O와 2.0 g Cl_2O를 혼합시켰다.

b. 2.0 L 플라스크에 순수한 1.0 mol HOCl를 넣었다.

75. 1100 K에서, 다음 반응의 $K_p = 0.25$이다.

$$2SO_2(g) + O_2(g) \rightleftharpoons 2SO_3(g)$$

반응 혼합물의 초기 압력은 $P_{SO_2} = P_{O_2} = 0.50$ atm이고 $P_{SO_3} = 0$ atm으로 하였다. SO_2, O_2 및 SO_3의 평형 부분압을 계산하라. (*힌트*: 문제를 풀 때, 그래프를 그리는 계산기가 없다면 부록 1.4에서 설명한 연속 근사법을 사용하라.)

76. 어떤 온도에서 다음 반응의 $K_p = 0.25$이다.

$$N_2O_4(g) \rightleftharpoons 2NO_2(g)$$

a. 플라스크에는 초기 압력이 4.5 atm인 $N_2O_4(g)$만 들어있다. 평형에 도달했을 때 각 기체의 평형 부분압을 계산하라.

b. 플라스크에는 초기 압력이 9.0 atm인 $NO_2(g)$만 들어있다. 평형에 도달했을 때 각 기체의 평형 부분압을 계산하라.

c. 앞에서 계산한 a와 b의 답으로부터, 평형에 도달되는 방향이 평형 위치에 영향을 주는가?

77. 35°C에서 다음 반응의 $K = 1.6 \times 10^{-5}$이다.

$$2NOCl(g) \rightleftharpoons 2NO(g) + Cl_2(g)$$

다음 각 경우에 대하여, 평형에서 모든 화학종의 농도를 계산하라.

a. 2.0 L 플라스크에 순수한 2.0 mol의 NOCl을 넣었다.

b. 1.0 L 플라스크에 1.0 mol의 NOCl과 1.0 mol의 NO를 넣었다.

c. 1.0 L 플라스크에 2.0 mol의 NOCl과 1.0 mol의 Cl_2를 넣었다.

78. 어떤 온도에서 다음 반응의 $K = 2.0 \times 10^{-6}$이다.

$$2CO_2(g) \rightleftharpoons 2CO(g) + O_2(g)$$

5.0 L의 용기에 2.0 mol CO_2를 넣었다. 용기 속에 들어있는 모든 화학종의 평형 농도를 계산하라.

79. Lexan은 콤팩트 디스크, 안경 렌즈, 방탄 유리를 만드는 데 사용되는 플라스틱이다. Lexan을 만드는 데 사용되는 화합물 중의 한 가지는 독성이 매우 큰 포스젠($COCl_2$) 기체이다. 100°C에서 포스젠의 분해 반응은 다음과 같고 $K_p = 6.8 \times 10^{-9}$이다.

$$COCl_2(g) \rightleftharpoons CO(g) + Cl_2(g)$$

만일 순수한 포스젠의 초기 압력을 1.0 atm으로 하였다면, 평형에서 모든 화학종의 평형 압력을 계산하라.

80. 일정한 어떤 온도에서 일어나는 다음 반응을 생각해 보자:

$$4NO_2(g) + O_2(g) \rightleftharpoons 2N_2O_5(g) \qquad K = 6.2 \times 10^{-6}$$

2.0 L 용기에 NO_2 4.0몰과 O_2 4.0몰을 넣는다면 N_2O_5의 평형 농도는 얼마인가?

81. 25°C에서 다음 반응의 $K_p = 2.9 \times 10^{-3}$이다.

$$NH_4OCONH_2(s) \rightleftharpoons 2NH_3(g) + CO_2(g)$$

25°C에서 진공으로 된 용기에 어떤 양의 NH_4OCONH_2을 넣었다. 평형에 도달했을 때 용기의 전체 압력을 계산하라.

82. 고체 염화 암모늄 시료를 진공 상태의 용기에 넣었다. 용기에 담은 후 가열하였더니 암모니아 기체와 염화 수소 기체로 분해되었다. 가열 후에 용기의 전체 압력을 측정하였더니 4.4 atm이었다. 이 온도에서 분해 반응에 대한 K_p를 계산하라.

$$NH_4Cl(s) \rightleftharpoons NH_3(g) + HCl(g)$$

83. 어떤 온도에서 다음 반응에 대한 $K_p = 2.00$이다.

$$C(s) + CO_2(g) \rightleftharpoons 2CO(g)$$

이 반응이 평형 상태라면 총 압력이 6.00 atm이다. 반응 용기에 들어있는 CO_2와 CO의 부분 압력을 결정하라.

84. 27°C에서 다음 반응의 $K_p = 0.10$이다.

$$NH_4SH(s) \rightleftharpoons NH_3(g) + H_2S(g)$$

반응이 진행되어 평형 상태가 된 10.0 L 용기 안에 존재하는 NH_4SH의 최소량은 얼마인가?

Le Châtelier의 원리

85. 다음 반응계를 생각하자.

$$UO_2(s) + 4HF(g) \rightleftharpoons UF_4(g) + 2H_2O(g)$$

이 반응계는 이미 평형에 도달해 있다. 다음의 각 변화를 주면 평형의 위치가 어떻게 변하게 되는지를 예측하라. 즉, 평형이 오른쪽으로 이동하는지 왼쪽으로 이동할 것인지 아니면 변화가 없는지를 말하라.

a. 반응계에 추가로 $UO_2(s)$를 첨가한다.
b. 이 반응은 유리 용기에서 진행되었다; $HF(g)$가 유리를 공격하여 유리와 반응을 하였다.
c. 수증기를 제거하였다.

86. 고체 NH_4HS는 다음 흡열 반응 과정으로 분해된다:

$$NH_4HS(s) \rightleftharpoons NH_3(g) + H_2S(g)$$

a. $NH_3(g)$를 더 추가하면 평형에 어떤 영향이 있는가?
b. $NH_4HS(s)$를 더 추가하면 평형에 어떤 영향을 미칠까?
c. 용기의 부피를 늘리면 평형에 어떤 영향이 있는가?
d. 온도를 낮추면 평형에 어떤 영향을 미칠까?

87. 반응 용기의 부피가 증가할 때 다음 반응 중 반응물 또는 생성물이 증가하는지 또는 남아있는지 예측하라.

a. $Br_2(g) + H_2(g) \rightleftharpoons 2HBr(g)$
b. $2CH_4(g) \rightleftharpoons C_2H_2(g) + 3H_2(g)$
c. $2HI(g) \rightleftharpoons I_2(s) + H_2(g)$

88. 반응 용기의 부피를 증가시켰을 때, 다음 각 반응의 평형이 어느 쪽으로 이동할 것인지를 예측하라.

a. $N_2(g) + 3H_2(g) \rightleftharpoons 2NH_3(g)$
b. $PCl_5(g) \rightleftharpoons PCl_3(g) + Cl_2(g)$
c. $H_2(g) + F_2(g) \rightleftharpoons 2HF(g)$
d. $COCl_2(g) \rightleftharpoons CO(g) + Cl_2(g)$
e. $CaCO_3(s) \rightleftharpoons CaO(s) + CO_2(g)$

89. 수소를 공업적으로 만드는 반응은 다음과 같다.

$$CO(g) + H_2O(g) \rightleftharpoons H_2(g) + CO_2(g)$$

다음 각 경우 이 계의 평형은 어느 쪽으로 이동할까?

a. 이산화 탄소 기체를 제거한다.
b. 수증기를 첨가한다.
c. 헬륨 기체를 넣어 압력을 증가시킨다.
d. 온도를 높인다(이 반응은 발열 반응이다).
e. 반응 용기의 부피를 감소시켜 압력을 높인다.

90. 다음 각 경우에 SO_2 및 O_2와 평형에 있는 SO_3의 몰 수는 어떻게 변할까?

$$2SO_3(g) \rightleftharpoons 2SO_2(g) + O_2(g)$$

a. 산소 기체를 첨가한다.
b. 반응 용기의 부피를 줄여 압력을 높인다.
c. 단단한 반응 용기 안에 아르곤 기체를 넣어 압력을 높인다.
d. 온도를 내린다(이 반응은 흡열 반응이다).
e. 기체 상태의 이산화 황을 제거한다.

91. 다음의 변화를 준다면 평형의 위치는 어느 방향으로 이동하겠는가?

$$2HI(g) \rightleftharpoons H_2(g) + I_2(g)$$

a. $H_2(g)$를 첨가한다.
b. $I_2(g)$를 제거한다.
c. $HI(g)$를 제거한다.
d. 단단한 반응 용기 속에 약간의 $Ar(g)$를 첨가한다.
e. 용기의 부피를 두 배로 증가시킨다.
f. 온도를 감소시킨다(이 반응은 발열 반응이다).

92. 암모니아의 합성에 사용되는 수소는 다음 반응으로 만든다.

$$CH_4(g) + H_2O(g) \xrightarrow[750°C]{\text{Ni 촉매}} CO(g) + 3H_2(g)$$

다음의 과정을 일으킨다면 평형에서 반응 혼합물은 어떻게 변하겠는가?

a. $H_2O(g)$를 제거한다.

b. 온도를 증가시킨다(이 반응은 흡열 반응이다).

c. 비활성 기체를 반응 용기에 첨가한다.

d. $CO(g)$를 제거한다.

e. 용기의 부피를 세 배로 증가시킨다.

93. 평형 상태에서 다음과 같은 흡열 반응을 생각해 보자.

$$SiHCl_3(g) + 3H_2O(g) \rightleftharpoons SiH(OH)_3(s) + 3HCl(g)$$

다음 중 평형이 다시 이루어졌을 때 반응이 반응물로 이동(왼쪽으로 이동)하게 만드는 것은 어느 것인가?

a. $H_2O(g)$를 첨가한다.

b. 온도를 높인다.

c. $Ar(g)$을 추가한다(일정한 부피의 용기를 가정한다).

d. 반응 용기의 부피를 늘린다.

e. $SiH(OH)_3(s)$를 첨가한다.

94. 25°C에서 다음 반응을 생각해 보자.

$$B_2O_3(s) + 3H_2O(g) \rightleftharpoons B_2H_6(g) + 3O_2(g)$$
$$\Delta H° = 2035\text{ kJ};\ K = 4.8 \times 10^{-2}$$

반응이 초기에 평형 상태에 있다고 가정할 때, 반응에 관한 다음 설명 중 옳은 것은 어느 것인가?

a. 온도를 높이면 이 반응에서 K 값이 증가한다.

b. $B_2O_3(s)$를 더 첨가하면 반응이 오른쪽으로 이동하여 평형이 다시 이루어진다.

c. 용기의 부피를 반으로 줄이면 평형이 오른쪽으로 이동하여 평형이 다시 이루어진다.

d. 일부 $B_2H_6(g)$을 제거하면 반응이 왼쪽으로 이동하여 평형이 다시 이루어진다.

e. $O_2(g)$를 더 첨가하면 이 반응에서 K 값이 감소한다.

95. 옛날의 냄새나는 약병에 들어있던 "냄새나는 염(smelling salt)"은 탄산 암모늄, $(NH_4)_2CO_3$으로 구성되어 있다. 탄산 암모늄의 분해 반응은 다음과 같으며 흡열 반응이다.

$$(NH_4)_2CO_3(s) \rightleftharpoons 2NH_3(g) + CO_2(g) + H_2O(g)$$

온도가 증가함에 따라 암모니아의 냄새가 증가하겠는가 아니면 감소하겠는가?

96. 어떤 반응에 대해 다음과 같은 평형 상수 대 온도 데이터를 생각해 보자.

온도	K
109°C	2.24×10^4
225°C	5.04×10^2
303°C	6.33×10^1
412°C	2.25×10^{-1}
539°C	3.03×10^{-3}

이 반응은 발열 반응인가, 흡열 반응인가? 설명하라.

화학 활동 문제

97. 다음 반응은 어떤 온도에서 $K = 1.8 \times 10^{-7}$이다.

$$3O_2(g) \rightleftharpoons 2O_3(g)$$

평형상에서 $[O_2] = 0.062\ M$이라면 평형에서 O_3의 농도를 계산하라.

98. 어떤 온도에서 $K = 4.0$인 다음 반응을 생각해 보자.

$$2NF_3(g) \rightleftharpoons N_2(g) + 3F_2(g) \qquad K = 4.0$$

다음 농도 집합 중 이 온도에서 이 반응의 평형 혼합물을 나타내지 *않는* 것은 무엇인가?

a. $[NF_3] = 1.0\ M$, $[N_2] = 4.0\ M$, $[F_2] = 1.0\ M$

b. $[NF_3] = 2.0\ M$, $[N_2] = 2.0\ M$, $[F_2] = 2.0\ M$

c. $[NF_3] = 1.0\ M$, $[N_2] = 0.50\ M$, $[F_2] = 2.0\ M$

d. $[NF_3] = 3.0\ M$, $[N_2] = 4.5\ M$, $[F_2] = 2.0\ M$

e. $[NF_3] = 2.0\ M$, $[N_2] = 8.0\ M$, $[F_2] = 1.0\ M$

99. 아래에 주어진 반응의 평형 상수 값을 계산하라.

$$O_2(g) + O(g) \rightleftharpoons O_3(g)$$

주어진 데이터는 다음과 같다.

$$NO_2(g) \overset{hv}{\rightleftharpoons} NO(g) + O(g) \qquad K = 6.8 \times 10^{-49}$$
$$O_3(g) + NO(g) \rightleftharpoons NO_2(g) + O_2(g) \qquad K = 5.8 \times 10^{-34}$$

(*힌트*: 반응을 더하면 평형식은 곱해진다.)

100. 427°C에서 다음과 같은 평형 상수가 주어졌다.

$$Na_2O(s) \rightleftharpoons 2Na(l) + \tfrac{1}{2}O_2(g) \qquad K_1 = 2 \times 10^{-25}$$
$$NaO(g) \rightleftharpoons Na(l) + \tfrac{1}{2}O_2(g) \qquad K_2 = 2 \times 10^{-5}$$
$$Na_2O_2(s) \rightleftharpoons 2Na(l) + O_2(g) \qquad K_3 = 5 \times 10^{-29}$$
$$NaO_2(s) \rightleftharpoons Na(l) + O_2(g) \qquad K_4 = 3 \times 10^{-14}$$

다음 반응의 평형 상수 값을 계산하라.

a. $Na_2O(s) + \frac{1}{2}O_2(g) \rightleftharpoons Na_2O_2(s)$

b. $NaO(g) + Na_2O(s) \rightleftharpoons Na_2O_2(s) + Na(l)$

c. $2NaO(g) \rightleftharpoons Na_2O_2(s)$

(*힌트*: 반응식을 더하면 평형 상수식은 곱해준다.)

101. 일정한 온도에서 다음 기체 상태의 반응을 생각해 보자.

$$4NH_3(g) + 3O_2(g) \rightleftharpoons 2N_2(g) + 6H_2O(g)$$

처음에 NH_3 2.0 mol과 O_2 2.0 mol을 2.0 L 용기에 넣었다. 평형에서 N_2 농도가 $2x$라면 NH_3, O_2, H_2O의 평형 농도는 얼마인가?

***102.** 주어진 실험에서, 5.2 mol의 순수한 NOCl을 비어있는 2.0 L 용기에 넣었다. 평형 반응은 다음과 같다.

$$2NOCl(g) \rightleftharpoons 2NO(g) + Cl_2(g) \qquad K = 1.6 \times 10^{-5}$$

a. 처음 열에 있는 농도, 변화량, 평형 열의 x의 수치 값을 이용하여 이 반응이 평형에 도달하였을 때 일어나는 것을 요약하는 다음의 표를 채워라. x = 평형에서 존재하는 Cl_2의 농도이다.

	NOCl	NO	Cl_2
초기			
변화량			
평형	2.6 − 2x		

b. 모든 화학종에 대한 평형 농도를 계산하라.

103. $C_5H_6O_3$ 화합물의 분해 반응은 다음과 같다.

$$C_5H_6O_3(g) \rightleftharpoons C_2H_6(g) + 3CO(g)$$

5.63 g의 순수한 $C_5H_6O_3(g)$ 시료를 비어있는 2.50 L 플라스크에 넣고 밀봉한 다음 200.°C까지 가열시켰다. 플라스크 내의 압력이 점차 증가되어 1.63 atm을 유지하였다. 이 반응의 K를 계산하라.

104. 25.0°C에서 다음 반응의 $K_p \approx 1 \times 10^{-31}$이다.

$$N_2(g) + O_2(g) \rightleftharpoons 2NO(g)$$

a. 25°C에서 공기 중에 평형 상태로 존재할 수 있는 NO의 농도를 분자/cm^3 단위로 계산하라. 공기 중에서 $P_{N_2} = 0.8$ atm와 $P_{O_2} = 0.2$ atm이다.

b. 비교적 깨끗한 환경에서 NO의 일반적인 농도는 10^8~10^{10} 분자/cm^{3}이다. 이 값과 a 부분에 대한 답이 불일치하는 이유는 무엇인가?

105. 기체 상태의 arsine(AsH_3)은 다음과 같이 분해한다.

$$2AsH_3(g) \rightleftharpoons 2As(s) + 3H_2(g)$$

어떤 온도의 실험에서 순수한 $AsH_3(g)$를 392.0 torr의 압력의 견고하고 밀봉된 플라스크에 넣었다. 48시간 후 플라스크 내의 압력을 측정하였더니 488.0 torr로 일정하게 유지되었다.

a. $H_2(g)$의 평형 압력을 계산하라.

b. 이 반응의 K_p를 계산하라.

***106.** 고체 염화 암모늄 시료를 진공으로 된 용기에 넣고 가열하였더니 다음과 같은 분해 반응이 일어났다.

$$NH_4Cl(s) \rightleftharpoons NH_3(g) + HCl(g)$$

특정한 실험에서 용기에 들어있는 $NH_3(g)$의 평형 부분압을 측정하였더니 2.9 atm이었다. 이 온도에서 $NH_4Cl(s)$의 분해에 대한 K_p 값을 계산하라.

107. 35.0°C에서 다음 반응의 K = 400.이다.

$$NH_3(g) + H_2S(g) \rightleftharpoons NH_4HS(s)$$

5.00 L의 용기에 각각 2.00 mol의 NH_3, H_2S 및 NH_4HS를 넣었다. 평형에 도달하였을 때 존재하는 NH_4HS의 질량을 계산하라. 평형에서 H_2S의 압력은 얼마인가?

108. 사람이 나프탈렌의 증기를 흡입하면 용혈성 빈혈증(hemolytic anemia)에 이를 수 있다는 사실이 발견된 최근까지 탄화수소인 나프탈렌은 좀약으로 자주 사용되었다. 나프탈렌은 질량의 93.71%가 탄소이며, 0.256 mol의 나프탈렌 시료는 32.8 g의 질량을 갖는다. 나프탈렌의 분자식은 무엇인가? 이 화합물은 고체로서 승화하며, 다음 반응식과 같이 밀폐된 공간에 나프탈렌 증기가 좀의 살충제로 작용한다.

$$\text{나프탈렌}(s) \rightleftharpoons \text{나프탈렌}(g)$$
$$K = 4.29 \times 10^{-6} \ (298\ K\text{에서})$$

25°C에서 3.00 g의 나프탈렌을 5.00 L의 밀폐된 공간에 넣어두었다. 평형에 도달하였을 때 승화된 나프탈렌의 백분율을 계산하라.

109. 일정 온도에서 다음 반응의 $K = 1.1 \times 10^3$이다.

$$Fe^{3+}(aq) + SCN^-(aq) \rightleftharpoons FeSCN^{2+}(aq)$$

0.10 M KSCN 1.0 L에 $Fe(NO_3)_3$ 0.020 mole을 첨가하였다. 평형 상태에서 Fe^{3+}, SCN^-, $FeSCN^{2+}$의 농도를 계산하라(부피 변화는 무시하라).

110. 600. K에서 다음 반응에 대한 평형 상수 K_p는 11.5이다.

$$PCl_5(g) \rightleftharpoons PCl_3(g) + Cl_2(g)$$

2.450 g PCl_5를 진공으로 된 500 ML 용기에 넣고 600 K로 가열한다고 가정한다.

a. PCl_5가 해리되지 않는다면 PCl_5의 압력은 얼마인가?

b. 평형 상태에서 PCl_5의 분압은 얼마인가?

c. 평형 상태에서 용기의 총 압력은 얼마인가?

d. 평형 상태에서 PCl_5의 해리 백분율은 얼마인가?

111. 25°C에서 기체 상의 SO_2Cl_2는 $SO_2(g)$로 분해되고 $Cl_2(g)$는 원래 SO_2Cl_2의 12.5%(몰 기준)가 분해되어 평형에 도달하였다. (평형에서) 총 압력은 0.900 atm이다. 이 계의 K_p 값을 계산하라.

112. 어떤 온도에서 다음과 같은 반응이 일어나면

$$H_2(g) + F_2(g) \rightleftharpoons 2HF(g)$$

5.00 L 단단한 용기의 평형 농도는 $[H_2] = 0.0500\ M$, $[F_2] = 0.0100\ M$, $[HF] = 0.400\ M$인 것으로 밝혀졌다. 이 평형 혼합물에 0.200몰의 F_2를 첨가하면 평형이 다시 이루어진 후 모든 기체의 농도를 계산하라.

***113.** 평형에서 다음 발열 반응을 생각하자.

$$N_2(g) + 3H_2(g) \rightleftharpoons 2NH_3(g)$$

다음의 변화를 시켰다. 다시 평형에 도달한 후에 각 성분의 몰 수가 어떻게 될 것인지를 예측하라. *증가*, *감소* 또는 *변화 없음*으로 표를 채워라.

	N_2	H_2	NH_3
$N_2(g)$의 첨가			
$H_2(g)$의 제거			
$NH_3(g)$의 첨가			
$Ne(g)$의 첨가 (일정한 V)			
온도의 증가			
부피 감소 (일정한 T)			
촉매의 첨가			

***114.** 평형에서 다음 반응은 흡열 과정이다.

$$2SO_3(g) \rightleftharpoons 2SO_2(g) + O_2(g)$$

다음의 어떤 변화가 K의 값을 증가시킬 것인가?

a. 온도의 증가
b. 온도의 감소
c. $SO_3(g)$의 제거(일정한 T)
d. 부피의 감소(일정한 T)
e. $Ne(g)$의 첨가(일정한 T)
f. $SO_2(g)$의 첨가(일정한 T)
g. 촉매의 첨가(일정한 T)

115. 비가 올 것인지를 예측하는 새로운 장치에는 염화 코발트(II)가 포함되어 있으며 다음과 같은 평형을 기반으로 한다.

$$\underset{\text{자주색}}{CoCl_2(s)} + 6H_2O(g) \rightleftharpoons \underset{\text{분홍색}}{CoCl_2 \cdot 6H_2O(s)}$$

비가 오기 직전에는 어떤 색으로 변하겠는가?

116. 다음의 반응을 생각해 보자.

$$Fe^{3+}(aq) + SCN^-(aq) \rightleftharpoons FeSCN^{2+}(aq)$$

다음과 같은 과정을 행하였을 때 평형 위치는 어떻게 이동하는가?

a. 물을 첨가하면 부피가 두 배로 늘었다면 평형은 어디로 이동하는가?
b. $AgNO_3(aq)$를 첨가하면 어떻게 되는가? ($AgSCN$은 불용성이다.)
c. $NaOH(aq)$를 첨가하면 어떻게 되는가? [$Fe(OH)_3$는 불용성이다.]
d. $Fe(NO_3)_3(aq)$를 첨가하면 어떻게 되는가?

117. 크로뮴(VI)은 두 가지 다른 산소 음이온(oxyanion)인 주황색 다이크로뮴산 이온(C)과 황색 크로뮴산 이온(CrO_4^{2-})을 형성한다(다음 사진 참조). 두 이온 사이의 평형 반응은 다음과 같다.

$$Cr_2O_7^{2-}(aq) + H_2O(l) \rightleftharpoons 2CrO_4^{2-}(aq) + 2H^+(aq)$$

수산화 소듐을 첨가하면 주황색 다이크로뮴산 용액이 노란색으로 변하는 이유를 설명하라.

© Cengage Learning

118. 질소 기체와 수소 기체로부터 암모니아 기체를 합성하는 것은 반응 속도론 및 평형에 대한 지식을 사용하여 원하는 화학 반응을 경제적으로 실현할 수 있게 한 고전적인 사례를 나타낸다. 다음 각 조건이 암모니아 생산량을 최대화하는 데 어떻게 도움이 되는지 설명하라.

a. 높은 온도에서 반응을 진행한다.
b. 반응 혼합물이 형성될 때 암모니아를 제거한다.
c. 촉매를 사용한다.
d. 고압에서 반응을 실행한다.

119. 초기 화학 반응을 거꾸로 하고, 반응식의 계수에 모두 2를 곱한다. 이 최종 반응의 K 값은 0.01이다. 초기 반응의 K 값은 얼마인가?

120. 45°C에서 다음 반응의 $K = 3.50$이다.

$$A(g) + B(g) \rightleftharpoons C(g)$$

또한 45°C에서 다음 반응의 $K = 7.10$이다.

$$2A(g) + D(g) \rightleftharpoons C(g)$$

같은 온도에서, 다음 반응의 K 값은 얼마인가?

$$C(g) + D(g) \rightleftharpoons 2B(g)$$

45°C에서 이 반응에 대한 K_p 값은 얼마인가? C와 D의 부분압을 모두 1.50 atm으로 시작하였다면, 평형에 도달하였을 때 B의 몰분율을 계산하라.

121. 질소 기체(N_2)는 수소 기체(H_2)와 반응하여 암모니아 기체(NH_3)를 생성한다. 200°C에서 밀폐된 용기에 1.00 atm의 질소 기체를 2.00 atm의 수소 기체와 혼합하였다. 평형 상태에서 전체 압력은 2.00 atm이다. 평형 상태에서 수소 기체의 부분압을 계산하고, K_p를 계산하라.

122. 800.°C에서 다음 반응의 $K_p = 1.16$이다.

$$CaCO_3(s) \rightleftharpoons CaO(s) + CO_2(g)$$

20.0 g의 $CaCO_3$ 시료를 10.0 L 용기에 넣고 800.°C까지 가열하였다. 평형에 도달하였을 때 $CaCO_3$의 몇 %가 (질량으로) 반응하였는지를 계산하라.

123. 펩타이드 분해는 펩타이드가 산 기(acid group)와 아민 기(amine group)로 절단되는 소화의 핵심 과정들 중 하나이다. 이 반응은 다음과 같다.

$$\text{펩타이드}(aq) + H_2O(l) \rightleftharpoons \text{산 기}(aq) + \text{아민 기}(aq)$$

만일 1.0 L의 물에 1.0 mol의 펩타이드를 넣었을 때, 이 반응에 관여하는 모든 화학종의 평형 농도를 계산하라. 단, 이 반응의 K 값은 3.1×10^{-5}라고 가정한다.

124. 흔한 실험실 용매인 메탄올은 많은 양을 마시면 눈이 멀거나 또는 죽음에 이르게 될 수 있다. 메탄올은 일단 인체 내에서 산화되면 폼알데하이드(시신 방부제)를 생성하고, 계속 산화되어 최종적으로 폼산이 된다. 이 두 물질은 농도 수준에 따라 독성이 있다. 메탄올과 폼알데하이드 사이의 평형 반응은 다음과 같다.

$$CH_3OH(aq) \rightleftharpoons H_2CO(aq) + H_2(aq)$$

이 반응의 K 값이 3.7×10^{-10}라고 가정한다. 만일 1.24 M의 메탄올 용액으로 시작한다면 각 화학종의 평형 농도는 얼마인가? 폼알데하이드가 폼산으로 더 변환된다면 메탄올의 농도는 어떻게 변할까?

도전 문제

125. 411°C에서 1.604 g의 메테인(CH_4) 기체와 6.400 g 산소 기체를 2.50 L의 용기에 넣고 밀폐하였더니 평형에 도달하였다. 메테인

은 산소와 반응하여 기체 상태의 이산화 탄소와 수증기를 형성한다. 또한 메테인은 산소와 반응하여 기체 상태의 일산화 탄소와 수증기를 형성한다. 평형에서 산소의 압력은 0.326 atm이고 수증기의 압력은 4.45 atm이다. 평형에서 일산화 탄소와 이산화 탄소의 압력을 계산하라.

126. 4.72 g의 메탄올(CH_3OH) 시료를 비어있는 1.00 L 플라스크에 넣고 250.°C까지 가열하여 메탄올을 증발시켰다. 시간이 지남에 따라 메탄올 증기는 다음 반응에 의해 분해된다:

$$CH_3OH(g) \rightleftharpoons CO(g) + 2H_2(g)$$

계가 평형에 도달한 후 플라스크의 옆부분에 작은 구멍을 뚫어 기체 혼합물이 빠져나가도록 하였다. 분출되는 기체의 양을 측정하였더니, 수소 분자, $H_2(g)$의 양은 $CH_3OH(g)$의 33.0배였다. 250.°C에서 이 반응의 K를 계산하라.

127. 35°C에서 다음 반응의 $K = 1.6 \times 10^{-5}$이다.

$$2NOCl(g) \rightleftharpoons 2NO(g) + Cl_2(g)$$

만일 1.0 L 플라스크에 2.0 mol의 NO와 1.0 mol의 Cl_2를 넣었다면, 평형에서 모든 화학종의 농도는 얼마이겠는가?

128. 300. K에서 일산화 질소와 브로민을 반응시켰다. 일산화 질소와 브로민의 초기 부분압은 각각 98.4 torr과 41.3 torr이었다. 평형에서 전체 압력은 110.5 torr이었다. 일산화 질소와 브로민의 반응식은 다음과 같다.

$$2NO(g) + Br_2(g) \rightleftharpoons 2NOBr(g)$$

a. K_p의 값을 계산하라.

b. NO와 Br_2의 초기 압력이 둘 다 0.30 atm이라면 이 온도에서 평형에 도달했을 때 모든 화학종의 부분압을 계산하라.

129. 25°C에서 다음 반응의 $K_p = 5.3 \times 10^5$이다.

$$N_2(g) + 3H_2(g) \rightleftharpoons 2NH_3(g)$$

25°C에서 다른 비어있는 단단한 용기에 어떤 부분압의 $NH_3(g)$를 넣었다. 평형에 도달했을 때 원래의 암모니아 중 50.0%가 분해되었다. 분해가 일어나기 전 원래 암모니아의 부분압은 얼마인가?

130. 1325 K에서 다음 반응의 $K_p = 1.00 \times 10^{-1}$이다.

$$P_4(g) \rightleftharpoons 2P_2(g)$$

한 실험에서, 1325 K에서 반응 용기 속에 $P_4(g)$를 넣고, 평형에 도달한 후 $P_4(g)$와 $P_2(g)$의 평형 혼합물의 압력을 측정하였더니 1.00 atm이었다. $P_4(g)$와 $P_2(g)$의 평형 압력을 계산하라. 또한 평형에서 해리한 $P_4(g)$의 몰분율을 계산하라.

131. 어떤 온도에서 $N_2O_4(g)$와 $NO_2(g)$의 평형 혼합물의 부분압을 측정하였더니 $P_{N_2O_4} = 0.34$ atm이고, $P_{NO_2} = 1.20$ atm이었다. 용기의 부피를 두 배로 하였다. 새로운 평형에 도달했을 때 두 기체의 부분압을 계산하라.

132. 125°C에서 다음 반응에 대한 $K_p = 0.25$이다.

$$2NaHCO_3(s) \rightleftharpoons Na_2CO_3(s) + CO_2(g) + H_2O(g)$$

진공으로 된 1.00 L 플라스크에 10.0 g $NaHCO_3$를 넣고, 125°C로 가열하였다.

a. 평형에 도달한 후 CO_2와 H_2O의 부분압을 계산하라.

b. 평형에서 존재하는 $NaHCO_3$와 Na_2CO_3의 질량을 계산하라.

c. 모든 $NaHCO_3$가 분해되는 데 필요한 용기의 최소 부피를 계산하라.

133. N_2, H_2, NH_3의 혼합물이 평형에 있다. 평형식은 다음과 같다.

$$N_2(g) + 3H_2(g) \rightleftharpoons 2NH_3(g)$$

아래 그림에 이 반응을 모형으로 나타내었다.

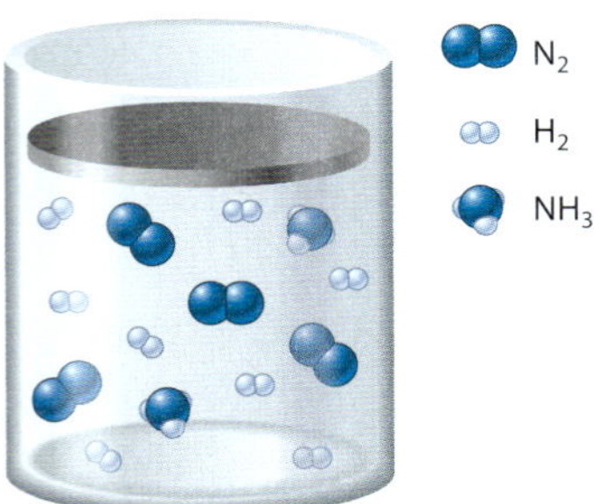

외부 압력을 증가하여 부피를 갑자기 감소시켰다. 새로운 평형에 도달한 모습을 다음과 같이 모형으로 나타내었다.

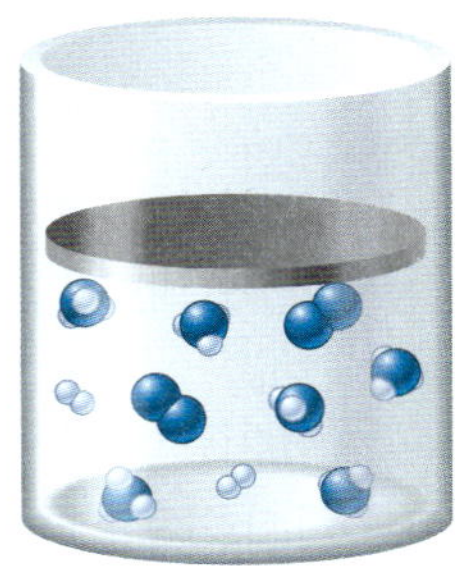

a. 최종 평형 혼합물의 부피가 1.00 L이였다. 반응의 평형 상수 값, K를 계산하라. 온도는 일정하다고 가정한다.

b. 최종 평형의 부피가 1.00 L라고 가정하고 초기 평형 혼합물의 부피를 구하라. 온도는 일정하다고 가정한다.

134. 오산화 이질소에 대한 다음의 분해 평형 반응을 생각하자.

$$2N_2O_5(g) \rightleftharpoons 4NO_2(g) + O_2(g)$$

어떤 온도와 전체 압력이 1.00 atm인 조건에서 N_2O_5가 0.50% (몰 단위로) 분해되면서 평형에 도달하였다.

a. 만약 부피가 10.0배 증가했다면 평형 상태에서 분해된 N_2O_5의 mol %는 0.50%보다 더 크겠는가, 더 작겠는가 혹은 같겠는가? 답에 대한 설명을 하라.

b. 만약 부피가 10.0배 증가했다면 평형 상태에서 분해될 N_2O_5의 mol %를 계산하라.

135. 8.00 g의 SO_3 시료를 진공 용기에 넣고, 600°C로 가열하였더니 다음 반응식과 같이 분해되었다.

$$SO_3(g) \rightleftharpoons SO_2(g) + \tfrac{1}{2}O_2(g)$$

평형에서 기체상의 혼합물에 대한 밀도는 1.60 g/L이었고, 전체 압력은 1.80 atm이었다. 이 반응에 대한 K_p를 구하라.

136. 황산 철(II) 시료를 진공 용기 속에 넣고 920 K로 가열하였다. 이때 다음 반응이 일어났다.

$$2FeSO_4(s) \rightleftharpoons Fe_2O_3(s) + SO_3(g) + SO_2(g)$$
$$SO_3(g) \rightleftharpoons SO_2(g) + \frac{1}{2}O_2(g)$$

평형에 도달한 후 전체 압력은 0.836 atm이었고, 산소의 부분압은 0.0275 atm이었다. 이 두 반응에 대한 K_p를 구하라.

137. 5000 K와 1.000 atm에서 시료 속에 들어있는 산소 분자의 83.00%가 산소 원자로 분해되었다. 이 온도에서 95.0%의 분자가 해리되려면 압력은 얼마가 되어야 하는가?

138. 25°C에서 비어있는 실린더에 $N_2O_4(g)$ 시료를 넣었다. 평형에 도달한 후 전체 압력은 1.5 atm이었고, 원래의 $N_2O_4(g)$의 16%(몰 단위로)가 $NO_2(g)$로 해리하였다.

a. 25°C에서 이 해리 반응에 대한 K_p를 계산하라.

b. 계의 온도를 일정하게 유지하고, 전체 압력이 1.0 atm이 될 때까지 실린더의 부피를 증가시켰다. $N_2O_4(g)$와 $NO_2(g)$의 평형 압력을 계산하라.

c. 새로운 평형 위치(전체 압력이 1.0 atm)에서 원래의 $N_2O_4(g)$의 해리 백분율(몰 단위로)을 계산하라.

139. 기체 상태인 브로민화 나이트로실(NOBr)의 시료를 마찰과 질량이 없는 피스톤이 장착된 용기 속에 넣었다. 25°C에서 NOBr은 다음과 같이 분해된다.

$$2NOBr(g) \rightleftharpoons 2NO(g) + Br_2(g)$$

이 계의 초기 밀도는 4.495 g/L이었다. 평형에 도달한 후, 밀도를 측정하였더니 4.086 g/L였다.

a. 이 반응의 평형 상수 K 값을 정하라.

b. 만약 일정한 온도에서 평형에 있는 계에 $Ar(g)$을 첨가하였다면, 평형 위치는 어떻게 되겠는가? K 값은 어떻게 될까? 또한 각각의 답을 설명하라.

140. 700°C에서 다음 반응의 평형 상수 K_p는 0.76이다.

$$CCl_4(g) \rightleftharpoons C(s) + 2Cl_2(g)$$

700°C에서 전체 평형 압력이 1.20 atm이 되려면 사염화 탄소의 초기 압력은 얼마가 되어야 하는지를 계산하라.

141. 화합물 VCl_4는 용액에서 다음과 같이 이량체화 반응을 한다.

$$2VCl_4 \rightleftharpoons V_2Cl_8$$

6.6834 g의 VCl_4를 100.0 g의 사염화 탄소에 용해시키면, 어는점이 5.97°C만큼 낮아진다. 이 온도에서 VCl_4의 이량체화 반응에 대한 평형 상수를 계산하라. (평형 혼합물의 밀도는 1.696 g/cm^{3}이고 CCl_4의 K_f = 29.8°C kg/mol이다.)

마라톤 문제

이 문제들은 여러 가지 개념과 기법을 하나의 상황으로 통합하도록 구성되었다.

142. 기체상 물질, $XY(g)$은 다음과 같이 어느 정도 해리되어 $X(g)$와 $Y(g)$로 분해가 일어난다:

$$XY(g) \rightleftharpoons X(g) + Y(g)$$

25°C에서 2.00 g의 XY(몰질량 = 165 g/mol) 시료를 움직일 수 있는 피스톤이 장착된 용기에 넣었다. 압력은 0.967 atm으로 일정하게 유지하였다. XY가 분해하기 시작하자, 피스톤은 원래 XY의 35.0 mole %가 분해할 때까지 움직였다. 그 다음 피스톤의 위치는 일정하게 유지되었다. 이상 기체의 행동을 한다고 가정하고, 피스톤이 움직임을 멈춘 후 용기 속에 들어있는 기체의 밀도를 계산하라. 그리고 25°C에서 이 반응에 대한 K 값을 구하라.

핑크색과 푸른색의 수국(hydrangea). (iStock.com/Basie B)

산과 염기

Acids and Bases

이 장에서는 대단히 중요한 두 가지 종류의 화합물인 산과 염기에 관해 다시 공부하겠다. 산과 염기의 상호작용을 설명하고, 제13장에서 논의한 화학 평형의 기본 개념들을 양성자 이동 반응에 응용할 것이다.

산–염기 화학은 일상생활의 여러 가지 현상에 중요하게 작용하고 있다. 산–염기의 농도가 조금만 달라져도 심각한 병을 일으키거나 생명을 잃을 수 있기 때문에 인체 내에는 혈액의 산성도를 조절하기 위해 많은 화학 평형계가 존재하고 있다. 이렇게 산–염기가 민감하게 작용하는 것은 다른 생물체에서도 볼 수 있다. 열대어나 금붕어를 길러 본 경험이 있다면, 수족관의 산성도를 측정하고 조절해야 하는 것이 얼마나 중요한지 알 것이다.

산과 염기는 또한 산업적으로도 중요하다. 예를 들어 미국에서 매년 생산되고 있는 막대한 양의 황산은 비료, 고분자, 강철 등 많은 제품들을 생산하는 데 사용되고 있다.

14.1 산과 염기의 성질

비록 맛은 산과 염기의 결정적인 특징이지만, 독성이 있을 수 있기 때문에 실험실에서 화학 물질을 절대 맛보면 안 된다.

산과 염기는 4.2절에서 처음으로 논의되었다.

처음에 산은 신맛을 내는 물질로 알려졌다. 식초는 묽은 아세트산의 용액이므로 신맛을 내고, 레몬은 시트르산 때문에 신맛이 난다. *알칼리(alkali)*라고도 하는 염기는 맛이 쓰고, 감촉이 미끈미끈하다. 배수관의 막힌 곳을 뚫는 약품들은 센염기이다.

산과 염기의 기본적인 성질을 처음으로 알아낸 사람은 Svante Arrhenius였다. Arrhenius는 전해질을 사용한 실험을 기초로 하여, *산은 수용액에서 수소 이온을 내고, 염기는 수산화 이온을 낸다*고 가정하였다. 그 당시, 산과 염기에 대한 **Arrhenius 개념**(Arrhenius concept)은 산–염기 화학을 정량화하는 데 있어서 큰 기여를 하였다. 그러나 이 개념은 수용액에만 적용되고, 단지 한 가지 종류의 염기인 수산화 이온에 대해서만 허용되기 때문에 제한점을 가지고 있다. 따라서 그 후 산과 염기에 대한 좀 더 일반적인 정의가 덴마크의 화학자 Johannes Brønsted(1879～1947)와 영국의 화학자 Thomas Lowry(1874～1936)에 의해서 제안되었다. **Brønsted-Lowry 모형**(Brønsted-Lowry model)에 의하면 *산(acid)은 양성자(H^+) 주개이고, 염기(base)는 양성자 받개이다*. 예를 들면 HCl 기체가 물에 녹을 때, 각 HCl 분자는 양성자를 물 분자에게 주기 때문에 Brønsted-Lowry 산이며, 물 분자는 양성자를 받으므로 Brønsted-Lowry 염기이다.

물이 어떻게 염기로 작용하는가를 이해하기 위해서는 물 분자의 산소가 H^+ 이온과 공유 결합을 이룰 수 있는 두 개의 고립 전자쌍을 갖고 있는 점을 기억할 필요가 있다. HCl 기체가 물에 녹을 때 다음의 반응이 일어난다.

$$\mathrm{H{-}\ddot{\underset{|}{O}}{:}}\ \ (\text{with H bonded to O}) + \mathrm{H{-}\ddot{\underset{..}{Cl}}{:}} \longrightarrow \left[\mathrm{H{-}\ddot{\underset{|}{O}}{-}H}\right]^+ + \left[\mathrm{:\ddot{\underset{..}{Cl}}:}\right]^-$$

SCIENCE PHOTO LIBRARY/Science Source

▲ 산이 들어있는 가정용 제품들.

▲ 산성인 과일들.

Runk/Schoenberger/Grant Heilman Photography / Alamy Stock Photo

▲ 염기를 포함하고 있는 가정용품들.

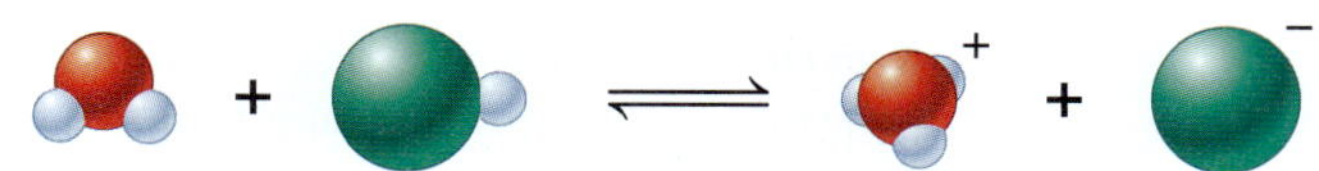

그림 14.1 HCl과 H_2O의 반응.

양성자가 HCl 분자에서 물 분자로 이전되어 **하이드로늄 이온**(hydronium ion)*이라고 하는 H_3O^+를 형성하는 데 유의하라. 이 반응은 분자 모형을 이용하여, 그림 14.1에 나타내었다.

산이 물에 녹을 때 일어나는 일반적인 반응은 다음과 같이 표현된다.

(*aq*)는 물질이 수화되었다는 의미임을 상기하라.

$$\underset{\text{산}}{HA(aq)} + \underset{\text{염기}}{H_2O(l)} \rightleftharpoons \underset{\text{짝산}}{H_3O^+(aq)} + \underset{\text{짝염기}}{A^-(aq)} \quad (14.1)$$

이 표현은 산으로부터 양성자를 끌어당기는 데 극성 물 분자의 중요한 역할을 강조하고 있다. **짝염기**(conjugate base)는 산 분자에서 양성자 하나가 떨어져 나가고 남은 것이다. **짝산**(conjugate acid)은 양성자가 염기로 이동할 때 형성된다. **짝산-짝염기 쌍**(conjugate acid-base pair)은 한 개의 양성자를 주고받는 것으로서, 서로 관련되는 두 가지 물질이다. 식 (14.1)에는 두 종류의 짝산-짝염기 쌍, 즉 HA와 A^- 및 H_2O와 H_3O^+가 존재한다. 이 반응은 그림 14.2에서 분자 모형으로 표현되어 있다.

식 (14.1)이 실제로 *양성자에 대한 두 염기 H_2O와 A^- 간의 경쟁*을 나타낸다는 것에 유의하는 것이 중요하다. 만일 H_2O가 A^-보다 더 센염기, 즉 H_2O가 A^-보다 H에 대해 더 큰 친화력을 갖는다면 평형 위치는 오른쪽으로 크게 치우치고, 녹아 있는 대부분의 산은 이온 형태로 존재하게 될 것이다. 반대로, 만일 A^-가 H_2O보다 더 센염기라면 평형 위치는 상당히 왼쪽으로 이동할 것이다. 이 경우 녹아 있는 대부분의 산은 HA로서 평형에 존재하게 된다.

식 (14.1)에서 주어진 반응의 평형식은 다음과 같다.

$$K_a = \frac{[H_3O^+][A^-]}{[HA]} = \frac{[H^+][A^-]}{[HA]} \quad (14.2)$$

여기에서, K_a는 **산 해리 상수**(acid dissociation constant)라고 부른다. $H_3O^+(aq)$와 $H^+(aq)$는 모두 수화된 양성자를 나타내기 위하여 공통적으로 사용된다. 이 책에서 가끔 H^+로 간단하게 사용될 때도 있지만, 수용액에서는 수화된 것이라고 기억해야 한다.

이 장에서는 항상 산은 단순히 해리되는 것으로 표현할 것이다. 그렇다고 해서 산에 대해 Arrhenius 모형만을 사용한다는 것을 의미하는 것은 아니다. 물은 평형식에 영향을 주지 않기 때문에 산 해리 반응에서 생략하는 것이 더 간편하다.

제13장에서 순수한 고체나 순수한 액체의 농도는 평형식으로부터 제외된다는 것을 알았다. 묽은 수용액인 경우, 산이 녹을 때 액체 물의 농도는 일정하다고 가정할 수 있다. 따라서 식 (14.2)에는 $[H_2O]$ 항이 포함되어 있지 않았고, K_a에 대한 평형식은 다음과 같은 단순한 해리 반응에 대한 것과 같은 형태이다.

$$HA(aq) \rightleftharpoons H^+(aq) + A^-(aq)$$

그러나 산을 해리시키는 데 물이 중요한 역할을 한다는 것을 잊어서는 안 된다.

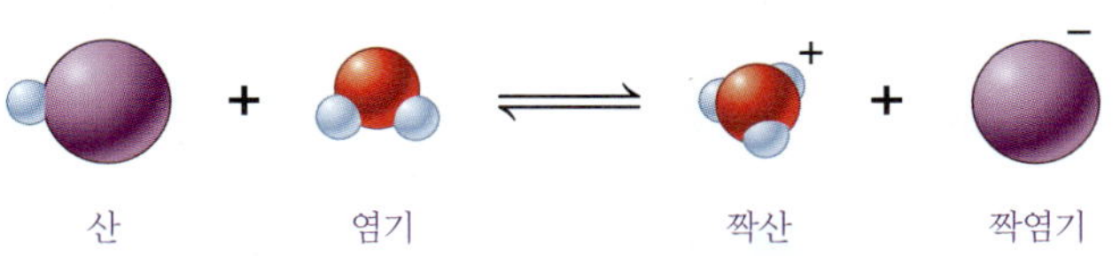

그림 14.2 H_2O와 산 HA가 반응하여 H_3O^+와 짝염기 A^-가 형성된다.

* 실제로 하이드로늄 이온은 실제로 H_3O^+보다 훨씬 더 복잡한 화학종이다. "용매화된 양성자는 H_3O^+가 아니다." 참조. (*J. Chem. Edu.* 2011, 88(7), p 875).

K_a는 HA로부터 양성자가 제거되어 짝염기인 A^-를 형성하는 반응의 평형 상수라는 것에 유의하라. K_a는 이런 종류의 반응을 표현하기 *위해서만* 사용된다. 이와 같은 내용을 알면 어떠한 종류의 산에 대해서도 K_a에 관한 식을 쓸 수 있다. 예제 14.1을 풀 때, K_a에 해당하는 반응의 정의에 초점을 맞추어라.

대화형 예제 14.1 산 해리(이온화) 반응들

다음 각각의 산에 대하여 간단한 해리식(물은 제외)을 써라.

a. 염산(HCl)
b. 아세트산($HC_2H_3O_2$)
c. 암모늄 이온(NH_4^+)
d. 아닐리늄 이온($C_6H_5NH_3^+$)
e. 수화된 알루미늄(III) 이온$[Al(H_2O)_6]^{3+}$

풀이

a. $HCl(aq) \rightleftharpoons H^+(aq) + Cl^-(aq)$
b. $HC_2H_3O_2(aq) \rightleftharpoons H^+(aq) + C_2H_3O_2^-(aq)$
c. $NH_4^+(aq) \rightleftharpoons H^+(aq) + NH_3(aq)$
d. $C_6H_5NH_3^+(aq) \rightleftharpoons H^+(aq) + C_6H_5NH_2(aq)$
e. 이 이온식은 복잡하게 보이지만, K_a의 의미를 생각하면 반응식을 쓰는 것은 간단하다. 한 개의 물 분자에서 양성자가 해리되면 OH^- 한 개와 H_2O 다섯 개가 Al^{3+} 이온에 배위되어 있을 것이다. 그러면 반응식은 다음과 같이 된다.

$$Al(H_2O)_6^{3+}(aq) \rightleftharpoons H^+(aq) + Al(H_2O)_5OH^{2+}(aq)$$

연습 문제 14.43과 14.44 참조

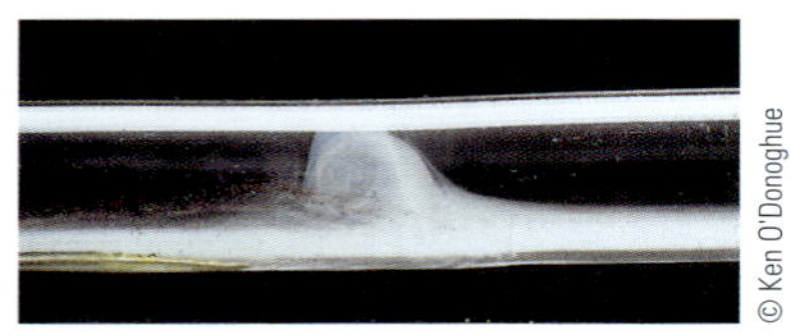

▲
$HCl(g)$와 $NH_3(g)$가 관 속에서 만날 때, $NH_4Cl(s)$의 하얀 고리가 생긴다.

Brønsted-Lowry 모형은 수용액에만 한정되지 않고 기체 상태의 반응에 대해서도 확장할 수 있다. 예를 들어 확산을 공부할 때(5.7절 참조), 기체 상태의 염화 수소와 암모니아 사이의 반응을 논의하였다.

$$NH_3(g) + HCl(g) \rightleftharpoons NH_4Cl(s)$$

이 반응에서 염화 수소는 다음의 Lewis 구조로 나타낸 것과 같이 암모니아에 양성자를 제공한다.

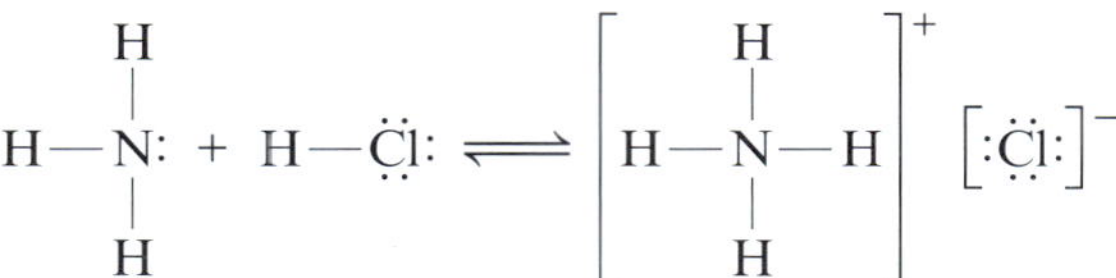

Arrhenius 개념에 따르면, 이 반응은 산–염기 반응으로 고려될 수 없음을 유의하라. 그림 14.3은 이 반응을 분자 모형으로 나타내고 있다.

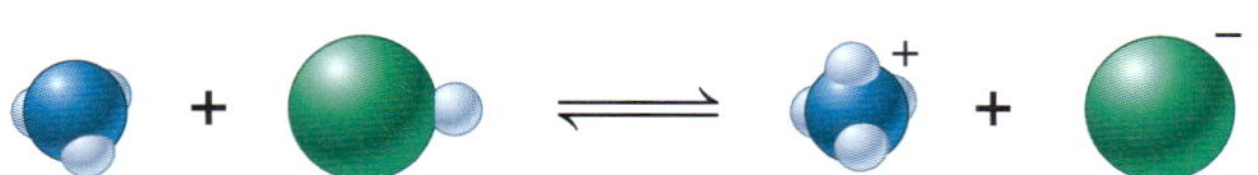

그림 14.3 NH_3와 HCl이 반응하여 NH_4^+와 Cl^-를 형성한다.

직업 속의 화학

Dr. Clint Carroll

민족학 부교수

Clint Carroll 박사는 Colorado 대학교 볼더 캠퍼스의 민족학과 부교수이며, 해당 대학의 미국 원주민 및 토착 연구 센터(Center for Native American and Indigenous Studies) 집행위원회 위원이다. Carroll 박사는 부족 및 환경 연구 분야에서의 학문적 경력을 쌓게 된 데에 체로키 네이션(Cherokee Nation) 시민인 아버지로부터 받은 도덕적 가치관의 영향이 컸다고 말한다. 그는 California 대학교 버클리 캠퍼스에서 환경 과학과 정책, 자원 관리(Environmental Science, Policy, and Management)를 전공으로 박사학위를 받았다.

그의 일상적인 연구 활동에는 민족식물학, 농생태학, 그리고 토착 지식을 중심으로 한 다양한 분야가 포함되며, 이에는 화학에 대한 이해가 필수적이다. Carroll 박사는 체로키 네이션의 메디슨 키퍼(Medicine Keepers)와 다른 원로들과 긴밀히 협력하여 토착 과학에 대한 폭넓은 이해를 높이고 이를 공유하는 데 힘쓰고 있다. 그는 다양한 과학적 접근이 문제 해결을 위한 새로운 방식을 만들어낸다고 믿는다.

14.2 산의 세기

산의 세기는 다음과 같은 해리 반응의 평형 위치로 정의한다.

$$HA(aq) + H_2O(l) \rightleftharpoons H_3O^+(aq) + A^-(aq)$$

센산은 약한 짝염기를 만든다.

센산(strong acid)은 *평형이 매우 오른쪽으로 치우쳐 있는* 산이다. 이것은 원래의 산 HA가 평형에서 거의 모두 해리되어 있다는 것을 의미한다[그림 14.4(a)]. 산의 세기와 짝염기의 세기 간에는 중요한 관련성이 있다. *센산*은 양성자에 대한 친화력이 낮은 *약한 짝염기를 내어 놓는 산*이다. 센산의 짝염기는 물보다 훨씬 더 약염기이다(그림 14.5). 이 경우에 물 분자가 더 센염기이고 따라서 H^+ 이온에 대하여 더 친화력이 더 크다.

반대로 **약산**(weak acid)은 *평형이 상당히 왼쪽으로 치우쳐 있는 산*이다. 용액에 남아 있는 대부분의 산은 평형에서 HA로 존재한다. 즉, 약산은 극히 적은 양만이 수용액에서 해리된다[그림 14.4(b)]. 센산과 반대로, 약산은 물보다 훨씬 센 짝염기를 내어 놓는다. 이 경우에 물 분자는 H^+ 이온을 끌어당기는 데 별로 힘을 쓰지 못한다. 결국 약산일수록 더 센 짝염기를 내어놓는다. 산의 세기를 기술하는 여러 가지 방법이 표 14.1에 요약되어 있다.

흔히 볼 수 있는 센산으로는 황산[$H_2SO_4(aq)$], 염산[$HCl(aq)$], 질산[$HNO_3(aq)$], 과염소산[$HClO_4(aq)$] 등이 있다. 황산은 실제로 두 개의 양성자를 갖는 **이양성자산**(diprotic

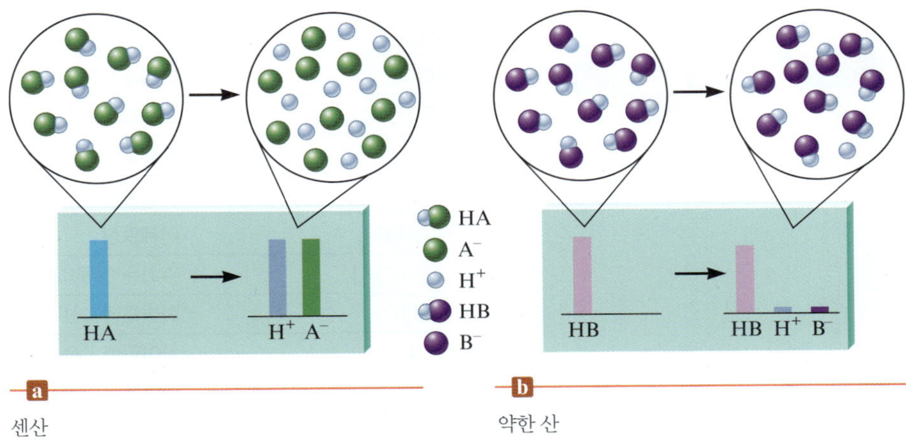

그림 14.4 (a) 센산, HA는 물에서 완전히 해리된다. 분자와 막대 그래프로 나타내었다. (b) 약산, HB는 물속에서 대부분 해리하지 않은 HB 분자로 구성되어 있다.

≪는 보다 훨씬 작음을 의미
≫는 보다 훨씬 큼을 의미

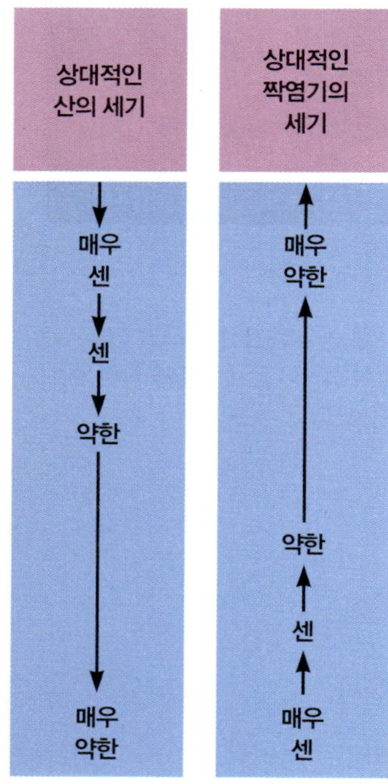

그림 14.5 해리 반응에 대한 산의 세기와 짝염기의 세기와의 상관관계.

$HA(aq) + H_2O(l) \rightleftharpoons H_3O^+(aq) + A^-(aq)$

산 짝염기

과염소산을 잘못 다루면 폭발할 수도 있다.

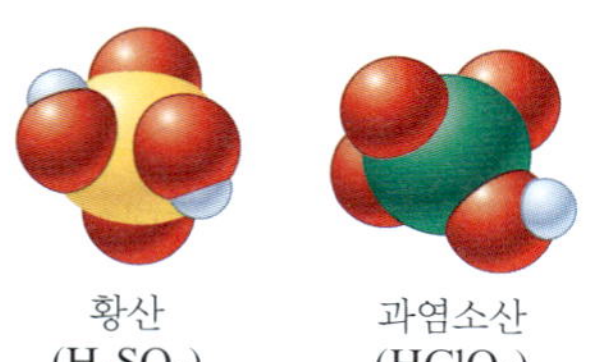

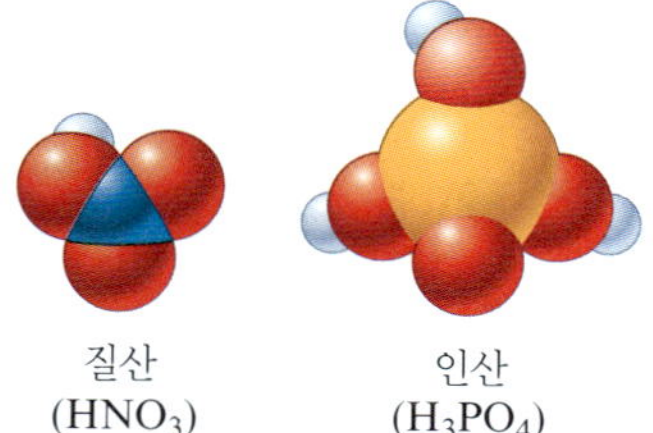

표 14.1 산의 세기를 표현하는 여러 가지 방법

성질	센산	약산
K_a 값	K_a가 크다	K_a가 작다
해리 평형의 위치	오른쪽으로 치우쳐 있음	왼쪽으로 치우쳐 있음
원래의 HA 농도에 비교한 H^+의 평형 농도	$[H^+] \approx [HA]_0$	$[H^+] \ll [HA]_0$
물에 비교한 짝염기의 세기	물보다 아주 약한 염기 A^-	물보다 아주 센 염기 A^-

acid)이다. H_2SO_4는 센산으로서, 물에서 100% 해리한다.

$$H_2SO_4(aq) \longrightarrow H^+(aq) + HSO_4^-(aq)$$

그러나 HSO_4^- 이온은 약산이다.

$$HSO_4^-(aq) \rightleftharpoons H^+(aq) + SO_4^{2-}(aq)$$

대부분의 산은 **산소산**(oxyacid)으로, 분자 내에서 산성을 나타내는 양성자는 산소 원자에 결합되어 있다. 염산을 제외하고, 위에서 설명한 센산들이 그 전형적인 예이다. 인산(H_3PO_4), 아질산(HNO_2), 하이포염소산(HOCl)과 같은 약산들도 또한 산소산이다. 탄소 원자의 골격을 갖고 있는 **유기산**(organic acid)들은 보통 **카복시 기**(carboxyl group)가 들어 있다.

$$-\mathrm{C}(=\mathrm{O})-\mathrm{O}-\mathrm{H}$$

이런 종류의 산들은 일반적으로 약산이다. 예를 들어 아세트산(CH_3COOH: 때로는 $HC_2H_3O_2$로도 쓴다)과 벤조산(C_6H_5COOH)이 있다. 이러한 분자들의 나머지 수소들은 산성을 나타내지 않기 때문에 물에서 H^+를 형성하지 않는다는 사실을 주목하라.

산성을 나타내는 양성자가 산소 아닌 다른 원자에 결합된 몇 가지 중요한 산들도 있다. 이들 중 가장 중요한 것은 할로젠화 수소산, HX들이다. 여기에서 X는 할로젠 원자를 나타낸다.

표 14.2에 *한 개*의 산성 양성자를 갖고 있는 몇 가지 일반적인 **일양성자산**(monoprotic

표 14.2 몇 가지 일양성자산의 K_a 값

화학식	화합물명	K_a 값*
HSO_4^-	황산 수소 이온	1.2×10^{-2}
$HClO_2$	아염소산	1.2×10^{-2}
$HC_2H_2ClO_2$	모노클로로아세트산	1.35×10^{-3}
HF	플루오린화 수소산	7.2×10^{-4}
HNO_2	아질산	4.0×10^{-4}
$HC_2H_3O_2$	아세트산	1.8×10^{-5}
$[Al(H_2O)_6]^{3+}$	수화된 알루미늄(III) 이온	1.4×10^{-5}
HOCl	하이포염소산	3.5×10^{-8}
HCN	사이안화 수소산	6.2×10^{-10}
NH_4^+	암모늄 이온	5.6×10^{-10}
HOC_6H_5	페놀	1.6×10^{-10}

(↑ 산의 세기 증가)

* K_a 단위는 보통 생략한다.

아질산
(HNO_2)

하이포염소산
(HOCl)

아세트산
(CH_3CO_2H)

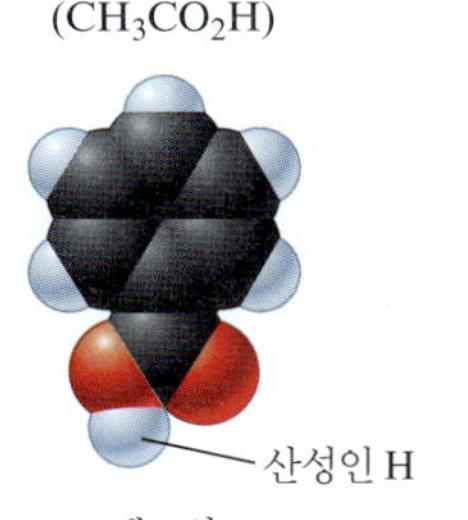

벤조산
($C_6H_5CO_2H$)

acid)과 그들의 K_a 값이 수록되어 있다. 센산들은 수록되어 있지 않음에 유의하라. 예를 들면, HCl과 같은 센산 분자를 물에 넣으면 해리 평형의 위치가 오른쪽으로 완전히 치우치므로 [HCl]을 정확히 측정할 수 없다.

$$\mathrm{HCl}(aq) \rightleftharpoons \mathrm{H}^+(aq) + \mathrm{Cl}^-(aq)$$

이것이 K_a의 계산을 부정확하게 한다.

$$K_a = \frac{[\mathrm{H}^+][\mathrm{Cl}^-]}{[\mathrm{HCl}]}$$

← 매우 작고 불확실함 ([HCl])

비판적 사고 식초는 아세트산을 포함하고 있으며 샐러드의 드레싱에 이용된다. 만약 아세트산이 약산이 아니라 센산이라면 식초를 샐러드의 드레싱으로 사용되는 것이 안전할까?

대화형 예제 14.2 상대적인 염기의 세기

표 14.2를 사용하여, 다음 화학종을 염기의 세기 순서로 배열하라.

$$H_2O,\ F^-,\ Cl^-,\ NO_2^- \quad 및 \quad CN^-$$

풀이 물의 염기도가 센산의 짝염기보다는 세지만, 약산의 짝염기보다는 약하다는 것을 기억하라. 이 사실을 이용하면 다음과 같은 순서를 얻을 수 있다.

$$Cl^- < H_2O < \text{약산의 짝염기}$$

가장 약염기 ⟶ 가장 센염기

산의 세기는 짝염기의 세기와 *역의 관계*에 있다는 것을 고려하여 나머지의 짝염기들을 배열할 수 있다. 표 14.2로부터

$$(\mathrm{HF}\text{에 대한 } K_a) > (\mathrm{HNO_2}\text{에 대한 } K_a) > (\mathrm{HCN}\text{에 대한 } K_a)$$

이므로 염기의 세기는 다음과 같이 증가한다.

$$F^- < NO_2^- < CN^-$$

따라서 전체 염기의 세기는 다음과 같이 증가한다.

$$Cl^- < H_2O < F^- < NO_2^- < CN^-$$

부록 5.1에 여러 화합물에 대한 K_a 값을 표로 나타내었다.

연습 문제 14.49~14.52 참조

산과 염기로서의 물

산이나 염기로 모두 작용할 수 있는 물질을 *양쪽성*(*amphoteric*)이라고 한다. 물은 가장 흔한 **양쪽성 물질**(amphoteric substance)이다. 이것은 하나의 분자로부터 양성자가 다른 물분자로 이전되어, 수산화 이온과 하이드로늄 이온을 내는 물의 **자체이온화**(autoionization) 반응에서 명백히 볼 수 있다.

$$\underset{\text{산(1)}}{H_2O} + \underset{\text{염기(1)}}{H_2O} \rightleftharpoons \underset{\text{산(2)}}{H_3O^+} + \underset{\text{염기(2)}}{OH^-}$$

$$\mathrm{H_2\ddot{O}:} + \mathrm{H_2\ddot{O}:} \rightleftharpoons [\mathrm{H_3\ddot{O}}]^+ + [:\ddot{\mathrm{O}}-\mathrm{H}]^-$$

이 반응에서 하나의 물 분자는 양성자를 주면서 산으로 행동하고, 다른 물 분자는 양성자를 받으면서 염기로 행동한다.

자체이온화는 물 이외에 다른 액체에서도 일어날 수 있다. 예를 들어 암모니아에서 자체이온화 반응은 다음과 같다.

$$NH_3 + NH_3 \rightleftharpoons [NH_4]^+ + [NH_2]^-$$

물의 자체이온화 반응

$$2H_2O(l) \rightleftharpoons H_3O^+(aq) + OH^-(aq)$$

에 대한 평형식은 다음과 같이 된다.

$$K_w = [H_3O^+][OH^-] = [H^+][OH^-]$$

여기에서, **이온-곱 상수**(ion-product constant) 또는 **해리 상수**(dissociation constant)라고 부르는 K_w는 물의 자체이온화를 나타낸다.

실험 결과 25°C에서 순수한 물은

$$[H^+] = [OH^-] = 1.0 \times 10^{-7}\,M\text{이므로,}$$

25°C에서 K_w 값은 다음과 같다.

$$K_w = [H^+][OH^-] = (1.0 \times 10^{-7})(1.0 \times 10^{-7}) = 1.0 \times 10^{-14}$$

복습하기 K_w 이용하기

K_w의 의미를 아는 것이 중요하다. 수용액에 *무엇이 녹아 있건 관계없이* 25°C에서, $[H^+]$와 $[OH^-]$의 곱은 항상 1.0×10^{-14}이다. 다음과 같은 세 가지 경우가 가능하다:

- 중성 용액, $[H^+] = [OH^-]$
- 산성 용액, $[H^+] > [OH^-]$
- 염기성 용액, $[OH^-] > [H^+]$

그러나 각 경우 25°C에서,

$$K_w = [H^+][OH^-] = 1.0 \times 10^{-14}$$

K_w가 온도에 의존한다는 것을 인지하는 것이 중요하다. 예를 들면, 37°C(정상 체온)에서 $K_w = 2.42 \times 10^{-14}$이다. 이것은 37°C에서 중성 용액의 경우

$$[H^+][OH^-] = 2.42 \times 10^{-14}$$

또는

$$[H^+] = [OH^-] = 1.55 \times 10^{-7}$$

라는 것을 의미한다.

대화형 예제 14.3 $[H^+]$와 $[OH^-]$의 계산

25°C에서 다음 각 용액에 대해 $[H^+]$ 또는 $[OH^-]$를 계산하고, 용액이 중성인지, 산성인지, 염기성인지 설명하라.

a. $1.0 \times 10^{-5}\ M\ OH^-$

b. $1.0 \times 10^{-7}\ M\ OH^-$

c. $10.0\ M\ H^+$

풀이

a. $K_w = [H^+][OH^-] = 1.0 \times 10^{-14}$. $[OH^-]$가 $1.0 \times 10^{-5}\ M$이므로, $[H^+]$에 대하여 풀면

$$[H^+] = \frac{1.0 \times 10^{-14}}{[OH^-]} = \frac{1.0 \times 10^{-14}}{1.0 \times 10^{-5}} = 1.0 \times 10^{-9}\ M$$

■ $[OH^-] > [H^+]$이므로 용액은 염기성이다.

b. a에서와 같이 $[H^+]$에 대해 풀면

$$[H^+] = \frac{1.0 \times 10^{-14}}{[OH^-]} = \frac{1.0 \times 10^{-14}}{1.0 \times 10^{-7}} = 1.0 \times 10^{-7}\ M$$

■ $[H^+] = [OH^-]$이므로 용액은 중성이다.

c. $[OH^-]$에 대해 풀면

$$[OH^-] = \frac{1.0 \times 10^{-14}}{[H^+]} = \frac{1.0 \times 10^{-14}}{10.0} = 1.0 \times 10^{-15}\ M$$

■ $[H^+] > [OH^-]$이므로 용액은 산성이다.

연습 문제 14.53과 14.54 참조

K_w는 평형 상수이므로 온도에 따라 변한다. 온도의 영향은 예제 14.4에서 다룬다.

대화형 예제 14.4 물의 자체이온화

60°C에서 K_w 값은 1×10^{-13}이다.

a. Le Châtelier의 원리를 이용하여 다음이 발열 반응인지, 흡열 반응인지 예측하라.

$$2H_2O(l) \rightleftharpoons H_3O^+(aq) + OH^-(aq)$$

b. 60°C의 중성 용액에서 $[H^+]$와 $[OH^-]$를 계산하라.

풀이

a. K_w가 25°C의 1×10^{-14}에서 60°C의 1×10^{-13}으로 *증가하였다*. Le Châtelier 원리는 평형에 있는 계에 열을 가하면 에너지를 소모하는 쪽으로 반응이 진행된다고 설명한다.

■ K_w 값이 온도와 함께 증가하므로 에너지를 반응물로 생각해야 하며, 따라서 흡열 반응이다.

b. 60°C에서,

$$[H^+][OH^-] = 1 \times 10^{-13}$$

이므로 중성 용액에 대해서는 다음과 같이 된다.

■ $$[H^+] = [OH^-] = \sqrt{1 \times 10^{-13}} = 3 \times 10^{-7}\ M$$

연습 문제 14.55 참조

14.3 pH 척도

pH 척도는 용액의 산도를 나타내는 간단한 방법이다.

부록 1.2에는 log에 관해 설명되어 있다.

대개의 경우 수용액에서 $[H^+]$는 대단히 적으므로, 용액의 산도는 **pH 척도**(pH scale)로 나타내는 것이 편리하다. pH는 다음과 같이 10을 밑으로 하는 상용로그이다.

$$pH = -\log[H^+]$$

그러므로 다음 용액에 대해

$$[H^+] = 1.0 \times 10^{-7} M$$
$$pH = -(-7.00) = 7.00$$

이 시점에서 로그의 유효 숫자를 논의할 필요가 있다. **로그값에서 소수점 이하의 자릿수는 원래 수의 유효 숫자와 같아야 한다.** 즉,

$$[H^+] = 1.0 \times 10^{-9} M \quad (\text{2개의 유효 숫자})$$
$$pH = 9.00 \quad (\text{2개의 소수점 이하의 자리})$$

비슷한 log 척도가 다른 양을 표시하기 위해서도 사용된다. 예를 들면 다음과 같은 것들이 있다.

$$pOH = -\log[OH^-]$$
$$pK = -\log K$$

pH는 10을 밑으로 하는 상용로그이므로, *pH는 $[H^+]$가 10배 변할 때마다 1씩 변한다.* 예를 들면, pH 3의 용액에는 pH 4 용액의 10배, pH 5 용액의 100배나 되는 H^+가 들어 있다. pH는 $-\log[H^+]$로 정의되었으므로, *pH는 $[H^+]$가 증가함에 따라 감소한다.* pH 눈금과 몇 가지 일반적인 물질들의 pH 값들을 그림 14.6에서 볼 수 있다.

일반적으로 용액의 pH는 용액에 담글 수 있는 탐침이 연결된 전자 장치인 pH 측정기를 사용하여 측정한다. 탐침 내에는 H^+ 이온이 이동할 수 있는 유리막으로 둘러싸인 산성의 수용액이 들어 있다. 미지 용액의 pH가 탐침 내의 용액과 다르다면 전기 전위가 형성되어 측정기에 나타난다(그림 14.7).

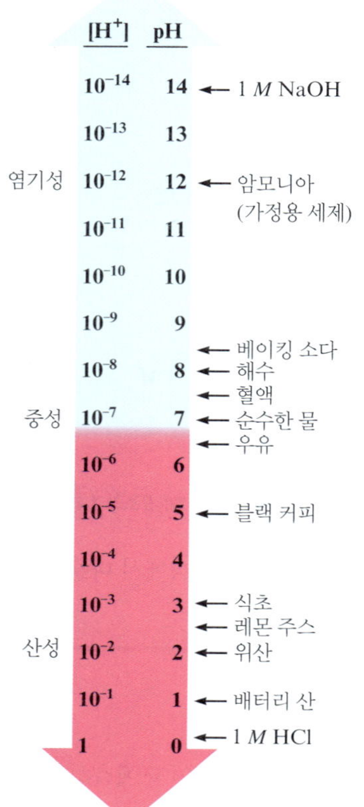

그림 14.6 pH 척도와 흔히 볼 수 있는 몇 가지 물질의 pH 값.

비판적 사고 만약 당신이 상온이 50°C인 지구와 똑같은 행성에 산다면 pH 척도가 어떻게 달라질 것인가?

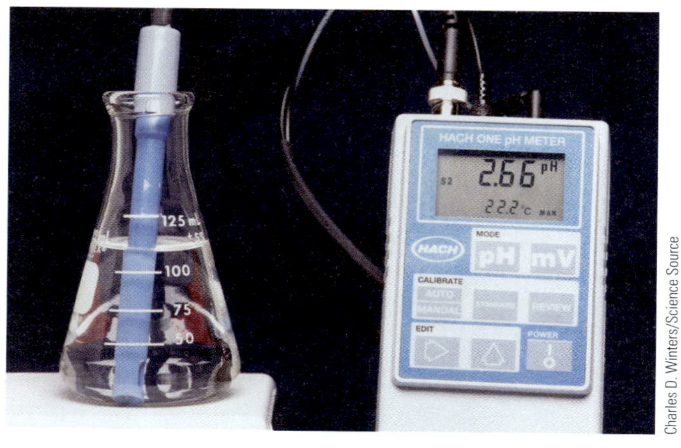

그림 14.7 pH 측정기는 산도를 측정하는 데 사용한다.

대화형 예제 14.5 pH와 pOH의 계산

25°C에서 다음 용액 각각에 대한 pH와 pOH를 계산하라.

a. $1.0 \times 10^{-3}\ M\ OH^-$

b. $1.0\ M\ OH^-$

풀이 **a.**

$$[H^+] = \frac{K_w}{[OH^-]} = \frac{1.0 \times 10^{-14}}{1.0 \times 10^{-3}} = 1.0 \times 10^{-11}\ M$$

$$\blacksquare\ pH = -\log[H^+] = -\log(1.0 \times 10^{-11}) = 11.00$$

$$\blacksquare\ pOH = -\log[OH^-] = -\log(1.0 \times 10^{-3}) = 3.00$$

b.

$$[OH^-] = \frac{K_w}{[H^+]} = \frac{1.0 \times 10^{-14}}{1.0} = 1.0 \times 10^{-14}\ M$$

$$\blacksquare\ pH = -\log[H^+] = -\log(1.0) = 0.00$$

$$\blacksquare\ pOH = -\log[OH^-] = -\log(1.0 \times 10^{-14}) = 14.00$$

연습 문제 14.53과 14.54 참조

다음 식을 로그식으로 고쳐 쓰면 편리하다.

$$K_w = [H^+][OH^-]$$

즉,

$$\log K_w = \log[H^+] + \log[OH^-]$$

또는

$$-\log K_w = -\log[H^+] - \log[OH^-]$$

따라서,

$$pK_w = pH + pOH \qquad \textbf{(14.3)}$$

K_w는 1.0×10^{-14}이므로,

$$pK_w = -\log(1.0 \times 10^{-14}) = 14.00$$

따라서 25°C에서는 *어떠한* 수용액에 대해서도 pH와 pOH의 합은 14.00이 된다.

$$pH + pOH = 14.00 \qquad \textbf{(14.4)}$$

대화형 예제 14.6 pH를 사용하는 계산

25°C에서 사람 혈액 시료의 pH는 7.41이다. pOH, $[H^+]$ 및 $[OH^-]$를 계산하라.

풀이 pH + pOH = 14.00이므로,

$$\blacksquare\ pOH = 14.00 - pH = 14.00 - 7.41 = 6.59$$

$[H^+]$를 계산하기 위해서는 pH의 정의를 생각해야 한다.

$$pH = -\log[H^+]$$

따라서

$$7.41 = -\log[H^+] \quad \text{또는} \quad \log[H^+] = -7.41$$

−7.41의 *antilog 값*을 알 필요가 있다. 부록 1.2에 나타낸 바와 같이, antilog를 취하는 것은 지수화하는 것과 같다. 즉,

화학의 선구자

▲ Arnold Beckman.

Arnold Beckman, 과학의 남자

Arnold Beckman은 2004년 5월, 104세의 나이로 세상을 떠났다. 과학과 사업 분야에서의 Beckman의 리더십은 20세기 전반에 걸쳐 나타나고 있다. 그는 1900년 Illinois 주 Cullom이라는 도시에서 태어났는데, 이 마을은 인구 500명 남짓에 전기와 전화도 없었다. Beckman은 "Cullom에서는 우리가 즉흥적으로 문제를 해결할 수밖에 없었다. 나는 그것이 오히려 좋은 경험이었다고 생각한다."라고 회고한다.

대장장이의 아들로 태어난 Beckman은 9세 때 과학에 흥미를 느끼기 시작했다. 그는 그 시절 그의 집 다락방에서 J. Dorman Steels가 지은 *Fourteen Weeks in Chemistry*라는 화학 실험을 하는 데 필요한 설명이 있는 책을 발견하게 된다. Beckman은 화학에 매료되었고, 그의 아버지는 그의 10세 생일 때 뒤뜰에 "화학 헛간"을 만들어 주었다.

화학에 관한 Beckman의 흥미는 그의 고교 선생님들에 의해 더욱 커졌고, 결국 Urbana-Champaign에 있는 Illinois 대학교에 진학하여 화학 공학으로 1922년에 학사 학위를 받게 되고, 1년 후 석사 학위를 받게 된다. 그 후 그는 Caltech으로 옮겨서 박사 학위를 받고, 그곳에서 교수가 된다.

Beckman은 항상 그의 발명으로 잘 알려져 왔다. 젊은 시절 그는 자신의 Model T Ford 자동차에 장착된 중력 주입식 연료 장치가 갖는 문제를 해결하기 위해 고압 연료 장치를 고안해냈다. 1927년 그는 운전자가 과속을 하고 있음을 알리는 경보 장치로 처음 특허를 신청했다.

1935년 Beckman은 과학 장비에서 혁신이 될 만한 것을 발명한다. California주에서 감귤 농장의 연구실에서 일을 하던 대학 친구가 정확하고 편리하게 오렌지 주스의 산도를 측정하는 방법이 필요하게 되었는데, Beckman이 pH 측정기를 발명한 것이다. 초기에 그는 이것을 산도측정기(acidimeter)라고 불렀는데, 이 작고 견고한 장치는 큰 호응을 얻었고, 과학 장비에서 큰 획을 그었다. 실제로 사업이 너무 잘 되었고, 그는 Caltech을 떠나서 그 자신의 회사를 운영하게 된다.

수년 동안 Beckman은 향상된 전위차계와 분자가 흡수한 빛의 양을 측정하는 장치 등등 여러 장치들을 발명하였다. 65세의 나이에 그는 미국 California주 Fullerton시에 본부를 둔 Beckman Instruments의 회장직에서 은퇴하게 된다. 그 회사는 다른 회사와의 합병 후 Beckman Coulter가 되었는데, 2003년에 매출액이 20억 달러가 넘었다.

Beckman Instruments의 회장직에서 은퇴한 후, Beckman은 그의 재산을 과학 발전을 위해 기부하는 새로운 경력을 쌓았다. 1984년 그와 그의 58세 된 부인은 4천만 달러를 그의 모교인 Illinois 대학교에 기부하여 Beckman Institute를 지원하였다. Beckman 부부는 Caltech의 한 연구소 등 여러 연구 기관을 금전적으로 지원했고, 그들이 만든 재단은 매년 여러 과학 연구에 2천만 달러를 후원하고 있다.

Arnold Beckman은 그의 뛰어난 창의성 때문에 잘 알려졌지만, 탁월한 성실성 때문에 더욱 기억되고 있다. Beckman은 다음과 같은 중요한 말을 우리에게 전한다. "무엇을 하든, 열정을 갖고 하십시오."

참고: Arnold Beckman의 전기는 Science Heritage Institute 웹 사이트에서 볼 수 있다. (https://sciencehistory.org/historical-profile/arnold-o-beckman).

antilog(n) = log^{-1}(n)

$$\text{antilog}(n) = 10^n$$

$\text{pH} = -\log[\text{H}^+]$ 이므로,

$$-\text{pH} = \log[\text{H}^+]$$

그리고 $[\text{H}^+]$는 $-\text{pH}$의 antilog를 취함으로써 계산할 수 있다.

$$[\text{H}^+] = \text{antilog}(-\text{pH})$$

따라서 다음과 같이 계산할 수 있다.

■ $[\text{H}^+] = \text{antilog}(-\text{pH}) = \text{antilog}(-7.41) = 10^{-7.41} = 3.9 \times 10^{-8}\ M$

마찬가지로, $[\text{OH}^-] = \text{antilog}\ (-\text{pOH})$

■ $[\text{OH}^-] = \text{antilog}(-6.59) = 10^{-6.59} = 2.6 \times 10^{-7}\ M$

연습 문제 14.57~14.60 참조

지금까지 산-염기 용액에 관련된 기본적인 정의를 모두 살펴보았으므로, 여기에서는 이들 용액 내의 평형에 대하여 정량적인 설명을 해 보자. 산-염기 문제들이 어렵게 보이는

주요 이유는 수용액에 많은 성분들이 존재하고 있어서 문제가 복잡해지기 때문이다. 그러나 다음의 일반적인 요령을 사용하게 되면 이들 문제들은 성공적으로 다룰 수 있다.

문제 풀이 전략

산–염기 문제 풀기

- *화학을 생각하라.* 용액의 성분과 그들 사이의 반응에 초점을 맞추어라. 그러면 거의 항상 가장 중요한 한 개의 반응을 선정하는 것이 가능할 것이다.
- *체계적이어야 한다.* 산–염기 문제들은 단계적으로 풀어야 한다.
- *융통성을 가져라.* 모든 산–염기 문제들이 여러 면에서 비슷하지만, 항상 중요한 차이점들이 있기 마련이다. 각 문제를 독립된 문제로 취급하라. 전에 풀었던 것과 주어진 문제를 연관시키려고 너무 애쓰지 말라. 그들의 유사성과 차이점을 찾아라.
- *인내심을 가져라.* 복잡한 문제에 대해 완전한 해답을 당장 자세하게 구할 수는 없다. 문제 해결이 가능한 단계별로 나누어라.
- *확신을 가져라.* 풀어야 할 문제를 자세히 검토하라. 그리고 그것을 풀 수 있다고 생각하라. 문제들의 풀이를 기억하려고 하지 말라. 풀이를 기억하는 것은 손해이다. 왜냐하면 새로운 문제들을 전에 보았던 것과 같다고 생각하려는 경향이 생기기 때문이다. *단순히 외우지 말고, 이해하며 생각하라.*

14.4 센산 용액의 pH 계산

몇 가지 센산
$HCl(aq)$
$HNO_3(aq)$
$H_2SO_4(aq)$
$HClO_4(aq)$
$HBr(aq)$
$HI(aq)$

산–염기 평형을 취급할 때, *용액의 성분들과 그들의 화학에 초점을 맞추는 것이 중요하다.* 예를 들어 1.0 *M* HCl 용액에는 어떤 화학종이 존재할까? 염산은 센산이므로 완전히 해리한다고 가정해 보자. 그러므로 용액 병의 라벨에는 1.0 *M* HCl이라고 쓰여 있지만, 실제 용액에는 HCl 분자가 존재하지 않는다. 보통 용기의 라벨에는 용액을 만들기 위하여 사용한 물질을 표시하지만, 용해된 후 용액의 성분은 나타내지 않는다. 따라서 1.0 *M* HCl 용액에는 모든 HCl 분자들이 해리되어 H^+와 Cl^- 이온으로 존재한다.

수용액을 취급하는 데 있어서, 다음 단계는 어떤 성분이 중요하고 어떤 성분을 무시할 수 있는지 결정하는 것이다. 상대적으로 양이 많은 용액의 **주성분 화학종**(major species)에 초점을 맞출 필요가 있다. 예를 들면 1.0 *M* HCl 용액에서 주성분 화학종은 H^+, Cl^-, H_2O이다. 이 용액은 대단히 센산성이므로 OH^-는 아주 소량 존재하며, 소량 성분 화학종으로 분류된다. **산–염기 문제들을 푸는 데 있어서 첫 단계로, 용액 중 주성분 화학종을 적는다는 것이 매우 중요하다. 이 단계가 문제를 성공적으로 푸는 열쇠이다.**

용액에 존재하는 주성분 화학종을 *항상* 적어라.

예를 들면 1.0 *M* HCl의 pH를 계산해 보자. 먼저 주성분 화학종인 H^+와 Cl^- 및 H_2O를 적는다. pH를 계산하려고 하므로, H^+를 공급할 수 있는 주성분에 초점을 맞추기로 하자. HCl의 해리로부터 생긴 H^+를 고려해야 하는 것이 명백하다. 그러나 H_2O도 다음의 해리 반응식으로 표현되는 자체이온화에 의하여 H^+를 공급한다.

$$H_2O(l) \rightleftharpoons H^+(aq) + OH^-(aq)$$

센산으로부터 생긴 H^+는 $H_2O \rightleftharpoons H^+ + OH^-$의 평형을 왼쪽으로 이동시킨다.

그러나 이 자체이온화가 H^+의 중요한 공급원인가? 25°C의 순수한 물에서 $[H^+]$는 10^{-7} *M*이다. Le Châtelier 원리에 의하면 HCl로부터 해리된 H^+는 물의 평형 위치를 왼쪽으로 이동시킬 것이므로, 1.0 *M* HCl 용액에서 물은 10^{-7} *M*보다 훨씬 적은 양의 H^+를 내놓을 것이다. 따라서 물에 의해 공급되는 H^+의 양은 HCl의 해리로부터 온 1.0 *M* H^+에 비하여 무시할 수 있다. 그러므로 용액에서 $[H^+]$은 1.0 *M*이라고 말할 수 있다. 그리고 pH는 다음과 같이 된다.

$$pH = -\log[H^+] = -\log(1.0) = 0$$

대화형 예제 14.7 센산의 pH

a. 0.10 *M* HNO_3의 pH를 계산하라.

b. 1.0×10^{-10} *M* HCl의 pH를 계산하라.

풀이

순수한 물에서는 10^{-7} *M*의 H^+만이 생성된다.

주성분 화학종

H^+

NO_3^-

H_2O

a. HNO_3는 센산이므로 용액에 존재하는 주성분 화학종은 다음과 같다.

$$H^+, \quad NO_3^- \quad 및 \quad H_2O$$

질산은 물에서 완전히 해리하므로 HNO_3의 농도는 실제로 0이다. 또한 질산으로부터 온 H^+가 다음의 평형을 왼쪽으로 이동시키기 때문에, $[OH^-]$는 대단히 작아진다.

$$H_2O(l) \rightleftharpoons H^+(aq) + OH^-(aq)$$

즉, 이 용액은 $[H^+] \gg [OH^-]$이고, $[OH^-] \ll 10^{-7}$ *M*인 산성이다. H^+의 공급원은 다음과 같다.

1. HNO_3 (0.10 *M*)에서 온 H^+

2. H_2O에서 온 H^+

물의 자체이온화에 의해 공급된 H^+ 이온의 수는 HNO_3로부터 온 0.10 *M*에 비하여 대단히 작으므로 무시할 수 있다. 이 용액에서 HNO_3만이 H^+ 이온의 중요한 공급원이므로 다음과 같이 된다.

■ $[H^+] = 0.10$ *M* 과 $pH = -\log(0.10) = 1.00$

b. 보통 HCl의 수용액에서 주성분 화학종은 H^+, Cl^-, H_2O이다. 그러나 용액에서 HCl의 양이 너무 적어서 아무런 영향을 못 미치고 H_2O만이 주성분으로 작용한다.

■ 따라서 pH는 순수한 물과 같다. 즉, pH = 7.00.

연습 문제 14.63, 14.65와 14.66 참조

14.5 약산 용액의 pH 계산

물에 녹은 약산은 수용액에서 일어나는 모든 화학 평형의 모형으로 볼 수 있으므로 조심스럽고 체계적으로 설명해 나가려고 한다. 전개하는 과정 중 일부가 불필요한 것처럼 보일지 모르지만, 문제가 더 복잡해지면 유용하게 된다. 여기에서는 1.00 *M* HF 용액($K_a = 7.2 \times 10^{-4}$)의 pH를 계산함으로써 필요한 방법을 설명하고자 한다.

언제나 용액에 존재하는 주성분 화학종을 먼저 적어라.

언제나 마찬가지로, 첫째 단계는 *용액의 주성분 화학종을 기록하는 것*이다. 작은 K_a 값으로부터 플루오린화 수소산은 약산이고, 아주 조금만 해리한다는 것을 안다. 따라서 주성분 화학종을 적을 때, 플루오린화 수소산은 우세하게 존재하는 HF로 나타낸다. 이 용액의 주성분은 HF와 H_2O이다.

주성분 화학종

HF

H_2O

다음 단계는 (pH를 결정하는 문제이므로) 주성분 화학종 중 어느 것이 H^+ 이온을 공급할 수 있는가를 결정하는 것이다. 실제로 두 가지 화학종 모두 H^+를 공급할 수 있다.

$$HF(aq) \rightleftharpoons H^+(aq) + F^-(aq) \qquad K_a = 7.2 \times 10^{-4}$$

$$H_2O(l) \rightleftharpoons H^+(aq) + OH^-(aq) \qquad K_w = 1.0 \times 10^{-14}$$

그러나 수용액에서 한 개의 H^+ 공급원을 주공급원으로 골라낼 수 있다. HF의 K_a를 H_2O의 K_w와 비교하면, 플루오린화 수소산이 물보다는 훨씬 더 센산이라는 것을 알 수 있다. 따라서 플루오린화 수소산이 H^+의 우세한 공급원이라고 가정할 수 있다. 물에 의한 적은 기여는 무시한다.

그러므로 H^+의 평형 농도와 pH를 결정하는 것은 HF의 해리이다.

$$\mathrm{HF}(aq) \rightleftharpoons \mathrm{H}^+(aq) + \mathrm{F}^-(aq)$$

평형식은 다음과 같다.

$$K_a = 7.2 \times 10^{-4} = \frac{[\mathrm{H}^+][\mathrm{F}^-]}{[\mathrm{HF}]}$$

이 평형 문제는 제13장에서 다룬 기체 상태 평형과 같은 방법으로 풀 수 있다. 첫째로 초기 농도, *즉 반응이 평형으로 이동하기 전의 농도*를 적는다. HF가 해리하기 전, 평형에 있는 화학종의 농도는 다음과 같다.

$$[\mathrm{HF}]_0 = 1.00\ M \quad [\mathrm{F}^-]_0 = 0 \quad [\mathrm{H}^+]_0 = 10^{-7}\ M \approx 0$$

(물이 자체이온화로부터 온 H^+ 이온을 무시하고 있기 때문에 $[H^+]_0$의 값을 0이라고 하는 것은 근사값임에 유의하라.)

다음 단계는 평형에 도달하기 위해 필요한 변화를 구하는 것이다. 일부의 HF가 해리하여 평형에 도달하므로(그러나 현재 그 양은 모른다), 평형에 도달되기에 필요한 HF 농도의 변화량을 x로 정할 수 있다. 즉, 계가 평형에 도달하면 x mol/L의 HF가 해리하여 x mol/L의 H^+와 x mol/L의 F^-를 생성한다고 가정하는 것이다. 따라서 평형에서의 농도는 다음과 같다.

$$[\mathrm{HF}] = [\mathrm{HF}]_0 - x = 1.00 - x$$
$$[\mathrm{F}^-] = [\mathrm{F}^-]_0 + x = 0 + x = x$$
$$[\mathrm{H}^+] = [\mathrm{H}^+]_0 + x \approx 0 + x = x$$

평형 농도들을 평형식에 대입하면 다음과 같이 된다.

$$K_a = 7.2 \times 10^{-4} = \frac{[\mathrm{H}^+][\mathrm{F}^-]}{[\mathrm{HF}]} = \frac{(x)(x)}{1.00 - x}$$

이 식은 제13장에서 다룬 기체 상태 계의 경우처럼, 근의 공식을 이용하여 풀 수 있는 이차방정식이 된다. 그러나 HF의 K_a 값이 작으므로 HF는 조금밖에 해리되지 않고, x는 작을 것이라고 예상된다. 이런 사실 때문에 계산을 간단하게 할 수 있다. x가 1.00에 비하여 대단히 작으면 분모 항은 다음과 같이 근사값을 사용할 수 있다.

$$1.00 - x \approx 1.00$$

따라서 평형식은 다음과 같이 되어서 계산을 쉽게 할 수 있다.

$$7.2 \times 10^{-4} = \frac{(x)(x)}{1.00 - x} \approx \frac{(x)(x)}{1.00}$$

$$x^2 \approx (7.2 \times 10^{-4})(1.00) = 7.2 \times 10^{-4}$$
$$x \approx \sqrt{7.2 \times 10^{-4}} = 2.7 \times 10^{-2}$$

근사법의 타당성은 항상 점검하여야 한다.

[HF] = 1.00 M이라는 근사값은 얼마나 타당한가? 이 질문은 산–염기 계산에서 자주 나오므로 조심스럽게 고찰하려고 한다. *근사법의 타당성은 $[H^+]$의 계산값에 대해 얼마만큼의 정확도를 요구하는가에 달려 있다.* 일반적으로, 산에 대한 값에는 단 ± 5% 정도의 정확도가 있는 것으로 알려져 있다. 따라서 근사값의 타당성을 정할 때 이런 사실을 이용하는 것이 합리적이다.

$$[HA]_0 - x \approx [HA]_0$$

다음과 같이 검토해 보자. 먼저 다음과 같은 근사법을 써서 x의 값을 계산한다.

$$K_a = \frac{x^2}{[HA]_0 - x} \approx \frac{x^2}{[HA]_0}$$

여기에서, $x^2 \approx K_a[HA]_0$이고 $x \approx \sqrt{K_a[HA]_0}$이다.

그 다음, x와 $[HA]_0$의 크기를 비교하자.

$$\frac{x}{[HA]_0} \times 100\%$$

위 식의 값이 5%보다 작거나 같으면 x 값은 아주 작아서 다음 근사법은 타당하다고 생각할 수 있다.

$$[HA]_0 - x \approx [HA]_0$$

위의 예에서,

$$x = 2.7 \times 10^{-2} \text{ mol/L}$$
$$[HA]_0 = [HF]_0 = 1.00 \text{ mol/L}$$

그러므로

$$\frac{x}{[HA]_0} \times 100 = \frac{2.7 \times 10^{-2}}{1.00} \times 100\% = 2.7\%$$

따라서 위의 근사법은 타당한 것으로 생각되며, 근사법을 써서 얻은 x의 값은 받아들일만한 것이다.

$$x = [H^+] = 2.7 \times 10^{-2}\,M \quad \text{및} \quad pH = -\log(2.7 \times 10^{-2}) = 1.57$$

이 문제를 통해 약산에 관계된 전형적인 평형 문제를 푸는 데 있어서 중요한 모든 단계를 보여 주었다. 이들 단계를 요약하면 다음과 같다.

문제 풀이 전략

약산의 평형 문제 풀기

1. 용액 속의 주성분 화학종들을 열거하라.
2. H^+를 생성할 수 있는 화학종을 선택하고, H^+를 생성하는 반응의 균형 맞춘 반응식을 써라.
3. 반응의 평형 상수값을 이용하여 어떤 평형이 H^+를 생성하는 데 지배하는지 결정하라.
4. 지배적인 평형의 평형 반응을 써라.
5. 지배적인 평형에 참여하는 화학종들의 초기 농도를 열거하라.
6. 평형을 이루는 데 필요한 변화를 규정하라. 즉, x를 규정하라.
7. 평형 농도를 x로 나타내라.
8. 평형 농도들을 평형 반응식에 대입하라.
9. $[HA]_0 - x \approx [HA]_0$라 가정하는 간편 방법으로 x를 풀어라.
10. 5% 규칙을 이용하여 그 가정이 타당한지를 증명하라.
11. $[H^+]$와 pH를 계산하라.

비판적 사고 서로 다른 두 약산 HA와 HB를 고려하자. HA의 K_a 값이 HB의 K_a 값보다 크다는 것을 알고 있다면 어떠한 산이 더 센산인지 말할 수 있겠는가? 어떤 용액의 pH가 더 작은 값을 갖는가? 여러분의 답을 설명하라.

대화형 예제 14.8 약산의 pH

하이포염소산 이온(OCl^-)은 가정용 표백제와 소독제로 사용되고 있는 강력한 산화제이다. 또한 수영장 물을 염소로 처리할 때 형성되는 성분이기도 하다. 하이포아염소산 이온은 양성자에 대한 친화력이 비교적 크고(예: Cl^-보다 훨씬 더 센염기이다), 약산성의 하이포아염소산(HOCl, $K_a = 3.5 \times 10^{-8}$)을 만든다. 하이포아염소산 0.100 M 수용액의 pH를 계산하라.

풀이

주성분 화학종

HOCl

H_2O

1. 주성분 화학종을 적는다. HOCl은 약산이고, 대부분 해리되지 않으므로 0.100 M HOCl 용액의 주성분은

   HOCl과 H_2O이다.

2. 두 가지 화학종 모두 H^+를 낸다.

$$HOCl(aq) \rightleftharpoons H^+(aq) + OCl^-(aq) \qquad K_a = 3.5 \times 10^{-8}$$
$$H_2O(l) \rightleftharpoons H^+(aq) + OH^-(aq) \qquad K_w = 1.0 \times 10^{-14}$$

3. HOCl은 H_2O보다는 상당히 더 센산이므로 H^+를 우세하게 낸다.

4. 따라서 다음의 평형식을 사용할 수 있다.

$$K_a = 3.5 \times 10^{-8} = \frac{[H^+][OCl^-]}{[HOCl]}$$

5. 이 평형에서 초기 농도는 다음과 같다.

$$[HOCl]_0 = 0.100\ M$$
$$[OCl^-]_0 = 0$$
$$[H^+]_0 \approx 0 \qquad (H_2O\text{로부터 온 } H^+\text{의 기여는 무시한다.})$$

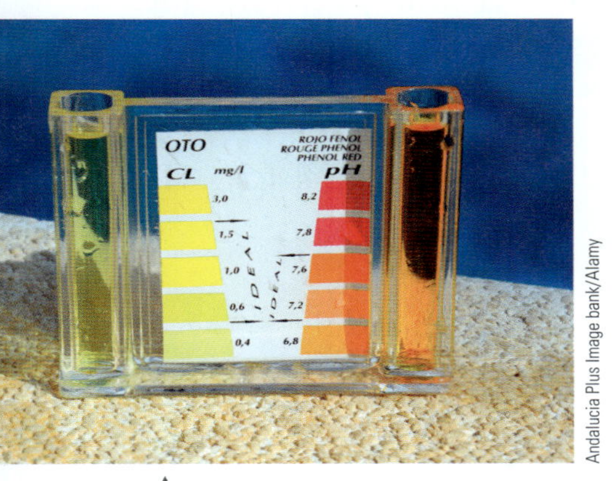

Andalucia Plus Image bank/Alamy

▲ 수영장 물은 pH와 염소 함량을 자주 검사해야 한다.

6. HOCl이 해리한 후 계가 평형에 도달하므로, 평형에 도달하기 위하여 해리하는 HOCl의 양(mol/L)을 x라고 놓자.

7. 평형 농도를 x로 표시한다.

$$[HOCl] = [HOCl]_0 - x = 0.100 - x$$
$$[OCl^-] = [OCl^-]_0 + x = 0 + x = x$$
$$[H^+] = [H^+]_0 + x \approx 0 + x = x$$

8. 이들 농도를 평형식에 대입한다.

$$K_a = 3.5 \times 10^{-8} = \frac{(x)(x)}{0.100 - x}$$

9. K_a가 작으므로 x에 대한 값도 작으리라고 예상할 수 있다. 따라서 $[HA]_0 - x \approx [HA]_0$, 즉 $0.100 - x \approx 0.100$의 근사법을 사용할 수 있고, 위의 식은 다음과 같이 된다.

$$K_a = 3.5 \times 10^{-8} = \frac{x^2}{0.100 - x} \approx \frac{x^2}{0.100}$$

x에 대해 풀면,

$$x = 5.9 \times 10^{-5}$$

10. $0.100 - x \approx 0.100$의 근사법의 타당성을 입증해야 한다. x를 $[HOCl]_0$와 비교해 보자.

$$\frac{x}{[HA]_0} \times 100 = \frac{x}{[HOCl]_0} \times 100 = \frac{5.9 \times 10^{-5}}{0.100} \times 100 = 0.059\%$$

이 값이 5%보다는 훨씬 작으므로 이 근사법은 타당하다.

11. $[H^+]$과 pH를 계산한다.

■ $[H^+] = x = 5.9 \times 10^{-5}\ M$ 및 pH = 4.23

연습 문제 14.73와 14.74 참조

약산 혼합물의 pH

동일한 체계적 접근법이 모든 용액 평형에 적용된다.

가끔 세기가 크게 다른 두 가지 약산이 용액에 들어 있을 수 있다. 이런 경우를 예제 14.9에서 취급하기로 한다. 각 단계를 다시 따른다는 것에 유의하라(표시는 하지 않지만).

대화형 예제 14.9 약산 혼합물의 pH

1.00 *M* HCN ($K_a = 6.2 \times 10^{-10}$)과 5.00 *M* HNO_2 ($K_a = 4.0 \times 10^{-4}$)가 들어 있는 용액의 pH를 계산하라. 또한 평형 상태에 있는 이 용액 중의 사이안화 이온(CN^-) 농도를 계산하라.

풀이 HCN과 HNO_2 모두가 약산이고 많이 해리하지 않으므로, 용액에서 주성분 화학종은 다음과 같다.

HCN, HNO_2 및 H_2O

주성분 화학종

HCN

HNO_2

H_2O

이들 세 가지 성분 모두 H^+를 내놓는다.

$$HCN(aq) \rightleftharpoons H^+(aq) + CN^-(aq) \qquad K_a = 6.2 \times 10^{-10}$$

$$HNO_2(aq) \rightleftharpoons H^+(aq) + NO_2^-(aq) \qquad K_a = 4.0 \times 10^{-4}$$

$$H_2O(l) \rightleftharpoons H^+(aq) + OH^-(aq) \qquad K_w = 1.0 \times 10^{-14}$$

세 가지 산의 혼합물은 대단히 복잡한 문제를 야기할지도 모른다. 그러나 비록 HNO_2가 약산이더라도 다른 두 가지 산보다는 상당히 세다(*K* 값을 비교해 보라)는 사실에 의하여 상황은 많이 단순화된다. 따라서 HNO_2를 H^+의 우세한 공급원으로 가정할 수 있으므로, 다음의 평형식에 초점을 맞춘다.

$$K_a = 4.0 \times 10^{-4} = \frac{[H^+][NO_2^-]}{[HNO_2]}$$

초기 농도, x의 정의, 평형 농도는 다음과 같다.

초기 농도(mol/L)		평형 농도(mol/L)
$[HNO_2]_0 = 5.00$	$\xrightarrow[\text{해리한다.}]{x\text{ mol/L } HNO_2\text{가}}$	$[HNO_2] = 5.00 - x$
$[NO_2^-]_0 = 0$		$[NO_2^-] = x$
$[H^+]_0 \approx 0$		$[H^+] = x$

해당하는 초기 농도, 변화량, 평형 농도의 표는 다음과 같다.

초기 농도, 변화량, 평형 농도의 표에는 혼란을 피하기 위해 농도의 단위를 나타내지 않았다. 모든 값의 단위는 mol/L이다.

	$HNO_2(aq)$	$\rightleftharpoons$	$H^+(aq)$	+	$NO_2^-(aq)$
초기	5.00		0		0
변화량	$-x$		$+x$		$+x$
평형	$5.00 - x$		x		x

평형식에 평형 농도를 대입하고, $5.00 - x = 5.00$의 근사값을 대입하여 풀면 다음과 같이 얻어진다.

$$K_a = 4.0 \times 10^{-4} = \frac{(x)(x)}{5.00 - x} \approx \frac{x^2}{5.00}$$

x에 대하여 풀면

$$x = 4.5 \times 10^{-2}$$

5% 규칙을 사용하여 근사값의 타당성을 조사한다.

$$\frac{x}{[HNO_2]_0} \times 100 = \frac{4.5 \times 10^{-2}}{5.00} \times 100 = 0.90\%$$

그러므로,

$$■ \ [H^+] = x = 4.5 \times 10^{-2}\,M \quad \text{및} \quad pH = 1.35$$

또한 이 용액에 있는 사이안화 이온의 평형 농도를 계산할 수 있다. CN^- 이온은 HCN의 해리로부터 생긴 것이다.

$$HCN(aq) \rightleftharpoons H^+(aq) + CN^-(aq)$$

이 평형의 위치는 왼쪽으로 많이 치우쳐 있고, $[H^+]$에 *크게* 기여하지 않지만, CN^-의 *유일한 공급원*은 HCN뿐이다. 따라서 $[CN^-]$를 계산하기 위하여 HCN이 해리의 정도를 알아야 한다. 위 반응의 평형식은 다음과 같다.

$$K_a = 6.2 \times 10^{-10} = \frac{[H^+][CN^-]}{[HCN]}$$

문제의 앞부분에서 얻은 결과로부터, 용액의 $[H^+]$는 알고 있다. *이 용액에는 한 종류의 H^+밖에 없다*는 것을 이해해야 한다. H^+ 이온이 원래 어느 산에서 왔느냐 하는 것은 문제가 되지 않는다. H^+가 HNO_2의 해리로부터 전적으로 공급된다 하더라도 HCN의 해리에 대한 $[H^+]$의 평형값은 $4.5 \times 10^{-2}\,M$이다. 평형에서 [HCN]은 얼마인가? $[HCN]_0 = 1.00\,M$임을 알고 있고, HCN의 K_a는 매우 작으며, HCN은 무시할 정도의 양만이 해리하므로 다음과 같이 쓸 수 있다.

$$[HCN] = [HCN]_0 - \text{해리된 HCN의 양} \approx [HCN]_0 = 1.00\,M$$

$[H^+]$와 [HCN]을 알기 때문에 다음의 평형식으로부터 $[CN^-]$를 계산할 수 있다.

$$K_a = 6.2 \times 10^{-10} = \frac{[H^+][CN^-]}{[HCN]} = \frac{(4.5 \times 10^{-2})[CN^-]}{1.00}$$

$$■ \ [CN^-] = \frac{(6.2 \times 10^{-10})(1.00)}{4.5 \times 10^{-2}} = 1.4 \times 10^{-8}\,M$$

이 결과의 의미를 알아보자. $[CN^-] = 1.4 \times 10^{-8}\,M$이고, HCN이 유일한 CN^-의 공급원이므로, HCN은 1.4×10^{-8} mol/L만이 해리한다는 것을 의미한다. 이것은 HCN의

처음 농도에 비하여 대단히 적은 양이며, 극히 작은 K_a 값으로부터 예상할 수 있는 값이다. 따라서 가정한 대로 [HCN] = 1.00 *M*이다.

연습 문제 14.83과 14.84 참조

해리 백분율

해리 백분율은 *이온화 백분율*로도 알려져 있다.

흔히 수용액에서 해리되어 평형에 도달하는 약산의 양을 아는 것이 유용하다. **해리 백분율**(percent dissociation)은 다음과 같이 정의된다.

$$\text{해리 백분율} = \frac{\text{해리된 양(mol/L)}}{\text{초기 농도(mol/L)}} \times 100\ \% \qquad \textbf{(14.5)}$$

예를 들어 1.00 *M*의 HF 용액에서 $[H^+] = 2.7 \times 10^{-2}$ *M*이라는 것을 앞에서 알았다. 평형에 도달하기 위하여 원래의 1.00 *M* HF 중 2.7×10^{-2} mol/L가 해리한다.

$$\text{해리 백분율} = \frac{2.7 \times 10^{-2}\ \text{mol/L}}{1.00\ \text{mol/L}} \times 100\ \% = 2.7\%$$

약산의 해리 백분율은 산이 묽어짐에 따라 증가한다. 예를 들면 아세트산($HC_2H_3O_2$, $K_a = 1.8 \times 10^{-5}$)의 해리 백분율은 예제 14.10에서 보여 주는 바와 같이, 1.0 *M* 용액에서보다 0.10 *M* 용액에서 훨씬 더 크다.

대화형 예제 14.10 해리 백분율의 계산

다음의 각 용액에서 아세트산($K_a = 1.8 \times 10^{-5}$)의 해리 백분율을 계산하라.

a. 1.00 *M* $HC_2H_3O_2$

b. 0.100 *M* $HC_2H_3O_2$

풀이

주성분 화학종

$HC_2H_3O_2$

H_2O

a. 아세트산은 약산이므로, 용액에서 주성분 화학종은 $HC_2H_3O_2$와 H_2O이다. 두 가지 화학종 모두 약산이지만, 물보다 아세트산이 훨씬 더 센산이다. 따라서 지배적인 평형은 다음과 같다.

$$HC_2H_3O_2(aq) \rightleftharpoons H^+(aq) + C_2H_3O_2^-(aq)$$

그리고 평형식은 다음과 같이 표현된다.

$$K_a = 1.8 \times 10^{-5} = \frac{[H^+][C_2H_3O_2^-]}{[HC_2H_3O_2]}$$

초기 농도, *x*의 정의, 평형 농도는 다음과 같다.

	$HC_2H_3O_2(aq)$	$\rightleftharpoons$	$H^+(aq)$	+	$C_2H_3O_2^-(aq)$
초기	1.00		0		0
변화량	$-x$		x		x
평형	$1.00 - x$		x		x

평형 농도를 평형식에 대입하고, *x*가 $[HA]_0$에 비하여 작다고 가정하면 *x*는 다음과 같이 계산할 수 있다.

$$K_a = 1.8 \times 10^{-5} = \frac{[H^+][C_2H_3O_2^-]}{[HC_2H_3O_2]} = \frac{(x)(x)}{1.00 - x} \approx \frac{x^2}{1.00}$$

따라서,

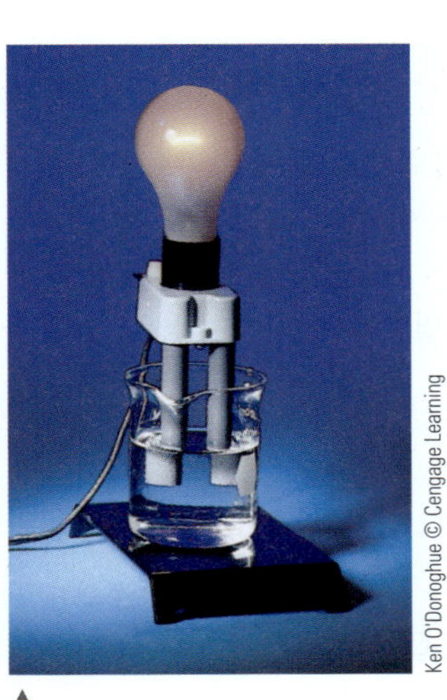

▲ 아세트산 용액은 약전해질로서 매우 적은 양의 이온만을 포함하므로 센전해질만큼 많은 양의 전류를 흐르게 하지 않는다. 따라서 전구는 매우 희미하다.

$$x^2 \approx 1.8 \times 10^{-5} \quad \text{그리고} \quad x \approx 4.2 \times 10^{-3}$$

$1.00 - x \approx 1.00$은 5% 규칙에 맞으므로,

$$[H^+] = x = 4.2 \times 10^{-3}\,M\text{이 된다.}$$

따라서 해리 백분율은 다음과 같이 계산된다.

$$■ \quad \frac{[H^+]}{[HC_2H_3O_2]_0} \times 100 = \frac{4.2 \times 10^{-3}}{1.00} \times 100\% = 0.42\%$$

b. 이것은 $[HC_2H_3O_2] = 0.100\,M$인 것만 제외하고 앞의 문제와 비슷하다. 따라서 다음과 같이 계산된다.

$$K_a = 1.8 \times 10^{-5} = \frac{[H^+][C_2H_3O_2^-]}{[HC_2H_3O_2]} = \frac{(x)(x)}{0.100 - x} \approx \frac{x^2}{0.100}$$

따라서 $$x = [H^+] = 1.3 \times 10^{-3}\,M$$

그리고 $$■ \text{ 해리 백분율} = \frac{1.3 \times 10^{-3}}{0.10} \times 100\% = 1.3\%$$

연습 문제 14.85와 14.86 참조

예제 14.10의 결과는 두 가지 중요한 사실을 보여 준다. H^+의 평형 농도는 예상한 바와 같이, 1.0 M 아세트산 용액에서보다 0.10 M 용액에서 더 작다. 그러나 해리 백분율은 1.0 M 용액에서보다 0.10 M 용액에서 훨씬 더 크다. 이것이 일반적인 결과이다. *어떤 약산 HA의 용액에서 $[HA]_0$가 감소할 때 $[H^+]$는 감소하지만, 해리 백분율은 증가한다.* 이런 현상을 다음과 같이 설명할 수 있다.

약산 용액이 묽어질수록 해리 백분율은 커진다.

평형에서 다음과 같이 초기 농도가 $[HA]_0$인 약산 HA를 생각해 보자.

$$[HA] = [HA]_0 - x \approx [HA]_0$$
$$[H^+] = [A^-] = x$$

따라서 $$K_a = \frac{[H^+][A^-]}{[HA]} \approx \frac{(x)(x)}{[HA]_0}$$

그리고 갑자기 충분한 양의 물을 가하여 용액을 10배로 묽혔다고 생각해 보자. 새로 묽힌 농도는 다음과 같이 된다.

$$[A^-]_{\text{새로운}} = [H^+]_{\text{새로운}} = \frac{x}{10}$$

$$[HA]_{\text{새로운}} = \frac{[HA]_0}{10}$$

그리고 반응 지수 Q는 다음과 같다.

$$Q = \frac{\left(\frac{x}{10}\right)\left(\frac{x}{10}\right)}{\frac{[HA]_0}{10}} = \frac{1(x)(x)}{10[HA]_0} = \frac{1}{10}K_a$$

Q가 K_a보다 작으므로 계는 새로운 평형 위치에 도달할 때까지 오른쪽으로 이동하여야 한다. 따라서 산이 묽어지면 해리 백분율은 증가한다. 이 현상을 그림 14.8에 요약하였다. 약산의 K_a 값을 계산할 때, 해리 백분율이 어떻게 사용될 수 있는가를 예제 14.11에서 보게 될 것이다.

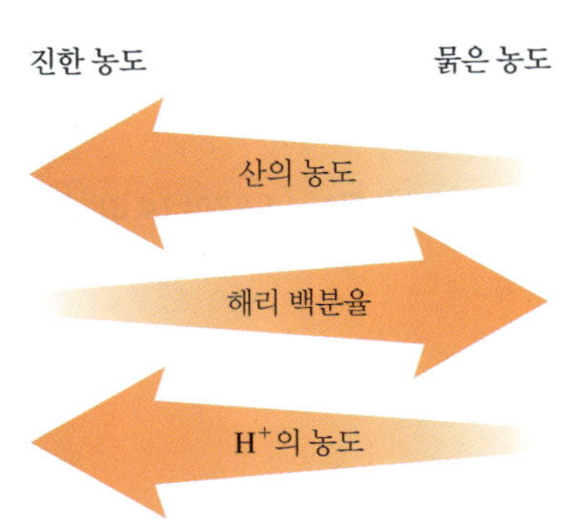

그림 14.8 약산 용액의 해리 백분율과 $[H^+]$에 대한 묽힘 효과.

대화형 예제 14.11 해리 백분율로부터 K_a 계산

젖산($HC_3H_5O_3$)은 활동 중 근육 조직에 축적되는 화학 물질로서, 고통이나 피로를 느끼게 하는 물질이다. 0.100 *M* 수용액에서 젖산은 3.7% 해리한다. 이 산의 K_a를 계산하라.

풀이 해리 백분율 값이 작으므로, $HC_3H_5O_3$가 약산이라는 것은 명백하다. 따라서 용액 중의 주성분 화학종은 해리되지 않은 산과 물이다.

주성분 화학종

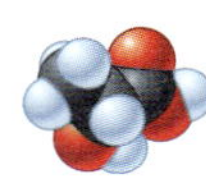
$HC_3H_5O_3$

H_2O

$$HC_3H_5O_3 \quad 와 \quad H_2O$$

그러나 $HC_3H_5O_3$가 약산이더라도 물보다는 상당히 세므로, 용액에서 H^+의 주공급원이 된다. 해리 반응은 다음과 같고,

$$HC_3H_5O_3(aq) \rightleftharpoons H^+(aq) + C_3H_5O_3^-(aq)$$

해리 평형식은 다음과 같다.

$$K_a = \frac{[H^+][C_3H_5O_3^-]}{[HC_3H_5O_3]}$$

초기 농도, 평형 농도의 표는 다음과 같다.

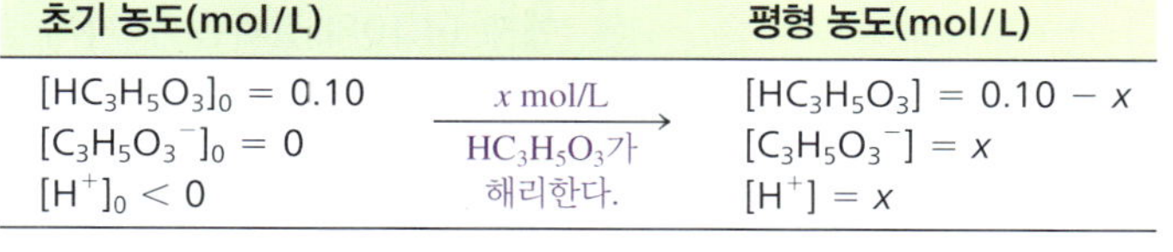

초기 농도(mol/L)		평형 농도(mol/L)
$[HC_3H_5O_3]_0 = 0.10$	x mol/L	$[HC_3H_5O_3] = 0.10 - x$
$[C_3H_5O_3^-]_0 = 0$	$\longrightarrow$ $HC_3H_5O_3$가	$[C_3H_5O_3^-] = x$
$[H^+]_0 < 0$	해리한다.	$[H^+] = x$

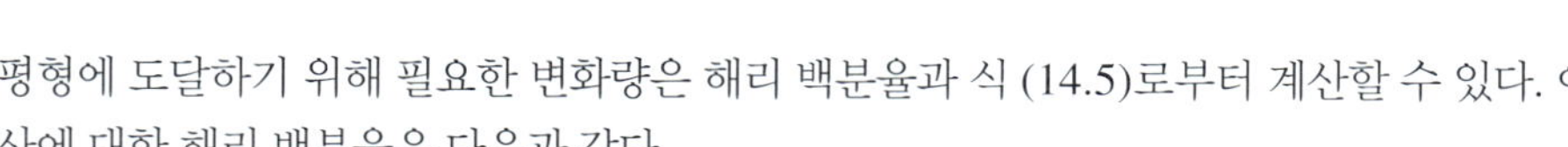

평형에 도달하기 위해 필요한 변화량은 해리 백분율과 식 (14.5)로부터 계산할 수 있다. 이 산에 대한 해리 백분율은 다음과 같다.

$$해리\ 백분율 = 3.7\% = \frac{x}{[HC_3H_5O_3]_0} \times 100\% = \frac{x}{0.10} \times 100\%$$

따라서

$$x = \frac{3.7}{100}(0.10) = 3.7 \times 10^{-3}\ \text{mol/L}$$

이제 평형 농도를 계산한다.

$$[HC_3H_5O_3] = 0.10 - x = 0.10\ M \qquad (유효\ 숫자의\ 정확한\ 개수)$$
$$[C_3H_5O_3^-] = [H^+] = x = 3.7 \times 10^{-3}\ M$$

이 농도를 사용하여 젖산의 K_a 값을 계산한다.

$$■\ K_a = \frac{[H^+][C_3H_5O_3^-]}{[HC_3H_5O_3]} = \frac{(3.7 \times 10^{-3})(3.7 \times 10^{-3})}{0.10} = 1.4 \times 10^{-4}$$

연습 문제 14.87과 14.88 참조

Neil Denize/Dreamstime.com

▲ 격렬한 운동을 하면 근육 조직에 젖산이 축적된다.

문제 풀이 전략

산–염기 문제 풀기

1. 용액 속의 주성분 화학종들을 나열하라.
2. 반응이 완결된다고 가정할 수 있는 반응들을 찾아라—예로서, 센산의 해리 또는 H^+와 OH^-의 반응을 들 수 있다.
3. 반응이 완결된다고 가정된 반응들에 대하여:
   a. 생성물의 농도를 결정하라.
   b. 반응 후의 용액 속의 주요 화학종들을 써라.
4. 용액 속의 주요 성분들을 찾아서 산인지 염기인지 결정하라.
5. pH를 결정짓는 평형을 선택하라. 다양한 화학종의 알려진 해리 상수를 주된 평형을 결정하는 데 이용하라.
   a. 반응식과 평형 상수식을 써라.
   b. 초기 농도를 계산하라(주된 평형이 아직 일어나지 않았다고 가정하라. 즉, 산의 해리가 없다 등).
   c. x를 정의하라.
   d. 평형 농도를 x를 이용하여 표현하라.
   e. 그 농도를 평형 상수식에 대입하여 x를 구하라.
   f. 근사의 타당성을 검토하라.
   g. 요구한 pH와 다른 농도들을 계산하라.

비록 이러한 일련의 과정들은 특히 간단한 문제에서는 다소 번거롭게 보일 수 있지만, 수용액이 더 복잡해질수록 점점 더 유용해진다. 산–염기 문제를 체계적으로 접근하는 습관을 들이면 더 복잡한 경우도 다루기가 훨씬 쉬워진다.

14.6 염기

25°C에서 염기성 용액의 pH > 7.

▲
수산화 알루미늄과 수산화 마그네슘을 포함하고 있는 제산제.

Arrhenius의 개념에 의하면, 염기는 수용액에서 OH^- 이온을 내는 물질이다. 또한 Brønsted-Lowry 모형에 따르면, 염기는 양성자 받개이다. 염기인 수산화 소듐(NaOH)과 수산화 포타슘(KOH)은 이들 기준 모두를 만족시킨다. 그들은 고체 격자에 OH^- 이온을 포함하고 있으며, 수용액에 녹을 때 보통의 전해질과 같이 행동하면서 완전히 해리한다.

$$NaOH(s) \longrightarrow Na^+(aq) + OH^-(aq)$$

물론 이때 해리되지 않은 NaOH는 전혀 남아있지 않다. 따라서 1.0 M NaOH 용액은 실제로 1.0 M Na^+와 1.0 M OH^-를 포함한다. 완전히 해리하기 때문에 센산을 정의한 것과 같은 관점에서, NaOH와 KOH를 **센염기**(strong base)라고 부른다.

1A족 원소의 수산화물(LiOH, NaOH, KOH, RbOH, CsOH)은 모두 센염기이지만 리튬, 루비듐, 세슘의 화합물들은 값이 비싸므로 NaOH와 KOH만이 실험실에서 흔히 사용되는 시약이다. 알칼리 토금속(2A족)의 수산화물들[$Ca(OH)_2$, $Ba(OH)_2$, $Sr(OH)_2$]도 또한 센염기들이다. 이들 화합물은 수용액에 녹을 때, 금속 수산화물 1 mol당 2 mol의 수산화 이온을 낸다.

알칼리 토금속의 수산화물은 잘 녹지 않으며, 용해도가 중요하지 않을 때에만 사용된다. 사실 이들 염기의 낮은 용해도가 어떤 때는 장점이 되기도 한다. 예를 들면 대개의 제산제들은 수산화 알루미늄이나 수산화 마그네슘과 같은 금속 수산화물의 현탁액이다. 이들 화합물의 용해도가 낮기 때문에 입, 식도, 위 조직에 해를 줄지도 모르는 수산화 이온이 많이 해리되지 않는다. 그러나 반응이 진행함에 따라 염이 녹으므로, 이들 현탁액은 위산과 반응하기에 충분한 수산화 이온을 공급한다.

소석회(slaked lime)라고도 하는 수산화 칼슘[$Ca(OH)_2$]은 값도 싸고, 양이 풍부하므로 공업용으로 널리 사용된다. 예를 들어 소석회는 발전소와 공장의 배기 장치로부터 나오는 이산화 황을 제거하기 위하여 굴뚝 연기를 정화하는 데 사용된다. 정화 과정에서, 소석회 현탁액을 굴뚝 연기에 뿌려서 다음과 같은 단계를 따라서 이산화 황 기체와 반응하게 한다.

$$SO_2(g) + H_2O(l) \rightleftharpoons H_2SO_3(aq)$$
$$Ca(OH)_2(aq) + H_2SO_3(aq) \rightleftharpoons CaSO_3(s) + 2H_2O(l)$$

소석회는 또한 센물을 단물로 만드는 물처리 공장에서도 널리 사용되는데, 세제를 녹지 않게 하는 Ca^{2+} 및 Mg^{2+}와 같은 이온들을 제거해 준다. 물처리 공장에서 가장 흔하게 이용되는 단물화 방법은 **석회–소다 공정**(lime-soda process)으로, *석회*(CaO)와 *소다회*(Na_2CO_3)를 물에 넣는다. 이 장의 뒷부분에서 자세히 살펴보겠지만, CO_3^{2-} 이온은 물과 반응하여 HCO_3^- 이온을 만든다. 석회는 물과 반응하여 소석회를 만든다.

$$CaO(s) + H_2O(l) \longrightarrow Ca(OH)_2(aq)$$

이 소석회는 소다회로부터 생성된 HCO_3^- 이온과, 센물에 있는 Ca^{2+} 이온이 함께 반응하여 탄산 칼슘을 형성한다.

$$Ca(OH)_2(aq) + \underset{\text{센 물로부터}}{Ca^{2+}(aq)} + 2HCO_3^-(aq) \longrightarrow 2CaCO_3(s) + 2H_2O(l)$$

따라서 $Ca(OH)_2$ 1 mol이 소비될 때마다 센물에 있는 Ca^{2+} 1 mol이 제거되어 센물은 단물로 된다. 어떤 센물에는 탄산수소 이온이 들어 있기도 하다. 이 경우에는 소다회가 필요하지 않으므로 석회만 가하여 단물로 만든다.

5.10절에서 설명한 바와 같이, 굴뚝 연기를 정화하는 데는 탄산 칼슘이 사용된다.

예제 14.12에서 보여 주는 바와 같이, 센염기 용액의 pH 계산은 간단하다.

대화형 예제 14.12 센염기의 pH

5.0×10^{-2} *M* NaOH 용액의 pH를 계산하라.

풀이 이 용액의 주성분 화학종은

$$\underbrace{Na^+, \ OH^-,}_{\text{NaOH로부터}} \quad \text{및} \quad H_2O$$

주성분 화학종

Na^+

OH^-

H_2O

비록 물의 자체이온화 반응도 OH^- 이온을 생성하지만, pH는 녹은 NaOH에서 온 OH^- 이온에 의해 지배될 것이다. 그러므로 용액에서

$$[OH^-] = 5.0 \times 10^{-2}\ M$$

이고 H^+ 농도는 K_w로부터 계산할 수 있다:

$$[H^+] = \frac{K_w}{[OH^-]} = \frac{1.0 \times 10^{\ 14}}{5.0 \times 10^{-2}} = 2.0 \times 10^{-13}\ M$$

■ pH = 12.70

이 용액은 $[OH^-] > [H^+]$, 즉 pH > 7인 염기성 용액임에 유의하라. 염으로부터 생긴 OH^-는 물의 자체이온화 평형을 왼쪽으로 이동시키고,

$$H_2O(l) \rightleftharpoons H^+(aq) + OH^-(aq)$$

순수한 물에서보다 $[H^+]$를 훨씬 적게 한다.

연습 문제 14.99~14.102 참조

염기에 수산화 이온이 들어 있어야만 하는 것은 아니다.

많은 종류의 양성자 받개(염기)에는 수산화 이온이 들어 있지 않다. 그러나 물에 녹을 때 물과 반응하기 때문에 이들 물질은 수산화 이온의 농도를 증가시킨다. 예를 들어 암모니아는 다음과 같이 물과 반응한다.

$$NH_3(aq) + H_2O(l) \rightleftharpoons NH_4^+(aq) + OH^-(aq)$$

암모니아 분자는 양성자를 받으므로 염기로 작용한다. 이 반응에서 물은 산이다. 염기인 암모니아는 수산화 이온의 농도를 증가시켜 염기성 용액을 만든다.

일반적으로 암모니아와 같은 염기는 양성자와 결합을 형성할 수 있는 한 개 이상의 고립 전자쌍을 가진다. 물 분자와 암모니아 분자의 반응은 다음과 같이 나타낼 수 있다.

$$H_3N: + H{-}\ddot{O}{-}H \rightleftharpoons [H_3N{-}H]^+ + [:\ddot{O}{-}H]^-$$

물과 반응하여 수산화 이온을 내는 암모니아와 같은 염기가 많이 있다. 이들 염기의 질소 원자에는 고립 전자쌍이 있다. 몇 가지 예를 들면 다음과 같다.

$H_3C{-}\ddot{N}H{-}H$	$H_3C{-}\ddot{N}H{-}CH_3$	$H_3C{-}\ddot{N}(CH_3){-}CH_3$	$H{-}\ddot{N}H{-}C_2H_5$	$C_5H_5\ddot{N}$
메틸아민	다이메틸아민	트라이메틸아민	에틸아민	피리딘

앞의 네 개 염기는 수소 원자가 메틸(CH_3)이나 에틸(C_2H_5) 기로 바뀐, 치환된 암모니아 분자(substituted ammonia molecule)로 생각할 수 있다. 피리딘은 고리의 탄소 원자 한 개가 질소 원자로 바뀐 것 이외에는 벤젠과 동일하다.

원은 비편재화된 전자를 나타낸다.

염기(B)와 물 사이의 일반적인 반응은 다음과 같이 쓴다.

$$\underset{\text{염기}}{B(aq)} + \underset{\text{산}}{H_2O(l)} \rightleftharpoons \underset{\text{짝산}}{BH^+(aq)} + \underset{\text{짝염기}}{OH^-(aq)} \quad (14.6)$$

일반적인 반응에 대한 평형 상수는 다음과 같다.

부록 5.3에 K_b 값들의 표가 있다.

$$K_b = \frac{[BH^+][OH^-]}{[B]}$$

여기에서, **K_b는 항상 염기가 물과 반응하여 짝산과 수산화 이온을 만드는 반응임을 말해 준다.**

약산에 관한 평형 문제를 풀 때의 각 단계를 참고로, 약염기 평형에 대해서도 똑같이 체계적인 접근을 하라.

식 (14.6)에서 B로 표시된 염기는 H^+ 이온에 대단히 센염기인 OH^-와 경쟁한다. 따라서 K_b 값이 작으면(예: 암모니아, $K_b = 1.8 \times 10^{-5}$) **약염기**(weak base)라고 부른다. 몇 가지 흔한 약염기의 K_b 값들이 표 14.3에 수록되어 있다.

일반적으로 약염기 용액에 대한 pH 계산은 예제 14.13과 14.14에서 보여 주는 바와 같이, 약산에 대한 것과 매우 비슷하다.

표 14.3 흔히 볼 수 있는 몇 가지 약염기의 K_b 값

이름	화학식	짝산	K_b
암모니아	NH_3	NH_4^+	1.8×10^{-5}
메틸아민	CH_3NH_2	$CH_3NH_3^+$	4.38×10^{-4}
에틸아민	$C_2H_5NH_2$	$C_2H_5NH_3^+$	5.6×10^{-4}
아닐린	$C_6H_5NH_2$	$C_6H_5NH_3^+$	3.8×10^{-10}
피리딘	C_5H_5N	$C_5H_5NH^+$	1.7×10^{-9}

대화형 예제 14.13 약염기의 pH I

NH_3 ($K_b = 1.8 \times 10^{-5}$)의 15.0 *M* 용액에 대한 pH를 계산하라.

풀이 K_b 값이 작은 것으로부터 알 수 있듯이, 암모니아는 약염기이므로 녹은 NH_3 거의 모두가 NH_3로 남아 있게 된다. 따라서 용액에서 주성분 화학종은 다음과 같다.

주성분 화학종

NH_3

H_2O

NH_3 와 H_2O

이들 물질 모두는 다음 반응에 의해서 OH^-를 내놓을 수 있다.

$$NH_3(aq) + H_2O(l) \rightleftharpoons NH_4^+(aq) + OH^-(aq) \qquad K_b = 1.8 \times 10^{-5}$$

$$H_2O(l) \rightleftharpoons H^+(aq) + OH^-(aq) \qquad K_w = 1.0 \times 10^{-14}$$

그러나 $K_b \gg K_w$이므로, 물의 기여는 무시할 수 있다. NH_3에 대한 평형이 지배적이고, 사용할 평형식은 다음과 같다.

$$K_b = 1.8 \times 10^{-5} = \frac{[NH_4^+][OH^-]}{[NH_3]}$$

필요한 농도값들은 다음과 같이 주어진다.

초기 농도(mol/L)		평형 농도(mol/L)
$[NH_3]_0 = 15.0$ $[NH_4^+]_0 = 0$ $[OH^-]_0 \approx 0$	x mol/L NH_3는 H_2O와 반응하여 평형에 도달한다. →	$[NH_3] = 15.0 - x$ $[NH_4^+] = x$ $[OH_2] = x$

이 농도들을 초기 농도, 변화량, 평형 농도의 표로 나타내면 다음과 같다.

	$NH_3(aq)$	$\rightleftharpoons$	$H_2O(l)$	+	$NH_4^+(aq)$	+	$OH^-(aq)$
초기	15.0		—		0		0
변화량	$-x$		—		$+x$		$+x$
평형	$15.0 - x$		—		x		x

평형식에 평형 농도를 대입하고, 근사법을 사용하여 x를 계산한다.

$$K_b = 1.8 \times 10^{-5} = \frac{[NH_4^+][OH^-]}{[NH_3]} = \frac{(x)(x)}{15.0 - x} \approx \frac{x^2}{15.0}$$

$$x \approx 1.6 \times 10^{-2}$$

근사값은 5% 규칙에 의해 타당하므로(스스로 점검해 보라)

$$[OH^-] = 1.6 \times 10^{-2}\ M$$

이 용액에 대하여 K_w가 만족되어야 하므로 $[H^+]$는 다음과 같이 계산한다.

화학 관련 읽을거리 Chemical Connections

아민(amine)

많은 염기가 한 개의 고립 전자쌍을 갖고 있는 질소 원자를 포함하고 있으며, 암모니아 분자에서 수소가 치환되어 일반식 $R_xNH_{(3-x)}$를 갖는 것이 알려져 있다. 이런 형태의 화합물을 **아민**(amine)이라고 한다. 아민은 동물체나 식물체에 널리 퍼져 있으며, 복잡한 아민은 전달자 또는 조정자로서의 역할을 한다. 예를 들어, 인간의 신경 계통에 두 가지의 아민 자극제인 *노에피네프린*(*norepinephrine*)과 *아드레날린*(*adrenaline*)이 존재한다.

노에피네프린

아드레날린

축농증 억제제로 널리 알려진 *에페드린*(*ephedrine*)은 중국에서 2000년 전부터 알려져 온 약이다. 멕시코와 미국 남서부에 사는 인디언들은 수 세기 동안 peyote 선인장에서 추출한 환각제인 *메스칼린*(*mescaline*)을 사용하여 왔다.

에페드린

메스칼린

코데인(codeine), 퀴닌(quinine)과 같은 많은 다른 약들도 아민이지만, 순수한 아민 형태로는 보통 사용되지 않는다. 대신에 산으로 처리하여 산염(acid salt)을 만든다. 산염 중 한 가지 예로 염화 암모늄이 있는데, 다음 반응에 의하여 만든다.

$$NH_3 + HCl \longrightarrow NH_4Cl$$

아민 또한 이와 같은 방법으로 양성자를 받아들일 수 있다. AHCl로 나타내는 최종 산염(여기에서 A는 아민을 나타낸다)은 AH^+와 Cl^-를 포함한다. 일반적으로 산염은 물에서 원래의 아민보다 안정하고 잘 녹는다. 예를 들면, 국부 마취제로 잘 알려진 *노보카인*(*novocaine*)은 물에 녹지 않지만, 노보카인의 산염은 대단히 잘 녹는다.

▲ 바위에서 자라는 peyote 선인장.

노보카인 염화수소

$$[H^+] = \frac{K_w}{[OH^-]} = \frac{1.0 \times 10^{-14}}{1.6 \times 10^{-2}} = 6.3 \times 10^{-13}\ M$$

그러므로, $\blacksquare\ pH = -\log(6.3 \times 10^{-13}) = 12.20$

연습 문제 14.107과 14.108 참조

염기에 대한 K_b 값의 표는 부록 5.3에도 있다.

예제 14.13은 대표적인 약염기의 평형 문제를 어떻게 풀어야 하는가를 보여 주고 있다. 다음 두 가지의 중요한 사항을 유의하라.

1. 앞에서는 K_w로부터 $[H^+]$를 계산하고 pH를 구하였지만, 다른 방법도 있다. $[OH^-]$로부터 pOH를 계산하고, 식 (14.3)을 사용하여 pH를 구할 수 있다.

$$pK_w = 14.00 = pH + pOH$$
$$pH = 14.00 - pOH$$

2. 15.0 M NH_3 용액에서 NH_4^+와 OH^-의 평형 농도는 각각 1.6×10^{-2} M이다. 암모니아의 대단히 작은 백분율만이 물과 반응한다.

$$\frac{1.6 \times 10^{-2}}{15.0} \times 100\% = 0.11\%$$

15.0 M NH_3 용액이 담겨 있는 병을 때때로 15.0 M NH_4OH라는 라벨로 붙여 놓기도 하지만, 위의 결과로부터 15.0 M NH_3가 용액의 내용물에 대한 좀 더 정확한 표현이라는 것을 알 수 있다.

대화형 예제 14.14 약염기의 pH II

메틸아민(CH_3NH_2, $K_b = 4.38 \times 10^{-4}$) 1.0 M 용액의 pH를 계산하라.

풀이 메틸아민은 약염기이므로, 용액에서 주성분 화학종은

주성분 화학종

CH_3NH_2

H_2O

CH_3NH_2 와 H_2O이다.

두 화학종 모두 염기이지만, 물은 OH^-의 공급원으로 무시될 수 있으므로, 주된 평형은 다음과 같다.

$$CH_3NH_2(aq) + H_2O(l) \rightleftharpoons CH_3NH_3^+(aq) + OH^-(aq)$$

그리고
$$K_b = 4.38 \times 10^{-4} = \frac{[CH_3NH_3^+][OH^-]}{[CH_3NH_2]}$$

초기 농도, 변화량, 평형 농도의 표는 다음과 같다.

	$CH_3NH_2(aq)$	+	$H_2O(l)$	$\rightleftharpoons$	$CH_3NH_3^+(aq)$	+	$OH^-(aq)$
초기	1.0		—		0		0
변화량	$-x$		—		$+x$		$+x$
평형	$1.0 - x$		—		x		x

평형 농도를 평형식에 대입하고, 근사법을 이용하여 계산한다.

$$K_b = 4.38 \times 10^{-4} = \frac{[CH_3NH_3^+][OH^-]}{[CH_3NH_2]} = \frac{(x)(x)}{1.0 - x} \approx \frac{x^2}{1.0}$$

이것을 풀면,
$$x \approx 2.1 \times 10^{-2}$$

근사값은 5% 규칙에 의해 타당하므로, 다음과 같이 pH를 계산할 수 있다.

$$[OH^-] = x = 2.1 \times 10^{-2}\,M$$
$$pOH = 1.68$$
$$■\ pH = 14.00 - 1.68 = 12.32$$

연습 문제 14.109와 14.110 참조

14.7 다양성자산

황산(H_2SO_4)이나 인산(H_3PO_4)과 같은 몇 가지 중요한 산들은 두 개 이상의 양성자를 공급할 수 있어, **다양성자산**(polyprotic acid)이라고 한다. 다양성자산은 한 번에 한 개의 양성자를 *단계적으로* 해리한다. 예를 들면 사람의 혈액에서 pH를 일정하게 유지하는 데 중요한 역할을 하는 이양성자산(두 개의 양성자)인 탄산(H_2CO_3)은 다음과 같은 단계로 해리한다.

$$H_2CO_3(aq) \rightleftharpoons H^+(aq) + HCO_3^-(aq) \quad K_{a_1} = \frac{[H^+][HCO_3^-]}{[H_2CO_3]} = 4.3 \times 10^{-7}$$

$$HCO_3^-(aq) \rightleftharpoons H^+(aq) + CO_3^{2-}(aq) \quad K_{a_2} = \frac{[H^+][CO_3^{2-}]}{[HCO_3^-]} = 5.6 \times 10^{-11}$$

해리 평형에 대한 순차적인 K_a 값은 K_{a_1}과 K_{a_2}로 표시한다. 첫 해리 평형의 짝염기인 HCO_3^-는 두 번째 단계에서 산이 된다.

탄산은 이산화 탄소 기체가 물에 녹을 때 생긴다. 수용액에서 H_2CO_3은 거의 존재하고 있지 않으므로 탄산의 첫 해리 단계는 다음 반응으로 나타내는 것이 최선이다.

$$CO_2(aq) + H_2O(l) \rightleftharpoons H^+(aq) + HCO_3^-(aq)$$

그러나 물에 있는 CO_2를 H_2CO_3로 생각하여, 약산의 해리 반응과 같은 방법으로 다루는 것이 편리하다.

인산은 **삼양성자산**(triprotic acid, 세 개의 양성자)으로, 다음과 같이 해리한다.

$$H_3PO_4(aq) \rightleftharpoons H^+(aq) + H_2PO_4^-(aq) \quad K_{a_1} = \frac{[H^+][H_2PO_4^-]}{[H_3PO_4]} = 7.5 \times 10^{-3}$$

$$H_2PO_4^-(aq) \rightleftharpoons H^+(aq) + HPO_4^{2-}(aq) \quad K_{a_2} = \frac{[H^+][HPO_4^{2-}]}{[H_2PO_4^-]} = 6.2 \times 10^{-8}$$

$$HPO_4^{2-}(aq) \rightleftharpoons H^+(aq) + PO_4^{3-}(aq) \quad K_{a_3} = \frac{[H^+][PO_4^{3-}]}{[HPO_4^{2-}]} = 4.8 \times 10^{-13}$$

전형적인 약한 다양성자산의 해리 상수의 크기는 다음과 같다.

$$K_{a_1} > K_{a_2} > K_{a_3}$$

다양성자산들의 K_a 값들은 부록 5.2에 있다.

각 해리 단계에 포함된 산은 표 14.4에 주어진 순차적인 해리 상수로부터 알 수 있는 바와 같이 점점 약해진다. 이들 상수 값은 첫 번째 양성자를 잃을 때보다 두 번째, 세 번째 양성자를 잃는 것이 덜 자발적으로 일어난다는 것을 보여 준다. 이것은 놀랄 만한 것이 아니다. 왜냐하면 산에서 음의 전하가 증가할수록 양으로 하전된 양성자를 제거하는 것이 어렵게 되기 때문이다.

다양성자산 용액의 pH 계산이 복잡할 것이라고 예상되지만, 대부분의 경우 놀라울 정도로 간단하다. 이것을 설명하기 위하여 인산과 황산에 대하여 생각해 보자.

인산

인산은 가장 약한 전형적인 다양성자산으로, 단계별 K_a 값이 크게 차이가 난다. 예를 들어 단계별 K_a 값의 비(표 14.4로부터)는 다음과 같다.

표 14.4 몇 가지 일반적인 다양성자산에 대한 단계별 해리 상수

이름	화학식	K_{a_1}	K_{a_2}	K_{a_3}
인산	H_3PO_4	7.5×10^{-3}	6.2×10^{-8}	4.8×10^{-13}
비소산	H_3AsO_4	5.5×10^{-3}	1.7×10^{-7}	5.1×10^{-12}
탄산	H_2CO_3	4.3×10^{-7}	5.6×10^{-11}	
황산	H_2SO_4	큰 값	1.2×10^{-2}	
아황산	H_2SO_3	1.5×10^{-2}	1.0×10^{-7}	
황화 수소산*	H_2S	1.0×10^{-7}	$\sim 10^{-19}$	
옥살산	$H_2C_2O_4$	6.5×10^{-2}	6.1×10^{-5}	
아스코브산(비타민 C)	$H_2C_6H_6O_6$	7.9×10^{-5}	1.6×10^{-12}	

* H_2S의 K_{a_2} 값은 매우 불확실하다. K_{a_2} 값이 너무 작아 정확한 측정이 어렵기 때문이다.

$$\frac{K_{a_1}}{K_{a_2}} = \frac{7.5 \times 10^{-3}}{6.2 \times 10^{-8}} = 1.2 \times 10^5$$

$$\frac{K_{a_2}}{K_{a_3}} = \frac{6.2 \times 10^{-8}}{4.8 \times 10^{-13}} = 1.3 \times 10^5$$

따라서 상대적인 산의 세기는 다음과 같다.

$$H_3PO_4 \gg H_2PO_4^- \gg HPO_4^{2-}$$

물에 다양성자산을 녹여 만든 용액의 pH를 결정하는 데에는 첫 단계의 해리만이 중요하다.

이것은 H_3PO_4가 녹은 용액에서는 *첫 단계 해리만* $[H^+]$*에 중요하게 기여한다*는 것을 의미한다. 예제 14.15에서 보여주는 바와 같이, 이런 사실은 인산에 대한 계산을 단순하게 해 준다.

대화형 예제 14.15 다양성자산의 pH

5.0 M H_3PO_4 용액의 pH와 H_3PO_4, $H_2PO_4^-$, HPO_4^{2-}, PO_4^{3-} 등의 화학종에 대한 평형 농도를 계산하라.

풀이 용액에서 주성분 화학종은 다음과 같다.

주성분 화학종

H_3PO_4의 해리 생성물들은 K_a 값이 매우 작아 소량 화학종으로 존재하므로 쓰지 않는다. 지배적인 평형은 H_3PO_4의 해리이다.

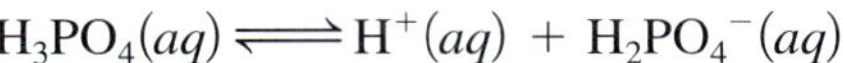

$$H_3PO_4(aq) \rightleftharpoons H^+(aq) + H_2PO_4^-(aq)$$

여기에서,
$$K_{a_1} = 7.5 \times 10^{-3} = \frac{[H^+][H_2PO_4^-]}{[H_3PO_4]}$$

초기 농도, 변화량, 평형 농도의 표는 다음과 같다.

	$H_3PO_4(aq)$	$\rightleftharpoons$	$H^+(aq)$	+	$H_2PO_4^-(aq)$
초기	5.0		0		0
변화량	$-x$		$+x$		$+x$
평형	$5.0 - x$		x		x

K_{a_1}에 대한 식에 평형 농도를 대입하고 근사법을 사용한다.

$$K_{a_1} = 7.5 \times 10^{-3} = \frac{[H^+][H_2PO_4^-]}{[H_3PO_4]} = \frac{(x)(x)}{5.0 - x} \approx \frac{x^2}{5.0}$$

따라서
$$x \approx 1.9 \times 10^{-1}$$

1.9×10^{-1}은 5.0의 5%보다 작으므로, 근사값은 받아들일 수 있다. $[H^+]$와 pH는 다음과 같다.

$$[H^+] = x = 0.19\ M$$

$$■\ pH = 0.72$$

지금까지 다음 값들이 결정되었다.

$$[H^+] = [H_2PO_4^-] = 0.19\ M$$

여기에서,
$$■\ [H_3PO_4] = 5.0 - x = 4.8\ M$$

HPO_4^{2-}의 농도는 K_{a_2}에 대한 식을 사용하여 구할 수 있다.

$$K_{a_2} = 6.2 \times 10^{-8} = \frac{[H^+][HPO_4^{2-}]}{[H_2PO_4^-]}$$

여기에서, $[H^+] = [H_2PO_4^-] = 0.19\ M$

따라서 ■ $[HPO_4^{2-}] = K_{a_2} = 6.2 \times 10^{-8}\ M$

$[PO_4^{3-}]$를 계산하기 위하여 위에서 계산한 $[H^+]$, $[HPO_4^{2-}]$, K_{a_3}에 대한 식을 이용한다.

$$K_{a_3} = \frac{[H^+][PO_4^{3-}]}{[HPO_4^{2-}]} = 4.8 \times 10^{-13} = \frac{0.19[PO_4^{3-}]}{(6.2 \times 10^{-8})}$$

$$■\ [PO_4^{3-}] = \frac{(4.8 \times 10^{-13})(6.2 \times 10^{-8})}{0.19} = 1.6 \times 10^{-19}\ M$$

이들 결과는 두 번째와 세 번째 해리 단계가 $[H^+]$에 별로 크게 기여하지 못함을 보여 준다. 이는, $[HPO_4^{2-}]$가 $6.2 \times 10^{-8}\ M$이고, 그것은 $H_2PO_4^-$의 6.2×10^{-8} mol/L만이 해리되었다는 사실로부터 명백하다. $[PO_4^{3-}]$의 값은 역시 HPO_4^{2-}의 해리가 적음을 보여 준다. 그러나 두 번째와 세 번째 해리 단계는 $[HPO_4^{2-}]$와 $[PO_4^{3-}]$의 유일한 공급원이므로, 그들의 농도를 계산할 때 사용해야 한다.

연습 문제 14.121과 14.122 참조

비판적 사고 만약 인산의 세 개의 K_a 값이 서로 비슷한 값이라면, 인산 용액의 pH를 계산하는 것이 복잡하다. 그 이유는 무엇인가?

황산

황산은 독특하게 *첫 번째 해리 단계에서 센산이고, 두 번째 단계에서는 약산이다.*

$$H_2SO_4(aq) \longrightarrow H^+(aq) + HSO_4^-(aq) \quad K_{a_1}\text{은 대단히 크다.}$$

$$HSO_4^-(aq) \rightleftharpoons H^+(aq) + SO_4^{2-}(aq) \quad K_{a_2} = 1.2 \times 10^{-2}$$

예제 14.16은 황산 용액의 pH를 어떻게 계산하는가를 보여 준다.

대화형 예제 14.16 황산의 pH I

1.0 M H_2SO_4 용액의 pH를 계산하라.

풀이 용액에서 주성분 화학종은 다음과 같다.

$$H^+,\quad HSO_4^- \quad 및 \quad H_2O$$

주성분 화학종

H^+

HSO_4^-

H_2O

여기에서 처음 두 가지 이온은 H_2SO_4의 첫 번째 해리 단계가 완전하게 일어나서 생긴다. 이 용액에서 H^+의 농도는 적어도 1.0 M이 되는데, 이 양은 H_2SO_4의 첫 번째 해리 단계에서 만들어졌기 때문이다. 그리고 다음 질문에 대답해야 한다. 즉, HSO_4^- 이온은 H^+ 이온의 농도에 크게 기여할 정도로 충분히 해리하는가? 이 질문에 대한 답은 HSO_4^-의 해리 반응에 대한 평형 농도를 계산해 봄으로써 알 수 있다.

$$HSO_4^-(aq) \rightleftharpoons H^+(aq) + SO_4^{2-}(aq)$$

여기에서,
$$K_{a_2} = 1.2 \times 10^{-2} = \frac{[H^+][SO_4^{2-}]}{[HSO_4^-]}$$

초기 농도, 변화량, 평형 농도의 표는 다음과 같다.

	$HSO_4^-(aq)$	$\rightleftharpoons$	$H^+(aq)$	+	$SO_4^{2-}(aq)$
초기	1.0		1.0		0
변화량	$-x$		$+x$		$+x$
평형	$1.0 - x$		$1.0 + x$		x

첫 번째 해리 단계가 이미 일어났으므로, 보통의 약산에서와 같이 $[H^+]_0$가 0이 되지 않음에 유의하라. K_{a_2}에 대한 식에 평형 농도를 대입하고, 근사법으로 계산한다.

$$K_{a_2} = 1.2 \times 10^{-2} = \frac{[H^+][SO_4^{2-}]}{[HSO_4^-]} = \frac{(1.0 + x)(x)}{1.0 - x} \approx \frac{(1.0)(x)}{(1.0)}$$

따라서
$$x = 1.2 \times 10^{-2}$$

1.2×10^{-2}는 1.0의 1.2%이드로 근사법은 5% 규칙에 타당하다. 이 경우에 x는 $[H^+]$와 같지 않음에 유의하라. 대신에

$$[H^+] = 1.0\,M + x = 1.0\,M + (1.2 \times 10^{-2})\,M$$
$$= 1.0\,M \quad \text{(유효 숫자 두 개)}$$

따라서 HSO_4^-의 해리는 H^+의 농도에 별로 기여하지 못한다. 그러므로

■ $[H^+] = 1.0\,M, \quad pH = 0.00$

연습 문제 14.125 참조

묽은 H_2SO_4 용액에서만 두 번째 해리가 $[H^+]$에 상당히 기여한다.

예제 14.16은 첫 번째 해리 단계만이 H^+의 농도에 기여하는 황산에 대한 가장 흔한 경우를 보여 주었다. 1.0 M보다 더 묽은 용액(예: 0.10 M H_2SO_4)에서는 HSO_4^-의 해리가 중요하며, 이런 문제를 풀 때는 예제 14.17에서 보여 주는 바와 같이 이차 방정식을 이용해야 한다.

예제 14.17 황산의 pH II

$1.00 \times 10^{-2}\,M$ H_2SO_4 용액의 pH를 계산하라.

풀이 이 용액에서 주성분 화학종은 다음과 같다.

H^+, HSO_4^- 및 H_2O

주성분 화학종

H^+

HSO_4^-

H_2O

앞의 예제 14.16과 같은 방법으로 풀되, HSO_4^-의 해리를 고려하면 각 화학종의 초기 농도, 변화량, 평형 농도의 표는 다음과 같다.

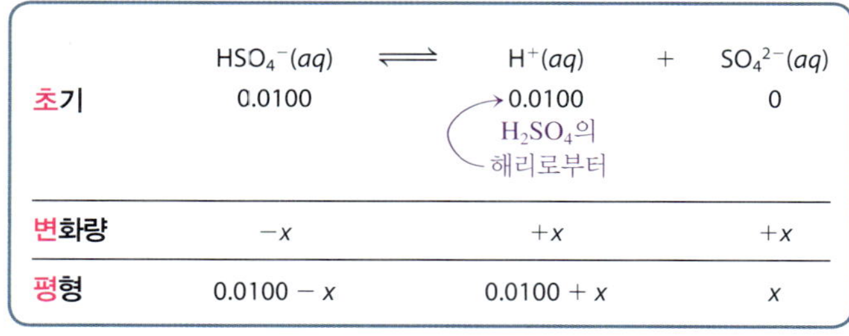

	$HSO_4^-(aq)$	$\rightleftharpoons$	$H^+(aq)$	+	$SO_4^{2-}(aq)$
초기	0.0100		0.0100 (H_2SO_4의 해리로부터)		0
변화량	$-x$		$+x$		$+x$
평형	$0.0100 - x$		$0.0100 + x$		x

K_{a_2} 식에 평형 농도를 대입하면

$$1.2 \times 10^{-2} = K_{a_2} = \frac{[H^+][SO_4^{2-}]}{[HSO_4^-]} = \frac{(0.0100 + x)(x)}{(0.0100 - x)}$$

근사법을 사용하면 $0.0100 + x \approx 0.0100$이고, $0.0100 - x \approx 0.0100$이 되어 x의 계산이 쉬워진다.

$$1.2 \times 10^{-2} = \frac{(0.0100 + x)(x)}{(0.0100 - x)} \approx \frac{(0.0100)x}{(0.0100)}$$

따라서 x 값을 계산하면 다음과 같이 된다.

$$x = 1.2 \times 10^{-2} = 0.012$$

이 값은 0.010보다 커서 비합리적인 결과가 된다. 따라서 근사법을 이용할 수 없고, 이차 방정식으로 풀어야 한다.

$$1.2 \times 10^{-2} = \frac{(0.0100 + x)(x)}{(0.0100 - x)}$$

이 식은 다음과 같이 변형된다.

$$(1.2 \times 10^{-2})(0.0100 - x) = (0.0100 + x)(x)$$
$$(1.2 \times 10^{-4}) - (1.2 \times 10^{-2})x = (1.0 \times 10^{-2})x + x^2$$
$$x^2 + (2.2 \times 10^{-2})x - (1.2 \times 10^{-4}) = 0$$

이 이차 방정식은 다음 근의 공식에 대입하여 풀 수 있는데,

$$x = \frac{-b \pm \sqrt{b^2 - 4ac}}{2a}$$

여기에서, $a = 1$, $b = 2.2 \times 10^{-2}$, $c = -1.2 \times 10^{-4}$이다. 근의 공식을 사용하면 한 개의 음의 값(해가 될 수 없음)과 한 개의 양의 값이 얻어진다.

$$x = 4.5 \times 10^{-3}$$

따라서 $[H^+] = 0.0100 + x = 0.0100 + 0.0045 = 0.0145$

그리고 ■ $pH = 1.84$

이 경우에 두 번째 해리 단계가 처음 단계에서 내어 놓는 H^+ 이온의 반 정도를 내어놓는데 유의하라.

이러한 문제는 부록 1.4에 설명한 연속 근사법으로 풀 수 있다.

연습 문제 14.126 참조

복습하기 약한 다양성자산의 특성

- 일반적으로 단계별 K_a 값은 첫 번째 해리 상수 값보다 매우 작아서 첫 번째 해리 단계만이 H^+의 평형 농도에 뚜렷하게 기여한다. 이것은 일반적인 약한 다양성자산 용액의 pH 계산은 약한 일양성자산 용액의 pH와 동일하다는 것을 뜻한다.
- 황산은 첫 번째 해리 단계에서 센산이고, 두 번째 해리 단계에서 약산인 특성이 있다. 1.0 *M* 또는 그 이상의 높은 농도의 황산 용액에서는 첫 번째 해리 단계에서 생성되는 H^+의 높은 농도에 비해 두 번째 해리 단계에서 생성되는 H^+의 농도는 무시할 만하다. 묽은 황산 용액에서는 두 번째 해리 단계의 기여가 무시할 수 없을 정도가 되며, 이차 방정식을 이용하여 전체 H^+의 농도를 구해야만 한다.

14.8 염의 산–염기 성질

염(salt)은 *이온 결합 화합물*(*ionic compound*)의 다른 이름이다. 염이 물에 녹으면 이온으로 해리되어, 적어도 묽은 용액에서는 독립적으로 활동한다. 어떤 조건하에서는 이들 이온이 산이나 염기로서 행동한다. 이 절에서 이와 같은 반응들을 살펴보기로 하자.

중성 용액을 만드는 염

센산의 짝염기는 물에서 양성자에 대한 친화력이 훨씬 거의 없다는 점을 기억하라. 이것이 수용액에서 센산이 완전히 해리하는 이유이다. 따라서 Cl^-나 NO_3^-와 같은 음이온들은 물 속에서 H^+와 결합하지 않으며, pH에 아무런 영향을 주지 않는다. 센염기로부터 나온 K^+나 Na^+와 같은 양이온도 H^+에 대한 친화력이 없고, H^+를 낼 수도 없으므로 수용액의 pH에 전혀 영향을 주지 않는다. **센염기의 양이온과 센산의 음이온으로 이루어진 염은 물에 녹을 때 $[H^+]$에 아무런 영향을 주지 않는다.** 이것이 KCl, NaCl, $NaNO_3$, KNO_3와 같은 염의 수용액은 중성(pH 7을 갖는)을 나타내는 이유이다.

센산과 센염기의 염은 중성 용액을 만든다.

염기성 용액을 만드는 염

주성분 화학종

Na^+

$C_2H_3O_2^-$

H_2O

아세트산 소듐($NaC_2H_3O_2$) 수용액의 주성분 화학종은 다음과 같다.

$$Na^+, \quad C_2H_3O_2^- \quad \text{및} \quad H_2O$$

각 성분의 산–염기 성질은 무엇인가? Na^+ 이온은 산이나 염기의 성질을 갖지 않는다. $C_2H_3O_2^-$ 이온은 약산인 아세트산의 짝염기이다. 그러므로 $C_2H_3O_2^-$ 이온은 양성자에 대해 어느 정도 친화력을 가질 것이다. 그리고 물은 약하게 양쪽성인 물질이다.

이 용액의 pH는 $C_2H_3O_2^-$ 이온에 의해 결정된다. $C_2H_3O_2^-$ 이온은 염기이므로 존재하는 양성자 주개와 반응하게 된다. 이 경우에 물이 *유일한* 양성자의 공급원이므로, 아세트산 이온과 물 사이에서 다음과 같은 반응이 일어난다.

$$C_2H_3O_2^-(aq) + H_2O(l) \rightleftharpoons HC_2H_3O_2(aq) + OH^-(aq) \qquad \textbf{(14.7)}$$

염기성 용액을 만드는 이 반응은 *염기가 물과 반응해서 수산화 이온과 짝산을 내는 반응이다*. 이 반응에 대한 평형 상수 K_b는 다음과 같다.

$$K_b = \frac{[HC_2H_3O_2][OH^-]}{[C_2H_3O_2^-]}$$

아세트산에 대한 K_a 값은 잘 알려져 있다(1.8×10^{-5}). 그러나 아세트산 이온에 대한 K_b 값은 어떻게 구할 수 있을까? 그 답은 K_a, K_b, K_w 간의 관계 속에 있다. 아세트산의 K_a에 대한 식을 아세트산 이온의 K_b에 대한 식과 곱하면 그 결과가 K_w로 됨에 주목하라.

$$K_a \times K_b = \frac{[H^+]\cancel{[C_2H_3O_2^-]}}{\cancel{[HC_2H_3O_2]}} \times \frac{\cancel{[HC_2H_3O_2]}[OH^-]}{\cancel{[C_2H_3O_2^-]}} = [H^+][OH^-] = K_w$$

이것은 매우 중요한 결과이다. 약산과 그 짝염기에 대해서 다음 관계가 성립한다.

$$K_a \times K_b = K_w$$

위의 식의 양변을 $-\log$를 취함으로써 다른 형태의 방정식을 얻을 수 있다.

$$pK_a + pK_b = pK_w$$

25°C에서 $K_w = 1.0 \times 10^{-14}$이므로, $pK_w = 14.00$이다. 25°C의 용액에서 다음 관계식을 이용할 수 있다.

$$pK_a + pK_b = 14.00$$

따라서 K_a나 K_b 중 한 가지를 알면 다른 것은 계산할 수 있다. 아세트산 이온의 경우 $K_w =$

$K_a \times K_b$ 이므로, 아세트산 이온의 K_b는 다음과 같다.

$$K_b = \frac{K_w}{K_a\ (HC_2H_3O_2\text{에 대한})} = \frac{1.0 \times 10^{-14}}{1.8 \times 10^{-5}} = 5.6 \times 10^{-10}$$

이것이 식 (14.7)에 적은 반응의 K_b 값이다. K_b 값은 원래의 약산(이 경우는 아세트산)의 K_a 값으로부터 구할 수 있음에 유의하라. 이처럼 아세트산 소듐 용액은 중요하면서도 일반적인 경우의 한 예이다. **양이온이 중성의 성질(Na^+나 K^+와 같이)을 갖고, 음이온은 약산의 짝염기로 이루어진 염의 수용액은 염기성이다.** 음이온의 K_b 값은 $K_b = K_w/K_a$의 관계식으로부터 구할 수 있다. 이런 종류의 평형 계산을 예제 14.18에 나타내었다.

염의 음이온이 약산의 짝염기일 때 염기성 용액이 형성된다.

대화형 예제 14.18 약염기성을 나타내는 염

0.30 M NaF 용액의 pH를 계산하라. HF의 K_a 값은 7.2×10^{-4}이다.

풀이 용액에 있는 주성분 화학종은 다음과 같다.

Na^+, F^- 및 H_2O

주성분 화학종

Na^+

F^-

H_2O

HF는 약산이므로, F^- 이온은 양성자에 대해 어느 정도의 친화력을 가질 것이며, 다음의 반응이 지배적일 것이다.

$$F^-(aq) + H_2O(l) \rightleftharpoons HF(aq) + OH^-(aq)$$

이 반응에 대한 K_b의 식은 다음과 같다.

$$K_b = \frac{[HF][OH^-]}{[F^-]}$$

K_b 값은 HF의 K_a 값과 K_w 값으로부터 다음과 같이 계산할 수 있다.

$$K_b = \frac{K_w}{K_a\ (HF\text{에 대한})} = \frac{1.0 \times 10^{-14}}{7.2 \times 10^{-4}} = 1.4 \times 10^{-11}$$

그리고 각 화학종의 초기 농도, 변화량 및 평형 농도의 표는 다음과 같이 된다.

	$F^-(aq)$	+	$H_2O(l)$	$\rightleftharpoons$	$HF(aq)$	+	$OH^-(aq)$
초기	0.30		—		0		≈0
변화량	$-x$		—		$+x$		$+x$
평형	$0.30 - x$		—		x		x

따라서 $$K_b = 1.4 \times 10^{-11} = \frac{[HF][OH^-]}{[F^-]} = \frac{(x)(x)}{0.30 - x} \approx \frac{x^2}{0.30}$$

그리고 $$x \approx 2.0 \times 10^{-6}$$

근사값은 5% 규칙에 타당하며, pH는 다음과 같이 계산된다.

$$[OH^-] = x = 2.0 \times 10^{-6}\ M$$

$$pOH = 5.69$$

$$\blacksquare\ pH = 14.00 - 5.69 = 8.31$$

예상했던 바와 같이, 용액은 염기성이다.

연습 문제 14.133 참조

수용액에서의 염기의 세기

염기의 세기에 대한 개념을 강조하기 위하여 사이안화 이온의 염기성 성질을 고려해 보자. 이것과 관련된 반응은 다음과 같이 물에서 사이안화 수소산이 해리하는 반응이다.

$$HCN(aq) + H_2O(l) \rightleftharpoons H_3O^+(aq) + CN^-(aq) \qquad K_a = 6.2 \times 10^{-10}$$

HCN이 약산이므로, CN^-는 *H_2O와 비교하면* H^+에 대해 매우 큰 친화력을 보이므로 *센*염기처럼 보인다. 그러나 사이안화 이온과 물의 반응도 생각할 필요가 있다.

$$CN^-(aq) + H_2O(l) \rightleftharpoons HCN(aq) + OH^-(aq)$$

여기에서,
$$K_b = \frac{K_w}{K_a} = \frac{1.0 \times 10^{-14}}{6.2 \times 10^{-10}} = 1.6 \times 10^{-5}$$

이 반응에서 CN^-는 약염기르 보인다. 즉, K_b 값은 1.6×10^{-5}밖에 되지 않는다. 염기의 세기에서 이런 차이를 어떻게 설명할까? CN^-와 H_2O의 반응에서는 *CN^-가 H^+에 대하여 OH^-와 경쟁을 하는 것이며*, HCN의 해리 반응에서처럼 *H_2O와 경쟁하는 것이 아님을 생각해야 한다*. 이들 평형은 염기의 상대적인 세기가 다음과 같음을 나타낸다.

$$OH^- > CN^- > H_2O$$

암모니아, 아세트산 이온, 플루오린화 이온 등과 같은 다른 "약한" 염기에 대해서도 비슷한 설명을 할 수 있다.

산성 용액을 만드는 염

몇 가지 염은 물에 녹아 산성 용액을 만든다. 예를 들어 고체 NH_4Cl을 물에 녹이면 NH_4^+와 Cl^- 이온이 생성되며, NH_4^+는 약산과 같이 행동한다.

$$NH_4^+(aq) \rightleftharpoons NH_3(aq) + H^+(aq)$$

Cl^- 이온은 물에서 H^+에 대한 친화력이 실질적으로 없으며, 용액의 pH에 영향을 주지 않는다.

일반적으로 음이온은 염기가 아니고, 양이온이 약염기의 짝산인 형태로 이루어진 염은 산성 용액을 만든다.

대화형 예제 14.19 약산을 나타내는 염 I

0.10 *M* NH_4Cl 용액의 pH를 계산하라. NH_3의 K_b 값은 1.8×10^{-5}이다.

풀이 이 용액의 주성분 화학종은 다음과 같다.

주성분 화학종

Cl^-

NH_4^+

H_2O

$$NH_4^+, \quad Cl^- \quad 및 \quad H_2O$$

NH_4^+와 H_2O는 모두 H^+를 낸다. NH_4^+ 이온의 해리 반응식과 K_a 식은 다음과 같다.

$$NH_4^+(aq) \rightleftharpoons NH_3(aq) + H^+(aq)$$

$$K_a = \frac{[NH_3][H^+]}{[NH_4^+]}$$

NH_3에 대한 K_b 값이 주어져 있지만, 들어 있는 NH_3는 주성분 화학종이 아니므로 여기에서 K_b에 해당하는 반응은 지배 반응으로 적절하지 못하다. 대신에 주어진 K_b 값은 다음 관계식으로부터 NH_4^+의 K_a 값을 계산하는 데 사용할 수 있다.

$$K_a \times K_b = K_w$$

따라서 $K_a\ (NH_4^+\text{에 대한}) = \dfrac{K_w}{K_b\ (NH_3\text{에 대한})} = \dfrac{1.0 \times 10^{-14}}{1.8 \times 10^{-5}} = 5.6 \times 10^{-10}$

K_a 값이 나타내는 바와 같이 NH_4^+는 대단히 약산이지만, 물보다는 센산이므로 대부분의 H^+를 내어놓는다. 따라서 이 용액의 pH를 계산하기 위해서는 NH_4^+의 해리 반응에 초점을 맞추어야 한다.

일반적인 방법으로 약산 문제를 풀면 된다.

	$NH_4^+(aq)$	$\rightleftharpoons$	$H^+(aq)$	+	$NH_3(aq)$
초기	0.10		≈0		0
변화량	$-x$		$+x$		$+x$
평형	$0.10 - x$		x		x

따라서 $$5.6 \times 10^{-10} = K_a = \frac{[H^+][NH_3]}{[NH_4^+]} = \frac{(x)(x)}{0.10 - x} \approx \frac{x^2}{0.10}$$

$$x \approx 7.5 \times 10^{-6}$$

근사값은 5% 규칙에 타당하므로,

■ $[H^+] = x = 7.5 \times 10^{-6}\ M$ 그리고 pH = 5.13

연습 문제 14.134 참조

산성 용액을 만드는 두 번째 유형의 염은 *큰 전하를 갖고 있는 금속 이온*이 들어 있는 것이다. 예를 들면 고체 염화 알루미늄($AlCl_3$)이 물에 녹을 때, 그 용액은 산성이다. Al^{3+} 이온 자신은 Brønsted-Lowry 산이 아니지만, 물에서 형성된 수화 이온 $Al(H_2O)_6^{3+}$는 약산이다.

$$Al(H_2O)_6^{3+}(aq) \rightleftharpoons Al(OH)(H_2O)_5^{2+}(aq) + H^+(aq)$$

금속 이온의 큰 전하는 결합된 물 분자의 O—H 결합을 분극화시켜, 이들 물 분자의 수소가 자유로운 물 분자에서보다 더 산성이 되도록 한다. 일반적으로, 금속 이온의 전하가 커지면 수화된 이온의 산의 세기가 커진다.

대화형 예제 14.20 약산을 나타내는 염 II

0.010 M $AlCl_3$ 용액의 pH를 계산하라. $Al(H_2O)_6^{3+}$의 K_a 값은 1.4×10^{-5}이다.

풀이 이 용액의 주성분 화학종은 다음과 같다.

주성분 화학종

Cl⁻

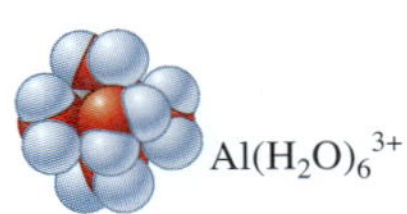

$Al(H_2O)_6^{3+}$

H_2O

$$Al(H_2O)_6^{3+},\quad Cl^-\quad \text{및}\quad H_2O$$

$Al(H_2O)_6^{3+}$ 이온은 물보다 센산이므로 지배적인 반응식과 평형식은 다음과 같다.

$$Al(H_2O)_6^{3+}(aq) \rightleftharpoons Al(OH)(H_2O)_5^{2+}(aq) + H^+(aq)$$

그리고 $$1.4 \times 10^{-5} = K_a = \frac{[Al(OH)(H_2O)_5^{2+}][H^+]}{[Al(H_2O)_6^{3+}]}$$

이것은 일반적인 방법으로 풀 수 있는 대표적인 약산의 문제이다.

	$Al(H_2O)_6^{3+}(aq)$	$\rightleftharpoons$	$Al(OH)(H_2O)_5^{2+}(aq)$	+	$H^+(aq)$
초기	0.010		0		≈ 0
변화량	$-x$		$+x$		$+x$
평형	$0.010 - x$		x		x

따라서, $1.4 \times 10^{-5} = K_a = \frac{[Al(OH)(H_2O)_5^{2+}][H^+]}{[Al(H_2O)_6^{3+}]} = \frac{(x)(x)}{0.010 - x} \approx \frac{x^2}{0.010}$

$$x \approx 3.7 \times 10^{-4}$$

근사값은 5% 규칙에 타당하므로,

■ $[H^+] = x = 3.7 \times 10^{-4}\,M$ 그리고 $pH = 3.43$

연습 문제 14.143과 14.144 참조

지금까지 한 가지 이온만이 산성이나 염기성 성질을 갖고 있는 염에 대하여 고찰하였다. 아세트산 암모늄($NH_4C_2H_3O_2$)과 같은 많은 염에서는 두 가지 이온 모두가 수용액의 pH에 영향을 줄 수 있다. 이들 경우의 평형 계산은 복잡하므로, 이들 문제에 대해서는 정성적으로 고찰하려고 한다. 염기성 이온의 K_b 값과 산성 이온의 K_a 값을 비교하면 용액이 염기성인지, 산성인지, 중성인지 예상할 수 있다. 산성 이온의 K_a 값이 염기성 이온의 K_b 값보다 크면 용액은 산성이 될 것이다. 반대로 K_b 값이 K_a 값보다 크면 용액은 염기성이 된다. K_a와 K_b가 같으면 용액은 중성이다. 이러한 사실을 표 14.5에 요약하였다.

표 14.5 양이온과 음이온 모두가 산성 또는 염기성 성질을 갖고 있는 염의 용액에 대한 pH의 정성적인 예측

$K_a > K_b$	pH < 7 (산성)
$K_b > K_a$	pH > 7 (염기성)
$K_a = K_b$	pH = 7 (중성)

대화형 예제 14.21 염의 산–염기 성질

다음 각 염의 수용액이 산성인지, 염기성인지, 중성인지 예측하라.

a. $NH_4C_2H_3O_2$ **b.** NH_4CN **c.** $Al_2(SO_4)_3$

풀이

a. 용액에서 이온은 NH_4^+와 $C_2H_3O_2^-$이다. 앞에서 언급한 바와 같이 NH_4^+의 K_a는 5.6×10^{-10}이고, $C_2H_3O_2^-$의 K_b도 5.6×10^{-10}이다. 따라서 NH_4^+의 K_a와 $C_2H_3O_2^-$의 K_b는 같고, 용액은 중성이 된다(pH = 7).

b. 이 용액은 NH_4^+와 CN^- 이온을 포함한다. NH_4^+의 K_a는 5.6×10^{-10}이고,

$$K_b\ (CN^-\text{에 대한}) = \frac{K_w}{K_a\ (HCN\text{에 대한})} = 1.6 \times 10^{-5}$$

CN^-의 K_b가 NH_4^+의 K_a보다 상당히 크므로, NH_4^+가 산성인 것보다 CN^-가 훨씬 센 염기이다. 따라서 이 용액은 염기성이다.

c. 이 용액은 $Al(H_2O)_6^{3+}$와 SO_4^{2-} 이온을 포함하고 있다. 예제 14.20에서 주어진 바와 같이, $Al(H_2O)_6^{3+}$의 K_a 값은 1.4×10^{-5}이다. 이 경우 SO_4^{2-}의 K_b를 계산해야 한다. HSO_4^- 이온은 SO_4^{2-}의 짝산이고, 그것의 K_a 값은 황산의 K_{a_2}, 즉 1.2×10^{-2}이다.

$$K_b\ (SO_4^{2-}\text{에 대한}) = \frac{K_w}{K_{a_2}\ (\text{황산에 대한})} = \frac{1.0 \times 10^{-14}}{1.2 \times 10^{-2}} = 8.3 \times 10^{-13}$$

$Al(H_2O)_6^{3+}$의 K_a가 SO_4^{2-}의 K_b보다 상당히 크므로 용액은 산성이다.

연습 문제 14.145와 14.146 참조

여러 가지 염 수용액에 대한 산–염기 성질을 표 14.6에 요약하였다.

표 14.6 여러 가지 염의 산-염기 성질

염의 유형	예	설명	용액의 pH
양이온이 센염기에서 오고, 음이온이 센산에서 온 염	KCl, KNO_3, NaCl, $NaNO_3$	어느 이온도 산이나 염기로 행동하지 않는다.	중성
양이온이 센염기에서 오고, 음이온이 약산의 짝염기에서 온 염	$NaC_2H_3O_2$, KCN, NaF	음이온은 염기로 작용하고, 양이온은 pH에 영향을 주지 않는다.	염기성
양이온이 약염기의 짝산이고, 음이온이 센산에서 온 염	NH_4Cl, NH_4NO_3	양이온은 산으로 작용하고, 음이온은 pH에 영향을 주지 않는다.	산성
양이온이 약염기의 짝산이고, 음이온도 약산의 짝염기인 염	$NH_4C_2H_3O_2$, NH_4CN	양이온은 산으로 작용하고, 음이온은 염기로 행동한다.	$K_a > K_b$이면 산성이고, $K_b > K_a$이면 염기성, 그리고 $K_a = K_b$이면 중성이다.
양이온은 큰 전하를 갖고 있는 금속 이온이고, 음이온은 센산으로부터 온 염	$Al(NO_3)_3$, $FeCl_3$	수화된 양이온은 산으로 행동하고, 음이온은 pH에 영향을 주지 않는다.	산성

14.9 산-염기 성질에 미치는 구조의 영향

물질이 물에 녹을 때 양성자를 내면 산성 용액을 만들고, 양성자를 받으면 염기성 용액을 만드는 것을 보았다. 분자의 어떤 구조적 성질이 산이나 염기로서 행동하게 할까?

수소 원자를 포함하고 있는 분자는 모두 잠재적으로 산이다. 그러나 이와 같은 화합물 중 많은 것이 산의 성질을 나타내지 않는다. 예를 들면 클로로폼($CHCl_3$)과 나이트로메테인(CH_3NO_2)과 같은 C—H 결합을 포함하고 있는 분자들은 C—H 결합이 강하고 비극성이다. 따라서 양성자를 주는 경향이 없기 때문에 산성 수용액을 만들지 않는다. 한편 기체 상태의 염화 수소에 있는 H—Cl 결합은 C—H 결합보다 약간 강하지만, 극성이 훨씬 더 커서 물에 녹을 때 분자가 쉽게 해리한다.

따라서 X—H 결합을 포함하고 있는 분자가 Brønsted-Lowry 산으로 행동할 것인가 아닌가를 결정하는 요인은 결합의 세기와 극성이다.

이들 요인의 중요성은 할로젠화 수소의 상대적인 산의 세기로 명백히 보여 줄 수 있다. 결합의 극성은 다음과 같이 변한다.

$$\underset{\text{최대 극성}}{\underset{\uparrow}{H—F}} > H—Cl > H—Br > \underset{\text{최소 극성}}{\underset{\uparrow}{H—I}}$$

표 14.7 할로젠화 수소에 대한 결합 세기와 산성도 세기

H—X 결합	결합 세기 (kJ/mol)	물속에서 산의 세기
H—F	565	약하다
H—Cl	427	세다
H—Br	363	세다
H—I	295	세다

이것은 같은 족에서 밑으로 내려갈수록 전기음성도가 감소하기 때문이다. H—F 결합의 큰 극성을 생각하면 플루오린화 수소는 대단히 센산일 것이라고 예측할 수 있다. 그러나 사실 HX 분자 중에서 물에 녹을 때 약산인 것은 HF뿐이다($K_a = 7.2 \times 10^{-4}$). H—F 결합은 표 14.7에서와 같이 매우 강하다. 이 결합은 끊기 어려우므로 HF 분자는 물에서 단지 적은 양만 해리한다.

다른 한 가지 중요한 산의 종류는 14.2절에서 본 것과 같이 H—O—X의 작용기를 포함하고 있는 산소산들이다. 몇 가지 계열의 산소산을 K_a 값과 함께 표 14.8에 수록하였다. 이들 자료로부터 주어진 계열에서, 산의 세기는 중심 원자에 결합되어 있는 산소 원자의 수와 함께 증가하고 있음에 주목하라. 예를 들면 염소와 산소 원자가 들어 있는 계열에서 HOCl은 약산이지만, 산소 원자 수가 증가함에 따라 산의 세기가 점차적으로 증가한다. 그림 14.9에서 보여 주는 바와 같이, 전기음성도가 대단히 큰 산소 원자들이 염소 원자와 O—H 결합으로부터 전자를 끌어낼 수 있기 때문에 이러한 현상이 일어난다. 그 결과 O—H 결합의 극성은 커지고, 결합력은 약해진다. 이 효과는 결합된 산소 원자의 수가 증가할수록 더 중요해진다. 이것은 결합된 산소 원자 수가 가장 많은 분자($HClO_4$)가 가장 쉽게 양성자를 내어놓는다는 것을 의미한다.

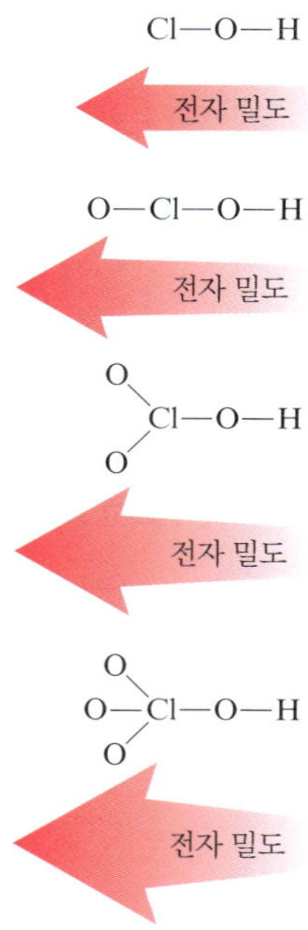

그림 14.9 염소의 산소산 계열에서 O—H 결합에 대한 결합 산소 수의 영향. 염소 원자에 결합된 산소 원자의 수가 증가함에 따라, O—H 결합으로부터 전자 밀도를 끌어내는 데 더 효과적이다. 따라서 결합력은 약해지고, 결합의 극성은 커진다. 그 결과 분자가 양성자를 내어놓으려는 경향이 커지고, 산의 세기가 증가한다.

표 14.8 몇 가지 계열의 산소산과 K_a 값

산소산	구조	K_a값
$HClO_4$	O H—O—Cl—O O	매우 큼(~10^7)
$HClO_3$	O H—O—Cl O	~1
$HClO_2$	H—O—Cl—O	1.2×10^{-2}
$HClO$	H—O—Cl	3.5×10^{-8}
H_2SO_4	O—H H—O—S—O O	매우 큼
H_2SO_3	O—H H—O—S O	1.5×10^{-2}
HNO_3	O H—O—N O	매우 큼
HNO_2	H—O—N—O	4.0×10^{-4}

이런 형태의 행동은 수화된 금속 이온에서도 관찰된다. 이 장의 앞에서, Al^{3+}와 같이 큰 전하를 가진 금속 이온이 산성 용액을 만드는 것을 보았다. 금속 이온에 결합된 물 분자의 산의 세기는 전자에 대한 금속 양이온의 인력에 의해 증가한다.

$$Al^{3+}—O\begin{matrix}H\\ \\H\end{matrix}$$

금속 이온의 전하가 커지면 수화된 이온의 산의 세기는 커진다.

H—O—X 기를 포함하고 있는 산에 대해서, X가 전자를 자기 쪽으로 끌어들이는 능력이 커지면 분자의 산의 세기는 더 커진다. X의 전기음성도가 결합에 참여한 전자를 끌어당기는 능력을 반영하므로, 산의 세기는 X의 전기음성도에 의존한다고 예측할 수 있다. 실제로 표 14.9에서 보여주는 바와 같이, X의 전기음성도와 산의 세기 사이에는 밀접한 관계가 존재한다.

14.10 산화물의 산-염기 성질

H—O—X 기를 포함하는 분자가 산으로 행동할 수 있고, 산의 세기는 X가 전자를 끌어당

표 14.9 산소산 계열에 대해 X의 전기음성도와 K_a 값의 비교

산	X	X의 전기음성도	산에 대한 K_a
HOCl	Cl	3.0	4×10^{-8}
HOBr	Br	2.8	2×10^{-9}
HOI	I	2.5	2×10^{-11}
$HOCH_3$	CH_3	2.3 (CH_3의 탄소)	$\sim 10^{-15}$

H—O—X 기를 포함하는 화합물의 O—X 결합이 강하고 공유 결합성을 가지면, 그 화합물은 물에 녹아 산성 용액을 만든다. 만일 O—X 결합이 이온성이면, 화합물은 물에서 염기성 용액을 만든다.

기는 능력에 의존한다는 것을 보았다. 그러나 만일 양성자 대신에 수산화 이온이 생성되면 이런 작용기를 갖고 있는 물질도 염기로서 행동할 수 있다. 이 중 어떤 행동을 할 것인가는 무엇이 결정할까? 그 답은 주로 O—X 결합의 성질에 달려 있다. X의 전기음성도가 크면 O—X 결합은 공유 결합이고, 강하다. H—O—X 기를 포함하고 있는 화합물을 물에 녹이면 O—X 결합은 그대로 남아 있고, H—O 결합은 극성이고 비교적 약하므로 결합이 끊어져 양성자를 내어놓는 경향이 있다. 반면에 만일 X의 전기음성도가 매우 작으면 O—X는 이온성이 되고, 극성인 물에서 결합이 깨어진다. 이런 예로는 물에 녹아서 금속 양이온과 수산화 이온을 내어놓는 이온 결합 화합물인 NaOH와 KOH가 있다.

산화물이 물에 녹을 때, 그들이 산–염기 행동을 설명하기 위하여 이런 원리를 이용할 수 있다. 예를 들면 삼산화 황과 같은 공유 결합 산화물이 물에 녹으면 황산이 형성되므로 산성 용액이 된다.

$$SO_3(g) + H_2O(l) \longrightarrow H_2SO_4(aq)$$

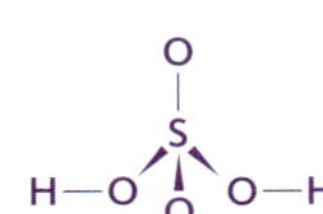

H_2SO_4의 구조는 왼쪽 그림에 나와 있다. 이 경우, 강하고 공유 결합성인 O—S 결합은 그대로 남아 있고, H—O 결합은 끊어져 양성자를 내어놓는다. 물과 반응하여 산성 용액을 만드는 다른 흔한 산화물로는 다음과 같이 반응하는 이산화 황, 이산화 탄소, 이산화 질소 등이 있다.

$$SO_2(g) + H_2O(l) \longrightarrow H_2SO_3(aq)$$
$$CO_2(g) + H_2O(l) \longrightarrow H_2CO_3(aq)$$
$$2NO_2(g) + H_2O(l) \longrightarrow HNO_3(aq) + HNO_2(aq)$$

이와 같이 공유 결합 산화물이 물에 녹으면 산성 용액이 만들어진다. 따라서 이들 산화물은 **산성 산화물**(acidic oxide)이라고 부른다.

반면에 이온 산화물이 물에 녹을 때에는 다음 반응들이 보여 주는 바와 같이 염기성 용액이 만들어진다.

$$CaO(s) + H_2O(l) \longrightarrow Ca(OH)_2(aq)$$
$$K_2O(s) + H_2O(l) \longrightarrow 2KOH(aq)$$

이 반응들은 산화 이온이 양성자에 대해 큰 친화력을 갖고 있으며, 물과 반응하여 수산화 이온을 낸다는 것으로서 설명이 가능하다.

$$O^{2-}(aq) + H_2O(l) \longrightarrow 2OH^-(aq)$$

1A와 2A족의 금속 산화물과 같이 대부분의 이온 산화물들은 물에 녹을 때 염기성 용액을 만든다. 따라서 이들 산화물을 **염기성 산화물**(basic oxide)이라고 부른다.

14.11 Lewis의 산–염기 모형

산–염기 반응에 대한 최초의 성공적인 개념은 Arrhenius에 의해 제안되었다는 것은 이미 배웠다. 이 모형은 유용하지만 제한되어 있어서 좀 더 일반적인 Brønsted-Lowry 모형으로 대체되었다. 산–염기 행동에 대한 가장 일반적인 모형은 1920년대 초기 G. N. Lewis에 의하여 제안되었다. **Lewis 산**(Lewis acid)은 *전자쌍 받개(electron-pair acceptor)*이고, **Lewis 염기**(Lewis base)는 *전자쌍 주개(electron-pair donor)*이다. 또 다른 표현 방법에 의하면 고립 전자쌍을 가진 분자(Lewis 염기)로부터 전자쌍을 공유할 수 있도록, 비어 있는 원자 오비탈을 가지고 있는 것을 Lewis 산이라고 할 수 있다. 이들 세 가지 모형을 표 14.10에 요약하였다.

Brønsted-Lowry의 산–염기 반응(양성자 주개–양성자 받개 반응)이 Lewis 모형에 의

표 14.10 산과 염기에 대한 세 가지 모형

모형	산의 정의	염기의 정의
Arrhenius	H^+를 내어놓는 것	OH^-를 내어놓는 것
Brønsted-Lowry	H^+ 주개	H^+ 받개
Lewis	전자쌍 받개	전자쌍 주개

해 설명될 수 있음에 주목하라. 예를 들면 다음과 같은 양성자와 암모니아 사이의 반응은 전자쌍 받개(H^+)와 전자쌍 주개(NH_3) 간의 반응으로 표시할 수 있다.

$$\underset{\text{Lewis 산}}{H^+} + \underset{\text{Lewis 염기}}{:NH_3} \longrightarrow [NH_4]^+$$

똑같은 원리가 양성자와 수산화 이온 간의 반응에서도 적용된다.

$$\underset{\text{Lewis 산}}{H^+} + \underset{\text{Lewis 염기}}{[:\ddot{O}-H]^-} \longrightarrow H_2\ddot{O}:$$

Lewis 모형은 Brønsted-Lowry 모형을 포함하지만, 그 반대는 항상 성립되지 않는다.

산과 염기에 대한 Lewis 모형의 실질적인 가치는 Brønsted-Lowry 산을 포함하지 않는 많은 반응들에 대해서도 적용된다는 것이다. 예를 들어 삼플루오린화 붕소와 암모니아 간의 기체상 반응을 생각해 보자.

$$\underset{\text{Lewis 산}}{BF_3} + \underset{\text{Lewis 염기}}{:NH_3} \longrightarrow F_3B-NH_3$$

여기에서 전자가 부족한 BF_3 분자(붕소 주위에 여섯 개 전자밖에 없다)는 고립 전자쌍 한 개를 갖고 있는 NH_3와 반응하여 팔전자계를 완성한다(그림 14.10 참조). 실제로 제8장에서 언급한 바와 같이, 전자가 부족한 삼플루오린화 붕소는 어떠한 전자쌍 주개와도 쉽게 반응한다. 즉, 삼플루오린화 붕소는 센 Lewis 산이다.

Al^{3+}와 같은 금속 이온의 수화도, Lewis 산−염기 반응으로 볼 수 있다.

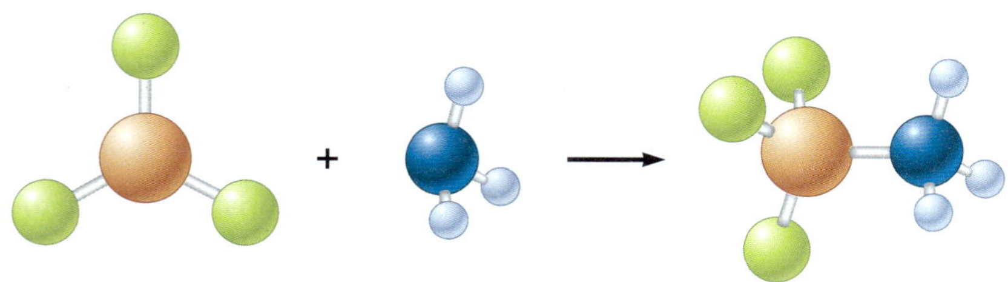

그림 14.10 NH_3와 BF_3의 반응.

그림 14.11 $Al(H_2O)_6{}^{3+}$ 이온.

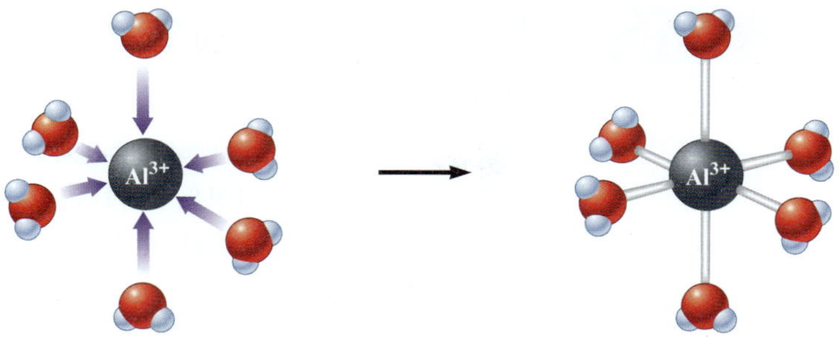

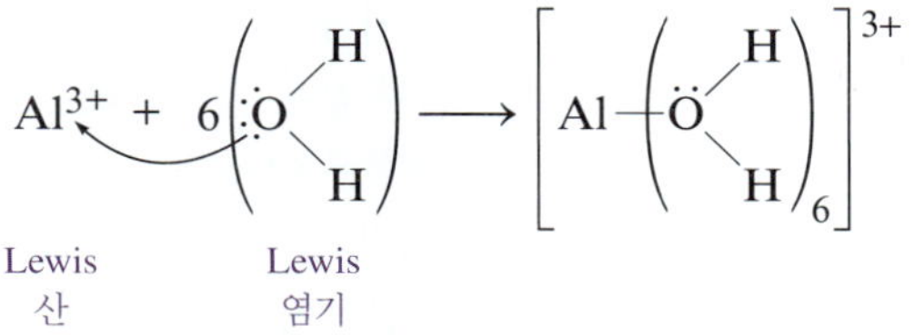

$$Al^{3+} + 6\,H_2\ddot{O}: \longrightarrow [Al(OH_2)_6]^{3+}$$

Lewis 산 Lewis 염기

여기에서, Al^{3+} 이온은 여섯 개의 물 분자 각각으로부터 전자쌍을 한 개씩 받아서 $Al(H_2O)_6{}^{3+}$를 형성한다(그림 14.11 참조).

또한 공유 결합의 산화물이 물과 반응하여 Brønsted-Lowry 산을 만드는 것도 Lewis 산-염기 반응으로 설명할 수 있다. 예를 들어, 삼산화 황과 물의 반응이 있다.

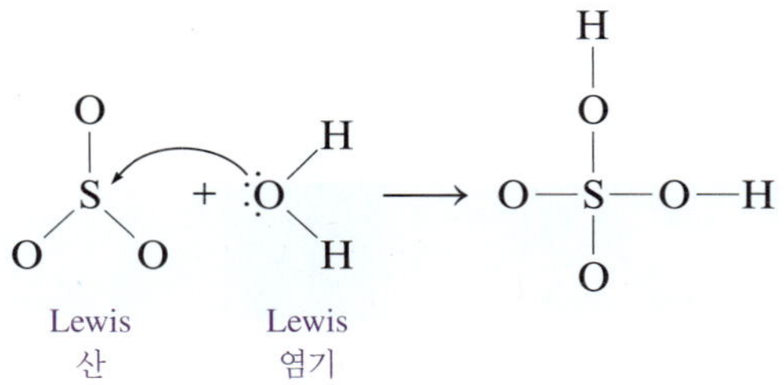

$$SO_3 + H_2\ddot{O}: \longrightarrow O{-}S(O)(OH){-}O{-}H$$

Lewis 산 Lewis 염기

물 분자가 삼산화 황에 결합될 때, 양성자 이동이 일어나서 황산을 만드는 데 유의하라.

대화형 예제 14.22 Lewis 산과 염기

다음 각 반응에 대해 Lewis 산과 염기를 확인하라.

a. $Ni^{2+}(aq) + 6NH_3(aq) \longrightarrow Ni(NH_3)_6^{2+}(aq)$

b. $H^+(aq) + H_2O(aq) \rightleftharpoons H_3O^+(aq)$

풀이 **a.** 각 NH_3 분자는 Ni^{2+} 이온에게 한 개의 전자쌍을 준다.

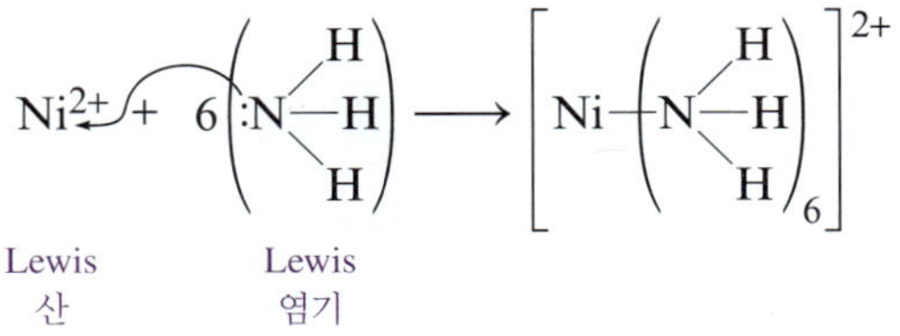

$$Ni^{2+} + 6\,:NH_3 \longrightarrow [Ni(NH_3)_6]^{2+}$$

Lewis 산 Lewis 염기

니켈(II) 이온은 Lewis 산이고, 암모니아는 Lewis 염기이다.

b. 양성자는 Lewis 산이고, 물 분자는 Lewis 염기이다.

$$H^+ + H_2\ddot{O}: \longrightarrow [H_3O]^+$$

Lewis 산 Lewis 염기

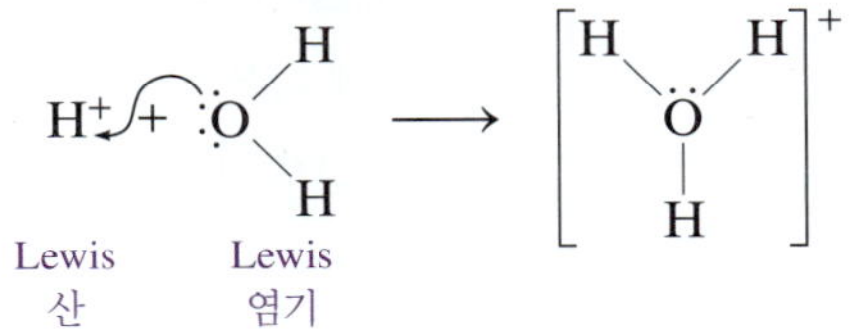

연습 문제 14.153과 14.154 참조

14.12 산-염기 문제 풀이를 위한 전략: 요약

이 장에서 산과 염기의 수용액에 관한 여러 가지 문제들을 설명하였다. 다음 장에서 더 많은 것들을 설명하게 될 것이다. 이들 수용액의 평형 농도를 계산할 때, 가능한 쉬운 방법을 찾고 특정 케이스의 풀이 과정을 암기하고 싶은 유혹을 느끼기 쉽다. 그러나 이와 같은 방법은 실용적이지 않을 뿐만 아니라, 보통은 좌절로 이어진다. 이 방법은 너무 많은 암기를 해야 한다. 경우의 수가 무한할 수 있다. 하지만 체계적이고 인내심 있게 신중한 접근을 하면 어떤 경우라도 충분히 성공적으로 해결할 수 있다. 산–염기 평형 문제를 풀 때, 그 문제를 풀기 위해 암기하고 있는 문제를 어떻게 사용할 수 있을까를 생각하지 *말라*. 그 대신에 다음과 같은 질문을 해 보아라. *용액에 들어 있는 주성분 화학종은 무엇이며, 그들의 화학적 행동은 어떠한가?*

복잡한 산-염기 평형 문제를 푸는 데 있어서 가장 중요한 부분은 문제 풀이의 초기에 하는 분석이다.

어떤 주성분 화학종들이 존재하는가?

완결되었다고 할 수 있을 정도로 반응은 진행하는가?

용액에서 어떤 평형이 가장 우세한가?

문제의 의미를 이해하고, 끈기 있게 노력하자.

개념 정리 및 복습 For Review

주요 용어

14.1절

Arrhenius 개념
Brønsted-Lowry 모형
하이드로늄 이온
짝염기
짝산
짝산-짝염기 쌍
산 해리 상수

14.2절

센산
약산
이양성자산
산소산
유기산
카복실 기
일양성자산
양쪽성 물질
자체이온화
이온곱(해리) 상수

산과 염기의 모형

- Arrhenius 모형
  - 산은 용액에서 H^+를 생성한다.
  - 염기는 용액에서 OH^-를 생성한다.
- Brønsted-Lowry 모형
  - 산은 양성자 주개이다.
  - 염기는 양성자 받개이다.
  - 이 모형에서 산 분자는 물 분자와 반응하며, 이는 염기로 작용한다.

$$\underset{\text{산}}{HA(aq)} + \underset{\text{염기}}{H_2O(l)} \rightleftharpoons \underset{\text{짝산}}{H_3O^+(aq)} + \underset{\text{짝염기}}{A^-(aq)}$$

  이 경우 새로운 산(짝산)과 염기(짝염기)가 만들어진다.

- Lewis 모형
  - Lewis 산은 전자쌍 받개이다.
  - Lewis 염기는 전자쌍 주개이다.

산-염기 평형

- 물에 녹은 산의 해리(이온화)에 대한 평형 상수는 K_a라고 부른다.
- K_a 식은 다음과 같다.

$$K_a = \frac{[H_3O^+][A^-]}{[HA]}$$

14.3절
pH 척도
14.4절
주성분 화학종
14.5절
해리 백분율
14.6절
센염기
소석회
석회-소다 공정
약염기
아민
14.7절
다양성자산
삼양성자산
14.8절
염
14.10절
산성 산화물
염기성 산화물
14.11절
Lewis 산
Lewis 염기

또는 간단하게 다음과 같이 표현된다.

$$K_a = \frac{[H^+][A^-]}{[HA]}$$

- $[H_2O]$는 상수라고 가정할 수 있으므로 절대로 포함시키지 않는다.

산 세기

- 센산은 매우 큰 K_a 값을 갖는다.
  - 센산은 물에서 완전히 해리(이온화)된다.
  - 해리(이온화) 평형 위치는 오른쪽으로 치우쳐져 있다.
  - 센산은 약한 짝염기를 갖는다.
  - 흔히 볼 수 있는 센산으로는 질산[$HNO_3(aq)$], 염산[$HCl(aq)$], 황산[$H_2SO_4(aq)$], 과염소산[$HClO_4(aq)$] 등이 있다.
- 약산은 작은 K_a 값을 갖는다.
  - 약산은 극히 적은 양만이 해리(이온화)된다.
  - 해리(이온화) 평형 위치는 왼쪽으로 치우쳐져 있다.
  - 약산은 상대적으로 강한 짝염기를 갖는다.
  - 약산의 해리 백분율은 다음과 같다.

$$\text{해리 백분율}(\%) = \frac{\text{해리된 양(mol/L)}}{\text{초기 농도(mol/L)}} \times 100\%$$

  - 해리 백분율이 작으면, 산은 더 약하다.
  - 약산을 묽히면 약산의 해리 백분율은 증가한다.

물의 자체이온화

- 물은 양쪽성 물질이다. 물은 산이나 염기로 행동할 수 있다.
- 물은 산-염기 반응에서 자신과 반응이다.

$$H_2O(l) + H_2O(l) \rightleftharpoons H_3O^+(aq) + OH^-(aq)$$

이 반응의 평형식은 다음과 같다.

$$K_w = [H_3O^+][OH^-] \quad \text{또는} \quad [H^+][OH^-] = K_w$$

  - K_w는 물의 이온-곱 상수이다.
  - 25°C의 순수한 물에서 $[H^+] = [OH^-] = 1.0 \times 10^{-7}$ M이고, 따라서 $K_w = 1.0 \times 10^{-14}$이다.
- 산성 용액에서 $[H^+] > [OH^-]$이다.
- 염기성 용액에서 $[OH^-] > [H^+]$이다.
- 중성 용액에서는 $[H^+] = [OH^-]$이다.

pH 척도

- $pH = -\log[H^+]$
- pH는 log 척도이기 때문에 pH가 1만큼 변하면 $[H^+]$는 10배만큼 변한다.
- log 척도는 또한 $[OH^-]$와 K_a에도 쓰인다.

$$pOH = -\log[OH^-]$$

$$pK_a = -\log K_a$$

염기

› 센염기는 NaOH나 KOH 같은 수산화물의 염이다.

› 약염기는 물과 반응하여 OH^-를 내어놓는다.

$$B(aq) + H_2O(l) \rightleftharpoons BH^+(aq) + OH^-(aq)$$

› 이 반응의 평형 상수는 K_b라고 부르며, 이때 K_b는 다음과 같다.

$$K_b = \frac{[BH^+][OH^-]}{[B]}$$

› 물에서 염기 B는 양성자(H^+)를 갖기 위해 OH^-와 항상 경쟁하며, K_b 값은 흔히 매우 작고, 이는 B를 OH^-에 비해서 약염기가 되게 한다.

다양성자산

› 다양성자산은 산성 양성자를 두 개 이상 가지고 있다.

› 다양성자산은 한 번에 한 개의 양성자를 해리한다.

› 각 단계는 특정적인 K_a 값을 갖는다.

› 일반적인 약한 다양성자산에 대해 K_a 값은 다음과 같이 감소한다.

$$K_{a_1} > K_{a_2} > K_{a_3}$$

› 황산은 독특한데,

› 첫 번째 해리 단계에서는 센산이고(K_{a_1}이 대단히 크다)

› 두 번째 단계에서는 약산이다.

염의 산-염기 성질

› 염은 물에 녹아 중성, 산성, 염기성을 나타낼 수 있다.

› 아래와 같은 이온을 포함한 염이 물에 녹았을 때 용액의 산-염기 성질은 아래와 같다.

› 센염기의 양이온과 센산의 음이온을 포함한 염은 중성 용액을 만든다.

› 센염기의 양이온과 약산의 음이온을 포함한 염은 염기성 용액을 만든다.

› 약염기의 양이온과 센산의 음이온을 포함한 염은 산성 용액을 만든다.

› Al^{3+}와 Fe^{3+} 같은 큰 전하를 갖고 있는 금속 이온을 포함한 염은 산성 용액을 만든다.

산-염기 성질에 미치는 구조의 영향

› 산이나 염기로 작용하는 많은 물질은 H—O—X 기를 포함한다.

› O—X 결합이 강한 공유 결합인 분자는 산으로 행동하려는 경향이 있다.

› X의 전기음성도가 커지면, 산성으로 작용하려는 경향이 커진다.

› O—X 결합이 이온성일 경우, 이런 물질은 염기로 작용하여 물속에서 OH^- 이온을 내어 놓는다.

복습 질문

1. 다음을 정의하라.
   a. Arrhenius 산
   b. Brønsted-Lowry 산
   c. Lewis 산

   어느 정의가 가장 일반적인가? 반응을 써서 답을 정당화하라.

2. 다음 용어의 뜻을 정의하거나 설명하라.
   a. K_a 반응
   b. K_a 평형 상수
   c. K_b 반응
   d. K_b 평형 상수
   e. 짝산-짝염기 쌍

3. 다음 용어의 뜻을 정의하거나 설명하라.
   a. 양쪽성
   b. K_w 반응
   c. K_w 평형 상수
   d. pH
   e. pOH
   f. pK_w

   25°C 중성 용액의 상태를 $[H^+]$, pH, 그리고 $[H^+]$와 $[OH^-]$ 사이의 관계로 나타내라. 동일한 것을 산성 용액과 염기성 용액에서 시행하라. 용액이 점점 더 산성화되면 pH, pOH, $[H^+]$, $[OH^-]$는 어떻게 변할까? 용액이 점점 더 염기성화되면 pH, pOH, $[H^+]$, $[OH^-]$는 어떻게 변할까?

4. 산성의 세기는 K_a 값과 어떤 관계가 있는가? 센산과 약산의 차이는 무엇인가(표 14.1 참조)? 산의 세기가 커지면 짝염기의 세기는 어떻게 되는가? 염기성의 세기는 K_b 값과 어떤 관계가 있는가? 염기의 세기가 커지면 짝산의 세기는 어떻게 되는가?

5. 수용액 중 산의 pH를 구하는 데는 다음 두 가지 방법이 있다. 수용액의 센산의 pH를 구하는 방법은 무엇인가? 이때 필요한 주요한 가정들은 어떤 것들인가? 센산을 인식하는 가장 좋은 방법은 그것들을 암기하는 것이다. 여섯 개의 흔한 센산을 나열하라(이 책에 수록하지 않은 두 개는 HBr과 HI이다).

   반면에 대부분의 산은 약산이다. 수용액에서 약산의 pH를 구할 때, K_a 값을 꼭 알아야 한다. 책에서 약산의 K_a 값을 제공하는 두 부분을 나타내라. 이러한 표는 약산을 알아내는 데 도움을 제공한다. 수용액에서 약산의 pH를 구하는 방법은 무엇인가? 이때, 일반적으로 사용되는 가정은 무엇인가? 5% 규칙이란 무엇인가? 만약 5% 규칙을 만족시키지 않으면 어떻게 약산의 pH 값을 구할 수 있을까?

6. 물에서 염기의 pH 값을 구하는 데도 다음 두 가지 방법이 있다. 수용액의 센염기의 pH를 구하는 방법은 무엇인가? 이 책에서 다룬 암기하여야 할 센염기를 나열하라. $Ca(OH)_2$ 용액의 pH를 구하는 것이 NaOH 용액의 pH를 구하는 것보다 조금 더 까다로운 까닭은 무엇 때문인가?

   대부분의 염기는 약염기이다. 어떤 원소의 존재가 가장 흔하게 유기 화합물에서 염기적 성질을 나타내게 하는가? 화합물에서 이 원소의 무엇이 이 원소가 양성자를 받아들일 수 있게 하는가?

   이 책의 표 14.3과 부록 5는 몇몇 약염기들의 K_b 값을 나타내고 있다. 수용액에서 약염기의 pH를 구하는 방법은 무엇인가? 이때 일반적으로 사용되는 가정은 무엇인가? 만약 5% 규칙을 만족시키지 않으면 어떻게 약염기의 pH 값을 구할 수 있을까?

7. 표 14.4는 몇몇 다양성자산의 단계별 해리 상수 K_a 값을 나타내고 있다. 일양성자산, 이성자산, 삼양성자산 사이의 차이점은 무엇인가? 황산(H_2SO_4)을 제외한 대부분의 다양성자산은 약산이다. H_2SO_4 용액의 pH 값을 구하기 위해서는 약산의 풀이뿐만 아니라 센산의 풀이까지 수행하여야 한다. 그 이유를 설명하라. H_2SO_4에 대한 K_{a_1}과 K_{a_2} 값이 나타내는 평형 반응식을 써보라.

   인산(H_3PO_4) 용액은 다음과 같은 해리 상수를 갖는다. $K_{a_1} = 7.5 \times 10^{-3}$, $K_{a_2} = 6.2 \times 10^{-8}$, $K_{a_3} = 4.8 \times 10^{-13}$. 이 해리 상수들이 나타내는 평형 반응식을 써보라. H_3PO_4 용액의 세 가지 산은 무엇인가? 이 중 가장 센산은 무엇인가? H_3PO_4 용액의 세 가지 짝염기는 무엇인가? 이 중 가장 센 짝염기는 무엇인가? 물속에서 다양성자산의 pH 값을 계산하는 방법을 요약해 보라.

8. 짝산-짝염기 쌍에서 K_a와 K_b 값은 어떤 관계가 있는가? 아세트산(acetic acid)이 물속에서 나타내는 다음 반응을 고려해 보자. 이 반응의 K_a 값은 1.8×10^{-5}이다.

   $$CH_3CO_2H(aq) + H_2O(l) \rightleftharpoons CH_3CO_2^-(aq) + H_3O^+(aq)$$

   a. 어떤 두 염기가 양성자를 가지려고 경쟁하고 있는가?
   b. 이때 어떤 염기가 더 센가?
   c. 위의 b번 답에 관해, $CH_3CO_2^-$ 이온을 약염기로 구분하는 이유는 무엇인가? 답이 옳음을 증명하기 위한 적절한 반응식을 써라.

   일반적으로, 염기의 세기가 증가하면 짝산의 세기는 감소한다. 약염기인 NH_3의 짝산이 약산인 이유를 설명하라.

   요약하면, 약산의 짝염기는 약염기이고, 약염기의 짝산은 약산이다(약한 것은 약한 것을 만든다). 어떤 일양성자산인 센산의 K_a 값이 1×10^6이라고 가정할 때, 짝염기의

K_b 값은 얼마인가? 수용액 속에서 왜 센산의 짝염기는 염기의 성질을 나타내지 않을까? 여섯 개의 흔한 센산의 짝염기를 나열하라. 몇몇 선생님들은 학생들에게 Li^+, K^+, Rb^+, Cs^+, Ca^{2+}, Sr^{2+}, Ba^{2+}를 센염기인 LiOH, KOH, RbOH, CsOH, $Ca(OH)_2$, $Sr(OH)_2$, $Ba(OH)_2$의 짝산이라고 가르치기도 한다. 기술적으로 옳은 말은 아니지만, 이러한 양이온들의 짝산으로서의 세기는 센산의 짝염기의 세기와 유사하다. 다시 말해서, 이러한 양이온들은 물에서 산으로서의 성질이 전혀 없다. 같은 맥락에서 센산의 짝염기는 염기로서의 성질을 전혀 보이지 않는다(센 것은 아무 것도 만들지 못한다). 다음의 빈칸에 알맞은 용어를 써 넣으라. 약산의 짝염기는 ____________염기이다. 약염기의 짝산은 ____________산이다. 센산의 짝염기는 ____________염기이다. 센염기의 짝산은 ____________산이다(*힌트*: 약한 것은 약한 것을 만들고, 센 것은 아무것도 만들지 못한다).

9. 염이란 무엇인가? 수용액 속에서 약염기로 작용하는 음이온들을 나열하라. 물속에서 염기성이 전혀 없는 음이온들을 나열하라. 수용액 속에서 약산으로 작용하는 양이온들을 나열하라. 수용액 속에서 산성이 전혀 없는 양이온들을 나열하라. 이 목록을 이용하여 수용액 속에서 약염기성을 지니는 염의 화학식을 나타내라. 이러한 염기성 염이 물속에서 나타내는 pH를 계산하기 위해 어떤 방법을 사용할 것인가? 물에서 약산 성질을 갖는 염에는 어떤 것이 있는가? 이들 산성 염 용액의 pH를 계산하는 방법은 무엇인가? 수용액 속에서 산성과 염기성을 지니지 않는 염(중성을 지니는 염)의 화학식을 나타내라. 어떤 염이 약산 이온과 약염기 이온을 모두 포함하고 있을 때, 이 수용액의 pH가 산성인지, 염기성인지, 아니면 중성인지 어떻게 예측할 수 있는가?

10. 산소산(oxyacid)에서 산의 세기는 다음 중 무엇과 연관이 있는가?

a. 산성 수소 원자의 결합 세기

b. 산성 수소와 연결된 산소 원자와 결합된 원소의 전기음성도

c. 산소 원자의 개수

반면 짝염기의 세기는 위의 요소들과 어떤 연관이 있는가?

비금속 산화물이 물에 녹을 때 어떤 형태의 용액이 만들어지는가? 이러한 산화물의 예는 무엇인가? 금속 산화물이 물에 녹을 때 어떤 형태의 용액이 만들어지는가? 이러한 산화물의 예는 무엇인가?

활동 학습 질문

이 질문들은 학생들이 강의실에서 그룹을 만들어 함께 풀어볼 수 있도록 고안하였다.

1. 순수한 물이 들어 있는 두 비커의 온도가 서로 다르다고 가정하자. 이들의 pH는 어떻게 차이가 날까? 어떤 것이 더 산성이고, 어떤 것이 더 염기성일까? 설명하라.

2. 산과 염기에 적용할 때 *세기(strength)*와 *농도(concentration)*라는 용어 사이의 차이점을 구별하라. 염산이 셀 때, 약할 때, 진할 때, 묽을 때는 각각 어느 경우인가? 같은 질문을 암모니아에 대해서도 답하라. 약산의 짝염기는 센염기인가?

3. 다음 두 개의 그래프를 그리고, 설명하라. (a) 약산 HA의 초기 농도 $[HA]_0$에 따른 HA의 해리 백분율, (b) $[HA]_0$에 따른 H^+의 농도

4. 약산 HA와 HCl을 혼합하여 만든 용액이 있다고 가정해보자. 주성분 화학종은 무엇인가? 용액 속에서 무슨 일이 일어나는지 설명하라. pH는 어떻게 계산하는가? 만약 이 용액에 NaA를 첨가하면 어떻게 될까? 또한 NaOH를 첨가하면 어떻게 될까?

5. 염은 왜 산성, 염기성 또는 중성이 될 수 있는지를 설명하고, 각각의 예를 들라. 구체적인 값은 사용하지 않는다.

6. pH란 무엇을 의미하는가? 센산의 용액이 언제나 약산의 용액보다 낮은 pH를 갖는다는 것은 사실인가 거짓인가? 그 이유를 예를 들어 설명하라.

7. NaOH(*aq*)의 용액에서 H^+ 농도를 계산하라는 요청을 받았다고 하자. H^+를 가지고 있으면 용액이 산성이고, 수산화 소듐은 염기성 때문에 H^+가 없다고 말할 것인가?

8. 약산 HA와 HCl 그리고 NaA를 혼합하여 만든 용액이 있다고 생각해 보자. 다음 설명 중 어떤 일이 일어날 것인가를 가장 잘 설명한 것은?

a. HCl의 H^+와 NaA의 A^-가 완전히 반응한 다음 HA가 어느 정도 해리한다.

b. HA가 해리하는 동안 HCl의 H^+와 NaA의 A^-와 어느 정도 반응하여 HA를 생성한다. 최종적으로는 모두 같은 양으로 된다.

c. HA가 해리하는 동안 HCl의 H^+와 NaA의 A^-와 어느 정도 반응하여 HA를 만든다. 최종적으로는 모두 같은 양이 된다.

d. HCl의 H^+와 NaA의 A^-가 완전히 반응한 다음 HA가 어느 정도 해리하여 "많은 양"의 A^-와 H^+가 생기고, 이들이 다시 반응하여 HA 등이 생긴다. 결국은 평형에 도달하게 된다.

선택한 답이 옳은 이유를 설명하고, 선택하지 않은 것들에 대해서는 왜 틀렸는지 설명하라.

9. 0.10 M HA ($K_a = 1.0 \times 10^{-6}$) 100.0 mL와 0.10 M NaA 100.00 mL 그리고 0.10 M HCl 100.0 mL를 섞어서 혼합 용액을 만들었다. 최종 용액의 pH를 계산할 때 계산을 단순화하기 위해 여러 반응이 일어나는 순서에 대한 몇 가지 가정을 해야 한다. 그 가정들을 설명하라. 반응들이 가정된 순서로 실제로 일어나는지 상관이 있는가? 설명하라.

10. 어떤 소듐 화합물이 물에 용해되어 Na^+ 이온과 어떤 음이온으로 해리되었다. 이 음이온이 산으로 작용할 것인지, 염기로 작용할 것인지를 결정할 수 있는 것은 무엇인가? 음이온이 센염기로도 작용할 수 있다고 어떻게 설명할 수 있는가? 어떻게 음이온이 산과 염기로 동시에 작용할 수 있는지 설명하라.

11. 산과 염기는 화학적으로 상반된 작용을 하는 것으로 생각할 수 있다(산은 양성자 주개이고, 염기는 양성자 받개이다). 그러므로 $K_a = 1/K_b$로 생각할 수 있는데, 왜 타당하지 않는가? K_a와 K_b의 관계를 식을 전개하여 증명하라.

12. 다음의 반응식을 생각해 보자:

$$HA(aq) + H_2O(l) \rightleftharpoons H_3O^+(aq) + A^-(aq).$$

a. 물이 A^-보다 더 좋은 염기라면, 평형은 어느 쪽에 놓일 것인가?

b. 물이 A^-보다 더 좋은 염기라면, HA는 센산인가 또는 약산인가?

c. 물이 A^-보다 더 좋은 염기라면, K_a의 값은 1보다 크겠는가 아니면 1보다 작겠는가?

13. pH = 4.0인 센산 용액과 pH = 6.0인 같은 부피의 센산 용액을 혼합하였다. 최종 pH가 4.0 미만, 4.0과 같음, 4.0과 5.0 사이, 5.0과 같음, 5.0과 6.0 사이, 6.0과 같거나 6.0보다 큰가? 설명하라.

14. 같은 농도를 갖는 NaX(aq)와 NaY(aq)의 두 용액이 있다고 하자. 어느 용액의 pH가 더 높은지 결정하기 위해서는 무엇을 먼저 알아야 하는가? 계산을 예로 들어 설명하라.

15. 왜 물의 pH는 25°C에서 7.00인가?

16. 용액의 pH는 음의 값을 가질 수 있는지 설명하라.

17. 약산의 짝염기는 센염기인가? 설명하라. 왜 Cl^-가 수용액의 pH에 영향을 못 미치는지 설명하라.

18. 염 BX가 물에 녹아 산성 용액을 만든다. 다음 중 참이 될 수 있는 것은?(하나 이상의 옳은 답이 있을 수 있다.)

a. 산 HX는 약산이다.

b. 산 HX는 센산이다.

c. 양이온 B^+는 약산이다.

설명하라.

19. 두 개의 서로 다른 수용액이 있다. 하나는 약산성 용액이고 다른 하나는 염산(HCl)이 들어 있다. 각각 10개의 분자들로 시작했다고 가정해 보자.

a. 평형 상태에서 각 용액들은 어떤 형태를 띠고 있는지 그림을 그려라.

b. 각 비커에서 주성분 화학종은 무엇인가?

c. 그림으로부터 각 K_a 값을 계산하라.

d. 각 산의 0.1 M 용액의 pH를 계산하라.

e. 다음을 가장 센염기로부터 약염기로 순서를 정하고, 설명하라. H_2O, A^-, Cl^-.

20. 아래에 나타낸 pH 값들과 화학 시약(농도가 모두 같다)을 짝지어라. pH 값: 1, 2, 5, 6, 6.5, 8, 11, 11과 13, 화학 시약: HBr, NaF, NaCN, NaOH, NH_4F, CH_3NH_3F, HF, HCN 및 NH_3. 다양한 용액의 실제 pH 값을 계산하지 않고 이 문제에 답하라.

분홍색 번호의 질문과 연습문제에 대한 정답은 온라인에서 확인할 수 있습니다(차례의 QR을 스캔해보세요).

질문

21. 수소를 포함한 음이온(예: HCO_3^-와 $H_2PO_4^-$)은 흔히 양쪽성을 보인다. 이 두 음이온의 양쪽성을 보이는 방정식을 써라.

22. 다음 조건 중 25°C에서 *산성* 용액을 나타내는 것은?

a. pH = 3.04

b. $[H^+] > 1.0 \times 10^{-7}\ M$

c. pOH = 4.51

d. $[OH^-] = 3.21 \times 10^{-12}\ M$

23. 다음 조건 중 25°C에서 *염기성* 용액을 나타내는 것은?

a. pOH = 11.21

b. pH = 9.42

c. $[OH^-] > [H^+]$

d. $[OH^-] > 1.0 \times 10^{-7}\ M$

24. 용액의 pH를 3.0에서 5.0으로 올렸다. 다음 설명 중 어느 것이 이 과정을 *잘못* 설명한 것인가?

a. pOH가 11.0에서 9.0으로 낮아진다.

b. $[H^+]$은 100배로 감소한다.

c. 최종 $[OH^-]$ (pH = 5.0에서)는 $1 \times 10^{-9}\ M$이다.

d. 초기 $[H^+]$ (pH = 3.0에서)은 $1 \times 10^{-3}\ M$이다.

e. 처음의 용액은 $1 \times 10^{-11}\ M$ NaOH이다.

25. 다음 각 반응식의 첫 번째에 나열된 물질에 대한 평형 상수 K_a와 관련된 반응에 해당하는 것은 어느 것인가?

a. $HCN(aq) + OH^-(aq) \rightleftharpoons CN^-(aq) + H_2O(l)$

b. $HCl(aq) + NaOH(aq) \rightleftharpoons NaCl(aq) + H_2O(l)$

c. $F^-(aq) + H_2O(l) \rightleftharpoons HF(aq) + OH^-(aq)$

d. $HCN(aq) + H_2O(l) \rightleftharpoons H_3O^+(aq) + CN^-(aq)$

26. 산의 pK_a는 무엇인가? pK_a 값이 증가하면 산의 세기가 증가하겠는가 또는 감소하겠는가? 설명하라.

27. 10.78, 6.78, 0.78의 유효 숫자는 몇 개인가? 만일 이들이 pH 값이라면, $[H^+]$를 몇 개의 유효 숫자로 표현할 수 있는가? 두 질문에 대한 답 사이의 차이점을 설명하라.

28. 오비탈과 전자 배치의 관점에서, 분자나 이온이 Lewis 산으로 작용하기 위해서는 무엇이 존재해야 하는가? 분자 또는 이온이 Lewis 염기로 작용하려면 무엇이 있어야 하는가?

29. 암모니아 액체의 자체이온화를 고려하자.

각 화학종이 산 또는 염기인지 표시하고 설명하라.

30. 다음은 산–염기 반응을 표현한 것이다.

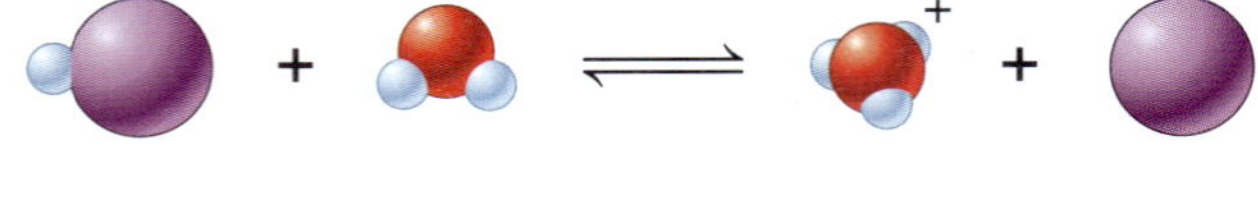

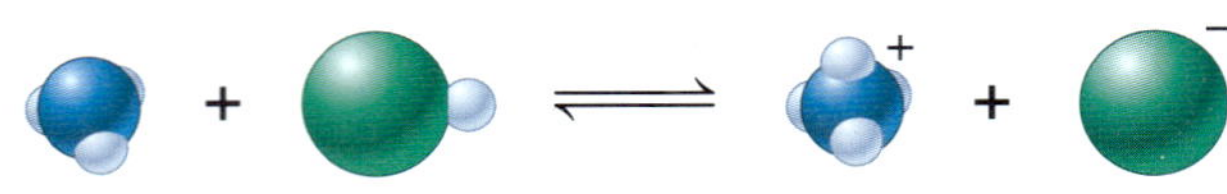

a. 각 화학종이 산 또는 염기인지 표시하고 설명하라.

b. 산인 화학종에 대하여 아레니우스, Brønsted-Lowry, Lewis 산인지 표시하라. 염기인 화학종들에 대하여도 표시하라.

31. 다음 설명에 알맞은 예를 세 가지씩 나타내라.

a. 매우 산성인 센전해질 용액

b. 약간 산성인 센전해질 용액

c. 매우 염기성인 센전해질 용액

d. 약간 염기성인 센전해질 용액

e. 중성인 센전해질 용액

32. 짝산–짝염기쌍에서 pK_a와 pK_b 사이의 관계식을 유도하라($pK = -\log K$).

33. 다음의 문장을 살펴보자. 각 문장에 연관된 반응의 예와 K 값의 표현식을 써라.

a. 물의 자체이온화

b. 산이 물과 반응하여 짝염기와 하이드로늄 이온을 생성

c. 염기가 물과 반응하여 짝산과 수산화 이온을 생성

34. 아드레날린과 아스피린의 구조는 다음과 같다:

HO, HO, OH, $CHCH_2NHCH_3$

아드레날린

O, C—OH, O—CCH_3, O

아스피린

아드레날린과 아스피린을 약산 또는 약염기로 표시하라. 약산인지 약염기인지를 구조로부터 어떻게 결정할 수 있는지 설명하라.

35. 학생들은 아세트산과 같은 유기산에 —OH 기가 포함되어 있다는 사실을 알면 종종 놀라게 된다. 사실, 모든 산소산(oxyacid)은 수산화 기를 포함하고 있다. 일반적으로 H_2SO_4로 쓰여지는 황산은 구조식 $SO_2(OH)_2$를 가지며, 여기에서 S는 중심 원자이다. 아래에 나타낸 구조식이 산인지를 확인하라. NaOH와 KOH가 염기인 반면에 그들이 산성으로 행동하는 이유는 무엇인가?

a. $SO(OH)_2$ **b.** $ClO_2(OH)$ **c.** $HPO(OH)_2$

36. 다음의 문장 중에서 옳은 것은 무엇인가? 틀린 문장은 고쳐라.

a. 염기가 물에 녹았을 때, pH의 가장 작은 값은 7.0이다.

b. 산이 물에 녹았을 때, pH의 가장 작은 값은 0이다.

c. 센산은 약산보다 더 낮은 pH 값을 갖는다.

d. 0.0010 M $Ba(OH)_2$ 수용액의 pOH 값은 0.0010 M KOH 수용액의 pOH 값의 두 배이다.

37. 다음의 수학적 표현을 생각해 보자.

a. $[H^+] = [HA]_0$

b. $[H^+] = (K_a \times [HA]_0)^{1/2}$

c. $[OH^-] = 2[B]_0$

d. $[OH^-] = (K_b \times [B]_0)^{1/2}$

각 식에 대하여 수학적 표현이 $[H^+]$ 또는 $[OH^-]$에 대한 좋은 근사법을 나타내는 세 가지 용액을 들어라. $[HA]_0$와 $[B]_0$는 산과 염기의 초기 농도를 나타낸다.

38. 0.10 M H_2CO_3 용액과 0.10 M H_2SO_4 용액을 생각해 보자. 자세한 계산을 하지 말고, 다음 문장 중에서 각 용액의 $[H^+]$를 가장 잘 설명하는 것을 고르고, 그 이유를 설명하라.

a. $[H^+]$는 0.10 M보다 작다.

b. $[H^+]$는 0.10 M이다.

c. $[H^+]$는 0.10 M과 0.20 M 사이이다.

d. $[H^+]$는 0.20 M이다.

39. 처음 산–염기 화학을 공부할 때 학생들은 때때로 약한 산의 짝염기가 센염기라고 가정한다. 그러나 이 가정은 잘못된 것이다. 다음 중 약한 산의 짝염기가 센염기가 아닌 이유를 가장 잘 설명하는 것은 무엇인가?

a. 약한 산의 짝염기는 모두 K_b가 1보다 크다.

b. 약한 산의 짝염기는 모두 K_b 값이 1이다.

c. 약한 산의 짝염기는 모두 K_b 값이 1보다 작다.

d. 약한 산의 짝염기는 모두 $K_w(1 \times 10^{-14})$ 값보다 작은 K_b 값을 가진다.

40. 다음과 같은 진술을 생각해 보자. 화학종 Cl^-는 수용액에서 거의 염기성이 없다. 다음 중 이 진술이 참 또는 거짓인 이유와 그 이유를 가장 잘 설명하는 것은 무엇인가?

a. 옳음; 이것은 Cl^-가 약한 산의 짝염기이기 때문이다.

b. 거짓; 화학종 Cl^-는 센산의 짝염기이기 때문에 수용액에서 좋은 염기이다.

c. 옳음; 이것은 Cl^-가 좋은 양성자 주개이기 때문이다.

d. 거짓; 화학종 Cl^-는 전기음성도가 크기 때문에 수용액에서 좋은 염기이다.

e. 옳음; 물이 Cl^-보다 양성자를 훨씬 더 강하게 끌어당기기 때문이다.

41. 할로젠화 수소 중에서 HF만 약산이다. 그 이유를 설명하라.

42. 다음이 수행되는 이유를 설명하라. 둘 다 산-염기 화학과 관련이 있다.
 a. 유황 함량이 높은 석탄을 태우는 발전소는 스크러버를 사용하여 배출되는 유황을 제거한다.
 b. 정원사는 정원의 흙에 석회(CaO)를 섞는다.

연습 문제

이절에서는 비슷한 유형의 문제를 두 개씩 짝지어 놓았다.

산과 염기의 성질

43. 다음 반응을 설명하는 균형 맞춘 반응식을 써라.
 a. 물에서 과염소산(perchloric acid)의 해리
 b. 물에서 프로판산($CH_3CH_2CO_2H$)의 해리
 c. 물에서 암모늄 이온의 해리

44. 다음 산이 물속에서 나타내는 해리 반응과 그에 해당하는 K_a 평형 상수의 표현식을 써라.
 a. HCN
 b. HOC_6H_5
 c. $C_6H_5NH_3^+$

45. 다음 각 수용액의 반응에서 산, 염기, 짝염기, 짝산을 구별하라.
 a. $H_2O + H_2CO_3 \rightleftharpoons H_3O^+ + HCO_3^-$
 b. $C_5H_5NH^+ + H_2O \rightleftharpoons C_5H_5N + H_3O^+$
 c. $HCO_3^- + C_5H_5NH^+ \rightleftharpoons H_2CO_3 + C_5H_5N$

46. 다음 수용액 반응에서 산, 염기, 짝염기 및 짝산을 구별하라.
 a. $Al(H_2O)_6^{3+} + H_2O \rightleftharpoons H_3O^+ + Al(H_2O)_5(OH)^{2+}$
 b. $H_2O + HONH_3^+ \rightleftharpoons HONH_2 + H_3O^+$
 c. $HOCl + C_6H_5NH_2 \rightleftharpoons OCl^- + C_6H_5NH_3^+$

47. 다음 수용액들을 센산 또는 약산으로 분류하라.

a.

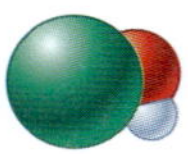
b.

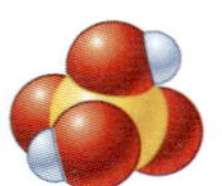
c.

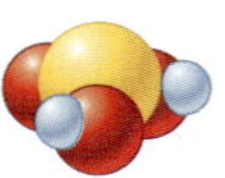
d.

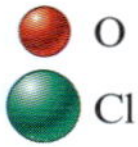

48. 다음 그림들을 생각해 보자.

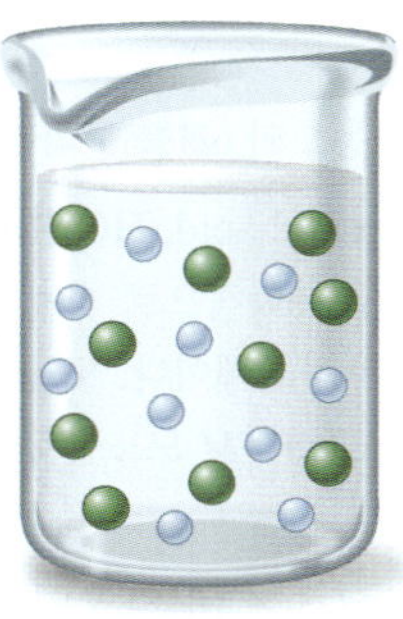

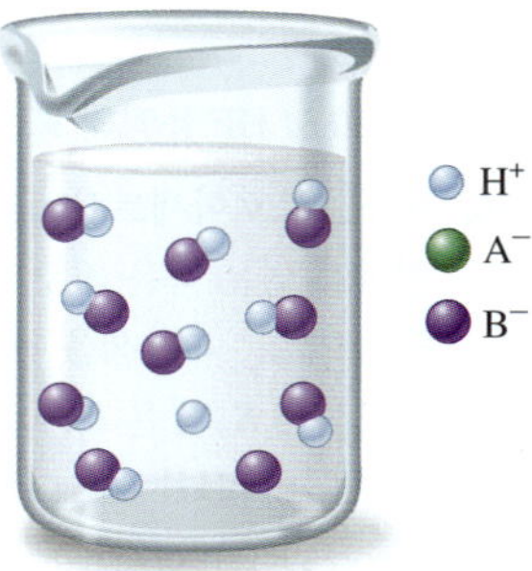

다음 산들이 물에 녹았을 때 일어나는 반응을 어느 비커가 더 잘 보여 주는가?
 a. HNO_2
 b. HNO_3
 c. HCl
 d. HF
 e. $HC_2H_3O_2$

49. 표 14.2를 이용하여 다음 화합물을 가장 센산부터 가장 약한 순으로 나열하라.

$HOCl_2$, H_2O, NH_4^+, $HClO_4$

50. 표 14.2를 이용하여 다음 화합물을 가장 센염기부터 가장 약한 순으로 나열하라.

ClO_2^-, H_2O, NH_3, ClO_4^-

51. 표 14.2를 참조하여 다음 문제를 풀어라.
 a. HCl과 H_2O 중에서 더 센산은?
 b. H_2O과 HNO_2 중에서 더 센산은?
 c. HCN과 HOC_6H_5 중에서 더 센산은?

52. 표 14.2를 참조하여 다음 문제를 풀어라.
 a. Cl^-과 H_2O 중에서 더 센염기는?
 b. H_2O과 NO_2^- 중에서 더 센염기는?
 c. CN^-과 $OC_6H_5^-$ 중에서 더 센염기는?

물의 자체이온화와 pH 척도

53. 25°C에서 다음 용액의 $[OH^-]$를 계산하라. 각 용액들이 중성, 산성, 염기성인지를 분류하라.
 a. $[H^+] = 1.0 \times 10^{-7}\ M$
 b. $[H^+] = 8.3 \times 10^{-16}\ M$
 c. $[H^+] = 12\ M$
 d. $[H^+] = 5.4 \times 10^{-5}\ M$

 또한 이들 각 용액의 pH와 pOH를 계산하라.

54. 25°C에서 다음 용액의 $[H^+]$를 계산하라. 각 용액들이 중성, 산성, 염기성인지를 분류하라.
 a. $[OH^-] = 1.5\ M$
 b. $[OH^-] = 3.6 \times 10^{-15}\ M$
 c. $[OH^-] = 1.0 \times 10^{-7}\ M$
 d. $[OH^-] = 7.3 \times 10^{-4} M$

 또한 이들 각 용액의 pH와 pOH를 계산하라.

55. 온도에 따른 K_w 값은 다음과 같다.

온도(°C)	K_w
0	1.14×10^{-15}
25	1.00×10^{-14}
35	2.09×10^{-14}
50.	5.47×10^{-14}

 a. 물의 자체이온화 반응은 발열 반응인가, 흡열 반응인가?
 b. 50.°C에서 중성 용액의 $[H^+]$와 $[OH^-]$을 계산하라.

56. 40.°C에서 순수한 물의 pH는 6.77이다.
 a. 40.°C의 순수한 물에서 $[H^+]$와 $[OH^-]$를 계산하라.
 b. 40.°C에서 순수한 물에 대한 K_w를 계산하라.
 c. 용액의 수산화 물 이온의 농도가 0.10 M이라면 40.°C에서 pH는 얼마인가?

57. 25°C에서 다음 각 용액의 $[H^+]$와 $[OH^-]$를 각각 계산하고, 중성, 산성, 염기성인지를 말하라.

a. pH = 7.40(혈액의 정상 pH)

b. pH = 15.3

c. pH = −1.0

d. pH = 3.20

e. pOH = 5.0

f. pOH = 9.60

58. 다음 표에서 비어있는 곳을 채워라.

	pH	pOH	$[H^+]$	$[OH^-]$	산성, 염기성, 또는 중성?
용액 a	9.63				
용액 b				3.9×10^{-6} *M*	
용액 c			0.027 *M*		
용액 d		1.22			

59. 인간 위장의 소화액 시료의 pH는 2.1이다. 이 시료의 pOH, $[H^+]$, $[OH^-]$를 계산하라. 이 소화액은 산성인가, 염기성인가?

60. 약국에서 구입한 제산제의 pOH는 2.3이다. 이 용액의 pH, $[H^+]$, $[OH^-]$를 계산하라. 제산제는 산성인가 아니면 염기성인가?

산 용액

61. 다음 산을 물에서 산 세기가 *감소하는* 순서대로 나열한 것이다.

$$HI > HNO_2 > HOCl > HCN$$

다음의 위의 산에 관한 설명 중에서 *잘못된* 것은 어느 것인가?

a. HI는 물에서 100% 해리되는 것으로 가정한다.

b. HNO_2의 K_a 값은 HCN의 K_a 값보다 크다.

c. NO_2^-는 I^-보다 센염기이다.

d. 1.0 *M* HOCl 용액의 $[H^+]$은 1.0 *M* HCN 용액의 $[H^+]$보다 크다.

e. 0.10 *M* HCN 용액의 pH는 0.10 *M* HNO_2 용액의 pH보다 작다.

62. 1.0 *M* 약산 용액에 대한 다음 설명 중 옳은 것은 무엇인가?

a. K_a 값이 증가하면 용액의 pH가 감소한다.

b. K_a 값이 증가함에 따라 산의 해리율이 증가한다.

c. K_a 값이 증가할수록 짝염기의 강도는 감소한다.

d. K_a 값이 증가하면 용액의 $[H^+]$이 증가한다.

63. 0.250 *M*의 다음 산성 용액의 주된 화학종은 무엇인가? 이들 용액의 pH를 각각 계산하라.

a. $HClO_4$

b. HNO_3

64. 0.10 *M* HI 150.0 mL에 0.050 *M* HBr 50.0 mL를 첨가하여 용액을 만들었다. 이 용액의 $[H^+]$와 pH를 계산하라. HBr과 HI 모두 센산으로 간주한다.

65. 물에서 다음 센산 용액의 pH를 각각 계산하라.

a. 0.10 *M* HCl

b. 5.0 *M* $HClO_4$

c. 1.0×10^{-11} *M* HI

66. 물에 센산을 포함한 다음 용액의 pH를 계산하라.

a. 2.0×10^{-2} *M* HNO_3

b. 4.0 *M* HNO_3

c. 6.2×10^{-12} *M* HNO_3

67. pH = 4.25인 HBr 수용액의 농도를 계산하라. HBr은 센산이다.

68. pH가 5.10인 질산 용액 250.0 mL에 몇 몰의 NO_3^-가 들어 있는가?

69. 진한 HCl (12 *M*)을 사용하여 pH = 1.50 용액 1600 mL를 만들려면 어떻게 해야 하는가?

70. 진한 염산 50.0 mL와 진한 질산 20.0 mL를 물 300 mL에 첨가하여 용액을 만든다. 최종 부피가 1.00 L가 될 때까지 더 많은 물을 추가하였다. $[H^+]$, $[OH^-]$ 및 이 용액의 pH를 계산하라. [*힌트*: 진한 HCl은 38% HCl(질량 기준)이고 밀도는 1.19 g/mL이다. 진한 HNO_3는 70. % HNO_3(질량 기준)이고 밀도는 1.42 g/mL이다.]

71. 물 1.0 L에 약산 HA 1몰을 녹였다. 그리고 다른 물질은 첨가되지 않았다. 다음 설명 중 어느 것이 (가까운 근사치로) 사실인가?

a. $[HA] = [A^-]$

b. $[HA] = [OH^-]$

c. $[A^-] = [OH^-]$

d. $[H^+] = [A^-]$

e. $[H^+] = [OH^-]$

72. 1.0 mol의 약산 HOCl이 2.0 L의 물에 용해된다. 평형에 도달한 후 존재하는 종의 농도를 *가장* 높은 것부터 *가장 낮은* 것까지 올바르게 나열한 것은 무엇인가?

a. $[OCl^-] > [HOCl] > [H^+]$

b. $[H^+] > [OCl^-] > [HOCl]$

c. $[HOCl] > [OH^-] > [OCl^-]$

d. $[OCl^-] > [OH^-] > [HOCl]$

e. $[HOCl] > [OCl^-] > [OH^-]$

73. 다음 0.250 *M* 산 용액에 존재하는 주성분 화학종은 각각 무엇인가? 이들 용액의 pH를 각각 계산하라.

a. HNO_2

b. CH_3CO_2H ($HC_2H_3O_2$)

74. 다음 0.250 *M* 산 용액에 존재하는 주성분 화학종은 각각 무엇인가? 이들 각 용액의 pH를 계산하라.

a. HOC_6H_5

b. HCN

75. 0.020 *M* HF 용액의 모든 화학종의 농도와 pH를 구하라.

76. 모노클로로아세트산(monochloroacetic acid, $HC_2H_2ClO_2$)은 얼굴에 있는 죽은 피부의 맨 위층을 "화학적으로 벗겨내어", 궁극적으로는 피부색을 개선하는 피부 자극제이다. 모노클로로아세트산의 K_a 값은 1.35×10^{-3}이다. 0.10 *M* 모노클로로아세트산 용액의 pH를 계산하라.

77. 0.100 *M* 프로판산($HC_3H_5O_2$, $K_a = 1.3 \times 10^{-5}$) 용액에 존재하는 모든 화학종의 농도와 pH와 해리 백분율을 계산하라.

78. 0.56 g의 벤조산($C_6H_5CO_2H$, $K_a = 6.4 \times 10^{-5}$)을 충분한 양의 물에 녹여 1.0 L 용액을 만들었다. $[C_6H_5CO_2H]$, $[C_6H_5CO_2^-]$, $[H^+]$ $[OH^-]$와 이 용액의 pH를 계산하라.

79. 아스피린 한 알에 325 mg의 아세틸살리실산($HC_9H_7O_4$)이 함유되어있다. 두 알의 아스피린을 충분한 양의 물에 녹여 한 컵(237 mL)으로 만든 용액의 pH를 계산하라. 아스피린은 순수한 아세틸살리실산 $K_a = 3.3 \times 10^{-4}$이라 가정하라.

80. 설탕 대체물인 사카린(saccharin)의 화학식은 $HC_7H_4NSO_3$이며 $K_a = 2.0 \times 10^{-12}$의 약산이다. 100.0 g의 사카린을 물에 녹여 340 mL의 용액을 만들었다. 이 용액의 pH를 계산하라.

81. 0.10 *M* 약산 HA 용액을 생각해 보자. 이 용액의 pH = 3.00이면 짝염기의 평형 농도($[A^-]$)를 구하라.

82. X^-의 평형 농도가 2.5 ×3 10^{-6} *M*인 일양성자산 HX의 1.0×10^{-2} *M* 용액을 생각해 보자. 다음 중 이 용액에 관한 설명 중에서 *틀린* 것은 어느 것인가?

a. HX는 약산이다.
b. 평형에서 $[HX] = 1.0 \times 10^{-2}$ *M*
c. 평형에서 $[OH^-] = 4.0 \times 10^{-9}$ *M*
d. 평형에 도달하기 위한 산(HX)은 2.5×10^{-2} % 해리한다.
e. 평형에서 pH = 4.80

83. 1.0 *M* HF와 1.0 *M* HOC_6H_5가 들어있는 용액의 pH를 계산하라. 또한 평형에서 이 용액의 $C_6H_5^-$ 의 농도를 계산하라.

84. 용액에 다음과 같은 산의 혼합물이 포함되어 있다: 0.50 *M* HA ($K_a = 1.0 \times 10^{-3}$), 0.20 *M* HB ($K_a = 1.0 \times 10^{-10}$) 및 0.10 *M* HC ($K_a = 1.0 \times 10^{-12}$). 이 용액의 $[H^+]$를 계산하라.

85. 다음 산 용액들의 해리 백분율을 계산하라.

a. 0.50 *M* 아세트산
b. 0.050 *M* 아세트산
c. 0.0050 *M* 아세트산
d. 약산의 농도가 감소함에 따라 해리 백분율이 증가하는 이유를 Le Châtelier의 원리로 설명하라.
e. a부터 c까지 용액에서 해리 백분율은 증가하지만 $[H^+]$는 감소하는 이유를 설명하라.

86. HOBr ($K_a = 2.0 \times 10^{-9}$)의 0.70 *M* 용액의 해리 백분율은 얼마인가?

87. 약산의 0.15 *M* 용액은 3.0% 해리된다. K_a를 계산한다.

88. 사이안산(cyanic acid, HOCN) 1.0×10^{-2} *M* 용액은 17% 해리된다. 사이안산에 대한 K_a를 계산하라.

89. 단백질 침전에 부식성이 있는 트라이클로로아세트산(CCl_3CO_2H)이 사용된다. 트라이클로로아세트산 0.050 *M* 용액의 pH는 0.040 *M* $HClO_4$ 용액의 pH와 같다. 트라이클로로아세트산의 K_a를 계산하라.

90. 0.063 *M* HOBr 용액의 pH가 4.95이다. K_a를 계산하라.

91. 0.010 M HCl과 동일한 pH를 갖는 HF ($K_a = 7.2 \times 10^{-4}$)의 초기 농도는 얼마인가?

92. 보통의 식초 시료의 pH는 3.0이다. 식초가 아세트산($K_a = 1.8 \times 10^{-5}$)만의 수용액이라 가정하여, 식초 내의 아세트산의 농도를 계산하라.

93. 어떤 약산 HA 1 mol이 2.0 L의 용액에 용해되었다. 이 계가 평형에 도달하였을 때, HA의 농도는 0.45 *M*이었다. HA의 K_a를 계산하라.

94. 어떤 산 HX가 물속에서 25% 해리된다. 평형 상태에서 HX의 농도가 0.30 *M*일 때, HX의 K_a를 계산하라.

염기 용액

95. 물에서 염기로 작용하는 다음 물질 각각에 대한 반응과 해당 K_b 평형식을 써라.

a. NH_3
b. C_5H_5N

96. 다음과 같은 물질들은 물에서 염기로 작용한다. 반응식과 평형에서 K_b를 표시하라.

a. 아닐린($C_6H_5NH_2$)
b. 다이메틸아민[$(CH_3)_2NH$]

97. 표 14.3을 사용하여 다음의 염기들을 가장 센 것으로부터 가장 약한 순으로 표시하라.

$$NO_3^-, \quad H_2O, \quad NH_3, \quad C_5H_5N$$

또한 다음의 산들을 가장 센 것으로부터 가장 약한 순으로 표시하라.

$$HNO_3, \quad H_2O, \quad NH_4^+, \quad C_5H_5NH^+$$

98. 표 14.3을 사용하여 다음의 물음에 답하라.

a. ClO_4^-와 $C_6H_5NH_2$ 중 보다 센염기는 어떤 것인가?
b. H_2O와 $C_6H_5NH_2$ 중 보다 센염기는 어떤 것인가?
c. OH^-와 $C_6H_5NH_2$ 중 보다 센염기는 어떤 것인가?
d. $C_6H_5NH_2$와 CH_3NH_2 중 보다 센염기는 어떤 것인가?
e. $HClO_4$와 $C_6H_5NH_3^+$ 중 보다 센산은 어떤 것인가?
f. H_2O와 $C_6H_5NH_3^+$ 중 보다 센산은 어떤 것인가?
g. $C_6H_5NH_3^+$와 $CH_3NH_3^+$ 중 보다 센산은 어떤 것인가?

99. 다음 용액의 pH를 계산하라.

a. 0.10 *M* NaOH
b. 1.0×10^{-10} *M* NaOH
c. 2.0 *M* NaOH

100. 다음 각 용액의 $[OH^-]$와 pOH와 pH를 계산하라.

a. 0.00040 *M* $Ca(OH)_2$
b. KOH 25 g/L 용액
c. NaOH 150.0 g/L 용액

101. 다음과 같이 0.015 *M* 염기성 용액 속의 주성분 화학종은 무엇인가?

a. KOH
b. $Ba(OH)_2$

이들 각 용액들의 $[OH^-]$와 pH는 무엇인가?

102. 0.010 *M* $Ca(OH)_2$ 150.0 mL에 0.020 *M* NaOH 100.0 mL를 첨가하여 용액을 만들었다. 존재하는 주성분 화학종은 무엇이며 결과 용액의 pH는 얼마인가?

103. pH = 11.56인 용액 800.0 mL를 만드는 데 필요한 KOH의 양은 얼마인가?

104. pH = 10.50인 $Sr(OH)_2$ 수용액의 농도를 계산하라.

105. 약염기 B 1몰을 물 1.0 L에 녹이고 다른 물질은 가하지 않는다. 다음 중 대략적으로 *사실*인 것은 어느 것인가?

a. $[BH^+] > [B]$
b. $[B] = [OH^-]$
c. $[BH^+] = [OH^-]$
d. $[H^+] > [OH^-]$
e. $[BH^+] > [OH^-]$

106. 2몰의 약한 염기성 메틸아민인 CH_3NH_2를 물 4.0 L에 녹였다. 다음 중 이 용액에 대한 설명 중 어느 것이 *잘못된* 것인가?

a. 평형에서 $[CH_3NH_3{}^+] = [CH_3NH_2]$, 5% 규칙이 타당하다고 가정한다.
b. 평형에서 $[OH^-] > [H^+]$, 5% 규칙이 타당하다고 가정한다.
c. 평형에서 $[OH^-] = [CH_3NH_3{}^+]$, 5% 규칙이 타당하다고 가정한다.
d. 용액의 pH는 7.00보다 클 것이다.
e. $CH_3NH_3{}^+$은 메틸아민의 짝산이다.

107. 0.150-*M* NH_3 용액에 존재하는 주성분 화학종은 무엇인가? 이 용액의 $[OH^-]$와 pH를 계산하라.

108. 물속에서 히드라진(N_2H_4)의 반응에 대하여,

$$H_2NNH_2(aq) + H_2O(l) \rightleftharpoons H_2NNH_3^+(aq) + OH^-(aq)$$

K_b는 3.0×10^{-6}이다. 모든 화학종의 농도와 물속의 2.0-*M* 하이드라진 용액의 pH를 계산하라.

109. 다음 아민 각각의 $[OH^-]$, $[H^+]$ 및 0.40 *M* 용액의 pH를 계산하라(K_b 값은 표 14.3에 있다).

a. 아닐린(aniline)
b. 메틸아민(methyl amine)

110. 트라이메틸아민, $(CH_3)_3N$은 식물과 동물이 분해될 때 생성되며 매우 불쾌한 냄새가 난다. 0.40 *M* $(CH_3)_3N$ ($K_b = 7.4 \times 10^{-5}$) 용액의 $[OH^-]$, $[H^+]$ 및 pH를 계산하라.

111. 0.20 *M* $C_2H_5NH_2$ 용액의 pH를 계산하라($K_b = 5.6 \times 10^{-4}$).

112. 0.050 *M* $(C_2H_5)_2NH$ 용액의 pH를 계산하라($K_b = 1.3 \times 10^{-3}$).

113. 다음 각 용액의 이온화 백분율은 얼마인가?

a. 0.10 *M* NH_3
b. 0.010 *M* NH_3
c. 0.10 *M* CH_3NH_2

114. 0.10 *M* 피리딘(C_5H_5N, $K_b = 1.7 \times 10^{-9}$) 수용액에서 피리딘의 몇 %가 피리디늄 이온($C_5H_5NH^+$)을 만들 것인가? 계산하라.

115. *p*-톨루이딘($CH_3C_6H_4NH_2$) 0.016 *M* 수용액의 pH는 8.60이다. K_b를 계산하라.

116. 코데인($C_{18}H_{21}NO_3$)은 몰핀의 유도체로써 진통제, 마취제, 기침약으로 사용된다. 그것은 한때 시럽으로 된 기침약으로 사용되었지만, 지금은 중독성 때문에 처방에 의해서만 구입할 수 있다. 만약 1.7×10^{-3} *M* 코데인 용액의 pH가 9.59라고 할 때, K_b를 계산하라.

다양성자산

117. 이양성자산인 H_2SO_3의 순차적인 K_a 반응들을 써라.

118. 삼양성자산인 시트르산($H_3C_6H_5O_7$)의 순차적인 K_a 반응들을 써라.

119. H_2CO_3와 H_2SO_4는 모두 이양성자산이며, H_2CO_3의 경우 $K_{a_1} = 4.3 \times 10^{-7}$ 및 $K_{a_2} = 5.6 \times 10^{-11}$이다. H_2SO_4의 경우 $K_{a_1} >> 1$, $K_{a_2} = 1.2 \times 10^{-2}$ K이다. 0.10 *M* H_2CO_3 용액과 0.10 *M* H_2SO_4 용액에 관한 다음 설명 중 *옳은* 것은 어느 것인가?

a. 0.10 *M* H_2CO_3 용액의 $[H^+]$은 0.10 *M* H_2SO_4 용액의 $[H^+]$보다 크다.
b. 0.10 *M* H_2SO_4 용액의 $[H^+]$은 0.10 *M*보다 작다($[H^+] <$ 0.10 *M*).
c. 평형에서 $[SO_4{}^{2-}]$는 $[CO_3{}^{2-}]$ 값보다 크다($[SO_4{}^{2-}] > [CO_3{}^{2-}]$).
d. 0.10 *M* H_2CO_3 용액의 pH는 1.0보다 작다(pH < 1.0).
e. 평형에서, 0.10 *M* 용액에서 $[H_2SO_4] > [H_2CO_3]$

120. H_2SO_4의 0.10 *M* 용액에 존재하는 화학종을 생각해 보자. 다음 중 *최저* 농도에서 *최고* 농도로 존재하는 화학종의 순위를 올바르게 매긴 것은?

a. $H_3O^+ < SO_4{}^{2-} < HSO_4{}^-$
b. $HSO_4{}^- < H_3O^+ < H_2SO_4$
c. $SO_4{}^{2-} < H_3O^+ < HSO_4{}^-$
d. $HSO_4{}^- < SO_4{}^{2-} < H_3O^+$
e. $SO_4{}^{2-} < HSO_4{}^- < H_3O^+$

121. 보통의 비타민 C(순수한 아스코르브산, $H_2C_6H_6O_6$ 포함) 한 알은 500. mg이다. 비타민 C 한 알을 충분한 물에 녹여 200.0 mL의 용액을 만들었다. 이 용액의 pH를 계산하라. 아스코르브산은 이양성자산이다.

122. 비소산(H_3AsO_4)은 삼양성자산이며 $K_{a_1} = 5.5 \times 10^{-3}$, $K_{a_2} = 1.7 \times 10^{-7}$, $K_{a_3} = 5.1 \times 10^{-12}$이다. 0.20 *M* 비소산 용액에서 $[H^+]$, $[OH^-]$, $[H_3AsO_4]$, $[H_2AsO_4{}^-]$, $[HAsO_4{}^{2-}]$, $[AsO_4{}^{3-}]$를 계산하라.

123. 0.10 *M* H_2S 용액의 pH와 $[S^{2-}]$를 계산하라. $K_{a_1} = 1.0 \times 10^{-7}$; $K_{a_2} = 1.0 \times 10^{-19}$라 가정하라.

124. 0.010 *M* CO_2 수용액의(일반적으로 H_2CO_3라 표시한다) $[CO_3{}^{2-}]$를 계산하라. 만약 이 용액 속의 $CO_3{}^{2-}$가 다음의 반응으로 생성된다고 할 때

$$HCO_3^-(aq) \rightleftharpoons H^+(aq) + CO_3^{2-}(aq)$$

$HCO_3{}^-$의 해리의 결과로 용액 속의 H^+ 이온의 백분율은 얼마인가? 탄산 수소 소듐 용액($NaHCO_3$)에 산을 가하면 격렬한 거품이 발생한다. 어떻게 이 반응은 수용액 내에 탄산(H_2CO_3) 분자가 있는 것과 관련이 있는가?

125. 2.0 *M* H_2SO_4 용액의 pH를 계산하라.

126. 5.0×10^{-3} *M* H_2SO_4 용액의 pH를 계산하라.

염의 산-염기 성질

127. 다음 화합물 0.25 mol을 40.0 mL 용액에 용해시켜 화합물의 용액을 만들었다.

$KHSO_4$, $HONH_3Cl$, $C_5H_5NHNO_3$, H_2NH_2, $NaHCO_3$

이 용액들 중 어느 것이 *산성*일까? 부록 A5.2와 A5.3을 참조하라.

128. 다음 중 100.0 mL 용액에 0.10 mol의 화합물을 용해했을 때 *염기성* 용액을 생성하는 화합물만 포함하는 것은?

a. NH_3, NaOH, NH_4NO_3
b. NH_3, KCN, LiF
c. NaCl, KCl, $LiNO_3$
d. NH_4NO_3, NH_4Cl, $NaHSO_4$
e. NaF, KOH, $KClO_4$

129. 다음의 0.10 *M* 용액을 가장 산성인 용액부터 가장 염기성인 용액 순으로 배열하라.

KOH, KNO_3, KCN, NH_4Cl, HCl

130. 다음과 같은 0.10 *M* 용액들을 가장 센산으로부터, 가장 센염기 순으로 배열하라. K_a와 K_b의 값은 부록 5를 참조하라.

$CaBr_2$, KNO_2, $HClO_4$, HNO_2, $HONH_3ClO_4$

131. 아세트산($HC_2H_3O_2$)의 K_a는 1.8×10^{-5}이고, 암모니아(NH_3)의 K_b는 1.8×10^{-5}이다. 다음 설명 중 옳은 것은 어느 것인가?

a. $NaC_2H_3O_2$의 1.0 *M* 용액은 NH_4Cl의 1.0 *M* 용액보다 낮은 pH를 가질 것이다.
b. $C_2H_3O_2^-$는 NH_3보다 센염기이다.
c. $HC_2H_3O_2$의 1.0-*M* 용액은 NH_4Cl의 1.0 *M* 용액보다 높은 pH를 가질 것이다.
d. NH_4^+은 $HC_2H_3O^-$보다 센산이다.
e. 1.0 *M* NH_3의 용액은 $NaC_2H_3O_2$의 1.0 *M* 용액보다 높은 pH를 가질 것이다.

132. 다음 중 pH가 *가장* 높은 용액은 무엇인가?

a. 0.1 *M* NaCN, HCN $= 6.2 \times 10^{-10}$에 대한 K_a
b. 0.1 *M* HCN, HCN의 $K_a = 6.2 \times 10^{-10}$
c. 0.1 *M* $NaC_2H_3O_2$, $HC_2H_3O_2 = 1.8 \times 10^{-5}$에 대한 K_a
d. 0.1 *M* $HC_2H_3O_2$, $HC_2H_3O_2 = 1.8 \times 10^{-5}$에 대한 K_a
e. 0.1 *M* $HONH_2$, $HONH_2$에 대한 $K_b = 1.1 \times 10^{-8}$

133. 다음 각 용액의 $[OH^-]$, $[H^+]$ 및 pH를 구하라.

a. 1.0 *M* KCl **b.** 1.0 *M* $KC_2H_3O_2$

134. 0.25 *M* 염화 에틸암모늄 용액($C_2H_5NH_3Cl$)에 존재하는 모든 화학종들의 농도를 계산하라.

135. 다음 용액들의 pH를 계산하라.

a. 0.10 *M* CH_3NH_3Cl
b. 0.050 *M* NaCN

136. 다음 용액들의 pH를 계산하라.

a. 0.12 *M* KNO_2
b. 0.45 *M* NaOCl
c. 0.40 *M* NH_4ClO_4

137. 아자이드화 소듐(NaN_3)은 가끔 물속의 박테리아를 죽이기 위하여 첨가한다. 0.010 *M* NaN_3 용액에 존재하는 모든 화학종의 농도를 구하라. 하이드라조산(hydrazoic acid, HN_3)의 K_a 값은 1.9×10^{-5}이다.

138. 파파베린 염화 수소(papaverine hydrochloride, 약자로 $papH^+Cl^-$: 몰질량 = 378.85 g/mol)는 혈관확장신경제 계열에 속한 약품으로서, 혈관을 확장시켜 혈류를 증가시킨다. 이 약품은 약염기인 파파베린의 짝산이다(약자로 pap: 35.0°C에서 $K_b = 8.33 \times 10^{-9}$). 35.0°C에서 제조된 $papH^+Cl^-$를 30.0 mg/mL 복용했을 때 pH를 계산하라. 35°C에서 $K_w = 2.1 \times 10^{-14}$이다.

139. NaCN, $NaC_2H_3O_2$, NaF, NaCl, NaOCl 중 어느 것인지 알 수 없는 염이 있다. 이 염 0.100 mol을 1.00 L의 물에 녹였을 때 pH는 8.07이다. 이 염이 어느 것인지 구분하라.

140. 일반식이 BHCl인 어떤 알 수 없는 염의 용액이 있다고 생각해 보자. 여기에서 B는 표 14.3에 있는 약산의 하나이다. 알 수 없는 염의 0.10 *M* 용액의 pH는 5.82이다. 이 염의 실제 화학식은 무엇인가?

141. NaB 염의 0.050 *M* 용액의 pH가 9.00이다. 0.010 *M* HB 용액의 pH를 계산하라.

142. 0.20 *M* 클로로벤조산 소듐($NaC_7H_4ClO_2$) 용액의 pH가 8.65, 0.20 *M* 클로로벤조산($HC_7H_4ClO_2$) 용액의 pH를 계산하라.

143. 0.050 *M* $Al(NO_3)_3$의 pH를 계산하라. $Al(H_2O)_6^{3+}$의 K_a는 1.4×10^{-5}이다.

144. 0.10 *M* $CoCl_3$ 용액의 pH를 계산하라. $Co(H_2O)_6^{3+}$의 K_a는 1.0×10^{-5}이다.

145. 다음과 같은 염 용액의 산성, 염기성, 중성을 구별하라. 중성이 아닐 경우 용액이 산성이나 염기성에 의해 야기되는 반응에 대한 균형 맞추어진 반응식을 써라. 표 14.2와 14.3에 K_a와 K_b 값이 있다.

a. $NaNO_3$ **d.** NH_4NO_2
b. $NaNO_2$ **e.** KOCl
c. $C_5H_5NHClO_4$ **f.** NH_4OCl

146. 다음과 같은 용액에서 어느 것이 산성, 염기성 그리고 중성인 염인가? 중성이 아닐 경우, 이 용액의 산성 또는 염기성에 의해 야기되는 반응에 대한 균형 맞추어진 반응식을 써라. 표 14.2와 14.3에 K_a와 K_b 값이 있다.

a. $Sr(NO_3)_2$ **d.** $C_6H_5NH_3ClO_2$
b. $NH_4C_2H_3O_2$ **e.** NH_4F
c. CH_3NH_3Cl **f.** CH_3NH_3CN

산과 염기의 구조와 세기 사이의 관계

147. 다음의 그룹에서 증가하는 산의 세기 순으로 각각의 종들을 배열하라. 각 그룹에서 당신이 선택한 이유를 설명하라.

a. HIO_3, $HBrO_3$ **c.** HOCl, HOI
b. HNO_2, HNO_3 **d.** H_3PO_4, H_3PO_3

148. 다음의 그룹에 있는 화학종들을 염기의 세기가 증가하는 순으로 배열하라. 각 경우, 그 이유를 설명하라.

a. IO_3^-, BrO_3^-
b. NO_2^-, NO_3^-
c. OCl^-, OI^-

149. 다음의 그룹에서, 증가하는 산의 세기 순으로 각각의 종들을 배열하라.
a. H_2O, H_2S, H_2Se(결합 에너지: H—O, 467 kJ/mol; H—S, 363 kJ/mol; H—Se, 276 kJ/mol)
b. CH_3CO_2H, FCH_2CO_2H, F_2CHCO_2H, F_3CCO_2H
c. NH_4^+, $HONH_3^+$
d. NH_4^+, PH_4^+(결합 에너지: N—H, 391 kJ/mol; P—H, 322 kJ/mol)
각각을 선택한 이유를 설명하라.

150. 연습 문제 149의 결과를 사용하여, 다음의 그룹에서 염기의 세기가 증가하는 순서로 각각의 화학종들을 배열하라.
a. OH^-, SH^-, SeH^-
b. NH_3, PH_3
c. NH_3, $HONH_2$

151. 다음의 산화물이 물에 용해될 때 산성, 염기성, 중성 용액이 될 것인가? 답에 대한 적절한 이유를 써라.
a. CaO
b. SO_2
c. Cl_2O

152. 수용액상에서 다음의 산화물들은 산성, 염기성, 중성인지를 예측하고, 근거가 되는 화학 반응을 써라.
a. Li_2O
b. CO_2
c. SrO

Lewis 산과 염기

153. 다음 각 반응에서 Lewis 산과 염기를 구별하라.
a. $B(OH)_3(aq) + H_2O(l) \rightleftharpoons B(OH)_4^-(aq) + H^+(aq)$
b. $Ag^+(aq) + 2NH_3(aq) \rightleftharpoons Ag(NH_3)_2^+(aq)$
c. $BF_3(g) + F^-(aq) \rightleftharpoons BF_4^-(aq)$

154. 다음 각 반응에서 Lewis 산과 염기를 구별하라.
a. $Fe^{3+}(aq) + 6H_2O(l) \rightleftharpoons Fe(H_2O)_6^{3+}(aq)$
b. $H_2O(l) + CN^-(aq) \rightleftharpoons HCN(aq) + OH^-(aq)$
c. $HgI_2(s) + 2I^-(aq) \rightleftharpoons HgI_4^{2-}(aq)$

155. 수산화 알루미늄은 양쪽성 물질로서 Brønsted-Lowry 염기나 Lewis 산으로 작용할 수 있다. $Al(OH)_3$가 H^+에 대해 염기로서 작용하는 반응식과, OH^-에 대해 산으로 작용하는 반응식을 써라.

156. 수산화 아연은 양쪽성 물질이다. $Zn(OH)_2$가 H^+에 대해 Brønsted-Lowry 염기로 작용하는 반응식과 OH^-에 대해서 Lewis 산으로 작용하는 반응식을 써라.

157. Fe^{3+}과 Fe^{2+} 중 어느 종이 더 센 Lewis 산인지를 예상하고, 그 이유를 설명하라.

158. Lewis 산-염기 모형을 이용하여 다음 반응을 설명하라.
$$CO_2(g) + H_2O(l) \longrightarrow H_2CO_3(aq)$$

화학 활동 문제

159. 다음 중 중성 용액을 설명하는 것은 어느 것인가?
a. 용액의 온도에 관계없이 pH = 7.00
b. 어떤 용액에서 산의 몰 수 = 염기의 몰 수
c. 용액의 온도에 관계없이 $[H^+] = [OH^-]$
d. 어떤 염이든 25°C에서 물에 녹는다.

160. 다음 설명 중 *잘못된* 문장은 무엇인가?
a. HBr의 1.0×10^{-12} *M* 용액의 pH는 7.00이다.
b. HCl 0.10 *M* 용액의 pH는 1.00이다.
c. HNO_3의 10. *M* 용액의 pH는 −1.00이다.
d. $Ca(OH)_2$ 0.10 *M* 용액의 pH는 13.00이다.
e. NaOH의 10. *M* 용액의 pH는 15.00이다.

161. 10.0 mL HCl 시료 용액의 pH는 2.000이다. 4.000의 pH 용액으로 변경시키려면 얼마만큼의 부피의 물을 첨가해야 하는가?

162. 다음 중 짝산-짝염기 쌍을 나타내는 것들을 골라라. 짝산-짝염기 쌍이 아닌 것에 대해서는 각각의 화학종의 짝산 또는 짝염기를 써라.
a. H_2O, OH^-
b. H_2SO_4, SO_4^{2-}
c. H_3PO_4, $H_2PO_4^-$
d. $HC_2H_3O_2$, $C_2H_3O_2^-$

*163. 같은 농도의 용액들에서, 산의 세기가 증가하면 다음은 어떻게 될 것인가? (증가한다, 감소한다 또는 변화없다)
a. $[H^+]$
b. pH
c. $[OH^-]$
d. pOH
e. K_a

*164. 0.60 *M* 젖산(lactic acid), $HC_3H_5O_3$, 용액을 생각해 보자($K_a = 1.4 \times 10^{-4}$).
a. 용액에서 주성분 화학종은 어느 것인가?
i. $HC_3H_5O_3$
ii. $C_3H_5O_3^-$
iii. H^+
iv. H_2O
v. OH^-
b. 각 화학종의 농도표를 평형에 도달하기 위해 해리되는 젖산의 양(mol/L), *x*를 이용하여 완성하라.

	$[HC_3H_5O_3]$	$[H^+]$	$[C_3H_5O_3^-]$
초기			
변화량			
평형	$0.60 - x$		

c. $C_3H_5O_3^-$의 평형 농도는 얼마인가?
d. 용액의 pH를 계산하라.

165. 다음 두 가지 용액(A 및 B)을 생각해 보자.
용액 A는 1.0 *M* 산 용액, HA를 포함하고 있다. pH = 2.9
용액 B는 1.0 *M* 산 용액 HB를 함유하고 있다. pH = 4.0

다음 설명 중 어느 것이 *사실*인가?

a. HA의 K_a 값은 HB의 K_a 값보다 크다.

b. HA는 센산이고 HB는 약산이다.

c. 용액 B는 용액 A보다 더 큰 $[H^+]$을 가진다.

d. 1.0 *M* NaB를 포함하는 용액은 1.0 *M* NaA를 포함하는 용액보다 pH가 더 높다.

***166.** $C_2H_5NH_2$ ($K_b = 5.6 \times 10^{-4}$)의 0.67-*M* 용액을 생각해 보자.

a. 다음 중 용액의 주성분 화학종은 무엇인가?

i. $C_2H_5NH_2$
ii. H^+
iii. OH^-
iv. H_2O
v. $C_2H_5NH_3{}^+$

b. 이 용액의 pH를 계산하라.

167. 어떤 용액의 pH와 전도도는 아래의 그림과 같다.

용액은 다음 물질 중 한 가지만 포함하고 있다. HCl, NaOH, NH_4Cl, HCN, NH_3, HF 또는 NaCN. 용질의 농도가 1.0 *M*이라면 용질은 무엇이겠는가?

168. 인간 혈액의 pH는 다음의 평형 반응들에 의해서 대략적으로 7.4 정도로 일정하게 유지된다.

$$CO_2(aq) + H_2O(l) \rightleftharpoons H_2CO_3(aq) \rightleftharpoons HCO_3^-(aq) + H^+(aq)$$

정상 세포 호흡 동안 생성된 산은 $HCO_3{}^-$와 반응하여 탄산을 형성하고, 그것은 $CO_2(aq)$와 $H_2O(l)$와 평형을 유지한다. 격렬한 운동 동안에 사람의 H_2CO_3 혈액 수치가 26.3 m*M*인 반면에 CO_2 수치는 1.63 m*M*이었다. 휴식 동안에 H_2CO_3 수치가 24.9 m*M*로 감소되었다. 휴식 동안에 혈액 중 CO_2의 수치는 얼마인가?

169. 연습 문제 168에 설명한 평형을 생각해 보자. 매우 약하거나 느린 호흡을 가진 환자의 경우 *산증(acidosis)*으로 알려진 상태가 발생할 수 있다. 최종 결과는 혈액 pH를 위험한 수준으로 낮추는 것이다. 호흡성 산증이 있는 환자의 혈액 pH가 왜 감소하는지 설명하라.

170. 호흡성 *알칼리증(respiratory alkalosis)*으로 알려진 호흡기증이 발생할 수 있다. 호흡성 알칼리증의 원인과 결과를 설명하라. *힌트*: 연습 문제 168, 169를 참조하라.

171. 포유류의 혈액에 산소를 운반하는 헤모글로빈(약자로 Hb)은 단백질이다. 각 헤모글로빈 분자는 O_2 분자와 결합할 수 있는 네 개의 철 원자를 함유하고 있다. 산소 결합은 pH 의존적이다. 관계된 평형은

$$HbH_4^{4+}(aq) + 4O_2(g) \rightleftharpoons Hb(O_2)_4(aq) + 4H^+(aq)$$

Le Châtelier의 원리를 이용하여 다음에 답하라.

a. 폐에서 헤모글로빈 $HbH_4{}^{4+}$ 또는 $Hb(O_2)_4$ 중에서 어떤 형태가 우세하게 존재하는가? 세포에서는 어떤 형태가 우세하게 존재하는가?

b. 호흡이 항진될 때, 혈액 내의 CO_2 농도가 감소된다. 어떻게 이것이 산소의 결합 평형에 영향을 끼치는가? 종이 봉투에 호흡하는 것이 어떻게 이 효과를 감소시키는가? (연습 문제 168번 참조)

c. 심장마비를 일으키면 탄산 수소 소듐의 주사가 처방된다. 왜 이것이 필요한가? (*힌트*: CO_2 혈중 수치가 심장마비 동안에 높아진다.)

172. 0.25 g의 생석회(CaO)를 물에 녹여 1500 mL 용액을 만들었다. 이 용액의 pH를 계산하라.

173. 25°C에서 포화된 벤조산($K_a = 6.4 \times 10^{-5}$)의 pH는 2.80이다. 벤조산의 물에서 용해도를 리터당 몰 수로 계산하라.

174. 1.0×10^{-2} *M* HCl과 1.0×10^{-2} *M* H_2SO_4과 1.0×10^{-2} *M* HCN이 들어있는 수용액의 pH를 구하라.

175. 아크릴산($CH_2{=}CHCO_2H$)은 여러 플라스틱 재질의 중요한 선구 물질이며, 아크릴산의 K_a는 5.6×10^{-5}이다.

a. 0.10 *M* 아크릴산 용액의 pH를 계산하라.

b. 0.10 *M* 아크릴산 용액의 해리 백분율을 계산하라.

c. 아크릴산 소듐($NaC_3H_3O_2$) 0.050 *M* 용액의 pH를 계산하라.

176. 수용액에서 센산, 약산, 센염기, 또는 약염기로 다음을 분류하라.

a. HNO_2

b. HNO_3

c. CH_3NH_2

d. NaOH

e. NH_3

f. HF

g. $HC(=O)-OH$

h. $Ca(OH)_2$

i. H_2SO_4

177. 다음 그림은 산, HA가 물에 첨가될 때의 화학종의 상대적인 수를 표현한 그림이다.

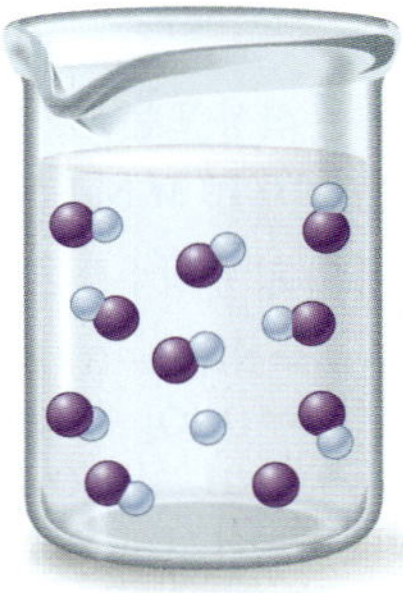

a. HA는 센산인가, 또는 약산인가? 어떻게 구별할 수 있는가?

b. 그림에서 상대적인 수를 이용하여, K_a 값을 결정하고 산의 해리 백분율을 구하라. 산의 초기 농도를 0.20 M이라 가정하라.

178. 퀴닌($C_{20}H_{24}N_2O_2$)은 기나피 껍질(cinchona bark)에서 얻어지는 가장 중요한 알칼로이드(alkaloid)이다. 퀴닌은 말라리아 항생제로 쓰인다. 퀴닌의 $pK_{b_1} = 5.1$ 그리고 $pK_{b_2} = 9.7$ ($pK_b = -\log K_b$)이다. 단지 1 g의 퀴닌만이 1900.0 mL 용액 내에 녹는다. 퀴닌의 포화 수용액의 pH를 계산하라. pK_{b_1}으로 기술되는 $Q + H_2O \rightleftharpoons QH^+ + OH^-$ 반응만을 고려하라. 여기에서 Q는 퀴닌이다.

179. pH가 10.00의 용액 250.0 mL를 만들려고 한다. 물에 녹이기 위해 필요한 $HONH_2$ ($K_b = 1.1 \times 10^{-8}$)의 질량을 계산하라.

180. 코데인이 포함된 기침약에는 주요 성분으로 코데인 대신 코데인 황산염이 표시되어 있다. *Merck Index*에 따르면 코데인 설페이트의 화학식은 $C_{36}H_{44}N_2O_{10}S$이다. 황산 코데인의 조성을 설명하라. (연습 문제 116 참조.) 코데인 대신 코데인 황산염을 사용하는 이유는 무엇인가?

181. 다음 반응의 평형 상수, $K_a = 6.0 \times 10^{-3}$이다.

$$Fe(H_2O)_6^{3+}(aq) + H_2O(l) \rightleftharpoons Fe(H_2O)_5(OH)^{2+}(aq) + H_3O^+(aq)$$

a. 0.10 M $Fe(H_2O)_6{}^{3+}$ 용액의 pH를 계산하라.

b. 질산 철(II) 1.0 M 용액이 질산 철(III) 1.0 M 용액보다 pH가 높은지 또는 낮은지를 예상하고, 그 이유를 설명하라.

*** 182.** 다음의 0.10 M 용액들의 pH 증가 순으로 나열하라.

a. HI, HF, NaF, NaI

b. NH_4Br, HBr, KBr, NH_3

c. $C_6H_5NH_3NO_3$, $NaNO_3$, NaOH, HOC_6H_5, KOC_6H_5, $C_6H_5NH_2$, HNO_3

183. 다음 용액의 pH를 계산하라.

a. 1.2 M $CaBr_2$

b. 0.84 M $C_6H_5NH_3NO_3$ ($C_6H_5NH_2$의 K_b= 3.8 ×3 10^{-10})

c. 0.57 M $KC_7H_5O_2$ ($HC_7H_5O_2$의 $K_a = 6.4 \times 10^{-5}$)

184. 아황산(H_2SO_3)의 K_{a_1} 및 K_{a_2} 값은 황화수소(H_2S)의 K_{a_1} 및 K_{a_2} 값보다 크다. 다음 중 가장 센염기는 어느 것인가?

a. S^{2-}

b. HSO_3^-

c. HS^-

d. SO_3^{2-}

e. H_2O

185. $NaHSO_4$ 수용액은 산성 또는 염기성 또는 중성인가? 물과 어떤 반응이 일어나는가? 0.10 M $NaHSO_4$ 용액의 pH를 계산하라.

186. 다음 수용액 반응의 평형 상수를 계산하라.

a. $NH_3 + H_3O^+ \rightleftharpoons NH_4^+ + H_2O$

b. $NO_2^- + H_3O^+ \rightleftharpoons HNO_2 + H_2O$

c. $NH_4^+ + OH^- \rightleftharpoons NH_3 + H_2O$

d. $HNO_2 + OH^- \rightleftharpoons H_2O + NO_2^-$

187. 50.0 mL의 0.200 M 아세트산($K_a = 1.8 \times 10^{-5}$)을 50.0 mL의 1.00×10^{-3} M HCl에 가하여 만든 용액이 있다.

a. 용액의 pH를 계산하라.

b. 아세트산 이온의 농도를 계산하라.

188. 0.010 M 아이오딘산(iodic acid, HIO_3, $K_a = 0.17$) 용액의 pH를 계산하라.

189. 약산 용액의 pH를 결정할 때 계산을 단순화하기 위해 때로는 5% 규칙을 적용할 수 있다. 어떤 K_a 값에서 약산의 1.0 M 용액이 5% 규칙을 따르는가?

190. H_2SO_4 용액의 pH를 결정할 때, 때때로 HSO_4^-로부터의 H^+ 기여는 5% 규칙에 의해 무시될 수 있다. H_2SO_4 용액의 어떤 농도에서 용액의 pH를 결정할 때 HSO_4^-로부터의 H^+ 기여도 무시할 수 있는가?

191. 인산은 전통적인 콜라 음료의 일반적인 성분이다. 그것은 기분 좋은 시큼한 맛을 가진 음료를 제공하기 위해 첨가된다. 콜라 음료에서 인산의 농도가 0.007 M이라면 이 용액의 pH를 계산하라.

도전 문제

192. 1.0×10^{-8} M 염산의 pH는 8.00이 아니다. 정확한 pH는 용액 중의 중요 이온들(즉, H^+, Cl^-, OH^-) 간의 몰농도 관계를 고려하면 계산할 수 있다. 이러한 몰농도는 다음에 주어진 사항들을 고려하여 유도되는 로그식에 의해 계산된다.

a. 용액은 전기적 중성이다.

b. 염산은 100% 이온화된다고 가정한다.

c. 하이드로늄 이온과 수산화 이온들의 몰농도 곱은 K_w와 같다.

1.0×10^{-8} M HCl 용액의 pH를 계산하라.

193. 1.0×10^{-7} M NaOH 수용액의 pH를 계산하라.

194. 3.0×10^{-7} M $Ca(OH)_2$ 수용액의 $[OH^-]$를 계산하라.

195. 약산 HA ($K_a = 1.00 \times 10^{-6}$) 50.0 mL 용액은 pH가 4.000이다. pH = 5.000을 만들기 위해서는 몇 밀리리터의 물을 첨가해야 하는가?

196. 약산 수용액의 pH 계산 시 이용되는 일반적인 가정을 이용하여 하이포아브로민산(HBrO, $K_a = 2 \times 10^{-9}$) 1.0×10^{-6} M 용액의 pH를 계산하라. 당신의 답이 틀렸다면 그 이유는 무엇인가? 문제를 풀려고만 하지 말고, 문제를 해결하기 위해 무엇을 정확히 고려해야 하는지를 설명하라.

197. C_5H_5NHF 0.200 M 용액의 pH를 계산하라. (*힌트*: C_5H_5NHF는 $C_5H_5NH^+$와 F^-로 된 염이다.) 이 용액의 주요 평형은 최적이 산-염기 반응이다. 평형 반응은 다음과 같다.

$$C_5H_5NH^+(aq) + F^-(aq) \rightleftharpoons C_5H_5N(aq) + HF(aq) \quad K = 8.2 \times 10^{-3}$$

198. 0.50 M NH_4OCl 수용액의 pH를 계산하라. (연습 문제 197번 참조)

199. 1.00 L의 15.0 M NH_3에 0.0100 mol 고체 NaOH를 첨가한 용액의 $[OH^-]$를 계산하라.

200. NH_3의 이온화 백분율이 0.0010%보다 크지 않기 위해 0.050 M NH_3 용액 1.0 L에 첨가되어야 하는 NaOH(s)의 질량은 얼마인가? NaOH 첨가로부터는 부피 변화가 없다고 가정한다.

201. $K_a = 1.00 \times 10^{-4}$인 어떤 산 HA가 있다. 1.00×10^{-4} M HA 용액이 1000. mL가 있다고 생각하자. 25.0%의 HA가 평형에서 해리가 되려면 얼마의 물을 첨가 또는 제거(증발)시켜야 하는가? HA는 비휘발성이라 가정한다.

202. 1.00 M $HC_2H_3O_2$ 1.00 L의 pH를 2배로 증가시키기 위해 첨가하여야 하는 수산화 소듐의 질량을 계산하라. 첨가된 NaOH는 용액의 부피를 변화시키지 않는다고 가정한다.

203. 화학종 PO_4^{3-}, HPO_4^{2-}, $H_2PO_4^-$를 고려해 보자. 각 이온은 물속에서 염기로 작용할 수 있다. 각 이온의 K_b 값을 결정하라. 어떤 화학종이 가장 센염기인가?

204. 0.10 M 인산 소듐 수용액의 pH를 계산하라. (연습 문제 203번 참조)

205. 다음 염의 0.10 M 수용액은 산성, 염기성, 중성 중에서 어떤 성질을 나타낼까? K_a 값은 부록 5를 참조하라.

a. 탄산 수소 암모늄

b. 인산 이수소 소듐

c. 인산 수소 소듐

d. 인산 이수소 암모늄

e. 폼산 암모늄

206. **a.** $NaHCO_3$ 수용액의 주된 평형식은 다음과 같다.

$$HCO_3^-(aq) + HCO_3^-(aq) \rightleftharpoons H_2CO_3(aq) + CO_3^{2-}(aq)$$

이 반응의 평형 상수 값을 계산하라.

b. 평형에서 $[H_2CO_3]$와 $[CO_3^{2-}]$ 사이의 관계는?

c. 다음의 평형식을 사용하여

$$H_2CO_3(aq) \rightleftharpoons 2H^+(aq) + CO_3^{2-}(aq)$$

용액의 pH를 b의 결과를 이용하여 K_{a_1}과 K_{a_2} 항을 이용하여 나타내라.

d. $NaHCO_3$ 수용액의 pH는 얼마인가?

207. 약산 HA(몰질량 = 100.0 g/mol) 0.100 g 시료를 물 500.0 g에 녹인다. 용액의 어는점은 −0.0056°C이다. 이 산의 K_a 값을 구하라. 이 용액의 몰랄농도와 몰농도는 같다고 가정하라.

208. $Fe_2(SO_4)_3$ 0.0500 mol을 물에 녹여 1.00 L의 용액을 만든다. 이 용액은 수화된 황산 이온(SO_4^{2-})과 Fe^{3+} 이온을 포함하고 있다. 수화된 철 이온은 산으로 작용한다.

$$Fe(H_2O)_6^{3+}(aq) \rightleftharpoons Fe(H_2O)_5OH^{2+}(aq) + H^+(aq)$$

a. 위 해리 반응이 무시될 때 25°C에서 용액의 삼투압을 계산하라.

b. 25°C에서 용액의 실제 삼투압은 6.73 atm이다. $Fe(H_2O)_6^{3+}$의 해리 반응의 K_a를 구하라(이 계산을 수행하려면 어떤 이온도 반투막을 통과하는 이온은 없다고 가정해야 한다. 사실 이 가정은 작은 H^+ 이온에 대한 좋은 가정은 아니다).

209. 어떤 산, HA는 25°C, 1.00 atm의 기체 상태에서 5.11 g/L의 증기 밀도를 가진다. 이 산 1.50 g을 충분한 물에 녹여 전체 용액이 100.0 mL가 되도록 하였더니 pH가 1.80이었다. 이 산의 K_a를 계산하라.

마라톤 문제

이 문제들은 여러 가지 개념과 기법을 하나의 상황으로 통합하도록 구성되었다.

210. 수용액이 0.05000 M HCOOH ($K_a = 1.77 \times 10^{-4}$)와 0.150 M CH_3CH_2COOH ($K_a = 1.34 \times 10^{-5}$)의 혼합물을 포함하고 있다. 이 용액의 pH를 계산하라. 두 산의 세기가 모두 비슷하기 때문에 두 산에서의 H^+의 기여를 모두 고려해야 한다.

211. 아래 그룹 I과 그룹 II의 용액에서, 그룹 I과 그룹 II의 동일한 부피를 섞어서 표시된 pH를 구하고자 한다. 만들어진 각 용액의 pH를 구하라.

그룹 I: 0.20 M NH_4Cl, 0.20 M HCl, 0.20 M $C_6H_5NH_3Cl$, 0.20 M $(C_2H_5)_3NHCl$

그룹 II: 0.20 M KOI, 0.20 M NaCN, 0.20 M KOCl, 0.20 M $NaNO_2$

a. pH가 가장 낮은 용액

b. pH가 가장 높은 용액

c. pH가 7.00에 가장 가까운 용액

적혈구(erythrocytes, 적색)와 두 개의 백혈구(leucocytes, 크림색)의 색 주사 전자 현미경 사진 (SEM). (Cheryl Power / Science Source)

산-염기 평형

Acid–Base Equilibria

자연에서 일어나는 대부분의 화학 반응을 포함하여 많은 중요한 화학 반응이 수용액에서 일어난다. 앞에서 우리는 수용액에서 일어나는 아주 중요한 반응들 중의 하나인 산과 염기 반응을 알아보았다. 이 장에서는 산-염기 평형에 대하여 좀 더 응용해 볼 것이다. 특히, 용액의 pH 변화에 영향을 받지 않는 성분을 포함하는 완충 용액을 살펴볼 것이다. 완충 용액은 비교적 좁은 pH 범위에서만 생명을 유지할 수 있는 생체계에서 특히 중요하다. 예를 들면, 인간의 혈액은 많은 완충계(buffering system)를 포함하고 있지만, 그중에서 가장 중요한 것은 탄산(~0.0012 *M*)과 탄산 수소 이온(~0.024 *M*)의 혼합물이다. 이들 농도는 정상 혈액의 pH를 7.4로 만든다. 우리의 세포는 pH에 아주 민감하기 때문에 이러한 pH를 유지하는 것은 중요하다. 그러므로 근육 운동 시 젖산($HC_3H_5O_3$)이 형성되는 반응이 우리 몸에서 일어날 때 완충계는 이러한 젖산의 효과를 중성화하여 pH를 7.4로 유지할 수 있어야 한다. 우리는 이 장에서 완충 용액에 산을 첨가하더라도 용액의 pH가 크게 변하지 않는 과정을 살펴볼 것이다.

이 장에서 또한 우리는 염기가 산에 첨가될 때 또는 그 반대의 경우에, pH가 어떻게 변화하는지 알아보기 위해 산-염기 적정을 배울 것이다. 이러한 과정은 적정이 미지 시료에 있는 산 또는 염기의 양을 결정하는 데 자주 사용되기 때문에 중요하다. 또한 지시약이 산-염기 적정의 종말점을 표시하는 데 어떻게 이용되는지 살펴볼 것이다.

15.1 공통 이온을 포함하는 산과 염기의 용액

제14장에서 산 또는 염기가 들어 있는 용액에서 화학종(특히 H^+ 이온)의 평형 농도를 계산하는 것을 다루었다. 이 절에서 우리는 약산인 HA와 그의 염인 NaA가 함께 들어 있는 용액을 공부할 것이다. 이것은 새로운 형태의 문제인 것처럼 보이지만, 제14장에서 설명한 방법을 사용하면 쉽게 해결될 수 있음을 알게 될 것이다.

약산인 플루오린화 수소산(HF, $K_a = 7.2 \times 10^{-4}$)과 그 염인 플루오린화 소듐(NaF)이 들어있는 용액이 있다고 하자. 염이 물에 녹으면 성분 이온들로 완전히 해리되는 강한 전해질이라는 것을 기억하자.

$$NaF(s) \xrightarrow{H_2O(l)} Na^+(aq) + F^-(aq)$$

HF는 약산이라서 약간 해리하므로, 용액 내의 주성분 화학종은 HF, Na^+, F^- 그리고 H_2O이다. 이 용액에서 HF와 NaF 둘 다로부터 생기기 때문에 F^-가 **공통 이온**(common ion)이다. NaF가 녹아 있으면 HF의 해리 평형에 어떤 영향을 주는가?

이 물음에 답하기 위해 1.0 *M* HF만 들어있는 첫 번째 용액과 1.0 *M* HF와 1.0 *M* NaF가 함께 들어 있는 두 번째 용액에서 플루오린산의 해리 정도를 비교해 보자.

$$HF(aq) \rightleftharpoons H^+(aq) + F^-(aq)$$

Le Châtelier 원리에 의하면 위의 용액에서는 NaF로부터 나온 F^- *이온이 존재하므로* HF의 해리 평형이 *왼쪽으로 이동*할 것으로 예상할 수 있다. 따라서 HF의 해리 정도는 녹아 있는 NaF로 인해 *낮아질* 것이다.

$$HF(aq) \rightleftharpoons H^+(aq) + F^-(aq)$$

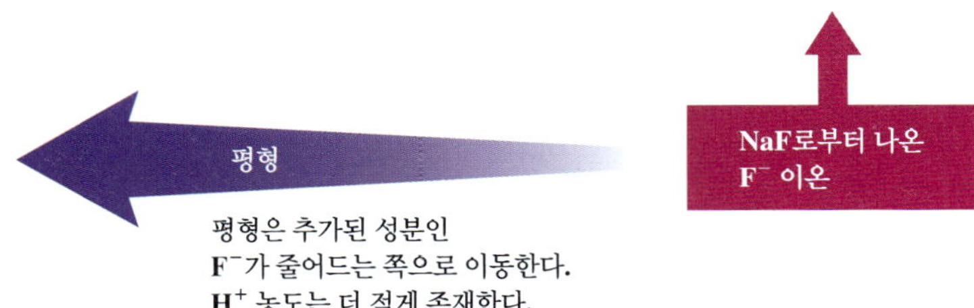

공통 이온 효과는 Le Châtelier 원리의 응용이다.

평형 반응에 이미 포함되어 있는 이온을 첨가함으로써 평형의 위치가 이동하는 것을 **공통 이온 효과**(common ion effect)라고 한다. 이러한 효과로 NaF와 HF의 용액이 HF만의 용액보다 더 약산성이 된다.

공통 이온 효과는 매우 일반적이다. 예를 들면, 고체 NH_4Cl을 1.0 M NH_3 용액에 첨가하면 추가로 암모늄 이온이 더 생성된다.

$$NH_4Cl(s) \xrightarrow{H_2O} NH_4^+(aq) + Cl^-(aq)$$

그리고 이것은 암모니아-물 평형 위치를 왼쪽으로 이동시켜 OH^- 이온의 평형 농도를 감소시킨다.

$$NH_3(aq) + H_2O(l) \rightleftharpoons NH_4^+(aq) + OH^-(aq)$$

공통 이온 효과는 다양성자산 용액에서도 중요하다. 첫 번째 해리 단계에서 생성된 양성자는 공통 이온으로 작용하여 양성자를 내는 두 번째 해리 단계를 크게 억제한다. 염의 용해도를 다룰 때도 공통 이온 효과가 중요함을 이 장의 뒷부분에서 알게 될 것이다.

평형의 계산

약산 또는 염기와 공통 이온을 갖는 용액의 pH를 알아내는 과정은 제14장에서 다루었던, 산 또는 염기만을 가진 용액의 과정과 비슷하다. 예를 들면 약산의 경우 음이온, A^-의 초기 농도가 염 NaA를 포함하는 용액에서는 영(zero)이 아니라는 것이 중요한 차이점이다. 예제 15.1은 제14장에서 전개된 것과 같은 일반적인 접근법을 사용한 전형적인 예를 보여준다.

대화형 예제 15.1 공통 이온을 포함하는 산성 용액

14.5절에서 우리는 1.0 M HF 용액에서 H^+ 이온의 평형 농도는 2.7×10^{-2} M이고, HF의 해리 백분율은 2.7%임을 알았다. 1.0 M HF ($K_a = 7.2 \times 10^{-4}$)와 1.0 M NaF가 들어 있는 용액의 $[H^+]$와 HF의 해리 백분율을 구하라.

풀이 고려해야 할 수용액이 더 복잡해질수록 수학적 과정을 생각하기 전에 문제를 체계적으로 접근하고, 용액에서 일어나는 *화학 반응에 초점을 맞추는 것*이 더욱 중요해진다. 이렇게 하는 방법은 *언제나* 먼저 주성분 화학종을 쓰고, 각 화학종의 화학적 성질을 고찰하는 것이다.

1.0 M HF와 1.0 M NaF가 들어 있는 용액에서 주성분 화학종들은 다음과 같다.

주성분 화학종

HF

$$HF, \quad F^-, \quad Na^+ \quad \text{및} \quad H_2O$$

Na^+ 이온은 산성 또는 염기성 성질을 갖지 않고, 물은 매우 약산 또는 염기이다. 그러므로 용액에서 $[H^+]$를 조절하는 산 해리 평형에 참여하는 중요한 화학종은 HF와 F^-이다. 즉, 다음 평형의 위치로부터 용액의 $[H^+]$를 결정할 수 있다.

$$HF(aq) \rightleftharpoons H^+(aq) + F^-(aq)$$

평형식은 다음과 같다.

$$K_a = \frac{[H^+][F^-]}{[HF]} = 7.2 \times 10^{-4}$$

중요한 농도를 아래 표에 나타내었다.

초기 농도(mol/L)		평형 농도(mol/L)
$[HF]_0 = 1.0$ (녹은 HF로부터)		$[HF] = 1.0 - x$
$[F^-]_0 = 1.0$ (녹은 NaF로부터)	x mol/L HF가 해리한다. →	$[F^-] = 1.0 + x$
$[H^+]_0 = 0$ (H_2O의 기여는 무시한다)		$[H^+] = x$

용해된 NaF로 인해 초기 농도 $[F^-]_0$는 1.0 M이고, 또 HF가 해리하면서 H^+뿐만 아니라 F^-를 생성하므로 평형 농도는 $[F^-] > 1.0\ M$이다. 따라서 아래와 같이 나타낼 수 있다.

$$K_a = 7.2 \times 10^{-4} = \frac{[H^+][F^-]}{[HF]} = \frac{(x)(1.0 + x)}{1.0 - x} \approx \frac{(x)(1.0)}{1.0}$$

(마지막은 x가 매우 작을 것으로 생각되기 때문에 가능한 식이다.)

이것을 x에 대해 풀면 다음과 같다.

$$x = \frac{1.0}{1.0}(7.2 \times 10^{-4}) = 7.2 \times 10^{-4}$$

x가 1.0에 비하여 작음을 확인함으로써 이 결과를 받아들일 수 있다. 결과적으로 $[H^+]$는 아래와 같다.

■ $[H^+] = x = 7.2 \times 10^{-4}\ M$ (pH는 3.14이다.)

이 용액에서 HF의 해리 백분율은 다음과 같다.

■ $$\frac{[H^+]}{[HF]_0} \times 100 = \frac{7.2 \times 10^{-4}\ M}{1.0\ M} \times 100 = 0.072\%$$

이 $[H^+]$에 대한 값과 HF의 해리 백분율에 대한 값을, 1.0 M HF에 대한 값인 $[H^+] = 2.7 \times 10^{-2}\ M$, 해리 백분율 2.7%와 비교해 보자. 이들 값의 큰 차이로부터 용해된 NaF에서 나오는 F^- 이온이 HF의 해리를 크게 억제한다는 것을 명확하게 알 수 있다. 산 해리 평형의 위치는 NaF의 F^- 이온 때문에 왼쪽으로 이동하였다.

연습 문제 15.33과 15.34 참조

직업 속의 화학

도자기 유약공

Bre Kathman은 Buena Vista 대학교에서 예술과 교육으로 복수 학사 학위를 취득했으며, Hood College에서 도예로 석사 학위를 받았다. 재학 기간 동안 그녀는 자신이 사랑하는 예술인 도예를 직접 창작하는 열정과, 그 예술을 사람들에게 가르칠 수 있는 직업을 결합하고자 노력했다.

그녀는 도자기 유약(ceramics glazing) 분야에서 경력을 쌓게 되었는데, 새로운 제품을 개발하기 위해 연구 개발 부서와 협업하는 과정에서 예상보다 훨씬 많은 과학과 화학이 필요하다는 사실을 깨달았다. 그녀는 실무 경험과 화학적 과정에 대한 지식이 현재 자신의 업무를 높은 수준으로 수행할 수 있게 해주는 두 가지 핵심 요소라고 말한다. 그녀는 학생들에게 다음과 같이 조언한다. "당신이 어떤 삶의 열정을 가지고 있든, 그 열정을 가능하게 만든 연구를 수행한 화학자가 거의 항상 존재한다."

Bre Kathman

15.2 완충 용액

혈액 내에서 가장 중요한 완충 용액계는 HCO_3^-와 H_2CO_3이다.

공통 이온이 들어 있는 산-염기 용액의 가장 중요한 응용은 완충 작용에 대한 것이다. **완충 용액**(buffered solution)은 수산화 이온이나 양성자가 첨가되더라도 *그 pH 변화에 영향을 받지 않는* 용액이다. 완충 용액의 가장 중요한 실제 예는 혈액인데, 이것은 생체 반응에서 생기는 산이나 염기를 그 pH 변화 없이 흡수할 수 있다. 세포는 매우 좁은 pH 범위에서만 살아남을 수 있기 때문에 혈액의 pH를 일정하게 유지하는 것은 매우 중요하다.

완충 용액은 *약*산과 그 약산의 염(예, HF와 NaF), 또는 *약*염기와 그 약염기의 염(예, NH_3와 NH_4Cl)을 포함한다. 적당한 성분을 선택함으로써 거의 모든 pH의 완충 용액을 만들 수 있다.

이 장에서 완충 용액에 대하여 다룰 때 우리는 먼저 평형의 계산부터 생각할 것이다. 그리고 이 결과를 이용하여 어떻게 완충 작용이 일어나는지를 보일 것이다. 즉, 우리는 다음과 같은 질문에 답할 것이다: 산이나 염기를 첨가할 때 완충 용액은 어떻게 pH가 변하지 않는가?

제14장에서 배웠던 약산과 약염기에 대한 체계적인 접근 방법이 완충 용액에 적용된다.

완충 용액과 관련된 계산을 할 때, 완충 용액은 단지 약산이나 약염기가 들어 있는 용액이며 필요한 과정은 이미 설명한 것과 같음을 명심하라. 제14장에서 소개한 체계적 접근 방법을 반드시 사용하라.

대화형 예제 15.2 완충 용액의 pH I

0.50 *M* 아세트산($HC_2H_3O_2$, $K_a = 1.8 \times 10^{-5}$)과 0.50 *M* 아세트산 소듐($NaC_2H_3O_2$)이 들어 있는 완충 용액이 있다. 이 용액의 pH를 계산하라.

풀이 이 용액의 주성분 화학종은 다음과 같다.

주성분 화학종

$HC_2H_3O_2$

$C_2H_3O_2^-$

Na^+

H_2O

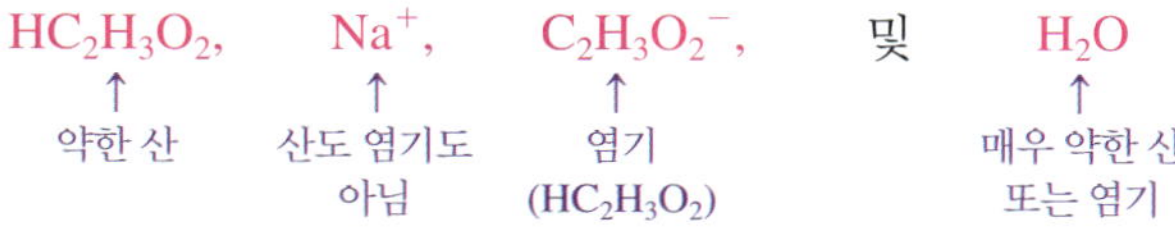

용액의 성분들을 조사해 보면 $HC_2H_3O_2$와 $C_2H_3O_2^-$가 관여하는 아세트산 해리 평형이 용액의 pH를 조절한다는 것을 알 수 있다.

$$HC_2H_3O_2(aq) \rightleftharpoons H^+(aq) + C_2H_3O_2^-(aq)$$

$$K_a = 1.8 \times 10^{-5} = \frac{[H^+][C_2H_3O_2^-]}{[HC_2H_3O_2]}$$

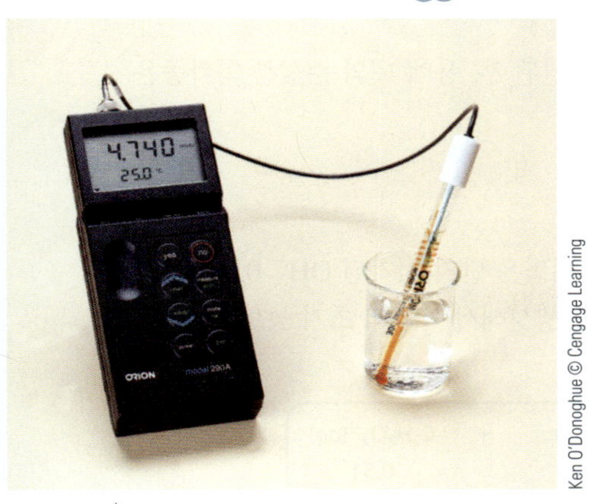

▲ 디지털 pH 미터가 완충 용액의 pH가 4.740임을 보여주고 있다.

농도는 다음과 같다:

초기 농도(mol/L)		평형 농도(mol/L)
$[HC_2H_3O_2]_0 = 0.50$ $[C_2H_3O_2^-]_0 = 0.50$ $[H^+]_0 \approx 0$	x mol/L $HC_2H_3O_2$가 해리하여 평형에 도달한다. $\longrightarrow$	$[HC_2H_3O_2] = 0.50 - x$ $[C_2H_3O_2^-] = 0.50 + x$ $[H^+] = x$

따라서 초기 농도, 변화량, 평형 농도의 표는 다음과 같다.

	$HC_2H_3O_2(aq)$	$\rightleftharpoons$	$H^+(aq)$	+	$C_2H_3O_2^-(aq)$
초기	0.50		≈0		0.50
변화량	$-x$		$+x$		$+x$
평형	$0.50 - x$		x		$0.50 + x$

그러면

$$K_a = 1.8 \times 10^{-5} = \frac{[H^+][C_2H_3O_2^-]}{[HC_2H_3O_2]} = \frac{(x)(0.50 + x)}{0.50 - x} \approx \frac{(x)(0.50)}{0.50}$$

그래서
$$x \approx 1.8 \times 10^{-5}$$

근삿값은 5% 규칙에 의하여 타당하다. 따라서,

■ $[H^+] = x = 1.8 \times 10^{-5}\ M$ 과 $pH = 4.74$

연습 문제 15.43과 15.44 참조

대화형 예제 15.3 완충 용액의 pH 변화

예제 15.2에서 다룬 완충 용액 1.0 L에 고체 NaOH 0.010 mol을 첨가했을 때 일어나는 pH 변화를 계산하라. 이것을 물 1.0 L에 고체 NaOH 0.010 mol을 첨가했을 때 일어나는 pH 변화와 비교하라.

풀이 첨가된 고체 NaOH는 완전히 해리하므로, *반응이 일어나기 전*에 용액에 들어있는 주성분 화학종은 $HC_2H_3O_2$, Na^+, $C_2H_3O_2^-$, OH^-와 H_2O이다. 용액에는 양성자에 대해 큰 친화력을 갖는 센염기인 수산화 이온이 상당히 많이 들어 있음을 유의하라. 양성자의 가장 좋은 원천은 아세트산이고, 일어날 반응은 다음과 같다.

$$OH^-(aq) + HC_2H_3O_2(aq) \longrightarrow H_2O(l) + C_2H_3O_2^-(aq)$$

아세트산은 약산이지만, 수산화 이온(OH^-)은 매우 강한 염기이기 때문에 위 반응은 *기본적으로 완료될 때까지* (OH^- 이온이 모두 소모될 때까지) 진행된다.

이 문제의 가장 좋은 접근 방법은 다음의 두 단계이다: (1) 반응이 완결된다고 가정하고, 화학량론적 계산을 한다. (2) 평형 계산을 한다.

1. *화학량론 문제*. 반응의 화학량론은 다음과 같다.

	$HC_2H_3O_2(aq)$	+	$OH^-(aq)$	⟶	$C_2H_3O_2^-(aq)$	+	$H_2O(l)$
반응 전	1.0 L × 0.50 *M* = 0.50 mol		0.010 mol		1.0 L × 0.50 *M* = 0.50 mol		
반응 후	0.50 − 0.010 = 0.49 mol		0.010 − 0.010 = 0 mol		0.50 + 0.010 = 0.51 mol		

첨가된 OH^-에 의해서 0.010 mol의 $HC_2H_3O_2$이 0.010 mol의 $C_2H_3O_2^-$로 변한 것에 유의하라.

2. *평형 문제*. OH^-와 $HC_2H_3O_2$ 사이의 반응이 완결된 후, 용액 내의 주성분 화학종은 다음과 같다.

$$HC_2H_3O_2,\quad Na^+,\quad C_2H_3O_2^- \quad 및 \quad H_2O$$

지배적인 평형 반응은 아세트산의 해리이다.

그러면 이 문제는 예제 15.2와 매우 유사하다. 차이점은 단지 첨가된 OH^- 0.010 mol이 약간의 $HC_2H_3O_2$를 소모하고, 약간의 $C_2H_3O_2^-$를 생성해서 다음의 초기 농도, 변화량, 평형 농도의 표와 같이 된다.

	$HC_2H_3O_2(aq)$	⇌	$H^+(aq)$	+	$C_2H_3O_2^-(aq)$
초기	0.49		0		0.51
변화량	$-x$		$+x$		$+x$
평형	$0.49 - x$		x		$0.51 + x$

주성분 화학종

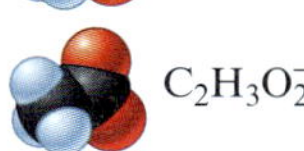
$HC_2H_3O_2$

$C_2H_3O_2^-$

Na^+

OH^-

H_2O

Ken O'Donoghue © Cengage Learning

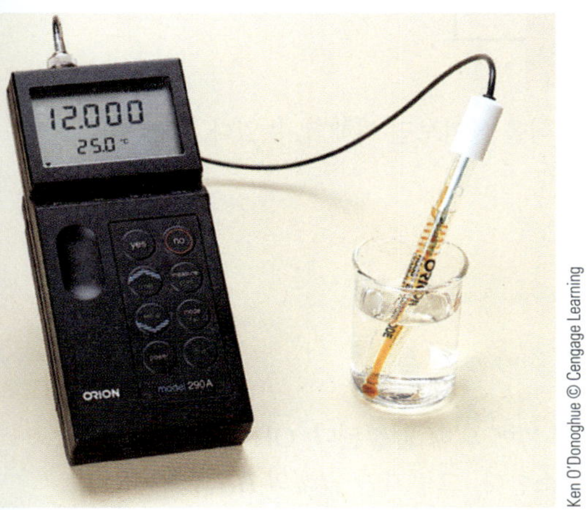

Ken O'Donoghue © Cengage Learning

▲
(위) 순수한 물의 경우 pH = 7.000.
(아래) 0.01 mol NaOH를 순수한 물 1.0 L에 넣으면, pH는 12.000으로 크게 증가한다.

초기 농도는 OH^-와의 반응이 완결된 후 계가 평형에 도달하기 전의 농도로 정의됨에 유의하라. 일반적 과정을 따르면 다음과 같이 된다.

$$K_a = 1.8 \times 10^{-5} = \frac{[H^+][C_2H_3O_2^-]}{[HC_2H_3O_2]} = \frac{(x)(0.51 + x)}{0.49 - x} \approx \frac{(x)(0.51)}{0.49}$$

따라서

$$x \approx 1.7 \times 10^{-5}$$

근삿값은 5% 규칙에 의하여 타당하다. 따라서,

■ $[H^+] = x = 1.7 \times 10^{-5} M$ 이고 pH = 4.76

이 완충 용액에 0.01 mol의 OH^- 첨가에 의한 pH 변화는 다음과 같다.

■ 4.76 − 4.74 = +0.02
(↑ 새로운 용액, ↑ 원래의 용액)

pH는 0.02 pH 단위만큼 증가하였다.

이제 이것을 고체 NaOH 0.01 mol을 물 1.0 L에 첨가하여 0.01 *M* NaOH 용액이 되게 한 것과 비교해 보자. 이때 $[OH^-] = 0.01\ M$이고

$$[H^+] = \frac{K_w}{[OH^-]} = \frac{1.0 \times 10^{-14}}{1.0 \times 10^{-2}} = 1.0 \times 10^{-12}$$

$$pH = 12.00$$

이때 pH 변화는 다음과 같다.

■ 12.00 − 7.00 = +5.00
(↑ 새로운 용액, ↑ 순수한 물)

5.00 pH 단위만큼 증가하였다. 순수한 물에 비해서 완충 용액이 얼마나 pH 변화를 잘 견디는지 주목하라.

연습 문제 15.45와 15.46 참조

예제 15.2와 15.3은 약산이 들어있는 완충 용액을 다루는 데 알아야 할 모든 개념을 포함하고 있는 전형적인 완충 용액 문제이다. 다음과 같은 점을 특별히 주의하라.

1. 완충 용액은 단순히 공통 이온을 포함하는 약산 또는 약염기의 용액이다. 완충 용액의 pH 계산은 제14장에서 소개된 바로 그 과정이다. *이것은 새로운 유형의 문제가 아니다.*
2. 완충 용액에 센산이나 센염기를 첨가했을 때 먼저 반응의 화학량론을 다루는 것이 가장 좋다. 화학량론적 계산을 한 후에 평형 계산을 하라. 이 과정을 다음과 같이 나타낼 수 있다.

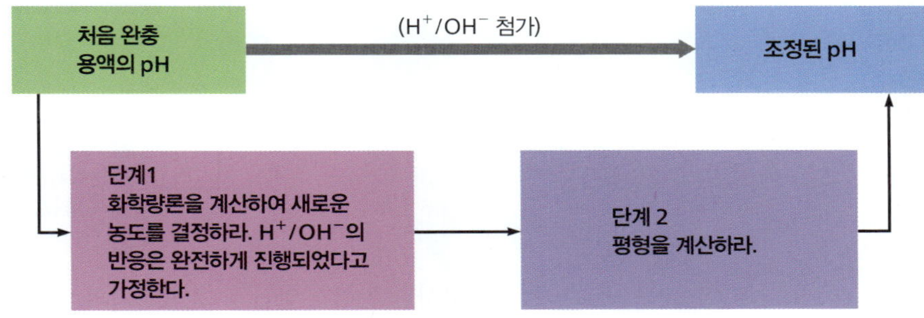

완충 작용: 어떻게 작동하는가?

예제 15.2와 15.3은 pH의 큰 변화 없이 수산화 이온을 흡수하는 완충 용액의 능력을 보여 주고 있다. *그러면 완충 용액은 어떻게 작동하는가?* 완충 용액에 비교적 많은 양의 약산 HA와 그 짝염기 A^-가 들어 있다고 가정하자. 수산화 이온을 그 용액에 첨가하면 약산이 가장 좋은 양성자 주개이므로 다음 반응이 일어난다.

$$OH^-(aq) + HA(aq) \longrightarrow A^-(aq) + H_2O(l)$$

반응의 알짜 결과는 OH^- 이온이 축적되지 않고, A^- 이온으로 대체된다.

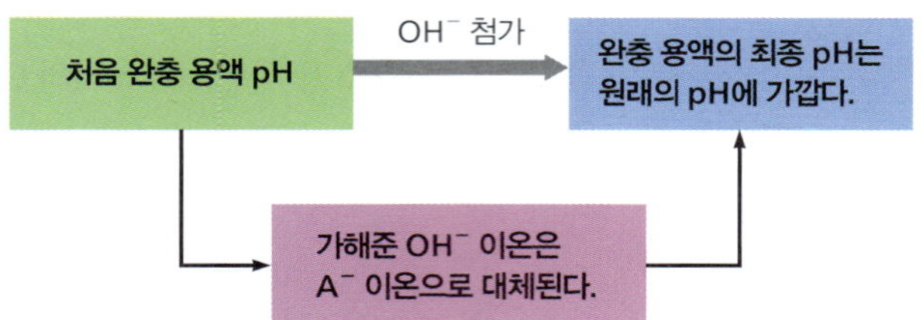

이런 조건에서 pH의 안정성은 HA의 해리에 대한 평형식을 살펴보면 이해할 수 있다.

$$K_a = \frac{[H^+][A^-]}{[HA]}$$

또는 $[H^+]$에 대한 식으로 정리하면 다음과 같다.

$$[H^+] = K_a\frac{[HA]}{[A^-]}$$

완충 용액의 pH는 $[HA]/[A^-]$ 비에 따라 달라진다.

다시 말하면, *H^+의 평형 농도, 즉 pH는 $[HA]/[A^-]$의 비에 의해 결정된다.* OH^- 이온을 첨가하면 HA가 A^-로 바뀌고, $[HA]/[A^-]$의 비는 감소한다. 그렇지만 *원래의 HA와 A^-의 양이 첨가된 OH^-의 양에 비해 상당히 많이 있으면,* $[HA]/[A^-]$의 비율 변화는 작을 것이다.

예제 15.2와 15.3에서는

$$\frac{[HA]}{[A^-]} = \frac{0.50}{0.50} = 1.0 \quad \text{초기}$$

$$\frac{[HA]}{[A^-]} = \frac{0.49}{0.51} = 0.96 \quad 0.01\text{ mol/L } OH^-\text{를 첨가한 후}$$

$[HA]/[A^-]$ 비의 변화는 매우 작다. 따라서 $[H^+]$와 pH는 본질적으로 일정하게 유지된다.

완충 작용의 핵심은 첨가된 OH^-의 양에 비해 [HA]와 $[A^-]$의 양이 크다는 점이다. 그러므로 OH^-가 첨가될 때, HA와 A^-의 농도가 변하기는 하지만 약간만 변화한다. 이런 조건에서는 $[HA]/[A^-]$ 비, 즉 $[H^+]$는 실질적으로 일정하다.

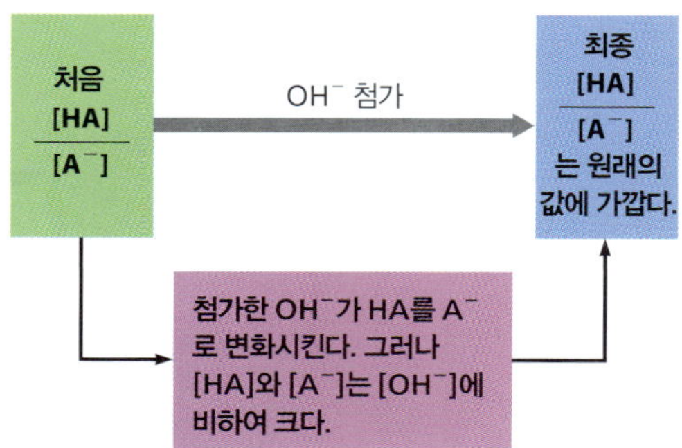

유사한 논리가 약산과 그 짝염기의 염으로 만든 완충 용액에 양성자를 첨가할 때에도 적용된다. A^- 이온이 H^+에 대해 높은 친화력을 가지므로 첨가된 H^+ 이온은 A^-와 반응하

여 약산을 형성한다:

$$H^+(aq) + A^-(aq) \longrightarrow HA(aq)$$

따라서 자유 H^+ 이온은 축적되지 않는다. 이 경우 A^-가 HA로 알짜 변화가 일어난다. 그러나 [HA]와 $[A^-]$가 가해준 $[H^+]$에 비해 크면 pH의 변화는 거의 없을 것이다.

복습하기

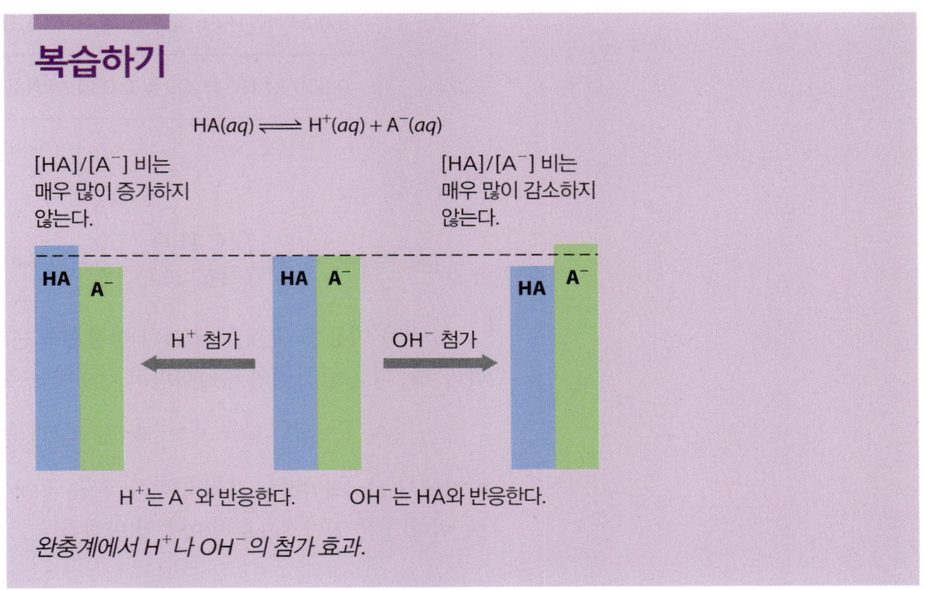

완충계에서 H^+나 OH^-의 첨가 효과.

[HA]와 $[A^-]$를 알기 때문에 아래와 같은 산 해리 평형식은 완충 용액의 $[H^+]$을 계산하는 데 자주 사용된다.

$$[H^+] = K_a\frac{[HA]}{[A^-]} \tag{15.1}$$

예를 들면 0.10 *M* HF ($K_a = 7.2 \times 10^{-4}$)와 0.30 *M* NaF가 들어 있는 완충 용액의 $[H^+]$를 계산하려면 식 (15.1)에 간단히 대입하기만 하면 된다.

$$[H^+] = \underbrace{(7.2 \times 10^{-4})}_{K_a}\frac{\overset{[HF]}{0.10}}{\underset{[F^-]}{0.30}} = 2.4 \times 10^{-4}\ M$$

식 (15.1)의 다른 유용한 형태는 양변에 음의 로그를 취하면 얻을 수 있다.

$$-\log[H^+] = -\log(K_a) - \log\left(\frac{[HA]}{[A^-]}\right)$$

즉,

$$pH = pK_a - \log\left(\frac{[HA]}{[A^-]}\right)$$

또는 로그항을 역으로 하여 부호를 바꾸면,

$$pH = pK_a + \log\left(\frac{[A^-]}{[HA]}\right) = pK_a + \log\left(\frac{[염기]}{[산]}\right) \tag{15.2}$$

K_a에 대한 이러한 로그식을 **Henderson-Hasselbalch 식**이라고 부르는데, $[HA]/[A^-]$ 비를 알 때 용액의 pH를 계산하는 데 유용하다.

어떤 특정한 완충계(산-짝염기 쌍)에서 $[A^-]/[HA]$의 비가 같은 모든 용액은 똑같은

pH를 갖는다. 예를 들면 5.0 *M* $HC_2H_3O_2$와 3.0 *M* $NaC_2H_3O_2$가 들어 있는 완충 용액은 0.050 *M* $HC_2H_3O_2$와 0.030 *M* $NaC_2H_3O_2$가 들어 있는 용액과 똑같은 pH를 가질 것이다. 이는 다음과 같이 증명될 수 있다:

계	$[A^-]/[HA]$
5.0 *M* $HC_2H_3O_2$ 및 3.0 *M* $NaC_2H_3O_2$	$\frac{3.0\,M}{5.0\,M} = 0.60$
0.050 *M* $HC_2H_3O_2$ 및 0.030 *M* $NaC_2H_3O_2$	$\frac{0.030\,M}{0.050\,M} = 0.60$

그러므로,

$$\mathrm{pH} = \mathrm{p}K_a + \log\left(\frac{[C_2H_3O_2^-]}{[HC_2H_3O_2]}\right) = 4.74 + \log(0.60) = 4.74 - 0.22 = 4.52$$

이 식을 이용할 때 A^-와 HA의 평형 농도는 각각의 초기 농도와 같다고 가정함에 유의하라. 즉, 다음 근사법이 타당하다고 가정하는 것이다.

$$[A^-] = [A^-]_0 + x \approx [A^-]_0 \quad \text{그리고} \quad [HA] = [HA]_0 - x \approx [HA]_0$$

여기에서 x는 해리하는 산의 양이다. 완충 용액에서 HA와 A^-의 초기 농도는 비교적 크므로, 이 가정은 일반적으로 받아들일 만하다.

대화형 예제 15.4 완충 용액의 pH II

0.75 *M* 젖산($K_a = 1.4 \times 10^{-4}$)과 0.25 *M* 젖산 소듐이 들어 있는 용액의 pH를 계산하라. 젖산($HC_3H_5O_3$)은 생체에 흔한 성분이다. 예를 들면 이것은 우유에서 발견되기도 하고, 운동할 때 사람의 근육 속에 생기기도 한다.

풀이 용액 중의 주성분 화학종은 다음과 같다.

$$HC_3H_5O_5, \quad Na^+, \quad C_3H_5O_3^-, \quad \text{그리고} \quad H_2O$$

주성분 화학종

$HC_3H_5O_3$

$C_3H_5O_3^-$

Na^+

H_2O

Na^+는 산-염기 성질이 없고 물은 약산 또는 약염기이므로, pH는 젖산의 해리 평형에 의해 조절될 것이다.

$$HC_3H_5O_3(aq) \rightleftharpoons H^+(aq) + C_3H_5O_3^-(aq)$$

$$K_a = \frac{[H^+][C_3H_5O_3^-]}{[HC_3H_5O_3]} = 1.4 \times 10^{-4}$$

$[HC_3H_5O_3]_0$과 $[C_3H_5O_3^-]_0$는 비교적 크므로,

$$[HC_3H_5O_3] \approx [HC_3H_5O_3]_0 = 0.75\,M$$

그리고

$$[C_3H_5O_3^-] \approx [C_3H_5O_3^-]_0 = 0.25\,M$$

그러므로 재배열된 K_a 식을 이용하여 $[H^+]$를 구하면 다음과 같다.

$$[H^+] = K_a\frac{[HC_3H_5O_3]}{[C_3H_5O_3^-]} = (1.4 \times 10^{-4})\frac{(0.75\,M)}{(0.25\,M)} = 4.2 \times 10^{-4}\,M$$

그리고

$$\blacksquare\ \mathrm{pH} = -\log(4.2 \times 10^{-4}) = 3.38$$

다른 방법으로 Henderson-Hasselbalch 식을 이용하여 풀 수도 있다:

$$\mathrm{pH} = \mathrm{p}K_\mathrm{a} + \log\left(\frac{[\mathrm{C_3H_5O_3}^-]}{[\mathrm{HC_3H_5O_3}]}\right) = 3.85 + \log\left(\frac{0.25\ M}{0.75\ M}\right) = 3.38$$

연습 문제 15.49와 15.51 참조

완충 용액은 또한 약염기와 그 짝산으로부터도 만들 수 있다. 이 용액에서 약염기 B는 첨가된 어떤 H^+와도 반응한다.

$$\mathrm{B} + \mathrm{H}^+ \longrightarrow \mathrm{BH}^+$$

그리고 짝산인 BH^+는 첨가된 어떤 OH^-와도 반응한다.

$$\mathrm{BH}^+ + \mathrm{OH}^- \longrightarrow \mathrm{B} + \mathrm{H_2O}$$

이 반응(계)에 대한 pH를 계산하는 방법은 사실상 위에서 사용한 약산–짝염기의 경우와 똑같다. 이것은 모든 완충 용액에서처럼 약산(BH^+)과 약염기(B)가 있기 때문에 논리적으로 일리가 있다. 전형적인 예가 예제 15.5에 설명되어 있다.

대화형 예제 15.5 완충 용액의 pH III

0.25 M NH_3 ($K_\mathrm{b} = 1.8 \times 10^{-5}$)와 0.40 M NH_4Cl이 들어 있는 완충 용액이 있다. 이 용액의 pH를 계산하라.

풀이 용액의 주성분 화학종은 다음과 같다.

$$\underbrace{\mathrm{NH_3},\quad \mathrm{NH_4}^+,\ \mathrm{Cl}^-}_{}\quad \text{및}\quad \mathrm{H_2O}$$

(녹은 NH_4Cl로부터: NH_4^+, Cl^-)

주성분 화학종

Cl^-

NH_4^+

NH_3

H_2O

Cl^-가 약염기이고 물도 약산 또는 약염기이므로 주요 평형은 다음과 같다.

$$\mathrm{NH_3}(aq) + \mathrm{H_2O}(l) \rightleftharpoons \mathrm{NH_4}^+(aq) + \mathrm{OH}^-(aq)$$

그리고
$$K_\mathrm{b} = 1.8 \times 10^{-5} = \frac{[\mathrm{NH_4}^+][\mathrm{OH}^-]}{[\mathrm{NH_3}]}$$

해당하는 각 화학종의 초기 농도, 변화량, 평형 농도의 표는 다음과 같다.

	$NH_3(aq)$	+	$H_2O(l)$	$\rightleftharpoons$	$NH_4^+(aq)$	+	$OH^-(aq)$
초기	0.25		—		0.40		≈0
변화량	$-x$		—		$+x$		$+x$
평형	$0.25 - x$		—		$0.40 + x$		x

그러면

$$K_\mathrm{b} = 1.8 \times 10^{-5} = \frac{[\mathrm{NH_4}^+][\mathrm{OH}^-]}{[\mathrm{NH_3}]} = \frac{(0.40 + x)(x)}{0.25 - x} \approx \frac{(0.40)(x)}{0.25}$$

그리고
$$x \approx 1.1 \times 10^{-5}$$

5% 규칙에 의해 근사법은 타당하므로 다음과 같은 결과를 얻는다.

$$[\mathrm{OH}^-] = x = 1.1 \times 10^{-5}\ M$$

$$\text{pOH} = 4.95$$

$$\blacksquare\ \text{pH} = 14.00 - 4.95 = 9.05$$

이 예는 완충제의 초기 농도와 평형 농도가 거의 같다는 점에서 완충 용액의 전형적 예이다.

다른 풀이 이 문제를 보는 다른 관점이 있다. 용액에 비교적 많은 양의 NH_4^+와 NH_3가 모두 들어 있으므로, 다음 평형을 이용하여 $[OH^-]$를 계산하고, 그런 다음 앞에서와 같이 K_w로부터 $[H^+]$를 계산할 수 있다.

$$NH_3(aq) + H_2O(l) \rightleftharpoons NH_4^+(aq) + OH^-(aq)$$

또는 NH_4^+에 대한 해리 평형을 사용해서 $[H^+]$를 직접 계산할 수 있다.

$$NH_4^+(aq) \rightleftharpoons NH_3(aq) + H^+(aq)$$

NH_3와 NH_4^+의 같은 평형 농도가 위 두 평형을 만족해야 하므로, *둘 중 어느 평형을 이용하더라도 같은 답을 얻을 것이다.*

$K_a \times K_b = K_w$이므로 주어진 NH_3의 K_b 값으로부터 NH_4^+의 K_a 값을 구할 수 있다:

$$K_a = \frac{K_w}{K_b} = \frac{1.0 \times 10^{-14}}{1.8 \times 10^{-5}} = 5.6 \times 10^{-10}$$

그런 다음 Henderson-Hasselbalch 식을 이용하면 다음과 같은 결과를 얻는다.

$$\text{pH} = \text{p}K_a + \log\left(\frac{[\text{염기}]}{[\text{산}]}\right)$$

$$= 9.25 + \log\left(\frac{0.25\ M}{0.40\ M}\right) = 9.25 - 0.20 = 9.05$$

연습 문제 15.50과 15.52 참조

대화형 예제 15.6 완충 용액에 센산의 첨가 I

예제 15.5의 완충 용액 1.0 L에 HCl 기체 0.10 mol을 첨가할 때, 얻어지는 용액의 pH를 계산하라.

풀이 *어떤 반응도 일어나기 전,* 용액에는 다음과 같은 주성분 화학종이 들어 있다.

$$NH_3,\quad NH_4^+,\quad \underbrace{Cl^-,\quad H^+,}_{\text{첨가된 HCl로부터}}\quad \text{및}\quad H_2O$$

주성분 화학종

어떤 반응이 일어날 수 있는가? 우리가 알기로 H^+가 Cl^-와 반응해서 HCl을 형성하지는 않을 것이다. Cl^-와는 다르게 NH_3 분자는 양성자에 대한 친화력이 크다[이것은 NH_4^+가 대단히 약산($K_a = 5.6 \times 10^{-10}$)이라는 사실로부터 알 수 있다]. 따라서 NH_3는 H^+와 반응하여 NH_4^+를 형성한다:

$$NH_3(aq) + H^+(aq) \longrightarrow NH_4^+(aq)$$

이 반응은 거의 완전히 진행되어 매우 약산인 NH_4^+를 만든다고 가정할 수 있으므로, 평형 계산을 고려하기 전에 화학량론적 계산을 할 수 있다. 즉, 반응이 완결되도록 내버려 둔 후, 그 다음 평형을 고려한다.

기억하라: 먼저 화학 반응에 대해 생각하라. 주성분 화학종 사이에 어떤 반응이 일어날 것인지 스스로 질문하라.

이 과정에 대한 화학량론적 계산은 아래와 같다.

	NH_3	+	H^+	$\longrightarrow$	NH_4^+
반응 전	(1.0 L)(0.25 *M*) = 0.25 mol		0.10 mol ↑ 한계 시약		(1.0 L)(0.40 *M*) = 0.40 mol
반응 후	0.25 − 0.10 = 0.15 mol		0		0.40 + 0.10 = 0.50 mol

주성분 화학종

반응이 완전히 진행한 후, 용액에는 다음의 주성분 화학종이 들어 있다.

$$NH_3,\quad NH_4^+,\quad Cl^-\quad \text{및}\quad H_2O$$

그리고

$$[NH_3]_0 = \frac{0.15\text{ mol}}{1.0\text{ L}} = 0.15\ M$$

$$[NH_4^+]_0 = \frac{0.50\text{ mol}}{1.0\text{ L}} = 0.50\ M$$

다음과 같은 근삿값을 취하하면, Henderson-Hasselbalch 식을 사용할 수 있다.

$$[\text{염기}] = [NH_3] \approx [NH_3]_0 = 0.15\ M$$

$$[\text{산}] = [NH_4^+] \approx [NH_4^+]_0 = 0.50\ M$$

그러면

$$\blacksquare\ \text{pH} = \text{p}K_a + \log\left(\frac{[NH_3]}{[NH_4^+]}\right)$$

$$= 9.25 + \log\left(\frac{0.15\ M}{0.50\ M}\right) = 9.25 - 0.52 = 8.73$$

완충 용액에서 예상되는 것처럼, HCl을 첨가하더라도 pH는 조금만 감소하는 것에 주목하라.

연습 문제 15.53 참조

복습하기 완충 용액의 가장 중요한 성질의 요약

» 완충 용액은 비교적 큰 농도의 약산과 그에 대응하는 약염기를 포함하고 있다. 즉, 약산 HA와 짝염기 A^-, 또는 약염기 B와 그 짝산 BH^+를 가지고 있다.

» H^+를 완충 용액에 첨가하면 양성자는 본질적으로 용액에 존재하는 약염기 B와 완전히 반응한다:

$$H^+ + A^- \longrightarrow HA \quad \text{또는} \quad H^+ + B \longrightarrow BH^+$$

» 완충 용액에 OH^-를 가하면 용액에 존재하는 약산과 완전히 반응한다:

$$OH^- + HA \longrightarrow A^- + H_2O \quad \text{또는} \quad OH^- + BH^+ \longrightarrow B + H_2O$$

» 완충 용액의 pH는 약산과 약염기의 농도비에 의하여 결정된다. 이 비율이 실질적으로 일정하게 유지되면 그 pH도 실제로 일정하게 된다. 이것은 완충 작용을 하는 물질(HA와 A^- 또는 B와 BH^+)의 농도가 첨가된 H^+나 OH^-의 양에 비해 클 경우에 일어난다.

15.3 완충 용량

큰 완충 용량을 가진 완충 용액은 큰 농도의 완충 성분을 가지고 있다.

완충 용액의 **완충 용량**(buffering capacity)은 pH의 큰 변화 없이 완충 용액이 흡수할 수 있는 양성자나 수산화 이온의 양을 의미한다. 큰 완충 용량을 가진 완충 용액은 큰 농도의 완충 성분을 가지고 있어서, 비교적 많은 양의 양성자나 수산화 이온을 흡수할 수 있고 pH 변화를 거의 보이지 않는다. *완충 용액의 pH는 $[A^-]/[HA]$의 비로 결정된다. 완충 용액의 완충 용량은 $[HA]$와 $[A^-]$의 크기로 결정된다.*

대화형 예제 15.7 완충 용액에 센산의 첨가 II

다음 각 용액 1.0 L에 HCl 기체 0.010 mol을 첨가할 때, 생기는 pH 변화를 계산하라.

용액 A: 5.00 M $HC_2H_3O_2$ 와 5.00 M $NaC_2H_3O_2$

용액 B: 0.050 M $HC_2H_3O_2$ 와 0.050 M $NaC_2H_3O_2$

아세트산의 경우 $K_a = 1.8 \times 10^{-5}$이다.

풀이 두 용액에 대한 초기 pH는 Henderson-Hasselbalch 식으로부터 계산할 수 있다.

$$pH = pK_a + \log\left(\frac{[C_2H_3O_2^-]}{[HC_2H_3O_2]}\right)$$

주성분 화학종

H^+

H_2O

각 경우에 $[C_2H_3O_2^-] = [HC_2H_3O_2]$이므로, 용액 A와 B 둘 다 초기 pH는 다음과 같다.

$$pH = pK_a + \log(1) = pK_a = -\log(1.8 \times 10^{-5}) = 4.74$$

이러한 용액들에 HCl을 첨가한 후, *어떤 반응도 일어나기 전*의 주성분 화학종은 다음과 같다.

$$HC_2H_3O_2,\quad Na^+,\quad C_2H_3O_2^-,\quad \underbrace{H^+,\quad Cl^-}_{\text{첨가된 HCl로부터}}\quad \text{및}\quad H_2O$$

이 화학종들 사이에 어떤 반응이 일어나겠는가? 어떤 염기와도 쉽게 반응할 H^+가 비교적 많은 것에 유의하라. 알다시피 물에서 Cl^-는 H^+와 반응하지 않는다. 그러나 $C_2H_3O_2^-$는 H^+와 반응하여 약산인 $HC_2H_3O_2$를 만든다:

$$H^+(aq) + C_2H_3O_2^-(aq) \longrightarrow HC_2H_3O_2(aq)$$

$HC_2H_3O_2$는 약산이므로, 이 반응은 완전히 진행된다고 가정한다. 첨가된 H^+ 0.010 mol은 $C_2H_3O_2^-$ 0.010 mol을 $HC_2H_3O_2$ 0.010 mol로 바꿀 것이다.

용액 A에 대해(용액의 부피가 1.0 L이므로, 몰 수는 몰농도와 같다) 다음 계산을 적용할 수 있다:

	H^+	+	$C_2H_3O_2^-$	$\longrightarrow$	$HC_2H_3O_2$
반응 전	0.010 M		5.00 M		5.00 M
반응 후	0		4.99 M		5.01 M

새로운 pH는 Henderson-Hasselbalch 식에 반응 후의 새로운 농도를 대입하면 얻을 수 있다:

$$pH = pK_a + \log\left(\frac{[C_2H_3O_2^-]}{[HC_2H_3O_2]}\right)$$

$$= 4.74 + \log\left(\frac{4.99}{5.01}\right) = 4.74 - 0.0017 = 4.74$$

초기 용액 $\frac{[A^-]}{[HA]} = \frac{5.00}{5.00} = 1.00$ → H^+ 첨가 → 새로운 용액 $\frac{[A^-]}{[HA]} = \frac{4.99}{5.01} = 0.996$

용액 A에 0.010 mol의 HCl 기체를 가해도 실질적으로 pH 변화는 거의 없다.

용액 B에 대하여 다음 계산을 적용할 수 있다:

	H^+	+	$C_2H_3O_2^-$	$\longrightarrow$	$HC_2H_3O_2$
반응 전	0.010 M		0.050 M		0.050 M
반응 후	0		0.040 M		0.060 M

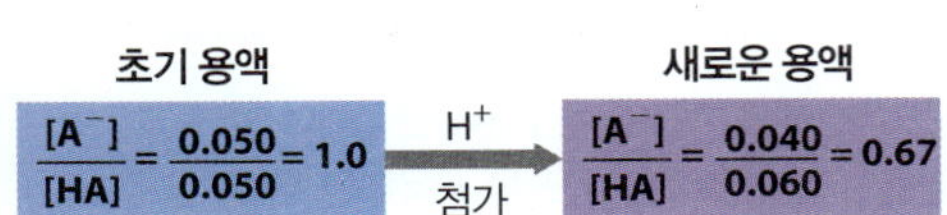

새로운 pH는 다음과 같다.

$$\blacksquare\ pH = 4.74 + \log\left(\frac{0.040}{0.060}\right)$$

$$= 4.74 - 0.18 = 4.56$$

비록 용액 B에 대한 pH 변화는 작지만, 용액 A와는 대조적으로 변화가 일어났다.

이 결과들은 완충 성분이 훨씬 더 많이 들어 있는 용액 A가 용액 B보다 훨씬 더 큰 완충 용량을 갖는다는 것을 보여준다.

연습 문제 15.53과 15.54 참조

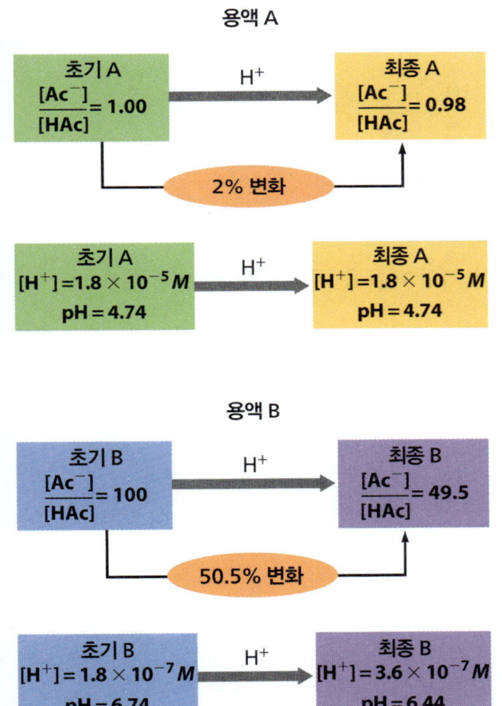

완충 용액의 pH는 완충 성분의 농도 비율에 의존한다는 것을 우리는 알 수 있었다. 이 비율이 첨가된 양성자나 수산화 이온에 의해 가장 적게 영향을 받을 때, 그 용액은 pH 변화에 가장 잘 견딘다. 최적의 완충 작용이 일어나는 비율을 찾기 위해서, 많은 양의 아세트산 이온(Ac^-)과 소량의 아세트산(HAc)이 들어 있는 완충 용액을 생각해 보자. 아세트산을 형성하는 양성자를 첨가하면 아세트산 농도의 *백분율* 변화가 비교적 크게 생기며, 따라서 $[C_2H_3O_2^-]/[HC_2H_3O_2]$의 비율도 상대적으로 크게 변한다(표 15.1). 유사하게, 만약 약간의 아세트산을 없애기 위해 수산화 이온을 첨가하면 아세트산 농도의 백분율 변화도 역시 크게 된다. 만일 아세트산의 초기 농도가 크고, 아세트산 이온의 초기 농도가 작을 때에도 똑같은 효과가 관찰된다.

$[A^-]/[HA]$의 비율이 크게 변하면 pH도 크게 변하므로 가장 효과적인 완충 작용을 위해서는 이런 상황을 피해야 한다. 이러한 형태의 논리적 유추는 최적의 완충 작용은 [HA]와 $[A^-]$가 같을 때 일어난다는 일반적 결론에 도달하게 한다. 바로 이 조건에서, H^+나 OH^-가 완충 용액에 첨가되더라도 $[A^-]/[HA]$의 비율이 변화에 가장 잘 견디게 된다. 특별한 응용을 위하여 완충 성분을 선택할 때, 우리가 $[A^-]/[HA]$의 비가 1이 되도록 하는 이유도 이 때문이다. 다음 식과 같이 되므로

$$pH = pK_a + \log\left(\frac{[A^-]}{[HA]}\right) = pK_a + \log(1) = pK_a$$

완충 용액에서 사용하는 약산의 pK_a가 가능하면 만들고자 하는 pH와 가까워야 한다. 예를 들면, pH 4.00인 완충 용액이 필요하다고 하자. 가장 효과적인 완충 작용은 [HA]와 $[A^-]$가 같을 때 일어날 것이다. Henderson-Hasselbalch 식으로부터,

표 15.1 H^+ 0.01 mol을 각 용액 1.0 L에 첨가할 때 두 용액에 대한 $[C_2H_3O_2^-]/[HC_2H_3O_2]$의 변화

용액	$\left(\frac{[C_2H_3O_2^-]}{[HC_2H_3O_2]}\right)_{초기}$	$\left(\frac{[C_2H_3O_2^-]}{[HC_2H_3O_2]}\right)_{새로운}$	변화	변화 %
A	$\frac{1.00\ M}{1.00\ M} = 1.00$	$\frac{0.99\ M}{1.01\ M} = 0.98$	$1.00 \rightarrow 0.98$	2.00%
B	$\frac{1.00\ M}{0.01\ M} = 100$	$\frac{0.99\ M}{0.02\ M} = 49.5$	$100 \rightarrow 49.5$	50.5%

$$\mathrm{pH} = \mathrm{p}K_a + \log\left(\frac{[\mathrm{A}^-]}{[\mathrm{HA}]}\right)$$

4.00을 원함

비 = 1일 때 가장 효과적인 완충 용액

즉, $4.00 = \mathrm{p}K_a + \log(1) = \mathrm{p}K_a + 0$ 그리고 $\mathrm{p}K_a = 4.00$.
따라서 가정 적합한 약산은 $\mathrm{p}K_a = 4.00$, 즉 $K_a = 1.0 \times 10^{-4}$을 가진 산이다.

비판적 사고 앞서 "완충 용액에 사용되는 약산의 $\mathrm{p}K_a$는 가능한 한 목표하는 pH에 근접해야 한다"고 하였다. 완충 용액을 만들 때 원하는 pH에 가깝지 않은 $\mathrm{p}K_a$ 값을 갖는 약산을 사용하면 무엇이 문제이겠는가?

대화형 예제 15.8 완충 용액 만들기

어떤 화학자가 pH 4.30인 완충 용액이 필요한데, 다음의 산(및 그 소듐 염) 중에서 선택할 수 있다.

a. 클로로아세트산(chloroacetic acid, $K_a = 1.35 \times 10^{-3}$)

b. 프로판산(propanoic acid, $K_a = 1.3 \times 10^{-5}$)

c. 벤조산(benzoic acid, $K_a = 6.4 \times 10^{-5}$)

d. 하이포아염소산(hypochlorous acid, $K_a = 3.5 \times 10^{-8}$)

pH 4.30이 되기 위하여 각 완충계에 필요한 $[\mathrm{HA}]/[\mathrm{A}^-]$의 비율을 계산하라. 어느 완충계가 가장 좋을까?

풀이 pH 4.30은 다음에 해당한다.

$$[\mathrm{H}^+] = 10^{-4.30} = \mathrm{antilog}(-4.30) = 5.0 \times 10^{-5}\ M$$

여러 가지 산에 대하여 $\mathrm{p}K_a$ 대신 K_a 값이 주어져 있으므로, Henderson-Hasselbalch 식 대신에 식 (15.1)을 이용한다.

$$[\mathrm{H}^+] = K_a\frac{[\mathrm{HA}]}{[\mathrm{A}^-]}$$

각 경우의 $[\mathrm{HA}]/[\mathrm{A}^-]$의 비율을 계산하기 위하여 각 산의 필요한 $[\mathrm{H}^+]$와 K_a 값을 식 (15.1)에 대입한다.

산	$[\mathrm{H}^+] = K_a\frac{[\mathrm{HA}]}{[\mathrm{A}^-]}$	$\frac{[\mathrm{HA}]}{[\mathrm{A}^-]}$
a. 클로로아세트산	$5.0 \times 10^{-5} = 1.35 \times 10^{-3}\left(\frac{[\mathrm{HA}]}{[\mathrm{A}^-]}\right)$	3.7×10^{-2}
b. 프로판산	$5.0 \times 10^{-5} = 1.3 \times 10^{-5}\left(\frac{[\mathrm{HA}]}{[\mathrm{A}^-]}\right)$	3.8
c. 벤조산	$5.0 \times 10^{-5} = 6.4 \times 10^{-5}\left(\frac{[\mathrm{HA}]}{[\mathrm{A}^-]}\right)$	0.78
d. 하이포아염소산	$5.0 \times 10^{-5} = 3.5 \times 10^{-8}\left(\frac{[\mathrm{HA}]}{[\mathrm{A}^-]}\right)$	1.4×10^{3}

■ 벤조산의 [HA]/[A^-]의 비가 1에 가까우므로, pH 4.30인 완충 용액을 만들기 위해서는 벤조산과 그 소듐염을 사용하는 것이 가장 좋다. 이것은 최적 완충계는 원하는 pH와 가까운 pK_a 값을 가져야 한다는 원리를 보여주는 좋은 예이다. 벤조산의 pK_a는 4.19이다.

연습 문제 15.67과 15.68 참조

15.4 적정과 pH 곡선

제4장에서 보았듯이, 적정은 용액 중의 산이나 염기의 양을 결정하는 데 일반적으로 사용된다. 이 적정 과정은 아는 농도의 용액(적정 시약, titrant)을 분석할 물질이 완전히 소비될 때까지 뷰렛으로 미지 용액에 가하는 것을 말한다. 화학량론점(당량점, equivalence point)은 보통 지시약의 색깔 변화로 나타난다. 이 절에서는 산-염기 적정 중에 생기는 pH의 변화를 알아보자. 나중에 이 정보를 이용해서 특정한 적정을 할 때, 적절한 지시약을 어떻게 선정하는가 살펴볼 것이다.

산-염기의 적정 과정은 흔히 분석하는 용액의 pH를 첨가되는 적정 시약의 양에 대한 함수로 그려서 나타낸다. 그와 같은 그림을 **pH 곡선** 또는 **적정 곡선**(titration curve)이라고 한다.

▲
산 또는 염기의 pH 적정을 하는 데 사용하는 장치.

센산-센염기 적정

센산-센염기 적정에 대한 알짜 이온 반응은 다음과 같다.

$$H^+(aq) + OH^-(aq) \longrightarrow H_2O(l)$$

적정 시 어떤 주어진 점에서 [H^+]를 구하려면, 그 지점에서 남아 있는 H^+의 양을 구하고 용액의 전체 부피로 나누어야 한다. 논의를 더 하기 전에, 적정할 때 특히 유용한 새로운 단위를 고려할 필요가 있다. 적정은 보통 소량을 다루므로(뷰렛은 전형적으로 밀리리터로 눈금이 매겨져 있다), 몰은 불편할 정도로 크다. 그러므로 몰의 1/1000인 **밀리몰**(**mmol**로 줄여서 쓴다)을 쓰기로 한다.

$$1\ \text{mmol} = \frac{1\ \text{mol}}{1000} = 10^{-3}\ \text{mol}$$

$1\ \text{mmol} = 1 \times 10^{-3}\ \text{mol}$
$1\ \text{mL} = 1 \times 10^{-3}\ \text{L}$
$\frac{\text{mmol}}{\text{mL}} = \frac{\text{mol}}{\text{L}} = M$

지금까지 몰농도를 리터당 몰로만 정의하였으나, 아래 보이는 것처럼 이제는 이를 *밀리리터당 밀리몰*로 정의할 수 있다.

$$\text{몰농도} = \frac{\text{용질의 mol}}{\text{용액의 L}} = \frac{\dfrac{\text{용질의 mol}}{1000}}{\dfrac{\text{용액의 L}}{1000}} = \frac{\text{용질의 mmol}}{\text{용액의 mL}}$$

그러므로 1.0 M 용액은 용액 1 L당 용질 1.0 mol을 포함하거나, *동등하게* 용액 1 mL당 용질 1.0 mmol을 포함한다. L로 표시한 부피와 몰농도의 곱으로부터 용질의 mol 수를 얻는 것과 마찬가지로 mL로 표시한 부피와 몰농도의 곱으로부터 mmol 수를 얻을 수 있다.

$$\text{mmol 수} = \text{부피(mL)} \times \text{몰농도}(M)$$

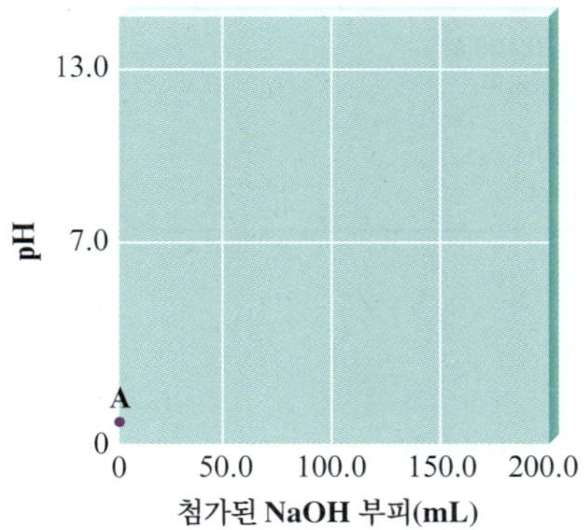

사례 1: 센산-센염기 적정

0.200 M HNO_3 50.0 mL를 0.100 M NaOH로 적정하는 것으로부터 센산과 센염기의 적정과 관련된 계산을 해 보기로 하자. 특정 부피의 0.100 M NaOH를 첨가하여 적정하는 동안 몇몇 선택된 지점에서 용액의 pH를 계산할 것이다.

A. NaOH가 첨가되지 않았을 때

HNO_3는 센산이므로 완전히 해리하여, 용액 중에는 다음과 같은 주성분 화학종들이 들어 있다.

$$H^+,\quad NO_3^-,\quad H_2O$$

그리고 pH는 질산으로부터 해리되는 H^+에 의해 결정된다. 0.200 *M* HNO_3에는 0.200 *M* H^+가 들어 있으므로,

$$[H^+] = 0.200\ M \quad \text{그리고} \quad pH = 0.699\text{이다.}$$

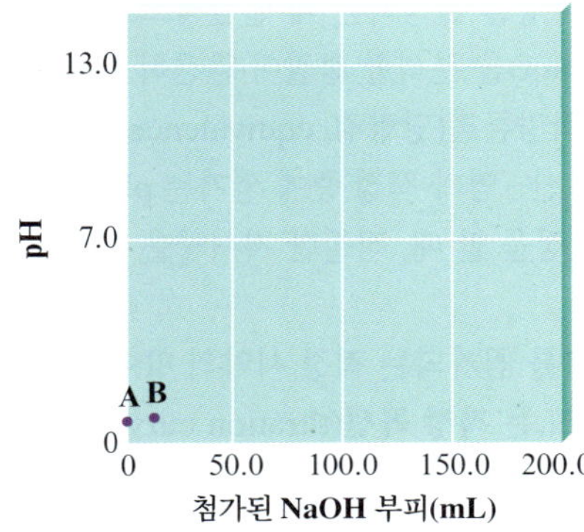

B. 0.100 *M* NaOH 10.0 mL를 첨가하였을 때

*어떤 반응도 일어나기 전*에 혼합 용액에는 다음과 같은 주성분 화학종들이 들어 있다.

$$H^+,\quad NO_3^-,\quad Na^+,\quad OH^-,\quad H_2O$$

많은 양의 H^+와 OH^-가 존재함을 주의하라. 첨가된 1.00 mmol (10.0 mL × 0.100 *M*)의 OH^-가 1.00 mmol의 H^+와 반응하여 물을 형성할 것이다.

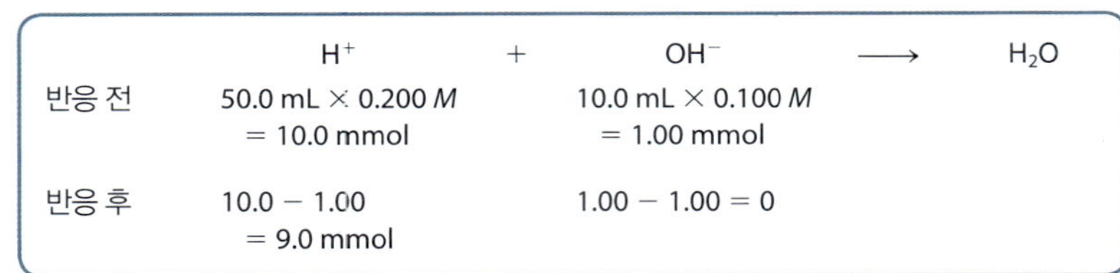

	H^+	+	OH^-	⟶	H_2O
반응 전	50.0 mL × 0.200 *M* = 10.0 mmol		10.0 mL × 0.100 *M* = 1.00 mmol		
반응 후	10.0 − 1.00 = 9.0 mmol		1.00 − 1.00 = 0		

최종 용액의 부피는 처음 HNO_3의 부피와 첨가된 NaOH의 부피의 합이다.

반응 후 용액에는 다음과 같은 화학종들이 들어 있다.

H^+, NO_3^-, Na^+ 및 H_2O (OH^- 이온들은 모두 소모되었다)

그리고 pH는 남아 있는 H^+에 의해 결정될 것이다:

$$[H^+] = \frac{\text{남아있는 mmol } H^+}{\text{용액의 부피(mL)}} = \frac{9.0\ \text{mmol}}{(50.0 + 10.0)\ \text{mL}} = 0.15\ M$$

(HNO_3 용액의 처음 부피 / 첨가한 NaOH의 부피)

$$pH = -\log(0.15) = 0.82$$

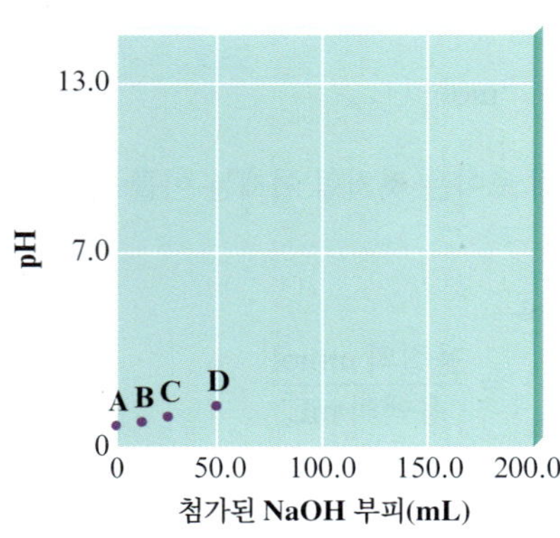

C. 0.100 *M* NaOH 20.0 mL(전체)를 첨가하였을 때

NaOH 10.0 mL를 B 지점으로부터 용액에 첨가하였다기보다는 전체적인 관점에서 *처음의* 질산 용액에 20.0 mL의 NaOH 용액을 첨가한 것으로 보고 이 지점을 고려해 보자. 전 단계에서의 착오가 그 다음 단계에 나타나지 않게 하기 위하여, 매번 처음 용액으로 되돌아가는 것이 좋다. 앞에서처럼 첨가한 OH^-는 H^+와 반응하여 물을 형성한다.

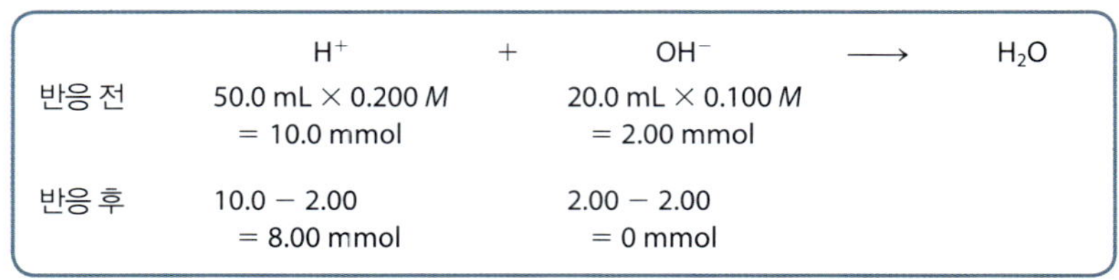

	H^+	+	OH^-	⟶	H_2O
반응 전	50.0 mL × 0.200 *M* = 10.0 mmol		20.0 mL × 0.100 *M* = 2.00 mmol		
반응 후	10.0 − 2.00 = 8.00 mmol		2.00 − 2.00 = 0 mmol		

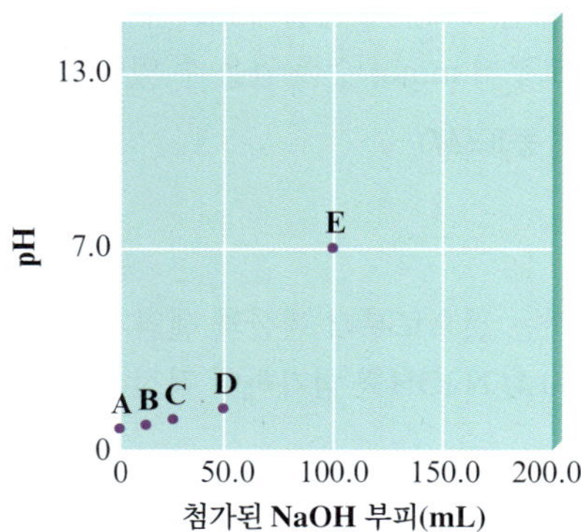

반응 후

(남아있는 H^+)

$$[H^+] = \frac{8.00\ \text{mmol}}{(50.0 + 20.0)\ \text{mL}} = 0.11\ M$$

$$pH = 0.942$$

D. 0.100 *M* NaOH 50.0 mL(전체)를 첨가하였을 때

B와 C 지점과 똑같은 과정을 거치면 pH는 1.301이 된다.

E. 0.100 *M* NaOH 100.0 mL(전체)를 첨가하였을 때

이 지점에서 첨가한 NaOH 양은 다음과 같다.

$$100.0 \text{ mL} \times 0.100\ M = 10.0 \text{ mmol}$$

질산의 처음 양은 다음과 같다.

$$50.0 \text{ mL} \times 0.200\ M = 10.0 \text{ mmol}$$

당량점(화학량론점): 첨가된 염기의 양이 처음 있던 모든 산과 정확히 모두 반응하였을 때의 적정 지점.

질산으로부터 해리된 H^+와 정확히 반응하도록 충분한 양의 OH^-가 첨가되었다. 이 지점이 적정의 **화학량론점**(stoichiometric point) 또는 **당량점**(equivalence point)이다. 이 지점에서 용액에 있는 주성분 화학종은 다음과 같다.

$$Na^+, \quad NO_3^-, \quad H_2O$$

Na^+는 산이나 염기의 성질을 전혀 갖지 않고, NO_3^-는 센산인 HNO_3의 음이온이고 매우 약염기이므로, NO_3^-나 Na^+는 pH에 영향을 주지 않는다. 따라서 용액은 중성이다(pH 7.00).

F. 0.100 *M* NaOH 150.0 mL(전체)를 첨가하였을 때

적정 반응에 대한 화학량론적 계산은 다음과 같다.

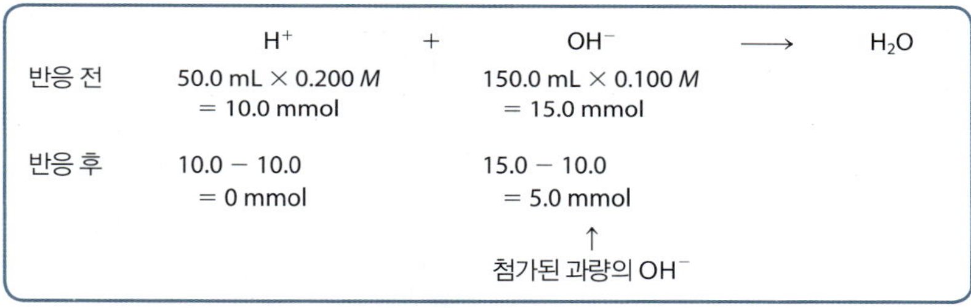

	H^+	+	OH^-	⟶	H_2O
반응 전	50.0 mL × 0.200 *M* = 10.0 mmol		150.0 mL × 0.100 *M* = 15.0 mmol		
반응 후	10.0 − 10.0 = 0 mmol		15.0 − 10.0 = 5.0 mmol ↑ 첨가된 과량의 OH^-		

이제 OH^-가 *과량*으로 있어 pH를 결정할 것이다.

$$[OH^-] = \frac{\text{과량의 } OH^- \text{ mmol}}{\text{부피(mL)}} = \frac{5.0 \text{ mmol}}{(50.0 + 150.0) \text{ mL}} = \frac{5.0 \text{ mmol}}{200.0 \text{ mL}} = 0.025\ M$$

$[H^+][OH^-] = 1.0 \times 10^{-14}$이므로

$$[H^+] = \frac{1.0 \times 10^{-14}}{2.5 \times 10^{-2}} = 4.0 \times 10^{-13}\ M, \quad pH = 12.40$$

G. 0.100 *M* NaOH 200.0 mL(전체)가 첨가되었을 때

F 지점에서와 똑같이 계산하면 pH는 12.60이다.

이러한 계산 결과를 그림 15.1의 pH 곡선에 요약해 놓았다. pH가 당량점 근처에 도달할 때까지는 조금씩 변하다가 당량점에서 급격하게 변화하는 것에 유의하라. 이러한 경향을 보이는 이유는 적정 초기에는 용액에 비교적 많은 양의 H^+가 있으므로, 적당한 양의 OH^-를 첨가하여도 pH는 소폭으로 변하기 때문이다. 그러나 당량점 부근에서는 $[H^+]$가 상대적으로 적으므로, 소량의 OH^-를 첨가해도 큰 pH 변화를 일으킨다.

그림 15.1의 pH 곡선은 센염기로 센산을 적정하는 전형적인 예로 다음의 특징을 가진다.

- 당량점 이전에서 $[H^+]$(따라서 pH)는 남아 있는 H^+의 mmol 수를 mL로 나타낸 전체 용액의 부피로 나누어 계산할 수 있다.
- 당량점에서 pH는 7.00이다.
- 당량점 이후에서 $[OH^-]$는 과량의 OH^- mmol 수를 전체 용액의 부피로 나누어 계산할

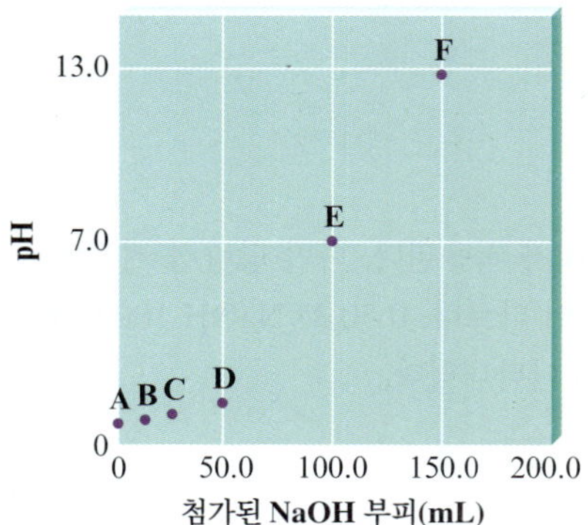

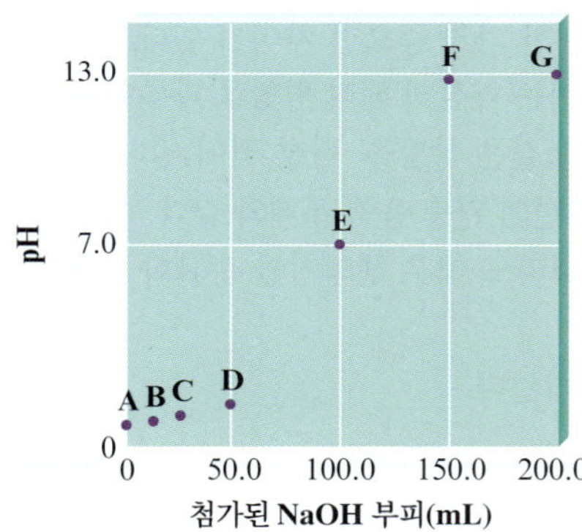

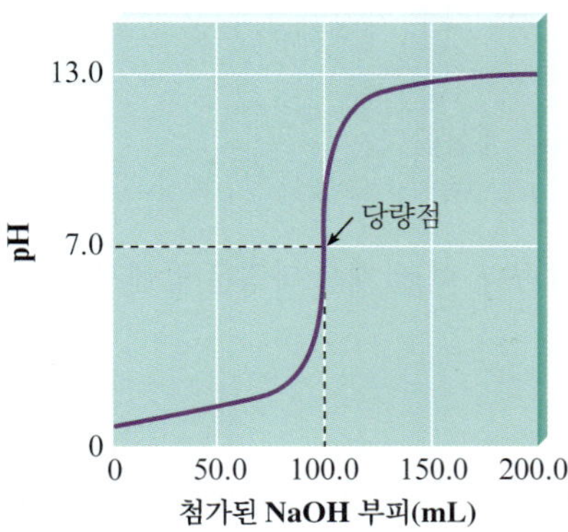

그림 15.1 0.200 *M* HNO_3, 50.0 mL를 0.100 *M* NaOH로 적정하는 pH 곡선. 당량점은 100.0 mL NaOH를 첨가하였을 때이며, 이것은 초기에 존재하던 H^+ 모두가 반응할 만큼의 정확한 양의 OH^-가 반응한 때이다. 당량점이 pH 7에서 나타나는 것은 센산과 센염기 적정의 특징이다.

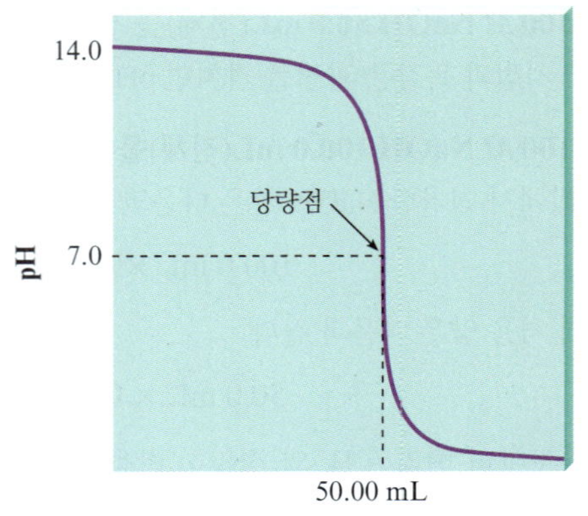

그림 15.2 0.50 *M* NaOH, 100.0 mL를 1.0 *M* HCl로 적정하는 pH 곡선. 당량점은 50.00 mL HCl를 첨가하였을 때이며, 이 지점은 가해준 5.0 mmol H^+가 초기에 들어있던 5.0 mmol OH^-와 반응한 점이다.

수 있다. 그런 다음 $[H^+]$는 K_w로부터 구한다.

센산으로 센염기를 적정할 때도 위와 유사한 논리가 적용된다. 다만 당량점 이전에는 OH^-가 과량이고, 당량점 이후에는 H^+가 과량인 점이 다르다. 0.50 *M* NaOH 100.0 mL를 1.0 *M* HCl로 적정할 때의 pH 곡선을 그림 15.2에 나타내었다.

약산을 센염기로 적정

센산과 센염기는 완전히 해리하므로, 이들 사이의 적정에 관한 pH 곡선을 얻는 계산은 매우 간단한 것임을 알았다. 그러나 약산을 적정할 때는 한 가지 중요한 차이가 있다. 즉, 어느 정도의 센염기가 첨가된 후 $[H^+]$를 계산하기 위해서는 약산의 해리 평형을 다루어야 한다. 우리는 이 장의 앞부분에서 완충 용액을 배울 때 똑같은 상황을 다룬 적이 있다. 약산을 센염기로 적정할 때의 pH 곡선을 계산하는 일은 일련의 완충 용액 문제와 같다. 이런 계산을 할 때 중요하게 기억해야 할 것은, 비록 약산이더라도 매우 센염기인 수산화 이온과는 *실질적으로 완전히 반응한다는 것이다.*

이러한 약산–센염기 적정은 항상 두 단계 과정을 거친다.

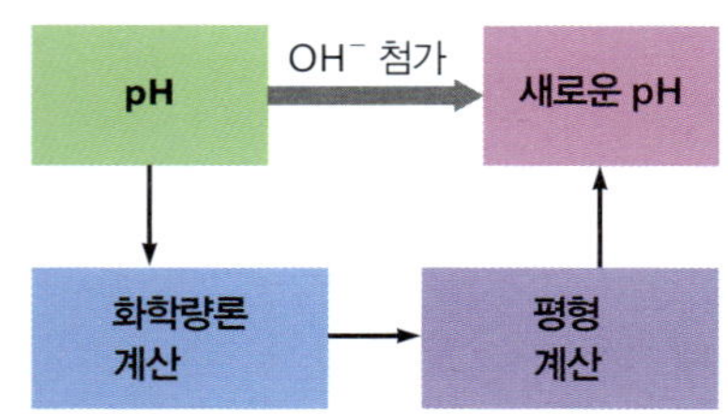

문제 풀이 전략

약산–센염기 적정에서 pH 곡선 계산하기

1. *화학량론 문제.* 수산화 이온과 약산의 반응은 완결된다고 가정하고, *남은* 산과 *생성된* 짝염기의 농도를 결정한다.
2. *평형 문제.* 약산의 평형의 위치를 결정하고, pH를 계산한다.

화학량론과 평형 문제를 분리해서 다루자.

이러한 과정을 각각 *분리해서* 다루는 것이 *꼭 필요하다.* 이런 계산 과정은 앞에서 사용한 것과 같음을 유의하라.

사례 2: 약산을 센염기로 적정

설명한 것처럼 0.10 *M* 아세트산($HC_2H_3O_2$, $K_a = 1.8 \times 10^{-5}$) 50.0 mL를 0.10 *M* NaOH로 적정한다고 하자. 앞에서와 마찬가지로 첨가된 NaOH 부피를 나타내는 여러 지점에서의 pH를 계산해 보자.

A. NaOH를 넣지 않았을 때

이것은 제14장에서 소개된 전형적인 약산의 계산 문제이다. pH는 2.87이다. (스스로 확인해 보라.)

B. 0.10 *M* NaOH 10.0 mL를 첨가하였을 때

어떤 반응도 일어나기 전 혼합 용액의 주성분 화학종은 다음과 같다.

$$HC_2H_3O_2,\quad OH^-,\quad Na^+,\quad H_2O$$

센염기인 OH^-는 가장 센 양성자 주개인 $HC_2H_3O_2$와 반응할 것이다.

화학량론 문제

	OH^-	+	$HC_2H_3O_2$	$\longrightarrow$	$C_2H_3O_2^-$	+	H_2O
반응 전	10 mL × 0.10 *M* = 1.0 mmol		50.0 mL × 0.10 *M* = 5.0 mmol		0 mmol		
반응 후	1.0 − 1.0 = 0 mmol ↑ 한계 반응물		5.0 − 1.0 = 4.0 mmol		1.0 mmol ↑ 반응에 의해 생성		

평형 문제

반응이 일어난 후 우세한 평형을 결정하기 위해서 용액에 남은 주요 성분을 조사해 보자. 주성분 화학종은 다음과 같다.

$$HC_2H_3O_2,\quad C_2H_3O_2^-,\quad Na^+,\quad H_2O$$

$HC_2H_3O_2$는 H_2O보다 훨씬 더 센산이고 $C_2H_3O_2^-$는 $HC_2H_3O_2$의 짝염기이므로, pH는 아세트산의 해리 평형의 위치에 의해 결정될 것이다.

$$HC_2H_3O_2(aq) \rightleftharpoons H^+(aq) + C_2H_3O_2^-(aq)$$

여기에서

$$K_a = \frac{[H^+][C_2H_3O_2^-]}{[HC_2H_3O_2]}$$

평형 계산을 완결하기 위하여 다음과 같은 일반적인 단계를 수행한다.

초기 농도는 OH^-와 완전히 반응한 후, 그리고 $HC_2H_3O_2$의 해리가 일어나기 전의 농도로 정의한다.

초기 농도		평형 농도
$[HC_2H_3O_2]_0 = \frac{4.0\text{ mmol}}{(50.0 + 10.0)\text{ mL}} = \frac{4.0}{60.0}$		$[HC_2H_3O_2] = \frac{4.0}{60.0} - x$
$[C_2H_3O_2^-]_0 = \frac{1.0\text{ mmol}}{(50.0 + 10.0)\text{ mL}} = \frac{1.0}{60.0}$	x mmol/mL $HC_2H_3O_2$가 해리한다. $\longrightarrow$	$[C_2H_3O_2^-] = \frac{1.0}{60.0} + x$
$[H^+]_0 \approx 0$		$[H^+] = x$

해당하는 초기 농도, 변화량, 평형 농도의 표는 다음과 같다.

	$HC_2H_3O_2(aq)$	$\rightleftharpoons$	$H^+(aq)$	+	$C_2H_3O_2^-(aq)$
초기	$\frac{4.0}{60.0}$		≈ 0		$\frac{1.0}{60.0}$
변화량	$-x$		$+x$		$+x$
평형	$\frac{4.0}{60.0} - x$		x		$\frac{1.0}{60.0} + x$

그러므로,

$$1.8 \times 10^{-5} = K_a = \frac{[H^+][C_2H_3O_2^-]}{[HC_2H_3O_2]} = \frac{x\left(\frac{1.0}{60.0} + x\right)}{\frac{4.0}{60.0} - x} \approx \frac{x\left(\frac{1.0}{60.0}\right)}{\frac{4.0}{60.0}} = \left(\frac{1.0}{4.0}\right)x$$

적용한 근사법은 5% 규칙 내에서 타당하다.

$$x = \left(\frac{4.0}{1.0}\right)(1.8 \times 10^{-5}) = 7.2 \times 10^{-5} = [H^+] \quad \text{와} \quad pH = 4.14$$

C. 0.10 *M* NaOH 25.0 mL(전체)를 첨가하였을 때

여기에서 계산 과정은 B 지점에서 사용한 것과 매우 유사하므로 간략히 요약할 수 있다. 화학량론 문제는 다음과 같이 요약된다.

화학량론 문제

	OH^-	+	$HC_2H_3O_2$	⟶	$C_2H_3O_2^-$	+	H_2O
반응 전	25.0 mL × 0.10 *M* = 2.5 mmol		50.0 mL × 0.10 *M* = 5.0 mmol		0 mmol		
반응 후	2.5 − 2.5 = 0		5.0 − 2.5 = 2.5 mmol		2.5 mmol		

평형 문제 반응 후 용액의 주성분 화학종은 다음과 같다.

$HC_2H_3O_2$, $C_2H_3O_2^-$, Na^+ 및 H_2O

pH를 조절하는 평형은 다음과 같다.

$$HC_2H_3O_2(aq) \rightleftharpoons H^+(aq) + C_2H_3O_2^-(aq)$$

해당하는 평형 농도는 다음과 같다.

초기 농도		평형 농도
$[HC_2H_3O_2]_0 = \frac{2.5 \text{ mmol}}{(50.0 + 25.0) \text{ mL}}$		$[HC_2H_3O_2] = \frac{2.5}{75.0} - x$
$[C_2H_3O_2^-]_0 = \frac{2.5 \text{ mmol}}{(50.0 + 25.0) \text{ mL}}$	*x* mmol/mL의 $HC_2H_3O_2$가 해리한다. ⟶	$[C_2H_3O_2^-] = \frac{2.5}{75.0} + x$
$[H^+]_0 \approx 0$		$[H^+] = x$

해당하는 초기 농도, 변화량, 평형 농도의 표는 다음과 같다.

	$HC_2H_3O_2(aq)$	⇌	$H^+(aq)$	+	$C_2H_3O_2^-(aq)$
초기	$\frac{2.5}{75.0}$		≈0		$\frac{2.5}{75.0}$
변화량	$-x$		$+x$		$+x$
평형	$\frac{2.5}{75.0} - x$		x		$\frac{2.5}{75.0} + x$

그러므로,

$$1.8 \times 10^{-5} = K_a = \frac{[H^+][C_2H_3O_2^-]}{[HC_2H_3O_2]} = \frac{x\left(\frac{2.5}{75.0} + x\right)}{\frac{2.5}{75.0} - x} \approx \frac{x\left(\frac{2.5}{75.0}\right)}{\frac{2.5}{75.0}}$$

$$x = 1.8 \times 10^{-5} = [H^+] \quad \text{와} \quad pH = 4.74$$

이것은 *당량점의 중간 지점*으로서 적정에서 특별한 지점이다. 처음 0.10 *M* $HC_2H_3O_2$ 50.0 mL 용액은 $HC_2H_3O_2$가 5.0 mmol이 들어있다. 따라서 당량점에 도달하려면 5.0 mmol의 OH^-가 필요하다. 즉,

$$(50.0 \text{ mL})(0.10\ M) = 5.0 \text{ mmol}$$

이므로 50 mL의 NaOH가 필요하다. NaOH 25.0 mL를 첨가한 후, 처음 $HC_2H_3O_2$의 절반이 $C_2H_3O_2^-$로 변한다. 적정의 이 지점에서 $[HC_2H_3O_2]_0$는 $[C_2H_3O_2^-]_0$와 같게 된다. 산

이 지점에서 산의 절반이 소모되었다. 그러므로

$[HC_2H_3O_2] = [C_2H_3O_2^-]$

의 해리 효과는 무시할 수 있다. 즉,

$$[HC_2H_3O_2] = [HC_2H_3O_2]_0 - x \approx [HC_2H_3O_2]_0$$
$$[C_2H_3O_2^-] = [C_2H_3O_2^-]_0 + x \approx [C_2H_3O_2^-]_0$$

절반 지점에서의 K_a에 대한 식은 다음과 같다.

$$K_a = \frac{[H^+][C_2H_3O_2^-]}{[HC_2H_3O_2]} = \frac{[H^+][C_2H_3O_2^-]_0}{[HC_2H_3O_2]_0} = [H^+]$$

중간점에서 같다.

그러면 적정의 *절반 지점에서*,

$$[H^+] = K_a \quad \text{그리고} \quad pH = pK_a$$

D. 0.10 *M* NaOH 40.0 mL(전체)를 첨가하였을 때

여기에서 필요한 과정은 B와 C 지점에서 사용한 방법과 동일하다. pH는 5.35이다. (스스로 확인해 보자.)

E. 0.10 *M* NaOH 50.0 mL(전체)를 첨가하였을 때

평형 문제

이 지점은 적정의 당량점이다. OH^- 5.0 mmol이 첨가되어 처음에 있던 $HC_2H_3O_2$ 5.0 mmol과 정확히 반응한다. 이 지점에서 용액에는 다음과 같은 주성분 화학종이 있다.

$$Na^+, C_2H_3O_2^- \quad \text{및} \quad H_2O$$

용액이 염기인 $C_2H_3O_2^-$를 포함하고 있음에 유의하라. 염기는 양성자와 결합하길 원하는데, 용액 속의 유일한 양성자의 원천은 물이다. 따라서 반응은 다음과 같다.

$$C_2H_3O_2^-(aq) + H_2O(l) \rightleftharpoons HC_2H_3O_2(aq) + OH^-(aq)$$

이것은 K_b로 나타낼 수 있는 *약염기* 반응이다.

$$K_b = \frac{[HC_2H_3O_2][OH^-]}{[C_2H_3O_2^-]} = \frac{K_w}{K_a} = \frac{1.0 \times 10^{-14}}{1.8 \times 10^{-5}} = 5.6 \times 10^{-10}$$

해당하는 농도는 다음과 같다.

초기 농도 ($C_2H_3O_2^-$가 H_2O와 반응하기 전)		평형 농도
$[C_2H_3O_2^-]_0 = \frac{5.0\ \text{mmol}}{(50.0 + 50.0)\ \text{mL}} = 0.050\ M$ $[OH^-]_0 \approx 0$ $[HC_2H_3O_2]_0 = 0$	x mmol/mL $HC_2H_3O_2^-$가 H_2O와 반응한다. →	$[C_2H_3O_2^-] = 0.050 - x$ $[OH^-] = x$ $[HC_2H_3O_2] = x$

해당하는 초기 농도, 변화량, 평형 농도의 표는 다음과 같다.

	$C_2H_3O_2^-(aq)$	+	$H_2O(l)$	$\rightleftharpoons$	$HC_2H_3O_2(aq)$	+	$OH^-(aq)$
초기	0.050		—		0		≈0
변화량	$-x$		—		$+x$		$+x$
평형	$0.050 - x$		—		x		x

그러므로

$$5.6 \times 10^{-10} = K_b = \frac{[HC_2H_3O_2][OH^-]}{[C_2H_3O_2^-]} = \frac{(x)(x)}{0.050 - x} \approx \frac{x^2}{0.050}$$

$$x \approx 5.3 \times 10^{-6}$$

근삿값은 5% 규칙에 의해 타당하므로,

$$[OH^-] = 5.3 \times 10^{-6}\,M$$

그리고

$$[H^+][OH^-] = K_w = 1.0 \times 10^{-14}$$

$$[H^+] = 1.9 \times 10^{-9}\,M$$

$$pH = 8.72$$

약산을 센염기로 적정했을 때 당량점에서의 pH는 항상 7보다 크다.

이것은 또 다른 중요한 결과이다: **약산을 센염기로 적정했을 때 당량점에서의 pH는 항상 7보다 크다.** 이것은 당량점에서 용액 속에 남아있는 산의 음이온이 염기이기 때문이다. 반면에 센산을 센염기로 적정할 때, 당량점의 pH가 7.0인 것은 남아있는 음이온이 유효한(effective) 염기가 *아니기* 때문이다.

F. 0.10 *M* NaOH 60.0 mL(전체)를 첨가하였을 때

이 지점에서 과량의 OH^-가 첨가되었다. 화학량론 계산은 다음과 같다.

화학량론 문제

	OH^-	+	$HC_2H_3O_2$	⟶	$C_2H_3O_2^-$	+	H_2O
반응 전	60.0 mL × 0.10 *M* = 6.0 mmol		50.0 mL × 0.10 *M* = 5.0 mmol		0 mmol		
반응 후	6.0 − 5.0 = 1.0 mmol 만큼 과량		5.0 − 5.0 = 0		5.0 mmol		

평형 문제

반응이 끝난 후 용액에 남아있는 주성분 화학종은 다음과 같다.

$$Na^+,\quad C_2H_3O_2^-,\quad OH^- \quad \text{및} \quad H_2O$$

이 용액에는 2개의 염기, OH^-와 $C_2H_3O_2^-$가 있다. 그러나 $C_2H_3O_2^-$는 OH^-에 비해 약염기이므로, $C_2H_3O_2^-$가 H_2O와 반응해서 생기는 OH^-의 양은 이미 용액에 과량으로 있는 OH^-에 비해 작을 것이다. 이것은 E 지점에서 $C_2H_3O_2^-$에 의해 생긴 OH^-가 단지 $5.3 \times 10^{-6}\,M$이었던 것을 보아도 알 수 있다. 이 경우 과량의 OH^-가 K_b 평형을 왼쪽으로 이동시킬 것이므로 그 양은 훨씬 더 적을 것이다.

따라서 pH는 과량의 OH^-에 의해서 결정된다.

$$[OH^-] = \frac{\text{과량의 } OH^- \text{ (mmol)}}{\text{부피(in mL)}} = \frac{1.0 \text{ mmol}}{(50.0 + 60.0) \text{ mL}}$$

$$= 9.1 \times 10^{-3}\,M$$

그리고

$$[H^+] = \frac{1.0 \times 10^{-14}}{9.1 \times 10^{-3}} = 1.1 \times 10^{-12}\,M$$

$$pH = 11.96$$

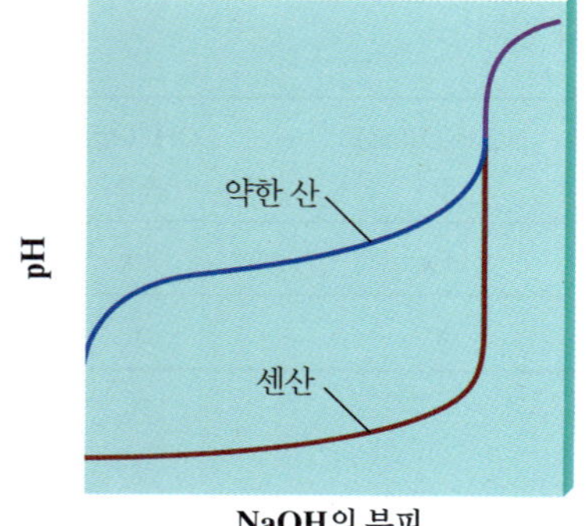

G. 0.10 *M* NaOH 75.0 mL(전체)를 첨가할 때

F 지점에서와 매우 유사한 방법으로 계산하며, pH는 12.30이다(이를 스스로 확인해 보라).

이 적정에 대한 pH 곡선을 그림 15.3에 나타내었다. 이 곡선과 그림 15.1에 보인 곡선

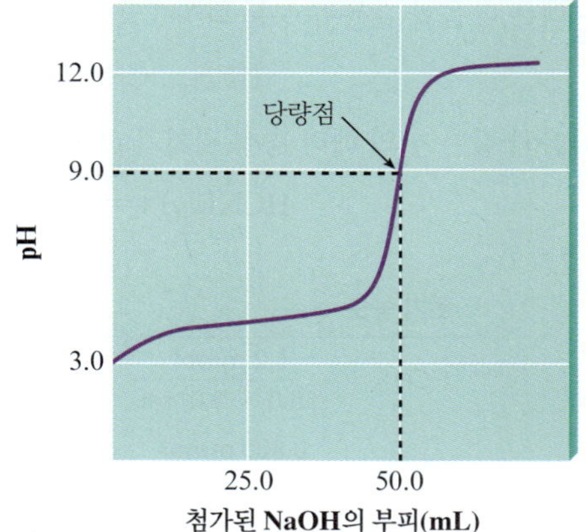

그림 15.3 0.100 *M* $HC_2H_3O_2$ 50.0 mL를 0.100 *M* NaOH로 적정하는 pH 곡선. 당량점은 50.0 mL의 NaOH가 첨가되었을 때인데, 이 지점에서 첨가된 OH^-의 양은 원래 산의 양과 똑같음을 유의하라. 당량점에서의 pH는 7.0보다 크다. 이것은 이 지점에서 존재하는 $C_2H_3O_2^-$가 염기이므로 물과 반응하여 OH^-를 생성하기 때문이다.

의 차이를 아는 것이 중요하다. 예를 들면 당량점 이후의 곡선 모양은 매우 유사하지만, 당량점 이전의 곡선 모양은 아주 다르다(센산과 약산의 곡선의 모양이 당량점 이후에 똑같은데, 그 이유는 이 영역에서는 두 경우 모두 과량의 OH^-가 pH를 조절하기 때문이다). 약산의 적정 초기 근처에서 pH는 센산의 경우보다 더 급격히 증가한다. 약산은 절반 지점 부근에서 평평해지고 그런 다음 다시 급격히 증가한다. 중간 지점 부근에서 평평해지는 것은 완충 작용 때문이다. 이 장의 앞부분에서 최적 완충 작용은 [HA]와 $[A^-]$의 농도가 같을 때 일어난다는 것을 알았다. 적정의 중간 지점이 바로 이 경우이다. pH 곡선에서 보듯이 적정의 이 부분에서 pH가 가장 느리게 변한다.

센산과 약산에 대한 pH 곡선들 사이의 주목할 만한 또 다른 차이점은 당량점의 pH 값이다. 센산의 적정에서 당량점은 pH 7에서 생긴다. 약산의 적정에서는 당량점의 pH는 7보다 큰데, 이는 약산의 짝염기가 염기성을 띠기 때문이다.

당량점은 pH에 의해서가 아니라 화학량론에 의해 정의된다.

산–염기 적정에서의 당량점은 *pH에 의해서가 아니라 화학량론에 의해 정의*된다는 것을 이해하는 것이 중요하다. 당량점은 적정되는 산이나 염기와 정확히 반응하는 데 충분한 양의 적정 시약을 첨가할 때 생긴다.

대화형 예제 15.9 약산의 적정

사이안화 수소(HCN) 기체는 독성이 강한 호흡 방해제이다. 이것은 물에 녹았을 때 아주 약산($K_a = 6.2 \times 10^{-10}$)이 된다. 0.100 *M* HCN 시료 50.0 mL를 0.100 *M* NaOH로 적정할 때 다음 용액의 pH를 계산하라.

a. 0.100 *M* NaOH 8.00 mL를 첨가한 후

b. 적정의 중간 지점에서

c. 적정의 당량점에서

풀이 **a.** 0.100 *M* NaOH 8.00 mL를 첨가한 후 다음과 같은 계산이 적용된다.

화학량론 문제

	HCN	+	OH^-	⟶	CN^-	+	H_2O
반응 전	50.0 mL × 0.100 *M* = 5.00 mmol		8.00 mL × 0.100 *M* = 0.800 mmol		0 mmol		
반응 후	5.00 − 0.800 = 4.20 mmol		0.800 − 0.800 = 0		0.800 mmol		

평형 문제 용액은 다음과 같은 주성분 화학종들을 포함하고 있다.

$$HCN,\quad CN^-,\quad Na^+ \quad 및 \quad H_2O$$

다음과 같은 산의 해리 평형 위치가 pH를 결정하게 된다.

$$HCN(aq) \rightleftharpoons H^+(aq) + CN^-(aq)$$

초기 농도		평형 농도
$[HCN]_0 = \dfrac{4.2\ \text{mmol}}{(50.0 + 8.0)\ \text{mL}}$		$[HCN] = \dfrac{4.2}{58.0} - x$
$[CN^-]_0 = \dfrac{0.800\ \text{mmol}}{(50.0 - 8.0)\ \text{mL}}$	x mmol/mL HCN이 해리한다. →	$[CN^-] = \dfrac{0.80}{58.0} + x$
$[H^+]_0 \approx 0$		$[H^+] = x$

해당하는 초기 농도, 변화량, 평형 농도의 표는 다음과 같다.

	$HCN(aq)$	$\rightleftharpoons$	$H^+(aq)$	+	$CN^-(aq)$
초기	$\dfrac{4.2}{58.0}$		≈ 0		$\dfrac{0.80}{58.0}$
변화량	$-x$		$+x$		$+x$
평형	$\dfrac{4.2}{58.0} - x$		x		$\dfrac{0.80}{58.0} + x$

평형 농도를 K_a 식에 대입하면 다음과 같은 결과를 얻는다.

여기에서 적용한 근사법은 5% 규칙 내에서 타당하다.

$$6.2 \times 10^{-10} = K_a = \frac{[H^+][CN^-]}{[HCN]} = \frac{x\left(\dfrac{0.80}{58.0} + x\right)}{\dfrac{4.2}{58.0} - x} \approx \frac{x\left(\dfrac{0.80}{58.0}\right)}{\left(\dfrac{4.2}{58.0}\right)} = x\left(\frac{0.80}{4.2}\right)$$

■ $x = 3.3 \times 10^{-9}\ M = [H^+]$ 그리고 $pH = 8.49$

b. *적정의 중간 지점에서.* 처음에 있던 HCN의 양은 처음 부피와 몰농도로부터 얻을 수 있다:

$$50.0\ \text{mL} \times 0.100\ M = 5.00\ \text{mmol}$$

그러므로 중간 지점은 2.50 mmol OH^-가 첨가한 후가 된다.

$$\text{NaOH의 부피(mL)} \times 0.100\ M = 2.50\ \text{mmol } OH^-$$

즉,

$$\text{NaOH의 부피} = 25.0\ \text{mL}$$

앞에서 지적한 대로 중간 지점에서 [HCN]는 $[CN^-]$와 같고 pH는 pK_a와 같다. 그러므로 0.100 M NaOH 25.0 mL를 첨가한 후에 pH는 다음과 같다.

■ $pH = pK_a = -\log(6.2 \times 10^{-10}) = 9.21$

c. *적정의 당량점에서.* 당량점은 5.00 mmol OH^-를 모두 첨가하였을 때 생긴다. NaOH 용액이 0.100 M이므로 NaOH 50.0 mL를 첨가하였을 때 당량점에 도달한다. 이 양은 5.00 mmol CN^-를 생성한다. 당량점에서 용액 속에 들어 있는 주성분 화학종들은 다음과 같다.

평형 문제

$$CN^-,\ Na^+ \quad 및 \quad H_2O$$

그러므로 pH를 조절하는 반응은 염기성 사이안화 이온이 물로부터 수소를 빼앗는 반응이 된다.

$$CN^-(aq) + H_2O(l) \rightleftharpoons HCN(aq) + OH^-(aq)$$

그리고 $$K_b = \frac{K_w}{K_a} = \frac{1.0 \times 10^{-14}}{6.2 \times 10^{-10}} = 1.6 \times 10^{-5} = \frac{[HCN][OH^-]}{[CN^-]}$$

초기 농도		평형 농도
$[CN^-]_0 = \frac{5.00\ \text{mmol}}{(50.0 + 50.0)\ \text{mL}}$ $= 5.00 \times 10^{-2}\ M$ $[HCN]_0 = 0$ $[OH^-]_0 \approx 0$	x mmol/mL CN^-가 H_2O와 반응한다. →	$[CN^-] = (5.00 \times 10^{-2}) - x$ $[HCN] = x$ $[OH^-] = x$

해당하는 초기 농도, 변화량, 평형 농도의 표는 다음과 같다.

	$CN^-(aq)$	+	$H_2O(l)$	$\rightleftharpoons$	$HCN(aq)$	+	$OH^-(aq)$
초기	0.050		—		0		0
변화량	$-x$		—		$+x$		$+x$
평형	$0.050 - x$		—		x		x

위 표의 자료를 K_b 식에 대입한 후 풀면,

$$[OH^-] = x = 8.9 \times 10^{-4}\ M$$

K_w로부터 $[H^+]$와 pH를 구할 수 있다.

$$■\ [H^+] = 1.1 \times 10^{-11}\ M \quad \text{그리고} \quad pH = 10.96$$

연습 문제 15.81, 15.82와 5.85,15.86 참조

산의 세기가 아니라 산의 양이 당량점을 결정한다.

이 절의 앞에서 다룬 0.10 *M* 아세트산 50.0 mL의 적정과 예제 15.9에서 분석한 0.1 *M* 사이안화 수소산 50.0 mL의 적정을 비교함으로써 두 가지 중요한 결론을 이끌어낼 수 있다. 첫 번째로, 두 경우 모두 당량점에 이르기 위해 필요한 0.1 *M* NaOH의 양은 같다. HCN이 $HC_2H_3O_2$보다 아주 약산이라 하더라도 적정에 필요한 염기의 양과는 아무 관계가 없다. 산의 세기가 아니라 산의 양(*amount*)이 당량점을 결정한다. 두 번째로, 당량점에서의 pH 값은 산의 세기에 의해 영향을 *받는다*. 아세트산의 적정에서 당량점의 pH는 8.72이고 사이안화 수소산의 경우 당량점의 pH는 10.96이다. 이 차이는 CN^- 이온이 $C_2H_3O_2^-$ 이온보다 센염기이기 때문이다. 또한 적정의 중간 지점에서의 pH도 HCN의 경우가 $HC_2H_3O_2$보다 큰 이유도 CN^- 이온이 더 센염기이기 때문이다(또는 상대적으로 HCN의 산의 세기가 더 작기 때문이다).

약산의 세기는 pH 곡선의 모양에 큰 영향을 미친다. 그림 15.4는 0.10 *M* 농도의 여러 가지 산 50 mL 시료를 0.10 *M* NaOH로 적정할 때 pH 변화를 보여주고 있다. 동일한 양의 0.10 *M* NaOH를 가하였을 때 당량점이 발생하고 있으나 그 pH 곡선의 모양은 아주 다른 것을 보여주고 있다. 산이 약할수록 당량점에서 pH 값이 더 커진다. 특히 적정될 산의 세기가 약할수록 당량점 부근의 수직 영역이 짧아지는 것을 주목하라. 다음 절에서는 그와 같은 적정에서 지시약의 선택이 더 제한적이 된다는 것을 알 수 있게 될 것이다.

아울러 용액 속에 들어 있는 산 또는 염기의 양에 대한 분석은 예제 15.10에서 보여준 바와 같이 평형 상수를 결정하는 데에도 사용될 수 있다.

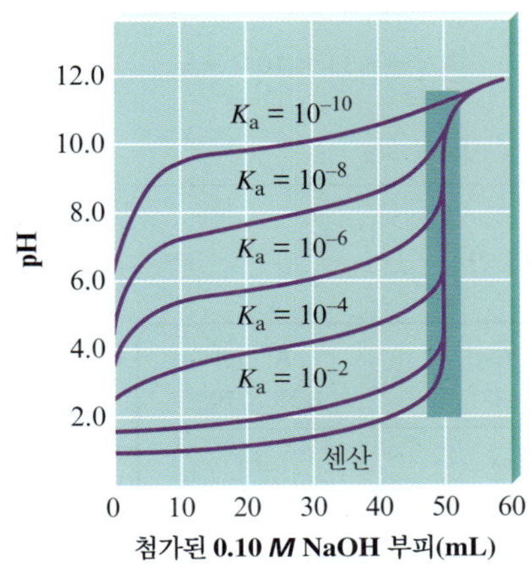

그림 15.4 다양한 K_a 값을 갖는 0.10 *M* 산 50.0 mL 시료를 0.10 *M* NaOH로 적정할 때의 pH 곡선. 진한 색으로 처리된 부분은 모든 곡선에서 당량점의 부피는 같지만, pH는 서로 다름을 나타낸다.

K_a의 계산

대화형 예제 15.10 K_a의 계산

어떤 화학자가 일양성자산인 약산을 합성하고 이에 대한 K_a를 구하려고 한다. 이를 위하여 고체로 된 산 2.00 mmol을 100.0 mL의 물에 용해시킨 다음 0.0500 M NaOH를 사용하여 적정하였다. NaOH 20.0 mL를 첨가하였을 때 용액의 pH가 6.00이었다. 이 산의 K_a 값은 얼마인가?

풀이 일양성자산을 HA로 나타낸다. 적정 반응에 대한 화학량론은 다음과 같다.

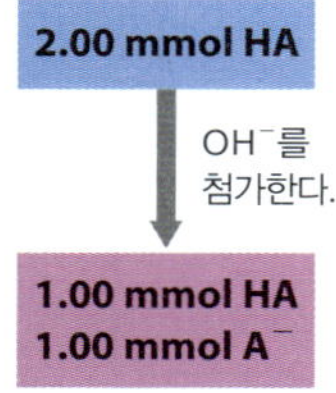

화학량론 문제

	HA	−	OH^-	⟶	A^-	+	H_2O
반응 전	2.00 mmol		20.0 mL × 0.0500 M = 1.00 mmol		0 mmol		
반응 후	2.00 − 1.00 = 1.00 mmol		1.00 − 1.00 = 0		1.00 mmol		

평형 문제 반응 후 용액 속에는 다음과 같은 주성분 화학종들이 들어있다.

$$HA,\quad A^-,\quad Na^+ \quad 및 \quad H_2O$$

pH는 다음과 같은 평형에 의해 결정된다.

$$HA(aq) \rightleftharpoons H^+(aq) + A^-(aq)$$

여기에서

$$K_a = \frac{[H^+][A^-]}{[HA]}$$

초기 농도		평형 농도
$[HA]_0 = \dfrac{1.00\text{ mmol}}{(100.0 + 20.0)\text{ mL}} = 8.33 \times 10^{-3}\,M$		$[HA] = 8.33 \times 10^{-3} - x$
$[A^-]_0 = \dfrac{1.00\text{ mmol}}{(100.0 + 20.0)\text{ mL}} = 8.33 \times 10^{-3}\,M$	x mmol/mL HA가 해리한다. ⟶	$[A^-] = 8.33 \times 10^{-3} + x$
$[H^+]_0 \approx 0$		$[H^+] = x$

해당하는 초기 농도, 변화량, 평형 농도의 표는 다음과 같다.

	$HA(aq)$	⇌	$H^+(aq)$	+	$A^-(aq)$
초기	8.33×10^{-3}		≈ 0		8.33×10^{-3}
변화량	$-x$		$+x$		$+x$
평형	$8.33 \times 10^{-3} - x$		x		$8.33 \times 10^{-3} + x$

이 지점에서 pH 값이 6.00으로 주어졌으므로 x 값은 다음과 같이 된다.

$$x = [H^+] = \text{antilog}(-\text{pH}) = 1.0 \times 10^{-6}\,M$$

평형 농도를 K_a 식에 대입하여 K_a 값을 구한다.

$$■\ K_a = \frac{[H^+][A^-]}{[HA]} = \frac{x(8.33 \times 10^{-3} + x)}{(8.33 \times 10^{-3}) - x}$$

$$= \frac{(1.0 \times 10^{-6})(8.33 \times 10^{-3} + 1.0 \times 10^{-6})}{(8.33 \times 10^{-3}) - (1.0 \times 10^{-6})}$$

$$\approx \frac{(1.0 \times 10^{-6})(8.33 \times 10^{-3})}{8.33 \times 10^{-3}} = 1.0 \times 10^{-6}$$

이 문제를 쉽게 푸는 방법이 있다. 처음 용액에 2.00 mmol의 HA가 들어 있고 첨가된 0.05 *M* NaOH 20.0 mL에는 1.0 mmol의 OH^-가 들어있으므로 이 지점이 적정의 중간 지점이다([HA]가 $[A^-]$와 같다). 그러므로

$$[H^+] = K_a = 1.0 \times 10^{-6}$$

연습 문제 15.91 참조

약염기를 센산으로 적정

약염기를 센산으로 적정하는 경우도 앞에서 소개한 과정을 이용하여 다룰 수 있다. 늘 그렇듯이 *용액에 있는 주성분 화학종을 먼저 생각하고*, 어떤 반응이 일어나서 완전히 진행될 것인지를 결정해야 한다. 그런 반응이 실제로 일어난다면 완전히 진행되게 한 다음에 화학량론적 계산을 한다. 마지막으로 유력한 평형을 선택하여 pH를 계산한다.

사례 3: 약염기–센산 적정

0.050 *M* NH_3 100.0 mL를 0.10 *M* HCl로 적정하는 예로서 약염기를 센산으로 적정하는 것과 관련된 계산을 해보자.

A. HCl을 첨가하기 전

1. 주성분 화학종:

$$NH_3 \quad 와 \quad H_2O$$

NH_3는 염기이므로 양성자와 결합하려고 할 것이다. 이 경우, H_2O가 가능한 양성자의 원천이다.

2. NH_3가 H_2O로부터 쉽게 양성자를 뺏을 수 없으므로 어떤 반응도 완전히 진행되지 않는다. 이것은 NH_3의 K_b 값이 작은 것으로 알 수 있다.

3. pH를 결정하는 평형은 암모니아와 물의 반응이다.

$$NH_3(aq) + H_2O(l) \rightleftharpoons NH_4^+(aq) + OH^-(aq)$$

K_b를 이용하여 $[OH^-]$를 계산한다. NH_3는 OH^-에 비해 비록 약염기이기는 하나, 이 반응에서 물의 자체이온화로 생기는 것보다 더 많은 OH^-를 생성한다.

B. 당량점 이전

1. 어떤 반응도 일어나기 전에 주성분 화학종은 다음과 같다.

$$NH_3, \quad \underbrace{H^+, \quad Cl^-}_{\text{첨가된 HCl로부터}} \quad 및 \quad H_2O$$

2. NH_3는 첨가된 HCl의 H^+와 반응한다.

$$NH_3(aq) + H^+(aq) \rightleftharpoons NH_4^+(aq)$$

이 반응은 NH_3가 자유 양성자와 쉽게 반응하므로, 실질적으로 완전히 진행된다. 이것은 H_2O가 유일한 양성자의 원천인 앞의 경우와 매우 다르다. 첨가된 0.10 *M* HCl

의 부피를 사용하여 화학량론적 계산을 한다.

3. NH_3와 H^+와의 반응이 완결된 후 용액의 주성분 화학종은 다음과 같다.

$$NH_3, \quad \underset{\substack{\uparrow \\ \text{적정 반응으로 형성}}}{NH_4^+}, \quad Cl^- \quad \text{및} \quad H_2O$$

용액에는 NH_3와 NH_4^+가 들어 있음을 주의하라. 이들 화학종을 포함하는 평형에 의해서 $[H^+]$가 결정된다. 즉, NH_4^+의 해리 반응을 이용하거나

$$NH_4^+(aq) \rightleftharpoons NH_3(aq) + H^+(aq)$$

또는 NH_3와 H_2O의 반응을 이용할 수 있다.

$$NH_3(aq) + H_2O(l) \rightleftharpoons NH_4^+(aq) + OH^-(aq)$$

C. 당량점에서

1. 정의에 의해서 당량점은 처음의 NH_3 전부가 NH_4^+로 변할 때 생긴다. 따라서 용액에 있는 주성분 화학종은 다음과 같다.

$$NH_4^+, \quad Cl^- \quad \text{및} \quad H_2O$$

2. 어떤 반응도 완결되지 않는다.
3. $[H^+]$를 결정하는 주된 평형은 다음과 같은 약산인 NH_4^+의 해리 반응이다.

$$K_a = \frac{K_w}{K_b\,(NH_3\text{에 대한})}$$

D. 당량점 이후

1. 과량의 HCl이 첨가되었고, 용액의 주성분 화학종은 다음과 같다.

$$H^+, \quad NH_4^+, \quad Cl^- \quad \text{및} \quad H_2O$$

2. 어떤 반응도 완결되지 않는다.
3. 비록 NH_4^+가 해리되더라도 그것은 아주 약산이므로, $[H^+]$는 단순히 과량의 H^+에 의해 결정된다.

$$[H^+] = \frac{\text{과량의 } H^+ \text{ mmol}}{\text{용액의 mL}}$$

이러한 계산 결과를 표 15.2에, pH 곡선은 그림 15.5에 나타내었다.

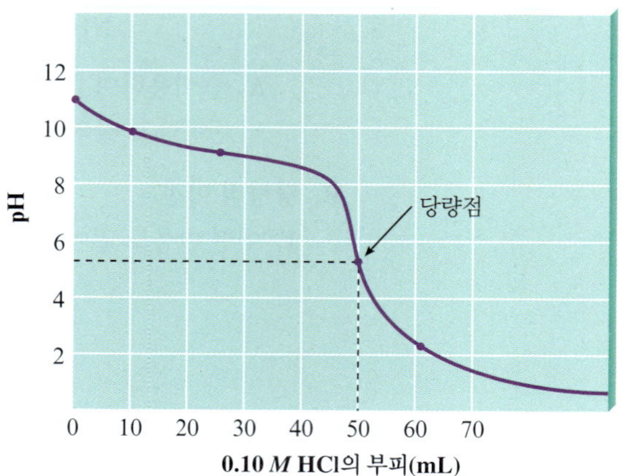

그림 15.5 0.050 M NH_3 100.0 mL를 0.10 M HCl로 적정할 때 pH 곡선. 당량점에서 용액은 약산인 NH_4^+ 이온을 포함하고 있으므로 pH가 7보다 낮음을 유의하라.

표 15.2 0.050 M NH_3 100.0 mL를 0.10 M HCl로 적정하는 데 대한 결과의 요약

첨가된 0.10 M HCl의 부피(mL)	$[NH_3]_0$	$[NH_4^+]_0$	$[H^+]$	pH
0	0.05 M	0	1.1×10^{-11} M	10.96
10.0	$\frac{4.0\ \text{mmol}}{(100 + 10)\ \text{mL}}$	$\frac{1.0\ \text{mmol}}{(100 + 10)\ \text{mL}}$	1.4×10^{-10} M	9.85
25.0*	$\frac{2.5\ \text{mmol}}{(100 + 25)\ \text{mL}}$	$\frac{2.5\ \text{mmol}}{(100 + 25)\ \text{mL}}$	5.6×10^{-10} M	9.25
50.0†	0	$\frac{5.0\ \text{mmol}}{(100 + 50)\ \text{mL}}$	4.3×10^{-6} M	5.36
60.0‡	0	$\frac{5.0\ \text{mmol}}{(100 + 60)\ \text{mL}}$	$\frac{1.0\ \text{mmol}}{160\ \text{mL}} = 6.2 \times 10^{-3}\ M$	2.21

*중간점 †당량점 ‡$[H^+]$는 과량의 1.0 mmol H^+에 의해 결정된다.

비판적 사고 지금까지 센산과 센염기, 약산과 센염기, 그리고 약염기와 센산의 적정에 관해 배웠다. 그렇다면 약산과 약염기의 적정은 어떨까? 이 경우의 pH 곡선을 그리고 그 모양에 관해 설명하라. 당량점을 표기하고 어느 pH에서 당량점이 될지 예측하라.

15.5 산−염기 지시약

산−염기 적정의 당량점을 결정하는 데는 두 가지 일반적인 방법이 있다.

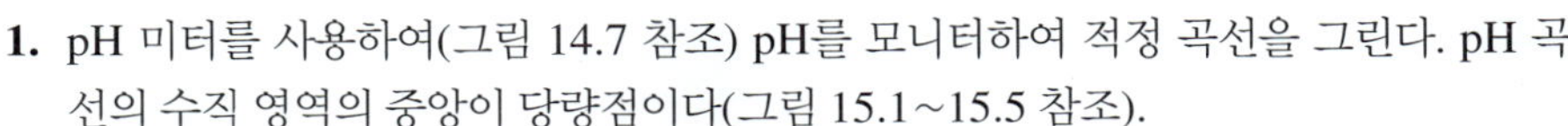

1. pH 미터를 사용하여(그림 14.7 참조) pH를 모니터하여 적정 곡선을 그린다. pH 곡선의 수직 영역의 중앙이 당량점이다(그림 15.1~15.5 참조).
2. **산−염기 지시약**(acid-base indicator)을 사용하여 색깔 변화로 적정의 종말점을 표시한다. *화학량론에 의해 정의되는 당량점은* 비록 *종말점*(지시약의 색깔 변화가 일어나는 점)*과 반드시 일치하지는 않지만,* 지시약을 잘 선택하면 그러한 오차를 무시할 수 있다.

▲ 페놀프탈레인 지시약은 산성 용액에서 무색이고 염기성 용액에서 연분홍색을 띤다.

가장 보편적인 산−염기 지시약은 자체가 약산인 복잡한 분자이다(HIn으로 표시됨). 그 분자에 양성자가 결합되면 한 가지 색깔을 띠고, 양성자가 떨어지면 다른 색깔을 띤다. 예를 들면 보편적으로 쓰이는 **페놀프탈레인**(phenolphthalein)은 HIn 형태일 때는 무색이고, 염기성 형태인 In^-는 연분홍색이다. 페놀프탈레인의 두 가지 형태의 실제 분자 구조를 그림 15.6에 나타내었다.

페놀프탈레인과 같은 분자가 어떻게 지시약으로 작용하는가를 알아보기 위해서, $K_a = 1.0 \times 10^{-8}$의 약산인 가상적 지시약 HIn의 다음과 같은 평형을 생각해 보자.

$$\underset{\text{무색}}{\mathrm{HIn}(aq)} \rightleftharpoons \mathrm{H^+}(aq) + \underset{\text{분홍색}}{\mathrm{In^-}(aq)}$$

$$K_a = \frac{[H^+][In^-]}{[HIn]}$$

재배열하면 다음과 같은 식을 얻는다.

$$\frac{K_a}{[H^+]} = \frac{[In^-]}{[HIn]}$$

그림 15.6 지시약인 페놀프탈레인의 산성과 염기성 형태. 산성 형태(HIn)에서는 무색이다. 양성자가 H_2O와 함께 떨어져 나가 염기성 형태(In^-)가 되면 분홍색으로 변한다.

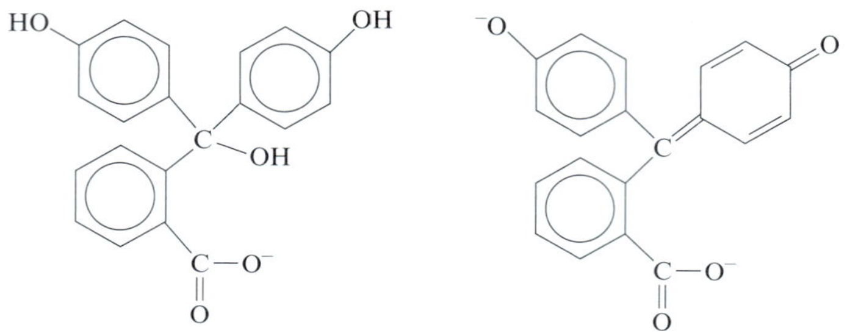

무색의 산성 형태, **HIn**

분홍색의 염기성 형태, $\mathbf{In^-}$

pH가 1.0 ($[H^+] = 1.0 \times 10^{-1}$)인 산성 용액에 이 지시약 몇 방울을 가한다고 해보자. 그러면

$$\frac{K_a}{[H^+]} = \frac{1.0 \times 10^{-8}}{1.0 \times 10^{-1}} = 10^{-7} = \frac{1}{10{,}000{,}000} = \frac{[In^-]}{[HIn]}$$

이 비율로 보아 용액 내 지시약의 우세한 형태는 HIn이며, 그 결과 용액은 붉은색일 것이다. 적정에서 이 용액에 OH^-를 가하면, $[H^+]$는 감소하고 평형이 오른쪽으로 이동하여 HIn은 In^-로 변한다. 적정의 어떤 지점에서 충분한 양의 In^-가 용액에 존재하게 되면 용액은 보라색을 띠게 될 것이다. 즉, 붉은색에서 보라색으로 색깔 변화가 일어날 것이다.

사람의 눈이 원래 색과 다른 색을 감지하려면 얼마만큼의 In^-가 존재해야 하는가? 대부분의 지시약의 경우, 새로운 색깔이 명백해지려면 대략 원래 형태와 다른 형태의 비가 1/10이 되어야 한다. 그러므로 산을 염기로 적정할 때, 색깔 변화는 다음에 해당하는 pH에서 일어난다고 가정한다.

*종말점(end point)*은 지시약의 색변화로 정의된다. *당량점(equivalence point)*은 반응의 화학량론에 의해 정의된다.

$$\frac{[In^-]}{[HIn]} = \frac{1}{10}$$

대화형 예제 15.11 지시약의 색변화

K_a 값이 1.0×10^{-7}인 지시약, 브롬티몰 블루(bromthymol blue)의 HIn 형태는 노란색이고, In^- 형태는 푸른색이다. 이 지시약 몇 방울을 아주 센 산성 용액에 넣었다고 하자. 그런 다음 그 용액을 NaOH로 적정하면, 어떤 pH에서 지시약의 색깔 변화가 처음으로 눈에 보이겠는가?

풀이 브롬티몰 블루의 경우

$$K_a = 1.0 \times 10^{-7} = \frac{[H^+][In^-]}{[HIn]}$$

이고, 다음과 같을 때 색깔 변화를 볼 수 있다고 가정한다.

$$\frac{[In^-]}{[HIn]} = \frac{1}{10}$$

즉, 용액에 푸른색의 In^-와 이것의 10배의 노란색 HIn이 들어 있으면, 엷은 녹색(노란색과 약간의 푸른색의 합)을 볼 수 있다고 가정한다(그림 15.7). 따라서

$$K_a = 1.0 \times 10^{-7} = \frac{[H^+](1)}{10}$$

$$[H^+] = 1.0 \times 10^{-6} \quad \text{또는} \quad \text{pH} = 6.00$$

그림 15.7 (**a**) 브롬티몰 블루의 노란색의 산성 형태; (**b**) 푸른색과 노란색이 1:10의 비율로 섞인 용액의 경우 녹색을 띤다; (**c**) 푸른색의 염기성 형태.

■ 색 변화는 pH가 6.00일 때 처음으로 눈에 보인다.

연습 문제 15.93~15.96 참조

Henderson-Hasselbalch 식은 지시약의 색깔이 변하는 pH를 알아내는 데 매우 유용하다. 예를 들면 식 (15.2)를 일반적인 지시약 HIn의 K_a 식에 적용하면 다음과 같다.

$$pH = pK_a + \log\left(\frac{[In^-]}{[HIn]}\right)$$

여기에서 K_a는 산성 형태(HIn) 지시약에 대한 해리 상수이다. 색깔 변화는 다음과 같을 때 눈에 보인다고 가정했다.

$$\frac{[In^-]}{[HIn]} = \frac{1}{10}$$

색깔 변화가 일어나는 pH를 결정하는 데에는 다음과 같은 식을 사용한다.

$$pH = pK_a + \log(\tfrac{1}{10}) = pK_a - 1$$

브롬티몰 블루($K_a = 1.0 \times 10^{-7}$, 즉 $pK_a = 7$) 경우 색깔이 변하는 pH는 예제 15.11에서 계산했던 것처럼 다음과 같다.

$$pH = 7 - 1 = 6$$

염기성 용액을 적정할 때, 지시약(HIn)은 처음에는 용액에서 In^-로 존재하지만, 산이 첨가됨에 따라 HIn이 생긴다. 이 경우에 In^- : HIn이 10 : 1의 비율일 때 색깔이 변한다. 즉, 푸른색에서 푸른 녹색의 색깔 변화는 노란색 HIn 분자가 약간 존재할 때 일어난다(그림 15.7). 이 색깔 변화는 다음과 같을 때 처음으로 눈에 보인다.

$$\frac{[In^-]}{[HIn]} = \frac{10}{1}$$

이것은 산의 적정에 대한 지시약 비율의 역수임을 주의하라. 이 비율을 Henderson–Hasselbalch 식에 대입하면 다음과 같다.

$$pH = pK_a + \log(\tfrac{10}{1}) = pK_a + 1$$

브롬티몰 블루($pK_a = 7$)의 경우 색깔 변화는 pH 8에서 눈에 보인다.

$$pH = 7 + 1 = 8$$

요약하면, 산의 적정에 브롬티몰 블루를 사용하면 처음 형태는 HIn(노란색)이고, 색깔 변화는 대략 pH = 6에서 일어나며, 염기의 적정에 브롬티몰 블루를 사용하면 처음 형태는

In^-(푸른색)이고, 색깔 변화는 pH = 8에서 일어난다. 따라서 브롬티몰 블루의 유용한 pH 범위는

$$pK_a(\text{브롬티몰 블루}) \pm 1 = 7 \pm 1$$

즉, 6~8이다. 이것이 일반적인 결과이다. 해리 상수 K_a인 전형적인 산-염기 지시약의 경우 색깔 변화는 $pK_a \pm 1$로 주어진 pH 범위에서 일어난다. 몇 가지 일반적인 지시약의 유용한 pH 범위를 그림 15.8에 나타내었다.

적정을 위하여 어떤 지시약을 선택할 때, 우리는 지시약의 색깔이 변하는 지점인 종말점과 적정의 당량점이 가능한 한 근접하길 원한다. 어떤 적정의 당량점 부근에서 pH가 크게 변화하면 지시약을 선택하는 것은 보다 쉽다. 센산과 센염기의 적정에서는(그림 15.1과 그림 15.2), 당량점 부근에서 pH가 급격히 변하기 때문에 선명한 종말점을 얻을 수 있다. 즉, 적정 시약 한 방울에도 색깔이 완전히 변한다(산성에서 염기성 또는 염기에서 산성 색깔로).

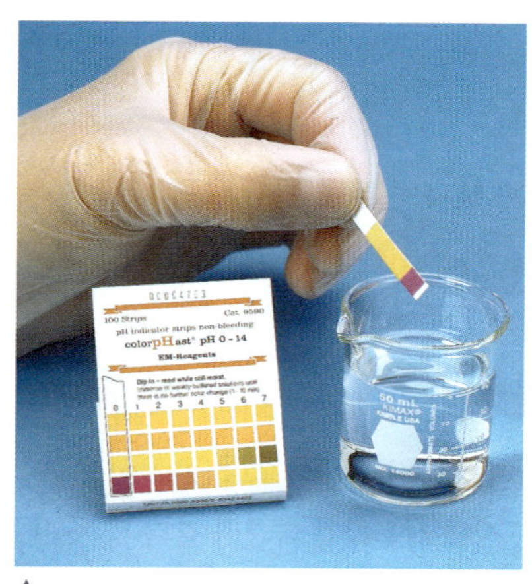

▲
만능 지시약 종이로 용액의 pH를 측정할 수 있다.

0.100 *M* HCl 100.0 mL를 0.100 *M* NaOH로서 적정할 때 어떤 지시약을 써야 할까? 우리는 당량점이 pH 7.0에 있음을 안다. 초기의 산성 용액에서 지시약은 주로 HIn 형태로 존재한다. OH^- 이온이 첨가됨에 따라 처음에는 pH가 아주 서서히 증가하다가(그림 15.1) 당량점에서 급격히 증가한다. 이 급격한 변화로 인하여 다음 지시약의 해리 평형 반응을 갑자기 오른쪽으로 이동시켜서, 충분한 In^- 이온을 생성하여 색깔 변화를 나타낸다.

$$HIn \rightleftharpoons H^+ + In^-$$

산을 적정하므로 지시약은 초기에 주로 산성 형태로 존재한다. 그래서 처음 색깔 변화는 다음 pH에서 일어난다.

$$\frac{[In^-]}{[HIn]} = \frac{1}{10}$$

표 15.3 0.10 *M* HCl 100.0 mL를 0.10 *M* NaOH로 적정할 때 당량점 부근에서의 pH 값들

첨가된 NaOH (mL)	pH
99.99	5.3
100.00	7.0
100.01	8.7

그러므로

$$pH = pK_a + \log(\tfrac{1}{10}) = pK_a - 1$$

만약 pH 7에서 색깔이 변하는 지시약을 원한다면, 이 관계식을 사용하여 적당한 지시약의 pK_a를 구할 수 있다.

$$pH\ 7 = pK_a - 1 \quad \text{또는} \quad pK_a = 7 + 1 = 8$$

따라서 pK_a 값이 8 ($K_a = 1 \times 10^{-8}$)인 지시약은 pH가 약 7일 때 색깔이 변하고, 센산-센염기 적정의 종말점을 찾는 데 이상적이다.

센산-센염기의 적정에서 지시약이 정확히 pH 7에서 색깔이 변하는 것은 얼마나 중요한가? 이 질문에 답하기 위하여 0.10 *M* HCl 100.0 mL를 0.10 *M* NaOH로 적정할 때, 당량점 부근에서 pH 변화를 조사해 보자. 당량점과 그 부근의 몇 지점에 대한 자료를 표 15.3에 나타내었다. 첨가된 NaOH 용액이 99.99 mL에서 100.01 mL(약 반 방울)로 되면, pH는 5.3에서 8.7로 매우 극적인 변화를 나타낸다. 이러한 성질로부터, 센산-센염기 적정의 지시약에 관하여 다음과 같은 일반적인 결론을 얻을 수 있다.

- 지시약의 색깔 변화는 한 방울의 적정 시약이 첨가될 때라도 선명하게 나타난다.
- 적당한 지시약을 폭넓게 선택할 수 있다. 종말점이 pH 5와 pH 9처럼 멀리 떨어진 지시약을 사용하더라도 적정 시약 한 방울 이내에서 결과는 일치한다(그림 15.9).

▲
메탈 레드 지시약은 염기성 용액에서는 노란색이고 산성 용액에서는 붉은색을 띤다.

약산의 적정은 다소 차이가 있다. 그림 15.4를 보면, 적정되는 산이 약할수록 당량점 부근의 수직선은 짧아진다. 이것은 약산의 지시약을 선택하는 데 융통성이 적음을 보여준다. 우리는 지시약에서 사용할 수 있는 pH 범위의 중간점이 당량점의 pH와 가능한 가까운 지

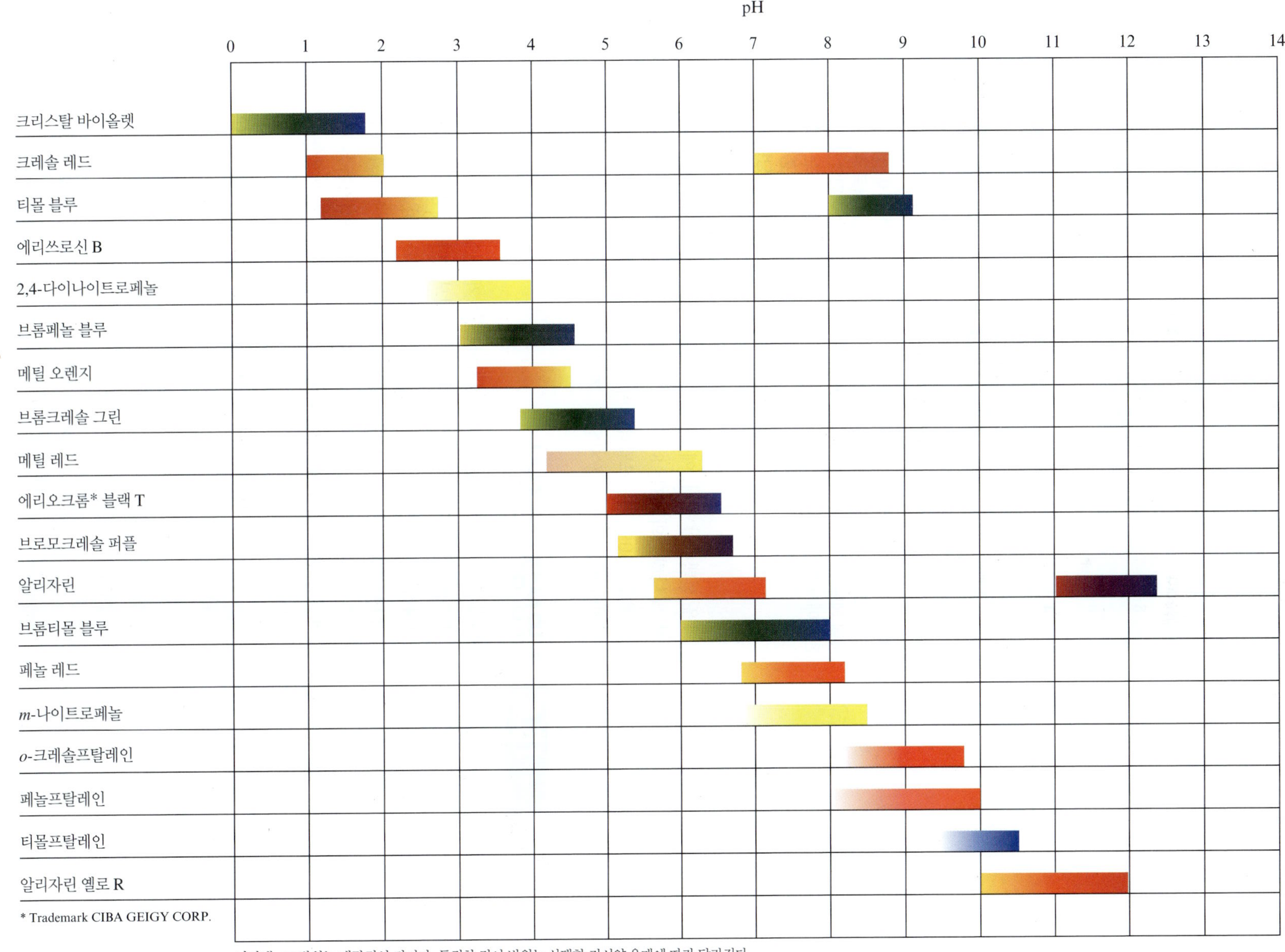

그림 15.8 몇 가지 일반적인 지시약의 유용한 pH 범위. 대부분의 지시약이 $pK_a \pm 1$의 식에서 예측되듯이 대략 pH 2 단위의 유용한 구간을 가짐을 유의하라.

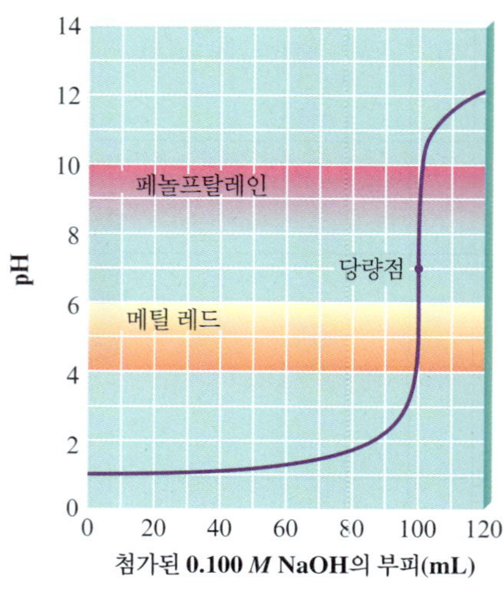

그림 15.9 0.10 *M* HCl 100.0 mL를 0.10 *M* NaOH로 적정할 때의 pH 곡선. 페놀프탈레인과 메틸 레드의 종말점은 같은 양의 NaOH가 첨가된 곳에서 생김을 주목하라.

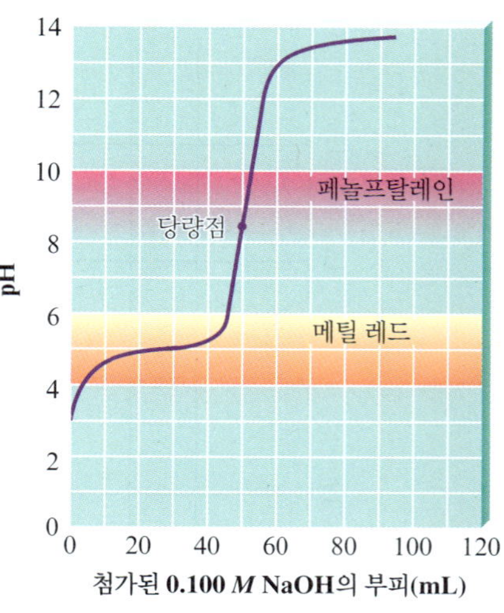

그림 15.10 0.1 *M* $HC_2H_3O_2$ 50 mL를 0.1 *M* NaOH로 적정할 때의 pH 곡선. 페놀프탈레인은 적정의 당량점 가까이서 종말점이 생긴다. 메틸 레드는 당량점 훨씬 전에 색깔이 변하므로(따라서 종말점은 당량점과 매우 다르다) 이 적정에 적당한 지시약이 아니다.

시약을 선택해야 한다. 예를 들면 이전에 보았듯이 0.1 *M* $HC_2H_3O_2$을 0.1 *M* NaOH로 적정할 때 당량점의 pH는 8.7이다(그림 15.3 참조). 이 적정에 좋은 지시약은 유용한 pH 범위가 8에서 10인 페놀프탈레인이 될 것이다. 티몰 블루(색깔 변화, pH 8~9)도 좋은 지시약이지만 메틸 레드는 좋지 않다. 지시약의 선택을 그림 15.10에서 그림으로 설명하였다.

15.6 다양성자산 적정

제14장에서 설명하였듯이, 다양성자산은 두 개 이상의 양성자를 공급할 수 있다. 이전 절에서 주로 일양성자산의 적정에 대하여 살펴보았다. 다양성자산을 적정할 때, pH 곡선은 일양성자산의 곡선과 비슷하지만, 특정 범위에서 확실히 차이가 있다.

제14장에서 설명한 것처럼, 다양성자산은 한 번에 한 개의 양성자가 단계적으로 해리함을 기억해야 한다. 다양성자산의 적정에서도 여러 양성자들은 차례로 각각 적정된다.

예를 들면, 인산(H_3PO_4)을 수산화 소듐(NaOH)으로 적정할 때, 첫 적정 단계는 다음 반응으로 나타낸다.

$$H_3PO_4(aq) + OH^-(aq) \rightarrow H_2PO_4^-(aq) + H_2O(l)$$

이 반응은 H_3PO_4가 완전히 소모될 때까지(첫 번째 당량점에 도달하기 위해서) 진행된다. 그러므로 첫 번째 당량점에서 용액에 들어있는 주요 화학종들은 Na^+, $H_2PO_4^-$와 H_2O이다. 첫 번째 당량점 도달 후 보다 많은 수산화 소듐을 첨가하면 다음 반응이 일어나며, 두 번째 당량점에서 존재하는 화학종들은 Na^+, HPO_4^{2-}와 H_2O이다.

$$H_2PO_4^-(aq) + OH^-(aq) \rightarrow HPO_4^{2-}(aq) + H_2O(l)$$

두 번째 당량점 도달 후, 계속해서 수산화 소듐을 첨가하면, 반응은 다음과 같다.

$$HPO_4^{2-}(aq) + OH^-(aq) \rightarrow PO_4^{3-}(aq) + H_2O(l)$$

비록 다양성자산의 pH 곡선에 관련된 계산을 완전히 논의하지 않았지만, 일양성자산의 계산과 매우 유사하다. 다양성자산의 경우, 여러 단계의 평형이 있음을 유의하여 주어진 문제에 일양성자산의 같은 계산 원리를 적용한다. 항상 그랬던 것처럼, 적정에 있어서

표 15.4 삼양성자산의 적정 곡선의 여러 점에 대한 요약

적정 곡선 상에서의 점	존재하는 주성분 화학종
염기 첨가 전	H_3A, H_2O
염기 첨가	
첫 번째 당량점 전	H_3A, H_2A^-, H_2O
첫 번째 당량점	H_2A^-, H_2O
첫 번째와 두 번째 당량점 사이	H_2A^-, HA^{2-}, H_2O
두 번째 당량점	HA^{2-}, H_2O
두 번째와 세 번째 당량점 사이	HA^{2-}, A^{3-}, H_2O
세 번째 당량점	A^{3-}, H_2O
세 번째 당량점 후	A^{3-}, OH^-, H_2O

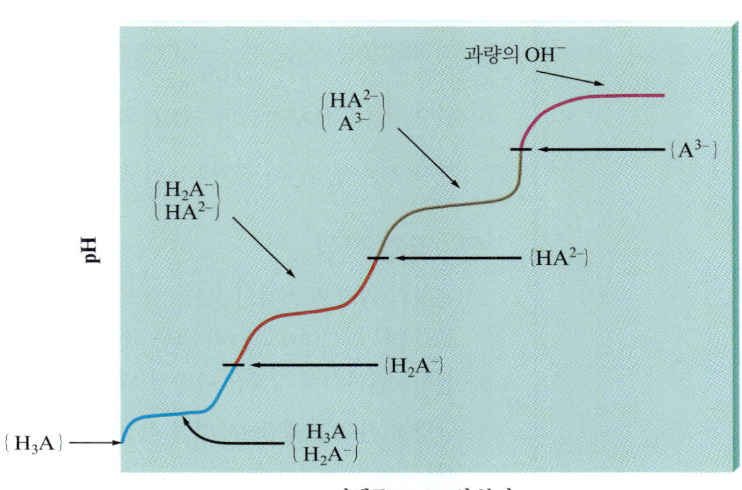

그림 15.11 삼양성자산의 적정에 대한 여러 곡선 점에 존재하는 주성분 화학종.

적정 곡선의 특정 점에 존재하는 용액의 주성분 화학종들을 파악하는 것은 매우 중요하다. 해리 상수가 K_{a_1}, K_{a_2}와 K_{a_3}인 삼양성자산 H_3A에 대한 여러 경우의 주성분 화학종들에 대해서 표 15.4에 요약하였다.

센염기로 약한 일양성자산의 적정할 경우 곡선의 중간 점을 살펴보면, 용액의 pH는 약산의 pK_a 값과 같음을 기억해야 한다. 이와 같은 이유로, 주어진 산의 pK_a 값을 결정하기 위하여 센염기로 다양성자산의 적정에 대한 pH 곡선을 이용할 수 있음을 알 수 있다. NaOH로 일반적인 삼양성자산 H_3A의 적정을 위한 pH 곡선을 살펴보았다(그림 15.11).

pH는 상응하는 pK_a 값의 평균값을 이용하여 처음 두 당량점을 쉽게 결정할 수 있음을 알아두어야 한다. 당량점의 절반 지점(half-equivalence points)에서 pH 값은 상응하는 pK 값과 일치한다고 판단하는 것과 마찬가지이다. 그러므로 첫 번째 당량점의 절반 지점에서 pH는 pK_{a_1} 값과 같고, 두 번째 당량점의 절반 지점에서 pH는 pK_{a_2} 값과 같으며, 세 번째 당량점의 절반 지점에서 pH는 pK_{a_3} 값이다.

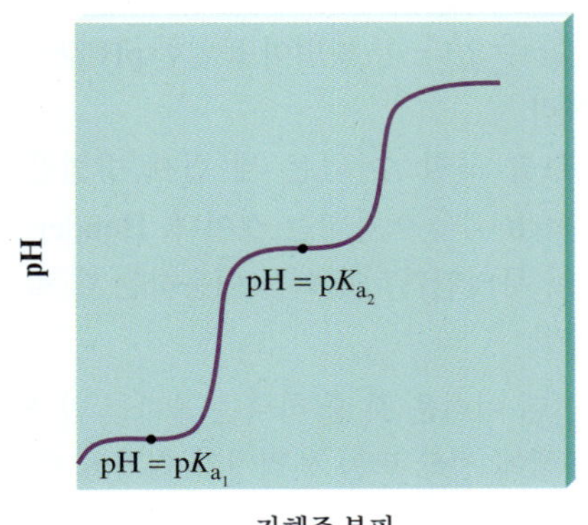

그림 15.12 이양성자산의 적정에 대한 전형적인 pH 곡선.

pH 적정 곡선은 특정 산에 대한 양성자의 개수를 쉽게 결정할 수 있는 정보를 나타낸다. 따라서 일양성자산, HA의 pH 곡선은 한 개의 당량점을 갖는다. 이 절에서 언급하였던 삼양성자산, H_3A의 pH 곡선은 세 개의 당량점들을 갖는다. 이와 같은 원리로 이양성자산, H_2A의 pH 곡선은 두 개의 당량점들을 갖는다고 기대할 수 있다. 전형적인 이양성자산, H_2A의 pH 곡선은 그림 15.12에 나타내었다.

삼양성자산의 적정에서 보였던 것처럼, 곡선의 여러 점에서 pH 값들은 해당하는 pK_a 값들을 사용하여 결정될 수 있다.

개념 정리 및 복습 For Review

주요 용어

15.1절

공통 이온

공통 이온 효과

15.2절

완충 용액

Henderson-Hasselbalch 식

15.3절

완충 용량

15.4절

pH 곡선(적정 곡선)

밀리몰(mmol)

당량점(화학량론 점)

15.5절

산-염기 지시약

페놀프탈레인

완충 용액

- 약산(HA)과 그 염(NaA) 또는 약염기(B)와 그 염(BHCl)을 포함한다.
- H^+ 이온 또는 OH^- 이온이 첨가될 때, pH 변화에 영향을 받지 않는다.
- HA와 A^-를 포함하는 완충 용액의 경우
  - Henderson-Hasselbalch 식은 유용하게 쓰인다:

$$pH = pK_a + \log\left(\frac{[A^-]}{[HA]}\right)$$

  - 완충 용액의 완충 용량은 존재하는 HA와 A^-의 양에 의존한다.
- 최적의 완충 작용은 $\frac{[A^-]}{[HA]}$ 비가 1에 가까울 때 생긴다.
- 완충 작용은 HA(첨가되는 OH^-와 반응)와 A^-(첨가되는 H^+와 반응)의 양이 충분히 많아 센산 또는 센염기가 첨가되더라도, $\frac{[A^-]}{[HA]}$의 비가 크게 변화되지 않기 때문에 생긴다.

산-염기 적정

- 적정의 과정은 용액의 pH를 적정 시약의 부피에 대해 도시하여 나타낸다; 그려진 그래프를 pH 곡선(pH curve) 또는 적정 곡선(titration curve)이라고 한다.
- 센산-센염기의 적정은 당량점 부근에서 매우 급격한 pH 변화를 보여준다.
- 당량점 전에는 센산-센염기 적정에 대한 pH 곡선의 모양은 센염기-약산 적정에 대한 pH 곡선의 모양과 상당히 다르다.
  - 센염기-약산 pH 곡선은 당량점 전에는 완충 효과를 나타낸다.
  - 센염기-약산 적정의 경우 A^-의 염기성 때문에 당량점의 pH가 7보다 크다.
- 지시약은 산-염기 적정에서 당량점을 알아내기 위해서 사용되기도 한다.
  - 종말점은 지시약의 색깔이 변하는 지점이다.
  - 되도록이면 당량점과 종말점이 최대한 가까워지도록 해야 한다.

복습 질문

1. 공통 이온이 존재한다는 것은 무엇을 의미하는가? 공통 이온이 존재하면 다음과 같은 평형에 어떠한 영향을 주는가?

$$HNO_2(aq) \rightleftharpoons H^+(aq) + NO_2^-(aq)$$

공통 이온을 포함하는 산-염기 용액을 무엇이라고 하는가?

2. 완충 용액을 정의하라. 완충 용액을 구성하는 것은 무엇인가? 완충 용액은 어떻게 첨가된 H^+와 OH^-를 흡수하여 pH 변화를 아주 작게 할까?

완충 용액에서 약산과 약염기의 농도가 같을 필요가 있는가? 설명하라. 약산과 그 짝염기의 농도가 같을 때 완충 용액의 pH는 얼마인가?

완충 용액은 일반적으로 물속에서 약산과 그 약한 짝염기 또는 약염기와 그 약한 짝산을 포함한다. 약산에 대한 K_a 반응식 또는 그 짝염기에 대한 K_b 반응식을 이용하여 평형 문제에서 pH 값을 구할 수 있다. 두 방법이 동일한 pH 값을 가지는 이유를 설명하라.

완충 용액에서 pH를 구할 수 있는 세 번째 방법은 Henderson-Hasselbalch 식을 이용하는 것이다. Henderson-Hasselbalch 식이 무엇인가? 이 식을 이용하는 데 필요한 가정은 무엇인가?

3. 산-염기 문제를 푸는 데 어려운 것 중 하나는 올바른 반응식을 쓰는 것이다. 용액에 센산 또는 센염기가 첨가될 때, 이들과 완충 용액과의 반응을 먼저 고려해야 한다. 센산이 완충 용액에 첨가되면 센산의 H^+와 반응하는 것은 무엇이며, 그 생성물은 무엇인가? 센염기가 완충 용액에 첨가되면

센염기의 OH^-와 반응하는 것은 무엇이며, 그 생성물은 무엇인가? 센산 또는 센염기가 관련된 문제는 평형의 문제가 아니고 화학량론의 문제로 여겨진다. 센산 또는 센염기의 반응을 화학량론의 문제라고 생각할 때 가정되는 것은 무엇인가?

4. 좋은 완충 용액은 상대적으로 비슷한 농도의 약산과 짝염기를 포함한다. 만약 완충 용액의 pH를 4.00 또는 10.00으로 만들고자 한다면, 어떤 약산-짝염기 또는 약염기-짝산의 쌍을 사용할지 어떻게 결정하겠는가? 좋은 완충 용액의 두 번째 특징은 좋은 완충 용량이다. 완충 용액의 *용량*(*capacity*)이란 무엇인가? 다음과 같은 완충 용액의 완충 용량은 어떻게 다른가? 이들의 pH는 어떻게 다른가?

0.01 *M* 아세트산/0.01 *M* 아세트산 소듐
0.1 *M* 아세트산/0.1 *M* 아세트산 소듐
1.0 *M* 아세트산/1.0 *M* 아세트산 소듐

5. 센산을 센염기로 적정할 때의 일반적인 적정 곡선을 그려라. 적정의 여러 지점에서 화학 반응이 일어나기 전과 후의 주성분 화학종을 나열하라. 센산-센염기 적정에서는 어떤 반응이 일어나는가? 적정 곡선의 여러 지점에서 pH 값은 어떻게 계산되는가? 센산-센염기 적정의 당량점에서의 pH는 얼마인가? 왜 그러한가?

6. 복습 질문 5번 문제에서 다룬 센산을 센염기로 적정하는 대신, 센염기를 센산으로 적정할 때를 생각해 보자. 센산-센염기 적정과 센염기-센산 적정을 비교하고 차이점을 찾아라.

7. 약산을 센염기로 적정할 때의 적정 곡선을 그려라. 약산-센염기 적정에 대한 계산을 할 때, 일반적인 두 단계 과정은 첫째로 화학량론 문제를 푸는 것이고, 그런 다음 pH를 결정하기 위하여 평형 문제를 푸는 것이다. 화학량론에 관한 문제를 풀 때 어떤 반응이 일어나는가? 이 반응에 대해 어떤 가정이 필요한가?

적정의 여러 지점에서 센염기(예, NaOH)가 약산 HA와 완전히 반응한 후의 주성분 화학종을 나열하라. 적정 곡선의 여러 지점에서 pH 값을 계산하기 위해 어떤 평형 문제를 풀어야 하는가? 약산-센염기 적정의 당량점에서의 pH는 왜 7.0보다 큰가? 당량점의 중간 지점에서의 pH는 7.0보다 작아야만 하는가? 당량점의 중간 지점에서의 pH는 무엇과 같은가? 센산-센염기 적정과 약산-센염기 적정을 비교하고, 차이점을 찾아라.

8. 약염기를 센산으로 적정할 때의 적정 곡선을 그려라. 약염기-센산 적정 문제 역시 두 단계 과정을 거친다. 화학량론 문제에서는 어떤 반응이 일어나는가? 이 반응에 대해 가정되는 것은 무엇인가? 적정의 여러 지점에서 센산(예, HNO_3)이 약염기 B와 완전히 반응한 후의 주성분 화학종을 나열하라. 적정 곡선의 여러 지점에서 pH 값을 계산하기 위해 어떤 평형 문제를 풀어야 하는가? 약염기-센산 적정의 당량점에서 pH는 왜 7.0보다 작은가? 당량점의 중간 지점에서 만약 pH가 6.0이라면, 적정되는 약염기의 K_b 값은 얼마인가? 센염기-센산 적정과 약염기-센산 적정을 비교하고, 차이점을 찾아라.

9. 산-염기 지시약이란 무엇인가? 적정에서 당량점(화학량론점)과 종말점을 정의하라. 왜 두 지점을 일치하게 하는 지시약을 찾아야 하는가? 두 지점 사이의 pH 값의 차이는 ±0.01 pH 단위의 범위 내에 있어야 하는가? 설명하라.

10. 왜 지시약은 pH 값의 범위에 따라 산성에서의 색과 염기성일 때의 색이 변하는가? 일반적으로 지시약의 색깔 변화가 일어나는 시점은 언제인가? 지시약 티몰블루는 다른 산성 또는 염기성 작용기도 없이 단지 하나의 $—CO_2H$ 기만 포함하는 것이 가능한 것인가? 설명하라.

활동 학습 질문

이 질문들은 학생들이 강의실에서 그룹을 만들어 함께 풀어보도록 고안하였다.

1. $NaHSO_4$가 물에 녹은 후 용액에 있는 주성분 화학종은 무엇인가? $NaHSO_4$를 더 가하면 용액의 pH는 어떻게 되며, 그 이유는 무엇인가? 만일 베이킹 소다($NaHCO_3$)를 대신 사용한다면 결과는 달라지는가?

2. 한 친구가 다음과 같이 질문하였다: "약산 HA와 그 염 NaA로 만들어진 완충 용액에 만일 NaOH와 같은 센염기를 첨가한다면, HA는 OH^-와 반응하여 A^-를 생성한다. 그러면 산(HA)의 양이 감소되고, 염기(A^-)의 양은 증가하게 된다. 유사하게, 완충 용액에 HCl을 첨가하면 염기(A^-)와 반응하여 산(HA)의 양이 증가된다. 이러한 사실로서, 완충 용액이 어떻게 용액의 pH 변화를 견디는지 설명할 수 있는가?" 이 친구에게 완충 작용을 어떻게 설명할 것인가?

3. 아세트산과 수산화 소듐을 함께 혼합하여 완충 용액을 만들 수 있다. 이를 설명하라. 가해준 각 용액의 양이 완충 용액의 효율성을 어떻게 변화시키는가?

4. HCl과 NaOH의 수용액을 혼합하여 완충 용액을 만들 수 있는가? 설명하라. 왜 센산과 그 짝염기의 혼합물은 완충 용액으로 간주되지 않는가?

5. 약산을 센염기로 적정할 때와 센산을 센염기로 적정할 때의 pH 곡선을 각각 그려라. 서로 비슷한 점과 차이점에 대하여 설명하라.

6. 약산(HA)을 센염기(NaOH)로 적정할 때의 pH 곡선을 그려라. 주성분 화학종을 나열하고, 당량점과 중간 지점을 포함하는 여러 지점에서의 pH를 어떻게 계산할 수 있는지 설명하라.

7. 약산(HA)을 포함하는 용액에 약간의 HCl를 첨가하였다. 이 용액의 주성분 화학종은 무엇인가? 용액의 pH를 계산하기 위해서 알아야 하는 것은 무엇이며, 이 정보를 어떻게 사용하여야 하는가? 약산(HA)만을 포함하는 용액의 pH와 HCl이 첨가된 최종 혼합물의 pH는 어떻게 다른가? 이유를 설명하라.

8. 약산(HA)을 포함하는 용액에 염인 NaA 염을 약간 첨가하였다. 이 용액의 주성분 화학종은 무엇인가? 용액의 pH를 계산하기 위해서 알아야 하는 것은 무엇이며, 이 정보를 어떻게 사용하여야 하는가? 약산(HA)만을 포함하는 용액의 pH와 NaA가 첨가된 최종 혼합물의 pH는 어떻게 다른가? 이유를 설명하라.

9. pH = 7.0인 완충 용액을 만들기 위해서 가장 적합한 주성분 화학종은 무엇인가? 이 책의 부록 5에 있는 표 A5.1, A5.2와 A5.3을 참조하여, pH 5 7.0인 완충 용액을 만들기에 적합한 최고 조합의 화학종들을 선택하라.

10. 이양성자산과 삼양성자산을 센염기로 적정할 때의 적정 곡선을 각각 개략적으로 그려라. 각 곡선에서 몇 가지 주요한 점들에서 주성분 화학종들을 열거하라. 이 적정 곡선에서 당량점의 절반에 해당하는 점들을 표시하라. 이들 당량점의 절반에 해당하는 점에서 pH는 어떻게 계산할 수 있는가?

11. 혈액의 pH는 다음과 같은 평형 반응 때문에 약 7.4의 값으로 일정하다.

$$CO_2(g) + H_2O(l) \rightleftharpoons H_2CO_3(aq) \rightleftharpoons HCO_3^-(aq) + H^+(aq)$$

- **a.** 혈액의 실제 완충계는 H_2CO_3와 HCO_3^-로 구성된다. 혈액 완충계가 첨가된 H^+ 및 OH^-를 중화하는 방법을 보여주는 반응식을 써라.
- **b.** 산과다증(acidosis)이라는 상태는 혈액 pH가 7.4에서 7.35 이하로 떨어질 때 발생한다. H_2HCO_3의 비율은 어떻게 되는가? 산증이 시작되면 혈액 내 $H_2CO_3 : HCO_3^-$의 비율은 어떻게 되는가? 알칼리과다증(alkalosis)은 혈액 pH가 너무 높을 때 발생한다. 알칼리과다증이 시작되면 혈액 내 H_2CO_3와 HCO_3^-의 비율은 어떻게 되는가?
- **c.** 신체가 혈액의 pH를 7.4로 유지하는 한 가지 방법은 호흡을 조절하는 것이다. 어떤 혈액 pH 조건에서 신체가 호흡을 증가시키고 어떤 혈액 pH 조건에서 신체가 호흡을 감소시키는가? 설명하라.
- **d.** 설사가 심한 환자는 중 탄산 나트륨(탄산수소나트륨)이 과도하게 손실될 수 있다. 이것이 혈액의 pH에 어떤 영향을 미치는가? 설명하라. 그러한 상태에 대한 치료는 어떻게 하겠는가?

12. 다음 네 가지 적정을 생각해 보자.

- **i.** 0.10 *M* NaOH로 적정한 0.10 *M* HCl 100.0 mL
- **ii.** 0.10 *M* HCl로 적정한 0.10 *M* NaOH 100.0 mL
- **iii.** 0.10 *M* HCl로 적정한 0.10 *M* CH_3NH_2 100.0 mL
- **iv.** 0.10 *M* NaOH로 적정한 0.10 *M* HF 100.0 mL

다음 순서로 이러한 적정의 순위를 매겨라.

- **a.** 당량점에 도달하기 위해 첨가되는 적정 시약의 부피가 증가하는 순서
- **b.** 적정 시약을 첨가하기 전에 초기 pH가 증가하는 순서
- **c.** 당량의 중간 지점에서 pH가 증가하는 순서
- **d.** 당량점에서 pH 증가하는 순서

CH_3NH_2 대신에 C_5H_5N을 사용하고 HF 대신에 HOC_6H_5를 사용하면 순서가 어떻게 변하겠는가?

분홍색 번호의 질문과 연습문제에 대한 정답은 온라인에서 확인할 수 있습니다(차례의 QR을 스캔해보세요).

질문

13. 약산에 대한 공통 이온 효과는 물속에서 산의 해리를 상당히 감소시키는 것이다. 공통 이온 효과를 설명하라.

14. [약산] > [짝염기]인 완충 용액을 생각해 보자. 약산의 pK_a 값은 용액의 pH와 어떤 관계가 있는가? 만약 [짝염기] > [약산]인 경우, pH는 pK_a와 어떤 관계가 있는가?

15. 최상의 완충 용액은 약산과 짝염기의 농도가 매우 크고 두 양이 서로 대략적으로 같을 때이다. 그 이유를 설명하라.

16. 산-염기 문제를 해결하기 위해 사용할 반응을 결정하는 것은 어려울 수 있다. 물에 약산이 존재할 경우 물과 반응하는 약산의 K_a 반응을 이용하여 평형 문제를 해결한다. 물에 약염기가 존재할 경우 물과 반응하는 약염기의 K_b 반응을 이용하여 평형 문제를 해결한다. 완충 용액은 약산과 그 약한 짝염기 또는 약염기와 약산을 포함한다. 완충 용액에는 약산과 약염기가 모두 존재하는데, 완충 용액이 있을 때 평형 문제를 풀기 위해 어떤 반응식을 사용하는가?

17. 산-염기 문제를 풀기 위해 사용할 반응을 결정하는 것은 어려울 수 있다. 센산 또는 센염기가 용액에 첨가되는 경우 용액의 pH를 구할 때 고려해야 할 첫 번째 반응은 무엇이가? 센산이나 센염기가 반응할 때 항상 어떤 가정을 하는가?

18. H_3PO_4는 $K_{a_1} = 7.5 \times 10^{-3}$, $K_{a_2} = 6.2 \times 10^{-8}$, $K_{a_3} = 4.8 \times 10^{-13}$를 갖는 삼양자성자산이다. pH = 7.0인 완충 용액을 만들려면 어떤 인산 성분을 사용하여야 하겠는가?

19. 적정에 관한 다음의 설명들 중 *틀린* 것은 어느 것인가? 모든 산 및 염기의 농도는 1.0 *M*이라고 가정한다.

- **a.** 센산을 센염기로 적정할 때 당량점 이전의 pH는 산성(pH < 7.0)이어야 한다.
- **b.** 센염기가 센산으로 적정될 때 당량점 이후의 pH는 산성이어야 한다(pH < 7.0).
- **c.** 약산을 센염기로 적정할 때 완충 용액은 당량점의 중간 지점에 존재한다.
- **d.** 약산을 센염기로 적정하면 당량점에서의 pH는 염기성이어야 한다(pH > 7.0).

e. 약한 염기를 센산으로 적정할 때 당량점의 중간지점에서 pH는 염기성(pH > 7.0)이어야 한다.

20. 0.10 M NaOH로 적정한 초기 농도가 같은 두 가지 다른 100.0 mL 산에 대한 다음과 같은 pH 곡선을 생각해 보자.

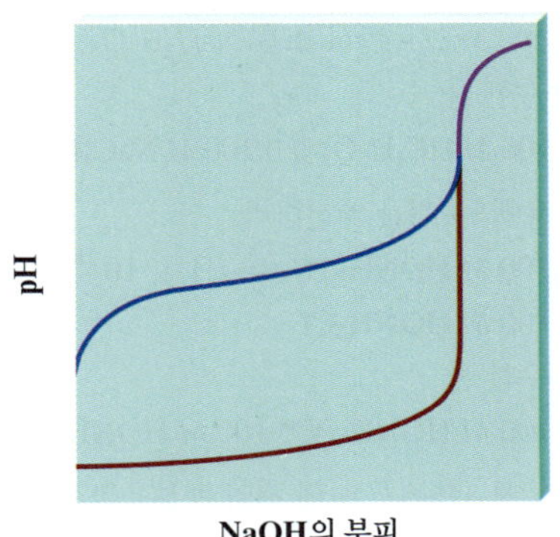

a. 어느 곡선이 약산에 대한 pH 곡선을 나타내고 어느 곡선이 센산에 대한 pH 곡선을 나타내는가? 어떻게 구분할 수 있는지 두 곡선의 세 가지 차이점을 나열하라.

b. 두 가지 경우에 있어서 pH가 급격히 변하기 전에 비교적 일정하다. 이 경우, 각각의 적정 용액이 어느 지점에서 완충 용액이라고 할 수 있는가?

c. 각 적정의 당량점 부피는 같다. 사실인가, 거짓인가? 그 이유를 설명하라.

d. 각 적정의 당량점 pH는 같다. 사실인가, 거짓인가? 그 이유를 설명하라.

21. 어떤 산을 NaOH로 적정하고 있다. 아래의 비커들은 적정 중 시간에 따른 비커의 내용물에 대하여 묘사하고 있다. 이 그림들은 시간 순서대로 나열되어 있지 않다. *참고:* 그림을 명료하게 나타내기 위하여 반대 이온(counter-ions)과 물 분자는 생략하였다.

a. 사용된 산은 약산인가, 센산인가? 어떻게 알 수 있는가?

b. 비커의 내용물의 적정이 진행되는 순서대로 나타나도록 비커를 나열하라.

c. 어느 비커가 pH = pK_a인가? 그 이유를 설명하라.

d. 어느 비커가 적정 당량점을 나타내는가? 그 이유를 설명하라.

e. 어느 비커가 산에 대한 K_a 값이 pH를 결정하는 데 반드시 존재하지 않아도 되는가? 그 이유를 설명하라.

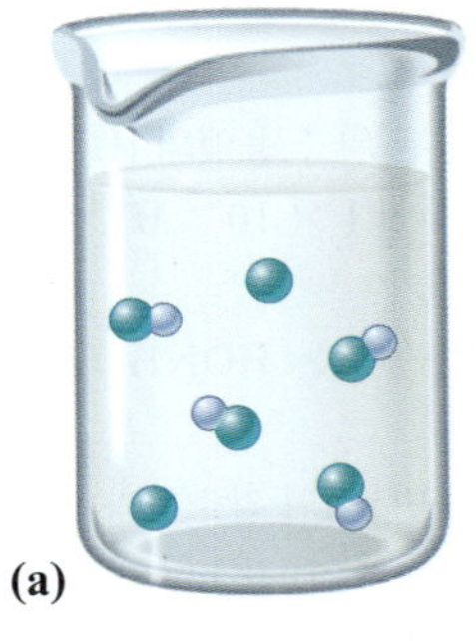
(a)

(b)

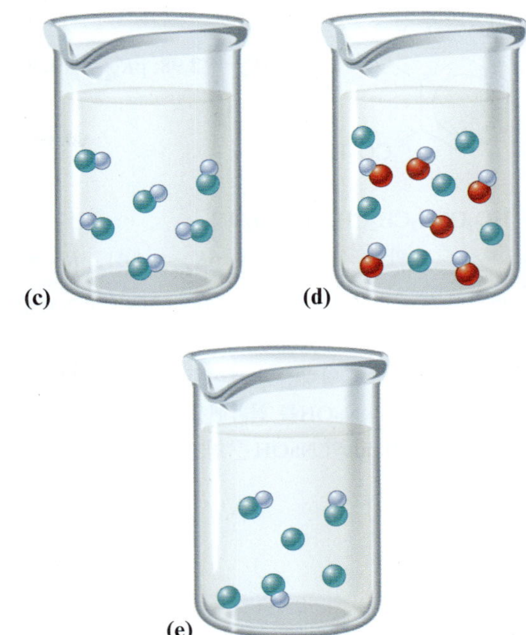

22. 다음의 적정을 생각해 보자.

i. 0.60 M HI 50.0 mL를 0.30 M NaOH로 적정

ii. 0.30 M HCl로 적정한 0.60 M RbOH 50.0 mL

iii. 50.0 mL의 0.60 M HOCl ($K_a = 3.5 \times 10^{-8}$) 0.30 M NaOH

iv. 50.0 mL의 0.60 M $HONH_2$ ($K_b = 1.1 \times 10^{-8}$) 0.30 M HCl

a. 처음에 산성 pH 값을 갖는 적정은 무엇인가? 적정 초기에 염기성 pH를 갖는 적정은 어느 것인가?

b. 당량점의 중간 지점에서 산성 pH 값을 갖는 적정은 무엇인가? 당량의 중간 지점에서 염기성 pH 값을 갖는 적정은?

c. 당량점에서 산성 pH 값을 갖는 적정은 무엇인가? 당량점에서 염기성 pH 값을 갖는 것은?

23. 그림 15.4는 NaOH로 여섯 개의 다른 산을 적정할 때의 pH 곡선을 나타내고 있다. 같은 맥락에서 0.01 M HCl로 세 개의 다른 염기를 적정할 때 나타나는 적정 곡선을 그려라. 이때 염기들은 0.20 M의 50.0 mL가 있고, 첫 번째는 센염기(KOH)이고, 두 번째는 약염기로 K_b는 1×10^{-5}이고, 세 번째도 약염기로 K_b는 1×10^{-10}이라고 가정한다.

24. 산-염기 지시약은 적정 종말점에서 "마술처럼" 다른 색깔로 변한다. 산-염기 지시약에서 "마술"에 포함된 의미를 설명하라.

25. 100.0 mL의 0.10 M H_3AsO_4를 0.10 M NaOH로 적정하는 반응을 생각해 보자. 50.0 mL의 NaOH를 첨가했을 때, 주성분 화학종은 무엇인가? 이 점에서 pH는 어떻게 계산하는가? 150.0 mL의 NaOH를 첨가했을 때, 위의 질문에 각각 답하라. 또 얼마의 NaOH를 첨가했을 때, pH와 pK_{a_3} 값이 같아지는가?

26. 다음의 두 산을 생각해 보자.

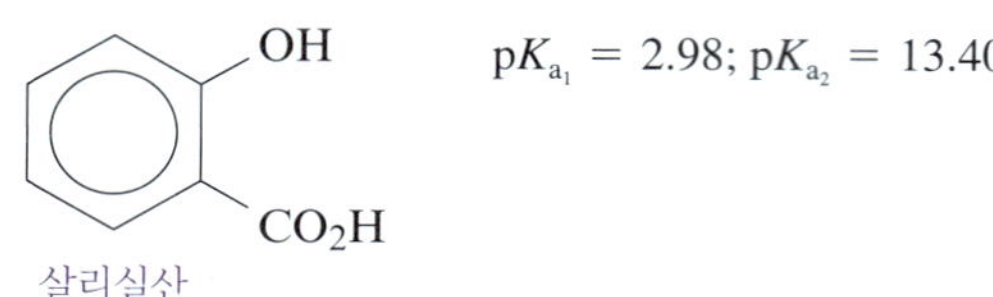

$pK_{a_1} = 2.98; pK_{a_2} = 13.40$

$HO_2CCH_2CH_2CH_2CH_2CO_2H$

아디프산 $pK_{a_1} = 4.41; pK_{a_2} = 5.28$

별개의 두 실험에서 각각의 산 5.00 mmol을 0.200 *M* NaOH로 적정하여 pH를 측정했다. 각각 실험에서 얻은 자료를 그래프로 그렸을 때 하나의 당량점만 보여주었다. 한 실험에서의 당량점은 25.00 mL의 NaOH를 첨가했을 때이고, 다른 실험에서의 당량점은 50.00 mL의 NaOH를 첨가했을 때였다. 이러한 결과를 설명하라.

연습 문제

이 절의 연습 문제는 비슷한 유형의 문제를 두 개씩 짝지어 놓았다.

완충 용액

27. 아래에서 완충 용액은 몇 개인가? 그 이유를 설명하라. *참고*: 그림을 명료하게 나타내기 위하여 반대 이온(counter-ions)과 물 분자는 생략하였다.

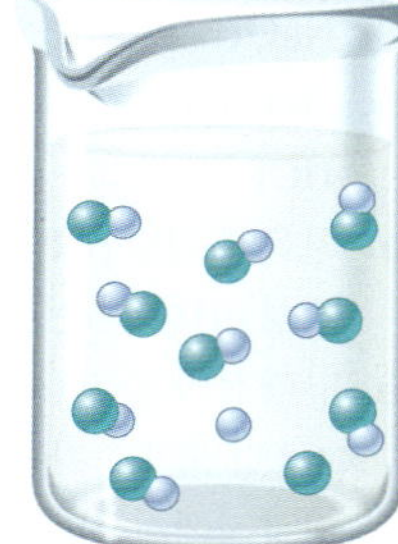

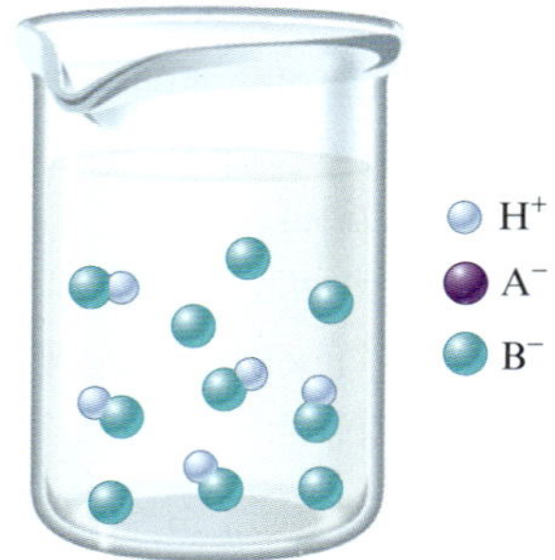

28. 아래에서 완충 용액으로 구분 지을 수 있는 것은?

a. 0.25 *M* HBr + 0.25 *M* HOBr

b. 0.15 *M* $HClO_4$ + 0.20 *M* RbOH

c. 0.50 *M* HOCl + 0.35 *M* KOCl

d. 0.70 *M* KOH + 0.70 *M* $HONH_2$

e. 0.85 *M* H_2NNH_2 + 0.60 *M* $H_2NNH_3NO_3$

29. Na_2CO_3와 $NaHCO_3$를 물에 녹여 만든 완충 용액이 있다. 이 완충 용액이 첨가된 H^+ 또는 OH^-를 어떻게 중화시키는지 나타낼 수 있는 반응식을 써라.

30. $HONH_2$와 $HONH_3NO_3$를 물에 녹여 만든 완충 용액이 있다. 이 완충 용액이 첨가된 H^+ 또는 OH^-를 어떻게 중화시키는지 나타낼 수 있는 반응식을 써라.

31. 다음 용액의 pH를 계산하라.

a. 0.100 *M* 프로판산($HC_3H_5O_2$, $K_a = 1.3 \times 10^{-5}$)

b. 0.100 *M* 프로판산 소듐($NaC_3H_5O_2$)

c. 순수한 물

d. 0.100 *M* $HC_3H_5O_2$과 0.100 *M* $NaC_3H_5O_2$의 혼합 용액

32. 다음 용액의 pH를 계산하라.

a. 0.100 *M* $HONH_2$ ($K_b = 1.1 \times 10^{-8}$)

b. 0.100 *M* $HONH_3Cl$

c. 순수한 물

d. 0.100 *M* $HONH_2$와 0.100 *M* $HONH_3Cl$의 혼합 용액

33. 연습 문제 31a에서 산의 해리 백분율과 연습 문제 31d에서 산의 해리 백분율을 비교하라. 산의 해리 백분율이 크게 다른 것을 설명하라.

34. 연습 문제 32a에서 염기의 이온화 백분율과 연습 문제 32d에서 이온화 백분율을 비교하고, 차이를 설명하라.

35. 연습 문제 31의 네 가지 용액 각각 1.00 L에 0.020 mol의 HCl을 첨가한 후의 pH를 계산하라.

36. 연습 문제 32의 네 가지 용액 각각 1.00 L에 0.020 mol의 HCl를 첨가한 후의 pH를 계산하라.

37. 연습 문제 31의 네 가지 용액 각각 1.00 L에 0.020 mol의 NaOH를 첨가한 후의 pH를 계산하라.

38. 연습 문제 32의 네 가지 용액 각각 1.00 L에 0.020 mol의 NaOH를 첨가한 후의 pH를 계산하라.

39. 연습 문제 31에서 어느 용액이 산 또는 염기를 첨가한 후에 pH 변화가 가장 적은가? 설명하라.

40. 연습 문제 32에서 어느 용액이 완충 용액인가?

41. HCN과 NaCN의 같은 몰 용액에 대한 다음 설명 중 *틀린* 것은 무엇인가?

a. HCN과 NaCN의 같은 몰 용액은 HCN만 포함하는 용액보다 pH가 더 높다.

b. 이 용액의 $[H^+]$은 HCN의 K_a 값과 같다.

c. 이 용액에 NaOH를 첨가하면 $[CN^-]$가 감소하고 [HCN]이 증가한다.

d. 이 용액에 더 많은 NaCN을 첨가하면 pH가 증가한다.

e. 이 용액은 완충 용액의 예이다.

42. $HONH_3Cl$과 $HONH_2$로 구성된 완충 용액의 $[H^+]$은 $HONH_3^+$의 K_a 값과 같다($[H^+] = K_a = 9.1 \times 10^{-7}$ *M*). 이 용액에 대한 다음 설명 중 옳은 것은 무엇인가?

a. 이 용액에서 $HONH_3^+$의 농도는 $HONH_2$의 농도와 같다 ($[HONH_3^+] = [HONH_2]$).

b. 이 용액에 NaOH를 첨가하면 pH가 감소한다.

c. 이 용액에 HCl을 첨가하면 $[H^+]$이 감소한다.

d. 이 용액에 HCl을 첨가하면 $HONH_3$의 농도는 감소하고, $HONH_2$의 농도가 증가한다.

e. 이 용액의 pH는 $HONH_3^+$의 농도가 $HONH_2$의 농도보다 큰 용액($[HONH_3^+] > [HONH_2]$)의 pH보다 작다.

43. 1.00 *M* HNO_2와 1.00 *M* $NaNO_2$의 용액에 대한 pH를 계산하라.

44. 0.60 *M* HF와 1.00 *M* KF의 용액에 대한 pH를 계산하라.

45. 연습 문제 43의 용액 1.00 L에 0.10 mol의 NaOH를 첨가한 후의 pH를 계산하라. 그리고 연습 문제 43의 용액 1.00 L에 0.20 mol의 HCl을 첨가한 후의 pH를 계산하라.

46. 연습 문제 44의 용액 1.00 L에 0.10 mol의 NaOH를 첨가한 후의 pH를 계산하라. 그리고 연습 문제 44의 용액 1.00 L에 0.20 mol의 HCl을 첨가한 후의 pH를 계산하라.

47. C_5H_5N과 C_5H_5HBr을 포함하는 완충 용액을 생각해 보자. 이 용액에 관한 다음 설명 중 옳은 것은 무엇인가? C_5H_5N에 대한 $K_b = 1.7 \times 10^{-9}$.

a. 0.10 *M* C_5H_5N 및 0.10 *M* C_5H_5NHBr로 구성된 용액은 1.0 *M* C_5H_5N 및 1.0 *M* C_5H_5NHBr을 포함하는 용액보다 완충 용량이 더 크다.

b. 만약 $[C_5H_5N] > [C_5H_5NHBr]$, $[H^+] > 5.9 \times 10^{-6}$ *M*.

c. $[C_5H_5N] < C_5H_5NHBr$이면 pH < 5.23이다.

d. $[C_5H_5N] = [C_5H_5NHBr]$이면 pH = 8.77이다.

48. $C_2H_5NH_2$ 및 $C_2H_5NH_3NO_3$를 포함하는 완충 용액에 대한 설명 중에서 옳은 것은 무엇인가? $C_2H_5NH_2$의 $K_b = 5.6 \times 10^{-4}$.

a. 초기의 완충 용액이 $[C_2H_5NH_2] = [C_2H_5NH_3^+]$이라면, pH = 3.25이다.

b. 초기의 완충 용액이 $[C_2H_5NH_2] > [C_2H_5NH_3^+]$, pH > 10.75이다.

c. 초기의 완충 용액이 $[C_2H_5NH_3^+] = 2\ [C_2H_5NH_2]$이라면, pH = 11.82이다.

d. 초기의 완충 용액이 $[C_2H_5NH_2] = 6\ [C_2H_5NH_3^+]$이라면, pH = 6.72이다.

49. 다음 각 완충 용액의 pH를 계산하라.

a. 0.10 *M* 아세트산/0.25 *M* 아세트산 소듐

b. 0.25 *M* 아세트산/0.10 *M* 아세트산 소듐

c. 0.080 *M* 아세트산/0.20 *M* 아세트산 소듐

d. 0.20 *M* 아세트산/0.080 *M* 아세트산 소듐

50. 다음 각 완충 용액의 pH를 계산하라.

a. 0.50 *M* $C_2H_5NH_2$/0.25 *M* $C_2H_5NH_3Cl$

b. 0.25 *M* $C_2H_5NH_2$/0.50 *M* $C_2H_5NH_3Cl$

c. 0.50 *M* $C_2H_5NH_2$/0.50 *M* $C_2H_5NH_3Cl$

51. 21.5 g의 벤조산($HC_7H_5O_2$)과 37.7 g의 벤조산 소듐이 녹아 있는 200.0 mL 완충 용액의 pH를 계산하라.

52. 0.75 *M*의 NH_3 용액 1.00 L에 50.0 g의 NH_4Cl을 첨가하여 완충 용액을 만들었다. 최종 용액의 pH를 계산하라(부피 변화가 없다고 가정하라).

53. 다음 각 완충 용액 250.0 mL에 기체 HCl 0.010 mol을 첨가한 후의 pH를 계산하라.

a. 0.050 *M* NH_3/0.15 *M* NH_4Cl

b. 0.50 *M* NH_3/1.50 *M* NH_4Cl

두 원래 완충 용액의 pH와 완충 용량이 다른가? 더 큰 완충 용량을 가지면 어떤 유리한 점이 있는가?

54. 아래 1 L 용액 각각에 0.15몰의 NaOH 고체를 첨가한 후, pH를 계산하라:

a. 0.050 *M* 프로판산(propanoic acid, $HC_3H_5O_2$, $K_a = 1.3 \times 10^{-5}$)과 0.080 *M* 프로판산 소듐(sodium propanoate)

b. 0.50 *M* 프로판산과 0.80 *M* 프로판산 소듐

c. 얼마만큼의 NaOH 첨가한 후까지 용액은 완충 용액으로서 역할을 할까? 그 범위를 설명하라.

55. 250.0 mL 용액에 약간의 K_2SO_3와 $KHSO_3$가 용해되어 있으며, 이 용액의 pH는 7.25이다. 이 완충 용액에 들어있는 SO_3^{2-}와 HSO_3^- 중에서 어느 것의 농도가 더 높은가? 만일 이 용액에서 $[SO_3^{2-}] = 1.0$ *M*이라면, HSO_3^-의 농도를 계산하라.

56. $C_6H_5NH_3Cl$과 H_2NNH_2이 녹아있는 수용액이 있다. $C_6H_5NH_2$의 농도는 0.50 *M*이고 pH는 4.20이다.

a. 이 완충 용액의 $C_6H_5NH_3^+$ 농도를 계산하라.

b. NaOH(*s*) 4.0 g을 이 용액 1.0 L에 첨가했을 때 pH를 계산하라(부피 변화는 무시한다).

57. H_2NNH_2와 H_2NNH_3Cl의 완충 용액의 pH는 8.00이다. 이 완충 용액에서 $[H_2NNH_2] = 1.87$ *M*이면 $[H_2NNH_3^+]$를 계산하라. H_2NNH_2에 대한 $K_b = 3.0 \times 10^{-6}$이다.

58. HCN 및 $Sr(CN)_2$으로부터 pH 9.50의 1.0 L 완충 용액을 만들었다. 완충 용액에 2.5 mol HCN이 들어 있다면 이 완충 용액을 만들기 위해 몇 mol의 $Sr(CN)_2$를 첨가해야 하는가? (사이안화 스트론튬은 물에 잘 녹는다고 가정한다.) HCN의 $K_a = 6.2 \times 10^{-10}$.

59. pH = 5.00의 완충 용액을 만들기 위해 0.200 *M* 아세트산 500.0 mL에 첨가해야 할 아세트산 소듐의 질량을 계산하라.

60. pH 5 3.55의 완충 용액을 1.00 L를 만들기 위해 혼합되는 0.50 *M* HNO_2와 0.50 *M* $NaNO_2$ 각각의 부피를 계산하라.

61. C_5H_5N과 $C_5H_5NHNO_3$를 모두 가지고 있는 용액에서 이 용액의 pH가 다음과 같다면, $[C_5H_5N]/[C_5H_5NH^+]$의 비율을 계산하라.

a. pH = 4.50 **c.** pH = 5.23

b. pH = 5.00 **d.** pH = 5.50

62. 다음과 같은 pH 값을 가지는 암모니아/염화 암모늄 완충 용액에서 $[NH_3]/[NH_4^+]$의 비율을 계산하라.

a. pH = 9.00 **c.** pH = 10.00

b. pH = 8.80 **d.** pH = 9.60

63. 다음 두 가지 완충계로 구성된 용액을 생각해 보자.

$$H_2CO_3(aq) \rightleftharpoons HCO_3^-(aq) + H^+(aq) \qquad pK_a = 6.4$$

$$H_2PO_4^-(aq) \rightleftharpoons HPO_4^{2-}(aq) + H^+(aq) \qquad pK_a = 7.2$$

pH = 6.4에서 두 완충계 각각에 존재하는 산과 짝염기의 상대적인 양과 관련하여 다음 중 옳은 것은?

a. $[H_2CO_3] > [HCO_3^-]$ 및 $[H_2PO_4^-] > [HPO_4^{2-}]$

b. $[H_2CO_3] = [HCO_3^-]$ 및 $[H_2PO_4^-] > [HPO_4^{2-}]$

c. $[H_2CO_3] = [HCO_3^-]$ 및 $[H_2PO_4^{2-}] > [H_2PO_4^-]$

d. $[HCO_3^-] > [H_2CO_3]$ 및 $[HPO_4^{2-}] > [H_2PO_4^-]$
e. $[H_2CO_3] > [HCO_3^-]$ 및 $[HPO_4^{2-}] > [H_2PO_4^-]$

64. 다음 두 가지 완충계로 구성된 용액을 생각해 보자.

$H_2S \rightleftharpoons HS^- + H^+ \quad K_a = 1 \times 10^{-7}$
$HAsO_4^{2-} \rightleftharpoons AsO_4^{3-} + H^+ \quad K_a = 5 \times 10^{-12}$

pH = 9.2에서 두 완충계 각각에 존재하는 산과 짝염기의 상대적인 양과 관련하여 다음 중 옳은 것은?

a. $[H_2S] > [HS^-]$ 및 $[HAsO_4^{2-}] > [AsO_4^{3-}]$
b. $[H_2S] = [HS^-]$ 및 $[HAsO_4^{2-}] > [AsO_4^{3-}]$
c. $[HS^-] > [H_2S]$ 및 $[HAsO_4^{2-}] < [AsO_4^{3-}]$
d. $[H_2S] > [HS^-]$ 및 $[HAsO_4^{2-}] < [AsO_4^{3-}]$
e. $[HS^-] > [H_2S]$ 및 $[HAsO_4^{3-} > [AsO_4^{2-}]$

65. 탄산(carbonate) 완충 용액은 혈액의 pH를 7.40으로 조절하는 데 중요하다. 혈액 시료 내의 탄산(carbonic acid) 농도가 0.0012 *M*일 때, 혈액의 pH를 7.40으로 완충시키기 위하여 필요한 탄산 수소(bicarbonate, HCO_3^-) 이온의 농도를 구하라.

$H_2CO_3(aq) \rightleftharpoons HCO_3^-(aq) + H^+(aq) \quad K_a = 4.3 \times 10^{-7}$

66. 인간이 운동할 때 근육 수축은 젖산을 생산한다. 적당한 젖산의 증가는 혈액의 pH 감소 없이 혈액으로 완충할 수 있다. 그러나 젖산의 과다한 증가는 혈액의 완충계에 과부하를 일으키고 혈액의 pH를 감소시킬 수 있다. 혈액의 pH가 7.35 또는 그 이하일 경우, *산과다증*(*acidosis*)으로 진단된다. 연습 문제 65에서 설명한 것과 같은 탄산 완충계를 가정하고, 혈액 내의 pH가 7.40에서 7.35로 떨어질 때 혈액 내의 $[H_2CO_3]/[HCO_3^-]$ 비를 계산하라.

67. 표 14.2의 산 중에서, pH = 7.00 완충 용액의 제조에 최적의 산은 어느 것인가? 이 완충 용액 1.0 L를 만드는 방법을 설명하라.

68. 표 14.3의 염기 중에서, pH = 5.00 완충 용액의 제조에 최적의 염기는 어느 것인가? 이 완충 용액 1.0 L를 만드는 방법을 설명하라.

69. 0.40 *M* H_2NNH_2와 0.80 *M* $H_2NNH_3NO_3$ 용액의 pH를 계산하라. 이 완충 용액이 pH = pK_a가 되기 위해서는 HCl과 NaOH 중 어느 것을 첨가해 주어야 하는가? pH = pK_a를 가지는 완충 용액을 만들기 위해 원래 완충 용액 1.0 L에 몇 mol의 HCl이나 NaOH를 첨가해 주어야 하는가?

70. 0.20 *M* HOCl과 0.90 *M* KOCl 용액의 pH를 계산하라. 이 완충 용액이 pH = pK_a가 되기 위해서는 HCl과 NaOH 중 어느 것을 첨가해 주어야 하는가? pH = pK_a를 가지는 완충 용액을 만들기 위해 원래의 완충 용액 1.0 L에 몇 mol의 HCl이나 NaOH를 첨가해 주어야 하는가?

71. 두 용액을 1.0 L씩을 섞었을 때, 다음 혼합물 중에서 완충 용액이 되는 것은 어느 것인가?

a. 0.1 *M* KOH와 0.1 *M* CH_3NH_3Cl
b. 0.1 *M* KOH와 0.2 *M* CH_3NH_2
c. 0.2 *M* KOH와 0.1 *M* CH_3NH_3Cl
d. 0.1 *M* KOH와 0.2 *M* CH_3NH_3Cl

72. 두 용액을 1.0 L씩을 섞었을 때, 다음 혼합물 중에서 완충 용액이 되는 것은 어느 것인가?

a. 0.2 *M* HNO_3와 0.4 *M* $NaNO_3$
b. 0.2 *M* HNO_3와 0.4 *M* HF
c. 0.2 *M* HNO_3와 0.4 *M* NaF
d. 0.2 *M* HNO_3와 0.4 *M* NaOH

73. 다음 각 pH의 완충 용액을 만들기 위하여 2.0 *M*의 $HC_2H_3O_2$ 1.0 L에 몇 mol의 NaOH를 첨가해야 하는가?

a. pH = pK_a **c.** pH = 5.00 **b.** pH = 4.00

74. 다음 각 pH의 완충 용액을 만들기 위하여 1.0 *M*의 $NaC_2H_3O_2$ 1.0 L에 몇 mol의 HCl(*g*)를 첨가해야 하는가?

a. pH = pK_a **b.** pH = 4.20 **c.** pH = 5.00

산-염기 적정

75. 일반적인 약산 HA와 센염기의 적정에서 다음과 같은 적정 곡선을 얻었다.

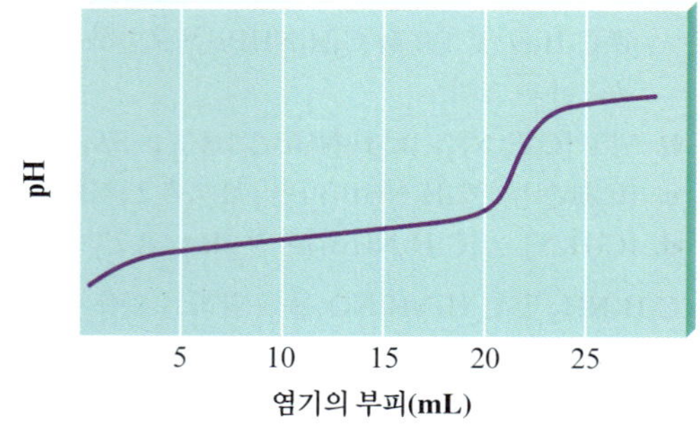

곡선 위에 다음에 대응하는 점을 나타내라.

a. 당량점(화학량론점)
b. 최대 완충 영역
c. pH = pK_a
d. pH가 [HA]에만 의존
e. pH가 $[A^-]$에만 의존
f. pH가 첨가된 과량의 센염기의 양에만 의존

76. 일반적인 약염기 B와 센산의 적정 곡선을 그려라. 적정 반응식은 다음과 같다.

$$B + H^+ \rightleftharpoons BH^+$$

이 곡선 위에 다음에 해당하는 점을 나타내라.

a. 당량점(화학량론점)
b. 최대 완충 영역
c. pH = pK_a
d. pH가 [B]에만 의존
e. pH가 $[BH^+]$에만 의존
f. pH가 첨가된 과량의 센산의 양에만 의존

77. 0.100 *M* KOH로 0.200 *M*의 $HClO_4$ 40.0 mL를 적정한다. 다음과 같은 양의 KOH를 첨가한 후 용액의 pH를 계산하라.

a. 0.0 mL **d.** 80.0 mL
b. 10.0 mL **e.** 100.0 mL
c. 40.0 mL

78. 200.00 mL의 0.10 *M* $HClO_4$를 0.20 *M* $Ca(OH)_2$로 적정하는 것을 생각해 보자.

a. 적정 시약을 첨가하기 전에 용액의 초기 pH를 계산하라.

b. 0.20 M $Ca(OH)_2$ 25.0 mL를 첨가한 후 결과 용액의 pH를 계산하라.

c. $Ca(OH)_2$를 몇 량 첨가하면 결과 용액의 $[H^+] = 1.0 \times 10^{-7}$ M이 되는가?

79. 0.400 M HCl로 0.100 M의 $Ba(OH)_2$ 80.0 mL를 적정한다. 다음과 같은 양의 HCl을 첨가한 후 용액의 pH를 계산하라.

a. 0.0 mL **d.** 40.0 mL
b. 20.0 mL **e.** 80.0 mL
c. 30.0 mL

80. 0.10 M HNO_3로 50.0 mL의 0.20 M NaOH 적정을 생각해 보자.

a. 0.10 M HNO_3 50.0 mL를 첨가한 후 결과 용액의 $[H^+]$을 계산하라.

b. 0.10 M HNO_3 100.0 mL를 첨가한 후 결과 용액의 $[H^+]$을 계산하라.

c. 0.10 M HNO_3 200.0 mL를 첨가한 후 결과 용액의 pH를 계산하라.

81. 0.100 M KOH로 0.200 M의 아세트산($K_a = 1.8 \times 10^{-5}$) 100.0 mL를 적정한다. 다음과 같은 양의 KOH를 첨가한 후 용액의 pH를 계산하라.

a. 0.0 mL **d.** 150.0 mL
b. 50.0 mL **e.** 200.0 mL
c. 100.0 mL **f.** 250.0 mL

82. 25°C에서 0.100 M KOH로 100.0 mL의 0.100 M HCN 적정을 생각해 보자. (HCN에 대한 $K_a = 6.2 \times 10^{-10}$.)

a. 0.0 mL의 KOH를 첨가한 후 pH를 계산하라.

b. 50.0 mL의 KOH를 첨가한 후 pH를 계산하라.

c. 75.0 mL의 KOH를 첨가한 후 pH를 계산하라.

d. 당량점에서 pH를 계산하라.

e. 125.0 mL의 KOH를 첨가한 후 pH를 계산하라.

83. 0.200 M HNO_3로 0.100 M의 H_2NNH_2 ($K_b = 3.0 \times 10^{-6}$) 100.0 mL를 적정한다. 다음과 같은 양의 HNO_3를 첨가한 후 용액의 pH를 계산하라.

a. 0.0 mL **d.** 40.0 mL
b. 20.0 mL **e.** 50.0 mL
c. 25.0 mL **f.** 100.0 mL

84. 25°C에서 0.200 M $HONH_2$ 100.0 mL를 0.100 M HCl로 적정한다고 생각하자. ($HONH_2$의 $K_b = 1.1 \times 10^{-8}$)

a. 0.0 mL의 HCl을 첨가한 후 pH를 계산하라.

b. 25.0 mL의 HCl을 첨가한 후 pH를 계산하라.

c. 70.0 mL의 HCl을 첨가한 후 pH를 계산하라.

d. 당량점에서 pH를 계산하라.

e. 300.0 mL의 HCl을 첨가한 후 pH를 계산하라.

f. pH = 6.04가 되려면 몇 mL의 HCl를 첨가해야 하는가?

85. 젖산은 세포 호흡 때문에 생기는 일반적인 부산물이고, 힘든 운동 후에 "얼얼한 아픔"을 일으킨다고 한다. 0.100 M 젖산(lactic acid, $HC_3H_5O_3$, pK_a = 3.86) 25.0 mL를 0.100 M NaOH 용액으로 적정하였다. NaOH를 0.0 mL, 4.0 mL, 8.0 mL, 12.5 mL, 20.0 mL, 24.0 mL, 24.5 mL, 24.9 mL, 25.0 mL, 25.1 mL, 26.0 mL, 28.0 mL, 30.0 mL를 첨가한 후 각각의 pH를 구하라. 계산 결과를 이용하여 pH 대 첨가한 NaOH의 양(mL)으로 곡선을 그려라.

86. 0.100 M 프로판산($HC_3H_5O_2$, $K_a = 1.3 \times 10^{-5}$) 25.0 mL를 0.100 M NaOH로 적정하는 경우 연습 문제 85의 과정을 반복하라.

87. 0.100 M NH_3 ($K_b = 1.8 \times 10^{-5}$) 25.0 mL를 0.100 M HCl로 적정하는 경우 연습 문제 85의 과정을 반복하라.

88. 0.100 M 피리딘($K_b = 1.7 \times 10^{-9}$) 25.0 mL를 0.100 M 염산으로 적정하는 경우 연습 문제 85의 과정을 반복하라. 24.9와 25.1 mL에 대한 pH는 구하지 않는다.

89. 초기 농도와 부피가 모두 동일한 5가지 다른 산을 각각 1.0 M RbOH로 적정한다. 당량의 중간 지점에서 *가장* 높은 pH를 갖는 산 적정과 당량점에서 *가장* 높은 pH를 갖는 산 적정은 무엇인가?

a. HCl

b. HF ($K_a = 7.2 \times 10^{-4}$)

c. HNO_2 ($K_a = 4.0 \times 10^{-4}$)

d. CH_3COOH ($K_a = 1.8 \times 10^{-5}$)

e. HCN ($K_a = 6.2 \times 10^{-10}$)

90. 초기 농도와 부피가 모두 동일한 5개의 다른 염기를 각각 0.1 M HNO_3으로 적정한다. 당량점의 중간점에서 pH가 *가장 낮은* 염기 적정과 당량점에서 pH가 *가장 낮은* 염기 적정은 어느 것인가?

a. CH_3NH_2 ($K_b = 4.4 \times 10^{-4}$)

b. NH_3 ($K_b = 1.8 \times 10^{-5}$)

c. C_5H_5N ($K_b = 1.7 \times 10^{-9}$)

d. $C_6H_5NH_2$ ($K_b = 3.8 \times 10^{-10}$)

e. NaOH

91. 0.10 M HA 75.0 mL에 0.10 M NaOH 30.0 mL를 첨가했더니 pH가 5.50이 되었다. HA의 K_a 값은 얼마인가?

92. 미지의 약염기 0.0100 mol을 100.0 mL의 물에 녹인 후, 0.100 M HNO_3로 적정하였다. 0.100 M HNO_3 40.0 mL가 첨가된 후 이 용액의 pH는 8.00이었다. 이 약염기의 K_b 값을 계산하라.

지시약

93. 지시약 HIn ($K_a = 1.0 \times 10^{-9}$, HIn은 노란색, In^-는 푸른색) 두 방울을 0.10 M HCl 100.0 mL에 첨가하였다.

a. 용액의 초기 색깔은 무엇인가?

b. 용액을 0.10 M NaOH로 적정하였다. 색깔 변화(노란색에서 초록을 띤 노란색으로)가 일어나는 pH는?

c. 200.0 mL의 NaOH를 가한 후에 용액의 색깔은?

94. 메틸 레드(methyl red)는 다음과 같은 구조를 가진다.

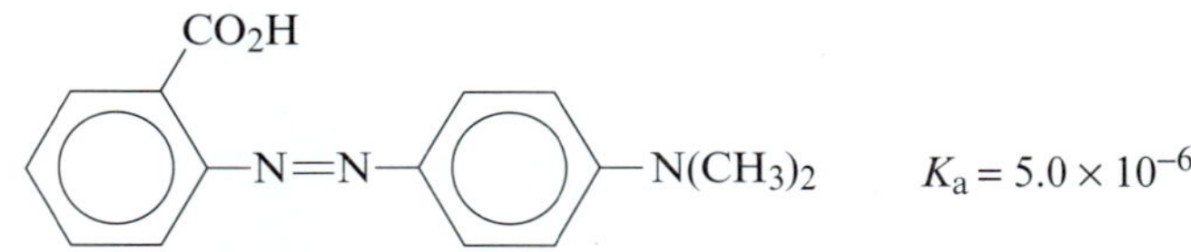

용액이 염기성이 될수록 붉은색에서 노란색으로 변한다. 메틸 레드가 유용한 대략의 pH 범위를 계산하라. 지시약으로 메틸 레드를 사용하여, 약산을 센염기로 적정할 때의 색깔 변화 지점에

서의 pH와 색의 변화는 어떠한가? 지시약으로 메틸 레드를 사용하여, 약염기를 센산으로 적정하였을 때의 색깔 변화 지점에서의 pH와 색의 변화는 어떠한가? 위의 두 적정에서 어느 것이 지시약으로 메틸 레드를 사용할 수 있는가?

95. KHP(몰질량 = 204.22 g/mol)로 알려진 프탈산 수소 포타슘은 높은 순도로 얻을 수 있으며, 다음 반응에 의해 센염기의 농도를 결정하는 데 쓰인다.

$$HP^-(aq) + OH^-(aq) \longrightarrow H_2O(l) + P^{2-}(aq)$$

만약 전형적인 적정 실험이 약 0.5 g KHP를 포함한 상태에서 시작되고 최종 부피가 약 100 mL라면, 이때 필요한 적절한 지시약은 무엇일까? 단 HP^-의 pK_a는 5.51이다.

96. 어떤 지시약 HIn의 pK_a 값이 3.00이고, 색깔 변화는 지시약의 7.00%가 In^-로 변할 때 나타난다고 한다. 색깔 변화가 나타날 때의 pH 값은 얼마인가?

97. 그림 15.8의 어느 지시약이 연습 문제 77과 81의 적정에 사용할 수 있는가?

98. 그림 15.8의 어느 지시약이 연습 문제 79와 83의 적정에 사용할 수 있는가?

99. 그림 15.8의 어느 지시약이 연습 문제 85와 87의 적정에 사용할 수 있는가?

100. 그림 15.8의 어느 지시약이 연습 문제 86과 88의 적정에 사용할 수 있는가?

101. 브롬크레졸 그린(bromcresol green)이 푸른색이고, 티몰 블루(thymol blue)가 노란색인 용액의 pH를 예상하라(그림 15.8 참조).

102. 크리스탈 바이올렛(crystal violet)이 노란색이고, 메틸 오렌지(methyl orange)가 빨간색인 용액의 pH를 예상하라(그림 15.8 참조).

103. pH가 7.0인 용액에 다음의 각 지시약을 첨가하면 용액은 어떤 색을 나타내겠는가?(그림 15.8 참조)

a. 티몰 블루
b. 브롬티몰 블루
c. 메틸 레드
d. 크리스탈 바이올렛

104. 어떤 용액의 pH는 4.50이다. 그림 15.8에 있는 지시약 중에서 이 용액의 pH를 나타내는 데 가장 좋은 것은 어느 것인가?

다양성자산의 적정

105. 이양성자산, H_2A를 NaOH로 적정할 때, 이양성자산의 양성자는 한 번에 하나씩 제거되어 다음과 같은 일반적인 모양의 pH 곡선이 생긴다.

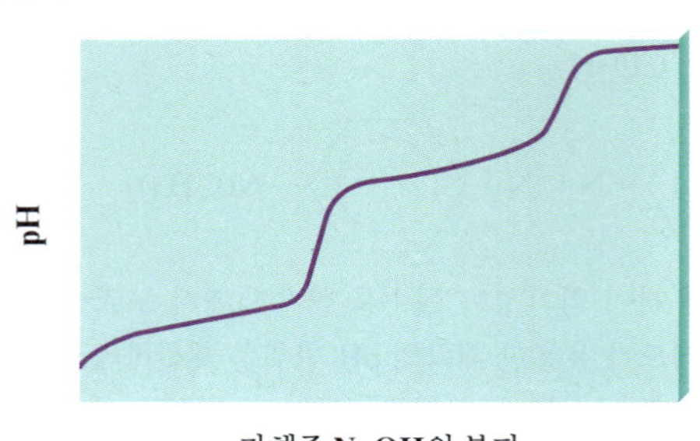

a. 그림은 근본적으로 두 개의 당량점 곡선을 가지고 있음을 주목하라. 첫 번째 당량점은 NaOH가 100.0 mL 첨가되었을 때 생긴다면, 두 번째 당량점에 해당하는 NaOH의 첨가된 부피는 얼마인가?

b. 첨가되는 NaOH의 다음과 같은 부피에 대해, OH^-가 완전히 반응한 후 존재하는 주성분 화학종을 나열하라.

i. 0 mL의 NaOH를 가했을 때
ii. 0과 100.0 mL 사이의 NaOH를 가했을 때
iii. 100.0 mL의 NaOH를 가했을 때
iv. 100.0 mL와 200.0 mL 사이의 NaOH를 가했을 때
v. 200.0 mL의 NaOH를 가했을 때
vi. 200.0 mL의 NaOH를 가한 후

c. 50.0 mL의 NaOH를 가했을 때 pH가 4.0이고, 150.0 mL의 NaOH를 가했을 때 pH가 8.0이라면, 이양성자산(diprotic acid)에 대한 K_{a_1}과 K_{a_2} 값을 결정하라.

106. 아스코르브산은 $K_{a_1} = 7.9 \times 10^{-5}$ 및 $K_{a_2} = 1.6 \times 10^{-12}$인 이양성자산이다. 0.50 *M* KOH로 0.50 *M* 아스코르브산 100.0 mL를 적정한다고 생각해 보자.

a. 50.0 mL의 KOH를 첨가한 후 pH를 계산하라.
b. 150.0 mL의 KOH를 첨가한 후 pH를 계산하라.

107. 50.0 mL의 0.10 *M* H_3A ($K_{a_1} = 5.0 \times 10^{-4}$, $K_{a_2} = 1.0 \times 10^{-8}$, $K_{a_3} = 1.0 \times 10^{-11}$)를 0.10 *M* KOH로 적정하는 반응을 생각해 보자.

a. 125 mL의 KOH가 첨가되었을 때, 용액의 pH를 계산하라.
b. 몇 mL의 KOH를 가하면 pH = 3.30이 되겠는가?
c. 75.0 mL의 KOH가 첨가하였을 때, 용액은 산성인가 아니면 염기성인가?

108. 0.50 *M* NaOH로 0.25 *M* H_3AsO_4 100.0 mL를 적정하는 것을 생각해 보자. H_3AsO_4의 경우 $K_{a_1} = 5.5 \times 10^{-3}$, $K_{a_2} = 1.7 \times 10^{-7}$ 및 $K_{a_3} = 5.1 \times 10^{-12}$이다.

a. 첫 번째, 두 번째 및 세 번째 당량점에 도달하는 데 필요한 NaOH의 양은 얼마인가?
b. 125.0 mL의 NaOH를 첨가한 후의 pH를 계산하라.
c. NaOH를 몇 mL를 가하면 $[H^+] = 1.7 \times 10^{-7}$ *M*이 되겠는가?

화학 활동 문제

109. Henderson-Hasselbalch 방정식과 유사하지만 약염기와 그 짝산(예: NH_3 및 NH_4^+)으로 구성된 완충 용액의 pOH 및 pK_b와 관련된 방정식을 유도하라.

110. a. 0.100 *M* 벤조산($C_6H_5CO_2H$, benzoic acid, $K_a = 6.4 \times 10^{-5}$)과 0.100 *M* $C_6H_5CO_2Na$로 제조된 완충 용액의 pH를 계산하라.

b. 벤조산에 센염기를 가하여 20.0%(몰 기준)가 벤조산 음이온으로 전환된 후의 pH를 계산하라. pH를 계산하기 위하여 다음의 해리 평형을 사용하라.

$$C_6H_5CO_2H(aq) \rightleftharpoons C_6H_5CO_2^-(aq) + H^+(aq)$$

c. 다음의 평형을 이용하여 문제 b와 같이 pH를 계산하라.

$$C_6H_5CO_2^-(aq) + H_2O(l) \rightleftharpoons C_6H_5CO_2H(aq) + OH^-(aq)$$

d. 문제 b와 문제 c의 답은 일치하는가? 설명하라.

111. TRIS 또는 트리즈마(Trizma)로 불리는 트리스(히드록시메틸)아미노메테인은 생화학 연구에서 완충 용액으로 자주 사용된다. 수용액 반응에서 이것의 완충 작용 범위는 pH 7에서 9까지이고, K_b는 1.19×10^{-6}이다.

$$\underset{\text{TRIS}}{(HOCH_2)_3CNH_2} + H_2O \rightleftharpoons \underset{\text{TRISH}^+}{(HOCH_2)_3CNH_3^+} + OH^-$$

a. 이 TRIS 완충 용액에서 최적 pH는 얼마인가?

b. pH = 7.00과 pH = 9.00에서 [TRIS]/[TRISH$^+$]의 비를 계산하라.

c. TRIS 염기 50.0 g과 TRIS 염산(TRISHCl로 나타내었다) 65.0 g을 사용하여 총 부피가 2.0 L인 완충 용액을 만들었다. 이 완충 용액의 pH는 얼마인가? 이 완충 용액 200.0 mL에 0.50 mL의 12 *M* HCl을 첨가한 후의 pH는 얼마인가?

112. 아세트산과 아세트산 소듐을 혼합하여 완충 용액(pH = 4.00) 1.00 L를 제조한다. 완충 용액 성분들이 1.00 *M* 용액으로 존재한다면, 위의 완충 용액을 제조하기 위해 혼합해야 하는 각 성분 용액의 부피는 얼마인가?

113. 아래의 시약을 가지고 있다.

고체(산 형태의 pK_a가 주어져 있다)	용액
벤조산(benzoic acid) (4.19)	5.0 *M* HCl
아세트산 소듐(sodium acetate) (4.74)	1.0 *M* 아세트산(4.74)
플루오린화 포타슘(potassium fluoride) (3.14)	2.6 *M* NaOH
염화 암모늄(ammonium chloride) (9.26)	1.0 *M* HOCl (7.46)

아래 pH 값을 가지는 완충 용액을 제조하기 위해 어떤 시약들을 사용해야 하는가?

a. 3.0 **b.** 4.0 **c.** 5.0 **d.** 7.0 **e.** 9.0

114. 우리 몸에 있는 모든 단백질의 단량체들은 아미노산들이다. 아래는 아미노산 알라닌(alanine)의 구조이다.

$$\begin{array}{c} \quad CH_3\;\; O \\ \quad\;\; | \quad\;\; \| \\ H_2N - C - C - OH \\ \quad\;\; | \\ \quad\;\; H \end{array}$$

아미노기 카복실산기

모든 아미노산은 산성 또는 염기성 성질을 가지는 작용기를 최소 두 개를 가지고 있다. 알라닌의 카복실산 기는 $K_a = 4.5 \times 10^{-3}$이고 아미노 기는 $K_b = 7.4 \times 10^{-5}$이다. 산성 및 염기성 성질을 가지는 두 개의 작용기로 인해, 알라닌이 물에 용해될 때 세 종류의 알라닌 이온들이 만들어진다. [H$^+$] = 1.0 *M* 용액에서 세 종류의 알라닌 이온 중 어느 이온이 가장 많이 존재하겠는가? [OH$^-$] = 1.0 *M* 용액에서는 어떠한가?

***115.** 인산염 완충 용액은 세포내 유체의 pH를 일반적으로 7.1과 7.2 사이로 조절하는 데 중요한 역할을 한다.

a. pH가 7.15일 때 세포 내 유체에서 $H_2PO_4^-$와 HPO_4^{2-}의 농도비는 얼마인가?

$$H_2PO_4^-(aq) \rightleftharpoons HPO_4^{2-}(aq) + H^+(aq) \qquad K_a = 6.2 \times 10^{-8}$$

b. H_3PO_4와 $H_2PO_4^-$로 구성된 완충 용액은 세포 내 유체의 pH를 완충 작용하는 데 왜 효과적이지 못한가?

$$H_3PO_4(aq) \rightleftharpoons H_2PO_4^-(aq) + H^+(aq) \qquad K_a = 7.5 \times 10^{-3}$$

116. 다음의 산과 염기들에 대해 pH = 9.0인 완충 용액을 제조하기 위해 최선의 물질을 선택하라.

HCO_2H	$K_a = 1.8 \times 10^{-4}$
HOBr	$K_a = 2.0 \times 10^{-9}$
$(C_2H_5)_2NH$	$K_b = 1.3 \times 10^{-3}$
$HONH_2$	$K_b = 1.1 \times 10^{-8}$

a. HCO_2H **c.** $KHCO_2$
b. HOBr **d.** $HONH_3NO_3$
e. $(C_2H_5)_2NH$ **g.** $HONH_2$
f. $(C_2H_5)_2NH_2Cl$ **h.** NaOBr

117. 0.275 *M* 플루오로벤조산($C_7H_5O_2F$) 75.0 mL와 0.472 *M* 플루오로벤조산 소듐 55.0 mL를 혼합하여 완충 용액을 만들었다. 플루오로벤조산의 pK_a는 2.90이다. 완충 용액의 pH는 얼마인가?

118. 250.mL의 0.174 *m* HF(밀도 = 1.10 g/mL) 수용액과 1.50% NaOH(밀도 = 1.02 g/mL)인 수용액 38.7 g을 혼합하여 만든 용액의 pH를 계산하라. (HF에 대한 $K_a = 7.2 \times 10^{-4}$.)

119. A$^-$가 약산의 음이온인 이온성 화합물 NaA의 10.00 g 시료를 충분한 물에 용해시켜 100.0 mL의 용액을 만든 다음 0.100 *M* HCl으로 적정하였다. 500.0 mL HCl을 첨가한 후 pH는 5.00이었다. 실험자는 적정의 화학량론 점에 도달하기 위해 1.00 L의 0.100 *M* HCl이 필요하다는 것을 알았다.

a. NaA의 몰질량은 얼마인가?

b. 적정의 화학량론적 점에서 용액의 pH를 계산하라.

120. 1.0 L의 2.0 *M* NaOH에 HCl(g)을 얼마만큼(몰) 첨가하면 pH = 0.00이 되겠는가? (단 부피 변화는 무시하라.)

121. 수용액에서 다음 각 반응의 평형 상수 값을 계산하라.

a. $HC_2H_3O_2 + OH^- \rightleftharpoons C_2H_3O_2^- + H_2O$

b. $C_2H_3O_2^- + H^+ \rightleftharpoons HC_2H_3O_2$

c. $HCl + NaOH \rightleftharpoons NaCl + H_2O$

122. 다음의 그래프는 여러 가지 산들을 0.10 *M* NaOH로 적정할 때 pH 변화이다(모든 산의 농도는 0.10 *M*이고 부피는 50.0 mL).

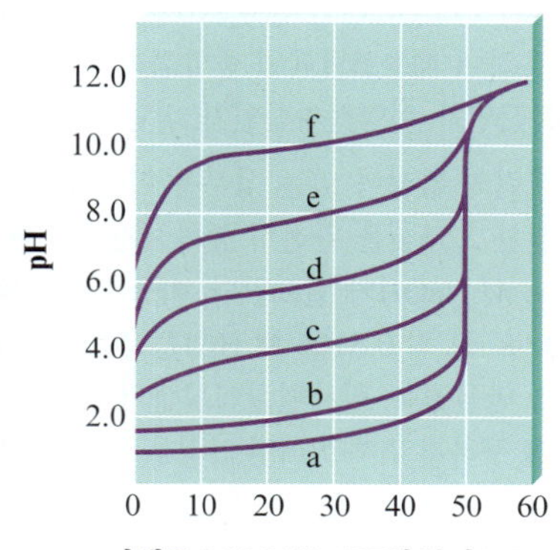

가해준 0.10 *M* NaOH의 부피(mL)

a. 가장 약산에 해당하는 pH 곡선은 어느 것인가?

b. 가장 센산에 해당하는 pH 곡선은 어느 것인가? 산의 초기 농도를 모를 때, 사용한 산이 센산인지 약산인지를 pH 변화 곡선상의 어느 점이 구분해 주는가?

c. $K_a \approx 1 \times 10^{-6}$ 값을 갖는 산에 해당하는 pH 곡선은 어느 것인가?

123. 다음 각각의 적정에 대해 중간점과 당량점에서 pH를 계산하라.

a. 0.10 M $HC_7H_5O_2$ ($K_a = 6.4 \times 10^{-5}$) 100.0 mL를 0.10 M NaOH로 적정

b. 0.10 M $C_2H_5NH_2$ ($K_b = 5.6 \times 10^{-4}$) 100.0 mL를 0.20 M HNO_3로 적정

c. 0.50 M HCl 100.0 mL를 0.25 M NaOH로 적정

124. 0.100 M 염기(B) 25.0 mL를 0.0500 M HCl로 적정하였다. 수집된 데이터는 다음과 같다.

첨가한 HCl 부피(mL)	0.00	20.0	25.0	30.0	40.0	50.0	60.0
용액의 pH	11.11	9.43	9.25	9.08	8.65	5.28	2.04

a. 이 적정에 관한 다음 설명 중 *옳게* 설명한 것은 어느 것인가?

i. 당량의 중간 지점에서 pH는 9.43이다.

ii. 당량점의 pH는 9.25이다.

iii. 적정된 염기(B)는 센염기이다.

iv. 40.0 mL의 HCl이 첨가되었을 때, 존재하는 염기(B)의 모든 초기 몰 수와 반응하기에 충분한 양의 HCl이 첨가되었다.

v. 25.0 mL의 HCl이 첨가되었을 때, 존재하는 염기(B)의 초기 몰의 1/2과 반응하기에 충분한 HCl이 첨가되었다.

b. 적정된 염기(B)의 pK_b 값은 얼마인가?

125. 0.200 M HCl 500.0 mL의 용액이 pH = 2.15에 도달하기 위해 필요한 1.50×10^{-2} M NaOH의 부피를 계산하라. (부피 변화는 무시하라.)

126. 0.100 M HNO_3 25.0 mL를 0.100 M NaOH로 적정을 한다. 연습 문제 85의 과정을 반복하라.

127. 어떤 아세트산 용액의 pH = 2.68이다. 25.0 mL의 아세트산 용액을 적정할 때 당량점에 도달하는 데 필요한 0.0975 M KOH의 부피는 얼마인가?

128. 몰질량이 192 g/mol인 산 0.210 g을 0.108 M NaOH 30.5 mL를 사용하여 페놀프탈레인 종말점까지 적정하였다. 이 산은 일양성자산인가, 이양성자산인가, 삼양성자산인가?

129. 아스피린의 활성이 있는 성분은 아세틸살리실산이다. 아세틸살리실산 2.51 g을 완전히 중화시키기 위해서는 27.36 mL의 0.5106 M NaOH가 필요하다. 아스피린과 NaOH가 담긴 용기에 13.68 mL의 0.5106 M HCl을 첨가하여 pH가 3.48인 혼합 용액을 만들었다. 아세틸살리실산의 몰질량과 K_a 값을 구하라. 이 답을 구하기 위해 어떠한 가정을 사용하였는지 설명하라.

130. 아스피린($C_9H_8O_4$)의 순도를 측정하는 한 가지 방법은 NaOH 용액으로 이것을 가수분해하고, 남아있는 NaOH를 적정하는 것이다. 아스피린과 NaOH의 반응은 다음과 같다.

$$\underset{\text{아스피린}}{C_9H_8O_4(s)} + 2OH^-(aq) \xrightarrow[\text{10분}]{\text{끓임}} \underset{\text{살리실산 이온}}{C_7H_5O_3^-(aq)} + \underset{\text{아세트산 이온}}{C_2H_3O_2^-(aq)} + H_2O(l)$$

1.427 g의 아스피린 시료를 50.00 mL의 0.500 M NaOH에 첨가하여 끓인 후, 이 용액을 식힌 다음 초과량의 NaOH를 적정하는 데 0.289 M HCl 31.92 mL를 사용하였다. 아스피린의 순도를 계산하라. 이 적정에 어떠한 지시약을 사용할 수 있는가? 이유는?

131. 한 학생이 약한 일양성자산을 NaOH 용액으로 적정하려고 하였으나, 두 용액을 바꾸어 약산 용액을 뷰렛에 넣고 NaOH 용액을 적정하였다. 약산 23.75 mL를 0.100 M NaOH 50.0 mL에 첨가한 후, 용액의 pH는 10.50이 되었다. 이 약산의 초기 농도를 구하라.

132. 한 학생이 미지의 약산 HA를 25.0 mL의 0.100 M NaOH 용액으로 옅은 분홍색 페놀프탈레인 종말점까지 적정하였다. 그리고 다시 13.0 mL의 0.100 M HCl 용액을 첨가하였다. 이때 용액의 pH가 4.70이었다. 미지 산의 pK_a 값과 4.70은 어떤 연관이 있는가?

133. 어떤 약한 일양성자산 시료를 물에 녹이고, 0.125 M NaOH로 적정하여 당량점에 도달하는 데 16.00 mL를 사용하였다. 적정하는 동안 2.00 mL NaOH를 첨가한 후 pH는 6.912였다. 이 약산의 K_a를 계산하라.

134. 염료, 시아니딘 아글리콘(cyanidin aglycone)은 붉은 양배추(*Brassica oleracea* var. *capitata f. ruba*)에서 특징적인 붉은 천연색을 제공하는 안토시아닌(anthocyanin) 중의 하나이다. 많은 화학 전공 학생들은 산-염기 화학을 연구하기 위해서 "붉은 양배추 지시약"을 사용해 오고 있다. 시아니딘 아글리콘이 색깔 변화를 가져올 수 있는 pH 범위를 예측하라.

시아니딘 아글리콘(Anth-H)

135. 100.0 mL의 0.100 M NaF와 100.0 mL의 0.025 M HCl를 혼합하여 만들어진 용액의 pH를 계산하라.

도전 문제

136. pH 적정에 대한 자료 처리의 또 다른 방법은 가해진 부피(mL)에 대해서 가해진 부피(mL)의 변화당 pH 변화의 절댓값의 그래프(ΔpH/ΔmL 대 가해진 mL)를 그리는 것이다. 연습 문제 85의 결과를 이용하여 이 그래프를 그려라. 적정 자료를 처리하는 전통적인 방법보다 어떤 장점이 있는가?

137. 0.750 M $HC_3H_5O_2$ ($K_a = 1.3 \times 10^{-5}$) 45.0 mL와 0.700 M $NaC_3H_5O_2$ 55.0 mL로 만들어진 완충 용액에서 완충 용액의 pH를 2.5% 변화시키기 위해 첨가해야 되는 0.10 M NaOH의 부피는 얼마인가?

138. 0.400 M 암모니아 용액을 염산으로 당량점까지 적정하였을 때, 총 부피가 원래 부피의 1.50배가 되었다. 당량점에서 pH는 얼마인가?

139. pH가 8.00이 되기 위하여 0.0500 M HOCl 1.00 L에 첨가해야 되는 0.0100 M NaOH의 부피는 얼마인가?

140. 0.100 M H_2SO_4 50.0 mL, 0.100 M HOCl 30.0 mL, 0.200 M NaOH 25.0 mL, 0.100 M $Ba(OH)_2$ 25.0 mL, 0.150 M KOH 10.0 mL를 혼합한 용액의 pH를 계산하라.

141. 카코딜산[cacodylic acid, $(CH_3)_2AsO_2H$]은 $pK_a = 6.19$의 약산인 독성 화합물이다. 이 물질은 완충 용액을 만드는 데 사용된다. 완충 용액에 비소가 포함된 화학종(species)의 총 농도가 0.25 M을 갖는(아래 식 참조) 500.0 mL의 pH = 6.60 완충 용액을 제조하는 데 사용되어야 할 카코딜산과 카코딜산 소듐의 질량을 계산하라.

$$[(CH_3)_2AsO_2H] + [(CH_3)_2AsO_2^-] = 0.25\ M$$

142. 100.0 mL의 0.10 M 인산을 0.10 M NaOH로 적정하는 것을 생각해 보자.

a. 일반적인 가설을 만들어서 세 번째 당량점의 절반이 중화된 점에서 pH를 결정하라.

b. 세 번째 당량점에서 pH를 계산하라.

c. 왜 문제 a에 대한 답이 틀렸는가? 문제 a의 가설의 어느 부분이 타당하지 않은가?

d. 세 번째 당량점의 절반에서의 pH를 계산하라.

143. 다음의 정성적인 적정 곡선은 Na_2CO_3를 HCl로 적정할 때의 그래프이다.

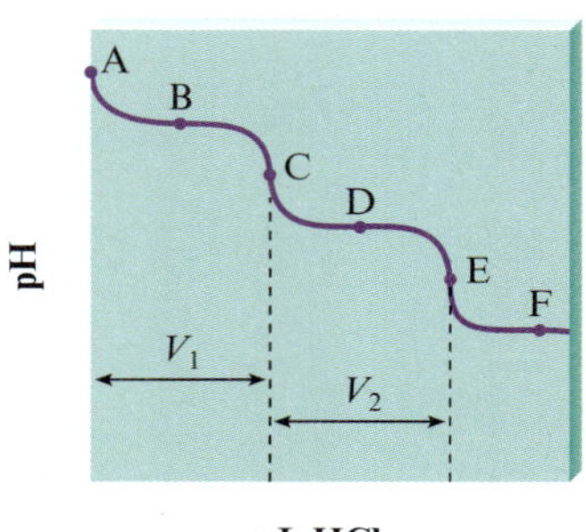

a. A~F 지점에서의 용액의 주성분 화학종은 각각 무엇인가?

b. 당량점의 중간 지점인 B와 D에서의 pH를 계산하라.

144. Na_2CO_3를 HCl로 적정하는 연습 문제 143의 적정 곡선을 생각해 보자.

a. 만약 $NaHCO_3$와 Na_2CO_3의 혼합물을 적정한다면, V_1과 V_2의 상대적 크기는 어떻게 될까?

b. 만약 NaOH와 Na_2CO_3의 혼합물을 적정한다면, V_1과 V_2의 상대적 크기는 어떻게 될까?

c. 시료는 $NaHCO_3$와 Na_2CO_3의 혼합물을 포함하고 있다. 이 시료를 0.100 M HCl로 적정하였더니, 첫 번째 당량점은 18.9 mL가 첨가되었을 때, 두 번째 당량점은 36.7 mL가 더 첨가되었을 때 도달하였다. 시료의 질량 백분율로 나타낸 조성은 무엇인가?

145. 다음 네 가지 용액을 생각해 보자.

i. 0.50 M $(C_2H_5)_3N$의 100.0 mL [$(C_2H_5)_3N$에 대한 K_b 54.0×10^{-4}]

ii. 0.30 M $HClO_4$ 50.0 mL

iii. 0.30 M KOH 50.0 mL

iv. 0.50 M $(C_2H_5)_3NHI$ 100.0 mL

a. 용액 i와 ii가 혼합될 때 결과 용액의 pH를 계산하라.

b. 용액 i, iii 및 iv가 혼합될 때 결과 용액의 pH를 계산하라.

c. 용액 i, ii, iii 및 iv가 혼합될 때 결과 용액의 pH를 계산하라.

146. 다음 다섯 가지 용액을 생각하자.

i. 0.250 M NaOCl 50.0 mL

ii. 0.500 M HNO_3 25.0 mL

iii. 50.0 mL의 0.250 M HOCl (HOCl에 대한 $K_a = 3.5 \times 10^{-8}$.)

iv. 0.250 M KOH 50.0 mL

v. 0.500 M KBr의 25.0 mL

a. 용액 i와 ii가 혼합하였을 때 결과 용액의 pH를 계산하라.

b. 용액 ii, iv 및 v가 혼합될 때 결과 용액의 pH를 계산하라.

c. 용액 i, ii, iii, iv 및 v가 혼합될 때 결과 용액의 pH를 계산하라.

147. 다음 표에 있는 각각의 지시약 몇 방울을 1.0 M의 약산 HX 용액 각각에 넣었다. 그 결과는 표의 마지막 열에 나타내었다. HX의 각 용액의 pH는 대략 얼마인가? HX에 대한 K_a의 근삿값을 계산하라.

지시약	HIn의 색	In^-의 색	HIn의 pK_a	1.0 M HX의 색
브롬페놀 블루	노란색	푸른색	4.0	푸른색
브롬크레솔 퍼플	노란색	자주색	6.0	노란색
브롬크레솔 그린	노란색	푸른색	4.8	초록색
알리자린	노란색	붉은색	6.5	노란색

148. 말론산($HO_2CCH_2CO_2H$)은 이양성자산이다. 말론산을 NaOH로 적정하면, 당량점은 pH가 3.9와 8.8에서 나타난다. 미지 농도의 말론산 시료 25.00 mL를 0.0984 M NaOH로 적정하였더니, 페놀프탈레인 종말점에 이르는 데 NaOH 31.50 mL가 필요하였다. 이 미지 용액에서의 말론산 농도를 계산하라.

마라톤 문제

이 문제들은 여러 가지 개념과 기법을 하나의 상황으로 통합하도록 구성되었다.

149. 아래 용액을 혼합한 용액이 있다.

50.0 mL의 0.100 M Na_3PO_4
100.0 mL의 0.0500 M KOH
200.0 mL의 0.0750 M HCl
50.0 mL의 0.150 M NaCN

이 혼합액의 최종 pH가 7.21이 되도록 하기 위해 가해야 할 0.100 M HNO_3의 부피는 얼마인가?

Chapter 16

Luray 동굴의 종유석과 석순이 물에 반사되고 있다. 이러한 지형은 이산화 탄소에 의해 산성화된 지하수가 탄산염 광물을 용해했다가, 물이 증발할 때 고체로 굳어 형성된다. (Chad Stewart/Getty Images)

용해도와 착이온 평형

Solubility and Complex Ion Equilibria

자연계에서 일어나는 대부분의 화학 반응은 수용액에서 일어난다. 수용액 평형에서 가장 중요한 것 중의 하나인 산-염기 반응을 이미 앞에서 소개한 바 있다. 이 장에서는 염의 용해도 및 착이온 형성과 관련된 다양한 수용액 평형을 다룬다.

산-염기, 용해도, 착이온 평형의 상호작용은 종종 무기물의 풍화, 식물의 영양소 흡수, 충치 생성과 같은 자연계에서 일어나는 과정에 중요하다. 예를 들어, 석회석($CaCO_3$)은 이산화 탄소가 녹아 산성화된 물에 녹는다.

$$CO_2(aq) + H_2O(l) \rightleftharpoons H^+(aq) + HCO_3^-(aq)$$
$$H^+(aq) + CaCO_3(s) \rightleftharpoons Ca^{2+}(aq) + HCO_3^-(aq)$$

위에 나타낸 두 단계 과정과 그 역과정으로 석회 동굴의 형성과 그 안에서 종유석과 석순이 형성되는 것을 설명할 수 있다. 정반응을 통하여 이산화 탄소가 포함된 산성화된 물이 지하의 석회석을 녹여 동굴을 만든다. 동굴 천정으로부터 물이 떨어지며 역반응이 일어나 공기 중으로 이산화 탄소가 이탈된다. 이 과정으로 고체 탄산 칼슘이 형성되어 천정에 종유석이 형성되고, 물방울이 떨어지는 동굴 바닥에 석순이 형성된다.

이 장에서는 수용액으로부터 고체의 형성과 그와 관련된 평형에 관해 논의할 것이다. 또한 선택적 침전과 착이온 형성을 이용한 정성 분석에 대해서도 알아볼 것이다.

16.1 용해도 평형과 용해도곱

용해도는 매우 중요한 현상이다. 설탕이나 소금이 물에 녹기 때문에 우리는 음식 맛을 쉽게 느낄 수 있다. 황산 칼슘은 찬물보다 뜨거운 물에 덜 녹기 때문에, 보일러 관 표면에 침착되어 열효율을 감소시킨다. 충치도 용해도와 관련이 있다. 음식물이 치아 사이에 끼이면 산이 형성되어 *수산화 인회석*(*hydroxyapatite*, $Ca_5(PO_4)_3OH$)이 포함된 치아의 법랑질을 녹인다. 플루오린화물로 처치하면 충치를 줄일 수 있다(화학 관련 읽을거리-치아의 화학 참조). 플루오린화 이온이 수산화 인회석의 수산화 이온을 치환하여 플루오린화 인회석($Ca_5(PO_4)_3F$)과 플루오린화 칼슘(CaF_2)으로 되어, 본래의 법랑질보다 산에 덜 녹는다. 위장관 X-선 사진의 선명도를 높이기 위해 황산 바륨 현탁액을 사용하는 것도 용해도의 또 다른 중요한 응용이다. 황산 바륨이 인체에 해로운 Ba^{2+} 이온을 포함하더라도 용해도가 매우 낮기 때문에 이 화합물을 섭취하더라도 안전하다.

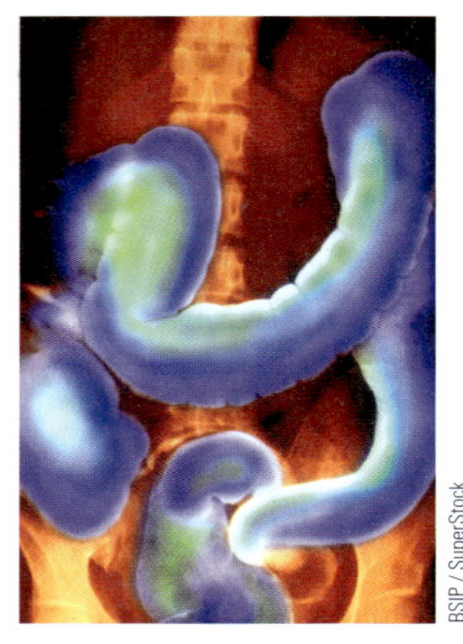

▲ 황산 바륨을 이용하여 촬영한 하부 위장관의 X-선 사진.

이 절에서는 용해되어 수용액을 만드는 고체와 관련된 평형을 살펴볼 것이다. 전형적인 이온성 고체가 물에 녹으면 완전히 해리되어 수화된 양이온과 음이온으로 나누어진다고 가정한다. 예를 들어, 플루오린화 칼슘은 다음과 같이 물에 녹는다.

$$CaF_2(s) \xrightarrow{H_2O} Ca^{2+}(aq) + 2F^-(aq)$$

처음에 고체 염을 물에 첨가할 때는 Ca^{2+} 이온과 F^- 이온은 존재하지 않는다. 그러나 용해가 진행됨에 따라 Ca^{2+}와 F^-의 농도가 증가하게 되어, 이들 이온이 충돌하여 고체상을 다시 만들 가능성이 더 커진다. 따라서 두 경쟁 반응, 즉 용해 반응과 그 역반응이 일어난다.

$$Ca^{2+}(aq) + 2F^-(aq) \longrightarrow CaF_2(s)$$

최종적으로 용해와 침전 형성 사이에 동적 평형이 이루어진다.

$$CaF_2(s) \rightleftharpoons Ca^{2+}(aq) + 2F^-(aq)$$

간단히 용액에서 이온들의 회합 효과는 무시하기로 한다.

평형에 도달하면 더 이상의 고체가 녹지 않고, 용액은 *포화되었다*고 한다.

질량 작용의 법칙에 따라 이 과정에 대한 평형식을 다음과 같이 나타낼 수 있다.

$$K_{sp} = [Ca^{2+}][F^-]^2$$

여기에서 $[Ca^{2+}]$와 $[F^-]$는 mol/L 단위로 나타낸다. 상수 K_{sp}를 **용해도곱 상수**(solubility

직업 속의 화학

FDA 감독 약리학자

Kia Jackson 박사는 미국 식품의약국(FDA)에서 수석 약리학자로 근무하고 있으며, 담배가 신체와 뇌의 생물학에 어떤 영향을 미치는지를 다룬 논문을 10편 이상 발표했다. 그녀는 North Carolina Agricultural and Technical State 대학교에서 생물학 학사 학위를, Virginia Commonwealth 대학교 의과대학에서 약리학 및 독성학 박사 학위를 취득했다. Jackson 박사의 연구 논문은 담배에 포함된 소량의 알칼로이드가 지닌 향정신성 효과에 대한 내용을 다루고 있으며, 가향 담배(flavored cigarettes)가 청소년 흡연에 미치는 영향을 분석하는 모델도 탐구하고 있다. 그녀의 연구는 학창 시절 배운 과학 지식을 현실에 적용하는 데 중점을 두고 진행되고 있다.

Dr. Kia Jackson

product constant), 또는 간단히 **용해도곱**(solubility product)이라고 부른다.

순수한 액체와 순수한 고체는 평형식에 포함되지 않는다(13.4절).

CaF_2는 순수한 고체이므로 평형식에 포함되지 않는다. 과량으로 존재하는 고체가 용해도 평형의 위치에 영향을 미치지 않는다는 사실이 처음에는 이상하게 느껴질 수도 있다. 고체가 많으면 용매에 노출된 표면적도 커져 용해도가 더 커질 것으로 생각된다. 그러나 그렇지 않다. 용액에 있는 이온들이 다시 고체를 형성할 때, 이온들은 고체의 표면에서 반응한다. 따라서 고체의 표면적이 두 배로 되면 녹는 속도가 두 배로 될 뿐만 아니라, 용액에 있는 이온이 다시 고체로 되는 속도도 두 배로 된다. 그러므로 과량으로 존재하는 고체는 평형의 위치에 영향을 미치지 않는다. 마찬가지로, 고체를 갈아서 표면적을 늘리거나 또는 용액을 저어주면 평형에는 빨리 도달한다. 그러나 평형 상태에서 녹아 있는 고체의 양을 바꾸지는 못한다. 고체가 과량이거나 또는 고체 입자의 크기가 달라지더라도 용해도 평형의 *위치*를 이동시키지 못한다.

주어진 고체의 *용해도*와 *용해도곱*을 구별하는 것은 매우 중요하다. 용해도곱은 *평형 상수*이고, 주어진 온도에서 주어진 고체에 대해 단 *한 개*의 값만을 갖는다. 반면에 용해도는 *평형의 위치*이다. 특정 온도에서 주어진 염은 순수한 물에 정해진 용해도를 갖는다. 반면 용액에 공통 이온이 존재하면, 용해도는 공통 이온의 농도에 따라 달라진다. 그러나 모든 경우에 이온 농도의 곱은 K_{sp}를 만족시켜야 한다. 보편적인 이온성 고체에 대한 25°C에서의 K_{sp} 값을 표 16.1에 나타내었다. 관습적으로 단위는 생략한다.

K_{sp}는 평형 상수이고, 용해도는 평형의 위치이다.

예제 16.1과 16.2에 나타낸 바와 같이, 용해도 평형 문제를 풀 때 산-염기 평형에서 사용한 것과 같은 과정이 필요하다.

대화형 예제 16.1 용해도로부터 K_{sp} 계산 I

25°C에서 측정한 브로민화 구리(I)의 용해도는 2.0×10^{-4} mol/L이다. K_{sp} 값을 계산하라.

풀이 이 실험은 고체를 순수한 물속에 넣은 경우이며, 반응이 일어나기 전의 계에는 CuBr와 H_2O만이 존재한다. 계에서 반응이 일어나 CuBr이 해리되고, Cu^+ 이온과 Br^- 이온으로 나누어진다.

$$CuBr(s) \rightleftharpoons Cu^+(aq) + Br^-(aq)$$

이때, $K_{sp} = [Cu^+][Br^-]$이다.

표 16.1 25°C에서 일반적인 이온성 고체의 K_{sp} 값

이온성 고체	K_{sp} (25°C에서)	이온성 고체	K_{sp} (25°C에서)	이온성 고체	K_{sp} (25°C에서)
플루오린화물		**크로뮴산염**		**수산화물 (계속)**	
BaF_2	2.4×10^{-5}	$SrCrO_4$	3.6×10^{-5}	$Fe(OH)_2$	1.8×10^{-15}
MgF_2	6.4×10^{-9}	Hg_2CrO_4*	2×10^{-9}	$Co(OH)_2$	2.5×10^{-16}
PbF_2	4×10^{-8}	$BaCrO_4$	8.5×10^{-11}	$Ni(OH)_2$	1.6×10^{-16}
SrF_2	7.9×10^{-10}	Ag_2CrO_4	9.0×10^{-12}	$Zn(OH)_2$	4.5×10^{-17}
CaF_2	4.0×10^{-11}	$PbCrO_4$	2×10^{-16}	$Cu(OH)_2$	1.6×10^{-19}
				$Hg(OH)_2$	3×10^{-26}
염화물		**탄산염**		$Sn(OH)_2$	3×10^{-27}
$PbCl_2$	1.6×10^{-5}	$NiCO_3$	1.4×10^{-7}	$Cr(OH)_3$	6.7×10^{-31}
$AgCl$	1.6×10^{-10}	$CaCO_3$	8.7×10^{-9}	$Al(OH)_3$	2×10^{-32}
Hg_2Cl_2*	1.1×10^{-18}	$BaCO_3$	1.6×10^{-9}	$Fe(OH)_3$	4×10^{-38}
		$SrCO_3$	7×10^{-10}	$Co(OH)_3$	2.5×10^{-43}
브로민화물		$CuCO_3$	2.5×10^{-10}		
$PbBr_2$	4.6×10^{-6}	$ZnCO_3$	2×10^{-10}	**황화물**	
$AgBr$	5.0×10^{-13}	$MnCO_3$	8.8×10^{-11}	MnS	2.3×10^{-13}
Hg_2Br_2*	1.3×10^{-22}	$FeCO_3$	2.1×10^{-11}	FeS	3.7×10^{-19}
		Ag_2CO_3	8.1×10^{-12}	NiS	3×10^{-21}
아이오딘화물		$CdCO_3$	5.2×10^{-12}	CoS	5×10^{-22}
PbI_2	1.4×10^{-8}	$PbCO_3$	1.5×10^{-15}	ZnS	2.5×10^{-22}
AgI	1.5×10^{-16}	$MgCO_3$	6.8×10^{-6}	SnS	1×10^{-26}
Hg_2I_2*	4.5×10^{-29}	Hg_2CO_3*	9.0×10^{-15}	CdS	1.0×10^{-28}
				PbS	7×10^{-29}
황산염		**수산화물**		CuS	8.5×10^{-45}
$CaSO_4$	6.1×10^{-5}	$Ba(OH)_2$	5.0×10^{-3}	Ag_2S	1.6×10^{-49}
Ag_2SO_4	1.2×10^{-5}	$Sr(OH)_2$	3.2×10^{-4}	HgS	1.6×10^{-54}
$SrSO_4$	3.2×10^{-7}	$Ca(OH)_2$	1.3×10^{-6}		
$PbSO_4$	1.3×10^{-8}	$AgOH$	2.0×10^{-8}	**인산염**	
$BaSO_4$	1.5×10^{-9}	$Mg(OH)_2$	8.9×10^{-12}	Ag_3PO_4	1.8×10^{-18}
		$Mn(OH)_2$	2×10^{-13}	$Sr_3(PO4)_2$	1×10^{-31}
		$Cd(OH)_2$	5.9×10^{-15}	$Ca_3(PO4)_2$	1.3×10^{-32}
		$Pb(OH)_2$	1.2×10^{-15}	$Ba_3(PO4)_2$	6×10^{-39}

*수은 이온의 형태는 Hg_2^{2+} 이온이다. 예를 들면 Hg_2X_2 염의 $K = [Hg_2^{2+}][X^-]^2$이다.

처음에는 용액에 Cu^+ 이온이나 Br^- 이온이 존재하지 않으므로, 초기 농도는 다음과 같다.

$$[Cu^+]_0 = [Br^-]_0 = 0$$

평형 농도는 측정된 CuBr의 용해도인 2.0×10^{-4} mol/L로부터 얻을 수 있다. 이는 용액 1.0 L당 2.0×10^{-4} mol의 고체 CuBr이 녹아 과량의 고체와 평형을 이룬다는 뜻이다. 반응은 다음과 같다.

$$CuBr(s) \longrightarrow Cu^+(aq) + Br^-(aq)$$

따라서,

$$2.0 \times 10^{-4}\ \text{mol/L CuBr}(s) \longrightarrow 2.0 \times 10^{-4}\ \text{mol/L Cu}^+(aq) + 2.0 \times 10^{-4}\ \text{mol/L Br}^-(aq)$$

다음과 같이 평형 농도를 쓸 수 있다.

$$[Cu^+] = [Cu^+]_0 + \text{평형에 도달할 때까지의 변화량} = 0 + 2.0 \times 10^{-4}\ \text{mol/L}$$

그리고,

$$[Br^-] = [Br^-]_0 + \text{평형에 도달할 때까지의 변화량} = 0 + 2.0 \times 10^{-4}\ \text{mol/L}$$

얻어진 평형 농도로부터 CuBr의 K_{sp}를 계산할 수 있다.

$$■\ K_{sp} = [Cu^+][Br^-] = (2.0 \times 10^{-4}\ \text{mol/L})(2.0 \times 10^{-4}\ \text{mol/L}) = 4.0 \times 10^{-8}\ \text{mol}^2/\text{L}^2 = 4.0 \times 10^{-8}$$

K_{sp}의 단위는 보통 생략한다.

연습 문제 16.31과 16.32 참조

대화형 예제 16.2 용해도로부터 K_{sp} 계산 II

25°C에서 황화 비스무트(Bi_2S_3)의 용해도는 1.0×10^{-15} mol/L이다. K_{sp} 값을 계산하라.

풀이 초기에 계에는 순수한 H_2O과 고체 Bi_2S_3만이 존재하고, 고체 Bi_2S_3는 다음과 같이 해리한다.

$$Bi_2S_3(s) \rightleftharpoons 2Bi^{3+}(aq) + 3S^{2-}(aq)$$

그러므로 $K_{sp} = [Bi^{3+}]^2[S^{2-}]^3$이다.

Bi_2S_3가 녹기 전에는, Bi^{3+} 이온과 S^{2-} 이온은 존재하지 않으므로

$$[Bi^{3+}]_0 = [S^{2-}]_0 = 0$$

따라서 이온들의 평형 농도는 평형에 도달할 때까지 녹는 양(이 경우에는 1.0×10^{-15} mol/L)으로 결정된다. 각 Bi_2S_3는 $2Bi^{3+}$와 $3S^{2-}$ 이온을 포함하므로 다음과 같이 쓸 수 있다.

$$1.0 \times 10^{-15}\ \text{mol/L Bi}_2\text{S}_3(s) \longrightarrow 2(1.0 \times 10^{-15}\ \text{mol/L})\ \text{Bi}^{3+}(aq) + 3(1.0 \times 10^{-15}\ \text{mol/L})\ \text{S}^{2-}(aq)$$

평형 농도는 다음과 같다.

$$[Bi^{3+}] = [Bi^{3+}]_0 + \text{변화량} = 0 + 2.0 \times 10^{-15}\ \text{mol/L}$$
$$[S^{2-}] = [S^{2-}]_0 + \text{변화량} = 0 + 3.0 \times 10^{-15}\ \text{mol/L}$$

따라서

$$■\ K_{sp} = [Bi^{3+}]^2[S^{2-}]^3 = (2.0 \times 10^{-15})^2(3.0 \times 10^{-15})^3 = 1.1 \times 10^{-73}$$

연습 문제 16.33과 16.38 참조

Photo by Ken O'Donoghue © Cengage Learning

▲ 황화 비스무트의 침전.

황화 이온은 센염기성 음이온이며, 물에서 HS^-로 존재한다. 이러한 복잡한 부분은 고려하지 않기로 한다.

K_{sp} 계산에서 용해도는 mol/L로 나타낸다.

화학 관련 읽을거리 Chemical Connections

치아의 화학

치과와 관련된 화학이 현재 속도로 발전한다면, 충치는 곧 사라지게 될 것이다. 충치는 치아의 무기물인 수산화 인회석(hydroxyapatite), $Ca_5(PO_4)_3OH$으로 구성된 법랑질에 생긴 구멍이다. 최근 연구에 의하면, 치아 표면에 있는 침에서 치아 무기물의 용해와 재형성이 끊임없이 일어난다. 음식물에 들어 있는 탄수화물의 대사 과정에서 박테리아에 의해 생성되는 침 안에 있는 약산에 의해 주로 치아의 법랑질이 녹는 현상인 탈무기질화(demineralization)가 일어난다. (염기성 음이온을 갖는 염의 pH에 따른 용해도 변화를 이해한다면, 산성의 침에 $Ca_5(PO_4)_3OH$가 용해되는 것은 그리 놀라운 일이 아니다.)

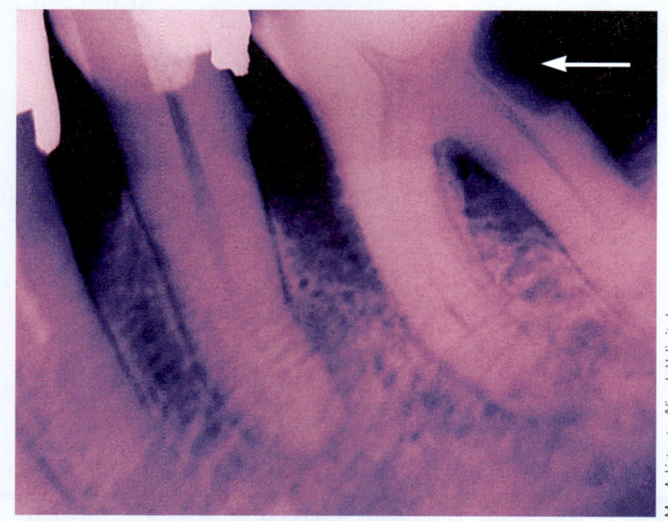

Max A. Listgarten/Visuals Unlimited

▲ 어금니(오른쪽)의 충치(어두운 부분)에 대한 X선 사진.

충치의 초기 단계에서 치아의 표면은 다공성으로 스펀지처럼 되고, 치료하지 않으면 스위스 치즈(Swiss-cheese)의 구멍 같은 것들이 생겨 결국 충치가 된다(사진 참조). 그러나 최근 연구 결과에 따르면 충치를 적절한 양의 Ca^{2+}, PO_4^{3-}, F^- 용액으로 처리하면 remineralization이 일어난다. F^-가 치아의 무기질인 $Ca_5(PO_4)_3OH$의 OH^-를 치환하여 $Ca_5(PO_4)_3F$로 전환시키면, F^-가 OH^-보다 염기성이 약하기 때문에 재무기질화된 부분은 산에 의한 부식에 잘 견딜 수 있게 된다. 또한 재무기질화 용액에 Sr^{2+}가 존재하면 충치에 대한 저항이 더욱 증가되는 것으로 밝혀졌다.

치과 의사는 이미 손상된 치아를 치료하기 보다는 치아의 손상 방지와 관련된 일을 더 많이 하게 될 것이다. 충치로 전환되기 전에 문제가 생긴 부분을 치료하기 위한 재무기질화 린스를 사용하는 보편화된 일상생활을 그려볼 수 있다. 치과용 드릴은 의학적으로 시대착오적인 의사들이 사용하게 될 것이다.

실험적으로 측정한 이온성 고체의 용해도를 사용하여 K_{sp} 값을 계산할 수 있음을 알았다.* 그 역도 성립한다. 즉, K_{sp} 값을 알면 이온성 고체의 용해도를 계산할 수 있다.

대화형 예제 16.3 K_{sp}로부터 용해도 계산

아이오딘산 구리(II)[$Cu(IO_3)_2$]의 K_{sp} 값은 25°C에서 1.4×10^{-7}이다. 25°C에서 용해도를 구하라.

풀이 초기에 계에는 순수한 H_2O과 고체 $Cu(IO_3)_2$만이 존재하고, 고체 $Cu(IO_3)_2$는 다음과 같이 해리한다.

$$Cu(IO_3)_2(s) \rightleftharpoons Cu^{2+}(aq) + 2IO_3^-(aq)$$

그러므로 $K_{sp} = [Cu^{2+}][IO_3^-]^2$이다.

$Cu(IO_3)_2$의 용해도를 구하기 위해서는 Cu^{2+} 이온과 IO_3^- 이온의 평형 농도를 알아야 한다. 평소에 사용하던 방법대로, 고체가 녹기 전 초기 농도를 결정하고, 평형에 도달하는 데

* 이와 같은 계산에서 녹은 고체는 모두 분리된 이온으로 존재한다고 가정한다. $CaSO_4$와 같은 경우, 용액 중에 많은 수의 이온쌍들이 존재하므로, 이 방법으로 계산하면 정확한 K_{sp} 값을 얻을 수 없다.

필요한 변화량을 결정하여 이 문제를 푼다. 이 경우에 용해도를 모르기 때문에 x mol/L의 고체가 녹아 평형에 도달한다고 가정한다. 이 염은 화학량론적으로 1:2인 염이므로 다음과 같이 나타낼 수 있다.

$$x \text{ mol/L } \mathrm{Cu(IO_3)_2}(s) \longrightarrow x \text{ mol/L } \mathrm{Cu^{2+}}(aq) + 2x \text{ mol/L } \mathrm{IO_3^-}(aq)$$

각 농도는 다음과 같다.

초기 농도 $Cu(IO_3)_2$가 녹기 전		평형 농도(mol/L)
$[Cu^{2+}]_0 = 0$ $[IO_3^-]_0 = 0$	$\xrightarrow[\text{평형에 도달}]{x\text{ mol/L가 녹아}}$	$[Cu^{2+}] = x$ $[IO_3^-]_0 = 2x$

평형 농도를 K_{sp} 식에 대입하면

$$1.4 \times 10^{-7} = K_{sp} = [Cu^{2+}][IO_3^-]^2 = (x)(2x)^2 = 4x^3$$

그러므로 $$x = \sqrt[3]{3.5 \times 10^{-8}} = 3.3 \times 10^{-3} \text{ mol/L}$$

■ 따라서 고체 $Cu(IO_3)_2$의 용해도는 3.3×10^{-3} mol/L이다.

연습 문제 16.39와 16.40 참조

상대적 용해도

염의 K_{sp} 값을 알면 그 염의 용해도에 관한 정보를 얻을 수 있다. 그러나 여러 염들의 *상대적* 용해도를 예측할 때는 K_{sp} 값의 사용에 주의하여야 한다. 다음과 같이 두 가지 경우가 가능하다.

1. 비교하려는 염이 같은 개수의 이온을 생성하는 경우. 다음 예를 살펴보자.

$$\mathrm{AgI}(s) \qquad K_{sp} = 1.5 \times 10^{-16}$$
$$\mathrm{CuI}(s) \qquad K_{sp} = 5.0 \times 10^{-12}$$
$$\mathrm{CaSO_4}(s) \qquad K_{sp} = 6.1 \times 10^{-5}$$

각 고체가 녹으면 다음과 같이 두 이온을 생성한다.

$$\text{염} \rightleftharpoons \text{양이온} + \text{음이온}$$
$$K_{sp} = [\text{양이온}][\text{음이온}]$$

용해도가 x mol/L이면 평형에서 다음과 같은 식이 성립한다.

$$[\text{양이온}] = x$$
$$[\text{음이온}] = x$$
$$K_{sp} = [\text{양이온}][\text{음이온}] = x^2$$
$$x = \sqrt{K_{sp}} = \text{용해도}$$

그러므로 이 경우에는 각 고체의 K_{sp} 값을 비교함으로써 용해도를 비교할 수 있다.

$$\mathrm{CaSO_4}(s) > \mathrm{CuI}(s) > \mathrm{AgI}(s)$$

가장 많이 녹음 가장 큰 K_{sp} 가장 적게 녹음 가장 작은 K_{sp}

표 16.2 25°C에서 CuS, Ag_2S, Bi_2S_3에 대한 용해도 계산값

염	K_{sp}	용해도 계산값(mol/L)
Cus	8.5×10^{-45}	9.2×10^{-23}
Ag_2S	1.6×10^{-49}	3.4×10^{-17}
Bi_2S_3	1.1×10^{-73}	1.0×10^{-15}

2. 비교하려는 염이 다른 개수의 이온을 생성하는 경우. 다음 예를 살펴보자.

$$CuS(s) \qquad K_{sp} = 8.5 \times 10^{-45}$$
$$Ag_2S(s) \qquad K_{sp} = 1.6 \times 10^{-49}$$
$$Bi_2S_3(s) \qquad K_{sp} = 1.1 \times 10^{-73}$$

각 고체가 녹으면 다른 개수의 이온을 생성하기 때문에 K_{sp} 값을 *직접* 비교해 상대적 용해도를 정할 수 없다. 실제로, 예제 16.3의 방법을 사용하여 용해도를 계산하면 표 16.2에 요약한 결과를 얻는다. 용해도의 순서는 다음과 같다.

$$\underset{\text{가장 많이 녹음}}{Bi_2S_3(s)} > Ag_2S(s) > \underset{\text{가장 적게 녹음}}{CuS(s)}$$

용해도 순서는 K_{sp} 값의 순서와 반대이다.

해리되어 생성되는 전체 이온의 수가 같은 염에 대해서*만* K_{sp} 값을 비교함으로써 상대적 용해도를 예측할 수 있음을 기억하라.

공통 이온 효과

▲
질산 은 수용액에 크로뮴산 포타슘 용액을 첨가하면 크로뮴산 은이 형성된다.

Ken O'Donoghue (c) Cengage Learning

지금까지는 순수한 물에 용해되는 이온성 고체에 대하여 살펴보았다. 이제 염이 녹아 생성되는 이온과 공통인 이온이 물속에 들어 있을 때 어떤 일이 일어나는지 살펴보자. 예를 들어, 0.100 M $AgNO_3$ 용액에서 고체 크로뮴산 은(Ag_2CrO_4, $K_{sp} = 9.0 \times 10^{-12}$)의 용해도를 생각해 보자. 고체 크로뮴산 은이 녹기 전에 용액에는 Ag^+, NO_3^-, H_2O가 주요 화학종이고, 용기 바닥에 고체 Ag_2CrO_4가 있다. Ag_2CrO_4에는 NO_3^-가 포함되어 있지 않으므로 (구경꾼 이온) NO_3^-는 무시할 수 있다. (Ag_2CrO_4가 녹기 전) Ag_2CrO_4의 초기 농도는 다음과 같다.

$$[Ag^+]_0 = 0.100\ M\ (AgNO_3\text{의 용해로부터})$$
$$[CrO_4^{2-}]_0 = 0$$

다음과 같은 반응식에 따라 Ag_2CrO_4가 녹으면서 계는 평형에 도달한다.

$$Ag_2CrO_4(s) \rightleftharpoons 2Ag^+(aq) + CrO_4^{2-}(aq)$$
$$K_{sp} = [Ag^+]^2[CrO_4^{2-}] = 9.0 \times 10^{-12}$$

평형에 도달했을 때 x mol/L의 Ag_2CrO_4가 녹았다고 가정하면 다음과 같다.

$$x\ \text{mol/L}\ Ag_2CrO_4(s) \longrightarrow 2x\ \text{mol/L}\ Ag^+(aq) + x\ \text{mol/L}\ CrO_4^{2-}$$

이제 평형 농도를 x의 항으로 표시할 수 있다.

$$[Ag^+] = [Ag^+]_0 + \text{변화량} = 0.100 + 2x$$
$$[CrO_4^{2-}] = [CrO_4^{2-}]_0 + \text{변화량} = 0 + x = x$$

각 농도를 K_{sp} 식에 대입하면 다음과 같이 된다.

$$9.0 \times 10^{-12} = [Ag^+]^2[CrO_4^{2-}] = (0.100 + 2x)^2(x)$$

우변의 항들을 곱하면 x^3 항을 포함하는 식이 얻어져 수학적으로 복잡한 것처럼 보이지만, 근사식을 사용하여 간단하게 계산할 수 있다. Ag_2CrO_4의 K_{sp} 값이 작으므로(평형의 위치가 왼쪽으로 크게 치우쳐 있음), x는 0.100 M에 비해 매우 작을 것으로 예상된다. 따라서 $0.100 + 2x \approx 0.100$이 되어 위의 식을 다음과 같이 간단하게 나타낼 수 있다.

$$9.0 \times 10^{-12} = (0.100 + 2x)^2(x) \approx (0.100)^2(x)$$

따라서,

$$x \approx \frac{9.0 \times 10^{-12}}{(0.100)^2} = 9.0 \times 10^{-10} \text{ mol/L}$$

x는 0.100 M보다 훨씬 작으므로 근사식은 타당하다(5% 규칙). 따라서,

0.100 M $AgNO_3$에서 Ag_2CrO_4의 용해도 $= x = 9.0 \times 10^{-10}$ mol/L

이고, 평형 농도는 다음과 같다.

$$[Ag^+] = 0.100 + 2x = 0.100 + 2(9.0 \times 10^{-10}) = 0.100\ M$$

$$[CrO_4^{2-}] = x = 9.0 \times 10^{-10}\ M$$

이제 순수한 물에서와 0.100 M $AgNO_3$에서 Ag_2CrO_4의 용해도를 비교해 보자.

순수한 물에서 Ag_2CrO_4의 용해도 $= 1.3 \times 10^{-4}$ mol/L
0.100 M $AgNO_3$에서 Ag_2CrO_4의 용해도 $= 9.0 \times 10^{-10}$ mol/L

$AgNO_3$로부터 생성된 Ag^+ 이온이 존재하면 Ag_2CrO_4의 용해도가 훨씬 줄어드는 것에 주목하라. 이는 공통 이온 효과의 또 다른 예이다. 용액 속에 고체의 공통 이온이 이미 들어 있으면 고체의 용해도는 감소한다.

비판적 사고 두 가지 염에 알고 있는 모든 자료는 염 A의 K_{sp}가 소금 B의 K_{sp}보다 크다는 것뿐이다. 이 자료만으로는 두 염의 상대적 용해도를 비교할 수 없는 이유는 무엇인가? 수치를 사용하여 염 A가 어떻게 더 잘 녹을 수 있는지, 또한 염 B가 염 A보다 더 잘 녹는지를 보여라.

대화형 예제 16.4 용해도와 공통 이온

0.025 M NaF 용액에서 고체 CaF_2 ($K_{sp} = 4.0 \times 10^{-11}$)의 용해도를 구하라.

풀이 CaF_2가 녹기 전 용액에는 Na^+, F^-, H_2O가 들어 있다. CaF_2에 대한 용해도 평형은 다음과 같다.

$$CaF_2(s) \rightleftharpoons Ca^{2+}(aq) + 2F^-(aq)$$

그리고

$$K_{sp} = 4.0 \times 10^{-11} = [Ca^{2+}][F^-]^2$$

초기 농도(mol/L) (CaF_2가 녹기 전)		평형 농도(mol/L)
$[Ca^{2+}]_0 = 0$ $[F^-]_0 = 0.025$ ↗ 0.025 M NaF로부터	x mol/L CaF_2가 녹아 → 평형에 도달	$[Ca^{2+}] = x$ $[F^-] = 0.025 + 2x$ ↗ ↗ NaF로부터 CaF_2로부터

K_{sp} 식에 평형 농도를 대입하면 다음과 같이 된다.

$$K_{sp} = 4.0 \times 10^{-11} = [Ca^{2+}][F^-]^2 = (x)(0.025 + 2x)^2$$

$2x$가 0.025에 비해 무시할 정도라고 가정하면(K_{sp}가 작기 때문에) 다음과 같이 x를 구할 수 있다.

$$4.0 \times 10^{-11} \approx (x)(0.025)^2$$

$$x \approx 6.4 \times 10^{-8}$$

이 근사식은 타당하다(5% 규칙). 용해도는 다음과 같다.

■ 용해도 $= x = 6.4 \times 10^{-8}$ mol/L

따라서 0.025 M NaF 용액 1 L당 고체 CaF_2 6.4×10^{-8} mol이 녹는다.

연습 문제 16.53과 16.58 참조

pH와 용해도

염의 용해도는 용액의 pH에 크게 영향을 받는다. 예를 들어, 수산화 마그네슘은 다음 평형에 따라 녹는다.

$$Mg(OH)_2(s) \rightleftharpoons Mg^{2+}(aq) + 2OH^-(aq)$$

OH^- 이온을 첨가하면(pH 증가), 공통 이온 효과에 의하여 평형이 왼쪽으로 이동하여 $Mg(OH)_2$의 용해도는 감소한다. 반면 H^+ 이온을 첨가하면(pH 감소), 첨가된 H^+ 이온과 OH^- 이온이 반응하여 용액으로부터 OH^- 이온이 제거되므로 용해도는 증가한다. OH^-의 농도가 낮아짐에 따라 평형의 위치는 오른쪽으로 이동한다. 이는 *마그네시아 우유*(*milk of magnesia*)로 알려진 $Mg(OH)_2$ 현탁액이 위 속에 있는 과량의 산과 반응하여 녹는 이유이기도 하다.

▲
미국 Virginia주에 있는 Luray 동굴의 종유석과 석순.

이 개념은 다른 형태의 음이온을 갖는 염에도 적용된다. 예를 들어, 인산 은(Ag_3PO_4)의 용해도는 순수한 물에서보다 산에서 더 큰데, 그 이유는 PO_4^{3-} 이온이 센염기이므로, H^+와 반응하여 HPO_4^{2-} 이온을 만들기 때문이다. 반응은 다음과 같다.

$$H^+(aq) + PO_4^{3-}(aq) \longrightarrow HPO_4^{2-}(aq)$$

이 반응은 산성 용액에서 일어나 PO_4^{3-}의 농도를 감소시켜 용해도 평형을 오른쪽으로 이동시킨다.

$$Ag_3PO_4(s) \rightleftharpoons 3Ag^+(aq) + PO_4^{3-}(aq)$$

이로 인해 인산 은의 용해도는 증가된다.

그러나 염화 은(AgCl)의 용해도는 산 용액과 순수한 물에서 같다. 왜 그럴까? Cl^- 이온이 매우 약염기(즉, HCl이 매우 센산)이므로, HCl 분자가 생성되지 않는다. 따라서 Cl^-가 들어 있는 용액에 H^+를 첨가하더라도 $[Cl^-]$에 영향을 주지 못해 염화물 염의 용해도에 영향을 주지 않는다.

일반적으로 음이온 X^-가 효과적인 염기(즉, HX가 약산)이면, 염 MX의 용해도는 산성 용액에서 증가한다. 효과적인 염기의 음이온의 예로는 OH^-, S^{2-}, CO_3^{2-}, $C_2O_4^{2-}$, CrO_4^{2-} 등이 있다. 이러한 이온이 들어 있는 염은 순수한 물에서보다 산에서 훨씬 더 잘 녹는다.

이 장의 서두에서 언급한 바와 같이, 미국 Kentucky주에 있는 Mammoth 동굴과 New Mexico주에 있는 Carlsbad 동굴과 같이 거대한 석회 동굴이 형성된 것은 산 용액에서 탄산염 광물의 용해도가 증가하였기 때문이다. 이산화 탄소가 녹아 있는 지하수는 산성이 되어 탄산 칼슘의 용해도를 증가시켜 결국 거대한 동굴이 형성된다. 이산화 탄소가 공기 중으로 빠져나감에 따라 떨어지는 물의 pH가 증가하여 탄산 칼슘이 침전되어 종유석과 석순이 형성된다.

비판적 사고 학생과 친구가 화학 시험 공부를 하고 있다. 학생의 친구가 산은 매우 반응성이 크기 때문에 모든 염은 순수한 물보다는 산 수용액에서 더 잘 녹는다라고 말한다면, 학생은 그것이 사실인지 아닌지 친구에게 어떻게 설명하겠는가? 구체적인 예를 들어 답을 정당화하라.

16.2 침전과 정성 분석

이제까지 용액 중에 녹아 있는 고체에 대해 살펴보았다. 이제 그 역과정(용액으로부터 고체의 형성)에 대해 알아보도록 하자. 용액을 혼합하면 다양한 반응이 일어난다. 산-염기 반응은 이미 자세히 다룬 바 있다. 이 절에서는 두 용액을 혼합할 때 침전 생성 여부를 예측하는 방법에 대해 다룰 것이다. **이온곱**(ion product)을 이용하여 침전 생성 여부를 예측한다. 이온곱은 K_{sp} 식과 똑같이 표현되지만 평형 농도 대신에 *초기 농도를 사용*하는 점이 다르다. 고체 CaF_2에 대하여 이온곱 Q는 다음과 같이 나타낸다.

$$Q = [Ca^{2+}]_0[F^-]_0^2$$

F^- 이온이 들어 있는 용액에 Ca^{2+} 이온이 들어 있는 용액을 첨가하면 결과적으로 얻어지는 용액에서 이들 이온의 농도에 따라 침전이 생길 수도 있고, 생기지 않을 수도 있다. 침전의 생성 여부를 예측하려면, Q와 K_{sp} 사이의 관계를 고려하면 된다.

여기에서 Q는 제13장에서 사용한 반응 지수와 매우 유사한 개념으로 사용된다.

Q가 K_{sp}보다 크면 침전이 생기며, 농도가 K_{sp}를 만족할 때까지 계속해서 침전된다.

Q가 K_{sp}보다 작으면 침전이 생기지 않는다.

대화형 예제 16.5

침전 조건 결정

4.00×10^{-3} M $Ce(NO_3)_3$ 750.0 mL와 2.00×10^{-2} M KIO_3 300.0 mL를 혼합하여 용액을 만들었다. 이 용액에서 $Ce(IO_3)_3$ ($K_{sp} = 1.9 \times 10^{-10}$)의 침전이 형성될까?

Ce³⁺ and IO₃⁻ → 초기 농도 결정 → Ion product is $[Ce^{3+}]_0[IO_3^-]_0^3$ → Q값 구하기 → Is $Q > K_{sp}$? → 아니오: 침전 안 됨 / 예: $Ce(IO_3)_3$의 침전

풀이 먼저, 반응이 일어나기 전 혼합 용액에서 $[Ce^{3+}]_0$와 $[IO_3^-]_0$를 계산한다.

$$[Ce^{3+}]_0 = \frac{(750.0\text{ mL})(4.00 \times 10^{-3}\text{ mmol/mL})}{(750.0 + 300.0)\text{ mL}} = 2.86 \times 10^{-3}\ M$$

$$[IO_3^-]_0 = \frac{(300.0\text{ mL})(2.00 \times 10^{-2}\text{ mmol/mL})}{(750.0 + 300.0)\text{ mL}} = 5.71 \times 10^{-3}\ M$$

$Ce(IO_3)_3$의 이온곱은 다음과 같다.

$$Q = [Ce^{3+}]_0[IO_3^-]_0^3 = (2.86 \times 10^{-3})(5.71 \times 10^{-3})^3 = 5.32 \times 10^{-10}$$

■ Q가 K_{sp}보다 크므로 혼합 용액에서 $Ce(IO_3)_3$의 침전이 형성된다.

연습 문제 16.65~16.70 참조

때로는 단순하게 침전 생성 여부를 예측하는 것 이외에, 침전이 생긴 후 용액의 평형 농도를 계산하기를 원할 때도 있다. 예를 들어, 0.0500 M $Pb(NO_3)_2$ 100.0 mL와 0.100 M NaI 200.0 mL를 혼합하여 만든 용액에서, Pb^{2+}와 I^-의 평형 농도를 계산해 보자. 먼저 용액을 혼합할 때 고체 PbI_2 ($K_{sp} = 1.4 \times 10^{-8}$)의 생성 여부를 판단해야 하기 때문에 반응이 일어나기 전 $[Pb^{2+}]_0$와 $[I^-]_0$를 계산하여야 한다.

$$[Pb^{2+}]_0 = \frac{\text{mmol } Pb^{2+}}{\text{mL 용액}} = \frac{(100.0 \text{ mL})(0.0500 \text{ mmol/mL})}{300.0 \text{ mL}} = 1.67 \times 10^{-2}\, M$$

$$[I^-]_0 = \frac{\text{mmol } I^-}{\text{mL 용액}} = \frac{(200.0 \text{ mL})(0.100 \text{ mmol/mL})}{300.0 \text{ mL}} = 6.67 \times 10^{-2}\, M$$

PbI_2의 이온곱은 다음과 같다.

$$Q = [Pb^{2+}]_0[I^-]_0^2 = (1.67 \times 10^{-2})(6.67 \times 10^{-2})^2 = 7.43 \times 10^{-5}$$

Q가 K_{sp}보다 크므로 PbI_2의 침전이 형성된다.

PbI_2의 K_{sp}는 매우 작기 때문에(1.4×10^{-8}), 수용액에는 매우 적은 양의 Pb^{2+}와 I^-만이 존재한다. 다시 말해, Pb^{2+}와 I^-를 혼합하면 대부분의 이온들은 PbI_2로 침전된다. 반응은 다음과 같다.

고체 PbI_2가 생성되는 반응의 평형 상수는 $1/K_{sp}$, 즉 7×10^7이므로, 평형의 위치는 오른쪽으로 크게 치우친다.

$$Pb^{2+}(aq) + 2I^-(aq) \longrightarrow PbI_2(s)$$

즉, 해리 반응의 역반응인 위의 반응이 실질적으로 완결된다.

두 용액을 혼합할 때 사실상 반응이 완결된다면, 평형 계산을 하기 전에 화학량론 계산을 하는 것이 기본적이다. 그러므로 이 경우에 계가 진행하려는 방향으로 완결될 수 있도록 해야 하며, 그런 후에 계를 평형으로 맞추어야 한다. Pb^{2+}와 I^-의 반응이 완결되면 다음과 같은 농도를 얻는다.

	Pb^{2+}	+	$2I^-$	⟶	PbI_2
반응 전	(100.0 mL)(0.0500 M) = 5.00 mmol		(200.0 mL)(0.100 M) = 20.0 mmol		형성된 PbI_2의 양은 평형에 영향을 주지 않는다.
반응 후	0 mmol		20.0 − 2(5.00) = 10.0 mmol		

다음으로 계를 평형이 되도록 맞추어야 한다. 반응은 정확하게 완결될 때까지 진행되지 않으므로, 실제로 평형 상태에서 $[Pb^{2+}]$는 0이 아니다. 이 상황을 이해하기 위한 가장 좋은 방법은, 일단 PbI_2가 (화학량론적으로) 형성된 후 매우 적은 양이 다시 녹아 평형에 이른다고 보는 것이다. I^-가 과량이기 때문에, 용액 300.0 mL당 10.0 mmol의 I^-가 들어 있는 용액, 즉 $3.33 \times 10^{-2}\, M\ I^-$ 용액에 고체 PbI_2가 녹아 들어간다.

따라서 이 문제는 다음과 같이 표현할 수 있다. $3.33 \times 10^{-2}\, M$ NaI 용액에서 고체 PbI_2의 용해도는 얼마인가? 아이오딘화 납은 다음 반응식에 따라 녹는다.

$$PbI_2(s) \rightleftharpoons Pb^{2+}(aq) + 2I^-(aq)$$

농도는 다음과 같다.

초기 농도(mol/L)		평형 농도(mol/L)
$[Pb^{2+}]_0 = 0$	x mol/L $PbI_2(s)$가 녹는다. ⟶	$[Pb^{2+}] = x$
$[I^-]_0 = 3.33 \times 10^{-2}$		$[I^-] = 3.33 \times 10^{-2} + 2x$

K_{sp} 식에 대입하면 다음과 같다.

$$K_{sp} = 1.4 \times 10^{-8} = [Pb^{2+}][I^-]^2 = (x)(3.33 \times 10^{-2} + 2x)^2 \approx (x)(3.33 \times 10^{-2})^2$$

따라서

$$[Pb^{2+}] = x = 1.3 \times 10^{-5}\, M$$

$$[I^-] = 3.33 \times 10^{-2}\, M$$

$3.33 \times 10^{-2} \gg 2x$이므로, 위의 근사식은 타당하다. 따라서 위에서 구한 Pb^{2+}와 I^-의 농도는 0.0500 M $Pb(NO_3)_2$ 100.0 mL와 0.100 M NaI 200.0 mL의 혼합 용액에 존재하는 각 이온의 평형 농도를 나타낸다.

대화형 예제 16.6 침전

$1.00 \times 10^{-2}\ M$ $Mg(NO_3)_2$ 150.0 mL와 $1.00 \times 10^{-1}\ M$ NaF 250.0 mL를 혼합하여 용액을 만들었다. 고체 MgF_2 ($K_{sp} = 6.4 \times 10^{-9}$)와 평형에 있는 Mg^{2+}와 F^-의 농도를 구하라.

풀이 첫 단계는 고체 MgF_2의 생성 여부를 판단하는 것이다. 이를 위해 혼합 용액에서 Mg^{2+}와 F^-의 농도를 계산하고 Q를 구한다.

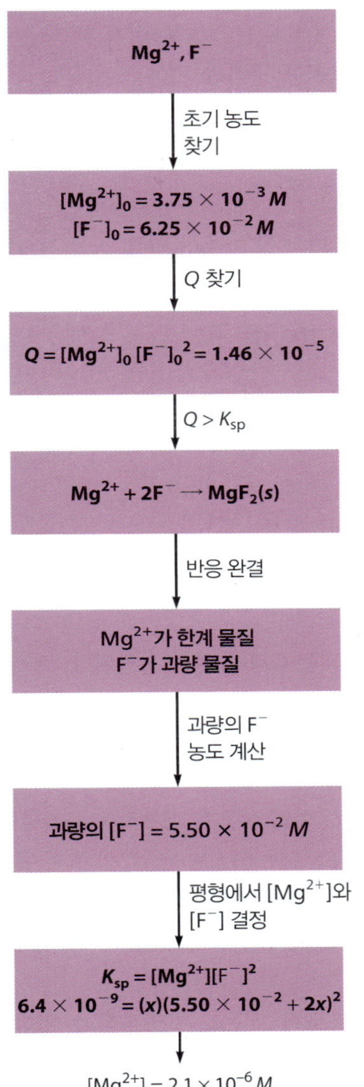

$$[Mg^{2+}]_0 = \frac{\text{mmol } Mg^{2+}}{\text{mL 용액}} = \frac{(150.0\text{ mL})(1.00 \times 10^{-2}\ M)}{400.0\text{ mL}} = 3.75 \times 10^{-3}\ M$$

$$[F^-]_0 = \frac{\text{mmol } F^-}{\text{mL 용액}} = \frac{(250.0\text{ mL})(1.00 \times 10^{-1}\ M)}{400.0\text{ mL}} = 6.25 \times 10^{-2}\ M$$

$$Q = [Mg^{2+}]_0[F^-]_0^2 = (3.75 \times 10^{-3})(6.25 \times 10^{-2})^2 = 1.46 \times 10^{-5}$$

Q가 K_{sp}보다 크므로, 고체 MgF_2가 형성된다.

다음 단계는 침전 반응을 완결하는 것이다.

	Mg^{2+}	+	$2F^-$	$\longrightarrow$	$MgF_2(s)$
반응 전	(150.0)(1.00 × 10^{-2}) = 1.50 mmol		(250.0)(1.00 × 10^{-1}) = 25.0 mmol		
반응 후	1.50 − 1.50 = 0		25.0 − 2(1.50) = 22.0 mmol		

침전 반응이 완결된 후, 과량의 F^-가 남는 것에 주목하라. 농도는 다음과 같다.

$$[F^-]_{과량} = \frac{22.0\text{ mmol}}{400.0\text{ mL}} = 5.50 \times 10^{-2}\ M$$

Mg^{2+}가 완전히 소모된다고 가정했지만, 알고 있는 바와 같이 평형 상태에서 $[Mg^{2+}]$는 0이 아니다. MgF_2가 다시 녹아 K_{sp} 식을 만족하게 함으로써 Mg^{2+}의 평형 농도를 계산할 수 있다. $5.50 \times 10^{-2}\ M$ NaF 용액에 녹는 MgF_2의 양은 얼마인가? 앞에서 배운 것과 같이 푼다.

$$MgF_2(s) \rightleftharpoons Mg^{2+}(aq) + 2F^-(aq)$$
$$K_{sp} = [Mg^{2+}][F^-]^2 = 6.4 \times 10^{-9}$$

초기 농도(mol/L)		평형 농도(mol/L)
$[Mg^{2+}]_0 = 0$ $[F^-]_0 = 5.50 \times 10^{-2}$	x mol/L $MgF_2(s)$가 녹는다. $\longrightarrow$	$[Mg^{2+}] = x$ $[F^-] = 5.50 \times 10^{-2} + 2x$

$$K_{sp} = 6.4 \times 10^{-9} = [Mg^{2+}][F^-]^2$$
$$= (x)(5.50 \times 10^{-2} + 2x)^2 \approx (x)(5.50 \times 10^{-2})^2$$

■ $[Mg^{2+}] = x = 2.1 \times 10^{-6}\ M$

■ $[F^-] = 5.50 \times 10^{-2}\ M$

여기에서 사용한 근사법의 계산 결과 5% 규칙에 만족된다.

연습 문제 16.71~16.74 참조

선택적 침전

수용액에 들어 있는 금속 이온의 혼합물에 금속 이온과 반응하여 침전을 형성하는 음이온을 갖는 시약을 첨가하여 특정 양이온만을 침전시킬 수 있는 **선택적 침전**(selective precipitation)에 의해 금속 이온들을 분리할 수 있다. 예를 들어, Ba^{2+} 이온과 Ag^+ 이온이 모두 들어 있는 용액이 있다고 가정하자. 이 용액에 NaCl을 첨가하면 AgCl은 흰색 고체로 침전되지만, $BaCl_2$는 가용성이기 때문에 Ba^{2+} 이온은 용액에 남는다.

대화형 예제 16.7 선택적 침전

1.0×10^{-4} M Cu^+와 2.0×10^{-3} M Pb^{2+}가 들어 있는 용액이 있다. 이 용액에 I^- 이온을 천천히 첨가하면 PbI_2 ($K_{sp} = 1.4 \times 10^{-8}$)와 CuI ($K_{sp} = 5.3 \times 10^{-12}$) 중 먼저 침전되는 것은 무엇인가? 각 염의 침전이 생성되기 시작하는 I^-의 농도를 구하라.

풀이 PbI_2에 대한 K_{sp} 식은 다음과 같다.

$$1.4 \times 10^{-8} = K_{sp} = [Pb^{2+}][I^-]^2$$

이 용액에서 $[Pb^{2+}]$가 2.0×10^{-3} M이므로, PbI_2가 침전되지 않고 녹아 있을 수 있는 최대 I^- 농도는 K_{sp} 식으로부터 구할 수 있다.

$$1.4 \times 10^{-8} = [Pb^{2+}][I^-]^2 = (2.0 \times 10^{-3})[I^-]^2$$

$$\blacksquare\ [I^-] = 2.6 \times 10^{-3}\ M$$

I^- 농도가 이보다 크면 고체 PbI_2가 형성된다.

같은 방법으로, CuI에 대한 K_{sp} 식은 다음과 같다.

$$5.3 \times 10^{-12} = K_{sp} = [Cu^+][I^-] = (1.0 \times 10^{-4})[I^-]$$

그리고,

$$\blacksquare\ [I^-] = 5.3 \times 10^{-8}\ M$$

I^- 농도가 5.3×10^{-8} M보다 크면 고체 CuI가 형성된다.

혼합 용액에 I^-를 첨가하면, 낮은 농도의 I^-에서 침전되는 CuI가 먼저 침전된다. 그러므로 이 시약을 사용하여 Pb^{2+}로부터 Cu^+를 분리할 수 있다.

연습 문제 16.75~16.80 참조

FeS와 MnS는 용액에서 같은 수의 이온을 생성하기 때문에, K_{sp} 값을 비교하여 상대적 용해도를 알 수 있다.

금속 황화물 염의 용해도 차이는 매우 크기 때문에, 흔히 황화 이온을 사용하여 금속 이온을 선택적으로 침전시켜 분리한다. 예를 들어, 10^{-3} M Fe^{2+}와 10^{-3} M Mn^{2+}의 혼합 용액을 생각해 보자. FeS ($K_{sp} = 3.7 \times 10^{-19}$)가 MnS ($K_{sp} = 2.3 \times 10^{-13}$)보다 훨씬 녹지 않으므로, 혼합물에 S^{2-}를 조심스럽게 첨가하면 Fe^{2+}만 FeS로 침전되고, Mn^{2+}는 용액에 남는다.

황화 이온은 염기성이기 때문에 용액의 pH를 조절함으로써 그 농도를 조절할 수 있다는 실제적인 장점으로 인하여 황화 이온을 침전제로 사용한다. H_2S는 다음과 같이 두 단계로 해리하는 이양성자산이다.

$$H_2S \rightleftharpoons H^+ + HS^- \qquad K_{a_1} = 1.0 \times 10^{-7}$$

$$HS^- \rightleftharpoons H^+ + S^{2-} \qquad K_{a_2} \approx 10^{-19}$$

K_{a_2} 값이 작으므로 S^{2-} 이온은 양성자에 대한 친화력이 매우 크다는 것에 유의하라. 산성 용액(큰 $[H^+]$)에서는 해리 평형이 왼쪽으로 크게 치우쳐 있으므로 $[S^{2-}]$는 상대적으로 작다. 반면 염기성 용액에서는 $[H^+]$가 매우 작아, 두 평형을 모두 오른쪽으로 이동시켜 S^{2-}를 생성하므로 $[S^{2-}]$는 상대적으로 크다.

금속 양이온의 혼합물에서, CuS ($K_{sp} = 8.5 \times 10^{-45}$)와 HgS ($K_{sp} = 1.6 \times 10^{-54}$)와 같은 대부분의 불용성 황화물 염은 산성 용액에서 침전되고, MnS ($K_{sp} = 2.3 \times 10^{-13}$)

▲
포타슘의 불꽃 시험.

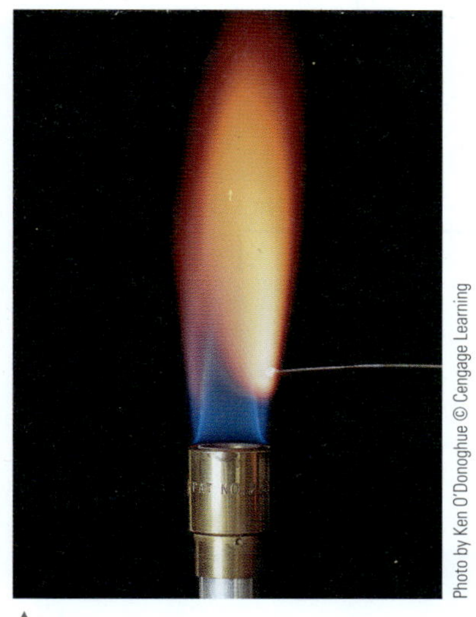

▲
소듐의 불꽃 시험.

와 NiS ($K_{sp} = 3 \times 10^{-21}$)와 같이 좀 더 잘 녹는 염은 용액에 녹아 있다. 불용성 황화물 염이 침전된 후, 용액을 약염기성으로 만들어 주면 MnS와 NiS가 침전된다. 이 과정을 그림 16.1에 나타내었다.

정성 분석

그림 16.2에 수록한 일반적인 양이온이 모두 들어 있는 혼합물의 **정성 분석**(qualitative analysis)에 대한 고전적 방법은 우선 용해도에 따라 양이온을 주요 다섯 개의 족으로 나누는 것이다(여기에서의 족은 주기율표의 족과 관련이 없다). 그 다음 각 족을 처리하여 각 이온으로 분리하고 확인하는 단계를 거친다. 여기에서는 주요 족의 분리만 생각하기로 한다.

I족 — 불용성 염화물

일반적인 양이온 혼합물이 들어 있는 용액에 묽은 HCl 수용액을 첨가하면 Ag^+, Pb^{2+}, Hg_2^{2+}만이 불용성 염화물로 침전되어 분리된다. 다른 모든 염화물은 용액에 녹아 있다. I족의 침전을 제거하면 황화 이온으로 처리될 용액에 다른 이온들이 남아 있다.

II족 — 산성 용액에서 불용성인 황화물

HCl을 첨가하였기 때문에 불용성 염화물을 제거한 후의 용액은 여전히 산성이다. 이 용액에 H_2S를 첨가하면 H^+ 농도가 높기 때문에 $[S^{2-}]$가 상대적으로 작으므로, 가장 불용성 화합물인 Hg^{2+}, Cd^{2+}, Bi^{3+}, Cu^{2+}, Sn^{4+}의 황화물만이 침전된다. 이 조건에서 잘 녹는 황화물은 용액에 녹아 있으며, 불용성 염의 침전은 제거한다.

III족 — 염기성 용액에서 불용성인 황화물

이 단계에서 용액을 염기성으로 만들고, H_2S를 더 첨가한다. 앞에서 살펴본 바와 같이, 염기성 용액에서는 $[S^{2-}]$가 크므로 용해도가 더 큰 황화물이 침전된다. 이 단계에서 황화물로 침전되는 양이온은 Co^{2+}, Zn^{2+}, Mn^{2+}, Fe^{2+} 등이다. Cr^{3+}나 Al^{3+}가 들어 있으면 불용성 수산화물로 침전된다(염기성 용액임을 기억하라). 다른 이온이 남아 있는 용액으로부터 침전을 분리한다.

IV족 — 불용성 탄산염

여기까지 주기율표의 1A와 2A족을 제외한 모든 양이온은 제거되었다. 2A족은 불용성 탄산염을 만들기 때문에 CO_3^{2-}를 첨가하여 침전시킬 수 있다. 예를 들어, Ba^{2+}, Ca^{2+}, Mg^{2+}는 고체 탄산염을 만들어 용액으로부터 제거될 수 있다.

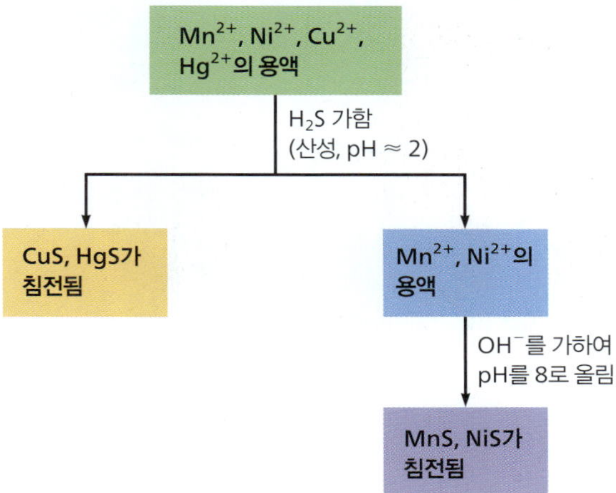

그림 16.1 H_2S를 이용하여 Ni^{2+}와 Mn^{2+}로부터 Cu^{2+}와 Hg^{2+}의 분리. 낮은 pH에서 $[S^{2-}]$는 상대적으로 낮아 매우 난용성인 HgS와 CuS만 침전된다. 낮은 $[H^+]$에 OH^-를 가하면 $[S^{2-}]$ 값이 증가하여 MnS와 NiS가 침전된다.

그림 16.2 선택적 침전법으로 일반적인 양이온을 분리하는 전형적 방법의 체계도.

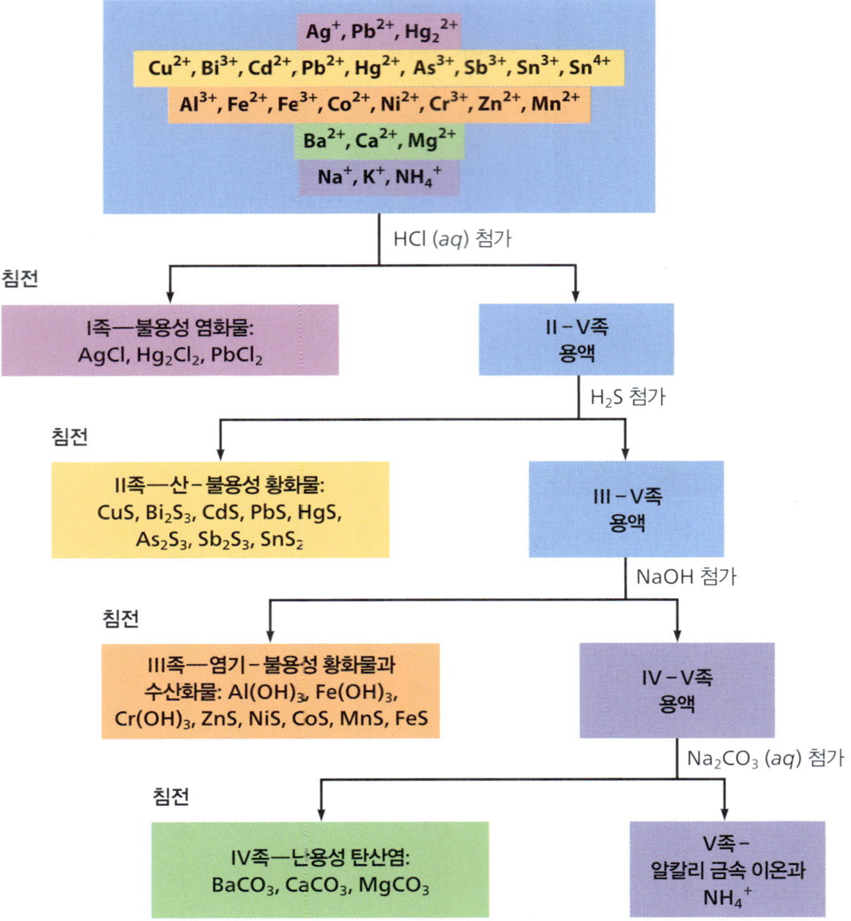

▲
왼쪽에서부터 오른쪽으로, 황화 카드뮴, 수산화 크로뮴(III), 수산화 알루미늄, 수산화 니켈(II).

이 시점에서 주의할 것은 분석과정에서 Na^+ 이온이 들어있는 용액을 가해 주었다. 따라서 원래의 용액에 Na^+ 이온이 들어있는지 확인을 하려면 불꽃 시험을 실시하여야 한다.

V족 – 알칼리 금속과 암모늄 이온

이 단계에서 용액에 남아 있는 이온은 1A족 양이온과 NH_4^+ 이온뿐인데, 이들은 모두 일반적인 음이온과 가용성 염을 만든다. 1A족 양이온은 보통 불꽃에서 가열할 때 내어놓는 특징적인 색깔로 확인할 수 있다. 이와 같은 색깔은 각 이온의 방출 스펙트럼 때문에 나타난다.

위에서 기술한 선택적 침전을 이용한 양이온의 정성 분석법을 그림 16.2에 요약하였다.

16.3 착이온과 관련된 평형

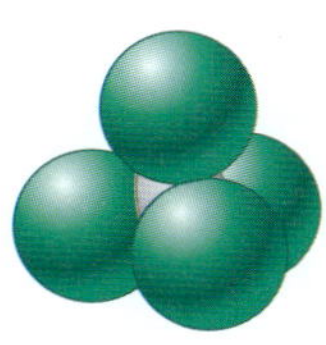

$CoCl_4^{2-}$

착이온(complex ion)은 *리간드(ligand)*로 둘러싸인 금속 이온으로 이루어진, 전하를 띤 화학종이다. 리간드는 단순히 Lewis 염기이다. 즉, 금속 이온의 비어 있는 오비탈에 고립 전자쌍을 제공하여, 공유 결합을 형성하는 분자나 이온이다. 일반적인 리간드는 H_2O, NH_3, Cl^-, CN^- 등이 있다. 금속 이온에 결합된 리간드의 수를 *배위수(coordination number)*라고 한다. 가장 흔한 배위수는 6, 4, 2이다. 배위수는 $Co(H_2O)_6^{2+}$와 $Ni(NH_3)_6^{2+}$에서는 6, $CoCl_4^{2-}$와 $Cu(NH_3)_4^{2+}$에서 4, $Ag(NH_3)_2^+$에서 2이다. 그러나 다른 배위수를 갖는 화합물도 알려져 있다.

착이온의 성질은 제21장에서 좀 더 자세히 다룰 것이다. 여기에서는 단지 착이온 화학종이 관련된 평형을 살펴볼 것이다. **형성 상수**(formation constant) 또는 **안정도 상수**(stability constant)라고 부르는 평형 상수에 의해 표현되는 각 단계에서 금속 이온에 리간드가 한 개씩 첨가된다. 예를 들어, Ag^+ 이온이 들어 있는 용액과 NH_3 분자가 들어 있는 용액을 혼합하면 다음과 같은 단계 반응이 일어난다.

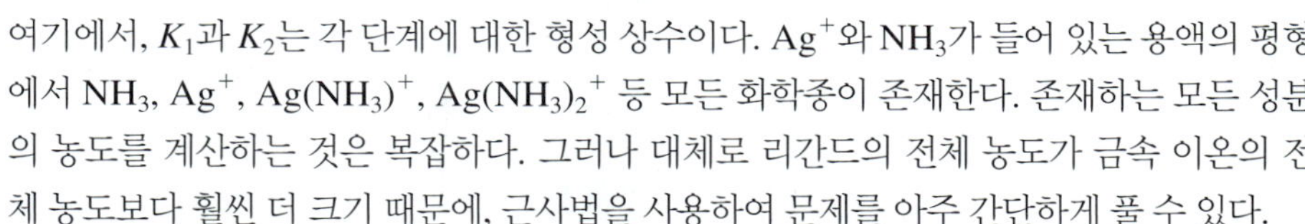

$$Ag^+(aq) + NH_3(aq) \rightleftharpoons Ag(NH_3)^+(aq) \qquad K_1 = 2.1 \times 10^3$$

$$Ag(NH_3)^+(aq) + NH_3(aq) \rightleftharpoons Ag(NH_3)_2^+(aq) \qquad K_2 = 8.2 \times 10^3$$

여기에서, K_1과 K_2는 각 단계에 대한 형성 상수이다. Ag^+와 NH_3가 들어 있는 용액의 평형에서 NH_3, Ag^+, $Ag(NH_3)^+$, $Ag(NH_3)_2^+$ 등 모든 화학종이 존재한다. 존재하는 모든 성분의 농도를 계산하는 것은 복잡하다. 그러나 대체로 리간드의 전체 농도가 금속 이온의 전체 농도보다 훨씬 더 크기 때문에, 근사법을 사용하여 문제를 아주 간단하게 풀 수 있다.

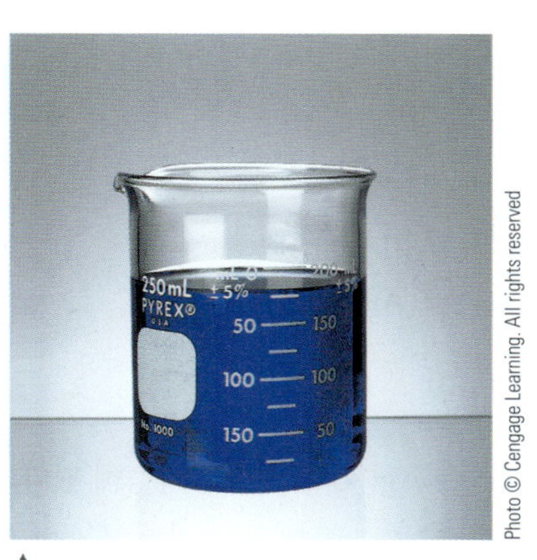

▲ 푸른색의 $CoCl_4^{2-}$ 착이온이 들어 있는 용액.

예를 들어, 2.0 M NH_3 100.0 mL와 1.0×10^{-3} M $AgNO_3$ 100.0 mL를 혼합하여 만든 용액을 살펴보자. *반응이 일어나기 전* 혼합 용액에는 주 화학종인 Ag^+, NO_3^-, NH_3, H_2O가 들어 있다. 이 용액에서 어떤 반응이 일어날까? 산–염기 화학에서 배운 지식으로부터 예상할 수 있는 한 가지 반응은 다음과 같다.

$$NH_3(aq) + H_2O(l) \rightleftharpoons NH_4^+(aq) + OH^-(aq)$$

그러나 여기에서 관심 있는 반응은 NH_3와 Ag^+ 사이에 착이온을 형성하는 반응이다. 위 반응에 대한 평형의 위치가 왼쪽으로 크게 치우쳐 있으므로(NH_3의 $K_b = 1.8 \times 10^{-5}$), 물과 반응하는 데 사용된 NH_3의 양은 무시할 수 있다. 따라서 착이온이 생기기 전 혼합 용액에 들어 있는 각 화학종의 농도는 다음과 같다.

$$[Ag^+]_0 = \frac{(100.0\text{ mL})(1.0 \times 10^{-3}\ M)}{(200.0\text{ mL})} = 5.0 \times 10^{-4}\ M$$

↖ 전체 부피

$$[NH_3]_0 = \frac{(100.0\text{ mL})(2.0\ M)}{(200.0\text{ mL})} = 1.0\ M$$

이미 언급한 바와 같이, Ag^+ 이온은 NH_3와 단계적으로 반응하여 $AgNH_3^+$와 $Ag(NH_3)_2^+$를 형성한다.

$$Ag^+(aq) + NH_3(aq) \rightleftharpoons Ag(NH_3)^+(aq) \qquad K_1 = 2.1 \times 10^3$$
$$Ag(NH_3)^+(aq) + NH_3(aq) \rightleftharpoons Ag(NH_3)_2^+(aq) \qquad K_2 = 8.2 \times 10^3$$

K_1과 K_2가 모두 크고, 과량의 NH_3가 존재하므로, *두 반응은 실질적으로 완결된다고 가정할 수 있다.* 용액에서 일어나는 알짜 반응은 다음과 같이 나타낼 수 있다.

$$Ag^+ + 2NH_3 \longrightarrow Ag(NH_3)_2^+$$

이에 대한 화학량론 계산은 다음과 같다.

	Ag^+	+	$2NH_3$	$\longrightarrow$	$Ag(NH_3)_2^+$
반응 전	$5.0 \times 10^{-4}\,M$		$1.0\,M$		0
반응 후	0		$1.0 - 2(5.0 \times 10^{-4}) \approx 1.0\,M$ ↗ Ag^+의 양보다 두 배의 NH_3가 필요하다.		$5.0 \times 10^{-4}\,M$

이 경우에 화학량론 계산에 몰농도를 사용하였고, 반응이 완결되어 넣어준 Ag^+ 모두가 $Ag(NH_3)_2^+$를 형성하였다고 가정하였다. 실제 형성된 $Ag(NH_3)_2^+$의 *매우 적은 양*이 해리하여 소량의 $Ag(NH_3)^+$와 Ag^+를 만든다. 그러나 해리된 $Ag(NH_3)_2^+$의 양이 적기 때문에, 평형에서 $[Ag(NH_3)_2^+]$는 $5.0 \times 10^{-4}\,M$이라고 가정하는 것은 무난하다. 또한 매우 적은 양의 NH_3가 소모되었으므로 평형에서 $[NH_3]$는 $1.0\,M$임을 알 수 있다. 이 농도들을 사용하여 K_1과 K_2 식으로부터 $[Ag^+]$와 $[Ag(NH_3)^+]$를 계산할 수 있다.

다음 식을 사용하여 $Ag(NH_3)^+$의 평형 농도를 계산한다.

$$K_2 = 8.2 \times 10^3 = \frac{[Ag(NH_3)_2^+]}{[Ag(NH_3)^+][NH_3]}$$

$[Ag(NH_3)_2^+]$와 $[NH_3]$는 알려져 있으므로 식을 $[Ag(NH_3)^+]$에 대해 풀면 다음과 같다.

$$[Ag(NH_3)^+] = \frac{[Ag(NH_3)_2^+]}{K_2[NH_3]} = \frac{5.0 \times 10^{-4}}{(8.2 \times 10^3)(1.0)} = 6.1 \times 10^{-8}\,M$$

이제 K_1을 이용하여 Ag^+의 평형 농도를 계산한다.

$$K_1 = 2.1 \times 10 \;\; = \frac{[Ag(NH_3)^+]}{[Ag^+][NH_3]} = \frac{6.1 \times 10^{-8}}{[Ag^+](1.0)}$$

$$[Ag^+] = \frac{6.1 \times 10^{-8}}{(2.1 \times 10^3)(1.0)} = 2.9 \times 10^{-11}\,M$$

지금까지 우리는 용액에서 은을 포함하는 주 화학종은 $Ag(NH_3)_2^+$라고 가정해 왔다. 이것은 타당한 가정인가? 계산된 농도들은 다음과 같다.

$$[Ag(NH_3)_2^+] = 5.0 \times 10^{-4}\,M$$
$$[Ag(NH_3)^+] = 6.1 \times 10^{-8}\,M$$
$$[Ag^+] = 2.9 \times 10^{-11}\,M$$

이 값들을 비교하면 다음과 같은 결론을 얻을 수 있다.

$$[Ag(NH_3)_2^+] \gg [Ag(NH_3)^+] \gg [Ag^+]$$

처음에 존재하던 Ag^+ 이온은 모두 $Ag(NH_3)_2^+$로 변환된다.

따라서 $[Ag(NH_3)_2^+]$가 우세하게 양이 많다는 가정은 타당하며, 계산된 결과는 옳다.

착이온 평형은 여러 화학종이 존재하는 복잡한 반응으로 보이지만, 위의 예와 같이 리간드가 과량으로 존재하면 실제 계산은 아주 간단하다는 것을 알 수 있다.

대화형 예제 16.8 착이온

1.00×10^{-3} M $AgNO_3$ 150.0 mL와 5.00 M $Na_2S_2O_3$ 200.0 mL를 혼합하여 만든 용액에서 Ag^+, $Ag(S_2O_3)^-$, $Ag(S_2O_3)_2^{3-}$의 농도를 계산하라. 단계별 평형에 대한 반응식과 형성 상수는 다음과 같다.

$$Ag^+ + S_2O_3^{2-} \rightleftharpoons Ag(S_2O_3)^- \qquad K_1 = 7.4 \times 10^8$$
$$Ag(S_2O_3)^- + S_2O_3^{2-} \rightleftharpoons Ag(S_2O_3)_2^{3-} \qquad K_2 = 3.9 \times 10^4$$

풀이 *반응이 일어나기 전*, 혼합 용액에 들어 있는 리간드와 금속 이온의 농도는 다음과 같다.

$$[Ag^+]_0 = \frac{(150.0\text{ mL})(1.00 \times 10^{-3}\ M)}{(150.0\text{ mL} + 200.0\text{ mL})} = 4.29 \times 10^{-4}\ M$$

$$[S_2O_3^{2-}]_0 = \frac{(200.0\text{ mL})(5.00\ M)}{(150.0\text{ mL} + 200.0\text{ mL})} = 2.86\ M$$

$[S_2O_3^{2-}]_0 \gg [Ag^+]_0$이고, K_1과 K_2는 크기 때문에 두 단계 형성 반응은 완결된다고 가정할 수 있으며, 용액에서 일어나는 알짜 반응은 다음과 같이 나타낼 수 있다.

	Ag^+	+	$2S_2O_3^{2-}$	$\longrightarrow$	$Ag(S_2O_3)_2^{3-}$
반응 전	$4.29 \times 10^{-4}\ M$		$2.86\ M$		0
반응 후	~0		$2.86 - 2(4.29 \times 10^{-4})$ $\approx 2.86\ M$		$4.29 \times 10^{-4}\ M$

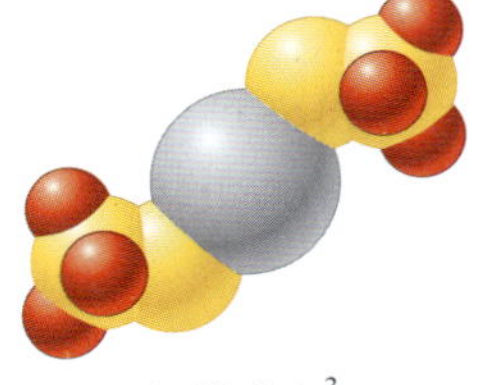

$Ag(S_2O_3)_2^{3-}$

Ag^+가 한계 반응물이며, 소모된 $S_2O_3^{2-}$의 양은 무시할 수 있음을 주목하라. 또한 이 모든 화학종은 같은 용액에 있으므로, 화학량론 문제를 해결하는 데 몰농도를 쓸 수 있음에 주목하라.

물론 Ag^+의 농도는 평형에서 0이 아니고, $Ag(S_2O_3)^-$도 용액에 약간 존재한다. K_1과 K_2 식을 사용하여 이 화학종들의 농도를 계산할 수 있다. K_2로부터 계산된 $Ag(S_2O_3)^-$의 농도는 다음과 같다.

$$3.9 \times 10^4 = K_2 = \frac{[Ag(S_2O_3)_2^{3-}]}{[Ag(S_2O_3)^-][S_2O_3^{2-}]} = \frac{4.29 \times 10^{-4}}{[Ag(S_2O_3)^-](2.86)}$$

$$\blacksquare\ [Ag(S_2O_3)^-] = 3.8 \times 10^{-9}\ M$$

K_1을 이용하여 Ag^+ 이온의 평형 농도를 계산할 수 있다.

$$7.4 \times 10^8 = K_1 = \frac{[Ag(S_2O_3)^-]}{[Ag^+][S_2O_3^{2-}]} = \frac{3.8 \times 10^{-9}}{[Ag^+](2.86)}$$

$$\blacksquare\ [Ag^+] = 1.8 \times 10^{-18}\ M$$

이 결과로부터 $[Ag(S_2O_3)_2^{3-}] \gg [Ag(S_2O_3)^-] \gg [Ag^+]$임을 알 수 있다.
따라서 초기에 존재하던 모든 Ag^+가 $Ag(S_2O_3)_2^{3-}$로 바뀌었다는 가정은 타당하며, 계산된 결과는 옳다.

연습 문제 16.87~16.90 참조

착이온과 용해도

기끔 물에 거의 녹지 않는 이온성 고체라도 때로는 수용액에 녹여야 할 때가 있다. 예를 들어, 정성 분석에서 다양한 족의 양이온들을 불용성 염으로 침전시켰을 때, 각 족 내의 이온을 또 다시 분리하기 위해서는 침전을 다시 녹여야 한다. 다양한 이온들 중에서 Ag^+,

▲
(위) 암모니아 수용액을 염화 은(흰색)에 첨가한다. (아래) 물에 불용성인 염화 은이 녹아 $Ag(NH_3)_2^+(aq)$와 $Cl^-(aq)$를 생성한다.

Pb^{2+}, Hg_2^{2+} 양이온이 들어 있는 수용액을 생각해 보자. 이 용액에 묽은 HCl 수용액을 첨가하면, I족 이온들은 불용성 염화물인 AgCl, $PbCl_2$, Hg_2Cl_2를 형성할 것이다. 이 혼합 침전을 용액으로부터 분리한 다음, 각 이온을 확인하기 위하여 다시 녹여야 한다. 어떻게 하면 될까? 어떤 고체는 중성 용액에서보다 산성 용액에 더 잘 녹는다. 염화물 염은 어떤가? 예를 들어, 센산을 사용하여 AgCl을 녹일 수 있을까? Cl^- 이온은 수용액에서 H^+ 이온에 대한 친화력이 거의 없기 때문에 그 답은 '아니다'이다. 다음 해리 평형의 위치는 H^+의 존재로 인해 영향을 받지 않는다.

$$AgCl(s) \rightleftharpoons Ag^+(aq) + Cl^-(aq)$$

Cl^- 이온이 매우 약염기임에도 불구하고, 어떻게 하면 해리 평형을 오른쪽으로 이동시킬 수 있을까? 그 열쇠는 착이온을 형성함으로써 용액에 들어 있는 Ag^+의 농도를 낮추는 것이다. 예를 들어, Ag^+는 과량의 NH_3와 반응하여 안정한 $Ag(NH_3)_2^+$ 착이온을 형성한다. 그 결과 AgCl은 진한 암모니아 용액에 상당히 녹는다. 그 반응은 다음과 같다.

$$AgCl(s) \rightleftharpoons Ag^+(aq) + Cl^-(aq) \qquad K_{sp} = 1.6 \times 10^{-10}$$
$$Ag^+(aq) + NH_3(aq) \rightleftharpoons Ag(NH_3)^+(aq) \qquad K_1 = 2.1 \times 10^3$$
$$Ag(NH_3)^+(aq) + NH_3(aq) \rightleftharpoons Ag(NH_3)_2^+(aq) \qquad K_2 = 8.2 \times 10^3$$

고체 AgCl이 녹아서 생성되는 Ag^+ 이온은 NH_3와 결합하여 다음과 같이 $Ag(NH_3)_2^+$를 형성함으로써, 다음 식을 만족할 때까지 더 많은 AgCl이 녹게 된다.

$$[Ag^+][Cl^-] = K_{sp} = 1.6 \times 10^{-10}$$

여기에서 $[Ag^+]$는 용액에서 결합하지 않은 화학종으로 존재하는 Ag^+ 이온만을 가리킨다. 따라서 $[Ag^+]$는 용액에 들어 있는 은의 총량이 *아니다*. 용해된 은의 총량은 다음과 같다.

$$[Ag]_{\text{용해된 총량}} = [Ag^+] + [Ag(NH_3)^+] + [Ag(NH_3)_2^+]$$

앞 절에서 논의한 이유로, 사실상 AgCl이 녹아 생성된 모든 Ag^+는 결국 착이온 $Ag(NH_3)_2^+$로 전환된다. 따라서 과량의 NH_3에 고체 AgCl이 녹는 것은 다음과 같은 식으로 나타낼 수 있다.

$$AgCl(s) + 2NH_3(aq) \rightleftharpoons Ag(NH_3)_2^+(aq) + Cl^-(aq)$$

전체 반응이 각 단계별 반응의 합으로 나타내어질 때, 전체 반응에 대한 평형 상수는 각 단계별 반응에 대한 상수의 곱이다.

이 반응은 위에 주어진 *세 단계 반응의 합*이므로, 반응에 대한 평형 상수는 세 반응에 대한 평형 상수들의 곱이다(K_{sp}, K_1, K_2에 대한 각 식을 곱하여 스스로 확인해 보라). 평형식은 다음과 같다.

$$K = \frac{[Ag(NH_3)_2^+][Cl^-]}{[NH_3]^2}$$
$$= K_{sp} \times K_1 \times K_2 = (1.6 \times 10^{-10})(2.1 \times 10^3)(8.2 \times 10^3) = 2.8 \times 10^{-3}$$

이 식을 사용하여, 10.0 *M* NH_3 용액에서 고체 AgCl의 용해도를 계산해 보자. 이 용액에서 AgCl의 용해도를 x mol/L라고 하면, 존재하는 화학종들의 평형 농도를 다음과 같이 쓸 수 있다.

$$[Cl^-] = x$$
$$[Ag(NH_3)_2^+] = x$$

x mol/L의 AgCl이 녹으면 x mol/L의 Cl^-와 x mol/L의 $Ag(NH_3)_2^+$가 생긴다.

$$[NH_3] = 10.0 - 2x$$

각 착이온에는 NH_3가 2개씩 들어있으므로 x mol/L의 $Ag(NH_3)_2^+$가 형성되려면 $2x$ mol/L의 NH_3가 필요하다.

이 농도들을 평형식에 대입하면 다음과 같이 얻어진다.

$$K = 2.8 \times 10^{-3} = \frac{[Ag(NH_3)_2^+][Cl^-]}{[NH_3]^2} = \frac{(x)(x)}{(10.0 - 2x)^2} = \frac{x^2}{(10.0 - 2x)^2}$$

여기에서 근사식을 사용할 필요 없이 양변의 제곱근을 취하면 x를 얻을 수 있다.

$$\sqrt{2.8 \times 10^{-3}} = \frac{x}{10.0 - 2x}$$

$$x = 0.48 \text{ mol/L} = 10.0\ M\ NH_3\text{에서 } AgCl(s)\text{의 용해도}$$

따라서 10.0 M NH_3에서 AgCl의 용해도는 순수한 물에서의 용해도보다 훨씬 크다. 순수한 물에서의 용해도는 다음과 같다.

$$\sqrt{K_{sp}} = 1.3 \times 10^{-5} \text{ mol/L}$$

이 장에서 물에 불용성인 이온성 고체를 녹이는 두 가지 방법을 설명하였다. 고체의 *음이온*이 좋은 염기이면, 용액을 산성화시키면 용해도가 크게 증가된다. 음이온이 충분히 염기성이 아닌 경우에는 종종 *양이온*과 안정한 착이온을 만드는 리간드가 들어있는 용액에 이온성 고체를 녹일 수 있다.

때로는 고체가 불용성이 매우 크기 때문에 그들을 녹이기 위해, 여러 반응을 결합시킬 필요가 있다. 예를 들어, 불용성이 매우 큰 HgS ($K_{sp} = 10^{-54}$)를 녹이려면, *왕수*(*aqua regia*)라는 진한 HCl과 진한 HNO_3의 혼합물을 사용해야 한다. 왕수에 있는 H^+ 이온은 S^{2-} 이온과 반응하여 H_2S를 형성하고, Cl^- 이온은 Hg^{2+} 이온과 반응하여 $HgCl_4^{2-}$ 등의 다양한 착이온을 만든다. 또한 NO_3^- 이온은 S^{2-} 이온을 원소 상태 황으로 산화시킨다. 이러한 과정들이 Hg^{2+} 이온과 S^{2-} 이온의 농도를 낮추어 HgS의 용해도를 증가시킨다.

많은 염의 용해도는 온도에 따라 증가하기 때문에, 때로는 단순히 가열함으로써 염을 충분히 녹일 수 있다. 예를 들어, 이 절의 앞에서 나온 I족 이온의 혼합 염화물 침전($PbCl_2$, AgCl, Hg_2Cl_2)을 살펴보자. $PbCl_2$의 용해도에 대한 온도의 영향은 다음과 같다. 차가운 HCl 수용액으로 $PbCl_2$를 침전시킨 다음에 그 용액을 거의 끓을 때까지 가열함으로써 다시 녹일 수 있다. 은과 수은(I)의 염화물은 뜨거운 물에 그다지 잘 녹지 않기 때문에 침전으로 남아 있다. 그러나 고체 AgCl은 암모니아를 써서 녹일 수 있다. 고체 Hg_2Cl_2는 NH_3와 반응하여 원소 상태 수은과 $HgNH_2Cl$을 만든다.

$$Hg_2Cl_2(s) + 2NH_3(aq) \longrightarrow \underset{\text{흰색}}{HgNH_2Cl(s)} + \underset{\text{검은색}}{Hg(l)} + NH_4^+(aq) + Cl^-(aq)$$

혼합물은 회색으로 보인다. 이 산화–환원 반응에서 Hg_2Cl_2에 있는 수은(I) 이온 하나가 $HgNH_2Cl$에 있는 Hg^{2+} 이온으로 산화되고, 다른 Hg(I) 이온은 원소 상태 수은 Hg로 환원된다.

I족 이온들에 대한 처리 과정을 그림 16.3에 요약하였다. Pb^{2+}의 존재 여부는 CrO_4^{2-}를 첨가하여 밝은 노란색의 크로뮴산 납(II)($PbCrO_4$)의 형성 여부로 알 수 있다. 또한 $Ag(NH_3)^{2+}$와 Cl^-가 들어 있는 용액에 H^+를 첨가하면 NH_3와 반응하여 NH_4^+를 만들어 $Ag(NH_3)_2^+$ 착이온을 분해할 수 있다. 그런 다음 염화 은을 다시 형성할 수 있다.

$$2H^+(aq) + Ag(NH_3)_2^+(aq) + Cl^-(aq) \longrightarrow 2NH_4^+(aq) + AgCl(s)$$

선택적 침전에 의한 양이온의 정성 분석에는 지금까지 논의한 모든 형태의 반응이 포함되어 있으며, 화학 평형의 원리를 매우 잘 적용하고 있음에 주목하라.

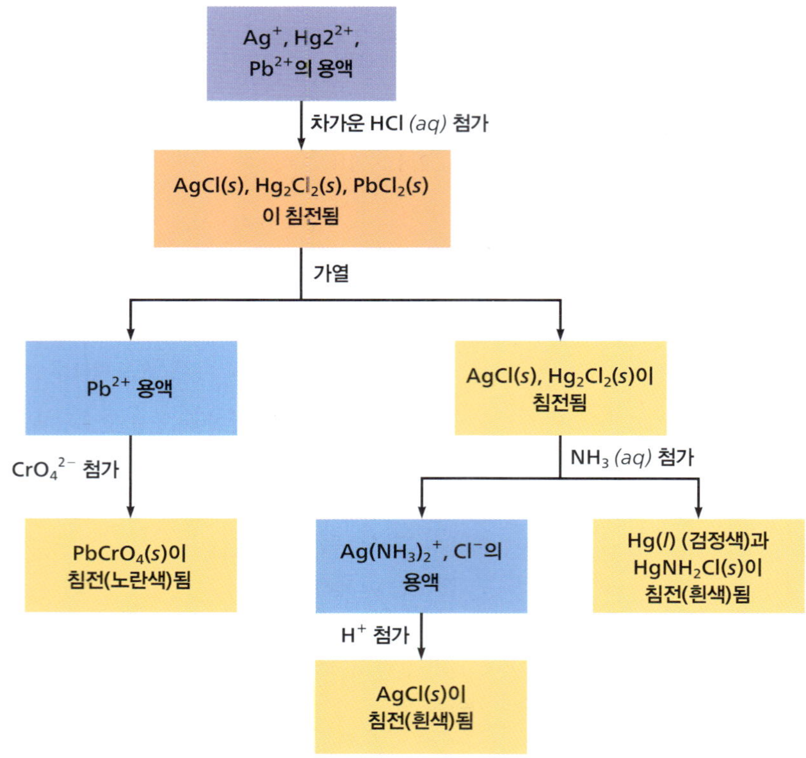

그림 16.3 I족 이온의 분리에 대한 정성 분석의 고전적 계통도.

개념 정리 및 복습 For Review

주요 용어

16.1절

용해도곱 상수(용해도곱)

16.2절

이온곱

선택적 분리

정성 분석

16.3절

착이온

형성(안정도) 상수

물에 녹아 있는 고체

- 난용성 염에 대해서, 수용액에서 과량의 고체(MX)와 그 이온들 사이에는 다음과 같은 평형이 성립된다.

$$MX(s) \rightleftharpoons M^+(aq) + X^-(aq)$$

- 해당하는 평형 상수를 K_{sp}라고 한다.

$$K_{sp} = [M^+][X^-]$$

  - $MX(s)$의 용해도는 M^+ 이온이나 X^- 이온과 같은 공통 이온이 존재하면 감소한다. 이것을 공통 이온 효과라고 한다.
- 두 용액을 혼합할 때, 초기 농도에 대한 Q 값을 계산하면 침전의 생성 여부를 예측할 수 있다.
  - $Q > K_{sp}$이면 침전이 생성된다.
  - $Q \le K_{sp}$이면 침전이 생성되지 않는다.

정성 분석

- 이온의 혼합물에서 선택적 침전으로 이온들을 분리할 수 있다.
  - 먼저 $HCl(aq)$을 첨가한 다음 $H_2S(aq)$를 첨가하고, 다음으로 $NaOH(aq)$, 마지막으로 $Na_2CO_3(aq)$를 첨가하여 이온들을 각각의 족으로 분류한다.
  - 각 족에 속하는 이온들은 분리한 다음, 추가적인 선택적 용해와 침전을 이용하여 각 이온을 확인한다.

착이온

- 착이온은 결합된 리간드에 둘러싸인 금속 이온으로 이루어져 있다.
  - 리간드는 Lewis 염기이다.
  - 리간드의 수를 배위수라고 부르는데 대부분 배위수는 2, 4, 6이다.
- 용액 중에서 착이온 평형은 형성(안정도) 상수로 나타낸다.
- 착이온의 형성을 이용하여 정성 분석에서 고체를 선택적으로 용해할 수 있다.

복습 질문

1. 용해도곱 상수 K_{sp}는 어떤 반응에 대해 적용되는가? 표 16.1에 몇몇 이온성 고체의 K_{sp} 값을 나타내었다. 주어진 이온성 화합물에 대해 용해도를 계산할 수 있어야 한다. 염의 용해도란 무엇이며, 염의 용해도를 계산하기 위해 어떤 과정을 거쳐야 하는가? 용해도가 주어진 염의 K_{sp} 값은 어떻게 계산할 수 있는가?
2. 어떤 경우에 두 염의 용해도곱 상수를 비교함으로써 두 염의 상대적 용해도를 직접 비교할 수 있는가? 염의 상대적 용해도를 K_{sp} 값에 기반하여 직접 비교할 수 없는 경우는 어떤 경우인가?
3. 공통 이온이란 무엇이며, 공통 이온의 존재가 용해도에 미치는 영향은 무엇인가?
4. pH가 산성이 될수록 용해도가 증가하는 염들을 열거하라. 이 염들의 음이온들이 갖는 특징은 무엇인가? 용액의 pH가 변해도 용해도가 변하지 않는 염들을 열거하라. 이 염들의 음이온들이 갖는 특징은 무엇인가?
5. 이온곱 Q와 용해도곱 K_{sp}의 차이는 무엇인가? $Q > K_{sp}$, $Q < K_{sp}$, $Q = K_{sp}$일 때 각각 어떤 현상이 일어나는가?
6. 수용액에 들어 있는 금속 이온의 혼합물은 때로 선택적 침전으로 분리할 수 있다. 선택적 침전이란 무엇인가? 0.10 M Mg^{2+}, 0.10 M Ca^{2+}, 0.10 M Ba^{2+}이 포함된 용액에 NaF를 첨가하여 어떻게 양이온을 분리해낼 수 있는가? 즉, 처음으로 침전되는 것은 무엇이며, 두 번째 침전되는 것, 세 번째 침전되는 것은 각각 무엇인가? 1.0 M Ag^+, 1.0 M Pb^{2+}, 1.0 M Sr^{2+}가 포함된 용액에 K_3PO_4를 첨가하여 양이온을 분리해 낼 수 있는 방법에 대하여 설명하라.
7. 그림 16.2는 선택적 침전으로 일반적인 양이온 혼합물을 분리하는 고전적인 방법을 요약한 것이다. 도표에 나타낸 네 단계 각각에 관련된 화학 반응을 설명하라.
8. 착이온이란 무엇인가? $Cu(NH_3)_4{}^{2+}$의 단계별 형성 상수는 $K_1 \approx 1 \times 10^3$, $K_2 \approx 1 \times 10^4$, $K_3 \approx 1 \times 10^3$, $K_4 \approx 1 \times 10^3$이다. 각 형성 상수에 해당하는 화학 반응식을 써라. 형성 상수 값이 상당히 크다는 점을 고려할 때, $Cu(NH_3)_4{}^{2+}$의 평형 농도와 Cu^{2+}의 평형 농도를 비교하면, 결론적으로 어떤 화학종의 평형 농도가 높을 것인가?
9. $Cu(OH)_2(s)$를 포함하는 용액에 5 M 암모니아수를 첨가하면, 침전물이 모두 녹은 용액이 얻어진다. 왜 그런가? 용액에 5 M HNO_3를 첨가하면 $Cu(OH)_2$가 다시 침전된다. 왜 그런가? 일반적으로 염에 들어 있는 양이온이 착이온을 형성할 수 있으면, 양이온을 포함한 염의 용해도는 어떠한 영향을 받을 것인가?
10. 그림 16.3은 난용성 염화물 염 혼합물을 각각 분리하는 고전적인 방법을 나타낸 것이다. 도표에 나타낸 각 단계에 관련된 화학 반응을 설명하라.

활동 학습 질문

이 문제들은 학생들이 강의실에서 그룹을 만들어 함께 풀어보도록 고안하였다.

1. 다음 중 주어진 양의 용매에 녹을 수 있는 용질의 전체 양에 영향을 주는 것은 어느 것인가?
   a. 용액을 젓는다.
   b. 녹이기 전에 용질을 갈아서 미세한 입자로 만든다.
   c. 온도를 변화시킨다.
2. 고체의 K_{sp} 값을 실험적으로 측정할 수 있는 방법을 가능한 한 많이 제안해 보라. 제안된 각각의 방법의 타당성을 설명하라.
3. 25°C의 물에 K_{sp} 값이 0이라고 보고된 고체를 *Handbook of Hypothetical Chemistry*를 뒤적이다가 우연히 발견했다. 그것의 의미는 무엇인가?
4. 친구가 "어떤 염의 상수 K_{sp}는 용해도곱 상수라고 부르며, 용액 중 이온의 농도로부터 계산된다. 따라서 염 A가 염 B보다 더 잘 녹는다면, K_{sp} 값은 염 A가 염 B보다 더 크다."고 말하였다. 이 친구의 말에 동의하는가? 그 이유를 설명하라.

5. 다음 현상을 설명하라. 다음 그림과 같이 질산 은 수용액이 들어 있는 시험관 1이 있다. 시험관에 크로뮴산 소듐 수용액을 몇 방울 첨가하면 시험관 2에 나타낸 결과처럼 된다. 시험관 2에 염화 소듐 수용액을 몇 방울 첨가하면 시험관 3에 나타낸 결과처럼 된다.

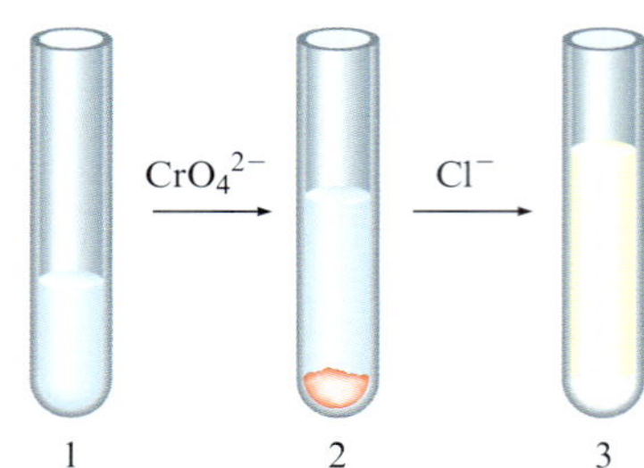

이 책에 있는 K_{sp} 값을 사용하여 각 과정을 설명하고, 균형 반응식을 나타내라. 또한 각 시험관의 수용액에 존재하는 이온들을 열거하라.

6. 용액의 온도가 변하면 고체의 K_{sp} 값은 어떻게 되는가? 온도를 증가시킬 때와 감소시킬 때를 모두 고려하여 설명하라.

7. 황화 은과 염화 은 중 어느 것이 산성 용액에 더 잘 녹을까? 왜 그런가?

8. 서로 다른 두 화합물이 거의 같은 값의 몰 용해도를 갖는다. 두 화합물의 K_{sp} 값도 거의 같을 것인가?

9. 용해도 규칙에서 염화 소듐은 물에 잘 녹는 가용성 화합물로 분류되어 있다. 그러므로 NaCl의 K_{sp} 값은 무한대이다. 이 진술이 사실인가, 거짓인가? 설명하라.

10. 다음 질문에 대해 화합물 Ag_2CrO_4 ($K_{sp} = 9.0 \times 10^{-2}$)를 생각해 보자.

 a. 과량의 고체 Ag_2CrO_4를 물에 첨가하였다. 평형에서 Ag^+의 농도를 계산하라.

 b. 과량의 고체 Ag_2CrO_4를 0.50 M K_2CrO_4 용액에 첨가하였다. 평형에서 Ag^+의 농도를 계산하라.

 c. a번의 답과 b번의 답 사이에 평형 Ag^+의 평형 농도의 차이를 설명하라.

 d. 2.0 M $AgNO_3$ 50.0 mL를 1.0 M K_2CrO_4 50.0 mL와 혼합하면 K_2CrO_4와 Ag_2CrO_4 침전이 형성된다. 이 용액의 평형에서 Ag^+의 농도를 계산하라.

 e. a번과 d번의 답을 비교해 보라. 두 경우 모두 평형 상태에서의 Ag^+ 농도가 동일하다. 이것이 어떻게 가능한지 설명하라.

 f. 2.0 M $AgNO_3$ 50.0 mL를 2.0 M K_2CrO_4 50.0 mL와 혼합하면 Ag_2CrO_4 침전이 형성된다. 만들어진 용액의 평형에서 Ag^+의 농도를 계산하라.

 g. b번과 f번의 답을 비교해 보라. 둘 다 평형에서 같은 Ag^+의 농도를 갖는다. 이것이 어떻게 가능한지 설명하라.

11. 질산은 용액에 염화 소듐 수용액을 가하면 흰색 침전이 생긴다.

 a. 흰색 침전물의 화학식은 무엇인가? 혼합물에 암모니아를 첨가하면 침전물이 용해된다. 침전물이 용해된 이유는 무엇인가? 이어서 브롬민화 포타슘 수용액을 첨가하면 담황색 침전물이 나타난다. 연한 노란색 침전물의 화학식은 무엇인가? 싸이오 황산 소듐($Na_2S_2O_3$) 용액을 가하면 담황색 침전물이 녹는다. 침전물이 녹은 이유는 무엇인가? 마지막으로, 아이오딘화 포타슘 수용액을 첨가하면 노란색 침전물이 형성된다. 노란색 침전물의 화학식은 무엇인가?

 b. 위에서 언급한 모든 변화에 대한 반응식을 작성하라. AgCl, AgBr 및 AgI의 K_{sp} 값의 크기에 대해 어떤 결론을 내릴 수 있는가? 또한 $Ag(NH_3)_2^+$와 $Ag(S_2O_3)_2^{3-}$의 생성상수의 상대적인 값에 대하여 무엇을 말할 수 있는가?

분홍색 번호의 질문과 연습문제에 대한 정답은 온라인에서 확인할 수 있습니다(차례의 QR을 스캔해보세요).

질문

12. 다음 이온성 화합물 중에서 K_{sp} 값이 가장 큰 것과 가장 작은 것을 선택하라. 답에 대해 설명하라.

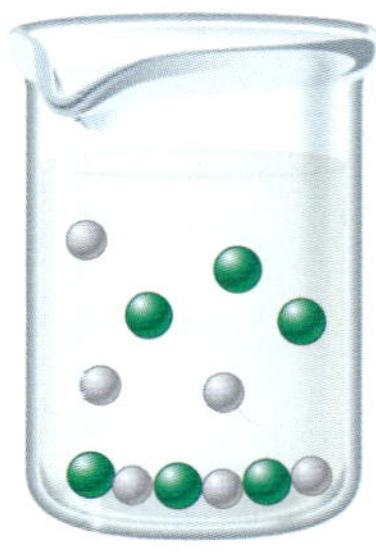  

13. K_{sp} 값은 $Ag_2S(s)$는 CuS보다 작지만, 몰용해도는 $Ag_2S(s)$가 CuS보다 크다. 이렇게 될 수 있는 이유를 설명하라.

14. 용해도는 평형 위치이고 K_{sp}는 평형 상수이다. 그 차이를 설명하라.

15. 표 16.1에 있는 염 중에서 수산화물 염을 제외한 나머지 염들의 K_{sp} 값은 일반적으로 다음과 같이 몰용해도 s를 사용하여 수학적으로 나타낼 수 있다.

 i. $K_{sp} = s^2$ **iii.** $K_{sp} = 27s^4$

 ii. $K_{sp} = 4s^3$ **iv.** $K_{sp} = 108s^5$

 각 수학적 관계를 나타내는 염의 예를 표 16.1에서 찾아보라.

16. 어떤 금속 이온이 들어 있는 용액에 $Na_3PO_4(aq)$를 첨가하면 침전이 형성된다. 침전은 두 가지 가능성 중 하나이다. 두 가능성은 무엇인가?

17. 이온성 고체(염)에 대한 공통 이온 효과로 물에서 이온성 화합물의 용해도가 현저하게 감소한다. 공통 이온 효과를 설명하라.

18. 황화물 침전은 일반적으로 산성 용액에 녹지 않는 황화물과 염기성 용액에 녹지 않는 황화물로 나눈다. 두 황화물 침전 사이에 왜 이러한 차이가 존재하는지 설명하라.

19. 물에서 염의 용해도를 증가시킬 수 있는 방법을 열거하라.

20. $PbCl_2$의 용해도는 온도가 올라가면 증가한다. 물에 $PbCl_2(s)$이 용해되는 과정은 발열 과정인가, 흡열 과정인가? 설명하라.

21. 크로뮴산 은의 다음 용해도를 생각해 보자.

i. 물에 대한 $Ag_2CrO_4(s)$의 용해도

ii. $Ag_2CrO_4(s)$에서 0.10 M $AgNO_3$의 용해도

iii. $Ag_2CrO_4(s)$에서 0.10 M K_2CrO_4의 용해도

용해도가 가장 큰 것은 무엇인가(in mol/L 단위로)?

22. 다양한 용액에서 고체 $Cd(OH)_2$의 용해도를 생각해 보자. 아래에:

i. $Cd(OH)_2(s)$에서의 1.0 M HNO_3의 용해도

ii. 순수한 물에 대한 $Cd(OH)_2(s)$의 용해도

iii. $Cd(OH)_2(s)$에서의 1.0 M NaOH의 용해도

가장 작은 것부터 가장 큰 몰 용해도로 순위를 매겨라.

23. 두 염 AgX와 AgY의 K_{sp} 값은 거의 비슷하다. HX의 K_a 값은 HY의 K_a 값보다 훨씬 더 크다. 산성 용액에서 더 잘 녹는 염은 어느 것인가? 설명하라.

24. 다음과 같은 불용성 은염을 생각해보자: AgOH, AgF, AgCl, AgBr 및 AgI. 이 다섯 가지 은염 중 순수한 물에 비해 1.0 M HNO_3 용액에서 더 잘 녹는 것은 몇 개인가?

25. 아세트산 은($AgC_2H_3O_2$)은 $K_{sp} = 1.9 \times 10^{-3}$인 난용성 염이다. 은의 용해도에 미치는 영향을 비교하라. HNO_3의 첨가나 NH_3의 첨가가 아세트산 은의 용해도에 어떤 영향을 주는가?

26. 착이온에 대한 단계적 형성 상수는 일반적으로 모두 1보다 훨씬 크다. 이것이 중요한 이유는 무엇인가?

27. 탄산 구리는 2 M NH_3 용액에 바로 녹지만 2 M NH_4NO_3 용액에는 전혀 녹지 않는다. 그 이유를 설명하라. (*힌트*: 연습 문제 84 참조)

28. 어떤 용액에 $Pb^{2+}(aq)$나 $Ag^+(aq)$이 포함되어 있을 때, 온도를 변화시켜 용액에 들어 있는 이온을 확인할 수 있는 방법은 무엇인가?

연습 문제

연습 문제는 비슷한 유형의 문제를 두 개씩 짝지어 놓았다.

용해도 평형

29. 다음 각 고체의 해리 반응에 대한 균형 맞춘 반응식과 용해도곱을 나타내는 식을 나타내라.

a. $AgC_2H_3O_2$

b. $Al(OH)_3$

c. $Ca_3(PO_4)_2$

30. 다음 각 고체의 해리 반응에 대한 균형 맞춘 반응식과 용해도곱을 나타내는 식을 써라.

a. Ag_2CO_3

b. $Ce(IO_3)_3$

c. BaF_2

31. 다음 자료를 이용하여 각 고체에 대한 K_{sp} 값을 계산하라.

a. CaC_2O_4의 용해도는 4.8×10^{-5} mol/L이다.

b. $Cu(IO_3)_2$의 용해도는 3.3×10^{-3} mol/L이다.

32. 다음 자료를 이용하여 각 고체에 대한 K_{sp} 값을 계산하라.

a. $Pb_3(PO_4)_2$의 용해도는 6.2×10^{-12} mol/L이다.

b. Li_2CO_3의 용해도는 7.4×10^{-2} mol/L이다.

33. 20°C에서 수산화 니켈(II) $Ni(OH)_2(s)$은 물 1 L에 약 0.14 g이 녹는다. 이 온도에서 $Ni(OH)_2(s)$의 K_{sp}를 계산하라.

34. 몰질량이 288 g/mol인 이온성 화합물 M_2X_3의 용해도는 3.60×10^{-7} g/L이다. 이 화합물의 K_{sp}를 계산하라.

35. $PbBr_2(s)$의 포화 용액에서 Pb^{2+}의 농도는 2.14×10^{-2} M이다. $PbBr_2$의 K_{sp}를 계산하라.

36. $Ag_2C_2O_4(s)$의 포화 용액에서 Ag^+의 농도는 2.2×10^{-4} M이다. $Ag_2C_2O_4$의 K_{sp}를 계산하라.

37. $Ce(IO_3)_3(s)$와 평형을 이루는 용액의 IO_3^-의 농도는 5.7×10^{-3} M이다. $Ce(IO_3)_3$에 대한 K_{sp} 값을 계산하라.

38. $BiI_3(s)$로 포화된 용액에서 Bi^{3+}의 농도는 1.3×10^{-5} mol/L이다. $BiI_3(s)$의 K_{sp} 값을 계산하라.

39. 다음 화합물의 용해도(mol/L)를 계산하라. 산-염기 성질은 무시한다.

a. Ag_3PO_4, $K_{sp} = 1.8 \times 10^{-18}$

b. $CaCO_3$, $K_{sp} = 8.7 \times 10^{-9}$

c. Hg_2Cl_2, $K_{sp} = 1.1 \times 10^{-18}$(용액에 있는 양이온은 Hg_2^{2+}이다.)

40. 다음 화합물의 용해도(mol/L)를 계산하라. 산-염기 성질은 무시한다.

a. PbI_2, $K_{sp} = 1.4 \times 10^{-8}$

b. $CdCO_3$, $K_{sp} = 5.2 \times 10^{-12}$

c. $Sr_3(PO_4)_2$, $K_{sp} = 1 \times 10^{-31}$

41. 요리에 들어가는 공통된 재료인 타르타르 크림(tartar cream)은 바이타르타르산 포타슘(potassium bitartrate, KBT, 188.2 g/mol)의 관용명이다. 역사적으로 KBT는 발효 과정에서 포도주 통 위에 형성된 결정성 고체였다. 250.0 mL 용액 중에 녹여서 포화 용액을 만드는 KBT의 최대 질량을 계산하라. KBT에 대한 $K_{sp} = 3.8 \times 10^{-4}$이다.

42. 황산 바륨은 위장관 관련 X-선 촬영에 가장 흔하게 사용되는 조영제이다. 용액 100.0 mL에 녹을 수 있는 $BaSO_4$의 질량을 계산하라. $BaSO_4$의 K_{sp}는 1.5×10^{-9}이다.

43. $Cd(OH)_2$ ($K_{sp} = 5.9 \times 10^{-15}$)의 몰용해도를 계산하라.

44. 제4장에서 다룬 용해도 규칙에 따르면 $Ba(OH)_2$, $Sr(OH)_2$ 및 $Ca(OH)_2$은 약간 녹는 수산화물이다. 이들 약간 녹는 각 수산화물의 포화 용액의 pH를 계산하라.

45. $Al(OH)_3$ ($K_{sp} = 2 \times 10^{-32}$)의 몰용해도를 계산하라.

46. $Co(OH)_3$ ($K_{sp} = 2.5 \times 10^{-43}$)의 몰용해도를 계산하라.

47. M^{4+}와 Y^{3-} 이온으로부터 생성된 이론적인 이온성 화합물을 생각해 보자. M_3Y_4 염에 대한 K_{sp} 값과 몰 용해도 사이의 수학적인 관계식은 무엇인가?

48. 다음과 같은 이론적 불용성 이온 화합물을 생각해 보자. 화학식이 M_2Y_5. 사이의 수학적 관계는 무엇인가? M^{5+}과 Y^{2-} 이온으

로 형성된 이 이온성 화합물에 대한 K_{sp} 값과 몰 용해도 사이의 수학적인 관계는 무엇인가?

49. 다음 각 고체 쌍 중에서 몰용해도가 가장 작은 것은 어느 것인가?
a. $CaF_2(s)$, $K_{sp} = 4.0 \times 10^{-11}$; $BaF_2(s)$, $K_{sp} = 2.4 \times 10^{-5}$
b. $Ca_3(PO_4)_2(s)$, $K_{sp} = 1.3 \times 10^{-32}$; $FePO_4(s)$, $K_{sp} = 1.0 \times 10^{-22}$

50. 다음 각 고체 쌍 중에서 몰용해도가 가장 작은 것은 어느 것인가?
a. FeC_2O_4, $K_{sp} = 2.1 \times 10^{-7}$; $Cu(IO_4)_2$, $K_{sp} = 1.4 \times 10^{-7}$
b. Ag_2CO_3, $K_{sp} = 8.1 \times 10^{-12}$; $Mn(OH)_2$, $K_{sp} = 2 \times 10^{-13}$

51. 다음 황화물 염을 생각해 보자.

염	K_{sp}
MnS	2×10^{-13}
FeS	4×10^{-19}
NiS	3×10^{-21}
CoS	5×10^{-22}

이들 황화물 염 중 어느 것이 몰 용해도가 더 큰가? 물에서 $Sr_3(PO_4)_2$의 몰 용해도 보다 더 큰 몰 용해도를 갖는 것은 어느 것인가? $Sr_3(PO_4)_2$에 대한 $K_{sp} = 1 \times 10^{-31}$. 음이온의 산–염기 특성은 무시하라.

52. 다음과 같은 이론적 수산화물 염을 생각해보자.

$$MOH(s),\ K_{sp} = 1.0 \times 10^{-8}$$
$$M(OH)_2(s),\ K_{sp} = 4.0 \times 10^{-18}$$
$$M(OH)_3(s),\ K_{sp} = 2.7 \times 10^{-19}$$

이들 염을 가장 적게 녹는 것부터 가장 잘 녹는 것까지 몰 용해도가 *증가하는* 순서로 배열하라.

53. 다음 각 용액에서, $Fe(OH)_3$ ($K_{sp} = 4 \times 10^{-38}$)의 용해도(mol/L)를 계산하라.
a. 물
b. pH = 5.0인 완충 용액
c. pH = 11.0인 완충 용액

54. pH 11.00인 완충 용액에서 $Co(OH)_2(s)$($K_{sp} = 2.5 \times 10^{-16}$)의 용해도를 계산하라.

55. 황산 은(Ag_2SO_4)의 K_{sp}는 1.2×10^{-5}이다. 다음 각 용액에서 황산 은의 용해도를 계산하라.
a. 물
b. 0.10 *M* $AgNO_3$
c. 0.20 *M* K_2SO_4

56. 아이오딘화 납(PbI_2)의 K_{sp}는 1.4×10^{-8}이다. 다음 각 용액에서 아이오딘화 납의 용해도를 계산하라.
a. 물
b. 0.10 *M* $Pb(NO_3)_2$
c. 0.010 *M* NaI

57. $Ag_3PO_4(s)$의 몰용해도를 0.10 *M* K_3PO_4 용액에서 계산하라. Ag_3PO_4의 $K_{sp} = 1.8 \times 10^{-18}$.

58. 0.10 *M* $Pb(NO_3)_2$ 용액에서 고체 $Pb_3(PO_4)_2$ ($K_{sp} = 1 \times 10^{-54}$)의 용해도를 계산하라.

59. 0.20 *M* KIO_3 용액에서 $Ce(IO_3)_3$의 용해도는 4.4×10^{-8} mol/L이다. $Ce(IO_3)_3$의 K_{sp}를 계산하라.

60. 0.10 *M* KIO_3 용액에 대한 $Pb(IO_3)_2(s)$의 용해도는 2.6×10^{-11} mol/L이다. $Pb(IO_3)_2(s)$의 K_{sp}를 계산하라.

61. 연습 문제 39와 40에서 용액의 pH가 산성이 될수록 용해도가 증가되는 물질은 어느 것인가? 용해도가 증가가 일어나는 반응에 대한 반응식을 써라.

62. 다음 각 그룹의 어떤 염의 용해도가 pH에 따라 달라지는가?
a. AgF, AgCl, AgBr
b. $Pb(OH)_2$, $PbCl_2$
c. $Sr(NO_3)_2$, $Sr(NO_2)_2$
d. $Ni(NO_3)_2$, $Ni(CN)_2$

침전 조건

63. 0.050 *M* $Zn(NO_3)_2$ 300.0 mL에 녹는 ZnS ($K_{sp} = 2.5 \times 10^{-22}$)의 질량은 얼마인가? S^{2-}의 기본 성질을 무시하라.

64. 바닷물 중 Mg^{2+}의 농도는 0.052 *M*이다. Mg^{2+} 이온의 99%가 수산화물로 침전되는 pH는 얼마인가? $Mg(OH)_2$의 $K_{sp} = 8.9 \times 10^{-12}$이다.

65. 1.0×10^{-6} *M* $Sr(NO_3)_2$과 5.0×10^{-7} *M* K_3PO_4이 들어있는 용액이 있다. 이 용액에서 $Sr_3(PO_4)_2$(s) ($K_{sp} = 1.0 \times 10^{-31}$)이 침전되겠는가?

66. 다음의 5개 용액을 생각해 보자:
i. 1.0×10^{-8} *M* $AgNO_3$ 및 1.0×10^{-4} *M* K_2CrO_4.
ii. 1.0×10^{-7} *M* $AgNO_3$ 및 1.0×10^{-4} *M* K_2CrO_4.
iii. 1.0×10^{-6} *M* $AgNO_3$ 및 1.0×10^{-4} *M* K_2CrO_4.
iv. 1.0×10^{-4} *M* $AgNO_3$ 및 1.0×10^{-4} *M* K_2CrO_4.
v. 1.0×10^{-3} *M* $AgNO_3$ 및 1.0×10^{-4} *M* K_2CrO_4.

이 다섯 가지 용액 중 $Ag_2CrO_4(s)$가 침전되는 용액은 무엇인가? Ag_2CrO_4에 대한 $K_{sp} = 9.0 \times 10^{-12}$.

67. 1.0×10^{-2} *M* $Pb(NO_3)_2$ 100.0 mL와 1.0×10^{-3} *M* NaF 100.0 mL를 혼합하여 용액을 만들었다. $PbF_2(s)$ ($K_{sp} = 4 \times 10^{-8}$)이 침전되겠는가?

68. 2.0×10^{-3} *M* $Cr(NO_3)_3$ 용액 10.0 mL를 pH = 10.0인 NaOH 용액 10.0 mL에 첨가할 때, 침전이 생성되겠는가?

69. Na_2SO_4 시료 0.0050 mol을 두 용액 500.0 mL에 각각 첨가하였다. 두 용액 중 하나는 1.5×10^{-3} *M* $BaCl_2$를 포함하고 다른 하나는 1.5×10^{-3} *M* $CaCl_2$를 포함하고 있다. $BaSO_4$에 대한 $K_{sp} = 1.5 \times 10^{-10}$이다. $CaSO_4$에 대한 $K_{sp} = 6.1 \times 10^{-5}$이다. 어느 염이 침전되는가?

70. 두 개의 별개의 비커에 다음의 용액을 만든 용액을 생각해 보자:

비커 1: 2.4×10^{-4} *M* $Pb(NO_3)_2(aq)$ 혼합 100.0 mL의 2.0×10^{-4} *M* KI(*aq*)를 혼합하였다. PbI_2에 대한 $K_{sp} = 1.4 \times 10^{-8}$이다.

비커 2: 2.4×10^{-4} *M* $Pb(NO_3)_2(aq)$를 혼합 100.0 mL의 2.0

$\times 10^{-4}$ M $K_2SO_4(aq)$와 혼합하였다. $PbSO_4$에 대한 $K_{sp} = 1.3 \times 10^{-8}$이다.

어느 비커에서 침전물이 형성되겠는가?

71. 0.250 M $BaBr_2$ 0.150 L에 0.200 M $K_2C_2O_4$ 0.100 L를 첨가한 용액에서, $K^+(aq)$, $C_2O_4^{2-}(aq)$, $Ba^{2+}(aq)$, $Br^-(aq)$의 최종 농도를 계산하라. (BaC_2O_4에 대한, $K_{sp} = 2.3 \times 10^{-8}$이다.)

72. 100.0 mL의 2.00 M $Ce(NO_3)_3$를 100.0 mL의 3.00 M KIO_3를 첨가하였다. $Ce(IO_3)_3(s)$ 형태의 침전이 형성되었다. 이 용액에서 Ce^{3+}과 IO_3^- 이온의 평형 농도를 계산하라. [$Ce(IO_3)_3$의 K_{sp}는 3.2×10^{-10}이다.]

73. 2.00 M $AgNO_3$ 50.0 mL에 3.00 M Na_2CO_3 50.0 mL를 첨가하여 용액을 만들었다. $Ag_2CO_3(s)$의 침전물이 형성되었다. 침전이 완료된 후 Ag^+의 평형 농도를 계산하라. Ag_2CO_3에 대한 $K_{sp} = 8.1 \times 10^{-12}$이다.

74. 0.10 M $Pb(NO_3)_2$ 50.0 mL를 1.0 M KCl 50.0 mL와 혼합하여 용액을 만들었다. Pb^{2+}와 Cl^-가 평형 상태에 있다. [$PbCl_2(s)$의 $K_{sp} = 1.6 \times 10^{-5}$이다.]

75. 1.0×10^{-5} M Na_3PO_4 용액에서 고체 Ag_3PO_4 ($K_{sp} = 1.8 \times 10^{-18}$)의 침전이 생성되는 $AgNO_3$ 최소 농도는 얼마인가?

76. 3.0×10^{-3} M $Mg(NO_3)_2$ 용액에서 고체 MgF_2 ($K_{sp} = 6.4 \times 10^{-9}$)의 침전이 생성되는 KF의 농도는 얼마인가?

77. 어떤 용액에는 0.010 M $AgNO_3$와 0.010 M $Sc(NO_3)_3$ 혼합물이 포함되어 있다. 침전물이 형성될 때까지 KOH 용액을 한 방울씩 첨가한다. 어떤 침전물이 먼저 형성되며, 어떤 농도의 OH^-에서 침전이 형성되는가? $AgOH(s)$의 $K_{sp} = 2 \times 10^{-8}$, $Sc(OH)_3(s)$의 $K_{sp} = 1 \times 10^{-14}$. KOH 첨가 시 부피변화는 없다고 가정하라.

78. 어떤 용액에 0.10 M K_2SO_4와 0.10 M K_2CrO_4, 0.10 M KIO_3 및 0.10 M K_3PO_4이 들어 있다. $AgNO_3(aq)$를 침전물이 형성될 때까지 이 용액에 한 방울씩 첨가하였다. 다음 중 $AgNO_3(aq)$를 첨가함에 따라 가장 먼저 침전이 형성되는 것은 어느 것인가?

a. $Ag_2SO_4(s)$, $K_{sp} = 1.2 \times 10^{-5}$
b. $Ag_2CrO_4(s)$, $K_{sp} = 9.0 \times 10^{-12}$
c. $AgIO_3(s)$, $K_{sp} = 3.1 \times 10^{-8}$
d. $Ag_3PO_4(s)$, $K_{sp} = 1.8 \times 10^{-18}$

79. NaF, Na_2S, Na_3PO_4가 각각 1×10^{-4} M씩 들어 있는 용액이 있다. Pb^{2+}를 조금씩 계속해서 첨가해줄 때 침전이 일어나는 순서는? 관련된 K_{sp}는 다음과 같다. $K_{sp}(PbF_2) = 4 \times 10^{-8}$, $K_{sp}(PbS) = 7 \times 10^{-29}$, $K_{sp}[Pb_3(PO_4)_2] = 1 \times 10^{-54}$이다.

80. 0.25 M $Ni(NO_3)_2$와 0.25 M $Cu(NO_3)_2$가 포함된 용액이 있다. Na_2CO_3를 서서히 첨가하여 금속 이온을 분리할 수 있는가? 성공적인 분리를 위하여 다른 금속 이온의 침전이 생기기 전에 금속 이온의 99%가 침전되어야 한다고 가정한다. 또한 Na_2CO_3의 첨가로 부피 변화는 없다고 가정한다.

착이온 평형

81. 다음 각 착이온의 단계적 생성 반응식을 써라.

a. $Ni(CN)_4^{2-}$
b. $V(C_2O_4)_3^{3-}$

82. 다음 각 착이온의 단계적 생성 반응식을 써라.

a. CoF_6^{3-}
b. $Zn(NH_3)_4^{2+}$

83. CN^- 존재하에서 Fe^{3+}는 $Fe(CN)_6^{3-}$ 착이온을 형성한다. 0.11 M KCN 용액에서 Fe^{3+}와 $Fe(CN)_6^{3-}$의 평형 농도는 각각 8.5×10^{-40} M과 1.5×10^{-3} M이다. $Fe(CN)_6^{3-}$ 형성의 전체 반응식에 대한 형성 상수 값을 계산하라.

$$Fe^{3+}(aq) + 6CN^-(aq) \rightleftharpoons Fe(CN)_6^{3-}(aq) \qquad K_{전체} = ?$$

84. NH_3 존재하에서 Cu^{2+}는 $Cu(NH_3)_4^{2+}$ 착이온을 형성한다. 1.5 M NH_3 용액에서 Cu^{2+}와 $Cu(NH_3)_4^{2+}$의 평형 농도는 각각 1.8×10^{-17} M과 1.0×10^{-3} M이다. $Cu(NH_3)_4^{2+}$ 형성의 전체 반응식에 대한 형성 상수 값을 계산하라.

$$Cu^{2+}(aq) + 4NH_3(aq) \rightleftharpoons Cu(NH_3)_4^{2+}(aq) \qquad K_{전체} = ?$$

85. KI 수용액을 질산 수은(II)에 조금씩 첨가하면 주황색 침전이 형성된다. KI를 계속 더 첨가하면 침전이 녹게 된다. 이 관찰에 맞는 균형 화학 반응식을 써라(*힌트*: Hg^{2+}는 I^-와 반응하여 HgI_4^{2-}를 형성한다).

86. 용액에 KCN 수용액을 Ni^{2+} 이온이 포함된 용액에 첨가하면 침전이 형성된다. 이 침전은 KCN 용액을 더 첨가하면 다시 용해된다. 이러한 관찰을 설명해 주는 균형 맞춘 반응식을 써라. (힌트: CN^-는 물에서 약한 염기이다. $K_b = 1.6 \times 10^{-5}$, 연습 문제 81a 참조)

87. HgI_4^{2-}의 전체 반응에 대한 형성 상수는 1.0×10^{30}이다.

$$1.0 \times 10^{30} = \frac{[HgI_4^{2-}]}{[Hg^{2+}][I^-]^4}$$

초기에 0.010 M Hg^{2+}와 0.78 M I^-이 들어있던 용액 500.0 mL에서 Hg^{2+}의 평형 농도는 얼마인가? 전체 반응식은 다음과 같다.

$$Hg^{2+}(aq) + 4I^-(aq) \rightleftharpoons HgI_4^{2-}(aq)$$

88. 3.0 M NH_3 0.50 L에 $Ni(NH_3)_6Cl_2$ 0.10 mol을 첨가하여 용액을 만들었다. 이 용액에서 $[Ni(NH_3)_6^{2+}]$와 $[Ni^{2+}]$를 계산하라. $Ni(NH_3)_6^{2+}$에 대한 $K_{전체}$는 5.5×10^8이다.

$$5.5 \times 10^8 = \frac{[Ni(NH_3)_6^{2+}]}{[Ni^{2+}][NH_3]^6}$$

전체 반응식은 다음과 같다.

$$Ni^{2+}(aq) + 6NH_3(aq) \rightleftharpoons Ni(NH_3)_6^{2+}(aq)$$

89. 10.0 M NaX 50.0 mL와 2.0×10^{-3} M $CuNO_3$ 50.0 mL를 혼합하여 용액을 만들었다. Cu^+는 X^-와 다음과 같이 착이온을 형성한다.

$$Cu^+(aq) + X^-(aq) \rightleftharpoons CuX(aq) \qquad K_1 = 1.0 \times 10^2$$
$$CuX(aq) + X^-(aq) \rightleftharpoons CuX_2^-(aq) \qquad K_2 = 1.0 \times 10^4$$
$$CuX_2^-(aq) + X^-(aq) \rightleftharpoons CuX_3^{2-}(aq) \qquad K_3 = 1.0 \times 10^3$$

전체 반응식은 다음과 같다.

$$Cu^+(aq) + 3X^-(aq) \rightleftharpoons CuX_3^{2-}(aq) \qquad K = 1.0 \times 10^9$$

평형에서 다음 농도를 계산하라.

a. CuX_3^{2-} **b.** CuX_2^- **c.** Cu^+

90. 1.0×10^{-4} M $Be(NO_3)_2$ 100.0 mL와 8.0 M NaF 100.0 mL를 혼합하여 용액을 만들었다.

$$Be^{2+}(aq) + F^-(aq) \rightleftharpoons BeF^+(aq) \qquad K_1 = 7.9 \times 10^4$$
$$BeF^+(aq) + F^-(aq) \rightleftharpoons BeF_2(aq) \qquad K_2 = 5.8 \times 10^3$$
$$BeF_2(aq) + F^-(aq) \rightleftharpoons BeF_3^-(aq) \qquad K_3 = 6.1 \times 10^2$$
$$BeF_3^-(aq) + F^-(aq) \rightleftharpoons BeF_4^{2-}(aq) \qquad K_4 = 2.7 \times 10^1$$

이 용액에서 F^-, Be^{2+}, BeF^+, BeF_2, BeF_3^-, BeF_4^{2-}의 평형 농도를 계산하라.

91. **a.** 순수한 물에서 AgI의 몰용해도를 계산하라. AgI의 $K_{sp} = 1.5 \times 10^{-16}$이다.

b. 3.0 M NH_3 속에서 AgI의 몰용해도를 계산하라. $Ag(NH_3)_2^+$의 전체 반응에 대한 형성 상수는 1.7×10^7이다.

c. a와 b에서 계산된 용해도를 비교하고, 그 차이를 설명하라.

92. 싸이오황산 소듐은 흑백 필름의 현상 과정에서 노광되지 않은 AgBr ($K_{sp} = 5.0 \times 10^{-13}$)을 녹이는 데 사용된다. 0.500 M $Na_2S_2O_3$ 1.00 L에 녹을 수 있는 AgBr의 양은 얼마인가? Ag^+와 $S_2O_3^{2-}$는 다음과 같이 반응하여 착이온을 형성한다.

$$Ag^+(aq) + 2S_2O_3^{2-}(aq) \rightleftharpoons Ag(S_2O_3)_2^{3-}(aq)$$
$$K = 2.9 \times 10^{13}$$

93. 착이온 $Ag(NH_3)_2^+$의 K_f는 1.7×10^7이고, AgCl의 K_{sp}는 1.6×10^{-10}이다. 1.0 M NH_3에서 AgCl의 몰용해도를 계산하라.

94. 구리(I) 이온은 $K_{sp} = 1.2 \times 10^{-6}$인 염화물을 형성한다. 구리(I) 이온은 또한 Cl^-와 반응하여 다음과 같은 착이온을 형성한다.

$$Cu^+(aq) + 2Cl^-(aq) \rightleftharpoons CuCl_2^-(aq) \qquad K = 8.7 \times 10^4$$

a. 순수한 물에서 염화 구리(I)의 용해도를 계산하라(a에서 $CuCl_2^-$의 형성은 무시한다).

b. 0.10 M NaCl에서 염화 구리(I)의 용해도를 계산하라.

95. $AgNO_3(aq)$에 차례대로 화학 시약을 첨가하였다. NaCl(aq)을 가장 먼저 질산 은 용액에 첨가하면 시험관 1에 나타난 결과처럼 된다. $NH_3(aq)$를 첨가하면 시험관 2에 나타난 결과처럼 된다. 마지막으로 $HNO_3(aq)$을 첨가하면 시험관 3에 나타난 결과처럼 된다.

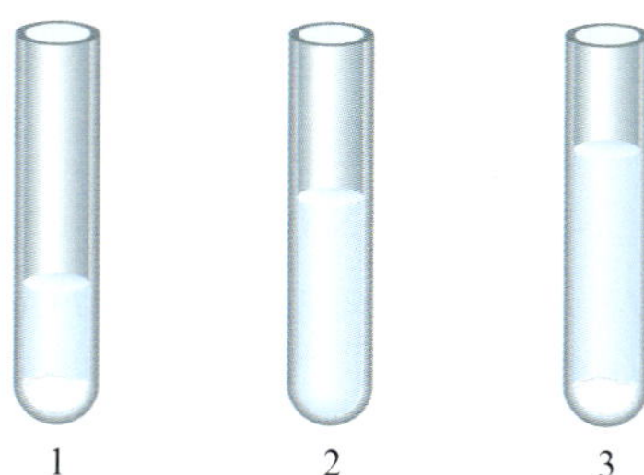

각 시약을 첨가할 때 일어나는 반응에 대한 균형 맞춘 반응식을 포함하여 각 시험관에 나타난 결과를 설명하라.

96. 물에서 수산화 구리(II)는 염기인 NH_3나 산인 HNO_3를 첨가하면 용해도가 증가한다. 이를 설명하라. 아세트산 은이나 염화 은에 NH_3나 HNO_3를 첨가하면 염의 용해도가 증가하겠는가? 이를 설명하라.

화학 활동 문제

97. 다음 네 가지 이온 화합물을 생각해 보자:

$AgCl(s)$	$K_{sp} = 2s$
$PbCl_2(s)$	$K_{sp} = 4s^2$
$Ag_3PO_4(s)$	$K_{sp} = 9s^3$
$Pb_3(PO_4)_2(s)$	$K_{sp} = 27s^5$

각 화합물 옆에는 K_{sp} 값에 대한 몰 용해도 s와 관련된 수학적 표현이 있다. 이들 관계식은 정확할 수도 있고 아닐 수도 있다. 이온성 화합물 중 각 화합물에 대해 나열된 K_{sp} 식과 몰 용해도의 관계식이 옳은 것은 어느 것인가?

98. 어떤 화합물의 몰 용해도는 1.0×10^{-15}이다. 다음 중 어느 것이 이 화합물에 해당하는 것인가?

a. CuS, $K_{sp} = 8.5 \times 10^{-45}$

b. AgI, $K_{sp} = 1.5 \times 10^{-16}$

c. Ag_2S, $K_{sp} = 1.6 \times 10^{-49}$

d. Bi_2S_3, $K_{sp} = 1.1 \times 10^{-73}$

e. Ag_3PO_4, $K_{sp} = 1.8 \times 10^{-18}$

99. I^-, Br^-, Cl^-이 각각 0.018 mol씩 포함된 용액이 있다. 이 용액을 0.24 M $AgNO_3$ 200. mL와 혼합할 때, 침전되는 AgCl(s)은 얼마인가? $[Ag^+]$는 얼마인가? 단, 부피 변화는 없다고 가정한다.

$$AgI: K_{sp} = 1.5 \times 10^{-16}$$
$$AgBr: K_{sp} = 5.0 \times 10^{-13}$$
$$AgCl: K_{sp} = 1.6 \times 10^{-10}$$

100. 수산화 마그네슘 $Mg(OH)_2$은 제산제인 TUMS의 유효 성분이고, K_{sp} 값은 8.9×10^{-12}이다. $Mg(OH)_2$ 시료 10 g이 들어 있는 용액 500 mL에 존재하는 OH^- 이온의 농도를 계산하라. $Mg(OH)_2$의 K_{sp} 값이 1보다 훨씬 작으므로 소량의 고체만이 용액에 녹고 대부분은 녹지 않은 상태로 남아 있다. $Mg(OH)_2$이 많은 양의 위산을 중화할 수 있는 이유에 대해 설명하라.

101. 일반식 $M_3(PO_4)_2$를 갖는 이온 화합물을 생각해 보자. 여기서 M^{2+}은 알려지지 않은 금속 이온이다. 물속에서 $M_3(PO_4)_2(s)$의 용해도는 6.2×10^{-12} mol/L이다. 0.10 M $Na_3PO_4(aq)$에서 $M_3(PO_4)_2(s)$의 용해도를 계산하라. 표 16.1을 참조하면 M은 어떤 원소인가?

102. M^{4+}과 X^-이온으로 구성된 이론적 염을 생각해 보자. MX_4 염의 용해도가 1.00×10^{-2} mol/L이다. $MX_4(s)$의 K_{sp} 값을 계산하라.

103. 치아의 법랑질은 무기물인 수산화 인회석으로 되어 있다. 수산화 인회석, $Ca_5(PO_4)_3OH$의 K_{sp}는 6.8×10^{-37}이다. 순수한 물에서 수산화 인회석의 용해도(mol/L)를 구하라. 산을 첨가하면 수산화 인회석의 용해도는 어떻게 되겠는가? 수산화 인회석을

F^-로 처리하면 무기물인 플루오린화 인회석, $Ca_5(PO_4)_3F$이 형성된다. 이 물질의 $K_{sp} = 1 \times 10^{-60}$이다. 순수한 물에서 플루오린화 인회석의 용해도(mol/L)를 계산하라. 계산된 용해도 결과를 바탕으로 음용수의 플루오린 처리가 합당하다는 근거를 제시하라.

104. 미국 공중 보건국(U.S. Public Health Service, USPHS)은 충치 예방을 목적으로 수돗물의 플루오린화 처리를 추천한다. 추천 농도는 1 L당 F^- 1 mg이다. 센물에는 칼슘 이온이 존재하므로 첨가한 플루오린화 이온과 침전을 형성한다. 플루오린화 이온 농도가 USPHS 추천 수준이라면 센물에 들어 있는 칼슘 이온의 최대 몰농도는 얼마인가? CaF_2에 대한 $K_{sp} = 4.0 \times 10^{-11}$이다.

105. $Al(OH)_3$의 $K_{sp} = 2 \times 10^{-32}$이다. 0.2 *M* Al^{3+} 용액에서 $Al(OH)_3$의 침전이 생성되는 pH는 얼마인가?

106. 0.050 *M* NaF 용액 3.0리터에 $CaF_2(s)$에 몇 몰의 $CaF_2(s)$가 용해되겠는가? $CaF_2(s)$ 첨가 시 부피 변화는 없다고 가정하라. CaF_2에 대한 $K_{sp} = 4.0 \times 10^{-11}$.

107. 어느 뜨거운 날, PbI_2 포화 용액 200.0 mL가 완전히 건조될 때까지 물을 증발시켰다. 물이 완전히 증발된 후 얻어진 고체 PbI_2가 240 mg이었다면, 이 날의 온도에서 PbI_2의 K_{sp} 값은 얼마인가? 계산하라.

108. 펩토-비스몰(Pepto-Bismol)의 유효 성분은 차살리실산 비스무트(bismuth subsalicylate, $C_7H_5BiO_4$)로서 물에 넣으면 다음과 같이 해리된다.

$$C_7H_5BiO_4(s) + H_2O(l) \rightleftharpoons C_7H_4O_3^{2-}(aq) + Bi^{3+}(aq) + OH^-(aq) \qquad K = ?$$

이 반응식에 따라 반응하는 비스무트살리실산염의 최대량이 3.2×10^{-19} mol/L라면 위 반응에 대한 평형 상수를 계산하라.

109. 다음 화합물의 포화 용액의 pH를 계산하라.

a. AgOH

b. $Cd(OH)_2$

c. $Pb(OH)_2$

110. 아이오딘산 세륨($K_{sp} = 3.5 \times 10^{-10}$)의 다음 용해도를 생각해 보자:

a. $Ce(IO_3)_3(s)$의 물에 대한 용해도

b. $Ce(IO_3)_3(s)$에서 0.10 *M* $Ce(NO_3)_3(aq)$의 용해도

c. $Ce(IO_3)_3(s)$에서 0.10 *M* $KIO_3(aq)$의 용해도

이들 중 용해도가 가장 작은 것은 무엇인가?

111. 약간의 $Cu(NO_3)_2(aq)$와 $KOH(aq)$는 $Cu(OH)_2(s)$ 형태의 침전물이 함께 혼합되어 있다. 다음 중 어느 것이 침전물을 용해시키겠는가? (*힌트*: 연습 문제 84 참조)

a. 과량의 $Cu(NO_3)_2(aq)$를 첨가한다.

b. 과량의 $KOH(aq)$를 첨가한다.

c. 과량의 $NH_3(aq)$를 첨가한다.

d. 과량의 $HNO_3(aq)$를 첨가한다.

112. 이온성 화합물 Ag_3PO_4 ($K_{sp} = 1.8 \times 10^{-18}$)를 생각해 보자.

a. 과량의 고체 Ag_3PO_4를 물에 첨가하였을 때 평형 Ag^+ 농도를 계산하라.

b. 과량의 고체 Ag_3PO_4를 0.60 *M* Ag_3PO_4 용액에 첨가하였을 때 평형 Ag^+ 농도를 계산하라.

c. 0.240 *M* $AgNO_3$ 1.00 L를 2.00 *M* K_3PO_4 1.00 L에 첨가하였더니 Ag_3PO_4의 침전이 생성되었다(Ag_3PO_4에 대한 $K_{sp} = 1.8 \times 10^{-18}$). 이 용액에서 Ag^+ 농도를 계산하라.

d. 위의 b번과 c번에 대한 답은 동일해야 한다. 이것이 어떻게 가능한지 설명하라.

113. 나노 기술은 고밀도 자료 저장부터 "나노 머신"의 고안에 이르기까지 넓은 분야에 적용되는 중요한 분야이다. 나노 구조물을 제조하기 위한 보편적인 구성 요소 중의 하나가 산화 망가니즈 나노 입자이다. 이 나노 입자는 옥살산 망가니즈 나노 막대로부터 만들어지며, 형성 과정은 다음과 같이 나타낼 수 있다.

$$Mn^{2+}(aq) + C_2O_4^{2-}(aq) \rightleftharpoons MnC_2O_4(aq) \qquad K_1 = 7.9 \times 10^3$$

$$MnC_2O_4(aq) + C_2O_4^{2-}(aq) \rightleftharpoons Mn(C_2O_4)_2^{2-}(aq) \qquad K_2 = 7.9 \times 10^1$$

$Mn(C_2O_4)^{2-}$에 대한 전체 반응의 형성 상수 값을 계산하라.

$$K = \frac{[Mn(C_2O_4)_2^{2-}]}{[Mn^{2+}][C_2O_4^{2-}]^2}$$

114. 다음 반응의 평형 상수는 1.0×10^{23}이다.

$$Cr^{3+}(aq) + H_2EDTA^{2-}(aq) \rightleftharpoons CrEDTA^-(aq) + 2H^+(aq)$$

$$EDTA^{4-} = \begin{matrix} {}^-O_2C-CH_2 \\ {}^-O_2C-CH_2 \end{matrix} \!\!> N-CH_2-CH_2-N <\!\! \begin{matrix} CH_2-CO_2^- \\ CH_2-CO_2^- \end{matrix}$$

에틸렌다이아민테트라아세테이트

EDTA는 화학 분석에 사용되는 착물 형성 시약이다. EDTA 이소듐 염, 즉 Na_2H_2EDTA을 주로 포함하는 EDTA 용액은 중금속 중독 치료에도 사용된다. 초기에 pH = 6.00의 완충 용액에서 Cr^{3+} 0.0010 *M*과 H_2EDTA^{2-} 0.050 *M*이 포함된 용액이 평형에 도달하였을 때, $[Cr^{3+}]$를 계산하라.

115. 다음 각각에 대하여 Pb^{2+} 농도를 계산하라.

a. $Pb(OH)_2$ 포화 용액, $K_{sp} = 1.2 \times 10^{-15}$

b. pH = 13.00의 완충 용액에서 $Pb(OH)_2$ 포화 용액

c. $EDTA^{4-}$는 화학 분석에 사용되는 착물 형성 시약이며, 구조식은 다음과 같다.

$$\begin{matrix} {}^-O_2C-CH_2 \\ {}^-O_2C-CH_2 \end{matrix} \!\!> N-CH_2-CH_2-N <\!\! \begin{matrix} CH_2-CO_2^- \\ CH_2-CO_2^- \end{matrix}$$

에틸렌다이아민테트라아세테이트

$EDTA^{4-}$ 용액은 가용성 착이온을 형성하여 중금속을 제거하므로, 중금속 중독 치료에 사용된다. Pb^{2+}와 $EDTA^{4-}$의 반응은 다음과 같다.

$$Pb^{2+}(aq) + EDTA^{4-}(aq) \rightleftharpoons PbEDTA^{2-}(aq) \qquad K = 1.1 \times 10^{18}$$

0.050 *M* Na_4EDTA가 포함된 pH = 13.00의 완충 용액 1.0 L에 $Pb(NO_3)_2$ 0.010 mol를 첨가하면, $Pb(OH)_2$ 침전이 형성되겠는가?

116. 5.0 M NH_3 용액 1.0 L에 1.0 M $Cd(NO_3)_2$ 용액 1.0 mL를 첨가하면 $Cd(OH)_2$ 침전이 형성되겠는가?

$$Cd^{2+}(aq) + 4NH_3(aq) \rightleftharpoons Cd(NH_3)_4^{2+}(aq) \quad K = 1.0 \times 10^7$$

$$Cd(OH)_2(s) \rightleftharpoons Cd^{2+}(aq) + 2OH^-(aq) \quad K_{sp} = 5.9 \times 10^{-15}$$

117. **a.** $Cu(OH)_2$의 K_{sp} 값(1.6×10^{-19})과 $Cu(NH_3)_4^{2+}$의 전체 반응에 대한 형성 상수(1.0×10^{13})를 이용하여 다음 반응의 평형 상수 값을 계산하라.

$$Cu(OH)_2(s) + 4NH_3(aq) \rightleftharpoons Cu(NH_3)_4^{2+}(aq) + 2OH^-(aq)$$

b. a에서 계산한 평형 상수 값을 이용하여 5.0 M NH_3에 대한 $Cu(OH)_2$의 용해도(mol/L)를 계산하라. 5.0 M NH_3에서 OH^-의 농도는 0.0095 M이다.

118. 선택적 침전으로 다음 각 묶음의 이온들을 분리할 수 있는 방법에 대해 설명하라.

a. Ag^+, Mg^{2+}, Cu^{2+}
b. Pb^{2+}, Ca^{2+}, Fe^{2+}
c. Pb^{2+}, Bi^{3+}

***119.** Hg^{2+} 이온은 다음과 같이 I^-와 반응하여 착이온을 형성한다.

$$Hg^{2+}(aq) + I^-(aq) \rightleftharpoons HgI^+(aq) \quad K_1 = 1.0 \times 10^8$$
$$HgI^+(aq) + I^-(aq) \rightleftharpoons HgI_2(aq) \quad K_2 = 1.0 \times 10^5$$
$$HgI_2(aq) + I^-(aq) \rightleftharpoons HgI_3^-(aq) \quad K_3 = 1.0 \times 10^9$$
$$HgI_3^-(aq) + I^-(aq) \rightleftharpoons HgI_4^{2-}(aq) \quad K_4 = 1.0 \times 10^8$$

0.088 mole $Hg(NO_3)_2$와 5.00 mole NaI를 충분한 물에 녹인 후, 용액의 부피를 1.0 L로 만들었다.

a. $[HgI_4^{2-}]$의 평형 농도를 계산하라.
b. $[I^-]$의 평형 농도를 계산하라.
c. $[Hg^{2+}]$의 평형 농도를 계산하라.

120. M_2^{2+} 이온과 X^- 이온으로 이루어진 불용성인 이온성 화합물 Q의 K_{sp}는 4.5×10^{-29}이다. M^+의 전자 배치는 $[Xe]6s^14f^{14}5d^{10}$이다. X^- 음이온은 54개의 전자를 갖고 있다. NaX 1.98 g을 녹여서 150. mL로 만든 NaX 용액에서 Q의 몰용해도는 얼마인가?

121. 질산염은 일반적으로 물에 잘 녹는 염으로 간주된다. 잘 녹지 않는 질산염 중의 하나가 질산 바륨이다. 용액 1 L에 대략 15 g의 $Ba(NO_3)_2$이 녹는다. 질산 바륨에 대한 K_{sp} 값을 계산하라.

122. 이 장의 침전 형성에 대한 논의에서 침전 반응이 완결된 후, 침전 일부가 다시 녹아 평형에 도달한다고 배웠다. 왜 그런가 알아보기 위하여 다음 조건에서 예제 16.6을 다시 풀어보라.

초기 농도(mol/L)		평형 농도(mol/L)
$[Mg^{2+}]_0 = 3.75 \times 10^{-3}$ $[F^-]_0 = 6.25 \times 10^{-2}$	y mol/Mg^{2+}가 반응하여 MgF_2를 형성한다 →	$[Mg^{2+}] = 3.75 \times 10^{-3} - y$ $[F^-] = 6.25 \times 10^{-2} - 2y$

도전 문제

123. 25°C에서 M_3X_2 형태의 염으로 포화된 용액의 삼투압은 2.64×10^{-2} atm이다. 이상적으로 거동한다고 가정하고 이 염의 K_{sp} 값을 계산하라.

124. 1.0 M HF 용액 1.0 L에 $CaF_2(s)$ 침전이 형성되기 시작할 때까지 넣은 $Ca(NO_3)_2$의 질량은 얼마인가? CaF_2의 $K_{sp} = 4.0 \times 10^{-11}$, HF의 $K_a = 7.2 \times 10^{-4}$이다. 단, $Ca(NO_3)_2(s)$의 첨가에 따른 용액의 부피 변화는 없다.

125. 구리(I) 이온은 다음 반응식에 따라 CN^- 이온과 착이온을 형성한다.

$$Cu^+(aq) + 3CN^-(aq) \rightleftharpoons Cu(CN)_3^{2-}(aq) \quad K = 1.0 \times 10^{11}$$

a. 1.0 M NaCN 1.0 L에서 $CuBr(s)$ ($K_{sp} = 1.0 \times 10^{-5}$)의 용해도를 계산하라.
b. 평형에서 Br^-의 농도를 계산하라.
c. 평형에서 CN^-의 농도를 계산하라.

126. 4.0 M NH_3 500.0 mL와 0.40 M $AgNO_3$ 500.0 mL를 혼합하여 만든 용액에 대한 문제이다. Ag^+는 다음과 같이 NH_3와 반응하여 $AgNH_3^+$와 $Ag(NH_3)_2^+$를 형성한다.

$$Ag^+(aq) + NH_3(aq) \rightleftharpoons AgNH_3^+(aq) \quad K_1 = 2.1 \times 10^3$$
$$AgNH_3^+(aq) + NH_3(aq) \rightleftharpoons Ag(NH_3)_2^+(aq) \quad K_2 = 8.2 \times 10^3$$

용액에 존재하는 모든 화학종의 농도를 구하라.

127. **a.** 순수한 물에서 AgBr의 몰용해도를 계산하라. AgBr의 K_{sp}는 5.0×10^{-13}이다.

b. 3.0 M NH_3에서 AgBr의 몰용해도를 계산하라. $Ag(NH_3)_2^+$의 전체 반응에 대한 형성 상수는 1.7×10^7이다.

$$Ag^+(aq) + 2NH_3(aq) \longrightarrow Ag(NH_3)_2^+(aq) \quad K = 1.7 \times 10^7.$$

c. a와 b에서 계산한 용해도를 비교하고 그 차이를 설명하라.
d. 3.0 M NH_3 250.0 mL에 녹을 수 있는 AgBr의 질량은 얼마인가?
e. HNO_3를 첨가하면 a와 b에서 계산한 용해도가 달라지는가?

128. 3.00 M NH_3 500.0 mL와 2.00×10^{-3} M $Cu(NO_3)_2$ 500.0 mL를 혼합하여 만든 용액에 존재하는 NH_3, Cu^{2+}, $Cu(NH_3)^{2+}$, $Cu(NH_3)_2^{2+}$, $Cu(NH_3)_3^{2+}$ 및 $Cu(NH_3)_4^{2+}$에 대한 평형 농도를 계산하라. 단계적 평형은 다음과 같다.

$$Cu^{2+}(aq) + NH_3(aq) \rightleftharpoons CuNH_3^{2+}(aq) \quad K_1 = 1.86 \times 10^4$$
$$CuNH_3^{2+}(aq) + NH_3(aq) \rightleftharpoons Cu(NH_3)_2^{2+}(aq) \quad K_2 = 3.88 \times 10^3$$
$$Cu(NH_3)_2^{2+}(aq) + NH_3(aq) \rightleftharpoons Cu(NH_3)_3^{2+}(aq) \quad K_3 = 1.00 \times 10^3$$
$$Cu(NH_3)_3^{2+}(aq) + NH_3(aq) \rightleftharpoons Cu(NH_3)_4^{2+}(aq) \quad K_4 = 1.55 \times 10^2$$

129. 1.0 M H^+이 포함된 용액에서 $AgCN(s)$ ($K_{sp} = 2.2 \times 10^{-12}$)의 용해도를 계산하라. HCN의 K_a는 6.2×10^{-10}이다.

130. 옥살산 칼슘(CaC_2O_4)은 비교적 물에 잘 녹지 않는다($K_{sp} = 2 \times 10^{-9}$). 그러나 옥살산 칼슘의 용해도는 산성 용액에서 증가한다. 순수한 물에서보다 0.10 M H^+ 용액에서 옥살산 칼슘의 용해도는 얼마나 증가할까? 순수한 물에서 $C_2O_4^{2-}$의 염기성은 무시한다.

131. 0.10 M H_2S로 포화되고 HCl로 pH 3.0이 유지되는 25°C 수용액에서 Ni^{2+} 이온의 최대 농도는 얼마인가?

132. 1.0×10^{-3} *M* Cu^{2+}, 1.0×10^{-3} *M* Mn^{2+}이 포함되고 0.10 *M* H_2S로 포화된 혼합물이 있다. CuS가 침전되지만 MnS는 침전되지 않는 pH를 계산하라. CuS의 K_{sp}는 8.5×10^{-45}이고, MnS의 K_{sp}는 2.3×10^{-13}이다.

133. 트라이폴리인산 소듐(sodium tripolyphosphate, $Na_5P_3O_{10}$)은 많은 합성 세제의 원료로 사용된다. Mg^{2+}이나 Ca^{2+}와 착물을 형성하여 단물을 만드는 것이 주된 효과이다. 계면활성제나 액체의 표면 장력을 낮추는 습윤제의 효능을 증가시킨다. $MgP_3O_{10}^{3-}$ 형성에 대한 *K* 값은 4.0×10^8이다. 형성 반응은 다음과 같다.

$$Mg^{2+}(aq) + P_3O_{10}^{5-}(aq) \rightleftharpoons MgP_3O_{10}^{3-}(aq)$$

초기에 Mg^{2+}이온의 농도가 50.0 ppm (50.0 mg/L 용액)인 용액 1.0 L에 $Na_5P_3O_{10}$ 40.0 g을 첨가한 후 평형에 도달하였을 때, Mg^{2+}의 농도를 계산하라.

134. 물 250 g에 고체 MX를 과량 첨가한 다음, 어는점을 측정하였더니 −0.028°C였다. 이 고체의 K_{sp}는 얼마인가? 용액의 밀도는 1.0 g/cm³라고 가정한다.

135. **a.** F^-의 염기성을 무시하고, 물에서 SrF_2의 몰용해도를 계산하라. SrF_2의 $K_{sp} = 7.9 \times 10^{-10}$이다.

b. 측정된 SrF_2의 몰용해도는 a에서 계산한 값보다 클 것인가 아니면 작을 것인가? 설명하라.

c. pH = 2.00의 완충 용액에서 SrF_2의 몰용해도를 계산하라. HF의 $K_a = 7.2 \times 10^{-4}$이다.

136. pH = 0.000인 수용액에서 염 MX의 용해도는 3.17×10^{-8} mol/L이다. HX의 $K_a = 1.00 \times 10^{-15}$일 때, MX에 대한 K_{sp} 값을 계산하라.

137. 0.10 *M* 황산이 포함된 수용액 1.0 L에 질산 바륨 0.30 mol을 첨가하였다. 용액의 부피 변화는 없다고 가정하고, 최종적으로 얻어진 용액의 pH, 바륨 이온의 농도 및 형성된 고체의 질량을 계산하라.

마라톤 문제

이 문제들은 여러 가지 개념과 기법을 하나의 상황으로 통합하도록 구성되었다.

138. 알루미늄 이온은 수산화 이온과 반응하여 $Al(OH)_3(s)$ 침전을 형성하지만, 추가적으로 수산화 이온과 반응하여 물에 잘 녹는 착이온 $Al(OH)_4^-$를 형성하기도 한다. 용해도 측면에서 $Al(OH)_3(s)$는 산성이 매우 강한 용액에서 잘 녹을 뿐만 아니라 염기성이 매우 강한 용액에서도 잘 녹는다.

a. 산성이 매우 센 용액과 염기성이 매우 센 용액에서 $Al(OH)_3(s)$의 용해도가 증가하는 것을 나타낼 수 있는 화학 반응식을 써라.

b. $Al(OH)_3(s)$의 용해도에서 pH 의존성을 좀 더 자세히 살펴보자. $Al(OH)_3$의 용해도는 $[H^+]$의 함수로 다음 식을 따른다.

$$S = [H^+]^3K_{sp}/K_w^3 + KK_w/[H^+]$$

이때, S = 용해도 = $[Al^{3+}] + [Al(OH)_4^-]$이고, *K*는 다음 반응의 평형 상수이다.

$$Al(OH)_3(s) + OH^-(aq) \rightleftharpoons Al(OH)_4^-(aq)$$

c. *K* 값은 40.0이고, $Al(OH)_3$의 K_{sp}는 2×10^{-32}이다. pH 범위 4~12에 대해 $Al(OH)_3$의 용해도를 도시하라.

드라이 아이스의 기화. (Science Photo Library/Getty Images)

자발성, 엔트로피와 자유 에너지

Spontaneity, Entropy, and Free Energy

열역학 제1법칙(*the first law of the thermodynamics*)은 에너지 보존의 법칙을 설명하고 있다. 즉, 에너지는 창조되거나 파괴될 수 없다. 바꾸어 말하면, *우주의 에너지는 일정하다*는 것이다. 비록 전체의 에너지는 일정하지만 에너지는 물리적 및 화학적인 과정에서 여러 가지 형태로 전환될 수 있다. 예를 들어, 책을 떨어뜨리면 그 책이 가지고 있는 초기의 퍼텐셜 에너지는 운동 에너지로 전환되고, 이것은 공기와 바닥을 이루고 있는 원자들에게 무작위적 운동(일)으로 전달된다. 이 과정에서 일어난 알짜 효과는 일정량의 퍼텐셜 에너지가 정확히 같은 양의 열에너지로 전환된 것이다. 에너지가 한 형태에서 다른 형태로 전환되었지만, 과정 전후에 존재하는 총 에너지의 양은 같다.

화학적인 예를 생각해 보자. 메테인이 과량의 산소 중에서 연소될 때, 주된 반응은 다음과 같다.

$$CH_4(g) + 2O_2(g) \longrightarrow CO_2(g) + 2H_2O(g) + \text{에너지}$$

이 반응에서 일정량의 에너지가 열로서 방출된다. 이 에너지는 반응에서 CO_2와 H_2O가 만들어질 때, CH_4와 O_2의 각 결합에 저장되어 있던 퍼텐셜 에너지가 낮아지면서 방출되는 것이다. 이것은 그림 17.1에 나와 있다. 퍼텐셜 에너지가 열에너지로 전환되었지만, 우주의 에너지양은 열역학 제1법칙에 따라 일정하게 남아있다.

열역학 제1법칙은 계에 대한 에너지 출입을 설명하는 법칙으로, 주로 다음과 같은 의문에 답하는 데 사용된다.

- 어떤 변화에 얼마나 많은 에너지가 관여하는가?
- 에너지가 계로 들어가는가 아니면 빠져나가는가?
- 에너지의 마지막 형태는 무엇인가?

열역학 제1법칙: 우주의 에너지는 일정하다.

비록 열역학 제1법칙이 에너지를 설명하는 수단을 제공하지만 어떤 특정한 과정이 왜 그 방향으로 일어나는지에 대해서는 해답을 주지 못한다. 따라서 이 장에서는 이런 문제를 주로 다루도록 한다.

17.1 자발적 과정과 엔트로피

*자발적*이라는 것은 빠르다는 것을 의미하는 것이 아니다(자발적인 과정은 "열역학적으로 선호되는" 것이라고 말할 수 있다).

어떤 과정이 *외부의 간섭 없이 일어난다*면 *자발적*이라고 말한다. **자발적 과정**(spontaneous process)의 진행 속도는 빠를 수도 있고 또한 느릴 수도 있다. 이 장에서 배우겠지만, 열역학은 어떤 과정이 일어나는 *방향*(*direction*)을 제시할 수 있지만, 그 과정의 속도(*speed*)에 대해서는 아무것도 설명할 수 없다. 제12장에서 배운 것처럼, 반응 속도는 활성화 에너지, 온도, 농도, 촉매와 같은 많은 요인에 의해서 지배되며, 이들의 영향을 간단한 충돌 모형을 이용하여 설명할 수 있다. 화학 반응을 설명할 때, 화학 반응 속도론에서는 반응물과 생성물 사이의 반응 경로에 주로 관심이 있지만, 열역학에서는 초기 상태와 최종 상태만이 고려 대상이 되며, 반응물과 생성물 사이의 반응 경로에 대한 지식은 필요가 없다(그림 17.2 참조).

다이아몬드가 흑연으로 변하는 과정은 열역학적으로 유리하지만 반응 속도론적으로 지배를 받는다. 즉, 이 반응은 눈에 띄는 속도로 진행되지 않는다.

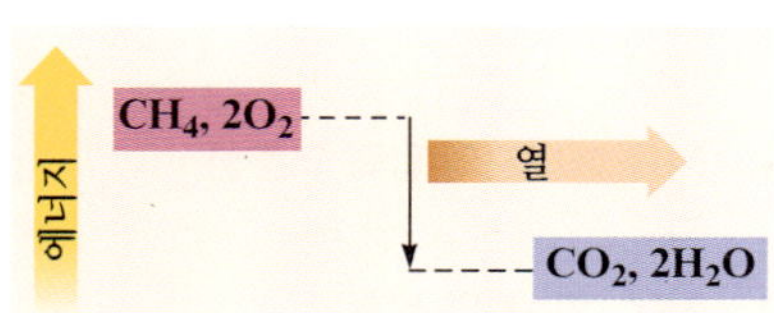

그림 17.1 메테인과 산소가 반응하여 일산화 탄소와 물을 생성할 때 생성물은 반응물보다 낮은 퍼텐셜 에너지를 갖는다. 이러한 퍼텐셜 에너지의 변화로 인하여 에너지가 주위로 흐르게 되는데 이 에너지 흐름을 열(heat)라고 한다.

요약하면, 열역학은 어떠한 과정이 일어날 것인지를 예측할 수 있게 한다. 그러나 그 과정이 일어나는 데 얼마나 오랜 시간이 걸릴 것인지에 대한 정보를 제공해 주지 못한다. 예를 들면, 열역학의 원리에 따라 다이아몬드는 흑연으로 자발적으로 변화되어야 한다. 이와 같은 변화를 관찰할 수 없는 것은 열역학적인 예측이 잘못된 것이 아니고, 다만 이 과정이 대단히 느리게 일어난다는 것을 의미한다. 따라서 반응들을 충분히 설명하기 위해서는 열역학과 반응 속도론이 모두 필요하다.

자발성의 개념을 파악하기 위하여 다음과 같은 물리적 및 화학적인 과정을 생각해 보자.

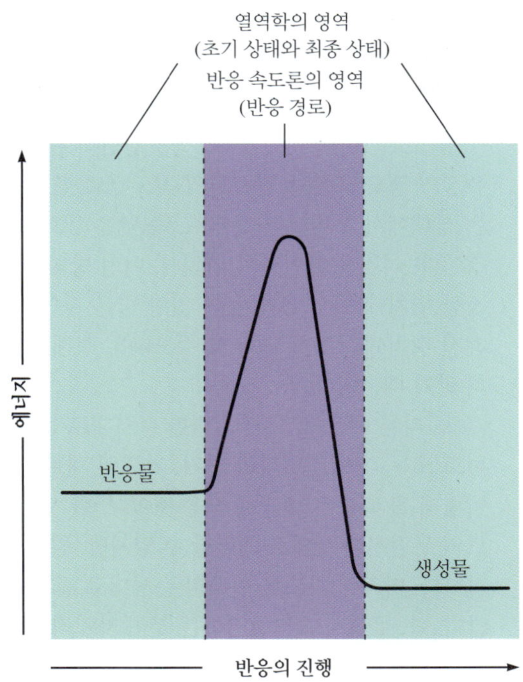

그림 17.2 어떤 반응의 속도는 반응물로부터 생성물까지의 경로에 의존하는데 이것은 반응 속도론의 영역이다. 반면에 열역학은 어떤 반응이 자발적인지 아닌지의 여부를 반응물과 생성물의 성질에만 기초를 두고 예측하게 한다. 즉, 이러한 열역학적 예측은 반응물과 생성물 사이의 반응 경로에 대한 지식을 필요로 하지 않는다.

- 공은 언덕에서 아래로 굴러 내려가지만, 결코 자발적으로 언덕 위로 굴러 올라가지 않는다.
- 공기와 습기에 노출된 철은 자발적으로 녹이 슬지만, 녹슨 상태인 산화철은 철과 산소 기체로 자발적으로 변화되지는 않는다.
- 기체는 용기 속에 균일하게 분포되지만, 용기의 일부분에 자발적으로 전체 기체가 모아지지는 않는다.
- 뜨거운 물질로부터 차가운 물질로 항상 열이 이동하지만, 역의 과정은 자발적으로 일어나지 않는다.
- 나무는 발열 반응에서 자발적으로 타서 이산화 탄소와 물로 되지만, 이산화 탄소와 물을 함께 가열한다고 해서 나무가 되는 것은 아니다.
- 0°C 이하의 온도에서 물은 자발적으로 얼고, 0°C 이상에서 얼음은 자발적으로 녹는다.

열역학적인 원리는 여러 가지 각각의 과정이 주어진 조건에서 왜 한 방향으로만 진행되고 역방향으로 일어나지 않는지를 설명할 수 있게 한다. 언덕 위에 있는 공은 중력에 의해서 굴러 내려온다. 그러나 못이 녹슬고 물이 어는 현상을 중력이라는 용어로 설명할 수 있는가? 열역학이 발전하던 초기에 어떤 과정이 발열 반응이면 자발적으로 일어날 것이라고 생각했었다. 실제로 많은 자발적인 과정들이 발열 반응이므로 이와 같은 발열성은 중요한 요인이 되지만, 전적으로 올바른 대답은 되지 못한다. 예를 들면, 0°C 이상의 온도에서 얼음은 자발적으로 녹지만 흡열 과정이다.

위의 과정들이 한 방향으로만 자발적으로 일어나게 하는 공통적인 특성이 무엇인가?

Courtesy, Lars and Joan Anderson

© Franz Waldhausl

▶ 철은 물과 접촉하면 자발적으로 녹이 슨다.

▲
카드 더미의 무질서한 배열.

확률은 가능성을 의미한다.

여러 해 동안 수많은 관찰을 통해서, 과학자들은 모든 자발적인 과정에서 기호 *S*로 표시되는 **엔트로피**(entropy)라고 부르는 성질이 증가하는 공통적인 특성을 가지고 있음을 알아내었다. **자발적인 과정이 일어나게 하는 추진력은 우주의 엔트로피의 증가이다.**

엔트로피란 무엇인가? 이것을 간단히 완벽하게 정의하기는 어렵지만, *엔트로피란 무작위성의 정도 또는 무질서도의 척도라고 볼 수 있다.* 자연적으로 일어나는 현상은 질서 있는 상태에서 무질서한 상태로, 즉 낮은 엔트로피 상태에서 높은 엔트로피 상태로 되는 과정이다. 이것을 확인하기 위해서, 어떤 방의 조건들에 대해 생각해 보자. 모든 물건들이 일정한 위치에 질서 있게 놓여 있던 방은 자연히 무질서해진다. 이것은 단순히 물건들을 정해진 위치에만 놓는 경우의 수보다는 정해진 위치 이외의 다른 위치에 놓는 경우의 수가 더 많기 때문이다.

또 다른 예로서, 어떤 특별한 순서대로 놓여 있는 한 세트의 카드를 공중에 던져서 무작위로 모두 다시 집었다고 하자. 카드의 새로운 순서는 원래의 순서와 같을 수도 있겠지만, 이렇게 될 *확률은 대단히 작을 것이다.* 한 세트의 카드의 순서는 수없이 많은 방법으로 카드의 무질서한 상태로 배열할 수 있지만, 원래의 순서는 이 배열 중의 단 한 가지 방법에 불과하다. 따라서 카드를 원래의 순서대로 집기보다는 그 이외의 순서로 집을 기회가 월등히 많다. 즉, 무질서도가 증가하는 것이 자연적인 과정이다.

엔트로피는 어떤 일정 상태의 *계(system)에 유효한* 위치 또는 에너지 준위들의 *배열 방법의 수*를 나타내는 열역학적 함수이므로, 확률과 밀접한 관계를 가지고 있다. 어느 특정한 상태를 얻을 수 있는 방법이 많을수록 그 상태를 발견할 가능성(확률)이 더 크다는 것이 기본이다. 다시 말하면, *자연은 가장 큰 존재 확률을 가진 상태가 되도록 자발적으로 진행되고 있다*는 것을 의미한다. 이와 같은 개념은 당연하게 보이지만, 실제로 주변에서 일어나는 과정에 연관시키기는 쉽지 않다. 예를 들면, 강철이 자연히 녹스는 것은 확률과 어떤 관계가 있는가? 엔트로피와 자발성 사이의 관계를 이해하면 이와 같은 물음에 답할 수 있게 된다. 그림 17.3에 나타낸 것처럼, 이상 기체가 진공으로 팽창하는 간단한 과정을 생각해 보자. 이 과정은 왜 자발적으로 진행되는가? 그 추진력은 확률이다. 용기 내에서 기체가 균일하게 퍼져 있으려는 상태가 다른 어떤 상태보다 더 큰 확률을 가지기 때문에 자발적으로 균일한 분포를 얻게 된다.

이와 같은 결론을 이해하기 위하여, 그림 17.4에서처럼 두 개의 둥근 용기에 들어있는 네 개의 기체 분자들의 가능한 배열들을 생각해 보자. 각 배열(상태)을 얻는 데 몇 가지 방

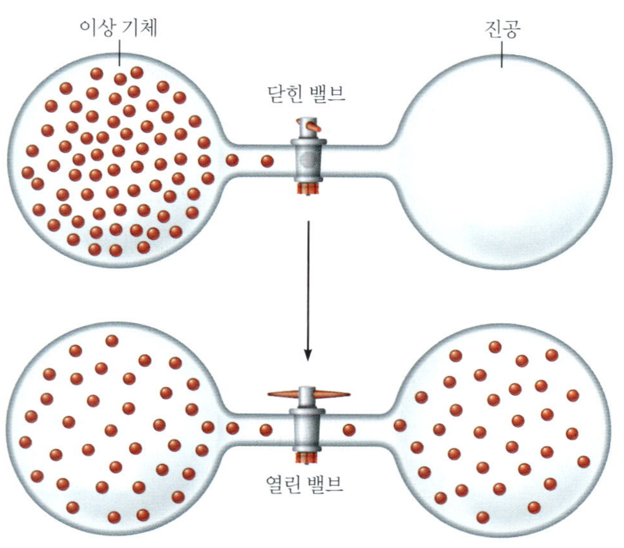

그림 17.3 이상 기체가 진공 상태의 둥근 구 속으로 팽창된 모습.

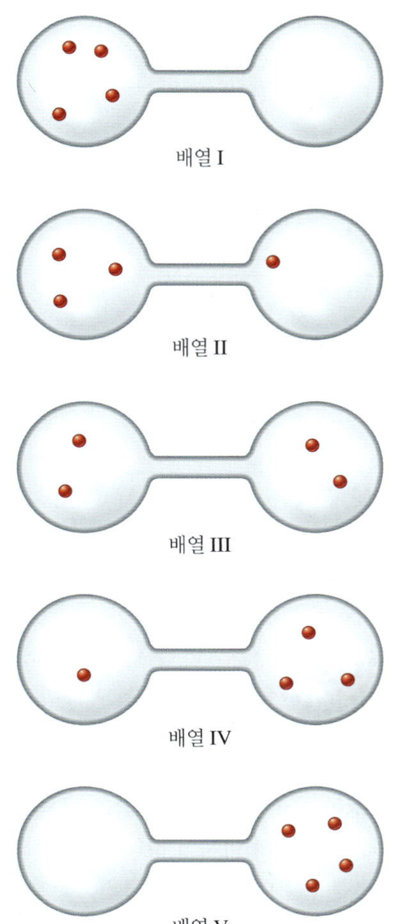

그림 17.4 두 개의 둥근 플라스크에 들어 있는 네 분자의 가능한 배열(상태).

표 17.1 특정 배열(상태)을 나타내는 미시적 상태

배열	미시적 상태	미시적 상태의 수
I	(A B C D)—( )	1
II	(B D C)—(A); (A B D)—(C); (A C D)—(B); (A B C)—(D)	4
III	(A B)—(C D); (B C)—(A D); (A C)—(B D); (B D)—(A C); (A D)—(B C); (C D)—(A B)	6
IV	(D)—(A B C); (B)—(A D C); (C)—(A D B); (A)—(B D C)	4
V	( )—(A B C D)	1

법들이 있겠는가? 배열 I과 V는 단 한 가지 방법으로만 얻을 수 있다. 즉, 모든 분자가 한쪽 끝에 있어야 한다. 배열 II와 IV는 표 17.1에 나타낸 것처럼 네 가지 방법으로 얻을 수 있다. 특정 배열이 얻어지는 각각의 배열을 *미시적 상태*(*microstate*)라고 부른다. 배열 I은 하나의 미시적 상태, 그리고 배열 II는 네 개의 미시적 상태를 가지고 있다. 배열 III은 여섯 가지 방법(여섯 개의 미시적 상태)으로 얻을 수 있다. *세 가지 배열 중에서 어느 것이 가장 많이 나타날까?* 가장 많은 수의 방법으로 얻을 수 있는 배열 III이 가장 큰 확률로 나타난다. 배열 III, II, I의 상대적인 확률은 6:4:1이다. 여기에서 하나의 중요한 원리를 알게 된다. 즉, 어떤 특정한 배열(상태)이 나타나는 확률은 그 배열을 얻을 수 있는 방법의 수에 의존한다는 것이다.

이와 같은 원리는 많은 수의 분자를 고려할 때 분명해진다. 그림 17.4의 플라스크에 하나의 분자가 왼쪽 용기에 있게 될 기회는 두 번 중에 한 번이다. 즉, 왼쪽 용기에서 그 분자를 발견할 수 있는 확률은 $\frac{1}{2}$이다. 두 분자가 모두 왼쪽 용기에 있게 될 경우는 각각의 분자가 왼쪽 용기에 있을 기회가 두 번 중의 한 번이며, 확률은 $\frac{1}{2} \times \frac{1}{2} = \frac{1}{4}$이 된다. 분자 수가 증가할수록 모든 분자를 왼쪽 용기에서 발견할 수 있는 상대적인 확률은 감소하게 되며, 표 17.2에 이것을 나타내었다. 기체 분자 1 mol을 왼쪽 용기에서 발견할 수 있는 확률은 극히 작기 때문에 이런 배열은 "결코" 얻어지지 않을 것이다.

따라서 용기의 한쪽 끝에 놓아 둔 기체는 자발적으로 팽창하여 용기 전체를 균일하게 채우게 된다. 왜냐하면 많은 기체 분자를 고려할 때 용기의 양쪽에 동일한 숫자의 분자가 분배되어 이루는 미시적 상태의 숫자는 엄청나게 많기 때문이다. 반면에 다음 그림과 같이 그 반대의 과정은 이 배열에 의한 미시적 상태가 단 하나뿐이기 때문에 *지극히* 일어날 가능성이 없으며, 자발적으로 일어나지 않는다.

플라스크 내에 있는 두 분자들의 네 가지 가능한 미시적 상태:

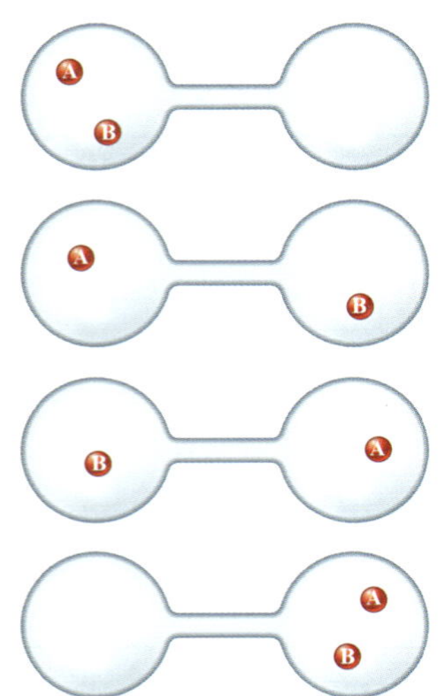

네 가지 중에서 발견될 한 가지 경우:

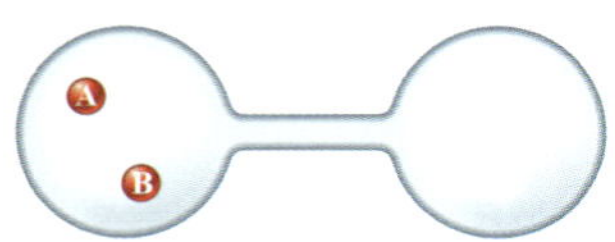

표 17.2 전체 분자 수의 함수로 왼쪽 용기에서 모든 분자를 발견할 수 있는 확률

분자 수	왼쪽 용기에서 모든 분자를 발견할 수 있는 상대적인 확률
1	$\frac{1}{2}$
2	$\frac{1}{2} \times \frac{1}{2} = \frac{1}{2^2} = \frac{1}{4}$
3	$\frac{1}{2} \times \frac{1}{2} \times \frac{1}{2} = \frac{1}{2^3} = \frac{1}{8}$
5	$\frac{1}{2} \times \frac{1}{2} \times \frac{1}{2} \times \frac{1}{2} \times \frac{1}{2} = \frac{1}{2^5} = \frac{1}{32}$
10	$\frac{1}{2^{10}} = \frac{1}{1024}$
n	$\frac{1}{2^n} = \left(\frac{1}{2}\right)^n$
6×10^{23} (1 mole)	$\left(\frac{1}{2}\right)^{6\times10^{23}} \approx 10^{-(2\times10^{23})}$

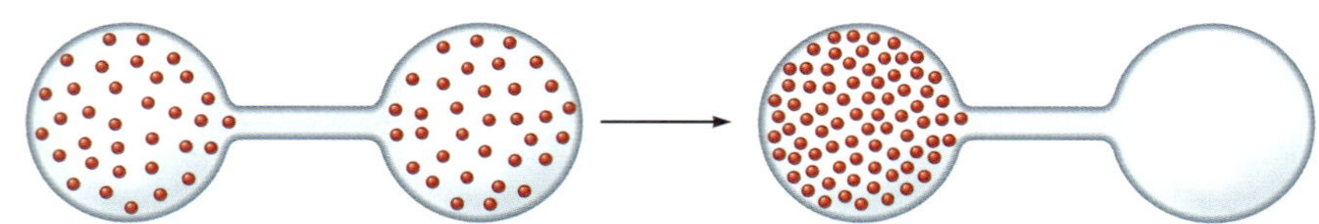

지금까지 고려해 본 형태의 확률을 **위치적 확률**(positional probability)이라 부른다. 왜냐하면 공간 속에서 어떤 특정 상태를 이루는 배열의 수(위치의 미시적 상태의 수)에 의존되기 때문이다. 기체는 진공 속으로 팽창하여 균일한 분포를 이룬다. 왜냐하면, 그 계가 만들 수 있는 상태 중에서 팽창된 상태가 가장 높은 위치적 확률, 즉 가장 큰 엔트로피를 가지고 있기 때문이다.

고체, 액체, 기체 상태는 제10장에서 비교하여 설명하였다.

고체 상태는 기체 또는 액체 상태에 비해 더 정돈되어 있고, 따라서 낮은 엔트로피를 갖는다.

위치적 확률은 상태의 변화로도 설명된다. 일반적으로 위치적 엔트로피는 고체에서 액체 그리고 기체로 갈수록 증가한다. 어떤 물질 1 mol의 부피는 기체 상태에서보다 고체 상태에서 월등히 적다. 고체 상태에서 분자들은 서로 가까이 접해 있어서 차지할 수 있는 위치의 수가 상대적으로 적다. 기체 상태에서 분자들은 멀리 떨어져 있어서 차지할 수 있는 위치의 수가 많아진다. 액체 상태는 기체 상태보다는 고체 상태에 더 가깝다. 이들 상태를 비교하면 다음과 같이 나타낼 수 있다.

$S_{고체} < S_{액체} \ll S_{기체}$

물질이 섞이려는 경향성은 각 성분이 차지할 수 있는 부피가 증가하기 때문이다. 예를 들면, 두 액체가 서로 섞일 때 액체 속의 각 분자들은 차지할 수 있는 부피가 더 커지고, 따라서 점유할 수 있는 공간도 많아진다.

위치적 엔트로피는 용액의 형성에도 대단히 중요하다. 제11장에서 물질이 섞이려는 자연적인 경향으로 용액이 만들어지는 것을 보았는데, 이를 좀 더 면밀하게 알아보기로 하자. 두 개의 순수한 물질이 섞일 때 엔트로피의 변화는 양의 값이 될 것으로 기대된다. 왜냐하면 분리된 조건에서보다는 혼합된 조건에서 월등히 많은 미시적 상태가 존재하기 때문에 엔트로피 증가가 예상된다. 이 효과는 혼합이 일어난 후 주어진 "입자"에 허용된 증가된 부피에 주로 기인한다. 예를 들면, 두 종류의 순수한 액체가 혼합하여 용액을 형성하게 되면, 각 액체의 분자들은 더 많이 허용된 부피를 가지게 되므로 더 많은 위치를 차지하게 된다. 따라서 혼합할 때 위치적 엔트로피가 증가하므로 용액의 형성이 유리하다.

대화형 예제 17.1 위치적 엔트로피

다음의 각 쌍에서 주어진 온도에서 더 높은 위치적 엔트로피(몰당)를 가진 물질을 골라라.

a. 고체 CO_2와 기체 CO_2

b. 1 atm에 있는 N_2 기체와 1.0×10^{-2} atm에 있는 N_2 기체

풀이

a. 기체 CO_2의 몰당 부피가 월등히 크므로 분자들이 차지할 수 있는 위치의 수는 고체 CO_2 1몰이 차지하는 것보다 월등히 크다. 따라서 기체가 더 높은 위치적 엔트로피를 가지고 있다.

b. 주어진 온도에서 1.0×10^{-2} atm의 N_2 기체 1 mol의 부피는 1 atm의 N_2 기체의 100배가 된다. 따라서 1.0×10^{-2} atm의 N_2 기체가 더 높은 위치적 엔트로피를 가지고 있다.

연습 문제 17.45 참조

대화형 예제 17.2 위치적 엔트로피 변화 예측

다음 각 과정에 대하여 엔트로피 변화의 부호를 예측하라.

a. 물에 설탕을 넣어서 용액을 만든다.

b. 아이오딘 증기가 차가운 표면에 서려서 결정을 만든다.

풀이

a. 용액이 만들어질 때 설탕 분자들은 물속에 무작위로 퍼지게 되며, 그 결과 더 넓은 부피와 더 많은 가능한 위치에 접근할 수 있게 된다. 따라서 위치적 무질서도가 증가하여 엔트로피가 증가한다. 최종 상태가 초기 상태보다 더 큰 엔트로피를 가지고 있으며, $\Delta S = S_{최종} - S_{초기}$이므로, ΔS는 양의 값이다.

b. 기체 아이오딘이 고체로 된다. 이 과정은 비교적 큰 부피에서 작은 부피로 변화하고, 그 결과 위치적 무질서가 더 낮아진다. 이 과정에서 ΔS는 음의 값이다(엔트로피는 감소한다).

연습 문제 17.46 참조

17.2 엔트로피와 열역학 제2법칙

우주의 총 에너지는 일정하지만, 엔트로피는 증가한다.

앞서, 일련의 변화 과정들은 무질서도가 증가하여 자발적으로 진행된다는 것을 알게 되었다. 자연은 항상 가장 큰 확률을 가진 상태로 되려고 한다. 이런 원리를 엔트로피의 개념으로 설명할 수 있다. 즉, **자발적인 과정에서 우주의 엔트로피는 항상 증가한다.** 이것이 **열역학 제2법칙**(second law of thermodynamics)이며, 우주의 에너지는 일정하다는 열역학 제1법칙과는 다르다. 우주에서 에너지는 보존되지만, 엔트로피는 그렇지 않다. 실제로 제2법칙을 *우주의 엔트로피는 증가한다* 라고 바꾸어 말할 수 있다.

제6장에서처럼 우주를 계와 주위로 나누어 생각하는 것이 편리하다. 따라서 우주의 엔트로피 변화를 다음과 같이 나타낼 수 있다.

화학 관련 읽을거리 Chemical Connections

엔트로피: 조직화의 힘?

이 책에서 우리는 열역학 제2법칙의 의미를 강조하고 있다. 즉, 우주의 엔트로피는 언제나 증가하고 있다. 모든 실험 결과들은 이 결론을 지지하지만 이것은 질서가 우주의 어느 한 부분에서 자발적으로 나타난다는 것을 의미하지는 않는다. 이 현상의 가장 좋은 예는 생체 기관에서 세포들이 집합하는 것이다. 물론 질서 정연한 계를 만드는 한 과정을 상세히 관찰해 보면, 그 과정의 다른 부분은 무질서가 증가되어 모든 엔트로피의 합은 양의 값을 갖는 것을 발견하게 된다. 실제로 과학자들은 한 계의 한 부분에서 최대 엔트로피에 대한 연구가 다른 부분에서 조직화에 강력한 힘이 될 수 있다는 것을 발견하고 있다.

엔트로피가 얼마나 조직화되는 힘이 될 수 있는가를 알기 위해서 오른쪽 그림을 관찰해 보자. 그림에 나타낸 바와 같이, 큰 "공"과 작은 "공"들이 있는 계에서 작은 공은 큰 공을 구석과 인접 벽에 몰아붙여 "집단"을 이루게 한다. 열역학 제2법칙에 의해 요구된 것처럼, 이렇게 만들어진 최대의 공간에서 작은 공들은 더 자유롭게 운동을 할 수 있다.

본질적으로, 서로 다른 크기의 물질을 가려내어서 엔트로피를 최대화할 수 있는 능력은 소위 *소모* 또는 *배제된 부피*, *힘*, 즉 일종의 인력을 만들어 내는 것이다. 이 "엔트로피 힘"은 물질의 크기가 대략 10^{-8}~10^{-6}미터의 범위에서 효과가 나타난다. 엔트로피성 유발 정렬이 일어나려면, 입자들은 서로 끊임없이 충돌하고 용매 분자들에 의해서 끊임없이 교란되어서 중력이 작용하지 않도록 해야 한다.

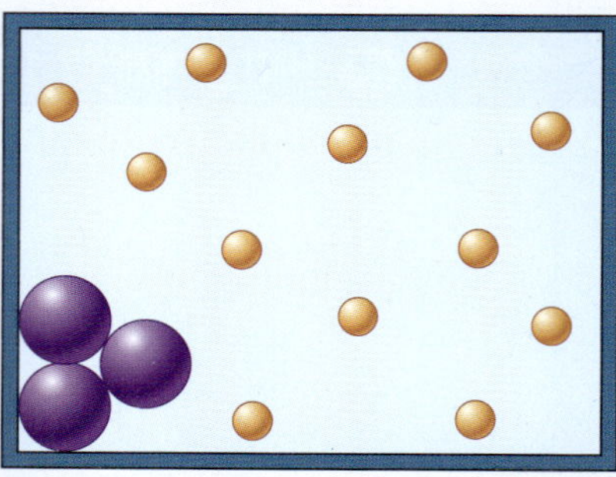

엔트로피성 정렬이 많은 생체 계에서 중요하다는 것이 입증되고 있다. 예를 들어, 이 현상은 "작은 공"처럼 행동하는 수많은 작은 단백질의 존재하에서 낫-세포 헤모글로빈이 응집하는 것을 설명할 수 있다. 엔트로피성 힘은 핵이 없는 세포에서 DNA가 집단을 이루는 것과 연관이 있다고 생각되고, Maryland주의 Bethesda에 있는 국립보건원의 Allen Minton은 세포막에 단백질의 결합에 엔트로피성 힘의 역할에 관하여 연구를 하고 있다.

엔트로피성 정렬은 또한 무생물 조직체, 특히 고분자들을 함께 응고시키는 과정에서도 발견된다. 예를 들어, 페인트의 유동성을 높이기 위하여 페인트에 첨가된 고분자는 소모력 때문에 실제로 페인트를 응고시킨다.

따라서 결론적으로 말하면 엔트로피는 복잡한 과제이다. 엔트로피는 우주를 최대 혼돈의 극단적 죽음으로 몰고 가다가 도중에 질서를 제공할 것이다.

$$\Delta S_{우주} = \Delta S_{계} + \Delta S_{주위}$$

여기에서 $\Delta S_{계}$와 $\Delta S_{주위}$는 계와 주위에서 일어나는 엔트로피 변화를 각각 나타낸다.

어떤 과정이 자발적으로 일어날 것인지를 예측하려면, $\Delta S_{우주}$의 부호를 알아야 한다. 즉, $\Delta S_{우주}$가 양의 값이면 우주의 엔트로피는 증가하므로, 그 과정은 그 방향으로 자발적으로 일어난다. 만일 $\Delta S_{우주}$가 음의 값이면 그 과정은 *반대* 방향으로 자발적으로 일어난다. 만일 $\Delta S_{우주}$가 영이면, 그 과정은 진행되지 않고 계는 평형에 있게 된다. 어떤 과정이 자발적으로 일어날 것인지를 예측하려면 그 계뿐만 아니라 주위에서 일어나는 엔트로피 변화를 함께 고려해야 한다.

예제 17.3 제2법칙

생체 세포에서는 작은 분자들이 모여 큰 분자를 만들게 된다. 이 과정은 열역학 제2법칙을 만족하는가?

풀이 이와 같이 질서도가 증가하는 과정이 열역학 제2법칙을 만족하는가를 생각할 때는 $\Delta S_{계}$가 아니라 $\Delta S_{우주}$의 값이 양이면 자발적으로 진행될 수 있다는 것을 기억해야 한다. $\Delta S_{계}$가 음의 값인 어떤 과정이라도 $\Delta S_{주위}$가 큰 양의 값이라면 이 과정은 자발적으로 일어날 수 있으며, 세포에서의 이 과정이 그 예이다.

연습 문제 17.17과 17.18 참조

직업 속의 화학

신경외과, 응급의료, 상처치료 분야의 진료 보조사(Physician Assistant)

Jason (Jay) Tharpe는 신경외과, 응급의료, 상처치료 등 여러 전문 분야에서 활동하는 진료 보조사이다. 그는 Western Maryland College와 The Arizona School of Health Sciences에서 공부했으며, 이후 수술 전·후 환자 관리를 포함한 외과적 처치 경험을 쌓았다. Jay는 학창 시절 화학이 자신의 강점은 아니었다고 털어놓지만, 환자 치료의 단기적·장기적 효과를 이해하는 데 있어 화학 지식이 얼마나 중요한지를 현장에서 일하며 깨달았다고 말한다.

Tharpe는 실험실 검사 결과를 해석하고 약물을 투여하는 일을 통해 급성 및 만성 질환을 앓고 있는 환자들의 건강에 중대한 영향을 미치는 중요한 역할을 하고 있다. 그는 "직접 나서서 다양한 기회를 경험해보고, 처음 선택한 진로가 반드시 최종 진로일 필요는 없다는 사실을 이해하라"고 조언한다.

Jason Tharpe

비판적 사고 만일 $\Delta S_{우주}$가 상태 함수라면 어떨까? 세계는 어떻게 달라질까?

17.3 자발성에 대한 온도의 영향

▲
물이 끓어서 수증기가 되면 부피와 엔트로피가 증가한다.

$\Delta S_{우주}$의 부호를 결정하는 데 기여하는 $\Delta S_{계}$와 $\Delta S_{주위}$의 상호 관계를 알아보기 위하여 1 mol의 액체 물이 기체로 되는 상태 변화를 먼저 생각해 보자.

$$H_2O(l) \longrightarrow H_2O(g)$$

여기에서 물을 계로 생각하고, 물을 제외한 다른 모든 것을 주위로 생각하자.

이 과정에서 물(계)의 엔트로피는 어떻게 될까? 1 mol의 액체 물(18 g)의 부피는 약 18 mL이며 1 atm, 100°C에서 기체 물 1 mol의 부피는 약 31 L이다. 18 mL의 부피에서보다는 31 L의 부피에서 물 분자들은 차지할 수 있는 공간이 월등히 많은 것은 분명하다. 물이 증발하게 되면 위치적 확률이 증가하므로 자발적으로 증발이 일어나며, 이 과정에서 계의 엔트로피는 증가하므로 $\Delta S_{계}$는 양의 값이 된다.

주위의 엔트로피 변화는 어떻게 될까? 여기에서 증명하지는 않지만, 주로 계에 출입하는 열에 의한 에너지의 흐름이 주위 엔트로피 변화를 결정한다. 이것을 이해하기 위하여, 50 J의 에너지가 열로서 주위로 전달되는 발열 과정을 생각해 보자. 전달된 이 열은 열에너지, 즉 주위에 있는 원자들의 무질서한 운동과 관련이 있는 운동 에너지가 된다. 이와 같이 주위로 흘러들어간 에너지는 주위 원자의 무질서한 운동을 증가시키므로 주위의 엔트로피는 증가하게 되고 $\Delta S_{주위}$의 부호는 양이다. 흡열 과정이 계에서 일어날 때는 이와는 반대 현상이 나타난다. 열이 주위로부터 계로 흐를 때 주위에 있는 원자들의 무질서한 운동은 감소하므로 주위의 엔트로피는 자연히 감소하게 된다. 물의 증발은 흡열 과정이므로, 이런 상태에서 $\Delta S_{주위}$는 음이 된다.

물의 증발 과정이 자발적인지는 그 과정의 $\Delta S_{우주}$의 부호로부터 알 수 있음을 기억하라. 이 과정에서 $\Delta S_{계}$는 양의 값으로 그 과정이 일어나는 데 유리하게 기여하고, $\Delta S_{주위}$는 음의 값으로 불리하게 기여함을 보았다. 이와 같이 $\Delta S_{우주}$를 이루는 두 개의 성분이 서로 반대로 영향을 준다. 이 경우에 그 과정을 지배하는 요인은 무엇일까? *그 중요한 요인은 온도이다.* 1 atm에서 100°C 이상의 온도에서는 액체 물이 저절로 기체로 변하고, 100°C 이하에서는 그 반대 과정(응축)이 저절로 일어난다.

물이 증발할 때에 $\Delta S_{계}$와 $\Delta S_{주위}$는 서로 상반되게 작용하므로, 온도는 이들 두 항의 상대적인 중요성에 영향을 주어야 한다. 왜 이렇게 되는지를 이해하기 위해서는 주위의 엔트로피 변화를 지배하는 요인들에 대하여 더 자세히 논의해야 한다. **주위의 엔트로피 변화는 주로 열의 흐름에 의해 결정된다는 것이 주요 개념이다.** 계에서 일어나는 발열 과정은 주위의 엔트로피를 증가시킨다. 왜냐하면 주위로의 에너지 흐름은 주위의 무질서한 운동을 증가시키기 때문이다. 이것은 발열성이 자발성에 대한 중요한 추진력이 된다는 것을 뜻한다. 앞장에서 계는 낮은 에너지를 가진 상태로 변하려는 경향이 있다는 것을 배웠는데, 이제는 이와 같은 경향성에 대한 이유를 이해하게 되었다. 어떤 계가 일정한 온도에서 낮은 에너지 상태로 될 때, 방출된 에너지는 주위로 이동되어 주위의 엔트로피를 증가시킨다.

흡열 과정에서 열은 주위로부터 계로 흐르고, 발열 과정에서 열은 계로부터 주위로 흐른다.

추진력으로 작용하는 발열 과정의 중요성은 *그 과정이 일어날 때의 온도에 따라 좌우된다.* 즉, $\Delta S_{주위}$의 크기는 열이 전달될 때의 온도에 따라 달라진다는 뜻이다. 이런 사실을 여기에서 증명하지는 않겠지만, 비슷한 예를 들어 보자. 만일 10만 원을 부자에게 주었다고 하면 그에게는 충분한 돈이 있기 때문에 별로 큰 도움이 안 되지만, 가난한 학생에게 주었다면 그에게는 커다란 돈으로서 상당히 유용하게 사용할 수 있는 액수가 될 것이다. 똑같은 원리를 열의 흐름에 의한 에너지의 전달 과정에 적용할 수 있다. 50 J의 에너지가 주위에 전달될 때의 효과는 온도에 크게 의존된다. 만일 주위의 온도가 높으면 그 속에 있는 원자들은 이미 빠른 운동을 하고 있기 때문에 50 J의 에너지가 전달된다 하더라도 그들의 운동을 큰 비율로 증가시키지는 못하게 될 것이다. 그러나 만일 50 J의 에너지가 대단히 낮은 온도에 있는 주위로 전달되면 이 에너지는 천천히 움직이고 있는 원자들의 운동을 상대적으로 크게 증가시킬 것이다. 즉, **열의 형태로 일정량의 에너지가 주위로 또는 주위로부터 이동될 때는 낮은 온도에서 그 영향이 더 크게 될 것이다.**

주위에서 일어나는 엔트로피 변화에는 다음 두 가지 특성이 있다.

1. *$\Delta S_{주위}$의 부호는 열 흐름의 방향에 의존한다.* 일정한 온도에서 계에서 발열 과정이 일어날 때, 계의 열은 주위로 이동된다. 이때 주위 원자들의 무질서한 운동이 증가하므로 주위의 엔트로피는 증가한다. 이 경우 $\Delta S_{주위}$는 양의 값이 된다. 일정한 온도 조건에서 계에서 흡열 과정이 진행되면 그 반대 결과가 나타난다. 실제로 과정이 진행되는 추진력은 엔트로피 변화이나, 흔히 에너지 개념으로도 설명된다. 자연계는 가능한 한 가장 낮은 에너지를 얻으려는 경향이 있다.

일정한 온도에서 일어나는 과정에서 계의 에너지를 낮추어주는 경향성은 $\Delta S_{주위}$의 양의 값의 결과이다.

2. *$\Delta S_{주위}$의 크기는 온도에 의존한다.* 열의 형태로 일정량의 에너지가 이동될 때 주위의 무질서 정도는 높은 온도보다는 낮은 온도에서 더 큰 비율로 증가한다. 이와 같이 $\Delta S_{주위}$는 전달된 열의 양에 정비례하고, 온도에는 반비례한다. 다시 말하면, 더 낮은 에너지를 가지려는 계의 경향성은 낮은 온도에서 더 중요한 추진력이 된다.

$$\text{에너지 흐름(열)에 의한 추진력} = \text{주위의 엔트로피 변화의 크기} = \frac{\text{열의 양(J)}}{\text{온도(K)}}$$

이러한 생각은 다음과 같이 요약된다.

발열 과정: $\Delta S_{주위}$ = 양

흡열 과정: $\Delta S_{주위}$ = 음

$$\text{발열 과정:} \quad \Delta S_{주위} = +\frac{\text{열의 양(J)}}{\text{온도(K)}}$$

$$\text{흡열 과정:} \quad \Delta S_{주위} = -\frac{\text{열의 양(J)}}{\text{온도(K)}}$$

일정한 압력에서 일어나는 과정에 대하여 $\Delta S_{주위}$는 엔탈피(ΔH)의 변화로 나타낼 수 있다.

$$열\ 흐름(일정\ P) = 엔탈피\ 변화 = \Delta H$$

아래첨자로 표시가 안 된 경우, 그 양(예를 들면, ΔH)은 계를 나타낸다.

ΔH는 부호와 숫자의 두 부분으로 되어 있음을 상기하라. *부호*는 흐름의 방향을 나타낸다. 즉, 양의 값은 열이 계로 이동되는 흡열 과정을, 음의 값은 계로부터 흘러나가는 발열 과정을 의미한다. *숫자(number)*는 에너지의 양을 나타낸다.

이들 모든 개념을 종합하면 일정한 온도(Kelvin)와 압력의 조건에서 일어나는 반응에 대하여 $\Delta S_{주위}$를 다음과 같이 정의할 수 있다.

$$\Delta S_{주위} = -\frac{\Delta H}{T}$$

음의 부호는 계로부터 주위로 관점을 바꾼다.

여기에서 음의 부호는 ΔH의 부호가 반응계에 대해서 결정되기 때문에 필요하며, 이 식은 주위의 성질을 나타내고 있다. 이것은 반응이 발열 과정이면 ΔH는 음의 부호임을 의미한다. 그러나 열은 주위로 이동되므로 $\Delta S_{주위}$는 양의 값이다.

대화형 예제 17.4 $\Delta S_{주위}$의 결정

안티모니의 야금에서 순수한 금속은 광석의 조성에 따라서 여러 가지 다른 반응을 통하여 얻게 된다. 예를 들면, 황화물 광석의 안티모니를 환원시키는 데 철이 사용되고

$$Sb_2S_3(s) + 3Fe(s) \longrightarrow 2Sb(s) + 3FeS(s) \qquad \Delta H = -125\text{ kJ}$$

산화물 광석의 안티모니를 환원시키기 위해서는 탄소가 사용된다.

$$Sb_4O_6(s) + 6C(s) \longrightarrow 4Sb(s) + 6CO(g) \qquad \Delta H = 778\text{ kJ}$$

1 atm, 25°C에서 이들 반응 각각에 대하여 $\Delta S_{주위}$를 계산하라.

풀이 다음 식을 사용한다.

▲ 휘안석 광석(stibnite)에 Sb_2S_3가 들어있다.

$$\Delta S_{주위} = -\frac{\Delta H}{T}$$

여기에서 $T = 25 + 273 = 298\text{ K}$이다.

황화물 광석의 반응에 대하여,

$$\Delta S_{주위} = -\frac{-125\text{ kJ}}{298\text{ K}} = 0.419\text{ kJ/K} = 419\text{ J/K}$$

이 반응은 발열 과정이므로 열이 주위로 흘러 들어가고, 주위의 무작위를 증가시키기 때문에 $\Delta S_{주위}$는 양의 값이라는 점을 주목하라.

산화물 광석의 반응에 대하여

$$\Delta S_{주위} = -\frac{778\text{ kJ}}{298\text{ K}} = -2.61\text{ kJ/K} = -2.61 \times 10^3\text{ J/K}$$

이 경우에는 열이 주위에서 계로 흘러가기 때문에 $\Delta S_{주위}$는 음의 값이다.

연습 문제 17.47과 17.48 참조

어떤 과정의 자발성은 우주에서 일어나는 엔트로피 변화에 의하여 결정되며, $\Delta S_{우주}$는 두 성분, 즉 $\Delta S_{계}$와 $\Delta S_{주위}$로 이루어진 것을 알았다. 만일 어떤 과정에서 $\Delta S_{계}$와 $\Delta S_{주위}$가 모

표 17.3 $\Delta S_{우주}$의 부호 결정에서 $\Delta S_{계}$와 $\Delta S_{주위}$의 상호 역할

엔트로피 변화의 부호			
$\Delta S_{계}$	$\Delta S_{주위}$	$\Delta S_{우주}$	자발적 과정?
+	+	+	예
−	−	−	아니오(반응은 반대 방향으로 일어남)
+	−	?	예(단, $\Delta S_{계} > \Delta S_{주위}$일 때)
−	+	?	예(단, $\Delta S_{주위} > \Delta S_{계}$일 때)

두 양의 값이면 $\Delta S_{우주}$는 양의 값이 되므로 그 과정은 자발적이다. 반대로 $\Delta S_{계}$와 $\Delta S_{주위}$가 모두 음의 값이면 그 과정은 그 방향으로 자발적으로 일어나지 않을 것이며, 그 반대 방향이 자발적인 반응이 될 것이다. 마지막으로, 만일 $\Delta S_{계}$와 $\Delta S_{주위}$가 반대의 부호를 가지고 있으면, 그 과정의 자발성은 이들 두 항의 상대적인 크기에 의존된다. 이 경우를 표 17.3에 요약하였다.

자발성이 온도에 의존하는 이유, 즉 물이 0°C 이하에서는 왜 자발적으로 얼고, 0°C 이상에서는 녹는가를 이해할 수 있게 되었다. $\Delta S_{주위}$는 온도의 함수이다. 즉, 일정한 압력하에서 다음 식의 관계가 있기 때문에,

$$\Delta S_{주위} = -\frac{\Delta H}{T}$$

$\Delta S_{주위}$의 값은 온도에 따라 현저하게 변화된다. $\Delta S_{주위}$의 크기는 높은 온도에서는 대단히 작으며, 온도가 내려감에 따라 증가하게 된다. 따라서 낮은 온도에서 자발성의 가장 중요한 추진력은 발열성이다.

17.4 자유 에너지

자유 에너지에 대한 기호 G는 1871년부터 1903년까지 Yale 대학 수리 물리학 교수였던 Josiah Willard Gibbs(1839~1903)의 이름을 딴 것이다. 그는 특히 화학 분야에 적용되는 열역학의 다양한 분야의 기초를 마련하였다.

지금까지는 어떤 과정의 자발성을 예측하는 데 있어서 $\Delta S_{우주}$를 사용하였다. 그러나 $\Delta S_{우주}$ 이외에 또 다른 열역학 함수가 자발성과 관련이 있으며, 이 함수는 자발성의 온도 의존성을 다루는 데 특히 유용하다. 이 함수를 G로 나타내는 **자유 에너지**(free energy)라 부르며, 다음과 같이 정의된다.

$$G = H - TS$$

여기에서 H는 엔탈피, T는 Kelvin 온도이고, S는 엔트로피이다.

일정한 온도에서 일어나는 과정에서, 자유 에너지 변화(ΔG)는 다음과 같은 식으로 나타낼 수 있다.

$$\Delta G = \Delta H - T\Delta S$$

여기에 나타난 모든 양들은 계에 관련된 것임에 유의해야 한다. 앞으로 아래첨자가 나타나 있지 않으면 계에 관련된 양이라고 여기면 된다.

이 식이 자발성과 어떻게 관련되어 있는가를 알아보기 위해 양변을 $-T$로 나누면, 다음과 같은 식이 얻어진다.

$$-\frac{\Delta G}{T} = -\frac{\Delta H}{T} + \Delta S$$

그런데 일정한 온도와 압력에서

$$\Delta S_{주위} = -\frac{\Delta H}{T}$$

이므로, 위 식을 다음과 같이 나타낼 수 있다.

$$-\frac{\Delta G}{T} = -\frac{\Delta H}{T} + \Delta S = \Delta S_{주위} + \Delta S = \Delta S_{우주}$$

따라서 $\Delta S_{우주}$는 다음과 같다.

$$\Delta S_{우주} = -\frac{\Delta G}{T} \qquad \text{일정 } T \text{ 및 } P\text{에서}$$

이 식은 매우 중요하다. 이 식은 일정한 온도 및 압력에서 일어나는 과정의 ΔG가 음의 값이면, 이 과정은 자발적임을 의미한다. 즉, **일정 온도 및 압력에서 자발적 과정은 자유 에너지가 감소하는 방향이다($-\Delta G$는 $+\Delta S_{우주}$를 의미한다).**

지금까지 자발성을 예측하는 데 이용될 수 있는 두 가지 함수, 즉 모든 과정에 적용되는 우주의 엔트로피와 일정 온도 및 압력에서 진행되는 과정에 이용될 수 있는 자유 에너지를 알아보았다. 많은 화학 반응들이 일정한 온도와 압력에서 일어나므로, 자유 에너지가 화학자에게 보다 유용한 함수이다.

자유 에너지 식을 얼음이 녹는 과정에 적용시켜 보자.

$$H_2O(s) \longrightarrow H_2O(l)$$

이 과정에 대해

$$\Delta H° = 6.03 \times 10^3 \text{ J/mol이고, } \Delta S° = 22.1 \text{ J/K} \cdot \text{mol이다.}$$

위첨자인 기호(°)는 모든 물질이 표준 상태에 있음을 의미한다.

표준 상태에 대한 정의를 복습하려면 6.4절을 참조하라.

−10°C, 0°C, 10°C에서 계산한 $\Delta S_{우주}$ 및 $\Delta G°$를 표 17.4에 나타내었다. 이 값들은 10°C에서 이 과정이 자발적임을 보여 주고 있다. 즉, 이 온도에서 $\Delta S_{우주}$는 양이고, $\Delta G°$는 음이므로 얼음은 녹는다. −10°C에서는 반대 과정이 자발적이므로 물이 언다.

왜 이러한 현상이 일어나는가? 그 이유는 $\Delta S_{계}$ ($\Delta S°$) 및 $\Delta S_{주위}$가 서로 반대로 기여하고 있기 때문이다. $\Delta S°$ 항은 위치적 엔트로피가 증가하므로 얼음이 녹는 과정에 유리하게 작용하며, 물이 어는 것은 발열 과정이므로 $\Delta S_{주위}$는 얼음이 어는 과정에 유리하게 작용한다. 0°C 이하의 온도에서는 $\Delta S_{주위}$가 $\Delta S_{계}$보다 크므로 발열 방향으로 상태 변화가 일어난다. 그러나 0°C 이상에서는 $\Delta S_{계}$가 $\Delta S_{주위}$보다 크므로 $\Delta S_{계}$가 유리한 쪽으로 상태 변화가 일어난다. 0°C에서는 *이 두 과정이 균형을 이루므로* 두 상태가 공존하게 된다. 어느 한 방향으로도 추진력이 작용하고 있지 않으므로 물의 두 가지 상태 사이에 평형이 존재하게 된다. $\Delta S_{우주}$는 0°C에서 0이라는 값을 가짐에 유의해야 한다.

$\Delta G°$를 조사하여도 같은 결론을 얻을 수 있다. −10°C에서는 $\Delta H°$ 항이 $T\Delta S°$ 항보다 크기 때문에 $\Delta G°$가 양이다. 10°C에서는 그 반대이다. 0°C에서는 $\Delta H°$가 $T\Delta S°$와 같으므로 $\Delta G°$가 0이다. 이러한 사실은 0°C에서 고체 H_2O와 액체 H_2O가 같은 자유 에너지($\Delta G° = G_{액체} - G_{고체}$) 값을 가지므로, 계가 평형 상태에 있음을 의미한다.

자발성의 온도 의존성은 ΔG의 행동을 조사함으로써 이해할 수 있다. 일정 온도 및 압력에서 일어나는 과정에 대해

$$\Delta G = \Delta H - T\Delta S \text{ 이다.}$$

표 17.4 −10°C, 0°C 및 10°C*에서 $H_2O(s) \rightarrow H_2O(l)$ 과정에 대한 $\Delta S_{우주}$ 및 $\Delta G°$의 계산 결과

T (°C)	T (K)	$\Delta H°$ (J/mol)	$\Delta S°$ (J/K·mol)	$\Delta S_{주위} = -\frac{\Delta H°}{T}$ (J/K·mol)	$\Delta S_{우주} = \Delta S° + \Delta S_{주위}$ (J/K·mol)	$T\Delta S°$ (J/mol)	$\Delta G° = \Delta H° - T\Delta S°$ (J/mol)
−10	263	6.03×10^3	22.1	−22.9	−0.8	5.81×10^3	$+2.2 \times 10^2$
0	273	6.03×10^3	22.1	−22.1	0	6.03×10^3	0
10	283	6.03×10^3	22.1	−21.3	+0.8	6.25×10^3	-2.2×10^2

* 10°C에서는 $\Delta S°(S_{계})$가 지배하며, 이 과정은 흡열 과정이지만 진행된다. −10°C에서는 $\Delta S_{주위}$가 $\Delta S°$보다 크므로 역과정(발열)이 자발적이다.

비록 ΔH와 ΔS가 어느 정도 온도에 의존할지라도 비교적 작은 온도 범위에서는 근사적으로 일정하다고 가정하는 것이 좋은 접근법임에 유의하라.

표 17.5 과정에 대한 ΔH와 ΔS의 다양한 조합 및 자발성의 온도 의존성 결과

경우	결과
ΔS 양, ΔH 음	모든 온도에서 자발적
ΔS 양, ΔH 양	높은 온도에서 자발적 (발열성이 상대적으로 중요하지 않은 경우)
ΔS 음, ΔH 음	낮은 온도에서 자발적 (발열성이 중요한 경우)
ΔS 음, ΔH 양	*모든* 온도에서 비자발적 (역과정은 *모든* 온도에서 자발적)

만일 ΔS와 ΔH가 서로 반대 과정에서 유리하게 작용한다면 자발성은 온도에 의존되며, 낮은 온도에서는 발열 방향에 유리하게 일어난다. 예를 들면, 다음 과정에 대해

$$H_2O(s) \longrightarrow H_2O(l)$$

ΔS와 ΔH는 양이다. 계가 자신의 에너지를 낮추려고 하는 자연적인 경향은 계의 위치적 무질서도를 증가시키려는 경향과 반대로 작용한다. 낮은 온도에서는 ΔH가 우세하고, 높은 온도에서는 ΔS가 우세하다. 여러 가능한 경우를 표 17.5에 요약하였다.

비판적 사고 마찰이 없고 질량이 없는 피스톤이 장착된 용기 속에 기체가 있다고 하자. 이 피스톤의 위에 무게 추를 올려놨다면 어떻게 되겠는가? 일정 온도에서는 그 기체가 압축이 될 것이다. 이것이 사실이라면 ΔS가 음이 될 것이며(왜냐하면 기체가 압축되므로) ΔH는 영이 될 것이다(왜냐하면 그 과정은 일정 온도에서 진행되므로). 따라서 ΔG는 양이 될 것이다. 이러한 사실은 기체의 등온 압축이 자발적이 아니라는 사실을 의미하는가? 당신의 답을 정당화하라.

대화형 예제 17.5 자유 에너지와 자발성

다음 과정은 1 atm일 때, 어떤 온도에서 자발적으로 일어나겠는가?

$$Br_2(l) \longrightarrow Br_2(g)$$

$$\Delta H^\circ = 31.0 \text{ kJ/mol} \quad \text{및} \quad \Delta S^\circ = 93.0 \text{ J/K}\cdot\text{mol}$$

액체 Br_2의 정상 끓는점은 몇 도인가?

풀이 증발 과정은 ΔG°가 음인 온도에서 자발적일 것이다. ΔS°는 위치적 엔트로피를 증가시키는 증발 과정에 유리하게 작용하고, ΔH°는 *역과정인* 발열 과정에 유리하게 작용함을 유의해야 한다. 이들 두 반대 과정은 액체 Br_2의 끓는점에서 정확하게 균형을 이룬다. 왜냐하면 이 온도에서 액체와 기체 Br_2가 평형($\Delta G^\circ = 0$)을 이루기 때문이다. 다음 식에서 ΔG°가 0일 때의 온도를 알아낼 수 있다.

$$\Delta G^\circ = \Delta H^\circ - T\Delta S^\circ$$
$$0 = \Delta H^\circ - T\Delta S^\circ$$
$$\Delta H^\circ = T\Delta S^\circ$$

따라서
$$T = \frac{\Delta H^\circ}{\Delta S^\circ} = \frac{3.10 \times 10^4 \text{ J/mol}}{93.0 \text{ J/K}\cdot\text{mol}} = 333 \text{ K}$$

333 K 이상의 온도에서 $T\Delta S^\circ$는 ΔH°보다 크므로, ΔG°(즉, $\Delta H^\circ - T\Delta S$)는 음이다. 따라

서, 333 K 이상의 온도에서 증발 과정은 자발적으로 일어난다. 역과정은 이 온도 이하에서 자발적으로 일어난다. 333 K에서 액체 및 기체 Br_2는 평형을 이루고 있다. 이러한 관찰 결과를 다음과 같이 요약할 수 있다(각 경우에 압력은 1 atm이다).

1. $T > 333$ K. $\Delta S°$ 항이 중요하다. 액체 Br_2가 증발할 때 일어나는 엔트로피의 증가가 중요하다.
2. $T < 333$ K. 발열 방향으로 일어나는 과정이 자발적이다. $\Delta H°$ 항이 중요하다.
3. $T = 333$ K. 두 과정의 추진력이 정확히 균형($\Delta G° = 0$)을 이루므로, 브로민의 액체 및 기체상이 공존한다. 이 온도가 정상 끓는점이다.

연습 문제 17.51, 17.52 참조

17.5 이온성 수용액에서 엔트로피 변화

제11장에서는 *비슷한 것은 비슷한 것을 녹인다(like dissolves like)*는 개념을 논의하였다. 이것은 이온성 용질[식염, NaCl(s)]은 물과 같은 극성 용매에 용해되어야 함을 의미한다. 용액을 형성하는 과정은 그림 11.1 및 11.2에 나타낸 것과 같이 세 단계로 일어난다. 물에 NaCl(s)을 용해시키는 전체 $\Delta H°_{용해}$은 양의 값으로 나타났다(에너지가 필요함). 주어진 과정(일정한 온도와 압력에서)이 자발적인지 아닌지 예측하기 위해서는 다음과 같이 자유 에너지의 변화를 고려해야 한다.

$$\Delta G = \Delta H - T\Delta S$$

실험에서 NaCl(s)을 물에 녹여 1.0 M NaCl을 만든다고 생각하자. 이 과정의 $\Delta G°$는 음수여야 한다. $\Delta H°_{용해}$는 양의 값으로서 불리하기 때문에, $\Delta G°$가 음의 값을 가지려면 $\Delta S°_{용해}$가 충분히 큰 양의 값을 가져야 한다($-T\Delta S°$ 항을 통하여). 이 과정에서 $\Delta S°_{용해}$의 값이 양의 값을 갖는 것은 분명히 놀라운 일이 아니다. 제11장에서 논의한 용질이 용해되는 과정의 세 단계를 고려할 때, 이 단계에서 용질과 용매는 "팽창되기" 때문에 ΔS_1와 ΔS_2는 양의 값을 가질 것으로 예상된다. 또한 용질이 상대적으로 많은 양의 용매에 무작위로 분산되기 때문에 ΔS_3는 일반적으로 양의 값을 가질 것으로 예상된다.

따라서 이온성(또는 극성) 용질이 극성 용매에 용해할 때 다음과 같은 사실을 일반화할 수 있다. 즉, $\Delta H°_{용해}$는 큰 양의 기여와 음의 기여를 모두 포함하고 있으므로 $\Delta H°_{용해}$의 부호를 예상하기가 어렵다. 그러나 이 용해 과정에서 $\Delta H°_{용해}$가 양의 값을 가지더라도 $\Delta S°_{용해}$의 값을 압도할 만큼 매우 큰 양의 값을 갖지는 않는다. 전체 효과는 $\Delta G°_{용해}$의 값이 음의 값을 가지므로 자발적으로 용액이 형성된다.

그러나 제10장에서 논의했던 것과 같이 물은 보통의 용매가 아니다. 즉, 물은 대부분의 물 분자들 사이에 광범위한 수소 결합을 형성하여 독특한 성질을 갖는다. 물의 이러한 독특한 성질 때문에 물의 용매로서의 특성을 설명할 때 단순화하는 것은 매우 신중해야 한다.

용매로서의 물의 독특한 성질을 설명하기 위해서 KCl(s), LiF(s) 및 CaS(s)이 수용액을 형성할 때 다음의 $\Delta S°_{용해}$의 값을 생각해 보자.

과정	$\Delta S°_{용해}$ (J/K·mol)
$KCl(s) \rightarrow K^+(aq) + Cl^-(aq)$	75
$LiF(s) \rightarrow Li^+(aq) + F^-(aq)$	−36
$CaS(s) \rightarrow Ca^{2+}(aq) + S^{2-}(aq)$	−138

KCl(s)이 물에 녹아 1.0 M 용액을 형성할 때, 앞의 논의에서 기대한 것과 같이 $\Delta S°_{용해}$의 값

은 양의 값을 갖는다는 점을 주목하라. 그러나 다른 두 염의 $\Delta S^\circ_{용해}$ 값은 음의 값을 갖는 것을 주목하라. 그 이유는 무엇인가? 고체에서 고도로 정돈된 상태로 존재했던 이온들이 물 속에서 무작위로 분산되면 어떻게 음의 엔트로피 변화가 생기는가?

분명히, 용해 과정에서 $\Delta S^\circ_{용해}$ 값이 충분히 큰 음의 값을 가지도록 크게 정돈이 되어야 한다. 이러한 정돈 효과는 이온들의 수화에서 발생한다는 것은 의심의 여지가 없다. 제4장의 이온성 용질이 들어있는 수용액을 설명할 때, 극성인 물 분자는 이온들을 끌어당겨 수화된 화학종을 형성한다는 사실을 논의하였다. 이온 주위에 물 분자들이 둘러싸서 수화된 화학종을 형성하는 것은 정돈이 되는 현상이며 $\Delta S^\circ_{용해}$ 값이 음의 값을 갖도록 하는 데 기여하는 것으로 생각된다. 연구에 의하면 이온의 전하 밀도가 클수록 이러한 수화 효과가 더 커진다는 것이 알려졌다. 이러한 개념은 위의 표에 의해서 입증된다. 예를 들면, KCl(s)에 대한 $\Delta S^\circ_{용해}$ 값은 양이지만 LiF(s)에 대한 값은 음의 값이다. 이것은 아마도 K^+와 Cl^-에 비하여 Li^+와 F^-의 크기가 더 작기 때문에(전하 밀도가 더 크다) 일어나는 결과로 생각할 수 있다. 작은 이온들은 아마도 물 분자와 수화를 할 때 더 단단하게 결합을 할 수 있어서 $\Delta S^\circ_{용해}$의 값이 더 큰 음의 값을 가진다. 또한 이온의 전하도 중요하다. CaS(s)의 $\Delta S^\circ_{용해}$의 값은 LiF(s)에 대한 값보다 더 큰 음의 값을 나타내는데, 이것은 예상한 대로 더 크게 하전된 Ca^{2+} 이온과 S^{2-} 이온 때문이다.

우리가 알 수 있듯이 용해도는 엔트로피 변화만으로 예측하는 것은 충분하지 않지만, 엔트로피 효과도 고려해야 한다. 그러나 용해 과정은 매우 복잡해서 특정 용질이 주어진 용매에 녹을 것인가를 잘 예측하는 것은 거의 불가능하다. 용매에서 주어진 용질의 용해도를 확인하는 유일한 방법은 실험을 하는 것이다.

17.6 화학 반응에서의 엔트로피 변화

열역학 제2법칙에 따르면, 어떤 과정에서 우주의 엔트로피가 증가하면 그 과정은 자발적이다. 17.4절에서 일정한 온도 및 압력에서 일어나는 과정에 대하여 자유 에너지 변화가 $\Delta S_{우주}$의 부호 및 자발성을 예측하는 데 이용될 수 있음을 배웠다. 지금까지는 이러한 결과들을 상태 변화나 용액의 형성과 같은 물리적 변화에만 적용하였다. 그러나 화학의 주된 관심사는 화학 반응을 연구하는 것이므로, 열역학 제2법칙을 반응에 적용하도록 하겠다.

그 첫 단계로 일정 온도 및 압력에서 일어나는 화학 반응에 수반되는 엔트로피 변화를 생각해 보자. 지금까지 다룬 과정에서 *주위*의 엔트로피 변화는 반응이 일어날 때 생기는 열 흐름에 의해 결정되었다. 그러나 *계*(반응물과 생성물)의 엔트로피 변화는 위치적 확률에 의해 결정된다.

예를 들면, 다음과 같은 암모니아의 합성 반응의 경우,

$$N_2(g) + 3H_2(g) \longrightarrow 2NH_3(g)$$

네 개의 반응물 분자는 두 개의 생성물 분자가 된다. 이로 인하여 계에 있는 분자의 수는 줄어들고, 따라서 위치적 무질서도는 감소하게 된다.

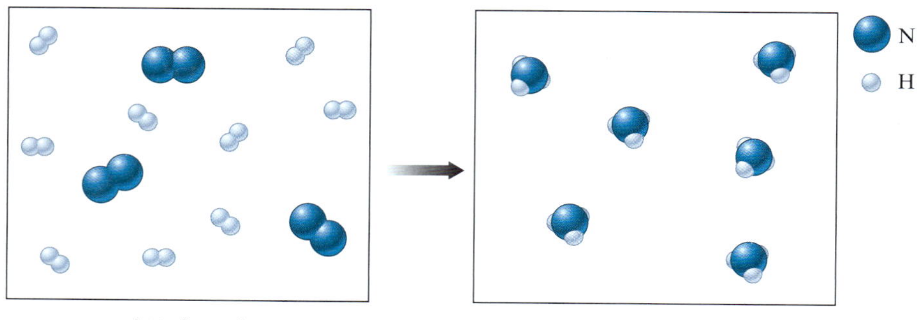

더 큰 엔트로피　　　　더 작은 엔트로피

보다 적은 수의 분자는 보다 적은 수의 가능한 배치를 의미한다. 이해를 돕기 위해, 한 개의 수소 분자가 들어가기에 충분한 크기의 작은 방이 백만 개가 있는 특수한 용기를 생각해 보자. 이 용기에 한 개의 H_2 분자를 배치할 수 있는 방법의 수는 백만 가지가 될 것이다. 그러나 가령 H—H 결합이 끊어져 두 개의 독립적인 수소 원자가 만들어졌다면, 이 두 개의 원자를 배치하는 방법의 수는 백만 가지가 훨씬 넘을 것이다. 즉, 두 개의 독립적인 원자들을 배치하는 방법의 수는 이들 원자들이 결합되어 있는 경우보다 훨씬 많다. 따라서

$$H_2 \longrightarrow 2H$$

과정에서 위치적 엔트로피는 증가한다.

다음 반응의 경우에 있어서 위치적 엔트로피는 증가하겠는가? 또는 감소하겠는가?

$$4NH_3(g) + 5O_2(g) \longrightarrow 4NO(g) + 6H_2O(g)$$

이 반응의 경우에 9개의 기체 분자가 10개의 기체 분자로 바뀌면서 위치적 엔트로피가 증가한다. 즉, 반응물의 분자 수보다 생성물의 독립 단위 수가 더 많다. **일반적으로, 기체 분자가 반응에 관여하는 경우, 위치적 엔트로피 변화는 기체 반응물과 생성물의 상대적인 분자 수에 의해 결정된다.** 만약 기체 생성물의 분자 수가 기체 반응물 분자 수보다 큰 경우 위치적 엔트로피는 증가하고, 따라서 반응의 ΔS는 양이 된다.

대화형 예제 17.6 $\Delta S°$의 부호 예측

다음 각 반응에 대해 $\Delta S°$의 부호를 예측하라.

a. 고체 탄산 칼슘의 열분해:

$$CaCO_3(s) \longrightarrow CaO(s) + CO_2(g)$$

b. 대기 중의 SO_2 산화:

$$2SO_2(g) + O_2(g) \longrightarrow 2SO_3(g)$$

풀이

a. 이 반응에서 고체 반응물로부터 기체가 생성되므로 위치적 엔트로피는 증가하고, 따라서 $\Delta S°$는 양이다.

b. 3개의 기체 반응물 분자가 2개의 기체 생성물 분자로 되므로 기체 분자 수는 감소한다. 따라서 위치적 엔트로피는 감소되고, $\Delta S°$는 음이다.

연습 문제 17.55와 17.56 참조

열역학에서, 보통 중요시되는 것은 열역학적 함수의 *변화*이다. 엔탈피 변화는 일정한 압력에서 일어나는 반응이 발열 반응인지, 흡열 반응인지를 결정한다. 자유 에너지 변화는 일정 압력 및 온도에서 일어나는 과정의 자발성을 결정한다. 대부분의 경우에 열역학 함수들의 변화만으로도 충분하다는 사실은 다행스러운 일이다. 왜냐하면 계의 열역학적 특성을 나타내는 엔탈피나 자유 에너지의 절댓값은 측정할 수 없기 때문이다.

그러나 엔트로피는 절댓값을 정할 수 있다. 분자 운동이 실질적으로 정지되는 온도인 0 K에서의 고체를 생각해 보자. 만일 이 물질이 완전 결정이라면 내부 배열은 완전히 규칙적일 것이다[그림 17.5(a) 참조]. 이와 같은 완벽한 배열을 보여주는 방법은 *한 가지*뿐이다. 모든 입자들은 제 위치에 있어야만 한다. 예를 들면, *N*개의 동전이 모두 앞면인 상태가 되는 것을 성취하는 방법은 오직 한 가지뿐이다. 따라서 완전한 결정은 가능한 최소의 엔트로피를 나타낸다. 즉, *0 K에서 완전한 결정의 엔트로피는 0이다.* 이것을 **열역학 제3법칙**(third law of thermodynamics)이라고 한다.

0 K에서 완전한 결정은 얻어질 수 없는 이상적 표준으로 간주되지만 실제로는 결코 관찰되지 않는 상태이다.

완전한 결정의 경우, 온도가 증가됨에 따라 결정 안에서 임의의 진동 운동이 활발해지

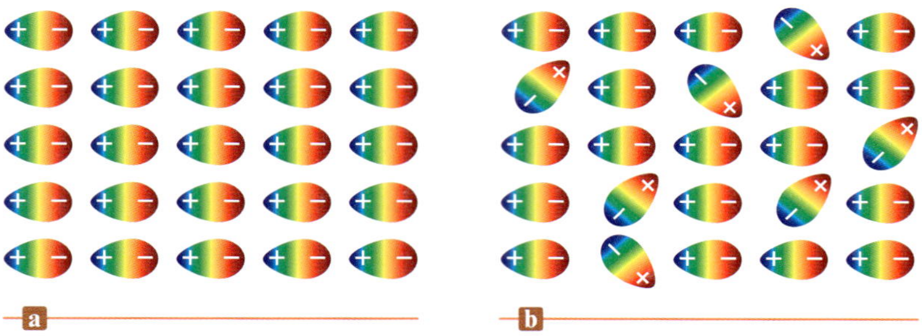

그림 17.5 (a) 0 K에서 염화 수소의 이상적인 완전 결정체; 쌍극자 HCl 분자들을 (+ −)로 나타내었다. 0 K에서 이 결정체의 엔트로피는 0이다($S = 0$). (b) 온도가 0 K 이상으로 증가하면 격자 진동으로 인해 다소의 쌍극자들의 배향이 변하여 무질서해지며 엔트로피가 증가한다($S > 0$).

고, 무질서도가 증가한다[그림 17.5(b) 참조]. 따라서 물질의 엔트로피는 온도와 함께 증가한다. 0 K에서 완전한 결정의 S가 0이므로 엔트로피의 온도 의존성을 조사하면 특정 온도에서 그 물질의 엔트로피 값을 알 수 있다(여기에서는 이러한 계산을 다루지 않겠다).

표준 엔트로피 값은 물질이 1 atm에서 0 K로부터 298 K까지 가열될 때, 일어나는 엔트로피 증가를 나타낸다.

298 K, 1 atm에서 많은 물질의 *표준 엔트로피 값*(*standard entropy value*, $S°$)을 부록 4에 나타내었다. 이들 값으로부터, 물질의 엔트로피는 고체, 액체, 기체 순서로 증가하는 것을 볼 수 있다. 이 표에서 알 수 있는 흥미로운 결과는 다이아몬드의 $S°$가 매우 낮다는 것이다. 다이아몬드의 구조는 각 탄소 원자가 다른 네 개의 탄소 원자에 사면체 배열 형태로 강한 결합을 이루면서, 매우 규칙적으로 배열되어 있다(10.5절의 그림 10.22 참조). 이와 같은 형태의 구조는 무질서도가 매우 작아서 298 K에서도 매우 작은 엔트로피를 갖고 있다. 흑연은 약간 큰 엔트로피를 갖는데, 그 이유는 층 구조가 보다 큰 무질서도를 갖고 있기 때문이다.

엔트로피는 계의 상태 함수(경로에 의존하지 않음)이기 때문에 주어진 화학 반응의 엔트로피 변화는 생성물의 표준 엔트로피와 반응물의 표준 엔트로피의 차로부터 계산할 수 있다.

$$\Delta S°_{\text{반응}} = \Sigma n_p S°_{\text{생성물}} - \Sigma n_r S°_{\text{반응물}}$$

여기에서 시그마(Σ)는 항들의 합을 나타낸다. 엔트로피는 크기 성질(주어진 물질의 양에 의존)임에 유의해야 한다. 이것은 주어진 반응물(n_r) 또는 생성물(n_p)의 몰 수를 고려해야 한다는 것을 의미한다.

대화형 예제 17.7 $\Delta S°$의 계산 I

25°C에서 다음 반응의 $\Delta S°$를 계산하라.

$$2NiS(s) + 3O_2(g) \longrightarrow 2SO_2(g) + 2NiO(s)$$

각 물질들의 표준 엔트로피는 다음과 같다.

물질	$S°$ (J/K·mol)
$SO_2(g)$	248
$NiO(s)$	38
$O_2(g)$	205
$NiS(s)$	53

풀이

$$\begin{aligned}\Delta S^\circ &= \Sigma n_p S^\circ_{\text{생성물}} - \Sigma n_r S^\circ_{\text{반응물}} \\ &= 2S^\circ_{SO_2(g)} + 2S^\circ_{NiO(s)} - 2S^\circ_{NiS(s)} - 3S^\circ_{O_2(g)} \\ &= 2\text{ mol}\left(248\ \frac{\text{J}}{\text{K}\cdot\text{mol}}\right) + 2\text{ mol}\left(38\ \frac{\text{J}}{\text{K}\cdot\text{mol}}\right) \\ &\quad -2\text{ mol}\left(53\ \frac{\text{J}}{\text{K}\cdot\text{mol}}\right) - 3\text{ mol}\left(205\ \frac{\text{J}}{\text{K}\cdot\text{mol}}\right) \\ &= 496\text{ J/K} + 76\text{ J/K} - 106\text{ J/K} - 615\text{ J/K} \\ &= -149\text{ J/K}\end{aligned}$$

이 반응에서 기체 분자의 수가 감소하므로 ΔS°가 음이라는 것을 예측할 수 있다.

연습 문제 17.59 참조

대화형 예제 17.8 ΔS°의 계산 II

수소 기체에 의한 산화 알루미늄의 환원 반응에 대한 ΔS°를 계산하라.

$$Al_2O_3(s) + 3H_2(g) \longrightarrow 2Al(s) + 3H_2O(g)$$

다음의 표준 엔트로피 값을 이용하라.

물질	S° (J/K·mol)
$Al_2O_3(s)$	51
$H_2(g)$	131
$Al(s)$	28
$H_2O(g)$	189

풀이

$$\begin{aligned}\Delta S^\circ &= \Sigma n_p S^\circ_{\text{생성물}} - \Sigma n_r S^\circ_{\text{반응물}} \\ &= 2S^\circ_{Al(s)} + 3S^\circ_{H_2O(g)} - 3S^\circ_{H_2(g)} - S^\circ_{Al_2O_3(s)} \\ &= 2\text{ mol}\left(28\ \frac{\text{J}}{\text{K}\cdot\text{mol}}\right) + 3\text{ mol}\left(189\ \frac{\text{J}}{\text{K}\cdot\text{mol}}\right) \\ &\quad -3\text{ mol}\left(131\ \frac{\text{J}}{\text{K}\cdot\text{mol}}\right) - 1\text{ mol}\left(51\ \frac{\text{J}}{\text{K}\cdot\text{mol}}\right) \\ &= 56\text{ J/K} + 567\text{ J/K} - 393\text{ J/K} - 51\text{ J/K} \\ &= 179\text{ J/K}\end{aligned}$$

연습 문제 17.60~17.62 참조

예제 17.8에서 살펴본 반응에는 반응물 쪽에 3 mol의 수소 기체, 생성물 쪽에 3 mol의 수증기가 관여되어 있다. 이와 같은 경우에 ΔS는 커지겠는가 아니면 작아지겠는가? 앞에서 ΔS는 기체 반응물과 생성물의 상대적인 수에 의존함을 가정하였는데, 이 가정에 의하면 이 반응의 ΔS는 0에 가까워야 한다. 그러나 ΔS는 큰 양의 값을 보이는데, 이유는 무엇인가? ΔS가 큰 값을 갖는 이유는 수소 기체와 수증기 사이의 엔트로피 차이 때문이다. 이와 같은 차이는 분자 구조의 차이로 설명할 수 있다. H_2O 분자는 비선형의 삼원자 분자이므로, 이원자 분자인 H_2보다 많은 회전 및 진동 운동을 할 수 있다(그림 17.6 참조). 따라서 $H_2O(g)$의 표준 엔트로피 값이 $H_2(g)$보다 크다. 일반적으로 *분자가 복잡할수록 보다 큰 엔트로피 값을 갖는다.*

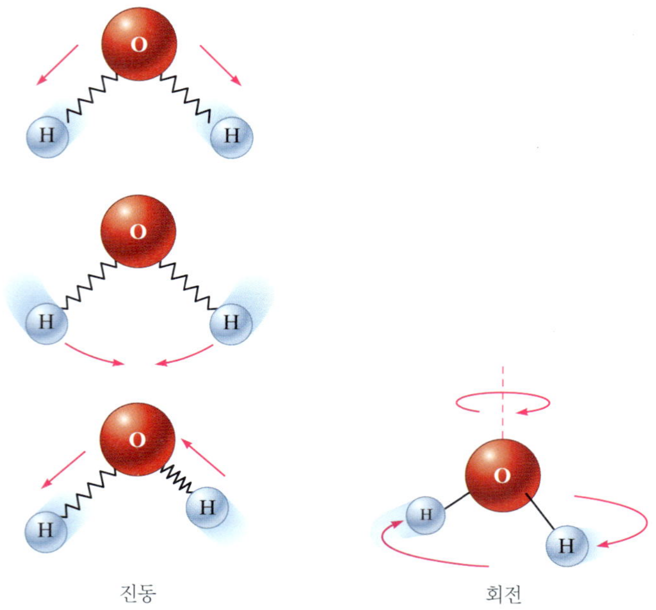

그림 17.6 H_2O 분자는 여러 가지 방법으로 진동하고 회전한다. 그중 몇 가지를 여기에 나타내었다. 이 운동의 자유도 때문에 더 높은 엔트로피를 갖는다. 수소와 같은 단순한 이원자 분자보다 물과 같은 삼원자 분자의 가능한 운동의 방법이 더 많다.

진동

회전

17.7 자유 에너지와 화학 반응

화학 반응이 일어날 때, 우리는 흔히 *표준 상태에 있는 반응물이 표준 상태의 생성물로 바뀔 때 생기는 자유 에너지 변화인* **표준 자유 에너지 변화**(standard free energy change, $\Delta G°$)에 관심을 가진다. 그 예로 25°C에서의 암모니아 합성 반응을 보면,

$$N_2(g) + 3H_2(g) \rightleftharpoons 2NH_3(g) \qquad \Delta G° = -33.3 \text{ kJ} \tag{17.1}$$

이 $\Delta G°$ 값은 1 atm에서, 1 mol의 질소 기체가 3 mol의 수소 기체와 반응하여 2 mol의 암모니아 기체를 만들 때의 자유 에너지 변화이다.

반응의 표준 자유 에너지 변화는 직접 측정되지 않는다는 사실을 아는 일이 중요하다. 예를 들면, 열의 흐름은 열량계로 측정하여 $\Delta H°$를 결정할 수 있지만, $\Delta G°$는 이러한 방법으로 측정될 수 없다. 식 (17.1)의 암모니아 합성에서 $\Delta G°$ 값은 플라스크 내에서 1 mol의 N_2와 3 mol의 H_2를 혼합함으로써 얻어지는 것이 *아니고* 2 mol의 NH_3가 생성될 때 자유 에너지 변화로 측정된다. 만일 플라스크 내에서 1 mol N_2와 3 mol H_2를 섞으면, 반응계는 완결되기보다는 평형에 도달한다. 뿐만 아니라, 자유 에너지 측정 방법이 없다. 그러나 반응에서 $\Delta G°$는 직접 측정할 수 없는 반면에, 이 절의 뒷부분에서 볼 수 있는 바와 같이 다른 측정된 값으로부터 계산할 수 있다.

반응에서 $\Delta G°$를 아는 일이 왜 유용한가? 이 장의 뒷부분에서 보다 더 자세히 볼 수 있지만, 다양한 여러 가지 반응에서 $\Delta G°$ 값을 안다는 사실은 이러한 반응이 일어나는 상대적인 경향을 비교할 수 있게 해 준다. $\Delta G°$가 음의 값일수록 반응은 더욱더 오른쪽으로 진행되고, 평형에 도달하게 된다. 이러한 비교를 위해서 자유 에너지가 압력 또는 농도에 의해 변하기 때문에 표준 상태 자유 에너지를 사용해야 한다. 따라서 반응의 경향성에 대한 정확한 비교를 하기 위해서 모든 반응을 동일한 압력 및 농도 조건에서 비교해야만 한다. 뒷부분에서 $\Delta G°$의 의미에 대해 더 언급하기로 한다.

$\Delta G°$의 값은 반응 속도에 대해 아무 것도 제시해 주지 않고, 다만 궁극적인 평형 위치를 알려준다.

$\Delta G°$는 여러 가지 방법으로 계산할 수 있는데, 그중 가장 흔히 쓰이는 방법으로 다음 식을

$$\Delta G° = \Delta H° - T\Delta S°$$

일정한 온도에서 일어나는 반응에 적용하면 된다. 예를 들면, 다음 반응에서

$$C(s) + O_2(g) \longrightarrow CO_2(g)$$

$\Delta H°$와 $\Delta S°$ 값은 각각 -393.5 kJ과 3.05 J/K이다. 따라서 $\Delta G°$는 298 K에서 다음과 같이 계산할 수 있다.

$$\begin{aligned}\Delta G° &= \Delta H° - T\Delta S° \\ &= -3.935 \times 10^5 \text{ J} - (298 \text{ K})(3.05 \text{ J/K}) \\ &= -3.944 \times 10^5 \text{ J} \\ &= -394.4 \text{ kJ} \ (CO_2 \text{ 1몰당})\end{aligned}$$

대화형 예제 17.9 $\Delta H°$, $\Delta S°$ 및 $\Delta G°$의 계산

25°C, 1 atm에서 일어나는 다음 반응을 생각해 보자.

$$2SO_2(g) + O_2(g) \longrightarrow 2SO_3(g)$$

다음 자료를 이용하여 $\Delta H°$, $\Delta S°$와 $\Delta G°$를 계산하라.

물질	$H_f°$(kJ/mol)	$S°$ (J/K·mol)
$SO_2(g)$	−297	248
$SO_3(g)$	−396	257
$O_2(g)$	0	205

풀이 $\Delta H°$ 값은 6.4절에서 논의한 식을 사용하여 생성 엔탈피로부터 계산할 수 있다.

$$\Delta H° = \Sigma n_p \Delta H°_{f(\text{생성물})} - \Sigma n_r \Delta H°_{f(\text{반응물})}$$

따라서

$$\begin{aligned}\Delta H° &= 2\Delta H°_{f(SO_3(g))} - 2\Delta H°_{f(SO_2(g))} - \Delta H°_{f(O_2(g))} \\ &= 2 \text{ mol}(-396 \text{ kJ/mol}) - 2 \text{ mol}(-297 \text{ kJ/mol}) - 0 \\ &= -792 \text{ kJ} + 594 \text{ kJ} \\ &= -198 \text{ kJ}\end{aligned}$$

이때 $\Delta S°$ 값은 17.6절에서 논의한 식과 표준 엔트로피 값을 이용하여 계산할 수 있다.

$$\Delta S° = \Sigma n_p S°_{\text{생성물}} - \Sigma n_r S°_{\text{반응물}}$$

따라서

$$\begin{aligned}\Delta S° &= 2S°_{SO_3(g)} - 2S°_{SO_2(g)} - S°_{O_2(g)} \\ &= 2 \text{ mol}(257 \text{ J/K} \cdot \text{mol}) - 2 \text{ mol}(248 \text{ J/K} \cdot \text{mol}) - 1 \text{ mol}(205 \text{ J/K} \cdot \text{mol}) \\ &= 514 \text{ J/K} - 496 \text{ J/K} - 205 \text{ J/K} \\ &= -187 \text{ J/K}\end{aligned}$$

세 분자의 기체 반응물이 두 분자의 기체 생성물을 만들기 때문에, $\Delta S°$가 음이라고 예측할 수 있다.

$\Delta G°$ 값은 다음 식으로부터 계산할 수 있다.

$$\begin{aligned}\Delta G° &= \Delta H° - T\Delta S° \\ &= -198 \text{ kJ} - (298 \text{ K})\left(-187 \frac{\text{J}}{\text{K}}\right)\left(\frac{1 \text{ kJ}}{1000 \text{ J}}\right) \\ &= -198 \text{ kJ} + 55.7 \text{ kJ} = -142 \text{ kJ}\end{aligned}$$

연습 문제 17.65와 17.66 참조

ΔG를 계산하는 두 번째 방법은 엔탈피처럼 *자유 에너지도 상태 함수*라는 사실을 이용하는 것이다. 그러므로 Hess의 법칙을 사용하여 ΔH를 계산하는 방법과 유사한 방법으로 ΔG를 계산할 수 있다.

이 방법에 의해 자유 에너지 변화(ΔG°)를 계산하는 것을 다음 반응을 예로 들어 살펴보자.

$$2CO(g) + O_2(g) \longrightarrow 2CO_2(g) \qquad \textbf{(17.2)}$$

이 계산을 위해 다음 자료를 이용한다.

$$2CH_4(g) + 3O_2(g) \longrightarrow 2CO(g) + 4H_2O(g) \qquad \Delta G^\circ = -1088 \text{ kJ} \qquad \textbf{(17.3)}$$

$$CH_4(g) + 2O_2(g) \longrightarrow CO_2(g) + 2H_2O(g) \qquad \Delta G^\circ = -801 \text{ kJ} \qquad \textbf{(17.4)}$$

식 (17.2)에서 $CO(g)$는 반응물이므로, $CO(g)$가 생성물이 되도록 식 (17.3)을 반대로 적는 것에 유의하라. 식을 반대로 적으면 ΔG° 부호도 반대가 된다. 식 (17.4)에서 $CO_2(g)$가 식 (17.2)에서처럼 생성물이지만, 하나의 분자만이 생성된다. 따라서 식 (17.4)에 2를 곱해야 한다. 이것은 식 (17.4)에 나타난 ΔG°가 두 배가 됨을 의미한다. 자유 에너지는 두 개의 크기 성질인 H와 S로 정의되므로 크기 성질이다.

식 (17.3)을 반대로 적은 식

$$2CO(g) + 4H_2O(g) \longrightarrow 2CH_4(g) + 3O_2(g) \qquad \Delta G^\circ = -(-1088 \text{ kJ})$$

2 × 식 (17.4)

$$2CH_4(g) + 4O_2(g) \longrightarrow 2CO_2(g) + 4H_2O(g) \qquad \Delta G^\circ = 2(-801 \text{ kJ})$$

$$2CO(g) + O_2(g) \longrightarrow 2CO_2(g) \qquad \Delta G^\circ = -(-1088 \text{ kJ}) + 2(-801 \text{ kJ}) = -514 \text{ kJ}$$

이 예는 반응에 대한 ΔG 값의 계산을 ΔH 값을 계산할 때와 똑같은 방법으로 할 수 있음을 보여 주고 있다.

대화형 예제 17.10 ΔG°의 계산 I

다음 자료를 이용하여(25°C에서)

$$C_{\text{다이아몬드}}(s) + O_2(g) \longrightarrow CO_2(g) \qquad \Delta G^\circ = -397 \text{ kJ} \qquad \textbf{(17.5)}$$

$$C_{\text{흑연}}(s) + O_2(g) \longrightarrow CO_2(g) \qquad \Delta G^\circ = -394 \text{ kJ} \qquad \textbf{(17.6)}$$

다음 반응에 대한 ΔG°를 계산하라.

$$C_{\text{다이아몬드}}(s) \longrightarrow C_{\text{흑연}}(s)$$

풀이 흑연을 생성물로 하기 위해서 식 (17.6)을 반대로 적는다. 이 식과 식 (17.5)를 더한다.

$$C_{\text{다이아몬드}}(s) + O_2(g) \longrightarrow CO_2(g) \qquad \Delta G^\circ = -397 \text{ kJ}$$

식 (17.6)을 반대로 적은 식

$$CO_2(g) \longrightarrow C_{\text{흑연}}(s) + O_2(g) \qquad \Delta G^\circ = -(-394 \text{ kJ})$$

$$C_{\text{다이아몬드}}(s) \longrightarrow C_{\text{흑연}}(s) \qquad \Delta G^\circ = -397 \text{ kJ} + 394 \text{ kJ} = -3 \text{ kJ}$$

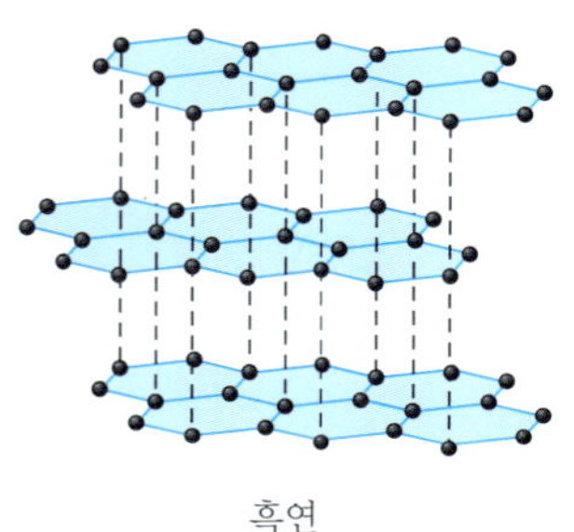
흑연

이 과정에 대한 ΔG° 값이 음이므로 25°C, 1 atm에서 다이아몬드는 자발적으로 흑연으로 변한다. 그러나 이 반응은 이러한 조건에서는 너무나 느리게 진행되기 때문에 관찰할 수 없다. 이 반응은 열역학적 지배가 아닌 반응 속도론적 지배를 받는 예에 해당한다. 다이아몬드는 열역학적으로 불안정하지만 반응 속도론적으로는 흑연에 비하여 안정하다고 할 수 있다.

연습 문제 17.73과 17.74 참조

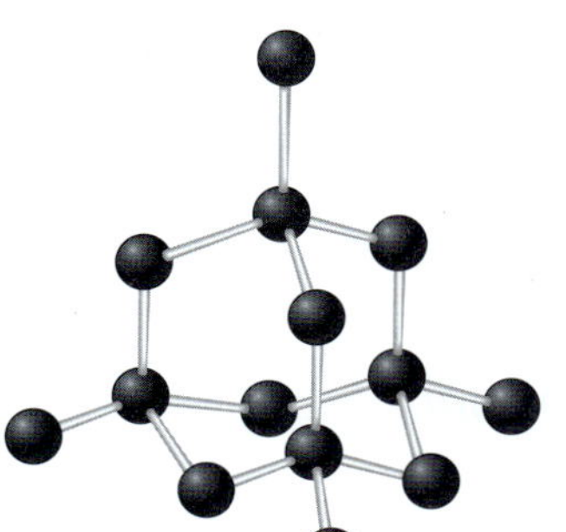
다이아몬드

원소의 표준 상태는 25°C, 1 atm에서 가장 안정한 상태이다.

$\Delta G°$의 계산은 6.4절에 나타낸 바와 같이 $\Delta H°$ 계산과 비슷하다.

예제 17.10에서 다음 과정

$$C_{다이아몬드}(s) \longrightarrow C_{흑연}(s)$$

가 25°C, 1 atm에서 자발적이기는 하지만, 매우 느리게 일어남을 살펴보았다. 역과정은 높은 온도와 높은 압력에서 일어나도록 만들 수 있다. 다이아몬드는 흑연보다 조밀한 구조를 갖고 있기 때문에 밀도가 크다. 따라서 매우 높은 압력을 가하면 역과정이 열역학적으로 유리하게 된다. 높은 압력에서 반응이 빨리 진행될 수 있도록 온도를 높이면 흑연으로부터 다이아몬드를 만들 수 있다. 다이아몬드의 합성에 필요한 조건은 보통 1000°C 이상의 온도와 10^5 atm 이상의 압력이 필요하다. 공업용 다이아몬드의 절반 가량이 이런 방법으로 얻어진다.

반응의 자유 에너지 변화를 계산하는 세 번째 방법은 표준 생성 자유 에너지를 이용하는 방법이다. 한 물질의 **표준 생성 자유 에너지**(standard free energy of formation, $\Delta G_f°$)란 *모든 반응물과 생성물이 표준 상태에 있을 때, 성분 원소로부터 1 mol의 물질을 생성하는 데 수반되는 자유 에너지의 변화*로 정의된다. 그 예로 글루코스($C_6H_{12}O_6$)의 생성 반응은 다음과 같다.

$$6C(s) + 6H_2(g) + 3O_2(g) \longrightarrow C_6H_{12}O_6(s)$$

이 과정에 관여한 표준 자유 에너지를 *글루코스의 생성 자유 에너지*라 부른다. 표준 생성 자유 에너지 값을 다음 식에 적용하면 특정 화학 반응의 $\Delta G°$를 구할 수 있다.

$$\Delta G° = \Sigma n_p \Delta G°_{f(생성물)} - \Sigma n_r \Delta G°_{f(반응물)}$$

많은 물질에 대한 $\Delta G_f°$ 값을 부록 4에 나타내었다. 생성 엔탈피의 경우처럼, *표준 상태에 있는 원소의 표준 상태 자유 에너지는 0이다.* 또한, 반응의 $\Delta G°$를 계산할 때에 각각의 반응물(n_r)과 생성물(n_p)의 몰 수를 고려해야 한다는 것을 주목하라.

대화형 예제 17.11 $\Delta G°$의 계산 II

메탄올은 높은 옥테인가를 갖는 연료로, 고성능 경주용 엔진의 연료로 이용된다. 다음 반응에 대해

$$2CH_3OH(g) + 3O_2(g) \longrightarrow 2CO_2(g) + 4H_2O(g)$$

아래에 주어진 생성 자유 에너지로부터 $\Delta G°$를 계산하라.

물질	$\Delta G_f°$ (kJ/mol)
$CH_3OH(g)$	−163
$O_2(g)$	0
$CO_2(g)$	−394
$H_2O(g)$	−229

풀이 다음 식을 이용하여 계산할 수 있다.

$$\begin{aligned}\Delta G° &= \Sigma n_p \Delta G°_{f(생성물)} - \Sigma n_r \Delta G°_{f(반응물)} \\ &= 2\Delta G°_{f(CO_2(g))} + 4\Delta G°_{f(H_2O(g))} - 3\Delta G°_{f(O_2(g))} - 2\Delta G°_{f(CH_3OH(g))} \\ &= 2\ \text{mol}(-394\ \text{kJ/mol}) + 4\ \text{mol}(-229\ \text{kJ/mol}) - 0 - 2\ \text{mol}(-163\ \text{kJ/mol}) \\ &= -1378\ \text{kJ}\end{aligned}$$

반응의 $\Delta G°$ 값이 큰 음의 값을 나타내고 있기 때문에, 이 반응은 열역학적으로 잘 진행될 수 있다.

연습 문제 17.75와 17.76 참조

대화형 예제 17.12 자유 에너지와 자발성

화학 공학자가 다음 반응식에 따라 물과 에틸렌(C_2H_4)을 반응시켜서 에탄올(C_2H_5OH)을 만들 수 있는가를 예측하고자 한다.

$$C_2H_4(g) + H_2O(l) \longrightarrow C_2H_5OH(l)$$

이 반응은 표준 상태에서 자발적으로 일어나겠는가?

풀이 표준 상태에서 이 반응의 자발성을 결정하기 위해서 반응의 $\Delta G°$를 계산해야 한다. 부록 4에 나타난 25°C에서의 표준 생성 자유 에너지를 이용하여 $\Delta G°$를 계산한다.

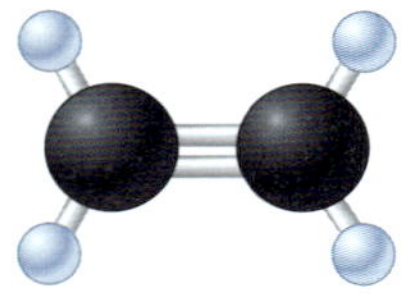
에틸렌

$$\Delta G°_{f(C_2H_5OH(l))} = -175 \text{ kJ/mol}$$
$$\Delta G°_{f(H_2O(l))} = -237 \text{ kJ/mol}$$
$$\Delta G°_{f(C_2H_4(g))} = 68 \text{ kJ/mol}$$

이때

$$\begin{aligned}\Delta G° &= \Delta G°_{f(C_2H_5OH(l))} - \Delta G°_{f(H_2O(l))} - \Delta G°_{f(C_2H_4(g))} \\ &= -175 \text{ kJ} - (-237 \text{ kJ}) - 68 \text{ kJ} \\ &= -6 \text{ kJ}\end{aligned}$$

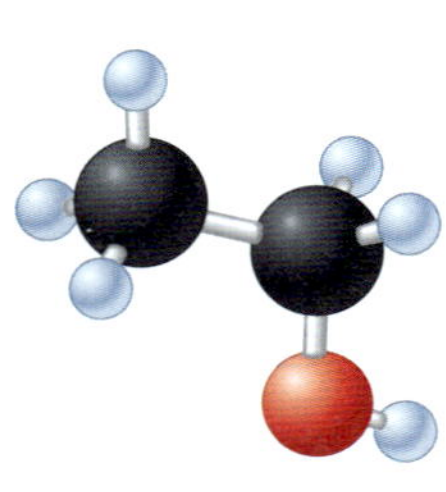
에탄올

따라서 이 과정은 25°C, 표준 상태에서 자발적으로 일어난다.

연습 문제 17.77과 17.78 참조

비록 예제 17.12에서 살펴본 반응이 자발적이라 할지라도, 반응이 실제로 일어나는가를 알기 위해서는 몇 가지 다른 사항들을 알아볼 필요가 있다. 예를 들어, 화학 공학자는 반응 속도를 조사하여 이 반응을 실제로 이용할 때 충분히 빨리 진행되는지를 알아보고, 그렇지 않으면 반응 속도를 증가시키기 위해 촉매를 사용할 수 있다. 이러한 연구를 하는 데 있어서 공학자들은 $\Delta G°$의 온도 의존성을 반드시 기억해야 한다.

$$\Delta G° = \Delta H° - T\Delta S°$$

따라서 높은 온도에서 반응을 충분히 빠르게 진행시키려면 반응의 $\Delta H°$ 및 $\Delta S°$ 값으로 부터 그 온도에서의 $\Delta G°$ 값을 다시 계산해야 한다.

비자발적인 반응

어떤 반응이 자발적(열역학적으로 선호됨)이기 위해서는 ΔG의 값이 일정한 압력과 온도에서 0(zero)보다 작아야 한다(음의 값을 가져야 한다). 그러나 $\Delta G > 0$인 반응을 진행시킬 수 있다. 이러한 열역학적으로 불리한 반응은 외부의 에너지를 작용시키거나 열역학적으로 유리한 반응에 결합시켜서 일어나게 할 수 있다.

전해 전지에 전기 에너지를 가하여 화학 변화를 일으킬 수 있다. 또한, 식물이 광자를 흡수하면 반응이 개시될 수 있기 때문에 전자기 복사선을 사용할 수도 있다. 이것은 다음과 같이 광합성을 통해 이산화 탄소가 포도당으로 전환될 때 일어나는 현상이다.

$$6CO_2(g) + 6H_2O(l) \rightarrow C_6H_{12}O_6(aq) + O_2(g)$$

이 반응에서, $\Delta G° = +2880$ kJ/mol이므로 위 반응은 열역학적으로 불리한 반응이다. 그러나 빛 에너지는 위의 반응을 수행하는 에너지를 제공하는 일련의 단계를 개시하는 데만 사용된다. 빛 에너지는 그 다음 과정의 반응을 수행하는 데는 사용되지 않는다는 점에 유의하라. 예를 들어, 광합성에서 가시 광선 범위의 광자를 흡수하면 아데노신 이인산염(adenosine diphosphate, ADP)으로부터 아데노신 삼인산염(ATP)이 생성되게 한다. 식물이 ATP를 다시 ADP로 전환시키면 많은 양의 에너지가 방출되고, 이 에너지는 이산화탄소를 포도당으로 전환시키는 데 사용된다. 따라서, 열역학적으로 유리한 반응은 열역학적으로 불리한 반응을 일으키는 예이다. 우리는 이러한 반응을 결합된 반응이라고 말한다. 많은 생물학적 계는 열역학적으로 바람직하지 않은 반응을 일으키기 위해 ATP에서 ADP로 전환된 에너지를 사용한다.

반응이 결합되려면 공통적인 중간체를 가져야 한다. 우리는 NH_3에서 AgCl(s)의 용해를 다루는 16.3절에서 이 개념을 살펴보았다. 관련 반응은 다음과 같다.

$$AgCl(s) \rightleftharpoons Ag^+(aq) + Cl^-(aq) \qquad K_{sp} = 1.6 \times 10^{-10}$$

$$Ag^+(aq) + NH_3(aq) \rightleftharpoons Ag(NH_3)^+(aq) \qquad K_1 = 2.1 \times 10^3$$

$$Ag(NH_3)^+(aq) + NH_3(aq) \rightleftharpoons Ag(NH_3)_2^+(aq) \qquad K_2 = 8.2 \times 10^3$$

위 반응의 총괄 반응은 다음과 같다.

$$AgCl(s) + 2NH_3(aq) \rightleftharpoons Ag(NH_3)_2^+(aq) + Cl^-(aq) \qquad K = 2.8 \times 10^{-3}$$

여기에서 $K = K_{sp} \times K_1 \times K_2$이다.

물에서 AgCl(s)이 용해(위의 반응 계열에서 첫 번째 반응)되는 반응은 매우 일어나기 어렵다. $\Delta G° = -RT\ln(K)$를 상기하자. 물에서 AgCl(s)이 용해하는 과정은 $\Delta G° = +55.9$ kJ/mol로서 열역학적으로 불리하다.

이 반응 계열에서 두 번째 반응과 세 번째 반응의 경우 $\Delta G°$는 각각 -19.0 kJ/mol과 -22.3 kJ/ mol이다. 이들 반응은 열역학적으로 유리하다.

NH_3에서 AgCl(s)이 용해되는 총괄 반응의 $\Delta G° = +14.6$ kJ/mol이다. 여전히 열역학적으로 유리하지는 않지만, 물속에서 AgCl(s)을 용해시키는 반응보다는 유리하다(즉, 덜 양의 값이다).

이 반응은 Le Châtelier의 원리로 설명한 것처럼 과량의 NH_3를 사용하면 총괄 반응이 오른쪽으로 유도된다. 16.3절에서 본 바와 같이, NH_3에서의 AgCl(s)의 용해도는 10.0 M NH_3에 용해될 때 물속에서의 36,000배 이상이다. 따라서 열역학적으로 바람직하지 않은 반응의 경우에도 초기 조건에 따라 상대적으로 많은 양의 생성물을 얻을 수 있다.

17.8 자유 에너지의 압력 의존성

이 장에서, 일정 온도 및 일정 압력에서 계는 자유 에너지를 낮추는 방향으로 자발적으로 진행됨을 알았다. 이것이 반응이 평형에 도달할 때까지 진행되는 이유이다. **평형의 위치는 특정 반응계가 도달할 수 있는 최소의 자유 에너지 값에 해당한다.** 반응계의 자유 에너지는 반응이 진행됨에 따라 변한다. 왜냐하면 자유 에너지는 기체 압력이나 용액에 존재하는 화학종의 농도에 의존하기 때문이다. 이 절에서는 이상 기체에 대한 자유 에너지의 압력 의존성만 다루기로 한다. 자유 에너지의 농도 의존성도 비슷한 방법으로 알아볼 수 있다.

자유 에너지의 압력 의존성을 이해하기 위해서, 먼저 자유 에너지를 구성하고 있는 열역학적 함수, 즉 엔탈피와 엔트로피($G = H - TS$ 관계식을 기억하라)에 미치는 압력 효과를 알아야 한다. 이상 기체에 대해 엔탈피는 압력과 무관하다. 그러나 엔트로피는 압력에 의존*한다*. 왜냐하면 엔트로피가 부피에 의존되기 때문이다. 어떤 일정 온도에서 1 mol의 이상 기체를 살펴보자. 10.0 L의 부피에 들어 있는 기체는 1.0 L일 때보다 많은 위치를 차지할 수 있다. 위치적 엔트로피는 큰 부피일 때 큰 값을 갖는다. 요약하면 주어진 온도에서 1 mol의 이상 기체에 대해

$$S_{\text{큰 부피}} > S_{\text{작은 부피}}$$

이고, 또는 압력과 부피는 반비례하므로,

$$S_{\text{낮은 압력}} > S_{\text{높은 압력}}$$

이다.

위에서 이상 기체에 대하여 엔트로피와 자유 에너지의 압력 의존성을 정성적으로 알아보았다. 이 절에서는 다루지 않겠지만, 더욱 자세한 논의에 의해서 다음과 같이 나타낼 수 있다.

$$G = G^\circ + RT\ln(P)$$

여기에서 G°는 1 atm에서 기체의 자유 에너지, G는 P atm에서 기체의 자유 에너지, R은 기체 상수이고, T는 Kelvin 온도이다.

반응에 대한 자유 에너지 변화의 압력 의존성을 알아보기 위해서 암모니아의 합성 반응을 살펴보자.

$$N_2(g) + 3H_2(g) \longrightarrow 2NH_3(g)$$

일반적으로, $\Delta G = \Sigma n_p G_{\text{생성물}} - \Sigma n_r G_{\text{반응물}}$

이 반응에 대하여 $\Delta G = 2G_{NH_3} - G_{N_2} - 3G_{H_2}$

로그 계산에 대한 복습은 부록 1.2 참조.

여기에서

$$G_{NH_3} = G^\circ_{NH_3} + RT\ln(P_{NH_3})$$
$$G_{N_2} = G^\circ_{N_2} + RT\ln(P_{N_2})$$
$$G_{H_2} = G^\circ_{H_2} + RT\ln(P_{H_2})$$

이 값들을 식에 대입한다.

$$\begin{aligned}\Delta G &= 2[G^\circ_{NH_3} + RT\ln(P_{NH_3})] - [G^\circ_{N_2} + RT\ln(P_{N_2})] - 3[G^\circ_{H_2} + RT\ln(P_{H_2})]\\ &= 2G^\circ_{NH_3} - G^\circ_{N_2} - 3G^\circ_{H_2} + 2RT\ln(P_{NH_3}) - RT\ln(P_{N_2}) - 3RT\ln(P_{H_2})\\ &= \underbrace{(2G^\circ_{NH_3} - G^\circ_{N_2} - 3G^\circ_{H_2})}_{\text{반응의 }\Delta G^\circ} + RT[2\ln(P_{NH_3}) - \ln(P_{N_2}) - 3\ln(P_{H_2})]\end{aligned}$$

괄호를 한 첫 번째 항은 반응의 ΔG°이다. 따라서

$$\Delta G = \Delta G^\circ_{\text{반응물}} + RT[2\ln(P_{NH_3}) - \ln(P_{N_2}) - 3\ln(P_{H_2})]$$

이고,

$$2\ln(P_{NH_3}) = \ln(P^2_{NH_3})$$
$$-\ln(P_{N_2}) = \ln\left(\frac{1}{P_{N_2}}\right)$$
$$-3\ln(P_{H_2}) = \ln\left(\frac{1}{P^3_{H_2}}\right)$$

이므로, 식은 다음과 같이 된다.

$$\Delta G = \Delta G^\circ + RT\ln\left(\frac{P^2_{NH_3}}{(P_{N_2})(P^3_{H_2})}\right)$$

그러나 위 식에서 $\frac{P^2_{NH_3}}{(P_{N_2})(P^3_{H_2})}$

항은 13.5절에서 논의한 반응 지수(Q)이다. 따라서 ΔG는 다음과 같다.

$$\Delta G = \Delta G° + RT\ln(Q)$$

여기에서 Q는 반응 지수(질량 작용의 법칙으로부터), T는 온도(K), R은 기체 상수로서 8.3145 J/K · mol이고, $\Delta G°$는 반응에 관여하는 모든 반응물과 생성물이 1 atm에 있을 때의 자유 에너지 변화이고, ΔG는 반응물과 생성물의 특정 압력에 대한 반의 자유 에너지 변화이다.

대화형 예제 17.13 $\Delta G°$의 계산 III

메탄올(CH_3OH)을 합성하는 한 가지 방법은 일산화 탄소와 수소 기체를 반응시키면 된다.

$$CO(g) + 2H_2(g) \longrightarrow CH_3OH(l)$$

5.0 atm의 일산화 탄소 기체와 3.0 atm의 수소 기체가 반응하여 액체 메탄올을 만들 때, 25°C에서 ΔG를 계산하라.

풀이 이 반응에 대한 ΔG를 계산하기 위해서 다음 식을 이용한다.

$$\Delta G = \Delta G° + RT\ln(Q)$$

먼저 표준 생성 자유 에너지(부록 4)로부터 $\Delta G°$를 계산한다.

$$\Delta G°_{f(CH_3OH(l))} = -166 \text{ kJ}$$
$$\Delta G°_{f(H_2(g))} = 0$$
$$\Delta G°_{f(CO(g))} = -137 \text{ kJ}$$
$$\Delta G° = -166 \text{ kJ} - (-137 \text{ kJ}) - 0 = -29 \text{ kJ} = -2.9 \times 10^4 \text{ J}$$

이 $\Delta G°$ 값은 1 mol CO와 2 mol H_2가 반응하여 1 mol CH_3OH가 생성될 때의 값이다. 이것을 한 "차례(round)"의 반응 또는 1 mol 반응에 대한 $\Delta G°$라고 할 수 있다. 따라서 1 mol의 $\Delta G°$는 -2.9×10^4 J/mol 반응으로 쓸 수 있다.

이제 다음 값들을 사용하여 ΔG를 계산할 수 있다.

이 경우 ΔG는 "1 mol 반응"에 한정되어 있음을 유의하라. 즉, 1 mol $CO(g)$가 2 mol $H_2(g)$와 반응하여 1 mol $CH_3OH(l)$를 생성한다. 따라서 ΔG, $\Delta G°$ 및 $RT\ln(Q)$ 모두는 반응에서 J/mol 단위를 갖게 된다. 이 경우에 R의 단위는 일반적으로 이러한 방식으로 표현하지는 않지만, 실제로 J/K·mol이다.

$$\Delta G° = -2.9 \times 10^4 \text{ J/mol 반응}$$
$$R = 8.3145 \text{ J/K} \cdot \text{mol}$$
$$T = 273 + 25 = 298 \text{ K}$$
$$Q = \frac{1}{(P_{CO})(P^2_{H_2})} = \frac{1}{(5.0)(3.0)^2} = 2.2 \times 10^{-2}$$

여기에서 순수한 액체 메탄올이 Q의 계산에 포함되어 있지 않음에 유의해야 한다. 따라서

$$\begin{aligned}\Delta G &= \Delta G° + RT\ln(Q) \\ &= (22.9 \times 10^4 \text{ J/mol 반응}) + (8.3145 \text{ J/K} \cdot \text{mol 반응})(298 \text{ K}) \ln(2.2 \times 10^{-2}) \\ &= (22.9 \times 10^4 \text{ J/mol 반응}) - (9.4 \times 10^3 \text{ J/mol 반응}) = 23.8 \times 10^4 \text{ J/mol 반응} \\ &= -38 \text{ kJ/mol 반응}\end{aligned}$$

ΔG는 $\Delta G°$보다 훨씬 큰 음의 값을 가지므로, 반응은 1 atm 이상의 압력에서 훨씬 더 자발적임을 의미한다. Le Châtelier의 원리로부터 이와 같은 결과를 예측할 수 있다.

연습 문제 17.79와 17.80 참조

화학 반응에서 ΔG의 의미

이 절에서는 여러 반응 조건에서 화학 반응에 대한 ΔG의 계산법을 배웠다. 예를 들면, 예제 17.13의 계산에서는 5.0 atm $CO(g)$와 3.0 atm $H_2(g)$와의 반응으로 $CH_3OH(l)$의 생성은 자발적임을 보여 주고 있다. 이 결과가 의미하는 것은 무엇인가? 만일 반응 플라스크에 5.0 atm과 3.0 atm하에 있는 각각의 1.0 mol $CO(g)$와 2.0 mol $H_2(g)$를 함께 섞으면 1.0 mol $CH_3OH(l)$가 생성된다는 것을 의미하는 것일까? 그 답은 '아니오'이다. 이 답은 이 절에서 설명한 내용으로 비추어 볼 때 여러분을 놀라게 할 수 있다. 1.0 mol의 $CH_3OH(l)$은 5.0 atm의 1.0 mol $CO(g)$와 3.0 atm의 2.0 mol $H_2(g)$를 합한 것보다 낮은 자유 에너지를 가지고 있다는 것은 사실이다. 그러나 이러한 조건에서 $CO(g)$와 $H_2(g)$를 함께 섞으면 *1.0 mol의 순수한 $CH_3OH(l)$에 비해 이 반응계는 더 낮은 자유 에너지를 갖게 된다.* 이러한 이유를 간단히 설명하면, *반응계는 반응이 완결됨에 따라서가 아닌, 평형에 도달함에 따라 가장 낮은 자유 에너지 상태에 도달될 수 있기 때문*이라는 것이다. 평형 상태에서 약간의 $CO(g)$와 $H_2(g)$가 반응 플라스크 내에 남아 있을 것이다. 1.0 mol의 순수한 $CH_3OH(l)$이 각각 5.0 atm과 3.0 atm하에 있는 1.0 mol $CO(g)$와 2.0 mol $H_2(g)$ 각각에 비해 낮은 자유 에너지를 갖는다고 할지라도, 반응계에서 $CH_3OH(l)$이 1.0 mol이 생성되지는 않을 것이다. 그 이유는 반응계에 이용할 수 있는 가능한 가장 낮은 자유 에너지 상태로 있는 $CH_3OH(l)$, $CO(g)$, $H_2(g)$의 평형 혼합물이 존재하기 때문이다.

이러한 관점을 설명하기 위해서 역학적인 예를 고찰해 보자. 그림 17.7에 나타낸 바와 같이, 두 개의 언덕을 굴러 내려오는 공을 생각해 보자. 두 가지 경우 모두 점 *B*는 점 *A*에 비해 낮은 퍼텐셜 에너지를 가지고 있음에 유의하라.

그림 17.7(a)에서 공은 점 *B*로 굴러 내릴 것이다. 이 도표는 상변화와 유사한 것이다. 예를 들면, 25°C에서 물은 얼음보다 더 낮은 자유 에너지를 갖고 있으므로, 이 온도에서 얼음은 자발적으로 완전히 액체 물로 변한다. 이 경우에 액체인 물만이 형성된다. 보다 더 낮은 자유 에너지를 갖는 중간체 물질은 없다.

그림 17.7(b)에 나타낸 그림에서 보여 주는 화학 반응계는 그 상황이 다르다. 그림 17.7(b)에서 공은 점 *B*에 비해 보다 더 낮은 퍼텐셜 에너지 상태인 점 *C*가 있기 때문에 점 *B*로 가지 않는다. 다음 절에서 언급할 이유 때문에 공과 같이 화학 반응계는 평형 위치에 해당하는 *가장 낮은* 자유 에너지를 가지려고 한다.

그러므로 주어진 반응계의 주어진 일련의 반응 조건에서 ΔG 값은 반응물 또는 생성물이 잘 생성되는지 여부를 제시해 주지만, 반응계가 순수한 생성물(만일 ΔG가 음이라면)을 생성하거나 또는 순수한 반응물(만일 ΔG가 양이라면)로 남아 있음을 의미하지는 않는다. 대신에 반응계는 자발적으로 평형 상태로 진행되고, 가장 낮은 에너지 상태가 된다. 다음 절에서 특정한 반응에서 $\Delta G°$ 값이 반응의 위치가 정확히 어디에 있는지를 설명할 수 있음을 보게 될 것이다.

그림 17.7 공이 두 가지 유형의 언덕을 굴러 내려오는 개요도.

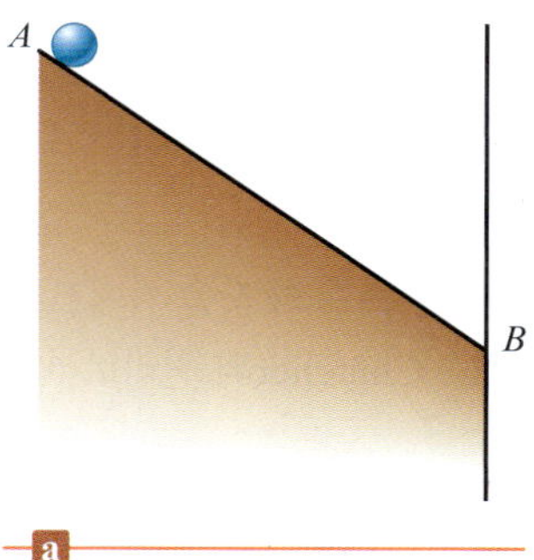

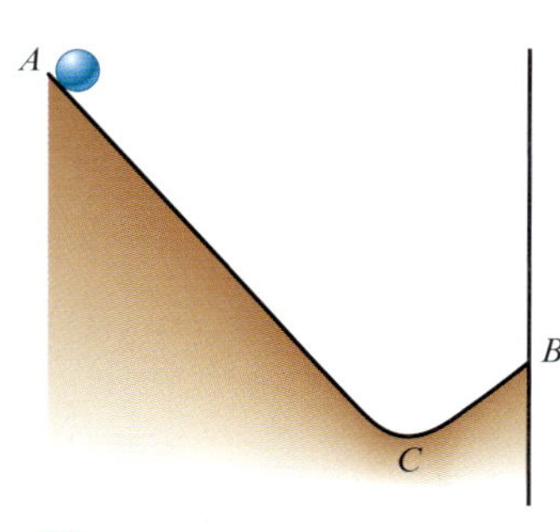

17.9 자유 에너지와 평형

주어진 화학 반응의 성분들이 혼합될 때, 반응은 반응 속도에 따라 빠르게 또는 느리게 진행되면서 평형 위치에 도달한다. 제13장에서 평형 위치란 정반응 속도와 역반응 속도가 같은 점이라고 정의했다. 이 장에서는 열역학적인 관점에서 평형을 살펴보고 있는데, **평형점** (equilibrium point)*이란 반응계가 도달할 수 있는 최소 에너지 값*에 해당된다. 살펴본 바와 같이, 열역학적인 모형과 반응 속도론적인 모형의 두 정의에 의해 도달하는 평형 상태는 같다.

자유 에너지와 평형 사이의 관계를 알아보기 위해 다음과 같은 간단한 가상적인 반응을 생각해 보자.

$$A(g) \rightleftharpoons B(g)$$

초기에 A 기체 1.0 mol을 2.0 atm 상태에 있는 반응 용기에 넣었다고 하자. A와 B의 자유 에너지는 그림 17.8(a)에서 도식화하여 보여 주고 있다. A가 반응하여 B가 생성됨에 따라 계의 총 자유 에너지는 변하여 다음과 같은 결과를 나타낸다.

$$\text{A의 자유 에너지} = G_A = G_A^\circ + RT\ln(P_A)$$

$$\text{B의 자유 에너지} = G_B = G_B^\circ + RT\ln(P_B)$$

$$\text{계의 총 자유 에너지} = G = G_A + G_B$$

A가 B로 변해감에 따라 P_A가 감소하므로 G_A는 감소한다[그림 17.8(b)]. 그 반면에 P_B는 증가하므로 G_B는 증가한다. 계의 총 자유 에너지가 감소하는 한(G_B가 G_A보다 작으면) 반응은 오른쪽으로 진행된다. A와 B의 G_A와 G_B가 같아지는 압력 P_A^e와 P_B^e가 되는 점에 도달한다. *계는 평형에 도달한다*[그림 17.8(c)]. A의 압력이 P_A^e이고 B의 압력이 P_B^e일 때 자유 에너지는 같으므로($G_A = G_B$), 압력 P_A^e의 A가 압력 P_B^e의 B로 변화되면 ΔG는 0이다. *계는 최소 자유 에너지 상태에 도달하게 된다*. 평형 상태일 때에는 A에서 B 또는 B에서 A로 변화시키는 추진력이 존재하지 않기 때문에 계는 평형 상태에 계속 있게 된다(A와 B의 압력은 일정한 값을 유지한다).

위에서 살펴본 실험에 대한 자유 에너지와 A의 몰분율에 대한 그림을 그림 17.9(a)에 나타내었다. 이 실험에서 최소 자유 에너지는 A의 75%가 B로 변할 때 도달한다. 이 점에서 A의 압력은 초기 압력의 0.25배, 즉

$$(0.25)(2.0\ \text{atm}) = 0.50\ \text{atm}\text{이고,}$$

B의 압력은

$$(0.75)(2.0\ \text{atm}) = 1.5\ \text{atm}$$

이다. 이때가 평형점이므로 이 온도에서 A가 B로 변하는 반응에 대한 평형 상수 K를 평형 압력을 이용하여 얻을 수 있다.

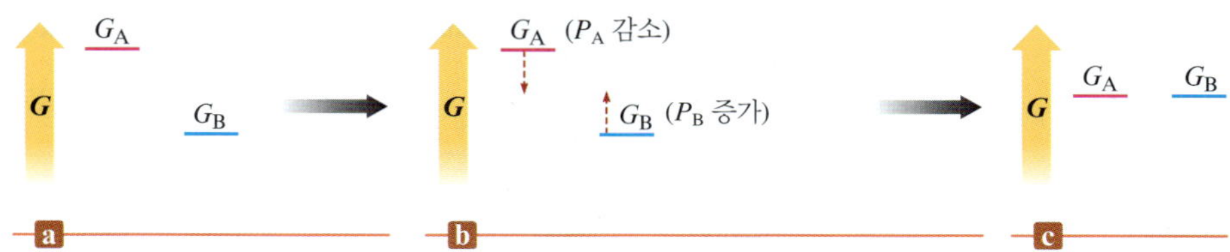

그림 17.8 (**a**) A와 B의 초기 자유 에너지. (**b**) A(g)가 B(g)로 변하면, A의 자유 에너지는 감소하고 B의 자유 에너지는 증가한다. (**c**) 결국은 $G_A = G_B$가 되도록 A와 B의 압력이 변화하고, 평형 상태에 도달한다.

$$K = \frac{P_B^e}{P_A^e} = \frac{1.5\text{ atm}}{0.50\text{ atm}} = 3.0$$

반응 A(g) ⇌ B(g)에서 항상 같은 수의 기체 분자가 존재하기 때문에 반응이 일어나는 동안 압력은 일정하다.

2.0 atm 상태에 있는 플라스크에 순수한 B(g) 기체 1.0 mol을 넣은 경우에도 정확히 같은 평형점에 도달할 것이다. 그림 17.9(b)에서 보여 주듯이 이 경우에 평형에 도달할 때 ($G_B = G_A$)까지 B가 A로 변할 것이다.

이 반응계에 대한 전체 자유 에너지 곡선은 그림 17.9(c)에서 보여 주고 있으며, 전체 2.0 atm에서 1 mol (A + B)로 이루어진 어떤 비율의 A(g)와 B(g)의 혼합물도 반응이 진행하여 곡선의 가장 낮은 부분에 도달하게 될 것이다.

요약하면, 물질들이 화학 반응을 일으킬 때 반응은

$$G_{\text{생성물}} = G_{\text{반응물}} \quad \text{또는} \quad \Delta G = G_{\text{생성물}} - G_{\text{반응물}} = 0$$

인 최소 자유 에너지(평형)에 도달할 때까지 진행된다.

이제 자유 에너지와 평형 상수값 사이의 정량적인 관계식을 얻을 수 있다. 자유 에너지 변화는

$$\Delta G = \Delta G^\circ + RT\ln(Q)$$

평형에서 ΔG는 0이므로, Q는 K와 같다.

따라서

$$\Delta G = 0 = \Delta G^\circ + RT\ln(K)$$

즉,

$$\Delta G^\circ = -RT\ln(K)$$

이다. 이 식은 매우 중요한 식으로 다음과 같은 특성을 갖고 있다.

첫 번째 경우: $\Delta G^\circ = 0$. 특정 반응에 대한 ΔG°가 0이면, 모든 성분들이 표준 상태(기체에 대해서는 1 atm)에 있을 때 반응물과 생성물의 자유 에너지가 같다. 모든 반응물과 생성물의 압력이 1 atm이면 K는 1이고, 계는 평형 상태에 있다.

두 번째 경우: $\Delta G^\circ < 0$. 이 경우에 ΔG° ($G^\circ_{\text{생성물}} - G^\circ_{\text{반응물}}$)는 음이므로

$$G^\circ_{\text{생성물}} < G^\circ_{\text{반응물}}$$

이다. 만일 플라스크에 압력이 각각 1 atm인 반응물과 생성물이 들어 있다면 계는 평형 상태에 있지 *않다*. $G^\circ_{\text{생성물}}$이 $G^\circ_{\text{반응물}}$보다 작으므로, 계는 오른쪽으로 진행된 후에 평형에 도달할 것이다. 이 경우에 K는 *1보다 크다*. 왜냐하면 평형 상태에서 생성물의 압력이 1 atm보다 크고, 반응물의 압력은 1 atm보다 작기 때문이다.

세 번째 경우: $\Delta G^\circ > 0$. ΔG°($G^\circ_{\text{생성물}} - G^\circ_{\text{반응물}}$)가 양이므로

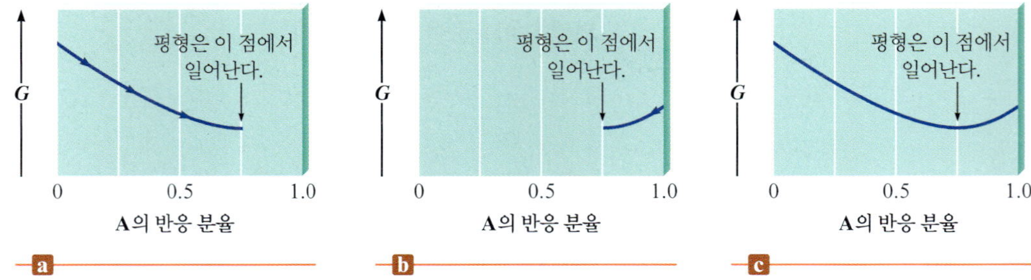

그림 17.9 (**a**) P_A = 2.0 atm에 있는 1.0몰의 A(g)에서 시작하여 평형에 도달될 때 자유 에너지의 변화. (**b**) P_B = 2.0 atm인 1.0몰의 B(g)에서 시작하여 평형에 도달될 때 자유 에너지 변화. (**c**) $P_{\text{전체}}$ = 2.0 atm이고, 1.0 mol의 기체(A + B)가 들어있는 A(g) ⇌ B(g) 계의 자유 에너지 도표. 곡선의 각 점은 주어진 A와 B의 조합에 대하여 계의 전체 자유 에너지에 해당한다.

표 17.6 주어진 반응에 대한 표준 자유 에너지와 평형 상수 변화 사이의 정성적인 관계

$\Delta G°$	K
$\Delta G° = 0$	$K = 1$
$\Delta G° < 0$	$K > 1$
$\Delta G° > 0$	$K < 1$

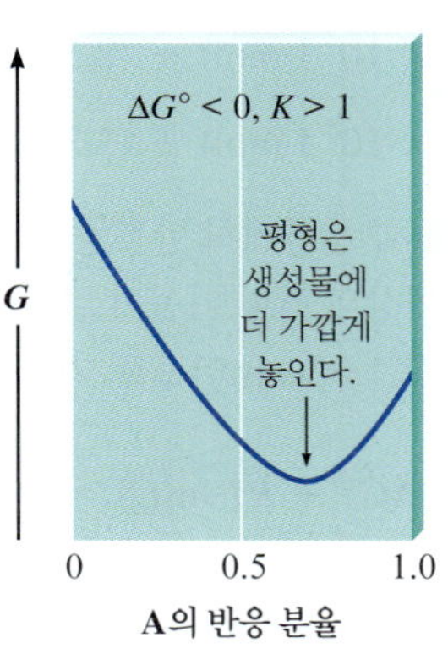

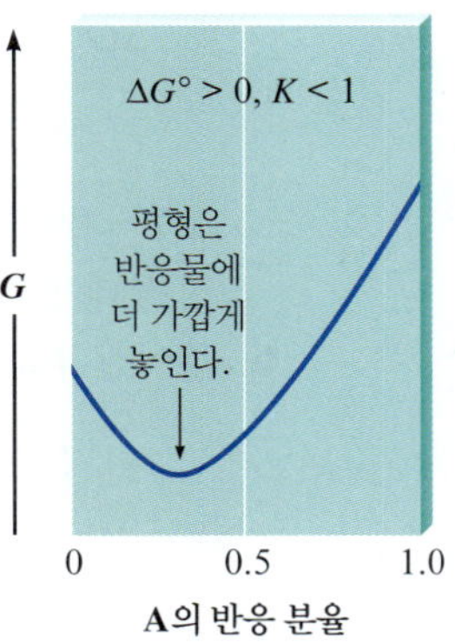

그림 17.10 궁극적 평형 위치와 $\Delta G°$의 상관관계.

$$G°_{반응물} < G°_{생성물}$$

이다. 만일 플라스크에 압력이 각각 1 atm인 반응물과 생성물이 들어 있다면, 계는 평형에 있지 *않다*. 이 경우에 있어서 계는 반응이 왼쪽(자유 에너지가 작은 반응물 쪽)으로 진행된 후에 평형에 도달할 것이다. *K 값은 1보다 작다*. 왜냐하면 평형 상태에서 반응물의 압력이 1 atm보다 크고, 생성물의 압력은 1 atm보다 작기 때문이다.

이 결과를 표 17.6과 그림 17.10에 요약해 놓았다. 특정 반응에 대한 K 값은 다음 식으로부터 구할 수 있다.

$$\Delta G° = -RT\ln(K)$$

예제 17.14와 17.15는 위의 식을 이용하는 문제들이다.

대화형 예제 17.14 자유 에너지와 평형 I

다음 암모니아 합성 반응을 생각해 보자.

$$N_2(g) + 3H_2(g) \rightleftharpoons 2NH_3(g)$$

위의 경우 25°C에서 소비되는 N_2 1몰당 $\Delta G°$는 −33.3 kJ이다. 25°C에서 다음 반응물과 생성물로 이루어진 혼합물이 평형에 도달하기 위하여 계가 이동하는 방향을 예측하라.

a. $P_{NH_3} = 1.00$ atm, $P_{N_2} = 1.47$ atm, $P_{H_2} = 1.00 \times 10^{-2}$ atm

b. $P_{NH_3} = 1.00$ atm, $P_{N_2} = 1.00$ atm, $P_{H_2} = 1.00$ atm

풀이 **a.** 반응이 평형으로 가는 방향을 다음 식의 ΔG 값을 계산하여 예측한다.

$$\Delta G = \Delta G° + RT\ln(Q)$$

균형 맞춘 반응식에서 ΔG, $\Delta G°$ 및 $RT\ln(Q)$의 단위는 모두 몰 단위의 양으로 표시된다. R의 단위가 관습적으로 "J/mol"로 나타내지만 "J/mol 반응(joules per mole of reaction)"이라고 할 수 있다.

여기에서

$$Q = \frac{P^2_{NH_3}}{(P_{N_2})(P^3_{H_2})} = \frac{(1.00)^2}{(1.47)(1.00 \times 10^{-2})^3} = 6.80 \times 10^5$$

$$T = 25 + 273 = 298 \text{ K}$$

$$R = 8.3145 \text{ J/K} \cdot \text{mol}$$

그리고

$$\Delta G° = -33.3 \text{ kJ/mol} = -3.33 \times 10^4 \text{ J/mol}$$

따라서

$$\Delta G = (-3.33 \times 10^4 \text{ J/mol}) + (8.3145 \text{ J/K} \cdot \text{mol})(298 \text{ K}) \ln(6.8 \times 10^5)$$
$$= (-3.33 \times 10^4 \text{ J/mol}) + (3.33 \times 10^4 \text{ J/mol}) = 0$$

$\Delta G = 0$이므로, 이들 부분압에서 반응물과 생성물의 자유 에너지는 같다. 계는 이미 평형 상태에 있고, 더 이상의 평형 이동이 일어나지 않는다.

b. 주어진 부분압이 모두 1.00 atm이므로, 계는 표준 상태에 있다. 즉,

$$\Delta G = \Delta G^\circ + RT\ln(Q) = \Delta G^\circ + RT\ln\frac{(1.00)^2}{(1.00)(1.00)^3}$$
$$= \Delta G^\circ + RT\ln(1.00) = \Delta G^\circ + 0 = \Delta G^\circ$$

25°C에서 이 반응에 대한 ΔG°는

$$\Delta G^\circ = -33.3 \text{ kJ/mol}$$

이다. ΔG° 값이 음이므로, 표준 상태에서 생성물이 반응물보다 낮은 에너지를 갖는다. 따라서 계는 오른쪽으로 이동한 후에 평형에 도달한다. 즉, K는 1보다 크다.

연습 문제 17.81 참조

대화형 예제 17.15 자유 에너지와 평형 II

산소에 의한 철의 부식 반응은 다음과 같다.

$$4Fe(s) + 3O_2(g) \rightleftharpoons 2Fe_2O_3(s)$$

다음 자료를 이용하여, 25°C에서 이 반응에 대한 평형 상수를 계산하라.

물질	ΔH_f° (kJ/mol)	S° (J/K·mol)
$Fe_2O_3(s)$	−826	90
$Fe(s)$	0	27
$O_2(g)$	0	205

풀이 반응에 대한 K 값을 계산하기 위하여 다음 식을 이용한다.

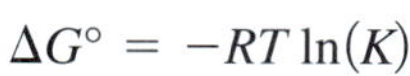

$$\Delta G^\circ = -RT\ln(K)$$

▲ 노출된 철의 부식은 자발적인 과정이다.

Thinkstock/Getty Images

먼저 다음 식으로부터 ΔG°를 계산한다.

$$\Delta G^\circ = \Delta H^\circ - T\Delta S^\circ$$

여기에서

$$\Delta H^\circ = 2\Delta H^\circ_{f\,(Fe_2O_3(s))} - 3\Delta H^\circ_{f\,(O_2(g))} - 4\Delta H^\circ_{f\,(Fe(s))}$$
$$= 2 \text{ mol}(-826 \text{ kJ/mol}) - 0 - 0$$
$$= -1652 \text{ kJ} = -1.652 \times 10^6 \text{ J}$$
$$\Delta S^\circ = 2S^\circ_{Fe_2O_3} - 3S^\circ_{O_2} - 4S^\circ_{Fe}$$
$$= 2 \text{ mol}(90 \text{ J/K} \cdot \text{mol}) - 3 \text{ mol}(205 \text{ J/K} \cdot \text{mol}) - 4 \text{ mol}(27 \text{ J/K} \cdot \text{mol})$$
$$= -543 \text{ J/K}$$

그리고

$$T = 273 + 25 = 298 \text{ K}$$

그러면 $\Delta G° = \Delta H° - T\Delta S° = (-1.652 \times 10^6\ \text{J}) - (298\ \text{K})(-543\ \text{J/K})$
$= -1.490 \times 10^6\ \text{J}$

이다.

$$\Delta G° = -RT\ln(K) = -1.490 \times 10^6\ \text{J} = -(8.3145\ \text{J/K}\cdot\text{mol})(298\ \text{K})\ln(K)$$

따라서 $$\ln(K) = \frac{1.490 \times 10^6}{2.48 \times 10^3} = 601$$

즉, $$K = e^{601}$$

이 평형 상수 값은 매우 크므로, 철의 부식은 열역학적인 관점에서 매우 잘 일어난다.

연습 문제 17.83과 17.84 참조

K의 온도 의존성

제13장에서 주어진 반응에 대해 K 값이 온도에 따라 어떻게 변화되는가의 여부를 정성적으로 예측하는 데 Le Châtelier 원리를 이용한 바 있다. 이제 우리는 다음과 같은 관계식으로부터 평형 상수의 정량적인 온도 의존성을 상세히 살펴보자.

$$\Delta G° = -RT\ln(K) = \Delta H° - T\Delta S°$$

이 식을 다시 정리하면

$$\ln(K) = -\frac{\Delta H°}{RT} + \frac{\Delta S°}{R} = -\frac{\Delta H°}{R}\left(\frac{1}{T}\right) + \frac{\Delta S°}{R}$$

가 된다. 이 식은 $y = mx + b$의 형태인 직선 방정식임에 유의하라. 여기에서 $y = \ln(K)$, $m = -\Delta H°/R$ = 기울기, $x = 1/T$ 및 $b = \Delta S°/R$ = 절편이다. 이것은 주어진 반응에서 여러 가지 온도에서 K 값을 측정하였을 때, $1/T$에 대해 $\ln(K)$을 도시하면 기울기가 $-\Delta H°/R$이고 절편이 $\Delta S°/R$인 직선이 된다. 이 결과는 측정된 온도 범위에서 $\Delta H°$와 $\Delta S°$는 온도에 무관하다는 것을 말해준다. 따라서 이 식은 비교적 작은 온도 범위에서 잘 맞는다.

17.10 자유 에너지와 일

여러 가지 물리적, 화학적 과정에 관심을 두는 주된 이유 중의 하나는 이들 과정을 이용하여 일을 하고, 또 경제적이고 효율적으로 일을 하기를 원하기 때문이다. 우리는 이미 일정 온도 및 압력에서 일어나는 과정에 대한 자유 에너지 변화의 부호가 그 과정의 자발성을 결정해 준다는 것을 배웠다. 이러한 사실은 매우 중요한 정보이다. 왜냐하면 본래부터 일어나지 않는 과정에 대한 쓸모없는 노력을 피할 수 있기 때문이다. 비록 열역학적으로 가능한 화학 반응이 너무 느리게 일어나서 실제로는 반응이 거의 진행되지 않을지라도 촉매를 이용한다면 반응 속도를 빠르게 할 수 있다. 다른 한편으로 열역학적으로 일어날 수 없는 반응에 촉매를 찾으려고 노력하는 것은 시간 낭비일 것이다.

정성적인 유용성(과정의 자발성을 알려 주는 것과 같은) 이외에 자유 에너지 변화는 정량적인 면에서도 매우 중요하다. 자유 에너지 변화는 주어진 과정을 통해 행해진 일의 양을 나타내기 때문이다. 실제로, **일정 온도 및 압력에서 일어나는 과정에서 얻을 수 있는 최대의 유용한 일의 양은 자유 에너지 변화와 같다.**

$$w_{\text{최대}} = \Delta G$$

"*PV 일*"은 여기에서 유용한 일로 계산되지 않았음을 유의하라.

이 관계식이 왜 이 함수를 *자유* 에너지라고 부르는가를 설명해 주고 있다. 특정 조건에서 자발적인 과정에 대한 ΔG는 *유용한 일을 하도록 허용된* 에너지를 나타낸다. 다른 한편으로, 비자발적인 과정에 대한 ΔG 값은 그 과정이 일어나도록 만드는 데 *소비되는* 최소한의 일의 양을 나타낸다.

어떤 과정에 대한 ΔG 값을 아는 것은 그 과정이 100% 효율에 가깝게 접근시킬 수 있는 유용한 정보를 제공한다. 예를 들어, 가솔린이 자동차 엔진에서 연소될 때 만들어지는 일은 얻을 수 있는 최대 일의 약 20% 정도이다.

이 책에서 간단히 소개될 여러 가지 이유들 때문에 자발적인 과정에서 실제로 얻고 있는 일은 *항상* 얻을 수 있는 가능한 최대 일의 양보다 적다.

이와 같은 개념을 보다 자세히 알아보기 위해서, 자동차의 시동 모터를 통해 흐르는 전류를 생각해 보자. 전류는 전지에서 일어나는 화학 반응으로부터 만들어진다. 따라서 전지 반응에 대한 ΔG를 계산하면 일을 하는 데 얻을 수 있는 에너지를 알아낼 수 있다. 이와 같이 얻은 모든 에너지를 일을 하는 데 이용할 수 있을까? 그렇지는 않다. 왜냐하면 전선을 통해 흐르는 전류는 마찰에 의한 열을 일으키고, 전류가 많이 흐를수록 보다 많은 열이 발생한다. 이 열은 낭비되는 에너지를 의미하여 시동 모터를 작동시키는 데 필요한 유용한 열이 아니다. 이러한 에너지 낭비는 모터 회로에 매우 적은 전류를 흘려보내면 최소로 할 수 있다. 그러나 전류가 흐르지 않으면 마찰에 의한 열을 완전히 없앨 수 있기는 하지만, 모터로부터 일을 얻을 수 없다. 이러한 사실은 자연히 우리에게 부여해 준 어려움을 의미한다. 일을 하는 과정에서 에너지의 일부는 낭비되고, 보통의 경우에 과정을 더욱 빨리 진행시키려면 보다 많은 에너지가 낭비된다.

자발적인 과정을 통해 얻을 수 있는 최대의 일은 가상적인 경로를 통해서만 얻어질 수 있다. 모든 실제 경로에는 에너지 낭비가 있다. 만일 전지를 무한 소량의 전류가 흐르게 천천히 방전시키면 최대한의 유용한 일을 얻을 수 있을 것이다. 또한, 무한 소량의 전류를 이용하여 전지를 재충전시킨다면 정확하게 같은 양의 에너지를 사용하여 전지를 초기 상태로 되돌릴 수 있을 것이다. 이러한 방법으로 전지를 순환시키면, 우주(계와 주위)는 순환 과정이 일어나기 전의 상태와 같을 것이다. 이 과정을 **가역 과정**(reversible process)이라고 한다(그림 17.11).

그러나 전지를 방전시켜 시동 모터를 작동시킨 후, *유한 양*의 전류를 이용하여 재충전시키는 실제 경우에 있어서는 방전할 때보다 재충전시킬 때 흔히 *더 많은* 일을 해야 한다. 이러한 사실은 비록 전지(계)는 초기 상태로 되돌아 왔을지라도, 주위는 전지를 재생시키는 데 필요한 일을 공급하였기 때문에 초기 상태로 되돌아오지 않았음을 의미한다. 즉, *우주*는 이 순환 과정 후에 *변화*되었으며, 이러한 과정을 **비가역 과정**(irreversible process)이라 부르고, *모든 실제 과정들은 비가역 과정이다.*

일반적으로, 계에 어떠한 실제 순환 과정이 일어난 후 주위는 일할 수 있는 능력이 적어지고, 보다 많은 열에너지를 갖게 된다. 바꾸어 말하면, **어떤 계의 실제 순환 과정에 대해 주위에서 일은 열로 변하고, 우주의 엔트로피는 증가한다.** 이것은 열역학 제2법칙의 다른 표현 방법이다.

따라서 열역학은 어떤 과정으로부터 얻을 수 있는 잠재적인 일과, 이 잠재적인 일을 결코 얻을 수 없음을 말해 준다. 이런 의도로 열역학자인 Henry Bent는 열역학 제1법칙과 제2법칙을 다음과 같이 나타내었다.

열역학 제1법칙: 이길 수는 없다. 비길 수 있을 뿐이다.

열역학 제2법칙: 비길 수조차 없다.

에너지가 일을 하는 데 사용되면 에너지는 무질서해지고, 분산되고 쓸모없게 된다.

이 절에서 다룬 개념은 다음 25년 동안에 심각하게 다가올 에너지 위기에 적용할 수 있다. 이 위기는 분명히 공급 문제만이 아니다; 제1법칙에 의하면 우주의 공급할 수 있는 에

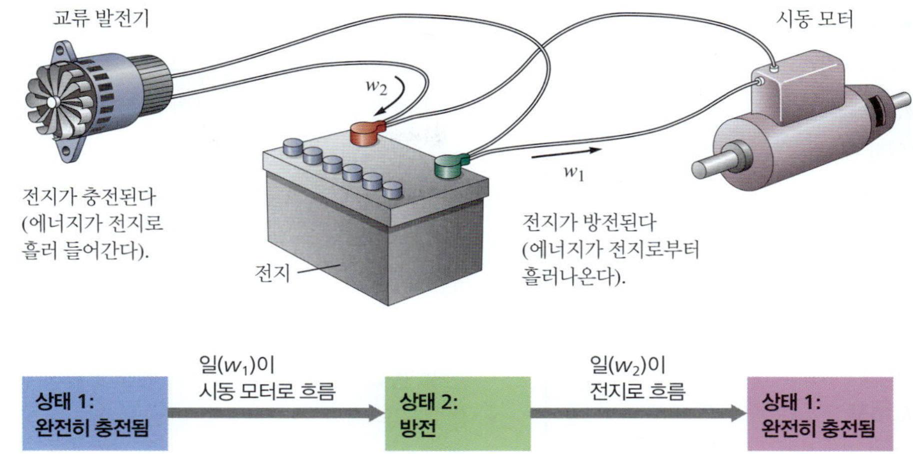

그림 17.11 전지는 시동 모터에 전류를 보냄으로써 일을 할 수 있다. 그 다음에 전지는 강제로 반대 방향의 전류를 받음으로써 재충전될 수 있다. 두 과정에서 전류의 흐름이 무한대로 작다면 $w_1 = w_2$이다. 이런 과정을 *가역적*이라고 한다. 그러나 실제 경우와 같이 전류의 흐름이 일정하다면 $w_2 > w_1$이다. 이러한 과정을 비가역적 과정(우주는 순환과정이 일어난 후에 *변화된다*)이라고 한다. 모든 실제 과정들은 비가역적이다.

너지는 일정하다. 이 문제는 *유용한* 에너지의 이용성에 관한 문제이다. **우리가 에너지를 사용할수록 에너지의 유용성은 떨어진다.** 예를 들면, 가솔린이 연소 반응에 의해 산소와 반응할 때, 퍼텐셜 에너지 변화는 열 흐름으로 나타난다. 따라서 가솔린과 산소 분자의 결합에 집중되어 있던 에너지는 주위에 열에너지로 *분산되어* 유용한 일로 이용하기가 보다 힘들어진다. 이러한 과정으로 인해 우주의 엔트로피는 증가된다. 집중되어 있던 에너지가 보다 혼란스럽고 덜 유용한 형태로 분산된다. 따라서 에너지 위기 문제의 핵심은 우리가 화석 연료에 농축된 에너지를 매우 빠르게 소비하고 있다는 점이다. 태양 에너지가 이러한 연료 속에 축적되는 데는 수백만 년이 걸렸지만, 우리는 같은 연료를 불과 몇백 년 만에 소비하게 될 것이다. 그러므로 우리는 이러한 에너지원들을 가능한 한 현명하게 사용해야 한다.

비판적 사고 만일에 열역학 제1법칙은 진실이지만 제2법칙이 그렇지 않다면? 세상은 어떻게 변화되겠는가?

개념 정리 및 복습 For Review

주요 용어

17.1절

자발적 과정(열역학적으로 유리함)
엔트로피
위치적 확률

17.2절

열역학 제2법칙

열역학 제1법칙

- 우주의 에너지가 일정하다는 것을 기술한다.
- 형태를 변화시키는 것과 같이 에너지 트랙을 보존하는 방법을 제시한다.
- 어떤 특정한 과정이 주어진 방향에서 일어나는 이유에 대한 정보는 주지 않는다.

열역학 제2법칙

- 어떤 자발적인 과정에 대해서 항상 우주의 엔트로피가 증가하고 있음을 설명한다.
- 엔트로피(S)는 주어진 상태에서 존재하는 계 내에 있을 수 있는 배열의 수(위치 및 또는 에너지 준위)를 설명하는 열역학적 함수이다.
  - 일어날 수 있는 가장 큰 확률을 가지는 상태를 향하여 자연은 자발적으로 진행한다.
  - 엔트로피를 이용하여 열역학은 어떤 과정이 자발적으로 일어날 수 있는 방향을 예측할 수 있게 한다.

17.4절
자유 에너지

17.6절
열역학 제3법칙

17.7절
표준 자유 에너지 변화
표준 생성 자유 에너지

17.9절
평형점(열역학적 정의)

17.10절
가역 과정
비가역 과정

$$\Delta S_{\text{우주}} = \Delta S_{\text{계}} + \Delta S_{\text{주위}}$$

- 자발적인 과정에서 $\Delta S_{\text{우주}}$는 양의 값이어야 한다.
- 일정한 온도와 압력에서의 과정에 대해서
  - $\Delta S_{\text{계}}$는 "위치적" 엔트로피에 의해 좌우된다.
  - 화학 반응에 대해서 $\Delta S_{\text{계}}$는 기체 분자 수의 변화에 의해 좌우된다.
  - $\Delta S_{\text{주위}}$는 열에 의해 정해진다.

$$\Delta S_{\text{주위}} = -\frac{\Delta H}{T}$$

  - $\Delta S_{\text{주위}}$는 발열 과정에서 양의 값이다(ΔH는 음의 값이다).
  - $\Delta S_{\text{주위}}$는 T에 반비례하기 때문에 낮은 온도에서 발열성이 더 중요한 추진력이 된다.
- 열역학은 계가 자발적으로 변하는 속도는 예측할 수 없다. 그것을 알기 위해서 반응 속도론의 원리가 필요하다.

열역학 제3법칙

- 0 K에서 완전한 결정의 엔트로피는 0인 것을 나타낸다.

자유 에너지(G)

- 자유 에너지는 상태 함수이다.

$$G = H - TS$$

- 일정한 온도와 압력에서 일어나는 과정은 자유 에너지가 감소하는($\Delta G < 0$) 방향으로 자발적이다.
- 어떤 반응에 대해서 표준 자유 에너지 변화($\Delta G°$)는 표준 상태의 반응물이 표준 상태의 생성물로 바뀔 때 일어나는 자유 에너지 변화이다.
- 반응에 대한 표준 자유 에너지 변화는 반응물과 생성물의 표준 생성 자유 에너지 변화($\Delta G_f°$)로부터 결정된다.

$$\Delta G° = \Sigma n_p \Delta G_f°(\text{생성물}) - \Sigma n_r \Delta G_f°(\text{반응물})$$

- 자유 에너지는 온도와 압력에 의존한다.

$$G = G° + RT \ln P$$

- 이 관계식은 반응에 대한 $\Delta G°$와 평형 상수 값 K 사이의 관계식을 유도하기 위하여 사용된다.

$$\Delta G° = -RT \ln K$$

  - $\Delta G° = 0$에 대하여 $K = 1$
  - $\Delta G° < 0$에 대하여 $K > 1$
  - $\Delta G° > 0$에 대하여 $K < 1$
- 일정한 온도와 압력에서 어떤 과정으로부터 얻을 수 있는 최대로 가능한 유용한 일은 자유 에너지 변화와 같다.

$$w_{\text{최대}} = \Delta G$$

  - 실제 과정에서 $w < w_{\text{최대}}$
  - 실제 과정에서 에너지가 일을 하기 위해 사용될 때 우주 에너지는 일정하게 남아있지만 에너지의 유용성은 감소한다.
    - 집중된 에너지가 열 에너지로 주위에서 분산된다.

복습 질문

1. 다음을 정의하라.
   a. 자발적 과정
   b. 엔트로피
   c. 위치적 확률
   d. 계
   e. 주위
   f. 우주
2. 열역학 제2법칙은 무엇인가? 어느 과정에서나 $\Delta S_{계}$와 $\Delta S_{주위}$에 대한 네 가지 가능한 부호의 조합이 존재한다. 어느 부호의 조합이 항상 자발적인 과정을 나타내는가? 어느 부호의 조합이 항상 비자발적인 과정을 나타내는가? 어느 부호의 조합이 자발적인 과정을 나타내기도 하고 나타내지 않기도 하는가?
3. 주어진 과정에서 무엇이 $\Delta S_{주위}$를 결정하는가? 일정한 압력과 온도에서 $\Delta S_{주위}$를 계산하기 위하여 다음의 식을 사용한다: $\Delta S_{주위} = -\Delta H/T$. 이 식에서 왜 음의 부호가 나타나는가? 그리고 왜 $\Delta S_{주위}$가 온도에 반비례하는가?
4. 일정한 온도와 압력에서 주어진 과정에 대한 자유 에너지 변화(ΔG)가 $\Delta S_{우주}$와 관련이 있고, 그 과정의 자발성을 반영한다. ΔG가 $\Delta S_{우주}$와 어떻게 관계되는가? 언제 그 과정이 자발적으로 되는가? 비자발적으로 되는 때는? 평형이 될 때는? ΔG는 ΔH, T, ΔS로 구성되는 복잡한 항이다. ΔG의 식은 무엇인가? ΔH와 ΔS에 대한 네 가지 부호의 조합을 나타내라. 자발적인 과정이 되게 하기 위해서 각 부호 조합에 대해 필요한 온도는 얼마인가? ΔG가 양의 값이라면 가역 과정에 대해 무엇을 말할 수 있는가? 고체에서 액체로 상변화 과정의 녹는점 온도나 액체에서 기체로 상변화 과정의 끓는점 온도에서 $\Delta G = \Delta H - T\Delta S$ 식은 어떻게 변환되는가? 어는점 위의 온도에서 고체에서 액체로 상이 변할 때 ΔG의 부호는? 끓는점 아래에서 액체에서 기체로 상이 변할 때 ΔG의 부호는?
5. 열역학 제3법칙은 무엇인가? 표준 엔트로피 값($S°$)은 무엇이고 주어진 반응에 대해 $\Delta S°$를 계산하기 위하여 이들 $S°$ 값은 어떻게 사용되는가? 주어진 반응에 대해 $\Delta S°$를 계산하기 위하여 Hess의 법칙을 어떻게 사용하는가? 위첨자 °은 무엇을 나타내는가?

   주어진 반응에 대하여 $\Delta S°$의 부호를 예측하는 것은 주어진 일을 숙달하게 하는 데 중요한 기술(skill)이 된다. 기체상 반응에서 $\Delta S°$의 부호를 예측하기 위하여 무엇에 집중해야 하는가? 즉, $S°_{고체}$, $S°_{액체}$, $S°_{기체}$가 서로 어떻게 관계되는가? 용질이 물에 녹을 때 이 과정에서 $\Delta S°$의 부호는 무엇인가?
6. 어떤 반응에 대한 표준 자유 에너지 변화($\Delta G°$)는 무엇인가? 물질에 대한 표준 생성 자유 에너지 변화($\Delta G_f°$)는 무엇인가? $\Delta G°_{반응}$을 계산하기 위하여 $\Delta G_f°$ 값들은 어떻게 사용되는가? $\Delta G°_{반응}$을 계산하기 위하여 Hess의 법칙은 어떻게 이용되는가? $\Delta G°_{반응}$을 계산하기 위하여 $\Delta H°$, $\Delta S°$ 값들은 어떻게 사용되는가? 함수 $\Delta H°$, $\Delta S°$, $\Delta G°$ 중에서 어느 함수가 가장 강하게 온도에 의존하는가? 25°C 이외의 온도에서 $\Delta G°$를 계산할 때 $\Delta H°$ 및 $\Delta S°$와 관련하여 어떤 가정을 해야 하는가?
7. 부록 4에 있는 $\Delta G_f°$ 값을 사용하여 반응에 대한 $\Delta G°$ 값을 계산하여 음수의 값을 얻는다면 그 반응이 항상 자발적이라고 말하는 것이 올바른가? 아니면 왜 아닌가? 자유 에너지 또한 농도에 의존한다. 기체에 대해 G가 기체 압력에 어떻게 관계되는가? 기체에 대한 표준 압력과 용질에 대한 표준 농도는 무엇인가? 표준이 아닌 조건에서 반응에 대한 ΔG는 어떻게 계산하는가? 표준이 아닌 조건에서 ΔG를 결정하기 위한 식에는 Q가 존재한다. Q는 무엇인가? ΔG가 음의 값을 가지는 동안 반응은 자발적이다. 즉, 생성물이 반응물보다 더 낮은 자유 에너지를 가지는 동안 그 반응은 항상 진행한다. 평형에서 특별한 것은 무엇인가? 왜 그 반응은 평형으로부터 멀어지지 않는가?
8. 식 $\Delta G = \Delta G° + RT\ln(Q)$를 고려해 보자. 평형에 있는 반응에 대한 ΔG 값은 얼마인가? 평형에서 무엇이 Q와 같은가? 평형에서 앞의 식은 $\Delta G° = -RT\ln(K)$로 된다. $\Delta G° > 0$일 때 K에 대해 그것이 무엇을 나타내는가? $\Delta G° < 0$일 때 K에 대해 그것이 무엇을 나타내는가? $\Delta G° = 0$일 때 K에 대해 그것이 무엇을 나타내는가? ΔG는 반응의 자발성을 나타내는 반면에 $\Delta G°$는 평형 위치를 예측하게 한다. 이런 내용이 의미하는 것을 설명하라. 어떤 조건에서 반응의 자발성을 결정하기 위하여 $\Delta G°$가 사용될 수 있는가?
9. ΔG가 음의 값이더라도 반응이 일어나지 않는다. 반응의 열역학과 반응 속도론의 상호작용을 설명하라. 높은 온도가 반응 속도론적으로는 반응에 유리하다. 그러나 열역학적으로 반응에 유리하지 않다. 설명하라.
10. 반응에 대해 $w_{최대}$와 자유 에너지의 크기와 부호 사이의 관계를 설명하라. 또 실제 과정에 대해 $w_{최대}$를 설명하라. 가역 과정은 무엇인가?

활동 학습 질문

이 문제들은 학생들이 강의실에서 그룹을 만들어 함께 풀어보도록 고안하였다.

1. 과정 $A(l) \longrightarrow A(g)$는 에너지 확률의 변화에 의해 어느 방향으로 일어나겠는가? 위치적 확률에 의해서는? 답을 설명하라. 만일 표시된 과정이 일어나게 되기를 원한다면 계의 온도를 높여야 하는가? 또는 내려야 하는가? 설명하라.
2. 액체에 대해 $\Delta S_{용융}$ 또는 $\Delta S_{증발}$ 중에 어느 것이 클 것이라고 예상하는가? 왜 그런가?
3. 일정한 온도에서 기체 A_2가 기체 B_2와 반응하여 기체 AB를 생성한다. AB의 결합 에너지가 각 반응물의 그것보다 많이 크다. ΔH의 부호에 대해서 무엇을 말할 수 있는가? $\Delta S_{주위}$는? ΔS는? 이 과정에 대해 퍼텐셜 에너지는 어떻게 변하는지 설명하라. 과정이 일어나는 동안에 불규칙 운동 에너지는 어떻게 변하는지 설명하라.
4. 일정한 압력의 ΔS와 일정한 부피의 ΔS 중 어느 것이 더 큰가? 개념적 근거를 제공하라.
5. 표준 조건에서 반응은 어떤 값 이상의 온도에서 자발적이다. 반응은 발열 반응인가, 흡열 반응인가? ΔS의 표시는 무엇인가? 설명하라. 어떤 값 이하의 온도에서만 표준 조건에서 자발적인 반응에 대해 무엇이 사실인가?
6. 반응이 자발적인지 결정하기 위하여 어떤 형태의 실험을 할 수 있을까? 반응의 최종 평형 위치와 자발성은 어떤 관계를 가지는가? 설명하라.
7. 당신의 친구가 당신에게 말하기를 “자유 에너지 G와 압력 P는 식 $G = G° + RT\ln(P)$의 관계를 가진다. 또 $G_{생성물} = G_{반응물}$, 즉 계가 평형에 있을 때 G는 평형 상수 K와 관계된다. 따라서 모든 압력이 같을 때 계가 평형에 있다는 것이 진실이 되어야 한다.”고 한다. 이 말에 동의하는가? 설명하라.
8. $\Delta G°$가 $RT\ln(K)$에 관계가 있다는 것을 기억하고 있다. 그러나 그것이 $RT\ln(K)$인지 $-RT\ln(K)$인지는 확실하게 기억을 하지 못하고 있다. $\Delta G°$와 K가 의미하는 것을 떠올려서 어떻게 올바른 부호를 나타낼 수 있는가?
9. 다음 각각에 대한 ΔS의 부호를 예측하고 설명하라.
   a. 알코올의 증발
   b. 물의 결빙
   c. 일정한 온도에서 이상 기체의 압축
   d. 물속 NaCl의 용해
10. $\Delta S_{주위}$는 발열 반응에 유리한가? 아니면 흡열 반응에 유리한가? 설명하라.
11. 1 atm에서 액체 물이 100°C 이상으로 가열된다. 다음의 보기(i~iv) 중 어느 것이 $\Delta S_{주위}$, ΔS, $\Delta S_{우주}$에 대하여 올바른가? 설명하라.
    i. 0보다 크다.
    ii. 0보다 작다.
    iii. 0이다.
    iv. 결정할 수 없다.
12. 진실 또는 거짓: 어떤 반응에 대해 높은 온도는 반응 속도론적으로 그리고 열역학적으로 모두에 유리하다. 설명하라.
13. 유용한 작업을 수행하기 위해 반응을 활용하려면 반응이 평형을 이루고 있어야 하는가? 그 이유는 무엇인가? 아니라면 그 이유는 무엇인가?
14. 일정한 온도와 압력에서 어떤 흡열 과정의 ΔG에 대해서는 음의 값이지만 $\Delta G°$는 양의 값이다. 이 반응과정에 대해 엔트로피 변화와 관련하여 어떤 결론을 내릴 수 있는가? 만일 발열 반응이 일정한 압력과 온도에서 $K > 1$이고, 비자발적이라면 이 반응에 대한 엔트로피와 관련하여 어떤 결론을 내릴 수 있는가?
15. 아세트 산을 만드는 두 가지 반응을 생각해 보자:
    $$CH_4(g) + CO_2(g) \rightarrow CH_3COOH(l)$$
    $$CH_3OH(g) + CO(g) \rightarrow CH_3COOH(l)$$
    부록 4의 데이터를 사용하면 표준 조건에서 어느 반응이 열역학적으로 더 쉽게 일어나는가? 당신이 선택한 반응이 어떤 온도에서 자발적이 되는가? $\Delta H°$와 $\Delta S°$는 온도와 무관하다고 가정하라.
16. 다음 반응을 생각해 보자.
    $$N_2O_4(g) \longrightarrow 2NO_2(g)$$
    $P_{NO_2} = 0.29$ atm이고 $P_{N_2O_4} = 1.6$ atm이다. 이 조건에서 이 반응에 대하여 $\Delta G = 21000$ J이고, $\Delta G° = 6000$ J이다.
    a. ΔH에 관해 어떤 결론을 내릴 수 있는가?
    b. 이 반응에서 K는 1보다 큰가 아니면 더 작은가? 설명하라.
    c. 평형 상태에서 N_2O_4와 NO_2의 부분 압력에 관해 어떤 결론을 내릴 수 있는가?
    d. 이 반응에서 활용할 수 있는 최대 일은 얼마인가?

분홍색 번호의 질문과 연습문제에 대한 정답은 온라인에서 확인할 수 있습니다(차례의 QR을 스캔해보세요).

질문

17. CO_2와 H_2O로부터 글루코스를 직접 합성하는 과정과 아미노산으로부터 단백질을 직접 합성하는 과정은 모두 표준 조건에서 비자발적이다. 그럼에도 불구하고, 생명이 존재하기 위하여 이들 반응이 일어나야 하는 것은 필수적이다. 열역학 제2법칙의 관점에서 어떻게 생명이 존재할 수 있는가?
18. 환경이 유독 물질 또는 잠재적인 유독 물질에 의해 오염될 때(예를 들어, 화학적인 폐기물 또는 살충제의 사용으로부터) 그 물질은 분산되려는 경향이 있다. 어떻게 이를 열역학 제2법칙과 일치시킬 수 있는가? 제2법칙의 의미에서 오염된 다음 환경을 청소하는 것과 오염되기 전에 오염을 방지하기 위한 시도 중에서 어떤 것이 최소의 일을 요구하는가?

19. 엔트로피는 "시간의 화살"로 기술되고 있다. 엔트로피에 관한 이러한 관점을 해석하라.

20. 인간의 DNA는 인체에서 생성되는 모든 물질에 대해, 암호화하는 데 필요한 양의 2배의 정보를 가지고 있다. 마찬가지로 *보이저 II*호에서 보내오는 디지털 데이터는 매 2비트의 정보 중에서 여분의 1비트를 갖는다. 허블 우주 망원경은 매 비트의 정보에 대해 여분의 3비트를 전송한다. 정보의 전송과 엔트로피는 어떤 관계이겠는가? DNA와 우주 탐사체에서 수많은 여분의 정보를 가짐으로써 무엇이 성취될 것이라고 생각하는가?

21. 수소 기체와 염소 기체의 혼합물은 연소하는 마그네슘 조각에서 나오는 자외선에 노출될 때까지는 반응을 하지 않지만 반응을 하면 대단히 빠르게 다음 반응이 된다.

$$H_2(g) + Cl_2(g) \longrightarrow 2HCl(g)$$

이를 설명하라.

22. 다음 퍼텐셜 에너지 도표를 생각해 보자.

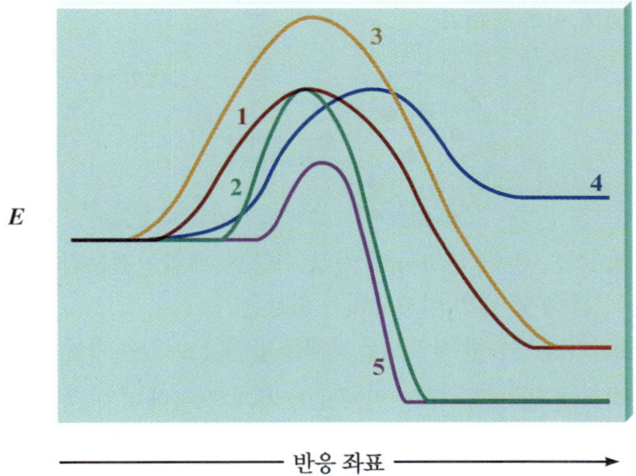

a. 가장 빠른 반응부터 가장 느린 반응까지 순위를 매겨라. 그리고 해답에 대해 설명하라. 만일 같은 속도의 반응들이 있다면 그 이유를 설명하라.

b. 각 반응들을 흡열 또는 발열로 표시하고 해답을 입증하라.

c. 발열 반응들을 퍼텐셜 에너지 변화의 크기순으로 나열하고 해답을 입증하라.

23. $\Delta S_{주위}$는 가끔 에너지 무질서 항으로 부른다. 그 이유를 설명하라.

24. 다음 그림을 보고 고체 NaCl이 물에 녹는 과정에 대한 ΔS의 부호에 대해 어떻게 판단하겠는가? 이 과정에 대한 ΔH에 대해서는 어떻게 판단하겠는가?

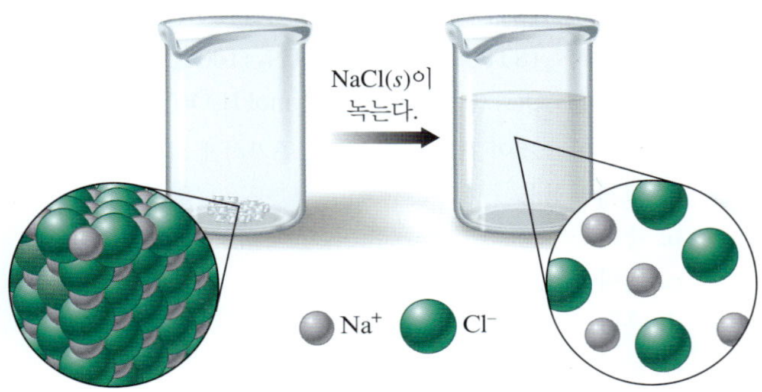

25. 다음 변경이 물질의 위치 확률에 어떻게 영향을 미치는지 설명하라.

a. 일정한 T에서 기체의 부피 증가

b. 일정한 V에서 기체의 온도 증가

c. 일정한 T에서 기체의 압력 증가

26. 이셀렌화 탄소(CSe_2)의 녹는점은 −46°C이다. −75°C의 온도에서 과정, $CSe_2(l) \rightarrow CSe_2(s)$에 대한 $\Delta S_{주위}$와 $\Delta S_{우주}$의 부호를 예상하라:

27. 수소 분자의 결합이 끊어져서 H 원자를 형성하는 다음 반응을 생각해 보자:

$$H_2(g) \rightarrow 2\,H(g)$$

이 과정에 대한 $\Delta H°$와 $\Delta S°$의 부호를 예측하라. 이 과정은 높은 온도에서 자발적일까, 낮은 온도에서 자발적일까? 아니면 온도와 무관한가? 표준 농도라고 가정한다.

28. 다음 (a~d) 반응 중 표준 농도에서 어떤 온도에서도 자발적이지 않는 것은 어느 것인가?

a. $2\,H_2O_2(g) \rightarrow 2\,H_2O(g) + O_2(g)$ 발열 과정

b. $3\,O_2(g) \rightarrow 2\,O_3(g)$ 흡열 과정

c. $CaCO_3(s) \rightarrow CaO(s) + CO_2(g)$ 흡열 과정

d. $4\,Fe(s) + 3\,O_2(g) \rightarrow 2\,Fe_2O_3(s)$ 발열 과정

e. 적절한 온도에서 모든 반응이 자발적으로 진행될 수 있다.

29. 열역학 제3법칙은 0 K에서 완전한 결정의 엔트로피가 0임을 기술한다. 부록 4에서 $F^-(aq)$, $OH^-(aq)$와 $S^{2-}(aq)$ 모두가 음의 표준 엔트로피 값을 가진다. 어떻게 해서 $S°$ 값이 영보다 적을 수 있을까?

30. HF가 왜 다른 할로젠화 수소와 같이 센산이 아닌 약산인지에 대해 결정하는 인자는 엔트로피이다. 다른 할로젠화 수소에 비하여 HF가 물에서 해리될 때 어떤 일이 일어날까?

31. 25°C에서 어떤 반응에 대한 표준 자유 에너지 $\Delta G°$를 계산하는 세 가지 다른 방법을 나열하라. 25°C 이외 온도에서 $\Delta G°$는 어떻게 구하는가? 어떤 가정이 필요한가?

32. 어떤 반응에 대한 ΔG로부터 어떤 정보를 결정할 수 있는가? $\Delta G°$, 표준 자유 에너지 변화로부터 같은 정보를 얻을 수 있는가? $\Delta G°$로부터 반응에 대한 평형 상수 K를 결정할 수 있다. 어떻게 할 수 있는가? 25°C 이외의 온도에서 반응에 대한 K 값을 어떻게 구할 수 있는가? 어떤 반응에 대해 $K = 1$일 때의 온도는 어떻게 구하는가? $K = 1$인 경우에 모든 반응이 특정 온도를 가지는가?

33. 모노클로로에테인(C_2H_5Cl)은 에테인 기체(C_2H_6)를 염소와 직접 반응시키거나 에틸렌 기체(C_2H_4)를 염화수소 기체와 반응시켜 얻는다. 두 번째 반응은 촉매 없이 빠른 속도로 거의 100% 수득률로 순수한 C_2H_5Cl을 생성시킨다. 첫 번째 방법은 에너지원으로서 빛을 필요로 하거나 반응이 일어나지 않을 수 있다. 첫 번째 반응에 대한 $\Delta G°$는 두 번째 반응에 대한 $\Delta G°$보다 훨씬 더 음의 값을 나타낸다. 이렇게 되는 이유를 설명하라.

34. 다음 중 틀린 설명은 어느 것인가?

a. $\Delta S_{계} = \Delta S_{주위}$일 때 반응은 평형이다.

b. $\Delta G = 0$일 때, 반응은 평형 상태이다.
c. $\Delta G° = 0$일 때, 표준 농도에서 반응은 평형 상태에 있다.
d. $Q = K$일 때 반응은 평형 상태이다.
e. $T\Delta S = \Delta H$일 때 반응은 평형 상태이다.

35. 다음 중 틀리거나 잘못된 설명은 어느 것인가?
a. 평형 위치는 반응이 가능한 상태에서 가장 낮은 자유 에너지를 나타낸다.
b. 화학 반응에서는 자유 에너지를 최소화하려고 한다.
c. 반응물의 자유 에너지가 생성물의 자유 에너지보다 낮다면 정방향 반응은 자발적이다.
d. 반응의 자유 에너지 변화 값은 온도에 의존한다.
e. 우주의 엔트로피는 증가하고 있다.

36. 특정 반응의 평형 상수가 결정되었다. 여러 가지 다른 Kelvin 온도에서 이 데이터의 ln K대 1/T를 도시하였더니 다음과 같은 그래프가 얻어졌다.

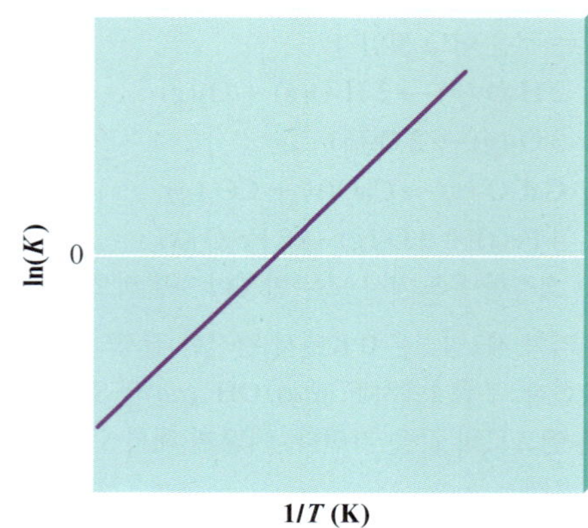

표준 조건에서 반응의 $\Delta S°$ 및 $\Delta H°$의 부호는 무엇인가?

37. 다음의 일반적인 반응을 생각해 보자.

$$C(g) + A(g) \rightarrow B(g)$$

표준 조건에서, 정방향 반응은 자발적이다. 표준 조건에서의 이 반응에 관한 다음 관계 중 틀린 것은 무엇인가?
a. $\Delta G < 0$
b. $\Delta G° < 0$
c. $K < 1$
d. $\Delta H° < 0$
e. $\Delta S° < 0$

38. 1500 K에서 다음 반응 과정은 자발적이지 않다.

$$\underset{10\text{ atm}}{I_2(g)} \longrightarrow \underset{10\text{ atm}}{2I(g)}$$

그러나 다음 반응 과정은 1500 K에서 자발적이다.

$$\underset{0.10\text{ atm}}{I_2(g)} \longrightarrow \underset{0.10\text{ atm}}{2I(g)}$$

이를 설명하라.

연습 문제

연습 문제는 비슷한 유형의 문제를 두 개씩 짝지어 놓았다.

자발성, 엔트로피 및 열역학 제2법칙: 자유 에너지

39. 다음 과정 중 어느 것이 자발적인가?
a. 소금이 물에 녹는다.
b. 투명한 용액이 몇 방울의 염료가 가해진 다음에 균일한 색깔을 나타낸다.
c. 철이 녹슨다.
d. 침실을 청소한다.

40. 다음 과정 중 어느 것이 자발적인가?
a. 집이 지어진다.
b. 위성이 궤도에 진입한다.
c. 위성이 지구에 떨어진다.
d. 부엌이 어질러진다.

41. 표 17.1은 두 개의 벨브로 된 플라스크 속에서 네 개의 분자들의 가능한 배열 방식을 보여준다. 이러한 플라스크에서 한 개의 분자 또는 두 개의 분자 또는 세 개의 분자들이 있다면 어떤 배열방식을 보이겠는가? 각 경우에 어떤 배열 방식이 가장 가망성이 크겠는가?

42. 다음 삽화와 같이 두 개의 벨브로 된 플라스크 속에 여섯 개의 분자가 있다고 하자.

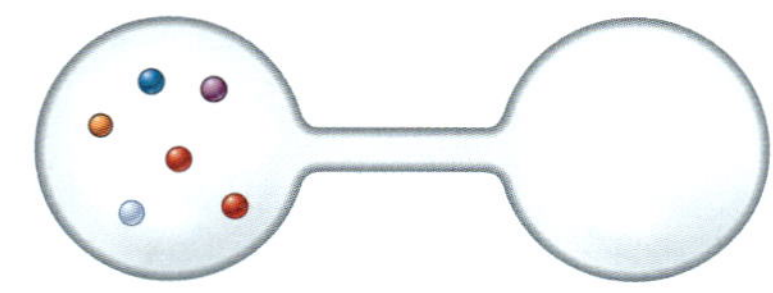

a. 어느 것이 분자들의 가장 가능한 배열이겠는가? 이 배열에 대해 몇 개의 미세상태가 있겠는가?
b. 가장 가능한 배열에서 기체를 발견할 수 있는 확률을 결정하라.

43. 다음과 같이 두 개의 입자들이 차지하는 에너지 준위들을 고려하자.

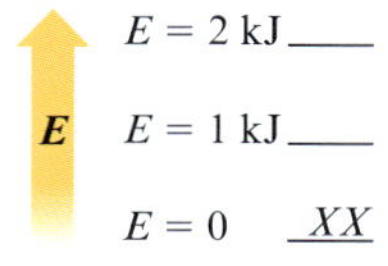

세 개의 에너지 준위에 두 개의 동등한 입자들(X로 표시된)의 가능한 배열 방법을 모두 그려라. 가장 가능한 총 에너지, 즉 어느 배열이 가장 여러 번 나타나겠는가? 단, 여기에서 두 입자들은 상호 구분이 불가능하다고 가정한다.

44. 두 입자 A와 B가 상호 구분이 가능한 경우에 대해서 연습 문제 33을 풀어라.

45. 다음의 각 경우에 가장 큰 위치적 확률을 가지는 화합물을 찾아라.
a. 1 mol H_2 (STP에서) 또는 1 mol H_2 (100°C, 0.5 atm에서)
b. 1 mol N_2 (STP에서) 또는 1 mol N_2 (100 K, 2.0 atm에서)
c. 1 mol $H_2O(s)$ (0°C에서) 또는 1 mol $H_2O(l)$ (20°C에서)

46. 다음 중 어느 것이 계의 엔트로피를 증가하게 하는가?
a. 고체의 용융
b. 승화
c. 얼림
d. 혼합
e. 분리
f. 끓음

47. 다음 과정에 대한 $\Delta S_{주위}$의 부호를 예상하라.
a. $H_2O(l) \longrightarrow H_2O(g)$
b. $I_2(g) \longrightarrow I_2(s)$

48. 다음과 같은 과정에 대해 $\Delta S_{주위}$의 부호를 예측하라.
a. 천연 기체를 용광로에서 연소시킨다.
b. NH_4NO_3가 물에 녹으면 용액이 차가워진다.
c. 물에 H_2SO_4를 첨가하면 용액이 뜨거워진다.
d. 물은 얼음으로 얼어붙는다.
e. 2개의 브로민 원자가 결합하여 Br_2를 형성한다.

49. ΔH와 ΔS 값이 주어졌을 때, 다음 변화 중 어느 것이 일정한 T와 P에서 자발적이 될 것인가?
a. $\Delta H = +25$ kJ, $\Delta S = +5.0$ J/K, $T = 300.0$ K
b. $\Delta H = +25$ kJ, $\Delta S = +100.0$ J/K, $T = 300.0$ K
c. $\Delta H = -10.0$ kJ, $\Delta S = +5.0$ J/K, $T = 298$ K
d. $\Delta H = -10.0$ kJ, $\Delta S = -40.0$ J/K, $T = 200.0$ K

50. 어떤 온도에서 다음 과정이 자발적이 되는가?
a. $\Delta H = -18$ kJ과 $\Delta S = -60.0$ J/K
b. $\Delta H = +18$ kJ과 $\Delta S = +60.0$ J/K
c. $\Delta H = +18$ kJ과 $\Delta S = -60.0$ J/K
d. $\Delta H = -18$ kJ과 $\Delta S = +60.0$ J/K

51. 흔히 에테인싸이올(C_2H_5SH; 에틸 머캅탄이라고도 함)을 천연 가스에 가하여 기체가 누출될 때 "썩은 달걀" 냄새가 나게 한다. 에테인싸이올의 끓는점은 35°C이고 증발열은 27.5 kJ/mol이다. 이 물질에 대한 증발 엔트로피는 얼마인가?

52. 수은의 증발 엔탈피는 58.51 kJ/mol이고 증발 엔트로피는 92.92 J/K · mol이다. 수은의 정상적인 끓는점은 얼마인가?

53. 에탄올의 증발 엔탈피는 끓는점(78°C)에서 38.7 kJ/mol이다. 1.00몰의 에탄올이 78°C 및 1.00기압에서 기화될 때 $\Delta S_{계}$, $\Delta S_{주위}$ 및 $\Delta S_{우주}$를 결정하라.

54. 암모니아의 녹는점 −77°C에서, $\Delta S_{주위} = -28.9$ J/K · mol이다. −77°C에서에서 암모니아의 용해를 위해 ΔH와 ΔS를 결정하라.

화학 반응: 엔트로피 변화 및 자유 에너지

55. 다음 각 변화에 대해 $\Delta S°$의 부호를 예측하라. 모든 반응식이 균형을 이루고 있다고 가정한다.

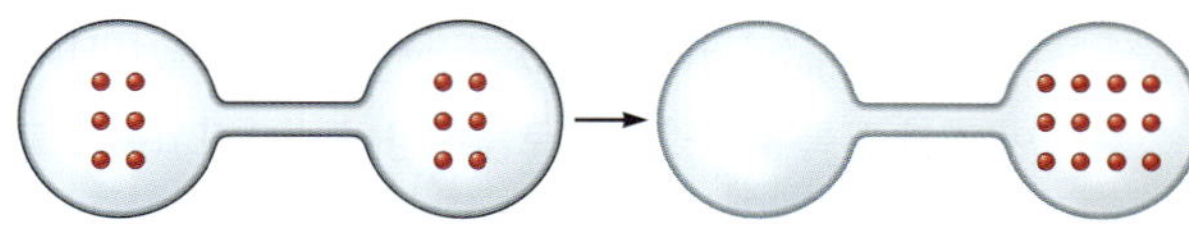

a.

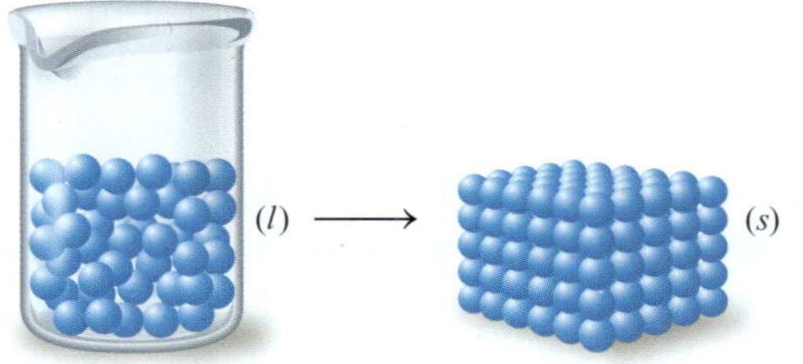

b.

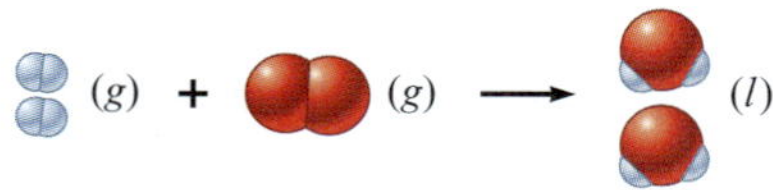

c.

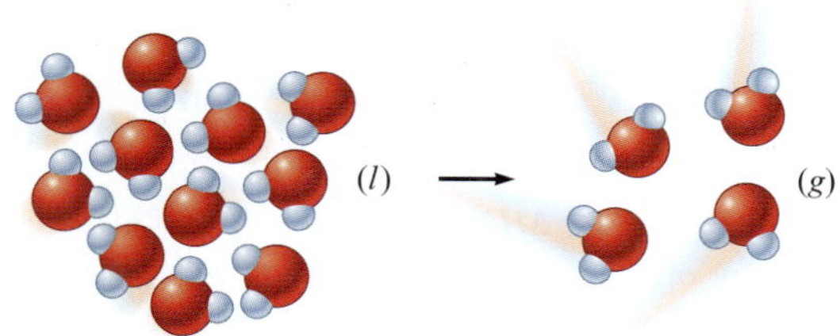

d.

56. 다음 각 변화에 대해 $\Delta S°$의 부호를 예측하라.
a. $K(s) + \frac{1}{2}Br_2(g) \longrightarrow KBr(s)$
b. $N_2(g) + 3H_2(g) \longrightarrow 2NH_3(g)$
c. $KBr(s) \longrightarrow K^+(aq) + Br^-(aq)$
d. $KBr(s) \longrightarrow KBr(l)$

57. 다음 한 쌍의 물질 각각에 대해 어느 물질이 더 큰 $S°$ 값을 갖는가?
a. $C_{흑연}(s)$ 또는 $C_{다이아몬드}(s)$
b. $C_2H_5OH(l)$ 또는 $C_2H_5OH(g)$
c. $CO_2(s)$ 또는 $CO_2(g)$

58. 다음 각 쌍 중에서 어느 물질이 더 큰 S 값을 갖는가?
a. N_2O (0 K에서) 또는 He (10 K에서)
b. $N_2O(g)$ (1 atm, 25°C) 또는 $He(g)$ (1 atm, 25°C에서)
c. $NH_3(s)$ (196 K에서) $\longrightarrow$ $NH_3(l)$ (196 K에서)

59. 다음 각 반응에 대해 $\Delta S°$의 부호를 예측하고 $\Delta S°$를 계산하라.
a. $2H_2S(g) + SO_2(g) \longrightarrow 3S_{사방정계}(s) + 2H_2O(g)$
b. $2SO_3(g) \longrightarrow 2SO_2(g) + O_2(g)$
c. $Fe_2O_3(s) + 3H_2(g) \longrightarrow 2Fe(s) + 3H_2O(g)$

60. 다음 각 반응에 대해 $\Delta S°$의 부호를 예측하고 $\Delta S°$를 계산하라.
a. $H_2(g) + \frac{1}{2}O_2(g) \longrightarrow H_2O(l)$
b. $2CH_3OH(g) + 3O_2(g) \longrightarrow 2CO_2(g) + 4H_2O(g)$
c. $HCl(g) \longrightarrow H^+(aq) + Cl^-(aq)$

61. 다음 반응에 대한 $\Delta S°$는 −358 J/K이다.

$$C_2H_2(g) + 4F_2(g) \longrightarrow 2CF_4(g) + H_2(g)$$

이 값과 부록 4의 자료를 사용하여 $CF_4(g)$에 대한 $S°$ 값을 계산하라.

62. 다음 반응에 대한 $\Delta S°$는 −143 J/K와 같다.

$$CS_2(g) + 3O_2(g) \longrightarrow CO_2(g) + 2SO_2(g)$$

이 값과 부록 4의 자료를 사용하여 $CS_2(g)$에 대한 $S°$ 값을 계산하라.

63. 녹는점 이하의 온도에서 한 가지 구조에서 다른 구조로 변하는 것은 고체에서 아주 흔한 일이다. 예를 들면, 황이 95°C 이상에서 사방형 결정 구조에서 단사형 결정으로 상변화를 일으킨다.
a. 과정 $S_{사방형}(s) \longrightarrow S_{단사형}(s)$에 대해 ΔH와 ΔS의 부호를 예

측하라.

b. 황의 어느 형이 더 규칙적인 결정 구조(더 작은 위치적 확률을 갖는)를 가지는가?

64. 흰 인은 두 가지의 결정 형태가 알려져 있다. 두 형태 모두 P_4 분자를 포함하고 있다. 그러나 분자는 다른 방법으로 함께 쌓인다. α-형태는 항상 액체가 얼 때 얻어진다. 그러나 $-76.9°C$ 이하에서 α-형태는 자발적으로 β-형태로 변환된다.

$$P_4(s, \alpha) \longrightarrow P_4(s, \beta)$$

a. 이 과정에 대한 ΔH와 ΔS의 부호를 예측하라.

b. 인의 어떤 형태가 더 질서 정연한 결정 구조(더 작은 위치적 확률을 가진다)를 가지고 있는지 예측하라.

65. 부록 4에 있는 자료로부터 25°C에서 다음 각 반응에 대한 $\Delta H°$, $\Delta S°$, $\Delta G°$를 계산하라.

a. $CH_4(g) + 2O_2(g) \longrightarrow CO_2(g) + 2H_2O(g)$

b. $6CO_2(g) + 6H_2O(l) \longrightarrow \underset{\text{글루코스}}{C_6H_{12}O_6(s)} + 6O_2(g)$

c. $P_4O_{10}(s) + 6H_2O(l) \longrightarrow 4H_3PO_4(s)$

d. $HCl(g) + NH_3(g) \longrightarrow NH_4Cl(s)$

66. 25°C와 대기압에서 일어나는 다음의 각 반응에 대하여 $\Delta H°$, $\Delta S°$ 및 $\Delta G°$를 계산하라.

a. $C_2H_4(g) + O_3(g) \longrightarrow CH_3CHO(g) + O_2(g)$

b. $O_3(g) + NO(g) \longrightarrow NO_2(g) + O_2(g)$

c. $SO_3(g) + H_2O(l) \longrightarrow H_2SO_4(aq)$

67. 수소의 중요한 산업적인 용도는 Habber 공정에 의한 암모니아의 생산에 있다.

$$3H_2(g) + N_2(g) \longrightarrow 2NH_3(g)$$

a. 부록 4의 자료를 이용하여 Haber 공정에 대한 $\Delta H°$, $\Delta S°$, $\Delta G°$ 값을 계산하라.

b. 이 반응은 표준 조건에서 자발적인가?

c. $\Delta H°$과 $\Delta S°$는 온도에 의존하지 않는다고 가정하고, 표준 조건에서 반응이 자발적으로 일어나는 온도는 몇 도인가?

68. 다음 반응을 고려해 보자.

$$2H_2S(g) + SO_2(g) \longrightarrow 3S_{\text{사방형}}(s) + 2H_2O(l)$$

a. 부록 4의 데이터를 사용하여 이 반응에 대해서 $\Delta H°$, $\Delta S°$ 및 $\Delta G°$를 계산하라.

b. 이 반응은 표준 조건에서 자발적인가?

c. 표준 조건에서 자발적인 반응 온도는 몇 도인가? $\Delta H°$와 $\Delta S°$가 온도에 의존하지 않는다고 가정하라.

69. 에틸렌 기체(C_2H_{24})는 폴리에틸렌 플라스틱을 만들고 과일의 숙성을 촉진하는 데 사용된다. 에틸렌 기체는 아세틸렌 기체(C_2H_2)와 수소 기체를 반응시켜 제조할 수 있다. 이 반응(아래에 나타낸)에서 $\Delta H° = -174$ kJ/mol 및 $\Delta S° = -112$ J/K · mol.

$$C_2H_2(g) + H_2(g) \longrightarrow C_2H_4(g)$$

표준 농도에서 이 반응은 어느 온도에서 자발적으로 이루어지는가? $\Delta H°$과 $\Delta S°$는 온도에 의존하지 않는다고 가정하라.

70. 반응 $2N_2O_5(g) \longrightarrow 4NO_2(g) + O_2(g)$, $\Delta H° = 110.2$ kJ와 $\Delta S° = 455$ J/K. 이 반응은 표준 농도에서 어떤 온도에서 자발적인가? $\Delta H°$과 $\Delta S°$는 온도에 독립적이라고 가정한다.

71. 100.°C와 1.00 atm에서 물의 증발에 대해 $\Delta H° = 40.6$ kJ/mol이다. 90.°C와 110.°C에서 물의 증발에 대한 $\Delta G°$는 얼마인가? 단, 100.°C와 1.00 atm에서 $\Delta H°$와 $\Delta S°$는 온도에 의존하지 않는다고 가정하라.

72. 승화는 물질이 고체로부터 기체 상태로 바로 들어가는 것을 말한다. 승화의 일반적인 사례는 고체 CO_2(드라이 아이스)가 기체 CO_2로 변하는 것이다. 그러나 승화를 겪는 또 다른 물질은 아이오딘이다. I_2 승화 과정에 대해 25°C에서 다음과 같은 열역학 데이터가 주어져 있다.

$$I_2(s) \longrightarrow I_2(g) \qquad \Delta G° = 19 \text{ kJ}; \qquad \Delta H° = 62 \text{ kJ}$$

아이오딘이 승화하는 온도를 예상하라. $\Delta H°$와 $\Delta S°$는 온도에 의존하지 않는다고 가정하라.

73. 다음 자료가 주어졌다.

$$2H_2(g) + C(s) \longrightarrow CH_4(g) \qquad \Delta G° = -51 \text{ kJ}$$
$$2H_2(g) + O_2(g) \longrightarrow 2H_2O(l) \qquad \Delta G° = -474 \text{ kJ}$$
$$C(s) + O_2(g) \longrightarrow CO_2(g) \qquad \Delta G° = -394 \text{ kJ}$$

다음 반응에 대한 $\Delta G°$를 계산하라.

$$CH_4(g) + 2O_2(g) \rightarrow CO_2(g) + 2H_2O(l)$$

74. 다음 자료가 주어졌다.

$$2C_6H_6(l) + 15O_2(g) \longrightarrow 12CO_2(g) + 6H_2O(l) \qquad \Delta G° = -6399 \text{ kJ}$$
$$C(s) + O_2(g) \longrightarrow CO_2(g) \qquad \Delta G° = -394 \text{ kJ}$$
$$H_2(g) + \tfrac{1}{2}O_2(g) \longrightarrow H_2O(l) \qquad \Delta G° = -237 \text{ kJ}$$

다음 반응에 대한 $\Delta G°$를 계산하라.

$$6C(s) + 3H_2(g) \longrightarrow C_6H_6(l)$$

75. 다음 반응에 대한 $\Delta G°$ 값은 -374 kJ이다.

$$SF_4(g) + F_2(g) \longrightarrow SF_6(g)$$

이 값과 부록 4의 자료를 사용하여 $SF_4(g)$에 대한 $\Delta G_f°$ 값을 계산하라.

76. 다음 반응에 대한 $\Delta G°$는 $-5490.$ kJ이다.

$$2C_4H_{10}(g) + 13O_2(g) \longrightarrow 8CO_2(g) + 10H_2O(l)$$

이 값과 부록 4에 있는 자료를 사용하여 $C_4H_{10}(g)$의 표준 생성 자유 에너지를 계산하라.

77. 다음 반응식을 생각해 보자.

$$Fe_2O_3(s) + 3H_2(g) \longrightarrow 2Fe(s) + 3H_2O(g)$$

a. 부록 4에 있는 $\Delta G_f°$ 값을 이용하여 이 반응에 대한 $\Delta G°$를 계산하라.

b. 이 반응은 298 K의 표준 조건에서 자발적인가?

c. 이 반응에 대한 $\Delta H°$는 100. kJ이다. $\Delta H°$와 $\Delta S°$는 온도에 의존하지 않는다고 가정하고, 표준 조건에서 이 반응이 자발적이 되는 온도는 몇 도인가?

78. 다음 반응식을 생각하자.

$$2POCl_3(g) \longrightarrow 2PCl_3(g) + O_2(g)$$

a. 이 반응에 대한 $\Delta G°$를 계산하라. $POCl_3(g)$과 $PCl_3(g)$의 $\Delta G_f°$는 각각 −502 kJ/mol과 −270. kJ/mol이다.

b. 이 반응은 298 K의 표준 조건에서 자발적인가?

c. 이 반응에 대한 $\Delta S°$는 179 J/K·mol이다. $\Delta H°$와 $\Delta S°$는 온도에 의존하지 않는다고 가정하고, 표준 조건에서 이 반응이 자발적이 되는 온도는 몇 도인가?

자유 에너지: 압력 의존성과 평형

79. 298 K에서 다음 반응을 생각해 보자.

$$2HBr(g) + Cl_2(g) \longrightarrow 2HCl(g) + Br_2(g) \quad \Delta G° = -81.0 \text{ kJ}$$

다음은 이 반응에 대한 초기부분압이다. 이 반응에 대해 298 K에서 ΔG를 계산하라.

$P_{HBr} = 1.00$ atm　　$P_{Cl_2} = 5.00$ atm
$P_{HCl} = 0.500$ atm　　$P_{Br_2} = 0.200$ atm

80. 부록 4의 자료를 사용하고, 25°C에서 아래의 조건들에서 다음 반응에 대한 ΔG를 계산하라.

$$2H_2S(g) + SO_2(g) \rightleftharpoons 3S_{rhombic}(s) + 2H_2O(g)$$

$$P_{H_2S} = 1.0 \times 10^{-4} \text{ atm}$$
$$P_{SO_2} = 1.0 \times 10^{-2} \text{ atm}$$
$$P_{H_2O} = 3.0 \times 10^{-2} \text{ atm}$$

81. 다음 반응식을 고려해 보자.

$$2NO_2(g) \rightleftharpoons N_2O_4(g)$$

25°C에서 다음의 반응물과 생성물의 혼합물들 각각에 대하여 반응이 평형에 도달하도록 이동하는 방향을 예측하라.

a. $P_{NO_2} = P_{N_2O_4} = 1.0$ atm

b. $P_{NO_2} = 0.21$ atm, $P_{N_2O_4} = 0.50$ atm

c. $P_{NO_2} = 0.29$ atm, $P_{N_2O_4} = 1.6$ atm

82. 다음 반응식을 고려해 보자.

$$N_2(g) + 3H_2(g) \rightleftharpoons 2NH_3(g)$$

다음 조건하에서 이 반응에 대한 ΔG를 계산하라(모든 양은 ±1의 불확정도를 가진다고 가정한다).

a. $T = 298$ K, $P_{N_2} = P_{H_2} = 200$ atm, $P_{NH_3} = 50$ atm

b. $T = 298$ K, $P_{N_2} = 200$ atm, $P_{H_2} = 600$ atm, $P_{NH_3} = 200$ atm

83. 대기 상층부에서 오존이 파괴되는 한 가지 반응은 다음과 같다.

$$NO(g) + O_3(g) \rightleftharpoons NO_2(g) + O_2(g)$$

부록 4의 자료를 이용하여 이 반응에 대한 $\Delta G°$와 K(298 K에서) 값을 계산하라.

84. 황화 수소는 천연 가스로부터 다음 반응에 의해 제거된다.

$$2H_2S(g) + SO_2(g) \rightleftharpoons 3S(s) + 2H_2O(g)$$

이 반응에 대한 $\Delta G°$와 K(298 K에서) 값을 계산하라.

85. 25.0°C에서 다음 반응식을 고려해 보자.

$$2NO_2(g) \rightleftharpoons N_2O_4(g)$$

$\Delta H°$와 $\Delta S°$의 값이 각각 −58.03 kJ/mol과 −176.6 J/K · mol이다. 25.0°C에서 K 값을 계산하라. $\Delta H°$와 $\Delta S°$가 온도에 무관하다고 가정하고, 100.0°C에서 K 값을 계산하라.

86. 298 K에서 C_2F_2와 C_6F_6의 표준 생성 자유 에너지와 표준 생성 엔탈피 값이 다음과 같다.

	$\Delta G_f°$ (kJ/mol)	$\Delta H_f°$ (kJ/mol)
$C_2F_2(g)$	191.2	241.3
$C_6F_6(g)$	78.2	132.8

다음 반응에 대하여,

$$C_6F_6(g) \rightleftharpoons 3C_2F_2(g)$$

a. 298 K에서 $\Delta S°$를 계산하라.

b. 298 K에서 K를 계산하라.

c. $\Delta H°$와 $\Delta S°$는 온도에 의존하지 않는다고 가정하고, 3000. K에서 K를 계산하라.

87. 아래의 자료를 사용하여 600. K에서 다음 반응식 $H_2O(g) + \frac{1}{2}O_2(g) \rightleftharpoons H_2O_2(g)$에 대한 $\Delta G°$를 계산하라.

$$H_2(g) + O_2(g) \rightleftharpoons H_2O_2(g) \quad K = 2.3 \times 10^6 \text{ (600.0 K에서)}$$
$$2H_2(g) + O_2(g) \rightleftharpoons 2H_2O(g) \quad K = 1.8 \times 10^{37} \text{ (600.0 K에서)}$$

88. 질산의 공업적 생산에 관한 Ostwald 공정은 다음과 같이 세 단계로 구성된다.

$$4NH_3(g) + 5O_2(g) \xrightarrow[825°C]{Pt} 4NO(g) + 6H_2O(g)$$
$$2NO(g) + O_2(g) \longrightarrow 2NO_2(g)$$
$$3NO_2(g) + H_2O(l) \longrightarrow 2HNO_3(l) + NO(g)$$

a. Ostwald 공정에서 세 가지 단계의 각각에 대해 $\Delta H°$, $\Delta S°$, $\Delta G°$, K (298 K에서)를 계산하라(부록 4 참조).

b. $\Delta H°$와 $\Delta S°$가 온도에 무관하다고 가정하고, 825°C에서 첫 번째 단계에 대한 평형 상수를 계산하라.

c. 표준 조건을 가정하고, 첫 번째 단계의 온도가 높아야 하는 열역학적인 이유가 있는가?

89. 세포는 에너지원으로 ATP로 표시되는 아데노신 삼인산의 가수분해를 이용한다. 이 반응식은 기호로 다음과 같이 표현된다.

$$ATP(aq) + H_2O(l) \longrightarrow ADP(aq) + H_2PO_4^-(aq)$$

여기에서 ADP는 아데노신 이인산이다. 이 반응에 대해 $\Delta G° = -30.5$ kJ/mol이다.

a. 25°C에서 K를 계산하라.

b. 다음 반응의 글루코스 대사 작용으로부터 모든 자유 에너지가 ADP에서 ATP를 형성하는 데로 옮겨 간다면 글루코스 매 분자당 얼마나 많은 수의 ATP 분자가 생성될 수 있는가?

$$C_6H_{12}O_6(s) + 6O_2(g) \longrightarrow 6CO_2(g) + 6H_2O(l)$$

90. 인간의 대사 작용에서 일어나는 한 가지 반응은 다음과 같다.

$$\underset{\text{글루탐산}}{\underset{|}{HO_2CCH_2CH_2CHCO_2H(aq)}\atop{\quad\quad\quad\quad NH_2}} + NH_3(aq) \rightleftharpoons$$

$$\underset{\text{글루타민}}{H_2N\overset{O}{\overset{\|}{C}}CH_2CH_2\underset{NH_2}{\underset{|}{C}}HCO_2H(aq)} + H_2O(l)$$

이 반응에 대해 25°C에서 $\Delta G° = 14$ kJ이다.

a. 25°C에서 이 반응에 대한 K를 계산하라.

b. 살아 있는 세포에서 이 반응은 ATP의 가수분해와 짝지어진다(연습 문제 89 참조). 25°C에서 다음 반응에 대해 $\Delta G°$와 K를 계산하라.

$$\text{글루탐산}(aq) + ATP(aq) + NH_3(aq) \rightleftharpoons \text{글루타민}(aq) + ADP(aq) + H_2PO_4^-(aq)$$

91. 800. K에서 다음 반응식을 고려해 보자.

$$N_2(g) + 3F_2(g) \rightleftharpoons 2NF_3(g)$$

평형 혼합물은 다음 부분압을 가지고 있다.

$$P_{N_2} = 0.021 \text{ atm}, P_{F_2} = 0.063 \text{ atm}, P_{NF_3} = 0.48 \text{ atm}$$

800. K에서 반응에 대한 $\Delta G°$를 계산하라.

92. 298 K에서 다음 반응식을 고려해 보자.

$$2SO_2(g) + O_2(g) \rightleftharpoons 2SO_3(g)$$

평형 혼합물은 0.50 atm과 2.0 atm의 부분압을 각각 가지는 $O_2(g)$와 $SO_3(g)$을 포함한다. 부록 4의 자료를 사용하여 혼합물에서 $SO_2(g)$의 평형 부분압을 계산하라. 표준 조건을 가정하고 이 반응은 높은 온도 또는 낮은 온도 중 어디에서 가장 잘 일어나는가?

93. 298 K에서 다음 반응을 생각해 보자:

$$A(aq) + 2B(aq) \longrightarrow 3C(aq) \qquad \Delta G° = ?$$

여기서 초기 농도는 $[A]_0 = [B]_0 = [C]_0 = 1.00\ M$이다. 반응이 진행되어 평형에 도달했을 때 어떤 시점에서 C의 농도는 1.96 M이다. 298 K에서 반응에 대한 $\Delta G°$의 값은 얼마인가?

94. 다음 반응을 생각해 보자:

$$2HBr(g) \longrightarrow H_2(g) + Br_2(g) \qquad \Delta H° = 104 \text{ kJ}$$

25°C의 특정 실험에서 2.00 atm의 HBr을 1.00 L 플라스크에 넣었고 반응이 평형에 도달하였다. 298 K의 평형에서 $P_{H_2} = 5.00 \times 10^{-10}$ 기압이었다. 이 반응에 대한 $\Delta S°$를 계산하라.

95. 다음 관계식을 고려해 보자.

$$\ln(K) = \frac{-\Delta H°}{RT} + \frac{\Delta S°}{R}$$

어떤 가상적인 과정에 대한 평형 상수를 온도(Kelvin 온도로)의 함수로 정하였고, 그 결과를 다음에 도시하였다.

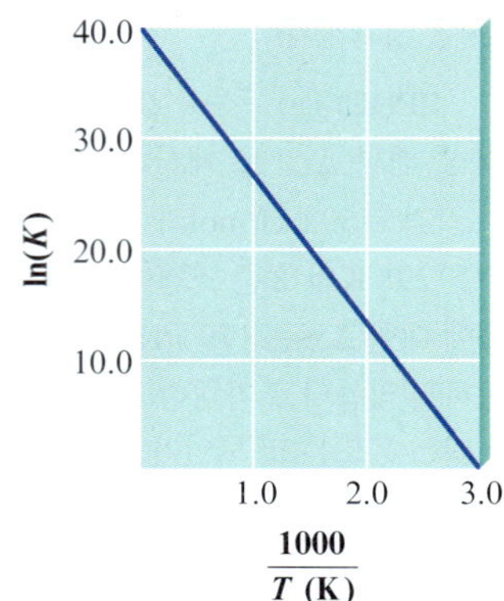

도표로부터 이 과정에 대한 $\Delta H°$와 $\Delta S°$를 계산하라. 발열 과정에 비하여 흡열 과정에서 $1/T$에 대한 $\ln(K)$의 도표에서 중요한 차이는 무엇인가?

96. 다음 반응에 대한 평형 상수 K를 온도(K)의 함수로 측정하였다.

$$2Cl(g) \rightleftharpoons Cl_2(g)$$

이 반응의 $1/T$에 대한 $\ln K$의 도표는 1.352×10^4 K의 기울기와 -14.51의 y-절편을 가지는 직선을 나타낸다. 이 반응에 대한 $\Delta H°$와 $\Delta S°$를 계산하라. 연습 문제 95를 참고하라.

97. 25°C에서 어떤 반응의 $K = 1.9 \times 10^{-14}$이고, 227°C에서 어떤 반응의 $K = 9.1 \times 10^3$을 가진다. 25°C에서 이 반응에 대한 $\Delta G°$, $\Delta H°$ 및 $\Delta S°$의 부호를 예측하라. $\Delta H°$와 $\Delta S°$는 온도에 의존하지 않는다고 가정하라.

98. 어떤 반응의 온도 대 평형 상수의 실험 자료를 나타낸 다음 표를 생각해 보자.

T(°C)	K
109	2.54×10^4
225	5.04×10^2
303	6.33×10^1
412	2.25×10^{-1}
539	3.03×10^{-3}

25°C에서 이 반응에 대한 $\Delta G°$, $\Delta H°$ 및 $\Delta S°$의 부호를 예측하라. $\Delta H°$와 $\Delta S°$는 온도에 의존하지 않는다고 가정하라.

99. 25°C에서 다음 반응을 생각해 보자.

$$NO(g) + 1/2\ O_2(g) \longrightarrow NO_2(g)$$

이 반응에 대한 $\Delta H° = 257.0$ kJ이고, $K = 1.50 \times 10^6$이다. 다음 반응에 대한 $\Delta S°$를 계산하라.

$$2\ NO(g) + O_2(g) \longrightarrow 2\ NO_2(g) \qquad \Delta S° = ?$$

100. $\Delta H° = 16.0$ kJ을 갖는 특정 반응에 대한 평형 상수는 372°C에서 1.50×10^{-2}이다. $\Delta H°$과 $\Delta S°$은 온도와 무관하다고 가정하고 반응에 대한 $\Delta S°$를 계산하라.

화학 활동 문제

101. 부록 4와 아래의 자료를 사용하여 $Fe(CO)_5(g)$에 대한 $\Delta S°$를 계산하라.

$$Fe(s) + 5CO(g) \longrightarrow Fe(CO)_5(g) \qquad \Delta S° = ?$$
$$Fe(CO)_5(l) \longrightarrow Fe(CO)_5(g) \qquad \Delta S° = 107\ J/K$$
$$Fe(s) + 5CO(g) \longrightarrow Fe(CO)_5(l) \qquad \Delta S° = -677\ J/K$$

102. 커피 컵 열량계에 약간의 물이 들어 있다. 1.0 g의 이온성 고체가 가해질 때 고체가 녹으면서 용액의 온도가 21.5°C에서 24.2°C로 증가한다. 이 용해 과정에 대한 $\Delta S_{계}$, $\Delta S_{주위}$, $\Delta S_{우주}$의 부호는 무엇인가?

103. −10°C에서 각 얼음이 녹는 과정에 대해 ΔH, ΔS, ΔG의 부호는 무엇인가?

104. 다음 반응을 고려해 보자:

$$Cl_2O(g) + 3/2\ O_2(g) \longrightarrow 2\ ClO_2(g)$$

$\Delta H = -126.4$ kJ 및 $\Delta S = -74.9$ J/K이다. 다음 네 가지 설명 중에서 어느 것이 *옳은가*?

a. 온도가 증가함에 따라 반응은 결국 자발적인 것이 멈추게 된다.

b. 1250 K에서 반응은 평형 상태에 있다.

c. 298 K에서 이 반응으로 인해 우주의 엔트로피가 감소하게 된다.

d. 반응으로 인해 계의 위치적 무질서도가 증가한다.

***105.** 다음 중 어떤 반응이 $\Delta S°$ 값이 음의 값이 될 것으로 기대되는 것은 어느 것인가?

a. $SiF_6(aq) + H_2(g) \longrightarrow 2HF(g) + SiF_4(g)$

b. $4Al(s) + 3O_2(g) \longrightarrow 2Al_2O_3(s)$

c. $CO(g) + Cl_2(g) \longrightarrow COCl_2(g)$

d. $C_2H_4(g) + H_2O(l) \longrightarrow C_2H_5OH(l)$

e. $H_2O(s) \longrightarrow H_2O(l)$

***106.** 아래 주어진 열역학적 데이터를 이용하여 25°C 및 1 atm에서 $\Delta S°$ 및 $\Delta S_{주위}$를 계산하라.

$$XeF_6(g) \longrightarrow XeF_4(s) + F_2(g)$$

	$\Delta H_f°$ (kJ/mol)	$S°$ (J/K·mol)
$XeF_6(g)$	−294	300.
$XeF_4(s)$	−251	146
$F_2(g)$	0	203

107. 녹색 식물이 광합성으로 글루코스를 합성하는 반응은 다음과 같다.

$$6CO_2(g) + 6H_2O(l) \longrightarrow C_6H_{12}O_6(s) + 6O_2(g)$$

동물은 글루코스를 에너지원으로 사용한다.

$$C_6H_{12}O_6(s) + 6O_2(g) \longrightarrow 6CO_2(g) + 6H_2O(l)$$

이 두 과정이 순환 과정에서 같은 정도로 발생한다고 가정한다면, 어떤 열역학적 성질이 0이 아닌 값을 가져야 하는가?

108. 대부분의 생물학적 효소는 가열하면 촉매의 활성을 잃는다. 이 과정을 변성이라고 한다. 가열할 때 일어나는 원래의 효소 ⟶ 새로운 형태로 변화되는 과정은 흡열적이고 자발적이다. 원래의 효소 또는 그 새로운 형태의 구조는 더 규칙적으로 되는가(위치적 확률이 더 낮음)? 설명하라.

109. 에탄올을 만드는 두 가지 반응을 생각해 보자:

$$C_2H_4(g) + H_2O(g) \longrightarrow CH_3CH_2OH(l)$$
$$C_2H_6(g) + H_2O(g) \longrightarrow CH_3CH_2OH(l) + H_2(g)$$

부록 4의 데이터를 사용하여, 표준 상태에서 어떤 반응이 열역학적으로 더 자발적인지 판단하라. 선택한 반응에 대해, ΔH와 ΔS가 온도에 따라 변하지 않는다고 가정할 때, 그 반응이 자발적으로 일어날 온도 범위는 얼마인지 구하라.

110. 사이안화 수소는 다음의 발열 반응에 의해 공업적으로 생산된다:

$$2NH_3(g) + O_2(g) + 2CH_4(g) \xrightarrow[\text{Pt-Rh}]{100°C} 2HCN(g) + 6H_2O(g)$$

열역학적 이유나 반응 속도론적 이유로 높은 온도가 필요한가?

111. 아크릴로나이트릴은 아크릴 섬유 제조에 사용되는 출발 물질이다(미국의 연간 생산 능력은 2백만 파운드 이상이다). 아크릴로나이트릴을 생산하기 위한 산업 공정은 이 아래와 같이 3개가 있다. 부록 4의 자료를 사용하여 각 과정의 $\Delta S°$, $\Delta H°$ 및 $\Delta G°$를 계산하라. 문제 a에서 T = 25°C; 문제 b에서 T = 70.°C; 문제 c에서 T = 700.°C라고 가정하라. $\Delta H°$와 $\Delta S°$는 온도에 의존하지 않는다고 가정하라.

a. $CH_2—CH_2(g) + HCN(g)$ (고리 O로 연결)
산화 에틸렌

$$\longrightarrow CH_2{=}CHCN(g) + H_2O(l)$$
아크릴로나이트릴

b. $HC{\equiv}CH(g) + HCN(g) \xrightarrow[70°C–90°C]{CaCl_2 \cdot HCl} CH_2{=}CHCN(g)$

c. $4CH_2{=}CHCH_3(g) + 6NO(g)$
$$\xrightarrow[Ag]{700°C} 4CH_2{=}CHCN(g) + 6H_2O(g) + N_2(g)$$

112. 다음의 자료를 사용하여 액체 메테인과 액체 헥세인에 대한 엔트로피 변화를 계산하라.

	끓는점(1 atm)	$\Delta H_{증발}$
메테인	112 K	8.20 kJ/mol
헥세인	342 K	28.9 kJ/mol

342 K에서 기체 헥세인의 몰부피와 112 K에서 기체 메테인의 몰부피를 비교하라. 이들 액체에 대해 몰부피 차이가 $\Delta S_{증발}$ 값에 어떻게 영향을 주는가?

113. $O_2(l)$가 1 atm에서 냉각될 때 54.5 K에서 얼어서 고체 I을 만든다. 더 낮은 온도에서 고체 I이 재배치되어 다른 결정 구조를 가지는 고체 II로 된다. 열량 측정을 한 결과 I ⟶ II의 상변화에 대한 ΔH는 −743.1 J/mol이고, 동일한 전이에 대한 ΔS는 −17.0 J/K이다. 몇 도에서 고체 I과 II가 평형에 있는가?

114. 다음 반응식을 고려해 보자.

$$H_2O(g) + Cl_2O(g) \rightleftharpoons 2HOCl(g) \qquad K_{298} = 0.090$$

$Cl_2O(g)$에 대해

$$\Delta G_f^\circ = 97.9 \text{ kJ/mol}$$
$$\Delta H_f^\circ = 80.3 \text{ kJ/mol}$$
$$S^\circ = 266.1 \text{ J/K} \cdot \text{mol}$$

a. 식 $\Delta G^\circ = -RT\ln(K)$를 사용하여 위 반응에 대한 ΔG°를 계산하라.

b. 결합 에너지 값(표 8.5)을 사용하여 반응에 대한 ΔH°를 계산하라.

c. a와 b의 결과를 사용하여 반응에 대한 ΔS°를 계산하라.

d. $HOCl(g)$에 대한 ΔH_f°와 S°을 계산하라.

e. 500. K에서 K 값을 계산하라.

f. $P_{H_2O} = 18$ torr, $P_{Cl_2O} = 2.0$ torr와 $P_{HOCl} = 0.10$ torr일 때 25°C에서 ΔG를 계산하라.

115. 다음의 자료를 사용하여 보통의 질산염에서 *가장* 잘 녹지 않는 것 중의 한 가지인 $Ba(NO_3)_2$에 대한 K_{sp} 값을 계산하라.

화학종	ΔG_f°
$Ba^{2+}(aq)$	−561 kJ/mol
$NO_3^-(aq)$	−109 kJ/mol
$Ba(NO_3)_2(s)$	−797 kJ/mol

116. 298 K에서 $2H_2O(l) \rightarrow 2H_2(g) + O_2(g)$ 반응은 양의 ΔG° 값을 갖는다. 표준 조건에서 다음 설명 중 어느 것이 *옳은가*?

a. 298 K에서 평형 상수 K는 1보다 크다.

b. 반응은 298 K에서 자발적이다(표준 농도라고 가정한다).

c. 반응은 298 K 미만의 어떤 온도에서만 자발적이다(표준 농도라고 가정한다).

d. 반응은 흡열 과정이다.

117. $K = 0.025$와의 반응은 흡열 반응이고 자발적이다. 다음 중 이러한 조건에서 이 반응에 대한 설명 중 *틀린* 것은 무엇인가?

a. $\Delta G < 0$

b. $\Delta G^\circ > 0$

c. $\Delta S < 0$

d. $\Delta H > 0$

e. 평형에 도달하기 위해 이 반응은 오른쪽으로 이동한다.

118. 세포에서 일어나는 많은 수의 생화학적 반응은 비교적 높은 농도의 포타슘 이온(K^+)을 필요로 한다. 근육 세포에서 K^+의 농도는 대략 0.15 M이다. 혈액 플라스마 내의 K^+농도는 0.0050 M이다. 세포내의 높은 내부 농도는 플라스마로부터 K^+를 펌프로 뽑아 올려 유지한다. 37°C, 정상적인 체온에서 혈액으로부터 근육 세포로 1.0 mol K^+를 이동시키기 위하여 얼마나 많은 일을 해야 하는가? 1.0 mol K^+가 혈액에서 세포로 이동될 때 다른 이온들도 이동되어야 하는가? 왜 이동해야 하는가? 아니면 이동이 되지 말아야 하는가?

119. 일산화 탄소는 산소보다 헤모글로빈의 철과 훨씬 더 강하게 결합하므로 유독하다. 다음 반응과 대략적 자유 에너지 변화를 고려해 보자.

$$\text{Hgb} + O_2 \longrightarrow \text{HgbO}_2 \qquad \Delta G^\circ = -70 \text{ kJ}$$
$$\text{Hgb} + \text{CO} \longrightarrow \text{HgbCO} \qquad \Delta G^\circ = -80 \text{ kJ}$$

이 자료들을 이용하여 25°C에서 다음 반응에 대한 평형 상수를 계산하라.

$$\text{HgbO}_2 + \text{CO} \rightleftharpoons \text{HgbCO} + O_2$$

120. 이 책에서 식

$$\Delta G = \Delta G^\circ + RT\ln(Q)$$

은 Q의 양이 압력 단위로 표현된 기체 반응에 대해 유도되었다. 또 수용액 반응에서 Q의 양이 mol/L의 단위로 사용될 수 있다. 이를 생각하고, 25°C에서 $K_a = 7.2 \times 10^{-4}$인 다음 식을 고려해 보자.

$$HF(aq) \rightleftharpoons H^+(aq) + F^-(aq)$$

25°C에서 아래의 조건하에서 반응에 대한 ΔG를 계산하라.

a. $[HF] = [H^+] = [F^-] = 1.0\ M$

b. $[HF] = 0.98\ M$, $[H^+] = [F^-] = 2.7 \times 10^{-2}\ M$

c. $[HF] = [H^+] = [F^-] = 1.0 \times 10^{-5}\ M$

d. $[HF] = [F^-] = 0.27\ M$, $[H^+] = 7.2 \times 10^{-4}\ M$

e. $[HF] = 0.52\ M$, $[F^-] = 0.67\ M$, $[H^+] = 1.0 \times 10^{-3}\ M$

계산한 ΔG 값들에 기초하여 다섯 세트의 조건 각각에 대해 평형에 도달하기 위하여 반응은 어느 방향으로 이동될 것인가?

***121.** 순수한 물에서 다음 반응이 일어난다:

$$H_2O(l) + H_2O(l) \rightleftharpoons H_3O^+(aq) + OH^-(aq)$$

이 반응은 흔히 다음과 같이 줄여서 쓸 수 있다.

$$H_2O(l) \rightleftharpoons H^+(aq) + OH^-(aq)$$

이 반응에 대해 25°C에서 $\Delta G^\circ = 79.9$ kJ/mol이다. 25°C에서 $[OH^-] = 0.15\ M$, $[H^+] = 0.71\ M$일 때 이 반응에 대한 ΔG를 계산하라.

122. 25°C에서 다음 반응을 생각해 보자.

$$N_2O_4(g) \rightarrow 2NO_2(g)$$

$N_2O_4(g)$ 및 $NO_2(g)$에 대한 표준 생성 자유 에너지는 각각 98 kJ/mol 및 52 kJ/mol이다. 평형 상태에서 $P_{N_2O_4} = 0.50$ atm이다. NO_2의 평형 부분압을 계산하라.

***123.** 어떤 반응의 평형 상수는 온도가 300.0 K에서 350.0 K로 증가하면 6.67배 증가한다. 이 반응에 대한 엔탈피(ΔH°)의 표준 변화를 계산하라. (ΔH°는 온도에 독립적이라고 가정하라.)

124. 다음 평형 반응을 생각해 보자.

$$A(g) + 2B(g) \rightleftharpoons C(g)$$

초기 농도는 $P_A = P_B = P_C = 0.100$ atm이다. 일단 평형이 이루어졌을 때 $P_C = 0.040$ atm이였다. 25°C에서 이 반응에 대한 ΔG°은 무엇인가?

***125.** 다음 반응을 고려해 보자:

$$PCl_3(g) + Cl_2(g) \rightleftharpoons PCl_5(g)$$

25°C에서 $\Delta G^\circ = -92.50$ kJ.
이다. 다음 설명 중에서 어느 것(들)이 *진실인가*?

a. 이 반응은 흡열 과정이다.

b. 이 반응의 ΔS° 부호는 음이다.

c. 온도가 증가하면, $\dfrac{PCl_5}{PCl_3}$ 비가 증가할 것이다.

d. 이 반응의 ΔG° 부호는 모든 온도에서 음이어야만 한다.

e. 이 반응에 대한 ΔG° 부호가 음일 경우에는 K는 1.00보다 크다.

*126. 물에서 어떤 약산 HA ($K_a = 4.5 \times 10^{-3}$)가 다음과 같이 해리한다고 하자.

$$HA(aq) \rightleftharpoons H^+(aq) + A^-(aq)$$

25°C에서 이 반응에 대한 $\Delta G°$를 계산하라.

127. 다음 반응들을 고려해 보자.

$$Ni^{2+}(aq) + 6NH_3(aq) \longrightarrow Ni(NH_3)_6^{2+}(aq) \quad (1)$$
$$Ni^{2+}(aq) + 3en(aq) \longrightarrow Ni(en)_3^{2+}(aq) \quad (2)$$

여기에서,

$$en = H_2N—CH_2—CH_2—NH_2$$

이다. 이 두 반응에 대한 ΔH 값은 거의 비슷하다. 그러나 $K_{반응2} > K_{반응1}$이다. 설명하라.

128. 연습 문제 95를 사용하여 물의 자동이온화 반응에 대한 $\Delta H°$와 $\Delta S°$를 구하라.

$$H_2O(l) \rightleftharpoons H^+(aq) + OH^-(aq)$$

T(°C)	K_w
0	1.14×10^{-15}
25	1.00×10^{-14}
35	2.09×10^{-14}
40	2.92×10^{-14}
50	5.47×10^{-14}

129. 다음 반응식을 고려해 보자.

$$Fe_2O_3(s) + 3H_2(g) \rightleftharpoons 2Fe(s) + 3H_2O(g)$$

$\Delta H°$와 $\Delta S°$가 온도에 의존하지 않는다고 가정하고, 이 반응에 대해 $K = 1.00$이 되는 온도를 계산하라.

130. 반응 $2A(g) \rightarrow B(g)$에 대해 몰 단위로 반응하는 A의 분율 대 자유 에너지(G) 도표를 생각해 보자.

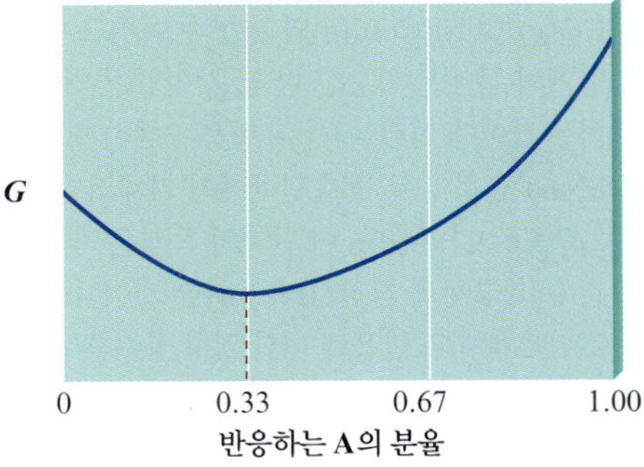

A가 반응하기 전에, $P_A = 3.0$ atm이며 $P_B = 0$이다. 이 반응에 대한 $\Delta G°$의 부호와 K의 값을 결정하라.

도전 문제

131. 두 개의 완전히 단열된 용기를 고려해 보자. 용기 1은 초기에 0°C의 얼음과 0°C의 물을 포함한다. 용기 2는 초기에 0°C의 얼음과 0°C의 소금물을 포함한다. 다음 반응 $H_2O(s) \rightarrow H_2O(l)$을 생각하자.

a. 용기 1에서의 과정에 대한 ΔS, $\Delta S_{주위}$와 $\Delta S_{우주}$의 부호를 결정하라.

b. 용기 2에서의 과정에 대한 ΔS, $\Delta S_{주위}$와 $\Delta S_{우주}$의 부호를 결정하라.

(*힌트*: 소금이 용매의 어는점에 미치는 효과에 대해 생각하라.)

132. 25°C에서 액체 물을 진공의 단열된 용기에 넣는다. 그 과정이 일어나는 데 대한 다음 열역학 함수들에 대한 부호를 정하라. ΔH, ΔS, $DT_{물}$, $\Delta S_{주위}$, $\Delta S_{우주}$.

133. 부록 4의 자료를 사용하여 산소로부터 오존이 생성되는 반응의 $\Delta H°$, $\Delta G°$, K (298 K에서)를 계산하라.

$$3O_2(g) \rightleftharpoons 2O_3(g)$$

지구 표면 위 30 km의 온도는 약 230. K이고, 산소의 압력은 약 1.0×10^{-3} atm이다. 지상 30 km에서 산소와 평형을 이루고 있는 오존의 부분압을 계산하라. 이들 조건에서 산소와 오존 간의 평형이 유지된다고 가정하는 것이 올바른 것인가? 설명하라.

134. 엔트로피는 Ludwig Boltzmann에 의해 제안된 관계식에 의해 계산될 수 있다.

$$S = k \ln(W)$$

여기에서 $k = 1.38 \times 10^{-23}$ J/K이고 W는 특별한 상태를 얻을 수 있는 방법의 수이다. (이 식은 Boltzmann의 묘비에 새겨져 있다.) 표 17.1에 있는 입자들의 세 가지 배치에 대한 S를 계산하라.

135. **a.** 단순한 한 단계 반응에 대한 자유 에너지 도시를 사용하여 평형에서 $K = k_f/k_r$임을 보여라. 여기에서 k_f와 k_r은 정반응과 역반응의 속도 상수이다. *힌트*: 관계식 $\Delta G° = -RT \ln(K)$를 사용하고 Arrhenius식($k = Ae^{-Ea/RT}$)을 사용하여 k_f와 k_r을 나타내라.

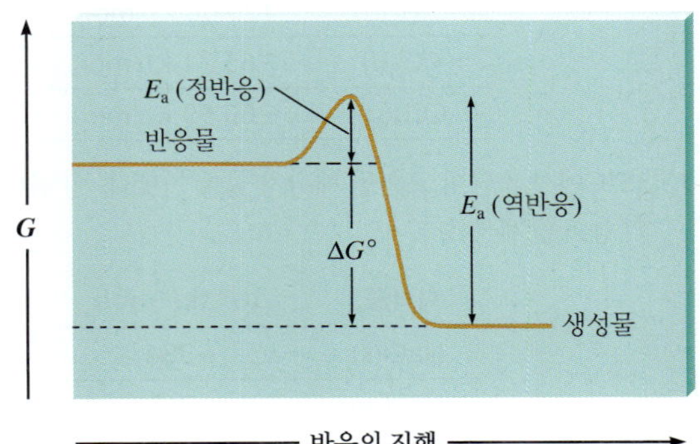

b. 다음의 설명이 왜 잘못된 것인가? "촉매는 정반응의 속도는 증가시킬 수 있지만 역반응의 속도는 그렇게 하지 못한다."

136. 다음 반응식을 고려해 보자.

$$H_2(g) + Br_2(g) \rightleftharpoons 2HBr(g)$$

여기에서 $\Delta H° = -103.8$ kJ/mol이다. 어떤 특별한 실험에서 1.00 atm에 있는 $H_2(g)$와 1.00 atm에 있는 $Br_2(g)$의 같은 몰 수가 25°C에서 1.00 L의 플라스크에서 혼합되어 평형에 도달하게 하였다. 평형에 있는 H_2 분자 수는 대단히 예민한 기술에 의해 1.10×10^{13} 분자로 계수되었다. 이 반응에 대해 K, $\Delta G°$, $\Delta S°$의 값들을 계산하라.

137. 25°C에서 다음 계를 고려해 보자.

$$A(g) \rightleftharpoons B(g)$$

a. $G^\circ_A = 8996$ J/mol, $G^\circ_B = 11,718$ J/mol이라 가정하고, 이 반응에 대한 평형 상수값을 계산하라.

b. 만일 1.00 atm의 1.00 mol $A(g)$와 1.00 atm의 1.00 mol $B(g)$가 25°C에서 혼합된다면 얻어지는 평형 압력을 계산하라.

c. 평형에서 $\Delta G = 0$임을 계산으로 보여라.

138. 온도가 25°C에서 75°C로 올라갈 때 어떤 반응에 대한 평형 상수가 8.84에서 3.25×10^{-2}로 감소한다. 이 반응에 대해 $K = 1.00$인 온도를 계산하라. 이 반응에 대한 ΔS°의 값을 계산하라. (*힌트*: 연습 문제 95의 식을 이용하라.)

139. 젖은 탄산 은이 뜨거운 공기 흐름에서 건조될 때, 다음 반응에 의해 탄산 은이 분해되는 것을 방지하기 위하여 공기 중에서 이산화 탄소의 농도가 적당한 수준으로 유지되어야 한다.

$$Ag_2CO_3(s) \rightleftharpoons Ag_2O(s) + CO_2(g)$$

25~125°C의 온도 범위에서 이 반응에 대한 ΔH°는 79.14 kJ/mol이다. 순수한 고체 탄산 은과 평형을 이루고 있는 이산화 탄소의 부분압이 6.23×10^{-3} torr로 주어질 때 110.°C에서 Ag_2CO_3의 분해를 방지하기 위하여 필요한 CO_2의 부분압을 계산하라. (*힌트*: 연습 문제 95의 식을 이용하라.)

140. 사염화 탄소(CCl_4)와 벤젠(C_6H_6)은 이상 용액을 형성한다. 25°C에서 같은 몰 수의 CCl_4와 C_6H_6로 형성된 용액을 고려해 보자. 용액 위의 증기를 모아서 응축시켰다. 아래의 자료를 사용하여 응축된 증기의 몰분율을 구하라.

화학종	ΔG°_f
$C_6H_6(l)$	124.50 kJ/mol
$C_6H_6(g)$	129.66 kJ/mol
$CCl_4(l)$	−65.21 kJ/mol
$CCl_4(g)$	−60.59 kJ/mol

141. 25°C에서 소금이 포화될 때까지 물에 가했다. 이 용액에서 Cl^-의 농도를 계산하라.

화학종	ΔG° (kJ/mol)
$NaCl(s)$	−384
$Na^+(aq)$	−262
$Cl^-(aq)$	−131

142. 25°C의 방에 뜨거운 물(90.0°C) 1.00 L가 놓여 있다. 방의 온도가 변하지 않는 동안에 물은 식어서 25.0°C로 된다. 이 과정에 대한 $\Delta S_{주위}$를 계산하라. 이 온도 범위에서 물의 밀도는 1.00 g/cm^{3}이고, 물의 열용량은 이 온도 범위에서 일정하고, 75.4 J/K · mol이라고 가정한다.

143. 약산 HX를 고려해 보자. HX 0.10 *M* 용액의 pH가 25°C에서 5.83이라면 25°C에서 산의 해리 반응에 대한 ΔG°는 얼마인가?

144. 정상 끓는점이 351 K인 에탄올이 기화될 때, $\Delta S = 110$ J/K · mol이다.

$$C_2H_5OH(l) \longrightarrow C_2H_5OH(g)$$

1 atm과 351 K에서 기화 과정의 ΔE를 계산하라.

145. 35°C에서 다음 반응을 생각해 보자.

$$2NOCl(g) \rightleftharpoons 2NO(g) + Cl_2(g) \quad \Delta G^\circ = 20.\text{ kJ}$$

2.0 atm의 NOCl이 35°C의 단단한 용기에서 반응할 때, NO의 평형 부분압을 계산하라.

146. 어떤 비전해질 용질(몰질량 = 142 g/mol)을 150. mL의 어떤 용매(밀도 = 0.879 g/cm^3)에 녹였다. 상승된 용액의 끓는점은 355.4 K였다. 용매에 얼마의 용질이 녹아 있는가? 용매의 증발 엔탈피는 33.90 kJ/mol이고, 증발 엔트로피는 95.95 J/K · mol이며, 끓는점 오름 상수는 2.5 K · kg/mol이다.

147. 25°C에서 다음 평형 반응에 대한 $\Delta H^\circ = -28.0$ kJ과 $\Delta S^\circ = -175$ J/K이면 0.125 *M* 약염기 B 용액의 pH는 얼마인가?

$$B(aq) + H_2O(l) \rightleftharpoons BH^+(aq) + OH^-(aq)$$

마라톤 문제

이 문제들은 여러 가지 개념과 기법을 하나의 상황으로 통합하도록 구성되었다.

148. 송풍 전기로에서 황화물 광석을 녹여 정제된 순수하지 않은 니켈을 Mond 공정에 의해 99.90% 내지 99.99% 순도로 변형시킬 수 있다. Mond 공정에 포함된 일차적인 반응은 다음과 같다.

$$Ni(s) + 4CO(g) \rightleftharpoons Ni(CO)_4(g)$$

a. 부록 4를 참고하지 말고 위 반응에 대한 ΔS°의 부호를 예상하고, 설명하라.

b. 위 반응의 자발성은 온도 의존성이다. 이 반응에 대한 $\Delta S_{주위}$의 부호를 예상하고, 설명하라.

c. $Ni(CO)_4(g)$에 대하여 298 K에서 $\Delta H^\circ_f = -607$ kJ/mol과 $S^\circ = 417$ J/K mol이다. 이들 값과 부록 4의 자료를 이용하여 위 반응에 대하여 ΔH° 및 ΔS°를 계산하라.

d. ΔH° 및 ΔS°가 온도에 의존하지 않는다고 가정하고, 위 반응에 대해 $\Delta G^\circ = 0$ $(K = 1)$인 온도를 계산하라.

e. Mond 공정의 첫 번째 단계는 약 50°C에서 불순한 니켈이 $CO(g)$ 및 $Ni(CO)_4(g)$와 평형을 이루고 있음을 포함한다. 이 단계의 목적은 가능한 한 많은 니켈이 기체 상태로 변하도록 하는 것이다. 50°C에서 위 반응에 대한 평형 상수를 계산하라.

f. Mond 공정의 두 번째 단계에서 기체의 $Ni(CO)_4$가 분리되고 227°C로 가열된다. 이 단계의 목적은 가능한 한 많은 니켈을 순수한 고체로 침전시키기 위한 것이다(위 반응의 역반응). 227°C에서 위 반응에 대한 평형 상수를 계산하라.

g. 왜 Mond 공정의 두 번째 단계에서 온도가 증가되는가?

h. Mond 공정의 성공은 $Ni(CO)_4$의 휘발성에 의존한다. $Ni(CO)_4$가 기체로 존재하는 압력과 온도만이 유용하다. 최근에 개발된 Mond 공정의 한 방법은 높은 압력과 152°C의 온도에서 첫 번째 단계를 수행하는 것이다. 152°C에서 기체가 액화하기 전에 얻을 수 있는 $Ni(CO)_4(g)$의 최대 압력을 계산하라. $Ni(CO)_4$의 끓는점은 42°C이고 증발 엔탈피는 29.0 kJ/mol이다.

[*힌트*: 상변화 반응과 해당하는 평형은 다음과 같다.

$$Ni(CO)_4(l) \rightleftharpoons Ni(CO)_4(g) \qquad K = P_{Ni(CO)_4}$$

$Ni(CO)_4$의 압력이 *K* 값보다 클 때 $Ni(CO)_4(g)$는 액화될 것이다.]

London의 공용 전기 자전거. (Robert Evans / Alamy Stock Photo)

전기화학

Electrochemistry

전기화학은 일상생활과 화학 사이의 관계에서 가장 중요한 위치 중 하나를 차지한다. 자동차에 시동을 걸 때, 계산기를 쓸 때, 휴대전화를 사용할 때 등과 같이 우리는 모두 전기화학 반응에 의존하고 있다. 때때로 우리 사회가 전적으로 배터리에 의해 돌아가는 것처럼 느낄 때도 있다. 실제로 당연한 것으로 생각하고 쓰고 있는 소형 계산기 및 휴대용 전화기 등은 실리콘 칩 기술과 소형 배터리에 의해 가능해진 것이다.

전기화학은 다른 면에 있어서도 중요하다. 예를 들어, 경제에 심각한 영향을 미치는 철의 부식은 일종의 전기화학 과정이다. 또한 알루미늄, 염소 및 수산화 소듐 등 산업적으로 중요한 많은 물질들이 전기분해법으로 만들어지고 있다. 분석 화학에서는 주어진 분자 또는 H^+(pH 측정기), F^-, Cl^- 그리고 수많은 다른 이온들이나 분자 등에 선택적으로 작용하는 전극을 이용하는 전기화학적 방법이 있다. 그 중요성이 날로 증가하는 추세에 있는 이 전기화학적 분석법은 자연수에 존재하는 미량의 오염 물질이나 특정 질병의 지표가 되는 혈액 속에 존재하는 미량의 화합물 등을 분석하는 데도 쓰이고 있다.

전기화학(electrochemistry)은 *화학 에너지와 전기 에너지의 상호 교환에 관한 학문*이라고 정의할 수 있다. 전기화학은 산화–환원 반응이 관여된 두 과정, 즉 자발적인 화학 반응으로부터 전류를 발생시키는 것과, 그 역과정인 전류를 사용하여 화학 변화를 일으키는 것에 주로 관심을 두고 있다.

18.1 갈바니 전지

산화–환원 반응이 어떻게 전류를 발생시키는지 알아보기 위해, MnO_4^-와 Fe^{2+} 사이의 다음 반응을 생각해 보자.

$$8H^+(aq) + MnO_4^-(aq) + 5Fe^{2+}(aq) \longrightarrow Mn^{2+}(aq) + 5Fe^{3+}(aq) + 4H_2O(l)$$

이 반응에서 Fe^{2+}는 산화되고, MnO_4^-는 환원된다. 즉, 전자가 Fe^{2+}(환원제)로부터 MnO_4^-(산화제)로 옮겨간다.

산화–환원 반응은 두 반쪽–반응(half-reaction), 즉 산화가 관여된 반쪽–반응과 환원이 관여된 반쪽–반응으로 나누는 것이 유용하다. 위 반응을 두 반쪽–반응으로 나누면 다음과 같다.

$$\text{환원:}\quad 8H^+ + MnO_4^- + 5e^- \longrightarrow Mn^{2+} + 4H_2O$$
$$\text{산화:}\quad 5(Fe^{2+} \longrightarrow Fe^{3+} + e^-)$$

두 번째 반응에 5를 곱한 것은 첫 번째 반쪽–반응이 한 번 일어날 때마다 두 번째 반응은 다섯 번 일어나야 함을 나타낸다. 균형을 이루는 전체 반응은 두 반쪽–반응의 합이다.

MnO_4^-와 Fe^{2+} 사이의 반응이 같은 용액 내에서 일어날 때, 두 반응물이 충돌하면 전자는 직접 이동한다. 따라서 이러한 조건하에서는 반응에 관여하는 화학 에너지로부터 유용한 일도 얻어낼 수 없고 대신 열로 방출된다. 어떻게 하면 이 화학 에너지로부터 유용한 일을 얻어낼 수 있겠는가 생각해 보자. 해결의 실마리는 산화제와 환원제를 물리적으로 분리시켜 놓아 전자의 이동이 전선을 통하여 일어나도록 하는 것이다. 왜냐하면 전자가 이동할 때 발생하는 전류를 전기 모터와 같은 장치에 통하게 해 줌으로써 유용한 일을 얻어낼 수 있기 때문이다.

예를 들어, 그림 18.1과 같은 장치를 생각해 보자. 위에서의 논리가 옳다면 전자는 전선을 통하여 Fe^{2+} 용액 쪽에서 MnO_4^- 용액 쪽으로 흘러야 한다. 그러나 그림에서와 같이 장치를 꾸미면 실제로 전자의 흐름은 발생하지 않는다. 왜 그럴까? 좀 더 자세히 살펴보면, 두 부분을 전선으로 연결했을 때 전기는 일시적으로 흘렀다가 이내 중단된다. 전기 흐름이 중단되는 것은 양쪽 부분에 축적되는 전하 때문이다. 만약 전자가 오른쪽에서 왼쪽으로 흐르면 왼쪽 부분(전자를 받아들이는 쪽)은 음으로 하전되고, 오른쪽 부분(전자를 잃는 쪽)

그림 18.1 산화-환원 반응에 참여하는 산화제와 환원제를 분리시키는 방법의 개략도(용액에는 전하 균형이 이루어지도록 상대 이온이 함께 들어 있다).

은 양으로 하전된다. 이런 식으로 전자를 분리하는 데는 많은 에너지가 필요하다. 따라서 이러한 조건에서는 지속적인 전자 흐름이 불가능하다.

그러나 위 문제는 다음과 같이 아주 간단히 해결할 수 있다. 이온이 흐르게 하여 양쪽 용액에서의 알짜 전하가 영(0)이 되도록 두 용액을 연결하면 된다. 이는 **염다리**(salt bridge, 전해질이 들어 있는 U-자관)를 사용하거나 또는 두 용액 사이의 연결관 속에 **다공성 원판**(porous disk)을 사용하면 된다(그림 18.2). 염다리나 다공성 원판은 용액이 많이 섞이는 것을 방지하면서 이온이 흐르게 해 준다. 이렇게 이온이 흐를 때 비로소 전체 회로가 완성되어 전자는 환원제로부터 전선을 통하여 흐르고, 이온은 한쪽 용액에서 다른 쪽 용액으로 알짜 전하가 0이 되도록 흐르게 되는 것이다.

갈바니 전지는 자발적인 산화-환원 반응을 이용하여 일을 하는 데 사용할 수 있는 전류를 생산한다.

지금까지 *화학 에너지를 전기 에너지로 바꾸는 장치*인 **갈바니 전지**(galvanic cell)의 모든 기본 특성에 대해 살펴보았다(전기 에너지를 화학 에너지로 바꾸는 반대 과정을 *전기분해*라고 부르며, 이 과정은 18.7절에서 다루게 될 것이다).

산화는 산화전극에서 일어나고, 환원은 환원전극에서 일어난다.

전기화학 전지에 있어서 전자 이동 반응은 전극과 용액 사이의 경계면에서 일어난다. *산화 반응*이 일어나는 전극을 **산화전극**(anode), *환원 반응*이 일어나는 전극을 **환원전극**(cathode)이라 부른다(그림 18.3 참조).

그림 18.2 두 가지 유형의 갈바니 전지: **(a)** 염다리는 젤라틴 같은 매트릭스 안에 센전해질이 들어 있다. **(b)** 다공성 원판에는 제한된 이온 흐름을 허용하는 아주 작은 통로가 있다.

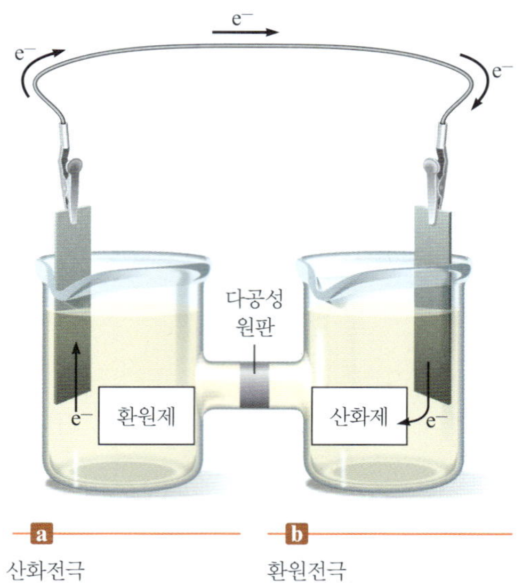

그림 18.3 전기화학 과정에서는 전극과 용액 사이의 경계면에서 전자가 이동한다. **(a)** 용액에서 환원제로 작용하는 화학종은 산화전극에 전자를 내놓는다. **(b)** 용액에서 산화제로 작용하는 화학종은 환원전극으로부터 전자를 받는다.

그림 18.4 디지털 전압계는 무시할 만큼 적은 전류만을 흐르게 하며, 편리하게 전지의 전위를 측정할 수 있다.

전지 전위

1볼트는 이동하는 전하 1쿨롱당 1주울의 일이다: 1 V = 1 J/C

갈바니 전지는 한쪽 공간에 있는 환원제로부터 전선을 통하여 전자를 끌어낼 힘을 가지고 있는 산화제로 되어 있다. 전자를 "끌어내는" 힘, 즉 추진력을 **전지 전위**(cell potential, $\mathscr{E}_{전지}$) 또는 **기전력**(electromotive force, emf)이라고 한다. 전기 전위의 단위는 **볼트**(volt, V)이며, 이동하는 전하 1쿨롱(C)당 1주울(J)의 일(work)로 정의된다.

전지 전위는 어떻게 측정할 수 있겠는가? **전압계**(voltmeter)를 사용하여 측정할 수 있는데, 이 전압계는 저항 값이 알려진 전선을 통하여 전류를 흐르게 하면 작동된다. 그러나 전압계를 사용하면 전선을 통하여 전자가 흐를 때, 마찰열이 생겨서 전지로부터 뽑아낼 수 있는 에너지의 일부를 잃게 된다. 따라서 예전의 전압계를 사용하면 최대 전위보다 낮

직업 속의 화학

보건 기획 담당자

Maggie LaPietra Kunz는 Maryland주 캐롤 카운티 보건부(Carroll County Health Department)에서 보건 기획 담당자로 근무하고 있다. 그녀는 만성 질환 보조금, 대외 홍보, 공중 보건 사업을 총괄하며 지역 사회의 건강 증진을 위해 힘쓰고 있다. 그녀는 1990년대 중반 Michigan 대학교에서 생물학 학사와 공중보건학 석사 학위를 받았다. 그녀는 자신의 전문지식을 바탕으로 사람들의 건강과 삶의 질을 향상시키는 데 기여하고 있다.

Maggie에게 있어 과학의 가장 큰 가치는 그것을 실생활에 적용하는 것이다. 그녀는 수질과 식품 안전, 질병의 검사 및 치료 과정 등에서 화학 지식을 활용하고 있다. 그녀는 꼭 화학 관련 직업에 종사하지 않더라도 요리, 원예, 페인팅 등 다양한 활동에서 화학 지식을 충분히 활용할 수 있다고 조언한다.

Maggie LaPietra Kunz

은 전위 값을 측정하게 된다. 최대 전위를 결정하는 핵심은 에너지가 소모되지 않도록 영(zero) 전류 조건에서 측정하는 것이다. 예전에는 전지 전위의 *반대 방향*으로 (외부 전원으로 작동되는) 가변 전압 장치를 연결함으로써 이 문제를 해결하였다. **전위차계**(potentiometer)라고 부르는 이 장치의 전압은 전지 회로에 전류가 흐르지 않을 때까지 조절된다. 그러한 조건에서 측정한 전지 전위는 전위차계의 전압 크기와 같고, 부호만 반대이다. 이 값은 전선을 가열하는 데 낭비되는 에너지가 없기 때문에 *최대* 전지 전위가 된다. 최근에는 전자 기술의 발달로 인하여 무시할 만한 양의 전류만을 흐르게 할 수 있는 *디지털 전압계*가 개발되었다(그림 18.4 참조). 이 디지털 전압계는 사용하기 편리하기 때문에 현대 실험실에서는 전위차계보다 더 많이 사용되고 있다.

18.2 표준 환원 전위

*갈바니 전지*는 전기를 처음 발견했다고 인정받는 이탈리아의 과학자 Luigi Galvani (1739~1798)를 기념해서 붙여진 이름이다. 때로는 이 전지를 *볼타 전지*라고도 부르는데 이탈리아의 과학자 Alessandro Volta(1745~1827)의 이름을 딴 것으로, 그는 이런 형태의 전지를 1800년경 처음 제작하였다.

이 책에서는 관례에 따라 전체 산화-환원 반응에만 반응물과 생성물의 물리적 상태를 나타낸다. 간단히 하기 위해 반쪽-반응에는 물리적 상태를 포함시키지 *않을* 것이다.

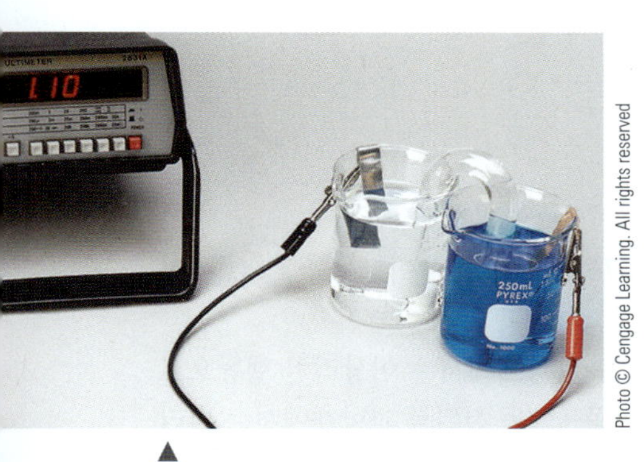

▲ 측정된 전위가 1.10 V인 전기화학 전지.

갈바니 전지 내에서 일어나는 반응은 항상 두 반쪽-반응으로 나누어질 수 있는 산화-환원 반응이다. *각* 반쪽-반응의 전위 값을 정해 주면, 두 반쪽-반응을 사용하여 하나의 전지를 만들 경우 두 반쪽-반응의 전위 값을 합하여 전지의 전위 값을 구할 수 있다. 예를 들면, 그림 18.5(a)에 보이는 전지의 측정 전위 값은 0.76 V이고, 전지 반응은 다음과 같다.

$$2H^+(aq) + Zn(s) \longrightarrow Zn^{2+}(aq) + H_2(g)$$

이 전지의 산화전극 칸에는 아연 금속 전극과 Zn^{2+} 및 SO_4^{2-} 이온의 수용액이 들어 있다. 산화전극 반응은 산화 반쪽-반응이다.

$$Zn \longrightarrow Zn^{2+} + 2e^-$$

금속 아연은 용액에 Zn^{2+} 이온을 내놓으면서 전자를 잃으며, 그 전자들은 전선을 통하여 흐른다. 당분간 모든 전지 성분이 표준 상태에 있다고 가정하겠다. 따라서 이 경우 산화전극 칸에는 1 M Zn^{2+}가 들어 있다. 이 전지의 환원전극 반응은 환원 반쪽-반응이다.

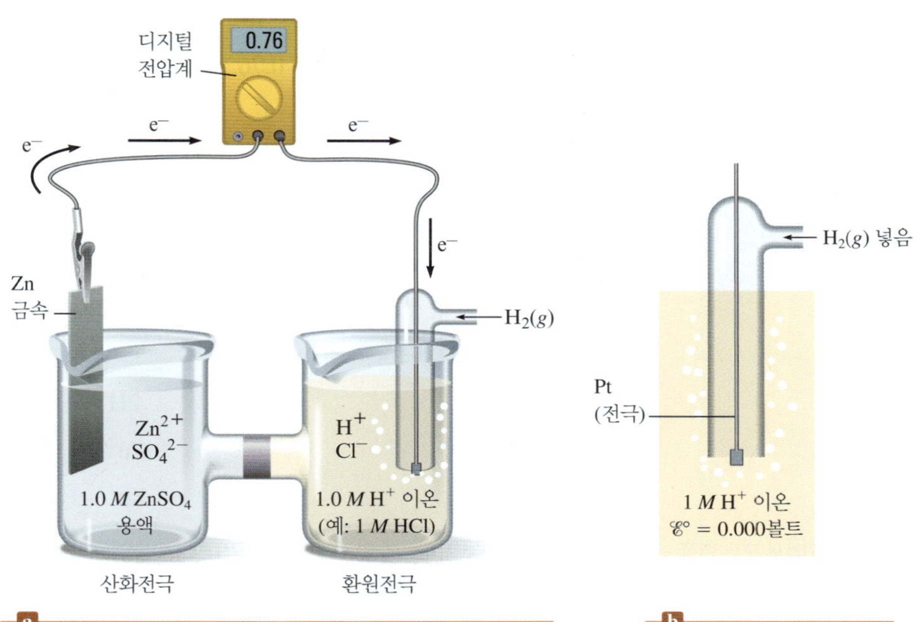

그림 18.5 (**a**) $Zn \rightarrow Zn^{2+} + 2e^-$(산화전극에서)와 $2H^+ + 2e^- \rightarrow H_2$(환원전극에서)의 두 반응으로 구성된 갈바니 전지의 전지 전위는 0.76 V이다. (**b**) 1 atm의 수소 기체하에서 백금 전극이 1 M H^+ 이온과 접촉하고 있는 표준 수소 전극. 이 전극 과정(이상적이라는 가정하에)을 정확히 0볼트로 임의로 정했다.

$$2H^+ + 2e^- \longrightarrow H_2$$

환원전극은 화학적으로 안정한 도체인 백금이 1 M H^+ 용액에 담가져 있고, 전체는 1 atm의 수소 기체로 둘러싸여 있다. 이러한 전극을 **표준 수소 전극**(standard hydrogen electrode)이라 하며, 그림 18.5(b)에서 볼 수 있다.

위 전지의 *전체* 전위(0.76 V)는 측정할 수 있지만, 각 전극 과정에 대한 전위를 따로 측정할 수 있는 방법은 없다. 따라서 만약 반쪽-반응(반쪽 전지)에 대한 전위를 알고 싶다면 전체 전지의 전위를 임의로 나누어야 한다. 다음 반응을 예로 들어보자.

$$2H^+ + 2e^- \longrightarrow H_2$$

여기에서 $[H^+] = 1\,M$ 과 $P_{H_2} = 1$ atm

의 경우, 0 V의 전위 값을 정해 주면 다른 반쪽-반응

$$Zn \longrightarrow Zn^{2+} + 2e^-$$

에 대해서는 다음과 같이 그 전위 값이 0.76 V로 정해질 것이다.

$$\underset{0.76\text{ V}}{\underset{\uparrow}{\mathscr{E}^\circ_{\text{cell}}}} = \underset{0\text{ V}}{\underset{\uparrow}{\mathscr{E}^\circ_{H^+\rightarrow H_2}}} + \underset{0.76\text{ V}}{\underset{\uparrow}{\mathscr{E}^\circ_{Zn\rightarrow Zn^{2+}}}}$$

표준 상태는 6.4절에서 논의하였다.

여기에서 위첨자 °는 *표준 상태*를 나타낸다. 결국 반쪽-반응 $2H^+ + 2e^- \rightarrow H_2$에 대해 표준 전위를 0 V로 정함으로써, 다른 모든 반쪽-반응에 대한 전위 값을 정할 수 있다.

예를 들어, 그림 18.6 전지의 경우 측정된 전위 값은 1.10 V이다. 전지 반응

$$Zn(s) + Cu^{2+}(aq) \longrightarrow Zn^{2+}(aq) + Cu(s)$$

은 다음 두 반쪽-반응으로 나눌 수 있다.

$$\text{산화전극:}\quad Zn \longrightarrow Zn^{2+} + 2e^-$$
$$\text{환원전극:}\quad Cu^{2+} + 2e^- \longrightarrow Cu$$

따라서

$$\mathscr{E}^\circ_{\text{전지}} = \mathscr{E}^\circ_{Zn\longrightarrow Zn^{2+}} + \mathscr{E}^\circ_{Cu^{2+}\longrightarrow Cu}$$

앞에서 $\mathscr{E}^\circ_{Zn\rightarrow Zn^{2+}}$를 0.76 V로 정하였고, 1.10 V = 0.76 V + 0.34 V이므로, $\mathscr{E}^\circ_{Cu^{2+}\rightarrow Cu}$ 값은 0.34 V이어야 한다.

표준 수소 전위는 모든 반쪽-반응 전위에 대해 기준 전위이다.

표준 상태에서의 반쪽-반응 $2H^+ + 2e^- \rightarrow H_2$(표준 상태에서는 이상적인 행동으로 가정함)에 대한 전위 값 0 V를 기준으로 하여 정한 반쪽-반응 전위를 과학계에서는 널리 인정하여 받아들이고 있다. 그러나 전지 전위 계산에 반쪽-반응 전위를 사용하기에 앞서 반쪽-반응 전위의 몇몇 특성을 이해할 필요가 있다.

현재 통용되는 협약은 *환원* 과정으로 쓴 반쪽-반응에 대하여 전위 값을 정해 주자는 것이다. 예를 들면,

$$2H^+ + 2e^- \longrightarrow H_2$$
$$Cu^{2+} + 2e^- \longrightarrow Cu$$
$$Zn^{2+} + 2e^- \longrightarrow Zn$$

표준 전위 표에서 모든 반쪽-반응은 환원 과정으로 주어져 있다.

등이다. 이렇게 1 M에서의 모든 용액과 1 atm에서의 모든 기체에서 환원 과정으로 주어진 반쪽-반응의 $\mathscr{E}^\circ$ 값들은 **표준 환원 전위**(standard reduction potential)라고 부른다. 흔히 볼 수 있는 반쪽-반응들에 대한 표준 환원 전위 값들을 표 18.1과 부록 5.5에 실었다.

두 반쪽-반응을 합하여 균형 맞춘 하나의 산화-환원 반응식을 얻기 위해서는 다음 두 가지 조작이 필요하다.

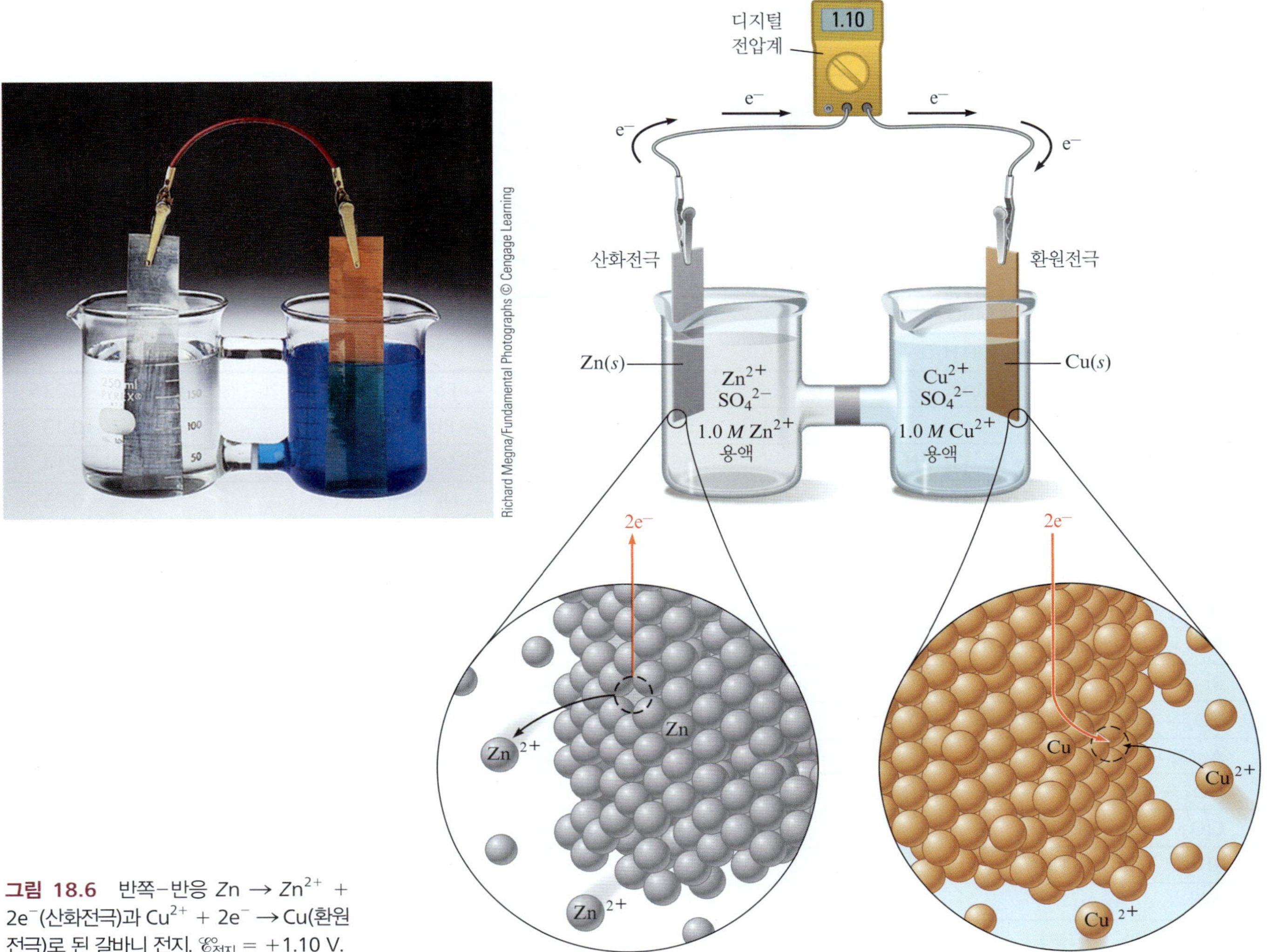

그림 18.6 반쪽-반응 $Zn \rightarrow Zn^{2+} + 2e^-$(산화전극)과 $Cu^{2+} + 2e^- \rightarrow Cu$(환원전극)로 된 갈바니 전지. $\mathscr{E}_{전지} = +1.10$ V.

반쪽-반응을 거꾸로 적으면 $\mathscr{E}°$의 부호도 반대가 된다.

1. 환원 반쪽-반응 중 하나는 역으로 되어야 한다(산화-환원 반응은 반드시 한 물질은 산화되고 또 다른 물질은 환원되어야 하기 때문). 더 큰 양 전위를 갖는 반쪽-반응은 쓴 대로(환원 반응으로) 진행될 것이고, 다른 반쪽-반응은 역으로(산화 반응으로) 진행되도록 할 것이다. 전지의 알짜 전위는 두 반쪽-반응의 *차이*일 것이다. 환원 과정은 환원전극에서 그리고 산화 과정은 산화전극에서 일어나므로 다음과 같이 쓸 수 있다.

$$\mathscr{E}^\circ_{전지} = \mathscr{E}^\circ\,(환원전극) - \mathscr{E}^\circ\,(산화전극)$$

이 예에서 행한 뺄셈은 "부호를 바꾸어 더하는" 것을 뜻하므로, 산화(산화전극) 반응을 역으로 하여 환원(환원전극) 반응에 더할 때 산화 반응의 전위의 부호를 바꾼다.

반쪽-반응에 정수를 곱하더라도 $\mathscr{E}°$ 값은 변하지 않는다.

2. 잃은 전자 수와 얻은 전자 수는 같아야 하기 때문에 반쪽-반응에 정수를 곱하여 균형 맞춘 식을 만들어야 한다. 그러나 반쪽-반응에 정수를 곱하더라도 *$\mathscr{E}°$ 값은 변하지 않는다*. 표준 환원 전위는 *세기 성질*(반응이 일어나는 횟수와는 무관함)이기 때문에 전지 반응의 균형을 맞출 때 필요한 전위에는 정수를 곱할 필요가 *없다*.

다음의 산화-환원 반응을 이용한 갈바니 전지를 생각해 보자.

$$Fe^{3+}(aq) + Cu(s) \longrightarrow Cu^{2+}(aq) + Fe^{2+}(aq)$$

표 18.1 25°C (298 K)에서 흔히 사용하는 반쪽-반응들의 표준 환원 전위

반쪽 반응	$\mathscr{E}°$(V)	반쪽 반응	$\mathscr{E}°$(V)
$F_2 + 2e^- \rightarrow 2F^-$	2.87	$O_2 + 2H_2O + 4e^- \rightarrow 4OH^-$	0.40
$Ag^{2+} + e^- \rightarrow Ag^+$	1.99	$Cu^{2+} + 2e^- \rightarrow Cu$	0.34
$Co^{3+} + e^- \rightarrow Co^{2+}$	1.82	$Hg_2Cl_2 + 2e^- \rightarrow 2Hg + 2Cl^-$	0.27
$H_2O_2 + 2H^+ + 2e^- \rightarrow 2H_2O$	1.78	$AgCl + e^- \rightarrow Ag + Cl^-$	0.22
$Ce^{4+} + e^- \rightarrow Ce^{3+}$	1.70	$SO_4^{2-} + 4H^+ + 2e^- \rightarrow H_2SO_3 + H_2O$	0.20
$PbO_2 + 4H^+ + SO_4^{2-} + 2e^- \rightarrow PbSO_4 + 2H_2O$	1.69	$Cu^{2+} + e^- \rightarrow Cu^+$	0.16
$MnO_4^- + 4H^+ + 3e^- \rightarrow MnO_2 + 2H_2O$	1.68	$2H^+ + 2e^- \rightarrow H_2$	0.00
$2e^- + 2H^+ + IO_4^- \rightarrow IO_3^- + H_2O$	1.60		
$MnO_4^- + 8H^+ + 5e^- \rightarrow Mn^{2+} + 4H_2O$	1.51	$Fe^{3+} + 3e^- \rightarrow Fe$	−0.036
$Au^{3+} + 3e^- \rightarrow Au$	1.50	$Pb^{2+} + 2e^- \rightarrow Pb$	−0.13
$PbO_2 + 4H^+ + 2e^- \rightarrow Pb^{2+} + 2H_2O$	1.46	$Sn^{2+} + 2e^- \rightarrow Sn$	−0.14
$Cl_2 + 2e^- \rightarrow 2Cl^-$	1.36	$Ni^{2+} + 2e^- \rightarrow Ni$	−0.23
$Cr_2O_7^{2-} + 14H^+ + 6e^- \rightarrow 2Cr^{3+} + 7H_2O$	1.33	$PbSO_4 + 2e^- \rightarrow Pb + SO_4^{2-}$	−0.35
$O_2 + 4H^+ + 4e^- \rightarrow 2H_2O$	1.23	$Cd^{2+} + 2e^- \rightarrow Cd$	−0.40
$MnO_2 + 4H^+ + 2e^- \rightarrow Mn^{2+} + 2H_2O$	1.21	$Fe^{2+} + 2e^- \rightarrow Fe$	−0.44
$IO_3^- + 6H^+ + 5e^- \rightarrow \frac{1}{2}I_2 + 3H_2O$	1.20	$Cr^{3+} + e^- \rightarrow Cr^{2+}$	−0.50
$Br_2 + 2e^- \rightarrow 2Br^-$	1.09	$Cr^{3+} + 3e^- \rightarrow Cr$	−0.73
$VO_2^+ + 2H^+ + e^- \rightarrow VO^{2+} + H_2O$	1.00	$Zn^{2+} + 2e^- \rightarrow Zn$	−0.76
$AuCl_4^- + 3e^- \rightarrow Au + 4Cl^-$	0.99	$2H_2O + 2e^- \rightarrow H_2 + 2OH^-$	−0.83
$NO_3^- + 4H^+ + 3e^- \rightarrow NO + 2H_2O$	0.96	$Mn^{2+} + 2e^- \rightarrow Mn$	−1.18
$ClO_2 + e^- \rightarrow ClO_2^-$	0.954	$Al^{3+} + 3e^- \rightarrow Al$	−1.66
$2Hg^{2+} + 2e^- \rightarrow Hg_2^{2+}$	0.91	$H_2 + 2e^- \rightarrow 2H^-$	−2.23
$Ag^+ + e^- \rightarrow Ag$	0.80	$Mg^{2+} + 2e^- \rightarrow Mg$	−2.37
$Hg_2^{2+} + 2e^- \rightarrow 2Hg$	0.80	$La^{3+} + 3e^- \rightarrow La$	−2.37
$Fe^{3+} + e^- \rightarrow Fe^{2+}$	0.77	$Na^+ + e^- \rightarrow Na$	−2.71
$O_2 + 2H^+ + 2e^- \rightarrow H_2O_2$	0.68	$Ca^{2+} + 2e^- \rightarrow Ca$	−2.76
$MnO_4^- + e^- \rightarrow MnO_4^{2-}$	0.56	$Ba^{2+} + 2e^- \rightarrow Ba$	−2.90
$I_2 + 2e^- \rightarrow 2I^-$	0.54	$K^+ + e^- \rightarrow K$	−2.92
$Cu^+ + e^- \rightarrow Cu$	0.52	$Li^+ + e^- \rightarrow Li$	−3.05

적절한 반쪽-반응들은 다음과 같다.

$$Fe^{3+} + e^- \longrightarrow Fe^{2+} \qquad \mathscr{E}° = 0.77\text{ V} \tag{1}$$

$$Cu^{2+} + 2e^- \longrightarrow Cu \qquad \mathscr{E}° = 0.34\text{ V} \tag{2}$$

전지 반응의 계수를 맞추고 표준 전지 전위를 계산하기 위해서는 반응 (2)를 역으로 바꾸어야 한다.

$$Cu \longrightarrow Cu^{2+} + 2e^- \qquad -\mathscr{E}° = -0.34\text{ V}$$

$\mathscr{E}°$ 값의 부호가 바뀌었음을 유의하라. 각 Cu 원자는 두 개의 전자를 내놓지만, 각 Fe^{3+} 이온은 하나의 전자만 필요로 하기 때문에 반응 (1)에 2를 곱해야 한다.

$$2Fe^{3+} + 2e^- \longrightarrow 2Fe^{2+} \qquad \mathscr{E}° = 0.77\text{ V}$$

반응에 정수를 곱해도 이 경우 $\mathscr{E}°$ 값이 변하지 않음에 유의하라.

이제 수정한 두 반쪽-반응을 합하여 균형 맞춘 전지 반응을 얻을 수 있다.

$$2Fe^{3+} + 2e^- \longrightarrow 2Fe^{2+} \qquad \mathscr{E}° \text{(환원전극)} = 0.77 \text{ V}$$
$$Cu \longrightarrow Cu^{2+} + 2e^- \qquad -\mathscr{E}° \text{(산화전극)} = -0.34 \text{ V}$$

전지 반응: $Cu(s) + 2Fe^{3+}(aq) \longrightarrow Cu^{2+}(aq) + 2Fe^{2+}(aq)$

$$\mathscr{E}°_{cell} = \mathscr{E}° \text{(환원전극)} - \mathscr{E}° \text{(산화전극)} = 0.77 \text{ V} - 0.34 \text{ V} = 0.43 \text{ V}$$

비판적 사고 Cu^{2+} 수용액에서 금속 구리를 "석출"하려면 어떻게 해야 할까? 구리 금속을 석출하기 위해 표 18.1을 이용하여 그 용액에 넣을 수 있는 몇 가지 금속을 선택하라. 그 선택을 정당화하라. 선택한 그 금속들은 Zn^{2+} 수용액으로부터 왜 Zn을 석출시킬 수 없는가?

대화형 예제 18.1 갈바니 전지

a. 다음 반응을 기본으로 하는 갈바니 전지를 생각해 보자.

$$Al^{3+}(aq) + Mg(s) \longrightarrow Al(s) + Mg^{2+}(aq)$$

두 반쪽-반응은 다음과 같다.

$$Al^{3+} + 3e^- \longrightarrow Al \qquad \mathscr{E}° = -1.66 \text{ V} \qquad (1)$$
$$Mg^{2+} + 2e^- \longrightarrow Mg \qquad \mathscr{E}° = -2.37 \text{ V} \qquad (2)$$

균형 맞춘 전지 반응식을 적고, 전지의 $\mathscr{E}°$를 계산하라.

b. 다음 반응을 이용하는 갈바니 전지가 있다.

$$MnO_4^-(aq) + H^+(aq) + ClO_3^-(aq) \longrightarrow ClO_4^-(aq) + Mn^{2+}(aq) + H_2O(l)$$

두 반쪽-반응은 다음과 같다.

$$MnO_4^- + 5e^- + 8H^+ \longrightarrow Mn^{2+} + 4H_2O \qquad \mathscr{E}° = 1.51 \text{ V} \qquad (1)$$
$$ClO_4^- + 2H^+ + 2e^- \longrightarrow ClO_3^- + H_2O \qquad \mathscr{E}° = 1.19 \text{ V} \qquad (2)$$

균형 맞춘 전지 반응식을 적고, 전지의 $\mathscr{E}°$를 계산하라.

풀이 **a.** 마그네슘의 반쪽-반응은 역으로 되어야 하며, 이것은 산화 과정이므로 산화전극이 된다.

$$Mg \longrightarrow Mg^{2+} + 2e^- \qquad -\mathscr{E}° \text{(산화전극)} = -(-2.37 \text{ V}) = 2.37 \text{ V}$$

또한, 두 반쪽-반응에 참여하는 전자 수가 다르기 때문에 다음과 같이 각각 정수를 곱해 주어야 한다.

$$2(Al^{3+} + 3e^- \longrightarrow Al) \qquad \mathscr{E}° \text{(환원전극)} = -1.66 \text{ V}$$
$$3(Mg \longrightarrow Mg^{2+} + 2e^-) \qquad -\mathscr{E}° \text{(산화전극)} = 2.37 \text{ V}$$

$$2Al^{3+}(aq) + 3Mg(s) \longrightarrow 2Al(s) + 3Mg^{2+}(aq)$$

$$\mathscr{E}°_{\text{전지}} = \mathscr{E}° \text{(환원전극)} - \mathscr{E}° \text{(산화전극)} = -1.66 \text{ V} + 2.37 \text{ V} = 0.71 \text{ V}$$

b. 반쪽-반응 (2)는 역으로 되어야 하고(산화전극), 두 반쪽-반응 각각에 참여한 전자 수를 같게 하기 위하여 다음과 같이 정수를 곱해 주어야 한다.

$$
\begin{array}{ll}
2(MnO_4^- + 5e^- + 8H^+ \longrightarrow Mn^{2+} + 4H_2O) & \mathscr{E}°\,(\text{환원전극}) = 1.51\text{ V} \\
5(ClO_3^- + H_2O \longrightarrow ClO_4^- + 2H^+ + 2e^-) & -\mathscr{E}°\,(\text{산화전극}) = -1.19\text{ V} \\
\hline
2MnO_4^-(aq) + 6H^+(aq) + 5ClO_3^-(aq) \longrightarrow & \mathscr{E}°_{\text{전지}} = \mathscr{E}°\,(\text{환원전극}) - \mathscr{E}°\,(\text{산화전극}) \\
\quad 2Mn^{2+}(aq) + 3H_2O(l) + 5ClO_4^-(aq) & = 1.51\text{ V} - 1.19\text{ V} = 0.32\text{ V}
\end{array}
$$

연습 문제 18.47과 18.48 참조

선 표시법

이제 전기화학 전지를 설명하기 위해 사용되고 있는 편리한 선 표시법에 대해 소개하겠다. 이 표시법에서는 왼쪽에 산화전극 성분들을 적고, 오른쪽에 환원전극 성분들을 나열하는데, 그 가운데 두 개의 수직선(염다리 또는 다공성 원판을 나타냄)으로 분리시킨다. 예를 들어, 예제 18.1(a)를 선 표시법으로 기술하면 다음과 같다.

$$Mg(s)\,|\,Mg^{2+}(aq)\,||\,Al^{3+}(aq)\,|\,Al(s)$$

이 표시법에서는 상 차이(경계)는 하나의 수직선으로 나타낸다. 그러므로 이 경우 수직선은 Mg 금속과 용액 속의 Mg^{2+} 사이에, 그리고 금속 Al과 용액 속의 Al^{3+} 사이에 표시한다. 또한 산화전극을 구성하는 성분들은 왼쪽에 적고, 환원전극을 구성하는 성분들은 오른쪽에 적는 것을 유의하라.

예제 18.1(b)에 기술된 전지에 대해서 모든 산화-환원 반응에 참여한 물질들은 이온이다. 그러므로 용해된 모든 이온들은 전극으로 작용할 수 없으므로 반응성이 없는(비활성) 전도체가 사용되어야 한다. 일반적으로 백금을 사용한다. 그러므로 예제 18.1(b)에 사용된 전지의 선 표시법은 다음과 같다.

$$Pt(s)\,|\,ClO_3^-(aq), ClO_4^-(aq), H^+(aq)\,||\,H^+(aq), MnO_4^-(aq), Mn^{2+}(aq)\,|\,Pt(s)$$

갈바니 전지의 완전한 기술

다음으로 반쪽-반응만 주어진 전체 갈바니 전지를 어떻게 완전히 기술할 것인가를 생각해 보자. 이 기술은 전지 반응, 전지 전위 그리고 전지의 물리적 장치를 포함해야 한다. 다음의 반쪽-반응을 기본으로 하는 갈바니 전지를 생각해 보자.

$$
\begin{array}{ll}
Fe^{2+} + 2e^- \longrightarrow Fe & \mathscr{E}° = -0.44\text{ V} \\
MnO_4^- + 5e^- + 8H^+ \longrightarrow Mn^{2+} + 4H_2O & \mathscr{E}° = 1.51\text{ V}
\end{array}
$$

작동 중의 갈바니 전지에서 이들 반응의 하나는 반드시 반대로 일어난다. 어떤 것이겠는가?

갈바니 전지는 $\mathscr{E}_{\text{전지}}$가 양의 값을 주는 방향으로 자발적으로 작동한다.

작동 전지 전위의 기호를 고려하여 답을 할 수 있다. *전지는 항상 양의 전지 전위 값을 만드는 방향으로 자발적으로 작동된다.* 따라서 이 경우에 철을 포함한 반쪽-반응이 양의 전지 전위를 만들므로 반대로 되어야 한다.

$$
\begin{array}{lll}
Fe \longrightarrow Fe^{2+} + 2e^- & -\mathscr{E}° = 0.44\text{ V} & \text{산화전극 반응} \\
MnO_4^- + 5e^- + 8H^+ \longrightarrow Mn^{2+} + 4H_2O & \mathscr{E}° = 1.51\text{ V} & \text{환원전극 반응}
\end{array}
$$

여기에서 $\mathscr{E}°_{\text{전지}} = \mathscr{E}°\,(\text{환원전극}) - \mathscr{E}°\,(\text{산화전극}) = 1.51\text{ V} + 0.44\text{ V} = 1.95\text{ V}$

균형 맞춘 전지 반응은 다음과 같이 얻어진다.

$$
\begin{array}{r}
5(Fe \longrightarrow Fe^{2+} + 2e^-) \\
2(MnO_4^- + 5e^- + 8H^+ \longrightarrow Mn^{2+} + 4H_2O) \\
\hline
2MnO_4^-(aq) + 5Fe(s) + 16H^+(aq) \longrightarrow 5Fe^{2+}(aq) + 2Mn^{2+}(aq) + 8H_2O(l)
\end{array}
$$

그림 18.7 반쪽-반응 $Fe \longrightarrow Fe^{2+} + 2e^-$와 $MnO_4^- + 5e^- + 8H^+ \longrightarrow Mn^{2+} + 4H_2O$를 기초로 한 갈바니 전지의 개략도.

이제 그림 18.7에 간략하게 나타낸 전지의 물리적 장치에 대해 생각해 보자. 표준 상태에서 왼쪽 칸의 활성 성분은 순수한 철 금속(Fe)과 1.0 *M* Fe^{2+}이다. 음이온은 사용된 철염에 따라 다르게 존재한다. 이 칸에서 음이온은 반응에 참여하지 않고 단지 전하의 균형을 맞춘다. 이 전극에서 일어나는 반쪽-반응은 다음과 같다.

$$Fe \longrightarrow Fe^{2+} + 2e^-$$

이것은 산화 반응이므로 이 칸은 산화전극이다. 전극은 순수한 철 금속으로 이루어져 있다.

표준 상태에서 오른쪽 칸의 활성 성분은 1.0 *M* MnO_4^-, 1.0 *M* H^+, 1.0 *M* Mn^{2+}이며, 전하의 균형을 맞추기 위해 비반응성 이온(보통 *상대 이온*이라 함)으로 이루어져 있다. 이 칸의 반쪽-반응은 다음과 같다.

$$MnO_4^- + 5e^- + 8H^+ \longrightarrow Mn^{2+} + 4H_2O$$

이것은 환원 반응이므로 이 칸은 환원전극이다. MnO_4^-와 Mn^{2+}은 전극으로 사용될 수 없으므로 백금과 같은 비활성 전도체를 사용해야 한다.

다음 단계는 전자 흐름의 방향을 결정하는 것이다. 왼쪽 칸에서의 반쪽-반응은 철의 산화이다.

$$Fe \longrightarrow Fe^{2+} + 2e^-$$

오른쪽 칸에서 진행되는 반쪽-반응은 MnO_4^-의 환원 반응이다.

$$MnO_4^- + 5e^- + 8H^+ \longrightarrow Mn^{2+} + 4H_2O$$

따라서 이 전지에서 전자는 Fe로부터 MnO_4^-로, 즉 산화전극에서 환원전극으로 흐른다. 이 전지를 선 표시법으로 나타내면 다음과 같다.

$$Fe(s)|Fe^{2+}(aq)||MnO_4^-(aq), Mn^{2+}(aq)|Pt(s)$$

복습하기 갈바니 전지의 기술

갈바니 전지를 완전히 기술하려면 보통 다음 네 가지를 고려해야 한다:

- » 전지 전위[갈바니 전지의 경우, $\mathscr{E}^\circ_{전지} = \mathscr{E}^\circ$(환원전극) $-$ $\mathscr{E}^\circ$(산화전극)으로서 항상 양의 값임]와 균형 맞춘 전지 반응식
- » 전자가 흐르는 방향. 이는 두 반쪽-반응을 조사하여 $\mathscr{E}_{전지}$의 값이 양인 방향을 알면 정할 수 있다.
- » 산화전극 및 환원전극의 지정
- » 각 전극 및 각 칸에 들어 있는 이온들의 성질. 반쪽-반응에 참여하는 물질 가운데 전도체가 없으면 화학적으로 비활성인 전도체가 필요하다.

예제 18.2 갈바니 전지의 기술

표준 상태에 있는 다음 두 반쪽-반응을 기본으로 하는 갈바니 전지를 완전히 설명하라.

$$Ag^+ + e^- \longrightarrow Ag \qquad \mathscr{E}^\circ = 0.80\ V \qquad (1)$$

$$Fe^{3+} + e^- \longrightarrow Fe^{2+} \qquad \mathscr{E}^\circ = 0.77\ V \qquad (2)$$

풀이 ■ $\mathscr{E}^\circ_{전지}$ 전위 값이 양수여야 하므로 반응 (2)는 반대로 되어야 한다.

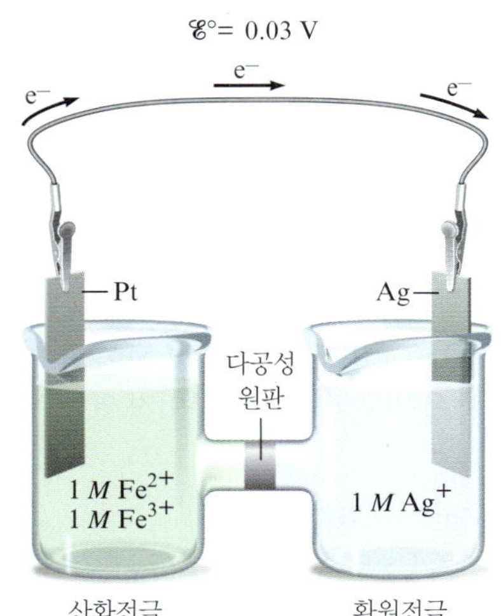

그림 18.8 다음의 반쪽-반응을 근거로 하는 갈바니 전지의 개략도.

$$Ag^+ + e^- \longrightarrow Ag$$
$$Fe^{2+} \longrightarrow Fe^{3+} + e^-$$

$$\begin{array}{lll} Ag^+ + e^- \longrightarrow Ag & \mathscr{E}^\circ\,(\text{환원전극}) = & 0.80\text{ V} \\ Fe^{2+} \longrightarrow Fe^{3+} + e^- & -\mathscr{E}^\circ\,(\text{산화전극}) = & -0.77\text{ V} \\ \hline \text{전지 반응:}\ Ag^+(aq) + Fe^{2+}(aq) \longrightarrow Fe^{3+}(aq) + Ag(s) & \mathscr{E}^\circ_{\text{전지}} = & 0.03\text{ V} \end{array}$$

- 전지 반응에서 Ag^+는 전자를 받고 Fe^{2+}는 전자를 잃기 때문에, 전자는 Fe^{2+}가 있는 칸에서 Ag^+가 있는 칸으로 흐를 것이다.
- Fe^{2+}가 있는 칸에서 산화가 발생한다(전자는 Fe^{2+}에서 Ag^+로 흐른다). 따라서 이 칸이 산화전극으로 작용한다. 환원은 Ag^+가 있는 칸에서 발생하며, 따라서 이 칸이 환원전극으로 작용한다.
- Ag/Ag^+가 있는 칸에서 전극은 은 금속이며, Fe^{2+}/Fe^{3+}가 있는 칸에서는 백금과 같이 화학적으로 비활성인 전도체가 사용되어야 한다. 상대 이온들은 사용된 염에 따라 적절히 존재할 것이다. 전지에 대한 도형은 그림 18.8에 그려져 있다. 이 전지에 대한 선 표시법은 다음과 같다.

$$Pt(s)|Fe^{2+}(aq), Fe^{3+}(aq)||Ag^+(aq)|Ag(s)$$

연습 문제 18.51과 18.52 참조

18.3 전지 전위, 전기적 일 및 자유 에너지

지금까지는 전기화학 전지에 관해 어떤 이론적 근거 없이 아주 실질적인 면에서 생각해 보았다. 다음 단계에서는 열역학과 전기화학 사이의 관계를 탐구해 보기로 한다.

전자가 전선을 통하여 흐를 때 얻어지는 일은 전자를 뒤에서 "밀기"(열역학적 추진력)에 따라 달라진다. 이 추진력(emf, 기전력)은 회로 상에 있는 두 점 사이의 *전위차*(볼트 단위로)로 정의되며, 1볼트는 단위 쿨롱의 전하가 이동할 때 발생하는 1주울의 일을 나타낸다.

$$\text{기전력} = \text{전위차(V)} = \frac{\text{일(J)}}{\text{전하(C)}}$$

따라서 1주울의 일은 1쿨롱의 전하가 1볼트의 전위차가 있는 두 점 사이를 이동할 때 생기거나 소비되는(방향에 따라) 일이다.

이 책에서는 *일을 계의 관점에서 본다*. 따라서 계로부터 빠져나오는 일은 음의 부호로 표시한다. 전지에 전류가 흐를 때 전지 전위는 양의 값이고, 흐르는 전류는 모터를 돌리는 등의 일을 하도록 할 수 있다. 그러므로 전지 전위($\mathscr{E}$)와 일(w)의 부호는 반대이다.

$$\mathscr{E} = \frac{-w \leftarrow \text{일}}{q \leftarrow \text{전하}}$$

그러므로 $$-w = q\mathscr{E}$$

이 식으로부터, 전지에서 얻을 수 있는 최대 일은 최대 전지 전위가 나올 때라는 것을 알 수 있다.

$$-w_{\text{최대}} = q\mathscr{E}_{\text{최대}} \quad \text{또는} \quad w_{\text{최대}} = -q\mathscr{E}_{\text{최대}}$$

그러나 문제가 있다. 전기적 일을 얻기 위해서는 전류가 흘러야만 한다. 전류가 흐를 때 일부 에너지는 마찰열로 인하여 어쩔 수 없이 낭비되므로 최대 일을 얻을 수는 없다. 이는 17.10절에서 소개한 중요한 일반 원리를 반영하는 것이다. **실제 일어나는 자발적 과정에서는 항상 일부 에너지가 낭비되고, 실제 얻을 수 있는 일은 이론적인 최대값보다 항상 적다.**

Kindel Media/Pexels

▲
공사장에서 배터리를 동력원으로 하는 드릴을 사용하는 근로자.

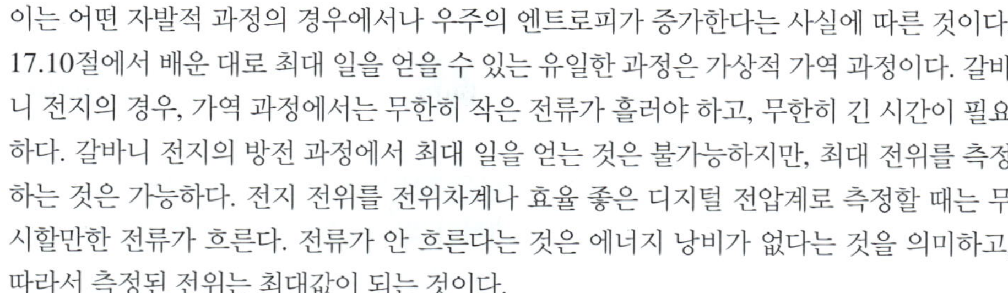

이는 어떤 자발적 과정의 경우에서나 우주의 엔트로피가 증가한다는 사실에 따른 것이다. 17.10절에서 배운 대로 최대 일을 얻을 수 있는 유일한 과정은 가상적 가역 과정이다. 갈바니 전지의 경우, 가역 과정에서는 무한히 작은 전류가 흘러야 하고, 무한히 긴 시간이 필요하다. 갈바니 전지의 방전 과정에서 최대 일을 얻는 것은 불가능하지만, 최대 전위를 측정하는 것은 가능하다. 전지 전위를 전위차계나 효율 좋은 디지털 전압계로 측정할 때는 무시할만한 전류가 흐른다. 전류가 안 흐른다는 것은 에너지 낭비가 없다는 것을 의미하고, 따라서 측정된 전위는 최대값이 되는 것이다.

전지 반응으로부터 실제로 최대 일을 뽑아내는 것은 불가능하지만, 주어진 전지 반응을 기본으로 한 실제 전지의 효율이 얼마인지 아는 데에는 최대 일이 꼭 필요하다. 예를 들어, 어떤 갈바니 전지의 최대 전위가 (영 전류에서) 2.50 V라고 하자. 한 실험에서 평균 실제 전위 2.10 V인 이 전지를 통하여 1.33 mol의 전자가 흘렀다면 실제 행해진 일을 구하는 식은 다음과 같다.

만약 전류가 흐르면 일은 최대가 될 수 없다.

$$w = -q\mathscr{E}$$

여기에서 $\mathscr{E}$는 전류가 흐른 실제 전위차(2.10 V, 또는 2.10 J/C)이며, q는 이동한 전하량이다. 1 mol의 전자가 가지는 전하량은 **패러데이**(faraday, F)라는 상수이며, *전하 1몰당 전하량은 96,485쿨롱*이다. 따라서 q는 전자의 몰 수에 전자 몰당의 전하를 곱한 것이다 즉,

$$q = nF = 1.33 \text{ mol e}^- \times 96{,}485 \text{ C/mol e}^-$$

따라서 위의 실험에서 실제 일은 다음과 같다.

$$\begin{aligned} w &= -q\mathscr{E} = -(1.33 \text{ mol e}^- \times 96{,}485 \text{ C/mol e}^-)(2.10 \text{ J/C}) \\ &= -2.69 \times 10^5 \text{ J} \end{aligned}$$

이론적인 최대 일의 계산은 최대 전위를 사용하여 위와 유사하게 계산한다.

$$\begin{aligned} w_{\text{최대}} &= -q\mathscr{E} \\ &= -\left(1.33 \text{ mol e}^- \times 96{,}485 \frac{\text{C}}{\text{mol e}^-}\right)\left(2.50 \frac{\text{J}}{\text{C}}\right) \\ &= -3.21 \times 10^5 \text{ J} \end{aligned}$$

따라서 작동 중인 그 전지의 효율은 아래와 같다.

$$\frac{w}{w_{\text{최대}}} \times 100\% = \frac{-2.69 \times 10^5 \text{ J}}{-3.21 \times 10^5 \text{ J}} \times 100\% = 83.8\%$$

다음으로 자유 에너지와 갈바니 전지의 전위의 관계를 알아보자. 일정 온도와 압력 하에서 발생하는 과정에서 자유 에너지 변화는 그 과정으로부터 얻어낼 수 있는 최대의 유용한 일이라는 것을 17.10절에서 배웠다.

$$w_{\text{최대}} = \Delta G$$

갈바니 전지의 경우

$$w_{\text{최대}} = -q\mathscr{E}_{\text{최대}} = \Delta G$$

이고, 또

$$q = nF$$

이기 때문에

$$\Delta G = -q\mathscr{E}_{\text{최대}} = -nF\mathscr{E}_{\text{최대}}$$

가 된다. 이제부터는 이 책에서 말하는 전위는 특별한 설명이 없는 한 최대 전위라는 전제하에 $\mathscr{E}_{\text{최대}}$에서 아래첨자 최대를 생략하기로 한다. 따라서

© Royal Institution of Great Britain, London

▲
1855년 Albert 왕자와 여러 사람들 앞에서 강연 중인 Michael Faraday. Faraday는 19세기에 가장 위대한 영국의 실험 과학자인 Michael Faraday(1791~1867)의 이름을 딴 것이다. 그는 전기 모터와 발전기를 발명했고, 전기분해 원리를 발견하였다.

$$\Delta G = -nF\mathscr{E}$$

이고, **표준 상태**에 대해서는 다음과 같이 나타낸다.

$$\Delta G^\circ = -nF\mathscr{E}^\circ$$

위 식은 최대 전지 전위가 전지 내에 있는 반응물과 생성물 사이의 자유 에너지 차와 직접 관련되어 있다는 것을 보여 준다. 이 관계식은 반응에 대한 ΔG를 구하는 실험적 방법을 제공하고, $\mathscr{E}_{전지}$ 값이 양이 되는 방향으로 갈바니 전지가 작동하는 것을 확인시켜 주기 때문에 중요하다. $\mathscr{E}_{전지}$ 값이 양이라는 것은 ΔG가 음이라는 것을 의미하는데, 이는 자발성의 조건인 것이다.

대화형 예제 18.3 전지 반응의 ΔG° 계산

표 18.1의 자료를 이용하여 다음 반응에 대한 ΔG°를 계산하라.

$$Cu^{2+}(aq) + Fe(s) \longrightarrow Cu(s) + Fe^{2+}(aq)$$

이 반응은 자발적 반응인가?

풀이 반쪽-반응들은 다음과 같다.

$$Cu^{2+} + 2e^- \longrightarrow Cu \qquad \mathscr{E}^\circ\text{(환원전극)} = 0.34\text{ V}$$
$$Fe \longrightarrow Fe^{2+} + 2e^- \qquad -\mathscr{E}^\circ\text{(산화전극)} = 0.44\text{ V}$$
$$Cu^{2+} + Fe \longrightarrow Fe^{2+} + Cu \qquad \mathscr{E}^\circ_{전지} = 0.78\text{ V}$$

다음의 관계식으로부터 ΔG°를 계산할 수 있다.

$$\Delta G^\circ = -nF\mathscr{E}^\circ$$

이 반응에서 원자당 두 개의 전자가 이동하기 때문에 반응물과 생성물 1몰당 2 mol의 전자가 필요하다. 따라서 $n = 2\text{ mol e}^-$, $F = 96{,}485\text{ C/mol e}^-$, $\mathscr{E}^\circ = 0.78\text{ V} = 0.78\text{ J/C}$이다. 따라서

$$\Delta G^\circ = -(2\text{ mol e}^-)\left(96{,}485\frac{\text{C}}{\text{mol e}^-}\right)\left(0.78\frac{\text{J}}{\text{C}}\right)$$
$$= -1.5 \times 10^5\text{ J}$$

■ ΔG°가 음의 값이고 $\mathscr{E}^\circ_{전지}$가 양의 값인 데에서 알 수 있듯이, 이 반응은 자발적이다.

이 반응은 산업적으로 구리 광석을 녹인 용액으로부터 금속 구리를 침전시키는 데 쓰인다.

연습 문제 18.59와 18.60 참조

예제 18.4 자발성 예측

표 18.1에 있는 자료를 이용하여 금속 금이 1 *M* HNO_3 용액에 녹아 1 *M* Au^{3+} 용액이 되겠는지 예측하라.

풀이 HNO_3가 산화제로 작용하는 반쪽-반응은 다음과 같다.

$$NO_3^- + 4H^+ + 3e^- \longrightarrow NO + 2H_2O \qquad \mathscr{E}^\circ\text{(환원전극)} = 0.96\text{ V}$$

고체 금이 Au^{3+} 이온으로 산화하는 반응은

▲
금반지는 질산에 녹지 않는다.

$$\text{Au} \longrightarrow \text{Au}^{3+} + 3\text{e}^- \qquad -\mathscr{E}°(\text{산화전극}) = 1.50\text{ V}$$

이며, 두 반쪽-반응을 합하면 원하는 반응이 된다.

$$\text{Au}(s) + \text{NO}_3^-(aq) + 4\text{H}^+(aq) \longrightarrow \text{Au}^{3+}(aq) + \text{NO}(g) + 2\text{H}_2\text{O}(l)$$

그리고 $\mathscr{E}°_{전지} = \mathscr{E}°(\text{환원전극}) - \mathscr{E}°(\text{산화전극}) = 0.96\text{ V} - 1.50\text{ V} = -0.54\text{ V}$

$\mathscr{E}°$가 음의 값이기 때문에 표준 상태에서 위의 과정은 발생하지 *않는다*. 즉, 금이 1 *M* HNO_3 용액에 녹아 1 *M* Au^{3+} 용액이 되지 않는다. 실제 금을 녹이는 데에는 *왕수*(*aqua regia*)라고 하는 진한 질산과 진한 염산의 혼합물(1 : 3 부피 비)이 사용된다.

연습 문제 18.69와 18.70 참조

18.4 전지 전위의 농도 의존도

지금까지 표준 상태에 있는 전지에 대해서만 논의하였다. 이 절에서는 전지 전위가 농도에 따라 어떻게 달라지는가를 생각해 보겠다. 표준 상태(모든 농도가 1 *M*)에서 다음 반응의 전지 전위는 1.36 V이다.

$$\text{Cu}(s) + 2\text{Ce}^{4+}(aq) \longrightarrow \text{Cu}^{2+}(aq) + 2\text{Ce}^{3+}(aq)$$

만약 $[Ce^{4+}]$가 1.0 *M*보다 크다면 전지 전위는 어떻게 변하겠는가? 이 물음에 대한 답은 Le Châtelier의 원리를 이용하여 정성적으로 얻을 수 있다. Ce^{4+}의 농도를 증가시키면 정반응이 유리하게 진행될 것이고, 따라서 전자의 추진력이 증가할 것이다. 그 결과 전지 전위가 증가할 것이다. 반대로 생성물(Cu^{2+} 또는 Ce^{3+})의 농도를 증가시키면 정반응이 일어나는 것을 억제하게 되므로 전지 전위는 감소할 것이다.

이러한 개념은 예제 18.5에 예시되어 있다.

대화형 예제 18.5 $\mathscr{E}$에 대한 농도 효과

다음의 전지 반응을 생각하자.

$$2\text{Al}(s) + 3\text{Mn}^{2+}(aq) \longrightarrow 2\text{Al}^{3+}(aq) + 3\text{Mn}(s) \qquad \mathscr{E}°_{전지} = 0.48\text{ V}$$

다음 두 경우에 $\mathscr{E}_{전지}$는 $\mathscr{E}°_{전지}$보다 작은지 또는 큰지 예측하라.

a. $[Al^{3+}] = 2.0\ M$, $[Mn^{2+}] = 1.0\ M$
b. $[Al^{3+}] = 1.0\ M$, $[Mn^{2+}] = 3.0\ M$

풀이

a. 생성물의 농도가 1.0 *M*보다 크다. 이것은 전지 반응을 억제시켜 $\mathscr{E}_{전지}$가 $\mathscr{E}°_{전지}$보다 작게 되도록 할 것이다($\mathscr{E}_{전지} < 0.48$ V).

b. 반응물 농도가 1.0 *M*보다 크기 때문에 $\mathscr{E}_{전지}$가 $\mathscr{E}°_{전지}$보다 클 것이다($\mathscr{E}_{전지} > 0.48$ V).

연습 문제 18.77 참조

농도차 전지

전지 전위가 농도에 따라 변하기 때문에 동일한 화합물을 두 칸에 농도만 다르게 넣어 갈바니 전지를 만들 수 있다. 예를 들어, 그림 18.9에서 두 칸에 서로 다른 농도의 $AgNO_3$가 물에 녹아 있는 경우를 생각해 보자. 이 전지의 전위와 전자가 흐르는 방향을 생각해 보자. 이 전지에서 양쪽 칸의 반쪽-반응은 다음과 같이 동일하다.

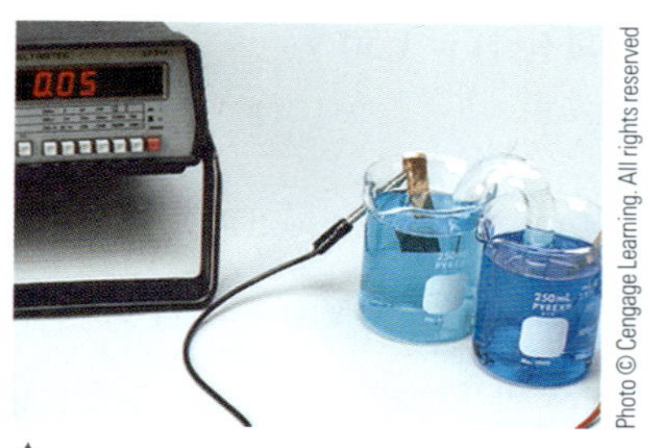

▲
오른쪽에 1.0 M Cu^{2+}와 왼쪽에 0.010 M Cu^{2+}가 있는 농도차 전지.

$$Ag^+ + e^- \longrightarrow Ag \qquad \mathscr{E}° = 0.80\ V$$

만약 전지의 양쪽 칸에 똑같이 1 M Ag^+가 녹아 있다면

$$\mathscr{E}°_{전지} = 0.80\ V - 0.80\ V = 0\ V$$

이다. 그러나 두 칸에서의 Ag^+ 농도가 각각 1 M 과 0.1 M로 다르기 때문에 두 반쪽 전위는 같지 않고, 전지 전위는 양의 값을 나타내게 된다. 전지 내에서 어느 방향으로 전자가 흐를까? 이 질문에 대해 생각할 수 있는 최선의 길은 두 칸에서의 Ag^+ 이온 농도가 같아지도록 진행하는 것이 자발적인 것을 인식하는 것인데, 이는 0.1 M Ag^+ 용액 칸으로부터 1 M Ag^+ 용액 칸으로(그림 18.9에서 왼쪽에서 오른쪽으로) 전자가 이동함을 의미한다. 이렇게 전자가 이동하면 왼쪽 칸에서는 Ag^+가 생기게 되고, 오른쪽 칸에서는 Ag^+가 (Ag로 변하여) 소모된다.

위에서와 같이 각각 서로 다른 농도의 같은 화합물이 두 칸에 녹아 있는 전지를 **농도차 전지**(concentration cell)라고 한다. 농도가 다르다는 것이 전지 전위를 만드는 유일한 이유이며, 이때 생기는 전압은 대체로 작다.

예제 18.6 농도차 전지

그림 18.10의 전지에서 전자가 흐르는 방향을 정하고, 산화전극과 환원전극을 지정하라.

풀이 양쪽 칸에서 Fe^{2+} 농도는 왼쪽 칸에서 오른쪽 칸으로 전자가 이동하면 같아질 수 있다. 이 과정에서 왼쪽 칸에서는 Fe^{2+}가 생성되고, 오른쪽 칸에서는 금속 철이 석출되어 나온다. 전자의 흐름이 왼쪽에서 오른쪽으로 진행되므로, 산화는 왼쪽 칸(산화전극)에서 발생하고 환원은 오른쪽 칸(환원전극)에서 발생한다.

연습 문제 18.78 참조

Nernst 식

전지 전위가 농도에 따라 달라지는 것은 자유 에너지가 농도에 따라 달라지는 것에 직접 기인한다. 제17장에서 배운 다음 식

$$\Delta G = \Delta G° + RT\ln(Q)$$

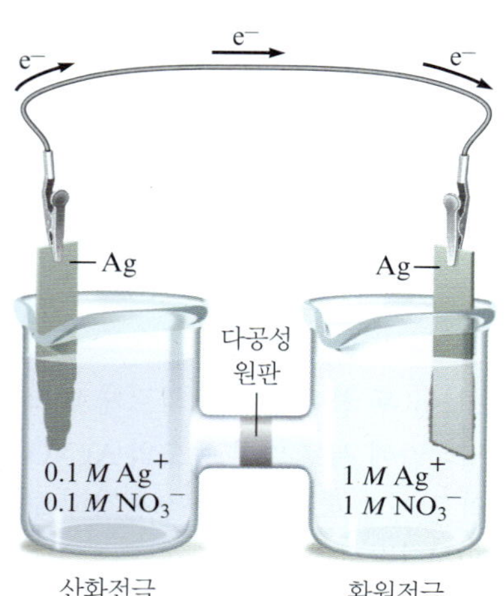

그림 18.9 양쪽 칸에 은 전극과 질산 은 수용액이 든 농도차 전지. 오른쪽 칸에는 1 M Ag^+가, 왼쪽 칸에는 0.1 M Ag^+가 들어 있어서 왼쪽에서 오른쪽으로 전자를 이동시킬 추진력이 있다. 오른쪽 전극에서는 은이 석출되어 그 칸의 Ag^+ 이온 농도가 감소하고, 왼쪽 칸에서는 은 전극이 녹아 용액 내의 Ag^+ 이온 농도가 증가한다.

그림 18.10 두 칸에 각각 서로 다른 농도의 Fe^{2+} 이온과 철 전극이 들어 있는 농도차 전지.

을 기억할 것이다. 여기에서 Q는 반응 지수이고 ΔG의 농도의 영향을 계산하는 데 사용된다. $\Delta G = -nF\mathscr{E}$이고, $\Delta G° = -nF\mathscr{E}°$이기 때문에, 위 식은

$$-nF\mathscr{E} = -nF\mathscr{E}° + RT\ln(Q)$$

가 되며, $-nF$로 양변을 나누어 주면,

Nernst는 전기화학 이론을 발전시킨 선구자들 중 한 명이며, 일반적으로 열역학 제3법칙을 처음으로 제시하였다고 인정받고 있다. 그는 1920년에 노벨 화학상을 받았다.

$$\mathscr{E} = \mathscr{E}° - \frac{RT}{nF}\ln(Q) \qquad \textbf{(18.1)}$$

이 된다. 식 (18.1)은 전지 전위와 전지 내 성분 농도 사이의 관계식인데, 독일의 화학자 Walther Hermann Nernst(1864~1941)의 성을 따서 흔히 **Nernst 식**(Nernst equation)이라 부른다.

Nernst 식은 25°C에서 다음 식으로 주어진다.

$$\mathscr{E} = \mathscr{E}° - \frac{0.0591}{n}\log(Q)$$

이 관계식을 이용하면 표준 상태에 있지 않는 화학종들이 관여하는 전지의 전위를 계산할 수 있다.

예를 들면, 다음 식을 기본으로 하는 갈바니 전지의 $\mathscr{E}°_{전지}$ 값은 0.48 V이다.

$$2Al(s) + 3Mn^{2+}(aq) \longrightarrow 2Al^{3+}(aq) + 3Mn(s)$$

다음과 같은 전지를 생각해 보자.

$$[Mn^{2+}] = 0.50\ M \qquad 그리고 \qquad [Al^{3+}] = 1.50\ M$$

25°C에서 이들 농도에 대한 전지 전위는 Nernst 식을 이용하여 계산할 수 있다.

$$\mathscr{E}_{전지} = \mathscr{E}°_{전지} - \frac{0.0591}{n}\log(Q)$$

$$\mathscr{E}°_{전지} = 0.48\ V$$

이고

$$Q = \frac{[Al^{3+}]^2}{[Mn^{2+}]^3} = \frac{(1.50)^2}{(0.50)^3} = 18$$

반쪽-반응은 다음과 같다.

$$산화: \quad 2Al \longrightarrow 2Al^{3+} + 6e^-$$
$$환원: \quad 3Mn^{2+} + 6e^- \longrightarrow 3Mn$$

이로부터

$$n = 6$$

따라서

$$\mathscr{E}_{전지} = 0.48 - \frac{0.0591}{6}\log(18)$$

$$= 0.48 - \frac{0.0591}{6}(1.26) = 0.48 - 0.01 = 0.47\ V$$

가 된다. 각 화학종의 농도가 표준 상태에 있지 않기 때문에(반응물은 적고 생성물은 많음), 전지 전위가 약간 감소하게 된다. 이 경우 반응물 농도는 1.0 M보다 낮고, 생성물 농도는 1.0 M보다 높기 때문에 $\mathscr{E}_{전지}$는 $\mathscr{E}°_{전지}$보다 작다.

Nernst 식을 써서 계산한 전위 값은 전류가 흐르기 전의 최대 전위이다. 전지가 방전(discharge)하고 전류가 산화전극에서 환원전극으로 흐름에 따라 농도는 변하여 결과적으

로 $\mathscr{E}_{전지}$는 변화할 것이다. 실제로 *전지는 평형에 이를 때까지 자발적으로 방전하여*

$$Q = K(\text{평형 상수}) \quad \text{와} \quad \mathscr{E}_{전지} = 0$$

에 이른다.

"죽은" 배터리는 전지 반응이 평형에 이른 것이어서 전선을 통하여 전자를 밀어낼 화학적 추진력이 더 이상 없다. 다른 말로 하면, *평형에 있을 때 전지의 두 칸 내에 있는 화학종은 서로 동일한 자유 에너지를 가지며*, 평형 농도에 있는 전지 반응에 대해 $\Delta G = 0$이다. 평형에 있는 전자는 더 이상 일할 능력이 없다.

비판적 사고 전해 전지의 $\mathscr{E}° = 0$란 어떻게 된 것인가? 이것은 그 전지가 "죽었다"는 뜻인가? $\mathscr{E} = 0$란 어떻게 된 것인가? 각 경우에 대한 답을 설명하라.

대화형 예제 18.7 Nernst 식

아래의 두 반쪽-반응을 기초로 한 전지를 설명하라.

$$VO_2^+ + 2H^+ + e^- \longrightarrow VO^{2+} + H_2O \qquad \mathscr{E}° = 1.00\text{ V} \qquad (1)$$

$$Zn^{2+} + 2e^- \longrightarrow Zn \qquad \mathscr{E}° = -0.76\text{ V} \qquad (2)$$

여기에서

$T = 25°C$

$[VO_2^+] = 2.0\,M$

$[H^+] = 0.50\,M$

$[VO^{2+}] = 1.0 \times 10^{-2}\,M$

$[Zn^{2+}] = 1.0 \times 10^{-1}\,M$

풀이 균형 맞춘 전지 반응식은 반응 (2)를 반대로 하고 반응 (1)에 2를 곱해 주면 된다.

2 × 반응 (1) $\quad 2VO_2^+ + 4H^+ + 2e^- \longrightarrow 2VO^{2+} + 2H_2O \qquad \mathscr{E}°\text{ (환원전극)} = 1.00\text{ V}$

반응 (2)의 역 $\quad Zn \longrightarrow Zn^{2+} + 2e^- \qquad -\mathscr{E}°\text{ (산화전극)} = 0.76\text{ V}$

전지 반응: $\quad 2VO_2^+(aq) + 4H^+(aq) + Zn(s) \longrightarrow 2VO^{2+}(aq) + 2H_2O(l) + Zn^{2+}(aq) \qquad \mathscr{E}°_{전지} = 1.76\text{ V}$

전지 내에 1 M이 아닌 화학종들이 들어 있기 때문에 Nernst 식을 써서 전지 전위를 구해야 한다. $n = 2$(전자 두 개가 이동하였으므로)이므로, 25°C에서

$$\mathscr{E} = \mathscr{E}°_{전지} - \frac{0.0591}{n}\log(Q)$$

$$= 1.76 - \frac{0.0591}{2}\log\left(\frac{[Zn^{2+}][VO^{2+}]^2}{[VO_2^+]^2[H^+]^4}\right)$$

$$= 1.76 - \frac{0.0591}{2}\log\left(\frac{(1.0 \times 10^{-1})(1.0 \times 10^{-2})^2}{(2.0)^2(0.50)^4}\right)$$

$$= 1.76 - \frac{0.0591}{2}\log(4 \times 10^{-5}) = 1.76 + 0.13 = 1.89\text{ V}$$

이며, 그림 18.11에 전지 그림이 그려져 있다.

연습 문제 18.83~18.86 참조

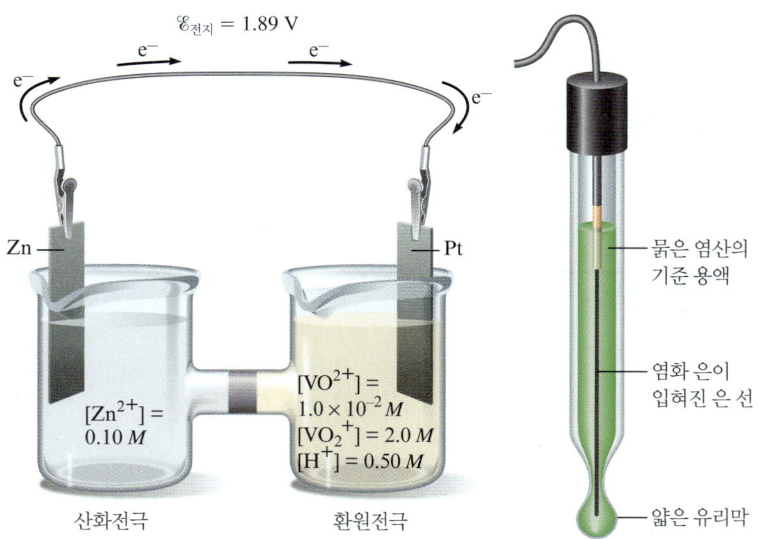

그림 18.11 예제 18.7에 설명한 전지의 개략도.

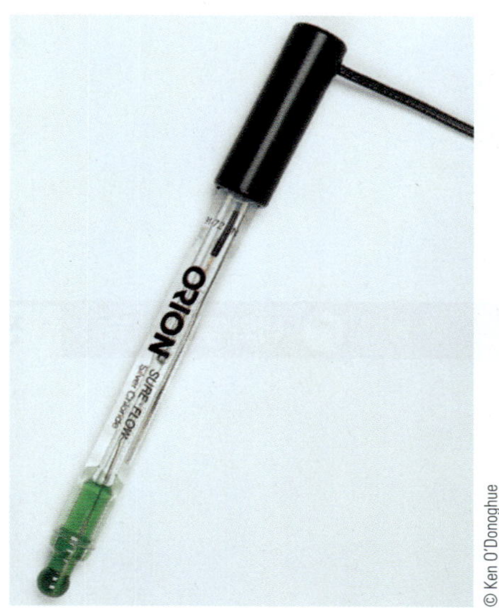

그림 18.12 유리 전극에는 기준 용액인 묽은 염산이 얇은 유리막 안에 들어 있고, 염화 은이 입혀진 은 선이 담겨 있다. H^+ 이온이 들어 있는 용액에 유리 전극을 넣을 때 두 용액 사이의 $[H^+]$의 차이에 따라 전극 전위가 결정된다.

이온-선택성 전극

전지 전위는 전지 반응에 참여하는 반응물과 생성물의 농도에 따라 변화하기 때문에 측정한 전위를 이용하면 특정 이온의 농도를 결정할 수 있다. 전위를 측정하여 농도를 결정하는 친근한 예로 pH 측정기(그림 14.7 참조)를 들 수 있다. pH 측정기에는 중요한 세 부분이 있다. 전위가 알려진 표준 전극, 용액 내의 수소 이온 농도에 따라 전위가 변하는 **유리 전극**(glass electrode), 그리고 이 두 전극 사이의 전위를 측정하는 전위차계이다. 전위차계에 나타난 값은 용액의 pH 값으로 자동적으로 바뀌게 된다.

유리 전극(그림 18.12)에는 기준 용액인 묽은 염산이 얇은 유리막 안에 들어 있다. 유리 전극의 전위는 유리 전극 내의 기준 용액과 유리 전극 밖의 시료 용액 사이의 $[H^+]$의 차이에 따라 변한다. 따라서 전위는 시료 용액의 pH에 따라 변한다.

특정 이온 농도에 감응하는 전극을 **이온-선택성 전극**(ion-selective electrode)이라 하며, pH를 측정하는 유리 전극은 그 한 예이다. 유리의 조성을 바꾸어 주면 Na^+, K^+ 또는 NH_4^+ 등의 이온에 감응하는 유리 전극을 만들 수 있다. 유리막을 적절한 결정 물질로 바꾸어주면 다른 이온도 검출할 수 있다. 예를 들면, 플루오린화 란타넘(III)(LaF_3) 결정은 $[F^-]$를 측정하는 전극으로, 고체 황화 은(Ag_2S)은 $[Ag^+]$와 $[S^{2-}]$를 측정하는 전극으로 쓰일 수 있다. 이온들 가운데 이온-선택성 전극으로 검출할 수 있는 것들을 표 18.2에 수록하였다.

표 18.2 이온-선택성 전극으로 농도를 측정할 수 있는 이온들

양이온	음이온
H^+	Br^-
Cd^{2+}	Cl^-
Ca^{2+}	CN^-
Cu^{2+}	F^-
K^+	NO_3^-
Ag^+	S^{2-}
Na^+	

산화-환원 반응의 평형 상수 계산

$\mathscr{E}°$와 $\Delta G°$ 사이에 정량적인 관계가 있기 때문에 다음과 같이 산화-환원 반응에 대한 평형 상수를 계산할 수 있다. 전지가 평형에 있으면

$$\mathscr{E}_{전지} = 0 \quad 이고 \quad Q = K$$

이다. Nernst 식에 이 조건들을 대입하면 25°C에서

$$\mathscr{E} = \mathscr{E}° - \frac{0.0591}{n}\log(Q)$$

이므로 $$0 = \mathscr{E}° - \frac{0.0591}{n}\log(K)$$

또는 $$\log(K) = \frac{n\mathscr{E}°}{0.0591} \quad (25°\text{C에서})$$

이다.

대화형 예제 18.8 전지 전위로부터 평형 상수

아래 산화–환원 반응에 대해서

$$S_4O_6^{2-}(aq) + Cr^{2+}(aq) \longrightarrow Cr^{3+}(aq) + S_2O_3^{2-}(aq)$$

두 적절한 반쪽–반응은 다음과 같다.

$$S_4O_6^{2-} + 2e^- \longrightarrow 2S_2O_3^{2-} \qquad \mathscr{E}° = 0.17\text{ V} \qquad (1)$$

$$Cr^{3+} + e^- \longrightarrow Cr^{2+} \qquad \mathscr{E}° = -0.50\text{ V} \qquad (2)$$

균형 맞춘 산화–환원 반응식, $\mathscr{E}°$ 및 K (25°C에서)를 구하라.

풀이 균형 맞춘 반응식을 구하기 위해서는, 반응 (2)를 반대로 하고 2를 곱한 후 반응 (1)과 더한다.

반응 (1) $$S_4O_6^{2-} + 2e^- \longrightarrow 2S_2O_3^{2-} \qquad \mathscr{E}°(\text{환원전극}) = 0.17\text{ V}$$

2 × 반응 (2)의 역 $$2(Cr^{2+} \longrightarrow Cr^{3+} + e^-) \qquad -\mathscr{E}°(\text{산화전극}) = -(-0.50)\text{ V}$$

전지 반응: $$2Cr^{2+}(aq) + S_4O_6^{2-}(aq) \longrightarrow 2Cr^{3+}(aq) + 2S_2O_3^{2-}(aq) \qquad \mathscr{E}° = 0.67\text{ V}$$

▲ 푸른색 용액에는 Cr^{2+} 이온이 들어 있고, 녹색 용액에는 Cr^{3+} 이온이 들어 있다.

이 반응에서는 단위 반응당 2 mol의 전자가 이동한다. 즉, 2 mol의 Cr^{2+}가 1 mol $S_4O_6^{2-}$와 반응하여 2 mol Cr^{3+}와 2 mol $S_2O_3^{2-}$를 형성할 때마다 2 mol의 전자가 이동한다. 따라서 $n = 2$이고,

$$\log(K) = \frac{n\mathscr{E}°}{0.0591} = \frac{2(0.67)}{0.0591} = 22.6$$

K 값은 22.6의 antilog를 취해 주면 구할 수 있다.

$$K = 10^{22.6} = 4 \times 10^{22}$$

이다. 이렇게 큰 평형 상수는 산화–환원 반응에서 흔히 볼 수 있다.

연습 문제 18.87~18.90 참조

18.5 배터리

배터리(battery, 복합 전지)란 단일 갈바니 전지이거나 더 일반적으로는 한 그룹의 갈바니 전지들이 직렬로 연결된 것으로, 배터리 전위는 각 전지 전위의 합이다. 배터리는 직류 전원으로 현대 사회에서 필수적인 휴대용 동력원이 되었다. 이 절에서는 가장 흔한 형태의 배터리에 대해 공부하고, 이 장의 끝에 가서 최근 개발된 새 배터리에 대해 다루기로 하겠다.

납 축전지

자동 시동기가 자동차에 처음 사용된 1915년경 이래로 **납 축전지**(lead storage battery)는 자동차를 실용 교통 수단으로 만드는 데 큰 기여를 해왔다. 이러한 배터리는 −34°C에서 49°C에 이르는 넓은 온도 범위 내에서, 또 거친 도로면에도 견디어 수년간 작동이 가능하다.

납 축전지에서 납은 산화전극으로, 이산화 납이 입혀진 납은 환원전극으로 각각 작용한다. 전극들은 황산 용액에 들어 있으며, 전극 반응은 다음과 같다.

$$\begin{array}{ll} \text{산화전극 반응:} & Pb + HSO_4^- \longrightarrow PbSO_4 + H^+ + 2e^- \\ \text{환원전극 반응:} & PbO_2 + HSO_4^- + 3H^+ + 2e^- \longrightarrow PbSO_4 + 2H_2O \\ \hline \text{전지 반응:} & Pb(s) + PbO_2(s) + 2H^+(aq) + 2HSO_4^-(aq) \longrightarrow 2PbSO_4(s) + 2H_2O(l) \end{array}$$

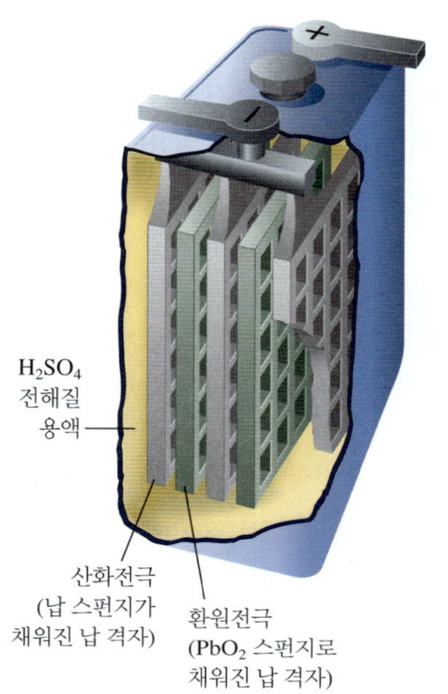

그림 18.13 12 V 납 축전지 내의 여섯 전지 중 하나. 산화전극은 납 스펀지가 채워진 납 격자로 되어있고, 환원전극은 이산화 납이 채워진 납 격자로 되어 있다. 전지에는 질량비로 38% 황산이 들어 있다.

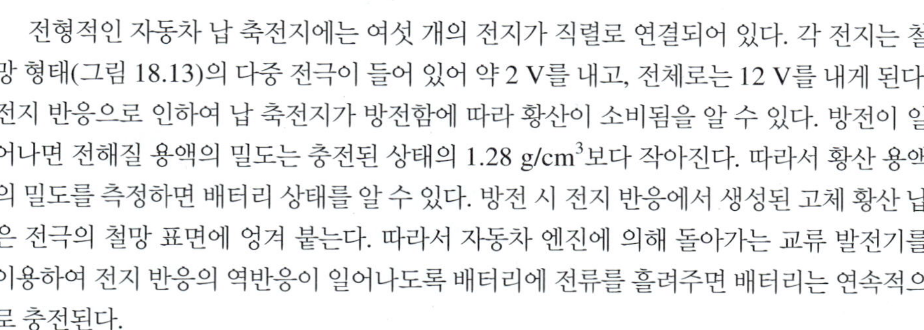

전형적인 자동차 납 축전지에는 여섯 개의 전지가 직렬로 연결되어 있다. 각 전지는 철망 형태(그림 18.13)의 다중 전극이 들어 있어 약 2 V를 내고, 전체로는 12 V를 내게 된다. 전지 반응으로 인하여 납 축전지가 방전함에 따라 황산이 소비됨을 알 수 있다. 방전이 일어나면 전해질 용액의 밀도는 충전된 상태의 1.28 g/cm^{3}보다 작아진다. 따라서 황산 용액의 밀도를 측정하면 배터리 상태를 알 수 있다. 방전 시 전지 반응에서 생성된 고체 황산 납은 전극의 철망 표면에 엉겨 붙는다. 따라서 자동차 엔진에 의해 돌아가는 교류 발전기를 이용하여 전지 반응의 역반응이 일어나도록 배터리에 전류를 흘려주면 배터리는 연속적으로 충전된다.

어떤 자동차의 수명이 다 된 납 축전지를 시동이 걸린 자동차 납 축전지에 연결하여 "점프-스타트" 할 수 있다. 그러나 이렇게 하는 동안에 흘려 준 전류는 방전이 된 납 축전지에 있는 물을 전기분해시켜 수소와 산소를 발생하게 할 수 있기 때문에(자세한 것은 18.7절 참조) 주의를 해야 한다. 즉, 납 축전지의 방전이 된 자동차에 시동이 걸린 후 점프-선을 뗄 때에 수소와 산소의 기체 혼합물에 불을 붙일 수 있는 아크가 생긴다. 만약 이런 일이 일어나면 납 축전지는 폭발하고, 부식성이 강한 황산을 분출하게 된다. 이런 문제는 접지 점프-선을 납 축전지에서 먼 엔진 부분에 연결하면 피할 수 있다. 그렇게 하면 점프-선을 뗄 때 아크가 생겨도 위험스러운 일이 발생하지 않는다.

재래형 납 축전지를 사용할 때는 납 축전지의 충전 과정에서 전기분해로 인하여 전해질 용액 중의 물이 고갈되기 때문에 주기적으로 "윗부분까지" 물을 채워 주는 것이 필요하다. 최근에 나온 납 축전지에는 물의 전기분해를 막는 칼슘과 납의 합금으로 만들어진 전극들이 들어 있어서 물을 넣어 줄 필요가 없기 때문에 납 축전지를 봉할 수 있게 되어 있다.

100년 동안 납 축전지가 계속 사용되어 왔고, 더 나은 시스템이 만들어지지 못하고 있다는 사실은 실로 놀라운 일이다. 납 축전지가 유용하게 쓰이고 있지만, 실제 자동차에서의 수명이 3~5년 정도밖에 되지 못하고 있다. 납 축전지가 무한정으로 방전과 충전 과정을 거쳐 나갈 수 있을 것으로 보이지만 도로에서의 충격으로 인한 물리적 손상 및 화학적 부반응 등으로 인해 납 축전지는 결국 작동하지 않게 된다.

다른 배터리

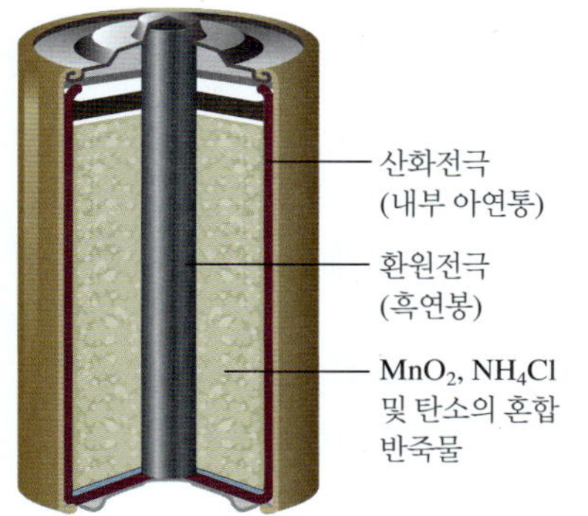

그림 18.14 흔히 사용하는 일반 건전지.

계산기, 전자 오락기, 디지털 시계, 스마트폰 등은 모두 작고 효율 좋은 건전지에 의해 작동된다. 흔히 보는 **건전지**(dry cell batery)는 100여 년 전 프랑스의 화학자 George Leclanché(1839~1882)가 발명한 것이다. *산성형* 건전지는 산화전극으로 작용하는 내부 아연 통과 고체 MnO_2, 고체 NH_4Cl, 탄소의 반죽에 접해 있으면서 환원전극으로 작용하는 탄소봉으로 되어 있다(그림 18.14). 두 반쪽-반응은 실제로 복잡하지만, 대략 다음과 같이 표현할 수 있다.

$$\begin{array}{ll} \text{산화전극 반응:} & Zn \longrightarrow Zn^{2+} + 2e^- \\ \text{환원전극 반응:} & 2NH_4^+ + 2MnO_2 + 2e^- \longrightarrow Mn_2O_3 + 2NH_3 + H_2O \end{array}$$

이 전지는 약 1.5 V의 전위를 낸다.

알칼리형 건전지에는 고체 NH_4Cl 대신에 KOH나 NaOH가 들어 있다. 이 경우 두 반쪽-반응은 대략 다음처럼 표현할 수 있다.

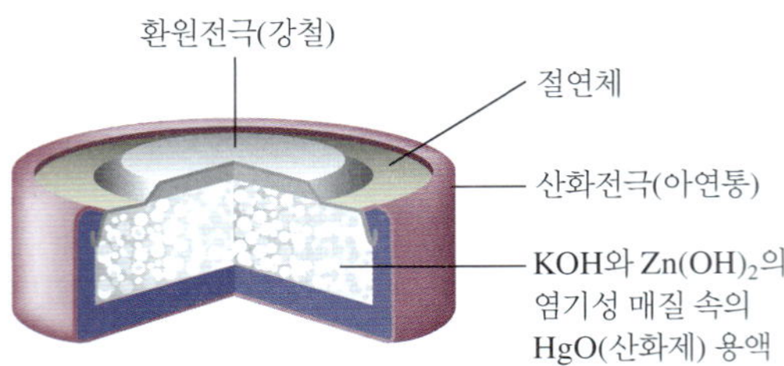

그림 18.15 계산기에 쓰이는 수은 배터리.

$$\text{산화전극 반응:} \quad Zn + 2OH^- \longrightarrow ZnO + H_2O + 2e^-$$
$$\text{환원전극 반응:} \quad 2MnO_2 + H_2O + 2e^- \longrightarrow Mn_2O_3 + 2OH^-$$

아연 산화전극이 산성 조건에서보다 염기성 조건에서 덜 부식하기 때문에 알칼리형 건전지가 더 오래간다.

다른 형태의 건전지로 은 전지 및 수은 전지 등이 있다. 은 *전지(silver cell)*는 아연 산화전극과 염기 조건에서 Ag_2O를 산화제로 쓰는 환원전극으로 되어 있다. 소형 계산기에 흔히 사용되는 수은 *전지(mercury cell)*는 아연 산화전극과 염기성 조건에서 HgO를 산화제로 쓰는 환원전극으로 되어 있다(그림 18.15).

특히 중요한 건전지로 *니켈-카드뮴 배터리*가 있는데, 그 전극 반응은 다음과 같다.

$$\text{산화전극 반응:} \quad Cd + 2OH^- \longrightarrow Cd(OH)_2 + 2e^-$$
$$\text{환원전극 반응:} \quad NiO_2 + 2H_2O + 2e^- \longrightarrow Ni(OH)_2 + 2OH^-$$

이 전지의 경우, 납 축전지의 경우처럼 생성물이 전극에 들러붙는다. 따라서 니켈-카드뮴 배터리는 여러 번 재충전할 수 있다.

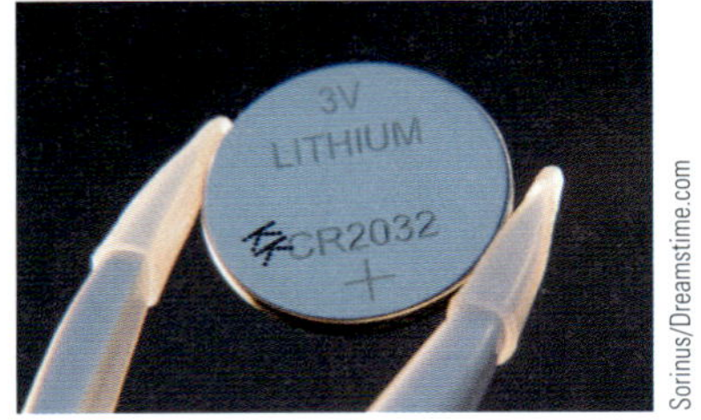

▲ 전자 시계용 배터리는 필요에 의해 매우 작게 만든다.

*리튬-이온 배터리*에서는 환원전극에서 Li^+ 이온이 산화전극으로 이동하고, 충전 시 Li^+ 이온이 산화전극 안으로 삽입(전극 내부로 들어감)된다. 동시에 전자는 외부 회로를 따라 충전기의 산화전극으로 이동하여 전하 균형을 맞춘다. 방전되면 반대 과정이 진행된다. 처음 성공적인 리튬-이온 배터리에는 원래 $LiCoO_2$과 리튬이 삽입된 탄소(LiC_6) 산화전극이 들어 있었다. 최근에는 코발트 대신에 니켈, 망가니즈와 같은 전이 금속을 환원전극에 포함시키고 있다. 이 혼합 금속 환원전극은 더 큰 출력을 내고 재충전 시간도 짧다.

리튬-이온 배터리는 휴대용 전화기, 노트북 컴퓨터, 동력 공구, 자동차나 오토바이의 전기 운전 시스템 등에 다양하게 응용되고 있다.

연료 전지

연료 전지(fuel cell)란 *반응물이 연속적으로 공급되는 갈바니 전지*이다. 원리를 설명하기 위해 메테인과 산소 사이의 발열 산화-환원 반응을 생각해 보자.

$$CH_4(g) + 2O_2(g) \longrightarrow CO_2(g) + 2H_2O(g) + \text{에너지}$$

보통 이 반응에서 나오는 에너지는 집을 데우거나 기계를 돌리는 데 쓰이는 열로 방출된다. 그러나 이 반응을 이용하여 고안된 연료 전지에서 에너지는 전류를 만들어 내는 데 이용된다. 전자는 환원제(CH_4) 쪽으로부터 전도체를 통하여 산화제(O_2) 쪽으로 흐르게 된다.

미국의 우주 계획으로 인하여 연료 전지 개발 연구가 많이 수행되었다. 우주 왕복선은 수소와 산소가 반응하여 물이 생성되는 반응을 기본으로 한 연료 전지를 이용한다.

$$2H_2(g) + O_2(g) \longrightarrow 2H_2O(g)$$

이 반응을 이용한 연료 전지가 그림 18.16에 개략적으로 그려져 있다. 두 반쪽-반응은 다음과 같다.

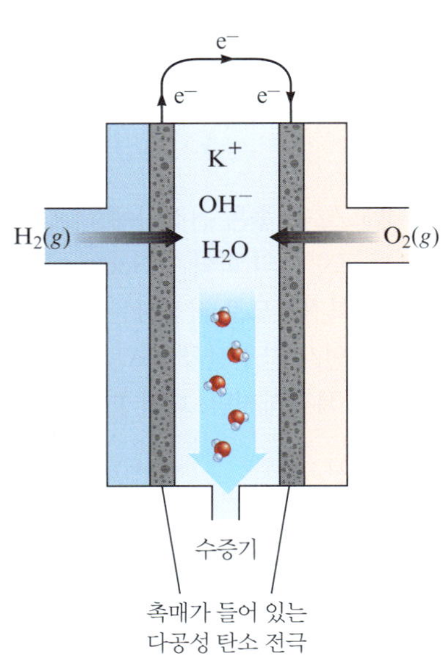

그림 18.16 수소-산소 연료 전지 모형도.

산화전극 반응: $2H_2 + 4OH^- \longrightarrow 4H_2O + 4e^-$

환원전극 반응: $4e^- + O_2 + 2H_2O \longrightarrow 4OH^-$

무게가 약 500파운드인 연료 전지는 우주선에는 설계할 수 있었지만, 휴대용 일반적 전원으로는 실용적이지 못하다. 그러나 휴대용 전기화학적 전원에 관한 연구가 현재 빠르게 진행되고 있다. 실제로 연료 전지로 작동되는 자동차는 이미 도로에서 시험 운행되고 있다.

또한 연료 전지도 영구 전원으로 사용되고 있다. 예를 들어, New York시에 건설되어 있는 발전소에는 가변적 전력 수요에 대비하여 즉각 작동시킬 수 있는 수소-산소 연료 전지가 많이 있다. 수소 기체는 천연 기체 중에 있는 메탄올을 분해하여 얻는다. 현재 일본 Tokyo에서는 이 원리를 이용한 발전소가 건설되어 있다.

또 수소를 생산하지 않고 메탄올이나 디젤유를 연료로 쓸 수 있는 새로운 연료 전지가 개발 중이다.

18.6 부식

부식(corrosion)은 금속이 자연 상태, 즉 금속을 뽑아낸 원래의 광석으로 되돌아가는 과정이라고 볼 수 있다. 부식에는 금속의 산화 과정이 들어 있다. 부식된 금속은 흔히 금속 본래의 구조나 특성을 잃기 때문에 자발적 과정인 부식은 경제적으로 큰 영향을 미친다. 예를 들면, 매년 생산되는 철과 강철의 약 1/5이 녹슨 것을 대체하는 데 사용된다.

구리, 금, 은 및 백금과 같은 몇 가지 금속은 상대적으로 산화되기 어려우므로 *귀금속*이라고 부른다.

금속은 쉽게 산화되기 때문에 부식된다. 표 18.1을 보면, 금을 제외한 구조 및 장식을 목적으로 흔히 사용되는 금속들의 표준 환원 전위가 산소의 표준 환원 전위보다 작은 값임을 알 수 있다. 이러한 금속들의 반쪽-반응을 반대로 하여 금속이 산화되도록 하고, 산소의 환원 반쪽-반응과 결합시키면 그 결과 생기는 $\mathscr{E}°$ 값은 양이 된다. 따라서 대부분의 금속은 산소에 의해 자발적으로 산화된다(전위로부터 그 산화가 얼마나 빨리 일어날지는 알 수 없다).

산소와 대부분 금속들의 환원 전위차가 아주 크다는 관점에서, 부식 문제가 있음에도 불구하고 공기 중에서 금속을 실제 계속 사용하고 있다는 사실은 놀라운 일이다. 실제 대부분의 금속은 표면에 얇은 산화막을 형성하여 내부 금속 원자가 산화되지 않도록 보호하는 경향이 있다. 이런 현상을 가장 잘 보여 주는 금속은 알루미늄이다. 알루미늄은 그 환원 전위가 −1.66 V이기 때문에 산소에 의하여 쉽게 산화된다. 산화-환원 반응에 대한 열역학적 고찰만을 하면 알루미늄 비행기는 폭풍우에 녹을 것으로 생각할 수 있다. 이렇게 활성이 큰 금속인 알루미늄이 구조 재료로 쓰일 수 있는 이유는 얇은 부착성 산화 알루미늄, Al_2O_3 [$Al_2(OH)_6$가 더 적절한 표현임]의 층이 표면에 형성되어 부식이 더 진행되는 것을 막기 때문이다. “보호” 산화막이 입혀진 알루미늄의 환원 전위는 −0.6 V이기 때문에, 이때의 알루미늄은 마치 귀금속과 같이 행동한다.

철(iron)도 보호 산화막을 형성한다. 그러나 철의 보호 산화막은 부식을 완전히 막지 못한다. 강철이 습기 찬 공기 중의 산소와 접하면 이미 형성된 산화물은 벗겨져 나가고, 새 금속 표면이 부식하게 된다.

구리나 은과 같은 귀금속의 부식 생성물은 복잡하며, 이들을 장식 재료로 쓰는 데 영향을 준다. 일반적인 대기 조건에서 구리는 녹청(*patina*)이라고 하는 푸른색의 탄산 구리 층을 형성한다. 녹슨 은(*silver tarnish*)은 황화 은(Ag_2S)이며, 그것이 얇은 층을 이루면 표면이 선명한 외양을 띠게 된다. 금은 그 표준 환원 전위가 1.50 V이어서, 산소의 값 1.23 V보다 훨씬 크기 때문에 공기 중에서 부식되지 않는다.

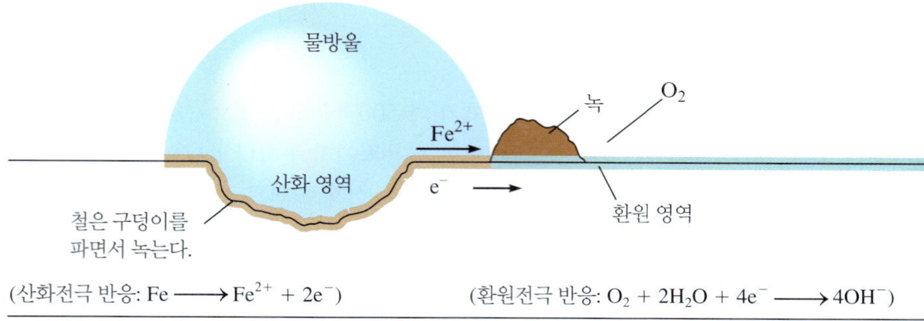

그림 18.17 철의 전기화학적 부식.

철의 부식

강철은 다리, 건물 및 자동차에 있어서 중요한 구조 재료이기 때문에 그 부식을 억제하는 것은 아주 중요한 문제이다. 부식을 억제하기 위해서는 우선 부식 메커니즘을 이해해야 한다. 철의 부식은 직접 산화 과정이 아니라, 그림 18.17에 나타낸 것처럼 전기화학 반응이다.

강철은 그 화학 조성이 완전히 균일하지는 않기 때문에 그 표면이 균일하지 않다. 또한 물리적 변형으로 인하여 강철에 취약점들이 생긴다. 이러한 비등질성으로 인하여 표면에 철이 쉽게 산화되는 곳(*산화 영역*)과 그렇지 않은 곳(*환원 영역*)이 생긴다. 산화 영역에서 철 원자는 각각 두 개의 전자를 잃어 Fe^{2+} 이온을 형성한다.

$$Fe \longrightarrow Fe^{2+} + 2e^-$$

이 전자는 갈바니 전지에서 전선을 통하여 흐르듯 강철을 통하여 환원 영역으로 흘러 산소와 반응이 일어난다.

$$O_2 + 2H_2O + 4e^- \longrightarrow 4OH^-$$

산화 영역에서 생성된 Fe^{2+} 이온은 마치 갈바니 전지에서 이온이 염다리를 통하여 이동하듯이 강철 표면 위에 있는 습기를 통하여 환원 영역으로 이동한다. 환원 영역에서 Fe^{2+} 이온은 산소와 반응하여 녹이 형성되는데, 이는 여러 다른 조성의 수화된 산화 철(III)이다.

$$4Fe^{2+}(aq) + O_2(g) + (4 + 2n)H_2O(l) \longrightarrow \underset{\text{녹}}{2Fe_2O_3 \cdot nH_2O(s)} + 8H^+(aq)$$

이온과 전자가 이동하기 때문에 녹은 강철에서 철이 녹아 웅덩이가 생기는 곳으로부터 먼 위치에서 흔히 이루어진다. 철 산화물의 수화 정도에 따라 녹은 검정, 노랑 및 적갈색 등의 다양한 색깔을 띤다.

철이 녹스는 것에 대한 전기화학적 본질을 이해하면 부식 과정에 있어서 습기의 중요성을 알 수 있다. 습기는 산화 영역과 환원 영역 사이에서 일종의 염다리로 작용하기 위해 반드시 존재해야 한다. 자동차 수명이 비교적 습도가 높은 미국 중서부보다 건조한 미국 남서부에서 더 오래 간다는 사실에서 알 수 있듯이, 강철은 건조한 공기 중에서 녹슬지 않는다. 눈과 얼음을 녹이기 위해 길 위에 염을 뿌리는 추운 지역에서 차에 녹이 많이 스는 것으로부터 알 수 있듯이, 염은 녹스는 것을 가속화한다. 축축한 강철 표면에 녹아 있는 염은 강철 표면 수용액의 전기 전도도를 증가시키고, 따라서 전기화학적인 부식 과정을 가속화시키기 때문에 녹의 생성이 크게 가속화된다. 염화 이온은 또한 Fe^{3+}와 아주 안정한 착이온을 형성하여 철이 녹는 것을 도와주어 역시 철의 부식을 가속화하게 된다.

부식의 방지

부식을 방지하는 것은 천연 에너지원과 천연 금속원을 보존하는 중요한 길이다. 부식을 방지하는 주된 방법으로는 산소나 습기로부터 금속을 보호하기 위하여 페인트나 금속 도금

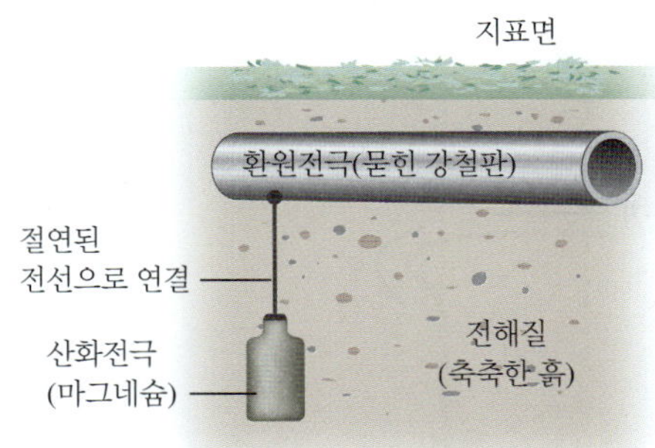

그림 18.18 지하 송수관의 음극화 보호.

등의 얇은 막을 입히는 것이 있다. 크로뮴이나 주석은 산화되어 견고하고 튼튼한 산화막을 형성하기 때문에 강철을 도금하는 데 흔히 쓰인다(18.8절). **아연 도금**(galvanizing)이라 부르는 과정으로 강철을 코팅하는 데 사용되는 아연은 혼합 산화물–탄산염 피막을 형성한다. 산화 반쪽–반응의 전위로부터 알 수 있듯이 아연이 철보다 활성이 더 큰 금속이기 때문에 산화 반응이 발생하면 철보다 아연을 더 잘 녹이게 된다.

$$\mathrm{Fe} \longrightarrow \mathrm{Fe}^{2+} + 2\mathrm{e}^- \qquad -\mathscr{E}^\circ = 0.44\ \mathrm{V}$$
$$\mathrm{Zn} \longrightarrow \mathrm{Zn}^{2+} + 2\mathrm{e}^- \qquad -\mathscr{E}^\circ = 0.76\ \mathrm{V}$$

가장 양의 표준 전위를 가진 반응이 열역학적으로 일어날 경향이 더 큰 것을 기억하라. 따라서 아연은 철 표면에서 "희생막"으로 작용하게 된다.

부식을 방지하는 데에는 또한 *합금법*이 사용된다. *스테인레스 강*에는 크로뮴과 니켈이 들어 있는데, 모두 산화막을 형성하여 강철의 환원 전위를 귀금속의 전위로 바꾼다. 추가적으로, 표면 합금을 만들기 위하여 새로운 기술이 현재 개발되고 있다. 즉, 스테인레스 강과 같이 전체적으로 조성이 같은 합금을 만드는 대신에 값이 싼 탄소 강에 이온을 충격시켜 그 표면에 얇은 스테인레스 강 층을 만들거나 또는 다른 바람직한 합금을 그 표면에 형성하게 하는 것이다. 이 과정에서, 합금을 만드는 "플라스마" 또는 "이온 기체"를 높은 온도에서 만든 다음 금속의 표면으로 향하게 한다.

땅에 매설한 연료 탱크나 송수관에 있는 강철을 보호하는 데 흔히 쓰이는 방법은 **음극화 보호**(cathodic protection)이다. 마그네슘과 같은 활성이 큰 금속을 전선을 통하여 보호하려고 하는 송수관이나 탱크에 연결한다(그림 18.18). 철보다 마그네슘이 더 좋은 환원제이기 때문에 전자는 철이 아닌 마그네슘에 의해 공급되고, 철은 산화되지 않는다. 산화가 발생함에 따라 마그네슘 산화전극이 녹기 때문에 주기적으로 마그네슘을 바꾸어 주어야 한다. 유사한 방식으로 배의 선체를 보호하기 위하여 강철 선체에 타이타늄 금속 막대를 붙인다. 바닷물에서 타이타늄이 산화전극으로 작용하여 강철 선체(환원전극) 대신 산화된다.

18.7 전기분해

전해 전지에서는 전기 에너지를 사용하여 비자발적 화학 변화를 일으킨다.

갈바니 전지에서 산화–환원 반응이 자발적으로 진행될 때 전류가 흐른다. 비슷한 장치인 **전해 전지**(electrolytic cell)는 전기 에너지를 사용하여 화학 변화를 진행시킨다. **전기분해**(electrolysis) 과정에서는 *전지를 통하여 전류가 흐르게 함으로써 전지 전위가 음인 화학 반응*이 일어나도록 한다. 즉, 전기적인 일을 써서 비자발적인 화학 반응이 일어나도록 하는 것이다. 전기분해는 실제적으로 아주 중요하다. 배터리 충전, 알루미늄 생산, 크로뮴 도금 등은 모두 전기분해에 의해 행해지는 것이다.

갈바니 전지와 전해 전지 사이의 차이점을 설명하기 위해서, 자발적으로 1.10 V를 생

그림 18.19 (**a**) 자발적 반응, $Zn + Cu^{2+} \longrightarrow Zn^{2+} + Cu$를 기초로 한 표준 갈바니 전지. (**b**) 표준 전해 전지. 전원이 반대 반응, $Cu + Zn^{2+} \longrightarrow Cu^{2+} + Zn$을 강제로 진행시킨다.

산하는 그림 18.19(a)의 전지를 생각해 보자. *갈바니* 전지의 산화전극에서의 반응은 다음과 같다.

$$Zn \longrightarrow Zn^{2+} + 2e^-$$

반면에 환원전극에서의 반응은 다음과 같다.

$$Cu^{2+} + 2e^- \longrightarrow Cu$$

그림 18.19(b)는 (a)에서의 *반대* 방향으로 외부 전원이 전지를 통해 전자를 강제로 흐르게 하는 것을 보여 준다. 그러기 위해서는 전지 전위인 1.10 V보다 더 큰 전위를 걸어 주어야 하는 외부의 전원이 필요하다. 이 장치가 *전해 전지*이다. 주목할 점은 (a)와 (b) 사이에서 전자의 흐름과 산화전극과 환원전극이 서로 반대라는 점이다. 염다리를 통한 이온의 흐름 또한 두 전지에서 반대이다.

1 A = 1 C/s

이제 전기분해 과정에 관한 화학량론, 즉 *주어진 양의 전류가 일정 시간 동안 흐를 때 화학 반응이 얼마나 일어나는가*에 관해 생각해 보겠다. 10.0**암페어**(ampere; 약자는 A, 1 A는 *초당 1쿨롱의 전하*이다)의 전류를 Cu^{2+} 용액을 통하여 30.0분간 흘릴 때 도금되는 구리의 질량을 계산해 보자. *도금*한다는 것은 용액 중의 금속 이온을 환원시켜 전극 표면에 중성 금속을 석출시키는 것을 의미한다. 각 Cu^{2+} 이온은 두 개의 전자를 받아 구리 금속 원자가 된다.

$$Cu^{2+}(aq) + 2e^- \longrightarrow Cu(s)$$

이 환원 과정은 전해 전지의 환원전극에서 발생한다.

위 화학량론 문제를 풀기 위해서는 다음 단계들이 필요하다:

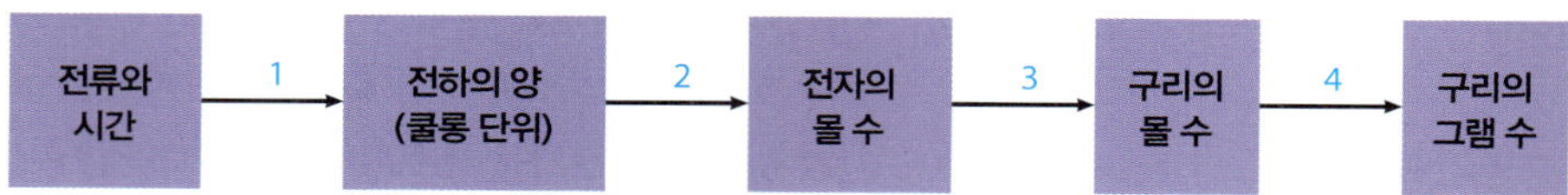

1. 암페어는 매초 흐른 1쿨롱의 전하이므로 환원전극으로부터 Cu^{2+} 용액을 통하여 흐른 전하의 총 쿨롱 수는 전류에 초 수를 곱해야 한다.

$$\text{전하의 쿨롱 수} = \text{암페어 수} \times \text{초 수} = \frac{C}{s} \times s$$
$$= 10.0\,\frac{C}{s} \times 30.0\,\text{분} \times 60.0\,\frac{s}{\text{분}}$$
$$= 1.80 \times 10^4\ C$$

2. 1 mol의 전자는 1패러데이, 즉 96,485쿨롱의 전하를 운반하기 때문에 1.80×10^4 쿨롱의 전하를 운반하는 데 필요한 전자의 몰 수를 계산할 수 있다.

$$1.80 \times 10^4\ C \times \frac{1\ mol\ e^-}{96{,}485\ C} = 1.87 \times 10^{-1}\ mol\ e^-$$

이것은 0.187 mol의 전자가 Cu^{2+} 용액으로 흘렀음을 의미한다.

3. 각 Cu^{2+} 이온이 구리 원자로 되는 데에는 두 개의 전자가 필요하다. 따라서 전자 1몰당 금속 구리 $\frac{1}{2}$몰이 생성된다.

$$1.87 \times 10^{-1}\ mol\ e^- \times \frac{1\ mol\ Cu}{2\ mol\ e^-} = 9.35 \times 10^{-2}\ mol\ Cu$$

4. 이제 환원전극에 도금된 금속 구리의 몰 수를 알기 때문에 생성된 구리의 질량을 계산할 수 있다.

$$9.35 \times 10^{-2}\ mol\ Cu \times \frac{63.546\ g}{mol\ Cu} = 5.94\ g\ Cu$$

대화형 예제 18.9 전기도금

10.5 g의 금속 은을 생산하기 위하여 Ag^+ 용액에 5.00 A의 전류를 얼마나 오랫동안 흘려주어야 하겠는가?

예제 18.9는 대상 전지의 반쪽만을 기술한다. 산화가 일어나는 산화전극도 반드시 있다.

풀이 이 경우에는 앞에서 주어진 단계들을 거꾸로 따라야 한다.

은의 그램 수 → 은의 몰 수 → 필요한 전자의 몰 수 → 필요한 전하량 (쿨롱 수) → 도금에 필요한 시간

$$10.5\ g\ Ag \times \frac{1\ mol\ Ag}{107.868\ g\ Ag} = 9.73 \times 10^{-2}\ mol\ Ag$$

각 Ag^+ 이온은 하나의 전자를 받아 은 원자가 된다.

$$Ag^+ + e^- \longrightarrow Ag$$

따라서 9.73×10^{-2} mol의 전자가 필요하며, 이 전자들에 의해 운반된 전하의 양도 계산할 수 있다.

$$9.73 \times 10^{-2}\ mol\ e^- \times \frac{96{,}485\ C}{mol\ e^-} = 9.39 \times 10^3\ C$$

5.00 A (5.00 C/s)의 전류가 9.39×10^3 C의 전하를 생산해야 한다. 따라서

$$\left(5.00\,\frac{C}{s}\right) \times (\text{시간, s}) = 9.39 \times 10^3\ C$$

■ $$\text{시간} = \frac{9.39 \times 10^3}{5.00}\ s = 1.88 \times 10^3\ s = 31.3\ min$$

연습 문제 18.105~18.110 참조

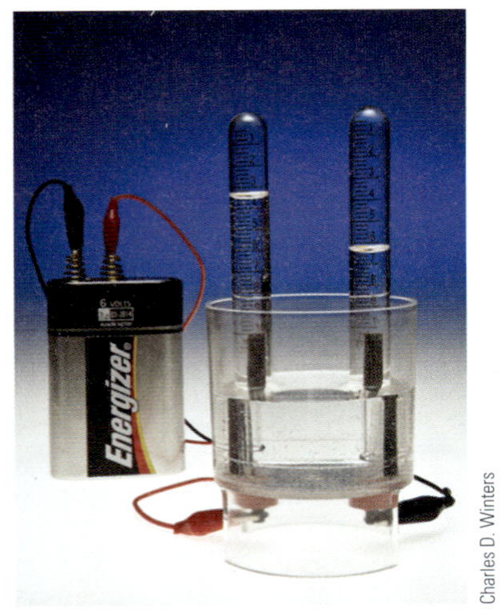

Charles D. Winters

그림 18.20 물을 전기분해하면 환원전극(오른쪽)에서 수소 기체, 산화전극(왼쪽)에서 산소 기체가 발생한다. 수소가 산소의 2배만큼 많이 생기는 것을 주목하라.

물의 전기분해

수소와 산소는 자발적으로 결합하여 물을 형성하고, 이 과정에 수반되는 자유 에너지의 감소는 연료 전지를 작동시켜 전기를 생산하는 데 쓰일 수 있음을 위에서 배웠다. 그 역반응은 비자발적이지만, 전기분해에 의해 일어나게 할 수 있다.

산화전극 반응: $$2H_2O \longrightarrow O_2 + 4H^+ + 4e^- \qquad -\mathscr{E}^\circ = -1.23\ \text{V}$$

환원전극 반응: $$4H_2O + 4e^- \longrightarrow 2H_2 + 4OH^- \qquad \mathscr{E}^\circ = -0.83\ \text{V}$$

알짜 반응: $$6H_2O \longrightarrow 2H_2 + O_2 + \underbrace{4(H^+ + OH^-)}_{4H_2O} \qquad \mathscr{E}^\circ = -2.06\ \text{V}$$

즉,

$$2H_2O \longrightarrow 2H_2 + O_2$$

위 전위는 산화전극이 1 M H^+에 있고, 환원전극이 1 M OH^-에 있을 때의 값이다. 순수한 물에서는 $[H^+] = [OH^-] = 10^{-7}\ M$이고 전체 반응의 전위는 -1.23 V이다.

그러나 실제로 두 백금 전극을 6 V 배터리에 연결하고 순수한 물에 넣으면 아무런 반응도 관찰되지 않는데, 이것은 순수한 물에 녹아 있는 이온이 아주 적어 전류가 거의 흐르지 않기 때문이다. 따라서 위 조건에 소량의 가용성 염을 넣어 주면 그림 18.20에 나타낸 것처럼 즉각 수소와 산소 기포가 나오는 것을 볼 수 있다.

이온 혼합물의 전기분해

전해 전지 용액에 Cu^{2+}, Ag^+, Zn^{2+} 이온이 들어 있다고 하자. 처음엔 전압을 아주 낮게 하고 점차 증가시킨다고 할 때 환원전극에 금속이 도금되어 나오는 순서를 생각해 보자. 이 질문은 금속 이온들의 표준 환원 전위로부터 답할 수 있다.

$$Ag^+ + e^- \longrightarrow Ag \qquad \mathscr{E}^\circ = 0.80\ \text{V}$$
$$Cu^{2+} + 2e^- \longrightarrow Cu \qquad \mathscr{E}^\circ = 0.34\ \text{V}$$
$$Zn^{2+} + 2e^- \longrightarrow Zn \qquad \mathscr{E}^\circ = -0.76\ \text{V}$$

$\mathscr{E}^\circ$ 값이 *양*으로 커질수록 반응은 화살표 방향으로 진행하는 경향이 더 커진다. 위에 적힌 세 이온 가운데 Ag^+가 가장 쉽게 환원되며, 산화력의 순서는 다음과 같다.

$$Ag^+ > Cu^{2+} > Zn^{2+}$$

이는 은이 맨 처음 도금되어 나오고, 전위가 증가함에 따라 구리와 아연이 순서대로 도금 석출됨을 의미한다.

대화형 예제 18.10

상대적 산화력

산성 용액에 Ce^{4+}, VO_2^+, Fe^{3+} 이온이 들어 있다. 표 18.1에 수록한 $\mathscr{E}^\circ$ 값을 사용하여 이 온들의 산화력 순서를 적고, 전기분해 시 어느 이온이 전해 전지의 환원전극에서 가장 낮은 전압에서 환원되어 나올지 예측하라.

풀이 반쪽-반응과 $\mathscr{E}^\circ$ 값들은 다음과 같다.

$$Ce^{4+} + e^- \longrightarrow Ce^{3+} \qquad \mathscr{E}^\circ = 1.70\ \text{V}$$
$$VO_2^+ + 2H^+ + e^- \longrightarrow VO^{2+} + H_2O \qquad \mathscr{E}^\circ = 1.00\ \text{V}$$
$$Fe^{3+} + e^- \longrightarrow Fe^{2+} \qquad \mathscr{E}^\circ = 0.77\ \text{V}$$

따라서 산화력 순서는

화학 관련 읽을거리 Chemical Connections

침몰한 보물의 화학

대략 47톤의 구리와 금, 은을 싣고 신대륙에서 스페인으로 향하던 galleon 선(15~18세기 스페인에서 군함·상선으로 사용한 대형 돛배) *Atocha*호가 1622년 허리케인을 만나 암초에 파괴되었다. 대부분의 보물은 나무 상자 안에 들어 있는 은괴와 동전이었다. 보물 사냥꾼 Mel Fisher가 1985년에 은을 인양하였을 때, 부식과 해양 증식으로 그 반짝거리던 금속이 마치 산호와 같은 형태로 변해 있었다. 원래 상태의 은으로 전환하기 위해서는 바다에 침수된 350년 동안 발생한 화학 변화에 대한 이해가 필요했다. 이것에 관련된 많은 화학 변화는 이미 이 장의 여러 곳에서 다루었다.

은을 보관한 나무 상자가 부식될 때, 산소가 고갈됨에 따라 산소보다는 황산 이온을 산화제로서 사용하여 에너지를 얻는 어떤 박테리아 성장이 유리해진다. 이런 박테리아가 황산 이온을 소모할 때 황화 수소가 발생하는데, 이것은 은과 반응하여 검은 황화 은을 생성한다.

$$2Ag(s) + H_2S(aq) \longrightarrow Ag_2S(s) + H_2(g)$$

그래서 수백 년 동안 은의 표면은 단단하게 부착된 부식 층으로 덮여 운 좋게 은의 내부는 보호되고, 은괴 전체가 황화 은으로 변환되지 않았던 것이다.

나무가 분해될 때 일어나는 또 다른 변화는 이산화 탄소가 형성되는 것이었다. 이 현상은 바다에 존재하는 아래 평형을 오른쪽으로 약간 이동시켜 HCO_3^-의 농도를 증가시켰다.

$$CO_2(aq) + H_2O(l) \rightleftharpoons HCO_3^-(aq) + H^+(aq)$$

그 다음에는 HCO_3^-가 바닷물에 존재하는 Ca^{2+} 이온과 반응하여 탄산 칼슘을 형성한다.

$$Ca^{2+}(aq) + HCO_3^-(aq) \rightleftharpoons CaCO_3(s) + H^+(aq)$$

▲ 난파선 Atocha호에서 건져낸 은 동전과 손잡이가 달린 은잔의 모습.

탄산 칼슘은 석회석의 주성분이다. 결국, 오랜 시간 동안 부식된 은 동전과 은괴들은 석회석에 둘러싸이게 되었다.

이들은 석회암 제거와 부식 제거라는 두 가지 처리가 모두 필요했다. $CaCO_3$는 염기성 음이온 CO_3^{2-}을 포함하므로 산은 석회석을 녹인다.

$$2H^+(aq) + CaCO_3(s) \longrightarrow Ca^{2+}(aq) + CO_2(g) + H_2O(l)$$

동전 뭉치를 각각의 동전으로 분리하기 위해 완충된 산성 용액에 몇 시간 동안 담가 두면, 표면 위의 검은색 Ag_2S가 나타난다. 이 부식을 제거하기 위해 연마제를 사용할 수는 없었다. 연마제는 동전의 세밀한 특징(역사학자나 수집가에게 동전의 매우 가치 있는 형태)을 파괴하고, 약간의 은을 벗겨낼 수 있다. 그것 대신에 전기분해법으로 환원시켜 부식을 반대로 진행시켰다. 동전들은 그림에 나타낸 것처럼 묽은 수산화 소듐 용액 안에 있는 전해 전지의 환원전극(cathode)에 연결하였다.

전자가 흐르면 황화 은의 Ag^+ 이온은 은 금속으로 환원된다.

$$Ag_2S + 2e^- \longrightarrow Ag + S^{2-}$$

부산물로 물의 환원에 의해 동전 표면에서 형성된 수소 기체 방울이 발생한다.

$$2H_2O + 2e^- \longrightarrow H_2(g) + 2OH^-$$

이 기체 방울 때문에 용액이 휘저어져서 황화 은 조각이 느슨해지고, 동전을 깨끗하게 하는 데 도움이 된다.

이런 과정들은 *Atocha*가 오래전에 침몰할 당시와 거의 동일한 상태로 보물을 복원할 수 있게 해주었다.

$$Ce^{4+} > VO_2^+ > Fe^{3+}$$

■ 아마 전해 전지에서 Ce^{4+} 이온이 가장 낮은 전위에서 환원될 것이다.

연습 문제 18.121 참조

이 절에서 설명한 원리는 아주 유용한 것이지만, 실제 적용 시에는 주의를 해야 한다. 예를 들어, 염화 소듐 수용액을 전기분해하는 경우를 생각해 보자. 생성물의 예측에는 $\mathscr{E}°$ 값을 이용한다. 용액의 화학종(Na^+, Cl^-, H_2O) 중 Cl^-와 H_2O만 쉽게 산화될 수 있고, 반쪽-반응은 다음과 같다.

$$2Cl^- \longrightarrow Cl_2 + 2e^- \qquad -\mathscr{E}^\circ = -1.36\ V$$

$$2H_2O \longrightarrow O_2 + 4H^+ + 4e^- \qquad -\mathscr{E}^\circ = -1.23\ V$$

물의 전위가 더 양의 큰 값이기 때문에 Cl^-보다 H_2O를 산화시키는 것이 열역학적으로 더 쉽고, 따라서 산화전극에서 O_2가 발생할 것이라고 예측할 수 있다. 그러나 실제로는 그렇지 않다. 전지에 걸어준 전압을 증가시키면 Cl^- 이온이 먼저 산화된다. 왜냐하면 물을 산화시키는 데에는 예측한 것보다 훨씬 더 높은 전압이 필요하기 때문이다. 예측한 전압 이외에 추가로 더 필요한 전압[*과전압*(*overvoltage*)이라 함]이 Cl_2 발생 시보다 O_2 발생 시에 더 많이 요구되어 Cl_2가 먼저 발생하게 되는 것이다.

과전압의 원인은 아주 복잡하다. 기본적으로 과전압 현상은 용액 중에 있는 전극-용액 경계를 가로질러서 전극 표면에 있는 원자에 전자를 이동시켜 주는 데에 어려움이 있기 때문에 발생한다. 이러한 과전압 현상 때문에 전기분해에서 화학종의 산화나 환원이 실제 일어나는 순서를 예측하는 데에 $\mathscr{E}^\circ$ 값을 주의하여 사용해야 한다.

18.8 상업적 전해 과정

금속의 화학적 특징은 금속이 전자를 잃고 이온으로 될 수 있다는 데에 있다. 금속은 대체로 좋은 환원제이기 때문에 자연에서 대부분 금속은 산화 이온, 황화 이온, 규산 이온 등 음이온이 들어 있는 이온 결합 화합물의 혼합체인 *광석*(*ore*)으로 발견된다. 금, 은, 백금 등 귀금속은 산화되기 힘들기 때문에 흔히 순수한 금속으로 발견된다.

알루미늄의 생산

*알루미늄*은 산소와 규소 다음으로 지각에서 많은 원소이다. 알루미늄은 아주 활성이 큰 금속이기 때문에 자연에서 *보크사이트*(*bauxite*, 1821년 보크사이트가 발견된 프랑스의 지방 이름인 Les Baux에서 유래)라 부르는 광석에 산화물 형태로 존재한다. 금속 알루미늄을 광석으로부터 뽑아내는 것은 다른 금속들보다 더 어려웠다. 1782년 Lavoisier는 금속 알루미늄에 대해 "산소와의 친화도가 아주 커서 다른 환원제로 분리시킬 수가 없는 것"이라고 했다. 그런 이유로 인하여 순수한 알루미늄 금속은 한동안 알려지지 않은 채 있었다. 1854년 드디어 소듐을 이용한 금속 알루미늄 생산법이 발견되었지만, 알루미늄은 아주 비싼 금속이었다. Napoleon III세는 귀빈들에게만 알루미늄 수저를 사용하게 하였고, 일반

화학의 선구자

Charles Martin Hall(1863~1914)

Charles Martin Hall(1863~1914)은 Ohio의 Oberlin 대학 학생일 때 처음으로 알루미늄에 흥미를 가졌다. 교수 중 한 명이 알루미늄을 값싸게 생산해 내면 큰 부자가 될 것이라 해서 이를 시도하기로 결심했다. 21세 때 그는 집 근처 나무 오두막집에서 철 프라이팬을 용기로, 대장간의 용광로를 열원으로, 과일 항아리를 갈바니 전지로 사용하였다. 이러한 엉성한 갈바니 전지로 그는 용융 Al_2O_3/Na_3AlF_6 혼합물에 전류를 흘려 알루미늄을 생산할 수 있었다. 이상한 우연의 일치로, Hall과 같은 나이에 태어나고 같은 해에 죽은 프랑스의 Paul Heroult도 거의 같은 때에 똑같은 발견을 하였다.

Science History Images / Alamy Stock Photo

표 18.3 알루미늄 값의 변화

연도	알루미늄 값($/lb)
1855	100,000
1885	100
1890	2
1895	0.50
1970	0.30
1980	0.80
1990	0.74

*Hall-Heroult 법이 발견된 후 가격이 급격히 감소했음을 주목하라.

사람들에게는 금이나 은 수저를 사용하게 했다.

1886년 미국의 Charles M. Hall과 프랑스의 Paul Heroult가 거의 동시에 독립적으로 알루미늄을 생산하는 전기분해법을 발견함으로써 비약적인 발전이 일어났다. *Hall-Heroult 법*에서 핵심 요소는 용융 빙정석(Na_3AlF_6)을 산화 알루미늄의 용매로 사용하는 것이다.

전기분해는 이온들이 전극으로 이동할 수 있을 때만 가능하다. 이온의 이동도를 증가시키는 통상의 방법은 전기분해될 물질을 물에 녹이는 것이다. 알루미늄의 경우에 있어서는 이 방법이 불가능한데, 그 이유는 표준 환원 전위에서 알 수 있듯이 물이 Al^{3+}보다 더 쉽게 환원되기 때문이다.

$$Al^{3+} + 3e^- \longrightarrow Al \qquad \mathscr{E}° = -1.66\ V$$

$$2H_2O + 2e^- \longrightarrow H_2 + 2OH^- \qquad \mathscr{E}° = -0.83\ V$$

즉, 알루미늄 금속을 Al^{3+} 수용액으로부터 도금 석출시키는 것은 불가능하다.

염을 녹여서 이온의 이동도를 증가시킬 수도 있다. 그러나 고체 Al_2O_3의 녹는점이 너무 높아(2050°C) 용융 산화물을 실용적으로 전기분해하는 것은 불가능하다. 그러나 Al_2O_3와 Na_3AlF_6의 혼합물은 1000°C에서 녹기 때문에 용융 혼합물을 전기분해하면 금속 알루미늄을 얻을 수 있다. Hall과 Heroult가 이 방법을 발견한 이후 알루미늄 값은 급격히 하락했고(표 18.3), 알루미늄을 사용하는 것이 경제적으로 가능하게 됐다.

보크사이트는 순수한 산화 알루미늄[*알루미나*(*alumina*)라고 부름]이 아니고 철, 규소 및 타이타늄의 산화물과 여러 형태의 규산염이 들어 있는 혼합물이다. 순수한 수화된 알루미나($Al_2O_3 \cdot nH_2O$)를 얻으려면 불순물이 들어 있는 보크사이트를 수산화 소듐 수용액으로 처리해야 한다. 알루미나는 양쪽성이기 때문에 염기성 용액에 녹는다.

$$Al_2O_3(s) + 2OH^-(aq) \longrightarrow 2AlO_2^-(aq) + H_2O(l)$$

염기성인 다른 금속 산화물들은 고체로 남게 된다. 다른 산화물 찌꺼기로부터 알루미늄산 이온(AlO_2^-)이 들어 있는 용액을 분리하여 이산화 탄소 기체로 산성화시켜서 수화된 알루미나를 재침전시킨다.

$$2CO_2(g) + 2AlO_2^-(aq) + (n + 1)H_2O(l) \longrightarrow 2HCO_3^-(aq) + Al_2O_3 \cdot nH_2O(s)$$

이렇게 순수하게 얻은 알루미나를 빙정석과 혼합하여 녹인 후, 그림 18.21과 같은 전해전지에서 알루미늄 이온을 금속 알루미늄으로 환원시킨다. 전해질 용액에는 알루미늄이 포함된 많은 이온들이 녹아 있기 때문에 그 화학 반응들이 완전히 알려져 있지 않지만, 알루미나가 다음처럼 빙정석 음이온과 반응할 것으로 믿어지고 있다.

$$Al_2O_3 + 4AlF_6^{3-} \longrightarrow 3Al_2OF_6^{2-} + 6F^-$$

전극 반응들은 다음의 과정으로 일어난다고 생각된다.

환원전극 반응: $$AlF_6^{3-} + 3e^- \longrightarrow Al + 6F^-$$

산화전극 반응: $$2Al_2OF_6^{2-} + 12F^- + C \longrightarrow 4AlF_6^{3-} + CO_2 + 4e^-$$

전체 전지 반응은 다음과 같이 적을 수 있다.

$$2Al_2O_3 + 3C \longrightarrow 4Al + 3CO_2$$

전기분해법으로 생산한 알루미늄은 99.5% 순수하다. 구조 재료로 사용하려면 아연(트레일러나 항공기용)이나 망가니즈(요리 기구, 저장 탱크 및 고속도로 표시판 용) 등과의 합금으로 만들어 써야 한다.

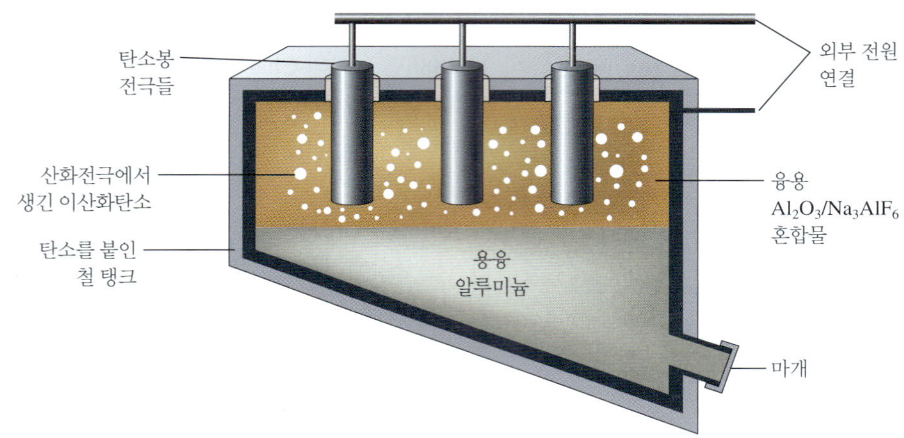

그림 18.21 Hall-Heroult 공정으로 알루미늄을 생산하는 전해 전지의 개략도. 용융 알루미늄이 알루미나와 빙정석의 혼합물보다 밀도가 더 크기 때문에 전지 바닥으로 떨어지므로 주기적으로 빼내면 된다. 흑연 전극은 점차 소모되므로 자주 바꾸어 주어야 한다. 이 전지는 250,000 A 전류가 흐를 때까지 작동한다.

금속의 전해 정제

금속을 정제하는 것은 전기분해를 응용하는 또 다른 중요한 분야이다. 구리 광석을 환원시켜 얻은 불순한 구리를 가지고 큰 조각의 구리 주물을 만들어 전기분해 전지의 산화전극으로 사용한다. 황산 구리 수용액을 전해질로 쓰고, 아주 순수한 구리로 만들어진 얇은 판을 환원전극으로 사용하면 순수한 구리를 얻을 수 있다(그림 18.22).

산화전극에서의 주반응은

$$Cu \longrightarrow Cu^{2+} + 2e^-$$

이며, 불순한 산화전극에서 철이나 아연과 같은 금속도 산화된다.

$$Zn \longrightarrow Zn^{2+} + 2e^-$$

$$Fe \longrightarrow Fe^{2+} + 2e^-$$

산화전극 중에 존재하는 귀금속은 위의 전기분해 시 산화되지 않고 전지 바닥에 떨어져 찌꺼기를 형성하는데, 이를 걸러내면 값비싼 은, 금, 백금을 얻을 수 있다.

Cu^{2+} 이온은 용액으로부터 환원전극에 석출되어 순도가 99.95%인 구리가 생산된다.

$$Cu^{2+} + 2e^- \longrightarrow Cu$$

Bloomberg/Getty Images

그림 18.22 초순수 구리판이 환원전극으로 사용된다.

금속 도금

쉽게 부식되는 금속은 부식되지 않는 금속의 얇은 막을 입혀 주면 보호할 수 있다. 예를 들어, "주석통"을 들 수 있는데, 이는 실제로 주석막이 입혀진 강철 통이다. 자동차 앞뒤의 범퍼도 크로뮴이 입혀진 강철이다.

도금하려는 금속의 이온이 들어 있는 용기에서 물체를 환원전극으로 만들어주면 도금시킬 수 있다. 그림 18.23(b)는 숟가락에 은-도금시키는 과정을 보여 주고 있다. 실제 도금 시에는 은 이온과 착물을 형성하는 리간드를 넣어 준다. 이 방법에서 Ag^+ 이온 농도를 낮추어주면 부드럽고 균일한 은의 막을 얻을 수 있다.

염화 소듐의 전기분해

비휘발성 용질을 첨가하면 용매의 녹는점이 낮아진다. 이 경우에는 용융 NaCl이 용매이다.

금속 소듐은 용융된 염화 소듐을 전기분해하여 생산해 낸다. 고체 NaCl의 녹는점(800°C)이 제법 높으므로 보통 고체 $CaCl_2$와 섞어 녹는점을 약 600°C로 낮추어준다. 그런 다음 혼합물을 **Downs 전지**(Downs cell, 그림 18.24)에서 전기분해 하는데, 화학 반응은 다음과 같다.

$$\text{산화전극 반응:} \quad 2Cl^- \longrightarrow Cl_2 + 2e^-$$

$$\text{환원전극 반응:} \quad Na^+ + e^- \longrightarrow Na$$

Downs 전지가 작동하는 온도에서, 소듐은 액체로 흘러나오기 때문에 식혀서 나무 토막과 같은 주물로 만든다. 소듐은 반응성이 매우 크므로 광유(mineral oil)와 같은 비활성 용매에 넣어 보관하여 산화를 막아야 한다.

염화 소듐 수용액(소금물)의 전기분해는 염소와 수산화 소듐을 생산하는 중요한 공업적 방법이다. 사실 소금물 전기분해 공정은 미국 내에서는 알루미늄 생산 공정 다음 가는 전기 소모원이다. H_2O가 Na^+보다 더 쉽게 환원되기 때문에 정상 조건하에서는 소듐이 생산되지 않는다.

$$Na^+ + e^- \longrightarrow Na \qquad \mathscr{E}° = -2.71 \text{ V}$$

$$2H_2O + 2e^- \longrightarrow H_2 + 2OH^- \qquad \mathscr{E}° = -0.83 \text{ V}$$

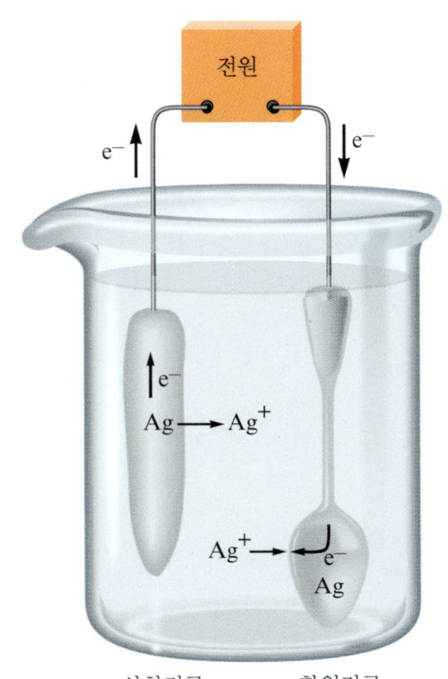

그림 18.23 (**a**) 아르누보(Art Nouveau) 은 도금 우유 주전자. (**b**) 숟가락을 전기 도금하는 개략도. 도금할 숟가락은 환원전극이고, 은 막대가 산화전극이다. 환원전극에서 은이 도금 석출된다: $Ag^+ + e^- \rightarrow Ag$. Ag^+ 이온이 양쪽 전극에 포함되므로 염다리는 불필요함을 유의하라.

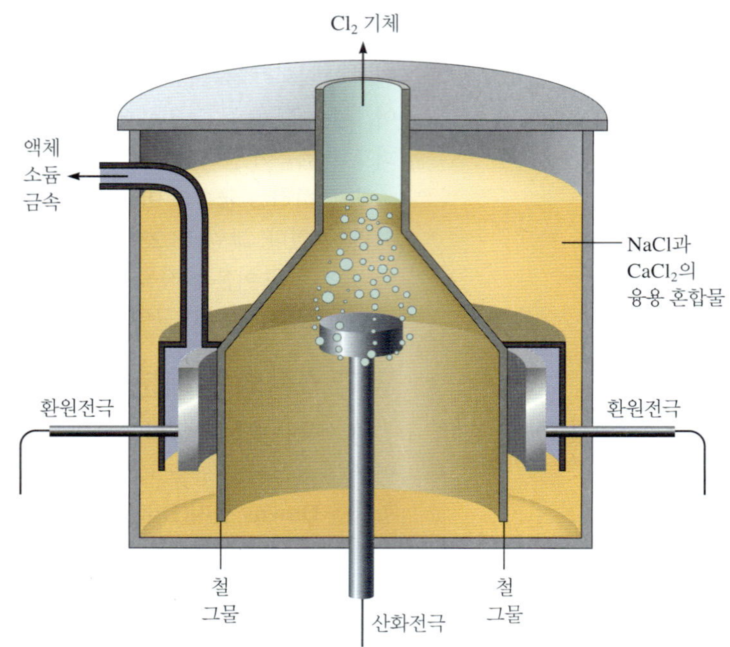

그림 18.24 용융 NaCl의 전기분해를 위한 Downs 전지. 생성된 소듐과 염소가 접촉하여 다시 NaCl을 만들지 않도록 설계되어 있다.

환원전극에서 소듐이 아닌 수소가 생성된다.

18.7절에서 논의한 이유로 인하여 산화전극에서는 염소 기체가 발생한다. 따라서 소금물을 전기분해하면 수소와 염소가 발생하며,

$$\text{산화전극 반응:} \quad 2Cl^- \longrightarrow Cl_2 + 2e^-$$
$$\text{환원전극 반응:} \quad 2H_2O + 2e^- \longrightarrow H_2 + 2OH^-$$

용액에는 NaOH와 NaCl이 녹아 남게 된다.

수산화 소듐에 불순물로 들어 있는 NaCl은 그림 18.25에 나타낸 **수은 전지**(mercury cell)를 사용하면 깨끗이 제거할 수 있다. 이 전지에서 수은이 환원전극인데, 수은 전극에서 수소 발생 과전압이 아주 크기 때문에 H_2O보다 Na^+가 먼저 환원된다. 생성되는 금속 소듐은 수은에 녹아 액체 합금을 만드는데, 이를 뽑아내어 물과 반응시키면 수소가 발생한다.

$$2Na(s) + 2H_2O(l) \longrightarrow 2Na^+(aq) + 2OH^-(aq) + H_2(g)$$

수용액으로부터 비교적 순수한 고체 NaOH를 회수할 수 있고, 재생된 수은은 다시 전기분해에 쓰기 위해 전지로 되돌려 보내진다. **염소-알칼리법**(chlor-alkali process)이라 불리는 이 공정은 미국에서 여러 해 동안 수산화 소듐을 생산하는 주된 방법이었다. 그러나 이 공정은 수은 전지와 관련된 환경 문제로 인해 염소-알칼리 산업에서 대부분 다른 기술들로 대체되었다. 미국에서 염소-알칼리 생산의 약 50%는 이제 격막 전지로 이루어지고 있다. 격막 전지에서 환원전극과 산화전극은 H_2O 분자, Na^+ 이온, 그리고 제한된 범위의 Cl^- 이온의 통로가 되도록 격막으로 분리시킨다. 막을 통해 OH^- 이온은 통과하지 못한다. 따라서 환원전극에서 형성된 H_2와 OH^-는 산화전극에서 형성된 Cl_2와 분리되어 있다. 이 공정의 가장 큰 단점은 환원전극 구획에서 나오는 유출액에 수산화 소듐과 반응하지 않은 염화 소듐 혼합물이 포함되어 있어, 만약 순수한 수산화 소듐을 생산해 내고자 한다면 이를 분리해야만 한다는 것이다.

염소-알칼리 산업에서 소금물 전해 전지의 환원전극과 산화전극 구획을 분리하기 위

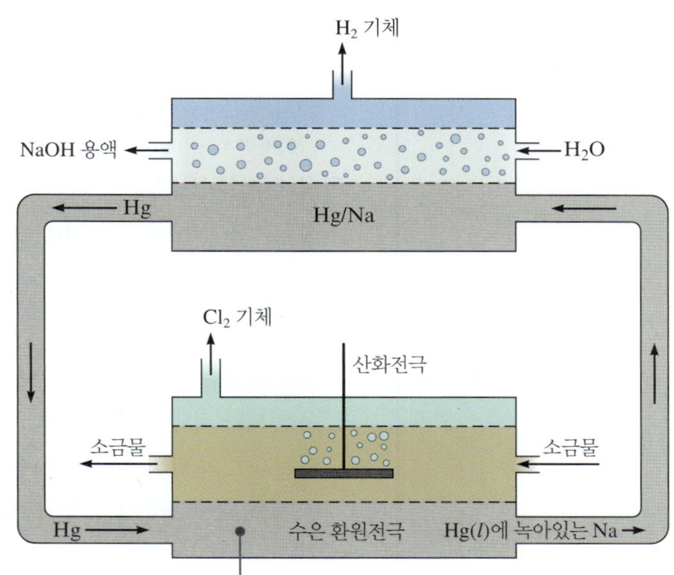

그림 18.25 염소와 수산화 소듐을 생산하는 수은 전지. 수은 전극에서 수소가 발생하는 데에는 높은 과전압이 필요하기 때문에 물보다 Na^+가 먼저 환원된다. 생성된 소듐은 액체 수은에 녹기 때문에 펌프로 위로 끌어 올려 물과 반응하게 한다.

해 막을 사용하는 새로운 공정이 개발되었다. 이 막은 음이온을 투과시키지 못하므로 격막보다 우수하다. 양이온만이 막을 통과할 수 있다. Cl^-나 OH^- 이온은 이 막을 통과하지 못하므로 환원전극에서 만들어진 NaOH가 NaCl을 오염시키지 않는다.

개념 정리 및 복습 For Review

주요 용어

전기화학

18.1절

염다리

다공성 원판

갈바니 전지

산화전극

환원전극

전지 전위(기전력)

볼트

전압계

전위차계

전기화학

- 화학 에너지와 전기 에너지의 상호교환의 학문
- 산화-환원 반응을 사용
- 갈바니 전지: 산화제와 환원제를 분리시켜 놓고 전선을 통하여 전자가 흐르게 함으로써 화학 에너지가 전기 에너지로 바뀐다.
- 전해 전지: 화학 변화를 일으키기 위해 전기 에너지를 사용한다.

갈바니 전지

- 산화전극: 산화가 일어나는 전극
- 환원전극: 환원이 일어나는 전극
- 전자 이동의 추진력은 전지 전위($\mathscr{E}_{전지}$)라 부른다.
  - 전위의 단위는 볼트(V)이며, 쿨롱 단위의 전하당 주울 단위의 일로 정의한다.

$$\mathscr{E}(V) = \frac{-일(J)}{전하(C)} = -\frac{w}{q}$$

18.2절

표준 수소 전극

표준 환원 전위

18.3절

패러데이

18.4절

농도차 전지

Nernst 식

유리 전극

이온-선택성 전극

18.5절

배터리

납 축전지

건전지

연료 전지

18.6절

부식

아연 도금

음극화 보호

18.7절

전해 전지

전기분해

암페어

18.8절

Downs 전지

수은 전지

염소-알칼리법

- 표준 환원 전위라 부르는 반쪽-반응계는 여러 가지 전지의 전위를 계산하는 데 사용할 수 있다.
  - 반쪽-반응 $2H^+ + 2e^- \longrightarrow H_2$의 전위를 임의로 0 V로 정한다.

자유 에너지와 일

- 전지가 수행할 수 있는 최대 일은 다음과 같다.

$$-w_{최대} = q\mathscr{E}_{최대}$$

  여기에서 $\mathscr{E}_{최대}$는 전류가 흐르지 않을 때 전지 전위를 나타낸다.
- 전류가 흐를 때 전선의 마찰열로 인하여 에너지가 소모되므로 전지로부터 얻는 실제 일은 언제나 최대 일보다 작다.
- 일정 온도와 압력 하에서 일어나는 과정에서는 자유 에너지의 변화는 그 과정에서 얻을 수 있는 최대 유용한 일과 같다.

$$\Delta G = w_{최대} = -q\mathscr{E}_{최대} = -nF\mathscr{E}$$

  여기에서 F(패러데이)는 96,485 C이며 n은 그 과정에서 이동한 전자의 몰 수이다.

농도차 전지

- 양쪽 칸에 동일한 성분이 농도만 다르게 들어 있는 갈바니 전지이다.
- 전자는 그 농도를 같게 하려는 방향으로 흐른다.

Nernst 식

- Nernst 식은 전지 전위가 전지 성분의 농도에 어떻게 의존하는지 보여 준다.

$$25°C에서, \qquad \mathscr{E} = \mathscr{E}^0 - \frac{0.0591}{n}\log Q$$

- 갈바니 전지가 평형에 있을 때는 $Q = K$이고, $\mathscr{E} = 0$이다.

배터리

- 배터리는 직류 전원으로 쓰이는 데 한 개 또는 여러 개의 갈바니 전지가 직렬로 연결되어 있다.
- 축전지
  - 산화전극: 납
  - 환원전극: PbO_2가 입혀진 납
  - 전해질: $H_2SO_4(aq)$
- 건전지
  - 액체 전해질 대신 축축한 반죽이 들어 있다.
  - 산화전극: 대체로 Zn
  - 환원전극: (용도에 따라 달라지는) 산화제와 접촉하는 탄소봉

연료 전지

- 반응물이 연속적으로 공급되는 갈바니 전지
- H_2/O_2 연료 전지는 H_2와 O_2 간의 반응으로 물이 생기는 것을 기본으로 한다.

부식

- 금속이 산화되어 산화물이나 황화물이 생기는 것이다.
- 알루미늄과 크로뮴과 같은 몇몇 금속은 더 부식되는 것을 막는 얇은 보호막이 형성된다.
- 녹이 스는 철의 부식은 전기화학적 과정이다.
  - 표면의 산화 영역에서 생긴 Fe^{2+} 이온은 습기 층을 통하여 환원 영역으로 이동해서 공기 중의 산소와 반응한다.
  - 철에 페인트를 칠하거나 크로뮴, 주석, 또는 아연과 같은 금속 박막을 입힘으로써 합금을 만들거나, 음극화 보호에 의하여 철을 부식으로부터 보호할 수 있다.

전기분해

- 철에 금속을 얇게 입힐 때 쓴다.
- 알루미늄이나 구리와 같이 순수한 금속을 생산할 때 쓴다.

복습 질문

1. 산화–환원 반응은 무엇인가? 환원된 물질은 산화제인가, 환원제인가? 산화된 물질은 어떠한가? 설명하라. 반쪽–반응은 무엇인가? 균형 맞춘 산화–환원 반응에서 산화 반쪽–반응의 잃은 전자 수와 환원 반쪽–반응의 얻은 전자 수가 같아야 하는 이유는 무엇인가?

2. 갈바니 전지는 자발적인 산화–환원 반응을 이용하여 전류를 흐르게 함으로써 일을 한다. 갈바니 전지는 산화되는 화학종으로부터 환원되는 화학종으로 흐르는 전류를 제어함으로써 일을 한다. 갈바니 전지는 어떻게 만드는가? 환원전극 칸에는 무엇이 들어 있는가? 산화전극 칸에는 무엇이 들어 있는가? 전극은 무슨 역할을 하는가? 갈바니 전지에서 두 전극을 잇는 전선을 따라 항상 어느 방향으로 전자가 흐르는가? 갈바니 전지에서 염다리 또는 다공성 원판을 사용하는 이유는 무엇인가? 염다리에서 양이온은 어느 방향으로 흐르는가? 음이온은 어느 방향으로 흐르는가? 전지 전위는 무엇이며, 볼트는 무엇인가?

3. 표 18.1에는 통상의 반쪽–반응과 그 표준 환원 전위가 실려 있다. 표준 환원 전위는 모두 어느 표준값과 관련지어져 있다. 그 표준값(영점)은 얼마인가? 반쪽–반응의 $\mathscr{E}°$가 양이면 무엇을 뜻하는가? 반쪽–반응의 $\mathscr{E}°$가 음이면 무엇을 뜻하는가? 표 18.1에 있는 어떤 화학종이 가장 쉽게 환원되는가? 가장 덜 쉽게 환원되는 것은? 표 18.1에 있는 반쪽–반응의 역은 산화 반쪽–반응이다. 표준 산화 전위는 어떻게 정하는가? 표 18.1에서 어느 화학종이 가장 좋은 환원제인가? 가장 나쁜 환원제는?

산화 환원 반응의 표준 전지 전위를 구하려면, 표준 환원 전위를 표준 산화 전위에 더한다. 전지가 자발적이 되려면(갈바니 전지를 만들려면) 그 합이 어떤 조건이어야 하는가? 표준 환원 전위와 표준 산화 전위는 세기 성질이다. 이는 무엇을 뜻하는가? 갈바니 전지를 기술하는 선 표시법을 어떻게 쓰는지 요약하라.

4. $\Delta G° = -nF\mathscr{E}°$ 식을 생각해 보자. 이 식의 네 개의 항은 무엇인가? 이 식에 왜 음의 부호가 나타나는가? 위첨자 °는 무엇을 나타내는가?

5. Nernst 식은 비표준 조건에서 갈바니 전지의 전지 전위를 정하도록 해 준다. Nernst 식을 적어라. 비표준 조건이란 무엇인가? Nernst 식에 있는 $\mathscr{E}$, $\mathscr{E}°$, n, Q는 무엇을 나타내는가? 산화–환원 반응이 평형에 있으면 Nernst 식은 무엇으로 줄어드는가? $K < 1$일 때 $\Delta G°$와 $\mathscr{E}°$의 부호는 무엇인가? $K > 1$일 때는? $K = 1$일 때는? 다음을 설명하라. $\mathscr{E}°$는 평형의 위치를 결정하는 반면, $\mathscr{E}$는 자발성을 결정한다. 어떤 조건에서 자발성을 예측하는 데 $\mathscr{E}°$를 사용할 수 있는가?

6. 농도차 전지는 무엇인가? 농도차 전지에서 $\mathscr{E}°$는 무엇인가? 농도차 전지가 전위를 발생시키는 추진력은 무엇인가? 산화전극에 있는 용액의 농도가 큰가 또는 작은가? 산화전극의 이온 농도가 감소하면 또는 환원전극의 이온 농도가 증가하면 전지 전위가 커진다. 그 이유는? 농도차 전지는 여러 가지 반응의 평형 상수값을 계산하는 데 흔히 쓰인다. 예를 들어, 그림 18.9에 보인 은 농도차 전지는 $AgCl(s)$ K_{sp} 값을 결정하는 데 쓰일 수 있다. 그러려면 더 이상 침전이 생기지 않을 때까지 산화전극 칸에 NaCl을 첨가한다. 어떻게 해서든 용액의 $[Cl^-]$를 구한다. 산화전극 칸에 NaCl을 첨가하면, $\mathscr{E}_{전지}$는 어떻게 되는가? K_{sp} 값을 결정하려면, $[Ag^+]$를 계산해야 한다. 주어진 $\mathscr{E}_{전지}$ 값에서 산화전극에서 어떻게 $[Ag^+]$를 결정하는가?

7. 배터리는 갈바니 전지이다. 배터리가 방전되면 $\mathscr{E}_{전지}$가 어떻게 되는가? 배터리는 평형에 있는 계를 나타내는가? 설명하라. 배터리가 평형에 도달할 때 $\mathscr{E}_{전지}$는 얼마인가? 배터리와 연료 전지는 어떻게 유사한가? 그들은 어떻게 다른가? 미국 우주 계획에서는 수소-산소 연료 전지를 사용하여 우주선의 동력을 생산한다. 수소-산소 연료 전지는 무엇인가?

8. 모든 자발적 산화-환원 반응이 훌륭한 결과를 주지는 않는다. 부식은 부정적 효과를 갖는 자발적 산화-환원 과정의 예이다. 철과 같은 금속의 부식에서는 무엇이 일어나는가? 철의 부식이 일어나려면 무엇이 반드시 있어야 하는가? 수분과 염이 어떻게 부식을 심하게 증가시키는가? 다음 사항이 부식으로부터 금속을 어떻게 보호하는지 설명하라.
   - **a.** 페인트
   - **b.** 내구성 산화물 코팅
   - **c.** 아연 도금
   - **d.** 희생 금속
   - **e.** 합금
   - **f.** 음극화 보호

9. 전해 전지의 특징은 무엇인가? 암페어는 무엇인가? 전해 전지의 전류에 초로 나타낸 시간을 곱하면 어떤 양이 결정되는가? 이 양을 필요한 전자의 몰 수로 어떻게 바꾸는가? 전자의 몰 수를 석출되는 금속의 몰 수로 어떻게 바꾸는가? 석출은 무엇을 뜻하는가? 전해 전지에서 산화 반쪽-반응과 환원 반쪽-반응을 어떻게 예측하는가? 산화전극과 환원전극에서 일어나는 것을 예측하는 데 물에 녹은 염의 전기분해보다 용융염의 전기분해가 훨씬 더 쉬운 이유는 무엇인가? 과전압은 무엇인가?

10. 전기분해는 중요한 공업에 많이 응용되고 있다. 그 응용 분야는 어떤 것이 있는가? 용융 NaCl의 전기분해는 금속 소듐을 생산하는 주 과정이다. 그러나 NaCl 수용액의 전기분해로부터 정상 조건에서는 금속 소듐을 생산하지 못한다. 왜? 전기분해에 의한 금속 정제란 무엇인가?

활동 학습 질문

이 문제들은 학생들이 강의실에서 그룹을 만들어 함께 풀어보도록 고안하였다.

1. 다음의 설명 중에서 옳은 것은 어느 것인가? 설명하라.
   - **a.** 산화와 환원은 서로 독립적으로 일어날 수 없다.
   - **b.** 산화와 환원은 모든 화학 반응에서 일어난다.
   - **c.** 산소 기체와 반응하는 물질은 항상 산화된다.

2. 제3장에서 반응식의 균형을 맞출 때, 질량 균형뿐만 아니라 전하 균형도 맞추어야 한다는 점을 언급하지 않았다. *전하 균형*과 *질량 균형*은 무엇을 의미하는가? 전하의 균형을 맞추어야 할 산화-환원 반응에서는 어떤 일이 일어나는가?

3. 갈바니 전지를 그리고, 어떻게 작용하는지 설명하라. 그림 18.1과 18.2를 보라. 각 전지에서 무엇이 일어나고 있는지 설명하라. 또한 왜 그림 18.2의 전지는 "작동되고", 그림 18.1의 전지는 작동되지 않는지 설명하라.

4. 특정 갈바니 전지를 만드는 데, 전지에서 이용될 전극과 용액을 어떻게 결정하는지 설명하라.

5. 질산 니켈 용액에 넣은 어떤 금속 조각에 니켈 금속을 도금하려고 한다. 구리 또는 아연을 사용해야 하는가? 설명하라.

6. 구리 동전은 염산에서는 용해되지 않지만, 질산에는 용해된다. 이 책에서의 환원 전위를 이용하여 왜 그러는지 보여라. 그 반응에서의 생성물은 무엇인가? 새로운 동전은 아연과 구리의 혼합물을 함유하고 있다. 새로운 동전을 질산에 넣었을 때 새로운 동전에 있는 아연은 어떻게 되는가? 또한 염산 용액에서는? 이 책에서의 정보를 이용하여 설명하고, 모든 반응의 균형 맞춘 반응식을 적어라.

7. 크로뮴 금속이 크로뮴(III)으로 변하고, 철(II)로부터 철 금속을 형성하는 전지를 그려라. 전압을 계산하고, 전자 흐름을 나타내고, 산화전극과 환원전극을 표기하고, 균형 맞춘 전체 전지 반응식을 구하라.

8. F_2, H_2, Na, Na^+, F^- 중 어느 것이 제일 좋은 환원제인가? 설명하라. 가능한 한 가장 좋은 산화제로부터 가장 나쁜 것 순으로 나열하라. 왜 전부를 나열할 수 없는가? 표 18.1에서 가장 좋은 산화제를 골라라. 가장 좋은 환원제를 고르고, 설명하라.

9. 여러분은 금속 A가 금속 B보다 더 좋은 환원제라고 들었다. A^+와 B^+에 대해 무엇을 말할 수 있는가? 설명하라.

10. 다음 관계를 설명하라. ΔG와 w, 전지 전위와 w, 전지 전위와 ΔG, 전지 전위와 Q. 이 관계들을 이용하여 농도는 다르지만 동일 화합물을 포함한 두 용액과 같은 금속으로 된 두 전극으로 어떻게 전지를 만드는지 설명하라. 왜 이런 전지들이 자발적으로 작동되는가?

11. 왜 전지 전위 값에 균형 맞춘 산화-환원 반응식에 있는 계수를 곱하지 않는지 설명하라(설명을 위해 ΔG와 전지 전위의 관계를 이용한다).

12. $\mathscr{E}$와 $\mathscr{E}°$ 사이의 다른 점은 무엇인가? $\mathscr{E}$ 값이 언제 0이 되는가? 언제 $\mathscr{E}°$ 값이 0이 되는가? ("일반적인" 갈바니 전지뿐만 아니라 농도차 전지도 고려한다.)

13. 다음 갈바니 전지를 생각해 보자. Zn^{2+} 농도가 증가할 때 $\mathscr{E}$는 어

떻게 되는가? Ag^+ 농도가 증가할 때는? 이들 각각의 경우에 $\mathscr{E}°$는 어떻게 되는가?

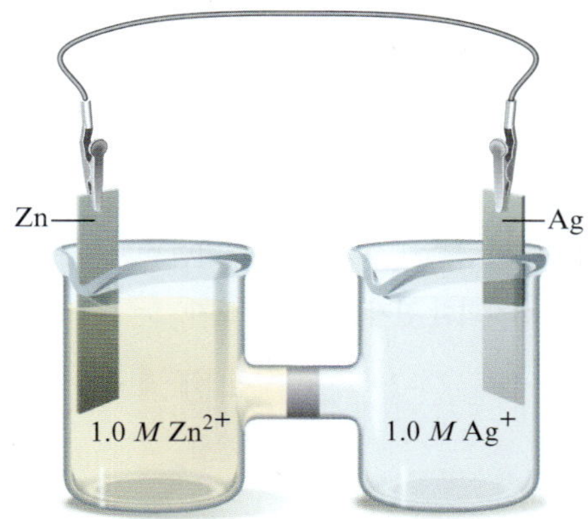

14. Fe^{3+}에서 Fe^{2+}로의 환원 전위를 보라. Fe^{2+}에서 Fe로의 환원 전위를 보라. 마지막으로, Fe^{3+}에서 Fe의 환원 전위를 보라. 처음 두 환원 전위의 합이 세 번째 전위와 같지 않다는 것을 알게 된다. 왜 같지 않은가? 처음 두 전위를 세 번째 전위를 계산하는 데 어떻게 이용하는지 보여라.

15. 만약 전지 전위가 일에 비례한다고 하고 또 수소 이온에 대한 표준 환원 전위가 0이라고 하면, 이것은 수소 이온의 환원에는 일이 필요하지 않다는 뜻인가?

16. 다음 설명은 옳은가 또는 그른가? 농도차 전지는 표준 환원 전위가 농도에 의존하기 때문에 작동한다. 설명하라.

17. 왜 대부분의 금속은 부식하는가? 알루미늄은 산소에 의해 쉽게 산화된다. 알루미늄 캔은 왜 야외에서 분해되지 않는가?

18. 용융염의 전기분해는 수용성 염의 전기분해와 비교하여 다양한 생성물을 생성할 수 있다. 그 이유는 무엇인가? 전기분해를 사용하여 망간 금속을 생산하고자 한다면 용융된 $MnCl_2$ 또는 $MnCl_2$ 수용액을 전기분해하는 것 중 어느 것이 문제가 되겠는가?

19. 25°C에서 다음 반쪽 반응을 근거로 하는 갈바니 전지를 생각해 보자.

$$Al^{3+} + 3e^- \rightarrow Al \qquad \mathscr{E}° = -1.66\text{ V}$$

$$Ni^{2+} + 2e^- \rightarrow Ni \qquad \mathscr{E}° = -0.23\text{ V}$$

a. 표준 상태에 있는 전지를 그려라. 전지에 다음의 표시를 하라: 산화전극, 환원전극, 전자 흐름의 방향, 이온의 농도, 전극 및 방향, 염다리를 통한 양이온과 음이온의 흐름. 갈바니 전지의 표준 전지 전위는 얼마인가?

b. 표준 전지에서 Al^{3+}의 농도가 증가한 경우, 전지 전위의 증가, 감소 또는 동일하게 유지될 것인가? 설명하라. 위의 표준 전지에서 Ni^{2+}의 농도가 감소하면 전지 전위가 증가, 감소, 또는 동일하게 유지될 것인가? 설명하라. 만일 니켈 전극을 백금 전극으로 교체하면 전지 전위는 증가하겠는가, 감소하겠는가, 아니면 동일하게 유지되겠는가? 설명하라.

c. 위의 표준 전지에 알루미늄 격막에 OH^-를 첨가하여 $Al(OH)_3$를 침전시켰다. $Al(OH)_3$의 침전이 멈춘 후 OH^-의 농도는 1.0×10^{-4} *M*이었고, 측정된 전지 전위는 1.82 V였다. $Al(OH)_3$에 대한 K_{sp} 값을 계산하라.

$$Al(OH)_3(s) \rightleftharpoons Al^{3+}(aq) + 3OH^-(aq) \qquad K_{sp} = ?$$

20. 수소–산소 연료 전지는 일부 도시에서 전기를 생산하는 데 사용된다. 25°C에서 연료 전지 반응 및 평형 상수는 다음과 같다:

$$2H_2(g) + O_2(g) \rightarrow 2H_2O(l) \qquad K = 1.28 \times 10^{83}$$

a. 연료 전지란 무엇인가? 이것은 표준 조건에서 자발적인 반응인가? 어떻게 아는가? 반응이 발열 반응인가, 흡열 반응인가? 어떻게 아는가?

b. 25°C에서 이 연료 전지 반응에 대한 표준 전지 전위인 $\mathscr{E}°$을 계산하라.

c. 이 연료 전지는 다음과 같은 반쪽 반응을 이용한다:

	$\mathscr{E}°$
$4H_2O(l) + 4e^- \rightarrow 2H_2(g) + 4OH^-(aq)$	−0.83 V
$O_2(g) + 2H_2O(l) + 4e^- \rightarrow 4OH^-(aq)$	?

a 부분의 결과를 사용하고 위의 정보가 주어지면 다음 반응에 대한 표준 환원 전위를 결정하라.

$$O_2(g) + 2H_2O(l) + 4e^- \rightarrow 4OH^-(aq) \qquad \mathscr{E}° = ?$$

d. 이 연료 전지의 역반응은 다음과 같다.

$$2H_2O(l) \rightarrow 2H_2(g) + O_2(g)$$

이 반응은 전해 전지에서 수소와 산소 기체를 생성하는 데 사용할 수 있다. 10.0 A의 전류로 220분 동안 물을 전기분해하면, $O_2(g)$는 몇 몰 생성될 수 있는가?

분홍색 번호의 질문과 연습문제에 대한 정답은 온라인에서 확인할 수 있습니다(차례의 QR을 스캔해보세요).

산화–환원 반응 복습

만일, 이 연습 문제를 풀기 힘들면 4.9절과 4.10절을 다시 복습하라.

21. 산화 수의 변화와 전자를 잃고 얻는 관점으로 *산화*와 *환원*을 정의하라.

22. 다음 각각에서 모든 원자에 산화 수를 정하라.

a. HNO_3	**g.** $PbSO_4$
b. $CuCl_2$	**h.** PbO_2
c. O_2	**i.** $Na_2C_2O_4$
d. H_2O_2	**j.** CO_2
e. $C_6H_{12}O_6$	**k.** $(NH_4)_2Ce(SO_4)_3$
f. Ag	**l.** Cr_2O_3

23. 다음 중 어떤 것이 산화–환원 반응을 나타내는 반응식인지를 밝히고 산화제, 환원제, 산화된 화학종, 환원된 화학종을 지적하라.

a. $CH_4(g) + H_2O(g) \rightarrow CO(g) + 3H_2(g)$

b. $2AgNO_3(aq) + Cu(s) \rightarrow Cu(NO_3)_2(aq) + 2Ag(s)$

c. $Zn(s) + 2HCl(aq) \rightarrow ZnCl_2(aq) + H_2(g)$

d. $2H^+(aq) + 2CrO_4^{2-}(aq) \rightarrow Cr_2O_7^{2-}(aq) + H_2O(l)$

24. 질산을 상업적으로 제조하는 Ostwald 공정은 다음 세 단계가 관여된다.

$$4NH_3(g) + 5O_2(g) \longrightarrow 4NO(g) + 6H_2O(g)$$
$$2NO(g) + O_2(g) \longrightarrow 2NO_2(g)$$
$$3NO_2(g) + H_2O(l) \longrightarrow 2HNO_3(aq) + NO(g)$$

a. Ostwald 공정에서 어느 반응들이 산화–환원 반응인가?
b. 각 산화제와 환원제를 밝혀라.

25. 다음의 산화–환원 반응이 산성 용액에서 진행될 때 반쪽–반응법을 이용하여 균형을 맞춰라.
a. $Cr(s) + NO_3^-(aq) \rightarrow Cr^{3+}(aq) + NO(g)$
b. $CH_3OH(aq) + Ce^{4+}(aq) \rightarrow CO_2(aq) + Ce^{3+}(aq)$
c. $SO_3^{2-}(aq) + MnO_4^-(aq) \rightarrow SO_4^{2-}(aq) + Mn^{2+}(aq)$

26. 다음의 산화–환원 반응이 염기성 용액에서 진행될 때 반쪽–반응법을 이용하여 균형을 맞춰라.
a. $PO_3^{3-}(aq) + MnO_4^-(aq) \rightarrow PO_4^{3-}(aq) + MnO_2(s)$
b. $Mg(s) + OCl^-(aq) \rightarrow Mg(OH)_2(s) + Cl^-(aq)$
c. $H_2CO(aq) + Ag(NH_3)_2^+(aq) \rightarrow HCO_3^-(aq) + Ag(s) + NH_3(aq)$

질문

27. 전기화학이란 무엇인가? 산화 환원 반응이란 무엇인가? 갈바니 전지와 전기분해 전지의 차이점을 설명하라.

28. 염다리의 일반적인 규칙은 음이온이 산화전극으로 흐르고 양이온이 환원전극으로 흐른다는 것이다. 이것이 왜 사실인지 설명하라.

29. $HCl(aq)$의 비커에 마그네슘 금속을 첨가하면 기체가 생성된다. 마그네슘이 산화되고 수소가 환원된다는 것을 알고 반응에 대한 균형 맞춘 방정식을 써라. 균형 맞춘 빈응식에서 이동된 전자의 수는 몇 개인가? Mg를 HCl의 비커에 직접 첨가하였을 때 얻어지는 유용한 일은 얼마인가? 이 반응을 어떻게 활용하여 유용한 일을 할 수 있는가?

30. 각각 음의 표준 환원 전위를 갖는 두 물질로부터 어떻게 갈바니 전지를 구성할 수 있는가?

31. 다음 중 전기화학 전지와 관련하여 *틀린* 설명은 어느 것인가?
a. 갈바니 전지는 자발적인 산화 환원 반응을 이용한다.
b. 전기분해 전지는 양의 ΔG 값을 갖는 산화 환원 반응을 기반으로 한다.
c. 좋은 환원제는 큰 양의 환원 전위를 가지고 있다.
d. 갈바니 전지에서 환원이 일어나는 산화전극이다.
e. 배터리는 갈바니 전지의 예이다.

32. 이온성 화합물 $AgCl_2$는 불안정하다. 다음 중 $AgCl_2$가 불안정한 이유를 가장 잘 설명하는 것은?
a. Ag^{2+}은 Cl^-를 산화시켜 $AgCl_2$를 불안정하게 만든다.
b. Ag^{2+}은 Cl_2를 산화시켜 $AgCl_2$를 불안정하게 만든다.
c. Ag^+은 Cl_2를 산화시켜 $AgCl_2$를 불안정하게 만든다.
d. Ag^+은 Cl^-를 산화시켜 $AgCl_2$를 불안정하게 만든다.

33. 반응의 자유 에너지 변화 ΔG는 크기 성질이다. 크기 성질이란 무엇인가? 놀랍게도, 반응에 대한 전지 전위 $\mathscr{E}$로부터 ΔG를 계산할 수 있다. $\mathscr{E}$가 세기 성질이므로 놀라운 것이다. 세기 성질인 $\mathscr{E}$로부터 어떻게 크기 성질인 ΔG를 계산할 수 있는가?

34. 다음 설명에서 틀린 것은 무엇인가? 가장 좋은 농도 전지는 가장 양의 표준 환원 전위를 갖는 물질로 구성된 전지이다. 농도차 전지는 무엇이 큰 전압을 생성하도록 만드는가?

35. 배터리가 완전히 방전된 자동차의 점프 시동을 걸 때는 접지 점퍼를 엔진 블록의 먼 부분에 부착해야 한다. 왜 그런가?

36. 귀금속이라고 불리는 금속군은 공기 중에서 부식되기가 상대적으로 어렵다. 일부 귀금속에는 금, 백금 및 은이 포함된다. 귀금속이 상대적으로 부식되기 어려운 이유를 알아보려면 표 18.1을 참조하라.

37. 어떤 금속의 용융염의 전기분해를 생각해 보자. 전기분해 전지에서 도금된 금속의 질량을 계산하려면 어떤 정보를 알아야 하는가?

38. 다음 전기화학 전지를 생각해 보자.

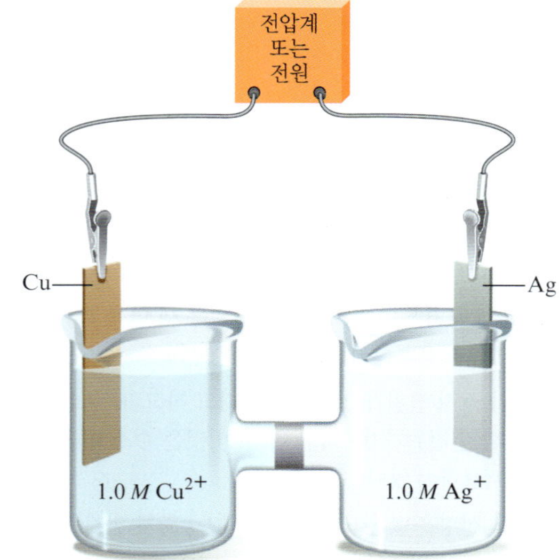

a. 만약 은 금속이 반응 생성물이면 전지는 갈바니 전지인가, 전해 전지인가? 환원전극과 산화전극을 지정하고, 전자가 흐르는 방향을 나타내라.
b. 만약 구리 금속이 반응 생성물이면 전지는 갈바니 전지인가, 전해 전지인가? 환원전극과 산화전극을 지정하고, 전자가 흐르는 방향을 나타내라.
c. 만약 위의 전지가 갈바니 전지일 때, 표준 전지 전위를 계산하라.
d. 만약 위의 전지가 전해 전지일 때, 반응을 일어나게 하기 위해 걸어주어야 할 표준 전지 전위를 계산하라.

39. 부식에 관한 다음 설명 중 어느 것이 사실인가?
a. 미국 남서부의 건조한 기후의 자동차에 비해 미국 중서부의 습한 환경에서는 자동차가 더 쉽게 녹슨다.
b. 부식은 자발적 산화 환원 반응의 한 예이다.
c. 강철의 부식에서 산화전극 반응은 Fe의 산화이다.
d. 페인트 및 보호 산화물은 철과 산소 및 습기의 접촉을 제거함으로써 부식을 방지한다.
e. 소금을 뿌린 도로에서의 운전은 부식의 심각성을 증가시킬 수 있다.

40. 매립된 철 파이프를 부식으로부터 보호하기 위해 마그네슘 막대를 파이프 가까이에 묻어 철선을 사용하여 철에 연결한다. 이 보호 조치에 대한 *가장 좋은* 설명은 다음 중 어느 것인가?
a. 마그네슘은 철보다 쉽게 산화된다.
b. Mg는 Fe로부터 전자를 얻는다.

c. Mg는 철을 산화전극으로 작용하게 한다.

d. 전기분해 전지가 구성되어 Mg가 환원된다.

e. Mg^{2+}은 Fe^{2+}보다 더 큰(더 양의) 환원 전위를 갖는다.

41. 용융된 NaCl을 전기분해하면 Na(s)와 $Cl_2(g)$가 생성된다. NaCl 수용액을 전기분해하면 $H_2(g)$와 $Cl_2(g)$가 생산된다. NaCl 수용액에서 Na(s) 대신 $H_2(g)$가 생성되는 이유를 다음 중 가장 잘 설명하는 것은 무엇인가?

a. H_2O는 Na에 비해 더 쉽게 환원된다.

b. H_2O는 Na에 비해 더 쉽게 산화된다.

c. H_2O는 Na^+에 비해 더 쉽게 환원된다.

d. H_2O는 Na^+에 비해 더 쉽게 산화된다.

42. 수은은 유독성 물질이며 산화 상태가 +1 또는 +2로 존재할 때 특히 유해하다. 그러나 미국 치과 협회(United States Dental Association)는 수은 원소로 제작된 치과용 충전재는 충전물을 삼킨 경우에도 건강에 위험이 거의 없음을 확인하였다. 이 명백한 모순을 표 18.1을 사용하여 가능한 설명을 제시하라.

연습 문제

갈바니 전지, 전지 전위, 표준 환원 전위 및 자유 에너지

43. 다음 갈바니 전지를 생각해 보자.

환원제와 산화제를 지정하고, 전자가 흐르는 방향을 나타내라.

44. 다음 갈바니 전지를 생각해 보자.

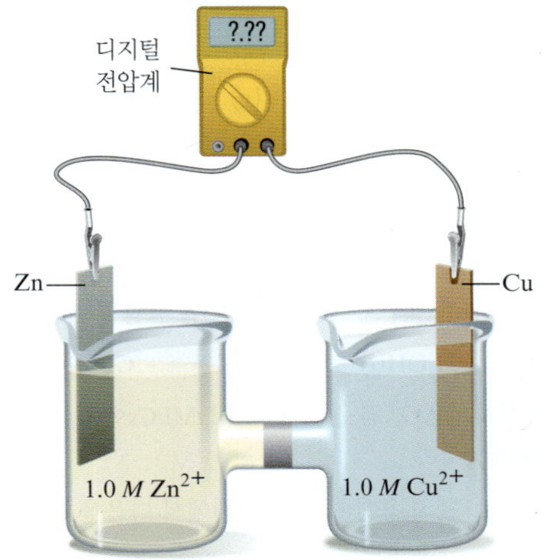

a. 환원제와 산화제를 지정하고, 전자가 흐르는 방향을 나타내라.

b. 표준 전지 전위를 계산하라.

c. 반응이 진행됨에 따라 어느 전극의 질량이 증가하고, 어느 전극의 질량이 감소할까?

45. 다음 전체 반응에 기초로 한 갈바니 전지를 그려라. 전자가 흐르는 방향을 표시하고 환원전극과 산화전극을 지정하라. 그리고 균형 맞춘 전체 반응식을 적어라. 농도는 모두 1.0 M이고, 부분압은 모두 1 atm이라 가정한다.

a. $Cr^{3+}(aq) + Cl_2(g) \rightleftharpoons Cr_2O_7^{2-}(aq) + Cl^-(aq)$

b. $Cu^{2+}(aq) + Mg(s) \rightleftharpoons Mg^{2+}(aq) + Cu(s)$

46. 다음 전체 반응에 기초로 한 갈바니 전지를 그려라. 전자가 흐르는 방향과 염다리를 통한 이온의 이동을 표시하고, 환원전극과 산화전극을 지정하라. 그리고 전체 균형 맞춘 반응식을 써라. 농도는 모두 1.0 M이고, 부분압은 1.0 atm이라 가정한다.

a. $IO_3^-(aq) + Fe^{2+}(aq) \rightleftharpoons Fe^{3+}(aq) + I_2(aq)$

b. $Zn(s) + Ag^+(aq) \rightleftharpoons Zn^{2+}(aq) + Ag(s)$

47. 연습 문제 45의 갈바니 전지에 대해 $\mathscr{E}°$를 계산하라.

48. 연습 문제 46의 갈바니 전지에 대해 $\mathscr{E}°$를 계산하라.

49. 다음 두 가지 반쪽 반응을 사용하여 구성한 표준 갈바니 전지를 생각해 보자.

$$Pb^{2+} + 2e^- \rightarrow Pb \qquad \mathscr{E}° = -0.13\ V$$

$$Br_2 + 2e^- \rightarrow 2Br^- \qquad \mathscr{E}° = 1.09\ V$$

표준 갈바니 전지에 관한 다음 설명 중 어느 것이 *옳은가*?

a. 전자는 브로민 반쪽 전지 전극에서 납 반쪽 전지 전극으로 이동한다.

b. 납 반쪽 전지는 환원전극이다.

c. 표준 전지 전위는 1.22 V이다.

d. 납 반쪽 전지에서 Pb^{2+}의 농도는 전지 반응이 진행됨에 따라 증가할 것이다.

e. 염다리에서 양이온은 반응이 진행됨에 따라 브로민 반쪽 전지로 흐를 것이다.

50. 다음 두 가지 반쪽 반응을 사용하여 구성한 표준 갈바니 전지를 생각해 보자.

$$Sn^{2+} + 2e^- \rightarrow Sn \qquad \mathscr{E}° = -0.14\ V$$

$$La^{3+} + 3e^- \rightarrow La \qquad \mathscr{E}° = -2.37\ V$$

이 표준 갈바니 전지에 관한 다음 설명 중 어느 것이 *틀린* 것인가?

a. 이 전지의 표준 전지 전위는 2.51 V이다.

b. 전지 반응이 진행됨에 따라 염다리의 음이온이 La 반쪽 전지로 흐른다.

c. 반응이 진행됨에 따라 전자가 Sn 반쪽 전지로 흐른다.

d. La 반쪽 전지에서 La^{3+}의 농도는 전지 반응이 진행됨에 따라 증가할 것이다.

e. Sn 반쪽 전지의 Sn 전극은 전지 반응이 진행됨에 따라 크기가 감소한다.

51. 다음 반쪽-반응에 기초로 한 갈바니 전지를 그려라. 전자가 흐르는 방향과 염다리를 통한 이온의 이동을 표시하고, 환원전극과 산화전극을 지정하라. 균형 맞춘 전체 반응식을 적고, 각 갈바니 전지의 $\mathscr{E}°$를 계산하라. 농도는 모두 1.0 M이고, 부분압은 1.0

atm이라 가정한다.

a. $Cl_2 + 2e \rightarrow 2Cl$ $\mathscr{E}° = 1.36$ V
$Br_2 + 2e^- \rightarrow 2Br^-$ $\mathscr{E}° = 1.09$ V

b. $MnO_4^- + 8H^+ + 5e^- \rightarrow Mn^{2+} + 4H_2O$ $\mathscr{E}° = 1.51$ V
$IO_4^- + 2H^+ + 2e^- \rightarrow IO_3^- + H_2O$ $\mathscr{E}° = 1.60$ V

52. 다음 반쪽-반응에 기초로 한 갈바니 전지를 그려라. 전자가 흐르는 방향과 염다리를 통한 이온의 이동을 표시하고, 환원전극과 산화전극을 지정하라. 전체 균형 맞춘 반응식을 적고, 갈바니 전지에 대해 $\mathscr{E}°$를 계산하라. 농도는 모두 1.0 *M*, 부분압은 모두 1.0 atm이라 가정한다.

a. $H_2O_2 + 2H^+ + 2e^- \rightarrow 2H_2O$ $\mathscr{E}° = 1.78$ V
$O_2 + 2H^+ + 2e^- \rightarrow H_2O_2$ $\mathscr{E}° = 0.68$ V

b. $Mn^{2+} + 2e^- \rightarrow Mn$ $\mathscr{E}° = -1.18$ V
$Fe^{3+} + 3e^- \rightarrow Fe$ $\mathscr{E}° = -0.036$ V

53. 연습 문제 45와 51의 각 전지에 대해 표준 선 표기법으로 나타내라.

54. 연습 문제 46과 52의 각 전지에 대해 표준 선 표기법으로 나타내라.

55. 다음 갈바니 전지를 생각해 보자.

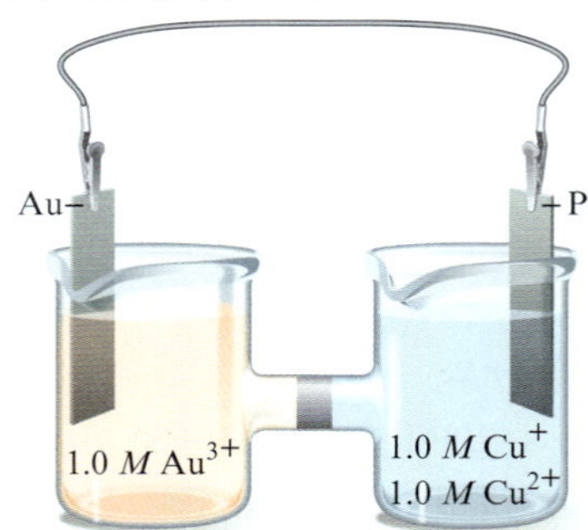

a.

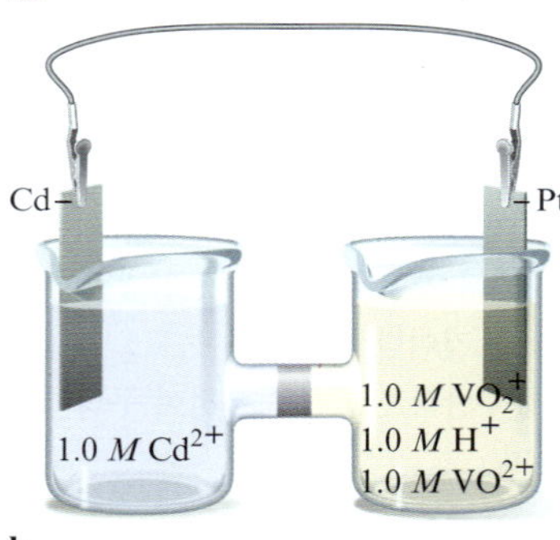

b.

각 갈바니 전지에 대해 균형 맞춘 전자 반응식을 적고, $\mathscr{E}°$을 계산하라. 표준 환원 전위는 표 18.1에 나타냈다.

56. 다음 반쪽-반응에 기초로 한 갈바니 전지에 대해 균형 맞춘 전지 반응식을 적고, $\mathscr{E}°$를 계산하라. 표준 환원 전위는 표 18.1에 나타냈다.

a. $Cr_2O_7^{2-} + 14H^+ + 6e^- \rightarrow 2Cr^{3+} + 7H_2O$
$H_2O_2 + 2H^+ + 2e^- \rightarrow 2H_2O$

b. $2H^+ + 2e^- \rightarrow H_2$
$Al^{3+} + 3e^- \rightarrow Al$

57. 다음 전지에서 $\mathscr{E}°$ 값을 계산하라. 쓰인 대로 놓고 볼 때, 어느 반응이 자발적인가(표준 상태에서)? 반응의 균형을 맞춰라. 표준 환원 전위는 표 18.1에 나타냈다.

a. $MnO_4^-(aq) + I^-(aq) \longrightarrow I_2(aq) + Mn^{2+}(aq)$

b. $MnO_4^-(aq) + F^-(aq) \longrightarrow F_2(g) + Mn^{2+}(aq)$

58. 다음 전지에서 $\mathscr{E}°$ 값을 계산하라. 쓰인 대로 볼 때 어느 반응이 자발적인가(표준 상태에서)? 아직 반응이 균형이 맞지 않은 경우 반응을 균형 있게 맞춰라. 표준 환원 전위는 표 18.1에 나와 있다.

a. $H_2(g) \longrightarrow H^+(aq) + H^-(aq)$

b. $Au^{3+}(aq) + Ag(s) \longrightarrow Ag^+(aq) + Au(s)$

59. 다음 반응에서 생성되는 이산화 염소(ClO_2)를 수돗물의 처리에 소독제로 시험하였다.

$$2NaClO_2(aq) + Cl_2(g) \longrightarrow 2ClO_2(g) + 2NaCl(aq)$$

표 18.1을 이용해서 25°C에서 ClO_2 발생에 대한 $\mathscr{E}°$와 $\Delta G°$ 값을 계산하라.

60. 강철에서 망가니즈가 얼마나 들어 있는지는 망가니즈를 과망가니즈산 이온(MnO_4^-)으로 변환시켜 정량한다. 우선 질산에 강철을 녹여 Mn^{2+} 이온이 녹아 나오게 한 후 산성의 과아이오딘산 이온(IO_4^-) 용액을 가하여 Mn^{2+} 이온을 MnO_4^- 이온으로 산화시킨다.

a. 위에서 기술한 각 반응의 반응식을 모두 적고 계수를 맞춰라.

b. 각 반응에 대해 25°C에서 $\mathscr{E}°$와 $\Delta G°$ 값을 계산하라.

61. 연습 문제 55에서 표준 상태에서의 갈바니 전지에서 얻어지는 최대 일의 양을 계산하라.

62. 연습 문제 56에서 표준 상태에서의 갈바니 전지에서 얻어지는 최대 일의 양을 계산하라.

63. 아래에 주어진 $\Delta G_f°$ 값을 이용하여

$$H_2O(l) = -237 \text{ kJ/mol}$$
$$H_2(g) = 0.0$$
$$OH^-(aq) = -157 \text{ kJ/mol}$$
$$e^- = 0.0$$

다음 반쪽-반응의 $\mathscr{E}°$를 계산하라.

$$2H_2O + 2e^- \longrightarrow H_2 + 2OH^-$$

표 18.1에 주어진 $\mathscr{E}°$ 값과 이 $\mathscr{E}°$ 값을 비교하라.

64. 방정식 $\Delta G° = -nF\mathscr{E}°$는 반쪽-반응에서도 적용된다. 표준 환원 전위를 이용하여 $Fe^{2+}(aq)$와 $Fe^{3+}(aq)$의 $\Delta G_f°$를 대략 계산하라(e^-에 대한 $\Delta G_f° = 0$).

65. 글루코오스는 대부분의 생체 세포의 주요 연료이다. 에너지를 생산하기 위해서 신체가 글루코오스를 산화시켜 분해시키는 것을 호흡(*respiration*)이라 부른다. 글루코오스의 완전 연소 반응은 다음과 같다.

$$C_6H_{12}O_6(s) + 6O_2(g) \longrightarrow 6CO_2(g) + 6H_2O(l)$$

이 연소 반응을 연료 전지로 활용할 수 있다고 할 때, 표준 상태에서 생산할 수 있는 이론적 전위를 계산하라. (*힌트*: 부록 4의 $\Delta G_f°$ 값을 이용하라.)

66. 직접 메탄올 연료 전지(direct methanol fuel cells, DMFCs)는 소형 전기 기구에 "녹색" 에너지를 공급할 가능성이 있다.

$$CH_3OH(l) + 3/2O_2(g) \longrightarrow CO_2(g) + 2H_2O(l)$$

부록 4의 $\Delta G_f°$ 값을 이용하여 DMFCs에서 일어나는 반응의 $\mathscr{E}°$를 계산하라.

67. 표 18.1을 이용하여 표준 상태에서 다음을 산화제 세기가 증가하는 순서대로 나열하라.

MnO_4^-, Cl_2, $Cr_2O_7^{2-}$, Mg^{2+}, Fe^{2+}, Fe^{3+}

68. 표 18.1의 자료를 이용하여 표준 상태에서 다음을 환원제 세기가 증가하는 순서대로 나열하라.

Cr^{3+}, H_2, Zn, Li, F^-, Fe^{2+}

69. 표 18.1의 자료를 이용해 표준 상태에서 다음 문제에 답하라.

a. $H^+(aq)$가 $Cu(s)$를 $Cu^{2+}(aq)$로 산화시킬 수 있는가?

b. $Fe^{3+}(aq)$가 $I^-(aq)$를 산화시킬 수 있는가?

c. $H_2(g)$가 $Ag^+(aq)$를 환원시킬 수 있는가?

70. 표 18.1을 이용하여 다음 문제에 답하라(모두 표준 상태하에서).

a. $H_2(g)$가 $Ni^{2+}(aq)$를 환원시킬 수 있는가?

b. $Fe^{2+}(aq)$가 $VO_2^+(aq)$를 환원시킬 수 있는가?

c. $Fe^{2+}(aq)$가 $Cr^{3+}(aq)$를 $Cr^{2+}(aq)$로 환원시킬 수 있는가?

71. 다음 질문에 대해 다음의 표준 환원 전위를 생각해 보자.

	$\mathscr{E}°$ (V)
$Li^+ + e^- \rightarrow Li$	−3.05
$Al^{3+} + 3e^- \rightarrow Al$	−1.66
$Fe^{2+} + 2e^- \rightarrow Fe$	−0.44
$Cu^{2+} + 2e^- \rightarrow Cu$	0.34
$Cl_2 + 2e^- \rightarrow 2Cl^-$	1.36

다음 중 Cu^{2+}을 Cu로 환원시키지만 Al^{3+}을 Al로 환원시키지 못하는 것은 무엇인가?(표준 조건을 가정하라)

a. Li

b. Li^+

c. Fe

d. Fe^{2+}

e. Cl^-

72. 다음과 같은 환원 전위를 생각해 보자.

	$\mathscr{E}°$ (V)
$F_2 + 2e^- \rightarrow 2F^-$	2.87
$Ag^+ + e^- \rightarrow Ag$	0.80
$Cu^{2+} + 2e^- \rightarrow Cu$	0.34
$Pb^{2+} + 2e^- \rightarrow Pb$	−0.13
$Ni^{2+} + 2e^- \rightarrow Ni$	−0.23

표준 조건을 가정하고, 구리(Cu)는 자발적으로 다음 중 어느 것을 감소시킬 것인가?

a. Ag 및 F^-

b. Ag^+ 및 F^-

c. Pb 및 Ni

d. Pb^+ 및 Ni^{2+}

73. 표준 상태에서 다음 문제에 맞는 화학종을 골라라.

Na^+, Cl^-, Ag^+, Ag, Zn^{2+}, Zn, Pb

답에 대한 이유를 말하라(표 18.1을 이용한다).

a. 어느 것이 가장 센 산화제인가?

b. 어느 것이 가장 센 환원제인가?

c. 어느 화학종이 산성에서 $SO_4^{2-}(aq)$에 의해 산화되는가?

d. 어느 화학종이 $Al(s)$에 의해 환원되는가?

74. 표준 상태에서 다음 문제에 맞는 화학종을 골라라. 그 답에 대한 이유를 설명하라.

Br^-, Br_2, H^+, H_2, La^{3+}, Ca, Cd

a. 어느 것이 가장 센 산화제인가?

b. 어느 것이 가장 센 환원제인가?

c. 어느 화학종이 산성에서 MnO_4^-에 의해 산화될 수 있는가?

d. 어느 화학종이 $Zn(s)$에 의해 환원될 수 있는가?

75. 표준 환원 전위(표 18.1)의 표를 이용하여 다음 각 산화 반응을 할 수 있는 시약을 골라라(산 용액의 표준 상태에서).

a. Br^-를 Br_2로 산화시키지만, Cl^-를 Cl_2로 산화시키지 못한다.

b. Mn을 Mn^{2+}로 산화시키지만, Ni를 Ni^{2+}로 산화시키지 못한다.

76. 표준 환원 전위(표 18.1)의 표를 이용하여 다음 각 환원 반응을 할 수 있는 시약을 골라라(산 용액의 표준 상태에서).

a. Fe^{3+}를 Fe^{2+}로 환원시키지만, Fe^{2+}를 Fe로 환원시키지 못한다.

b. Ag^+를 Ag로 환원시키지만, O_2를 H_2O_2로 환원시키지 못한다.

Nernst 식

77. 어떤 갈바니 전지는 25°C에서 다음과 같은 반쪽 반응을 기반으로 한다.

$$Ag^+ + e^- \longrightarrow Ag$$
$$H_2O_2 + 2H^+ + 2e^- \longrightarrow 2H_2O$$

다음과 같은 경우에 $\mathscr{E}°_{전지}$가 $\mathscr{E}°_{전지}$ 보다 큰지 작은지 예측하라.

a. $[Ag^+] = 1.0\ M$, $[H_2O_2] = 2.0\ M$, $[H^+] = 2.0\ M$

b. $[Ag^+] = 2.0\ M$, $[H_2O_2] = 1.0\ M$, $[H^+] = 1.0 \times 10^{-7}\ M$

78. 그림 18.10의 농도차 전지를 생각해 보자. 오른쪽 칸의 Fe^{2+} 농도가 0.1 M에서 $1 \times 10^{-7}\ M$ Fe^{2+}로 변경되었을 때 전자 흐름의 방향을 예측하고 산화전극 및 환원전극 칸을 지정하라.

79. 아래의 농도차 전지에서 오른쪽 칸의 Ag^+ 농도가 다음과 같을 때 25°C에서 전지 전위를 계산하라. 또한 각 경우에 환원전극, 산화전극을 지정하고 전자가 흐르는 방향을 표시하라.

a. 1.0 M

b. 2.0 M

c. 0.10 M

d. $4.0 \times 10^{-5}\ M$

e. 양쪽 용액의 $[Ag^+]$가 0.10 M일 때의 전위를 계산하라.

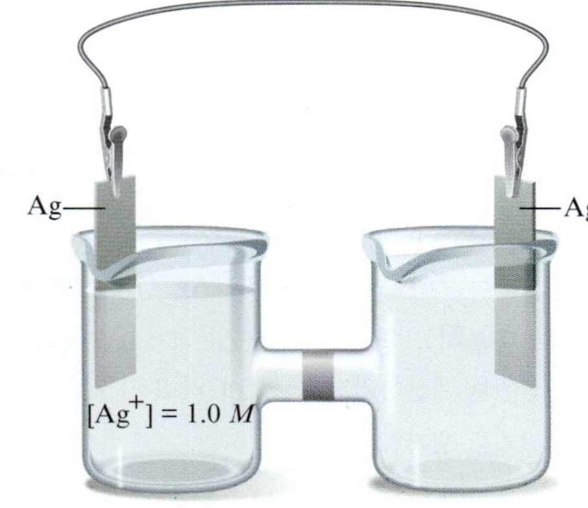

80. 두 전극이 Ni로 되어 있고, 왼쪽 비커의 $[Ni^{2+}] = 1.0\ M$인 것을 제외하고 연습 문제 79와 유사한 농도차 전지에서 오른쪽 비커의 Ni^{2+}와 농도가 다음과 같을 때, 25°C에서 전위 전지를 계산하라. 또한 각 경우에 있어서 산화전극, 환원전극을 지정하고 전자가 흐르는 방향을 표시하라.

a. 1.0 M

b. 2.0 M

c. 0.10 M

d. $4.0 \times 10^{-5}\ M$

e. 양쪽 용액의 $[Ni^{2+}]$가 2.5 M일 때의 전위를 계산하라.

81. 다음의 농도차 전지를 생각해 보자.

$$Al \mid Al^{3+}\ (1.0 \times 10^{-4}\ M) \parallel Al^{3+}\ (1.5\ M) \mid Al$$

a. 이 농도차 전지에 대한 $\mathscr{E}$, $\mathscr{E}°$ 및 n의 값은 무엇인가?

b. 환원전극에서 $[Al^{3+}]$를 감소시키는 것이 $\mathscr{E}_{전지}$에 어떤 영향을 미치는가?

c. 산화전극에서 $[Al^{3+}]$를 증가시키는 것이 $\mathscr{E}_{전지}$에 어떤 영향을 미치는가?

d. 산화전극에서 더 큰 Al 전극을 사용하면 $\mathscr{E}_{전지}$에 어떤 영향을 미치는가?

82. 298 K에서 다음 농도차 전지를 생각해 보자.

$Cu^{2+} + 2e \rightarrow Cu \quad \mathscr{E} = 0.34\ V$:

$Cu \mid Cu^{2+}\ (1.0 \times 10^{-3}\ M) \parallel Cu^{2+}\ (1.0 \times 10^{-1}\ M) \mid Cu$

다음 중 이 농도차 전지에 대해 *사실*인 것은?

a. $n = 1$

b. $\mathscr{E}°_{전지} = 0.34\ V$

c. $Q = 1.0 \times 10^2$

d. 계산된 전지 전위, $\mathscr{E}_{전지}$는 0.059 V이다.

e. 산화전극에서 Cu^{2+} 농도를 감소시키면 전체적인 전지 전위는 증가한다.

83. 납 축전지의 전체 반응은 다음과 같다.

$$Pb(s) + PbO_2(s) + 2H^+(aq) + 2HSO_4^-(aq) \longrightarrow 2PbSO_4(s) + 2H_2O(l)$$

$[H_2SO_4] = 4.5\ M$, 즉 $[H^+] = [HSO_4^-] = 4.5\ M$일 때, 25°C에서 전지의 $\mathscr{E}$를 계산하라. 25°C에서 납 축전지의 $\mathscr{E}° = 2.04\ V$이다.

84. $[Cr^{3+}] = 0.15\ M$, $[Al^{3+}] = 0.30\ M$, $[Cr_2O_7^{2-}] = 0.55\ M$일 때, $\mathscr{E}_{전지} = 3.01\ V$를 나타내는 아래 반응에 대한 환원전극 칸의 pH를 구하라.

$$2Al(s) + Cr_2O_7^{2-}(aq) + 14H^+(aq) \longrightarrow 2Al^{3+}(aq) + 2Cr^{3+}(aq) + 7H_2O(l)$$

85. 다음 전지를 생각해 보자.

$$Zn|Zn^{2+}(1.00\ M)||Ag^+(1.00\ M)|Ag$$

반응이 충분히 진행되고 나서 $[Zn^{2+}]$가 0.20 mol/L만큼 변한 후 전지 전위를 계산하라. ($T = 25°C$라고 가정하라.)

86. 다음 전지를 생각해 보자.

$$Al|Al^{3+}(1.00\ M)||Pb^{2+}(1.00\ M)|Pb$$

25°C에서 반응이 충분히 진행되고 나서 $[Al^{3+}]$가 0.60 mol/L만큼 변한 후 전지 전위를 계산하라. ($T = 25°C$라고 가정한다.)

87. 연습 문제 45과 51의 반응에 대한 25°C에서의 $\Delta G°$와 K 값을 구하라.

88. 연습 문제 46과 52의 반응에 대한 25°C에서의 $\Delta G°$와 K 값을 구하라.

89. 다음 반쪽-반응에 기초로 한 갈바니 전지를 생각해 보자.

$$Zn^{2+} + 2e^- \longrightarrow Zn \qquad \mathscr{E}° = -0.76\ V$$
$$Fe^{2+} + 2e^- \longrightarrow Fe \qquad \mathscr{E}° = -0.44\ V$$

a. 전체 전지 반응식을 구하고, $\mathscr{E}°_{전지}$를 계산하라.

b. 25°C에서 전지 반응의 $\Delta G°$와 K 값을 계산하라.

c. $[Zn^{2+}] = 0.10\ M$이고, $[Fe^{2+}] = 1.0 \times 10^{-5}\ M$일 때, 25°C에서 $\mathscr{E}_{전지}$를 계산하라.

90. 다음 반쪽-반응에 기초로 한 갈바니 전지를 생각해 보자.

$$Au^{3+} + 3e^- \longrightarrow Au \qquad \mathscr{E}° = 1.50\ V$$
$$Tl^+ + e^- \longrightarrow Tl \qquad \mathscr{E}° = -0.34\ V$$

a. 전체 전지 반응식을 구하고, $\mathscr{E}°_{전지}$를 계산하라.

b. 25°C에서 전지 반응의 $\Delta G°$와 K 값을 계산하라.

c. $[Au^{3+}] = 1.0 \times 10^{-2}\ M$와 $[Tl^+] = 1.0 \times 10^{-4}\ M$일 때, 25°C에서 $\mathscr{E}_{전지}$를 계산하라.

91. 전기화학 전지가 표준 수소 전극과 구리 금속 전극으로 되어 있다.

a. 구리 전극이 $[Cu^{2+}] = 2.5 \times 10^{-4}\ M$ 용액에 담겨 있을 때, 25°C에서 전지 전위는 얼마인가?

b. 구리 전극이 미지 $[Cu^{2+}]$ 용액에 담겨 있을 때, 25°C에서 측정한 전위는 0.195 V였다. $[Cu^{2+}]$의 농도는? (Cu^{2+}는 환원된다고 가정한다).

92. 전기화학 전지가 알루미늄 금속 전극으로부터 다공성 판에 의해 분리된 $[Ni^{2+}] = 1.0\ M$인 용액에 담긴 니켈 금속 전극으로 구성되었다.

a. 알루미늄 전극이 $[Al^{3+}] = 7.2 \times 10^{-3}\ M$의 용액에 담겨 있을 때 25°C에서 전지 전위는 얼마인가?

b. 알루미늄 전극이 미지 $[Al^{3+}]$ 용액에 담겨 있을 때 25°C에서 측정한 전위는 1.62 V였다. 미지의 용액에 들어있는 $[Al^{3+}]$의 농도를 구하라(Al은 산화된다고 가정한다).

93. 어떤 전기화학 전지는 표준 수소 전극과 구리 금속 전극으로 구성되어 있다. 구리 금속 전극을 $Cu(OH)_2$로 포화된 0.10 M NaOH 용액에 넣었을 때, 25°C에서의 전지 전위는 얼마인가? [$Cu(OH)_2$의 경우, $K_{sp} = 1.6 \times 10^{-19}$]

94. 25°C에서 다음과 같은 반쪽 반응을 기반으로 하는 갈바니 전지를 생각해 보자.

$$Pb^{2+} + 2e^- \rightarrow Pb \qquad \mathscr{E}° = -0.13\ V$$
$$Zn^{2+} + 2e^- \rightarrow Zn \qquad \mathscr{E}° = -0.76\ V$$

표준 전지는 위의 전극들을 사용하여 구성된다. 아연 칸에 OH^-를 첨가하여 $Zn(OH)_2$를 침전시켰다. 평형에 도달한 후 전지 전위를 측정하였더니 1.05 V이었다. $Zn(OH)_2$에 대해 다음과 같은 K_{sp} 값이 주어졌다.

$$Zn(OH)_2(s) \rightarrow Zn^{2+}(aq) + 2OH^-(aq) \qquad K_{sp} = 6.5 \times 10^{-17}$$

평형에 도달했을 때 아연 칸에 있는 $[OH^-]$를 계산하라.

95. 두 전극이 어떤 금속 M으로 만들어진 농도차 전지를 생각해 보자. 전지의 한쪽 칸에 있는 용액 A에는 1.0 M M^{2+}가 들어있다. 다른 쪽의 용액 B의 부피는 1.00 L이다. 실험 초기에 0.0100 mol $M(NO_3)_2$와 0.0100 mol Na_2SO_4를 용액 B에 녹이면 다음 반응이 일어난다(부피 변화는 무시한다).

$$M^{2+}(aq) + SO_4^{2-}(aq) \rightleftharpoons MSO_4(s)$$

이 반응의 평형은 빠르게 이루어져서, 전지 전위는 25°C에서 0.44 V가 얻어졌다. 다음 과정의 표준 환원 전위가 −0.31 V이고 또 전지 내에서 다른 산화–환원 과정은 일어나지 않는다고 가정한다.

$$M^{2+} + 2e^- \longrightarrow M$$

25°C에서 $MSO_4(s)$에 대한 K_{sp}를 계산하라.

96. 은 환원전극이 0.10 M Ag^+ 용액에 담겨 있는 농도차 전지가 있다. 산화전극은 역시 $Ag^+(aq)$, 0.050 M $S_2O_3^{2-}$ 및 1.0×10^{-3} M $Ag(S_2O_3)_2^{3-}$에 담겨 있는 은 전극이다. 전위는 0.76 V였다.

a. 산화전극에서 Ag^+ 농도를 계산하라.

b. $Ag(S_2O_3)_2^{3-}$ 형성 반응에 대한 평형 상수값을 계산하라.

$$Ag^+(aq) + 2S_2O_3^{2-}(aq) \rightleftharpoons Ag(S_2O_3)_2^{3-}(aq) \quad K = ?$$

97. 표준 상태에서 다음 각각이 수행되면 어떤 반응이 일어나는가?

a. I_2 결정을 NaCl 용액에 첨가했다.

b. Cl_2 기체를 NaI 용액에 통과시켰다.

c. $CuCl_2$ 용액에 은 선을 넣었다.

d. 산성 $FeSO_4$ 용액을 공기 중에 노출시켰다.

일어나는 반응에 대해 균형 맞춘 반응식을 쓰고, 25°C에서 $\mathscr{E}°$, $\Delta G°$ 및 K를 계산하라.

98. 불균등화 반응은 어느 물질이 동시에 산화제와 환원제 역할을 하여 같은 원소의 높고 낮은 산화 상태를 갖는 생성물들이 생기는 반응이다. 다음 중 어느 불균등화 반응이 표준 상태에서 자발적인가? 표준 상태에서 자발적인 반응의 25°C에서 $\Delta G°$와 K 값을 구하라.

a. $2Cu^+(aq) \longrightarrow Cu^{2+}(aq) + Cu(s)$

b. $3Fe^{2+}(aq) \longrightarrow 2Fe^{3+}(aq) + Fe(s)$

c. $HClO_2(aq) \longrightarrow ClO_3^-(aq) + HClO(aq)$
(균형 맞추지 않음)

다음 반쪽–반응을 이용하라.

$$ClO_3^- + 3H^+ + 2e^- \longrightarrow HClO_2 + H_2O \qquad \mathscr{E}° = 1.21\ V$$
$$HClO_2 + 2H^+ + 2e^- \longrightarrow HClO + H_2O \qquad \mathscr{E}° = 1.65\ V$$

99. 25°C에서 다음 갈바니 전지를 생각해 보자.

$$Pt|Cr^{2+}(0.30\ M), Cr^{3+}(2.0\ M)||Co^{2+}(0.20\ M)|Co$$

전체 반응과 평형 상수 값은 다음과 같다.

$$2Cr^{2+}(aq) + Co^{2+}(aq) \rightleftharpoons 2Cr^{3+}(aq) + Co(s) \quad K = 2.79 \times 10^7$$

이들 조건에서 갈바니 전지의 전지 전위($\mathscr{E}$)와 전지 반응의 ΔG를 계산하라.

100. $[Ag^+] = 1.0\ M$ 용액에 넣은 은 금속 전극이 다공성 원판에 의해 구리 금속 전극과 분리되어 있는 전기화학 전지가 있다. 구리 전극을 5.0 M NH_3의 용액에 담갔을 때와 0.010 M $Cu(NH_3)_4^{2+}$인 용액에 담갔을 때 25°C에서 측정된 전지 전위는 0.99 V였다. 다음 반응에 대한 평형 상수의 값을 계산하라.

$$Cu^{2+}(aq) + 4NH_3(aq) \rightleftharpoons Cu(NH_3)_4^{2+}(aq) \quad K = ?$$

101. 황화 카드뮴은 반도체 응용에 사용된다. 다음의 표준 환원 전위를 사용하여 CdS의 용해도곱 상수(K_{sp}) 값을 계산하라.

$$CdS(s) + 2e^- \rightarrow Cd(s) + S^{2-}(aq) \qquad \mathscr{E}° = -1.21\ V$$
$$Cd^{2+}(aq) + 2e^- \rightarrow Cd(s) \qquad \mathscr{E}° = -0.402\ V$$

102. 다음 반쪽–반응의 $\mathscr{E}° = -2.07$ V이다.

$$AlF_6^{3-}(aq) + 3e^- \longrightarrow Al(s) + 6F^-(aq)$$

표 18.1을 이용하여 25°C에서 아래 반응의 평형 상수를 계산하라.

$$Al^{3+}(aq) + 6F^-(aq) \rightleftharpoons AlF_6^{3-}(aq) \quad K = ?$$

103. 다음 반쪽 반응의 $\mathscr{E}°$를 계산하라.

$$AgI(s) + e^- \longrightarrow Ag(s) + I^-(aq)$$

(*힌트*: AgI의 K_{sp}와 Ag^+ 표준 환원 전위를 참조)

104. $CuI(s)$의 용해도곱은 1.1×10^{-12}이다. 다음 반쪽–반응의 $\mathscr{E}°$ 값을 계산하라.

$$CuI(s) + e^- \longrightarrow Cu(s) + I^-(aq)$$

전기분해

105. 다음 각각을 100.0 A의 전류로 도금 석출시킬 때 시간이 얼마나 걸리겠는가?

a. Al^{3+} 수용액으로부터 Al 1.0 kg

b. Ni^{2+} 수용액으로부터 Ni 1.0 g

c. Ag^+ 수용액으로부터 Ag 5.0 mol

106. BiO^+를 전기분해하면 순수한 비스무트를 생산한다. 25.0 A의 전류로 BiO^+ 용액을 전기분해하여 Bi 10.0 g을 생산하는 데 시간이 얼마나 걸리겠는가?

107. 다음 물질에 15 A의 전류를 1.0시간 흘려줄 때, 각각 얼마나 생기겠는가?

a. Co^{2+} 수용액으로부터 Co

b. Hf^{4+} 수용액으로부터 Hf

c. KI 수용액으로부터 I_2

d. 용융된 CrO_3로부터 Cr

108. 전기분해 전지 과정은 Zr^{4+}을 함유하는 용액으로부터 $Zr(s)$을 도금하는 것을 포함한다. 2.90 A를 3.72시간 동안 실행하면 환원전극에서 몇 그램의 지르코늄이 도금되는가?

109. 알루미늄은 용융염의 존재하에 Al_2O_3를 전기분해하여 상업적으로 생산한다. 1.00백만 암페어의 전류를 연속적으로 흘려주는 공장에서 2.00시간 동안 생산할 수 있는 알루미늄의 질량은 얼마인가?

110. 금은 염화 금산(chloroauric acid, $HAuCl_4$) 용액으로부터 도금된다. 환원전극에서 도금된다. 0.10 A의 전류를 사용하여 0.50

g의 금을 도금하는 데 시간이 얼마나 걸릴까?

111. 일반식 MCl_2를 갖는 용융 금속 염화물의 전기분해를 생각해 보자. 5.00암페어의 전류를 748초 동안 가해주었다. 그 결과 환원전극에서 0.471 g의 금속 M이 도금되었다. 금속 M은 무엇인가?

112. 6.50 A의 전류로 1397초 동안 용융된 금속 염화물(MCl_3)을 전기분해하였더니 1.41 g의 금속을 환원전극에서 얻었다. 이 금속은 무엇인가?

113. 미지의 루테늄염 수용액을 50.0분간 2.50 A의 전류로 전기분해하였다. 환원전극에서 2.618 g의 Ru의 생성된다면 용액에서 루테늄 이온의 전하는 얼마인가?

114. 당신은 망가니즈 염화물 염으로 구성된 용액을 가지고 있다. 이 용액을 1.0시간 동안 2.0 A의 전류를 사용하여 전기분해하였다. 환원전극에서 1.02 g의 Mn이 생성되었다면 염화 망가니즈 화합물의 화학식은 무엇인가?

115. 10.0 A의 전류로 2.00시간 동안 용융된 KF를 전기분해할 때, 1.00 atm, 25°C에서 생성된 F_2 기체의 부피는 얼마인가? 이때 생성된 포타슘 금속의 질량은 얼마인가? 각 반응은 어떤 전극에서 발생하는가?

116. STP에서 15.0분 동안 2.50 A의 전류로 물을 전기분해하였다. $H_2(g)$와 $O_2(g)$는 어떤 부피로 생성되는가?

117. 단일 Hall-Heroult 전지(그림 18.21)는 24시간에 약 1톤의 알루미늄을 생산한다. 이것을 달성하려면 몇 암페어의 전류를 사용해야 하는가?

118. 한 공장에서 용융 염화 바륨을 전기분해하여 1.00×10^3 kg 바륨을 생산하려고 한다. 이를 달성하기 위해 4.00시간 동안 가해주어야 할 전류는 얼마인가?

119. Ag^+가 포함된 용액 0.250 L에서 모든 은을 도금하는 데 2.00A의 전류를 사용하여 2.30분이 걸렸다. 용액에서 Ag^+의 원래 농도는 얼마였는가?

120. 질산 구리 수용액인 $Cu(NO_3)_2$를 생각해 보자. 질산 구리 용액 25.0 mL에서 모든 구리를 도금하는 데 2.00 A의 전류를 사용하였더니 1380초가 걸렸다. 원래의 질산 구리 용액의 농도는 얼마였는가?

121. 25°C에서 전해 전지의 환원전극 칸의 용액에는 1.0 M Cd^{2+}, 1.0 M Ag^+, 1.0 M Au^{3+} 및 1.0 M Ni^{2+}가 들어 있다. 전압을 점진적으로 올릴 때, 어떤 금속이 도금 석출이 되는지 순서대로 예측하라.

122. 25°C의 용액에는 1.0 M Cu^{2+} 및 1.0×10^{-4} M Ag^+이 들어있다. 이 용액을 전기분해시켰을 때 전압을 점차 증가함에 따라 어느 금속이 먼저 석출될 것인가? (*힌트*: Nernst 방정식을 사용하여 각 반쪽 반응에 대한 $\mathscr{E}$를 계산한다.)

123. 다음과 같은 표준 환원 전위를 생각해 보자.

	$\mathscr{E}°$ (V)
$O_2 + 4H^+ + 4e^- \rightarrow 2H_2O$	1.23
$I_2 + 2e^- \rightarrow 2I^-$	0.54
$2H_2O + 2e^- \rightarrow H_2 + 2OH^-$	−0.83
$Ca^{2+} + 2e^- \rightarrow Ca$	−2.76

아이오딘화 칼슘(CaI_2) 수용액을 전기분해하였다. 위의 전위를 사용하여 다음 설명 중 전기분해에서 관찰되는 것은? 과전압은 없다고 가정하고, 표준 조건을 가정하라.

a. I^-는 한 전극에서 생성되고 H_2O는 다른 전극에서 생성된다.

b. I_2는 한 전극에서 생성되고 다른 전극에서는 Ca이 생성된다.

c. 한 전극에서 I_2가 생성되고, 다른 전극에서는 H_2와 OH^-는 생성될 것이다.

d. 한 전극에서 O_2와 H^+은 생성되고, 다른 전극에서는 Ca이 생성될 것이다.

e. 한 전극에서 O_2와 H^+은 생성되고, 다른 전극에서는 H_2와 OH^-는 생성될 것이다.

124. 다음과 같은 환원 전위를 생각해 보자.

	$\mathscr{E}°$ (V)
$F_2 + 2e^- \rightarrow 2F^-$	2.87
$O_2 + 4H^+ + 4e^- \rightarrow 2H_2O$	1.23
$Ni^{2+} + 2e^- \rightarrow Ni$	−0.23
$2H_2O + 2e^- \rightarrow H_2 + 2OH^-$	−0.83

플루오린화 니켈(NiF_2) 수용액을 전기분해하였다. 위의 전위를 사용하여 다음 설명들 중에서 관찰되어야 하는 것을 설명한 것은? 과전압이 없다고 가정하고 표준 조건을 가정하라.

a. $F_2(g)$는 환원전극에서 생성된다.

b. $Ni(s)$는 산화전극에 증착된다.

c. $H_2(g)$는 환원전극에서 생성된다.

d. $O_2(g)$는 산화전극에서 생성된다.

125. Na_2SO_4의 수용액을 전기분해하면 산화전극과 환원전극에서 어떤 반응이 일어나는가? (표준 상태를 가정한다.)

	$\mathscr{E}°$
$S_2O_8^{2-} + 2e^- \longrightarrow 2SO_4^{2-}$	2.01 V
$O_2 + 4H^+ + 4e^- \longrightarrow 2H_2O$	1.23 V
$2H_2O + 2e^- \longrightarrow H_2 + 2OH^-$	−0.83 V
$Na^+ + e^- \longrightarrow Na$	−2.71 V

126. $CuSO_4(aq)$의 산성 용액에서 숟가락과 구리 막대를 아래 그림처럼 전원으로 연결하면 숟가락에 구리를 입힐 수 있다.

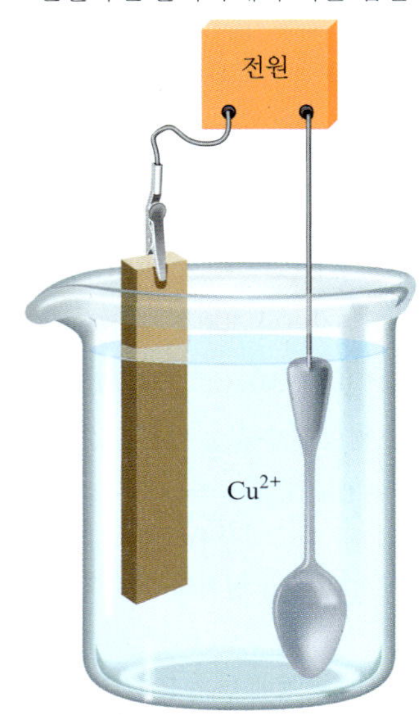

a. 환원제와 산화제를 지정하고, 전자가 흐르는 방향을 나타내라.
b. 각 전극에서 일어나는 화학 반응식을 적어라.

127. 다음 각각이 전기분해될 때 환원전극과 산화전극에서 어떤 반응이 일어나는가?
a. 용융 $NiBr_2$ b. 용융 AlF_3 c. 용융 MnI_2

128. 다음 각각을 전기분해할 때 환원전극과 산화전극에서 어떤 반응이 일어나는가?
a. 용융 KF b. 용융 $CuCl_2$ c. 용융 MgI_2

129. 표준 조건에서 다음 각각을 전기분해할 때 환원전극과 산화전극에서 어떤 반응이 일어나는가?
a. 1.0 M $NiBr_2$ 용액
b. 1.0 M AlF_3 용액
c. 1.0 M MnI_2 용액

130. 표준 조건에서 다음 각각을 전기분해할 때 환원전극과 산화전극에서 어떤 반응이 일어나는가?
a. 1.0 M KF 용액
b. 1.0 M $CuCl_2$ 용액
c. 1.0 M MgI_2 용액

화학 활동 문제

131. 포화 칼로멜 전극(SCE)은 전기화학 측정을 할 때 자주 기준 전극으로 쓰인다. SCE는 포화 칼로멜(Hg_2Cl_2) 용액과 접촉해 있는 수은으로 구성되어 있다. 포화 KCl 용액이 전해질 용액이다. 표준 수소 전극에 대해 $\mathscr{E}_{SCE}$의 전위는 +0.242 V이다. SCE와 다음 반쪽-반응들로 이루어진 전지에 있어서 측정된 전위 값은 얼마이겠는가? 각 경우에 SCE가 환원전극인지 또는 산화전극인지 표시하라. 표준 환원 전위는 표 18.1에 있다.
a. $Cu^{2+} + 2e^- \longrightarrow Cu$
b. $Fe^{3+} + e^- \longrightarrow Fe^{2+}$
c. $AgCl + e^- \longrightarrow Ag + Cl^-$
d. $Al^{3+} + 3e^- \longrightarrow Al$
e. $Ni^{2+} + 2e^- \longrightarrow Ni$

132. 다음 반쪽-반응을 생각해 보자.

$$Pt^{2+} + 2e^- \longrightarrow Pt \qquad \mathscr{E}° = 1.188\ V$$
$$PtCl_4^{2-} + 2e^- \longrightarrow Pt + 4Cl^- \qquad \mathscr{E}° = 0.755\ V$$
$$NO_3^- + 4H^+ + 3e^- \longrightarrow NO + 2H_2O \qquad \mathscr{E}° = 0.96\ V$$

백금 금속이 왕수(염산과 질산의 혼합물)에는 녹지만, 진한 염산이나 진한 질산에는 녹지 않는 이유를 설명하라.

133. 다음 반쪽-반응에 기초로 한 표준 갈바니 전지를 생각해 보자.

$$Cu^{2+} + 2e^- \longrightarrow Cu$$
$$Ag^+ + e^- \longrightarrow Ag$$

이 전지에서 전극은 Ag(s)와 Cu(s)이다. 다음 변화가 표준 전지에 일어날 때 전지 전위가 증가하는가, 감소하는가? 또는 그대로인가?
a. $CuSO_4(s)$를 구리 반쪽-전지 칸에 첨가할 때(부피 변화는 없다)
b. $NH_3(aq)$를 구리 반쪽-전지 칸에 첨가할 때[*힌트*: Cu^{2+}는 NH_3과 반응하여 $Cu(NH_3)_4^{2+}(aq)$를 생성한다.]
c. NaCl(s)을 은(silver) 반쪽-전지 칸에 첨가할 때[*힌트*: Ag^+는 Cl^-와 반응하여 AgCl(s)를 생성한다.]
d. 부피가 두 배가 될 때까지 물을 양 반쪽-전지 칸에 첨가할 때
e. 은 전극을 백금 전극으로 교체할 때

$$Pt^{2+} + 2e^- \longrightarrow Pt \qquad \mathscr{E}° = 1.19\ V$$

134. 표준 갈바니 전지가 만들어져 전체 전지 반응식은 다음과 같다.

$$2Al^{3+}(aq) + 3M(s) \longrightarrow 3M^{2+}(aq) + 2Al(s)$$

여기에서 M은 미지의 금속이다. 전체 전지 반응식에서 $\Delta G° = -411$ kJ이라면, 표준 전지를 만드는 데 사용된 금속을 밝혀라.

*135. 다음 반쪽-반응에 기초한 갈바니 전지를 생각해 보자.

	$\mathscr{E}°$(V)
$La^{3+} + 3e^- \longrightarrow La$	−2.37
$Fe^{2+} + 2e^- \longrightarrow Fe$	−0.44

a. 모든 성분이 표준 상태일 때, 예상되는 전지 전위는 얼마인가?
b. 전체 반응에서 산화제는 무엇인가?
c. 산화전극 칸은 어떤 물질들로 구성되는가?
d. 표준 전지에서 전자는 어느 방향으로 흐르는가?
e. 단위 전지 반응당 얼마나 많은 전자가 흐르는가?
f. 25°C에서 $[Fe^{2+}] = 2.00 \times 10^{-4}$ M과 $[La^{3+}] = 3.00 \times 10^{-3}$ M일 때, 전지 전위는 얼마인가?

*136. 다음 이론적 반쪽-반응에 기초한 갈바니 전지를 생각하자.

	$\mathscr{E}°$(V)
$M^{4+} + 4e^- \longrightarrow M$	0.66
$N^{3+} + 3e^- \longrightarrow N$	0.39

이 전지의 $\Delta G°$와 K 값은 얼마인가?

*137. 다음 반쪽-반응에 기초한 갈바니 전지를 생각해 보자.

	$\mathscr{E}°$(V)
$Au^{3+} + 3e^- \longrightarrow Au$	1.50
$Mg^{2+} + 2e^- \longrightarrow Mg$	−2.37

a. 이 전지의 표준 전위는 얼마인가?
b. 25°C에서 $[Mg^{2+}] = 1.00 \times 10^{-5}$ M인 비표준 전지를 만들었다. 전지 전위를 측정하였더니 4.01 V였다. 이 전지에 들어있는 $[Au^{3+}]$를 계산하라.

138. 인듐의 수용액 화학에 대해 다음 표준 환원 전위가 결정되었다.

$$In^{3+}(aq) + 2e^- \longrightarrow In^+(aq) \qquad \mathscr{E}° = -0.444\ V$$
$$In^+(aq) + e^- \longrightarrow In(s) \qquad \mathscr{E}° = -0.126\ V$$

a. 한 화학종이 동시에 산화되고 환원되는 아래의 불균등화 반응에 대한 평형 상수는 얼마인가?

$$3In^+(aq) \longrightarrow 2In(s) + In^{3+}(aq)$$

b. $In^{3+}(aq)$에 대한 $\Delta G_f° = -97.9$ kJ/mol이면, $In^+(aq)$에 대한 $\Delta G_f°$는 얼마인가?

139. 은 제품의 검은색인 은 황화물은 알루미늄 팬에서 그 은 제품을 탄산 소듐 용액에 담가 가열함으로써 제거할 수 있다. 이 반응은 다음과 같다.

$$3Ag_2S(s) + 2Al(s) \rightleftharpoons 6Ag(s) + 3S^{2-}(aq) + 2Al^{3+}(aq)$$

a. 부록 4의 자료를 이용하여 25°C에서 위 반응의 $\Delta G°$, K, $\mathscr{E}°$를 계산하라. [$Al^{3+}(aq)$에 대하여, $\Delta G_f° = -480.$ kJ/mol]

b. 다음 반쪽-반응의 표준 환원 전위를 계산하라.

$$2e^- + Ag_2S(s) \longrightarrow 2Ag(s) + S^{2-}(aq)$$

140. 다음 정보를 활용하여

$$Au^+(aq) + 2\,Cl^-(aq) \rightleftharpoons AuCl_2^-(aq) \qquad K = 8.23 \times 10^4$$

$$Au^+(aq) + e^- \rightarrow Au(s) \qquad \mathscr{E}° = 1.69\text{ V}$$

다음 반쪽 반응에 대한 표준 환원 전위 값을 계산하라.

$$AuCl_2^-(aq) + e^- \rightarrow Au(s) + 2\,Cl^-(aq) \qquad \mathscr{E}° = ?$$

141. 다음의 균형 맞추지 않은 반응을 토대로 전기화학 전지를 구성하였다.

$$M^{a+}(aq) + N(s) \longrightarrow N^{2+}(aq) + M(s)$$

표준 환원 전위는 다음과 같다.

$$M^{a+} + ae^- \longrightarrow M \qquad \mathscr{E}° = 0.400\text{ V}$$
$$N^{2+} + 2e^- \longrightarrow N \qquad \mathscr{E}° = 0.240\text{ V}$$

전지에는 0.10 M N^{2+}가 들어 있고 0.180 V를 생산한다. M^{a+}의 농도가 반응 지수 Q 값을 9.32×10^{-3}가 되게 할 때, $[M^{a+}]$를 계산하라. 이 전기화학 전지에 대해 $w_{최대}$를 계산하라.

*__142.__ 어떤 전기화학 전지는 $[Ag^+] = 1.00\,M$인 용액에 담근 은 금속 전극과, 다공성 원판으로 분리된 또 다른 칸에 있는 구리 금속 전극으로 구성되어 있다. 이 구리 전극은 10.00 M NH_3와 2.4×10^{-3} M의 $[Cu(NH_3)_4]^{2+}$를 포함한 용액에 담겨 있다. Cu^{2+}와 NH_3 사이의 평형 반응은 다음과 같다.

$$Cu^{2+}(aq) + 4NH_3(aq) \rightleftharpoons Cu(NH_3)_4^{2+}(aq) \qquad K = 1.0 \times 10^{13}$$

두 개의 반쪽 전지 반응은 다음과 같다.

$$Ag^+ + e^- \longrightarrow Ag \qquad \mathscr{E}° = 0.80\text{ V}$$
$$Cu^{2+} + 2e^- \longrightarrow Cu \qquad \mathscr{E}° = 0.34\text{ V}$$

Ag^+이 환원된다고 가정할 때 25°C에서 전지 전위는 얼마인가?

143. 25°C에서 아래와 같이 은 농도차 전지를 만들었다.

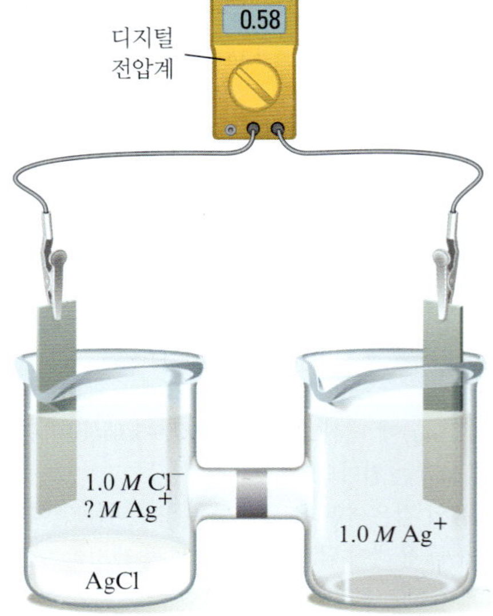

왼쪽 칸에는 과량의 $AgCl(s)$이 들어 있다.

a. 산화전극과 환원전극을 지정하고, 전자가 흐르는 방향을 표시하라.

b. 25°C에서 AgCl의 K_{sp} 값을 계산하라.

144. 1973년 시민전쟁의 잔해인 철갑 USS *Monitor*가 North Carolina, Cape Hatteras에서 발견되었다[*Monitor*와 CSS *Virginia*(예전의 USS *Merrimack*)는 철갑 군함과의 첫 교전이었다]. 1987년에 그 배를 인양할 수 있을지의 연구가 시작되었다. 과학자들은 *Monitor*의 금속 선체의 빠른 부식의 방지책으로 아연 산화전극을 사용할 것을 고려한다는 사실을 *타임*지에 실었다(1987. 6. 22). 어떻게 아연을 선체에 붙임으로써 *Monitor*호의 추가적인 부식을 방지하는지 설명하라.

145. 알루미늄 포일을 염산에 담가 두어도 처음 약 30초 동안은 아무 일도 일어나지 않는다. 그 후에 거품이 활발하게 발생하고 결국에는 포일이 사라진다. 이런 관찰 결과를 설명하라.

146. 25°C의 질산 은 용액에서 납 금속의 반응에 대한 평형 상수 값을 계산하라.

147. 과산화 수소는 산화제나 환원제로 기능할 수 있다. 표준 조건에서 H_2O_2는 더 나은 산화제인가 아니면 환원제인가? 설명하라.

148. 어떤 갈바니 전지는 표준 수소 전극과 $Cu(NO_3)_2(aq)$ 용액에 담긴 구리 전극으로 구성되어있다. $[Cu^{2+}]$에 따라 전지 전위가 어떻게 달라지는지 보여주기 위해 검량선을 작성하려고 한다. 직선을 얻기 위해 무엇을 그려야 하는가? 이 선의 기울기는 어떻게 될까?

*__149.__ 곡물에서 얻은 알코올을 산소와 반응하도록 고안된 연료 전지는 다음의 알짜 반응을 가진다.

$$C_2H_5OH(l) + 3O_2(g) \longrightarrow 2CO_2(g) + 3H_2O(l)$$

이 과정으로 알코올 1 mol이 행할 수 있는 최대 일은 1.32×10^3 kJ이다. 25°C에서 이 전지가 달성할 수 있는 이론상 최대 전위는 얼마인가?

150. 298 K에서 수소-산소 연료 전지의 전체 반응식과 평형 상수 값은 다음과 같다.

$$2H_2(g) + O_2(g) \longrightarrow 2H_2O(l) \qquad K = 1.28 \times 10^{83}$$

a. 298 K에서 연료 전지 반응의 $\mathscr{E}°$와 $\Delta G°$ 값을 계산하라.

b. 연료 전지 반응식의 $\Delta H°$와 $\Delta S°$의 부호를 예측하라.

c. 온도가 증가할 때, 연료 전지 반응에서의 최대 일의 양은 증가하겠는가, 감소하겠는가? 또는 같겠는가? 설명하라.

151. 25°C에서 1.00 kg의 물을 생산하는 표준 조건에서 수소-산소 연료 전지로부터 얻을 수 있는 최대 일은 얼마인가? 이것이 얻을 수 있는 최대 일이라고 말하는 이유는 무엇인가? 전기를 생산하기 위해 해당 연소 반응이 아닌 연료 전지를 사용하는 경우의 장점과 단점은 무엇인가?

152. 25°C에서 재충전 가능한 니켈-카드뮴 알카라인 배터리의 전체 반응과 표준 전지 전위는 다음과 같다.

$$Cd(s) + NiO_2(s) + 2H_2O(l) \longrightarrow Ni(OH)_2(s) + Cd(OH)_2(s) \qquad \mathscr{E}° = 1.10\text{ V}$$

전지에서 소비되는 Cd 1몰당 표준 조건에서 얻을 수 있는 최대 유용한 일은 얼마인가?

153. 일산화 탄소를 연료로 하는 실험용 연료 전지를 고안하였다. 전체 반응은 다음과 같다.

$$2CO(g) + O_2(g) \longrightarrow 2CO_2(g)$$

또한 두 반쪽-반응은 아래와 같다.

$$CO + O^{2-} \longrightarrow CO_2 + 2e^-$$
$$O_2 + 4e^- \longrightarrow 2O^{2-}$$

두 반쪽-반응은 CeO_2와 Gd_2O_3 고체 혼합물로 연결된 다른 칸에서 일어난다. 산화 이온은 고온에서(약 800°C) 이 고체를 통해 이동할 수 있다. 800°C와 어떤 농도 조건에서 전체 반응의 ΔG는 −380 kJ이다. 그 온도와 농도 조건에서 이 연료 전지의 전지 전위를 계산하라.

154. 호흡 과정의 궁극적 전자 받개는 산소 분자이다. 호흡 연쇄반응을 통한 전자 전달은 일련의 복잡한 산화–환원 반응을 거친다. 몇 개의 전자 전달 단계에서 *사이토크롬(cytochrome)*이라 부르는 철 함유 단백질을 쓴다. 모든 cytochrome은 그 속의 철을 +3에서 +2 산화 상태로 바꾸면서 전자를 전달한다. 산소로 전자 전달하는 과정에 쓰이는 세 cytochrome의 아래 환원 전위를 생각해 보자.

$$\text{cytochrome a}(Fe^{3+}) + e^- \longrightarrow \text{cytochrome a}(Fe^{2+}) \quad \mathscr{E} = 0.385\ V$$
$$\text{cytochrome b}(Fe^{3+}) + e^- \longrightarrow \text{cytochrome b}(Fe^{2+}) \quad \mathscr{E} = 0.030\ V$$
$$\text{cytochrome c}(Fe^{3+}) + e^- \longrightarrow \text{cytochrome c}(Fe^{2+}) \quad \mathscr{E} = 0.254\ V$$

전자 전달 계열에서 전자는 한 사이토크롬에서 다른 사이토크롬으로 전달된다. 이 정보를 이용하여 최종 O_2에 전달될 때까지, 한 사이토크롬에서 다른 것으로 자발적으로 전자 전달에 필요한 사이토크롬 순서를 정하라.

155. 1,4-다이사이아노뷰테인을 생산하기 위해 Monsanto사에서는 전기화학 방법을 쓰고 있다. 환원 반응은 다음과 같다.

$$2CH_2{=}CHCN + 2H^+ + 2e^- \longrightarrow NC{-}(CH_2)_4{-}CN$$

반응에서 생성된 $NC{-}(CH_2)_4{-}CN$을 수소로 환원하여 $H_2N{-}(CH_2)_6{-}NH_2$로 만들어 나일론 생산에 사용한다. 150. kg의 $NC{-}(CH_2)_4{-}CN$을 생산하려면 시간당 얼마의 전류를 흘려주어야 하는가?

156. 어떤 금속 양이온의 용액에서 그 금속 0.109 g을 석출시키는 데 1.25 A의 전류를 150.0초 동안 흘려주었다. 그 양이온은 1+ 전하를 가질 수 없음을 보여라.

157. Hall-Heroult 공정을 통해 산화 알루미늄으로부터 1.0 kg의 알루미늄 금속을 생산하는 데 전기 에너지가 15 kWh가 필요하다. 알루미늄 금속 1.0 kg을 녹이는 데 필요한 에너지의 양과 비교하라. 왜 알루미늄 캔을 재생하는 것이 경제적으로 실현 가능한가? [알루미늄 금속의 용융 엔탈피는 10.7 kJ/mol (1 watt = 1 J/s)]

158. 염화 소듐 용액의 전기분해에서, 50.°C, 2.50 atm에서 257 L의 $Cl_2(g)$을 생산하는 동안 얼마만큼의 $H_2(g)$가 생산되는가?

*** 159.** $PdCl_2$ 수용액을 48.6초 동안 전기분해할 때 0.1064 g Pd이 환원 전극에 석출되었다. 이 전기분해에서 사용된 평균 전류는 얼마인가?

160. Pt^{4+}가 들어 있는 용액을 4.00 A의 전류로 전기분해하였다. 0.50 L의 0.010 M Pt^{4+} 용액에서 99% 백금을 석출시킬 때 얼마나 걸리겠는가?

161. 동일한 전류가 흐르는 전기화학 전지 세 개를 직렬로 연결하였다. 첫 전지에서는 질산 크로뮴(III) 용액으로부터 1.15 g의 금속 크로뮴을 석출하였다. 둘째 전지에서는 Os^{n+}과 질산 이온으로 만들어진 용액으로부터 3.15 g의 금속 오스뮴을 석출하였다. 그 염의 이름은 무엇인가? 셋째 전지에서는 X^{2+}가 들어 있는 용액으로부터 2.11 g의 금속 X를 석출하였다. X의 전자 구조는 무엇인가?

도전 문제

162. 다음 반쪽-반응에 대하여 생각해 보자.

$$IrCl_6^{3-} + 3e^- \longrightarrow Ir + 6Cl^- \quad \mathscr{E}° = 0.77\ V$$
$$PtCl_4^{2-} + 2e^- \longrightarrow Pt + 4Cl^- \quad \mathscr{E}° = 0.73\ V$$
$$PdCl_4^{2-} + 2e^- \longrightarrow Pd + 4Cl^- \quad \mathscr{E}° = 0.62\ V$$

염산 용액에서 백금과 팔라듐 그리고 이리듐이 염소 착이온 형태로 포함되어 있다. 용액에서 염소 이온의 농도는 1.0 M, 착이온의 농도는 0.020 M로 일정하다. 이 용액을 전기분해하여 세 금속을 분리해 내는 것이 가능할까? (다른 금속이 석출되기 전에 한 금속의 99%가 석출되어야 함을 가정하라.)

163. 다음 환원 전위를 생각해 보자.

$$Co^{3+} + 3e^- \longrightarrow Co \quad \mathscr{E}° = 1.26\ V$$
$$Co^{2+} + 2e^- \longrightarrow Co \quad \mathscr{E}° = -0.28\ V$$

a. 금속 코발트가 1.0 M 질산 용액에 녹을 때 주생성물은 Co^{3+}와 Co^{2+} 중 어느 것인가? (표준 조건임을 가정하라.)

b. HNO_3의 농도를 변화시키면 질문 a에서 다른 결과를 얻을 수 있는가? 진한 HNO_3은 약 16 M이다.

164. 298 K에서 다음 반응의 $\mathscr{E}°$와 $\Delta G°$를 계산하라.

$$2H_2O(l) \longrightarrow 2H_2(g) + O_2(g)$$

부록 4의 열역학 자료를 사용하고 0°C와 90.0°C에서 $\mathscr{E}°$와 $\Delta G°$를 예상하라. $\Delta H°$와 $\Delta S°$는 온도와 무관하다고 가정하라.

165. 다음 식을 결합하여 $\mathscr{E}°$를 구하는 방정식을 온도의 함수로 표현하라.

$$\Delta G° = -nF\mathscr{E}° \quad 와 \quad \Delta G° = \Delta H° - T\Delta S°$$

$\Delta H°$와 $\Delta S°$가 온도에 의존하지 않는다고 가정하여 여러 온도에서 측정한 $\mathscr{E}°$의 자료로부터 그래프를 그려서 $\Delta H°$와 $\Delta S°$를 구하는 방법을 기술하라. 온도에 관하여 전위를 비교적 안정적으로 나타내는 기준 반쪽-전지의 특징은 무엇인가?

166. 납 축전지의 전체 반응은 다음과 같다.

$$Pb(s) + PbO_2(s) + 2H^+(aq) + 2HSO_4^-(aq) \longrightarrow 2PbSO_4(s) + 2H_2O(l)$$

a. 전지 반응에서 $\Delta H° = -315.9$ kJ, $\Delta S° = 263.5$ J/K 이다. −20.°C에서 $\mathscr{E}°$를 계산하라. $\Delta H°$와 $\Delta S°$가 온도에 의존하지 않는다고 가정한다.

b. $[HSO_4^-] = [H^+] = 4.5\ M$일 때 $-20.$°C에서 $\mathscr{E}$를 계산하라.

c. 연습 문제 83의 정답을 생각해 보자. 왜 따뜻한 날보다 차가운 날에 더 자주 문제가 생기는가?

167. 다음 갈바니 전지를 생각해 보자.

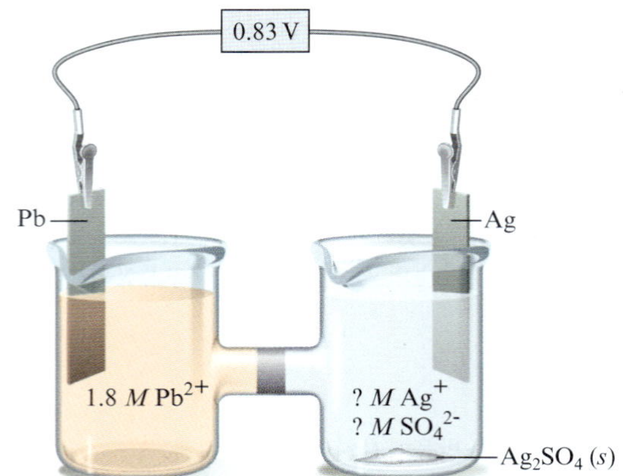

$Ag_2SO_4(s)$의 K_{sp} 값을 계산하라. 오른쪽 칸(환원전극 칸)에 들어 있는 은 이온을 얻기 위하여 과량의 고체 Ag_2SO_4를 넣는데 이 염의 일부가 녹아 은 이온이 생성된다.

168. 25°C에서 아연–구리 전지의 구성은 다음과 같다.

$$Zn|Zn^{2+}(0.10\ M)||Cu^{2+}(2.50\ M)|Cu$$

각 전극의 무게는 200. g이다.

a. 이 전지가 처음 연결될 때 전지 전위를 계산하라.

b. 10.0 A의 전류가 10.0시간 흐른 후 전지 전위를 계산하라(각 반쪽 전지에는 1.00 L의 용액이 들어 있다고 가정한다).

c. 10.0시간 후 전극의 무게를 계산하라.

d. 이 전지가 모두 방전될 때까지 10.0 A의 전류는 얼마나 지속될 수 있는가?

169. 다음 반쪽–반응에 기초로 한 갈바니 전지가 있다.

$$Fe^{2+} + 2e^- \longrightarrow Fe(s) \qquad \mathscr{E}° = -0.440\ V$$
$$2H^+ + 2e^- \longrightarrow H_2(g) \qquad \mathscr{E}° = 0.000\ V$$

여기에서 철 칸에는 철 전극과 $[Fe^{2+}] = 1.00 \times 10^{-3}\ M$을 포함하고, 수소 칸에는 $P_{H_2} = 1.00$ atm, 초기 농도가 1.00 M인 약산 HA, 백금 전극이 들어 있다. 25°C에서 관찰된 전지 전위가 0.333 V라면, 약산 HA의 K_a 값을 구하라.

170. 다음 반쪽–반응에 기초로 한 전지를 생각해 보자.

$$Au^{3+} + 3e^- \longrightarrow Au \qquad \mathscr{E}° = 1.50\ V$$
$$Fe^{3+} + e^- \longrightarrow Fe^{2+} \qquad \mathscr{E}° = 0.77\ V$$

a. 표준 상태에서 이 전지를 그리고, 환원전극, 산화전극, 전자 흐름 방향, 농도를 표시하라.

b. $[Cl^-] = 0.10\ M$로 만들기 위해 금이 든 칸에 NaCl(s)를 충분히 첨가할 때, 전지 전위는 0.31 V였다. Au^{3+}이 환원되고, 금이 든 칸의 반응이 다음과 같다고 가정할 때,

$$Au^{3+}(aq) + 4Cl^-(aq) \rightleftharpoons AuCl_4^-(aq)$$

25°C에서 이 반응에서의 K 값을 계산하라.

171. 유리 전극을 이용한 pH 측정은 Nernst 식을 따른다. 25.00°C에서 pH 측정기의 전형적인 감응은 아래와 같다.

$$\mathscr{E}_{측정} = \mathscr{E}_{기준} + 0.05916\ pH$$

여기에서 $\mathscr{E}_{기준}$에는 기준 전극의 전위와 수소 이온 농도와 무관한 전지에서 발생되는 다른 모든 전위가 들어 있다. $\mathscr{E}_{기준} = 0.250$ V이고 $\mathscr{E}_{측정} = 0.480$ V라고 가정한다.

a. 측정된 전위는 불확정도가 ±1 mV(±0.001 V)이면 pH와 $[H^+]$ 값의 불확정도는?

b. pH를 ±0.02 pH 단위의 불확정도로 측정하려면 전위 측정에는 어떤 정확성이 요구되는가?

172. 구리 전극과 $[Cu^{2+}] = 1.00\ M$(오른쪽), $[Cu^{2+}] = 1.0 \times 10^{-4}\ M$(왼쪽)인 농도차 전지가 있다.

a. 25°C에서 이 전지의 전위를 계산하라.

b. Cu^{2+} 이온은 다음 반응에 따라 NH_3와 반응하여 $Cu(NH_3)_4^{2+}$를 만든다.

$$Cu^{2+}(aq) + 4NH_3(aq) \rightleftharpoons Cu(NH_3)_4^{2+}(aq) \qquad K = 1.0 \times 10^{13}$$

왼쪽 칸에 암모니아를 충분히 첨가하여 $[NH_3] = 2.0\ M$이 되었을 때, 새로운 전지 전위를 계산하라.

173. 다음 반쪽–반응을 기초로 한 갈바니 전지가 있다.

$$Ag^+ + e^- \longrightarrow Ag(s) \qquad \mathscr{E}° = 0.80\ V$$
$$Cu^{2+} + 2e^- \longrightarrow Cu(s) \qquad \mathscr{E}° = 0.34\ V$$

이 전지에서 은 칸에는 은 전극과 과량의 AgCl(s) ($K_{sp} = 1.6 \times 10^{-10}$)이 들어 있고, 구리 칸에는 구리 전극과 $[Cu^{2+}] = 2.0\ M$이 들어 있다.

a. 25°C에서 이 전지의 전위를 계산하라.

b. 2.0 M Cu^{2+} 1.0 L가 구리 칸에 있을 때, 25°C에서 암모니아 몇 mol을 넣으면 전지 전위가 0.52 V로 될까?(NH_3 첨가로 부피 변화 없다고 가정한다)

$$Cu^{2+}(aq) + 4NH_3(aq) \rightleftharpoons Cu(NH_3)_4^{2+}(aq) \qquad K = 1.0 \times 10^{13}$$

174. 다음에 주어진 두 표준 환원 전위로부터

$$M^{3+} + 3e^- \longrightarrow M \qquad \mathscr{E}° = -0.10\ V$$
$$M^{2+} + 2e^- \longrightarrow M \qquad \mathscr{E}° = -0.50\ V$$

아래 반쪽–반응의 표준 환원 전위를 구하라.

$$M^{3+} + e^- \longrightarrow M^{2+}$$

(*힌트*: 표준 환원 전위를 구할 때 크기 성질 $\Delta G°$를 사용해야 한다.)

175. 다음 갈바니 전지를 생각해 보자. 그 전지가 "죽었을" 때 $Ni^{2+}(aq)$과 $Ag^+(aq)$의 농도를 계산하라.

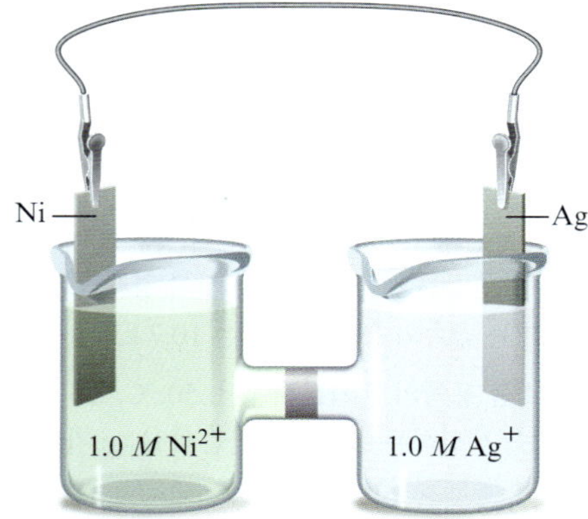

176. 어느 화학자가 CrO_4^{2-}의 농도를 전기화학적으로 결정하려고 한다. 포화 칼로멜 전극(SCE; 연습 문제 131 참조)과 Ag_2CrO_4를 입힌 은 선으로 전지를 만들었다. 다음 반쪽-반응의 $\mathscr{E}°$ 값은 표준 수소 전극에 대해 0.446 V이다.

$$Ag_2CrO_4 + 2e^- \longrightarrow 2Ag + CrO_4^{2-}$$

a. $[CrO_4^{2-}] = 1.00$ mol/L일 때 25°C에서 전지 반응에 대한 $\mathscr{E}_{전지}$와 ΔG를 계산하라.

b. 전지에 대한 Nernst 식을 적어라. SCE에 있는 농도는 일정하다고 가정한다.

c. 25°C에서 은 선을 $[CrO_4^{2-}] = 1.00 \times 10^{-5}$ M 용액에 넣으면 예상되는 전지 전위는 얼마인가?

d. 은 선을 미지의 $[CrO_4^{2-}]$ 용액에 넣었을 때 25°C에서 0.504 V의 전지 전위가 측정되었다. 이 용액의 $[CrO_4^{2-}]$는 얼마인가?

e. 이 문제와 표 18.1의 자료로부터 Ag_2CrO_4의 용해도 곱(K_{sp})을 계산하라.

177. 다음 갈바니 전지를 생각해 보자.

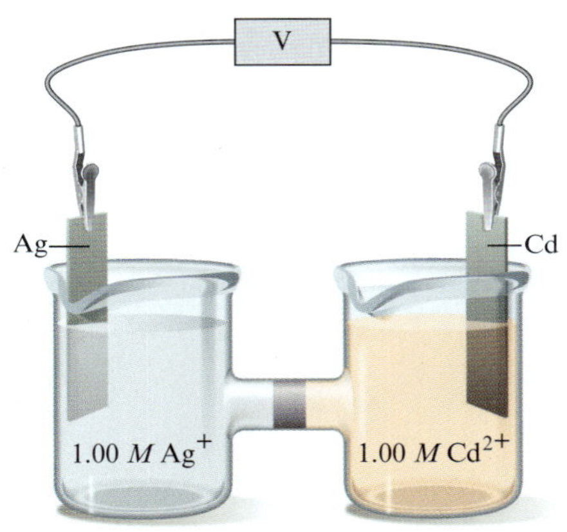

15.0몰 NH_3 시료를 은 칸에 가하여 전체 부피가 1.00 L가 되었다. 은 이온은 암모니아와 반응하여 아래에 보인 착물을 형성한다.

$$Ag^+(aq) + NH_3(aq) \rightleftharpoons AgNH_3^+(aq) \qquad K_1 = 2.1 \times 10^3$$

$$AgNH_3^+(aq) + NH_3(aq) \rightleftharpoons Ag(NH_3)_2^+(aq) \qquad K_2 = 8.2 \times 10^3$$

15.0몰 NH_3를 첨가한 후 전지 전위를 계산하라.

178. 구리와 질산이 반응하여 $NO(g)$와 $NO_2(g)$의 혼합물이 발생한다. 생성 기체의 부피 비는 다음 평형에 따라 질산의 농도에 따른다.

$$2H^+(aq) + 2NO_3^-(aq) + NO(g) \rightleftharpoons 3NO_2(g) + H_2O(l)$$

25°C에서 아래 표준 환원 전위를 생각해 보자.

$$3e^- + 4H^+(aq) + NO_3^-(aq) \longrightarrow NO(g) + 2H_2O(l) \qquad \mathscr{E}° = 0.957 \text{ V}$$

$$e^- + 2H^+(aq) + NO_3^-(aq) \longrightarrow NO_2(g) + 2H_2O(l) \qquad \mathscr{E}° = 0.775 \text{ V}$$

a. 위 반응에 대한 평형 상수를 계산하라.

b. 25°C, 1.00 atm에서 NO와 NO_2의 혼합물 중 NO_2의 몰비가 0.20%로 얻어지게 하는 질산의 농도는 얼마인가? 다른 기체는 존재하지 않으며, 산의 농도 변화는 무시할 수 있다고 가정한다.

마라톤 문제

이 문제들은 여러 가지 개념과 기법을 하나의 상황으로 통합하도록 구성되었다.

179. 다음 반쪽-반응을 기초로 한 갈바니 전지가 있다.

$$Cu^{2+}(aq) + 2e^- \longrightarrow Cu(s) \qquad \mathscr{E}° = 0.34 \text{ V}$$

$$V^{2+}(aq) + 2e^- \longrightarrow V(s) \qquad \mathscr{E}° = -1.20 \text{ V}$$

이 전지의 구리 칸에는 구리 전극과 $[Cu^{2+}] = 1.00$ M, 바나듐 칸에는 바나듐 전극과 미지 농도의 V^{2+}가 들어 있다. 다음 반응이 일어나도록 바나듐 칸(1.00 L 용액)을 0.0800 M H_2EDTA^{2-}로써 적정하였다.

$$H_2EDTA^{2-}(aq) + V^{2+}(aq) \rightleftharpoons VEDTA^{2-}(aq) + 2H^+(aq) \qquad K = ?$$

H_2EDTA^{2-} 용액 500.0 mL를 가했을 때 생기는 위 과정의 화학량론 점을 결정하기 위해 전지의 전위를 측정하였다. 그 화학량론 점에서 $\mathscr{E}_{전지}$는 1.98 V가 관찰되었다. 용액은 pH 10.00에서 완충되어 있었다.

a. 적정이 시작되기 전에 $\mathscr{E}_{전지}$를 계산하라.

b. 적정 반응의 평형 상수 K 값을 계산하라.

c. 적정의 중간점에서 $\mathscr{E}_{전지}$를 계산하라.

180. 아래 표는 금속 A, B, C, D, E와 각 1.00 M 2+ 이온 용액으로 조립한 10개의 가능한 갈바니 전지의 전지 전위를 나열한 것이다. 표의 자료를 사용하여 이 책의 표 18.1과 유사한 표준 환원 전위 표를 만들어라. 그 계열의 중간에 오는 반쪽-반응에 0.00 V를 지정한다. 두 개의 서로 다른 표를 얻어야만 한다. 그 이유를 설명하고 어느 표가 옳은지를 어떻게 결정할 수 있는지를 논의하라.

	$A^{2+}(aq)$ 중의 $A(s)$	$B^{2+}(aq)$ 중의 $B(s)$	$C^{2+}(aq)$ 중의 $C(s)$	$D^{2+}(aq)$ 중의 $D(s)$
$E^{2+}(aq)$ 중의 $E(s)$	0.28 V	0.81 V	0.13 V	1.00 V
$D^{2+}(aq)$ 중의 $D(s)$	0.72 V	0.19 V	1.13 V	—
$C^{2+}(aq)$ 중의 $C(s)$	0.41 V	0.94 V	—	—
$B^{2+}(aq)$ 중의 $B(s)$	0.53 V	—	—	—

Chapter 19

독일 GSI Helmholtz Heavy Ion Research 센터에서 새로운 원소를 만들기 위해 사용되는 범용 선형 가속기(Universal Linear Accelerator)의 내부. (dpa picture alliance archive/Alamy Stock Photo)

핵: 화학자의 관점

The Nucleus: A Chemist's View

원자의 화학적 성질이 전자의 수와 배열에 의해 결정되므로 핵의 성질은 화학자들에게 그렇게 중요한 것은 아니다. 단순한 관점에서 보면, 핵은 원자와 분자에서 전자를 결합시키기 위하여 양전하를 제공한다. 그러나 일간신문을 잠깐만 읽어보아도 핵과 그 성질은 우리 사회에 중요한 영향을 미치고 있다는 것을 쉽게 알 수 있다. 이 장에서는 누구나 어느 정도 알고 있어야 하는 핵에 관한 사실들을 고찰하려고 한다.

매우 작은 크기, 매우 큰 밀도, 그것을 함께 유지하고 있는 커다란 에너지 등은 핵의 몇 가지 인상적인 특성이다. 전형적인 핵의 반지름은 10^{-13} cm 정도로 보인다. 이것은 10^{-8} cm 정도 되는 원자의 반지름과 비교해 볼 수 있다. 핵의 작은 크기를 가시적으로 생각해 볼 때, 수소 원자의 핵이 탁구공의 크기라고 한다면 1 *s* 오비탈에 있는 전자는 평균적으로 0.5 km 떨어져 있는 것이다. 핵의 밀도는 대략 1.6×10^{14} g/cm^{3}이어서 정말로 인상적이다. 탁구공 크기의 핵 물질로 된 구의 질량은 25억 톤이 될 것이다. 또한 핵반응 과정에서 수반되는 에너지는 정상적인 화학반응에서보다 수백만 배나 더 크다. 이런 사실은 우리 인류가 필요로 하는 막대한 에너지를 공급하는 데 있어서 핵반응 과정을 매우 매력적으로 만든다.

원자(*atom*)라고 하는 단어의 그리스 어원인 *atomos*는 "쪼갤 수 없다"는 것을 의미한다. 원자는 모든 물질을 구성하고 있는 더 이상 쪼갤 수 없는 입자라고 믿었다. 그러나 제2장에서 논의했던 바와 같이 Rutherford 경은 1911년에 원자는 균일한 것이 아니고 전자들로 둘러싸인 높은 밀도의 양으로 하전된 중심을 갖고 있다는 것을 알았다. 이어서 과학자들은 핵 자체가 **중성자**(neutron)와 **양성자**(proton)라는 입자들로 또 나누어질 수 있다는 것을 알았다. 양성자와 중성자도 *쿼크*(*quark*)라고 하는 더 작은 입자들로 구성되어 있다.

원자번호, *Z*는 핵에 있는 양성자의 수이다. 질량수(*A*)는 핵에 있는 양성자와 중성자의 합이다.

대부분의 목적을 위해서 핵은 **핵자**(nucleon)의 집합체로 취급할 수 있고, 이들 입자의 내부 구조는 무시할 수 있다. 제2장에서 논의한 바와 같이, 어떤 핵에서 양성자 수는 **원자 번호**(atomic number, *Z*)라고 하며 중성자 수와 양성자 수의 합은 **질량수**(mass number, *A*)이다. 원자 번호는 같으나 질량수가 다른 원소를 **동위원소**(isotope)라고 부른다. 그러나 동위원소의 군에 속하는 특정한 일원을 부를 때는 하나의 *동위원소* 형태를 사용하지 않는다. 대신에 *핵종*이라는 용어를 사용한다. **핵종**(nuclide)이라는 용어는 개개의 단일 원자를 나타내는 것이며, 다음과 같은 기호로 표시한다.

*동위원소*들은 같은 원자 번호를 가진 핵종들을 의미한다. 각 원자는 동위원소가 아니며, 하나의 *핵종*이라 부른다.

$$^{A}_{Z}X$$

직업 속의 화학

교수

Raza Khan 박사는 화학에 대한 열정을 가지고 있으며 이를 활용해 Carroll Community College에서 교수로서 학생들에게 영감을 주고 있다. Khan 박사는 화학을 전공하고 Howard 대학교에서 박사 학위를 취득했으며, 이는 그가 박사 학위를 받은 최초의 파키스탄계 미국인이라는 점에서 특별한 의미가 있다.

Khan 박사는 그의 가족 중에서 박사학위를 받은 첫 번째 사람이었고 그 여정은 그가 비슷한 길을 걷고 있는 학생들을 조언하고 지원하는 데 도움을 주었다. 학생들을 위한 그의 헌신은 그가 Maryland 대학 STEM 컨퍼런스의 공동 의장뿐만 아니라 학부 연구 기반 STEM 장학생 프로그램을 시작하도록 이끌었다. Khan 박사에게 화학은 가장 근본적인 과학이며 다른 학문 분야의 모든 측면에 스며있다. 그는 학생들이 고등 교육 목표를 달성할 수 있도록 돕는 기회를 소중히 여기고 그것을 자신의 직업의 가장 좋은 부분으로 생각한다.

Dr. Raza Khan

여기에서 X는 원소 기호이다. 예를 들면, 탄소-12($^{12}_{6}$C), 탄소-13($^{13}_{6}$C), 탄소-14($^{14}_{6}$C) 핵종은 탄소의 동위원소들이다.

19.1 핵의 안정도와 방사성 붕괴

핵의 안정도는 이 장의 중심 논제이며, 핵반응 과정에 관련된 모든 중요한 응용의 기초가 된다. 핵의 안정도는 반응 속도론과 열역학적 관점으로부터 고찰할 수 있다. **열역학적 안정도**(thermodynamic stability)는 핵의 구성체인 양성자와 중성자의 퍼텐셜 에너지의 합과 비교한 특정 핵의 퍼텐셜 에너지를 말한다. **반응 속도론적 안정도**(kinetic stability)는 핵이 분해하여 다른 핵을 형성[소위 **방사성 붕괴**(radioactive decay)라고 부르는 과정]하는 확률을 말한다. 이 절에서는 방사능에 대하여 고찰하기로 한다.

많은 핵이 방사성이다. 즉, 그것들이 분해하여 다른 핵을 형성하고 한 가지 이상의 입자를 내놓는다. 한 예로, 다음과 같이 붕괴하는 탄소-14를 볼 수 있다.

$$^{14}_{6}\text{C} \longrightarrow {}^{14}_{7}\text{N} + {}^{\ 0}_{-1}\text{e}$$

여기에서 $^{\ 0}_{-1}$e는 전자를 나타내는데, 이것을 핵의 용어로 **베타(β)-입자**(beta particle)라고 부른다. 이 식은 *A*와 *Z*가 모두가 보존되어야 함을 나타내는 대표적인 방사성 붕괴이다. 즉, 식의 양쪽에서 *Z* 값의 합($6 = 7 - 1$)과 *A* 값의 합($14 = 14 + 0$)은 같아야 한다.

약 2000여 개의 알려진 핵종 중에서 단지 279개만 방사성 붕괴에 대해 안정하다. 주석(tin)은 안정한 동위원소를 가장 많이 가지고 있다(10개).

핵에 있는 중성자와 양성자의 수가 어떻게 방사성 붕괴에 대한 안정도에 관련이 있는

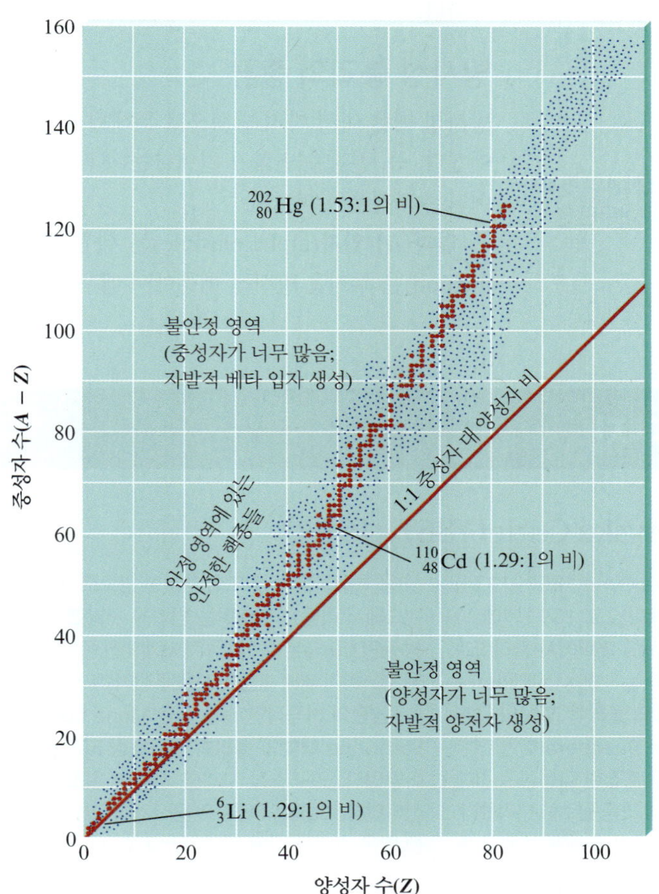

그림 19.1 안정 영역. 붉은 점들은 방사선 붕괴를 *하지 않는* 핵종들을 나타낸다. 핵종의 양성자 수가 증가하면 안정도를 위해 필요한 중성자 대 양성자 비가 증가하는 데 유의하라.

표 19.1 양성자와 중성자 수에 관련된 안정한 핵종의 수

양성자의 수	중성자의 수	안정한 핵종의 수	예
짝수	짝수	168	$^{12}_{6}C$, $^{16}_{8}O$
짝수	홀수	57	$^{13}_{6}C$, $^{47}_{22}Ti$
홀수	짝수	50	$^{19}_{9}F$, $^{23}_{11}Na$
홀수	홀수	4	$^{2}_{1}H$, $^{6}_{3}Li$

주의: 양성자와 중성자의 수가 짝수인 것이 안정도가 더 큰 것으로 보인다.

가를 조사해 보자. 그림 19.1은 안정한 핵의 위치를 양성자의 수(Z)와 중성자 수($A - Z$)의 함수로 보여주고 있다. 안정한 핵종은 **안정 영역**(zone of stability)에 있다고 말한다.

다음은 방사성 붕괴와 관련된 몇 가지 중요한 관찰 사항이다.

- 84개 이상의 양성자를 갖고 있는 모든 핵종들은 방사성 붕괴와 관련하여 불안정하다.
- 가벼운 핵종들은 Z가 $A - Z$와 같을 때, 즉 중성자/양성자의 비가 1인 가벼운 핵종들은 안정하다. 그러나 무거운 원소에서는 안정도에 필요한 중성자/양성자의 비가 1보다 크고, 이것은 Z와 함께 증가한다.
- 양성자와 중성자의 어떤 조합은 특별한 안정도를 제공하는 것 같다. 예를 들어, 표 19.1의 자료에서 보는 바와 같이, 짝수의 양성자와 중성자를 갖는 핵종은 홀수의 핵종보다 더 안정하다.
- 어떤 특정한 수의 양성자 또는 중성자를 가지는 핵종은 특별히 안정하다. 이 *마법의 수*(*magic number*)는 2, 8, 20, 28, 50, 82, 126이다. 이것은 어떤 수의 전자(2, 10, 18, 36, 54, 86)를 가지는 원자(불활성 기체)가 특별한 화학적 안정도를 나타내는 것과 비슷하다.

방사성 붕괴의 종류

방사성 핵은 여러 가지 방식으로 분해될 수 있다. 이들 붕괴 과정은 두 가지의 범주로 나누어진다. 즉, 질량수 변화가 일어나는 것과 그렇지 않은 것이 있다. 먼저 질량수의 변화가 일어나는 과정을 살펴보자.

α-입자 생성은 붕괴되는 핵에 대한 A의 변화가 일어난다; β-입자 생성은 A에 아무런 영향을 주지 않는다.

알파(α)-입자(alpha particle)는 헬륨 핵($^{4}_{2}He$)이다. **α-입자 생성**(alpha-particle production)은 무거운 방사선 핵종에서 매우 흔한 형태의 붕괴이다. 예를 들면, 천연 우라늄의

화학의 선구자

Marie Sklodowska Curie(1867~1934)

Unknown photographer/Wikimedia Commons

Marie Sklodowska Curie(1867~1934)는 폴란드에서 태어났고 1891년에 파리로 이사 가서 Sorbonne 대학에서 물리학과 수학 학위를 받았다. 그녀는 1894년에 Pierre Curie (Sorbonne 대학의 물리학 교수)와 결혼했고, 그들은 함께 Henri Becquerel이 발견한 방사능을 연구했다. 매우 조잡한 실험실 조건에서 Curie는 결국 폴로늄과 라듐 원소를 분리했다. Marie Curie는 피치블렌드의 특성(특히 치료 특성)을 특성화할 수 있도록 충분한 양으로 피치블렌드에서 라듐을 분리하는 방법을 개발했다. 평생 동안 Curie는 특히 제1차 세계대전 동안 고통을 완화하기 위해 라듐의 사용을 장려했다.

남편의 비극적인 죽음 이후 Marie Curie는 Sorbonne 대학의 물리학 연구소장 자리를 이어받았다. 연구소장 자리를 차지한 최초의 여성이었다. Curie의 연구의 중요성은 그녀가 평생 받은 수많은 상에 반영되었다. Curie 부부는 Becquerel과 함께 1903년에 노벨 물리학상을 공동 수상했고, Marie Curie는 1911년에 노벨 화학상을 받았다. 그녀는 과학 분야에서 노벨상을 두 번 받은 유일한 사람이다.

가장 많은(99.3%) 동위원소인 $^{238}_{92}U$는 α-입자를 생성하면서 붕괴한다.

$$^{238}_{92}U \longrightarrow ^{4}_{2}He + ^{234}_{90}Th$$

또한 α-입자를 생성하는 다른 핵종은 $^{230}_{90}Th$이다:

$$^{230}_{90}Th \longrightarrow ^{4}_{2}He + ^{226}_{88}Ra$$

질량수가 변하는 다른 한 가지의 붕괴 과정은 **자발적 핵 분열**(spontaneous fission)로서, 무거운 핵종이 갈라져서 비슷한 질량수를 갖는 두 개의 가벼운 핵종이 얻어진다. 이 과정은 대부분의 핵종에서 극히 느린 속도로 일어나지만, 자발적 핵 분열이 주된 붕괴 형태인 $^{254}_{98}Cf$와 같은 경우에는 중요하다.

질량수가 변하지 않는 가장 흔한 붕괴 과정은 **β-입자 생성**(β-particle production)이다. 예를 들면, 토륨-234 핵종은 β-입자와 프로트악티늄-234를 생성한다.

$$^{234}_{90}Th \longrightarrow ^{234}_{91}Pa + ^{0}_{-1}e$$

아이오딘-131도 역시 다음과 같이 β-입자를 생성한다.

$$^{131}_{53}I \longrightarrow ^{0}_{-1}e + ^{131}_{54}Xe$$

β-입자는 그 질량이 양성자나 중성자에 비하여 무시할 수 있을 정도로 작으므로 질량수 0으로 표시한다. β-입자의 Z 값은 -1이므로, 새로 생긴 핵종의 원자 번호는 원래의 핵종보다 1만큼 더 크다. 따라서 *β-입자의 알짜 효과는 중성자를 양성자로 바꾸는 것이다*. 그러므로 안정도 영역보다 위에 있는 (중성자/양성자 비가 매우 큰) 핵종들은 β-입자를 내어 놓을 것으로 예상된다.

비록 β-입자가 전자이지만 그것을 내놓은 핵은 전자를 가지고 있지 않은 데 유의해야 한다. 이 장의 뒷부분에서 보게 되겠지만, 어떤 주어진 양의 에너지(물질의 형태로 간주되는)는 어떤 상황 아래서 입자(또 다른 형태의 물질)로 될 수 있다. 불안정한 핵종은 붕괴 과정에서 에너지를 내놓으면서 전자를 만든다. 이 전자는 붕괴하기 전에 존재하던 것이 아니고 붕괴 과정에서 생성된 것이다. 이것을 대화와 같다고 생각하라. 즉, 단어는 우리 내부에 저장되지 않지만 우리가 말하는 대로 형성된다. 이 장의 뒷부분에서는 입자 형태의 물질과 에너지 형태의 물질이 상호 교환할 수 있는 매우 흥미로운 현상을 좀 더 자세하게 논의할 것이다.

감마(γ)선(gamma ray)은 큰 에너지의 광자이다. 흔히 γ-선은 $^{238}_{92}U$의 α-입자 붕괴와 같은 핵 붕괴와 입자 반응에 수반되어 생긴다.

$$^{238}_{92}U \longrightarrow ^{4}_{2}He + ^{234}_{90}Th + 2\,^{0}_{0}\gamma$$

이때 α-입자와 함께 서로 다른 에너지를 갖는 두 개의 γ-선이 생성된다. γ-선의 방출은 여분의 에너지를 갖고 있는(들뜬 핵의 상태에 있는) 핵이 바닥 상태로 떨어지는 한 가지 방법이다.

양전자 생성(positron production)은 안정도 영역의 아래에 있는 중성자/양성자 비가 매우 작은 핵에서 일어난다. 양전자는 전자와 같은 질량을 갖지만 반대 전하를 갖는다. 양전자 생성에 의해 붕괴되는 핵의 한 가지 예는 소듐-22이다.

$$^{22}_{11}Na \longrightarrow ^{0}_{1}e + ^{22}_{10}Ne$$

*알짜 효과는 양성자가 중성자로 변하는 것*으로, 생성된 핵종은 원래의 핵종보다 더 큰 중성자/양성자 비를 갖는다.

반대로 하전된 것 외에 양전자는 전자와 좀 더 기본적인 차이를 보여준다. 그것은 전자의 *반입자*(*antiparticle*)이다. 양전자가 전자와 충돌할 때, 입자의 물질은 고에너지의 광자 형태인 전자기 복사선으로 변한다.

표 19.2 핵종에서 일어나는 변화를 보여주는 방사성 과정의 여러 가지 형태

과정	A의 변화	Z의 변화	중성자/양성자 비의 변화	예
β-입자(전자)생성	0	+1	감소	${}^{227}_{89}Ac \longrightarrow {}^{227}_{90}Th + {}^{0}_{-1}e$
양전자 생성	0	−1	증가	${}^{13}_{7}N \longrightarrow {}^{13}_{6}C + {}^{0}_{1}e$
전자 포획	0	−1	증가	${}^{73}_{33}As + {}^{0}_{-1}e \longrightarrow {}^{73}_{32}Ge$
α-입자 생성	−4	−2	증가	${}^{210}_{84}Po \longrightarrow {}^{206}_{82}Pb + {}^{4}_{2}He$
γ-선 생성	0	0	—	들뜬 핵 ⟶ 바닥 상태 핵 + ${}^{0}_{0}\gamma$
자발적 분열	—	—	—	${}^{254}_{98}Cf$ ⟶ 가벼운 핵종 + 중성자

$$ {}^{0}_{-1}e + {}^{0}_{1}e \longrightarrow 2\,{}^{0}_{0}\gamma $$

물질−반물질(antimatter) 충돌의 특성인 이 과정은 소멸(*annihilation*)이라고 부르며, 물질 형태 간 상호 변화의 또 다른 한 가지 예이다.

전자 포획(electron capture)은 한 개의 내부 오비탈 전자가 핵에 의해 포획되는 과정이다.

$$ {}^{201}_{80}Hg + \underbrace{{}^{0}_{-1}e}_{\text{내부 오비탈 전자}} \longrightarrow {}^{201}_{79}Au + {}^{0}_{0}\gamma $$

이 반응은 연금술사들에게 매우 흥미로웠을 것이다. 그러나 불행하게도 이것은 수은을 금으로 변화시키는 데 실용적인 방법이 될 정도의 속도로 일어나지 않는다. 감마선은 항상 전자 포획 과정에서 생성되어 여분의 에너지를 내어 놓는다. 여러 가지 방사성 붕괴 방식을 표 19.2에 요약하였다.

비판적 사고 만일 어떤 핵종이 두 번 연속으로 붕괴를 하였을 때, 원래의 핵종이 될 수 있겠는가? 그렇다면 어떤 붕괴가 일어났는가? 예를 들라.

대화형 예제 19.1 핵 반응식 I

다음 각 과정에 대한 균형 맞춘 반응식을 써라.

a. ${}^{11}_{6}C$가 양전자를 생성한다.

b. ${}^{214}_{83}Bi$가 β-입자를 생성한다.

c. ${}^{237}_{93}Np$이 α-입자를 생성한다.

풀이 **a.** 다음 식에서 ${}^{A}_{Z}X$로 나타낸 생성물 핵종을 찾아야 한다.

$$ {}^{11}_{6}C \longrightarrow \underset{\text{양전자}}{{}^{0}_{1}e} + {}^{A}_{Z}X $$

식의 양쪽에서 Z와 A의 전체 값이 같아야 하므로 ${}^{A}_{Z}X$를 알아낼 수 있다. 따라서 X의 Z는 $6 - 1 = 5$이고, A는 $11 - 0 = 11$이어야 하므로 ${}^{A}_{Z}X$는 ${}^{11}_{5}B$이다(Z가 5라는 사실은 핵종이 붕소라는 것을 알려준다). 균형 맞춘 반응식은 다음과 같이 적는다.

$$ {}^{11}_{6}C \longrightarrow {}^{0}_{1}e + {}^{11}_{5}B $$

b. β-입자는 $_{-1}^{0}\text{e}$로 표시되고, Z와 A가 보존된다는 것을 알면, 다음과 같이 쓸 수 있다.

$$_{83}^{214}\text{Bi} \longrightarrow {}_{-1}^{0}\text{e} + {}_{84}^{214}\text{X}$$

따라서, $_{Z}^{A}\text{X}$는 $_{84}^{214}\text{Po}$이어야 한다.

c. α-입자는 $_{2}^{4}\text{He}$으로 표시되므로 균형 맞춘 식은 다음과 같이 되어야 한다.

$$_{93}^{237}\text{Np} \longrightarrow {}_{2}^{4}\text{He} + {}_{91}^{233}\text{Pa}$$

연습 문제 19.21, 19.24과 19.25 참조

대화형 예제 19.2 **핵 반응식 II**

다음의 각 핵반응에서 빠져있는 입자를 찾아 넣어라.

a. $_{79}^{195}\text{Au} + ? \rightarrow {}_{78}^{195}\text{Pt}$

b. $_{19}^{38}\text{K} \rightarrow {}_{18}^{38}\text{Ar} + ?$

풀이

a. A는 변하지 않고 Z는 1만큼 감소하였으므로, 빠져 있는 입자는 전자이다.

$$_{79}^{195}\text{Au} + {}_{-1}^{0}\text{e} \longrightarrow {}_{78}^{195}\text{Pt}$$

이것은 전자 포획의 한 예이다.

b. Z와 A가 보존되기 위해서 빠져 있는 입자는 양전자여야 한다.

$$_{19}^{38}\text{K} \longrightarrow {}_{18}^{38}\text{Ar} + {}_{1}^{0}\text{e}$$

따라서 포타슘-38은 붕괴하여 양전자를 생성한다.

연습 문제 19.22, 19.23과 19.26 참조

흔히 방사성 핵은 단일 붕괴 과정을 통하여 안정한 상태에 도달할 수 없다. 이와 같은 경우에 안정한 핵종이 될 때까지 **붕괴 계열**(decay series)이 일어난다. 잘 알려진 예로, 그림 19.2에서 보여주고 있는 $_{92}^{238}\text{U}$에서 시작하여 $_{82}^{206}\text{Pb}$에서 끝나는 붕괴 계열이 있다. 비슷한 계열이 $_{92}^{235}\text{U}$에도 존재하고, $_{90}^{232}\text{Th}$에도 있다.

$$_{92}^{235}\text{U} \xrightarrow[\text{계열}]{\text{붕괴}} {}_{82}^{207}\text{Pb}$$

$$_{90}^{232}\text{Th} \xrightarrow[\text{계열}]{\text{붕괴}} {}_{82}^{208}\text{Pb}$$

19.2 방사성 붕괴의 반응 속도론

반응 속도는 제12장에서 논의하였다.

어떤 형태의 방사성 핵종을 포함하고 있는 시료에서 각 핵종은 붕괴가 일어날 수 있는 어떤 확률을 가지고 있다. 어떤 핵종의 원자 1000개를 갖고 있는 시료가 시간당 10회 붕괴를 일으킨다고 가정하자. 이것은 한 시간 동안에 매 100개의 핵종마다 한 번씩 붕괴가 일어난다는 것을 의미한다. 이와 같은 붕괴 확률이 그 핵종의 특성이라고 하면, 2000개의 원자 시료는 시간당 20회 붕괴를 일으킬 수 있다고 예상할 수 있다. 따라서 방사성 핵종에 대하여, 단위 시간당 핵종의 수의 변화량(음수 값)인 **붕괴 속도**(rate of decay)는 다음과 같으며,

$$\left(-\frac{\Delta N}{\Delta t}\right)$$

주어진 시료에서 핵종의 수(N)에 정비례한다.

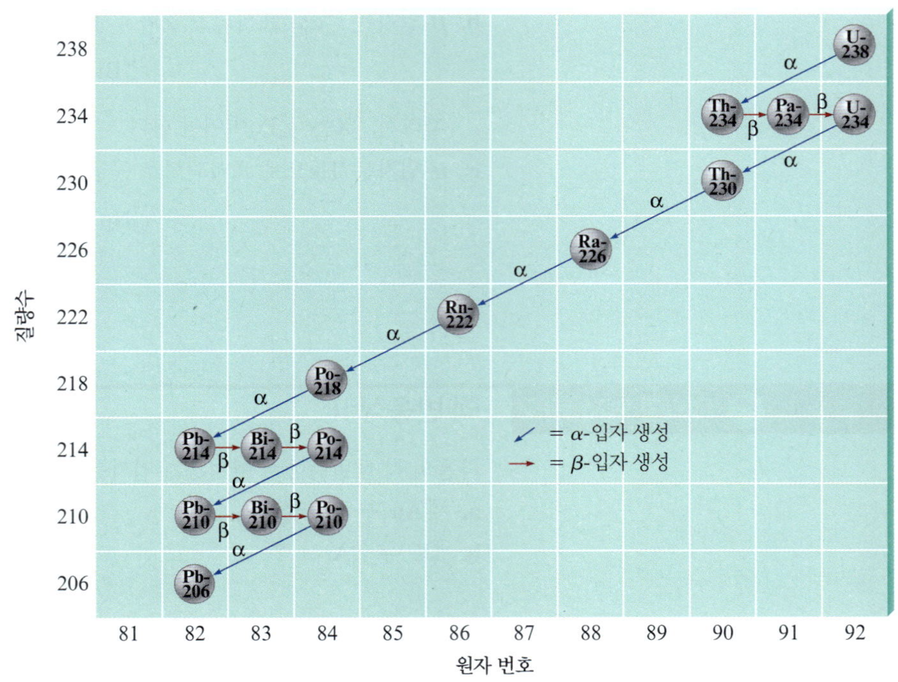

그림 19.2 $^{238}_{92}U$에서 $^{206}_{82}Pb$까지의 붕괴 계열. $^{206}_{82}Pb$를 제외하고 계열에 있는 각 핵종은 방사성을 나타내며, $^{206}_{82}Pb$이 최종적으로 형성될 때까지 연속적인 변환(화살표로 나타냄)이 계속된다. 수평선의 붉은 화살표는 β-입자의 생성(Z가 1 증가하고 A는 변하지 않음)하는 과정을 나타내며, 대각선의 푸른색 화살표는 α-입자의 생성(A와 Z 모두가 감소)을 나타낸다.

$$\text{속도} = -\frac{\Delta N}{\Delta t} \propto N$$

음의 부호는 핵종의 수가 감소하기 때문에 붙인다. 비례상수 k를 사용하면 이 식을 다음과 같이 쓸 수 있다.

$$\text{속도} = -\frac{\Delta N}{\Delta t} = kN$$

이것은 제12장에서 본 바와 같이, 일차 반응에 대한 속도 법칙이다. 12.4절에서 보여 준 바와 같이, 일차 반응의 적분 속도 법칙은 다음과 같다.

$$\ln\left(\frac{N}{N_0}\right) = -kt$$

여기에서 N_0는 원래 핵종의 수($t = 0$에서)를 나타내며, N은 시간 t에서 *남아 있는* 수를 의미한다.

반감기

방사성 시료의 **반감기**(half-life, $t_{1/2}$)는 핵종의 수가 처음 값의 반값($N_0/2$)이 되는 데 필요한 시간으로 정의한다. 이 정의를 일차 반응의 적분 속도 법칙(12.4절에서 사용)과 연관시켜 $t_{1/2}$에 대해서 다음의 식을 만들 수 있다.

$$t_{1/2} = \frac{\ln(2)}{k} = \frac{0.693}{k}$$

따라서 방사성 핵종의 반감기를 알면 속도 상수를 쉽게 계산할 수 있고, 그 반대도 역시 마찬가지로 계산할 수 있다.

대화형 예제 19.3 핵 붕괴 속도 I

테크네튬-99m은 인체 내부 기관의 사진을 찍기 위하여 사용되며, 가끔은 심장 손상을 평가하기 위해서도 사용된다. 여기에서 m은 들뜬 핵의 상태가 γ-선 방출에 의해서 바닥 상태로 붕괴되는 것을 나타낸다. ${}^{99m}_{43}Tc$의 붕괴 속도 상수는 1.16×10^{-1}/h로 알려져 있다. 이 핵종의 반감기는 얼마인가?

풀이 반감기는 다음의 식으로 계산할 수 있다.

$$t_{1/2} = \frac{0.693}{k} = \frac{0.693}{1.16 \times 10^{-1}/\text{h}}$$
$$= 5.98\ \text{h}$$

따라서 주어진 테크네늄-99m 시료에 대한 원래 핵종의 수가 반으로 감소하는 데는 5.98시간이 걸릴 것이다.

연습 문제 19.39 참조

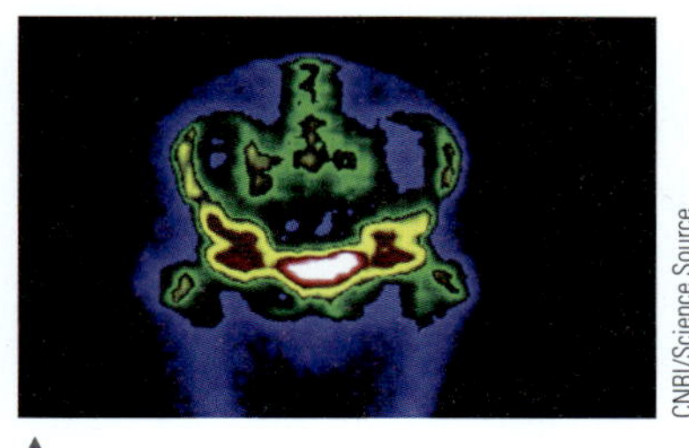

▲ 방사성 동위원소 테크네튬-99m으로 표시한 추적자를 정맥 주사한 후 얻은 정상 골반의 가려진 색의 신티그램.

12.4절에서 본 바와 같이, 일차 반응의 반감기는 일정하다. 이것을 그림 19.3에서 스트론튬-90의 β-입자 붕괴에 대하여 보여주고 있다. ${}^{90}_{38}Sr$의 양이 반으로 주는 데 28.9년이 걸린다. 스트론튬과 칼슘의 비슷한 화학적 성질 때문에(모두 2A 족임), ${}^{90}_{38}Sr$에 의한 환경의 오염은 건강에 심각한 해를 준다. 즉 잔디와 건초에 있는 스트론튬-90은 칼슘과 함께 우유를 통하여 인간에게 옮겨와서 뼈에 축적된다. 스트론튬-90의 반감기는 비교적 길기 때문에 이것은 인체 내에 수년간 머물러 있으면서 암을 유발하는 방사선 피해를 줄 수 있다.

방사선의 해로운 영향은 19.7절에서 논의될 것이다.

대화형 예제 19.4 핵 붕괴 속도 II

몰리브데넘-99의 반감기는 66.0시간이다. ${}^{99}_{42}Mo$ 시료 1.000 mg이 330시간 후에는 얼마나 남겠는가?

풀이 이 문제를 풀기 위해 가장 쉬운 방법은 330시간이 ${}^{99}_{42}Mo$의 반감기의 다섯 배라는 것을 생각하는 것이다.

$$330 = 5 \times 66.0$$

${}^{99}Mo$

β-붕괴, $t_{1/2} = 66$ h

${}^{99m}Tc$

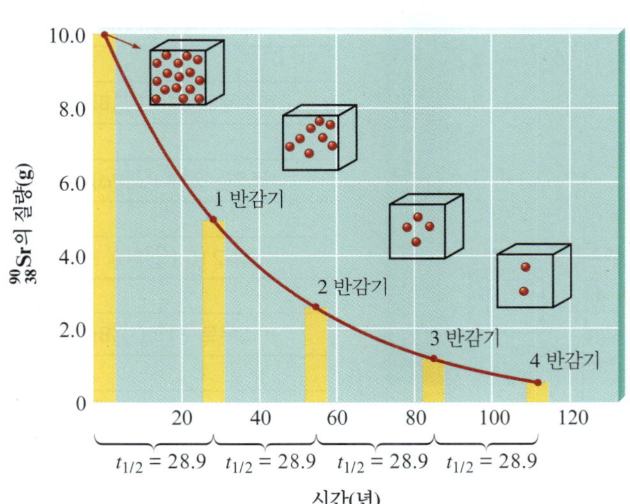

그림 19.3 시간에 따른 스트론튬-90 시료 10.0 g의 붕괴. 반감기가 28.9년으로 일정함에 유의하라.

일어난 변화는 그림 19.4와 같이 그릴 수 있다. 따라서 330시간 후에는 $^{99}_{42}$Mo 0.031 mg이 남는다.

연습 문제 19.41과 19.42 참조

방사성 핵종의 반감기는 매우 다양하다. 예를 들면, $^{144}_{60}$Nd는 2.3 × 10^{15}년의 반감기를 갖는 반면에 $^{214}_{84}$Po은 2 × 10^{-4}초의 짧은 반감기를 갖는다. 이것에 대한 이해를 돕기 위하여 $^{238}_{92}$U 붕괴 계열에 있는 핵종들의 반감기를 표 19.3에 수록하였다.

19.3 핵 변환

1919년 Rutherford 경은 *한 원소가 다른 원소로 변하는* **핵 변환**(nuclear transformation)을 처음으로 관찰하였다. 그는 $^{14}_{7}$N에 α-입자로 충격을 주어 핵종 $^{17}_{7}$O가 생성되는 것을 발견하였다.

표 19.3 $^{238}_{92}$U 붕괴 계열에서 핵종들의 반감기

핵종	생성입자	반감기
우라늄-238 ($^{238}_{92}$U)	α	4.47 × 10^{9}년
↓		
토륨-234 ($^{234}_{90}$Th)	β	24.1일
↓		
프로탁티늄-234 ($^{234}_{91}$Pa)	β	6.7시간
↓		
우라늄-234 ($^{234}_{92}$U)	α	2.46 × 10^{5}년
↓		
토륨-230 ($^{230}_{90}$Th)	α	7.5 × 10^{4}년
↓		
라듐-226 ($^{226}_{88}$Ra)	α	1.60 × 10^{3}년
↓		
라돈-222 ($^{222}_{86}$Rn)	α	3.82일
↓		
폴로늄-218 ($^{218}_{84}$Po)	α	3.1분
↓		
납-214 ($^{214}_{82}$Pb)	β	26.8분
↓		
비스무트-214 ($^{214}_{83}$Bi)	β	19.9분
↓		
폴로늄-214 ($^{214}_{84}$Po)	α	1.6 × 10^{-4}초
↓		
납-210 ($^{210}_{82}$Pb)	β	22.2년
↓		
비스무트-210 ($^{210}_{83}$Bi)	β	5.0일
↓		
폴로늄-210 ($^{210}_{84}$Po)	α	138.4일
↓		
납-206 ($^{206}_{82}$Pb)	—	안정

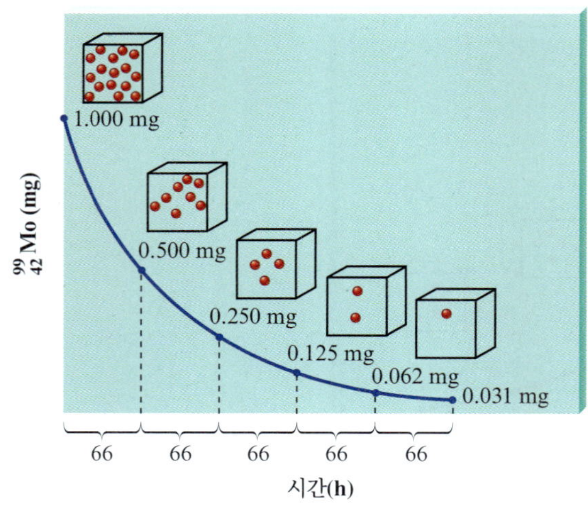

그림 19.4 시간에 따른 $^{99}_{42}$Mo 양의 변화($t_{1/2}$ = 66시간).

$$^{14}_{7}N + ^{4}_{2}He \longrightarrow ^{17}_{8}O + ^{1}_{1}H$$

14년 후에 Irene Curie와 그의 남편 Frederick Joliot는 알루미늄에서 인으로 변하는 비슷한 변환을 관찰하였다.

$$^{27}_{13}Al + ^{4}_{2}He \longrightarrow ^{30}_{15}P + ^{1}_{0}n$$

여기에서 $^{1}_{0}n$은 중성자를 나타낸다.

오랫동안 많은 다른 핵변환이 이루어졌으며 대부분 **입자 가속기**(particle accelerator)를 사용하여 실현되었다. 이름에서 알 수 있듯이, 입자 가속기는 입자에 매우 높은 속도를 부여하는 장치이다. 과녁인 핵과 양이온 간의 정전기적 반발 때문에 충격 입자로 양이온을 사용할 때는 가속기가 필요하다. 매우 높은 속도로 가속된 입자는 반발을 극복하고 과녁 핵으로 들어가서 변환을 일으킨다. 입자 가속기의 한 가지 형태인 **사이클로트론**(cyclotron)의 모형도를 그림 19.5에 나타내었다. 이온이 사이클로트론 중심에 들어가서 자기장이 존재하는 전기장이 번갈아 반전되면서 팽창되는 나선형 통로를 통해 가속된다. 그림 19.6에 나타낸 **선형 가속기**(linear accelerator)는 선형 통로에서 큰 속도를 얻기 위하여 변화하는 전기장을 이용한다.

양이온뿐 아니라 중성자도 핵의 변환을 일으키기 위한 충격 입자로 가끔 이용된다. 중성자는 전하를 갖고 있지 않아서 과녁 핵에 의하여 정전기적으로 반발되지 않으므로, 많은 핵에 의해 흡수되어 새로운 핵종을 만든다. 이 목적으로 가장 흔히 사용되는 중성자성 원은 핵 분열 반응로이다(19.6절 참조).

과학자들은 중성자와 양이온의 충격을 이용하여 주기율표를 확장해 왔다. 1940년 이전에는 우라늄($Z = 92$)이 가장 무거운 원소로 알려졌었는데, 1940년에 $^{238}_{92}U$의 중성자 충격에 의하여 넵투늄($Z = 93$)이 만들어졌다. 이 과정은 처음에 $^{238}_{92}U$를 만들고, 이어서 β-입자 생성에 의해서 $^{238}_{92}Np$로 붕괴된다.

$$^{238}_{92}U + ^{1}_{0}n \longrightarrow ^{239}_{92}U \xrightarrow[t_{1/2}\,=\,23\text{분}]{} ^{239}_{93}Np + ^{0}_{-1}e$$

▲ 캐나다의 입자 및 핵 물리학 연구소인 TRIUMF의 사이클로트론(cyclotron).

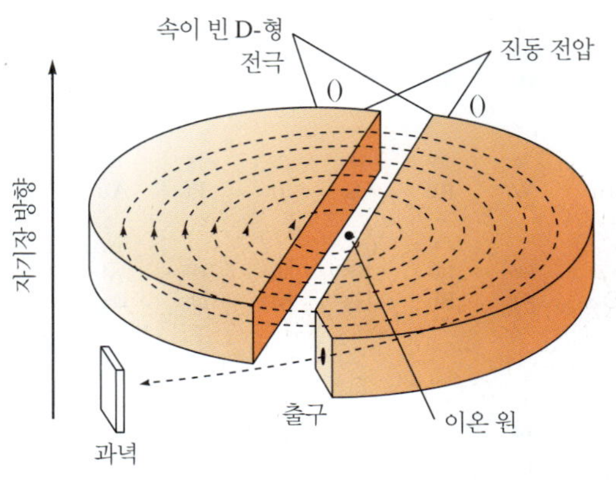

그림 19.5 사이클로트론의 구성도. 이온이 중심으로 들어가서 전기장의 일정한 반전에 의하여 속이 빈 D-자 모양의 전극 사이를 앞뒤로 끌려다닌다. 이들 전극 위아래에 있는 자석은 입자 속도가 증가함에 따라 팽창하는 나선형의 통로를 만든다. 입자가 충분한 속도를 가질 때 입자는 가속기를 나와서 과녁 핵을 향한다.

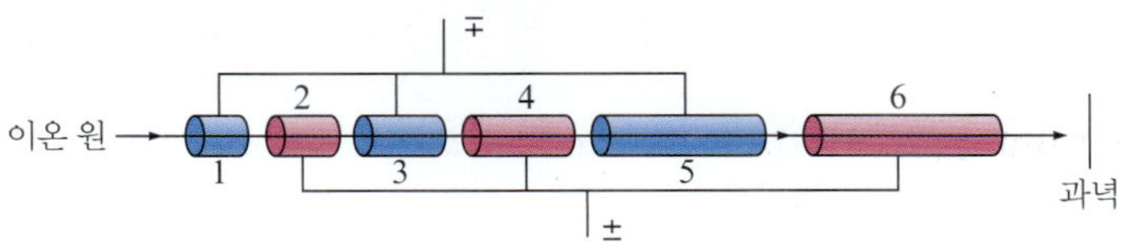

그림 19.6 선형 통로를 따라서 양이온을 가속시키기 위하여 변하는 전기장을 사용하는 선형 가속기의 모형도. 이온이 이온 원을 떠날 때 홀수 번호의 관이 음으로 하전되고, 짝수 번호의 관은 양으로 하전된다. 그 다음 양이온은 관 1로 끌려 들어간다. 이 이온이 관 1을 떠날 때 관의 극성이 반대로 된다. 즉, 관 1이 양으로 하전되어 양이온을 밀어내고, 관 2는 음으로 하전되어 양이온을 끌어당긴다. 이 과정이 계속되어, 최종에는 커다란 입자 속도를 낸다.

화학 관련 읽을거리 Chemical Connections

테네신(Tennessine)

117번 원소(Ts)의 발견은 현대 과학 활동에 있어 협동 과정의 중요함을 보여준다. 비록 117번 원소는 Russia의 Dubna에서 만들어졌지만, 과녁 핵종은 테네시에 있는 Oak Ridge National Laboratory (ORNL)에서 만들었고, 발견에 대한 자료 분석은 캘리포니아에 있는 Lawrence Livermore Laboratory에서 이루어졌다.

117번 원소의 탄생은 반감기가 320일인 버클륨-249 22 mg을 생산하기 위하여 250일간의 방사선 실험을 한 ORNL에서 시작되었다. 이 과정에서 90일간의 노력 끝에 버클륨-249를 분리 및 정제하였고 이 버클륨은 Dubna에 있는 핵 연구 공동 연구소(Joint Institute for Nuclear Research, JINR)에 보내졌다. JINR에는 버클륨-249 과녁에 겨냥할 수 있는 활성화된 칼슘-48의 가속기 빔이 있다. 150일간의 과정에서 다음의 핵반응에 의하여 117번 원소의 원자 6개를 생산하였다.

$$^{48}_{20}\text{Ca} + ^{249}_{97}\text{Bk} \rightarrow ^{297}_{117}\text{Ts}^* \rightarrow ^{294}_{117}\text{Ts} + 3^{1}_{0}\text{n}$$

(1개 원자가 생성됨)

$$^{48}_{20}\text{Ca} + ^{249}_{97}\text{Bk} \rightarrow ^{297}_{117}\text{Ts}^* \rightarrow ^{293}_{117}\text{Ts} + 4^{1}_{0}\text{n}$$

(5개 원자가 생성됨)

주기율표에서 Ts는 할로젠족에서 가장 무거운 원소로 표시된다. 그러나 Ts는 단 6개의 원자만 생성되었고 약 0.01초 동안만 존재했기 때문에, 현재까지 Ts의 화학적 거동에 대한 증거는 전혀 알려져 있지 않다.

알칼리 금속 (1족), 알칼리 토금속 (2족), 전이 금속 (3–12족), 할로젠족 (17족), 불활성 기체 (18족)

1 1A	2 2A	3	4	5	6	7	8	9	10	11	12	13 3A	14 4A	15 5A	16 6A	17 7A	18 8A
1 H																	2 He
3 Li	4 Be											5 B	6 C	7 N	8 O	9 F	10 Ne
11 Na	12 Mg											13 Al	14 Si	15 P	16 S	17 Cl	18 Ar
19 K	20 Ca	21 Sc	22 Ti	23 V	24 Cr	25 Mn	26 Fe	27 Co	28 Ni	29 Cu	30 Zn	31 Ga	32 Ge	33 As	34 Se	35 Br	36 Kr
37 Rb	38 Sr	39 Y	40 Zr	41 Nb	42 Mo	43 Tc	44 Ru	45 Rh	46 Pd	47 Ag	48 Cd	49 In	50 Sn	51 Sb	52 Te	53 I	54 Xe
55 Cs	56 Ba	57 La*	72 Hf	73 Ta	74 W	75 Re	76 Os	77 Ir	78 Pt	79 Au	80 Hg	81 Tl	82 Pb	83 Bi	84 Po	85 At	86 Rn
87 Fr	88 Ra	89 Ac†	104 Rf	105 Db	106 Sg	107 Bh	108 Hs	109 Mt	110 Ds	111 Rg	112 Cn	113 Nh	114 Fl	115 Mc	116 Lv	117 Ts	118 Og

*란타넘족	58 Ce	59 Pr	60 Nd	61 Pm	62 Sm	63 Eu	64 Gd	65 Tb	66 Dy	67 Ho	68 Er	69 Tm	70 Yb	71 Lu
†악티늄족	90 Th	91 Pa	92 U	93 Np	94 Pu	95 Am	96 Cm	97 Bk	98 Cf	99 Es	100 Fm	101 Md	102 No	103 Lr

▲
CERN(유럽핵물리입자연구소)의 대형 Hadron Collider는 세계에서 가장 크고 강력한 입자 가속기이다.

표 19.4 몇 가지 초우라늄 원소들의 합성

원소	중성자 충격	반감기
넵투늄 (Z = 93)	$^{238}_{92}U + ^{1}_{0}n \longrightarrow ^{239}_{93}Np + ^{0}_{-1}e$	2.36일($^{239}_{93}Np$)
플루토늄 (Z = 94)	$^{239}_{93}Np \longrightarrow ^{239}_{94}Pu + ^{0}_{-1}e$	24,110년($^{239}_{94}Pu$)
아메리슘 (Z = 95)	$^{239}_{94}Pu + 2\,^{1}_{0}n \longrightarrow ^{241}_{94}Pu \longrightarrow ^{241}_{95}Am + ^{0}_{-1}e$	433년($^{241}_{95}Am$)
원소	**양-이온 충격**	**반감기**
퀴륨 (Z = 96)	$^{239}_{94}Pu + ^{4}_{2}He \longrightarrow ^{242}_{96}Cm + ^{1}_{0}n$	163일($^{242}_{96}Cm$)
캘리포늄 (Z = 98)	$^{242}_{96}Cm + ^{4}_{2}He \longrightarrow ^{245}_{98}Cf + ^{1}_{0}n$ 또는 $^{238}_{92}U + ^{12}_{6}C \longrightarrow ^{246}_{98}Cf + 4\,^{1}_{0}n$	45분($^{245}_{98}Cf$)
러더포듐 (Z = 104)	$^{249}_{98}Cf + ^{12}_{6}C \longrightarrow ^{257}_{104}Rf + 4\,^{1}_{0}n$	
더브늄 (Z = 105)	$^{249}_{98}Cf + ^{15}_{7}N \longrightarrow ^{260}_{105}Db + 4\,^{1}_{0}n$	
시보귬 (Z = 106)	$^{249}_{98}Cf + ^{18}_{8}O \longrightarrow ^{263}_{106}Sg + 4\,^{1}_{0}n$	

1940년 이래로 **초우라늄 원소**(transuranium element)라고 부르는 원자 번호 92보다 큰 원소들이 합성되었다. 많은 원소는 표 19.4에서 보여주는 바와 같이, 매우 짧은 반감기를 갖는다. 그 결과, 단지 몇 개의 원자가 만들어졌을 뿐이다. 이런 과정 때문에 이들 원소의 화학적 특성을 규명한다는 것은 어렵다.

19.4 방사능의 검출과 용도

Geiger 계수기는 종종 산업적으로 *방사선 검출기(survey meter)*라고 부른다.

방사능 수준을 측정하는 데 여러 가지 기기가 사용되지만, 가장 잘 알려진 것은 **Geiger-Müller 계수기** 또는 **Geiger 계수기**(Geiger-Müller counter 또는 Geiger counter, 그림 19.7)이다. 이 기기는 방사성 붕괴 과정에서 발생된 고에너지 입자가 어떤 물질을 통과할 때 이온을 생성하는 현상을 이용한다. Geiger 계수기의 탐침은 아르곤 기체로 채워져 있는데 아르곤은 빠르게 움직이는 입자에 의해 이온화될 수 있다. 이 반응은 다음과 같이 나타낼 수 있다.

$$Ar(g) \xrightarrow[\text{입자}]{\text{고에너지}} Ar^{+}(g) + e^{-}$$

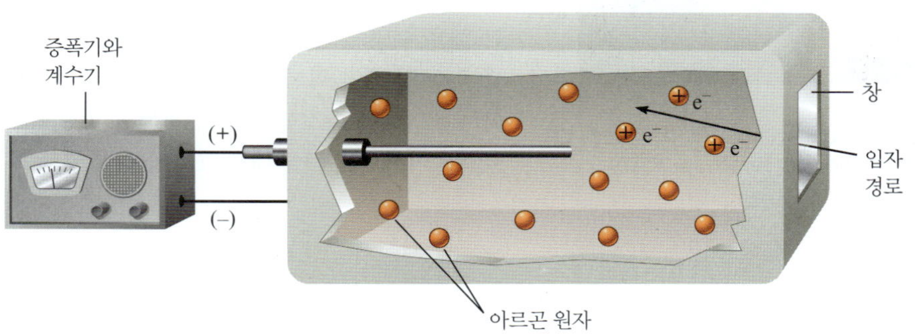

그림 19.7 Geiger-Müller 계수기의 구성도. 고에너지의 방사성 입자가 창으로 들어가서 그 통로를 따라 아르곤 원자를 이온화시킨다. 이렇게 해서 생긴 이온과 전자는 순간적으로 전류 펄스를 낸다. 이것을 증폭하여 읽는다.

▲
고생물학자가 탄소-14 연대 측정 준비를 위해 트라이케라톱스(Triceratops)의 뿔을 조사하고 있다.

보통 아르곤 기체 시료는 전압을 걸어줄 때 전류를 전도하지 않는다. 그러나 고에너지 입자가 통과함으로써 이온과 전자들이 생성되면 순간적인 전류를 흐르게 한다. 전자 장치는 이 전류를 검출하여 입자의 수를 측정할 수 있다. 따라서 방사성 시료의 붕괴 속도를 구할 수 있다.

방사능 준위를 검출하기 위해서 자주 사용되는 또 다른 기기는 **섬광 계수기**(scintillation counter)이다. 이 장치는 황화 아연과 같은 물질에 고에너지 방사선이 충돌할 때 발생하는 섬광을 감지하며, 단위 시간당 방사성 붕괴 횟수를 측정한다.

방사능에 의한 연대 측정

고고학자, 지질학자, 그리고 지구의 고대 역사를 재구성하는 데 관여하는 여러 연구자들은 유물과 암석의 정확한 연대를 측정하는 데 방사능을 많이 이용한다. 나무나 천으로 만들어진 고대 유물들의 연대 측정을 위해 가장 많이 사용된 방법은 **방사성 탄소 연대 측정**(radiocarbon dating), 또는 **탄소-14 연대 측정법**(carbon-14 dating)이라고 알려진 방법이다. 이 방법은 이 분야에서 쌓은 업적으로 노벨상을 수상한 미국의 Willard Libby에 의해 1940년대에 창시되었다.

방사성 탄소 연대 측정법은 핵종 ${}^{14}_{6}C$의 방사능에 기초를 둔 것으로, 이것은 β-입자를 생성하고 붕괴한다.

$$ {}^{14}_{6}C \longrightarrow {}^{0}_{-1}e + {}^{14}_{7}N $$

탄소-14는 고에너지 중성자가 질소-14와 충돌할 때 대기 중에서 계속적으로 생성된다.

$$ {}^{14}_{7}N + {}^{1}_{0}n \longrightarrow {}^{14}_{6}C + {}^{1}_{1}H $$

방사성 핵종은 흔히 *방사핵종*이라 부른다. 탄소 연대 측정은 방사핵종 ${}^{14}_{6}C$에 근거를 둔다.

${}^{14}_{6}C/{}^{12}_{6}C$의 비는 탄소-14 연대 측정법의 기본 원리이다.

따라서 탄소-14는 이 과정에 의해 계속적으로 생성되고, β-입자 생성을 통하여 계속 붕괴된다. 세월의 흐름에 따라 이들 두 과정의 속도는 같게 되어 평형 상태에 있는 화학 반응에 참여하고 있는 성분처럼, 대기 중에 존재하는 ${}^{14}_{6}C$의 양은 대략 일정하게 유지된다.

${}^{14}_{6}C$는 대기 중의 다른 탄소 동위원소와 함께 산소와 반응하여 이산화 탄소를 만들기 때문에 탄소-14는 나무와 천으로 된 골동품들의 연대를 측정하기 위해 사용될 수 있다. 살아 있는 식물은 광합성 과정에서 이산화 탄소를 소모시켜서 ${}^{14}_{6}C$를 포함하는 탄소를 식물체 분자로 만든다. 식물이 살아있는 동안 식물체 분자에서 ${}^{14}_{6}C/{}^{12}_{6}C$의 비는 탄소의 계속적인 순환 때문에 대기 중에서와 같이 유지된다. 그러나 나무를 베어서 나무 그릇을 만들거나 아마 식물을 수확하여 섬유를 만들면, 그 순간부터 ${}^{14}_{6}C$의 방사성 붕괴 때문에(${}^{12}_{6}C$ 핵종은 안정하다) ${}^{14}_{6}C/{}^{12}_{6}C$의 비는 감소하기 시작한다. ${}^{14}_{6}C$의 반감기는 5730년이므로 고고학자가 발굴한 나무 그릇에서 ${}^{14}_{6}C/{}^{12}_{6}C$의 비가 현재 살아있는 나무의 절반이면, 그 그릇은 대략 5730년 전의 것이다. 이러한 추론은 현재 대기 중 ${}^{14}_{6}C/{}^{12}_{6}C$의 비가 옛날의 동위원소의 비와 같다는 가정에서 나온다.

▲
Tucson에 있는 Arizona 대학교의 연륜 연대학자인 Thomas Swetnam 박사.

나이테로부터 나무의 연령을 측정하는 연륜 연대학자들은 대기의 ${}^{14}_{6}C$의 함량이 세월이 지남에 따라 아주 많이 변한다는 것을 보여주기 위하여 브리슬콘 소나무나 세쿼이아 등과 같은 수명이 긴 나무 종에서 수집된 자료를 사용해 왔다. 최근에는 나이테, 산호, 그리고 호수 및 해양 퇴적물에서 얻은 측정값이, 유물에 나타나는 ${}^{14}_{6}C/{}^{12}_{6}C$의 비로부터 매우 정확하게 연대를 측정할 수 있게 하는 보정 인자를 도출하는 데 사용되었으며, 이는 특히 5만 5천 년 이하의 유물에 대해 효과적이다.

대화형 예제 19.5 ^{14}C를 이용하는 연대 측정

아프리카 동굴에서 발견된 고대 모닥불의 잔유물 중 탄소 1 g에 대하여 분당 3.1계수(counts)의 속도로 $^{14}_{6}C$가 붕괴되었다. 바로 자른 나무에서, $^{14}_{6}C$의 붕괴 속도(대기 중 $^{14}_{6}C$ 함량에 대한 보정)가 탄소 1 g에 대해서 분당 13.6계수라고 가정하고, 잔유물의 연대를 계산하라. $^{14}_{6}C$의 반감기는 5730년이다.

풀이 이 문제를 해결하는 열쇠는 주어진 붕괴 속도가 존재하는 $^{14}_{6}C$의 핵종의 수에 직접 비례한다는 것을 아는 것이다. 방사성 붕괴는 일차 반응 속도 법칙을 갖는다.

$$\text{속도} = kN$$

따라서 다음과 같이 나타낼 수 있다.

$$\frac{3.1\text{계수/분} \cdot \text{g}}{13.6\text{계수/분} \cdot \text{g}} = \frac{\text{시간 } t\text{에서의 속도}}{\text{시간 0에서의 속도}} = \frac{kN}{kN_0}$$

시간 t에서 존재하는 핵종의 수 (N)

시간 0에서 존재하는 핵종의 수 (N_0)

$$= \frac{N}{N_0} = 0.23$$

또한 일차 반응의 적분 속도 법칙으로 나타낼 수도 있다.

$$\ln\left(\frac{N}{N_0}\right) = -kt$$

여기에서

$$k = \frac{0.693}{t_{1/2}} = \frac{0.693}{5730\text{년}}$$

모닥불을 피운 후 경과된 시간 t를 알기 위하여 다음과 같이 나타낼 수 있다.

$$\ln\left(\frac{N}{N_0}\right) = \ln(0.23) = -\left(\frac{0.693}{5730\text{년}}\right)t$$

■ 이 식을 풀면, t = 12,000년이다. 즉, 동굴 속의 모닥불은 약 12,000년 전에 피워졌다.

연습 문제 19.55와 19.56 참조

방사성 탄소의 연대 측정법의 단점은 어느 정도 큰 조각의 대상물(0.5에서 몇 그램)을 태워서 이산화 탄소를 만들어 방사능을 분석해야 한다는 것이다. $^{14}_{6}C$의 양을 계측하는 다른 한 가지 방법은 귀중한 유물의 일부를 파괴하는 것을 피할 수 있다. 단지 10^{-3} g 정도가 필요한 이 방법은 질량분석계(제3장 참조)를 이용하는 것인데, 탄소 원자를 이온화시켜 이온들의 진로를 휘게 하는 자기장을 통하여 가속시킨다. 서로 다른 질량 때문에 여러 가지 이온들을 서로 다르게 분리하여 측정할 수 있다. 이렇게 해서, 시료 중 $^{14}_{6}C/^{12}_{6}C$의 비를 정확하게 측정할 수 있다.

지구의 지질학적인 역사를 밝히기 위해서 지질학자들은 방사능을 광범위하게 사용해왔다. 예를 들면, $^{238}_{92}U$는 붕괴하여 안정한 동위원소인 $^{206}_{82}Pb$로 되므로, 적당한 조건에서 암석 중 $^{206}_{82}Pb$ 대 $^{238}_{92}U$의 비는 암석의 연대를 추정하는 데 사용될 수 있다. $^{176}_{72}Hf$로 붕괴되는 방사성 핵종 $^{176}_{71}Lu$은 370억 년의 반감기를 가진다(10조 개 중에서 단지 186개의 핵종만이 매년 붕괴된다). 따라서 이 핵종은 매우 오래된 암석들의 연대를 추정하는 데 사용된다. 이러한 기술로 과학자들은 지구의 지각이 43억 년 전에 형성되었다는 것을 예측할 수 있었다.

대화형 예제 19.6 방사능을 이용한 연대 측정

${}^{238}_{92}U$와 ${}^{206}_{82}Pb$가 포함되어 있는 암석의 대략적인 연대를 측정하기 위하여 두 원자의 존재 비율을 조사하였다. 분석 결과는 ${}^{206}_{82}Pb$ 원자 대 ${}^{238}_{92}U$ 원자의 비가 0.115임을 보여주었다. 원래의 암석에는 납이 존재하지 않았고, 세월이 흘러 형성된 모든 ${}^{206}_{82}Pb$이 암석에 남아 있다고 가정한다. 또한 ${}^{238}_{92}U$와 ${}^{206}_{82}Pb$이 붕괴하는 중간 단계에서 생긴 다른 핵종의 수는 무시할 수 있다고 가정한다. 암석의 연령을 계산하라. ${}^{238}_{92}U$의 반감기는 4.5×10^9년이다.

풀이 이 문제는 적분 일차 반응 속도 법칙을 이용하여 풀 수 있다.

안정한 ${}^{206}_{82}Pb$에 도달되기까지, ${}^{238}_{92}U$의 반감기는 다른 동위원소의 붕괴 계열에 비하여 매우 길기 때문에(표 19.3 참조), 붕괴의 중간 단계에서 존재하는 핵종들은 무시할 수 있다. 즉, ${}^{238}_{92}U$ 핵종이 일단 붕괴하기 시작하면 비교적 빠르게 ${}^{206}_{82}Pb$에 도달한다.

$$\ln\left(\frac{N}{N_0}\right) = -kt = -\left(\frac{0.693}{4.5 \times 10^9 \text{년}}\right)t$$

여기에서 N/N_0는 (현재 암석에서 발견된 ${}^{238}_{92}U$ 원자 수) 대 (암석이 생성되었을 때 존재하는 원자 수)의 비이다. 존재하는 ${}^{206}_{82}Pb$ 핵종은 ${}^{238}_{92}U$의 붕괴로부터 온 것이라고 가정해야 한다.

$$ {}^{238}_{92}U \longrightarrow {}^{206}_{82}Pb $$

따라서

원래 존재했던 ${}^{238}_{92}U$의 원자 수	=	현재 존재하는 ${}^{206}_{82}Pb$의 원자 수	+	현재 존재하는 ${}^{238}_{92}U$의 원자 수

$$\frac{\text{현재 남아있는 } {}^{206}_{82}Pb\text{의 원자 수}}{\text{현재 남아있는 } {}^{238}_{92}U\text{의 원자 수}} = 0.115 = \frac{0.115}{1.000} = \frac{115}{1000}$$

이것의 의미를 조심스럽게 생각해 보자. 암석에 원래 존재했던 매 1115개의 ${}^{238}_{92}U$ 원자 중 115개는 ${}^{206}_{82}Pb$으로 변하였고, 1000개는 ${}^{238}_{92}U$로 남아 있다. 따라서

$$\frac{N}{N_0} = \frac{\overbrace{{}^{238}_{92}U}^{\text{현재 남아있는}}}{\underbrace{{}^{206}_{82}Pb + {}^{238}_{92}U}_{\text{원래 존재했던 } {}^{238}_{92}U}} = \frac{1000}{1115} = 0.8969$$

$$\ln\left(\frac{N}{N_0}\right) = \ln(0.8969) = -\left(\frac{0.693}{4.5 \times 10^9 \text{년}}\right)t$$

■ $t = 7.1 \times 10^8$ 년

이것이 암석의 대략적인 연령이다. 따라서 형성 연대는 캄브리아기(Cambrian period)이다.

연습 문제 19.57과 19.58 참조

방사능의 의학적 응용

최근 수십 년간 의학의 급속한 발전은 많은 이유에 기인하지만, 가장 중요한 것의 하나는 **방사성 추적자**(radiotracer)의 발견과 사용이다. 방사성 핵종은 음식이나 약을 통해서 각 기관에 주입할 수 있고, 그 경로는 그들의 방사능을 측정하여 *추적*할 수 있다. 예를 들어, 영양물에 ${}^{14}_{6}C$와 ${}^{32}_{15}P$와 같은 핵종을 첨가하게 되면, 대사 작용의 경로에 대한 중요한 정보를 얻을 수 있다.

아이오딘-131은 갑상선 질병의 검진과 치료에 있어서 매우 유용하다. 환자가 소량의 $Na^{131}I$가 들어 있는 용액을 마신 다음 갑상선에 의해 흡수된 아이오딘을 주사 장치로 측정한다(그림 19.8 참조).

화학의 선구자

Bettmann/Getty Images

Rosalyn Sussman Yalow(1921~2011)

Rosalyn Sussman Yalow(1921~2011)는 뉴욕 브롱크스에서 태어났으며, 고등학교 시절 화학에 관심을 갖기 시작했다. Hunter College에서 그녀는 전공을 물리학으로 바꾸었다. 그녀는 여성을 대학원에서 받아주거나 경제적 지원을 제공받을 것이라는 확신이 없었기 때문에 대학원 진학 과정에서 어려움을 겪었다. 결국 1941년 Illinois 대학교 어바나-샴페인 물리학과에 입학했으며, 그곳의 400명의 교수와 조교들 중 유일한 여성이었다. 그녀는 1945년에 박사 학위를 취득했다. 1950년, 그녀는 Solomon Berson과 함께 일하기 시작했고, 두 사람은 방사성 동위원소를 사용하여 혈액을 측정하고 요오드 대사를 연구하며 질병과 내분비 장애를 진단하는 새로운 방법을 발견했다.

Yalow와 Berson은 방사성 동위원소 기술이 물질의 시간 농도를 측정하는 데 얼마나 민감한지에 대한 첫 번째 증거를 발견했다. RIA 기술은 내분비학과 당뇨병과 같은 내분비 질환의 치료에 혁명을 일으켰다.

1968년, Yalow는 알버트 래스커 기초 의학 연구상을 수상했고 1969년, 그녀는 노벨 의학상을 받은 두 번째 여성이 되었다.

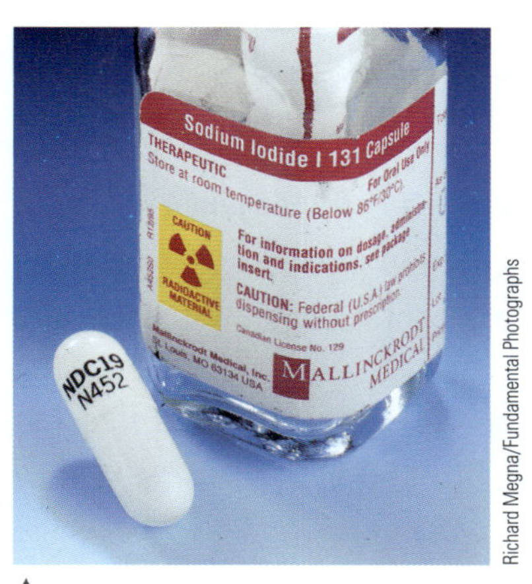

Richard Megna/Fundamental Photographs

▲ 방사능 ^{131}I을 포함하고 있는 작은 알약.

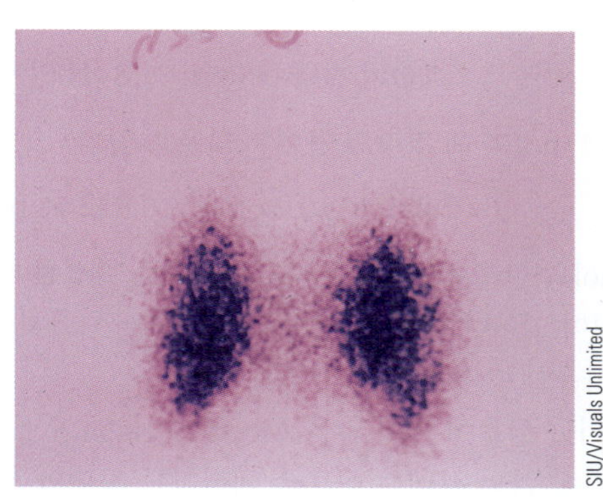
SIU/Visuals Unlimited

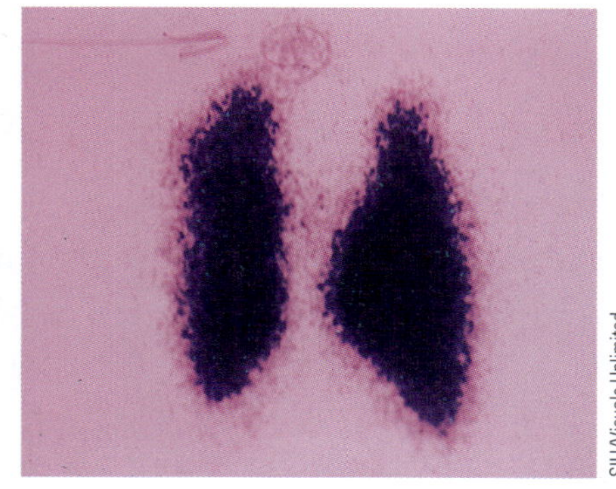
SIU/Visuals Unlimited

그림 19.8 $Na^{131}I$을 마신 후 아이오딘 흡수 효율을 결정하기 위하여 환자의 방사능 준위에 대하여 주사(scan)한 것이다. 정상적인 갑상선(왼쪽). 확장된 갑상선(오른쪽).

탈륨은 건강한 근육 조직에 농축되므로 탈륨-201은 심장마비를 일으킨 사람의 심장 근육 손상을 진단하기 위하여 사용할 수 있다. 테크네튬-99m도 정상적인 심장조직에 의해 흡수되므로 같은 방법으로 심장 손상을 진단하기 위해서 사용한다.

방사성 추적자는 생물학적 시스템을 연구하고, 질병을 진단하며, 약물의 작용과 효과를 모니터링하고, 임신을 조기에 확인하는 데 있어 민감하고 비침습적인 방법을 제공한다. 이러한 방사성 추적자의 활용도는 앞으로도 계속 증가할 것으로 보인다. 몇 가지 유용한 추적자들을 표 19.5에 수록하였다.

표 19.5 몇 가지 방사성 핵종, 반감기, 방사성 추적자로서의 의학적 응용

핵종	반감기	연구된 인체 부위
^{131}I	8.0일	갑상선
^{59}Fe	44.5일	적혈구 세포
^{99}Mo	66시간	대사 작용
^{32}P	14.3일	눈, 간, 종양
^{51}Cr	27.7일	적혈구 세포
^{87}Sr	2.8시간	뼈
^{99m}Tc	6.0시간	심장, 뼈, 간 및 폐
^{133}Xe	5.2일	폐
^{24}Na	15.0시간	순환기 계

19.5 핵의 열역학적 안정도

만약 핵이 그 성분인 양성자와 중성자로부터 만들어진다고 가정하면, 그때 발생하는 위치 에너지 변화를 계산함으로써 핵의 안정도를 구할 수 있다. 예를 들어, 여덟 개의 중성자와 여덟 개의 양성자로부터 $^{16}_{8}O$ 핵이 형성되는 가상적인 과정을 생각해 보자.

$$8\,^{1}_{0}n + 8\,^{1}_{1}H \longrightarrow {}^{16}_{8}O$$

이 과정에 관여한 에너지의 변화는 여덟 개의 양성자와 여덟 개의 중성자의 질량의 합을 산소 핵 질량과 비교하여 계산할 수 있다.

$$(8\,^{1}_{0}n + 8\,^{1}_{1}H)\text{의 질량} = 8(\underset{^{1}_{0}n\text{의 질량}}{1.67493 \times 10^{-24}\text{ g}}) + 8(\underset{^{1}_{1}H\text{의 질량}}{1.67262 \times 10^{-24}\text{ g}})$$

$$= 2.67804 \times 10^{-23}\text{ g}$$

$$^{16}_{8}O\text{의 질량} = 2.65535 \times 10^{-23}\text{ g}$$

하나의 핵에 대한 질량의 차이는 다음과 같다.

$$^{16}_{8}O\text{의 질량} - (8\,^{1}_{0}n + 8\,^{1}_{1}H)\text{의 질량} = -2.269 \times 10^{-25}\text{ g}$$

$^{16}_{8}O$ 1 mol의 핵 질량의 차이는 다음과 같다.

$$(-2.269 \times 10^{-25}\text{ g/핵})\,(6.022 \times 10^{23}\text{ 핵/mol}) = -0.1366\text{ g/mol}$$

1 mol의 산소-16이 양성자와 중성자로 형성될 때, 0.1366 g의 질량이 손실된다. 왜 질량의 손실이 일어나며, 이 과정에서 수반되는 에너지의 변화를 계산하기 위하여 이 정보를 어떻게 사용할 수 있는가?

이들 질문에 대한 답은 Albert Einstein의 업적에서 찾을 수 있다. 7.2절에서 논의한 바와 같이 그의 상대성 이론은 에너지를 질량의 형태로 생각할 수 있음을 보여주었다. 그의 유명한 방정식

에너지는 질량의 한 가지 형태이다.

$$E = mc^2$$

는 에너지의 양과 질량과의 관계를 나타낸다. 이 식에서 c는 빛의 속도이다. 계가 에너지를 얻거나 잃을 때, E/c^2에 의해 주어지는 질량을 얻거나 잃는다. 따라서, 앞의 과정은 매우 큰 발열 과정이기 때문에 핵의 질량은 성분 핵자들의 질량보다는 작다.

보통 화학 반응에 관여된 에너지 변화는 매우 적어서, 해당 질량 변화는 검출되지 않는다.

다음 형태의 Einstein 식은 성분 핵자들로부터 핵이 형성될 때의 ΔE를 계산하기 위하여 사용할 수 있다.

$$\text{에너지 변화} = \Delta E = \Delta mc^2$$

여기에서 Δm은 질량 변화 또는 **질량 결손**(mass defect)이다.

대화형 예제 19.7 핵 결합 에너지 I

$^{16}_{8}O$ 핵 1 mol이 양성자와 중성자로부터 형성될 때의 에너지 변화를 계산하라.

풀이 성분 핵자들로부터 1 mol의 $^{16}_{8}O$ 핵이 형성되는 가상적인 과정에서, 0.1366 g의 질량이 손실된다는 것을 이미 계산해 보았다. 따라서 Einstein 식으로부터 이 과정에 대한 에너지의 변화를 계산할 수 있다.

$$\Delta E = \Delta mc^2$$

여기에서

$$c = 3.00 \times 10^{8}\text{ m/s} \quad \text{그리고} \quad \Delta m = -0.1366\text{ g/mol} = -1.366 \times 10^{-4}\text{ kg/mol}$$

따라서

$$\Delta E = (-1.366 \times 10^{-4}\ \text{kg/mol})(3.00 \times 10^{8}\ \text{m/s})^2 = -1.23 \times 10^{13}\ \text{J/mol}$$

ΔE 값에 대한 음의 부호는, 이 과정에서 발열이라는 것을 나타낸다. 에너지, 즉 질량이 계로부터 손실된다.

연습 문제 19.59, 19.60, 19.63 참조

핵 과정에서 관찰된 에너지 변화는 화학적 및 물리적 변화에서 관찰되는 것에 비하여 아주 크다. 따라서, 핵 과정은 잠재적으로 가치가 있는 에너지 자원이다.

특정 핵의 열역학적 안정도는 보통 핵자당 방출되는 에너지로 나타낸다. 어떻게 이 양을 얻는가를 살펴보기 위하여 $^{16}_{8}O$에 대하여 알아보자. 먼저 예제 19.7에서 계산된 몰당 값을 Avogadro 수로 나누어 핵당 ΔE를 계산해 보자.

$$^{16}_{8}\text{O 핵당 } \Delta E = \frac{-1.23 \times 10^{13}\ \text{J/mol}}{6.022 \times 10^{23}\ \text{핵/mol}} = -2.04 \times 10^{-11}\ \text{J/핵}$$

더 편리한 에너지 단위인 백만 전자 볼트(MeV)로 쓰면 다음과 같이 된다. 여기에서

$$1\ \text{MeV} = 1.60 \times 10^{-13}\ \text{J}$$

$$^{16}_{8}\text{O 핵당 } \Delta E = (-2.04 \times 10^{-11}\ \text{J/핵})\left(\frac{1\ \text{MeV}}{1.60 \times 10^{-13}\ \text{J}}\right)$$
$$= -1.28 \times 10^{2}\ \text{MeV/핵}$$

다음으로, 중성자와 양성자의 합인 A로 나누어 핵자(nucleon)당 ΔE 값을 계산할 수 있다.

$$^{16}_{8}\text{O에 대한 핵자당 에너지 } \Delta E = \frac{-1.28 \times 10^{2}\ \text{MeV/핵}}{16\text{핵자/핵}}$$
$$= -7.98\ \text{MeV/핵자}$$

이것은 중성자와 양성자로부터 $^{16}_{8}O$가 형성될 때 핵자당 7.98 MeV의 에너지가 *방출된다*는 것을 의미한다. 이 핵이 구성 성분으로 *분해되기* 위해 필요한 에너지는 같은 수치 값에 양의 기호(positive sign)만 붙인 것이다(에너지가 필요하므로). 이것을 $^{16}_{8}O$에 대한 핵자당 **결합 에너지**(binding energy)라고 부른다.

여러 가지 핵종에 대한 핵자당 결합 에너지 값을 그림 19.9에서 보여준다. 가장 안정한

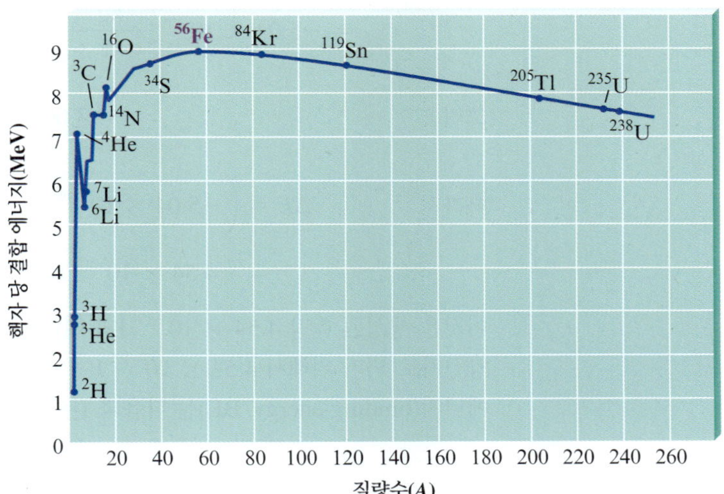

그림 19.9 질량수의 함수로 나타낸 핵자당 결합 에너지. 가장 안정한 핵은 곡선의 정점에 있는 $^{56}_{26}Fe$이다.

핵들(핵들을 분해하기 위하여 가장 큰 핵자당 에너지를 필요로 함)은 곡선의 정점에 있음을 주목하라. 알려진 가장 안정한 핵은 $^{56}_{26}Fe$으로 8.79 MeV의 핵자당 결합 에너지를 가지고 있다.

대화형 예제 19.8 핵 결합 에너지 II

$^{4}_{2}He$ 핵에 대한 핵자당 결합 에너지를 계산하라(원자 질량: $^{4}_{2}He$ = 4.0026 amu, $^{1}_{1}H$ = 1.0078 amu).

풀이 우선 $^{4}_{2}He$에 대한 질량 결손(Δm)을 계산해야 한다. 원자 질량(전자가 포함된)이 주어졌으므로, 전자 질량은 어떻게 계산할 것인가를 결정해야 한다.

원자의 질량에는 전자의 질량이 포함되어 있기 때문에 원자 질량으로부터 원자핵의 질량을 구하기 위해서는 전자의 질량을 빼야 한다.

$$4.0026 = {}^{4}_{2}\text{He 원자의 질량} = {}^{4}_{2}\text{He 핵의 질량} + 2m_e$$

전자 질량

$$1.0078 = {}^{1}_{1}\text{H 원자의 질량} = {}^{1}_{1}\text{H 핵의 질량} + m_e$$

$^{4}_{2}He$ 핵은 두 개의 양성자와 두 개의 중성자로부터 "합성되었으므로" 다음의 식이 성립한다.

$$\Delta m = \underbrace{(4.0026 - 2m_e)}_{^{4}_{2}\text{He 핵의 질량}} - [2\underbrace{(1.0078 - m_e)}_{^{1}_{1}\text{He 핵(양성자)의 질량}} + 2\underbrace{(1.0087)}_{\text{중성자의 질량}}]$$

$$\begin{aligned} &= 4.0026 - 2m_e - 2(1.0078) + 2m_e - 2(1.0087) \\ &= 4.0026 - 2(1.0078) - 2(1.0087) \\ &= -0.0304\ \text{u} \end{aligned}$$

이 경우에는 뺄셈에서 전자 질량은 상쇄됨에 유의하라. 만일 원자 질량이 관심의 대상이 되는 핵종과 $^{1}_{1}H$ 모두에 사용되었으면, 이러한 형태의 계산에는 항상 전자 질량이 상쇄된다. 따라서 생성된 $^{4}_{2}He$ 핵당 0.0304 amu의 질량이 손실된다.

해당 에너지 변화는 다음 식으로부터 계산할 수 있다.

$$\Delta E = \Delta mc^2$$

여기에서

$$\Delta m = -0.0304\ \frac{\text{u}}{\text{핵}} = \left(-0.0304\ \frac{\text{u}}{\text{핵}}\right)\left(1.66 \times 10^{-27}\ \frac{\text{kg}}{\text{u}}\right)$$

$$= -5.04 \times 10^{-29}\ \frac{\text{kg}}{\text{핵}}$$

그리고 $c = 3.00 \times 10^8$ m/s

따라서

$$\Delta E = \left(-5.04 \times 10^{-29}\ \frac{\text{kg}}{\text{핵}}\right)\left(3.00 \times 10^8\ \frac{\text{m}}{\text{s}}\right)^2$$

$$= -4.54 \times 10^{-12}\ \text{J/핵}$$

이것은 생성된 핵당 4.54×10^{-12} J의 에너지가 *방출되고*, 핵이 분해되어 성분 중성자와 양성자로 되기 위해서 4.54×10^{-12} J이 필요하다는 것을 의미한다. 따라서 핵자당 결합 에너지(binding energy, BE)는 다음과 같이 계산할 수 있다.

$$\blacksquare\ \text{핵자당 결합 에너지} = \frac{4.54 \times 10^{-12}\ \text{J/ 핵}}{4\ \text{핵자/핵}}$$

$$= 1.14 \times 10^{-12}\ \text{J/핵자}$$

$$= \left(1.14 \times 10^{-12}\ \frac{\text{J}}{\text{핵자}}\right)\left(\frac{1\ \text{MeV}}{1.60 \times 10^{-13}\ \text{J}}\right)$$

$$= 7.13\ \text{MeV/ 핵자}$$

연습 문제 19.64~19.66 참조

19.6 핵 분열과 핵 융합

그림 19.9에서 보인 그래프는 에너지 자원으로 핵 과정을 사용하는 데 있어서 중요한 의미를 갖는다. 덜 안정한 상태에서 더 안정한 상태로 핵 과정이 진행될 때 에너지가 방출되는 것, 즉 ΔE가 음의 값인 것을 기억하라. 곡선에서 높은 데 있는 핵종일수록 더 안정하다. 이것은 아래의 두 가지 핵 과정이 모두 발열 과정이라는 것을 의미한다(그림 19.10 참조).

1. 가벼운 두 핵이 결합하여 무겁고 더 안정한 핵을 형성하는 것, 이 과정을 **핵 융합**(nuclear fusion)이라고 부른다.
2. 무거운 핵이 더 작은 질량수를 갖는 두 핵으로 갈라지는 것, 이 과정을 **핵 분열**(nuclear fission)이라고 부른다.

핵이 결합하는 데 필요한 큰 결합 에너지 때문에 이들 두 과정 모두 화학 반응에 관여되는 에너지보다 수백만 배 이상으로 더 큰 에너지 변화를 수반한다.

핵 분열

핵 분열은 1930년 후반에 발견되었는데, 중성자로 충격을 받은 ${}^{235}_{92}\text{U}$ 핵종이 두 개의 가벼운 원소로 갈라지는 것이 관찰되었다.

$${}^{1}_{0}\text{n} + {}^{235}_{92}\text{U} \longrightarrow {}^{141}_{56}\text{Ba} + {}^{92}_{36}\text{Kr} + 3\,{}^{1}_{0}\text{n}$$

이 과정은 그림 19.11의 도식에서 보면, 위의 반응당 3.5×10^{-11} J의 에너지가 방출된다. 즉, ${}^{235}_{92}\text{U}$ 1몰당 2.1×10^{13} J로 변환된다. 이 값을 몰당 8.0×10^{5} J의 에너지를 방출하는 메테인의 연소 에너지와 비교해 보라. ${}^{235}_{92}\text{U}$의 핵 분열은 메테인의 연소 반응보다 약 2천6백

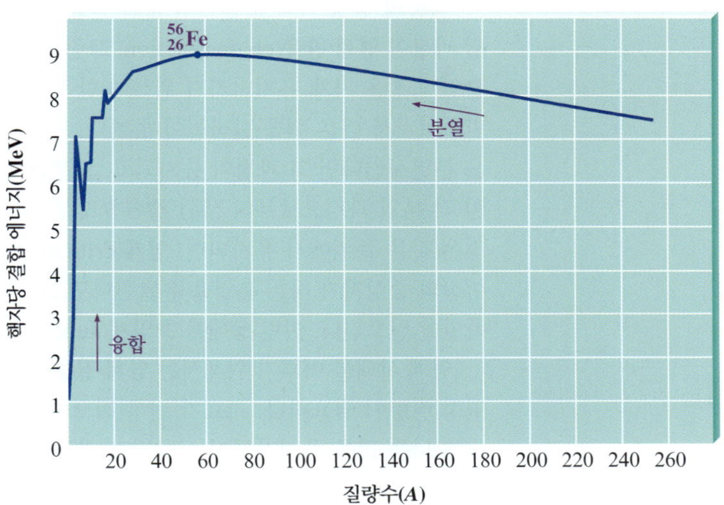

그림 19.10 핵 분열과 핵 융합 과정은 모두 더 안정한 핵종을 만든다. 따라서 발열 과정이다.

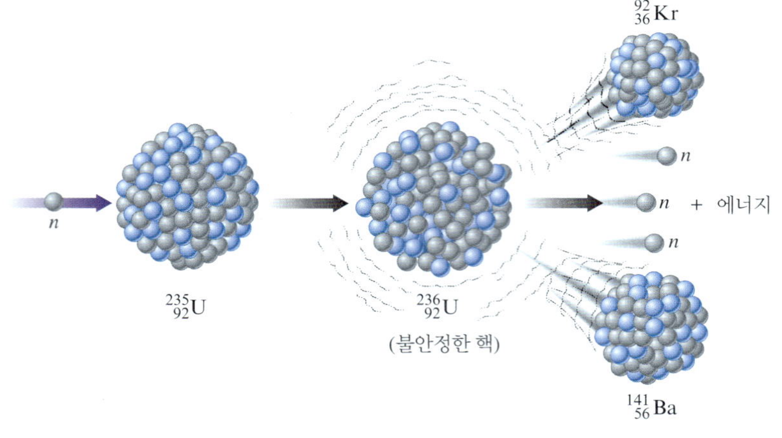

그림 19.11 하나의 중성자 포획에 의하여 $^{235}_{92}U$ 핵이 분열을 일으켜 두 개의 가벼운 핵, 자유 중성자(전형적으로 세 개), 그리고 많은 양의 에너지를 내어 놓는다.

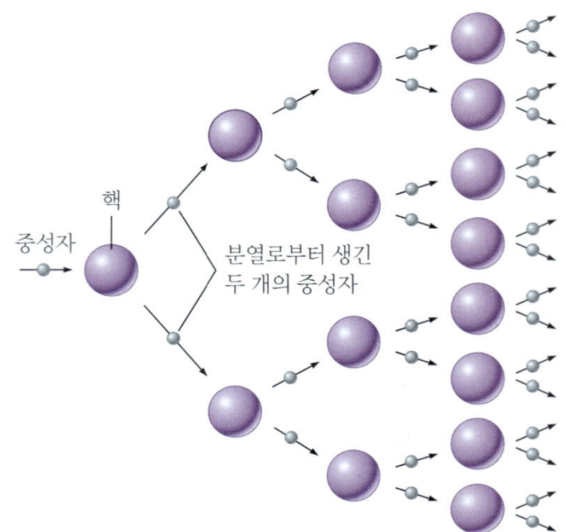

그림 19.12 각각의 분열 과정에서 두 개의 중성자를 내어 놓아 다른 핵들을 갈라놓음으로써 자체 유지 연쇄 반응을 일으키는 분열 과정.

만 배 이상의 에너지를 생산한다.

그림 19.11에 나타낸 과정은 $^{235}_{92}U$의 다양한 핵 분열 반응 중 한 가지의 반응만을 보여준 것이다. 다른 반응은 다음과 같다.

$$^{1}_{0}n + ^{235}_{92}U \longrightarrow ^{137}_{52}Te + ^{97}_{40}Zr + 2\,^{1}_{0}n$$

실제로 35개의 원소에서 200개 이상의 다른 동위원소가 $^{235}_{92}U$의 분열 생성물 중에서 관찰되었다.

핵종의 생성 이외에 $^{235}_{92}U$의 분열 반응에서 중성자도 만들어진다. 이것은 자체 유지 분열 과정인 **연쇄 반응**(chain reaction, 그림 19.12 참조)을 일으킬 수 있다는 것을 의미한다. 분열 과정을 자체 유지시키기 위하여 한 번 분열할 때마다 적어도 한 개 이상의 중성자가 만들어져서 다른 핵을 갈라놓아야 한다. 만일 평균적으로 *한 개 미만*의 중성자가 다른 핵을 분열시킨다면 그 과정이 중지되고, 그 반응을 **임계 이하**(subcritical)에 있다고 한다. 만일 각 분열 과정으로부터 생긴 *정확하게 한 개*의 중성자가 다른 붕괴를 일으킨다면 그 과정은 같은 준위에서 유지되며, **임계**(critical)에 있다고 한다. 각 분열과정에서 생긴 *두 개 이상*의 중성자가 다른 분열을 유발한다면 그 과정은 급속히 상승되며, 축적된 열은 격렬한 폭발을 일으킨다. 이런 상태를 **초임계**(supercritical)라고 한다.

임계 상태를 이루기 위해서는 **임계 질량**(critical mass)이라고 하는 분열 가능한 물질의 일정 질량이 필요하다. 시료가 너무 적으면 그것들이 분열을 일으킬 수 있는 기회를 갖기 전에 너무 많은 중성자들이 이탈되고 과정이 중지된다. 이것을 그림 19.13에서 보여주고 있다.

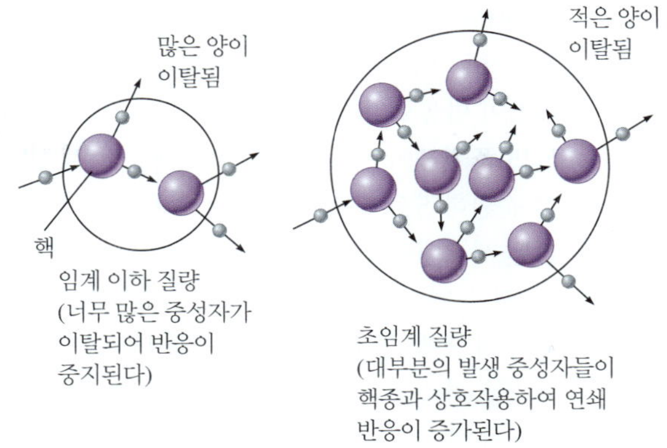

그림 19.13 분열 가능한 물질이 너무 적으면, 대부분의 중성자가 다른 분열을 일으키기 전에 이탈되어 과정은 정지한다.

제2차 세계대전 중에 핵 분열의 원리에 기초를 둔 폭탄을 제조하기 위하여 맨하탄 계획(Manhattan Project)이라고 하는 집중적인 연구가 미국에 의해 수행되었다. 이 계획은 핵 폭탄을 만들었고, 그 폭탄은 1945년 Hiroshima와 Nagasaki의 도시를 폐허로 만들었다. 기본적으로 핵 분열 폭탄은 임계 이하의 질량을 갖는 두 개의 분열 가능한 물질을 갑자기 결합시켜 초임계 질량을 형성함으로써 엄청난 폭발을 일으키는 것이다.

핵 반응로

내포된 엄청난 에너지 때문에 분열 과정은 발전을 위한 에너지 자원으로 개발하는 것이 바람직한 것으로 보였다. 이것을 성취하기 위하여 핵 분열을 조절할 수 있는 반응로가 설계되었다. 이렇게 하여 얻은 에너지는 화력 발전소에서 에너지를 얻는 방법과 동일하게 물을 가열하여 수증기를 만들고 터빈 발전기로 작동시키도록 사용된다. 원자력 발전 장치의 구성을 그림 19.14에서 볼 수 있다.

그림 19.15에서 보여주는 **반응로 노심**(reactor core)에서 대략 3%의 $^{235}_{92}U$로 농축된 우라늄(천연 우라늄은 0.7%의 $^{235}_{92}U$만을 포함)이 스테인레스강의 실린더에 넣어져 있다. **감**

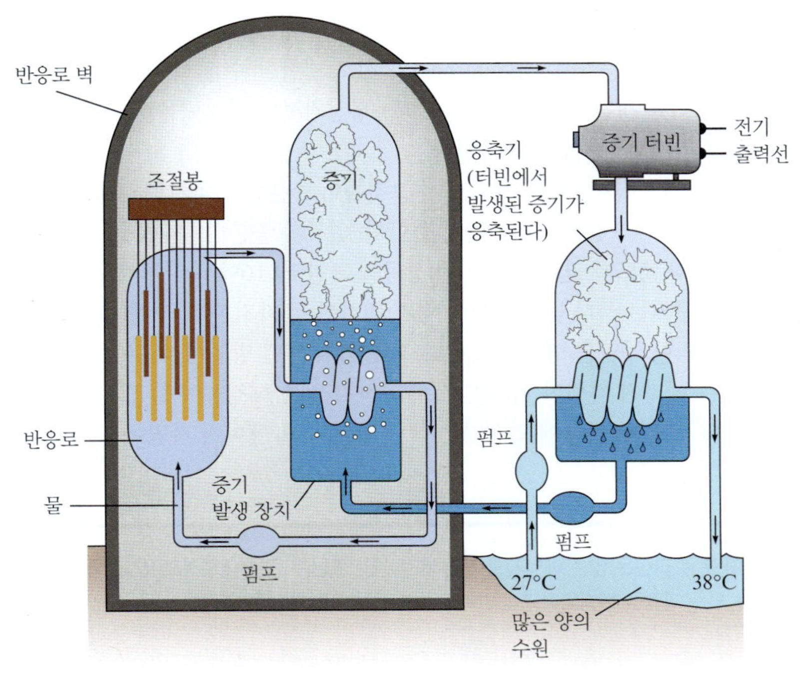

그림 19.14 원자력 발전 장치의 구성도.

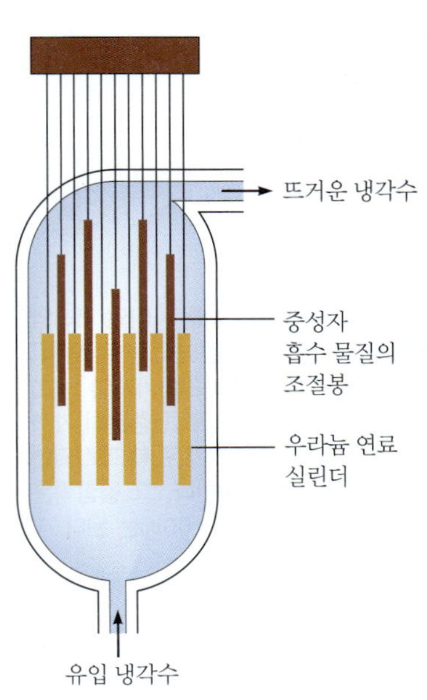

그림 19.15 반응로 노심의 구성도. 조절봉의 위치는 분열되는 양을 조절하여 에너지 생산의 수준을 결정한다.

속제(moderator)가 실린더를 둘러싸고 있어서 중성자를 감속시키므로 우라늄 연료를 효과적으로 이용하도록 유지시킨다. 중성자를 흡수하는 물질로 만들어진 **조절봉**(control rod)이 반응로의 동력 준위를 조절하기 위하여 사용된다. 반응로가 잘못 기능을 발휘하게 되면 조절봉이 자동적으로 노심에 들어가 반응을 중지시킨다. 액체(보통은 물)가 노심 내를 순환하면서 분열 에너지에 의해 생긴 열을 추출한다. 이 에너지는 열 교환기를 거쳐서 터빈 시스템에 있는 물에 전달된다.

연료 원소로 $^{235}_{92}U$의 농도가 노심에서 초임계 질량이 되는 정도로 충분하지 않더라도 냉각 계통에 결함이 생기면 노심이 녹을 정도로 온도가 높아질 수 있다. 따라서 노심을 둘러싸는 건축물은 멜트다운이 발생하더라도 견딜 수 있도록 설계되어야 한다. 1986년 우크라이나 체르노빌, 2011년 일본 후쿠시마 오쿠마에서 발생한 것과 같은 사고는 많은 국가들이 핵 분열 기반의 발전소에서 멀어지게 만들었다.

핵 융합

많은 양의 에너지가 두 개의 가벼운 핵의 융합에 의해서도 생성된다. 사실, 별들은 핵 융합을 통하여 그들의 에너지를 생성한다. 현재 73%의 수소, 26%의 헬륨, 1%의 기타 원소로 구성되어 있는 태양은 양성자가 융합하여 헬륨이 되면서 막대한 양의 에너지를 내어 놓는다.

$$^{1}_{1}H + ^{1}_{1}H \longrightarrow ^{2}_{1}H + ^{0}_{1}e$$

$$^{1}_{1}H + ^{2}_{1}H \longrightarrow ^{3}_{2}He$$

$$^{3}_{2}He + ^{3}_{2}He \longrightarrow ^{4}_{2}He + 2\,^{1}_{1}H$$

$$^{3}_{2}He + ^{1}_{1}H \longrightarrow ^{4}_{2}He + ^{0}_{1}e$$

핵 융합 반응로에서 연료로 쓸 수 있는 가벼운 핵종(예를 들면, 바닷물 중 중수소, $^{2}_{1}H$)이 많이 존재하고 있어서 경제성 있는 융합 과정을 개발하기 위한 집중적인 연구가 진행되고 있다. 주요 장애물은 융합을 개시하기 위해 높은 온도가 필요하다는 것이다. 핵자들이 결합하여 핵을 형성하는 힘은 *매우 짧은* 거리(~10^{-13} cm)에서만 효과적이다. 따라서 두 개의 양성자가 서로 결합하여 에너지를 방출하려면, 아주 가까운 거리까지 접근해야 한다. 그러나 양성자는 서로 같은 전하를 띠고 있기 때문에 정전기적으로 서로를 밀어낸다. 즉, 두 개의 양성자[또는 두 개의 중양성자(deuteron)]가 서로 결합할 수 있을 정도로 접근하기 위해서는(핵의 결합력은 정전기적 인력이 *아니다*) 정전기적인 반발력을 극복할 수 있도록 충분히 빠른 속도로 서로 "충돌"하여야 한다.

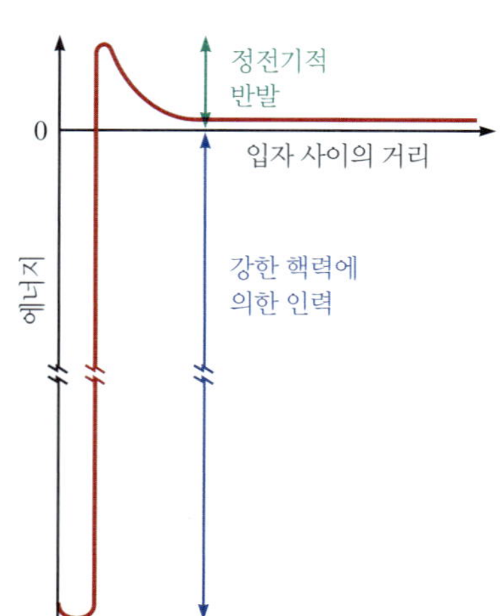

그림 19.16 두 개의 $^{2}_{1}H$ 핵 사이의 거리와 에너지의 관계. 핵들은 정전기적 반발 "언덕"을 넘기 위해서 충분한 속도를 가져야 하고, 핵 간 결합력이 생길 수 있도록 충분히 가까워져야 하며, "융합"하여 새로운 핵으로 되면서 막대한 에너지를 방출한다. 그 결합력은 정전기적 반발력의 적어도 100배는 된다.

두 개의 $^{2}_{1}H$ 핵 간 정전기적 반발력은 매우 커서 그것들이 충분한 에너지로 충돌하여 핵력이 그 두 입자를 결합시키고, 결합 에너지를 방출할 수 있도록 충분히 큰 속도를 갖게 하기 위해서는 4×10^{7} K의 온도가 필요하다. 이런 상황을 그림 19.16에 나타내었다.

현재 과학자들은 요구되는 극히 높은 온도를 얻기 위하여 두 가지 형태의 계, 즉 고출력 레이저와 전기 전류에 의한 가열을 연구하고 있다. 지금까지 어떤 방법이 더 유용한지, 언제 융합이 실용성 있는 에너지 자원이 될 것인지 명확하지 않은 해결해야 할 많은 기술적인 문제들이 남아 있다. 그러나 장래에 언젠가는 핵 융합이 주요 에너지 자원이 될 것이라고 희망하고 있다.

비판적 사고 핵 분열 과정은 많은 에너지를 제공해 주지만 또한 위험을 내포하고 있다. 국회가 핵 분열이 수반되는 모든 과정을 불법이라고 입법하였다면 우리 사회에 어떤 영향이 있을 수 있겠는가?

19.7 방사선의 영향

오존층은 20.11절에서 논의된다.

기차와의 충돌에 의한 충격이 매우 심각하다는 것은 누구나 다 아는 사실이다. 문제는 관련된 에너지 전달이다. 사실 어떠한 에너지원도 생명체에 해로울 수 있다. 세포에 전달된 에너지는 화학 결합을 파괴하고, 세포계의 기능을 잘못되게 한다. 이런 사실은 지구의 상층 대기권에 있는 오존층에 대한 관심을 불러일으킨다. 즉, 오존은 태양으로부터 오는 높은 에너지의 자외선을 차단한다. 높은 에너지를 가진 입자의 근원인 방사성 원소들도 그 영향이 보통은 꽤 미묘하지만, 해로울 수 있다. 복사선에 의한 피해가 파악하기 어려운 이유는 비록 높은 에너지를 가진 입자가 포함되어 있더라도 *매번* 조직에 축적되는 에너지의 양이 실제로는 아주 적다는 것이다. 그러나 비록 그 영향이 수년 동안은 나타나지 않더라도 결과적인 피해는 적지 않다.

생명체에 대한 방사선의 피해는 체세포 손상 또는 유전적 손상으로 구분할 수 있다. **체세포 손상**(somatic damage)은 생명체 자체에 가해지는 손상으로, 질병이나 사망을 초래할 수 있다. 많은 조사량의 방사선을 받게 되면 그 효과는 즉시 나타날 수 있으며, 소량일 경우에는 수년 후에 암과 같은 형태로 나타날 수 있다. **유전적 손상**(genetic damage)은 유전적인 인자에 손상을 주어서 그 자손에게 나쁜 기능을 나타나게 한다.

특정한 방사선원의 생물학적 영향은 다음과 같이 몇 가지 요인에 따라 달라진다.

1. *방사선 에너지.* 방사선의 에너지 함량이 크면 그 손상도 크다. 방사선 조사량은 *흡수된 방사선 투여량*(*r*adiation *a*bsorbed *d*ose)의 약자인 **rad**로 측정하는데, 1 rad는 1 kg의 조직(tissue)에 10^{-2} J에 해당하는 방사선 에너지의 흡수로 정의된다.
2. *방사선 침투 능력.* 방사성 붕괴 과정에서 생성된 입자와 복사선은 생체 조직을 침투하는 능력이 각기 다르다. 예를 들어, γ-선은 깊이 침투하고, β-입자는 1 cm 정도 침투할 수 있으며, α-입자는 피부에서 차단된다.
3. *방사선의 이온화 능력.* 생체 분자로부터 전자가 추출되어 이온이 형성되면 생체 기능에 특히 유해하다. 방사선의 이온화 능력은 큰 차이가 난다. 예를 들어, γ-선은 매우 깊이 침투하지만, 단지 가끔씩 이온화시킨다. 한편 α-입자는 거의 침투하지 않지만 매우 효과적으로 이온화시키며, 진한 손상 자국을 만든다. 따라서, 라돈과 같은 α-입자 생성 물질은 특히 위험하다.
4. *방사선원의 화학적 성질.* 방사선 핵종이 인체로 주입되었을 때 손상을 일으키는 정도는 그것이 머물러 있는 시간에 의존한다. 예를 들면, $^{85}_{36}Kr$과 $^{90}_{38}Sr$은 모두 β-입자 생성 원소이다. 그러나 화학적으로 비활성인 크립톤은 인체에서 쉽게 배출되므로 손상을 줄 정도로 오랜 시간 동안 머무르지 않는다. 칼슘과 화학적으로 비슷한 스트론튬은 뼈에 모여서 백혈병과 골수암을 발생시키는 원인이 된다.

방사성 붕괴에 의하여 생성된 입자와 복사선의 행동에서의 차이 때문에 방사선의 에너지 조사량과 생물학적인 손상을 일으키는 능력 두 가지 모두 검토되어야 한다. **rem**(*r*oentgen *e*quivalent for *m*an의 약자)은 다음과 같이 정의된다.

$$\text{rem 수} = (\text{rad 수}) \times \text{RBE}$$

여기에서 RBE는 생물학적 손상을 일으키는 방사선의 상대적인 효과를 나타낸다.

표 19.6은 여러 가지 조사량의 방사선에 짧은 시간 노출되었을 때 신체에 미치는 영향을 보여준다. 자연적 발생원은 전체 노출량에 대해 인간 활동의 약 두 배 정도 더 많이 기여를 한다는 것이 밝혀졌다. 핵 산업이 총 노출량에서 차지하는 비율은 매우 작지만, 핵발전소와 관련된 주요 논쟁은 잠재적인 방사선 위험이다. 이러한 위험은 주로 두 가지 원인에서 발생한다. 방사성 물질을 누출하는 사고와 사용 후 핵 연료 내 방사성 생성물의 부적절

표 19.6 방사선에 대한 단기간 노출의 영향

조사량	임상적인 영향
0~25	검출 안 됨
25~50	일시적인 백혈구 수의 감소
100~200	백혈구의 큰 감소
500	노출 30일 이내에 노출 인구의 절반 사망

한 폐기이다. 전체 생성물 중 단지 적은 비율이지만 $^{235}_{92}U$의 방사성 분열 생성물은 수백 년의 반감기를 가지며, 오랜 시간 동안 위험한 상태로 존재한다. 이들 폐기물을 처리하기 위한 여러 방안이 강구되어 왔다. 가장 가능성이 있어 보이는 한 가지 방안은 폐기물을 세라믹 블록에 넣어서 지질학적으로 안정한 지대에 파묻는 것이다. 그러나 현재는 만족할 만한 처리 방법이 없어 핵폐기물을 임시 저장 시설에서 계속 축적하고 있다.

비록 핵폐기물의 영구 처리를 위한 만족한 방법이 발견되더라도 방사선 준위를 낮추기 위하여 노출 효과에 대한 연구는 계속될 것이다. 많은 사람들은 우주선 및 방사선 광물과 같은 자연적인 원천으로부터의 노출을 피할 수 없고, 또한 반응로, 방사능 추적 장치, 검진용 X-선으로부터 오는 낮은 준위의 방사선에 노출되어 있다. 현재 낮은 준위의 방사선에 오랫동안 노출되어 나타나는 효과에 대한 믿을 만한 정보는 거의 없는 실정이다.

그림 19.17에서 두 가지 모형의 방사선 손상인 *선형 모형*(*linear model*)과 *문턱 모형*(*threshold model*)을 제안하고 있다. 선형 모형은 방사선으로부터 손상이 비록 낮은 준위의 노출에서도 조사량에 비례한다는 것을 가정하고 있다. 따라서 어떠한 노출도 위험하다. 한편, 문턱 모형은 소위 *문턱 노출*(*threshold exposure*)이라는 어떤 노출 이하에서는 별 손상이 일어나지 않는다고 가정한다. 만일 선형 모형이 옳다면 방사선 노출은 피할 수 없는 최소(이상적으로는 자연적 준위)로 제한해야 한다. 만일 문턱 모형이 옳다면 자연의 준위보다 큰 어떤 준위의 방사선 노출을 허용할 수 있다. 대부분의 과학자들은 이들 모형을 평가할 수 있는 증거들이 거의 없기 때문에 선형 모형이 옳은 것으로 가정하고, 방사선 노출을 최소화하는 것이 가장 안전하다고 느끼고 있다.

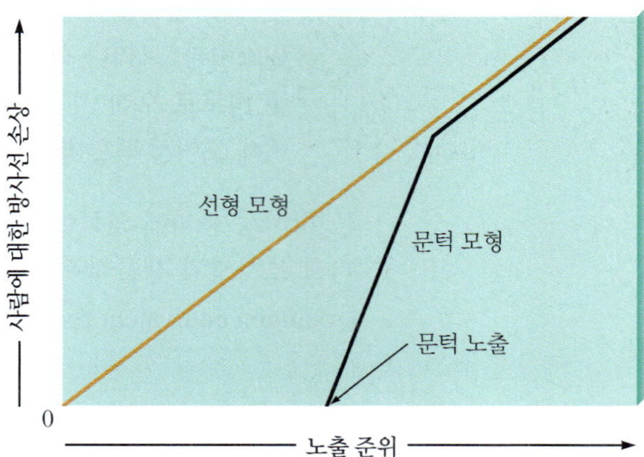

그림 19.17 방사선 손상에 대한 두 가지 모형. 선형 모형에서는 적은 조사량이라도 그것에 비례하는 위험을 일으킨다. 문턱 모형에서는 어떤 조사량 이후에만 위험이 시작된다.

개념 정리 및 복습 For Review

주요 용어

중성자

양성자

핵자

원자 번호

질량수

동위원소

핵종

19.1절

열역학적 안정도

반응 속도론적 안정도

방사성 붕괴

베타(β)-입자

안정도 영역

알파(α)-입자

α-입자 생성

자발적인 핵 분열

β-입자 생성

감마(γ)-선

양전자 생성

전자 포획

붕괴 계열

19.2절

붕괴 속도

반감기

19.3절

핵 변환

입자 가속기

사이클로트론

선형 가속기

초우라늄 원소

19.4절

Geiger-Müller 계수기

섬광 계수기

방사성 탄소 연대 측정법 (탄소-14 연대 측정법)

방사성 추적자

방사능

- 어떤 핵들은 자발적으로 더 안정한 핵으로 붕괴한다.
- 방사성 붕괴의 형태
  - α-입자($^4_2$He) 생성
  - β-입자($^{\ 0}_{-1}$e) 생성
  - 양전자($^0_1$e) 생성
  - γ-선은 대개 방사성 붕괴가 일어날 때 생성된다.
- 붕괴 계열은 결국에는 안정한 핵종에 다다를 때까지의 여러 가지 방사성 붕괴를 포함한다.
- 방사성 붕괴는 일차 속도 식을 따른다.
  - 방사성 시료의 반감기: 붕괴하여 핵종의 반에 도달하는 데 필요한 시간
- 초우라늄 원소들(주기율표에서 우라늄 다음에 오는 원소들)은 우라늄이나 다른 무거운 원소를 입자로 충격시켜 합성될 수 있다.
- 방사성 탄소 연대 측정은 대상물의 기원 연대를 측정하기 위해 $^{14}_{6}$C/$^{12}_{6}$C의 비를 사용한다.

핵의 열역학적 안정도

- 핵의 질량을 성분 핵자들의 질량의 합에 대하여 비교한다.
- 계가 에너지를 얻거나 잃을 때 관계식 $E = mc^2$로 주어지는 만큼의 질량을 얻거나 잃는다.
- 질량 결손이라고 부르는 성분 핵자들의 질량의 합과 핵의 실제 질량 사이의 차이는 핵 결합 에너지를 계산하는 데 사용될 수 있다.

핵에너지 생성

- 핵 융합: 두 개의 가벼운 핵이 더 무겁고 안정한 핵으로 결합되는 과정
- 핵 분열: 무거운 핵이 더 안정한 두 개의 가벼운 핵으로 갈라지는 과정
  - 오늘날의 핵 반응로는 에너지를 생산하기 위해 조절 분열 반응을 사용한다.

방사선 손상

- 방사선은 생명체에 직접적인 (체세포) 손상 또는 후손에게 물려주는 유전적 손상의 원인이 될 수 있다.
- 방사선의 생물학적 효과는 방사선의 에너지, 침투력, 이온화 능력과 방사선을 발생시키는 핵자의 화학적 성질에 의존한다.

19.5절
질량 결손
결합 에너지

19.6절
핵 융합
핵 분열
연쇄 반응
임계 이하 반응
임계 반응
초임계 반응
임계 질량
반응로 노심
감속제
조절봉

19.7절
체세포 손상
유전적 손상
rad
rem

복습 질문

1. 다음 사항을 정의하거나 설명하라.
   a. 열역학적 안정도
   b. 반응 속도론적 안정도
   c. 방사성 붕괴
   d. 베타-입자 생성
   e. 알파-입자 생성
   f. 양전자 생성
   g. 전자 포획
   h. 감마선 방출

   방사성 붕괴 과정에서 A와 Z는 보존된다. 이것은 무엇을 의미하는가?
2. 그림 19.1은 안정도 영역을 나타내고 있다. 안정도의 영역이란 무엇인가? 안정한 가벼운 핵종들은 거의 같은 수의 중성자와 양성자를 가지고 있다. 양성자의 수가 증가함에 따라 안정한 핵종들에 대한 중성자와 양성자 비는 어떻게 변하는가? 이미 안정도 영역에 있지 않은 핵종들은 안정도 영역으로 옮겨가기 위해 방사선 붕괴 과정을 겪는다. 만일 핵종이 너무 많은 중성자를 가진다면 핵종이 더 안정해지도록 어떤 과정이 진행될 수 있겠는가? 핵종이 너무 많은 양성자를 가지는 경우에 대해서도 답하라.
3. 모든 방사선 붕괴 과정은 일차 속도 법칙을 따른다. 이것은 무엇을 의미하는가? 핵종의 숫자가 반으로 됨에 따라 방사성 붕괴 속도는 어떻게 변하는가? 일차 속도 법칙과 적분 일차 속도 법칙을 써라. 각 식의 항들에 대해 정의를 내려라. 방사선 붕괴 과정의 반감기식은 무엇인가? 핵종들이 얼마나 많이 존재하고 있는가에 따라 반감기는 어떻게 의존하는가? 반감기와 속도 상수 k는 비례 관계인가, 또는 반비례의 관계에 있는가?
4. 핵 변환이란 무엇인가? 어떻게 핵 변환 반응을 균형 맞출수 있는가? 핵 변환을 수행하기 위해 입자 가속기가 사용된다. 입자 가속기란 무엇인가?
5. Geiger 계수기는 무엇이며, 어떻게 작동하는가? 섬광 계수기는 무엇이며, 어떻게 작동하는가? 방사성 추적자는 대사 과정을 배우는 의학 분야에 사용된다. 방사성 추적자란 무엇인가? ^{14}C와 ^{32}P의 방사성 핵종을 사용하는 것이 대사 과정에 대한 연구에 왜 매우 유용한지 설명하라. 왜 I-131이 갑상선 질병의 진단에 유용한지 설명하라. 화학 평형이 동적 과정이라는 것을 설명하는 데에 어떻게 방사선 핵종을 사용할 수 있을 것인가?
6. 탄소-14 연대 측정법에 포함된 이론을 설명하라. 탄소-14 연대 측정법을 이용할 때 무슨 가정을 해야 하며, 무슨 문제가 생기겠는가?

   우라늄-238에서 납-206으로의 붕괴는 물체의 나이를 측정하는 데도 사용될 수 있다. 특이하게 $^{206}Pb/^{238}U$의 비로는 암석의 연대를 측정할 수 있다. 왜 ^{238}U가 ^{206}Pb로 붕괴되는 것이 10,000년 정도의 오래된 물체의 연대 측정법으로는 소용이 없지만, 암석의 연대 측정법에 유용하게 사용될 수 있는가? 유사하게 왜 탄소-14 연대 측정법이 10,000년 정도의 오래된 사물의 연대 측정법으로는 사용되지만, 암석의 연대 측정법에는 소용이 없는 이유는 무엇인가?

7. *질량 결손*(*mass defect*)과 *결합 에너지*(*binding energy*)에 대해 정의하라. 핵종의 질량 결손을 어떻게 계산할 수 있는가? 핵종의 질량 결손을 어떻게 결합 에너지와 연관시켜 전환할 수 있는가? 철-56은 알려진 모든 핵종 중에서 핵자당 가장 큰 결합 에너지를 가지고 있다. 이러한 사실이 철-56에 대해 좋은 것인지 나쁜 것인지 설명하라.

8. *핵 분열*(*fission*)과 *핵 융합*(*nulcear fusion*)을 정의하라. 화학 반응에 관여되는 에너지 변화에 비교하여 핵 분열 또는 핵 융합에 관여되는 에너지 변환은 어떠한가? 핵 융합 과정은 가벼운 원소들에서 잘 일어나는 반면, 핵 분열 과정은 무거운 원소들에서 잘 일어난다. 그 이유를 설명하라(*힌트*: 그림 19.10 참조). 핵 융합 반응을 가능한 에너지원으로 사용하는 데에 주요 걸림돌이 되는 것은 핵 융합 반응을 개시하기 위해 높은 온도가 필요하다는 것이다. 왜 핵 융합 반응을 개시하기 위해 높은 온도가 필요하고, 핵 분열 반응을 위해서는 필요하지 않는가?

9. 미국에 있는 핵발전소들은 U-235 핵 분열만을 이용한다. 많은 다른 U-235의 핵 분열 반응들이 존재하지만, 모든 핵 분열 반응은 자체 유지 연쇄 반응이라는 것을 설명하라. *임계*(*critical*), *임계 이하*(*subcritical*), *초임계*(*supercritical*)라는 용어를 구별하라. 임계 질량은 무엇인가? 핵발전소는 어떻게 전기를 생산하는가? 핵분열 원자로에서 감속재와 제어봉의 역할은 무엇인가? 핵 반응로와 관련되어 있는 몇 가지 문제점은 무엇인가? 증식로란 무엇인가? 증식로와 관련되어 있는 몇 가지 문제점이 무엇인가?

10. 특정한 방사선의 생물학적 영향은 몇 가지 요인에 따라 달라진다. 이러한 요인들을 열거하라. ^{85}Kr과 ^{90}Sr 모두 베타 입자 방사체이지만, ^{90}Sr의 붕괴에 관련된 위험 요인이 ^{85}Kr에 관련된 요인들보다 훨씬 큰 이유는 무엇인가? 감마선이 알파 입자보다 더 깊이 침투하지만, 알파−입자가 생명체에 손상을 더 잘 주는 이유를 설명하라. 무슨 형태의 방사선이 생체 분자를 이온화시키는 데 더 효과적인가?

활동 학습 질문

이 문제들은 학생들이 강의실에서 그룹을 만들어 함께 풀어보도록 고안하였다.

1. 다양한 원소로 알려진 핵종이 2000개가 넘는다. 이 중 279개의 핵종만이 안정적이다.

a. 279개의 안정한 핵종의 경우, 원자 번호가 증가함에 따라 양성자에 대한 중성자의 비율은 어떻게 되는가? 안정한 핵종에 대한 양성자 수 대 중성자 수의 그래프를 그려라.

b. 그래프에서 안정한 핵종을 포함하는 영역을 안정성 영역이라고 한다. 안정성 영역 외부의 핵종은 방사성 붕괴 과정을 거쳐 안정성 영역에 도달한다. 핵종이 너무 많은 중성자를 가지고 있다면, 어떤 유형의 방사성 붕괴가 가능한가? 중성자 대 양성자 비율을 줄이기 위해 방사성 붕괴가 일어나야 하는가? 각 유형의 예를 들어 보라. 핵종에 양성자가 너무 많으면 중성자 대 양성자 비율을 *증가시키기* 위해 어떤 유형의 방사성 붕괴가 일어나게 되는가? 각 유형을 예로 들어 보라.

c. 방사성 붕괴의 유형 중 하나의 순 효과는 양성자를 중성자로 변환하는 것이다. 이것은 어떤 종류의 붕괴인가? 또 다른 유형의 붕괴는 중성자를 양성자로 변환시키는 효과가 있다. 이것은 어떤 종류의 붕괴인가?

d. 전자 포획이란 무엇인가? 전자 포획은 핵종에서 중성자 대 양성자 비율에 어떤 영향을 미치는가? 감마선이란 무엇인가? 감마선 생성은 중성자 대 양성자 비율에 어떤 영향을 미치는가?

2. **a.** 결합 에너지, 핵 분열, 핵 융합을 정의하라.

b. 핵 분열과 핵 융합 과정 모두 엄청난 양의 에너지가 방출되면서 일어난다. 발열 핵 분열 과정의 경우, 무거운 핵은 두 개의 작은 핵으로 분리된다. 더 큰 핵이 두 개의 작은 핵으로 나뉘어질 때 발열은 왜 발생하는가? ^{56}Fe보다 가벼운 핵이 두 개의 가벼운 핵으로 분리되면 일반적으로 흡열 과정이다. 왜 그런가?

c. 발열 융합 과정에서 두 개의 작은 핵이 결합되어 더 무거운 핵을 형성한다. 왜 더 작은 핵들이 결합하여 더 무거운 핵을 형성하는 것이 발열성일까? ^{56}Fe보다 큰 두 개의 핵이 결합될 때, 이것은 흡열성이어야 한다. 그 이유는 무엇인가?

d. 에너지를 생산하기 위한 핵 분열 과정의 문제는 무엇이며, 에너지를 생산하기 위한 핵융합 과정의 문제는 무엇인가?

분홍색 번호의 질문과 연습문제에 대한 정답은 온라인에서 확인할 수 있습니다(차례의 QR을 스캔해보세요).

질문

3. 핵들이 핵 변환을 할 때 특정 주파수의 γ-선이 관찰된다. 핵의 안정도에 관해서 이 장에 있는 정보와 함께 이 사실이 어떻게 양자 역학과 같은 모형이 핵에 적용될 수 있음을 나타내는지 보여라.

4. 다음과 같은 핵 과정에서 각각 어떤 유형의 방사성 붕괴가 발생해야 하는가?

a. 과정 1 **b.** 과정 2 **c.** 과정 3

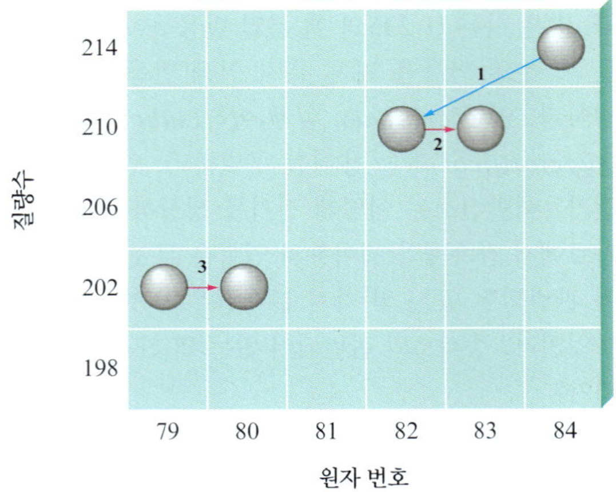

5. 일반적으로 방사성 추적자는 반감기가 길까 아니면 짧을까? 설명하라.

6. 미국에는 발전을 위해 원자력 발전소를 건설하는 것보다 석탄에 의한 화력 발전을 이용하려는 경향이 있다. 석탄에 의한 화력 발전소의 이용은 위험하지 않은가? 각 발전소가 사회에 주는 위험성을 표로 작성하라.

7. 어떤 형태의 방사성 붕괴가 중성자로부터 양성자로 변화하는 알짜 효과를 줄 것인가? 어떤 형태의 방사성 붕괴가 양성자로부터 중성자로 변화하는 알짜 효과를 줄 것인가?

8. 방사성 붕괴는 1차 반응 속도론을 따른다. 설명하라. 0차 반응과 2차 반응의 반감기는 존재하는 반응물의 양에 따라 달라진다. 1차 핵 붕괴 과정은 왜 그렇지 않은가?

9. 태양의 핵 융합 과정은 엄청난 양의 에너지를 생산한다. 이 장의 그림 19.16은 두 개의 중수소 핵이 서로 상호작용하도록 가까이 접근할 때 에너지와 거리의 관계를 나타낸 것이다. 두 개의 중수소 핵이 결합할 때 에너지가 처음에는 왜 증가하는가?

10. 다음은 질량수에 대한 핵자당 결합 에너지를 나타내는 그림이다.

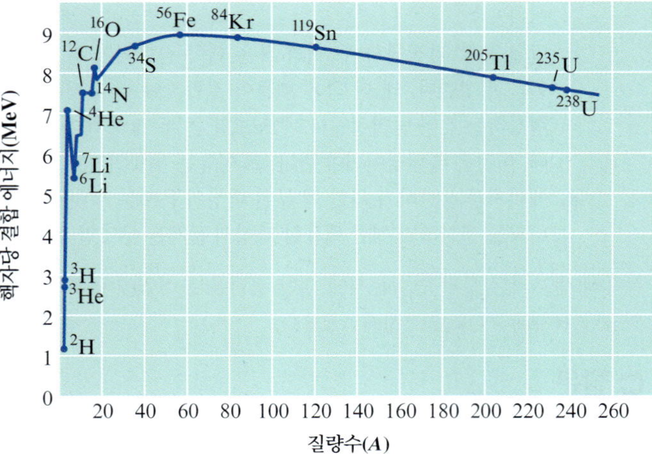

a. 이 그림은 핵종의 상대적인 반감기에 대하여 어떻게 설명해 줄 수 있는가? 설명하라.

b. 열역학적으로 가장 안전한 핵종은 무엇인가? 열역학적으로 가장 불안정한 핵종은 무엇인가?

c. 안정한 핵종이 되기 위하여 어떠한 핵종들이 핵 분열을 하는지, 핵 융합을 하는지 설명하라.

11. 동위원소는 중성자 수가 같은 핵종이지만 질량수가 다르고 원자수가 다르다. ^{14}C의 동위원소는 무엇인가?

12. 흔히 핵 변환을 일으키기 위하여 중성자를 사용하는가? 한 원소를 다른 원소로 바꾸는 데 중성자가 효과적인 이유는 무엇인가?

13. 초우라늄 원소들은 무엇이며 어떻게 합성되는가?

14. 과학자들은 지구의 지각이 43억 년 전에 형성되었다고 예측하고 있다. ^{176}Hf으로 붕괴되는 방사성 핵종 ^{176}Lu은 연대를 측정하는 데에 사용되며, ^{176}Lu의 반감기는 370억 년이다. 매우 오래된 암석의 연대를 측정하기 위해 어떻게 ^{176}Hf 대 ^{176}Lu의 비를 이용할 수 있는가?

15. 핵반응 과정에 대한 에너지 변화가 화학적, 물리적 과정에 대한 에너지 변화보다 훨씬 더 큰 이유는 무엇인가?

16. 자연계에 존재하는 우라늄은 주로 분열되지 않는 ^{238}U이다. 자연계의 우라늄은 단지 0.7%의 분열될 수 있는 ^{235}U를 포함한다. 우라늄이 핵연료로 사용되기 위해서는 ^{235}U의 상대적인 양이 약 3%를 상회해야 한다. 이것은 기체 확산 과정을 통해 이루어졌다. 이 확산 과정에서 자연계의 우라늄을 플루오린과 반응시켜 $^{238}UF_6(g)$과 $^{235}UF_6(g)$의 혼합물을 만든다. 플루오린 혼합물에서 여러 단계의 확산 과정을 통해 3% ^{235}U의 핵연료를 생산할 수 있도록 상대적 양을 높인다. 이 확산 과정은 Graham의 분출 법칙을 사용한다(5.7절 참조). 어떻게 Graham의 분출 법칙을 이용하여 기체 확산 과정에 의해 자연계의 우라늄에서 방사성 우라늄의 상대적인 양을 높일 수 있는지 설명하라.

17. 핵 융합 반응을 통제하는 연구의 대부분은 반응 물질을 어떻게 담아낼 수 있는지에 대한 방법론적인 문제에 초점이 맞추어진다. 자기장은 반응 용기로서 가장 믿음직스럽게 나타난다. 왜 반응 용기의 문제가 발생하는가? 왜 반응 용기로서 자기장이 한 가지 수단이 되는가?

18. 알파, 베타, 감마선의 상대적 투과력을 설명하라.

19. 방사선에 의한 신체적 손상과 유전적 손상 사이의 차이점을 설명하라. 노출된 개인에게 어떤 유형의 피해가 즉시 발생하는가?

20. 최근 연구에 의하면 어느 정도의 방사선에 노출되면 생물학적 손상이 일어날 수 있다고 하였다. 방사선에 의한 손상의 두 가지 모형인 선형 모형과 문턱 모형의 차이점을 설명하라.

연습 문제

이 절의 연습 문제는 비슷한 유형의 문제를 두 개씩 짝지어 놓았다.

방사성 붕괴와 핵 변환

21. 다음 각각의 반응에서 핵종들의 방사성 붕괴를 기술하는 식을 써라(전자 포획을 제외하고 생성된 입자를 괄호 안에 나타내었다. 여기에서 전자는 반응물이다).

a. $^{3}_{1}H$ (β-붕괴)

b. ${}^{8}_{3}Li$ (α-붕괴 후 β-붕괴)
c. ${}^{7}_{4}Be$(전자 포획)
d. ${}^{8}_{5}B$(양전자)

22. 다음의 방사성 붕괴 반응에서 빈칸의 입자를 써 넣어라.
a. ${}^{60}Co \rightarrow {}^{60}Ni + ?$
b. ${}^{97}Tc + ? \rightarrow {}^{97}Mo$
c. ${}^{99}Tc \rightarrow {}^{99}Ru + ?$
d. ${}^{239}Pu \rightarrow {}^{235}U + ?$

23. 빈칸의 입자를 쓰고, 다음의 핵 붕괴 반응의 유형을 써라.
a.

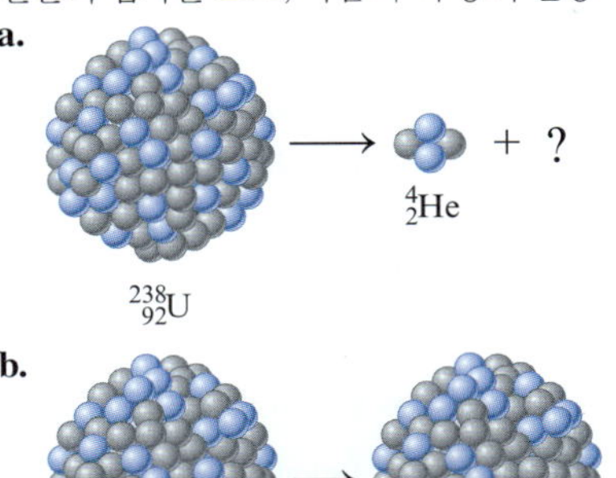

b.

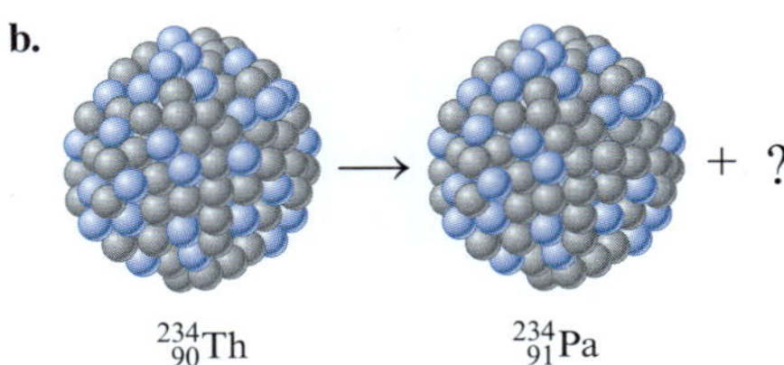

24. 다음에 설명하고 있는 각 반응의 균형 맞춘 반응식을 써라.
a. 비장(spleen)을 과녁으로 하는 크로뮴-51은 적혈구 세포의 연구에서 추적자로 사용되는데, 전자 포획에 의한 붕괴가 일어난다.
b. 활동 과다 상태인 갑상선(hyperactive thyroid gland)을 치료하는 데 사용되는 아이오딘-131은 붕괴하여 β-입자를 생성한다.
c. 간에서 축적되는 인-32는 붕괴하여 β-입자를 생성한다.

25. 다음 각 핵종들의 방사성 붕괴를 나타내는 반응식을 써라(전자 포획을 제외하고 생성된 입자를 괄호 안에 나타내었다. 여기에서 전자는 반응물이다).
a. ${}^{68}Ga$ (전자 포획)
b. ${}^{62}Cu$ (양전자)
c. ${}^{212}Fr$ (α-붕괴)
d. ${}^{129}Sb$ (β-붕괴)

26. 다음의 방사성 붕괴 반응에서 빠진 입자를 써 넣어라.
a. ${}^{73}Ga \rightarrow {}^{73}Ge + ?$
b. ${}^{192}Pt \rightarrow {}^{188}Os + ?$
c. ${}^{205}Bi \rightarrow {}^{205}Pb + ?$
d. ${}^{241}Cm + ? \rightarrow {}^{241}Am$

27. 토양의 비소 농도는 중성자 활성화 분석으로 측정할 수 있다. 이 과정은 비소-75 핵에 의해 중성자가 포획되는 것을 포함하며, 이 핵은 붕괴를 한다. 최종 생성물의 생성에는 분석에 사용되는 특징적인 감마선이 동반된다. 위에서 설명한 붕괴 계열의 최종 생성은 무엇인가?

28. 비스무트-214(bismuth-214)의 자연 붕괴 계열에서, Bi-214는 초기에 β-붕괴를 하여, 그 결과로 생성된 딸은 α-입자를 방출한다. 이어지는 딸은 β-입자와 β-입자를 순서대로 방출한다. Bi-214 붕괴 계열의 각 단계의 생성물을 결정하라.

29. 우라늄-235는 α-붕괴와 β-붕괴로 납-207이 최종 생성물로 생성된다. 이 방사능 붕괴가 완전히 일어나면 얼마나 많은 α-입자와 β-입자가 생성되는가?

30. 방사능 동위원소 ${}^{242}Cm$은 일련의 α-붕괴와 β-붕괴가 일어나는데, ${}^{242}Cm$은 많은 변환을 통해서 ${}^{206}Pb$에 도달한다. 완전한 연속 붕괴 과정에서 얼마나 많은 α-입자와 β-입자가 생성되는가?

31. 일부 상업용 화재 경보기에는 아주 미량의 방사능 동위원소인 아메리슘-241(${}^{241}Am$)이 들어 있으며, 이는 α 입자를 방출하며 붕괴한다. 공기 중에서 알파 입자가 분자를 이온화시키는데, 이것은 전류를 띠는 전도성을 가지게 한다. 연기 입자가 주입되면 공기의 전도도가 변해서 경보기가 울리게 된다.
a. 알파 입자 생성에 의한 ${}^{241}_{95}Am$의 붕괴식을 써라.
b. ${}^{241}Am$의 완전한 붕괴는 연속적으로 $\alpha, \alpha, \beta, \alpha, \alpha, \beta, \alpha, \alpha, \alpha, \beta, \alpha, \beta$ 생성을 포함한다. 이러한 붕괴 과정에서 최종적으로 안정하게 생성된 핵은 무엇인가?
c. 11개의 중간 핵종들은 무엇인가?

32. 토륨-232는 납-208로 안정화될 때까지 방사능 붕괴를 한다. 일련의 각 과정은 아래 표에 나타내었다. 이때 방출되는 핵입자를 표시하라.

어미 핵종	방출된 입자
Th-232	______
Ra-228	______
Ac-228	______
Th-228	______
Ra-224	______
Rn-220	______
Po-216	______
Pb-212	______
Bi-212	______
Po-212	______
Pb-208	______

33. 붕소의 안정 동위원소는 붕소-10 및 붕소-11이다. 8, 9, 12 및 13의 질량을 갖는 4개의 방사성 동위원소가 또한 알려져 있다. 붕소의 네 방사성 동위원소에 대한 방사성 붕괴의 가능한 유형을 예측하라.

34. 플루오린 동위원소 중에서 유일한 안정한 동위원소는 플루오린-19뿐이다. 플루오린-21, 플루오린-18, 플루오린-17의 가능한 붕괴 방식을 예상하라.

35. 1994년 초우라늄 원소 발견자인 Glenn T. Seaborg를 기리기 위해서 106번 원소를 시보귬(Sg)으로 명명하자고 제안되었다(결국에는 받아들여졌다).
a. ${}^{263}Sg$은 ${}^{249}Cf$와 ${}^{18}O$ 핵 빔 간의 충돌에 의해서 생성되었다. 이 반응의 균형 맞춘 반응식을 완결하라.
b. ${}^{263}Sg$는 알파선 방출에 의해서 붕괴된다. ${}^{263}Sg$의 알파 붕괴에 의한 다른 생성물은 무엇인가?

36. 많은 원소들이 비교적 무거운 원자를 입자 가속기에서 고에너지 입자로 충격시켜 만들어졌다. 원소들을 만드는 데 사용된 다음 핵 반응식을 완결하라.

a. ______ + $^{4}_{2}He \rightarrow ^{243}_{97}Bk + ^{1}_{0}n$
b. $^{238}_{92}U + ^{12}_{6}C \rightarrow$ ______ $+ 6\,^{1}_{0}n$
c. $^{249}_{98}Cf +$ ______ $\rightarrow ^{260}_{105}Db + 4\,^{1}_{0}n$
d. $^{249}_{98}Cf + ^{10}_{5}B \rightarrow ^{257}_{103}Lr +$ ______

방사성 붕괴의 반응 속도론

37. 방사성 핵종의 반감기는 그 핵종의 양이 절반으로 줄어드는 데 걸리는 시간을 의미한다. 1.00 mol의 방사성 핵종의 붕괴 속도는 얼마인가? 12,000년? 12시간? 12초?

38. 큐리(Ci)는 핵 방사능을 측정하기 위해 일반적으로 사용되는 단위이다. 1 큐리의 방사능은 초당 3.7×10^{10}의 붕괴 수(1초에 1 g의 라듐으로부터 붕괴 수)와 같다.

- **a.** 120 g의 $K_3{}^{32}PO_4$ (^{32}P에 대한 $t_{1/2} = 14.3$일)의 활동도는 Ci 단위로 얼마인가? ^{32}P의 원자 질량 = 32.0 u라고 가정하라.
- **b.** 1.0 mol의 플루토늄-239 ($t_{1/2}$ = 24,000년)의 활동도는 mCi(millicuries) 단위로 얼마인가?

39. 방사성 동위원소 ^{232}Th의 속도 상수는 4.91×10^{-11}년$^{-1}$이다. ^{232}Th의 반감기는 얼마인가?

40. 아메리슘-241은 판매용 연기 검출기로 널리 사용된다. 이 원소에 의해 방출되는 방사능은 입자들을 이온화시키고, 이것은 하전된 입자 수집기에 의해서 검출된다. ^{241}Am은 반감기가 433년이며, 알파 입자를 방출하며 붕괴된다. 5.00 g의 ^{241}Am 시료에 의해 초당 방출되는 알파 입자의 개수는 얼마인가?

41. 포타슘-40(potassium-40)은 전자 포획 과정을 거쳐 아르곤-40을 생성한다. 암석이 3.9×10^{9}년이고 암석이 형성되었을 때 존재하는 ^{40}K의 원래 양의 12.5%를 가지고 있다면, ^{40}K의 반감기는 얼마인가?

42. 크립톤은 여러 방사능 동위원소로 구성되어 있다. 이들 중 몇 가지를 다음 표에 수록하였다.

	반감기
^{73}Kr	27초
^{74}Kr	11.5분
^{76}Kr	14.8시간
^{81}Kr	2.1×10^{5}년

이들 동위원소 중에서 가장 안정한 것은 어느 것인가? "가장 방사성이 큰" 것은 어느 것인가? 각 동위원소의 87.5%가 붕괴하는 데 걸리는 시간은?

43. 테크네튬-99는 뼈 스캔(bone scan)에서 방사능그래프(radiographic) 시약으로 사용되었다. ^{99}Tc의 반감기는 6.0시간이다. 150.0 mg을 처음 투여하는 경우 1일 후에 남아있는 ^{99}Tc의 양은 얼마인가?

44. 질소-13은 양전자 방출에 의해 탄소-13으로 붕괴하는 방사성 핵종이다. 이 과정의 반감기는 약 10분이다. 일정량의 ^{13}N은 4 반감기로 붕괴되어 2.5 μg이 생성된다. 10분의 반감기를 가정했을 때 원래 시료는 ^{13}N의 양이 얼마였는가?

45. 한 화학자가 실험을 하는 데 5.0 μg의 $^{47}Ca^{2+}$(반감기 = 4.5일) 핵종이 필요하다. 만약에 시료 $^{47}CaCO_3$을 주문하여 공급자로부터 받는 데 48시간이 걸린다면 $^{47}CaCO_3$의 질량이 얼마나 필요하겠는가? (이때 $^{47}Ca^{2+}$의 원자량은 47.0 u라고 가정한다.)

46. 방사능 물질 구리-64의 반감기는 12.8일이다.

- **a.** 붕괴 속도 상수 k는 s^{-1} 단위로 얼마인가?
- **b.** 28.0 mg의 ^{64}Cu를 포함하는 시료가 있다. 처음 1초 동안에 일어나는 붕괴 수는 얼마인가? ^{64}Cu의 원자 질량은 64.0 u이다.
- **c.** 어떤 화학자가 새로운 시료 ^{64}Cu를 얻어서 그것의 방사능을 측정하고자 한다. 그 여성 화학자는 방사능이 처음 측정된 값의 25% 이하로는 측정하지 않기로 마음속으로 결정하였다. 실험을 마치는 데 얼마나 오래 걸리겠는가?

47. 최초의 원자 폭탄의 폭발 실험은 1945년 7월 16일 New Mexico의 Alamogordo의 북쪽 사막에서 수행되었다. 폭발에 의해 원래 생성된 스트론튬-90(반감기 = 28.9년) 중에서 2023년 7월 16일까지 남아있는 양의 백분율은 얼마인가?

48. 아이오딘-131은 갑상선 질병의 진단과 치료에 사용된다. 아이오딘-131의 반감기는 8.0일이다. 만약 갑상선 질병 환자가 ^{131}I 10. μg을 포함하는 $Na^{131}I$ 시료를 치료에 사용하였다면, 원래의 시료에서 ^{131}I가 1/100로 감소하는 데 얼마나 오래 걸리겠는가?

49. 인-32는 생화학 연구, 특히 핵산을 연구할 때 자주 사용되는 방사능 핵종이다. 인-32의 반감기는 14.3일이다. 175 mg의 $Na_3{}^{32}PO_4$ 시료가 35.0일 후에 남아있는 인-32의 질량은 얼마인가? 인-32의 원자량은 32.0 u라 가정한다.

50. 큐리(Ci)는 핵의 방사능을 측정하는 데 흔히 사용되는 단위이다. 방사능 1큐리의 방사능은 초당 3.7×10^{10} 붕괴 수와 같다. (이것은 1초에 1 g의 라듐으로부터 붕괴하는 수이다.)

- **a.** 10.0 mCi의 방사능을 갖는 $Na_2{}^{38}SO_4$의 질량은 얼마인가? 단, 황-38의 원자 질량은 38.0 u이고, 반감기는 2.87시간이다.
- **b.** 황-38 시료 99.99%가 붕괴하는 데 걸리는 시간은 얼마인가?

51. 브로민-82(bromine-82) 핵의 반감기는 1.0×10^{3}분이다. 만약 1.0 g의 브로민-82를 구입하기를 원하며 배송 시간이 3.0일이라면, 주문해야 하는 NaBr의 질량은 얼마인가?(NaBr의 모든 브로민이 브로민-82라고 가정하라.)

52. 방금 내린 빗물이나 지표수는 100 g당 분당 5.5번의 붕괴를 하는 트리튬($^{3}_{1}H$)을 포함하고 있다. 트리튬의 반감기는 12.3년이다. 1946년에 생산되었다고 주장하는 오래된 와인을 확인하라는 요청을 받았다. 이 와인 100 g에서 분당 몇 번의 붕괴가 일어날 것이라고 생각되는가?

53. 보통 사람의 몸을 구성하는 탄소의 질량 백분율은 18%이고, 자연계에서 ^{14}C는 질량 백분율로 1.6×10^{-10} %이다. 180-lb의 체중을 가지는 사람이 있다고 가정하자. ^{14}C는 오직 β-입자 붕괴만 일어난다고 할 때 초당 몇 번의 붕괴가 일어나겠는가? (^{14}C의 반감기 = 5730년이다.)

54. 인체는 0.34% K를 함유하고 있다. 자연 발생 포타슘은 0.012% ^{40}K를 함유하며, 이는 $t_{1/2} = 1.3 \times 10^{9}$년을 갖는 β-방출체이다.

180파운드의 사람에서 ^{40}K의 붕괴 속도(초당 붕괴 수)는 얼마인가?

55. 살아있는 식물에는 대기 중 이산화 탄소와 거의 같은 분율의 탄소-14가 들어있다. 살아있는 식물로부터 탄소-14가 붕괴하는 속도는 탄소 1 g에 대하여 분당 13.6번으로 관측되었다. 15,000년 된 시료에서 측정한 탄소 1 g에 대해 분당 붕괴 수는 얼마나 되겠는가? 10 mg 또는 그 이하의 적은 시료에 대해서도 방사능 탄소 연대 측정을 잘 할 수 있을까? (^{14}C의 반감기는 5730년이다.)

56. 살아있는 생명체는 그램당 일정한 $^{14}C/^{12}C$ 비율을 가지고 있다고 가정하라. 생물체 시료 1 g당 분당 13.6번의 붕괴가 일어난다고 가정한다. 화석화된 나무 시료 1 g당 분당 1.2번의 붕괴가 일어난다고 측정되었다. 이 나무 시료는 얼마나 오래되었는가? (^{14}C의 반감기 $t_{1/2}$은 5730년이다.)

57. 한 암석이 1.000 mg ^{238}U당 0.688 mg ^{206}Pb를 함유하고 있다. 원래 납이 존재하지 않는다고 가정하면, 수년에 걸쳐 형성된 ^{206}Pb는 암석에 남아 있으며, 붕괴의 중간 단계에 있는 핵종의 수는 ^{238}U에서 ^{206}Pb 사이는 무시할 수 있다고 가정할 때 암석의 나이를 계산하라. (^{238}U의 경우 $t_{1/2} = 4.5 \times 10^9$년)

58. ^{40}Ar 대 ^{40}K의 질량비도 역시 지질 물질의 연대 측정에 사용될 수 있다. 포타슘-40은 다음 두 가지 과정에 의해 붕괴한다.

$$^{40}_{19}K + {}^{0}_{-1}e \longrightarrow {}^{40}_{18}Ar\ (10.7\%) \qquad t_{1/2} = 1.27 \times 10^9\text{년}$$

$$^{40}_{19}K \longrightarrow {}^{40}_{20}Ca + {}^{0}_{-1}e\ (89.3\%)$$

a. 연대 측정에 있어서 왜 $^{40}Ca/^{40}K$보다 $^{40}Ar/^{40}K$ 비를 사용하는가?

b. 이 기술을 이용하는 데 어떤 가정을 해야 하는가?

c. 침적암은 0.95의 $^{40}Ar/^{40}K$ 비를 갖는다. 이 암석의 연령을 계산하라.

d. 만약 시료에서 일부 ^{40}Ar이 날아가 버리면, 측정된 암석의 나이는 실제 나이와 비교하여 어떻게 되겠는가?

핵반응의 에너지 변화

59. 태양은 매초 3.9×10^{23} J의 에너지를 우주로 보낸다. 태양으로부터 없어지는 질량 손실의 속도는 얼마인가?

60. 지구는 1.8×10^{14} kJ/s의 속도로 태양 에너지를 받는다. 지구에 태양 에너지를 주기 위하여 24시간 동안 얼마만큼의 태양 물질이 에너지로 변하는가? 같은 양의 에너지를 제공하기 위하여 석탄을 태운다면 필요한 석탄의 질량은 얼마인가? 단, 석탄이 탈 때 32 kJ/g의 에너지를 방출한다.

61. ^{127}I의 원자 질량은 126.9004 u이다. 1몰(mol)의 ^{127}I에 대한 질량 결손을 계산하라. $^{1}_{1}H$의 원자 질량은 1.00782 u이고, 중성자의 질량은 1.00866 u이다.

62. 1몰(mol)의 ^{75}As의 질량 결손이 −0.70018 g일 때, ^{75}As의 원자 질량은 얼마인가? $^{1}_{1}H$의 원자 질량은 1.00782 u이고, 중성자의 질량은 1.00866 u이다.

63. 플로토늄-232(plutonium-232)와 같은 많은 초우라늄 원소들은 매우 짧은 반감기를 갖는다(^{232}Pu의 반감기는 36 min이다). 반면에 프로트악티늄-231과 같은 몇 가지 방사성 원소들은 비교적 긴 반감기(3.34×10^4년)를 갖는다. 아래 주어진 질량을 사용하여 ^{232}Pu 핵 1 mol과 ^{231}Pa 핵 1 mol이 각각 그들의 양성자와 중성자로부터 형성될 때의 에너지 변화를 계산하라.

원자 또는 입자	원자 질량
중성자	1.67493×10^{-24} g
양성자	1.67262×10^{-24} g
전자	9.10399×10^{-28} g
^{232}Pu	3.85285×10^{-22} g
^{231}Pa	3.83616×10^{-22} g

(^{232}Pu와 ^{231}Pa의 질량은 원자 질량이기 때문에 그들 각각은 전자 질량이 포함되어 있다. 핵의 질량은 원자의 질량에서 전자의 질량을 빼주면 된다.)

64. 핵자당 결합 에너지의 값으로 가장 안정한 핵은 ^{56}Fe이다. ^{56}Fe의 원자 질량이 55.9349 u라면, ^{56}Fe의 핵자당 결합 에너지를 계산하면 얼마인가?

65. 탄소-12(carbon-12, 원자 질량 = 12.0000 u)와 우라늄-235(원자 질량 = 235.0439 u)에 대한 핵자당 결합 에너지(J/핵자)를 각각 계산하라. $^{1}_{1}H$의 원자 질량은 1.00782 u이고, 중성자의 질량은 1.00866 u이다. 알려진 가장 안정한 원자핵은 ^{56}Fe이다(연습 문제 64 참조). ^{56}Fe에 대한 핵자당 결합 에너지는 ^{12}C나 ^{235}U보다 더 큰지 또는 작은지를 설명하라.

66. $^{2}_{1}H$와 $^{3}_{1}H$의 핵자당 결합 에너지를 계산하라. 단, $^{2}_{1}H$의 원자 질량은 2.01410 u이고 $^{3}_{1}H$의 원자 질량은 3.01605 u이다.

67. 리튬-6(lithium-6)의 결합 에너지는 3.0863×10^{12} J/mol이다. ^{6}Li의 원자량을 계산하라.

68. 마그네슘-27(magnesium-27)의 핵당 결합 에너지는 1.326×10^2 J/nucleon이다. ^{27}Mg의 원자 질량을 계산하라.

69. 다음 반응에서 수소 원자핵들의 1 g당 방출되는 에너지의 양을 계산하라. 원자 질량은 $^{1}_{1}H$는 1.00782 u이고, $^{2}_{1}H$는 2.01410 u이다. 전자의 질량은 5.4858×10^{-4} u이다(*힌트*: 전자의 질량을 어떻게 계산하는가를 주의 깊게 생각하라).

$$^{1}_{1}H + {}^{1}_{1}H \longrightarrow {}^{2}_{1}H + {}^{0}_{+1}e$$

70. 개시하기가 가장 쉬운 융합 반응은 다음 반응이다.

$$^{2}_{1}H + {}^{3}_{1}H \longrightarrow {}^{4}_{2}He + {}^{1}_{0}n$$

생성되는 $^{4}_{2}He$의 핵당 그리고 생성되는 $^{4}_{2}He$의 몰당 방출되는 에너지를 계산하라. 원자 질량은 $^{2}_{1}H$, 2.01410 u, $^{3}_{1}H$, 3.01605 u 및 $^{4}_{2}He$, 4.00262 u이다. 전자와 중성자의 질량은 각각 5.4858×10^{-4} u와 1.00866 u이다.

방사선 검출, 용도 및 건강에 미치는 영향

71. Geiger-Müller 계수기의 전형적인 감응을 아래 그림에 나타내었다. 이 곡선의 모양을 설명하라.

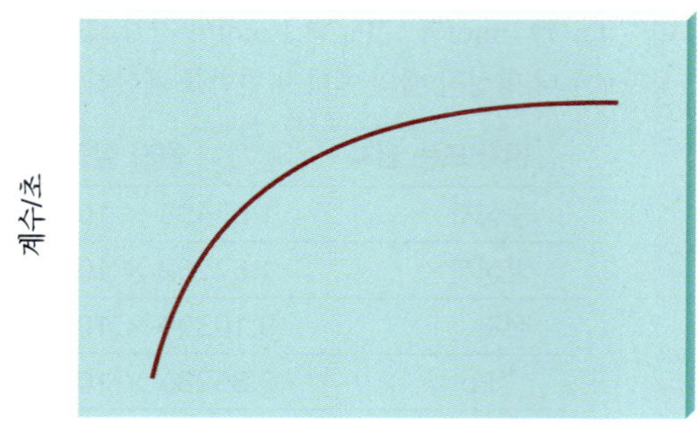

72. 방사능을 측정하기 위하여 Geiger-Müller 계수기를 사용할 때 다른 측정과 비교하기 위하여 시료와 계수기 간에 기하학적인 배치를 일정하게 유지하는 것이 필요하다. 그 이유는 무엇인가?

73. 아세트산 메틸을 생성하는 다음 반응을 고려해 보자.

$$CH_3OH + CH_3\overset{\overset{\displaystyle O}{\|}}{C}OH \longrightarrow CH_3\overset{\overset{\displaystyle O}{\|}}{C}OCH_3 + H_2O$$

아세트산 메틸

산소-18을 포함한 CH_3OH에 의하여 이 반응이 일어날 때, 생성된 물은 산소-18을 포함하지 않는다. 그 이유를 설명하라.

74. 어떤 화학자가 $N^{16}O$을 ^{18}O와 반응시켜 다음의 반응의 메커니즘을 연구하였다.

$$2NO(g) + O_2(g) \longrightarrow 2NO_2(g)$$

만일 반응 메커니즘이 다음과 같다고 하면, NO_2에 ^{18}O이 얼마나 들어있겠는가?

$$NO + O_2 \rightleftharpoons NO_3 \text{ (빠른 평형)}$$
$$NO_3 + NO \longrightarrow 2NO_2 \text{ (느림)}$$

N은 NO_3에서 중심 원자이고, $N^{16}O^{18}O_2$만 생성된다고 가정한다. 그리고 반응물이 화학량론적으로 결합되었다고 가정한다.

75. 우라늄-235는 다른 많은 핵 분열 반응을 겪는다. 그들 반응 중의 하나로서 ^{235}U가 중성자와 충돌을 하면 ^{144}Ce와 ^{90}Sr이 몇몇의 중성자와 전자가 함께 생성된다. 이 핵 분열 반응에서 생성되는 중성자와 β-입자의 수는 얼마인가?

76. 증식로는 분열하지 않는 핵종 $^{238}_{92}U$를 분열 가능한 생성물로 전환시키는 데 사용된다. $^{238}_{92}U$의 중성자 포획 다음에 연속적인 두 개의 베타 붕괴가 일어난다. 분열 가능한 최종 생성물은 무엇인가?

77. 방사성 Sr 핵종의 방출 또는 방사성 Xe 핵종의 방출 중 어느 것이 건강 환경에 더 큰 위험을 준다고 생각하는가? 각 경우에 방사능의 양은 동일하다고 가정한다. Sr과 Xe의 화학적 특성을 기반으로 답변을 설명하라. 방사성 물질의 화학적 특성이 건강 위험을 평가하는 데 중요한 이유는 무엇인가?

78. 다음 정보를 생각해 보자.

i. 인체에서 죽은 피부층은 대부분의 α-입자 방사선으로부터 인체를 보호하는 데 충분하다.

ii. 플루토늄은 α-입자의 생성 물질이다.

iii. Pu^{4+}의 화학적 성질은 Fe^{3+}와 비슷하다.

iv. Pu는 쉽게 Pu^{4+}로 산화된다.

플루토늄이 가장 독성이 강한 물질들의 하나로 알려져 있는 이유는 무엇인가?

화학 활동 문제

79. 다음 핵종들 중 어느 것이 방사성적으로 안정 또는 불안정한지를 지적하라. 만일 불안정하다면 그 핵종이 방출하는 방사능의 유형을 예측해 보라.

a. $^{45}_{19}K$ b. $^{56}_{26}Fe$ c. $^{20}_{11}Na$ d. $^{194}_{81}Tl$

80. 다음 각각의 동위원소들은 의학적 목적으로 사용되어 왔다. 의학적 목적으로 특정 원소들이 선택된 이유를 제시하라.

a. 코발트-57, 인체가 비타민 B_{12}를 사용하는 것에 대한 연구

b. 칼슘-47, 뼈 대사의 연구

c. 철-59, 적혈구 기능의 연구

*81. 다음 표에서 각각의 핵 반응에서 생성되는 핵 입자를 완성하라.

초기 핵종	생성물 핵종	생성되는 입자
$^{239}_{94}Pu$	$^{235}_{92}U$	______
$^{214}_{82}Pb$	$^{214}_{83}Bi$	______
$^{60}_{27}Co$	$^{60}_{28}Ni$	______
$^{99}_{43}Tc$	$^{99}_{44}Ru$	______
$^{239}_{93}Np$	$^{239}_{94}Pu$	______

82. 방사성 동위원소 ^{232}Th는 일련의 알파 입자와 베타 입자 생성을 거쳐 ^{208}Pb로 변환된다. 이 붕괴 계열에서 생성되는 알파 입자와 베타 입자의 수는 얼마나 되는가?

83. 최근 초우라늄 원소 보륨(Bh)의 합성은 버클륨-249와 네온-22의 충격으로 보륨-267을 생성한다는 것으로 보고되었다. 이 합성에 대한 핵 반응식을 써라. 보륨-267의 반감기는 15.0초이다. 만일 보륨-267 원자 199개가 합성되었다면, 보륨-267 원자 11개가 남을 때까지 경과되는 시간은 얼마인가? 보륨 원소의 예상되는 전자 배치는 무엇인가?

*84. 어떤 방사성 핵종의 반감기는 3.00시간이다.

a. 이 핵종의 속도 상수 k를 s^{-1}로 계산하라.

b. 이 핵종의 1.000몰당 붕괴 속도를 초당 붕괴 수(decays/s)로 계산하라.

85. 고대 성화의 나무 시료는 탄소-14 붕괴 수는 11.2 counts/min · g의 탄소이다. 이 성화의 연대를 추정하라. 탄소-14의 반감기는 5.73 × 10^3년이며, 살아있는 나무 조직에서의 탄소-14의 붕괴 수는 15.3 counts/min · g의 탄소로 가정하라.

86. 벼룩 시장에서 렘브란트(Rembrandt)가 그린 것으로 추정되는 "암흑기"(1642~1672)라고 명명된 아주 재미있는 그림을 발견했다고 하자. 당신은 진짜 램브란트가 그린 그림일지 모른다는 생각을 하여, 그 그림을 지역의 대학에 가져가 실험을 해 보았다. 살아있는 나무에 대한 탄소-14의 붕괴 수는 1 g에 대해서 분당 15.3번으로 관측되었다. 램브란트 작품으로 추정되는 그림은 탄소-14의 붕괴 수가 1 g에 대해서 분당 15.1번으로 관측되었다. 이 그림이 램브란트의 진본일 가능성이 있는가?

87. "반감기(half-life)"와 유사한 방식으로 "1/3 감기(third-life)"를 정의하는데, 31.4년의 반감기를 가지는 핵종에 대하여"1/3 감기"를 결정하라.

88. 핵 폐기물을 저장하기 위해 제안된 한 방법은 동굴이나 깊은 광산 갱도에 방사능 물질을 저장하는 것이다. 처리해야만 하는 가장 위험한 핵종 중의 한 핵종이 플루토늄-239이다. 플루토늄-239는 증식로에서 생성되며, 반감기가 24,100년이다. 플루토늄-239의 활동도가 원래의 값보다 0.1%까지 감소하도록 지질학적 안정한 저장소가 있어야 한다. 플루토늄-239에 대하여 저장 시간을 구하라.

89. 제2차 세계대전 동안 삼중수소(^3H)는 형광의 시계 눈금판과 바늘에 사용되었다. 그러한 시계가 1944년 1월에 만들어졌다고 가정한다. 만일 원래 삼중수소의 17% 이상이 어두운 곳에서 눈금판을 읽는 데 필요하다면, 언제까지 밤에 그 시계의 시간을 읽을 수 있을까? [단, 삼중수소(^3H)의 반감기는 12.3년이다.]

***90.** 루비듐-87(rubidium-87)은 β-입자 생성 반응에 의하여 Sr-87로 붕괴할 때의 반감기가 4.7×10^{10}년이다. 109.7 μg의 ^{87}Rb와 3.1 μg의 ^{87}Sr을 포함하는 바위 시료의 나이는 어떻게 되는가? 바위가 형성될 때 ^{87}Sr은 없었다고 가정한다. ^{87}Rb의 원자 질량은 86.90919 u이고 ^{87}Sr의 원자 질량은 86.90888 u이다.

91. 다음 중 핵자당 질량 결손이 가장 클 것으로 예상되는 원자핵은 무엇인가?

a. ^{14}N **d.** ^{235}U
b. ^{2}H **e.** ^{34}S
c. ^{238}U

***92.** 다음에 주어진 정보로부터 $^{24}_{12}Mg$의 핵 결합 에너지를 계산하라. 원자 질량이 23.9850 u인 것은 어느 것인가?

양성자의 질량 = 1.00728 u
중성자의 질량 = 1.00866 u
전자의 질량 = 5.486×10^{-4} u
빛의 속도 = 2.9979×10^8 m/s

93. 방사성 코발트-60(cobalt-60)은 코발트가 비타민 B_{12} 분자의 중심에 있는 금속 원자이기 때문에 비타민 B_{12} 흡수의 결함을 연구하는 데 사용된다. 이 코발트 동위원소의 핵 합성에는 3단계 과정이 포함된다. 전체 반응은 철-58이 두 개의 중성자와 반응하여 다른 입자의 방출과 함께 코발트-60을 생성하는 것이다. 이 핵 합성에서 어떤 입자가 방출되는가? 코발트-60 핵(원자 질량: ^{60}Co = 59.9338 u, ^1H = 1.00782 u)에 대한 핵자당 결합 에너지는 얼마(J 단위로)인가? 입자의 속도가 $0.9c$이고 c가 빛의 속도일 때, 방출된 입자의 드 브로이 파장은 얼마인가?

94. 양전자와 전자는 충돌하면 서로를 소멸시켜 광자로서 에너지를 생성할 수 있다.

$$^{0}_{-1}e + {}^{0}_{+1}e \longrightarrow 2\,{}^{0}_{0}\gamma$$

두 γ선이 같은 에너지를 가지고 있다고 가정하면 생성된 전자기 방사선의 파장을 계산하라.

95. 한 작은 원자 폭탄은 20,000톤의 TNT의 폭발에 해당하는 에너지를 방출한다. 1톤의 TNT는 폭발할 때 4×10^9 J의 에너지를 방출한다. ^{235}U이 핵 분열을 하여 2×10^{13} J/mol의 에너지를 방출하였다. 이 원자 폭탄을 만드는 데 필요한 ^{235}U의 양을 계산하라.

96. 제2차 세계대전에서 일본에 대해 사용되었던 두 원자 폭탄의 생산을 위한 연구가 진행되는 동안에 분열될 수 있는 물질의 초임계 질량을 얻은 서로 다른 메커니즘들이 조사되었다. 한 폭탄의 형태에서 분열될 수 있는 물질의 한 조각이 다른 분열될 수 있는 물질의 조각을 포함하는 구멍 안으로 "발포"되었다. 두 번째 형태의 폭탄에서는 분열될 수 있는 물질이 굉장히 폭발하기 쉬운 물질들에 둘러싸여 있고, 이것이 폭발되었을 때 분열될 수 있는 물질이 작은 부피로 압축되었다. 임계 질량이 의미하는 것이 무엇이며, 왜 임계 질량에 다다르는 능력이 핵반응을 유지하는 데 중요한지 설명하라.

97. 분자 운동론(5.6절 참조)을 사용하여, 4×10^7 K의 온도에서 ^2_1H 핵의 제곱평균근 속도와 평균 운동 에너지를 계산하라. (질량 값은 연습 문제 70 참조)

98. 입자 가속기에서 일어나는 다음 반응을 생각해 보자.

$$^1_1H + {}^1_0n \longrightarrow 2\,{}^1_1H + {}^1_0n + {}^{1}_{-1}H$$

이 반응에서 수반되는 에너지 변화를 계산하라. 이때 에너지가 흡수되는가, 방출되는가? 이 에너지의 원천은 무엇인가?

99. 식물의 광합성에 대한 전체 반응은 다음과 같다.

$$6CO_2(g) + 6H_2O(l) \xrightarrow{\text{빛}} C_6H_{12}O_6(s) + 6O_2(g)$$

^{18}O를 포함하는 물($H_2{}^{18}O$)에서 자란 조류(algae)는 물에서와 같은 동위원소 구성을 갖는 산소 기체를 방출한다. 오직 ^{16}O를 포함하는 물에서만 자란 조류에 ^{18}O를 포함하는 이산화 탄소를 공급했을 때는 ^{18}O를 포함한 산소를 방출하지 않는다는 것이 관찰되었다. 이 실험으로부터 광합성에 대하여 얻을 수 있는 결론은 무엇인가?

100. 스트론튬-90과 라돈-222은 건강에 치명적이다. ^{90}Sr은 붕괴하여 β-입자를 생성하며 비교적 긴 반감기(28.9년)를 가지고 있다. 라돈-222는 붕괴하여 α-입자를 생성하며 비교적 짧은 반감기(3.82일)를 가진다. 각 붕괴 과정이 건강에 해를 주는 이유를 설명하라.

도전 문제

101. 자연계에서의 우라늄의 동위원소 구성 성분인 ^{238}U은 99.28%이고 ^{235}U는 0.72%이다. ^{235}U의 반감기는 4.5×10^9년이고, ^{235}U의 반감기는 7.1×10^8년이다. 지구가 생성되었을 때 ^{238}U와 ^{235}U 동위원소의 상대적인 존재량을 계산하라. 지구는 45억 년 전에 생성되었다고 가정한다.

102. 큐리(Ci)는 핵 방사능을 측정하는 데 널리 사용되는 단위이다. 1 Ci의 방사능은 초당 3.7×10^{10} 붕괴에 해당한다(1초당 1 g의 라듐이 붕괴하는 수). 삼중수소가 포함된 1.7 mL의 물 시료를 150-lb의 체중을 가진 사람에게 주사하였다. 주사한 전체 방사성 활동도는 86.5 mCi였다. 삼중수소가 신체 곳곳에 일정하게 퍼지도록 시간이 충분히 흐른 후 3.6 μCi의 활동도를 나타내는 2.0 mL의 혈장 시료를 제거하였다. 이 자료로부터 150-lb의 사람에 들어있는 물의 질량 백분율을 계산하라.

103. 밀리미터당 분당 5.0×10^3 계수의 방사능 핵종을 포함하고 있는 용액 0.10 cm^3을 쥐에 주사하였다. 수 분이 지난 후 쥐의 피 1.0 cm^3을 취하여 조사한 결과 분당 48계수를 보여주었다. 쥐에 있는 피의 부피를 계산하라. 이 계산에 필요한 가정들을 언급하라.

104. 지르코늄은 강한 방사선에 노출될 때 그 구조를 그대로 유지하는 금속에 속한다. 따라서 반응로의 연료봉은 대부분 지르코늄으로 만들어진다. 반쪽−반응에 근거한 지르코늄의 산화−환원에 대한 다음의 질문에 답하라.

$$ZrO_2 \cdot H_2O + H_2O + 4e^- \longrightarrow Zr + 4OH^- \quad \mathscr{E}° = -2.36 \text{ V}$$

a. 표준 상태에서 지르코늄 금속이 물을 환원시켜 수소 기체를 생성시킬 수 있는가?

b. 지르코늄에 의한 물 분해 반응식을 완결하라.

c. 지르코늄에 의한 물의 환원 반응에 대한 $\mathscr{E}°$, $\Delta G°$, K를 계산하라.

d. 1979년 Three Mile 섬에서의 사고 때 지르코늄에 의한 물의 환원이 일어났다. 생성된 수소 기체는 무사히 배출되었으며, 화학 폭발이 없었다. 1.00×10^3 kg의 지르코늄이 반응하면 생성되는 수소 기체의 양은 얼마인가? 1 atm, 1000.°C에서의 수소의 부피의 얼마인가?

e. 1986년 체르노빌에서 흑연 반응로심과 과열 증기의 반응에 의해 수소가 생성되었다.

$$C(s) + H_2O(g) \longrightarrow CO(g) + H_2(g)$$

Chernobyl 사고 때는 화학 폭발을 막는 것이 가능하지 않았다. 이러한 관점에서 Three Mile 섬에서의 사고 때, 수소와 다른 방사선 기체를 대기로 방출하는 것이 옳은 결정이었다고 생각하는가? 설명하라.

105. 이 책에서 기술한 과정에서 추가하여 *탄소−질소 순환 과정*(*carbon-nitrogen cycle*)이라는 두 번째 과정이 태양에서 일어난다.

$$\begin{aligned}
{}^1_1H + {}^{12}_6C &\longrightarrow {}^{13}_7N + {}^0_0\gamma \\
{}^{13}_7N &\longrightarrow {}^{13}_6C + {}^0_{+1}e \\
{}^1_1H + {}^{13}_6C &\longrightarrow {}^{14}_7N + {}^0_0\gamma \\
{}^1_1H + {}^{14}_7N &\longrightarrow {}^{15}_8O + {}^0_0\gamma \\
{}^{15}_8O &\longrightarrow {}^{15}_7N + {}^0_{+1}e \\
{}^1_1H + {}^{15}_7N &\longrightarrow {}^{12}_6C + {}^4_2He + {}^0_0\gamma
\end{aligned}$$

전체 반응: $4\,{}^1_1H \longrightarrow {}^4_2He + 2\,{}^0_{+1}e$

a. 이 반응 과정에서 촉매는 무엇인가?

b. 어떤 핵자들이 중간체인가?

c. 전체 반응에 대하여 수소 1원자 1몰당 방출되는 에너지는 얼마인가? (${}^1_1H$와 ${}^4_2He$의 원자 질량은 각각 1.00782 u와 4.00260 u이다.)

106. 가장 중요한 자연 방사능 출처는 라돈-222이다. 라돈-222는 ^{238}U의 붕괴 생성물로 지구의 지각에서 지속적으로 생성되며, 기체 상태의 라돈이 건물의 지하로 스며들게 된다. 라돈-222는 상대적으로 짧은 반감기인 3.82일의 알파 입자 생성자이기 때문에, 흡입될 경우 생물학적 손상을 일으킬 수 있다.

a. ^{238}U이 ^{222}Rn로 붕괴될 때 얼마나 많은 α-입자와 β-입자가 생성되는가? ^{222}Rn가 붕괴될 때 무슨 핵이 생성되는가?

b. 라돈은 불활성 기체여서 신체를 빠르게 통과한다고 생각한다. ^{222}Rn의 흡입에 대해 왜 걱정을 하는가?

c. ^{222}Rn와 관련된 다른 문제는 ^{222}Rn의 붕괴로부터 α-입자를 더 잠재적으로 생성하는 고체 물질이 만들어진다는 것이다($t_{1/2}$ = 3.11분). 이 고체의 정체는 무엇인가? α-입자 생성에 의해 붕괴되는 이 물질의 균형 맞춘 반응식을 써라. 이 고체는 왜 α-입자를 더 잠재적으로 생성하는 물질인가?

d. 미국 환경 보호국(U.S. Environmental Protection Agency, EPA)에서는 ^{222}Rn의 수치가 공기 1리터당 4 pCi를 넘지 못하도록 권고하고 있다(1 Ci = 1큐리 = 초당 3.7×10^{10} 붕괴, 1 pCi = 1×10^{-12} Ci). 공기 1리터당 4.0 pCi를 공기 1리터당 ^{222}Rn 원자 및 몰농도 단위로 전환하라.

107. Hg_2I_2의 K_{sp} 값을 결정하기 위하여 한 화학자는 어느 정도의 아이오딘이 방사성 ^{131}I을 포함하는 Hg_2I_2 고체 시료를 얻었다. Hg_2I_2 시료의 계수 속도는 I의 몰당 분당 5.0×10^{11}이다. 어떤 물에 $Hg_2I_2(s)$를 과량 넣어 이에 해당되는 이온들과 평형을 유지하고 있다. 150.0 mL의 포화 시료 용액을 취해 방사능을 측정한 결과 분당 33개였다. 이 정보로부터 Hg_2I_2의 K_{sp} 값을 계산하라.

$$Hg_2I_2(s) \rightleftharpoons Hg_2^{2+}(aq) + 2I^-(aq) \qquad K_{sp} = [Hg_2^{2+}][I^-]^2$$

108. 중수소의 핵 융합으로부터 α-입자를 만드는 데 필요한 온도를 예측하라. 필요한 에너지는 Coulomb의 법칙으로부터 예측할 수 있다. 식 $E = 9.0 \times 10^9 (Q_1Q_2/r)$를 이용한다. 여기에서 양성자에 대해 $Q = 1.6 \times 10^{-19}$ C이며, 헬륨 핵에 대해 $r = 2 \times 10^{-15}$ m이다. Coulomb의 법칙에서 비례 상수에 대한 단위는 $J \cdot m/C^2$이다.

추상적인 빛나는 네온꽃. (James Schwabel/Pixtal/Superstock)

주족 원소

The Representative Elements

지금까지는 이 책에서 화학의 주요한 원리를 다루었고, 화학에서 가장 중요한 모형들을 살펴보았다. 특히, 원자의 양자역학적 모형을 사용하여 원소들의 화학적 성질을 성공적으로 설명할 수 있음을 알았다. 실제로 이 모형의 타당성에 대한 가장 설득력 있는 증거는 이 모형이 원소들의 관찰된 주기적 화학적 성질들을 원자에 있는 원자가 전자의 수와 관련지을 수 있다는 것이다.

우리는 원소와 그들로 이루어진 화합물의 많은 성질을 학습하였다. 그러나 특정 원소의 화학적 성질과 주기율표상의 위치 사이의 관계를 자세하게 논의하지는 않았다. 이 장에서는 주기율표의 여러 족에 있는 원소들 사이의 화학적 유사성과 차이점들을 알아보고, 원자의 파동 역학적 모형을 사용하여 이들 자료를 해석할 것이다. 이 과정을 통하여 다양한 화학적 성질들을 설명하고, 화학의 실제적 중요성을 알려줄 것이다.

20.1 주족 원소의 탐색

전형적인 주기율표의 형태를 그림 20.1에 나타내었다. **주족 원소**(representative element)는 *s*와 *p* 원자가 전자에 의해 화학적 성질이 결정되며 1A부터 8A족으로 표시된다는 사실을 상기하라. 표의 가운데 영역에 있는 **전이 금속**(transition metal)들은 *d* 오비탈에 전자가 채워져 있다. 4*f*와 5*f* 오비탈을 채우는 원소들은 각각 **란타넘족**(lanthanide)과 **악티늄족**(actinide)으로 별도로 표시되어 있다.

그림 20.1에서 금속과 비금속은 굵은 검은 선으로 나뉘어져 있다. 규소나 저마늄과 같이, 이 선의 바로 양쪽에 놓이는 원소들은 금속성과 비금속성을 모두 나타내며, **준금속**(metalloid) 또는 **반금속**(semimetal)이라 부른다. 금속과 비금속 사이의 근본적인 화학적 차이점은, 금속은 원자가 전자를 잃고 자신의 앞 주기에 있는 불활성 기체의 전자 배열과 같은 *양이온*(*cation*)이 되려는 경향이 있는 반면에 비금속은 전자를 얻어 같은 주기의 불활성 기체의 전자 배열을 나타내는, *음이온*(*anion*)이 되려는 경향이 있다는 것이다. 앞에서 논의된 이온화 에너지, 전자 친화도, 전기음성도의 경향(7.12절과 8.2절 참조)과 마찬가지로, 금속성은 같은 족에서는 아래로 갈수록 증가하는 것으로 관찰된다.

주기율표에서 금속성은 같은 족에서는 아래로 내려갈수록 증가한다.

원자의 크기와 족의 불규칙성

같은 족에 속하는 원소들은 많은 유사한 화학적 성질들을 보여주지만, 중요한 차이점도 역시 존재한다. 가장 극적인 차이는 첫 번째와 두 번째 원소 사이에서 나타난다. 예로서, 1A족의 수소는 비금속인 반면, 리튬은 반응성이 매우 큰 금속이다. 이러한 큰 차이는 그림 20.2에 나타난 바와 같이, 수소와 리튬 사이의 큰 원자 반지름 차이에 따른 결과이다. 작은 수소 원자는 1A족 내의 더 큰 원소들보다도 전자에 대해 훨씬 큰 인력을 가지므로, 비금속과 공유 결합을 형성한다. 이에 반하여 1A족 내의 다른 원소들은, 원자가 전자를 비금속 원자에 잃고 1+ 가의 양이온을 형성하여, 이온 결합 화합물을 만든다.

이러한 크기의 효과는 다른 족에서도 뚜렷하게 나타난다. 예를 들면, 2A족에 있는 금속의 산화물은 그 족에 있는 첫 번째 원소를 제외하고는 모두 상당히 염기성인 데 비하여, 베릴륨 산화물(BeO)은 양쪽성(amphoteric)이다. 산화물의 염기성 정도는 그 산화물의 이온성에 달려있다. O^{2-} 이온을 가지는 이온성 산화물들은 물과 반응하여 2개의 OH^- 이온을 생성한다. 공유 결합 화합물로 간주되는 베릴륨 산화물을 제외하고는, 2A족 금속의 모든 산화물은 이온성이 상당히 크다. 작은 크기의 Be^{2+} 이온은 O^{2-} 이온의 전자 "구름"을 효과적으로 편극화시켜 많은 전자를 공유한다. 유사한 경향성은 3A족에서도 볼 수 있는데, 크기가 작은 붕소 원자만이 비금속 또는 때로는 준금속으로 행동하는 반면, 알루미늄을 비롯한 다른 원소들은 활성을 갖는 금속으로 행동한다.

4A족에서 크기 효과 때문에 탄소와 규소의 화학적 성질이 매우 다르게 나타난다. 탄소

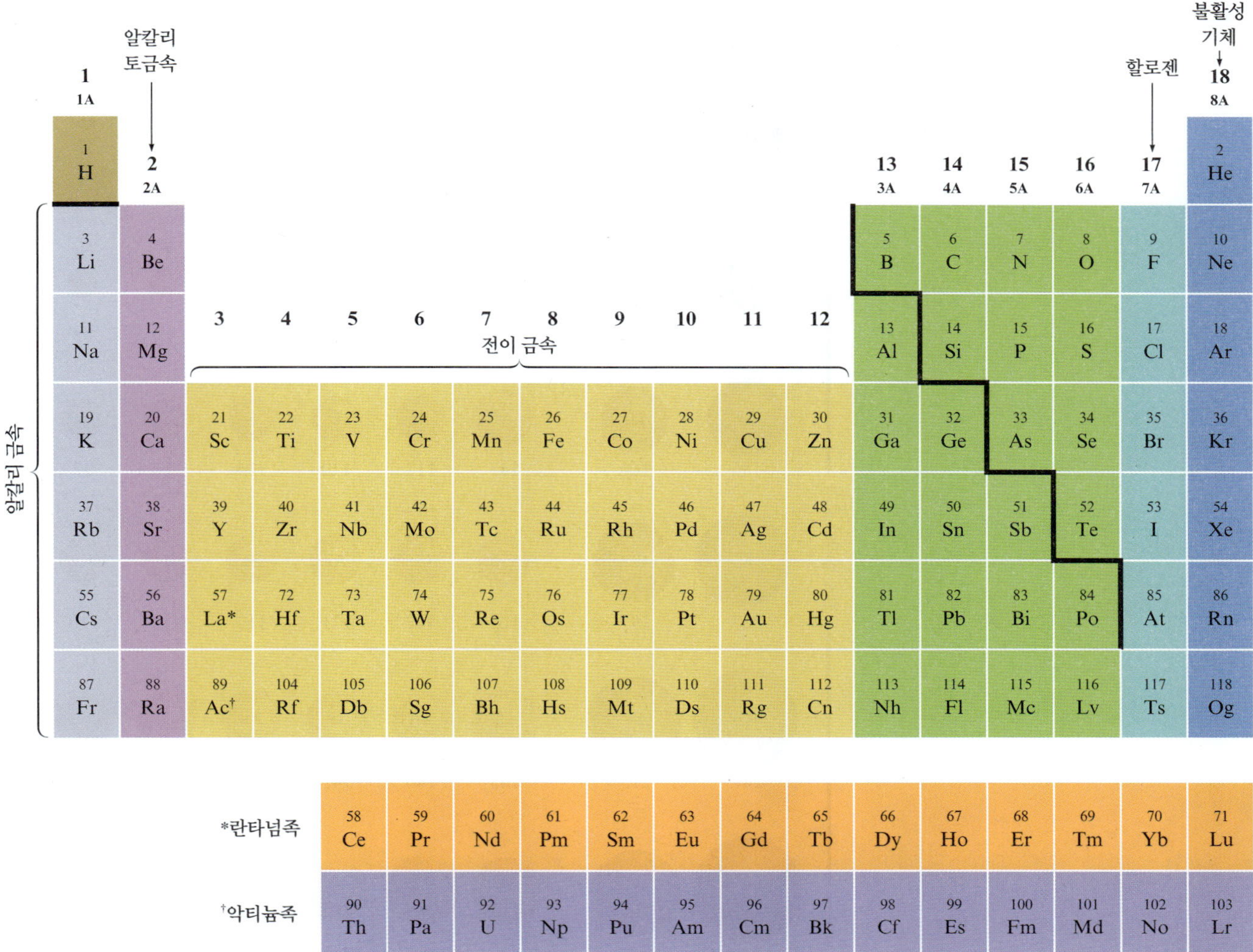

그림 20.1 주기율표. A족 원소들은 주족 원소들이다. 노란색으로 나타낸 원소들은 전이 금속이다. 굵은 검은 선은 금속과 비금속을 구분한다.

의 화학은 C—C 결합의 사슬을 포함하는 분자들이 핵심을 이루고 있는 반면, 규소 화합물들은 Si—Si 결합보다는 주로 Si—O 결합이 주된 결합이다. 규소는 Si—Si 결합 사슬을 갖는 화합물을 형성하지만, 이들 화합물은 유사한 탄소 화합물에 비하여 훨씬 더 반응성이 크다. 탄소와 규소 화합물들의 반응성 차이에 대한 이유는 매우 복잡하지만, 탄소와 규소 원자의 크기 차이와 주로 관련이 있다.

탄소와 규소는 π 결합을 형성하는 능력에서도 큰 차이가 있다. 9.1절에서 논의하였듯이, 이산화 탄소는 다음의 Lewis 구조를 갖는 각각의 CO_2 분자들로 구성되어 있다.

$$:\ddot{O}=C=\ddot{O}:$$

여기에서 탄소와 산소 원자들은 π 결합을 형성하여 [Ne]의 전자 배치를 갖게 된다. 반면에 실험식이 SiO_2인 실리카는 그림 20.3에 나타낸 바와 같이, Si—O—Si 연결 다리를 가진 SiO_4 사면체를 기본 구조로 한다. 규소의 3p 원자가 오비탈(valence orbital)은 크기가 더 작은 산소의 2p 오비탈과 π 결합을 형성하기 위한 효과적인 겹침을 이루지 못하기 때문에 다음의 Lewis 구조를 가진 독립된 SiO_2 분자는 안정하지 못하다.

$$:\ddot{O}=Si=\ddot{O}:$$

대신에 규소 원자들은 4개의 Si–O 단일 결합을 형성함으로써 불활성 기체의 전자 배치를 갖는다.

그림 20.2 몇 가지 원자의 반지름(pm).

원자 반지름 감소 →

원자 반지름 증가 ↓

1A	2A	3A	4A	5A	6A	7A	8A
H 37							He 32
Li 152	Be 113	B 88	C 77	N 70	O 66	F 64	Ne 69
Na 186	Mg 160	Al 143	Si 117	P 110	S 104	Cl 99	Ar 97
K 227	Ca 197	Ga 122	Ge 122	As 121	Se 117	Br 114	Kr 110
Rb 247	Sr 215	In 163	Sn 140	Sb 141	Te 143	I 133	Xe 130
Cs 265	Ba 217	Tl 170	Pb 175	Bi 155	Po 167	At 140	Rn 145

2주기의 비교적 작은 원소들에 대한 π 결합의 중요성은 5A와 6A족 원소의 존재 형태에서의 차이를 잘 설명해 준다. 예를 들면, 질소 원소는 Lewis 구조, :N≡N:을 갖는 매우 안정한 N_2 분자로 존재한다. 인 원소는 원자의 더 큰 집합체를 형성하는데, 가장 간단한 형태가 백린에서 발견되는 사면체 구조의 P_4 분자이다(그림 20.18 참조). 규소 원자처럼 비교적 커다란 인(P) 원자들은 강한 π 결합을 형성하지 못하지만, 여러 개의 다른 인 원자들과 단일 결합을 형성하여 불활성 기체의 전자 배열을 가지려고 한다. 반면에 질소에서는 매우 강한 π 결합이 N_2 분자를 질소의 가장 안정한 형태가 되게 해 준다. 마찬가지로, 6A족에서 산소의 가장 안정한 형태는 이중 결합을 가진 O_2 분자이다. 그러나 더 큰 황 원자는, 단일 결합들만을 가지는 고리형 S_8 분자(그림 20.22 참조)와 같은, 더 큰 집합체를 형성한다.

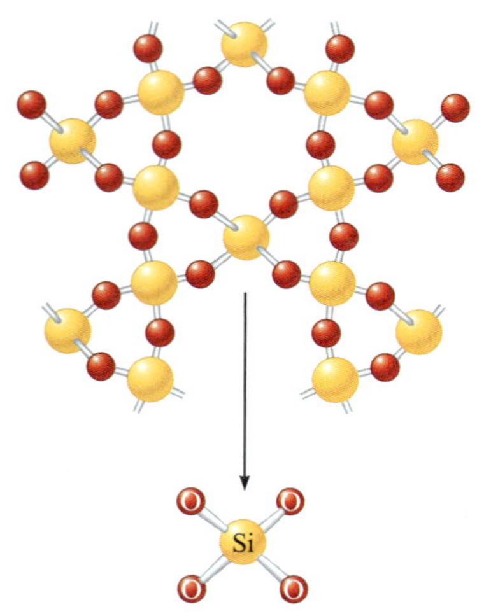

그림 20.3 실험식이 SiO_2인 석영의 구조. 구조는 SiO_4 사면체를 기본 구조로 연결되어 있고(화살표 아래에 나타냄), 각 산소는 두 개의 규소 원자를 공유하고 있다.

같은 족에서 첫 번째 원소에서 두 번째 원소로 감에 따라 크기가 크게 변한다는 사실은 7A족 원소들에서도 또한 중요한 결과를 낳는다. 이 예로, 플루오린은 염소보다 더 작은 전자 친화도를 가진다. 예상과는 다른 이러한 결과는 작은 크기의 플루오린 2p 오비탈이 비정상적으로 큰 전자－전자 반발력을 만들기 때문이다. F_2 결합이 상대적으로 약한 이유는, 다음의 Lewis 구조에서 보여주는 바와 같이 고립 전자쌍 사이의 반발력으로 설명될 수 있다.

:F̤̈—F̤̈:

플루오린 원자는 크기가 작기 때문에 고립 전자쌍들이 가까이 접근하게 되어, 이보다 훨씬 더 큰 원자들로 이루어진 Cl_2 분자에서 발견되는 것보다 훨씬 더 큰 반발력을 낳게 된다.

직업 속의 화학

예술가 및 예술 교육자

Linda Van Hart는 보석 세공가이자 금속공예 예술가, 그리고 미술 교육가이다. 그녀는 Western Maryland College와 Towson 대학교에서 예술과 교육 분야의 학사 및 석사 학위를 취득했다. 그녀는 금속공예와 교육 분야에 대한 공로를 인정받아 올해의 국립 미술 교육자 상(National Art Educator of the Year)을 수상했다. Van Hart는 독창적인 조각적 신체 장식과 건축 장식물로 볼티모어 예술계에서 잘 알려져 있다. Van Hart의 실용적 응용 분야에는 화학적 방법을 이용한 납땜을 통해 흐름성을 높이고 산화를 줄이는 작업, 금속 표면 연마, 질감 처리, 표면 채색이 포함된다. 그녀는 새로운 제작 기법을 탐구할 때 기술적인 조언과 문제 해결을 도와주는 전문가 팀의 지원을 받을 수 있다는 점을 매우 감사하게 생각한다. 그녀는 학생들에게 문제 해결과 의사소통에 창의력을 발휘하고 삶에 호기심을 불러일으키며 자신이 좋아하는 일을 추구하라고 조언한다.

Linda Van Hart

따라서 같은 족의 첫 번째 원소에서 두 번째 원소로 감에 따른 원자 반지름의 큰 증가는 첫 번째 원소가 같은 족 다른 원소들과 매우 다른 특성을 보여주는 이유이다.

존재량과 제조법

표 20.1에 지각, 해양, 대기에 존재하는 원소의 분포를 나타내었다. 가장 많은 원소는 산소이며, 대기에서는 O_2로, 해양에서는 H_2O로, 지각에서는 규산염과 탄산염 광물로 발견된다. 두 번째로 가장 많이 존재하는 원소인 규소는, 대부분의 모래와 바위와 흙의 기본을 형성하는 실리카와 규산염 광물의 형태로서 지각에서 광범위하게 발견된다. 가장 많이 존재하는 금속인 알루미늄과 철은 비금속, 가장 흔하게는 산소와 결합된 형태의 광물질로 발견된다. 표 20.1에서 주목할 만한 사실 중 하나는 대부분의 전이 금속의 존재량이 적다는 것이다. 이러한 비교적 희귀한 원소들 대부분이 최첨단 기술 사회에서 더욱 중요하게 될 것으로 생각된다. 이에 따라 원유 공급에 대한 지배력보다도 전이 금속 광물의 지배력이 국제 정치에 있어서 궁극적으로 더 중요한 의미를 가지게 될지 모른다.

생물체에 존재하는 원소의 분포는 지각에서 발견되는 것과 매우 다르다. 표 20.2에 인체에 존재하는 원소들의 분포를 나타내었다. 산소, 탄소, 수소, 질소는 모든 생물학적으로 중요한 분자를 형성하는 기본이 된다. 그 외에 비교적 적은 양이 발견되기는 하지만, 다른 원소들도 생명에는 중요하다. 예를 들어, 아연은 인체에 존재하는 150개 이상의 생체 분자에서 발견된다.

원소 중 오직 4분의 1만이 자유 상태로 자연에 존재하며, 대부분은 결합된 상태로 발견

표 20.1 지각, 해양, 대기에 가장 많이 존재하는 18개 원소의 질량 백분율 분포

원소	질량 백분율	원소	질량 백분율	원소	질량 백분율
산소	49.2	마그네슘	1.93	탄소	0.08
규소	25.7	수소	0.87	황	0.06
알루미늄	7.50	타이타늄	0.58	바륨	0.04
철	4.71	염소	0.19	질소	0.03
칼슘	3.39	인	0.11	플루오린	0.03
소듐	2.63	망가니즈	0.09	기타	0.49
포타슘	2.40				

표 20.2 인체에 존재하는 원소의 존재량

주요 원소	질량 백분율	미량 원소(알파벳순)
산소	65.0	비소
탄소	18.0	크로뮴
수소	10.0	코발트
질소	3.0	구리
칼슘	1.4	플루오린
인	1.0	아이오딘
마그네슘	0.50	망가니즈
포타슘	0.34	몰리브데넘
황	0.26	니켈
소듐	0.14	셀레늄
염소	0.14	규소
철	0.004	바나듐
아연	0.003	

탄소는 금속 이온에 대한 가장 값싸고, 공급이 용이한 공업적 환원제이다.

된다. *광석으로부터 금속을 얻는 과정을* **제련**(metallurgy)이라 한다. 광석 내의 금속은 양이온의 형태로 발견되기 때문에, *제련은 항상 이온을 원소형 금속(산화 수가 0)으로 환원하는 과정을 포함한다.* 수많은 환원제가 사용될 수 있으나, 쉽게 구할 수 있고 저렴한 탄소가 주로 이용된다.

반응성이 큰 금속들의 환원에는 전기분해가 자주 사용된다. 제18장에서 알루미늄 금속의 전기화학적 생산에 대해 살펴보았다. 알칼리 금속들은 주로 용융된 할로젠화 염의 전기분해에 의해서도 생산된다.

비금속의 제조 방법은 매우 다양하다. 원소 형태의 질소와 산소는, 기체가 팽창할 때 냉각되는 원리를 이용하여 주로 공기의 **액화**(liquefaction)에 의해 얻는다. 기체를 팽창시킨 후 일부 냉각된 기체는 압축되고, 나머지 기체는 압축 시 발생하는 열을 내보내는 데 사용된다. 압축된 기체를 다시 팽창시키는 이러한 순환이 여러 번 반복되어, 결국에는 나머지 기체도 냉각되어 액체 상태가 된다. 액체 질소와 액체 산소는 끓는점이 다르기 때문에, 액체 공기의 증류에 의해 분리될 수 있다. 두 물질 모두 중요한 산업용 화학 물질로서, 미국에서 생산되는 양적인 측면에서 볼 때 질소는 2위(연간 600억 파운드)이며, 산소는 3위(연간 400억 파운드)이다. 수소는 물의 전기분해를 통하여 얻을 수 있으나, 일반적으로 천연 가스 속에 들어있는 메테인을 분해시켜 얻는다. 황은 원소 형태로 지하에서 발견되며, Frasch 과정에 의해 회수된다(20.12절 참조). 할로젠은 할로젠화 염으로부터 음이온의 산화에 의해 얻어진다(20.13절 참조).

황과 할로젠의 제조법은 이 장의 후반부에서 논의된다.

20.2 1A(1)족 원소

1A
H
Li
Na
K
Rb
Cs
Fr

ns^1의 원자가 전자 배치(valence electron configuration)를 갖는 1A족 원소들은, 비금속으로 행동하는 수소를 제외하고는 반응성이 매우 큰 금속들로서 원자가 전자를 쉽게 잃는다. 수소의 화학적 특성에 대해서는 다음 절에서 논의할 것이다. **알칼리 금속**(alkali metal)의 많은 성질들은 이미 논의되었다(7.13절 참조). 순수한 알칼리 금속의 원천과 제조 방법은 표 20.3에 나타내었고, 이들의 이온화 에너지, 표준 환원 전위, 이온 반지름, 녹는점 등은 표 20.4에 수록하였다.

알칼리 금속은 물과 격렬히 반응하여 수소 기체를 발생하는 것을 7.13절에서 살펴보았다.

Frank Krahmer/Radius Images/Masterfile

▶ Namibia의 Namib 사막의 거대한 모래 언덕의 모래 역시 규소와 산소로 구성되어 있다.

$$2M(s) + 2H_2O(l) \longrightarrow 2M^+(aq) + 2OH^-(aq) + H_2(g)$$

이 과정은 몇몇 중요한 개념을 설명해주므로 한 번 더 간략히 생각해 보자. 이온화 에너지만을 고려하면 알칼리 금속 중 리튬이 수용액에서 가장 약한 환원제일 것으로 예상된다. 그러나 표준 환원 전위에 따르면 리튬이 가장 센 환원제임을 알 수 있다. 이 같은 상반되는 결과는 크기가 작은 Li^+ 이온의 수화 에너지가 매우 크기 때문이다. 상대적으로 큰 전하 밀도 때문에 Li^+ 이온은 물 분자를 매우 효과적으로 끌어당긴다. 이 과정은 많은 양의 에너지가 방출되는 과정이기 때문에, 이것이 Li^+ 이온이 쉽게 형성되는 이유이며 동시에 리튬이 수용액에서 센 환원제가 되는 이유이다.

알칼리 금속의 몇 가지 성질을 표 7.8에 수록하였다.

또한, 리튬은 가장 센 환원제이지만 소듐이나 포타슘보다는 물과 더 천천히 반응함을 7.13절에서 보았다. 제12장과 제17장에서의 논의로부터, 반응에서의 *평형 위치*는(이 경우에 $\mathscr{E}°$ 값으로 표시되는) 열역학적 요인에 의해 조절되지만, 반응 속도(*rate*)는 속도론적 요인에 의해 조절됨을 알았다. 이 요인들 사이에 직접적인 연관 관계는 *없다*. 리튬은 고체 상

표 20.3 순수한 알칼리 금속의 공급원과 제조 방법

원소	원천	제조 방법
리튬	리티아휘석(spodumene, $LiAl(Si_2O_6)$과 같은 규산염 광물	용융 LiCl의 전기분해
소듐	NaCl	용융 NaCl의 전기분해
포타슘	KCl	용융 KCl의 전기분해
루비듐	홍운모[$Li_2(F,OH)_2Al_2(SiO_3)_3$] 속의 불순물	RbOH를 Mg와 H_2로 환원
세슘	폴루사이트(pollucite, $Cs_4Al_4Si_9O_{26}\cdot H_2O$)와 홍운모 속의 불순물(그림 20.4)	CsOH를 Mg와 H_2로 환원

The Natural History Museum, London/Science Source

그림 20.4 홍운모(lepidolite)는 리튬, 알루미늄, 규소, 산소가 주성분이지만 루비듐과 세슘 또한 다량 포함되어 있다.

표 20.4 알칼리 금속의 몇 가지 물리적 성질

원소	이온화 에너지 (kJ/mol)	$M^+ + e^- \rightarrow M$에 대한 표준 환원 전위(V)	M^+의 반지름 (pm)	녹는점 (°C)
리튬	520	−3.05	60	180
소듐	495	−2.71	95	98
포타슘	419	−2.92	133	64
루비듐	409	−2.99	148	39
세슘	382	−3.02	169	29

▲
소듐은 물과 격렬하게 반응한다.

표 20.5 알칼리 금속의 몇 가지 반응

반응	설명
$2M + X_2 \longrightarrow 2MX$	X_2 = 할로젠 분자
$4Li + O_2 \longrightarrow 2Li_2O$	과량의 산소
$2Na + O_2 \longrightarrow Na_2O_2$	
$M + O_2 \longrightarrow MO_2$	M = K, Rb 또는 Cs
$2M + S \longrightarrow M_2S$	
$6Li + N_2 \longrightarrow 2Li_3N$	Li뿐
$12M + P_4 \longrightarrow 4M_3P$	
$2M + H_2 \longrightarrow 2MH$	
$2M + 2H_2O \longrightarrow 2MOH + H_2$	
$2M + 2H^+ \longrightarrow 2M^+ + H_2$	격렬한 반응!

태에서 소듐이나 포타슘보다 높은 녹는점을 가지기 때문에, 이들보다는 물과 더 천천히 반응한다. 소듐과 포타슘은 물과의 반응열에 의해 용융 상태가 되는 데 비해 리튬은 그러지 못하다. 그 이유는 물과의 접촉 면적이 더 적기 때문이다.

표 20.5에 알칼리 금속들의 몇 가지 중요한 반응을 요약하였다. 알칼리 금속 이온은 신경계나 근육과 같은 생체계가 적절하게 기능하는 데 매우 중요하다. Na^+ 이온과 K^+ 이온은 모든 체세포와 체액에 존재한다. 인체 혈장 내에서의 농도는 다음과 같다.

$$[Na^+] \approx 0.15\ M \quad \text{과} \quad [K^+] \approx 0.005\ M$$

세포 *내부의* 체액에서의 농도는 이와 반대이다.

$$[Na^+] \approx 0.005\ M \quad \text{과} \quad [K^+] \approx 0.16\ M$$

세포 내부와 외부에서의 농도는 크게 다르므로, 세포막을 통한 Na^+와 K^+ 이온의 이동에는 몇 가지 선택성이 높은 리간드가 필요하다.

20.3 수소의 화학

일상적인 온도와 압력 조건하에서 수소는 H_2 분자로 구성된 무색, 무취의 기체이다. 수소는 작은 몰질량과 비극성 때문에 매우 낮은 끓는점(−253°C)과 녹는점(−260°C)을 갖는다. 수소 기체는 가연성이 크며, 부피 비로 18%에서 60%의 수소를 포함하는 공기 혼합물은 폭발성이 있다. 흔히 강의 중 실험 시연으로 수소와 산소 기체를 비눗물에 불어 넣는다. 생성된 비눗방울을 긴 막대 촛불로 점화시키면 폭발이 일어난다.

수소 기체의 주된 산업적 생산 방법은 고온(800~1000°C), 고압(10~50 atm)에서 금속 촉매(주로 니켈)의 존재하에 메테인(methane)과 물을 반응시키는 것이다.

$$CH_4(g) + H_2O(g) \xrightarrow[\text{촉매}]{\text{열, 압력}} CO(g) + 3H_2(g)$$

수소는 또한 가솔린 생산 과정에서 부산물로 대량 생성된다. 이는 큰 몰질량의 탄화수소를 분해(또는 *cracking*)하여 자동차 연료로 사용하기에 더 적합한 작은 분자를 만들 때 발생한다.

매우 순수한 수소는 물의 전기분해에 의해 제조되지만(18.7절 참조), 이 방법은 최근에 높아진 전기요금으로 인해 대량 생산 시의 경제적인 방법이 아니다.

수소가 산업적으로 가장 많이 사용되는 곳은 암모니아를 생산하는 Haber 공정이다. 또한 불포화 식물성 기름(탄소−탄소 이중 결합을 가짐)을 수소화하여 포화(탄소−탄소 단일

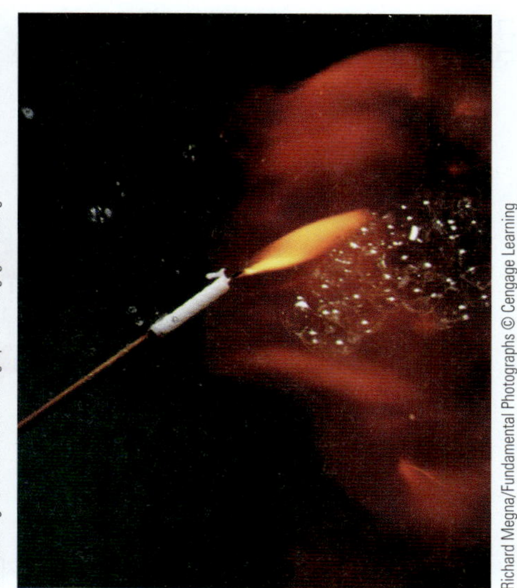

▶
(왼쪽) 비누 거품을 내기 위해 수소를 사용함. (오른쪽) 비누 거품이 떠오를 때 긴 막대 촛불로 점화시키면 수소와 산소의 반응에 의해 생성되는 열이 비누 거품 속의 소듐 이온을 들뜨게 하여 오렌지 색깔 불꽃이 관찰된다.

결합을 가짐)된 고체 유지를 생산하는 데에도 다량의 수소가 역시 사용된다.

$$\sim\sim \underset{\displaystyle}{\overset{\displaystyle \mathrm{H}}{\overset{|}{\mathrm{C}}}} = \overset{\displaystyle \mathrm{H}}{\overset{|}{\mathrm{C}}} \sim\sim \xrightarrow{\mathrm{H_2}} \sim\sim \underset{\displaystyle \mathrm{H}}{\underset{|}{\overset{\displaystyle \mathrm{H}}{\overset{|}{\mathrm{C}}}}} - \underset{\displaystyle \mathrm{H}}{\underset{|}{\overset{\displaystyle \mathrm{H}}{\overset{|}{\mathrm{C}}}}} \sim\sim$$

이 과정의 촉매는 12.7절에서 논의되었다.

화학적으로 수소는 전형적인 비금속으로 행동하고, 다른 비금속과 공유 결합 화합물을 형성하며, 반응성이 큰 금속과는 염을 형성한다. 수소를 포함한 이성분 화합물을 **수소화물**(hydride)이라 부르며, 이들은 세 가지 종류가 있다. **이온성 수소화물**(ionic hydride)은 수소가 활성이 가장 큰 1A족 또는 2A족 금속과 결합할 때 생성된다. 그 예로 LiH와 CaH_2가 있으며, 이들은 수소 음이온(H^-)과 금속 양이온을 포함하는 것으로 특징 지을 수 있다. 작은 1*s* 오비탈에 존재하는 두 전자들은 큰 반발력을 나타내고, 핵은 단지 1+의 전하만을 가지기 때문에 수소 음이온은 강력한 환원제이다. 그 예로, 이온성 수소화물을 물에 넣으면 격렬한 반응이 일어난다. 이 반응으로, 아래 반응식에서 보는 바와 같이 수소 기체가 생성된다.

$$\mathrm{LiH}(s) + \mathrm{H_2O}(l) \longrightarrow \mathrm{H_2}(g) + \mathrm{Li^+}(aq) + \mathrm{OH^-}(aq)$$

공유 결합성 수소화물(covalent hydride)은 수소가 다른 비금속들과 결합할 때 생성된다. 이미 우리는 HCl, CH_4, NH_3, H_2O 등의 이러한 화합물들을 많이 보았다. 가장 중요한 공유 결합성 수소화물은 물이다. H_2O 분자의 극성은 물의 여러 비정상적인 성질들을 갖게 한다. 물은 몰질량으로부터 예측되는 것보다 훨씬 높은 끓는점을 가지며, 큰 기화열과 열용량이 커서 매우 유용한 냉매로 사용된다. 물은 고체보다 액체에서의 밀도가 더 큰데, 이는 수소 결합을 극대화하는 얼음의 열린 구조 때문이다(그림 20.5 참조). 물은 이온성 물질과 극성 물질에 대해 우수한 용매이기 때문에 생명 과정에 효과적인 매개체로 작용한다. 실제로 물은 유기체에 독성이 없는 몇 안 되는 공유 결합성 수소화물 중 하나이다.

공유 결합성 수소화물의 끓는점은 10.1절에서 논의되었다.

수소화물의 세 번째 종류는 **금속성**(metallic) 또는 **틈새형 수소화물**(interstitial hydride)로서, 전이 금속 결정이 수소 기체와 반응할 때 형성된다. 수소 분자는 금속의 표면에서 해리되고, 작은 수소 원자는 결정 구조 내부로 이동하여 구멍(hole) 또는 *틈새*(*interstice*)에 위치하게 된다. 이러한 금속-수소 혼합물은 화합물이라기보다 고체 용액(solid solution)에 더 가깝다. 팔라듐은 자신의 부피의 약 *900배*나 되는 수소 기체를 흡수한다.

그림 20.5 수소 결합을 보여주는 얼음의 구조.

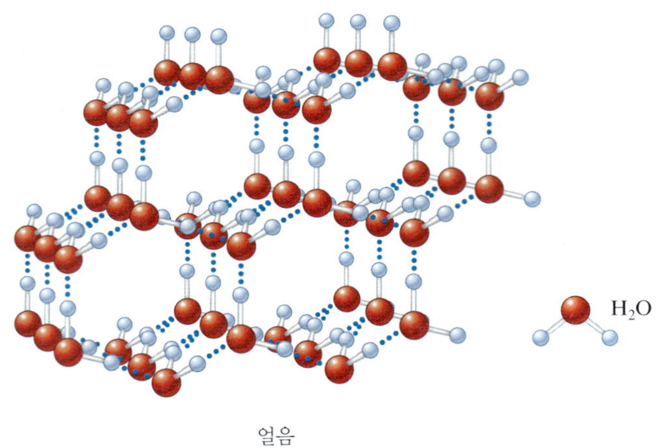

실제로 수소는 얇은 팔라듐 벽으로 된 용기 속에서 약간의 압력을 가함으로써 순도를 높일 수 있다. 수소는 금속 벽을 통해 확산되어 통과하고, 불순물은 용기 속에 남게 된다.

수소가 전이 금속과 반응하여 UH_3, FeH_6와 같은 화합물을 형성하기는 하지만, 틈새형 수소화물의 대부분은 $LaH_{2.76}$, $VH_{0.56}$과 같은 화학식의 일정치 않은 조성[때로 *비화학량론적*(*nonstoichiometric*) 조성이라 부름]을 가진다. 비화학량론적 수소화물의 조성은 금속이 수소 기체에 노출되는 시간에 따라 변한다.

틈새형 수소화물을 가열하면, 흡수된 많은 수소가 수소 기체로 방출된다. 이러한 특성 때문에 틈새형 수소화물은 휴대용 연료로 사용되는 수소의 저장체로 사용될 가능성이 있다. 현재 자동차에 사용되는 내연 기관을 조금만 개조하면 수소 기체를 연소시킬 수 있다. 그러나 실용화를 위해서는 충분한 거리를 운행할 수 있을 양의 수소를 저장하는 일이 과제로 남아 있다. 가능한 해결 방법의 하나로 전이 금속을 포함하는 다공성 고체가 들어 있는 연료통을 사용하는 것이다. 수소 기체를 고체에 주입하여 틈새형 수소화물을 생성할 수 있다. 수소 기체는 엔진이 추가적인 에너지를 필요로 할 때 방출된다. 그러나 이 기술 개발의 어려움과 전기 자동차의 성공으로 인해, 수소를 에너지원으로 사용하는 것은 가능성이 낮아지고 있다. 현재 2021년에는 단 두 기업만이 수소 개발을 적극적으로 추진하고 있다.

20.4 2A(2)족 원소

ns^2의 원자가 전자 배치를 갖는 2A족 원소들은 반응성이 매우 크며, 두 개의 원자가 전자를 잃어 M^{2+} 양이온을 포함하는 이온성 화합물을 형성한다. 이들 원소는, 이들 산화물의 염기성 때문에 보통 **알칼리 토금속**(alkaline earth metal)이라 부른다.

$$MO(s) + H_2O(l) \longrightarrow M^{2+}(aq) + 2OH^-(aq)$$

2A
Be
Mg
Ca
Sr
Ba
Ra

예외적으로, 양쪽성 산화 베릴륨(BeO)은 수산화 이온을 포함하는 수용액에 녹아 들어가, 약간의 산성 성질을 나타낸다.

$$BeO(s) + 2OH^-(aq) + H_2O(l) \longrightarrow Be(OH)_4{}^{2-}(aq)$$

양쪽성 산화물은 산성과 염기성을 모두 나타낸다.

반응성이 더 큰 알칼리 토금속은 알칼리 금속처럼 물과 반응하여 수소 기체를 생성한다.

$$M(s) + 2H_2O(l) \longrightarrow M^{2+}(aq) + 2OH^-(aq) + H_2(g)$$

칼슘, 스트론튬 그리고 바륨은 25°C에서 물과 격렬하게 반응한다. 이보다 산화성이 적은 베릴륨과 마그네슘은 25°C에서 물과 관찰할 만큼의 반응성을 나타내지 않는다. 다만, 마그네슘은 끓는 물과는 반응한다. 표 20.6에 알칼리 토금속의 여러 가지 성질, 원천 및 제조 방법 등을 요약하였다.

표 20.6 2A족 원소의 물리적 성질, 원천, 제조 방법

원소	M^{2+}의 반지름(pm)	이온화 에너지 (kJ/mol) 일차	이차	$M^{2+} + 2e^- \longrightarrow M$에 대한 $\mathscr{E}°$(V)	원천	제조 방법
베릴륨	≈30	899	1760	−1.70	베릴(Beryl) ($Be_3Al_2Si_6O_{18}$)	용융 $BeCl_2$의 전기분해
마그네슘	65	735	1455	−2.37	능고토광($MgCO_3$) 백운석($MgCO_3 \cdot CaCO_3$) 광로석($MgCl_2 \cdot KCl \cdot 6H_2O$)	용융 $MgCl_2$의 전기분해
칼슘	99	590	1146	−2.76	$CaCO_3$를 포함한 여러 가지 광물	용융 $CaCl_2$의 전기분해
스트론튬	113	549	1064	−2.89	셀레스타이트($SrSO_4$) 스트론튬광($SrCO_3$)	용융 $SrCl_2$의 전기분해
바륨	135	503	965	−2.90	중정석($BaSO_4$) 독중석($BaCO_3$)	용융 $BaCl_2$의 전기분해
라듐	140	509	979	−2.92	우란광(Pitchblende) (광석 7톤당 Ra 1 g)	용융 $RaCl_2$의 전기분해

▲
칼슘 금속이 물과 반응하여 수소 기체 방울을 생성한다.

알칼리 토금속은 실용적인 측면에서 매우 중요하다. 칼슘과 마그네슘 이온은 인체에 필수적이다. 칼슘은 주로 뼈와 치아를 구성하는 구조적 무기물에 주로 들어 있고, 마그네슘(Mg^{2+} 이온으로서)은 신진대사와 근육의 기능에 중요한 역할을 한다. 마그네슘 금속은 비교적 낮은 밀도와 적절한 강도를 갖기 때문에 구조재로서 유용하며, 특히 알루미늄 합금의 경우 더욱 그러하다.

표 20.7에 알칼리 토금속들의 몇 가지 중요한 반응을 요약하였다.

천연수에는 비교적 큰 농도의 Ca^{2+}와 Mg^{2+} 이온이 들어있다. **센물**(hard water)에 존재하는 이런 이온들은 세제와의 작용을 방해하며, 비누와 침전을 형성한다. 7.6절에서, 많은 양의 물을 연수화하는 공정에서 Ca^{2+}를 $CaCO_3$로 침전시켜 제거하는 것을 보았다. 각 가정에서 Ca^{2+}, Mg^{2+} 및 다른 양이온들은 **이온 교환**(ion exchange)에 의하여 제거된다. **이온 교환 수지**(ion-exchange resin)는 많은 이온성 접촉면을 가지고 있는 커다란 분자(고분자)로 구성되어 있다. 그림 20.6(a)에 개략적으로 나타낸 양이온 교환 수지(cation-exchange resin)는 수지 고분자에 공유 결합으로 붙어있는 SO^{3-}기에 Na^+ 이온들이 이온성으로 결합되어 있다. 센물이 수지를 통과하면, Na^+ 이온들은 용액으로 떨어져 나가고 대신에 Ca^{2+}와 Mg^{2+}가 수지에 결합된다[그림 20.6(b)]. 비누의 소듐염은 물에 녹기 때문에 Mg^{2+}와 Ca^{2+}가 Na^+에 의해 치환되면[그림 20.6(c)] 물은 "단물"로 된다.

표 20.7 2A족 원소의 몇 가지 반응

반응	설명
$M + X_2 \longrightarrow MX_2$	X_2 = 모든 할로젠 분자
$2M + O_2 \longrightarrow 2MO$	Ba는 또한 BaO_2도 만든다.
$M + S \longrightarrow MS$	
$3M + N_2 \longrightarrow M_3N_2$	고온
$6M + P_4 \longrightarrow 2M_3P_2$	고온
$M + H_2 \longrightarrow MH_2$	M = Ca, Sr, Ba(고온에서), Mg(고압에서)
$M + 2H_2O \longrightarrow M(OH)_2 + H_2$	M = Ca, Sr, Ba
$M + 2H^+ \longrightarrow M^{2+} + H_2$	
$Be + 2OH^- + 2H_2O \longrightarrow Be(OH)_4^{2-} + H_2$	

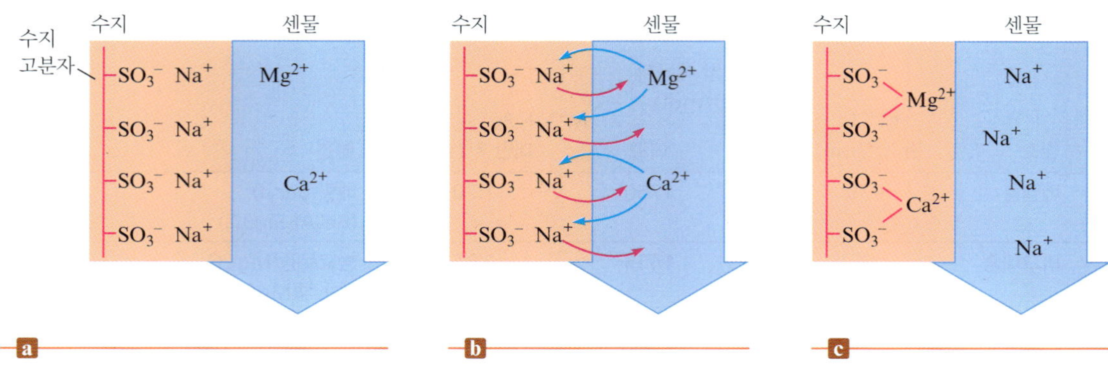

그림 20.6 (**a**) 대표적인 양이온 교환 수지의 개략도. (**b**)와 (**c**) 센물이 양이온 교환 수지를 지날 때 Ca^{2+} 이온과 Mg^{2+} 이온이 수지에 결합한다.

20.5 3A(13)족 원소

3A
B
Al
Ga
In
Tl

ns^2np^1의 원자가 전자 배치를 갖는 3A족 원소들은, 주족 원소들의 일반적 특성인, 같은 족에서 아래로 갈수록 금속성이 증가한다. 3A족 원소들에 대한 몇 가지 물리적 성질, 원천 및 제조 방법을 표 20.8에 요약하였다.

붕소(*boron*)는 전형적인 비금속이며, 붕소 화합물의 대부분은 공유 결합성이다. 가장 흥미로운 붕소의 화합물은 **보레인**(borane)이라고 부르는 공유 결합성 수소화물이다. 붕소는 세 개의 원자가 전자가 3개의 수소 원자와 전자를 공유하므로, BH_3가 붕소의 가장 간단한 수소화물일 것으로 예상할 수 있다. 그러나 이 화합물은 불안정하며, 이 계열에서 가장 간단한 것으로 알려진 화합물은, 그림 20.7(a)에 나타낸 구조를 갖는 다이보레인(diborane, B_2H_6)이다. 이 분자에서 말단의 B—H 결합은 전형적인 공유 결합으로, 각각은 하나의 전자쌍을 포함한다. 붕소를 연결하는 결합들은 고체 BeH_2에서와 비슷한 삼중심 결합이다. 흥미로운 다른 하나의 보레인으로는 사각뿔 모양의 B_5H_9 분자로[그림 20.7(b)], 이는 사각뿔의 바닥에 네 개의 삼중심 결합을 갖는다. 보레인은 전자가 극히 부족하므로 반응성이 매우 크다. 보레인은 산소와 큰 발열 반응을 하므로 미국의 우주 개발 계획에서 로켓 연

표 20.8 3A(13)족 원소의 물리적 성질, 원천, 제조 방법

원소	M^{3+}의 반지름 (pm)	이온화 에너지 (kJ/mol)	$M^{3+} + 3e^- \longrightarrow M$에 대한 $\mathscr{E}°$(V)	원천	제조 방법
붕소	20	800	—	Kernite, borax의 한 형태 ($Na_2B_4O_7 \cdot 4H_2O$)	Mg 또는 H_2에 의한 환원
알루미늄	50	580	−1.66	보크사이트(Al_2O_3)	용융된 Na_3AlF_6에서 Al_2O_3의 전기분해
갈륨	62	579	−0.53	여러 가지 광물내 미량	H_2로 환원 또는 전기분해
인듐	81	558	−0.34	여러 가지 광물내 미량	H_2로 환원 또는 전기분해
탈륨	95	589	0.72	여러 가지 광물내 미량	전기분해

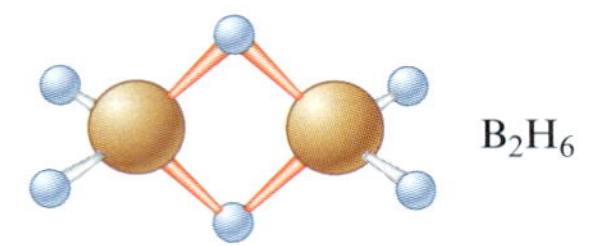

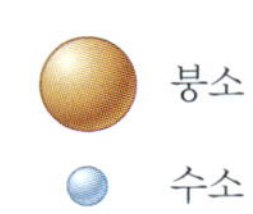

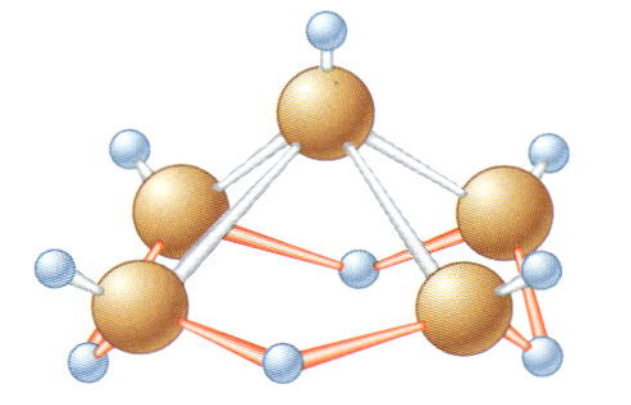

그림 20.7 (**a**) 2개의 삼중심 B—H—B 다리 결합과 네 개의 "보통의" B—H 결합을 가진 B_2H_6의 구조. (**b**) B_5H_9의 구조. 말단 수소와 5개의 "보통의" B—H 결합, 밑면 주위에 4개의 삼중심 다리 결합을 가지고 있다.

Rick Rudnicki / Alamy Stock Photo

▲
사붕산 소듐(sodium tetraborate, $Na_2B_4O_7$)을 함유하는 세척제인 보락스의 복고풍 박스. 캘리포니아주 대스 밸리(Death Valley) 근처의 염수 호수에서 대량으로 발견되는 천연 보락스($Na_2B_4O_7 \cdot 10H_2O$)는 노새 20마리가 끄는 마차에 실려 공장으로 운반되었기 때문에 '20마리 노새 수레 보락스'로 이름 지어졌다.

표 20.9 3A족 원소의 반응

반응	설명
$2M + 3N_2 \longrightarrow 2MX_3$	X_2 = 할로젠 분자; Tl은 TlX를 만들지만, TlI_3는 안 만든다.
$4M + 3O_2 \longrightarrow 2M_2O_3$	고온에서 Tl은 Tl_2O도 만든다.
$2M + 3S \longrightarrow M_2S_3$	고온에서 Tl은 Tl_2S도 만든다.
$2M + N_2 \longrightarrow 2MN$	M = Al뿐
$2M + 6^{H+} \longrightarrow 2M^{3+} + 3H_2$	M = Al, Ga 또는 In; Tl은 Tl^+를 만든다.
$2M + 2OH^- + 6H_2O \longrightarrow 2M(OH)_4^- + 3H_2$	M = Al 또는 Ga

료로서의 가능성이 검토된 바 있다.

지구에서 가장 풍부한 금속인 *알루미늄(aluminum)*은 높은 열전도도와 높은 전기전도도, 광택과 같은 금속성의 물리적 성질을 갖지만, 비금속과의 결합은 상당히 공유 결합성이다. 이 공유 결합성 때문에 Al_2O_3은 산과 염기성 용액에 모두 녹는 양쪽성을 가지며, $Al(H_2O)_6^{3+}$는 산성을 나타낸다(14.8절 참조).

$$Al(H_2O)_6^{3+}(aq) \rightleftharpoons Al(OH)(H_2O)_5^{2+}(aq) + H^+(aq)$$

특히 흥미로운 한 가지 성질은, 알루미늄의 녹는점이 660°C인 데 비하여 *갈륨(gallium)*의 녹는점이 비정상적으로 낮은 29.8°C라는 것이다. 또 갈륨의 끓는점은 2400°C 정도이며, 금속 중 가장 넓은 액체 범위를 갖는다. 이러한 성질 때문에 갈륨은 높은 온도를 측정하는 온도계에서 유용하게 쓰인다. 갈륨은 물처럼 얼면 팽창한다. 갈륨의 화학적 성질은 알루미늄과 아주 비슷하다. 예를 들면 Ga_2O_3은 양쪽성이다.

*인듐(indium)*의 화학은 InCl, In_2O와 같이 1+ 이온을 포함하는 화합물 그리고 좀 더 일반적인 3+ 이온을 포함하는 화합물이 알려져 있다는 점을 제외하고는 알루미늄과 갈륨의 화학과 비슷하다. *탈륨(thallium)*의 화학은 완전히 금속성이다.

표 20.9에 3A족 원소들의 몇 가지 중요한 반응을 요약하였다.

20.6 4A(14)족 원소

4A
C
Si
Ge
Sn
Pb

ns^2np^2의 원자가 전자 배치를 갖는 4A족 원소는 지구상에서 가장 중요한 두 가지 원소를 포함한다. 즉, 생명에 필요한 분자의 기본적인 구성 원소인 탄소와 지질학적 계의 기초를 이루는 규소이다. 3A(13)족에서 나타나는 비금속에서 금속으로의 변화는 4A(14)족에서도, 전형적인 비금속인 탄소로부터 반도체로 간주되는 규소와 저마늄을 거쳐 금속인 주석과 납에 이르기까지, 족의 아래로 내려감에 따라 금속성이 커진다. 표 20.10에 이 족 원소의 몇 가지 물리적 특성, 원천 그리고 제조 방법을 요약하였다.

모든 4A(14)족 원소들은 CH_4, SiF_4, $GeBr_4$, $SnCl_4$ 그리고 $PbCl_4$와 같이, 비금속과 4개의 공유 결합을 형성할 수 있다. 이들 각 사면체 분자의 중심 원자는 편재 전자 모형(localized electron model)에 의하여 sp^3로 혼성화된 것으로 설명할 수 있다.

또한 탄소는 π 결합을 형성하는 능력에 있어서 4A족의 다른 원소들과 현저하게 다르다는 것을 배웠다. 이는 CO_2와 SiO_2의 구조와 성질이 완전히 다름을 설명해 준다. 표 20.11에서 C—C 결합과 Si—O 결합이 Si—Si 결합보다 훨씬 강함에 주목하라. 이는 탄소의 화학이 C—C 결합에 의해 영향을 받는 반면, 규소의 화학은 Si—O 결합에 의해 지배되는 이유를 부분적으로 설명해 준다.

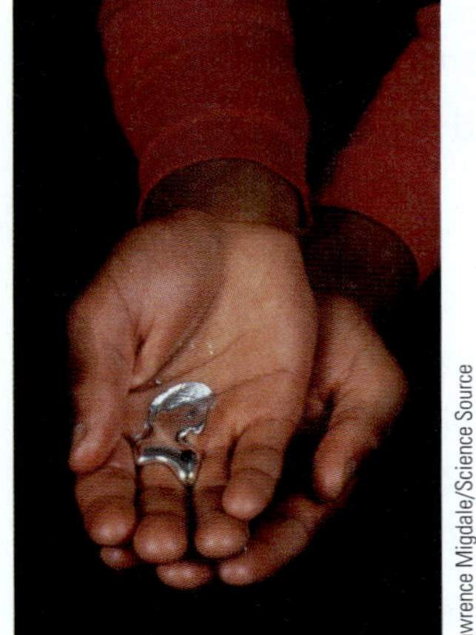
Lawrence Migdale/Science Source

▲
갈륨은 손에서 녹는다.

*탄소(carbon)*는 흑연, 다이아몬드 그리고 풀러렌의 세 가지 동소체 형태로 존재하며, 그 구조는 10.5절에 나타내었다. 탄소의 가장 중요한 화학은 유기 화학으로 제22장에서 자

표 20.10 4A(14)족 원소의 물리적 성질, 원천, 제조 방법

원소	전기음성도	녹는점(°C)	끓는점(°C)	원천	제조 방법
탄소	2.5	3727 (승화)	—	흑연, 다이아몬드, 석유, 석탄	—
규소	1.8	1410	2355	규산염 광물, 실리카	Al으로 K_2SiF_6를 환원 또는 Mg로 SiO_2를 환원
저마늄	1.8	937	2830	저마네이트(구리, 철, 저마늄 황화물의 혼합물)	H_2 또는 C로 GeO_2를 환원
주석	1.8	232	2270	석석(SnO_2)	C로 SnO_2를 환원
납	1.9	327	1740	방연광(PbS)	O_2로 PbS를 소성하여 PbO_2를 만든 후 C로 환원

표 20.11 C—C 결합, Si—Si 결합, Si—O 결합의 세기

결합	결합 에너지 (kJ/mol)
C—C	347
Si—Si	340
Si—O	452

풀러렌(fullerene)은 제2장에서 논의하였다.

▲
영국 Bath 지방에 있는 이와 같은 유형의 로마 목욕탕은 납 파이프를 사용하여 물을 공급하였다.

세히 다루어진다.

*규소(silicon)*는 지각에서 두 번째로 풍부한 원소로 실리카와 규산염으로 넓게 분포되어 있는 준금속이다(10.5절 참조). 지각의 대략 85%가 이들 물질로 구성되어 있다. 규소는 일부 강철과 알루미늄 합금에 쓰이지만, 주로 전자 소자에서의 반도체로 사용된다(제10장 참조).

*저마늄(germanium)*은 비교적 희소한 원소이고, 트랜지스터 및 이와 유사한 전자 장치에 이용되는 반도체의 생산에 주로 쓰이는 준금속이다.

*주석(tin)*은 연한 은빛 금속으로서, 롤러로 압연하여 얇은 박막(얇은 호일)을 만들 수 있으며, 수 세기 동안 청동(20% Sn, 80% Cu), 땜납(33% Sn, 67% Pb), 백랍(pewter, 85% Sn, 7% Cu, 6% Bi, 2% Sb)과 같은 여러 가지 합금을 만드는 데 사용되어 왔다. 주석은 정상 온도에서 안정한 *백주석(white tin)*, 13.2°C 이하의 온도에서 안정한 *회색 주석(gray tin)*, 161°C 이상에서 발견되는 *부서지기 쉬운 주석(brittle tin)*, 이렇게 세 가지 동소체로 존재한다. 주석이 낮은 온도에 노출되면, 점차 분말형의 회색 주석으로 변화하고 부서지게 된다. 이 과정은 *주석 병(tin disease)*으로 알려져 있다.

현재 주석은 주로 강철의 보호 피막에 사용되며, 특히 식품 용기로 사용되는 캔에 많이 쓰인다. 전기도금으로 입혀진 주석의 얇은 층은 추가적 부식을 방지하는 산화물 보호 피막을 형성한다.

*납(lead)*은 방연석(galena, PbS)이라고 하는 광석에서 쉽게 얻어진다. 납은 낮은 온도에서 녹기 때문에 광석으로부터 제일 먼저 얻어진 순수한 금속이었다. 납은 B.C. 3000년경 이집트 사람들에 의해 사용되었고, 그 후에 로마 사람들에 의해 식기류, 자기의 유약 및 복잡한 배관들을 만드는 데 이용되었다. 로마인들은 또한 포도 주스를 납으로 만든 용기에서 끓여, *sapa*라고 부르는 감미료를 제조하였다. 이 시럽의 단맛은, 매우 단맛을 가진 화합물인 아세트산 납[lead(II) acetate](전에는 납 설탕으로 부름)의 생성에 부분적으로 기인한다. 문제는 납이 매우 독성이 강하다는 것이다. 실제로 로마인들이 납에 많이 노출되어 있었기 때문에, 이것이 로마 문명의 쇠퇴에 일부 영향을 미쳤을 가능성도 있다. 그 시대 사람들의 뼈를 분석한 결과 상당량의 납이 검출되었다.

납 중독은 적어도 기원전 2세기부터 알려졌지만, 오늘날에도 여전히 문제가 되고 있다. 납 성분 페인트는 주거용으로 금지되었지만 1979년 이전에 건축된 오래된 주택에는 여전히 납 페인트가 포함되어 있을 수 있다. 1979년 이전에 건축된 부동산을 구입하거나 임대하는 사람은 누구나 납 페인트 자료를 제공받아야 한다. 또한 산성 음식이나 음료가 제대로 소성되지 않은 납 유약 도자기에서 납을 용출시키거나, 주류를 납이 함유된 크리스탈 병에 보관하면 상대적으로 짧은 시간 안에 음료에 독성 수준의 납이 생길 수 있다. 납의 가장 큰 상업적 용도는 자동차용 납 축전지(lead storage battery)의 전극으로, 연간 100만 톤 이상이 사용된다(18.5절 참조).

표 20.12에 4A족 원소들의 중요 반응들을 요약하였다.

화학 관련 읽을거리 Chemical Connections

Beethoven: 머리카락으로 밝혀지는 역사

Ludwig van Beethoven은 어쩌면 인류 역사상 가장 위대한 작곡가였지만, 병약함, 청력 상실, 성격적 이상 등으로 점철된 고된 삶을 살았다. 이제 우리는 이러한 질병의 원인이 납 중독이었음을 안다. 최근에 과학자들은 Beethoven의 머리카락을 분석하여 이와 같은 결론에 도달하였다. 1827년 56세의 나이로 Beethoven이 죽었을 때, 많은 조문객들이 위대한 위인의 머리카락을 수집하였다. 실제로, 그가 매장될 당시에 그는 머리카락이 없었다고 전해진다. 최근에 분석된 3~6인치 길이의 582가닥의 머리카락은, 1994년 런던의 Sotherby 경매장에서 7,300달러에 Beethoven 연구 센터의 소유가 되었다.

Chicago 외곽의 HRI(Health Research Institute)의 William Walsh에 의하면, Beethoven 머리카락의 납 농도는 보통 수준의 100배에 이른다고 한다. 과학자들은 그가 성인이 된 이후 납에 노출되었을 가능성이 크며, 특히 온천을 방문했을 때 마시고 몸을 담갔던 광천수가 원인일 수 있다고 결론지었다.

납 중독은 Beethoven의 불같은 성격을 잘 설명해 준다. 그는 변덕이 심했고, 때로는 야생 동물을 닮기도 했다. 드물게 납 중독이 귀를 멀게 만드는 것으로 알려져 있지만, 연구자들은 Beethoven의 청각 상실이 이것 때문이라고 확신하지는 않고 있다.

Walsh에 의하면, HRI의 과학자들은 원래 Beethoven의 머리카락에서 19세기 초에 매독 치료에 일반적으로 사용했던 수은을 찾고자 하였다. 수은이 검출되지 않은 것은 Beethoven이 매독에 걸리지 않았음을 주장하는 학자들의 의견에 힘을 실어 주었다. 당연히 Beethoven 자신도 무엇이 그를 그렇게 아프게 하는지 알고 싶어 했다. 1802년 그의 형제에게 보낸 편지에는 의사들에게 그가 죽은 후에 잦은 복부 고통의 원인을 찾아달라고 요구했음이 적혀 있다.

GL Archive / Alamy Stock Photo

Josef Karl Stieler가 그린 베토벤의 초상화.

표 20.12 4A족 원소의 반응

반응	설명
$M + 2X_2 \longrightarrow MX_4$	X_2 = 할로젠 분자 M = Ge, Sn; Pb는 PbX_2를 만든다.
$M + O_2 \longrightarrow MO_2$	M = Ge, Sn; 고온 Pb는 PbO 또는 Pb_3O_4를 만든다.
$M + 2H^+ \longrightarrow M^{2+} + H_2$	M = Sn, Pb

20.7 5A(15)족 원소

5A
N
P
As
Sb
Bi

ns^2np^3의 원자가 전자 배치를 갖는 5A(15)족 원소들은 표 20.13에 나타낸 제조 방법으로 얻을 수 있으며, 이들은 현저하게 다른 화학적 성질을 보여준다. 다른 족과 마찬가지로 족의 아래로 내려갈수록 금속성은 증가하며, 이것은 전기음성도 값을 비교해 보면 명백히 알 수 있다(표 20.13 참조). 질소(nitrogen)와 인(phosphorus)은 비금속으로, 활성이 큰 금속과 반응하여 세 개의 전자를 받아 3− 음이온이 되면서 염을 형성한다. 예를 들면, 질화 마그네슘(magnesium nitride, Mg_3N_2)과 인화 베릴륨(beryllium phosphide, Be_3P_2)이 있다. 이 두 가지의 중요한 원소의 화학은 다음 두 절에서 다루기로 한다.

비스무트(*bismuth*)와 *안티모니*(*antimony*)는 금속성이 있어서 쉽게 전자를 잃고 양이온으로 된다. 이 원소들은 다섯 개의 원자가 전자를 가지고 있지만 다섯 개의 전자를 모두 잃기에는 너무 많은 에너지가 필요하므로 Bi^{5+} 또는 Sb^{5+} 이온을 형성하는 이온성 화합물은 존재하지 않는다.

5A(15)족 원소는 5A(15)족 원자에 셋, 다섯, 여섯 개의 공유 결합을 한 분자나 이온을

표 20.13 5A족 원소의 물리적 성질, 원천, 제조 방법

원소	전기음성도	원천	제조 방법
질소	3.0	공기	공기 액화
인	2.1	인산염 암[$Ca_3(PO_4)_2$] 플루오린화 인회석[$Ca_5(PO_4)_3F$]	$2Ca_3(PO_4)_2 + 6SiO_2 \longrightarrow 6CaSiO_3 + P_4O_{10}$ $P_4O_{10} + 10C \longrightarrow 4P + 10CO$
비소	2.0	유비소 철광(Fe_3As_2, FeS)	공기가 존재하지 않는 상태에서 유비소 철광의 가열
안티모니	1.9	스티브나이트(Sb_2S_3)	공기 중에서 Sb_2S_3를 가열하여 얻은 Sb_2O_3를 C와 함께 환원
비스무트	1.9	비스마이트(Bi_2O_3) 비스무트 휘광(Bi_2S_3)	공기 중에서 얻은 Bi_2S_3를 가열하여 얻은 Bi_2O_3를 C와 함께 환원

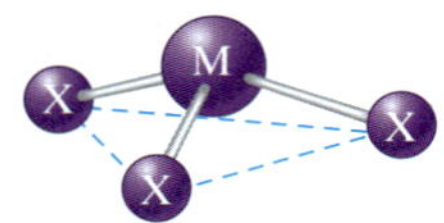

그림 20.8 5A(15)족 MX_3 분자의 피라미드 구조.

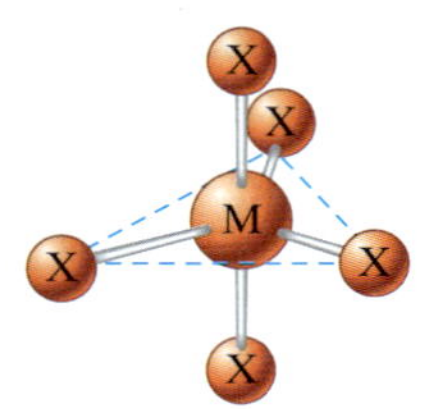

그림 20.9 MX_5 분자의 삼각 쌍뿔 구조.

형성할 수 있다. 세 개의 단일 결합을 하는 예로는 NH_3, PH_3, NF_3와 $AsCl_3$가 있다. 이런 분자들은 한 개의 고립 전자쌍을 가지며, 따라서 Lewis 염기로 행동하고, VSEPR 모형에 의하면 피라미드 구조를 가진다(그림 20.8 참조).

질소를 제외한 5A(15)족 원소 모두는 다섯 개의 공유 결합(일반적인 MX_5의 형태)을 할 수 있다. 질소는 크기가 작아서 그런 분자를 만들 수 없다. MX_5 분자는 VSEPR 모형에 의해 예측된 것처럼 삼각 쌍뿔형(그림 20.9 참조) 구조를 가지며, 중심 원자는 dsp^3 혼성화로 설명할 수 있다.

비록 MX_5 분자가 기체 상태에서는 삼각 쌍뿔 구조를 갖더라도, 대부분의 이런 화합물의 고체는 MX_4^+와 MX_6^-(그림 20.10 참조) 이온의 1 : 1 혼합물 상태로 존재한다. MX_4^+ 양이온은 사면체(M 원자는 sp^3 혼성화) 구조이고, MX_6^- 음이온은 팔면체(M 원자는 d^2sp^3 혼성화) 구조이다. 예를 들면, PCl_5는 고체 상태에서 PCl_4^+와 PCl_6^-로 있고, AsF_3Cl_2는 고체 상태에서 $AsCl_4^+$와 AsF_6^-를 포함하고 있다.

20.1절에서 논의하였던 것과 같이, 5A(15)족 원소에서 π 결합을 형성하는 능력은 질소 아래부터 급격히 감소된다. 이것은 질소 원소가 두 개의 π 결합을 가진 N_2 분자로 존재하는 반면, 5A(15)족의 다른 원소들은 단일 결합으로 된 더 큰 집합체로 존재하는 이유를 설명해 준다. 예를 들면, 기체 상태에서 인, 비소(arsenic), 안티모니 원소들은 각각 P_4, As_4, Sb_4 분자로 존재한다.

20.8 질소의 화학

지구 표면에서 거의 모든 질소 원자는 매우 강한 삼중 결합(941 kJ/mol)을 가진 N_2 분자로 존재한다. 이러한 강한 결합 때문에 N_2 분자는 반응성이 없어서 일반적인 조건에서 대부분의 다른 원소와 반응을 하지 않고 공존할 수 있다. 그러므로 질소 기체는 산소나 물과 반응하는 물질이 존재하는 실험에서 매우 유용한 매질로 사용된다. 이러한 실험은 그림 20.11에서 보여 주고 있는 비활성 분위기 상자(inert atmosphere box) 안에서 수행할 수 있다.

N_2 분자의 강한 삼중 결합은 열역학적으로나 반응 속도론적으로 모두 중요하다. 열역학적으로 $N\equiv N$ 결합이 매우 안정하다는 것은 질소를 포함하는 대부분의 이성분 질소 화

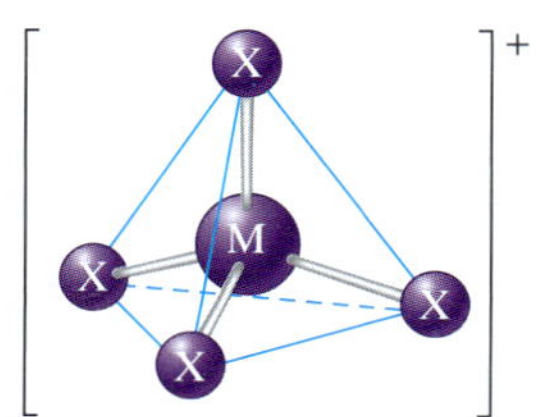

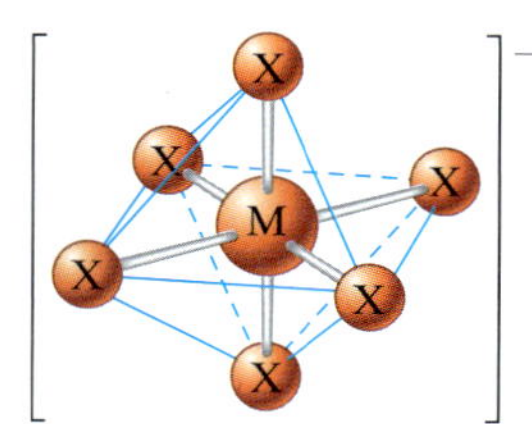

그림 20.10 사면체 MX_4^+와 팔면체 MX_6^-의 구조.

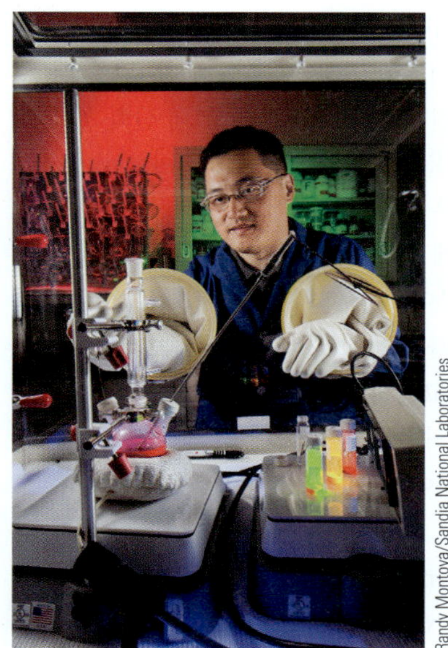

Randy Montoya/Sandia National Laboratories

그림 20.11 산소와 물에 민감한 물질을 취급할 때 사용하는 비활성 조건의 상자. 상자는 질소와 같은 불활성 기체로 채워져 있고, 커다란 고무장갑이 달린 주입구를 통해 작업을 한다.

합물들이 질소로 분해되는 반응이 발열 반응이라는 것이다. 이에 대한 예는 다음과 같다.

$$N_2O(g) \longrightarrow N_2(g) + \tfrac{1}{2}O_2(g) \qquad \Delta H° = -82 \text{ kJ}$$
$$NO(g) \longrightarrow \tfrac{1}{2}N_2(g) + \tfrac{1}{2}O_2(g) \qquad \Delta H° = -90 \text{ kJ}$$
$$NO_2(g) \longrightarrow \tfrac{1}{2}N_2(g) + O_2(g) \qquad \Delta H° = -34 \text{ kJ}$$
$$N_2H_4(g) \longrightarrow N_2(g) + 2H_2(g) \qquad \Delta H° = -95 \text{ kJ}$$
$$NH_3(g) \longrightarrow \tfrac{1}{2}N_2(g) + \tfrac{3}{2}H_2(g) \qquad \Delta H° = +46 \text{ kJ}$$

이들 화합물 중에 암모니아만이 열역학적으로 성분 원소보다 안정하여, 그 성분 원소로 분해되는 데 에너지가 필요하다. 이외의 다른 분자들은 성분 원소로 분해가 일어날 때 N_2의 커다란 안정도 때문에 에너지가 방출된다.

N_2의 열역학적인 안정도의 중요한 점은 다음과 같은 구조를 가진 나이트로글리세린(nitroglycerin, $C_3H_5N_3O_9$)과 같이 질소를 기본으로 한 폭약의 강력한 폭발력이다.

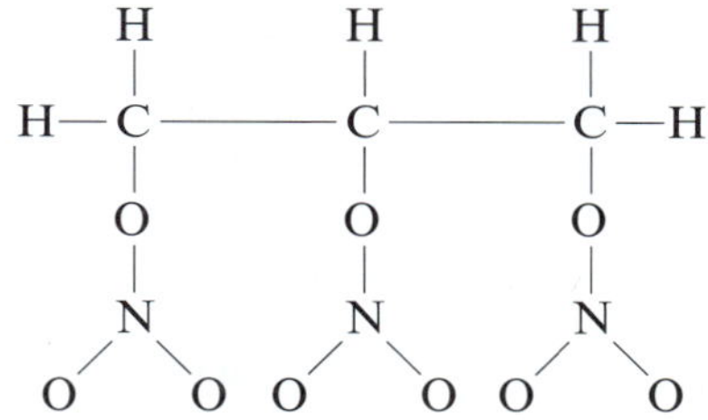

나이트로글리세린은 점화시키거나 갑작스런 충격을 가하면 매우 큰 발열 반응이 다음과 같이 빠르게 진행된다.

$$4C_3H_5N_3O_9(l) \longrightarrow 6N_2(g) + 12CO_2(g) + 10H_2O(g) + O_2(g) + \text{에너지}$$

큰 부피의 기체가 많은 양의 열과 함께 빠른 속도로 생성되는데 이것이 바로 폭발이다. 4 mol의 액체 나이트로글리세린에서 29 (6 + 12 + 10 + 1) mol의 기체 생성물이 얻어지는 사실에 주목하라. 이것만으로도 커다란 부피 증가가 일어난다. 그러나 동시에 질소를 포함한 생성물 모두가 강한 결합을 가진 매우 안정한 분자이라는 것을 유의하라. 그러므로 이 과정에서 다량의 에너지가 열로서 방출되어 기체의 부피 팽창이 발생되고, 고온의 빠르게 팽창하는 기체는 갑작스런 압력 증가와 파괴적인 충격파를 발생시킨다.

대부분의 강력한 폭발력을 가진 유기 화합물은 나이트로글리세린처럼 $—NO_2$기를 가지며, 생성물로 질소와 다른 기체를 발생시킨다. 그런 예로는 *트라이나이트로톨루엔*(*trinitrotoluene*, TNT)이다. 이것은 실온에서 고체이며, 다음과 같은 반응에 의해 분해된다.

$$2C_7H_5N_3O_6(s) \longrightarrow 12CO(g) + 5H_2(g) + 3N_2(g) + 2C(s) + \text{에너지}$$

CH_3 NO_2 NO_2 NO_2

TNT

2 mol의 고체 TNT가 분해되면 20 mol의 기체 생성물과 함께 에너지가 발생하는 것을 주목하라.

N_2 분자가 관여하는 반응의 반응 속도에 결합 세기가 미치는 영향은 여러 번 논의되었던, 질소와 수소로부터 암모니아를 합성하는 반응으로 설명할 수 있다. 암모니아의 합성 반응은 평형 상수가 매우 크지만($K \approx 10^8$), N≡N 결합을 깨는 데는 많은 에너지가 필요하기 때문에 실온에서는 무시될 정도의 속도로 반응이 천천히 진행된다. 물론 반응 속도를 증가시키기 위한 가장 직접적인 방법은 온도를 올리는 것이지만, 이 반응은 매우 많은 열을 방출하는 발열 반응이므로, K의 값이 온도증가에 따라 현저하게 감소한다(500°C에서 $K \approx 10^{-2}$).

$$N_2(g) + 3H_2(g) \longrightarrow 2NH_3(g) \qquad \Delta H° = -92 \text{ kJ}$$

명백하게 이 반응의 반응 속도와 열역학은 분명히 상반된다. 평형을 오른쪽으로 이동

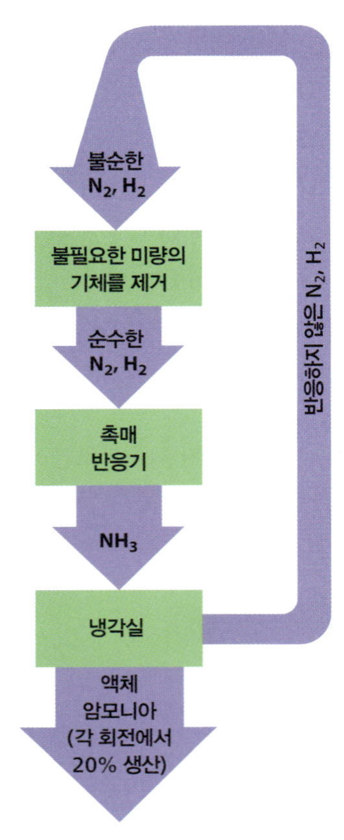

그림 20.12 암모니아 제조를 위한 Haber 공정의 구성도.

시키기 위한 높은 압력과 적당한 반응 속도를 갖기 위한 높은 온도가 절충되어야 한다. 암모니아의 제법인 **Haber 공정**(Haber process)에서 이러한 반응 조건이 제시되고 있다(그림 20.12 참조). 이 공정은 약 250 atm, 400°C에서 진행된다. 촉매로는 고체 산화 철(iron oxide)과 소량의 산화 포타슘(potassium oxide) 및 산화 알루미늄(aluminium oxide)의 혼합물이 사용되는데 촉매가 없을 경우에는 더욱 높은 온도가 요구된다.

질소는 생태계에 필수적이다. 질소는 우리 주위에 풍부히 존재하기 때문에 공급 문제는 없지만, 비활성인 N_2 분자를 어떻게 동물과 식물이 이용할 수 있는 형태로 변형시킬 수 있는가가 문제이다. N_2를 질소가 포함되어 있는 다른 물질로 바꾸는 과정을 **질소 고정**(nitrogen fixation)이라 부른다. Haber 공정은 질소 고정의 한 예이다. 생산된 암모니아는 비료로 토양에 공급해줄 수 있는데 식물은 암모니아의 질소를 식물의 성장에 필수적인 질소 함유 생체 분자를 합성하는 데 사용할 수 있기 때문이다.

질소 고정은 자동차 엔진의 고온 연소 과정에서도 일어난다. 엔진에 들어온 공기 중의 질소는 상당한 속도로 산소와 반응하여 일산화 질소(nitric oxide, NO)를 형성하며, 다시 공기 중의 산소와 반응하여 이산화 질소(nitrogen dioxide, NO_2)로 변한다. 이산화 질소는 많은 도시에서 광화학 스모그의 주요 원인이며(12.8절 참조), 공기 중의 습기와 반응하여 결국은 식물의 영양 성분이 되는 질산염(nitrate salt)으로 전환되어 토양으로 들어간다.

자연적으로 일어나는 질소 고정도 있다. 예를 들면, 번개는 공기 중의 N_2와 O_2를 분해시킬 수 있는 에너지를 공급하여 반응성이 매우 큰 질소와 산소 원자를 발생시킨다. 이들 원자들은 이어서 다른 N_2 및 O_2와 반응하여 질소 산화물(nitrogen oxide)을 형성하고 질소 산화물은 결국 질산염이 된다. 전통적으로 번개에 의한 질소 고정은 전체 질소 고정의 약 10%를 차지한다고 생각되어졌으나, 최근 연구에 의하면 지구상의 가능한 질소 고정의 절반 이상이라고 보고되고 있다. 자연에서 일어나는 또 다른 질소 고정에는 콩, 완두, 알팔파(alfalfa)와 같은 콩과 식물의 뿌리혹에 존재하는 박테리아가 관여한다. **질소 고정 박테리아**(nitrogen fixing bacteria)는 질소를 쉽게 식물에 필요한 암모니아나 그 밖의 질소를 포함하는 화합물로 전환시키며 이들 질소 화합물은 식물에 유용하게 사용된다. 이들 박테리아의 효율성은 매우 흥미롭다. Haber 공정에서는 400°C, 250 atm의 상당한 고온, 고압의 반응 조건을 사용하는 반면, 이들 박테리아는 토양 온도와 1 atm에서 암모니아를 만들어낸다. 이런 명백한 이유로 많은 연구자들이 이들 박테리아를 집중적으로 연구하고 있다.

식물이나 동물이 죽으면 분해되고, 그들의 구성 원소는 자연으로 돌아간다. 질소 화합물의 경우에 원소는 질소 기체로서 대기로 돌아가는데, **탈질산 반응**(denitrification)이라고 부르는 이 과정은 질산염을 질소로 변환시키는 박테리아에 의해서 이루어진다. 복잡한 **질소 순환**(nitrogen cycle)이 그림 20.13에 요약되어 있다. 현재 매년 대기 중으로 환원되는 것보다 천만 톤 이상의 많은 질소가 자연에서 또는 인공적인 과정에 의해서 고정된다.

▲
완두콩의 뿌리혹에는 질소 고정 박테리아가 있다.

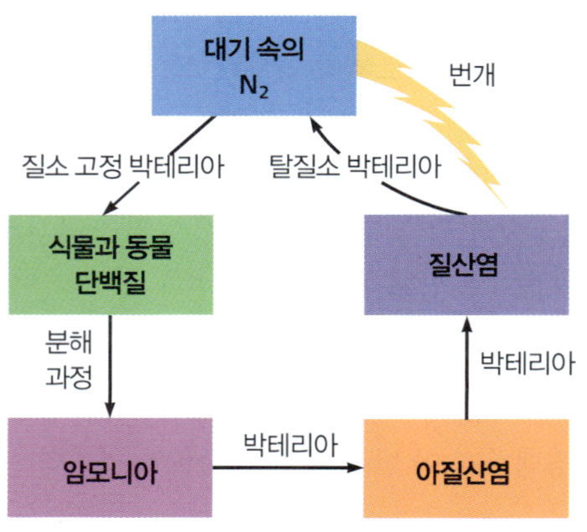

그림 20.13 질소 순환. 동물과 식물이 질소를 이용하기 위해서 질소는 N_2로부터 질산염, 암모니아 또는 단백질 등과 같이 질소를 포함하는 화합물로 전환되어야 한다. 질소는 자연계 분해 과정에 의해 대기로 돌아간다.

이렇게 고정된 질소는 토양, 호수, 강, 대양에 축적되고, 그곳에서 조류나 다른 불필요한 유기체의 성장을 촉진한다.

질소 수소화물

가장 중요한 질소의 수소화물은 **암모니아**(ammonia)이다. 독성이 있고, 무색이며, 자극성 냄새를 가진 암모니아는 주로 비료로 사용하기 위하여 대량(연간 400억 파운드)으로 생산된다.

삼각뿔 모양의 암모니아 분자는 질소 원자에 고립 전자쌍(그림 20.8 참조)과 극성인 N—H 결합을 갖고 있다. 암모니아는 이러한 구조 때문에 액체 상태에서 수소 결합에 의한 분자 간 인력이 매우 커서, 낮은 몰질량을 가진 물질임에도 특이하게 매우 높은 끓는점($-33.4°C$)을 갖는다. 그러나 액체 암모니아의 수소 결합은, 훨씬 더 높은 끓는점을 갖지만 유사한 몰질량인 액체 물에서 만큼 중요하지는 않다. 물 분자는 수소를 포함한 두 개의 극성 결합과 두 개의 고립 전자쌍(강한 수소 결합을 위한 좋은 조건)을 갖는 반면에, 암모니아 분자는 한 개의 고립 전자쌍과 세 개의 극성 결합을 갖는다.

제14장에서 보았듯이, 암모니아는 염기로 작용하고 산과 반응하여 암모늄염(ammonium salt)을 형성한다. 예를 들면 다음과 같다.

$$NH_3(g) + HCl(g) \longrightarrow NH_4Cl(s)$$

두 번째로 중요한 질소 수소화물은 **하이드라진**(hydrazine, N_2H_4)이다. 하이드라진의 Lewis 구조는 다음과 같다.

```
H         H
 \  ..  .. /
  N — N
 /        \
H         H
```

질소 원자는 주변에 네 개의 전자쌍을 갖기 때문에, 이 구조에서 각 질소 원자는 결합각이 109.5°(사면체 구조의 각도)에 가까운 sp^3로 혼성되어야 한다. 관찰된 구조의 결합각은 112°(그림 20.14 참조)로, 예측과 거의 일치한다. 무색이며 암모니아 냄새를 가진 액체인 하이드라진은, 2°C에서 응고하고 113.5°C에서 끓는다. 이런 끓는점은 몰질량이 32인 화합물로서는 상당히 높은 것이고, 극성인 하이드라진 분자 사이에 강한 수소 결합이 있음을 의미한다.

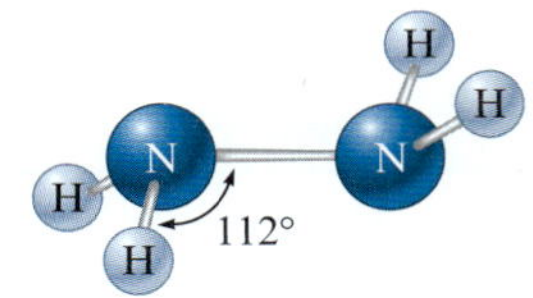

그림 20.14 하이드라진(hydrazine, N_2H_4)의 분자 구조. 질소 원자에 있는 고립 전자쌍들이 서로 반대편에 위치함으로써 반발을 최소화하는 배열이다.

하이드라진은 강력한 환원제이며, 로켓의 추진제로 널리 사용되어 왔다. 예를 들면, 산소와의 반응은 매우 큰 발열 반응이다.

$$N_2H_4(l) + O_2(g) \longrightarrow N_2(g) + 2H_2O(g) \qquad \Delta H° = -622 \text{ kJ}$$

또한, 하이드라진은 할로젠과 격렬하게 반응하기 때문에, 로켓 엔진의 산화제로 플루오린(fluorine)이 가끔 산소 대신 사용된다. 하이드라진의 수소 원자가 하나 이상의 다른 작용기로 바뀐 하이드라진 치환체도 역시 유용한 로켓 연료이다. 예를 들면, 모노메틸하이드라진(monomethylhydrazine)의 구조는 다음과 같고,

```
CH3        H
   \  ..  .. /
    N — N
   /        \
  H          H
```

산화제인 사산화 이질소(dinitrogen tetroxide, N_2O_4)와 함께 미국 우주 비행선의 연료로 사용된다. 반응은 다음과 같다.

$$5N_2O_4(l) + 4N_2H_3(CH_3)(l) \longrightarrow 12H_2O(g) + 9N_2(g) + 4CO_2(g)$$

이 반응은 많은 양의 기체 분자와 열을 방출하므로 연료의 단위 무게당 매우 큰 추진력을 얻을 수 있다. 또한 이 반응은 별도의 점화 없이 연료가 혼합되면 즉시 시작되기 때문에, 작

▲ 분해되면서 질소 기체를 생성하는 하이드라진과 같은 발포제는, 스티로폼(polystylene) 같은 다공성 플라스틱 제품을 생산하는 데 사용된다.

동과 정지를 자주 반복해야 하는 로켓 엔진에서 매우 유용한 특성이다.

로켓 추진 연료로 하이드라진을 사용하는 것은 비교적 특수한 응용이다. 하이드라진의 주된 산업적 응용은 플라스틱 제조에서 "발포제(blowing agent)"로 사용되는 것이다. 하이드라진이 분해되면 질소 기체가 발생하여 액체 플라스틱에 거품을 만들어서 다공성 조직을 형성한다. 하이드라진의 다른 주된 용도는 농약의 생산에 이용되는 것이다. 수백 종의 하이드라진 유도체(치환 하이드라진) 중에서 40종이 살균제, 제초제, 살충제, 식물 성장 조절제로 사용된다.

질소 산화물

질소는 표 20.14에서 보는 것과 같이, 산화 상태가 +1부터 +5까지 다양한 산화물을 형성한다.

흔히 *아산화 질소(nitrous oxide)* 또는 웃음 가스(laughing gas)라고 부르는 *일산화 이질소(dinitrogen monoxide*, N_2O)는 사람을 취하게 하는 성질이 있어 치과에서 온화한 마취제로 사용되고 있다. 아산화 질소는 지방에 잘 용해되기 때문에, 휘핑 크림(whipped cream)의 에어로솔 용기에 넣어서 분무재로 널리 사용되고 있다. 높은 압력에서는 용기 내의 액체에 녹아 있다가 액체가 유출될 때 거품을 형성하게 된다. 대부분 토양 미생물에 의해 생성되어 상당량의 N_2O가 대기 중에 존재하며, 그 농도는 점차 증가되고 있다. N_2O는 적외선을 매우 강하게 흡수하므로, 대기 중의 CO_2 및 수증기와 함께 지구의 온도를 조절하는 데 상당히 중요한 역할을 한다(6.5절의 온실 효과에 관한 논의 참조). 어떤 과학자들은 브라질과 같은 나라에서 삼림 개발에 따른 열대 우림 지역의 급격한 감소는 토양 생물들에 의한 N_2O의 생성 속도에 심각하게 영향을 끼치며, 따라서 지구의 온도에도 중요한

표 20.14 일반적인 질소 화합물

질소와 산화 상태	화합물	화학식	Lewis 구조*
−3	암모니아	NH_3	H—N̈—H (N에 H 하나 더 결합)
−2	하이드라진	N_2H_4	H—N̈—N̈—H (각 N에 H 결합)
−1	하이드록실아민	NH_2OH	H—N̈—Ö—H (N에 H 결합)
0	질소	N_2	:N≡N:
+1	일산화 이질소 (아산화 질소)	N_2O	:N=N=O:
+2	일산화 질소 (산화 질소)	NO	:Ṅ=O:
+3	삼산화 이질소	N_2O_3	O—N(=O)—N=O
+4	이산화 질소	NO_2	:O—Ṅ=O:
+5	질산	HNO_3	:O—N(=O)—O—H

* 몇몇의 경우에, 전자 분포를 완전히 표시하는 데는 추가의 공명 구조가 필요하다.

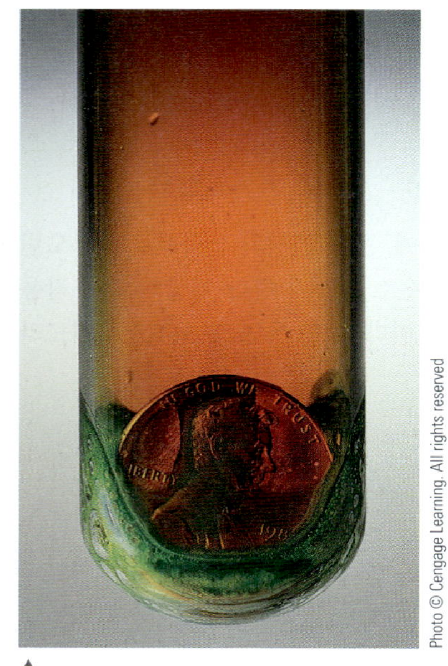

▲
구리로 만든 동전(penny)은 질산과 반응하여 NO 기체가 생성되며, 이것은 바로 공기 중에서 산화되어 붉은 갈색의 NO_2가 된다.

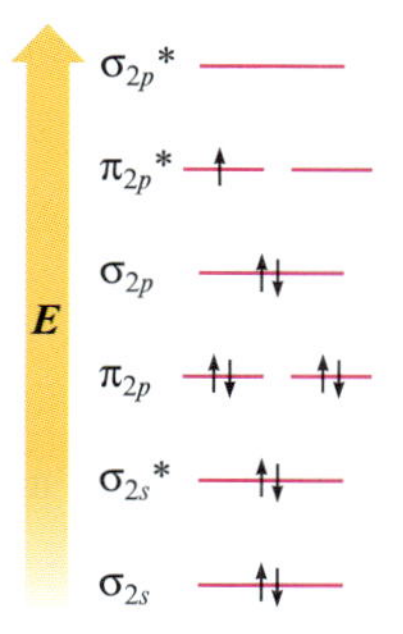

그림 20.15 산화 질소(nirtic oxide, NO)의 분자 오비탈의 에너지 준위. 결합 차수는 (8 − 3)/2 = 2.5이다.

표 20.15 산화 질소와 나이트로실 이온의 결합 길이와 결합 에너지 비교

	NO	NO^+
결합 길이(Å)	1.15	1.09
결합 에너지 (kJ/mol)	630	1020
결합 차수 (MO 모형에 의한 예측값)	2.5	3

영향을 미칠 것이라고 걱정하고 있다.

흔히 *산화 질소*(*nitric oxide*)라 부르는 *일산화 질소*(*nitrogen monoxide*, NO)는 생물 시스템에서 중요한 조절체가 되는 것이 발견되었다. 산화 질소는 정상적인 조건에서 무색의 기체이고, 실험실에서 6 *M*의 질산과 구리 금속을 반응시켜 만든다.

$$8H^+(aq) + 2NO_3^-(aq) + 3Cu(s) \longrightarrow 3Cu^{2+}(aq) + 4H_2O(l) + 2NO(g)$$

그러나 이 반응을 공기 중에서 진행시키면 산화 질소는 즉시 산소에 의하여 붉은 갈색의 이산화 질소(nitrogen dioxide, NO_2)로 산화된다.

NO는 홀 전자를 가지고 있기 때문에 분자 오비탈 모형으로 가장 편리하게 설명할 수 있다. 분자 오비탈의 에너지 준위를 그림 20.15에 보여준다. 실험적 사실로부터 예상된 바와 같이 NO 분자는 상자기성이며, 결합 차수가 2.5를 가진다는 것에 주목하라. NO 분자는 높은 에너지 준위에 한 개의 전자를 가지고 있으므로 쉽게 산화되어 NO^+, 즉 *나이트로실 이온*(*nitrosyl ion*)이 된다는 사실은 별로 놀랄 일이 아니다. 반결합성 전자를 잃고 NO가 NO^+로 되기 때문에, 생성된 이온이 분자보다 더 강한 결합(예상 결합 차수는 3이다)을 갖게 된다. 이것은 실험에 의해 입증되었고, 산화 질소와 나이트로실 이온의 결합 길이와 결합 에너지는 표 20.15에 나타냈다.

산화 질소는 열역학적으로 불안정해서 다음과 같이 아산화 질소와 이산화 질소로 분해된다.

$$3NO(g) \longrightarrow N_2O(g) + NO_2(g)$$

이산화 질소(*nitrogen dioxide*, NO_2)도 홀 전자를 가진 분자이며, V-자 모양의 구조를 가진다. 붉은 갈색이며 상자기성인 NO_2 분자는 쉽게 이량체가 되어 다음과 같이 사산화 이질소(dinitrogen tetroxide)를 형성한다.

$$2NO_2(g) \rightleftharpoons N_2O_4(g)$$

N_2O_4는 반자기성이며, 색깔이 없다. 이 반응의 평형 상수 값은 55°C에서 약 1이며, 이량체의 생성 반응이 발열 반응이므로 *K*는 온도의 증가에 따라 감소한다.

가장 적게 발견되는 질소 산화물은 푸른색의 액체이며, 쉽게 기체상의 아산화 질소와 이산화 질소로 분해되는 *삼산화 이질소*(*dinitrogen trioxide*, N_2O_3)와, 보통의 조건에서 고체이며 NO_2^+와 NO_3^- 이온의 혼합물로서 존재하는 *오산화 이질소*(*dinitrogen pentoxide*, N_2O_5)이다. N_2O_5 분자는 기체 상태로도 존재하지만, 쉽게 이산화 질소와 산소로 분해된다.

$$2N_2O_5(g) \rightleftharpoons 4NO_2(g) + O_2(g)$$

이 반응은 12.4절에서 논의했듯이 일차 반응 속도 법칙을 따른다.

질소의 산소산

질산(nitric acid)은 질소를 원료로 하는 폭약이나 비료로 쓰이는 질산 암모늄(ammonium nitrate)과 같은 물질의 제조에 이용되는 중요한 화학 물질(연간 약 800만 톤 생산)이다.

질산은 공업적으로 **Ostwald 공정**(Ostwald process)에서 암모니아를 산화시켜 생산된다(그림 20.16 참조). 이 공정의 첫째 과정은 암모니아가 산화 질소로 산화되는 과정이다.

$$4NH_3(g) + 5O_2(g) \longrightarrow 4NO(g) + 6H_2O(g) \qquad \Delta H° = -905\ kJ$$

이 반응은 매우 큰 발열 과정이지만, 25°C에서는 매우 느리다. 그리고 생성된 산화 질소와 암모니아 사이에는 다음과 같은 부반응도 일어난다.

$$4NH_3(g) + 6NO(g) \longrightarrow 5N_2(g) + 6H_2O(g)$$

이 부반응은 질소 화합물을 반응성이 전혀 없는 N_2 분자로 변환시키기 때문에 바람직하지

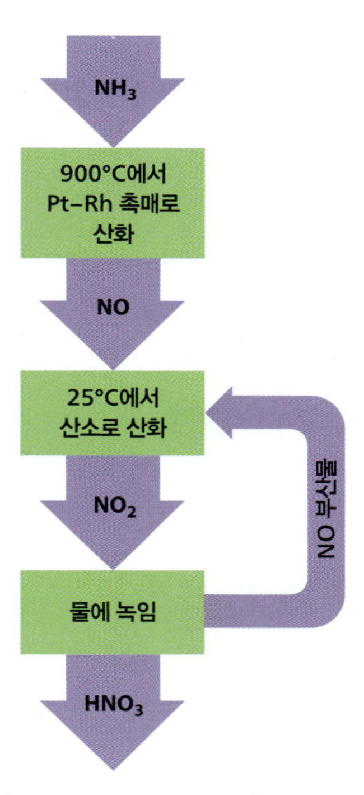

그림 20.16 Ostwald 공정.

못하다. 필요한 반응을 촉진시키고 경쟁되는 부반응을 줄이기 위해서, 암모니아의 산화 반응은 900°C에서 가열한 백금-로듐(platinum-rhodium)의 합금 촉매를 사용하여 진행시킨다. 이 조건에서는 암모니아의 97%가 산화 질소로 바뀐다.

둘째 단계에서는 산화 질소가 산소와 반응하여 이산화 질소가 만들어진다.

$$2NO(g) + O_2(g) \longrightarrow 2NO_2(g) \qquad \Delta H^\circ = -113 \text{ kJ}$$

이런 산화 반응은 온도가 증가하면 속도가 *감소한다*. 이러한 매우 드문 현상 때문에 반응은 약 25°C에서 진행되며 물로 냉각시켜 이 온도를 유지한다.

Ostwald 공정에서 셋째 단계는 물에 이산화 질소가 흡수되는 과정이다.

$$3NO_2(g) + H_2O(l) \longrightarrow 2HNO_3(aq) + NO(g) \qquad \Delta H^\circ = -139 \text{ kJ}$$

반응에서 생성된 NO 기체는 NO_2로 산화되어 재순환된다. 이 과정에서 얻은 질산은 질량비로 약 50% HNO_3이며, 증류하여 물을 제거하면 68%까지 증가될 수 있다. 질산과 물은 이 농도에서 *불변 끓음 혼합물*(*azeotrope*)이 형성되기 때문에 이 방법으로 제조할 수 있는 최대 농도는 68%이다. 이 용액을 진한 황산(sulfuric acid)으로 처리하면 95% HNO_3까지 얻을 수 있다. 진한 황산은 물을 잘 흡수하기 때문에, H_2SO_4는 *탈수제*(*dehydrating*)[*수분 제거제*(*water-removing agent*)]로 자주 사용된다.

불변 끓음 혼합물(*azeotrope*)은 순수한 액체처럼 조성의 변화 없이 일정 온도에서 증류되는 용액이다.

질산은 무색이며, 자극성 냄새를 가진 발연성 액체(bp = 83°C)이고, 햇빛에 의해 다음 반응과 같이 분해된다.

$$4HNO_3(l) \xrightarrow{h\nu} 4NO_2(g) + 2H_2O(l) + O_2(g)$$

그러므로 질산을 오래 두면 용해되어 있는 이산화 질소 때문에 황색을 띤다. *진한 질산*(*concentrated nitric acid*)이라고 부르며 실험실에서 흔히 사용되는 시약은 15.9 *M* HNO_3(질량비로 70.4%)로서 매우 센 산화제이다. HNO_3의 공명 구조 및 분자 구조는 그림 20.17에 나타내었다. 수소는 화학식에 표시된 것처럼 질소에 결합되어 있지 않고 산소 원자에 결합되어 있다는 것에 유의하라.

아질산(*nitrous acid*, HNO_2)은 약산으로, 옅은 노란색의 아질산(nitrite, NO_2^-) 염을 형성한다.

$$HNO_2(aq) \rightleftharpoons H^+(aq) + NO_2^-(aq) \qquad K_a = 4.0 \times 10^{-4}$$

흔히 폭약으로 사용되는 질산염과 달리 아질산염은 높은 온도에서도 상당히 안정하다.

20.9 인의 화학

인(phosphorous)은 주기율표에서 5A(15)족의 질소 바로 아래에 있지만, 화학적 성질은 질소와 상당히 다르다. 차이는 주로 네 가지 요인에서 기인한다. 즉, 강한 π 결합을 형성할 수 있는 질소의 능력, 질소의 큰 전기음성도, 커다란 인 원자의 크기, 그리고 인에 비어 있는 d 오비탈의 존재 등이다.

▲ 백린은 공기 중에서 산소와 격렬하게 반응하므로 물속에 저장하여야 한다. 적린은 공기 중에서 안정하다.

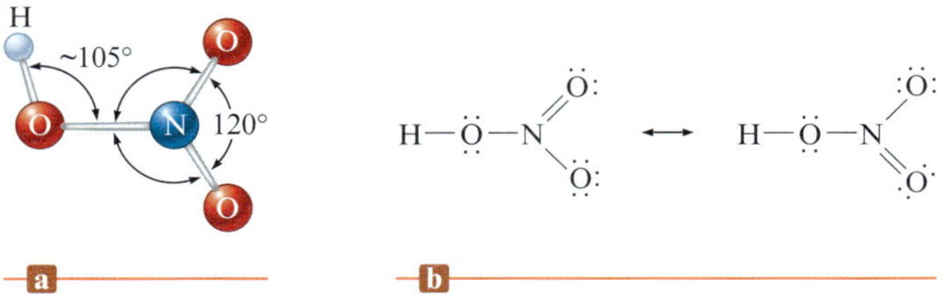

그림 20.17 (**a**) HNO_3의 분자 구조. (**b**) HNO_3의 공명 구조.

화학 관련 읽을거리 Chemical Connections

아산화 질소: 휘핑 크림 및 자동차에도 응용되는 웃음 가스

일산화 이질소로 더 많이 부르는 아산화 질소(N_2O)는 여러 흥미로운 용도를 가진 화합물이다. 아산화 질소는 1772년 Joseph Priestly(산소 기체의 발견으로 신망을 얻은 사람)에 의해 발견되었으며, 그 무독성이 바로 알려지게 되었다. 1798년 20살의 Humphry Davy는 여러 종류의 기체를 대상으로 아산화 질소의 의학적 효능을 조사하기 위하여 설립한 공기역학연구소(Pneumatic Institute)의 소장으로 부임하였다. Davy는 N_2O의 효과를 자신에게 시험했으며, 7분 동안 16쿼트의 가스를 들이마신 후 자신이 "완전히 취해 있었다"고 보고했다.

다음 세기 동안, 아산화 질소는 "웃음 가스"라는 이름으로 알려지게 되었고, 특히 치과 시술을 위한 마취제로 개발되었다. 아산화 질소는 오늘날에도 마취제로 사용되지만, 주로 더 현대적인 약물로 대체되고 있다.

오늘날 아산화 질소의 주된 용도는 "인스턴트" 휘핑 크림 용기 속의 분무제이다. 휘핑 크림 혼합물에 대한 N_2O의 용해성이 매우 높기 때문에 휘핑 크림 용기의 압력을 높여주는 뛰어난 물질로서 이용되고 있다.

현재 이용되고 있는 아산화 질소의 또 다른 용도는 경주용 자동차에서 "짧은 시간에 높은 마력"을 얻기 위해 사용하고 있다. N_2O가 O_2와 반응하여 NO를 생성하는 반응은 열을 흡수하기 때문에, N_2O를 자동차 엔진 내의 혼합 연료에 섞어두면 냉각 효과를 나타내게 된다. 이러한 냉각 효과는 연소 온도를 낮추게 되어서, 연료–산소의 혼합 밀도가 크게 높아지게 된다(기체의 밀도는 온도에 반비례한다). 이러한 효과는 200마력이라는 추가의 힘을 내게 한다. 엔진은 점진적으로 이러한 높은 힘의 상태에 도달하도록 설계가 되어 있지 않기 때문에, 그런 추가의 힘을 필요로 할 때에는 아산화 질소를 주입하면 된다.

화학적 차이는 질소와 인의 원소 형태에서 분명하게 알 수 있다. 질소의 원소 형태는 이원자형으로서 강한 π 결합에 의해 안정화되어 있는 반면, 인은 원자들의 집합체로 되어 있는 몇 가지 형태의 고체로 존재한다. *백린(white phosphorus)*은 각각의 사면체 P_4 분자[그림 20.18(a)]로 되어 있으며, 반응성이 커서 공기와 접촉하면 불이 붙는 인화성을 갖는다[발화성(*pyrophoric*)이라 함]. 이런 반응을 막기 위해서 백린은 보통 물에 저장한다. 백린은 상당한 독성이 있으며, P_4 분자는 특히 코와 턱의 뼈나 연골과 같은 조직에 매우 큰 피해를 끼친다. 훨씬 반응성이 적은 것으로 알려진 *흑린(black phosphorus)*과 *적린(red phosphorus)*은 망상 구조의 고체이다(10.5절 참조). 흑린은 규칙적으로 배열된 결정 구조[그림 20.18(b)]를 하고 있으나, 적린은 무정형으로서 P_4 단위의 사슬 구조로 되어 있다고 생각된다[그림 20.18(c)]. 적린은 1 atm하의 공기가 존재하지 않는 조건에서 백린을 가열하여 얻는다. 흑린은 높은 압력하에서 백린이나 적린을 가열하여 얻는다.

인은 질소보다 작은 전기음성도를 가지고 있지만, Na_3P나 Ca_3P_2와 같은 인화물(P^{3-} 음이온을 가진 이온성 물질)을 형성한다. 인화물(phosphide) 염은 물과 격렬하게 반응하여 독성이 있는 무색 기체인 *포스핀(phosphin*, PH_3)을 만든다.

$$2Na_3P(s) + 6H_2O(l) \longrightarrow 2PH_3(g) + 6Na^+(aq) + 6OH^-(aq)$$

포스핀은 암모니아와 닮은 유사체이지만 훨씬 약염기($K_b \approx 10^{-26}$)이며, 물에도 훨씬 적게 녹는다.

포스핀의 Lewis 구조는 다음과 같으며, VSEPR 모형에 의하여 예측한 대로 피라미드형의 분자 구조를 가지고 있다.

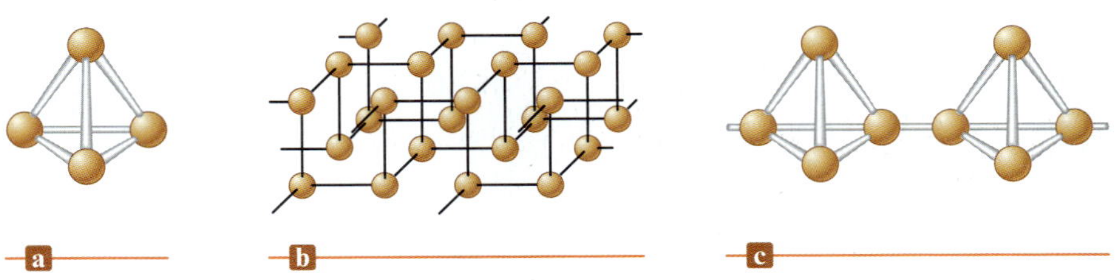

그림 20.18 (**a**) 백린에서 발견되는 P_4 분자. (**b**) 흑린의 망상 결정 구조. (**c**) 적린의 사슬 구조.

$$H-\ddot{P}-H \quad (\text{with } H \text{ bonded below } P)$$

그러나 결합각은 암모니아 분자에서처럼 107°가 아니라 94°이다. 그 이유는 복잡하므로, 여기에서는 포스핀을 VSEPR 모형의 예외로 생각하자.

인의 산화물과 산소산

인은 산소와 반응하여 산화 상태가 +5와 +3인 산화물을 형성한다. 산화물 P_4O_6는 원소 인을 일정량의 산소와 연소시킬 때 생성되고, 과량의 산소가 존재하면 P_4O_{10}이 생성된다. 그림 20.19에 나타낸 것처럼, 이들 산화물은 P_4의 기본 구조에 산소 원자들을 첨가해서 만들어진 것처럼 그려져 있다. 중간체 상태인 P_4O_7, P_4O_8, P_4O_9 등의 화합물들도 알려져 있으며, 이들은 말단 산소 원자를 각각 한 개, 두 개, 세 개를 가지고 있다.

말단 산소는 다리를 걸치지 않은 산소 원자이다.

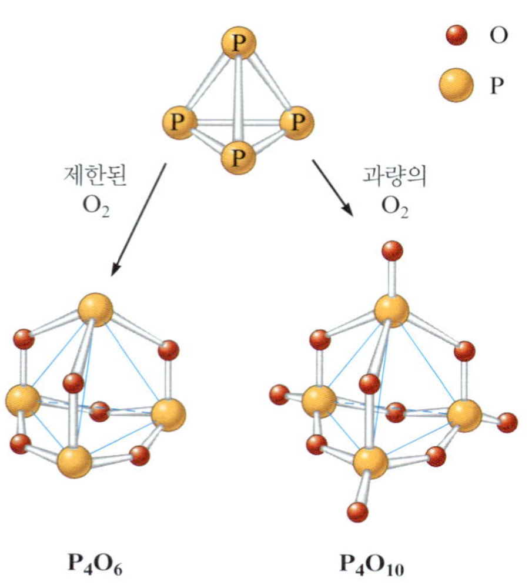

그림 20.19 P_4O_6와 P_4O_{10}의 구조.

예전에는 오산화 인(phosphorus pentoxide, P_2O_5로 표기)으로 부른 십산화 사인(tetraphosphorus decoxide, P_4O_{10})은 물에 대한 친화력이 매우 커서 강력한 탈수제로 쓰인다. 예를 들면, HNO_3와 H_2SO_4를 각각 그들의 부모 산화물인 N_2O_5와 SO_3로 변환시키는 데 사용할 수 있다.

십산화 사인이 물에 녹으면 **오쏘인산**(orthophosphoric acid)이라 부르는 **인산**(phosphoric acid, H_3PO_4)이 생성된다.

$$P_4O_{10}(s) + 6H_2O(l) \longrightarrow 4H_3PO_4(aq)$$

순수한 인산은 흰색 고체이며, 42°C에서 녹는다. 인산 수용액은 질산이나 황산에 비해서 훨씬 약산($K_{a_1} \approx 10^{-2}$)이며, 아주 약산화제이다.

산화물인 P_4O_6를 물에 넣으면 **아인산**(phosphorous acid, H_3PO_3)이 생성된다[그림 20.20(a)]. 화학식은 삼양성자산(triprotic acid)처럼 나타나지만, 아인산은 *이양성자산*(*diprotic* acid)이다. 인 원자에 직접 결합되어 있는 수소 원자는 수용액에서 산성을 나타내지 않고, H_3PO_3의 산소 원자에 결합되어 있는 수소 원자들만이 양성자로 해리될 수 있다.

인의 세 번째 산소산은 *하이포아인산*(*hypophosphorous acid*, H_3PO_2)[그림 20.20(b)]이며 일양성자산(monoprotic acid)이다.

비료에서의 인

인은 식물의 성장에 필수 성분이다. 대부분의 토양에 많은 양의 인 성분이 함유되어 있지만, 흔히 불용성 광물질로 존재해서 식물이 직접 흡수할 수 없다. 인산염 암석을 황산으로 처리하여 제조된 **석회석의 과인산염**(superphosphate of lime)은 $CaSO_4 \cdot 2H_2O$와 $Ca(H_2PO_4)_2 \cdot H_2O$의 혼합물로서, 수용성 인산염 비료로 사용되고 있다. 인산염 암석을 인산과 반응시키면, *삼중 인산염*(*triple phosphate*)으로 알려진 $Ca(H_2PO_4)_2$가 얻어진다. 암모니아를 인산으로 처리하면 *인산 이수소 암모늄*(*ammonium dihydrogen phosphate*, $NH_4H_2PO_4$)이 생성되는데, 인과 질소 성분 모두를 공급할 수 있는 매우 효과적인 비료이다.

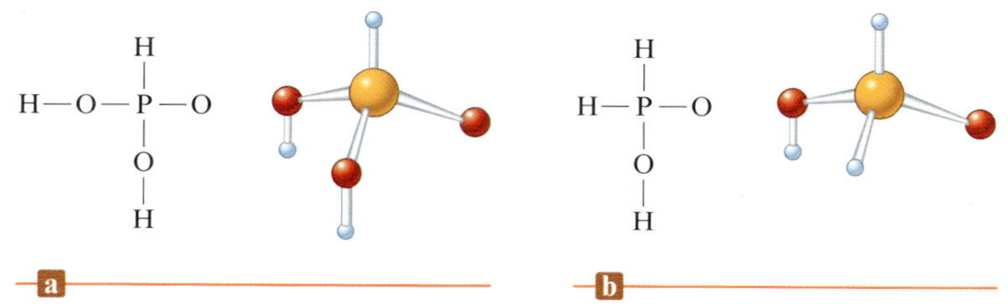

그림 20.20 **(a)** 아인산(H_3PO_3)의 구조. **(b)** 하이포아인산(H_3PO_2)의 구조.

20.10 6A(16)족 원소

6A
O
S
Se
Te
Po

6A(16)족(표 20.16)에서도 족의 아래로 내려갈수록 금속성이 증가하는 일반적인 경향성이 있지만, 6A(16)족 원소 어느 것도 전형적인 금속처럼 행동하지 않는다. 6A(16)족 원소의 가장 대표적인 화학적 성질은, 두 개의 전자를 받아들여서 불활성 기체와 같은 전자 배치를 가지는 2− 음이온이 되어, 금속과 반응하여 이온 결합 화합물을 형성하는 것이다. 실제로 대부분의 금속에서 가장 흔한 광물은 산화물과 황화물이다.

6A(16)족 원소들은 다른 비금속과 공유 결합을 형성할 수 있다. 예를 들면, 이 원소들은 수소와 결합하여 일반식 H_2X라는 일련의 공유 결합 수소화물을 형성한다. 결합할 수 있는 원자가 *d* 오비탈을 가진 6A(16)족의 원소들(산소 제외)은 보통 주위에 여덟 개 이상의 전자가 있는 분자를 만든다. 예를 들면 SF_4, SF_6, TeI_4, $SeBr_4$ 등이 있다.

6A(16)족에서 가장 무거운 두 원소들은 전자를 잃어 양이온을 형성할 수 있다. 텔루륨(tellurium)과 폴로늄(polonium)은 많은 에너지가 필요하기 때문에 6개의 원자가 전자를 모두 잃지는 않지만, 4+ 양이온인 상태의 화학으로 행동한다. 6A(16)족 양이온의 화학은 5A족 원소 비스무트(bismuth)와 안티모니(antimony) 양이온의 화학보다 매우 더 제한적이다.

또한 셀레늄과 텔루륨은 반도체이므로 전자 산업에도 응용될 수 있다.

폴로늄은 1898년 Marie와 Pierre Curie 부부에 의해 우라늄광(pitchblende)의 방사능의 근원을 조사하던 중에 발견되었다. 폴로늄은 27개의 동위원소를 가지며, 독성이 매우 크고, 강한 방사능을 가진다. 담배에 자연적인 불순물로 들어있고, α-입자를 방출하는 동위원소인 ^{210}Po(19.1절 참조)은 적어도 흡연자들의 발암에 부분적인 원인이 된다고 알려져 있다.

Eyebyte / Alamy Stock Photo

▲ 미량의 셀레늄이 들어있는 호두.

20.11 산소의 화학

지각과 지각 근처에서 가장 풍부한 원소인 산소의 중요성은 아무리 강조해도 지나치지 않다. 산소는 대기 중에서는 산소 기체와 오존으로 존재하고, 토양과 바위에서는 산화물, 규산화물, 탄산화물과 같은 광물로, 대양에서는 물로, 그리고 우리 체내에서는 물과 수많은 종류의 분자들 속에 존재한다. 또한 우리가 살아가는 데, 문명 사회를 유지하는 데 필요한 대부분의 에너지를 산소와 탄소를 함유한 분자의 발열 반응으로부터 얻는다.

가장 흔한 산소 원소의 형태(O_2)는 대기 부피의 21%를 차지하고 있다. 질소는 끓는점이 산소보다 낮기 때문에, 액화 공기에서 질소를 먼저 기화시키면 공기의 나머지 성분인 산소와 소량의 아르곤이 남는다. 액체 산소는 옅은 푸른색의 액체이며, −219°C에서 얼고 −183°C에서 끓는다. 액체 산소를 강한 자석의 양극 사이에 부으면 액체 산소가 기화되는 동안 자석 표면에 "부착(stick)되어"(그림 9.39 참조) 있는 것으로서 O_2 분자의 상자기성(paramagnetism)을 증명할 수 있다. O_2 분자의 상자기성은 분자 오비탈 모형(그림 9.38

표 20.16 6A족 원소의 물리적 성질, 원천, 제조 방법

원소	전기음성도	X^{2-}의 반지름	원천	제조 방법
산소	3.5	140	공기	액체 공기의 종류
황	2.5	184	황의 퇴적층	뜨거운 물로 녹여 지표로 펌프함
셀레늄	2.4	198	황화물 광의 불순물	SO_2로 H_2SeO_4을 환원
텔루륨	2.1	221	나기아가이트(황화물과 텔루륨화물의 혼합물)	SO_2로 광석을 환원
폴로늄	2.0	230	우라늄광	

© Young Hoon Oh/University of California, Riverside

▲ 높은 고도에서 희박한 공기 속에서 살아남기 위해 오영훈(Young Hoon Oh)은 에베레스트 산에서 보조 산소를 사용하고 있다.

참조)에 의하여 설명할 수 있으며, 이 모형은 결합의 세기도 설명해준다.

산소 원소의 다른 형태는 **오존**(ozone, O_3)이고, 아래의 공명 구조를 갖는다.

오존 분자의 결합각은 117°이며, 이것은 VSEPR 모형에 의한 예측과 거의 일치한다(세 개의 유효 전자쌍은 삼각 평면 배열을 이룬다). 결합각이 120°보다 약간 작은 것은 고립 전자쌍이 결합 전자쌍보다 넓은 공간을 필요로 한다는 설명에 부합한다.

오존은 순수한 산소 기체를 전기 방전시켜서 만들 수 있다. 전기 에너지는 산소 분자의 결합을 끊어 산소 원자를 만들어서 다른 O_2 분자와 결합시켜 O_3을 만든다. 오존은 25°C, 1 atm에서 산소보다 매우 불안정하다. 예를 들면, 다음 반응의 평형 상수, $K \approx 10^{-56}$이다.

$$3O_2(g) \rightleftharpoons 2O_3(g)$$

옅은 푸른색을 띠는 독성이 큰 기체인 오존은 산소보다 훨씬 센 산화제이다. 오존의 센 산화력은 수영장, 욕조, 수족관의 박테리아(bacteria)를 죽이는 데 유용하게 사용된다. 물의 정수에 오존을 사용하면 주요 장점 중 하나는 잠재적 독성 잔여물이 남지 않는다는 것이다. 반면에 염소는 물의 정수에 광범위하게 사용되는데, 오랫동안 노출되면 암을 유발할 수 있는 클로로폼(chloroform, $CHCl_3$)과 같은 염소 화합물을 남긴다. 오존이 물속의 박테리아를 효과적으로 살균하기는 하지만, **가오존분해**(ozonolysis)에서의 문제점은 처음 처리 후에 오존이 거의 남아 있지 않기 때문에 재오염(recontamination)을 막을 수 없다는 것이다. 반면에 염소 처리법에서는 처리 후에도 상당량의 염소가 남아있다.

오존의 산화력은 해롭게 작용할 수 있으므로 자동차의 배기 가스에서 공해 물질로 오존이 생성되면 특히 심각해진다(5.10절 참조).

오존은 자연 속에서 주로 상층권에 존재한다. 오존층(*ozone layer*)은 표면으로 뚫고 들어가서 피부암을 유발시킬 수 있는 자외선을 흡수하여 차단하므로 매우 중요하다. 하나의 오존 분자가 자외선 에너지를 흡수하면, 하나의 산소 분자와 하나의 산소 원자로 분해된다.

$$O_3 \xrightarrow{h\nu} O_2 + O$$

산소 분자와 산소 원자가 충돌한다고 하더라도, 방출된 결합 형성 에너지의 흡수를 도와주는 질소 분자와 같은 "제3의 입자"가 존재하지 않으면, 오존으로 결합되지 못한다. 제3의 입자는 운동 에너지로서 결합 형성 에너지를 흡수하며, 그 결과 온도가 올라간다. 그래서 자외선으로 원래 흡수되었던 에너지가 열에너지로 바뀐다는 것을 의미한다. 이와 같이 높은 에너지의 해로운 자외선이 지구 표면에 도달하는 것을 오존이 차단시켜 준다.

20.12 황 화학

Charles D. Winters

▲ 광물 진사.

황은 자연에서 유리된 원소의 큰 광상이나 방연광(PbS), 진사(HgS), 황철광(FeS_2), 석고($CaSO_4 \cdot 2H_2O$), 사리염($MgSO_4 \cdot 7H_2O$), 석회망초($Na_2SO_4 \cdot CaSO_4$) 등과 같이 널리 퍼져 있는 광석에서 발견된다.

미국에서 생산되는 황의 약 60%가 Texas나 Louisiana에서 발견되는 황 원소의 지하 광상으로부터 얻어진다. 이 황은 1890년대 Herman Frasch에 의해 개발된 **Frasch 공정**(Frasch process)으로 회수된다. 황(mp = 113°C)을 녹이기 위해 과열된 물을 광상 속으로 투입한 후 공기 압력으로 지표까지 끌어올린다(그림 20.21 참조). 미국에서 생산되는 황의 나머지 40%는 공해 방지를 위하여 연소 전에 화석 연료를 정제할 때 나오는 부산물, 또는 황-함유 연료를 연소시킬 때 배출되는 기체에 들어있는 이산화 황(sulfur dioxide,

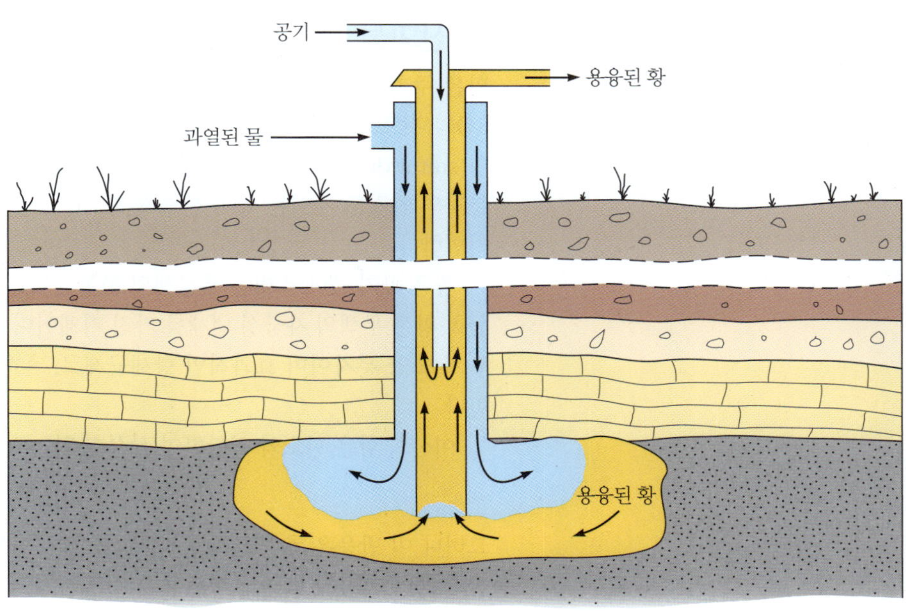

그림 20.21 지하에 매장된 황을 채굴하는 Frasch 공정.

SO_2)에서 얻는다.

산소와는 달리 황 원소는 고온에서 기화시켰을 때만 S_2 분자로 존재한다. 황 원자는 π 결합보다 훨씬 강한 σ 결합을 형성하기 때문에, 25°C에서 S_2가 S_6나 S_8 고리 및 S_n 사슬 같은 더 큰 집합체보다 덜 안정하다(그림 20.22 참조). 25°C, 1 atm에서 가장 안정한 황의 형태는 *사방황*(*rhombic sulfur*)[그림 20.23(a) 참조]이고, 고리 형태의 S_8이 여러 겹 쌓인 구조를 가진다. 사방황을 120°C까지 가열하여 녹인 다음 천천히 냉각시키면 *단사황*(*monoclinic sulfur*)이 된다[그림 20.23(b) 참조]. 단사황 역시 S_8 고리를 가지고 있지만, 사방황과는 다른 형태로 쌓여있다.

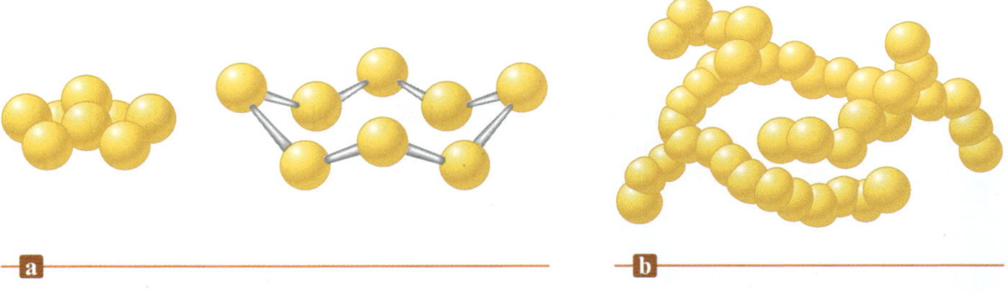

그림 20.22 (a) S_8 분자. (b) 점성이 있는 액체 황에서의 황 원자 사슬. 이 사슬은 10,000개 정도의 원자로 이루어져 있다.

Kevin Burke/Corbis

▲ Frasch 공정에 의해 지하 광상에서 얻어진 황.

Ken O'Donoghue © Cengage Learning

© Dr. Ryoji Tanaka

a b

그림 20.23 (a) 사방황의 결정. (b) 단사황의 결정.

황 산화물

황은 주기율표에서 산소 바로 아래 있으므로, 가장 간단하고 안정한 형태의 황산화물은 SO일 것으로 예측할 수 있다. 그러나 *일산화 황*(*sulfur monoxide*)은 기체 상태의 이산화 황(sulfur dioxide, SO_2)에 전기 방전을 하면 아주 소량 생기며, 매우 불안정하다. O_2와 SO 분자의 안정도 차이는 황과 산소 원자 사이보다 산소 원자들 사이의 π 결합이 더 강한 데 기인한다.

황은 공기 중에서 밝은 푸른색의 불꽃을 내면서 연소되어서 *이산화 황*(SO_2)이 된다. 이산화 황은 무색의 자극성 냄새를 가진 기체이며 $-10°C$, 1 atm에서 액화된다. 이산화 황은 V-자 모양 분자이며 효과적인 항세균제로, 흔히 저장된 과일을 오래 보존하기 위해 사용한다.

이산화 황은 산소와 결합하여 *삼산화 황*(*sulfur trioxide*, SO_3)을 형성한다.

$$2SO_2(g) + O_2(g) \longrightarrow 2SO_3(g)$$

그러나 이 반응은 촉매 없이는 매우 느리다. 황을 함유한 연료의 연소로부터 얻어지는 이산화 황이 어떻게 그렇게 빠른 속도로 공기 중에서 삼산화 황으로 변화되는 것인지가 초기 공해 연구의 풀리지 않는 의문점이었다. 지금은 먼지나 다른 입자들이 이 반응에서 불균일 촉매 역할을 하는 것으로 알려져 있다(12.8절 참조).

황의 산소산

이산화 황은 물에 녹아서 산성 용액을 형성한다. 반응은 다음과 같이 나타낸다.

$$SO_2(g) + H_2O(l) \longrightarrow H_2SO_3(aq)$$

여기에서 H_2SO_3는 *아황산*(*sulfurous acid*)이라 부른다. 그러나 실제로 용액 속에 H_2SO_3는 거의 존재하지 않는다. 물에서 이산화 황의 주요 형태는 SO_2이고, 이 산의 해리 평형은 다음과 같이 나타낼 수 있다.

$$SO_2(aq) + H_2O(l) \rightleftharpoons H^+(aq) + HSO_3^-(aq) \qquad K_{a_1} = 1.5 \times 10^{-2}$$
$$HSO_3^-(aq) \rightleftharpoons H^+(aq) + SO_3^{2-}(aq) \qquad K_{a_2} = 1.0 \times 10^{-7}$$

이런 현상은 물에서 이산화 탄소의 거동과 비슷하다(14.7절 참조). H_2SO_3는 분리될 수 없지만, SO_3^{2-}[*아황산*(*sulfite*)] 염과 HSO_3^-[*아황산 수소*(*hydrogen sulfite*)] 염은 잘 알려져 있다.

삼산화 황은 물과 격렬하게 반응하여 이양성자 산인 **황산**(sulfuric acid)을 생성한다.

$$SO_3(g) + H_2O(l) \longrightarrow H_2SO_4(aq)$$

황산은 다른 어떤 화학물질보다 많은 양이 생산되며, *접촉 공정*(*contact process*)에 의해서 주로 제조된다. 미국에서 생산되는 황산의 약 60%가 인산염 암석으로부터 비료를 생산하는 데 사용된다. 나머지 40%는 납 축전지, 원유 정제, 철강 제조, 화학 공업의 많은 분야에서 사용된다.

황산은 물에 대한 친화력이 매우 커서 수분 건조제로 사용된다. 산소, 질소, 이산화 탄소와 같이 황산과 반응하지 않는 기체들을 진한 황산 용액에 통과시켜 건조한다. 황산은 매우 강한 건조제이기 때문에 물 분자를 포함하고 있지 않은 물질이라도 수소와 산소를 2:1 비율로 제거시킨다. 예를 들면, 진한 황산은 보통 설탕(수크로스)과 격렬하게 반응하여 탄소로 된 타버린 덩어리를 남긴다(그림 20.24 참조).

그림 20.24 설탕(왼쪽)과 H_2SO_4을 반응시키면 까맣게 탄 탄소 기둥(오른쪽)이 생성된다.

$$\underset{\text{설탕}}{C_{12}H_{22}O_{11}(s)} + 11H_2SO_4(\text{진한}) \longrightarrow 12C(s) + 11H_2SO_4 \cdot H_2O(l)$$

20.13 7A(17)족 원소

7A
F
Cl
Br
I
At

주족 원소를 공부하면서 금속 원소로 이루어진 족[1A(1)족과 2A(2)족]부터 시작하여, 가벼운 원소는 비금속이며 무거운 원소는 금속인 족[3A(13), 4A(14), 5A(15)]을 거쳐서, 모든 원소가 비금속인 족(6A족—폴로늄은 금속으로 부르기도 함)까지 다루었다. ns^2np^5의 원자가 전자 배치를 가지는 7A(17)족 원소는 **할로젠**(halogen)이라 부르며, 모두 비금속이다. 이 원소들의 성질은 일반적으로 족의 아래로 내려감에 따라 서서히 바뀐다. 단지 눈에 띄는 유일한 예외로는 예상보다 낮은 플루오린의 전자 친화도와 F_2 분자의 적은 결합 에너지이다(20.1절 참조). 표 20.17에는 할로젠의 몇 가지 물리적 성질에 대한 경향성이 요약되어 있다.

▲ 염소 기체, 브로민 액체, 아이오딘 고체 시료.

큰 반응성 때문에 할로젠은 자연에서 유리 원소로 발견되지 않는다. 그 대신 여러 광물과 바다에서 할로젠화 이온(X^-)으로 발견된다(표 20.18 참조).

아스타틴(astatine)은 7A(17)족에 속하지만, 알려져 있는 동위원소가 모두 방사능을 갖고 있어서 이들의 화학은 실제적인 중요성을 갖지 않는다. 가장 긴 반감기를 갖는 동위원소인 ^{210}At의 반감기는 단지 8.3시간밖에 되지 않는다.

할로젠 원소 중에 특히 플루오린은 매우 큰 전기음성도를 가지고 있다(표 20.17 참조). 이들은 다른 비금속 원소와 극성 공유 결합을 형성하고, 낮은 산화 상태의 금속과는 이온 결합을 하려는 경향이 있다. 어떤 금속이 +3이나 +4와 같은 높은 산화 상태에 있으면 이러한 금속–할로젠 결합은 극성 공유 결합이다. 예를 들면, $TiCl_4$와 $SnCl_4$는 일반적인 조건에서 액체인 공유 결합 화합물이다.

할로젠화 수소

할로젠화 수소(hydrogen halide)는 다음과 같이 원소들을 반응시켜 얻을 수 있다.

$$H_2(g) + X_2(g) \longrightarrow 2HX(g)$$

플루오린과 수소를 혼합하면, 반응이 폭발적으로 일어난다. 반면에 수소와 염소의 경우는 어두운 곳에서 비교적 오랜 시간 동안 아무런 반응이 없이 서로 공존한다. 그러나 자외선에 의해서는 폭발적으로 빠른 반응이 일어나는데, 이는 "수소–염소 대포(hydrogen-chlorine cannon)"라고 부르는 흔히 강의에서 보여주는 시범용 기본 반응이다. 브로민과 아이오딘 역시 수소와 반응을 하지만 훨씬 느리다.

LLNL/Science Source

▲ $Cl_2(g)$ 기체 속에서 양초의 연소. 용기 안에서 왁스의 C—C와 C—H 결합이 깨어지고 C—Cl 결합이 형성되면서, 발생되는 발열 반응이 백열 부위에(눈부시게 밝은) 기체가 생성될 수 있을 만큼 충분한 열을 공급한다(그 결과 불꽃이 발생한다).

몇 가지 할로젠화 수소의 물리적 성질이 표 20.19에 수록되어 있다. 플루오린화 수소는 매우 높은 끓는점을 갖는데, 이것은 매우 극성인 HF 분자가 강한 수소 결합을 하기 때문이다(그림 20.25 참조). F^- 이온은 양성자에 대한 친화력이 매우 커서 진한 플루오린화 수소 수용액에서 $[F---H---F]^-$ 이온으로 존재하며, 여기에서 하나의 H^+ 이온은 두 개의 F^- 이온의 중앙에 위치하게 된다.

할로젠화 수소는 물에 녹으면 산으로 작용하는데, 플루오린화 수소를 제외하고는 모두

표 20.17 7A(17)족 원소의 물리적 성질의 경향성

원소	전기음성도	X^-의 반지름 (pm)	$X_2 + 2e^- \rightarrow 2X^-$에 대한 $\mathscr{E}°$(V)	X_2 (kJ/mol)의 결합 에너지
플루오린	4.0	136	2.87	154
염소	3.0	181	1.36	239
브로민	2.8	195	1.09	193
아이오딘	2.5	216	0.54	149
아스타틴	2.2	—	—	—

표 20.18 7A(17)족 원소의 몇 가지 물리적 성질, 원천 및 제법

원소	상태와 색깔	지각에서의 백분율	녹는점(°C)	끓는점(°C)	원천	제조 방법
플루오린	옅은 황색 기체	0.07	−220	−188	형석(CaF_2) 빙정석(Na_3AlF_6) 인회석[$Ca_5(PO_4)_3F$]	용융된 KHF_2의 전기분해
염소	황록색 기체	0.14	−101	−34	암염(NaCl) 할로젠 암염(NaCl) 칼리 암염(KCl)	NaCl 수용액의 전기분해
브로민	적갈색 액체	2.5×10^{-4}	−7.3	59	해수, 해수 샘	Cl_2에 의한 Br^-의 산화
아이오딘	흑자색 고체	3×10^{-5}	113	184	해초, 해수 샘	전기분해나 MNO_2에 의한 I^-의 산화

완전히 해리한다. 물이 Cl^-, Br^-, I^- 이온보다 센 염기이기 때문에 HCl, HBr, HI 산의 세기는 물에서 비교할 수 없다. 그러나 빙초산(순수한 아세트산)과 같이 염기성이 더 작은 용매에서는 이러한 산들의 세기 순서는 다음과 같다.

$$\underset{\text{가장 센 산}}{\text{H—I}} > \text{H—Br} > \text{H—Cl} \gg \underset{\text{가장 약한 산}}{\text{H—F}}$$

HX 분자 중에서 왜 플루오린화 수소만 수용액에서 약산인가를 이해하기 위해서 열역학적 관점에서 해리 평형(dissociation eqilibrium)을 생각해 보자.

$$HX(aq) \rightleftharpoons H^+(aq) + X^-(aq) \qquad \text{여기에서} \qquad K_a = \frac{[H^+][X^-]}{[HX]}$$

산의 세기는 K_a의 크기로 나타낼 수 있으므로, K_a 값이 작으면 약산을 의미한다. 또한 반응에 대한 평형 상수 값은 표준 자유 에너지 변화에 의존하며 다음 식과 같다.

$$\Delta G° = -RT\ln(K)$$

$\Delta G°$가 큰 음의 값을 가질수록 K는 더 커진다. 즉, 자유 에너지의 *감소*는 반응이 잘 진행되도록 해준다. 제17장에서 배운 바와 같이 자유 에너지는 엔탈피, 엔트로피 및 온도에 의존하며, 일정 온도에서 자유 에너지는 다음과 같이 나타낼 수 있다.

$$\Delta G° = \Delta H° - T\Delta S°$$

따라서 할로젠화 수소의 산의 세기를 설명하기 위해서는 산의 해리 반응에서 $\Delta H°$와 $\Delta S°$를 결정하는 요인에 대해 고려해야 한다.

수용액에서 HX의 해리에 대한 $\Delta H°$를 결정하는 데 있어서 어떤 에너지 항이 중요할까? $\Delta H°$가 큰 양의 값을 가질수록 $\Delta G°$는 더욱 큰 양의 값이 되므로, K_a는 작아지고 산의 세기는 약해진다는 것을 고려하면, 한 가지 중요한 요인은 분명히 H—X 결합의 세기이다. 표 20.19를 보면 H—F 결합은 다른 H—X 결합보다 훨씬 강하며, 이 요인이 HF를 다른 산보다 약산으로 만든다.

$\Delta H°$에 기여하는 또 다른 중요한 요인은 X^-(표 20.20 참조)의 수화(hydration) 엔탈피

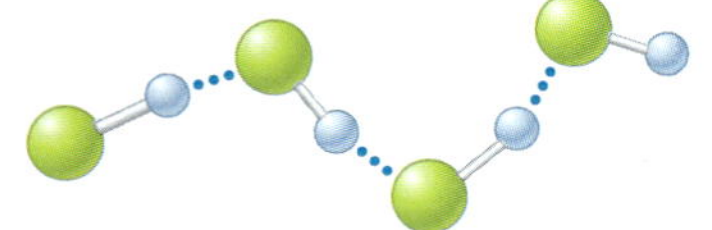

그림 20.25 액체 플루오린화 수소에서 HF 분자 사이의 수소 결합.

표 20.19 할로젠화 수소의 몇 가지 물리적 성질

HX	녹는점(°C)	끓는점(°C)	H—X 결합 에너지 (kJ/mol)
HF	−83	20	565
HCl	−114	−85	427
HBr	−87	−67	363
HI	−51	−35	295

표 20.20 할로젠화 이온의 수화 엔탈피와 엔트로피

$X^-(g) \xrightarrow{H_2O} X^-(aq)$		
X^-	$\Delta H°$ (kJ/mol)	$\Delta S°$ (J/K mol)
F^-	−510	−159
Cl^-	−366	−96
Br^-	−334	−81
I^-	−291	−64

이온의 전하 밀도가 증가함에 따라 수화 반응의 발열성은 증가한다. 그러므로 같은 전하를 갖는 이온들 중에서 크기가 가장 작은 이온이 가장 세게 수화된다.

하나의 이온 주위에 H_2O 분자들이 밀집될 때 배열 효과(ordering effect)가 나타난다. 따라서 $\Delta S°_{수화}$는 음의 값을 갖는다.

위산(stomach acid)은 0.1 *M* HCl이다.

(11.2절 참조)이다. 예상대로 가장 작은 할로젠화 이온인 F^-가 가장 큰 음수 값을 가지므로, 이것의 수화 반응이 가장 큰 발열 반응이다. 이것은 다른 HX 분자보다 HF가 F^- 이온으로 해리하기 쉽게 해 준다.

이상과 같이 두 가지 서로 상반되는 요인을 이야기하였다. HF의 큰 결합 에너지는 다른 할로젠화 수소에 비해서 약산으로 만드는 경향이 있으나, 수화 엔탈피는 다른 것에 비해 HF의 해리를 더 쉽게 해 준다. HF와 HCl의 자료를 비교해 보면, 결합 에너지의 차이(138 kJ/mol)는 음이온의 수화 엔탈피의 차이(144 kJ/mol)보다 약간 작다. 이들이 *유일한*(*only*) 주요 요인이라면 F^-의 큰 수화 엔탈피가 HF의 큰 결합 에너지를 능가하기 때문에, HF는 HCl보다 센산이어야 한다.

그러나 *결정적인 요인은 엔트로피*(*entropy*)이다. 표 20.20에서 보면 F^-의 수화 엔트로피는 다른 할로젠화물(halide)에 비해서 훨씬 큰 음수 값을 갖는데, 이것은 작은 F^- 이온이 물 분자와 화합할 때에 질서도(degree of ordering)가 크게 증가하기 때문이다. 엔트로피에서 음의 변화는 선호되지 않는다는 것을 기억하라. 수화 엔탈피는 HF의 해리에 유리하게 작용하지만, 수화 *엔트로피*는 강하게 반대 방향으로 작용한다.

이와 같은 요소를 고려하면 물에서 HF의 해리에 대한 $\Delta G°$는 양의 값이다. 즉 K_a는 작은 값이다. 그와 반대로 물에서 다른 HX 분자의 해리에 대한 $\Delta G°$는 음수(K_a가 큼)이다. 이 예는 수용액에서 일어나는 과정의 복잡성과 이러한 매질에서 엔트로피 영향의 중요성을 보여주고 있다.

산업적으로 **염산**(hydrochloric acid)은 할로젠화 수소의 수용액으로 **할로젠화 수소산**(hydrohalic acid) 중에서 가장 중요하다. 매년 약 300만 톤의 염산이 생산되어 도금 이전의 철의 세척이나 다른 많은 화학제품의 제조에 사용된다.

플루오린산(hydrofluoric acid)은 유리의 규소(silica in glass)와 반응시켜 휘발성 기체 SiF_4를 만들어 유리에 눈금을 새기는 데 사용된다.

$$SiO_2(s) + 4HF(aq) \longrightarrow SiF_4(g) + 2H_2O(l)$$

산소산과 산소 음이온

플루오린을 제외한 모든 할로젠들은 여러 개의 산소 원자들과 반응하여 표 20.21에 보이는 것 같이, 다양한 산소산을 형성한다. 이 산들의 세기는 할로젠에 결합되어 있는 산소 원자의 수에 비례하는데, 산소의 수가 많을수록 산의 세기가 증가한다.

염소 계열에서 순수한 상태로 얻어지는 것은 오직 *과염소산*(*perchloric acid*, $HOClO_3$)이고, 센산이며 센 산화제이다. 과염소산은 많은 유기 물질과 폭발적으로 반응하기 때문에 취급상 세심한 주의가 필요하다. 염소의 다른 산소산은, 그들의 음이온을 포함한 염들이 잘 알려져 있긴 하지만, 용액의 형태로만 알려져 있다(그림 20.26).

표 20.21 알려져 있는 할로젠의 산소산

할로젠의 산화 상태	플루오린	염소	브로민	아이오딘*	산의 일반적인 이름	염의 일반적인 이름
+1	HOF†	HOCl	HOBr	HOI	하이포할로젠산	하이포할로젠산염 MOX
+3	‡	HOClO	‡	‡	아할로젠산	아할로젠산염 MXO_2
+5	‡	$HOClO_2$	$HOBrO_2$	$HOIO_2$	할로젠산	할로젠산염 MXO_3
+7	‡	$HOClO_3$	$HOBrO_3$	$HOIO_3$	과할로젠산	과할로젠산염 MXO_4

*아이오딘은 $H_4I_2O_9$ (mesodiperiodic acid) 및 H_5IO_6 (paraperiodic acid)도 형성한다.

†HOF의 산화 상태는 −1로 가장 잘 표현된다.

‡알려진 화합물 없음

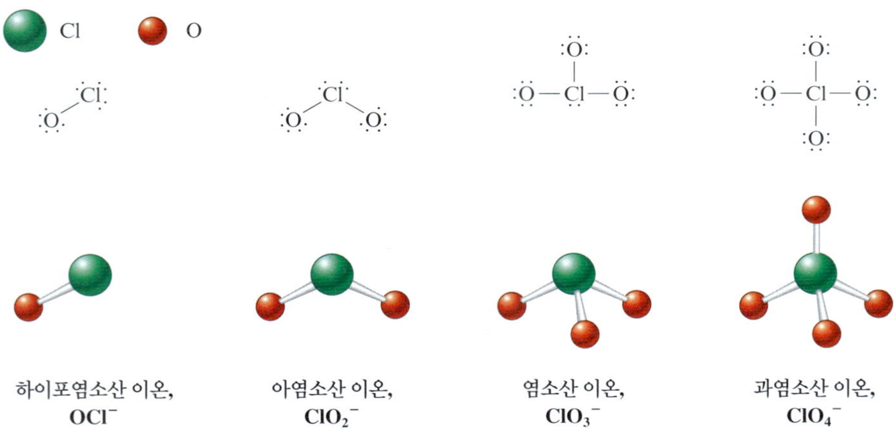

그림 20.26 염소의 산소산 음이온의 구조.

염소 기체를 찬물에 녹일 때 *하이포염소산*(*hypochlorous acid*, HOCl)이 생성된다.

$$Cl_2(aq) + H_2O(l) \rightleftharpoons HOCl(aq) + H^+(aq) + Cl^-(aq)$$

이 반응에서 염소는 산화(Cl_2의 0에서 HOCl의 +1로)와 환원(Cl_2의 0에서 Cl^-의 −1로)이 모두 일어난다. *주어진 하나의 원소에서 산화와 환원이 모두 일어나는* 반응을 **불균등화 반응**(disproportionation reaction)이라고 한다. 하이포염소산과 그 염은 센 산화제이며, 이들의 용액은 가정용 표백제나 방충제로 사용된다.

$KClO_3$와 같은 *염소산염*(*chlorate salts*)도 역시 센 산화제로서 제초제로 사용되고 폭죽(제7장 참조) 또는 폭약에 산화제로 사용된다.

OF_2의 명명은 산화 이플루오린(difluorine oxide)이 아니고 이플루오린화 산소라고 하는데, 플루오린이 산소보다 전기음성도가 더 크므로 플루오린이 음이온으로 되기 때문이다.

플루오린은 단 한 개의 산소산인 하이포아플루오린산(hypofluorous acid, HOF)을 생성하지만 적어도 두 개의 산화물을 형성한다. 플루오린 기체가 묽은 수산화 소듐 용액을 통과하면 *이플루오린화 산소*(*oxygen difluoride*, OF_2)가 생성된다.

$$4F_2(g) + 3H_2O(l) \longrightarrow 6HF(aq) + OF_2(g) + O_2(g)$$

이플루오린화 산소는 옅은 노란색의 기체이며(bp = −145°C), 센 산화제이다. *이플루오린화 이산소*(*dioxygen difluoride*, O_2F_2)는 오렌지색 고체로 같은 몰 수의 플루오린과 산소 기체 혼합물에 전기 방전시켜 얻을 수 있다.

$$F_2(g) + O_2(g) \xrightarrow{\text{전기방전}} O_2F_2(s)$$

20.14 8A(18)족 원소

8A
He
Ne
Ar
Kr
Xe
Rn

불활성 기체(noble gas)인 8A(18)족 원소는 채워진 *s*와 *p* 원자가 오비탈을 갖는다(헬륨의 전자 배치는 $2s^2$이고, 나머지의 전자 배치는 ns^2np^6). 완전히 채워진 원자가 껍질 때문에 이 원소들은 반응성이 매우 약하다. 실제로 1962년 초에는 불활성 기체의 어떤 화합물도 알려지지 않았다. 표 20.22에는 8A(18)족 원소의 몇 가지 성질이 요약되어 있다.

헬륨(*helium*)은 지구상에서 발견되기 이전에 태양의 구성 성분으로서 독특한 방출 스펙트럼에 의해 알려져 있었다. 지구상에서 헬륨의 원천은 주로 천연 가스 광상이며, 여기에서 헬륨은 방사능 원소의 α-입자 붕괴로부터 형성된다. α-입자는 주위로부터 쉽게 전자를 얻어서 헬륨 원자를 형성하는 헬륨 원자핵이다. 헬륨은 화합물을 형성하지 않지만 냉각제, 로켓 연료의 압축 기체, 깊은 바다의 잠수나 우주선 내의 대기에 필요한 기체의 희석제, 소형 광고용 비행선(blimps)에 사용되는 중요한 물질이다.

헬륨과 마찬가지로 *네온*(*neon*)은 화합물을 형성하지는 않지만 매우 유용한 원소이다. 예를 들면, 네온은 발광성 빛(네온 사인)에 사용된다.

표 20.22 8A(18)족 원소의 몇 가지 성질

원소	녹는점(°C)	끓는점(°C)	대기 중 존재 비율(부피%)	화합물의 예
헬륨	−270	−269	5×10^{-4}	없음
네온	−249	−246	1×10^{-3}	없음
아르곤	−189	−186	9×10^{-1}	HArF
크립톤	−157	−153	1×10^{-4}	KrF_2
제논	−112	−107	9×10^{-6}	XeF_4, XeO_3, XeF_6

▲
프랑스의 네온사인 제작자.

*크립톤(krypton)*과 *제논(xenon)*은 많은 안정한 화합물을 형성한다. 이들 중 첫 번째 화합물은 1962년 영국의 화학자 Neil Bartlett(1932~2008)에 의해, 화학식이 $XePtF_6$라고 생각되는 이온성 화합물이 만들어졌다. 계속된 연구에서 이 화합물은 XeF^+와 PtF_6^- 이온을 포함하는 $XeFPtF_6$로 나타내는 것이 옳다고 밝혀졌다.

Bartlett이 발표한 지 1년이 채 안 되어, Chicago 근처 Argonne National Laboratory의 연구진이, 니켈의 반응 용기에서 제논과 플루오린을 400°C, 6 atm에서 반응시켜 사플루오린화 제논(xenon tetrafluoride)을 만들었다.

$$Xe(g) + 2F_2(g) \longrightarrow XeF_4(s)$$

사플루오린화 제논은 안정한 무색의 결정이다. 또 다른 두 개의 플루오린화 제논 화합물인 XeF_2와 XeF_6가 Argonne 연구소의 연구진에 의해 합성되었으며, 매우 폭발성이 큰 산화제논(XeO_3)도 발견되었다. 플루오린화 제논은 물과 반응하여 플루오린화 수소와 산소 화합물을 형성한다. 예를 들면 다음과 같다.

$$XeF_6(s) + 3H_2O(l) \longrightarrow XeO_3(aq) + 6HF(aq)$$
$$XeF_6(s) + H_2O(l) \longrightarrow XeOF_4(aq) + 2HF(aq)$$

지난 35년 동안 다른 제논 화합물, 예를 들어 XeO_4(폭발성), $XeOF_4$, $XeOF_2$와 XeO_3F_2 등이 합성되었다. 이 화합물들은 제논 원자와 다른 원자 사이에 공유 결합을 이루고 있는 각각의 분자들로 되어 있다. KrF_2와 KrF_4와 같은 크립톤의 화합물도 발견되었다. 알려진 몇 가지 제논 화합물들의 구조는 그림 20.27에 나타내었다. 라돈(radon)은 또한 제논과 크립톤의 경우와 마찬가지의 화합물을 형성하는 것으로 관찰되고 있다.

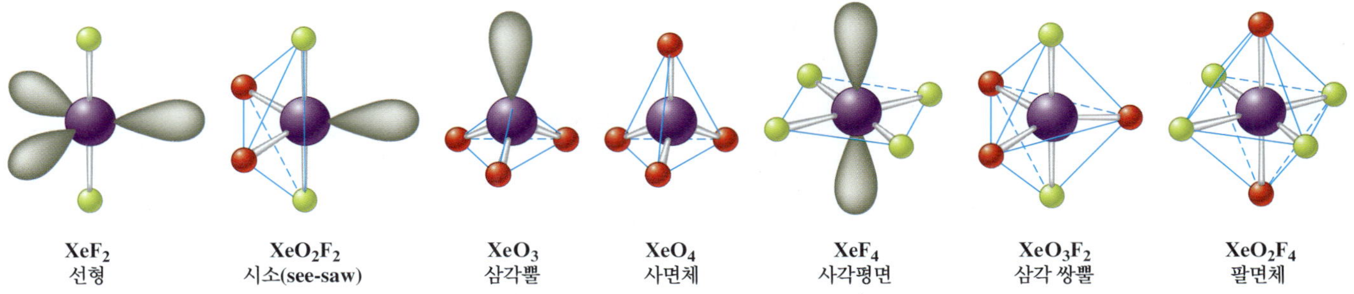

그림 20.27 몇 가지 알려져 있는 제논 화합물의 구조.

개념 정리 및 복습 For Review

주요 용어

20.1절

주족 원소
전이 금속
란타넘족
악티늄족
준금속(반금속)
제련
액화

20.2절

알칼리 금속

20.3절

수소화물
이온성(염과 같은) 수소화물
공유 결합성 수소화물
금속성(틈새형) 수소화물

20.4절

알칼리 토금속
센물
이온 교환
이온 교환 수지

20.5절

보레인

20.8절

Haber 공정
질소 고정
질소-고정 박테리아
탈질산 반응
질소 순환
암모니아
하이드라진
질산
Ostwald 공정

20.9절

인산(오쏘 인산)
아인산
과인산염

20.11절

오존

주족 원소

- 화학적 성질은 그들의 s와 p 원자가 전자 배치에 의해 결정된다.
- 금속성은 족 아래쪽으로 내려갈수록 증가한다.
- 각 족의 첫 번째 원소들은 현저한 크기 차이에 의하여 일반적으로 같은 족의 다른 원소와 매우 다른 물성을 나타낸다.
  - 1A족에서 수소는 비금속이지만 다른 원소들은 활성이 큰 금속들이다.
  - 각 족의 첫 번째 원소가 강한 π 결합을 형성하기에, 질소와 산소는 N_2 및 O_2 분자로 존재한다.

지구에 존재하는 원소의 양

- 산소가 가장 풍부한 원소이며, 그 다음은 규소이다.
- 가장 풍부한 금속은 알루미늄과 철이며 광석으로 발견된다.

1A(1)족 원소(알칼리 금속)

- ns^1의 원자가 전자 배치를 갖는다.
- 수소를 제외하고, 한 개의 전자를 쉽게 잃어 비금속과 형성하는 화합물 내에서 M^+ 이온을 형성한다.
- 물과 격렬하게 반응하여 M^+와 OH^- 이온 및 수소 기체를 형성한다.
- M_2O(산화물), M_2O_2(과산화물), MO_2(초과산화물)와 같은 여러 가지 산화물을 만든다.
  - 모든 금속이 모든 유형의 산화물을 형성하지는 않는다.
- 수소는 비금속과 공유 결합 화합물을 만든다.
- 수소는 반응성이 큰 금속과, H^- 이온을 가지는 수소화물을 형성한다.

2A(2)족 원소(알칼리 토금속)

- ns^2의 원자가 전자 배치를 갖는다.
- 알칼리 금속에 비하여 물과 덜 격렬하게 반응한다.
- 무거운 알칼리 토금속은 질화물과 수소화물을 형성한다.
- 센물은 Ca^{2+}와 Mg^{2+} 이온을 포함한다.
  - 비누와 침전물을 형성한다.
  - 일반적으로 Ca^{2+}와 Mg^{2+} 이온을 Na^+ 이온과 대체하는 이온 교환 수지에 의해서 제거된다.

3A(13)족 원소

- ns^2np^1의 원자가 전자 배치를 갖는다.
- 족 아래쪽으로 내려갈수록 금속성이 증가한다.
- 붕소는 비금속으로서, 전자가 크게 부족하여 큰 반응성을 보이는 보레인을 포함한 여러 종류의 공유 결합 화합물을 형성한다.

가오존분해

20.12절

Frasch 공정

황산

20.13절

할로젠

염산

할로젠화 수소산

불균등화 반응

20.14절

불활성 기체

- 금속인 알루미늄, 갈륨, 인듐은 약간의 공유성 성질을 보여준다.

4A(14)족 원소

- ns^2np^2의 원자가 전자 배치를 갖는다.
- 가벼운 원소들은 비금속이며, 무거운 원소들은 금속이다.
  - 이 족의 모든 원소는 비금속과 공유 결합을 형성한다.
- 탄소는 여러 다양한 화합물을 형성하며, 대부분은 유기 화합물로 분류된다.

5A(15)족 원소

- 원소들은 매우 다양한 화학적 성질을 보여준다.
  - 질소와 인은 비금속이다.
  - 안티모니와 비스무트는, Sb^{5+}와 Bi^{5+}를 갖는 이온 결합 화합물로 알려져 있지 않지만, 금속성의 경향이 있다. Sb(V)와 Bi(V)를 갖는 화합물들은 이온성이라기보다는 분자성이다.
  - N을 제외한 모든 5A족 원소는 다섯 개의 공유 결합을 가진 분자를 형성한다.
  - 질소 아래부터 π 결합을 형성하는 능력이 급격하게 감소한다.
- 질소 화학
  - 대부분의 질소를 포함하는 화합물은 열을 방출하면서 분해되며 매우 안정한 N_2 분자가 생성된다. 이것으로 질소를 포함하는 폭약의 힘을 설명할 수 있다.
  - 몇 단계 과정으로 구성된 질소 순환은, 질소가 자연 환경에서 어떻게 순환되는가를 보여주고 있다.
  - 질소 고정은 대기 중의 N_2가 식물에 유용한 화합물로 변환되는 것이다.
    - Haber 공정은 질소 고정의 합성 방법이다.
    - 자연계에서 질소 고정은 특정 식물의 뿌리혹에 있는 질소 고정 박테리아에 의해서 일어나고 대기 중에서는 빛을 통해 일어난다.
  - 암모니아는 질소의 가장 중요한 수소화물이다.
    - 삼각뿔 형태의 NH_3 분자
    - 광범위하게 사용되는 비료
  - 하이드라진(N_2H_4)은 강력한 환원제이다.
  - 질소는 N_2O, NO, NO_2와 N_2O_5 등을 포함한 다양한 산화물을 형성한다.
  - 질산(HNO_3)은 Oswald 공정으로 제조되는 매우 중요한 센산이다.
- 인의 화학
  - 인은 백색(P_4 분자를 포함), 붉은색, 검은색의 세 가지 원소 형태로 존재한다.
  - 포스핀(PH_3)은 90°에 가까운 결합각을 갖는다.
  - 인은 P_4O_6와 P_4O_{10}을 포함하는 산화물을 형성한다(이것이 물에 용해되면 인산, H_3PO_4가 생성된다).

6A(16)족 원소

- 금속성이 족에서 아래로 내려갈수록 증가하지만 어느 원소도 전형적인 금속처럼 행동하지 않는다.
- 가벼운 원소는 두 개의 전자를 얻어 금속과의 화합물에서 X^{2-} 이온을 형성하는 경향이 있다.

- 산소 화학
  - 원소 형태로 O_2와 O_3가 있다.
  - 산소는 매우 다양한 산화물을 형성한다.
  - O_2와 특히 O_3는 강력한 산화제이다.
- 황 화학
  - 사방황과 단사황 등 두 가지 원소 형태가 있으며, 두 가지 모두 S_8 분자를 갖는다.
  - 가장 중요한 산화물은 물에서 H_2SO_3를 생성하는 SO_2와 물에서 H_2SO_4를 생성하는 SO_3이다.
  - 황은 +6, +4, +2, 0, −2 등의 산화 상태를 갖는 다양한 화합물을 형성한다.

7A(17)족(할로젠) 원소

- 모두 비금속
- 물에서 약산인 HF 이외에 센산으로 행동하는 HX 형태의 수소화물을 형성한다.
- 할로젠의 산소산은 산소 원자의 수가 증가할수록 센산이 된다.

8A(18)족(불활성 기체) 원소

- 모든 원소가 단원자 기체이며 일반적으로 반응성이 거의 없다.
- 무거운 원소들은 전기음성도가 큰 플루오린과 산소 같은 원소와 화합물을 형성한다.

복습 질문

1. 지각, 해양, 대기에 질량으로 가장 많이 존재하는 두 가지 원소는 무엇인가? 이치에 맞는가? 이유는? 인체 내에 질량으로 가장 많이 존재하는 네 가지 원소는 무엇인가? 이치에 맞는가? 이유는?

2. 수소를 주기율표의 1A(1)족에 포함시킬 수 있는 근거는 무엇인가? 어떤 주기율표에서는 수소를 모든 족으로부터 분리하여 나타내기도 한다. 수소가 전형적인 1A족 원소들과 다른 점은 무엇인가? 알칼리 금속의 원자가 전자 배치는 무엇인가? 알칼리 금속의 일반적인 물성을 열거하라. 순수한 금속은 어떻게 제조하는가? 알칼리 금속이 F_2, S, P_4, H_2 및 H_2O와 반응 시에 생성되는 화합물들의 화학식을 예측하라.

3. 알칼리 토금속의 원자가 전자 배치는 무엇인가? 알칼리 토금속의 일반적인 물성을 열거하라. 알칼리 토금속은 어떻게 제조하는가? 알칼리 토금속이 F_2, O_2, S, N_2, H_2 및 H_2O와 반응 시에 생성되는 화합물들의 화학식을 예측하라.

4. 3A족 원소들의 원자가 전자 배치는 무엇인가? 이 족에서 아래쪽으로 내려가면 금속성은 어떻게 변하는가? 붕소와 알루미늄은 어떻게 다른가? 알루미늄이 F_2, O_2, S 및 N_2와 반응 시에 생성되는 화합물의 화학식을 예측하라.

5. 4A(14)족 원소들의 원자가 전자 배치는 무엇인가? 4A(14)족은 지구에서 가장 중요한 두 가지 원소를 포함한다. 그들은 무엇이며, 왜 중요한가? 4A(14)족에서 아래쪽으로 내려가면 금속성은 어떻게 변하는가? 탄소의 3가지 동소체는 무엇인가? 저마늄, 주석 및 납의 물성을 열거하라. Ge이 F_2 및 O_2와 반응하여 생성되는 화합물의 화학식을 예측하라.

6. 5A(15)족 원소의 원자가 전자 배치는 무엇인가? 금속 성질은 족에서 아래로 내려갈수록 증가한다. N, P, As와는 다르게, 왜 Bi와 Sb가 금속 성질을 갖는가를 예를 들어 설명하라. 기체 상태일 때 인, 비소 및 안티모니 원소는 각각 P_4, As_4 및 Sb_4 분자로 존재하는 반면에 질소 원소는 N_2로 존재한다. N_2와 다른 5A(15)족 원소들 사이의 이러한 차이에 대해 가능한 이유를 써라. 백린이 흑린 또는 적린보다 더 반응성이 큰 이유를 설명하라.

7. 표 20.14에 −3에서 +5 범위의 산화 상태를 가지는 일반적인 질소 화합물을 나타내었다. 광범위한 산화 상태를 가지는 이유를 설명하라. 표 20.14에 나타낸 각각의 물질에 관한 특성들을 써라. 암모니아는 수소 결합의 분자 간 힘을 형성함으로써 작은 분자인 NH_3의 끓는점이 예외적으로 매우 높다. 하이드라진(N_2H_4)도 수소 결합의 상호작용을 형성하는가? 포스핀(PH_3)의 구조는 암모니아 구조와 어떻게 다른가?

8. 6A(16)족 원소의 원자가 전자 배치는 무엇인가? 산소와 폴로늄 사이의 성질 차이는 무엇인가? 산소의 두 동소체형에 대한 Lewis 구조는 무엇인가? 오존의 분자 구조와 결합각은 무엇인가? 고체 황의 가장 안정한 형태는 사방정계(rhombic) 형태이다. 그러나 단사황이라고 부르는 고체 형태도 생성될 수 있다. 사방정계 황과 단사황의 차이점은 무엇인가? O_2가 S_2 또는 SO보다 훨씬 더 안정한 이유를 설명하라. $SO_2(g)$와 $SO_3(g)$가 물과 반응하여 산성 용액이 되는 이유를 설명하라. SO_2와 SO_3의 분자 구조와 결합각은 무엇인가? H_2SO_4는 강력한 탈수제이다. 그 이유는 무엇인가?

9. 할로젠의 원자가 전자 배치는 무엇인가? 왜 할로젠의 끓는점과 녹는점이 F_2로부터 I_2로 내려갈 때 지속적으로 증가하는가? F_2가 할로젠 중에서 가장 반응성이 큰 두 가지 이유를 제시하라. HF의 끓는점이 HCl, HBr 및 HI의 끓는점보다 훨씬 높은 이유를 설명하라. 자연에서 할로젠은 일반적으로 다양한 광물과 바닷물에서 할로젠화 이온으로 발견된다. 할로젠화 이온은 무엇이며 할로젠화 염은 왜 안정한가? 할로젠의 산화 상태는 -1에서 $+7$까지 다양하다. -1, $+1$, $+3$, $+5$ 및 $+7$의 산화 상태를 가지는 염소 화합물들을 나타내라.

10. 불활성 기체의 어떠한 특별한 성질이 이들을 반응성이 없게 만들었는가? 불활성 기체의 끓는점과 녹는점이 He에서 Xe까지 점점 증가한다. 이유를 설명하라. 불활성 기체들은 가장 최근에 발견된 원소들이다. Mendeleev가 그의 첫 번째 주기율표를 발표할 때에 이들의 존재를 예측하지 못한 이유를 설명하라. 1962년 이전에 출판된 화학 교과서에서는 불활성 기체(noble gas)들을 비활성 기체(inert gas)로 간주하였다. 더 이상 이 단어를 사용하지 않는 이유는? 그림 20.27에 있는 제논 화합물의 구조들을 보고 결합각과 각 화합물의 중심 원자의 혼성화를 제시하라.

활동 학습 질문

이 문제들은 학생들이 강의실에서 그룹을 만들어 함께 풀어보도록 고안하였다.

1. 플루오린은 주족 원소의 각 족의 원소와 화합물을 형성한다. 플루오린이 다음의 원소와 형성될 화학식을 예측하라.

a. H
b. Na
c. Ca
d. Ga
e. C
f. P
g. S
h. Br
i. Xe

예측한 화합물에 대해 Lewis 구조를 그려라.

2. 지구상에서 매우 중요한 세 가지 원소는 탄소, 규소, 산소이다.

a. 탄소는 왜 중요한가?
b. 규소는 왜 중요한가?
c. 산소는 왜 중요한가?
d. 탄소는 주로 탄소-탄소 결합을 한다. 설명하라.
e. 규소는 주로 규소-산소 결합을 한다. 설명하라.
f. 산소는 수소와 강한 σ 결합을 형성한다. 산소 자체와 강한 π 결합을 형성한다. 설명하라.

분홍색 번호의 질문과 연습문제에 대한 정답은 온라인에서 확인할 수 있습니다(차례의 QR을 스캔해보세요).

질문

3. 지구는 태양과 동일한 성간 물질(interstellar material)로부터 생성되었지만, 지구 대기에 존재하는 수소(H_2) 원소는 극히 적다. 이유를 설명하라.

4. 수소의 두 가지 중요한 공업적 용도를 나열하라.

5. 칼슘과 마그네슘은 인간의 삶에 필수적이다. 그들의 중요성을 설명하라.

6. 주기율표에서는 수직 관계뿐만 아니라 대각선상의 관계도 존재한다. 예를 들면, Be와 Al은 B와 Si처럼 성질 일부가 유사하다. 왜 이러한 대각선 관계가 크기, 이온화 에너지 및 전자 친화도와 같은 성질들에 유효한가?

7. 족에서 첫 번째 원소와 나머지 원소들 사이의 차이를 설명하는 데 원자의 크기가 중요한 역할을 하는 것으로 여겨진다. 설명하라.

8. 탄화 규소(SiC)는 아주 단단한 물질이다. SiC의 구조를 제안해보라.

9. 대부분의 화합물에서 고체 상태는 액체 상태보다 높은 밀도를 가진다. 물은 왜 그렇지 않은가?

10. 질소 고정은 무엇인가? 질소 고정의 예를 제시하라.

11. 모든 1A(1)족과 2A(2)족 금속은 용융염의 전기분해로 생산된다. 그 이유는 무엇인가?

12. 인의 화학적 성질은 질소의 화학적 성질과 상당히 다르다. 다음 중 P와 N의 속성 차이를 설명하는 데 영향을 미치지 *않는* 것은 무엇인가?

a. 질소는 인보다 전기음성도가 더 크다.
b. 인은 질소보다 더 큰 크기를 갖는다.
c. 질소는 인과 달리 강한 π 결합을 형성한다.
d. 인은 질소와 함께 존재하지 않는 빈 원자가 d 오비탈을 가지고 있다.

13. 암모니아 생산을 위한 Haber 공정에서 반응 속도와 열역학 사이에는 어떤 절충점이 있어야 하는가? 적절한 촉매의 발견으로 이 공정이 어떻게 실현될 수 있었는가?

14. 분자 P_4, P_4O_6, P_4O_{10}은 어떤 구조적 특징을 가지고 있는가?

15. 보레인(borane)이란 무엇인가? 보레인이 한때 잠재적인 로켓의 연료로 간주되었던 이유는 무엇인가?

16. 플루오린화 제논(xenon fluoride)의 공유 결합 화합물은 XeF_2,

XeF_4, XeF_6의 세 가지가 알려져 있다. 일반적으로, 플루오린화제논 화합물은 산소와 물이 없는 비활성 분위기에서 저장되어야 한다. 그 이유는 무엇인가?

17. 반지름이 가장 큰 원소는 어느 족에 속하는가? 전기음성도가 가장 높은 원소를 가진 족은?

18. C, N, O는 모두 그들 자신 원소들과 강한 결합을 형성한다. Si, P, S의 경우는 그렇지 않다. 그 이유는 무엇인가?

연습 문제

연습 문제는 비슷한 유형의 문제를 두 개씩 짝지어 놓았다.

1A(1)족 원소

19. 수소는 상업적으로 메테인과 수증기의 반응에 의해 생산된다.

$$CH_4(g) + H_2O(g) \longrightarrow CO(g) + 3H_2(g)$$

a. 이 반응에 대한 $\Delta H°$와 $\Delta S°$를 계산하라(부록 4의 자료 사용).

b. 표준 상태에서, 반응물의 생성을 용이하게 하는 온도는 얼마인가? $\Delta H°$와 $\Delta S°$는 온도에 의존하지 않는다고 가정한다.

20. 수소의 주요 공업적 용도는 Haber 공정에 의한 암모니아의 생산이다.

$$3H_2(g) + N_2(g) \longrightarrow 2NH_3(g)$$

a. 부록 4의 자료를 사용하여 Haber 공정 반응에 대한 $\Delta H°$, $\Delta S°$ 및 $\Delta G°$를 계산하라.

b. 표준 상태에서 반응은 자발적인가?

c. 표준 상태에서 반응이 자발적이려면 어떤 온도가 되어야 하는가? $\Delta H°$와 $\Delta S°$는 온도에 의존하지 않는다고 가정한다.

21. 수소와 리튬은 둘 다 1A(1)족에 속하는 원소이지만 매우 다르게 반응한다. 그 이유는 무엇인가?

22. 리튬은 소듐과 포타슘에 비해 물과 더 천천히 반응한다. 이 현상을 설명하라.

23. 리튬 금속과 다음 물질들과의 반응을 나타내는 균형 반응식을 써라. O_2, S, Cl_2, P_4, H_2, H_2O, HCl.

24. 염화 소듐 수용액(brine)의 전기분해는 염소와 수산화 소듐의 생산 과정에서 중요하다. 실제로, 미국에서 이 과정은 알루미늄 생산에 이어 두 번째로 많은 전기량을 소비한다. 염화 소듐 수용액의 전기분해 과정에 대한 균형 맞춘 반응식을 써라(수소 기체 역시 생성된다).

25. 표 20.5를 참고하여 알칼리 금속 산화물의 세 가지 형태의 예를 들어 제시하라. 어떻게 다른가?

26. 다음의 물질을 이온성, 공유성 또는 틈새형 수소화물로 분류하고 설명하라. *주의*: 밝은 푸른색 원자는 수소 원자이다.

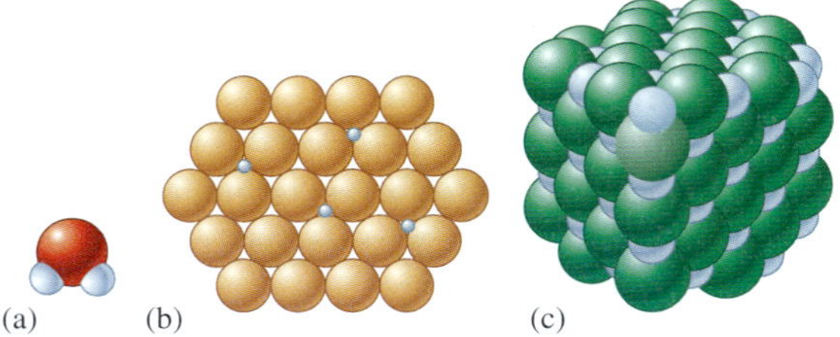
(a) (b) (c)

27. 많은 리튬 염들은 흡습성(물을 흡수)이 강한 반면에, 다른 알칼리 금속염들은 그렇지가 않다. 리튬염이 다른 이유를 설명하라.

28. 앞으로 발견될 다음 알칼리 금속의 원자 번호는 무엇인가? 표 20.4에 요약한 다른 알칼리 금속의 성질과 비교하여 발견될 다음 알칼리 금속의 성질은 어떠할 것으로 예상하는가?

2A(2)족 원소

29. 산성비의 유해성 중의 하나는 모두 기본적으로 탄산 칼슘으로 이루어진 대리석 또는 석회암으로 만들어진 구조물과 조각상을 망가뜨리는 것이다. 탄산 칼슘과 황산의 반응은 이산화 탄소, 물, 황산 칼슘을 생성한다. 황산 칼슘은 어느 정도 물에 용해되기 때문에 물체의 일부가 비에 의하여 씻겨 내려간다. 황산과 탄산 칼슘의 반응을 균형 맞춘 반응식으로 나타내라.

30. Sr과 다음 화합물 각각의 반응을 나타내는 균형 반응식을 써라. O_2, S, Cl_2, P_4, H_2, H_2O, HCl.

31. 5.00×10^4 A의 전류를 사용하여 용융된 염화 마그네슘 금속을 전기분해하여 1.00×10^3 kg의 마그네슘 금속을 만드는 데 시간이 얼마나 걸리겠는가?

32. 알칼리 토금속 염화물을 5.00 A의 전류를 사용하여 748 초 동안 전극에서 전기분해하였더니 0.471 g의 금속이 석출되었다. 금속은 전기분해 전지의 산화전극 또는 환원전극 중 어느 전극에 석출되었는가? 다른 전극에서는 무엇이 생성되는가? 알칼리 토금속은 무엇인가?

33. 베릴륨은 다른 알칼리 토류 화합물과 달리 일부 화합물에서 공유 결합성 특성을 나타낸다. 이 현상에 대한 가능한 설명을 하라.

34. 센물에서는 어떤 이온이 발견되는가? 물이 "연수(단물)"로 될 때 무엇이 일어나는가?

35. 소석회, $Ca(OH)_2$는 다음의 반응을 통해 센물로부터 칼슘 이온을 제거해 센물을 단물화하는 데 사용한다.

$$Ca(OH)_2(aq) + Ca^{2+}(aq) + 2HCO_3^-(aq) \rightarrow 2CaCO_3(s) + 2H_2O(l)$$

$CaCO_3(s)$는 물에 녹지 않지만, 극히 일부의 $CaCO_3$는 수용액에 녹는다. $CaCO_3$의 몰에 대한 몰 용해도를 계산하라($K_{sp} = 8.7 \times 10^{-9}$).

36. 미국 공중 보건 서비스(The United States Public Health Servive, USPHS)는 충치 예방 수단으로 수돗물의 플루오린화 처리를 권장한다. 권장 농도는 1 mg F^-/L이다. 첨가된 플루오린화 이온은 센물에 포함된 칼슘 이온과 반응하여 침전을 형성할 수 있다. USPHS가 권장하는 플루오린화 이온 농도를 갖는 센물에서 칼슘의 최대 몰농도는 얼마인가? (CaF_2의 $K_{sp} = 4.0 \times 10^{-11}$)

3A(13)족 원소

37. 원자 번호 113번 원소, Nh를 생각해 보자. Nh의 예상되는 전자 배치는 무엇인가? 113번 원소가 화합물을 만들었을 때 원소의 산화 상태는 무엇인가?

38. 탈륨과 인듐은 화합물 상태에서 +1과 +3의 산화 상태를 갖는

다. 탈륨과 산소 및 인듐과 염소 사이의 가능한 화합물의 화학식을 쓰고 명명하라.

39. 붕소의 수소화물(boron hydrides)은 한때 로켓 연료로 사용 가능하다는 평가가 있었다. 다이보레인의 연소에 대한 다음 반응식을 완결하고 균형을 맞추어라.

$$B_2H_6(g) + O_2(g) \longrightarrow B(OH)_3(s)$$

40. 원소 붕소는 붕소 산화물을 마그네슘으로 환원시키면 붕소와 산화 마그네슘이 생성된다. 이 반응에 대해 균형 맞춘 반응식을 써라.

41. Ga이 F_2, O_2, S, HCl과 각각 반응할 때 일어나는 반응식을 써라.

42. 알루미늄 금속이 진한 수산화 소듐 수용액과 반응할 때 나타나는 균형 맞춘 반응식을 써라.

43. Al_2O_3는 양쪽성(amphoteric)이다. 이것은 무엇을 의미하는가?

44. 산은 양성자 주개이다. 왜 0.010-M $Al(NO_3)_3$ 용액은 질산 알루미늄의 화학식에서 수소 원자가 없는데도 산성인 이유는 무엇인가?

45. 삼중심(three-centered) 결합이란 무엇인가?

46. 갈륨은 때때로 고온 온도계를 만드는 데 사용된다. 갈륨의 어떤 특성이 이것을 가능하게 하는가?

4A(14)족 원소

47. 탄소와 실리콘의 성질에서 C—C와 Si—Si의 결합 세기와 π 결합의 중요성을 논하라.

48. 중심 원자가 다른 것 외에 CO_2와 SiO_2 사이의 차이점은 무엇인가?

49. 아래의 그림은 이산화 탄소의 결합이 형성된 혼성 상태를 보여주고 있다.

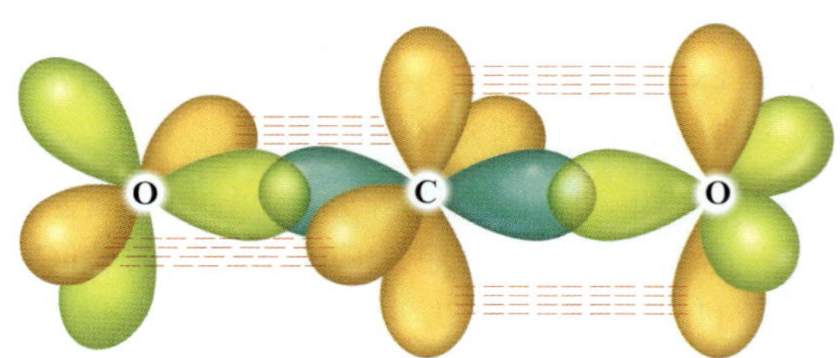

각각의 색은 다른 혼성 상태를 나타내고 있다. 이산화 탄소의 각각의 혼성 상태를 밝히고, Lewis 구조를 그려라. CO_2에 있는 결합을 편재 전자 모형으로 설명하라.

50. CO_2에 더해서, 두 개의 안정한 탄소 산화물이 있다. CO_2와 다른 두 안정한 산화물의 공간 채움 구조이다.

안정한 두 탄소 산화물의 화학식은? 편재 전자 모형을 사용하여 이들 두 형태의 결합을 설명하라.

51. 규소는 다음 반응에 의하여 화학 및 전자 회사에 의하여 생산된다. 다음 각 반응들의 균형 맞춘 반응식을 써라.

a. $SiO_2(s) + C(s) \longrightarrow Si(s) + CO(g)$

b. 사염화 규소는 매우 순수한 마그네슘과 반응하여 규소와 염화 마그네슘을 생성한다.

c. $Na_2SiF_6(s) + Na(s) \longrightarrow Si(s) + NaF(s)$

52. Sn이 각각 Cl_2, O_2, HCl과 반응할 때의 화학 반응식을 써라.

53. 화합물 Pb_3O_4(붉은 납)는 납(II)와 납(IV)의 산화 상태의 혼합물로 되어 있다. Pb_3O_4 내에 존재하는 납(II)와 납(IV)의 몰 비는 얼마인가?

54. 주석은 화합물 내에서 +2와 +4의 산화 상태를 갖는다. 주석이 플루오린과 반응했을 때, 두 화합물의 생성이 가능하다. 두 종류의 할로젠화 주석 화합물이 생성되는 균형 맞춘 반응식을 쓰고 명명하라.

55. 납은 염소와 두 가지 염화물($PbCl_2$ 및 $PbCl_4$)과 두 가지 다른 화합물을 형성한다. $PbCl_2$는 중요한 이온 성질을 가지고 있고, 이 현상에 대한 설명을 제시하라. $PbCl_4$는 중요한 공유 결합 성질을 가지고 있다. $PbCl_4$에 대한 Lewis 구조를 그려라. $PbCl_4$에서 예상되는 결합각은 얼마인가?

56. 주석은 산성 용액에서 H^+에 의해 산화되어 Sn^{2+}를 형성한다. 이 반응에 대해 균형 맞춘 반응식을 써라.

5A(15)족 원소

57. 가장 높은 산화 상태를 갖는 질소의 산소 음이온은 질산 이온(NO_3^-)을 포함하고 있다. 해당 인의 산소 음이온이 PO_4^{3-}인 경우 NO_4^{3-} 이온은 알려져 있지만 그다지 안정하지는 않다. PO_3^- 이온은 알려져 있지 않다. 네 가지 음이온의 결합 측면에서 이러한 차이를 설명해준다.

58. 다음 물질 쌍들 중 하나는 안정하고 알려져 있으며, 다른 하나는 불안정하다. 각 쌍에 대해 안정한 물질을 선택하고, 다른 하나가 불안정한 이유를 설명하라.

a. NF_5 또는 PF_5 **b.** AsF_5 또는 AsI_5 **c.** NF_3 또는 NBr_3

59. Bi와 Sb의 생성에 대하여 표 20.13에 설명된 반응에 대한 균형 맞춘 반응식을 작성하라.

60. 비소는 산소와 반응하여 비소 산화물을 형성하며, 이는 인 산화물과 유사한 방식으로 물과 반응한다. 비소와 산소의 반응 및 생성된 산화물과 물의 반응을 나타내는 균형 맞춘 화학 반응식을 써라.

61. 5A(15)족 원소는 3개, 5개 또는 6개의 공유 결합을 포함하는 분자 또는 이온을 형성할 수 있다. NH_3, $AsCl_5$ 및 PF_6가 그 예이다. 각 물질에 대한 Lewis 구조를 그리고, 분자 구조와 혼성을 예측하라. 왜 NF_5나 NCl_6^-가 형성되지 않는지 설명하라.

62. 기체 상태에서 AsF_3Cl_2는 공유 결합 화합물로 존재한다. AsF_3Cl_2의 Lewis 구조를 그려라. 이 화합물은 축 방향에 플루오린 원자가 있다고 가정한다. 고체 상태에서 AsF_3Cl_2는 AsC_4^+과 AsF_6^- 이온으로 존재한다. 이 이온들의 Lewis 구조를 각각 그려라.

63. 원소 질소는 N_2 분자로 존재하지만 P, As, Sb의 경우에는 그렇지 않다. 이들 원소의 원소 형태는 P_4, As_4, Sb_4 분자이다. 이러한 상황이 발생하는 이유를 설명하라.

64. NO, NO^+ 및 NO^-의 Lewis 구조와 분자 오비탈 관점에서의 결합을 비교하라. 두 모형 간의 차이점을 설명하라.

65. 많은 질소 산화물은 표준 자유 에너지 생성 값이 양의 값을 가지고 있다. NO를 예로 들어, 그 이유를 설명하라.

66. 부록 4의 데이터를 사용하여 다음 반응에 대한 $\Delta H°$, $\Delta S°$ 및 $\Delta G°$을 계산하라.

$$N_2(g) + O_2(g) \longrightarrow 2NO(g)$$

자동차 엔진에서는 NO가 생성되지만, 대기 중에서는 그것이 다시 N_2와 O_2로 쉽게 분해되지 않는 이유는 무엇인가?

67. 많은 자연수에서 질소와 인은 식물 생장에 필요한 영양원 중 가장 양이 적은 것들이다. 농업 폐수 또는 도시 하수에 의해 오염된 물은 너무 많은 조류가 성장하게 된다. 조류가 무성하게 번성하면 어류는 결과적으로 사멸하게 된다. 이러한 상황이 화학적으로 어떻게 연계되어 있는지 설명하라.

68. 인산염 완충용액은 세포내 체액의 pH를 조절하는 데 중요하다. 예로서 세포내 체액에서 $H_2PO_4^-/HPO_4^{2-}$의 농도비가 1.1 : 1이라면 이 세포내 체액의 pH는 얼마인가?

$$H_2PO_4^-(aq) \rightleftharpoons HPO_4^{2-}(aq) + H^+(aq) \quad K_a = 6.2 \times 10^{-8}$$

69. 인산(H_3PO_4)은 삼양성자산, 아인산(H_3PO_3)은 이양성자산이고, 하이포아인산(H_3PO_2)은 일양성자산이다. 이 현상을 설명하라.

70. 인산 삼소듐(trisodium phosphate, TSP)은 좋은 그리스 제거제이다. 많은 세척제들과 같이 TSP는 물에서 염기로 작용한다. 이 현상을 균형 맞춘 반응식으로 나타내라.

6A(16)족 원소

71. 결합 에너지를 이용하여 다음 반응을 일으키는 빛의 최대 파장을 추정하라.

$$O_3 \xrightarrow{h\nu} O_2 + O$$

72. 건식 복사(xerography) 과정은 1938년 C. Carlson이 발명하였다. 건식 복사란 광반도체에 빛을 쪼여 이미지가 나타나게 하는 것이다. 셀레늄은 400~500 nm의 구간의 빛을 쪼이면 전도도가 10^3배 정도 증가하기 때문에 많이 사용된다. 셀레늄이 전도성을 가지도록 하기 위하여 어떤 색의 빛을 사용하여야 하는가?(그림 7.2 참조)

73. SO_2에 의하여 H_2SeO_4가 환원되어 셀레늄이 생성되는 균형 맞춘 화학 반응식을 써라.

74. 다음 반응을 완결하고 균형을 맞춰라.

a. 이산화 황 기체와 산소 기체의 반응

b. 삼산화 황과 물의 반응

c. 진한 황산과 설탕($C_{12}H_{22}O_{11}$)의 반응

75. 오존은 대기권 상층부에서 필요하나, 하층부에서는 불필요하다. 사전적으로는 오존은 상쾌하며 자극적인 향을 가진 것으로 서술되어 있다. 이렇듯 겉으로 보기에 상충되는 설명이 오존의 화학적 성질의 관점에서 어떻게 조화될 수 있는가?

76. 오존은 수돗물을 정수하는 과정에서 염소를 대체할 수 있다. 염소와는 달리 처리 후에 오존은 실질적으로 남아있지 않는다. 이것은 장단점을 가지고 있다. 설명하라.

77. 25°C와 1 atm에서 가장 안정한 형태의 황은 마름모꼴 황이다. 더 높은 온도에서는 단사황이 가장 안정한 형태이다. 열역학적 지식을 적용하여 어떤 형태의 황이 더 불규칙한 형태인지 예측하라.

78. 석탄과 같은 화석 연료에 포함된 황은 산성비의 구성 요소인 황산을 생성할 수 있다. 화석 연료의 황이 H_2SO_4로 변환되는 과정을 나타내는 반응식을 써라. SO_3를 생성하기 위해 산소와 SO_2의 반응은 매우 느린 반응이지만 산성비는 실제 문제이다. 대기 중에서 무엇이 SO_2의 반응을 촉매하여 SO_3를 형성하는가?

79. O_2의 상자기성은 분자 오비탈 모형으로 어떻게 설명할 수 있는가?

80. 편재 전자 모형(혼성 오비탈 이론)을 사용하여 SO_2와 SO_3의 결합을 설명하라. 분자 오비탈 모형은 이 두 화합물의 π 결합을 어떻게 설명하는가?

7A(17)족 원소

81. O_2F_2의 Lewis 구조를 써라. 두 개의 중심 산소 원자의 혼성화와 결합각을 예측하라. O_2F_2 원자의 산화 상태와 형식 전하를 제시하라. 화합물 O_2F_2는 강력하고 센 산화제 및 플로오린화제이다. O_2F_2에 대한 이들 성질을 설명하는 데 산화 상태나 형식 전하가 더 유용한가?

82. OF_2에 대한 산소 원자의 Lewis 구조, 분자 구조, 그리고 산소 원자의 혼성화를 제시하라. OF_2는 연습 문제 81에서 논의한 O_2F_2와 같은 센 산화제일 것으로 기대할 수 있는가?

83. 플루오린은 황과 반응하여 여러 가지 공유 결합 화합물을 형성한다. 이들 중 세 가지 화합물은 SF_2, SF_4, SF_6이다. 이러한 화합물에 대한 Lewis 구조를 그리고 분자 구조(결합 각 포함)를 예측하라. OF_4가 안정적인 화합물이 될 것으로 기대하는가?

84. 염소와 셀레늄 사이에 형성될 수 있는 가능한 화합물을 예측하라. (*힌트*: 연습 문제 83 참조)

85. 일반적으로 할로젠은 금속과 반응하여 이온 화합물을 형성한다. 두 금속 염화물 화합물은 $SnCl_2$와 $SnCl_4$이다. $SnCl_2$의 끓는점은 1153°F이지만 $SnCl_4$의 끓는점은 237°F이다. 이들 두 염화주석 화합물 사이의 끓는점이 큰 차이를 보이는 이유는 무엇인가?

86. 다음 반응식은 불균등화 반응의 한 예이다.

$$Cl_2(aq) + H_2O(l) \rightarrow HOCl(aq) + H^+(aq) + Cl^-(aq)$$

불균등화 반응이란 무엇인가? 반응식으로 설명하라.

87. 할로젠의 산소산 세기는 화학식에서 산소의 수가 증가함에 따라 어떻게 변하는가?

88. HCl, HBr 및 HI는 모두 센산인 반면에 HF는 왜 약산인가 설명하라.

8A(18)족 원소

89. 헬륨은 지구상에서 어떻게 생성되는가?

90. 1962년 이전에는 8A(18)족 원소를 비활성 기체라고 불렀다.

1962년에 비활성 기체가 불활성 기체로 개명되었는데 무슨 일이 일어났는가?

91. 할로젠화 제논 및 산화 제논은 할로젠을 가진 다른 많은 화합물 및 이온들과 등전자 구조를 가진다. 다음 각 화합물들과 등전자 구조를 가지면서 아이오딘이 중심 원자로 있는 분자 또는 이온을 제시하라.

a. 사산화 제논
b. 삼산화 제논
c. 이플루오린화 제논
d. 사플루오린화 제논
e. 육플루오린화 제논

92. 다음 물질들에 대하여 Lewis 구조를 그리고, 분자 구조(결합각 포함)를 예측하고, 중심 원자의 혼성화 형태를 예측하라.

a. KrF_2 **b.** KrF_4 **c.** XeO_2F_2 **d.** XeO_2F_4

93. He은 우주에서 두 번째로 풍부한 원소이나, 지구에서는 매우 귀하다. 그 이유는 무엇인가?

94. 아르곤 기체는 불활성이기 때문에 건강에 심각한 위험을 일으키지 않는다. 그렇지만 상당량의 라돈이 허파로 흡입되면 폐암이 발생될 수 있다. 아르곤 기체와 라돈 기체가 건강에 대한 위험도가 다른 것을 설명하라.

95. 제논과 플루오린에 의하여 형성된 화합물과 유사한 화합물을 생성하기 위하여 라돈이 플루오린과 반응하는 증거가 있다. 이 RnF_x 화합물의 화학식을 예상하라.

96. 연습 문제 95에서 예측한 RnF_x 화합물의 경우 분자 구조 (결합각 포함)를 그려라.

화학 활동 문제

***97.** 수소 기체는 자동차 연료로 생각되고 있다. 물로부터 수소 기체를 생산하는 것은 여러 화학적 의미가 있다. 이들 반응 중 하나는 다음과 같다.

$$C(s) + H_2O(g) \longrightarrow CO(g) + H_2(g)$$

여기에서 탄소의 형태는 흑연이다.

a. 부록 4의 자료를 사용하여 이 반응의 $\Delta H°$와 $\Delta S°$를 계산하라.

b. 이 반응은 어느 온도에서 자발적으로 일어나는가? $\Delta H°$과 $\Delta S°$은 온도에 의존하지 않는다고 가정하라.

98. 이온 교환 수지는 물을 어떻게 연수로 만드는가?

99. 하이드라진(N_2H_4)은 액체 연료 로켓의 연료로 사용된다. 하이드라진이 산소 기체와 반응하면 질소 기체와 수증기가 생성된다. 균형 맞춘 반응식을 쓰고 표 8.5의 결합 에너지를 사용하여 이 반응에 대한 ΔH를 예측하라.

100. 비활성-쌍 효과(inert-pair effect)는 +1과 +3의 산화 상태를 나타내는 3A(13)족에서 무거운 원소들의 경향을 설명하는데 때때로 사용된다. 무엇이 비활성 쌍 효과의 예인가? (*힌트*: 3A(13)족 원소들의 원자가 전자 배치를 고려하라.)

101. 화합물 Ga_2Cl_4는 두 개의 갈륨(II) 이온을 포함하는지 또는 갈륨(I) 이온과 갈륨(III) 이온을 각각 한 개씩 포함하고 있는지 실험적으로 어떻게 결정할 수 있을까? (*힌트*: 세 가지 가능한 이온의 전자 배치를 고려하라.)

102. 흑연의 비저항(전기 저항의 척도)은 기본 면(basal plane)에서 $(0.4 \sim 5.0) \times 10^{-4}$ ohm · cm이다. (기본 면은 여섯 개의 탄소 원자로 된 고리의 면을 의미한다.) 면에 수직인 축에서는 0.2~1.0 ohm · cm의 저항을 갖는다. 다이아몬드의 저항은 $10^{14} \sim 10^{16}$ ohm · cm이고, 방향에 무관하다. 흑연과 다이아몬드의 구조로 이런 현상을 설명할 수 있을까?

103. 소듐이 수소 기체와 반응하면 수소화 소듐이 생성된다. 수소화 소듐은 이온 화합물인가? 아니면 공유 결합 화합물인가? 수소화 소듐이 물과 반응할 때의 화학 반응식은 다음과 같다.

$$NaH(s) + H_2O(l) \longrightarrow Na^+(aq) + OH^-(aq) + H_2(g)$$

위 반응은 산화-환원 반응이면서 동시에 산-염기 반응이 된다는 것을 설명하라.

***104.** 용융 $CaCl_2$를 8.00시간 동안 전기분해하였더니 $Ca(s)$와 $Cl_2(g)$가 생성되었다.

a. 칼슘 금속 5.52 kg을 생산하는 데 필요한 전류는 얼마인가?

b. 5.52 kg의 칼슘 금속이 만들어졌다면, 생성된 Cl_2의 질량은 몇 kg인가?

***105.** pH = 9.42로 완충된 수용액에서 $Mg(OH)_2$ ($K_{sp} = 8.9 \times 10^{-12}$)의 용해도를 계산하라.

106. EDTA는 화학 분석에서 착화제로 사용된다. EDTA 용액은 이소듐염인 Na_2H_2EDTA가 들어있는 용액이며, 중금속 오염을 제거하는 데도 사용된다. 다음 반응에 대한 평형 상수는 6.7×10^{21}이다.

$$Pb^{2+}(aq) = + H_2EDTA^{2-}(aq) \rightleftharpoons PbEDTA^{2-}(aq) + 2H^+(aq)$$

$$EDTA^{4-} = \begin{matrix} {}^-O_2C-CH_2 \\ {}^-O_2C-CH_2 \end{matrix} \!\!> N-CH_2-CH_2-N <\!\! \begin{matrix} CH_2-CO_2{}^- \\ CH_2-CO_2{}^- \end{matrix}$$

에틸렌다이아민테트라아세테이트

원래 용액의 Pb^{2+}는 0.0050 M, H_2EDTA^{2-}는 0.075 M이다. pH = 7.00로 완충되어 있다. 평형에서 $[Pb^{2+}]$는?

107. 광 변색 렌즈(photogray lens)에는 고체 염화 은의 작은 결정이 들어 있다. 염화 은은 다음과 같은 반응에 의해 빛에 감응한다.

$$AgCl(s) \xrightarrow{hv} Ag(s) + Cl$$

금속 은의 작은 입자들은 렌즈를 검은색으로 변하게 한다. 렌즈에서 이 반응은 가역 반응으로, 빛이 제거되면 역반응이 일어난다. 그러나 순수한 흰색의 염화 은에 빛을 쪼이면 검은색으로 변하였다가 빛이 없어져도 역반응은 일어나지 않는다.

a. 이 차이를 어떻게 설명할 수 있을까?

b. 광 변색 렌즈는 시간이 감에 따라서 영원히 검은색이 된다. 이것을 어떻게 설명할 수 있을까?

108. 하이드라진은 약간의 독성이 있다. 다음 반쪽 반응을 사용하여 가정용 표백제(하이포염소산 소듐의 강한 염기성 용액)를 가정용 암모니아 또는 암모니아를 포함하는 유리 세정제와 절대 혼합해서는 안 되는 이유를 설명하라,

$$ClO^- + H_2O + 2e^- \longrightarrow 2OH^- + Cl^- \qquad \mathscr{E}° = 0.90 \text{ V}$$

$$N_2H_4 + 2H_2O + 2e^- \longrightarrow 2NH_3 + 2OH^- \qquad \mathscr{E}° = -0.10 \text{ V}$$

109. TlI_3의 화학식을 갖는 화합물은 검은색 고체이다. 다음 제시된 표준 환원 전위를 사용하여 이 화합물이 아이오딘화 탈륨(III)인지 또는 삼아이오딘화 탈륨(I)인지 판단하라.

$$Tl^{3+} + 2e^- \longrightarrow Tl^+ \qquad \mathscr{E}° = 1.25\ V$$
$$I_3^- + 2e^- \longrightarrow 3I^- \qquad \mathscr{E}° = 0.55\ V$$

***110.** 다음 분자나 이온에서 밑줄 그은 질소 원자의 혼성화 상태는 무엇인가?

a. $\underline{N}O^+$ **c.** $\underline{N}O_2^-$

b. N_2O_3 $(O_2N\underline{N}O)$ **d.** $\underline{N_2}$

***111.** 아래의 각각의 분자에서 중심 원자의 혼성 상태는 무엇인가?

a. SF_6 **b.** ClF_3 **c.** $GeCl_4$ **d.** XeF_4

***112.** 산화 이질소(N_2O)는 질산 암모늄의 열분해에 의해 생산된다.

$$NH_4NO_3(s) \xrightarrow{가열} N_2O(g) + 2H_2O(l)$$

22°C와 총 압력 94.0 kPa에서 8.68 g의 NH_4NO_3를 열분해시켰다. 수상 치환하여 얻을 수 있는 $N_2O(g)$의 부피는 얼마인가? 22°C에서 물의 증기 압력은 21 torr이다.

113. 1950년대와 1960년대에 몇몇 나라들은 대기 중에서 핵탄두의 실험을 시도하였다. 실험이 끝난 후에는 우유 속의 스트론튬-90(스트론튬의 방사성 동위원소 중의 하나)의 농도를 측정하는 것이 일반화되어 있었다. 스트론튬-90은 왜 우유 속에 축적되는 경향이 있는가?

***114.** 1.0 atm, 25°C의 대기에서 Xe의 부피는 9.0×10^{-6}%이다.

a. 7.26 m × 8.80 m × 5.67 m의 방에 들어있는 Xe의 질량을 계산하라.

b. 성인 한 사람은 한 번 숨 쉬는 동안에 약 2 L의 공기를 흡입한다. 한 번 호흡에 얼마나 많은 Xe 원자를 흡입하는가?

115. 황은 +6, +4, +2, 0, −2의 산화 상태를 갖는 매우 다양한 화합물을 형성한다. 각각 이들 산화 상태를 갖는 황 화합물의 예를 제시하라.

116. 할로젠은 각자 서로 다양한 공유 결합 화합물을 형성한다. 예를 들면, 염소와 플루오린은 ClF, ClF_3, ClF_5 화합물을 형성한다. 이들 세 화합물의 분자 구조(결합각 포함)를 예측하라. FCl_3는 안정한 화합물로 예측할 수 있는가? 설명하라.

117. 삼플루오린화 질소(NF_3)는 열적으로 안정한 화합물이지만 삼아이오딘화 질소(NI_3)는 매우 폭발성이 있는 물질로 알려져 있다. NI_3는 다음 식으로 합성할 수 있다.

$$BN(s) + 3IF(g) \longrightarrow BF_3(g) + NI_3(g)$$

a. 반응 엔탈피(−307 kJ)와 생성 엔탈피[$BN(s)$ = −254 kJ/mol, $IF(g)$ = −96 kJ/mol, $BF_3(g)$ = −1136 kJ/mol]를 사용하여 $NI_3(g)$의 생성 엔탈피를 계산하라.

b. 1 mol의 BN을 4 mol의 IF와 반응시켜 NI_3를 합성할 때 분리된 부산물 중 하나가 $[IF_2]^+[BF_4]^-$라고 보고되었다. 이 부산물에서 분자의 기하학적 구조는 어떠한가? 부산물의 각각 중심 원자의 혼성 상태는 어떠한가?

118. 알칼리 토금속 중에서 가장 무거운 원소는 라듐(Ra)이며, 1898년에 Pierre와 Marie Curie 부부에 의해 자연에서 방사능 원소로 발견되었다. 라듐은 최초로 역청우라늄 광석으로부터 분리되었으며, 역청우라늄 광석 약 7.0톤당 1.0 g이 존재한다. 1.75×10^8 g의 역청우라늄 광석으로부터 몇 개의 라듐 원자가 분리되는가(1 톤 = 1,000 kg)? 라듐의 초기 용도 중의 하나는 어둠 속에서 빛나도록 시계 지침을 코팅하는 페인트에 첨가되었다. 라듐의 긴 반감기를 가지는 동위원소는 1.60×10^3년의 반감기를 가진다. 1925년에 제작된 골동품 시계가 15.0 mg의 라듐을 포함하고 있다면, 2025년에는 라듐 원자가 얼마나 존재하는가?

도전 문제

119. 10.00 g의 알칼리 토금속이 1.00 atm, 25°C에서 10.0 L의 물과 반응하여 6.10 L의 수소 기체를 생성한다. 어떤 금속인지를 밝히고, 용액의 pH를 결정하라.

120. 이 장에서 언급한 백색 주석과 회색 주석의 온도에 따른 안정성에 대한 정보로부터, 어떤 형태의 주석이 더 정돈된(더 작은 위치적 확률을 가짐) 구조를 갖는지를 예상하라.

121. 납은 +2와 +4의 산화 상태로 화합물을 형성한다. 모든 할로젠화 납(II)은 이온 결합 화합물을 형성하는 것으로 알려져 있다. 가능한 할로젠화 납(IV) 중에서 오직 PbF_4와 $PbCl_4$만이 알려져 있다. 납(IV)은 브로민화 이온과 아이오딘화 이온을 산화시켜 할로젠화 납(II)와 할로젠을 생성한다.

$$PbX_4 \longrightarrow PbX_2 + X_2$$

25.00 g의 할로젠화 납(IV)이 반응하여 16.12 g의 할로젠화 납(II)과 유리 할로젠을 생성한다. 할로젠은 무엇인가?

122. 인을 함유한 화합물의 많은 구조가 P═O 결합으로 그려진다. 이들 결합은 두 개의 p 오비탈이 중첩되어 형성된 전형적인 π 결합이 아니라, 산소의 p 오비탈 하나와 인 원자의 d 오비탈 하나의 중첩으로 만들어진 것이다. 이러한 π 결합의 형태는 H_3PO_3가 아래의 두 번째보다는 첫 번째 구조를 갖는다는 것을 설명하는 데 때때로 사용된다.

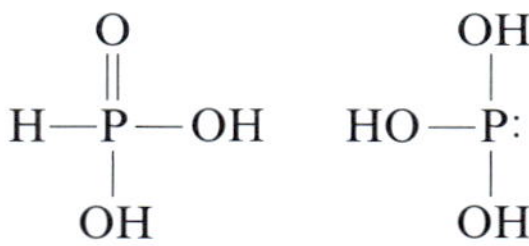

d 오비탈과 p 오비탈이 어떻게 중첩되어 π 결합을 형성하는지를 그림으로 그려라.

123. 결합 에너지(표 8.5 참조)를 이용하여 N_2O_3의 분해 반응에 의한 생성물이 O_2와 N_2O가 아니고 NO_2와 NO임을 제시하라. (N—O의 단일 결합 에너지는 201 kJ/mol이다.) (*힌트*: 화학 반응 속도를 고려한다.)

124. 상층대기에 있는 오존의 파괴 반응에 대한 제안된 두 단계 메커니즘은 다음과 같다.

a. 오존의 파괴 반응에 대한 전체의 균형 맞춘 반응식을 써라.

b. 어느 화학종이 촉매인가?

c. 어느 화학종이 중간체인가?

d. 만일 반응 메커니즘에서 첫 번째 단계가 느린 단계이고, 두 번째 단계가 빠른 단계라면 메커니즘에서 유도한 반응 속도 법칙을 써라.

e. 프레온을 사용하는 것에 대한 관심 중의 하나는 프레온이 상층권으로 이동을 하여, 그곳에서 다음 반응으로 염소 원자를 생성하는 것이다.

$$\underset{\text{프레온-12}}{CCl_2F_2} \xrightarrow{hv} CF_2Cl + Cl$$

염소 원자는 또한 다음의 오존의 파괴 반응에서 촉매로서 작용할 수 있다. 염소가 촉매로 작용하여 오존이 분해되는 제안된 메커니즘의 첫 번째 단계는 다음과 같다.

$$Cl(g) + O_3(g) \longrightarrow ClO(g) + O_2(g) \quad \text{느림}$$

두 단계 메커니즘을 가정하고, 메커니즘에서 두 번째 단계의 반응식을 제안하라. 그리고 전체 과정의 균형 맞춘 반응식을 써라.

125. 물처럼 암모니아가 흐르는 멀리 떨어진 추운 행성으로 여행을 하고 있다. 실제로 이 행성의 주민들은 지구인이 물을 사용하는 것처럼 행성에서 풍부한 암모니아를 액체로 사용한다. 암모니아는 양쪽성을 가져서 자동 이온화되는 물과 유사하다. 암모니아의 자동 이온화 상수 K 값은 행성의 표준 온도에서 1.8×10^{-12}이다. 이 온도에서 암모니아의 pH는 얼마인가?

126. 질소 기체는 수소 기체와 반응하여 암모니아 기체(NH_3)를 생성한다. 다음 그림은 15.0 L 용기 안의 초기 반응 혼합물을 나타낸 것으로, 각 분자의 수는 상대적인 수치를 나타낸다.

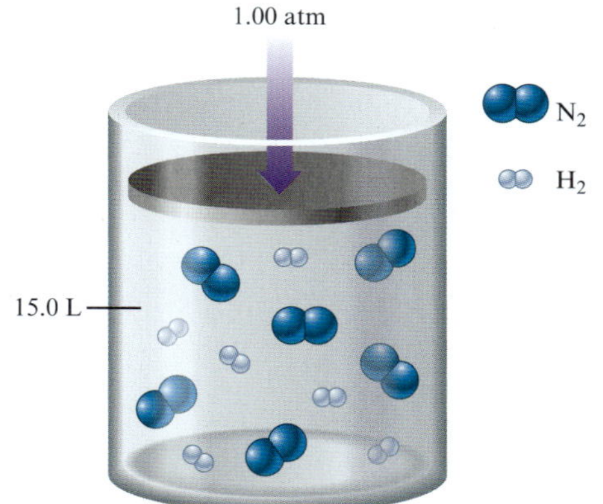

이 반응 혼합물은 반응이 완전히 진행한다고 가정한다. 피스톤 장치가 압력을 1.00 atm으로 일정하게 유지하기 위하여 반응 용기의 부피를 변화시킬 수 있다. 이상적 거동, 일정한 온도를 가정한다.

a. 반응이 완전하게 진행되었을 때 용기 안의 암모니아의 부분 압력은 얼마인가?

b. 반응이 완전하게 진행되었을 때 용기 안의 암모니아의 몰분율은 얼마인가?

c. 반응이 완전하게 진행되었을 때 반응 용기의 부피는 얼마인가?

127. 움직이는 피스톤이 부착된 실린더에 초기에 2.00 mol의 $O_2(g)$와 모르는 양의 $SO_2(g)$가 들어있다. 산소는 과량으로 존재하고, 혼합물의 밀도는 어떤 T와 P에서 0.8000 g/L이다. 반응이 완전하게 끝난 후에 $SO_3(g)$가 생성되고, 얻어진 기체 혼합물의 밀도가 같은 T와 P에서 0.8471 g/L가 되었다. 반응에서 생성된 SO_3의 질량을 계산하라.

128. 트라이폴리인산 소듐(sodium tripolyphosphate, $Na_5P_3O_{10}$)은 다양한 합성 세제에 사용된다. 주된 역할은 Mg^{2+}와 Ca^{2+} 이온과 착물을 형성하여 물을 연수로 만드는 것이다. 또한 액체의 표면 장력을 감소시켜 계면 활성제나 습윤제의 효과를 배가시킨다. $MgP_3O_{10}{}^{3-}$ 형성에 대한 pK 값은 −8.60이고, 반응식은 다음과 같다.

$$Mg^{2+}(aq) + P_3O_{10}{}^{5-}(aq) \rightleftharpoons MgP_3O_{10}{}^{3-}(aq)$$

Mg^{2+}의 초기 농도가 50. ppm (50. mg/1 L 용액)인 용액 1.0 L에 $Na_5P_3O_{10}$ 40.g을 첨가하였을 때, Mg^{2+}의 농도를 계산하라.

129. 몸무게가 150 lb인 성인의 몸에 존재하는 원자 수를 타당성 있게 추정하고 설명하라. 표 20.2에 주어진 정보를 활용하라.

130. 인화 인듐(III)[indium(III) phosphide]은 레이저, 발광 다이오드(LED), 광섬유 장치에 빈번하게 사용되는 반도체 재료이다. 이 물질은 900. K에서 다음과 같은 반응에 따라 제조된다.

$$In(CH_3)_3(g) + PH_3(g) \longrightarrow InP(s) + 3CH_4(g)$$

a. 2.00 atm에서 $In(CH_3)_3$ 2.56 L를 3.00 atm에서 PH_3 1.38 L와 반응시켰을 때, 반응 수율이 87%라고 가정하고 생성되는 $InP(s)$의 질량을 계산하라.

b. InP가 들어 있는 광전자 장치에 전류가 흐를 때, 방출된 빛 에너지는 2.03×10^{-19} J이다. 이 빛의 파장은 얼마인가? 사람의 눈으로 이 빛을 볼 수 있는가?

c. InP의 반도체 성질은 도핑에 의해 변경될 수 있다. 만약 소량의 인 원자들이 $[Kr]5s^24d^{10}5p^4$인 전자 배치를 가지는 원자로 대체된다면 이는 n-형 도핑과 p-형 도핑 중 어느 것인가?

131. 셀렌산(selenic acid)의 화학식은 H_2SeO_4로 황산과 직접 연관이 있는 반면, 텔루르산(telluric acid)은 H_6TeO_6 또는 $Te(OH)_6$로 생각된다.

a. $Te(OH)_6$에서 텔루륨의 산화 상태는 얼마인가?

b. 황산과 셀렌산과의 구조상 차이에도 불구하고, 텔루르산은 $pK_{a_1} = 7.68$, $pK_{a_2} = 11.29$인 이양성자산이다. 텔루르산은 다음 식과 같은 육플루오린화 텔루륨의 가수분해로 만들 수 있다.

$$TeF_6(g) + 6H_2O(l) \longrightarrow Te(OH)_6(aq) + 6HF(aq)$$

육플루오린화 텔루륨은 텔루륨 원소와 플루오린 기체를 반응시켜 만들 수 있다.

$$Te(s) + 3F_2(g) \longrightarrow TeF_6(g)$$

모서리의 길이가 0.545 cm인 텔루륨 정육면체(밀도 = 6.240 g/cm^3)를 1.06 atm, 25°C에서 플루오린 기체 2.34 L와 반응시켰다면, 용액 115 mL에 $TeF_6(g)$가 용해되어 형성된 $Te(OH)_6$ 용액의 pH는 얼마인가? 모든 반응은 100% 수율이라 가정한다.

마라톤 문제

이 문제들은 여러 가지 개념과 기법을 하나의 상황으로 통합하도록 구성되었다.

132. Kirk 선장은 무고한 혹성을 위협하는 Klingon들을 잡으려고 덫을 놓았다. 그는 Klingon의 레이더에 보이지 않는 소규모의 전투 로켓을 보냈고, 하나는 미끼로 보이도록 하였다. 그는 이를 “낚시 바늘” 전술이라 불렀다. Mr. Spock은 전투 로켓에 있는 화학자들에게 해야 할 일들을 알리기 위하여서 암호화된 통신을 사용하였다. 그 통신의 내용은 다음과 같다.

___ ___   ___ ___   ___ ___ ___ ___ ___
(1) (2) (3) (4) (5) (6)

___ ___ ___ ___ ___   ___ ___ ___ ___ ___
(7) (8) (9) (10) (11) (12) (10) (11)

다음의 규칙을 사용하여 통신의 빈칸을 완성하라.

(1) 할로젠화 수소, HX 화합물 중에서 끓는점이 두 번째로 높은 할로젠의 기호

(2) 수용액에서 유일한 약산인 할로젠화 수소 화합물 HX를 형성하는 할로젠의 기호

(3) 지구에서 발견되기 전에 태양에 존재한다는 것이 알려진 원소의 기호

(4) 표 20.13에서 가장 큰 금속성을 나타내는 5A족 원소

(5) 6A족 원소에서 셀레늄처럼 반도체인 원소의 기호

(6) 사방정계(rhombic)와 단사정계(monoclinic) 구조를 가지는 원소의 기호

(7) 다른 원소들과 결합하지 않았을 때는 연녹색 기체상의 이원자 분자로 존재하는 원소의 기호

(8) 지구의 표면 및 그 부근에 가장 풍부한 원소의 기호

(9) $4s^2 4p^4$ 원자가 껍질 전자 배치를 갖는 원소의 기호

(10) 플루오린과 결합하여 AF_2와 AF_4의 일반식을 갖는 것 중, 가장 크기가 작은 불활성 기체의 원소 기호(원소 기호를 거꾸로 쓰고 표시한 것처럼 글자를 나누어 쓸 것)

(11) 독성이 있으며, 다른 원소들과 결합하지 않았을 때는 인과 안티모니와 같이 사원자 분자를 형성하는 원소의 기호(글자를 표시한 것처럼 나누어서 쓸 것)

(12) 공기의 비활성 성분이지만 비료 또는 폭발물의 매우 중요한 성분 중 하나인 원소의 기호

133. 다음 단서가 설명하고 있는 원소 기호를 빈칸에 채워 유명한 미국 과학자의 이름을 찾아라. 이 과학자는 화학자보다는 물리학자로 더욱 잘 알려져 있으나, 그의 이름을 딴 Philadelphia 연구소에는 생화학 연구 시설이 있다.

___ ___ ___   ___ ___ ___ ___ ___ ___ ___ ___
(1) (2) (3) (4) (5) (6) (7)

(1) 이 알칼리 토금속의 산화물은 양쪽성이다.

(2) 이 원소는 인체 질량의 대략 3.0% 이상을 차지한다.

(3) 이 원소는 $7s^1$의 원자가 전자 배치를 갖는다.

(4) 이 원소는 가장 적은 음의 표준 환원 전위 값을 갖는 알칼리 금속이다. 원소 기호를 거꾸로 써라.

(5) 이 알칼리 금속의 이온은 혈장에 비해 세포액에서 더 높은 농도로 존재한다.

(6) 이 원소는 알칼리 금속 중 유일하게 질소와 직접 반응하여 M_3N 형태의 이성분 화합물을 만든다.

(7) 이 원소는 3A족 원소로서 안정한 + 1의 산화 상태 화합물을 만드는 첫 번째 원소이다. 해당하는 원소 기호의 두 번째 철자만을 사용하라.

루비(Rubie). (stanislav rishnyak / Alamy Stock Photo)

전이 금속과 배위 화학

Transition Metals and Coordination Chemistry

우리 사회에서 전이 금속의 용도는 매우 다양하다. 철은 강철에, 구리는 전선과 수도관에, 타이타늄은 페인트에, 은은 사진 필름에, 망가니즈, 크로뮴, 바나듐, 코발트는 강철의 첨가제로, 그리고 백금은 산업용 및 자동차용 촉매 등으로 쓰인다.

전이 금속의 중요성은 미국 정부가 전이 금속들의 공급을 계속하기 위해 보여준 노력에서도 찾아볼 수 있다. 최근에도 미국은 리튬, 니켈, 코발트, 망가니즈, 백금, 팔라듐 및 크로뮴 등을 포함한 60개의 "전략적이면서 중요한" 광물들을 수입해왔다. 이러한 금속들은 미국 경제와 국방 산업에 중요한 역할을 하고 있으며, 그 필요량의 90% 이상을 수입에 의존하고 있다.

전이 금속은 산업적으로 중요할 뿐 아니라 생체 내에도 중요한 역할을 한다. 예를 들면, 철 화합물은 산소의 운반 및 보관에 쓰이고, 몰리브데넘과 철의 화합물은 질소 고정 과정에서 촉매로 쓰이며, 아연은 인체에 있는 150여 개의 생체 분자에서 발견되고, 구리와 철은 호흡 순환기에서 아주 중요한 역할을 하며, 코발트는 비타민 B_{12}와 같은 필수 생체 분자에서 발견된다.

이 장에서는 전이 금속의 일반적인 성질에 관해 탐구하며, 특히 전이 금속으로 이루어진 착이온의 결합, 구조, 성질에 주목할 것이다.

21.1 전이 금속: 개요

일반적인 성질

주족 원소에 있어서 흥미로운 사실은 한 주기에서 원자가 전자의 수가 변화함에 따라 주족 원소의 화학적 성질이 크게 변한다는 것이다. 화학적인 유사성은 주로 같은 족에서만 발견된다. 그러나 *전이 금속들은 주어진 족에서뿐만 아니라 같은 주기에서도, 많은 유사성을 보여 준다.* 이러한 차이점은 전이 금속에 더해지는 마지막 전자들이 내부 전자이기 때문에 생긴다. 내부 전자는 *d* 구역 전이 금속에 있어서는 *d* 전자이고, 란타넘족 및 악티늄족에 있어서는 *f* 전자들이다. 내부의 *d* 및 *f* 전자들은 *s* 및 *p* 원자가 전자들만큼 결합에 쉽게 참여할 수 없다. 따라서, 전이 금속 원소의 화학은 주족 원소의 경우만큼 전자 수의 변화에 크게 영향을 받지 않는다.

주기율표에서 *d*-구역 전이 금속(*d*-block transition metal)의 족 표기(group designation)를 관습적으로 해왔다(그림 21.1). 그러나 이러한 표기는 주족 원소(A족)의 경우만큼 전이 금속의 화학적 행동과 직접적으로 관련지을 수 없으므로 사용하지 않겠다.

전반적으로 전이 금속들은 전형적인 금속의 특성인 금속성 광택, 비교적 높은 전기 전도도, 열 전도도 등을 나타낸다. 은은 열과 전기의 가장 좋은 도체이다. 그리고 구리는 은과 크게 차이가 나지 않는 두 번째로 좋은 열 및 전기의 도체이어서 가정이나 공장의 전기 기구에 널리 쓰인다.

유사성이 많기는 하지만 전이 금속들의 성질들은 상당히 다양하다. 예를 들면, 텅스텐은 3400°C에서 녹아서 전등의 필라멘트로 쓰이지만, 수은은 25°C에서 액체이다. 철이나 타이타늄과 같은 전이 금속은 견고하고 강하여 여러 구조 물질을 만드는 데 쓸 수 있지만 구리, 은, 금과 같은 전이 금속은 그렇게 견고하지 못하고 연하다. 전이 금속의 화학 반응성 역시 매우 다양하다. 일부는 산소와 쉽게 반응하여 산화물을 형성한다. 그런 금속들 중 크로뮴, 니켈, 코발트 등은 금속 표면에 산화물을 형성시켜 더 이상 산화가 진행되지 못하게 한다. 반면, 철과 같은 전이 금속은 그 산화물이 형성되었다가 벗겨져 나가면서 계속적으로 새 표면이 부식된다. 이에 반해, 금, 은, 백금, 팔라듐 등의 귀금속은 쉽게 산화물을 만들지 않는다.

Image Source/Getty Images

▲ 스포츠 트로피는 흔히 은으로 만든다.

전이 금속은 비금속과 이온 화합물을 형성함에 있어서 다음과 같은 몇 가지 특성을 보여 준다.

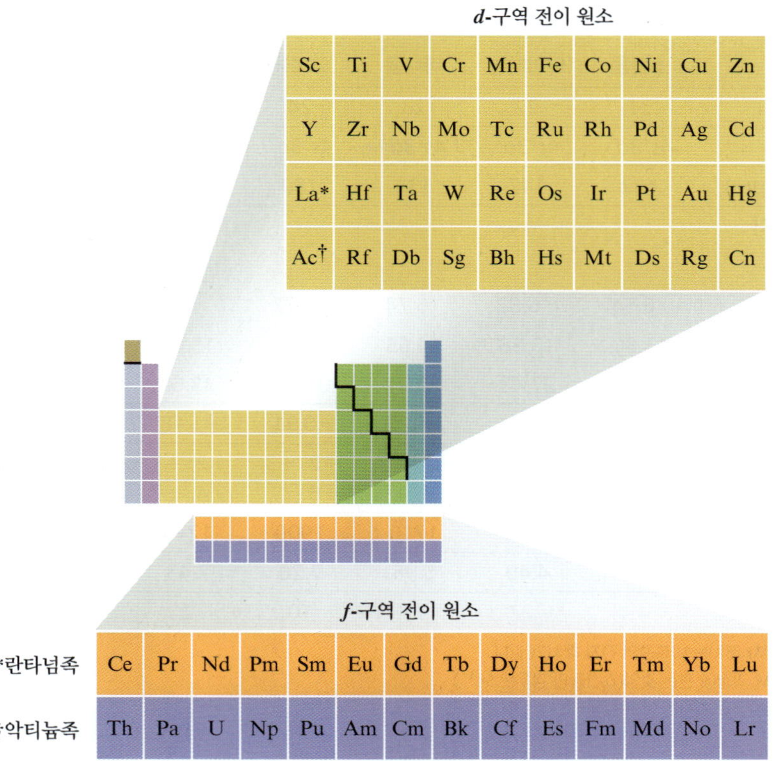

그림 21.1 주기율표에서 전이 원소의 위치. *d*-구역 원소는 3*d*, 4*d*, 5*d*, 6*d* 오비탈이 채워지는 원소이다. 내부 전이 금속은 4*f*(란타넘족)와 5*f*(악티늄족)가 채워지는 원소이다.

- 한 가지 이상의 산화 상태로 발견된다. 예를 들면, 철은 염소와 반응하여 $FeCl_2$와 $FeCl_3$를 형성한다.
- *전이 금속 이온은 그 금속 이온이 일정 수의 리간드*(Lewis 염기로 작용하는 분자나 이온)로 *둘러싸인* 화학종인 **착이온**(complex ion)의 형태로 존재한다. 예를 들면, $[Co(NH_3)_6]Cl_3$은 $Co(NH_3)_6^{3+}$ 양이온과 Cl^- 음이온으로 이루어져 있다.

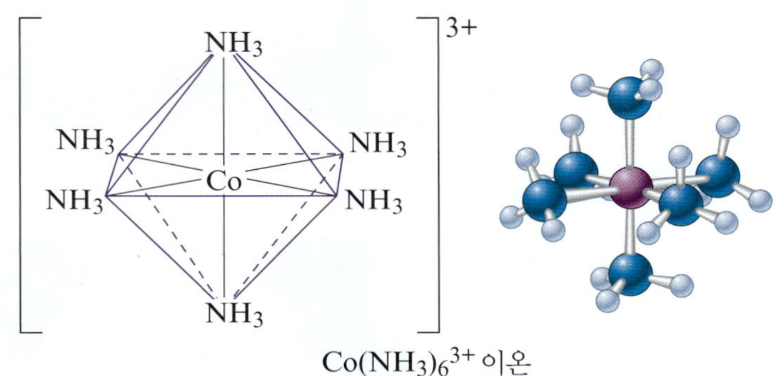

$Co(NH_3)_6^{3+}$ 이온

- 착이온 중의 전이 금속은 특정 파장의 가시광선을 흡수할 수 있기 때문에 대부분의 전이 금속 화합물은 색깔을 띤다.
- 많은 전이 금속 화합물은 홀전자를 갖고 있기 때문에 상자기성을 나타낸다.

이 장에서는 **첫 주기 전이 금속**(first-row transition metal)(스칸듐에서 아연까지)에 중점을 두고자 한다. 그것은 첫 주기 전이 금속이 다른 전이 금속 계열을 대표하고, 또 실제 응용에 있어서 매우 중요하기 때문이다. 이러한 원소의 몇 가지 중요한 성질은 표 21.1에 요약되어 있으며 다음 절에서 논의된다.

표 21.1 첫 주기 전이 금속 원소들의 주요 성질

	스칸듐	**타이타늄**	**바나듐**	**크로뮴**	**망가니즈**	**철**	**코발트**	**니켈**	**구리**	**아연**
원자 번호	21	22	23	24	25	26	27	28	29	30
전자 배치*	$4s^23d^1$	$4s^23d^2$	$4s^23d^3$	$4s^13d^5$	$4s^23d^5$	$4s^23d^6$	$4s^23d^7$	$4s^23d^8$	$4s^13d^{10}$	$4s^23d^{10}$
원자 반지름(pm)	162	147	134	130	135	126	125	124	128	138
이온화 에너지 (eV/원자)										
일차	6.54	6.82	6.74	6.77	7.44	7.87	7.86	7.64	7.73	9.39
이차	12.80	13.58	14.65	16.50	15.64	16.18	17.06	18.17	20.29	17.96
삼차	24.76	27.49	29.31	30.96	33.67	30.65	33.50	35.17	36.83	39.72
환원 전위†(V)	−2.08	−1.63	−1.2	−0.91	−1.18	−0.44	−0.28	−0.23	+0.34	−0.76
흔한 산화 상태	+3	+2, +3, +4	+2, +3, +4, +5	+2, +3, +6	+2, +3, +4, +7	+2, +3	+2, +3	+2	+1, +2	+2
녹는점(°C)	1397	1672	1710	1900	1244	1530	1495	1455	1083	419
밀도(g/cm^3)	2.99	4.49	5.96	7.20	7.43	7.86	8.9	8.90	8.92	7.14
전기 전도도‡	—	2	3	10	2	17	24	24	97	27

* 각 원자의 내부 전자 배치는 아르곤의 전자 배치와 같다.
† $M^{2+} + 2e^- \rightarrow M$ 과정에 관한 것임(스칸듐의 경우는 Sc^{3+})
‡ 은을 100으로 기준한 값에 대한 비교 값임

a

b

c

d

▶ (a) 방해석과 종유석은 미량의 철에 의해 색을 띠고, (b) 수정은 흔히 Mn, Fe, Ni과 같은 전이 금속에 의해서 색을 띤다. (c) Wulfenite는 몰리브데넘 연석($PbMoO_4$)이 포함되어 있다. (d) Rhodochrosite는 $MnCO_3$가 포함되어 있는 광물이다.

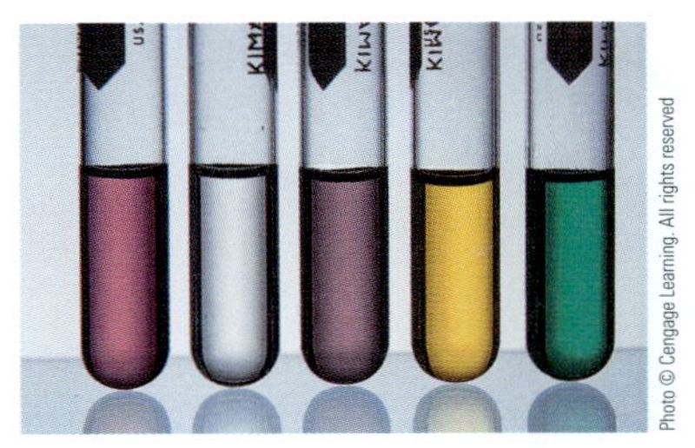

▲ (왼쪽부터 오른쪽으로) Co^{2+}, Mn^{2+}, Cr^{3+}, Fe^{3+}, Ni^{2+}의 금속 이온이 들어 있는 수용액.

크로뮴은 $[Ar]4s^1 3d^5$의 전자 배치를 하고 있다.

에너지가 같은 세트의 오비탈들은 *축퇴되어 있다*고 한다.

구리의 전자 배치는 $[Ar]4s^1 3d^{10}$이다.

전이 금속 *이온*에서 3*d* 오비탈은 4*s* 오비탈보다 에너지가 낮다.

전자 배치

첫 주기 전이 금속의 전자 배치는 7.11절에서 논의하였다. 전이 금속의 3*d* 오비탈은 4*s* 오비탈이 완전히 채워진, 즉 칼슘의 전자 배치($[Ar]4s^2$) 다음부터 채워지기 시작한다. 첫 번째 전이 금속인 *스칸듐*의 3*d* 오비탈에는 한 개의 전자가, 두 번째 *타이타늄*에는 두 개, 세 번째 *바나듐*에는 세 개가 각각 들어 있다. 네 번째 전이 금속인 *크로뮴*은 $[Ar]4s^2 3d^4$의 전자 배치를 가질 것으로 예측된다. 그러나 실제 전자 배치는 $[Ar]4s^1 3d^5$, 즉 4*s* 오비탈과 각 3*d* 오비탈들이 반만 채워져 있다. (5개의 3*d* 오비탈에 각각 전자가 하나씩 들어있다) 반만 채워진 "껍질"(shell)이 특히 안정하다고 설명할 수 있다. 이러한 설명을 뒷받침하는 이유들이 있을 수 있겠지만 그것은 너무 단순한 생각이다. 예를 들면, 크로뮴과 같은 족에 있는 텅스텐은 $[Xe]6s^2 4f^{14} 5d^4$의 전자 배치를 하고 있어 *s*와 *d* 껍질이 반만 채워진 상태는 아니다. 몇 가지 유사한 예들이 더 있다.

근본적으로 첫 주기 전이 금속 원소의 3*d*와 4*s* 오비탈의 에너지가 아주 비슷하기 때문에 크로뮴의 전자 배치는 반만 채워진 상태가 되는 것이다. 7.11절에서 한 세트의 축퇴된 오비탈(degenerate orbitals)에 전자가 들어갈 때 전자들 사이의 반발을 최소화하기 위하여 각 오비탈에 우선 한 개씩의 전자가 들어간다는 것을 배웠다. 크로뮴 원자의 4*s*와 3*d* 오비탈은 실제적으로 축퇴되어 있으므로 크로뮴은 다음에 나타낸 두 번째 전자 배치보다는 첫 번째 형태로 전자 배치를 할 것으로 예측할 수 있다.

4*s* ↑ 3*d* ↑ ↑ ↑ ↑ ↑

4*s* ↑↓ 3*d* ↑ ↑ ↑ ↑ __

그 이유는 두 번째 전자 배치에서의 전자–전자 반발력이 더 클 것이고, 따라서 더 높은 에너지 상태에 있을 것이기 때문이다.

첫 주기 전이 금속에서 예측과 다른 전자 배치를 하는 다른 원소는 구리이며, 전자 배치는 예측되는 $[Ar]4s^2 3d^9$가 아닌 $[Ar]4s^1 3d^{10}$를 하고 있다.

3*d*와 4*s* 오비탈의 에너지가 아주 비슷한 중성 전이 금속과는 대조적으로 *전이 금속 이온의 경우에는 3d 오비탈의 에너지가 4s 오비탈의 에너지보다 상당히 낮다*. 따라서, 이온이 형성된 후에 남는 전자들은 에너지가 더 낮은 3*d* 오비탈에 들어간다. *첫 주기 전이 금속 이온들은 4s 전자가 없다*. 예를 들면, 망가니즈의 전자 배치는 $[Ar]4s^2 3d^5$이지만, Mn^{2+}의 전자 배치는 $[Ar]3d^5$이다. 또한 타이타늄 원자의 전자 배치는 $[Ar]4s^2 3d^2$이지만, Ti^{3+}의 전자 배치는 $[Ar]3d^1$이다.

산화 상태와 이온화 에너지

전이 금속은 한 개 이상의 전자를 잃고, 여러 형태의 이온이 될 수 있다. 이들 원소의 흔한 산화 상태는 표 21.1에 실려 있다. 처음 다섯 개 금속의 최대 산화 상태는 4*s*와 3*d* 전자를 모두 잃는 상태에 해당함을 주목하라. 예를 들면, 크로뮴($[Ar]4s^1 3d^5$)의 최대 산화 상태는 +6이다. 첫 주기의 오른쪽 부분에서는 이 최대 산화 상태가 관찰되지 않으며, +2 이온 상태가 가장 흔하다. 이들 금속에 있어서 높은 산화 상태가 관찰되지 않는 것은 핵의 전하 수가 증가함에 따라 3*d* 오비탈의 에너지가 낮아져서 전자를 제거하는 것이 매우 힘들기 때문이다. 표 21.1에서 이온화 에너지는 주기의 왼쪽에서 오른쪽으로 갈수록 점진적으로 증가함을 볼 수 있다. 세 번째 이온화 에너지(3*d* 오비탈에서 전자를 제거)가 첫 번째 이온화 에너지보다 더 빠르게 증가하는 것은 전이 금속 첫 주기를 가로질러 갈 때 3*d* 오비탈의 에너지가 크게 감소함을 보여주는 증거이다(그림 21.2).

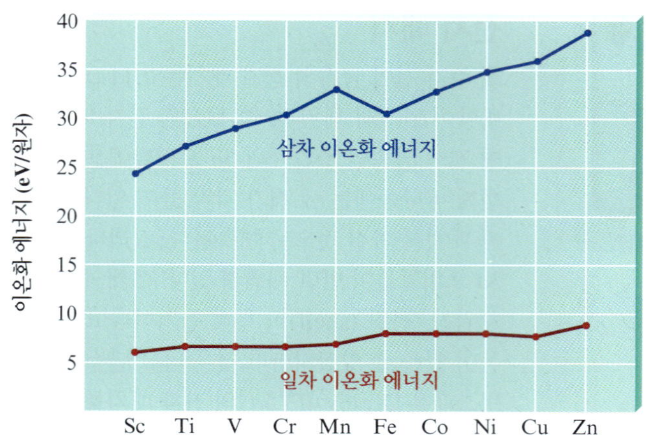

그림 21.2 첫 주기 전이 금속의 일차(붉은 점)와 삼차(푸른 점) 이온화 에너지.

표준 환원 전위

금속이 *환원제*(*reducing agent*)로 작용할 때 그 반쪽 반응은 다음과 같다.

$$\mathrm{M} \longrightarrow \mathrm{M}^{n+} + n\mathrm{e}^-$$

표 21.2 수용액 중에서 첫 주기 전이 금속의 상대적 환원력

반응	전위(V)
$Sc \rightarrow Sc^{3+} + 3e^-$	2.08
$Ti \rightarrow Ti^{2-} + 2e^-$	1.63
$V \rightarrow V^{2+} + 2e^-$	1.2
$Mn \rightarrow Mn^{2+} + 2e^-$	1.18
$Cr \rightarrow Cr^{2+} + 2e^-$	0.91
$Zn \rightarrow Zn^{2+} + 2e^-$	0.76
$Fe \rightarrow Fe^{2+} + 2e^-$	0.44
$Co \rightarrow Co^{2+} + 2e^-$	0.28
$Ni \rightarrow Ni^{2+} + 2e^-$	0.23
$Cu \rightarrow Cu^{2+} + 2e^-$	−0.34

(환원력 ↑)

이것은 보통 표에 실려 있는 반쪽 반응의 역반응이다. 따라서 첫 주기 전이 금속을 환원력의 순서로 나열하려면 표 21.1에 적어 놓은 반응의 부호를 반대로 바꾸면 된다. 양의 전위 값이 가장 큰 금속이 제일 좋은 환원제이다. 첫 주기 전이 금속을 환원력 순서로 표 21.2에 나열하였다.

다음 반응의 $\mathscr{E}°$는 0이므로,

$$2\mathrm{H}^+ + 2\mathrm{e}^- \longrightarrow \mathrm{H}_2$$

구리를 제외한 모든 금속이 1 *M*의 센산 수용액에서 H^+를 수소 기체로 환원시킬 수 있다.

$$\mathrm{M}(s) + 2\mathrm{H}^+(aq) \longrightarrow \mathrm{H}_2(g) + \mathrm{M}^{2+}(aq)$$

표 21.2에서 보는 바와 같이 첫 주기 전이 금속의 환원력은 왼쪽에서 오른쪽으로 감에 따라 점차적으로 감소한다. 크로뮴과 아연만이 이 경향성을 따르지 않는다.

4*d*와 5*d* 전이 계열

3*d*, 4*d*, 5*d* 전이 계열을 비교할 때, 이 원소들의 원자 반지름을 고려하면 도움이 된다(그림 21.3). 각 계열에 있어서 왼쪽에서 오른쪽으로 갈 때에 규칙적이지는 않지만, 그 크기

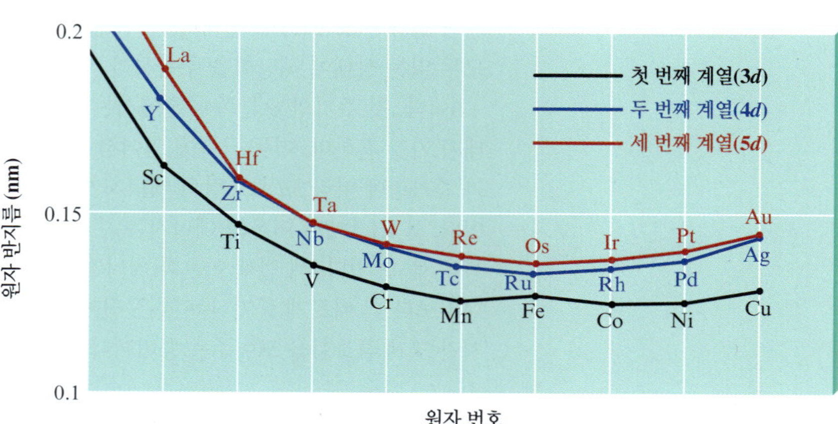

그림 21.3 3*d*, 4*d*, 5*d* 전이 계열의 원자 반지름.

직업 속의 화학

나사 연구원

Luz Marina Calle 박사는 NASA 케네디 우주 센터(Kennedy Space Center)에서 비행 하드웨어 및 지상 장비의 부식 방지 연구 및 개발을 수행하고 있다. 그녀는 또한 장기 우주 임무를 위한 지속 가능한 정수 방식으로서 은(silver)의 활용 가능성에 대해서도 연구하고 있다. Calle 박사는 자신의 학문적 경력 내내 화학을 전공해왔으며, 케네디 우주센터의 펠로우십 프로그램에 선발되기 전까지 8년 동안 화학 교수로 재직했다. 이후 그녀는 케네디 우주센터에 자체 실험실을 설립하게 되었다.

Calle 박사는 화학을 자연을 탐구하는 수단으로 바라보며, 학생들에게 문제 해결을 위해 새로운 학문 분야를 배우는 데 열린 자세를 가질 것을 조언한다. 화학은 처음에는 어렵게 느껴질 수 있지만, 이해도가 깊어질수록 더 쉬워지고 보람도 커진다고 말한다.

Dr. Luz Marina Calle

가 일반적으로 감소함에 주목하라. 또한 3*d*에서 4*d* 금속으로 갈 때는 반지름이 크게 증가하지만 4*d*와 5*d* 금속의 크기는 놀라울 정도로 비슷함에 주목하라. 후자의 현상은 **란타넘족 수축**(lanthanide contraction)으로 인하여 생긴 결과이다. 란타넘에서 하프늄에 이르는 **란타넘 계열**(lanthanide series)에 있어서(그림 21.1), 전자는 4*f* 오비탈에 채워진다. 4*f* 오비탈은 란타넘 계열 원소의 내부에 묻혀 있기 때문에 전자가 더 들어가도 원자의 크기에 기여하지 못한다. 사실은 핵 전하의 증가(전자 하나가 더해질 때 양성자 하나가 핵에 더해짐을 기억하라)로 인하여 왼쪽에서 오른쪽으로 갈수록 란탄족 원소의 반지름은 크게 감소한다. 이 란타넘족 수축은 주양자 껍질 하나가 증가함으로 인하여 생기는 크기의 증가와 거의 정확하게 맞먹는다. 따라서 5*d* 원소들의 크기는 4*d* 원소들보다 훨씬 크지 않고 거의 비슷하게 되는 것이다. 이로 인하여 같은 족에 있는 4*d*와 5*d* 원소의 화학이 매우 비슷하다. 예를 들면, 같은 족에 있는 하프늄과 지르코늄의 화학적 성질이 매우 비슷하여 자연에서 같이 발견된다. 하프늄과 지르코늄의 분리는 매우 힘들어서 분별 증류법을 이용해야만 한다.

일반적으로, 한 족에서 4*d*와 5*d* 원소의 차이는 왼쪽에서 오른쪽으로 갈수록 점차 증가한다. 예를 들면, 나이오븀과 탄탈럼은 아주 비슷하나 지르코늄과 하프늄 경우보다는 덜 비슷하다.

4*d*와 5*d* 전이 금속들은 3*d* 원소들보다는 덜 알려져 있지만 매우 유용한 성질들을 갖고 있다. 지르코늄과 산화 지르코늄(ZrO_2)은 높은 온도에서 잘 견디므로 지르코늄과 나이오븀과 몰리브넘과의 합금은 대기권 재진입 과정에서 높은 열에 노출되는 우주선 부품에 사용된다. 또한 나이오븀과 몰리브데넘은 특수 강철의 중요한 합금제이다. 탄탈럼은 체액에 의한 부식에 대한 저항성이 매우 커서 뼈 대체재로 흔히 쓰인다. *백금족 금속들*(루테늄, 오스뮴, 로듐, 이리듐, 팔라듐과 백금)은 서로 매우 유사하며, 많은 산업 공정에 촉매로 사용되고 있다.

나이오븀은 예전에는 *콜럼븀*으로 불렸고, 지금도 때로는 그 이름으로 부른다.

21.2 첫 주기 전이 금속

전이 금속들이 여러 면에서 서로 비슷하지만, 또 한편으로는 상이한 면도 있다는 것을 배웠다. 이제 3*d* 전이 금속 각각의 구체적 성질에 대해 공부해 보자.

스칸듐(*scandium*)은 $ScCl_3$, Sc_2O_3, $Sc_2(SO_4)_3$ 등 주로 +3 산화 상태의 화합물로 존재하는 희귀한 원소이다. 스칸듐 화학은 란타넘족 화학과 매우 비슷하여, 그 화합물은 색이 없고 반자기성이다. 이는 놀라운 사실이 아니다. 21.6절에서 배우겠지만, 전이 금속 화합

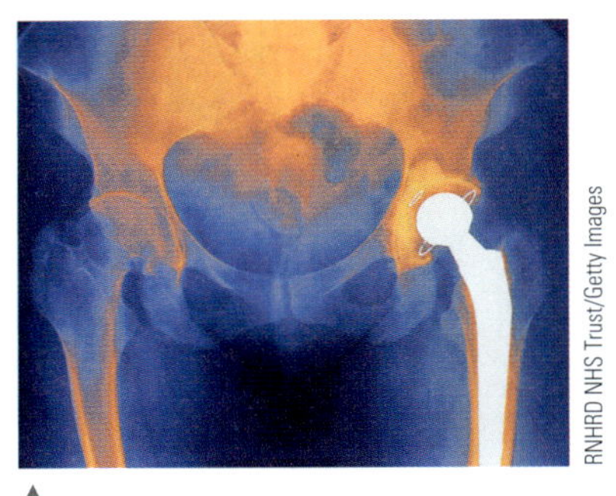

▲
고관절 치환술을 받은 환자의 X-선 사진. 왼쪽 고관절은 정상이고, 오른쪽 고관절은 전이 금속인 탄탈럼으로 만들어진 것이다.

▲
수용액에서 $Ti(H_2O)_6{}^{3+}$는 자줏빛을 띤다.

물의 색과 자기성은 금속의 d 전자로부터 생기는데, Sc^{3+}에는 d 전자가 없다. 금속 스칸듐은 용융된 $ScCl_3$를 전기분해해서 만드는데, 그 희귀성 때문에 널리 쓰이지는 않고 고광도 램프 등의 전자 장비에 쓰이고 있다.

타이타늄(*titanium*)은 지표에 널리 분포되어 있다(0.6% 질량비). 타이타늄은 비교적 밀도가 낮고 강도가 높기 때문에 뛰어난 구조 재료이다. 가볍고 또 고온에서도 견뎌야 하는 제트 엔진에 아주 유용하게 쓰이고 있다. 보잉 747 제트 여객기 엔진 하나에 약 5000 kg의 타이타늄 합금이 쓰이고 있다. 또한 타이타늄은 화학 반응에 잘 견디기 때문에 화학 산업에 있어서 파이프, 펌프, 반응 용기를 만드는 재료로 유용하게 쓰이고 있다.

가장 널리 알려진 타이타늄의 화합물은 종이의 흰 색깔을 내게 한다. 이산화 타이타늄, 좀 더 정확히 표현하면 *산화 타이타늄(IV)*(TiO_2)은 광택이 없는 물질로 종이, 페인트, 리놀륨(linoleum), 플라스틱, 합성 섬유, 화장품(예로서 자외선 차단제) 등에 백색 안료로 매년 약 100만 톤 이상이 사용되고 있다. 산화 타이타늄(IV)은 자연에 널리 분포되어 있지만, 주된 광석은 금홍석(불순물이 섞인 TiO_2)과 $FeTiO_3$이다. 금홍석은 염소와 반응시키면 휘발성인 $TiCl_4$를 만든다. 여기에서 불순물을 분리해 내고 태워서 TiO_2를 만든다.

$$TiCl_4(g) + O_2(g) \longrightarrow TiO_2(s) + 2Cl_2(g)$$

타이타늄 철석(ilmenite $FeTiO_3$)은 황산과 반응시키면 수용성 황산염을 만든다.

$$FeTiO_3(s) + 2H_2SO_4(aq) \longrightarrow Fe^{2+}(aq) + TiO^{2+}(aq) + 2SO_4{}^{2-}(aq) + 2H_2O(l)$$

위 액체 혼합물을 진공 상태에 두면 고체 $FeSO_4 \cdot 7H_2O$가 생기고, 이를 걸러내고 남은 혼합물을 태우면 불용성 산화 타이타늄(IV) 수화물($TiO_2 \cdot H_2O$)이 만들어진다. 타이타늄(IV)에 결합된 물 분자는 가열하면 증발하므로 순수한 TiO_2를 얻을 수 있다.

$$TiO_2 \cdot H_2O(s) \xrightarrow{\text{가열}} TiO_2(s) + H_2O(g)$$

타이타늄은 +4 산화 상태의 화합물이 가장 흔하다. 예로서 TiO_2와 $TiCl_4$가 있는데, $TiCl_4$는 무색의 액체(끓는점 = 137°C)로, 습기 찬 대기 중에서 연기를 내며 TiO_2가 된다.

$$TiCl_4(l) + 2H_2O(l) \longrightarrow TiO_2(s) + 4HCl(g)$$

타이타늄(III) 화합물은 +4 산화 상태를 환원시키면 얻을 수 있다. 수용액에서 Ti^{3+}는 자줏빛 $Ti(H_2O)_6{}^{3+}$ 이온으로 존재하는데, 이는 서서히 공기에 의하여 타이타늄(IV)으로 산화된다. 타이타늄(II)은 수용액에서 안정하지 않지만 TiO 및 할로젠화물, TiX_2 등의 고체 상태로 존재한다.

황산 제조 방법에 관해서는 제3장 끝부분에서 논의하였다.

바나듐(*vanadium*)은 지표 전역에 널리 퍼져 있다(0.02% 질량비). 바나듐은 대부분 철(80%의 바나듐이 강철에 쓰임) 및 타이타늄과 같은 금속과의 합금에 쓰인다. 산화 바나듐(V)(V_2O_5)은 황산 제조 과정에 산업용 촉매로 쓰인다.

바나듐의 산화 상태는 +5가 가장 흔하다.

순수한 바나듐은 VCl_2와 같은 염의 용융 전기분해로부터 얻을 수 있으며, 강하고 부식이 잘 안 되는 타이타늄과 비슷한 금속이다. 합금을 만드는 데 순수한 바나듐이 필요하지 않는 경우가 있다. 엔진의 부품과 차축에 쓰이는 견고한 강철인 *바나듐 강철*(*vanadium steel*)은 V_2O_5와 Fe_2O_3의 혼합물을 알루미늄으로 환원시킨 *페로바나듐*(*ferrovanadium*)을 철에 첨가하여 만든다.

표 21.3 수용액 중에 존재하는 바나듐의 산화 상태 및 그 화학종

바나듐의 산화 상태	수용액에서의 화학종
+5	$VO_2{}^+$ (노란색)
+4	VO^{2+} (파란색)
+3	$V^{3+}(aq)$ (녹청색)
+2	$V^{2+}(aq)$ (보라색)

바나듐의 주 산화 상태는 오렌지색의 V_2O_5(녹는점 = 650°C) 및 무색의 VF_5(녹는점 = 19.5°C) 등의 화합물에서와 같이 +5이다. 수용액 중에서는 +5에서 +2까지의 모든 산화 상태가 존재한다(표 21.3). 높은 산화 상태인 +5와 +4는 수화된 물 분자를 센산성으로 만들기 때문에 $V^{n+}(aq)$ 형의 수화 이온으로 존재하지 않는다. 즉, H^+ 이온을 내놓아 산소 양이온 $VO_2{}^+$와 VO^{2+}가 된다. 수화된 V^{3+}와 V^{2+}는 쉽게 산화되어 수용액에서 환원제로 작용할 수 있다.

화학 관련 읽을거리 Chemical Connections

이산화 타이타늄—기적의 코팅

널리 알려진 산화 타이타늄(IV)인 이산화 타이타늄은 매우 유용한 물질로, 미국에서 페인트의 안료와 차광막의 재료로 매년 약 150만 톤씩 생산되고 있다.

최근에 과학자들은 TiO_2의 새로운 용도로 이산화 타이타늄으로 코팅하면 먼지나 박테리아에 대해 저항력이 생긴다는 사실을 발견하였다. 실제로 Pilkington 유리 회사는 현재 자체 세정 기능을 가진 TiO_2로 코팅된 유리를 생산하고 있다. 유리는 햇빛과 비만 있으면 스스로 깨끗하게 유지된다. 이 자체 세정 능력은 두 가지 효과로부터 기인한다. 첫 번째는 코팅된 TiO_2는 자외선을 이용하여 탄소 계열의 오염물들을 이산화 탄소와 물로 분해시키는 반응의 촉매로 작용하고, 두 번째는 TiO_2가 표면 장력을 감소시키기 때문에 빗물이 유리 표면에 방울을 만들지 않고 "막"처럼 퍼져서 유리 표면의 먼지를 제거시키는 효과이다. 비록 자체 세정 능력을 가진 유리는 유리창 청소부에게는 슬픈 소식이지만, 빌딩 소유자들에게는 수백만 달러의 유지비를 줄일 수 있게 해 준다.

TiO_2로 처리되는 유리는 자외선이 필요하기 때문에 자외선이 잘 닿지 않는 실내 유리들에는 실용적이지 못하다. 그러나 최근에 일본 과학자들은 TiO_2 코팅제에 질소 원자를 도핑시키면 자외선뿐만 아니라 가시광선 조건에서도 먼지를 제거한다는 사실을 발견하였다. 또한, 질소가 도핑된 TiO_2 표면 코팅제는 자외선이나 가시광선 조건에서 다양한 박테리아들을 죽이는 살균 능력을 갖춘 욕실 타일이나 변기 등을 생산할 수 있게 되었다. 유리면의 TiO_2는 물 분자에 대한 강한 인력(표면장력이 크게 낮아짐)을 갖기 때문에 물방울이 잘 형성되지 않는다. 이러한 것들은 외벽 유리에 막형성(sheeting action)이 거울이나 유리 안쪽에 "김이 서리는" 것을 방지하는 효과를 나타낸다.

값싸고 풍부한 재료인 이산화 타이타늄이 표면 코팅제로서 금보다 더 귀한 가치를 지니게 될지도 모른다.

크로뮴(*chromium*)은 비교적 희귀하지만 매우 중요한 산업 재료이다. 크로뮴의 주 광석은 크로뮴철석(chromite, $FeCr_2O_4$)인데, 탄소로 환원시키면 강철을 만드는 공정에서 철에 직접 넣어 쓸 수 있는 *페로크롬*(*ferrochrome*)이 된다.

$$FeCr_2O_4(s) + 4C(s) \longrightarrow \underbrace{Fe(s) + 2Cr(s)}_{\text{페로크롬}} + 4CO(g)$$

크로뮴 금속은 강철을 도금하는 데 흔히 쓰이는데, 견고한 반면 잘 부서지는 성질이 있고, 눈에 잘 보이지 않지만 단단한 산화막을 형성하여 광택성의 표면을 가진다.

크로뮴은 표 21.4에 있는 바와 같이 +2, +3, +6의 산화 상태를 가진 화합물을 만든다. Cr^{2+} 이온은 수용액 중에서 센 환원제이다. 실제로 기체 시료 중에 들어 있는 소량의 산소도 Cr^{2+} 수용액을 통과시키면 제거할 수 있다.

$$4Cr^{2+}(aq) + O_2(g) + 4H^+(aq) \longrightarrow 4Cr^{3+}(aq) + 2H_2O(l)$$

표 21.4 크로뮴의 대표적 화합물

크로뮴의 산화 상태	화합물 (X = 할로젠)
+2	CrX_2
+3	CrX_3
	Cr_2O_3 (녹색)
	$Cr(OH)_3$ (녹청색)
+6	$K_2Cr_2O_7$ (오렌지색)
	Na_2CrO_4 (노란색)
	CrO_3 (붉은색)

크로뮴(VI) 화학종은 훌륭한 산화제이므로 산성 용액에서 크로뮴(VI)인 $Cr_2O_7^{2-}$는 Cr^{3+} 이온으로 환원된다.

$$Cr_2O_7^{2-}(aq) + 14H^+(aq) + 6e^- \longrightarrow 2Cr^{3+}(aq) + 7H_2O(l) \qquad \mathscr{E}° = 1.33 \text{ V}$$

다이크로뮴산 이온의 산화력은 pH에 따라 크게 변하므로 Le Châtelier 원리로부터 예측할 수 있듯이 $[H^+]$가 증가하면 커진다. 염기성 용액에서, 크로뮴(VI)은 산화력이 훨씬 약한 크로뮴산 이온으로 존재한다.

$$CrO_4^{2-}(aq) + 4H_2O(l) + 3e^- \longrightarrow Cr(OH)_3(s) + 5OH^-(aq) \qquad \mathscr{E}° = -0.13 \text{ V}$$

$Cr_2O_7^{2-}$와 CrO_4^{2-}의 구조가 그림 21.4에 그려져 있다.

붉은 산화 크로뮴(VI)(CrO_3)은 물에 녹아 붉은 주황색의 센산성 용액이 된다.

$$2CrO_3(s) + H_2O(l) \longrightarrow 2H^+(aq) + Cr_2O_7^{2-}(aq)$$

이 용액으로부터 $K_2Cr_2O_7$과 같은 밝은 주황색의 중크로뮴산 염을 침전시킬 수 있다. 용액을 염기성으로 만들면 노랗게 변하여 Na_2CrO_4와 같은 크로뮴산 염이 침전된다. *클리닝 용액*(*cleaning solution*)이라 부르는 산화 크로뮴(VI)과 진한 황산의 혼합물은 유리 용기에

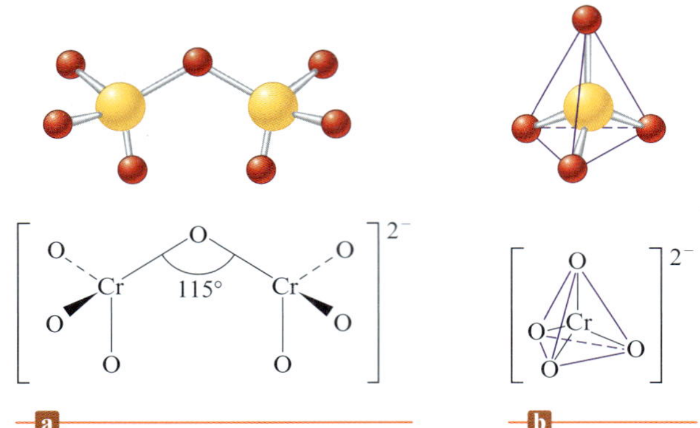

그림 21.4 두 크로뮴(VI) 음이온의 구조. (a) $Cr_2O_7^{2-}$는 산성 용액에서, (b) CrO_4^{2-}는 염기성 용액에서 존재한다.

붙은 유기물을 제거할 수 있는 강력한 산화제 용액이다.

*망가니즈(manganese)*는 비교적 많이 존재하는 금속이지만(지각의 0.1%), 미국 내에는 많지 않다. 망가니즈는 주로 돌 분쇄기, 은행 금고, 장갑차 강판 등에 쓰이는 특수하고 견고한 강철을 만드는 데 사용되고 있다. 망가니즈는 흥미롭게도 해저 밑바닥의 *망가니즈 괴*에서 얻어진다. 이 구형의 "바위"에는 망가니즈와 산화 철뿐만 아니라 소량의 코발트, 니켈, 구리 등의 혼합물이 들어 있다. 이 망가니즈 괴의 일부는 해저 생물체들에 의해 형성된 것 같다. 해저에는 이 망가니즈 괴들이 풍부하게 있기 때문에 이를 해저로부터 회수하는 경제적인 방법을 개발하기 위한 많은 노력들을 하고 있다.

표 21.5 흔히 발견되는 망가니즈의 산화 상태와 그 화합물

망가니즈의 산화 상태	화합물의 예
+2	$Mn(OH)_2$ (분홍색)
	MnS (연분홍색)
	$MnSO_4$ (붉은색)
	$MnCl_2$ (분홍색)
+4	MnO_2 (흑갈색)
+7	$KMnO_4$ (자주색)

망가니즈는 +2에서 +7까지의 모든 산화 상태로 존재할 수 있지만, +2와 +7 상태가 가장 흔하다. 망가니즈(II)는 많은 음이온과 염을 형성한다. 수용액 중에서 Mn^{2+}는 $Mn(H_2O)_6^{2+}$로 존재하며, 연한 분홍색을 띤다. 망가니즈(VII)는 진한 자주색의 과망가니즈산 이온(MnO_4^-)에서 주로 발견된다. MnO_4^- 이온은 산성 용액에서 분석용 시약으로 널리 쓰이는 센 산화제로, 다음과 같이 Mn^{2+}로 변한다.

$$MnO_4^-(aq) + 8H^+(aq) + 5e^- \longrightarrow Mn^{2+}(aq) + 4H_2O(l) \qquad \mathscr{E}° = 1.51\text{ V}$$

망가니즈의 대표적 화합물을 표 21.5에 실었다.

*철(iron)*은 가장 풍부한 금속이고(지표의 4.7%), 또 인류 문명에 있어서 매우 중요한 금속이다. 철은 흰색의 광택성 금속으로 아주 견고하지는 않으며, 산화제와 쉽게 반응한다. 철은 수분이 있는 공기 중에서 산소에 의해 쉽게 산화되어 산화 철의 혼합물인 녹을 형성한다.

표 21.6 대표적인 철의 화합물

철의 산화 상태	화합물의 예
+2	FeO(흑색)
	FeS(흑갈색)
	$FeSO_4 \cdot 7H_2O$(녹색)
	$K_4Fe(CN)_6$(노란색)
+3	$FeCl_3$(흑갈색)
	Fe_2O_3(적갈색)
	$K_3Fe(CN)_6$(적색)
	$Fe(SCN)_3$(적색)
+2, +3	Fe_3O_4(흑색)
(혼합물)	$KFe[Fe(CN)_6]$(짙은 푸른색, "감청색")

철의 화학은 주로 +2와 +3 산화 상태에 관한 것이다. 대표적인 화합물을 표 21.6에 실었다. 수용액에서 철(II) 염은 $Fe(H_2O)_6^{2+}$로 존재하기 때문에 일반적으로 연한 녹색을 띤다. $Fe(H_2O)_6^{3+}$는 무색이지만 철(III) 염의 수용액은 보통 노란색이나 갈색을 띠는데, 이는 $Fe(H_2O)_6^{3+}$($K_a = 6 \times 10^{-3}$)가 $Fe(OH)(H_2O)_5^{2+}$와 평형을 이루고 있기 때문이다.

$$Fe(H_2O)_6^{3+}(aq) \rightleftharpoons Fe(OH)(H_2O)_5^{2+}(aq) + H^+(aq)$$

*코발트(cobalt)*는 비교적 희귀하지만, $CoAs_2$나 CoAsS와 같은 광석에서 높은 농도로 존재하여 경제적으로 생산해 낼 수 있다. 코발트는 견고한 청백색의 금속으로, 스테인레스 강철과 같은 합금이나, 철, 구리, 텅스텐 등과 함께 수술 기구를 만드는 합금에 주로 쓰인다.

코발트 화학은 주로 +2와 +3 산화 상태에 관한 것이지만 0 +1, +4 산화 상태의 코발트 화합물도 알려져 있다. 코발트(II) 수용액은 $Co(H_2O)_6^{2+}$ 이온으로 인하여 독특한 장미색을 띤다. 코발트는 여러 종류의 배위 화합물을 형성하는데, 이에 관해서는 다음에 논의

표 21.7 대표적인 코발트의 화합물

코발트의 산화 상태	화합물의 예
+2	$CoSO_4$(검푸른색)
	$[Co(H_2O)_6]Cl_2$(분홍색)
	$[Co(H_2O)_6](NO_3)_2$(적색)
	CoS(흑색)
	CoO(녹갈색)
+3	CoF_3(갈색)
	Co_2O_3(짙은 회색)
	$K_3[Co(CN)_6]$(노란색)
	$[Co(NH_3)_6]Cl_3$(노란색)

표 21.8 대표적인 니켈의 화합물

니켈의 산화 상태	화합물의 예
+2	$NiCl_2$(노란색)
	$[Ni(H_2O)_6]Cl_2$(녹색)
	NiO(흑녹색)
	NiS(흑색)
	$[Ni(H_2O)_6]SO_4$(녹색)
	$[Ni(NH_3)_6](NO_3)_2$(푸른색)

표 21.9 구리를 포함하는 합금

합금	조성 (질량 %)
놋쇠	Cu (20~97), Zn (2~80), Sn (0~14), Pb (0~12), Mn (0~25)
청동	Cu (50~98), Sn (0~35), Zn (0~29), Pb (0~50), P (0~3)
영국 은화	Cu (7.5), Au (92.5)
금(18캐럿)	Cu (5~15), Au (75), Ag (10~20)
금(14캐럿)	Cu (12~28), Au (58), Ag (4~30)

▲
Ni^{2+} 이온이 들어 있는 수용액.

구리 지붕 및 자유의 여신상과 같은 청동상은 공기 중에서 $Cu_3(OH)_4SO_4$와 $Cu_4(OH)_6SO_4$를 형성하여 녹색으로 변한다.

하겠다. 대표적인 코발트 화합물은 표 21.7에 실었다.

*니켈(nickel)*은 지각에서 24번째로 많은 금속으로 비소, 주석, 황이 함께 들어 있는 광석의 형태로 발견된다. 전기 전도도 및 열 전도도가 높은 은백색의 금속인 니켈은 부식에 아주 잘 견디어서 활성이 큰 금속을 도금하는 데 널리 쓰인다. 니켈은 또한 강철과 같은 합금을 만드는 데도 널리 쓰인다.

화합물 중의 니켈은 거의 모두 +2의 산화 상태에 있다. 니켈(II) 염의 수용액은 녹아 있는 $Ni(H_2O)_6^{2+}$ 이온으로 인하여 독특한 에메랄드빛 녹색을 띤다. 니켈(II) 배위 화합물에 대해서는 후에 논의하겠다. 대표적인 니켈 화합물을 표 21.8에 실었다.

*구리(copper)*는 황화염, 비소화염, 염화염, 탄산염 등을 포함하는 광석 형태로 자연에 널리 분포되어 있으며, 전기 전도도가 높고 부식을 받지 않기 때문에 소중한 금속이다. 구리는 배관에 널리 쓰이고 또 매년 생산되는 구리의 50%는 전기용으로 쓰인다. 주위에서 흔히 볼 수 있는 합금의 주성분은 구리이다(표 21.9).

구리는 반응성이 크지는 않지만(예를 들면, H^+를 환원시켜 H_2를 생성하지 못함), 공기 중에서 서서히 부식하여 녹색의 염기성 황산 구리인 *녹청* 및 다른 비슷한 화합물이 된다.

$$3Cu(s) + 2H_2O(l) + SO_2(g) + 2O_2(g) \longrightarrow \underset{\text{염기성 황산 구리}}{Cu_3(OH)_4SO_4(s)}$$

구리의 화학은 주로 +2 산화 상태에 관한 것이지만 Cu(I) 화합물도 많이 알려져 있다. 구리(II)염 수용액은 $Cu(H_2O)_6^{2+}$ 이온으로 인하여 특징적인 밝은 청색을 띤다. 대표적인 구리 화합물을 표 21.10에 실었다.

미량의 구리는 생체에 꼭 필요하다. 그러나 구리가 지나치게 많으면 아주 해롭다. 구리염은 박테리아, 곰팡이, 해초 등을 죽이는 데 쓰인다. 해물이나 해초에 의해 배 바닥이 더러워지는 것을 막기 위해 구리가 들어 있는 페인트를 배 바닥에 칠한다.

*아연(zinc)*은 지표에 널리 퍼져 있는데, 주로 방연광(PbS)과 함께 발견되는 ZnS로부터 제련하여 만든다. 아연은 백색이고 광택이 있으며, 반응성이 커서 환원제로 작용하여 쉽게 변색한다. 생산되는 아연의 약 90%는 강철을 전기 도금하는 데 쓰인다. 아연은 산화 상태가 +2인 무색의 염을 만든다.

표 21.10 대표적인 구리 화합물

구리의 산화 상태	화합물의 예
+1	Cu_2O (적색)
	Cu_2S (흑색)
	CuCl (백색)
+2	CuO (흑색)
	$CuSO_4 \cdot 5H_2O$ (청색)
	$CuCl_2 \cdot 2H_2O$ (녹색)
	$[Cu(H_2O)_6](NO_3)_2$ (청색)

21.3 배위 화합물

전이 금속 이온은 다른 이온들과는 다르게 배위 화합물을 형성하고 대부분 색을 띠며, 상자기적 성질을 띤다. **배위 화합물**(coordination compound)은 전이 금속에 리간드가 결합되어 있는 *착이온*과 **상대 이온들**(counterions, 배위 화합물의 알짜 전하가 0이 되기 위해 필요한 음이온이나 양이온)로 이루어져 있다. $[Co(NH_3)_5Cl]Cl_2$는 대표적인 배위 화합물이다. 대괄호는 착이온의 조성(이 경우에 있어서 $Co(NH_3)_5Cl^{2+}$)을 나타내며, 두 개의 Cl^- 상대 이온들은 대괄호 밖에 놓여 있다. 이 화합물에서 하나의 Cl^-와 다섯 개의 NH_3 분자가 모두 리간드로 작용하고 있다. 고체 상태에서는 이 화합물은 $Co(NH_3)_5Cl^{2+}$ 양이온들과 두 개의 Cl^- 음이온들이 촘촘히 쌓인 구조를 이루고 있으나 물에 녹이면 이온성 화합물처럼 행동한다. 즉, 양이온과 음이온이 분리되어 상호 무관하게 움직이는 것이다.

$$[Co(NH_3)_5Cl]Cl_2(s) \xrightarrow{H_2O} Co(NH_3)_5Cl^{2+}(aq) + 2Cl^-(aq)$$

배위 화합물은 약 1700년경 처음 알려졌지만, 그 본성은 1890년대에서야 비로소 이해되었다. 이는 당시 스위스의 젊은 화학자 Alfred Werner(1866~1919)가 전이 금속에는 두 가지 원자가(결합 능력)가 있다고 제안함으로써 가능해졌다. 그 한 가지를 Werner는 *이차 원자가*(*secondary valance*)라고 불렀는데, 이는 전이 금속 이온이 Lewis 염기(리간드)와 결합하여 착이온을 형성하는 능력을 말한다. 또 다른 하나는 *일차 원자가*(*primary valence*)로, 금속이 상대 전하 이온들과 이온 결합을 형성하는 능력을 말한다. 따라서, Werner는 원래 $CoCl_3 \cdot 5NH_3$로 쓰였던 위 화합물은 실제로 $[Co(NH_3)_5Cl]Cl_2$이며, Co^{3+} 이온의 일차 원자가는 3이므로 세 개의 Cl^- 이온에 의해 만족되어 있고, 이차 원자가는 6이므로 6개의 리간드(NH_3 다섯과 Cl^- 하나)에 의해 만족되어 있다고 설명했다. 요즈음에는 일차 원자가를 **산화 상태**(oxidation state)라고 하며, 이차 원자가를 **배위수**(coordination number), 즉 착이온 내에서 금속 이온과 리간드 사이에 이루어진 결합 수라고 한다.

배위수	기하구조
2	선형
4	사면체 사각평면
6	팔면체

그림 21.5 2, 4 및 6의 배위수를 갖는 리간드 배열.

배위수

착이온 내에서 전이 금속 이온과 리간드 사이에 형성되는 결합 수는 금속 이온의 크기, 전하 및 전자 배치에 따라 두 개에서 여덟 개까지 다양하다. 표 21.11에서 볼 수 있듯이 가장 흔한 배위수는 6이며, 그 다음 흔한 것이 4이고, 몇몇 금속 이온은 2의 배위수를 가진다. 많은 금속 이온들이 한 가지 이상의 배위수를 나타내고, 또 각 경우에 있어서 배위수가 얼마일지 예측하는 쉬운 방법은 실제로 없다. 흔히 볼 수 있는 배위수에 대한 대표적인 구조를 그림 21.5에 나타내었다. 여섯 개의 리간드는 금속 이온 주위에 팔면체 배열을 한다. 네 개의 리간드는 사면체나 사각평면의 배열을 이룰 수 있고, 두 개의 리간드는 선형 구조를 이룬다.

리간드

리간드(ligand)란, *금속 이온과 결합을 형성하는 데 사용할 수 있는 고립 전자쌍이 있는 중성 분자나 이온*을 말한다. 따라서, 금속-리간드 결합의 형성을 Lewis 염기(리간드)와 Lewis 산(금속 이온) 사이의 상호작용이라고 기술할 수 있고, 이 결합을 흔히 **배위 공유 결**

표 21.11 흔히 볼 수 있는 몇 가지 금속 이온의 대표적인 배위수

M	배위수	M^{2+}	배위수	M^{3+}	배위수
Cu^+	2, 4	Mn^{2+}	4, 6	Sc^{3+}	6
Ag^+	2	Fe^{2+}	6	Cr^{3+}	6
Au^+	2, 4	Co^{2+}	4, 6	Co^{3+}	6
		Ni^{2+}	4, 6		
		Cu^{2+}	4, 6	Au^{3+}	4
		Zn^{2+}	4, 6		

합(coordinate covalent bond)이라 부른다.

*한 금속 이온과 한 개의 결합을 형성하는 리간드*를 **한 자리 리간드(monodentate ligand** 또는 unidentate ligand)라 하며(이는 '한 개의 이빨'을 뜻하는 어원에서 유래한 용어이다.), 그 예들이 표 21.12에 실려 있다.

일부 리간드는 고립 전자쌍이 있는 원자가 하나 이상 존재하여 금속과 한 개 이상의 결합을 할 수 있는데, 이들을 **킬레이트 리간드**(chelating ligand) 또는 **킬레이트**(chelate; 그리스말로, "게 발"을 의미하는 *chele*에서 유래함)라고 부른다. 금속에 두 개의 결합을 형성할 수 있는 리간드를 **두 자리 리간드**(bidentate ligand)라 부른다. 아주 흔히 볼 수 있는 두 자리 리간드로 에틸렌다이아민(약자로 en으로 나타냄)이 있는데, 금속 이온에 배위하는 것이 그림 21.6(a)에 나타내었다. 에틸렌다이아민과 한 자리 리간드인 암모니아 사이[그림 21.6(b)]의 관계를 주목하라. 또 다른 두 자리 리간드인 옥살산 이온이 표 21.12에 실려 있다.

금속 이온과 두 개 이상의 결합을 할 수 있는 리간드를 *여러 자리 리간드(polydentate ligand)*라고 한다. 어떤 리간드는 금속과 여섯 개의 결합을 형성할 수 있다. 잘 알려진 예로 에틸렌다이아민테트라아세테이트(약자로 EDTA)가 있는데, 표 21.12에 있다. 이 리간드는 여섯 개의 원자로써 배위하여(*여섯 자리 리간드, hexadentate ligand*) 금속 이온을 둘러싸고 있다(그림 21.7). 배위 자릿수가 많다는 사실로부터 예측할 수 있듯이, EDTA는 대부분 금속 이온과 아주 안정한 착이온을 형성하며, 납과 같은 독성이 많은 금속을 인체로부터 제거하는 "청소제"로 사용된다. 또한 EDTA는 탄산수, 맥주, 샐러드 드레싱, 비누 및 세탁제 등 수많은 소비용품에 들어 있다. 이런 소비용품 내에서 EDTA는 소량의 금속 이온과 결합하여 소비용품이 분해되는 것을 막거나, 소비용품에 원치 않는 금속 침전물이 생기는 것을 방지한다.

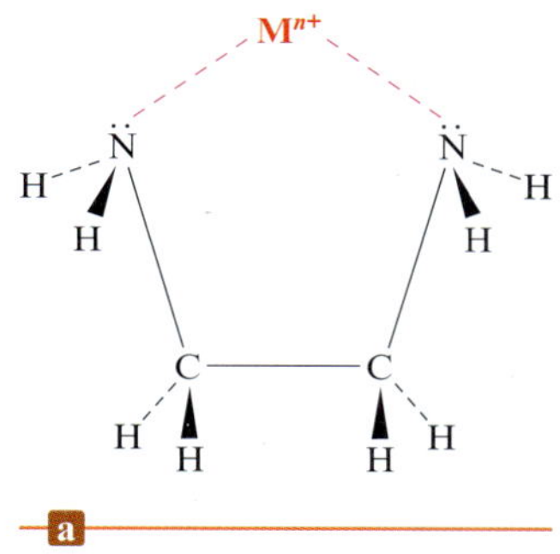

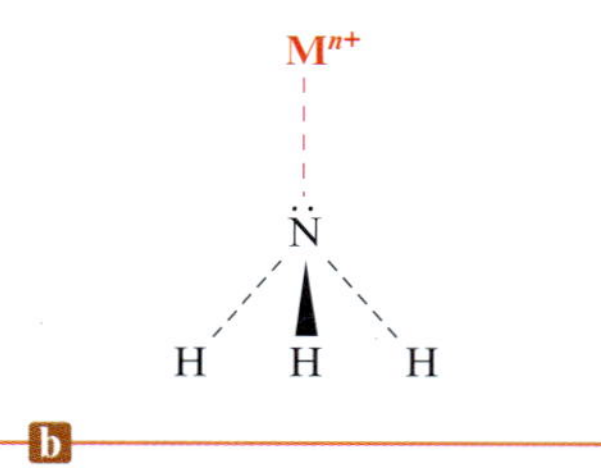

그림 21.6 (**a**) 두 자리 리간드인 에틸렌다이아민은 각 질소 원자에 있는 고립 전자쌍들을 통하여 금속 이온과 결합할 수 있어서, 두 개의 배위 결합을 형성한다. (**b**) 암모니아는 한 자리 리간드이다.

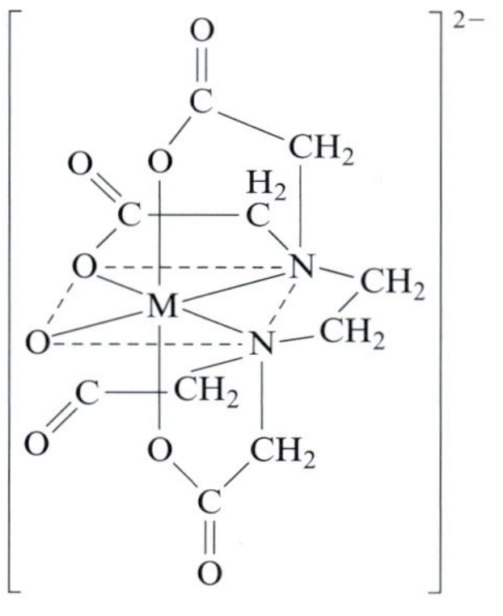

그림 21.7 2+ 금속 이온과 EDTA의 배위 결합. 점선은 원자가 같은 평면에 있음을 나타내며 화학 결합을 나타내지는 않는다.

표 21.12 흔히 볼 수 있는 몇 가지 리간드

형태	예
한 자리	H_2O CN^- SCN⁻(싸이오사이아네이트) X^-(할로젠) NH_3 NO_2^{2}(나이트라이트) OH^-
두 자리	옥살산 이온: (−) :O–C(=O)–C(=O)–O: (−), M 에틸렌다이아민 (en): H_2C—CH_2, H_2N, NH_2, M
여러 자리	다이에틸렌트라이아민 (dien) $H_2N—(CH_2)_2—NH—(CH_2)_2—NH_2$ 세 개의 배위 원자들 에틸렌다이아민테트라아세테이트 (EDTA) (−) :O—C(=O)—H_2C / (−) :O—C(=O)—H_2C >N—$(CH_2)_2$—N< CH_2—C(=O)—O: (−) / CH_2—C(=O)—O: (−) 여섯 개의 배위 원자들

표 21.13 흔히 볼 수 있는 몇 가지의 한 자리 리간드 이름

중성 분자	
아쿠아(aqua)	H_2O
암민(amine)	NH_3
메틸아민(methylamine)	CH_3NH_2
카보닐(carbonyl)	CO
나이트로실(nytrosyl)	NO
음이온	
플루오로(fluoro)	F^-
클로로(chloro)	Cl^-
브로모(bromo)	Br^-
아이오도(iodo)	I^-
하이드록소(hydroxo)	OH^-
사이아노(cyano)	CN^-

표 21.14 음이온성 착이온에서의 몇 가지 금속 이온에 대한 라틴어 이름

금속	음이온 착물에서의 금속 이름
철(iron)	철산(ferrate)
구리(cupper)	구리산(cuprate)
납(lead)	납산(plumbate)
은(silver)	은산(argentate)
금(gold)	금산(aurate)
주석(tin)	주석산(stannate)

더 복잡한 리간드들이 생체 계에서 발견되고, 생체 내에서 금속 이온은 반응의 촉매 역할을 하거나, 전자를 이동시키거나, 산소를 이동 또는 저장하는 데 중요한 역할을 한다. 이들 더 복잡한 리간드에 대해서는 21.7절에서 소개할 것이다.

명명법

Werner가 살아 있을 때에는 배위 화합물을 부르는 체계적 명명법이 사용되지 않았다. 당시 배위 화합물 이름은 흔히 색깔이나 발견한 사람의 이름을 따서 불렀다. 그러나 분야가 넓어지고 더 많은 배위 화합물들이 발견됨에 따라 명명 체계가 필요하게 되었다. 현재 명명법의 간소화된 형태를 요약하면 다음과 같다.

배위 화합물의 이름을 부르는 규칙

» 다른 이온 결합 화합물에서처럼 *양이온을 음이온 다음에 부른다*(영어 이름에서는 양이온의 이름을 먼저 부른다).

» 착이온 이름을 부르는 데 있어서, *리간드는 금속 이온보다 먼저 부른다.*

» 리간드 이름을 부르는 데 있어서, *음이온 끝에 ㅗ(o)를 붙인다.* 할로젠화 이온 리간드는 *플루오로, 클로로, 브로모, 아이오도*라고 부르고 수산화 이온 리간드는 *하이드록소, 사이안산 이온 리간드는 사이아노* 등등으로 부른다. *중성 리간드의 경우는 분자 이름을 그대로 부른다.* H_2O, NH_3, CO, NO의 예외는 표 21.13에 적혀 있다.

» *단순한 리간드 수를 표시하기 위해 모노, 다이, 트라이, 테트라, 펜타, 헥사 등 접두사를 쓴다.* 리간드가 크고 복잡한 경우 또는 이미 리간드 이름에 위 접두사가 쓰인 경우에는 *비스, 트리스, 테트라키스* 등 접두사를 쓰고 그 이름을 괄호 안에 넣는다.

» *중심 금속 이온의 산화 상태는 해당 원소 다음에 로마 숫자로 표기하고 괄호로 묶어 표시한다.*

» *두 가지 종류 이상의 리간드가 있으면 알파벳 순으로 부른다.** 접두사는 순서와 무관하다.

» *착이온이 음전하를 띠면, 금속 이름에 접미사 −산(-ate)*을 붙인다. 영문 표기 시 때때로 금속 이름에 라틴명을 쓰기도 한다(표 21.14 참조).

이 규칙에 대한 적용은 예제 21.1에 나타내었다.

대화형 예제 21.1 **배위 화합물의 명명 I**

다음 배위 화합물에 대해 체계명(명명법에 따른 이름)을 써라.

a. $[Co(NH_3)_5Cl]Cl_2$

b. $K_3[Fe(CN)_6]$

c. $[Fe(en)_2(NO_2)_2]_2SO_4$

풀이 **a.** 금속 이온의 산화 상태를 결정하기 위해 리간드와 상대 이온의 전하를 조사한다. 암모니아 분자는 중성이고, 염화 이온은 각각 1− 전하를 띠므로, 중성 화합물이 되기 위해서는 코발트 이온의 전하가 3+이어야 한다. 따라서, 코발트는 산화 상태가 +3이고,

* 이전의 명명법에서는 음으로 하전된 리간드를 먼저 명명한 다음, 중성 리간드를 사용하여 마지막으로 양전하를 띤 리간드를 명명하였다. 이 책에서는 새로운 협약을 따를 것이다.

▲ $[Co(NH_3)_5Cl]Cl_2$의 수용액.

배위 화합물 이름에 코발트(III)를 쓰면 된다.

리간드로 Cl^- 이온 하나와 NH_3 분자 다섯 개가 있다. 염화 이온은 *클로로*라고 부르고, 암모니아 분자는 *암민*이라 부른다. NH_3 리간드 다섯 개를 나타내기 위해 접두사 *펜타*를 붙인다. 따라서, 양성 착이온의 이름은 펜타암민클로로코발트(III)가 된다. 리간드는 접두사를 뺀 알파벳 순으로 이름 부르는 것에 주목하라. 상대 이온이 염화 이온이므로 염화염으로 부르면 된다. 즉,

염화 (음이온) 펜타암민클로로코발트(III) (양이온)

b. 우선 전하를 띤 화학종을 고려하여 철의 산화 상태를 결정한다. 위 배위 화합물에는 K^+ 이온이 세 개 그리고 CN^- 이온이 여섯 개 있다. 따라서 철은 3+의 전하를 나타내야 하고, 이로써 총 여섯 개의 양전하가 형성되어 여섯 개의 음전하를 상쇄하게 된다. 배위 화합물 내의 착이온은 $[Fe(CN)_6]^{3-}$이다. 사이안산 이온 리간드는 *사이아노*로 표시하고, 여섯 개가 있음을 나타내기 위해 접두사 *헥사*를 붙인다. 착이온이 음이온이므로 *철산*을 쓴다. 산화 상태를 나타내기 위해 이름에 철(III)산이라고 표시한다. 따라서 음성 착이온의 이름은 헥사사이아노철(III)산이다. 양이온은 K^+ 이온인데, 간단히 포타슘이라 부른다. 이상을 종합하면, 이름은 아래와 같다.

헥사사이아노철(III)산 (음이온) 포타슘 (양이온)

(이 화합물의 관용명은 사이안화철(III) 포타슘이다.)

▲ 고체 $K_3Fe(CN)_6$

c. 우선 전하를 띤 이온이나 기를 고려하여 철의 산화 상태를 결정한다. NO_2^- 이온이 네 개 있고, SO_4^{2-} 이온이 한 개 있으며, 에틸렌다이아민은 중성이다. 따라서 여섯 개의 음전하와 맞추려면 두 개의 철 이온이 6의 양전하를 가져야 한다. 즉, 철의 산화 상태는 +3이므로 철(III)로 표시하면 된다.

에틸렌다이아민은 이미 그 이름에 *다이*가 들어 있기 때문에 두 개의 en을 나타내는 데는 *다이*-가 아닌 *비스*-를 써야 한다. 리간드 NO_2^- 이름은 *나이트로*인데, 두 개가 있으므로 *다이*나이트로이고, 상대 음이온은 황산 이온이므로 위 배위 화합물의 이름은 아래와 같다.

황산 (음이온) 비스(에틸렌다이아민) 다이나이트로철(III) (양이온)

착이온이 양이온이기 때문에 철에 대한 라틴명은 사용하지 않는다.

연습 문제 21.40~21.42 참조

대화형 예제 21.2 배위 화합물의 명명 II

다음 체계명의 배위 화합물에 대한 화학식을 써라.

a. 염화 트라이암민브로모백금(II) (triamminebromoplatinum(II) chloride)

b. 헥사플루오로코발트(III)산 포타슘 [potassium hexafluorocobaltate(III)]

풀이

a. *트라이암민*은 세 개의 암모니아를, *브로모*는 브로민 음이온 하나가 리간드임을 나타낸다. 백금의 산화 상태는 로마 숫자 II가 나타내는 +2이다. 따라서 착이온은 $[Pt(NH_3)_3Br]^+$이다. 이 양이온의 전하 1+를 균형 맞추기 위해 염화 음이온 하나를 쓰면 된다. 따라서 이 화합물의 화학식은 $[Pt(NH_3)_3Br]Cl$이 된다. 여기에서 대괄호가 착이온

을 둘러싸고 있음을 주목하라.

b. 이 착이온에는 Co^{3+} 이온에 플루오린화 이온 여섯 개가 붙어 있어서 CoF_6^{3-}가 된다. 이 착이온의 이름이 *-산(ate)*으로 끝나므로 착이온이 음이온임을 주의하라. 착이온 전하가 3−이므로 양이온 K^+가 세 개 필요하다. 따라서 화학식은 $K_3[CoF_6]$이다.

연습 문제 21.43과 21.44 참조

21.4 이성질현상

두 개 이상의 화학종들이 화학식은 같으나 성질이 다르면, 이들을 **이성질체**(isomers)라고 한다. 이성질체들은 원자의 종류와 수가 똑같지만 원자의 배열이 달라 성질이 서로 다른 것들이다. 여기에서는 두 가지 주요한 이성질현상으로 원자 종류와 수는 같지만 결합이 달라 생기는 **구조 이성질현상**(structural isomerism)과 원자 종류와 수 및 결합까지도 같지만 원자의 공간 배열이 달라 생기는 **입체 이성질현상**(stereoisomerism)을 다루겠다. 각 이성질현상에는 추가적인 세부 부류가 있다(그림 21.8).

구조 이성질현상

구조 이성질현상 가운데, 착이온의 조성이 달라져 생기는 **배위 이성질현상**(coordination isomerism)을 먼저 공부하기로 한다. 예를 들어, $[Cr(NH_3)_5SO_4]Br$과 $[Cr(NH_3)_5Br]SO_4$는 배위 이성질체들이다. 첫 번째 화합물에 있어서 SO_4^{2-} 이온이 Cr^{3+}에 배위되어 있고 Br^-가 상대 이온이지만, 두 번째 화합물에서는 두 이온의 역할이 반대로 바뀌어 있다.

또 다른 배위 이성질현상의 예로 $[Co(en)_3][Cr(ox)_3]$와 $[Cr(en)_3][Co(ox)_3]$ 쌍을 들 수 있는데, 여기에서 ox는 표 21.12에 나타낸 두 자리 리간드인 옥살산 음이온을 나타낸다.

구조 이성질현상의 두 번째 유형인 **결합 이성질현상**(linkage isomerism)에서는 착이온의 조성은 같지만, 리간드의 결합하는 원자가 달라진다. 금속 이온에 다르게 결합할 수 있는 리간드의 보기로 SCN^-와 NO_2^-가 있다. SCN^-는 질소 또는 황에 있는 고립 전자쌍을 통하여 결합할 수 있고, NO_2^-는 질소 또는 산소에 있는 고립 전자쌍을 통하여 결합할 수 있다. 예를 들어 다음 두 화합물은 결합 이성질체이다.

$$[Co(NH_3)_4(NO_2)Cl]Cl$$

염화테트라암민클로로나이트로코발트(III)
(노란색)

$$[Co(NH_3)_4(ONO)Cl]Cl$$

염화테트라암민클로로나이트리토코발트(III)
(적색)

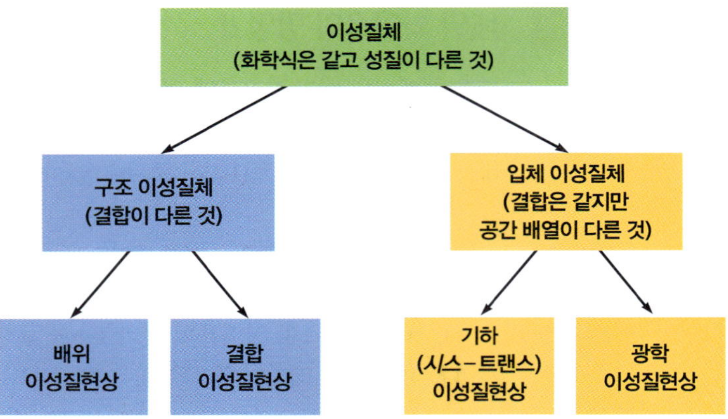

그림 21.8 이성질체의 분류.

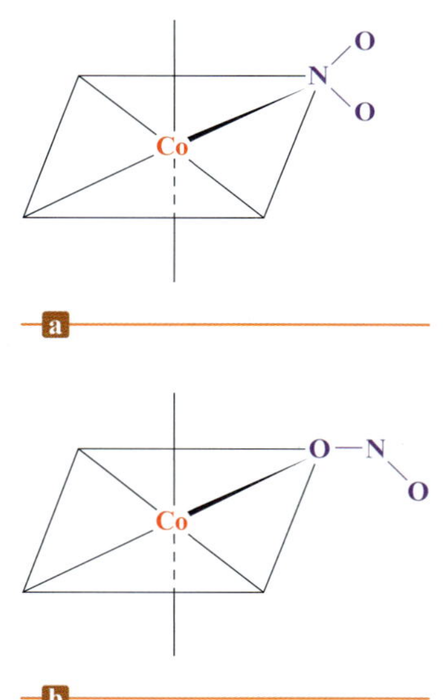

그림 21.9 리간드, NO_2^-는 금속 이온과 (a) 질소 원자에 있는 고립 전자쌍을 통해, 또는 (b) 산소 원자의 고립 전자쌍을 통해 결합할 수 있다.

첫 번째 화합물에서 리간드 NO_2^-는 *나이트로(nitro)*라고 부르며, 질소 원자를 통하여 Co^{3+}에 결합되어 있고, 두 번째 화합물에서 리간드 NO_2^- 또는 $(ONO)^-$는 *나이트리토(nitrito)*라고 부르며, 산소 원자를 통하여 Co^{3+}에 결합되어 있다(그림 21.9).

입체 이성질현상

입체 이성질체에서는 결합들은 서로 같지만, 원자들의 공간 배열이 다르다. 입체 이성질현상의 하나인 **기하 이성질현상**(geometrical isomerism), 또는 ***시스-트랜스* 이성질현상**(*cis-trans* isomerism)은 원자 또는 원자단이 경직된 고리나 결합 주위에서 위치를 달리함으로써 생긴다. 예를 들어, 사각평면 구조인 $Pt(NH_3)_2Cl_2$에 두 가지 가능한 공간 배열을 그림 21.10에 나타내었다. ***트랜스* 이성질체**(*trans* isomer)에서 암모니아 분자는 서로 가로질러(*트랜스*) 있고, ***시스* 이성질체**(*cis* isomer)에서는 암모니아 분자가 서로 이웃(*시스*)에 있다.

기하 이성질현상은 팔면체 착이온에서도 일어난다. 예를 들면, $[Co(NH_3)_4Cl_2]Cl$에는 *시스*와 *트랜스* 이성질체가 존재한다(그림 21.11).

입체 이성질현상의 두 번째는 **광학 이성질현상**(optical isomerism)이라 하는데, 두 광학 이성질체는 평면 편광에 반대 효과를 나타낸다. 빛이 필라멘트와 같은 광원으로부터 방출될 때, 광자들의 전기장 진동 방향은 그림 21.12에 보이는 것처럼 모든 방향으로 배향되어 있다. 빛이 편광판을 통과하도록 하면 편광면에서 진동하는 전기장의 광자만 통과하게 되어 *평면 편광(plane-polarized light)*이 된다.

1815년 프랑스의 물리학자 Jean Biot(1774~1862)는 빛의 편광면이 특정한 결정체에 의해 회전될 수 있음을 보였다. 이후 특정한 화합물의 용액도 편광면을 회전시킬 수 있음이 알려졌다(그림 21.13). Louis Pasteur(1822~1895)는 처음으로 이 현상을 이해한 사람이다. 1848년 Pasteur는 고체 암모늄타타레이트 소듐($NaNH_4C_4H_4O_4$)이 두 가지 결정체로 된 혼합물임을 밝혀내고, 쪽집게로 두 결정체를 어렵게 분리해냈다. 이 두 결정체의 용액은 편광을 서로 반대 방향으로 같은 각도만큼 회전시켰다. 이러한 실험 사실로 인하여 광학 활성도와 분자 구조 사이의 관계를 알 수 있게 되었다.

이제 *겹쳐지지 않는 거울상*을 가진 분자에 의하여 광학 활성도가 나타난다는 사실을 알게 되었다. 두 손은 겹쳐지지 않는 거울상들이다(그림 21.15). 두 손 사이의 관계는 하나의 사물과 그 사물의 거울상 사이의 관계와 같다. 즉 한쪽 손을 아무리 돌려도 다른 한쪽 손

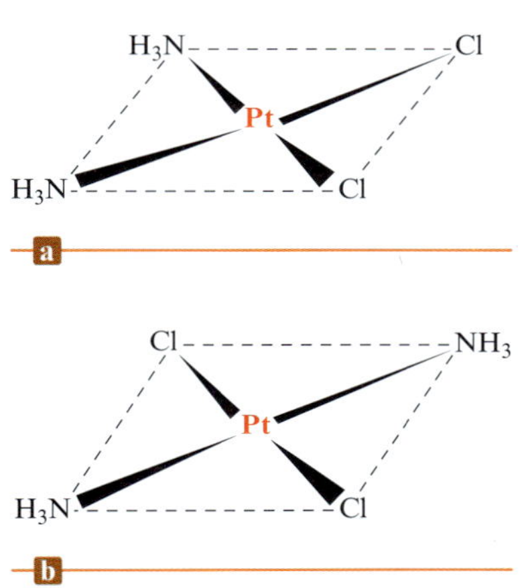

그림 21.10 (a) $Pt(NH_3)_2Cl_2$의 *시스* 이성질체. (b) $Pt(NH_3)_2Cl_2$의 *트랜스* 이성질체.

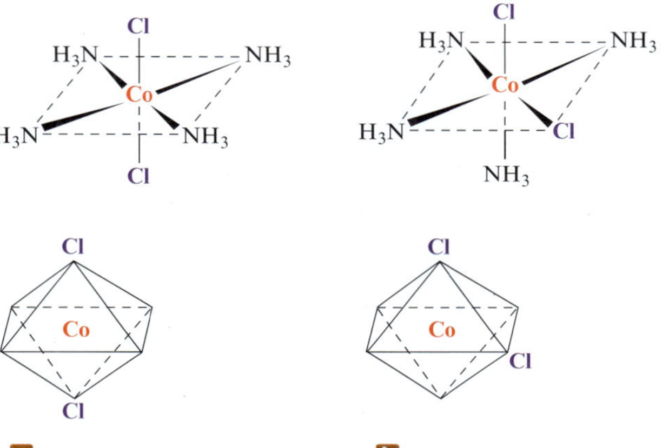

그림 21.11 (a) $[Co(NH_3)_4Cl_2]^+$의 *트랜스* 이성질체. 두 염화 리간드가 서로 가로질러 있다. (b) $[Co(NH_3)_4Cl_2]^+$의 *시스* 이성질체. 이 경우에 두 염화 리간드는 팔면체의 한 모서리를 이루고 있다. 구조가 다르기 때문에 $[Co(NH_3)_4Cl_2]Cl$의 *트랜스* 이성질체는 녹색이고 *시스* 이성질체는 보라색이다.

그림 21.12 편광되지 않은 빛은 여러 평면에서(화살표로 표시된) 진동하는 파동들로 되어 있다. 편광판 필터는 평면에서 진동하는 파동을 제외한 모든 파동을 통과하지 못하게 막는다.

과 동일하게 만들 수 없는 것이다. 많은 분자들이 이러한 현상을 보여 주며, 한 예로 그림 21.16에 있는 $[Co(en)_3]^{3+}$을 들 수 있다. 겹쳐지지 않는 거울상들이 있는 사물을 **카이랄**(chiral, 그리스어로 "손"에 해당하는 *cheir*에서 유래함)이라고 한다.

$[Co(en)_3]^{3+}$의 이성질체들(그림 21.17)은 겹쳐지지 않는 거울상들로, **거울상 이성질체**(enantiomer)라고 부르는데, 이들은 편광을 서로 다른 방향으로 회전시키기 때문에 광학 이성질체라고 한다. 편광면을 (입사광선 앞에서 볼 때) 오른쪽으로 회전시키는 이성질체를 *우회전성*(*dextrorotatory*)이라 하며, *d*로 표시한다. 편광면을 왼쪽으로 회전시키는 이성질체를 *좌회전성*(*levorotatory*)이라 하며, *l*로 표시한다. *d*와 *l* 이성질체가 똑같은 양이 들어 있는 혼합 용액을 *라세미 혼합물*(*racemic mixture*)이라 하는데, 이 용액은 양쪽 회전성이 서로 상쇄되므로 편광을 회전시키지 못한다.

기하 이성질체들이라고 반드시 광학 이성질체는 아니다. 예를 들면, 그림 21.17에 보이는 $[Co(en)_2Cl_2]^+$의 *트랜스* 이성질체는 그 거울상과 동일하여 그 거울상과 겹쳐지기 때문에, 광학 이성질현상을 나타내지 않으며 카이랄이 아니다. 반면에, *시스*-$[Co(en)_2Cl_2]^+$는 그 거울상이 겹쳐지지 *않아* 한 쌍의 거울 이성질체가 존재하며, 따라서 *시스* 이성질체는 카이랄성이 있다.

우리에게 무엇보다 중요한 생체 분자들은 카이랄성을 가지며, 이들의 반응은 그 구조에 크게 의존한다. 예를 들면, 많은 약품들은 그 분자가 생체 내에 있는 카이랄 분자에 결합할 수 있기 때문에 독특한 효과를 낸다. 단, 정확하게 결합하기 위해서는 꼭 맞는 광학 이성질체가 사용되어야만 한다. 한 사람의 오른손은 다른 한 사람의 오른손이 있어야 악수를 할 수 있는 것과 마찬가지로, 생체 내의 특정 이성질체는 꼭 맞는 이성질체 약품에만 결합

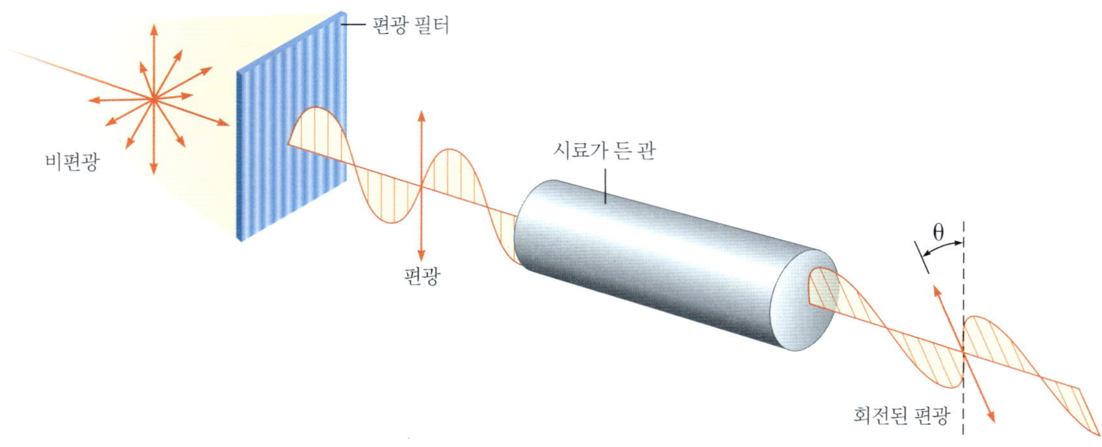

그림 21.13 광학 활성 물질에 의한 편광 평면의 회전. 회전각을 세타(θ)라고 한다.

화학 관련 읽을거리 Chemical Connections

시스 이성질체 존재의 중요성

매우 중요한 몇 가지 과학적 발전이 우연한 발견에 의해 이루어졌는데 페니실린, 테플론, 인공 감미료의 일종인 사이클라메이트와 아스파탐 등의 발견이 그 예들이다. 또 다른 매우 중요한 발견이 1964년에 이루어졌는데, 한 그룹의 과학자들이 백금 전극을 사용하여 *대장균* 군체에 전기장을 걸어주자, 박테리아가 분열을 못하고 계속 자라서 긴 섬유 세포를 만든다는 사실을 발견했다. 계속된 연구로, 용액에서 전기분해에 의해 생성된 작은 농도의 *cis*-$Pt(NH_3)_2Cl_2$와 *cis*-$Pt(NH_3)_2Cl_4$가 세포 분열을 막는다는 것을 알아냈다.

암세포는 세포 분열이 제어되지 않아서 매우 빠르게 증가한다. 따라서 위의 두 백금 화합물 및 이와 비슷한 백금 화합물들은 암세포 분열을 막는 *항암성 물질*로 평가되었다. *cis*-$Pt(NH_3)_2Cl_2$가 전통적인 방법으로 치료하기 어려운 고환암과 난소암을 포함한 각종 암을 억제하는 데 효과가 있다는 결론을 얻었다. 그런데 이 *시스*−화합물은 좋은 항암력을 가지고 있지만, 이의 *트랜스*−화합물은 암에 대한 효과가 거의 없다. 이는 생물학계에서 이성질체의 중요성을 보여주는 것이다. 의약품을 합성할 때는 정확한 이성질체를 얻기 위하여 매우 주의하여야 한다.

비록 *cis*-$Pt(NH_3)_2Cl_2$는 유용한 의약품으로 증명되었지만, 불행하게도 이것은 매우 심각한 신장 손상과 같은 부작용을 일으킨다. 그러므로 더 좋은 항암제를 만들기 위해 연구가 계속 되어야 할 것이다. 가능성이 큰 네 개의 화합물들이 그림 21.14에 그려져 있는데, 이들은 모두가 *시스*−화합물이다.

그림 21.14 효과적인 항암작용을 나타내는 백금과 팔라듐의 몇 가지 *시스* 착물들. *시스* 착물은 두 개의 이웃하고 있는 리간드를 잃고, 대신에 DNA 분자의 서로 이웃한 염기들과 배위 공유 결합을 형성함으로써 항암 작용한다고 알려져 있다.

한다. 이런 문제 때문에 일반적으로 아주 복잡한 분자들인 의약품의 합성은 옳은 "손잡이성(handedness)"의 이성질체를 만들도록 수행되어야 하는데, 이것은 합성에 있어서 큰 어려움이 되는 요구 사항이기도 하다.

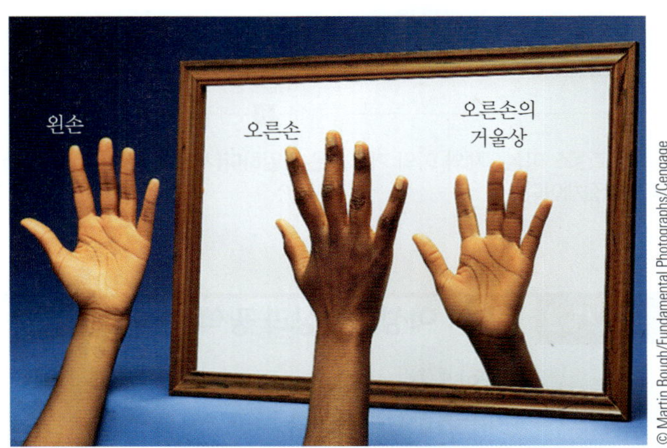

그림 21.15 사람의 손은 겹쳐지지 않는 거울상들이다. 오른손의 거울상은 왼손과 동일하나 왼손을 아무리 돌려도 실제의 오른손과 동일하게 (겹쳐지게) 만들 수 없다.

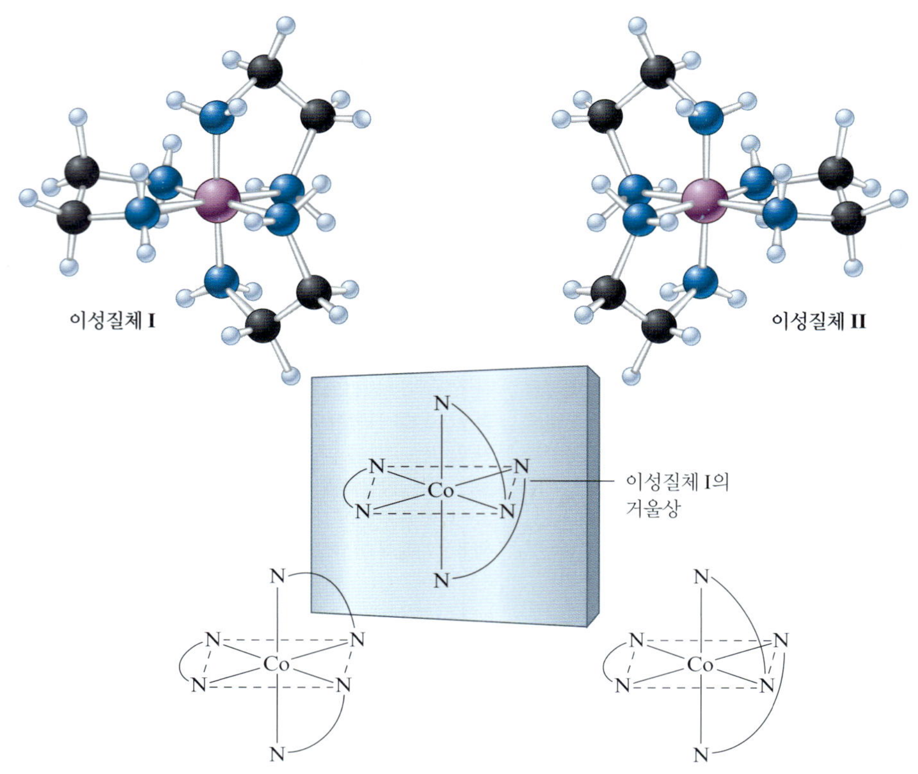

그림 21.16 $Co(en)_3^{3+}$의 이성질체인 I과 II는 서로 겹쳐질 수 없는 거울상체이다(I의 거울상은 II와 동일하다). 즉, 공간에서 I을 돌려서 II를 만들 수 있는 방법은 없다.

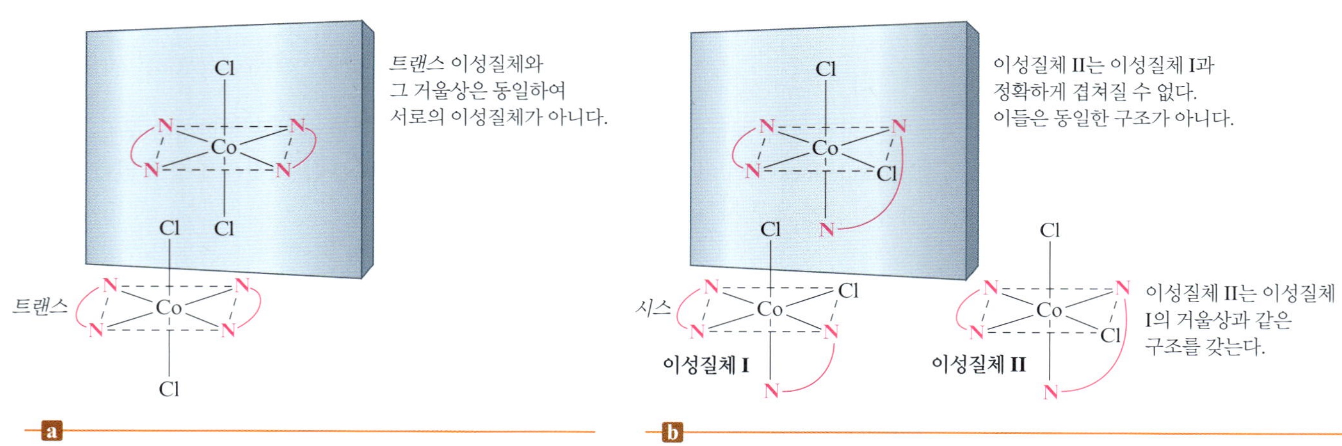

그림 21.17 (**a**) $Co(en)_2Cl_2^+$의 *트랜스* 이성질체와 이의 거울상은 동일하다(서로 겹쳐진다). (**b**) $Co(en)_2Cl_2^+$의 *시스* 이성질체와 그 거울상은 겹쳐지지 않기 때문에 한 쌍의 광학 이성질체이다.

예제 21.3 기하 이성질현상과 광학 이성질현상

착이온 $[Co(NH_3)Br(en)_2]^{2+}$는 기하 이성질현상을 나타내는가? 광학 이성질현상을 나타내는가?

풀이 문제의 착이온은 두 에틸렌다이아민 리간드가 서로 가로질러 있을 수도 있고, 서로 옆에 있을 수도 있기 때문에, 기하 이성질현상을 나타낸다.

착이온의 *시스* 이성질체는 어떠한 방법으로 돌려도 그 거울상들이 서로 겹쳐지지 않기 때문에 광학 이성질현상을 나타낸다.

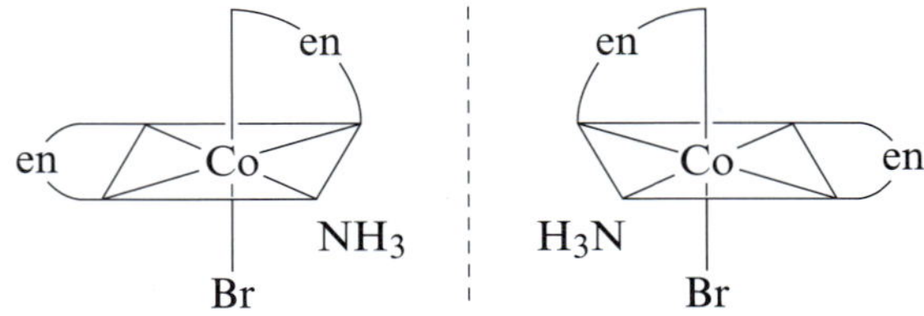

따라서 이러한 *시스* 화합물의 두 거울상 이성질체들은 편광을 서로 반대 방향으로 회전시킨다.

연습 문제 21.55와 21.56 참조

21.5 착이온의 결합: 편재 전자 모형

제8장과 제9장에서 분자 내의 결합을 기술할 수 있는 아주 유용한 모형인 편재 전자 모형을 배웠다. 편재 전자 모형의 중요한 특징은 원자 사이에 σ 결합을 형성하는 전자쌍을 공유하기 위해 원자에 혼성 원자 오비탈이 형성된다는 것이다. 이 모형을 착이온의 결합에 대한 설명에 그대로 사용할 수는 있지만, 기억해야 할 두 가지 사실이 있다.

1. 구조를 예측하는 VSEPR 모형은 일반적으로 *착이온에 잘 적용할 수 없다*. 하지만 배위수가 6인 착이온은 팔면체의 리간드 배열을 갖고, 배위수가 2인 착이온은 선형 구조를 갖는다는 것을 그대로 받아들일 수 있다. 반면에 배위수가 4인 착이온은 사면체이거나 사각평면체가 될 수 있으며, 착이온이 이 중에서 어떤 구조를 나타낼지 예측할 수 있는 완벽한 방법은 없다.
2. 금속 이온과 리간드 사이의 상호작용을 Lewis 산−염기 반응으로 간주하여, 리간드가 고립된 전자쌍 하나를 금속 이온의 *비어 있는* 오비탈에 제공하여 배위 공유 결합을 이룬다고 생각할 수 있다.

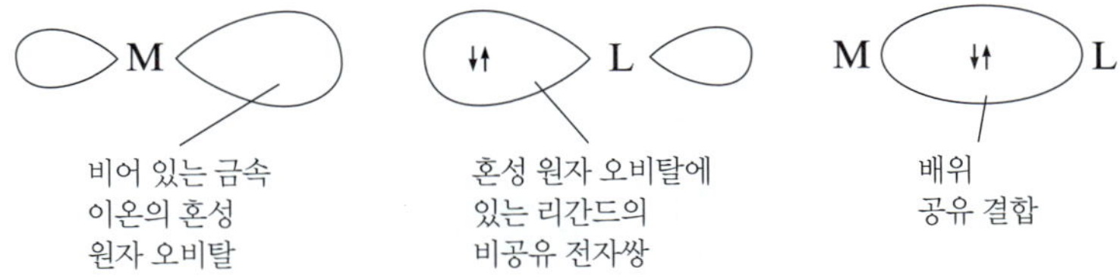

금속 이온의 혼성 오비탈은 리간드의 수와 배열에 따라 다르다. 예를 들어, 팔면체 $Co(NH_3)_6^{3+}$ 이온은 암모니아 분자 여섯 개로부터 각각 고립 전자쌍을 한 개씩 받으려면, 코발트의 빈 혼성 원자 오비탈 여섯 개가 팔면체 배열을 해야 한다. 9.1절에서 논의한 것처럼, 팔면체 오비탈은 두 개의 d, 한 개의 s, 세 개의 p 오비탈이 혼성화된 d^2sp^3 오비탈 여섯 개로 이루어져 있다(그림 21.18 참조).

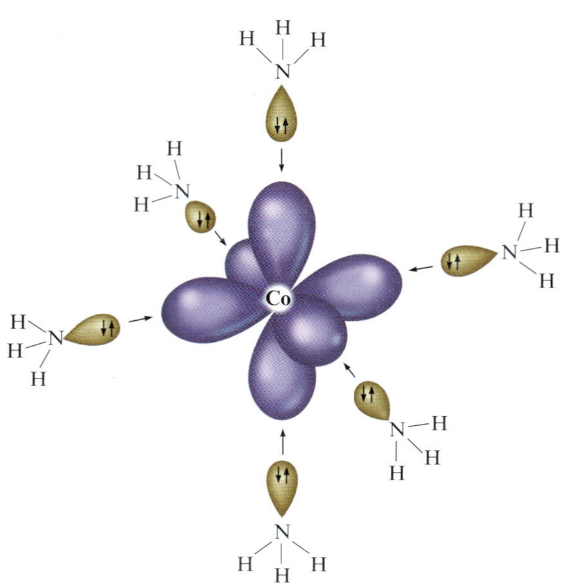

그림 21.18 Co^{3+}에 있는 6개의 d^2sp^3 혼성 오비탈 세트는 6개의 NH_3 리간드로부터 각각 전자쌍을 하나씩 받아들여 $Co(NH_3)_6^{3+}$ 이온을 형성한다.

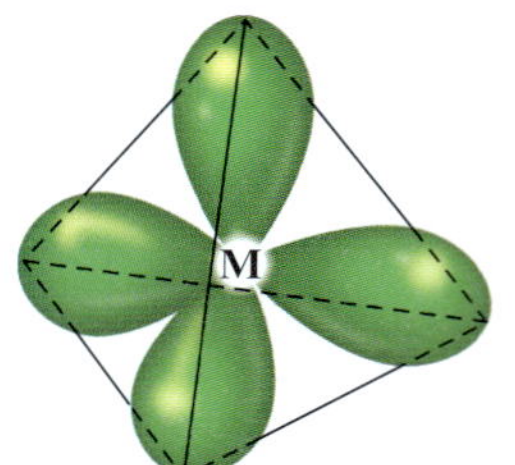

리간드의
사면체 배열;
sp^3 혼성

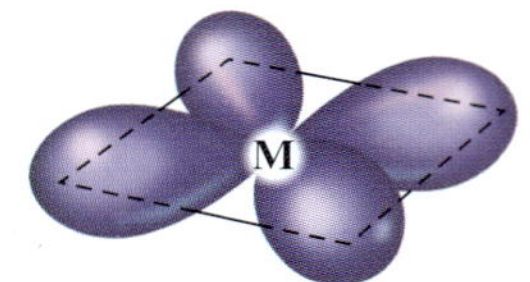

리간드의
사각평면 배열;
dsp^2 혼성

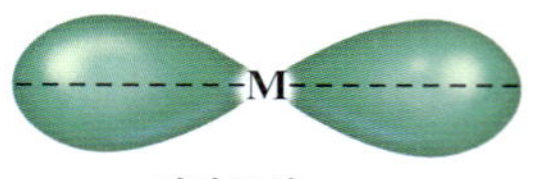

리간드의
선형 배열;
sp 혼성

그림 21.19 사면체, 사각평면체, 선형 구조의 착이온이 필요로 하는 혼성 오비탈들. 금속 이온의 비어 있는 혼성 오비탈들에 금속 이온이 리간드의 비공유 전자쌍을 수용하면서 리간드와 결합한다.

배위수가 4인 착물에서 요구되는 금속 이온의 혼성 오비탈은 착물 구조가 사면체인지 사각평면 구조인지에 따라 달라진다. 리간드들이 사면체 배열을 하고 있으면 금속은 sp^3 혼성 오비탈을 만들어야 한다(그림 21.19). 예를 들어, 사면체 $CoCl_4^{2-}$ 이온에 있어서 Co^{2+}는 sp^3 혼성화되었다고 기술한다. 리간드들이 사각평면 배열을 하고 있으면 금속은 dsp^2 혼성 오비탈 세트가 필요하다(그림 21.19). 사각평면 구조 $Ni(CN)_4^{2-}$에 있어서 Ni^{2+}는 dsp^2 혼성화되었다고 기술한다.

선형 구조의 착물은 서로 180° 위치에 떨어져 있는 두 개의 혼성 오비탈을 가져야 한다. 이러한 배열은 *sp* 혼성화에 의해 가능하다(그림 21.19). 따라서, 선형 구조의 $Ag(NH_3)_2^+$ 이온에 있어서, Ag^+는 *sp* 혼성화되었다고 기술한다.

편재 전자 모형으로 금속–리간드 결합을 대체로 설명할 수는 있지만, 착이온의 자기성 및 색깔 등 중요한 물성은 예측할 수 없기 때문에, 최근에는 편재 전자 모형이 별로 쓰이지 않는다. 따라서 편재 전자 모형에 관해 더 이상 논의하지 않기로 한다.

21.6 결정장 모형

편재 전자 모형이 착이온의 성질을 충분히 설명할 수 없는 큰 이유는 그 모형 자체가 착이온 형성 시 전이 금속의 *d* 오비탈 에너지가 어떻게 변하는가에 대해 전혀 알려 주지 못하기 때문이다. 이제 곧 알게 되겠지만, 착이온의 색깔과 자기성은 금속–리간드 상호작용으로 인하여 금속 이온에 있는 *d* 오비탈의 에너지가 달라져서 생기는 것이다.

결정장 모형(crystal field model)은 *d* 오비탈들의 에너지에 초점을 둔다. 사실 결정장 모형은 하나의 결합 모형이라기보다는 착이온의 색깔과 자기 성질을 설명하기 위한 하나의 방법이다. 이에 대한 가장 단순한 형태로서 결정장 모형은 리간드를 *음의 점전하*(*nega-*

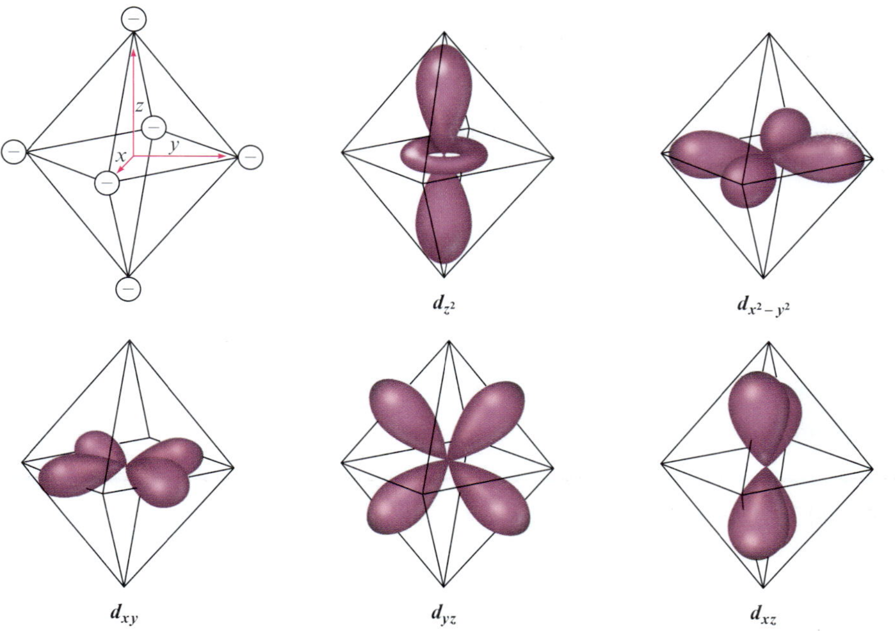

그림 21.20 팔면체 배열을 하고 있는 점전하 리간드들과 금속의 3*d* 오비탈들의 배향.

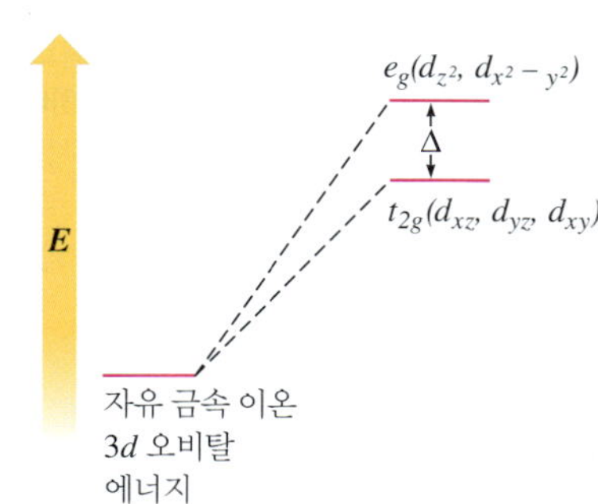

그림 21.21 팔면체 착물에서 금속 이온의 3*d* 오비탈들의 에너지. 자유 금속 이온 상태에서 3*d* 오비탈들은 축퇴(모든 에너지가 동일함)되어 있다. 팔면체 착물이 되면, 그림에 나타냈듯이 3*d* 오비탈들은 두 세트로 갈라진다. 이 두 세트 사이의 에너지 차이를 Δ(델타, delta)라고 한다.

tive point charges)로, 그리고 금속−리간드 결합은 *완전한 이온성*이라고 가정하였다.

팔면체 착물

팔면체 착물을 예로 들어 결정장 모형의 기본 원리를 설명하겠다. 점전하 리간드들이 팔면체 배열을 할 때 중심 금속의 3*d* 오비탈들이 취하는 상대적 배향이 그림 21.20에 제시되어 있다. 여기에서 주목할 것은 두 오비탈 d_{z^2}와 $d_{x^2-y^2}$가 리간드 점전하를 *직접 향하고* 있고, 나머지 세 오비탈 d_{xz}, d_{yz} 및 d_{xy}는 리간드 점전하 *사이*에 놓여 있다는 점이다.

이 차이점의 영향을 이해하기 위해, 두 세트의 오비탈 중 어떤 것의 에너지가 더 낮은지 생각해 보자. 음의 점전하인 리간드들은 음으로 하전된 전자들을 멀리하기 때문에, 전자들은 우선 리간드로부터 멀리 있는 *d* 오비탈들에 채워져 정전기적 반발을 최소화할 것이다. 즉, 팔면체 착물에 있어서 d_{xz}, d_{yz}, d_{xy} 오비탈(t_{2g}라고 함)들은 d_{z^2}나 $d_{x^2-y^2}$ 오비탈(e_g라고 함)보다 *에너지가 낮다.* 그림 21.21에 그 결과가 그려져 있다. 리간드의 음전하는 *d* 오비탈의 에너지를 모두 증가시킨다. 그러나 리간드를 직접 향한 오비탈들의 에너지는 리간드들 사이를 향한 오비탈들의 에너지보다 더 크게 증가한다.

바로 이 **3*d* 오비탈 에너지의 갈라짐**(splitting of the 3*d* orbital energies, Δ로 표시함)으로 첫 주기 전이 금속 착이온들의 색깔과 자기적 성질을 설명할 수 있다. 예를 들어, Co^{3+}(6개의 3*d* 전자가 있음)의 팔면체 착물의 경우 갈라진 3*d* 오비탈들에 전자를 채우는 데에는 두 가지 방법이 가능하다(그림 21.22). 만약 리간드들에 의한 *d* 오비탈들의 갈라짐이 아주 크다면 **강한장**(strong-field)이라고 하며, 전자들은 낮은 에너지의 t_{2g} 오비탈들에 채워져서 모두 짝을 이루게 되므로 *반자기성*을 나타낸다. 반면에 갈라짐이 작을 때를 **약한장**(weak-field)이라고 하며, 전자들은 다섯 오비탈에 우선 하나씩 들어가고 마지막 전자 하나만 짝을 이룰 것이다. 이 경우, 착이온은 네 개의 홀전자가 있으므로 *상자기성*을 띨 것이다.

결정장 모형으로 $Co(NH_3)_6^{3+}$와 CoF_6^{3-} 사이의 자기적 성질의 차이를 설명할 수 있다. $Co(NH_3)_6^{3+}$는 반자기성으로 알려져 있으므로 강한장 경우에 해당하며, 홀전자 수가 *최소*이므로 **저스핀**(low-spin) 화합물이라고도 부른다. 반면, CoF_6^{3-} 이온은 네 개의 홀전자

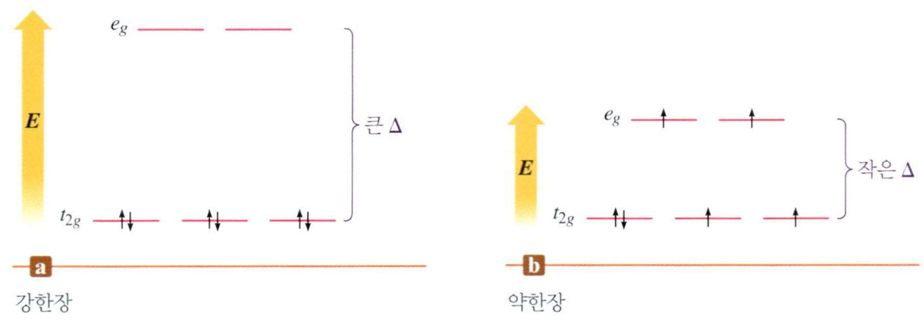

그림 21.22 Co^{3+}(전자 배치 $3d^6$) 팔면체 착물에 있어서 갈라진 3*d* 오비탈의 가능한 전자 배치. (**a**) 강한장(큰 Δ 값)에서 전자들은 우선 t_{2g} 세트를 채우므로 반자기성 착물을 형성한다. (**b**) 약한장(작은 Δ 값)에서 전자들은 짝짓기 전에 5개의 오비탈에 하나씩 먼저 들어간다.

를 가지므로 상자기성이고 약한장 경우에 해당하며, 홀전자 수가 *최대*이기 때문에 **고스핀**(high-spin) 화합물이라고 한다.

비판적 사고 만일 여러분에게 배위 결합을 한 착이온에 대해 홀전자 개수를 알려주고 이 경우 리간드가 강한장 또는 약한장을 만드는지에 대한 질문을 받았다고 가정하라. 강한장 또는 약한장을 주는 경우를 구별할 수 있는 배위 결합을 하는 착이온의 예를 들고, 결정할 수 없는 경우에 대해서도 설명하라.

대화형 예제 21.4

결정장 모형 I

$Fe(CN)_6^{3-}$ 이온에는 홀전자가 하나 있다고 알려져 있다. 리간드 CN^-는 강한장을 만드는가? 약한장을 만드는가?

풀이 리간드가 CN^-이고, 착이온의 전하는 3−이므로, 금속 이온은 Fe^{3+} 상태, 즉 $3d^5$의 전자 배치를 하고 있다. 팔면체로 배열된 리간드들에 의해 갈라진 *d* 오비탈에 다섯 개의 전자를 배열하는 방법에는 다음 두 가지가 있다.

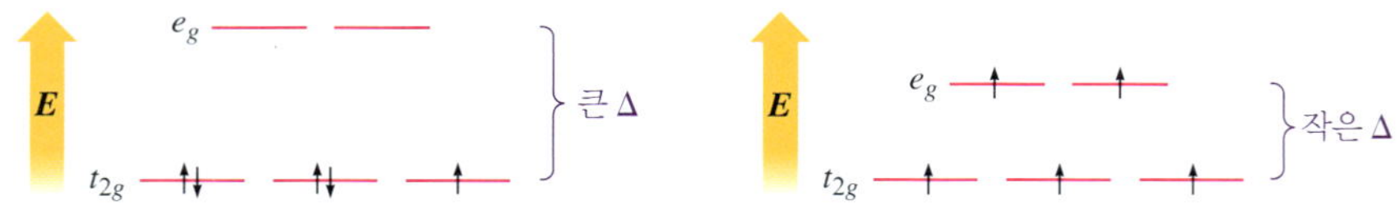

강한장일 경우에 홀전자가 하나 생겨서 실험 결과와 일치한다. 따라서, CN^- 이온은 Fe^{3+} 이온과 결합할 때 강한장을 만든다.

연습 문제 21.63과 21.64 참조

많은 팔면체 착물의 연구 결과를 바탕으로, *d* 오비탈을 갈라지게 하는 능력 순으로 리간드를 나열할 수 있다. 이러한 능력을 순서대로 나타내는 **분광화학적 계열**(spectrochemical series)의 순서 일부는 다음과 같다.

$$CN^- > NO_2^- > en > NH_3 > H_2O > OH^- > F^- > Cl^- > Br^- > I^-$$

강한장 리간드 (큰 Δ) ... 약한장 리간드 (작은 Δ)

주어진 금속 이온에 대한 Δ 값이 감소하는 순서로 리간드를 배열하였다.

*금속 이온의 전하가 증가함에 따라 주어진 리간드에 대한 Δ 값은 증가한다*는 사실도 실험적으로 관측되었다. 예를 들면, NH_3는 Co^{2+}에 대해서 약한장 리간드이지만, Co^{3+}에 대해서는 강한장 리간드로 행동한다. 이것은 금속 이온의 전하가 증가함에 따라(즉, 양전하

그림 21.23 가시광선 스펙트럼.

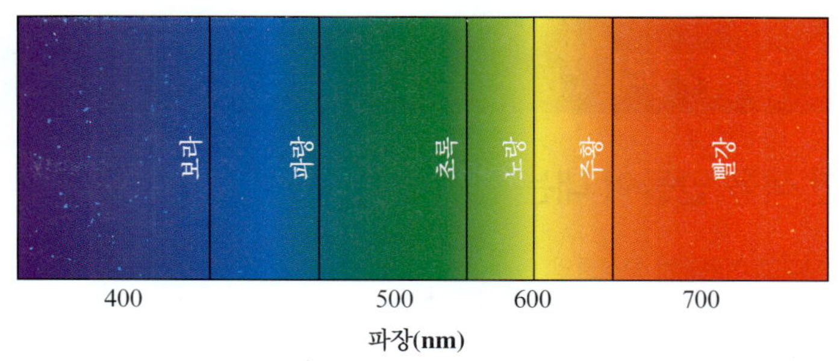

밀도가 증가함에 따라) 리간드는 금속 이온에 더 가까이 끌려갈 것이고, 리간드가 가까이 감에 따라 금속의 d 오비탈들은 더 크게 갈라지게 되어 Δ 값을 크게 만들기 때문이다.

대화형 예제 21.5 결정장 모형 II

착이온 $Cr(CN)_6^{4-}$에 존재하는 홀전자 수는 몇 개인가?

풀이 착이온의 알짜 전하가 4−라는 것은, 금속 이온이 Cr^{2+}($-6 + 2 = -4$), 즉 $3d^4$의 전자 배치를 하고 있음을 의미한다. CN^-는 강한장 리간드(분광학적 계열)이므로 결정장 도표는 다음과 같다.

따라서 착이온은 두 개의 홀전자를 갖는다. 리간드 CN^-는 d 오비탈을 크게 갈라지게 하므로 4개의 전자는 모두 t_{2g} 오비탈에 들어가야 하며, 2개의 전자는 짝을 이룬다.

연습 문제 21.65와 21.66 참조

위에서 결정장 모형을 써서 어떻게 팔면체 착물의 자기적 성질을 설명할 수 있는지를 알아보았다. 결정장 모형은 또한 착이온의 색깔을 설명하는 데 쓰일 수도 있다. 예를 들어, Ti^{3+}의 팔면체 착이온인 $Ti(H_2O)_6^{3+}$은 $3d^1$의 전자 배치를 하고 있는데, 가시광선(그림 21.23)의 중간 부분에 해당하는 빛을 흡수하기 때문에 보라색을 띤다. 물질이 가시광선 영역 내의 특정 파장의 빛을 흡수하면, 그 물질의 색은 흡수된 파장을 제외한 가시광선 파장들에 의해 결정된다. 즉, 물질은 흡수된 파장의 *보색*(*complementary*)이 되는 색깔을 띤다. $Ti(H_2O)_6^{3+}$ 이온은 황록색 영역의 빛을 흡수하고, 적색이나 청색은 그대로 통과시키므로

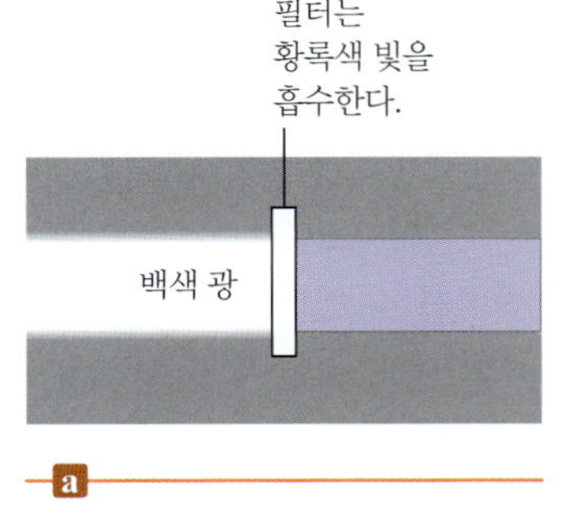

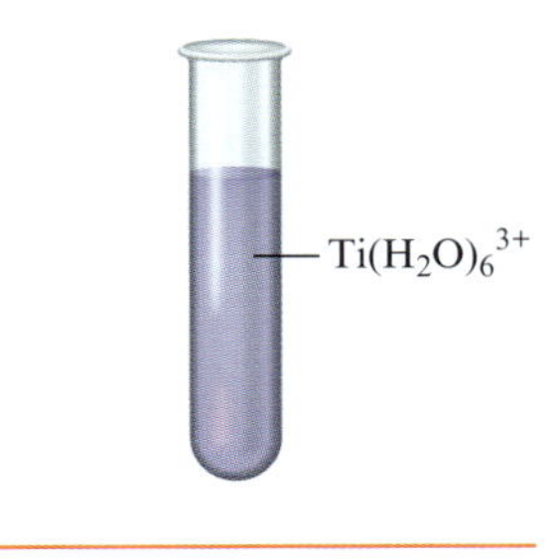

그림 21.24 (**a**) 황록색 영역의 빛을 흡수하는 필터에 백색광을 비추면 보라색 빛이 투과된다. (**b**) 착이온 $Ti(H_2O)_6^{3+}$은 황록색 빛을 흡수하므로, 이 착이온의 용액은 보라색이다.

표 21.15 흡수되는 가시광선의 파장과 관찰되는 색의 대략적인 상관관계

흡수 파장 nm(색)	관찰되는 색
400(보라색)	연두색
450(파란색)	노란색
490(청록색)	빨간색
570(황록색)	보라색
580(노란색)	짙은 파란색
600(주황색)	파란색
650(빨간색)	초록색

화학 관련 읽을거리 Chemical Connections

보석의 다양한 색을 만들어 내는 전이 금속

어디서나 매우 값지다고 여겨지는 보석들의 아름답고 순수한 색은 광물 속에 불순물로 존재하는 미량의 전이 금속 이온에 기인한다. 전이 금속 이온이 없었다면 색깔이 없었을 것이다. 예를 들면, 값비싼 루비의 붉은색은 Cr^{3+} 이온에 의한 것인데, 다이아몬드만큼 단단한 Al_2O_3의 형태의 광물질인 강옥에서 약 1%의 Al^{3+} 이온이 Cr^{3+} 이온으로 치환된 것이다. 강옥의 구조에서, Cr^{3+} 이온들은 팔면체의 꼭짓점에 있는 6개의 산소 이온에 의해 둘러싸여 있다. 이것은 크로뮴 3*d* 오비탈의 특징적인 팔면체 결정장 분리를 가져와, Cr^{3+} 이온들이 청보라색과 황록색 영역의 빛을 흡수하고 빨간색 빛을 통과시켜서 아름다운 특유의 루비색을 나타낸다. (반면에, 강옥에서 몇몇 Al^{3+} 이온이 Fe^{2+}, Fe^{3+}, Ti^{4+} 이온 혼합물로 치환되면, 이 보석은 눈부신 푸른색의 사파이어가 되고, Al^{3+} 이온이 Fe^{3+} 이온에 의해 치환되면 노란색의 토파즈가 된다.)

에메랄드는 실험식이 $3BeO \cdot Al_2O_3 \cdot 6SiO_2$인 녹주석으로부터 유래되었다. 녹주석에서 몇몇 Al^{3+} 이온이 Cr^{3+}로 치환되었을 때 에메랄드의 녹색이 나타난다. 여기에서 Cr^{3+}의 3*d* 오비탈의 갈라짐은 노란색과 청보라색을 흡수하고 녹색 빛을 통과시킨다.

루비나 에메랄드와 매우 유사한 보석으로 러시아의 알렉산더 2세의 이름을 딴 알렉산드라이트 보석이 있다. 이 보석은 광물인 금록옥으로부터 나오는데, 금록옥은 실험식이 $BeO \cdot Al_2O_3$인 광물에서 약 1%의 Al^{3+} 이온이 Cr^{3+} 이온으로 치환된 베릴륨 알루미네이트이다. 여기에서 Cr^{3+}는 황색 영역의 빛을 강하게 흡수한다. 알렉산더 보석은 광원에 따라 색이 변하는 특징이 있다. 최초의 알렉산더 보석의 원광석은 1831년에 러시아의 우랄 산맥에 있는 깊은 광산에서 발견되었는데, 광부의 램프 빛 아래에서 짙은 붉은색을 띠었다. 그러나 이 원광석을 바깥으로 갖고 나왔을 때, 그 색은 청색이었다. 이렇게 신비로운 색 변화는 광부의 램프 불빛이 가시광선의 노란색과 붉은색 파장을 많이 띠는 반면에 청색은 별로 없었기 때문이다. 광석에 의한 황색의 흡수는 붉은색을 띠게 된다. 보통의 햇빛 아래에서는 램프 불빛보다 청색 영역 빛의 세기가 크다. 따라서 원광석에 의해 투과된 빛에서 과량의 청색 빛이 나오고 이것이 햇빛 아래서는 청색을 띠게 되는 것이다.

일단 천연 보석의 구조가 알려지면 이 보석을 인공적으로 만들어 내는 것은 어렵지 않다. 예를 들면, 루비와 사파이어는 $Al(OH)_3$을 1200°C에서 적당한 전이 금속염과 함께 용융시켜 "도핑된" 강옥을 대량으로 만들 수 있다. 이 기술을 이용하면 놀랄 만한 크기의 보석들도 만들 수 있다. 10파운드 정도의 루비와 100파운드에 달하는 사파이어가 합성되었다. 더 작은 합성 보석들도 만들 수 있는데 천연석들과 사실상 거의 동일하다. 따라서 그 차이를 구별하는 데 보석상들은 상당한 기술을 필요로 한다.

▲ 루비 및 에메랄드와 밀접한 관계가 있는 보석인 알렉산드라이트(alexandrite).

보라색을 띤다. 이러한 현상을 도식적으로 그림 21.24에 나타내었다. 그리고 표 21.15에는 흡수되는 가시광선의 파장과 관측되는 색깔 사이의 일반적 관계를 실었다.

$Ti(H_2O)_6{}^{3+}$ 이온이 특정 파장의 가시광선을 흡수하는 이유는 그림 21.25에 있는 것처럼 갈라진 *d* 오비탈 사이를 *d* 전자가 이동하는 데에서 찾아볼 수 있다. 주어진 파장의 빛(광자)이 어떤 분자가 필요로 하는 에너지를 꼭 맞게 제공해 줄 수 있을 때에만, 그 빛은 주어진 분자에 의해 흡수가 가능하다. 즉, 흡수되는 빛의 파장, λ는 다음과 같은 관계가 있다.

$$\Delta E = \frac{hc}{\lambda}$$

여기에서 ΔE는 분자에서의 에너지 차이를 나타내고(이 장에서는 단순히 Δ로 쓴다) λ는 필요한 파장을 뜻한다. 대부분 팔면체 착물에 있어서, *d* 오비탈의 갈라짐 에너지는 가시광

그림 21.25 착이온 $Ti(H_2O)_6{}^{3+}$은 황록색 영역의 가시광선을 흡수하여 짝짓지 않은 *d* 전자를 t_{2g}에서 e_g로 전이시킨다.

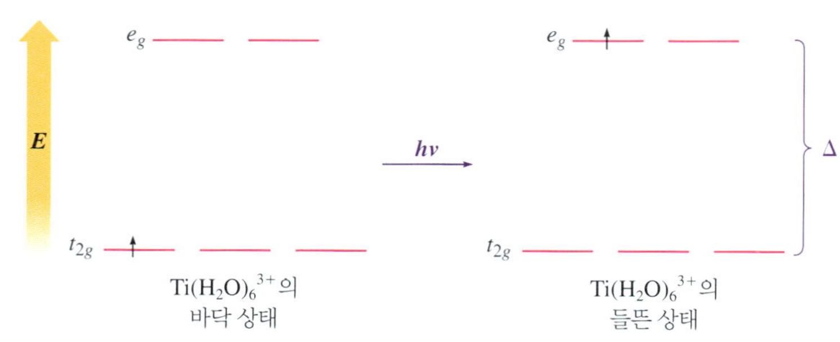

표 21.16 몇 가지 Cr^{3+}의 팔면체 착물과 그 색

이성질체	색
$[Cr(H_2O)_6]Cl_3$	보라색
$[Cr(H_2O)_5Cl]Cl_2$	청록색
$[Cr(H_2O)_4Cl_2]Cl$	초록색
$[Cr(NH_3)_6]Cl_3$	노란색
$[Cr(NH_3)_5Cl]Cl_2$	자주색
$[Cr(NH_3)_4Cl_2]Cl$	보라색

▲ $[Cr(NH_3)_6]Cl_3$(왼쪽)과 $[Cr(NH_3)_5Cl]Cl_2$(오른쪽)의 용액.

선 영역의 광자 에너지에 해당하기 때문에 팔면체 착물은 보통 색깔을 띤다.

주어진 금속 이온에 있어서, 배위된 리간드에 따라 d 오비탈의 갈라짐 폭이 결정되기 때문에 리간드가 바뀌면 그 색깔도 달라진다. 이것은 곧 Δ의 변화가 전자를 t_{2g} 오비탈에서 e_g 오비탈로 전이시키는 데 필요한 파장의 변화를 의미하기 때문이다. 몇 가지 Cr^{3+} 팔면체 착물과 그 색깔을 표 21.16에 나타내었다.

다른 배위 기하 구조

팔면체 착물에 대해 개발된 동일한 원리를 이용하여, 다른 기하 구조를 갖는 착물들에 대해서 살펴보기로 하자. 그림 21.26에는 전이 금속의 3d 오비탈과 사면체 배열을 하고 있는 점전하 사이의 관계가 그려져 있는데 다음 두 가지 사실은 중요하므로 유의하기 바란다.

1. 리간드가 사면체 배열을 하는 경우의 3d 오비탈들은, 팔면체 배열에서 $d_{x^2-y^2}$과 d_{z^2} 오비탈이 리간드를 직접 향하는 것처럼 "리간드를 직접 향하지" 않는다. 따라서 정사면체 배열을 하는 리간드들은 팔면체 배열을 하는 리간드만큼 d 오비탈을 크게 갈라지게 하지 못한다. 즉, 사면체 착물의 경우 d 오비탈들의 갈라짐 에너지(Δ)는 훨씬 작다. 유도는 하지 않겠지만, 금속 이온과 리간드가 같을 때 사면체 착물의 분리 에너지는 팔면체 착물의 갈라짐 에너지의 $\frac{4}{9}$에 불과하다.

$$\Delta_{\text{사면체}} = \frac{4}{9}\Delta_{\text{팔면체}}$$

2. d_{xy}, d_{xz}, d_{yz} 오비탈들은 리간드를 직접 향하지는 않지만 d_{z^2}과 $d_{x^2-y^2}$ 오비탈들보다 리간드 점전하들에 더 가까이 놓여 있어서 d 오비탈의 갈라짐은 팔면체 배열의 경우와 반대가 된다. 그림 21.27에 두 배열에 대한 d 오비탈의 갈라짐을 비교하였다. 사면체 착물의 경우 갈라짐이 비교적 작기 때문에, *항상* 약한장(고스핀)이 된다. 사면체 착물의 경우에 강한장을 만들 만큼 강력한 리간드는 아직까지 알려진 바 없다.

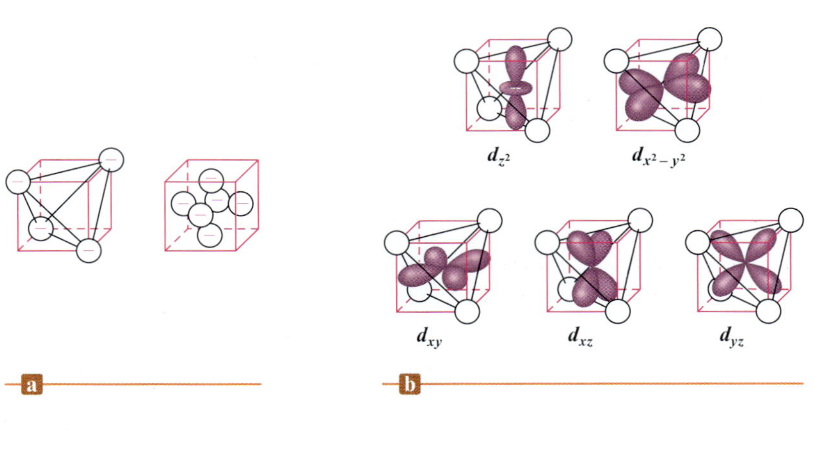

그림 21.26 (**a**) 정육면체를 이용한 사면체와 팔면체 형태의 리간드 배열. 이 두 가지 배열에서 점전하는 정육면체의 반대쪽 부분을 차지하고 있다. 즉, 팔면체 배열의 점전하들은 정육면체의 각 면 중심에 있고, 사면체 배열의 점전하들은 정육면체에서 반대되는 꼭짓점에 있다. (**b**) 정사면체 배열의 점전하들에 대한 3d 오비탈들의 배향.

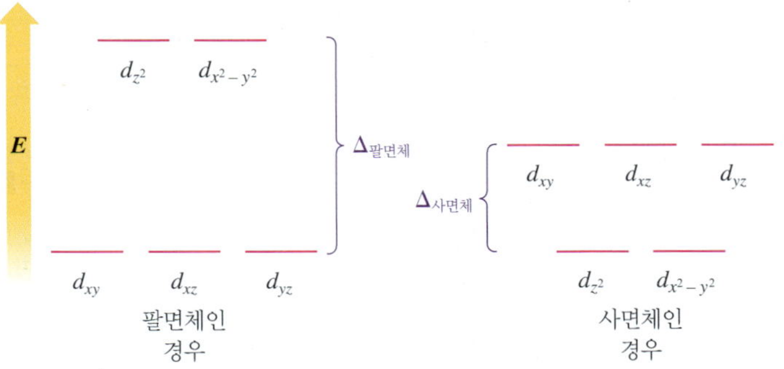

그림 21.27 팔면체 착물과 사면체 착물의 각 경우에 대한 결정장 도표. d 오비탈 세트의 상대 에너지가 서로 반대이다. 주어진 리간드에 대해서 팔면체 착물의 경우 $d_{x^2-y^2}$과 d_{z^2} 오비탈이 리간드 점전하들을 직접 향하고 있어서 그 에너지가 상대적으로 높기 때문에 팔면체 착물의 d 오비탈 갈라짐이 사면체의 것보다 훨씬 더 크다($\Delta_{\text{팔면체}} > \Delta_{\text{사면체}}$).

대화형 예제 21.6 결정장 모형 III

정사면체 착이온 $CoCl_4^{2-}$의 결정장 도표를 그려라.

풀이 착이온에는 Co^{2+}가 들어 있고 그 전자 배치는 $3d^7$이다. 문제의 착이온은 정사면체 착물이므로 d 오비탈 갈라짐이 작아서 홀전자가 세 개인 고스핀이 될 것이다.

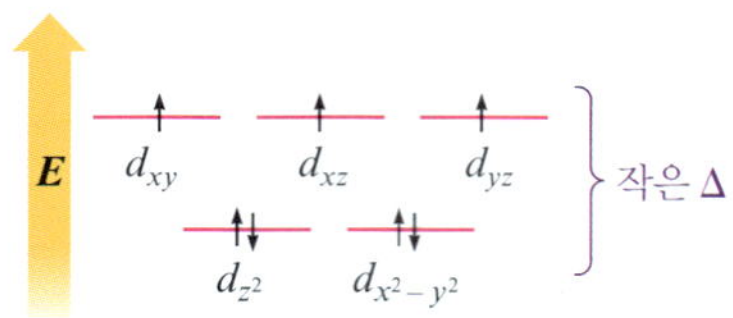

연습 문제 21.73, 21.76과 21.77 참조

결정장 모형은 사각평면 착물이나 선형 착물에도 적용할 수 있다. 사각평면 착물과 선형 착물들에 대한 결정장 도표가 그림 21.28에 그려져 있다. d 오비탈들의 순위는 오비탈들과 점전하들의 상대적 배향을 고려하여 설명할 수 있다. 그림 21.27에 있는 팔면체 리간드 배열에서 z축 상의 두 점전하를 제거하면 사각평면 리간드 배열이 되므로, 사각평면 착물에 있어서 d_{z^2}의 에너지는 크게 낮아지고 남아 있는 네 개의 점전하를 향하고 있는 $d_{x^2-y^2}$의 에너지는 제일 높게 될 것이다. 또 팔면체 배열에서 xy 평면상의 네 리간드들을 제거하면 z축상의 두 리간드만 남아 선형 배열이 되므로, 선형 착물의 경우 d_{z^2}만 리간드를 직접 향하게 되어 그 에너지가 제일 높게 된다.

비판적 사고 그림 21.28(a)에서 보여준 결정장 도표는 리간드들이 xy 평면에 위치한 사각평면 착물의 경우이다. 만일 착물이 xz 평면에 위치한다면 이 경우에 대한 결정장 도표를 그리고, 그림 21.28(a)의 결정장 도표와 비교하라.

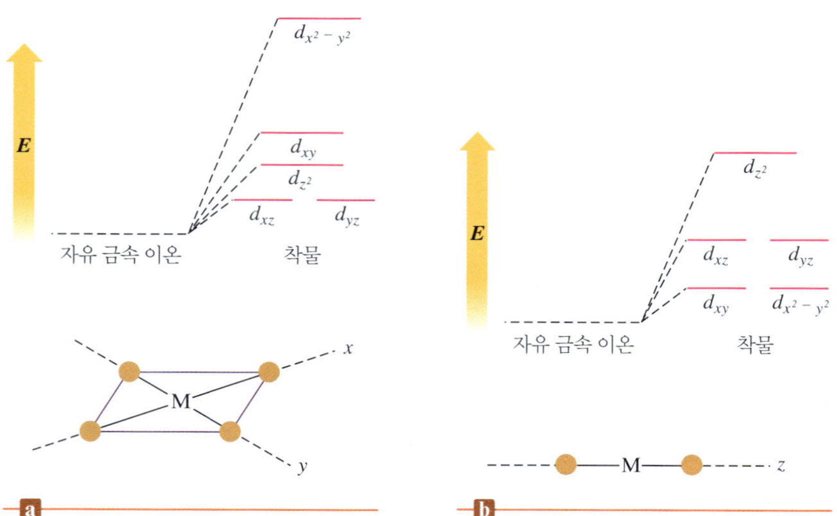

그림 21.28 (**a**) 리간드들이 x, y축에 놓여있는 xy 평면상의 사각평면에 대한 결정장 도표. d_{z^2} 오비탈은 xy 평면상에 "도넛" 모양의 전자 밀도가 있으므로 d_{xz}나 d_{yz}보다 그 에너지가 높다. d_{z^2}의 실제 위치는 확실하지 않고 사각평면 착물에 따라 다르다. (**b**) z축상에 리간드들이 놓여 있는 선형 착물에 대한 결정장 도표.

21.7 배위 화합물의 생물학적 중요성

금속 이온들은 리간드들과 배위 결합을 할 수 있고, 결합한 리간드들을 방출할 수도 있으며, 또 쉽게 산화-환원 반응에 참여할 수 있기 때문에 생체계에서 이상적으로 이용될 수 있다. 예를 들면, 금속 이온 착물들은 인체에서 산소의 이동과 저장에 이용될 뿐 아니라 전자 이동제, 촉매 및 약품으로도 이용된다. 표 21.17에 요약되어 있는 것처럼 대부분의 첫 주기 전이 금속들은 건강을 유지하는 데 꼭 필요한 원소들이다. 철의 배위 화합물이 많이 연구되어 있기 때문에 생체계에서 철의 역할에 초점을 두어 다루고자 한다.

단백질은 아래와 같은 일반적인 구조를 갖는 아미노산들로 이루어진 거대 분자들이다. R은 다양한 치환기를 나타낸다.

$$H_2N-\underset{\displaystyle H}{\overset{\displaystyle R}{\underset{|}{\overset{|}{C}}}}-COOH$$

철은 거의 모든 생체 세포에서 중요한 역할을 수행하고 있다. 포유동물들은 주로 탄수화물, 단백질 그리고 지방의 산화로부터 에너지를 얻는다. 산소가 산화제로 작용하기는 하지만, 이 분자들과 직접 반응하지는 않는다. 대신 이러한 영양소의 분해과정에서 생긴 전자들이 *호흡 연쇄*(*respiratory chain*)라고 부르는 여러 분자들이 참여하는 복잡한 연쇄 과정을 거쳐서 산소 분자에 전달된다. 이 호흡 연쇄 과정에 참여하는 중요한 전자 이동 분자들은 **사이토크롬**(cytochrome)이라고 부르는 철 화합물들이다. 사이토크롬은 두 부분, 즉 **헴**(heme)이라고 부르는 철 화합물과 단백질로 되어 있는데, 헴 착물의 구조가 그림 21.29에 나타나 있다. 헴 착물에서 철 이온(Fe^{2+}이거나 Fe^{3+})은 **포피린**(porphyrin)이라 불리는 조금 복잡한 평면 리간드에 배위되어 있다. 포피린들은 모두 그 중심 고리 구조가 같지만 고리 구조 모서리에 붙은 치환체들은 다양하다. 포피린 분자들은 많은 금속 이온(Fe, Co, Mg)에 네 자리 리간드로 작용한다. 광합성 과정에 꼭 필요한 물질인 *클로로필*(*chlorophyll*)은 그림 21.30에 보이는 것처럼 마그네슘-포피린 착물이다.

철은 영양소로부터 산소로 전자를 이동시키는 데 참여하는 것 외에 포유동물의 혈액이나 조직 내에서 산소의 이동 및 저장에 중요한 역할을 한다. 산소는 **마이오글로빈**(myoglobin)이라는 분자에 저장되는데, 이 분자는 사이토크롬과 구조가 유사하며, 헴 착물과 단백질로 되어 있다. 마이오글로빈에서 Fe^{2+} 이온은 포피린 고리의 네 질소 원자와 단백질 사슬 중의 한 질소 원자에 배위 결합되어 있다(그림 21.31). Fe^{2+}는 주로 여섯 개의 배위수를 가지므로, 나머지 한 자리에는 산소 분자가 결합할 수 있게 비어 있다.

마이오글로빈 내에서 O_2 분자가 Fe^{2+}에 직접 결합되어 있는 것은 매우 흥미로운 점이다. 그러나 헴이 들어 있는 수용액에 기체 O_2를 통과시키면 Fe^{2+}는 즉시 Fe^{3+}로 산화된다. 즉, 헴 안의 Fe^{2+}는 산소에 의해 산화된다. 그러나 마이오글로빈 내의 Fe^{2+}는 Fe^{3+}로 산화되지 않는다. Fe^{3+}는 O_2와 배위 공유 결합을 하지 않기 때문에 이 사실은 매우 중요하다. 왜냐하면 마이오글로빈에 결합되어 있는 Fe^{2+}가 산소에 의해 산화되면, 마이오글로빈은

표 21.17 첫 주기 전이 금속 및 그 생물학적 중요성

첫 주기 전이 금속	생물학적 기능(s)
스칸듐	알려진 바 없음
타이타늄	알려진 바 없음
바나듐	인체에는 알려진 바 없음
크로뮴	인슐린의 혈당량 조절과 콜레스테롤 조절에 관여함
망가니즈	많은 효소 반응에 필요
철	헤모글로빈과 마이오글로빈의 성분; 전자 이동에 관여
코발트	탄수화물, 지방, 단백질 대사에 필요한 비타민 B_{12}의 성분
니켈	Urease와 hydrogenase 효소의 성분
구리	여러 효소의 성분, 철의 저장을 도움; 머리털, 피부 및 눈의 색소 생산에 참여
아연	인슐린 등 여러 효소의 성분

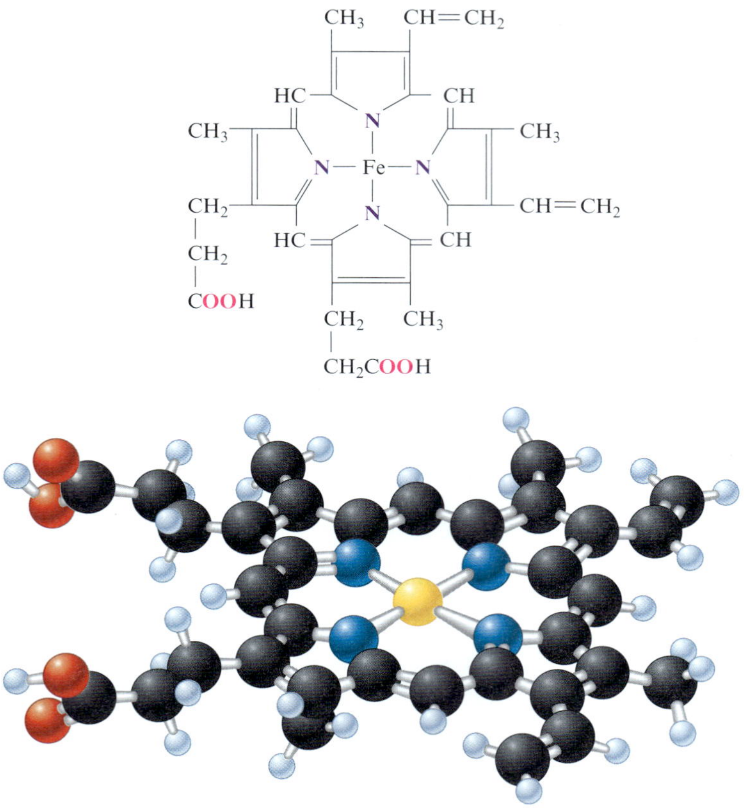

그림 21.29 헴 착물. 평면 구조인 포피린 리간드의 네 질소에 Fe^{2+}가 배위되어 있다.

그 기능을 잃기 때문이다. 헴 착물 내의 Fe^{2+}가 산화되는 것으로 보아, 마이오글로빈 내에 Fe^{2+}의 산화를 막는 것은 단백질임에 틀림없다. 어떻게 된 일일까? 많은 연구 결과에 따르면, 헴 착물 내의 철 이온 두 개 사이에 산소 분자 다리가 생긴 후 Fe^{2+}가 Fe^{3+}로 산화되는 것으로 알려져 있다(원은 리간드를 나타냄).

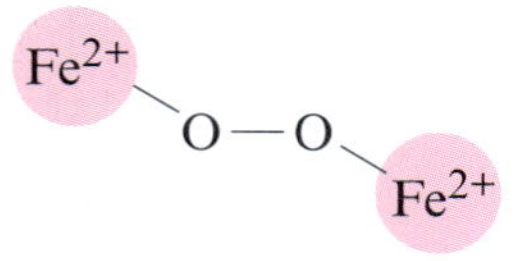

$$Fe^{2+}-O-O-Fe^{2+}$$

마이오글로빈 내의 헴 주위에는 거대한 단백질이 있어서 Fe^{2+}의 산화가 발생하지 않는다.

혈액 내에서 O_2의 이동은 네 개의 마이오글로빈과 비슷한 단위체로 이루어진 **헤모글로빈**(hemoglobin)에 의해 수행된다(그림 21.32). 따라서 헤모글로빈 한 분자는 네 개의 O_2

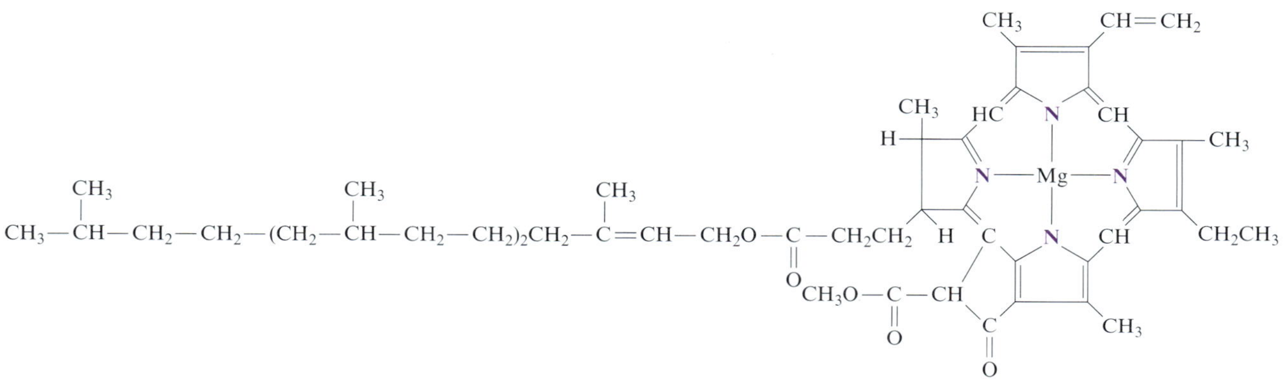

그림 21.30 클로로필은 Mg^{2+}의 포피린 착물이다. 나타낸 구조는 클로로필의 두 형태 중 하나이다.

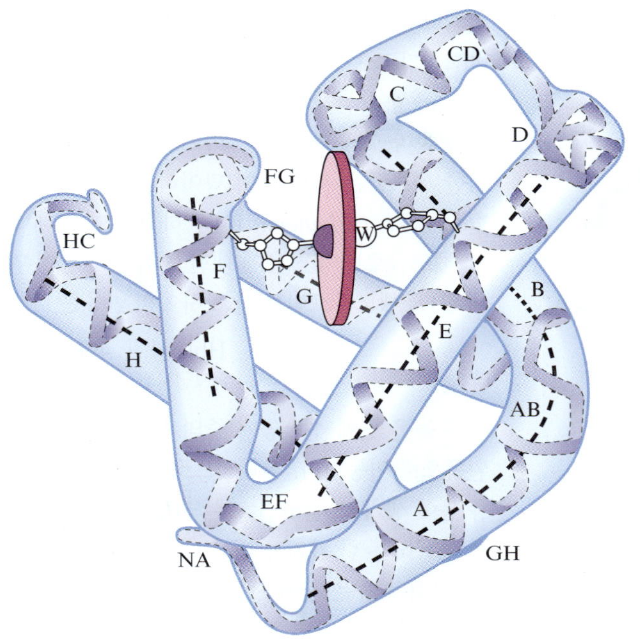

그림 21.31 마이오글로빈 분자의 모식도. 헴의 포피린(그림에서 원판으로 나타냄)에 있는 4개의 질소 원자와 단백질 사슬에 있는 히스티딘의 질소 원자가 Fe^{2+} 이온에 배위된다. W로 표시된 여섯 번째의 빈자리에 산소 분자가 배위된다.

분자와 결합하여 밝은 적색의 반자기성 착물을 이룬다. 반자기성은 산소가 $Fe^{2+}(3d^6)$에 대해서 강한장을 만드는 리간드로 작용하기 때문에 생긴다. 산소 분자가 방출되면, Fe^{2+}의 비어 있는 여섯 번째 결합자리에 물 분자가 들어가 푸른 색깔을 내며 상자기성 착물을 이룬다(H_2O는 Fe^{2+}에 대해 약한장을 만드는 리간드이다). 이 때문에 정맥의 피는 푸른색을 띠게 된다.

헤모글로빈은 생체 분자의 기능이 그 구조에 얼마나 민감한가를 아주 잘 보여 주는 예이다. 어떤 사람들은 헤모글로빈에 있는 단백질의 두 위치에서 비정상적인 아미노산이 발

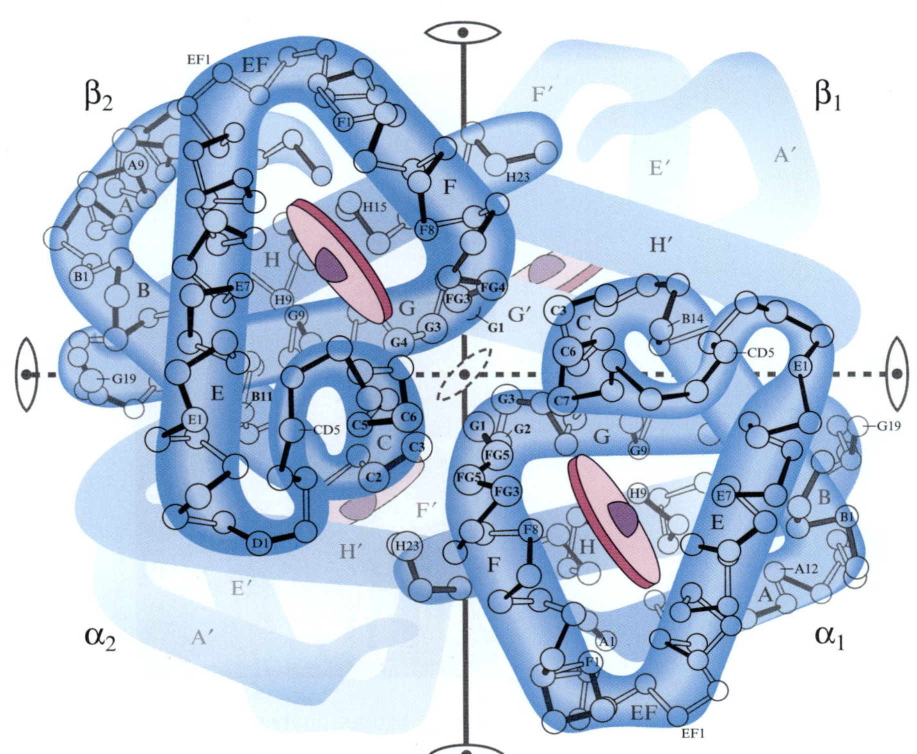

그림 21.32 헤모글로빈 구조의 모식도. 두 종류의 약간 다른 형태의 단백질 사슬이 있다(α, β). 각 헤모글로빈은 두 개씩의 α 사슬과 β 사슬로 구성되어 있으며 각 중심에는 헴 착물이 있다. 따라서 헤모글로빈 한 분자는 4개의 산소 분자와 착물을 형성한다.

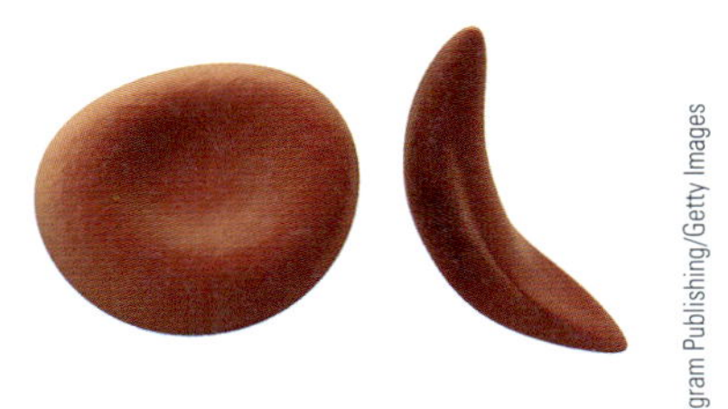

그림 21.33 크게 확대한 정상적인 적혈구(왼쪽)와 낫세포형(오른쪽)의 적혈구.

견되고 있다. 헤모글로빈 단백질 내에 수백 개의 아미노산이 있으므로 두 개의 아미노산이 바뀌었다고 무슨 변화가 있겠는가 할지 모르나, 극성 치환체가 있는 정상 상태의 아미노산이 비극성 치환체가 있는 비정상적인 아미노산으로 바뀌게 되면 헤모글로빈의 구조가 크게 변한다. 그렇게 되면, 적혈구 세포는 원반형이 아닌 길쭉한 형태가 되고(그림 21.33) 이러한 세포들은 서로 모여 덩어리를 이루어 모세관을 막게 된다. 이러한 상태를 *낫세포 빈혈증*(*sickle cell anemia*)이라 하고 이에 대해 현재 많은 연구가 진행되고 있다.

헤모글로빈의 작용에 대한 지식은 인간에 미치는 고도(높은 곳)의 영향을 이해할 수 있게 한다. 헤모글로빈과 산소 사이의 반응은 다음의 평형 반응으로 나타낼 수 있다.

$$\underset{\text{헤모글로빈}}{Hb(aq)} + 4O_2(g) \rightleftharpoons \underset{\text{옥시헤모글로빈}}{Hb(O_2)_4(aq)}$$

아주 높은 곳에서는 공기 중의 산소량이 낮아서 평형의 위치가 Le Châtelier 원리에 따라 왼쪽으로 이동한다. 결과적으로 혈액 내에 옥시헤모글로빈의 양이 적게 되어 피로 및 현기증 등이 생기고, 심하면 *고산병*(*high-altitude sickness*)이라고 부르는 병이 발생한다. 이것을 극복하는 한 가지 방법은 대부분의 산악인들이 하는 것처럼 보충 산소를 이용하는 것이다. 그러나 높은 곳에 사는 사람들에게는 이 방법은 실용적이 아니다. 실제로는, 인체가 헤모글로빈을 더 많이 만들어 왼쪽으로 이동한 평형을 다시 원상 복귀시킴으로써 산소 농도가 낮은 조건에서도 적응하도록 한다. 낮은 지대인 시카고에서 높은 산악지대인 콜로라도로 이사한 사람의 경우 첫 몇 주 정도 동안은 고도의 영향을 느낄지 모르지만, 점차 혈액 속의 헤모글로빈 양이 증가함에 따라 고도 영향은 사라지게 된다. 이러한 변화 과정을 *고산 적응*(*high-altitude acclimatization*)이라고 하며, 높은 지역에서 겨루어야 하는 운동선수가 고도 적응을 위해 시합 몇 주 전부터 현지 적응 훈련을 하는 이유이다.

철의 생물학적 역할에 대해 공부를 했기 때문에, 일산화 탄소 및 사이안화 이온과 같은 물질의 독성을 설명할 수 있다. CO와 CN^-는 철에 강하게 결합하는 리간드이므로 인체 내의 철 착물의 정상적인 작용을 방해할 수 있다. 예를 들면, CO는 헤모글로빈의 Fe^{2+}에 대한 친화력이 산소의 경우보다 200배나 더 크다. 그 결과로 생기는 **카복시헤모글로빈**(carboxyhemegolbin) 착물은 아주 안정하여 일단 형성되면 인체로의 O_2 흡수가 중단되어, 인체는 산소 결핍을 일으키게 된다. 공기 중 CO 양이 어느 정도 이상이 되면 인체는 가사 상태에 이른다. CN^-의 독성 메커니즘은 CO의 경우와 조금 다르다. CN^-는 특정 사이

▲
세르파와 짐꾼들은 파키스탄의 K2 산 정상과 같이 높은 고도에 잘 적응되어 있다.

토크롬의 산화–환원 반응 촉매인 사이토크롬 산화효소 내의 철에 강하게 배위 결합하며, 이렇게 되면 전자 이동 반응이 중단되기 때문에 인간은 급사하게 된다. 이러한 작용 때문에 CN^-는 *호흡 방해제*(*respiratory inhibitor*)라고 부른다.

21.8 야금 및 철과 강철의 생산

iStock.com/Sdigzps

▲
제강 공장에서 용융된 금속을 쏟아붓고 있다.

앞 절에서, 생체계에서 철의 중요성을 알아보았다. 물론 이 세상에서 철은 다양한 방식으로 중요하게 이용되고 있다. 이 절에서는 철의 역할에 대해 특별히 강조하면서, 천연 자원으로부터 금속들의 분리와 금속으로부터 유용한 재료의 생성과정에 대해 논의하고자 한다.

금속은 건축 구조물, 전선, 조리 용구, 연장, 장식물 및 기타 여러 목적에 매우 중요하게 쓰인다. 그러나 금속의 주된 화학적 특성은 전자를 주는 능력이므로 자연계의 거의 모든 금속은 산소, 황 및 할로젠 등 비금속과 결합한 상태로 광석에 들어 있다. 이들 금속을 회수하여 사용하려면 금속을 광석에서 분리하여 환원시켜야 한다. 그러나 대부분의 금속은 순수한 상태로는 사용하기에 적합하지 못하므로 적절한 성질을 갖도록 합금을 만들어야 한다. 금속을 광석에서 분리하고 사용할 수 있게 만드는 과정을 **야금**(metallurgy)이라 부른다. 야금의 전형적인 단계는 다음과 같다.

1. 채광
2. 광석의 전처리
3. 유리 금속으로의 환원
4. 금속의 정제(제련)
5. 합금

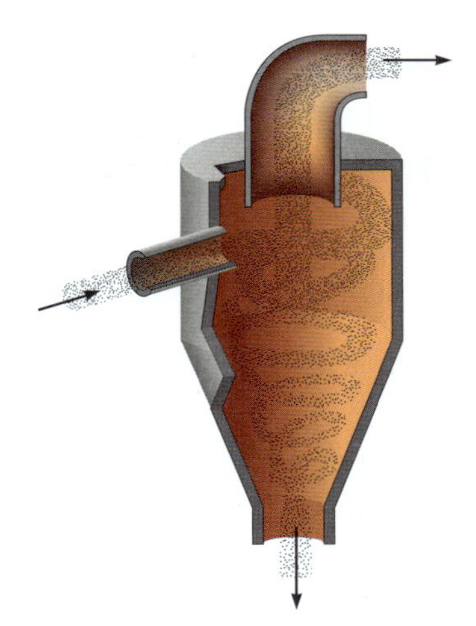

그림 21.34 사이클론 분리기의 구성도. 광석을 분쇄하여 분리기에 불어 넣는다. 밀도가 큰 광물 입자는 원심력에 의하여 분리기 벽으로 밀려가 깔대기 밑으로 떨어진다. 가벼운 입자(맥석)는 중심 가까이에 머무르며 공기를 불어넣으면 상부를 통해 뽑아낼 수 있다.

광석은 **광물**(mineral, 비교적 순수한 금속 화합물)과 **맥석**(gangue, 모래, 진흙 및 바위)의 혼합물로 볼 수 있다. 몇 가지 대표적인 광물을 표 21.18에 실었다. 지각에는 규산염 광물이 가장 흔하나, 매우 단단하고 가공하기 힘들기 때문에 여기에서 금속을 추출하는 것은 상대적으로 비경제적이다. 따라서 가능하면 다른 광석을 사용한다.

채광 후 광석을 적당히 처리하여 맥석을 제거하고 광물을 농축한다. 광석은 먼저 분쇄된 후 사이클론 분리기(그림 21.34), 경사진 진동 테이블 및 부유 분리 탱크 등 여러 장치의 공정을 거친다.

부유 선광법(flotation process)에서는 분쇄된 광석을 물–기름–계면 활성제 혼합물이 들어 있는 탱크로 보낸다. 광물 입자와 규산 돌 입자의 표면 특성 차이 때문에 기름은 광물 입자 표면을 적신다. 이 혼합물에 공기를 불어넣으면 기름이 덮인 광물 입자 표면에 작은 기포가 만들어져 표면으로 부유하게 되므로 걷어낼 수 있게 된다.

광물을 농축한 후에는, 환원시키기 위하여 먼저 화학적으로 변환시킨다. 예를 들면, 산화물이 아닌 광물은 환원시키기 전에 먼저 산화물로 바꾼다. 탄산염과 수산화물은 단순히 가열하면 산화물로 변한다.

$$CaCO_3(s) \xrightarrow{\text{가열}} CaO(s) + CO_2(g)$$
$$Mg(OH)_2(s) \xrightarrow{\text{가열}} MgO(s) + H_2O(g)$$

황화물로 된 광물은 용융점 이하에서 공기와 함께 가열하면 산화물로 바뀌며, 이 과정을 **로스팅**(roasting)이라 부른다.

$$2ZnS(s) + 3O_2(g) \xrightarrow{\text{가열}} 2ZnO(s) + 2SO_2(g)$$

앞에서 보았듯이 이산화 황은 대기 중으로 방출되면 심한 공해 문제를 일으킨다. 따라서

표 21.18 광석 중에 들어 있는 흔한 광물

음이온	예
없음(유리 금속)	Au, Ag, Pt, Pd, Rh, Ir, Ru
산화물	Fe_2O_3 (적철광) Fe_3O_4 (자철광) Al_2O_3 (보크사이트) SnO_2 (주석석)
황화물	PbS (방연석) ZnS (섬아연석) FeS_2 (황석철광) HgS (진사) Cu_2S (휘동석)
염화물	NaCl (암염) KCl (칼리암염) $KCl \cdot MgCl_2$ (카널라이트)
탄산염	$FeCO_3$ (능철석) $CaCO_3$ (석회석) $MgCO_3$ (마그네사이트) $MgCO_3 \cdot CaCO_3$ (백운석)
황산염	$CaSO_4 \cdot 2H_2O$ (석고) $BaSO_4$ (중정석)
규산염	$Be_3Al_2Si_6O_{18}$ (녹주석) $Al_2(Si_2O_8)(OH)_4$ (고령석) $LiAl(SiO_3)_2$ (스포듀민)

현대적 로스팅 공정에서는 이 기체를 모아 황산 제조에 사용한다.

금속 이온을 유리된 금속으로 환원시키는 공정을 **제련**(smelting)이라 부른다. 이 공정은 금속 이온의 전자 친화도에 의존한다. 금속 중에는 산화력이 커서 로스팅 과정에서 유리된 금속이 생기는 경우도 있다. 예를 들면, 진사(적색 황화 수은, cinnabar)의 로스팅 반응은 다음과 같다.

$$HgS(s) + O_2(g) \xrightarrow{\text{가열}} Hg(l) + SO_2(g)$$

이 반응에서 Hg^{2+}는 S^{2-}가 내놓는 전자에 의하여 환원되며, 황은 O_2에 의하여 더 산화되어 SO_2를 만든다.

활성이 더 큰 금속을 로스팅시키면 금속 산화물이 만들어지는데, 이것을 환원시키면 유리된 금속이 얻어진다. 가장 흔히 사용되는 환원제는 코크스(불순한 탄소), 일산화 탄소 및 수소이다. 아래에 몇 가지 흔한 환원 과정의 예를 나타내었다.

$$Fe_2O_3(s) + 3CO(g) \xrightarrow{\text{가열}} 2Fe(l) + 3CO_2(g)$$
$$WO_3(s) + 3H_2(g) \xrightarrow{\text{가열}} W(l) + 3H_2O(g)$$
$$ZnO(s) + C(s) \xrightarrow{\text{가열}} Zn(l) + CO(g)$$

가장 활성이 큰 금속인 알루미늄과 알칼리 금속 등은 용융염을 전기분해시켜 환원시킨다(18.8절).

환원 과정을 통하여 얻은 금속은 불순하므로 정제하여야 한다. 정제법으로는 전기분해(18.8절), 불순물의 산화(철에서처럼) 및 수은이나 아연처럼 저온에서 끓는 금속의 증류 등이 있다. 고순도 금속이 필요할 때에는, **구역 정제**(zone refining)를 이용한다. 이 과정에서는 불순한 금속 막대를 가열기를 통과시켜(그림 21.35) 금속이 녹았다가 다시 재결정되게 한다. 결정이 다시 형성될 때 불순물 원자보다는 금속 이온이 결정 격자를 더 잘 형성하

그림 21.35 구역 정제의 구성도.

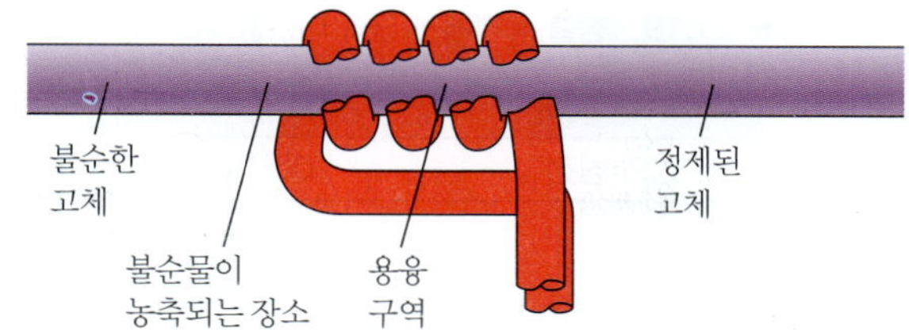

므로 금속의 정제가 가능하다. 따라서 불순물이 제거되어 막대 끝 쪽으로 모이게 된다. 이 과정을 몇 번 반복하면 매우 순수한 금속 막대를 얻을 수 있다.

습식 야금법

지금까지 다룬 야금 과정은 보통 **건식 야금법**(pyrometallurgy; *pyro*는 "고온"을 뜻함)이라 부른다. 전통적인 이 방법은 많은 에너지를 필요로 하며, 공기 오염(주로 이산화 황에 의한)과 저질 광석의 처리에 비교적 많은 비용이 든다는 두 가지 심각한 문제점을 지닌다.

지난 100여 년간 **습식 야금법**(hydrometallurgy; *hydro*는 "물"을 의미)이라는 다른 공정, 즉 화학 약품의 수용액을 사용하여 광석으로부터 광물을 추출하는 방법이 이용되어 왔다. 이 공정은 **침출법**(leaching)이라고도 한다. 이 방법을 이용한 첫 두 가지 예는 저질 광석으로부터 금을 추출하는 것과 보크사이트로부터 산화 알루미늄, 즉 알루미나를 생산하는 것이다.

금은 가끔 광석에 원소 상태로 존재하지만, 그 농도는 일반적으로 낮다. **사이안화반응**(cyanidation)이라 부르는 공정에서는 분쇄한 광석을 공기 중에서 사이안화물의 수용액으로 처리하여 금을 착이온 $Au(CN)_2^-$으로 만들어 녹아 들어가게 한다.

$$4Au(s) + 8CN^-(aq) + O_2(g) + 2H_2O(l) \longrightarrow 4Au(CN)_2^-(aq) + 4OH^-(aq)$$

순수한 금은 $Au(CN)_2^-$ 용액을 아연 분말과 반응시켜 Au^+를 Au로 환원시켜 회수한다.

$$2Au(CN)_2^-(aq) + Zn(s) \longrightarrow 2Au(s) + Zn(CN)_4^{2-}(aq)$$

보크사이트로부터 알루미나를 추출하는 과정(Bayer 공정)에서는 광석을 고온 · 고압 하에서 수산화 소듐으로 처리하여 양쪽성 산화 알루미늄을 만들어 용해시킨다.

$$Al_2O_3(s) + 2OH^-(aq) \longrightarrow 2AlO_2^-(aq) + H_2O(l)$$

이 과정에서 염기성 용액에는 별로 녹지 않는 SiO_2, Fe_2O_3 및 TiO_2 등 고체 불순물은 제거된다. 고체 불순물을 제거한 후, 이산화 탄소를 주입하여 용액의 pH를 낮춘다. 이렇게 하면 순수한 산화 알루미늄이 다시 생기며, 이것을 전기분해하여 알루미늄을 생산한다(18.9절 참조).

침전 반응은 16.2절에서 다루었다.

이들 공정에서 보았듯이, 습식 야금에서는 광석으로부터 특정 금속 이온을 *선택적으로 침출*시키는 단계와 금속 이온을 이온성 화합물로 *선택적으로 침전*시켜 회수하는 단계가 관여한다.

만약 금속을 포함한 화합물이 수용성 염화물이거나 황산염이면 물을 침출제로 사용할 수 있다. 그러나 대부분의 경우에는 금속이 물에 안 녹는 물질 속에 들어 있어 어떻게든 용해시켜야만 한다. 이런 경우에 사용하는 침출제는 보통 산, 염기, 산화제, 염이나 또는 이들 몇 가지를 섞은 수용액이다. 간혹 용해 과정에 착이온 형성 단계가 포함한다. 예컨대, 물에 녹지 않는 황산 납을 함유한 광석을 염화 소듐 수용액으로 처리하면 수용성 착이온, $PbCl_4^{2-}$가 생긴다.

$$PbSO_4(s) + 4Na^+(aq) + 4Cl^-(aq) \longrightarrow 4Na^+(aq) + PbCl_4^{2-}(aq) + SO_4^{2-}(aq)$$

표 21.19 침출 용액에서 금속 이온을 회수하는 방법의 예

방법		예
염의 침전		$Cu^{2+}(aq) + S^{2-}(aq) \longrightarrow CuS(s)$
환원	화학적	$Cu^{+}(aq) + HCN(aq) \longrightarrow CuCN(s) + H^{+}(aq)$
		$Au^{+}(aq) + Fe^{2+}(aq) \longrightarrow Au(s) + Fe^{3+}(aq)$
		$Cu^{2+}(aq) + Fe(s) \longrightarrow Cu(s) + Fe^{2+}(aq)$
		$Ni^{2+}(aq) + H_2(g) \longrightarrow Ni(s) + 2H^{+}(aq)$
	전기적	$Cu^{2+}(aq) + 2e^{-} \longrightarrow Cu(s)$
		$Al^{3+}(aq) + 3e^{-} \longrightarrow Al(s)$
환원 + 침전		$2Cu^{2+}(aq) + 2Cl^{-}(aq) + H_2SO_3(aq) + H_2O(l) \longrightarrow 2CuCl(s) + 3H^{+}(aq) + HSO_4^{-}(aq)$

금을 회수하는 사이안화 과정에서도 착이온이 형성된다. 그러나 금은 광석 중에 금속 입자로 존재하기 때문에 우선 산소로 산화시켜 Au^+로 만든 후 CN^-와 반응시켜 수용성인 $Au(CN)_2^-$ 착이온을 만든다. 따라서 이 경우에는 침출 과정에 산화와 착물화 과정이 함께 관여한다.

때로는 산화 과정만 사용된다. 예를 들면, 불용성인 황화 아연은 광석을 분쇄한 후 물에 부유시키고, 산소를 주입하여 수용성 황산 아연으로 변환시킬 수 있다.

$$ZnS(s) + 2O_2(g) \longrightarrow Zn^{2+}(aq) + SO_4^{2-}(aq)$$

전통적인 건식 야금법에 비하여 습식 야금의 장점은 때때로 침출제를 땅속 광산에 직접 펌프로 투입시킬 수 있는 데 있다. 예를 들면, 탄산 소듐(Na_2CO_3) 수용액을 우라늄을 함유하고 있는 광석에 주입시키면 수용성 탄산 착이온을 만들 수 있다.

침출 용액으로부터 금속 이온을 회수하려면 회수하려는 금속 이온을 포함하는 불용성 고체를 만들어야 한다. 이 과정에서는 음이온을 첨가하여 불용성 염을 만들거나, 고체 금속으로 환원시키거나 또는 환원과 염의 침전을 함께 진행시킨다. 이들 공정의 예를 표 21.19에 실었다. 저질의 광석을 경제적으로, 또 심각한 오염 없이 처리하는 데 적합하기 때문에 습식 야금 방법이 구리, 니켈, 아연 및 우라늄 등 여러 중요한 금속을 회수하는 방법으로 더욱 인기를 얻고 있다.

철의 야금

철은 여러 형태의 광물로 지구 표면에 존재한다. *황철광*(*iron pyrite*, FeS_2)은 널리 분포되어 있으나 황을 완전히 제거할 수 없어 금속성 철이나 강철의 생산에는 적합하지 않다. 황을 포함하는 강철은 매우 쉽게 부서지므로 유용하지 못하다. *능철석*(*siderite*, $FeCO_3$)은 열을 가하면 산화 철로 바뀌는 유용한 철 광물이다. 산화 철 광물은 *적철석*(*hematite*, Fe_2O_3)과 *자철석*(*magnetite*; Fe_3O_4, 실제로는 $FeO \cdot Fe_2O_3$)이 있으며, 적철석이 더 풍부하다. *타코나이트*(*taconite*) 광석은 산화 철이 규산염과 섞여 있어서 다른 광석들에 비해 공정이 더 어렵다. 그러나 질 좋은 광석이 고갈되어 감에 따라 타코나이트의 사용이 증가하고 있다.

철광석의 철의 함량을 증가시키기 위해서 Fe_3O_4가 갖고 있는 천연의 자기적 성질을 이용한다(따라서 이름이 *자철석*이다). Fe_3O_4 입자는 맥석으로부터 자석으로 분리할 수 있다. 자성을 갖지 않는 광석은 Fe_3O_4로 변환시킨다. 즉, 적철석은 일부 자철석으로 환원되며, 능철석은 우선 가열하여 FeO로 바꾼 후 Fe_2O_3로 산화시킨 다음 다시 Fe_3O_4로 환원시킨다.

$$FeCO_3(s) \xrightarrow{\text{가열}} FeO(s) + CO_2(g)$$
$$4FeO(s) + O_2(g) \longrightarrow 2Fe_2O_3(s)$$
$$3Fe_2O_3(s) + C(s) \longrightarrow 2Fe_3O_4(s) + CO(g)$$

경우에 따라 비자기성 광석은 부유 선광법으로 농축시킨다.

철의 환원은 **용광로**(blast furnace, 그림 21.36)에서 주로 진행시킨다. 필요한 원료는 응집된 철광석, 코크스, 석회석[불순물을 잡아내기 위한 *용제*(*flux*)로 쓰임]이다. 대략 직경이 760 cm 정도 크기의 용광로 상부로, 철광석, 코크스, 석회석 혼합물을 투입한다. 뜨거운 공기를 엄청나게 빠른 속도(시간당 약 560킬로미터)로 밑으로부터 불어 넣으면 산소는 코크스와 반응하여 일산화 탄소를 만들며, 이것이 철을 환원시킨다. 투입물의 온도는 용광로 하부로 내려갈수록 높아지며 다음과 같이 철 산화물이 단계적으로 금속 철로 환원된다.

$$3Fe_2O_3 + CO \longrightarrow 2Fe_3O_4 + CO_2$$
$$Fe_3O_4 + CO \longrightarrow 3FeO + CO_2$$
$$FeO + CO \longrightarrow Fe + CO_2$$

철은 이산화 탄소를 환원시킬 수 있으므로,

$$Fe + CO_2 \longrightarrow FeO + CO$$

과량의 코크스를 넣어 이산화 탄소를 없애면 철이 완전히 환원된다.

$$CO_2 + C \longrightarrow 2CO$$

석회석($CaCO_3$)은 뜨거운 용광로에서 이산화 탄소를 잃고 *생석회*(*calcine*)로 되며, 실리카 및 기타 불순물과 반응하여 **슬랙**(slag)을 만든다. 슬랙은 주로 용융된 규산 칼슘($CaSiO_3$)과 알루미나(Al_2O_3)이다.

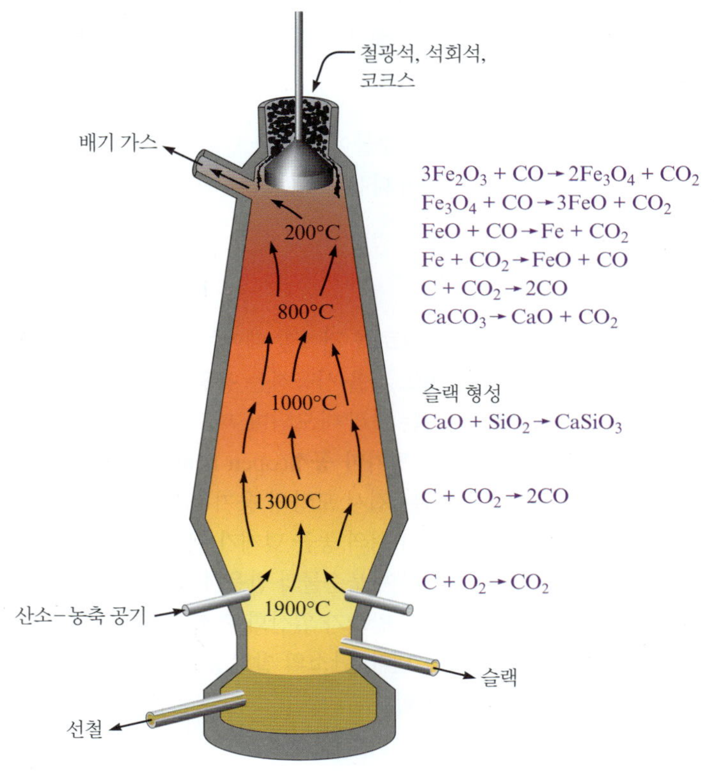

그림 21.36 철 생산에 사용하는 용광로.

$$CaO + SiO_2 \longrightarrow CaSiO_3$$

슬랙은 용융 철 위에 떠 있으므로 걷어내 버린다. 용광로 상부에서 배출되는 기체는 일산화 탄소를 함유하며, 이 기체는 공기와 반응하여 이산화 탄소를 만든다. 이 발열 반응에서 방출되는 에너지는 열 교환기에 수집되어 용광로를 가열하는 데 쓰인다.

선철(pig iron)이라 부르는 용광로에서 직접 얻은 철은 꽤 불순하다. 선철의 조성은 철 ~90%, 탄소 ~5%, 망가니즈 ~2%, 규소 ~1%, 인 ~0.3% 및 황 ~0.04%(코크스에 들어 있는 불순물로부터)이다. 선철 1톤의 생산에는 대략 철광석 1.7톤, 코크스 0.5톤, 석회석 0.25톤 및 공기 2톤이 필요하다.

산화 철은 **직접 환원로**(direct reduction furnace)에서도 환원시킬 수 있는데, 이 환원로는 용광로보다 훨씬 낮은 온도(700~1100°C)에서 운전되며, 용융철이 아닌 고체상의 "스펀지 철"을 만든다. 낮은 반응 온도 조건 때문에 직접 환원로는 고품질의 철광석(불순물이 적은)을 필요로 한다. 직접 환원로로부터 얻은 철을 *DRI*(*directly reduced iron*, *직접 환원 철*)라 부르며, 약 95%의 철을 포함하고 나머지는 주로 실리카나 알루미나이다.

강철의 생산

강철은 합금이며, 탄소를 약 1.5%까지 함유하는 **탄소강**(carbon steel)과 탄소와 Cr, Co, Mn, Mo 등의 금속을 포함하는 **합금강**(alloy steel)으로 분류한다. 강철이 갖는 다양한 기계적 성질은 화학 조성과 최종 생성물의 열처리에 따라 결정된다.

광석으로부터 철을 생산하는 과정은 근본적으로 환원 공정이지만, 철을 강철로 바꾸는 과정은 필요하지 않은 불순물을 제거하는 산화 공정이다. 산화는 여러 가지 방법으로 수행하지만, 평가마 공정(oxygen hearth process)과 순산소법(basic oxygen process)이 가장 흔히 쓰이는 방법이다.

강철을 제조하는 산화 공정에서, 불순한 철에 들어 있는 망가니즈, 인, 규소는 산소와 반응시켜 산화물을 만들며, 이들 산화물은 다시 융제와 반응시켜 슬랙을 만든다. 황은 주로 황화물의 형태로 슬랙에 들어가며, 과량의 탄소는 일산화 탄소와 이산화 탄소를 만든다. 융제는 들어 있는 주요 불순물에 따라 선택한다. 망가니즈가 주불순물이면 산성 실리카 융제가 쓰인다.

$$MnO(s) + SiO_2(s) \xrightarrow{\text{가열}} MnSiO_3(l)$$

주불순물이 규소나 인이면 염기성 융제, 즉 생석회(CaO) 또는 마그네시아(MgO)를 사용하여 다음과 같은 반응이 일어나게 한다.

$$SiO_2(s) + MgO(s) \xrightarrow{\text{가열}} MgSiO_3(l)$$
$$P_4O_{10}(s) + 6CaO(s) \xrightarrow{\text{가열}} 2Ca_3(PO_4)_2(l)$$

용광로를 건설할 때에는 내화성 내벽이 슬랙에 견딜 수 있도록 산성 또는 염기성 슬랙 중 어느 것을 사용하는 용광로인가를 고려하여야 한다. 실리카 벽돌은 염기성 슬랙 존재하에서는 빨리 마모되며, 마그네시아나 생석회 벽돌은 산성 슬랙에 녹아 들어간다.

평가마 공정(open hearth process, 그림 21.37)에서는, 용융철 100~200톤을 담을 수 있는 접시 모양의 용기를 사용한다. 철을 용융 상태로 유지하려면 외부 열원이 필요하며, 용기 위의 둥근 덮개가 열을 철 표면으로 반사시켜 보낸다. 공기나 산소를 철 표면 위로 송풍하여 불순물과 반응하게 한다. 규소와 망가니즈가 우선 산화되어 슬랙으로 들어가며, 다음에 탄소가 일산화 탄소로 산화되고, 이 기체가 용융조(molten bath)를 흔들어주어 거품을 낸다. 탄소의 발열성 산화 반응은 용융조의 온도를 높여 석회석 융제를 생석회로 변하게 한다.

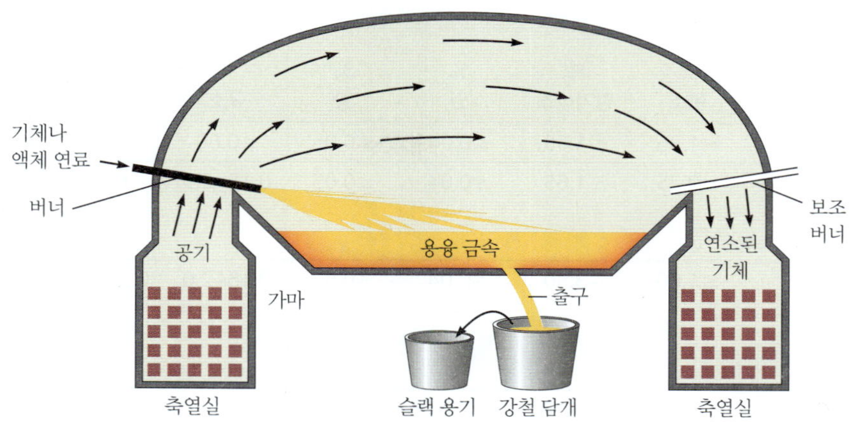

그림 21.37 평가마의 구성도. 축열실에서는 벽돌을 쌓아 용융물 위로 지나가는 기체로부터 열을 흡수한다. 공기와 기체의 흐름을 주기적으로 바꾸어 준다.

$$CaCO_3 \xrightarrow{\text{가열}} CaO + CO_2$$

생성된 생석회는 용융 혼합물 위에 뜨며[*석회석 끓음*(*lime boil*)이라 부르는 현상], 인산염, 황산염, 규산염과 결합한다. 다음 공정은 탄소와 기타 불순물을 계속 산화시키는 제련 과정이 진행된다. 탄소 함량이 감소함에 따라 용융점이 높아지므로, 이 공정 중에는 용융조의 온도를 높여야 된다. 최종 제품의 탄소 함량이 원하는 양보다 낮으면 코크스나 선철을 첨가한다.

강철의 최종 조성은 내용물을 부은 다음 "정밀 조정"한다. 예를 들면, 이 단계에서 마지막 미량의 산소를 제거하기 위하여 때때로 알루미늄을 첨가한다.

$$4Al + 3O_2 \longrightarrow 2Al_2O_3$$

강철이 특수 용도에 맞는 성질을 갖도록 하기 위해 바나듐, 크로뮴, 타이타늄, 망가니즈, 니켈 등의 금속을 넣기도 한다.

평가마 공정으로 강철 한 가마를 가공하는 속도는 매우 느려 여덟 시간 정도 걸린다. **순산소법**(basic oxygen process)은 훨씬 빠르다. 용융된 선철과 고철을 300톤까지 감당할 수 있는 배럴 모양의 용기(그림 21.38)에 투입한다. 고압 산소를 용융된 철의 표면에 송풍하여 불순물을 평가마 공정에서처럼 산화시킨다. 산소 송풍이 시작된 후 융제를 넣는다. 이 공정의 장점은, 발열 산화 반응이 매우 빨리 진행되기 때문에 외부 열원이 없이도 철의 끓는점 가까이까지 온도를 높일 수 있다는 점이다. 또 이와 같이 높은 온도에서는 산화 과정을 마치는 데 한 시간 정도밖에 걸리지 않는다.

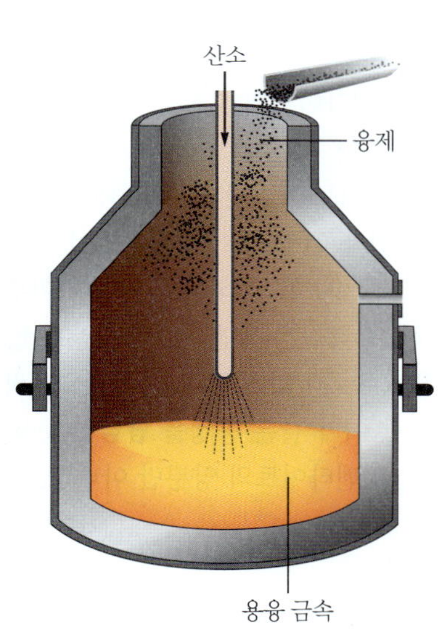

그림 21.38 순산소법의 구성도.

과거에는 소량의 특수강 생산에만 사용되었던 **전기 아크법**(electric arc method)이 최근 강철 공업에서 점점 더 많이 사용되고 있다. 이 공정에서는 탄소 전극 사이의 전기 아크를 이용하여 투입물을 녹인다. 이 방법은 연료를 사용하지 않기 때문에 연료로부터 불순물이 들어가지 않는다. 또한, 평가마법이나 순산소법에서보다 더 높은 온도가 가능하여 황과 인을 더 효과적으로 제거할 수 있다. 이 공정에서도 산소를 불어 넣는데, 이것은 강철 내에 불순물로 존재하는 산화물을 효과적으로 조절할 수 있기 때문이다.

강철의 열처리

쌓임, 결정 격자를 복습하려면 10.3절을 참조하라.

원하는 성질을 가지는 강철을 생산하기 위해서는 화학 조성을 조절해야 한다(표 21.20). 강철의 성질을 맞추는 또 한 가지 방법은 열처리이다. 순수한 철은 온도에 따라 두 가지 결정형으로 존재한다. 912°C보다 낮은 온도에서는 α-*철*이라 부르는 체심 입방 구조를 갖는다. 912°C와 1394°C 사이에서는 *오스테나이트*(*austenite*) 또는 γ-*철*이라 부르는 면심 입방 구조를 갖는다. 1394°C에서는 철이 δ-*철*로 바뀌는데, 이는 α-*철*과 같은 체심 입방 구조를 갖는다.

표 21.20 여러 가지 강철의 조성과 용도

강철의 종류	% 탄소	% 망가니즈	% 인	% 황	% 규소	% 니켈	% 크로뮴	% 기타	용도
탄소	≤1.35	≤1.65	≤0.04	≤0.05	≤0.60	—	—	—	강판, 연장
고강도 (저합금)	≤0.25	≤1.65	≤0.04	≤0.05	0.15~0.9	0.4~1	0.3~1.3	Cu (0.2~0.6) Sb (0.01~0.08) V (0.01~0.08)	운송 기기, 구조 빔
합금	≤1.00	≤3.50	≤0.04	≤0.05	0.15~2.0	0.25~10.0	0.25~4.0	Mo (0.08~4.0) V (0~0.2) W (0~18) Co (0~5)	자동차, 항공기 엔진 부품
스테인리스	0.03~1.2	1.0~10	0.04~0.06	≤0.03	1~3	1~22	4.0~27	—	엔진 부품, 증기 터빈, 부엌 용구
규소	—	—	—	—	0.5~5.0	—	—	—	전기 모터, 변압기

철을 탄소와 합금하면 탄소가 철 원자 사이의 빈자리를 채우는 틈새형 합금인 *탄소강*(*carbon steel*)이 되는데, 상황은 훨씬 더 복잡해진다. 예를 들면, 철이 α-철에서 오스테나이트로 변하는 온도가 200°C 정도 낮아진다. 또한 고온에서는 철과 탄소가 가역적인 흡열 반응을 일으켜 *세멘타이트*(*cementite*)라는 탄화 철이 생긴다.

$$\underset{}{3\text{Fe}} + \text{C} + \underset{(\text{열})}{\text{에너지}} \rightleftharpoons \underset{\text{세멘타이트}}{\text{Fe}_3\text{C}}$$

Le Châtelier 원리에 의하면, 온도가 증가할수록 철과 탄소에 비하여 세멘타이트가 더 안정하다는 것을 예측할 수 있다. 이런 현상은 실제로 관찰된다.

따라서, 강철은 어느 특정한 결정 상태의 철과 탄소, 세멘타이트의 혼합물이라고 할 수 있다. 이들의 조성비가 바뀌면 강철의 물리적 성질도 달라진다.

강철을 1000°C 정도로 가열하면, 탄소는 대부분 세멘타이트로 변한다. 이 상태에서 천천히 식히면, 위에 표시한 평형은 왼쪽으로 이동하면서 탄소 결정이 소량 석출되어 나오고, 어느 정도 연성을 갖는 강철이 만들어진다. 반면에 빠른 속도로 식히면 재평형이 이루어질 수 없다. 세멘타이트가 중간에 고립되어 있기도 하고, 강철은 세멘타이트 성분이 많이 남아 있어서 부서지기 쉽다. 강철을 중간 정도의 온도로 올렸다가 빨리 식혀줌으로써 탄소 결정과 세멘타이트의 조성비를 "조절"할 수 있으며, 이와 같은 공정을 **담금질**(tempering)이라 부른다. 가열 속도와 냉각 속도를 조절하면 세멘타이트의 양뿐만 아니라, 철 입자의 크기 및 결정형도 조절할 수 있다.

개념 정리 및 복습 For Review

주요 용어

21.1절

착이온

첫 주기 전이 금속

란타넘족 수축

란타넘 계열

첫 주기 전이 금속(스칸듐~아연)

- 모든 원소는 $4s$ 오비탈에 한 개 또는 그 이상의 전자와 다수의 $3d$ 전자를 갖는다.
- 모두 금속 성질을 나타낸다.
  - 어떤 특정한 원소는 화합물들에서 한 가지 이상의 산화 상태를 보인다.
- 대부분의 화합물들은 색을 띠며, 많은 화합물들이 상자기성을 띤다.

21.3절
배위 화합물
상대 이온
산화 상태
배위수
리간드
배위 공유 결합
한 자리 리간드
킬레이트 리간드(킬레이트)
두 자리 리간드

21.4절
이성질체
구조 이성질현상
입체 이성질현상
배위 이성질현상
결합 이성질현상
기하(*시스-트랜스*) 이성질현상
트랜스 이성질체
시스 이성질체
광학 이성질현상
카이랄
거울상 이성질체

21.6절
결정장 모형
d 오비탈의 갈라짐
강한장(저스핀)의 경우
약한장(고스핀)의 경우
분광화학적 계열

21.7절
사이토크롬
헴
포피린
마이오글로빈
헤모글로빈
카복시헤모글로빈

21.8절
야금
광물
맥석
부유 선광법
로스팅(roasting)
제련(smelting)
구역 정제
건식 야금법
습식 야금법
침출법
사이안화
용광로

- 대부분의 원소들은 리간드(Lewis base)가 중심 금속 이온에 결합된 착이온을 포함하는 배위 화합물을 형성한다.
  - 결합된 리간드의 수(배위수)는 2부터 8까지 가능하나, 4와 6이 주를 이룬다.
- 많은 전이 금속 이온들은 효소와 같은 분자와 산소를 전달하고 저장하는 분자에서 중요한 생물학적 역할을 한다.
  - 킬레이트 리간드는 전이 금속에 한 개 이상의 결합을 한다.

이성질현상

- 이성질체: 화학식은 같으나 성질이 다른 두 개 또는 그 이상의 화합물
  - 배위 이성질현상: 배위 영역의 구성이 다양하다.
  - 결합 이성질현상: 하나 또는 그 이상의 리간드의 결합 원자가 다르다.
  - 입체 이성질현상: 이성질체들의 결합은 동일하나, 공간 배열이 다르다.
    - 기하 이성질현상: 금속 주위에 배위함에 있어서 서로 다른 위치를 차지할 수 있다. 예를 들면 *시스*와 *트랜스* 이성질체가 있다.
    - 광학 이성질현상: 겹쳐지지 않는 거울상들이 있는 분자들은 편광을 반대 방향으로 회전시킨다.

분광학과 자기적 성질

- 이 성질들은 보통 결정장 모형을 이용하여 설명된다.
- 결정장 모형에서는 리간드를 $3d$ 오비탈의 에너지를 갈라지게 하는 점전하로 가정한다.
- 색깔과 자기적 성질은 갈라진 $3d$ 에너지 준위를 $3d$ 전자가 어떻게 채우는가로 설명된다.
  - 강한장의 경우: $3d$ 오비탈이 상대적으로 크게 갈라진 경우
  - 약한장의 경우: $3d$ 오비탈이 상대적으로 적게 갈라진 경우

야금

- 금속을 광석으로부터 분리하는 것과 연관된 과정
  - 광석에 존재하는 광물들은 흔히 금속으로 환원(제련)되기 전에 산화물로 바뀐다(roasting).
- 철의 야금: 환원에 가장 많이 사용되는 방법은 용광로이다; 이 과정에는 철과 코크스, 석회석이 필요하다.
  - 불순한 생성물(~90%가 철)은 선철이라 부른다.
- 강철은 선철에서 불순물을 산화시켜 만든다.

슬랙
선철
직접 환원로
탄소강
합금강
평가마 공정
순산소법
전기 아크법
담금질

복습 질문

1. 첫 주기의 전이 금속들 중 어떤 두 원소가 예상치 못한 전자 배치를 갖는가? 본문에서는 첫 주기 전이 금속 이온들은 4*s* 전자를 갖지 않는다고 언급한 바 있다. 그 이유는 무엇인가? 주족 금속의 경우는 단 하나의 산화 상태를 가지나, 전이 금속 이온들은 흔히 여러 개의 산화 상태를 갖는데, 그 이유는 무엇인가?

2. 다음 용어들의 정의를 써라.
   a. 배위 화합물
   b. 착이온
   c. 상대 이온들
   d. 배위수
   e. 리간드
   f. 킬레이트
   g. 두 자리 리간드

   Lewis 산-염기 정의를 적용하면 전이 금속 이온들은 무엇으로 분류되는가? 금속에 결합하려면 리간드는 무엇을 가지고 있어야 하는가? 결합이 "배위 공유 결합"이라고 말할 때 무엇을 의미하는가?

3. 금속 이온이 2, 4 또는 6의 배위수를 갖는 경우, 어떤 구조를 가지며 그 경우 결합각은 얼마인가? 다음에 주어지는 것들에 대해 착이온의 정확한 화학식을 써라.
   a. CN^- 리간드를 가진 선형의 Ag^+ 착화합물
   b. H_2O 리간드를 갖는 사면체 구조의 Cu^+ 착이온
   c. 옥살산 리간드를 갖는 사면체 구조의 Mn^{2+} 착이온
   d. NH_3 리간드를 갖는 사각평면 구조의 Pt^{2+} 착이온
   e. EDTA 리간드를 갖는 팔면체 구조의 Fe^{3+} 착이온
   f. Cl^- 리간드를 갖는 팔면체 구조의 Co^{2+} 착이온
   g. 에틸렌다이아민 리간드를 갖는 팔면체 구조의 Cr^{3+} 착이온

   a~g의 착이온에서 각 금속들의 전자 배치를 나타내라.

4. 다음의 화학식과 화합물명 관계에서 어떤 부분이 틀렸는지 찾아내어 수정하라.
   a. $[Cu(NH_3)_4]Cl_2$
   염화 구리암민
   b. $[Ni(en)_2]SO_4$
   황산 비스(에틸렌다이아민)니켈(IV)
   c. $K[Cr(H_2O)_2Cl_4]$
   포타슘 테트라클로로다이아쿠아크로뮴(III)
   d. $Na_4[Co(CN)_4(C_2O_4)]$
   테트라소듐 테트라사이아노옥살라토코발트(II)산

5. 다음의 용어에 대한 정의를 내리고, 각각의 예를 들어라.
   a. 이성질체
   b. 구조 이성질체
   c. 입체 이성질체
   d. 배위 이성질체
   e. 결합 이성질체
   f. 기하 이성질체
   g. 광학 이성질체

   팔면체 화합물 $Cr(en)_2Cl_2$의 *시스*와 *트랜스* 구조를 생각하라. 이 두 이성질체는 모두 광학적으로 활성인가? 설명하여 보라.

   물질이 광학적으로 활성인지를 판단하는 또 다른 방법은 분자 내에서 대칭면을 찾아보는 것이다. 만일 화합물이 대칭면을 갖는다면, 그때는 광학적 활성도를 보이지 않을 것이다(거울상이 포개진다). *트랜스* 이성질체는 대칭면을 보이고, *시스* 이성질체는 대칭면을 갖지 않는다는 사실을 증명하라.

6. 결정장 모형의 주된 초점은 무엇이라 생각하는가? 팔면체 화합물에서 *d* 오비탈이 두 세트로 왜 갈라지는가? 두 세트의 오비탈이란 무엇인가?

   다음의 용어에 대한 정의를 써라.
   a. 약한장 리간드
   b. 강한장 리간드
   c. 저스핀 화합물

d. 고스핀 화합물

왜 CoF_6^{3-}는 상자기성을 갖는 데 반해 $Co(NH_3)_6^{3+}$는 반자기성을 갖는가? 어떤 팔면체 착이온은 고스핀이든 저스핀이든 같은 *d* 오비탈의 갈라짐이 나타난다. 다음 중 어떤 착이온이 이에 해당하는가?

a. V^{3+}

b. Ni^{2+}

c. Ru^{2+}

7. 결정장 모형으로 착이온의 자기적 성질을 예측할 수 있으며 착이온의 색깔도 설명할 수 있다. 어떻게 가능한가? $[Cr(NH_3)_6]Cl_3$의 용액은 노란색이나 $Cr(NH_3)_6^{3+}$ 이온은 노란색의 빛을 흡수하지 않는다. 왜 그런가? 그렇다면 $Cr(NH_3)_6^{3+}$ 이온은 어떤 색의 빛을 흡수하는가? 분광화학적 계열이란 무엇이며, 여러 착이온들이 흡수하는 빛을 연구하는 것이 어떻게 이 계열을 확장시키는 데 사용되는가? $Co(NH_3)_6^{2+}$가 $Co(NH_3)_6^{3+}$보다 더 긴 파장의 빛을 흡수한다고 생각하는가 아니면 더 짧은 파장의 빛을 흡수한다고 생각하는가? 설명하여 보라.

8. 사면체 착이온은 팔면체 착이온과 왜 다른 결정장 도표를 갖는가? 사면체의 결정장 도표는 무엇인가? 사면체 착이온은 왜 실질적으로는 모두 "고스핀"을 갖는가?

사각평면 착이온과 선형 착이온에 해당하는 결정장 도표를 설명하라.

9. 첫 번째 주기의 전이 금속들과 연관된 중요한 생물학적 기능이 나열된 표 21.17을 복습하라. 혈액내 O_2의 수송은 헤모글로빈에 의해 수행된다. 헤모글로빈이 어떻게 혈액 내 O_2를 운반하는지 간단히 설명하라.

10. 다음의 용어를 정의하고 그 예를 들어보라.

a. 로스팅(roasting)

b. 제련(smelting)

c. 부유

d. 침출법

e. 맥석

습식 야금법의 장점과 단점이 무엇인가? 금속이 구역 정제로 순수하게 되는 과정을 설명하라.

활동 학습 질문

이 문제들은 학생들이 강의실에서 그룹을 만들어 함께 풀어보도록 고안하였다.

1. 화학식 $PtCl_4 \cdot 2KCl$을 갖는 화합물을 분리하였다. 이 화합물의 수용액에 대해 전기 전도도 검사를 하여 화학식당 3개의 이온이 존재함을 알았고 $AgNO_3$를 첨가하여도 침전이 생기지 않는다는 것을 알았다. 착이온 형태로 존재하는 것으로 보이는 이 화합물의 분자식을 쓰고 어떻게 그런 결론이 나왔는지 설명하라. 그리고 화합물의 이름을 붙여라.

2. $Ni(NH_3)_4^{2+}$와 $Ni(SCN)_4^{2-}$ 모두 4개의 리간드를 갖는다. 전자는 상자기성을 가지며 후자는 반자기성을 갖는다. 이들 착이온들은 사면체 구조를 갖는가 아니면 사각평면 구조를 갖는가? 설명하라.

3. $Fe(CN)_6^{4-}$와 $Fe(H_2O)_6^{2+}$ 중 어떤 것이 더 상자기성인가? 그 이유를 설명하라.

4. 팔면체 화합물에 있는 어떤 금속 이온이 저스핀 상태에 있을 때보다 고스핀 상태에 있을 때 짝짓지 않은 전자를 두 개 더 많이 갖는다고 하자. 이 사실이 적용되는 금속 이온들을 몇 개 나열하라.

5. 다음은 몇 개의 배위 화합물에 대해 설명한 것이다. 각 배위 화합물에 대해 착이온과 상대 이온, 전이 금속의 전자 배치, 착이온의 기하학적 구조를 설명하라.

a. $CoCl_2 \cdot 6H_2O$는 비를 예상하는 신기한 기구에 사용된 화합물이다.

b. 흑백 필름을 현상하는 과정에서 브로민화 은이 정착제에 의해 사진 필름에서 제거된다. 정착제의 주성분은 싸이오황산 소듐이다. 이 반응식은 다음과 같다:

$$AgBr(s) + 2Na_2S_2O_3(aq) \longrightarrow Na_3[Ag(S_2O_3)_2](aq) + NaBr(aq)$$

c. 전자 산업에서 인쇄 회로 기판을 제작할 때, 구리의 얇은 층을 절연 플라스틱 기판 위에 입힌다. 다음에 내화학성이 있는 고분자 물질로 만들어진 회로 도형을 기판에 인쇄한다. 필요하지 않은 구리는 화학적 부식법으로 제거하고, 마지막으로 보호용으로 사용했던 고분자는 용매로 제거한다. 부식 반응 중 한 가지는 다음과 같다:

$$Cu(NH_3)_4Cl_2(aq) + 4NH_3(aq) + Cu(s) \longrightarrow 2Cu(NH_3)_4Cl(aq)$$

이 구리 착이온들은 사면체 구조를 갖는다고 가정하라.

6. 특정 첫주기 전이 금속 이온은 매우 다른 색을 띠는 용액을 형성한다. 이 금속 이온의 배위수가 같은 4개의 배위 화합물을 물에 녹이면 용액의 색은 빨간색, 노란색, 녹색, 파란색이 된다. 추가 실험에 따르면 착이온 중 2개는 짝을 이루지 않은 전자 4개를 갖는 상자성이며 나머지 2개는 반자기성이다. 자료에 적합한 이러한 화합물에 대한 네 가지 가능한 화학식을 제시하라.

분홍색 번호의 질문과 연습문제에 대한 정답은 온라인에서 확인할 수 있습니다(차례의 QR을 스캔해보세요).

질문

7. 란탄족 수축이란 무엇인가? 란탄족 수축이 4*d*와 5*d* 전이 금속의 성질에 어떤 영향을 주는가?

8. 크로뮴의 산화 상태가 같고 H_2O와 Cl^-을 리간드와 음이온으로 갖는 4개의 각기 다른 팔면체 크로뮴 착화합물들이 존재한다. 이 4개의 화합물 1몰씩을 각각 물에 녹여 과량의 $AgNO_3$를 첨가하였을 때 염화은이 몇 몰씩 침전하겠는가?

9. 그림 21.17에서 $Co(en)_2Cl_2^+$의 *트랜스* 이성질체는 광학적으로 활성화되지 않으나 *시스* 이성질체는 광학적 활성도를 갖는 사실을 보여 주었다. 이 현상이 $Co(NH_3)_4Cl_2^+$에 대해서도 적용되는가? 설명하여 보라.

10. 짝짓지 않은 전자의 개수를 측정하여 강한장 리간드인지 약한장 리간드인지를 알아내려고 할 때 팔면체 Ni^{2+} 착물을 사용하는 것과 팔면체 Cr^{2+} 착물을 사용하는 것 중 어느 것이 더 나을까? 상대 리간드 장 세기는 어떻게 결정하는가?

11. 옥살산은 흔히 철의 녹을 제거하기 위하여 사용된다. 옥살산의 어떤 성질이 이러한 결과를 일으키는가?

12. 다음에 나타낸 결정장 도표를 보고 각각에 대하여 고스핀인지 저스핀인지 또는 구별할 수 없는지를 나타내고, 그 이유를 설명하라.

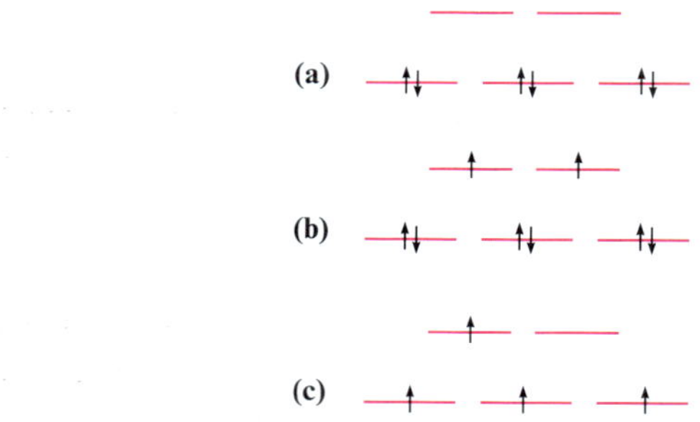

13. $CoCl_4^{2-}$는 사면체 착이온을 형성하고, $Co(CN)_6^{3-}$는 팔면체 착이온을 형성한다. 각 착이온과 *d* 오비탈 갈라짐에 대해 다음에 서술한 것 중 어디가 잘못되었는지 고쳐라.
   a. $CoCl_4^{2-}$는 2개의 홀전자를 갖는 강한장의 경우가 된다.
   b. CN^-는 약한장 리간드이기 때문에 $Co(CN)_6^{3-}$는 4개의 짝짓지 않은 전자를 갖는 저스핀 화합물이 된다.

14. 화합물 $Ni(H_2O)_6Cl_2$은 초록색이지만, $Ni(NH_3)_6Cl_2$은 보라색이다. 각 화합물이 우세하게 흡수하는 빛의 색깔을 예측하라. 어느 화합물이 짧은 파장의 빛을 흡수하는가? 어느 화합물의 Δ가 더 큰지 예측하고 H_2O와 NH_3 중에서 어떤 것이 더 센 장 리간드인지 예측하라. 얻어진 결론은 분광화학적 계열과 일치하는가?

15. $Co(H_2O)_6^{2+}$ 착이온을 포함하는 붉은색 용액에 진한 염산 용액을 첨가했을 때, 정사면체 구조를 가지는 $CoCl_4^{2-}$ 착이온을 포함하는 푸른색 용액으로 변했다. 이 변화를 설명하라.

16. Co^{2+}의 사면체 착화합물은 흔하다. *d* 오비탈 갈라짐 그림을 이용해서 Co^{2+} 사면체 착화합물의 안정성을 설명하여 보라.

17. 다음 리간드들 중 결합 이성질체를 이룰 수 있는 것을 고르고 설명하라.

$$SCN^-, N_3^-, NO_2^-, NH_2CH_2CH_2NH_2, OCN^-, I^-$$

18. Cu(II) 화합물들은 대체로 색을 띠지만, Cu(I) 화합물은 그렇지 않다. $Cd(NH_3)_4Cl_2$ 착물이 색을 띨 것으로 생각되는가? 설명하라.

19. Sc^{3+} 화합물들은 색을 띠지 않는다. 그러나 Ti^{3+}와 V^{3+} 화합물들은 색을 띤다. 왜 그런지 설명하라.

20. 팔면체 전이 금속 착이온이 가질 수 있는 짝짓지 않은 *d* 전자의 최대 수는 얼마인가? 최대한의 홀전자를 갖는 화합물을 예상하라.

21. 니켈은 휘발성 화합물인 테트라카보닐 니켈(nickel tetracarbonyl)로 생성시켜 정제할 수 있다. 니켈은 상온에서 일산화 탄소와 반응하는 유일한 금속이다. 이 화합물이 전체적으로 중성이라고 가정하고 Ni의 산화 상태는 무엇인가? 이 화합물의 화학식을 추론하라.

22. 천연 상태의 대부분 금속들은 순수한 상태로 존재하지 않고 광석에서 이온 화합물로 발견된다. 왜 그런가? 원하는 성질을 갖는 금속 물질을 얻기 위해서 광석을 어떻게 해야 하는가?

23. 고산병(high-altitude sickness)의 원인은 무엇이고, 고산 적응(high-altitude acclimatization)은 무엇인가?

24. CN^-와 CO가 왜 사람에게 해로운가?

25. 광석에서 광물을 분리하여 준비하는 과정은 야금학으로 알려져 있다. 이 과정의 일부에서는 광석의 광물은 일반적으로 먼저 구운 다음 제련된다. 이것은 무슨 의미인가?

26. 미국의 일부 주에서는 사이안화물의 독성으로 인한 금속을 추출하는 사이안화 공정(cyanidation process)을 금지했다. 습식 야금학에서 사이안화 과정은 무엇인가?

연습 문제

연습 문제는 비슷한 유형의 문제를 두 개씩 짝지어 놓았다.

전이 금속과 배위 화합물

27. 다음 전이 금속의 전자 배치를 적어라.
   a. Ni **c.** Zr
   b. Cd **d.** Os

28. 다음 각 금속 및 이온에 대한 전자 배치를 적어라.
   a. Ni^{2+} **c.** Zr^{3+}와 Zr^{4+}
   b. Cd^{2+} **d.** Os^{2+}와 Os^{3+}

29. 다음의 금속 또는 금속 이온의 전자 배치를 적어라.
   a. Ti, Ti^{2+}, Ti^{4+}
   b. Re, Re^{2+}, Re^{3+}
   c. Ir, Ir^{2+}, Ir^{3+}

30. 다음의 전자 배치를 적어라.
   a. Cr, Cr^{2+}, Cr^{3+}
   b. Cu, Cu^+, Cu^{2+}
   c. V, V^{2+}, V^{3+}

31. 다음 각 화합물에서 전이 금속 이온의 전자 배치를 적어라.

a. $K_3[Fe(CN)_6]$

b. $[Ag(NH_3)_2]Cl$

c. $[Ni(H_2O)_6]Br_2$

d. $[Cr(H_2O)_4(NO_2)_2]I$

32. 다음 화합물들의 전이 금속에 대해 전자 배치를 적어라.

a. $(NH_4)_2[Fe(H_2O)_2Cl_4]$

b. $[Co(NH_3)_2(NH_2CH_2CH_2NH_2)_2]I_2$

c. $Na_2[TaF_7]$

d. $[Pt(NH_3)_4I_2][PtI_4]$

백금은 화합물에서 +2와 +4의 산화 상태를 갖는다.

33. 몰리브데넘은 구리 광업의 부산물로 얻거나 직접 채광된다(주된 광상은 콜로라도의 록키 산맥에 있다). 두 경우 모두 MoS_2로 얻어지며, 후에 MoO_3로 변화시킨다. MoO_3는 고속의 공구에 쓰이는 스테인레스 강을 만드는 데 직접 사용된다(몰리브데넘의 약 85%가 쓰인다). 몰리브데넘은 MoO_3를 암모니아 수용액에 녹이고 암모늄 몰리브데이트로 결정화시켜 정제한다. 조건에 따라 $(NH_4)_2Mo_2O_7$ 또는 $(NH_4)_6Mo_7O_{24} \cdot 4H_2O$의 형태로 얻는다.

a. MoS_2와 MoO_3의 이름을 써라.

b. 위에서 언급한 각각의 화합물에서 Mo의 산화 상태는 무엇인가?

34. 가장 널리 사용되는 흰색 안료인 이산화 타이타늄(TiO_2, titanium dioxide)은 자연에 존재하며 불순물에 의해 자주색을 띤다. 이산화 타이타늄의 광물 중 하나인 금홍석(rutile)을 정제할 때 염소 공법(chloride process)이 자주 사용된다.

a. 아래 그림과 같은 금홍석(rutile)의 단위 세포(unit cell)의 화학식이 TiO_2임을 나타내 보라. (*힌트*: 10.4절과 10.7절 참조.)

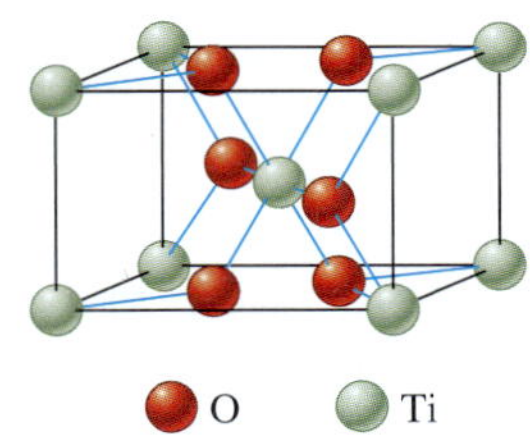

b. 염소 공법의 반응은 아래와 같다.

$$2TiO_2(s) + 3C(s) + 4Cl_2(g) \xrightarrow{950°C} 2TiCl_4(g) + CO_2(g) + 2CO(g)$$

$$TiCl_4(g) + O_2(g) \xrightarrow{1000\text{–}1400°C} TiO_2(s) + 2Cl_2(g)$$

두 반응에서 원소들의 산화 상태를 나타내라. 어떤 원소가 환원되었으며, 어떤 원소가 산화되었는가? 각 반응에서 산화제와 환원제를 골라라.

35. 질산 구리(II) 수용액에 6 *M* 암모니아수를 서서히 가하였더니 흰색 침전이 생겼다. 이 침전에 6 *M* 암모니아수를 더 가했더니 녹아 버렸다. 이 관찰 결과를 설명할 수 있는 균형 맞춘 반응식을 써라. [*힌트*: Cu^{2+} 이온은 NH_3와 반응하여 $Cu(NH_3)_4{}^{2+}$를 형성한다.]

36. KCN 수용액을 Ni^{2+} 이온이 들어 있는 용액에 첨가하면 침전이 생기는데, KCN을 더 넣으면 다시 녹아 버린다. 반응식을 써라. [*힌트*: CN^-는 Brønsted-Lowry 염기이고($K_b \approx 10^{-5}$) 또한 Lewis 염기이다.]

37. 다음 배위 화합물의 수용액을 생각해 보자: $[Cr(NH_3)_3Cl]_3$, $[Cr(NH_3)_6Cl_3]$, $Na_3[CrCl_6]$. 각각의 배위 화합물 수용액에 질산은을 첨가한다면, 어느 수용액에서 침전될까? 설명하라.

38. 코발트(III) 배위 화합물은 4개의 암모니아 분자, 한 개의 황산 이온, 한 개의 염화 이온을 갖는다. 이 화합물의 수용액에 $BaCl_2$ 수용액을 첨가하면 아무런 침전도 생기지 않는다. 그러나 $AgNO_3$을 첨가하면 흰색의 침전이 생긴다. 이 배위 화합물의 구조를 제안하여 보라.

39. 다른 착이온들을 명명하라.

a.

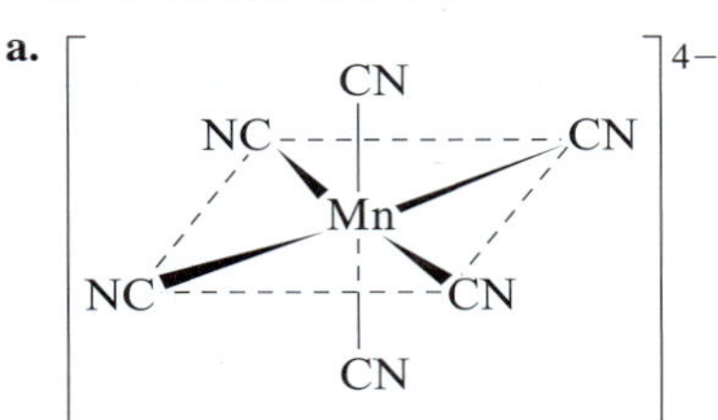

b.

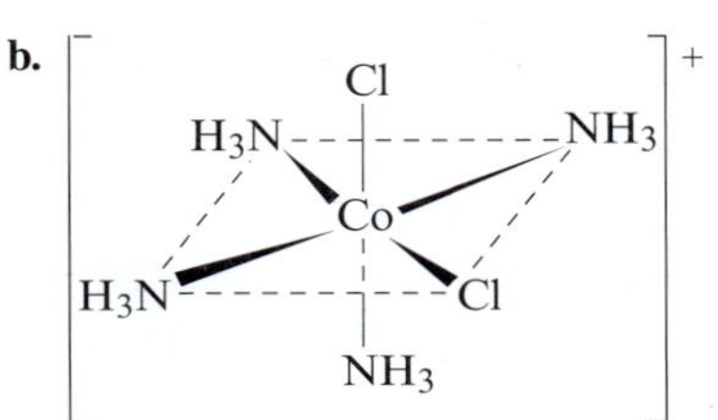

c.

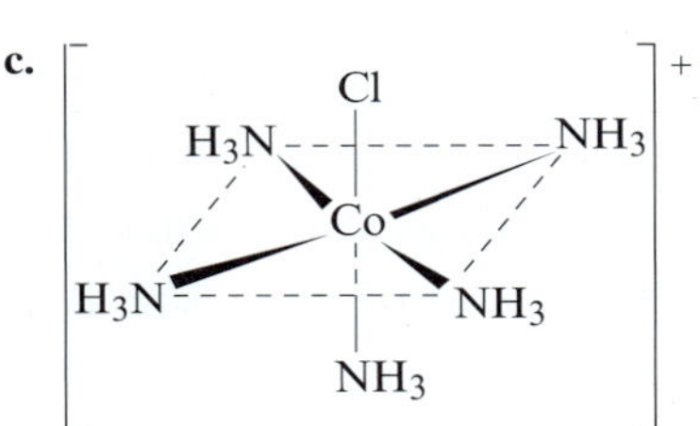

40. 다음 착이온을 명명하라.

a. $Ru(NH_3)_5Cl^{2+}$

b. $Fe(CN)_6{}^{4-}$

c. $Mn(NH_2CH_2CH_2NH_2)_3{}^{2+}$

d. $Co(NH_3)_5NO_2{}^{2+}$

e. $Ni(CN)_4{}^{2-}$

f. $Cr(NH_3)_4Cl_2{}^+$

g. $Fe(C_2O_4)_3{}^{3-}$

h. $Co(SCN)_2(H_2O)_4{}^+$

41. 다음 배위 화합물을 명명하라.

a. $[Co(NH_3)_6]Cl_2$

b. $[Co(H_2O)_6]I_3$

c. $K_2[PtCl_4]$

d. $K_4[PtCl_6]$

e. $[Co(NH_3)_5Cl]Cl_2$

f. $[Co(NH_3)_3(NO_2)_3]$

42. 다음 배위 화합물을 명명하라.

a. $[Cr(H_2O)_5Br]Br_2$

b. $Na_3[Co(CN)_6]$

c. $[Fe(NH_2CH_2CH_2NH_2)_2(NO_2)_2]Cl$

d. $[Pt(NH_3)_4I_2][PtI_4]$

43. 다음 물질의 화학식을 써라.

a. 테트라클로로코발트(II)산 포타슘[potassium tetrachlorocobaltate(II)]

b. 브로민화 아쿠아트라이카보닐백금(II)[aquatricarbonylplatinum(II) bromide]
c. 다이사이아노비스(옥살라토)철(III)산 소듐[sodium dicyanobis(oxalato)ferrate(III)]
d. 아이오딘화 트라이암민클로로에틸렌다이아민크로뮴(III)[triamminechloroethylenediaminechromium(III) iodide]

44. 다음 물질의 화학식을 써라.
a. 테트라클로로철(III)산 이온[tetrachloroferrate(III) ion]
b. 펜타암민아쿠아루테늄(III) 이온[pentaammineaquaruthenium(III) ion]
c. 테트라카보닐다이하이드록소크로뮴(III) 이온[tetracarbonyldihydroxochromium(III) ion]
d. 암민트라이클로로백금(II) 이온[amminetrichloroplatinate(II) ion]

45. 다음 착이온의 기하 이성질체를 그려라.
a. $Co(C_2O_4)_2(H_2O)_2^-$
b. $Pt(NH_3)_4I_2^{2+}$
c. $Ir(NH_3)_3Cl_3$
d. $Cr(en)(NH_3)_2I_2^+$

46. 다음 구조를 그려라.
a. *시스*-다이클로로에틸렌다이아민백금(II) [*cis*-dichloroethylenediamineplatinum(II)]
b. *트랜스*-다이클로로비스(에틸렌다이아민)코발트(II) [*trans*-dichlorobis(ethylenediamine)cobalt(II)]
c. *시스*-테트라암민클로로나이트로코발트(III) 이온 [*cis*-tetraamminechloronitrocobalt(III) ion]
d. *트랜스*-테트라암민클로로나이트리토코발트(III) 이온 [*trans*-tetraamminechloronitritocobalt(III) ion]
e. *트랜스*-다이아쿠아비스(에틸렌다이아민)구리(II) 이온 [*trans*-diaquabis(ethylenediamine)copper(II) ion]

47. 탄산 이온(CO_3^{2-})은 한 자리 리간드 또는 두 자리 리간드로 작용한다. 한 자리 리간드와 두 자리 리간드로 작용할 때의 CO_3^{2-}를 그려라. 또한, 탄산 이온은 두 금속 이온을 다리 결합(bridge)을 하기도 한다. 다리 결합을 하는 CO_3^{2-}를 그려라.

48. 아미노산은 전이 금속 이온에 리간드로 작용할 수 있다. 가장 간단한 아미노산은 글라이신($NH_2CH_2CO_2H$)이다. 두 자리 리간드로 작용하는 글라이신산 음이온($NH_2CH_2CO_2^-$)의 구조를 그려라. 사각 평면 구조인 $Cu(NH_2CH_2CO_2)_2$ 착화합물의 구조 이성질체를 그려라.

49. 다음 킬레이트 리간드들은 금속 이온과 몇 개의 결합을 형성할 수 있겠는가?
a. 유기 금속 촉매에서 많이 사용되는 리간드인 아세틸아세톤(acacH)

$$CH_3-\overset{\overset{\displaystyle O}{\|}}{C}-CH_2-\overset{\overset{\displaystyle O}{\|}}{C}-CH_3$$

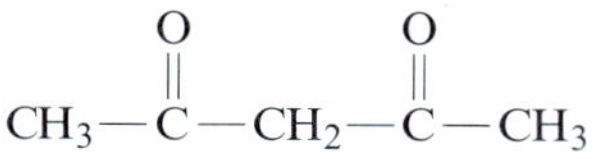

b. 여러 공업적인 과정에서 사용되는 다이에틸렌트라이아민

$$NH_2-CH_2-CH_2-NH-CH_2-CH_2-NH_2$$

c. 카이랄인 유기 금속 촉매로 많이 사용되는 살렌(salen)

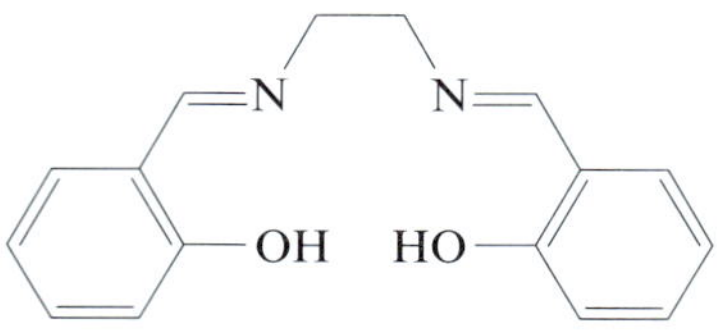

N N OH HO

d. 촉매뿐만 아니라 거대 분자 화학에서 많이 사용되는 포핀(porphine): 생화학적으로 포핀은 헴 단백질을 포함해서 다양한 형태의 단백질을 포함하는 포피린(porphyrin)의 기본 단위체이다.

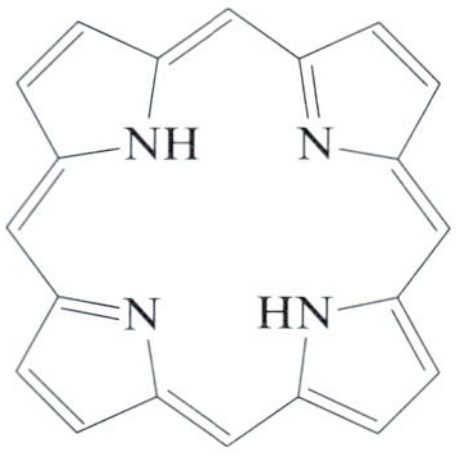

NH N N HN

50. BAL은 중금속 중독을 치료하는 데 사용되는 킬레이트 화합물로 두 자리 리간드로 작용한다. BAL이 금속에 결합할 때, 어떤 종류의 결합 이성질체가 가능한가?

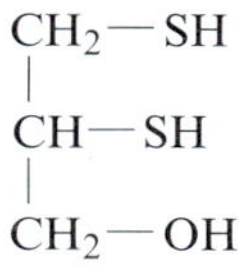

$$\begin{array}{l} CH_2-SH \\ | \\ CH-SH \\ | \\ CH_2-OH \end{array}$$

BAL

51. $Co(NH_3)_4(NO_2)_2$의 모든 기하 및 결합 이성질체를 그려라.

52. 사각평면 구조를 갖는 $Pt(NH_3)_2(SCN)_2$ 착물의 모든 기하 이성질체와 결합 이성질체를 그려라.

53. $CoF_3 \cdot 4H_2O$라는 화합물에서, "tetraaqua…"로 시작하는 이름을 가지는 이성질체는 무엇인가? 착이온은 팔면체 구조라고 가정한다.

54. $Fe(NH_2CH_2CH_2NH_2)_2I_3$라는 화합물에서, "bis(ethylenediamine)…"라는 이름을 포함하는 이성질체는 무엇인가? 착이온은 팔면체 구조라고 가정한다.

55. 아세틸아세톤(acacH)은 두 자리 리간드이다. 이것은 양성자를 잃고, 아래와 같이 $acac^-$로 배위한다. 여기에서 M은 전이 금속이다.

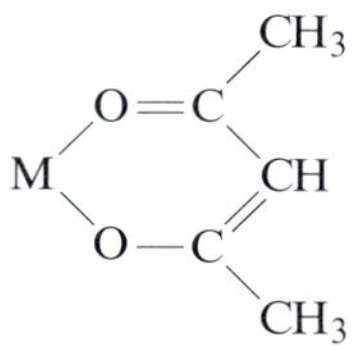

CH3 O=C M CH O—C CH3

다음 중 어느 착화합물이 광학 활성인가? *시스*-$Cr(acac)_2(H_2O)_2$와 *트랜스*-$Cr(acac)_2(H_2O)_2$, $Cr(acac)_3$

56. $Pt(CN)_2Br_2(H_2O)_2$의 모든 기하 이성질체를 그려라. 이들 중 어느 것이 광학 이성질체인가? 여러 광학 이성질체를 그려라.

배위 화합물에서의 결합, 색깔, 자기성

57. 다음에 주어진 착이온과 결정장 도표를 짝지어라.

$Cr(NH_3)_5Cl^{2+}$ $Co(NH_3)_4Br_2^{+}$ (강한장이라고 가정) $Fe(H_2O)_6^{3+}$ (약한장이라고 가정)

(a)

(b)

(c)

58. 다음에 주어진 착이온과 결정장 도표를 짝지어라.

$Fe(CN)_6^{3-}$ $Mn(H_2O)_6^{2+}$

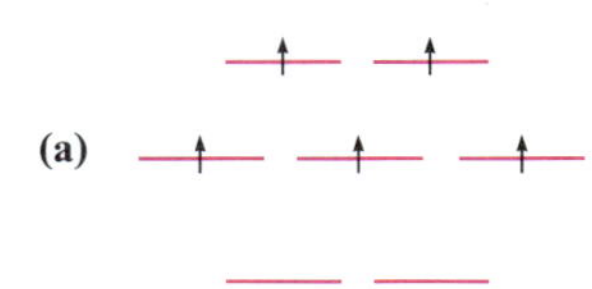

59. 다음의 팔면체 착이온에 대한 *d* 오비탈 갈라짐 그림을 그려라.

a. Fe^{2+}(고스핀과 저스핀)
b. Fe^{3+}(고스핀)
c. Ni^{2+}

60. 다음 팔면체 착이온에 대한 *d* 오비탈 갈라짐 그림을 그려라.

a. Zn^{2+}
b. Co^{2+}(고스핀과 저스핀)
c. Ti^{3+}

61. 다음의 착물 중 반자기성 착물은 무엇인가?

a. $Ni(CN)_6^{4-}$
b. $Ti(CN)_6^{3-}$
c. $Fe(CN)_6^{3-}$
d. $Co(CN)_6^{3-}$
e. $Cr(CN)_6^{3-}$

62. 짝을 이루지 않은 전자의 수가 증가하는 순서대로 착이온의 순위를 매겨라.

a. $Cr(en)_3^{2+}$ (강한장)
b. CoF_6^{3-} (약한장)
c. $Ti(H_2O)_6^{3+}$
d. $MnBr_6^{4-}$ (약한장)
e. VCl_6^{4-}

63. CrF_6^{4-} 이온은 4개의 짝짓지 않은 전자들을 갖는다. F^- 리간드는 약한장을 형성하는가, 또는 강한장을 형성하는가?

64. $Co(NH_3)_6^{3+}$는 반자기성이지만, $Fe(H_2O)_6^{2+}$는 상자기성이다. 그 이유를 설명하라.

65. 다음 착화합물 이온에서 짝짓지 않은 전자는 몇 개인가?

a. $Ru(NH_3)_6^{2+}$(저스핀의 경우)
b. $Ni(H_2O)_6^{2+}$
c. $V(en)_3^{3+}$

66. 착이온 $Fe(CN)_6^{3-}$는 짝짓지 않은 전자가 한 개이며 상자기성이다. 착이온 $Fe(SCN)_6^{3-}$는 5개의 짝짓지 않은 전자들을 갖는다. SCN^-는 분광학적 계열에서 CN^-와 비교하여 어디쯤 놓이겠는가?

67. 금속 이온의 전하는 주어진 리간드의 분리 크기에 영향을 미칠 수 있다. 예를 들어, 암모니아는 $[Co(NH_3)_6]^{2+}$에서 약한장 리간드인 반면, 암모니아는 $[Co(NH_3)_6]^{3+}$에서 강한장 리간드이다. 다음 중 각 착이온의 결정장 도표에서 짝 짓지 않은 전자의 수에 관련된 설명으로 옳은 것은 어느 것인가?

a. 착이온 $Co(NH_3)_6^{2+}$ 및 $Co(NH_3)_6^{3+}$은 각각 동일한 수의 짝을 이루지 않은 전자를 가지고 있다.
b. 착이온 $Co(NH_3)_6^{3+}$는 착이온 $Co(NH_3)_6^{2+}$보다 짝을 이루지 않은 전자가 3개 이상 있다.
c. 착이온 $Co(NH_3)_6^{2+}$는 착이온 $Co(NH_3)_6^{3+}$보다 짝을 이루지 않은 전자를 3개 더 가지고 있다.
d. 착이온 $Co(NH_3)_6^{3+}$는 착이온 $Co(NH_3)_6^{2+}$보다 짝을 이루지 않은 이온이 1개 더 있다.
e. 착이온 $Co(NH_3)_6^{2+}$는 착이온 $Co(NH_3)_6^{3+}$보다 짝을 이루지 않은 전자가 1개 더 많다.

68. 약한장 팔면체 착물의 금속 이온은 강한장 팔면체 착물에서 동일한 이온보다 짝을 이루지 않은 전자가 두 개 이상 더 있다. 다음 중 어느 금속 이온이 될 수 있는가?

a. Co^{2+}
b. Mn^{2+}
c. Fe^{2+}
d. Ni^{2+}
e. Cr^{2+}

69. 다음 착이온들을 흡수 파장이 증가하는 순으로 나열하여 보라.

$$Co(H_2O)_6^{3+},\ Co(CN)_6^{3-},\ CoI_6^{3-},\ Co(en)_3^{3+}$$

70. $Cu(H_2O)_6^{2+}$는 약 800 nm에서 최대 흡광도를 보이고, 4개의 암모니아가 물 분자를 대체하여 $Cu(NH_3)_4(H_2O)_2^{2+}$가 생성되었을 때 약 600 nm로 옮겨졌다. 이 결과로 리간드 장 갈라짐 현상에서 NH_3와 H_2O가 상대적으로 어떤 영향을 미치는지 설명하라.

71. 다음 시험관에는 각각 다른 크로뮴 착이온들이 담겨 있다.

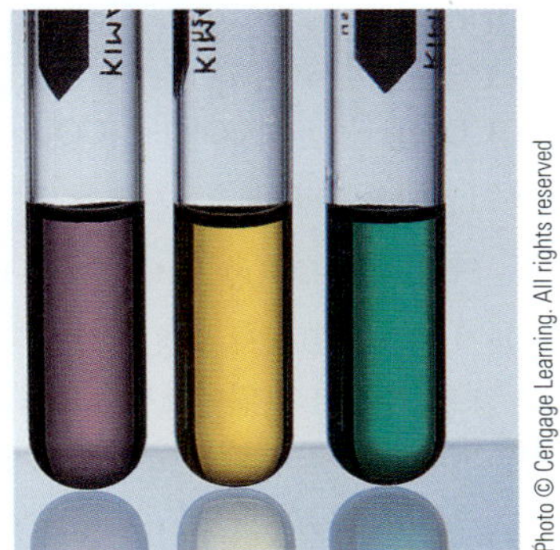

각 착이온에서 흡수하는 빛의 색을 예측하여 보라. 만일 착이온이 $Cr(NH_3)_6^{3+}$, $Cr(H_2O)_6^{3+}$, $Cr(H_2O)_4Cl_2^{+}$라면, 각 시험관에 담겨

있는 착이온은 무엇인가? (*힌트*: 분광화학적 계열 참조)

72. 착이온 $Co(NH_3)_6^{3+}$, $Co(CN)_6^{3-}$, CoF_6^{3-}를 생각해 보자. 이들의 흡수 파장은 770 nm, 440 nm, 290 nm이다. 흡수한 전자파와 착이온을 짝지어 보라.

73. $CoBr_4^{2-}$의 흡수 전자기파의 파장은 3.4×10^{-6} m이다. $CoBr_6^{4-}$ 착이온은 이 파장보다 더 긴 파장을 흡수할까? 또는 짧은 파장을 흡수할까? 그 이유를 설명하라.

74. $NiCl_4^{2-}$ 착이온은 두 개의 짝짓지 않는 전자를 가지고 있는 반면, $Ni(CN)_4^{2-}$는 짝짓지 않는 전자가 없다(반자기성). 이 두 착이온의 구조를 제안하라.

75. *xy* 평면에 배위 리간드가 *x*축과 *y*축을 따라 배치된 정사각형 평면형 착물을 생각하자. 이 착물의 결정장 도표에 대해 다음 중 옳은 설명은 무엇인가?
a. d_{xy}, d_{yz}, d_{xz} 오비탈은 같은 에너지 준위를 가진다.
b. $d_{x^2-y^2}$ 오비탈이 가장 높은 에너지를 가진다.
c. d_{z^2}와 $d_{x^2-y^2}$ 오비탈은 같은 에너지 준위를 가진다.
d. d_{xy} 오비탈이 가장 낮은 에너지를 가진다.
e. 모든 정사각형 평면형 착물은 상자기성을 띤다.

76. 다음 중 사면체 결정장 도표에 대해 *옳지 않은* 설명은 무엇인가?
a. 사면체 배열에서는 어떤 d 오비탈도 리간드를 향해 직접적으로 향하지 않는다.
b. 사면체 착이온에서 d 오비탈의 분열은 팔면체 착이온에서의 분열보다 훨씬 작다.
c. 모든 사면체 착이온은 강한 장을 형성하는 경우이다.
d. 결정장 도표에서 d_{z^2} 및 $d_{x^2-y^2}$ 오비탈이 가장 높은 에너지를 가진다.
e. 사면체 결정장에서는 d_{xy}, d_{xz}, d_{yz} 오비탈이 팔면체 결정장과는 달리 같은 에너지 준위를 가지지 않는다.

77. 사면체 이온 $FeCl_4^-$에는 몇 개의 짝짓지 않은 전자가 존재하는가?

78. 착이온 $PdCl_4^{2-}$는 반자기성이다. $PdCl_4^{2-}$의 구조를 제시하라.

야금

79. 산화 철을 철 원소로 환원시키는 데 용광로가 쓰인다. 이 환원 반응에서 환원제는 일산화 탄소이다.
a. 아래 자료를 이용하여,

$$Fe_2O_3(s) + 3CO(g) \longrightarrow 2Fe(s) + 3CO_2(g) \quad \Delta H° = -23\text{ kJ}$$
$$3Fe_2O_3(s) + CO(g) \longrightarrow 2Fe_3O_4(s) + CO_2(g) \quad \Delta H° = -39\text{ kJ}$$
$$Fe_3O_4(s) + CO(g) \longrightarrow 3FeO(s) + CO_2(g) \quad \Delta H° = 18\text{ kJ}$$

다음 반응의 $\Delta H°$를 구하라.

$$FeO(s) + CO(g) \longrightarrow Fe(s) + CO_2(g)$$

b. 환원 과정 중 용광로에서 생성된 CO_2는 철을 FeO로 산화시킬 수 있다. 이 반응이 일어나지 않도록 과량의 코크스를 첨가하여 CO_2를 CO로 아래 반응에 의해 변환시킨다.

$$CO_2(g) + C(s) \longrightarrow 2CO(g)$$

부록 4의 자료를 이용하여, 이 반응에 대한 $\Delta H°$와 $\Delta S°$를 구하라. $\Delta H°$와 $\Delta S°$가 온도에 의존하지 않는다고 가정하고, 표준 조건에서 CO_2가 CO로 자발적으로 변환되는 온도는 얼마인가?

80. 다음 질문에 대하여 부록 4의 자료를 이용하라.
a. 용광로에서 일어나는 다음 반응의 $\Delta H°$와 $\Delta S°$를 계산하라.

$$3Fe_2O_3(s) + CO(g) \longrightarrow 2Fe_3O_4(s) + CO_2(g)$$

b. $\Delta H°$와 $\Delta S°$가 온도에 의존하지 않는다고 가정하고, 800.°C에서 반응할 때 $\Delta G°$를 계산하라.

81. 철은 다양한 형태의 광물로 지각에 존재한다. 산화 철 광물에는 적철광(hematite, Fe_2O_3)과 자철광(magnetite, Fe_3O_4)이 있다. 이들 광물에서 각각 철의 산화 상태는 얼마인가? 자철광에서 철은 Fe^{2+}와 Fe^{3+}가 섞여 있다. 자철광에서 Fe^{3+}와 Fe^{2+}의 비율은 얼마인가? 자철광의 화학식을 보통 $FeO \cdot Fe_2O_3$라고 쓰는데, 이것이 적절하다고 생각하는가? 설명하라.

82. 다음 반응이 강철의 특성에 어떤 영향을 주는지 화학반응속도론과 열역학적으로 설명하라.

$$3Fe + C \rightleftharpoons Fe_3C$$

83. 은은 자연에서 가끔 큰 덩어리 상태로 발견되지만, 다른 금속이나 광물과 섞여서 더 많이 발견되고 있다. 흔히 다음 반응과 같이 염기성 용액에서 사이아나이드 음이온을 이용하여 은을 추출한다:

$$Ag(s) + CN^-(aq) + O_2(g) \xrightarrow{\text{염기성}} Ag(CN)_2^-(aq)$$

반쪽 반응식을 이용하여 이 반응식의 균형을 맞추어라.

84. 강철에서 망가니즈의 양을 측정하는 고전적 방법 중 하나는 모든 망가니즈를 매우 짙은 색을 띠는 과망가니즈산 이온으로 만든 뒤 흡광도를 측정하는 것이다. 강철을 질산에 녹이면 망가니즈(II) 이온과 이산화 질소 가스가 생성된다. 이 용액을 과아이오딘산 이온을 포함한 산성 용액으로 처리한다. 생성물들은 과망가니즈산 이온과 아이오딘산 이온이다. 이 두 단계에 대한 균형 맞춘 화학 반응식을 써라.

화학 활동 문제

85. 질산 수은(II)에 KI 수용액을 서서히 가하면 오렌지색 침전이 생긴다. KI를 점점 더 가하면 침전은 녹아 버린다. 이 관찰 결과를 설명할 수 있는 균형 맞춘 반응식을 써라. (*힌트*: Hg^{2+}는 I^-와 반응하여 HgI_4^{2-}를 형성한다.) HgI_4^{2-} 수용액은 색을 띠겠는가? 설명하라.

***86.** 다음 이온 중 수용액에서 색깔을 띠는 정팔면체 착이온을 형성하는 것은?
a. Zn^{2+}
b. Mn^{2+}
c. Cu^+
d. Ti^{4+}
e. Sc^{3+}

87. 아세틸아세톤(연습 문제 45, a)은 약자로 acacH라고 쓰며, 두 자리 리간드이다. 수소를 잃고, 아래 그림과 같이 $acac^-$로 배위한다.

(구조식: M에 두 O가 배위한 고리 — $O=C(CH_3)-CH=C(CH_3)-O$)

아세틸아세톤은 유로퓸(Eu) 염이 녹아있는 에탄올 용액과 반응하여 질량비로 C 40.1%, H 4.71%인 화합물을 만든다. 이 화합물 0.286 g을 연소시키면 Eu_2O_3 0.112 g을 얻는다. 이 화합물이 C, H, O 및 Eu로만 이루어졌다고 가정하고, 아세틸아세톤과 유로퓸 염의 반응으로부터 생성된 이 화합물의 화학식을 구하라. (이 화합물은 유로퓸 이온을 하나만 가지고 있다고 가정하라.)

88. 구리 착화합물의 화학식은 $Cu(NH_3)_xSO_4$이며, 여기서 x는 정수이다. 이 구리 착화합물이 29.9%의 NH_3를 포함하고 있을 때, 화학식에서의 x 값을 구하라.

89. 일반식 $[MA_2B_2C_2]$를 가지는 팔면체 착이온에 대해 가능한 기하 이성질체의 수는 얼마인가? 여기서 M은 전이 금속 이온이며, A, B, C는 서로 다른 리간드이다.

90. 시스플라틴($Pt(NH_3)_2Cl_2$)은 항암제로 널리 연구되고 있다. 시스플라틴의 합성 반응식은 다음과 같다.

$$K_2PtCl_4(aq) + 2NH_3(aq) \longrightarrow Pt(NH_3)_2Cl_2(s) + 2KCl(aq)$$

시스플라틴에서 백금(Pt) 이온의 전자 배치를 써라. 대부분의 d^8 전이 금속 이온은 사각평면형 구조를 갖는다. 이 사실과 이름을 생각하여 시스플라틴의 구조를 그려라.

91. 표준 환원 전위를 이용하여, 금을 생산하는 반응에 대해 298 K에서 $\mathscr{E}°$, $\Delta G°$, K의 값을 계산하라.

$$2Au(CN)_2^-(aq) + Zn(s) \longrightarrow 2Au(s) + Zn(CN)_4^{2-}(aq)$$

관계되는 반쪽-반응은 아래와 같다.

$$Au(CN)_2^- + e^- \longrightarrow Au + 2CN^- \qquad \mathscr{E}° = -0.60\ V$$
$$Zn(CN)_4^{2-} + 2e^- \longrightarrow Zn + 4CN^- \qquad \mathscr{E}° = -1.26\ V$$

92. Alfred Werner의 발견 이전까지는 화합물이 광학 활성을 갖기 위해서는 화합물 내에 반드시 탄소가 존재해야 한다고 여겨졌다. Werner는 OH^-를 다리 결합을 하고 있는 다음 화합물을 합성하였고 광학 이성질체를 분리하였다.

a. 이 화합물의 두 광학 이성질체의 구조를 그려라.

b. 코발트 이온의 산화 상태는 무엇인가?

c. 착화합물이 저스핀 상태라면 짝짓지 않은 전자는 몇 개인가?

$$\left[Co \left(\begin{matrix} H \\ | \\ O \\ Co\quad\quad Co(NH_3)_4 \\ O \\ | \\ H \end{matrix} \right)_3 \right] Cl_6$$

93. $Cr(en)(NH_3)_2BrCl^+$의 기하 이성질체를 모두 그려라. 이들 중 광학 이성질체는 어떤 것인가? 다양한 이성질체들을 그려라.

94. 아세틸아세톤과 관련된 화합물은 1,1,1-트라이플루오로아세틸아세톤(1,1,1-trifluoroacetylacetone, 약해서 Htfa로 표시함)이다:

$$CF_3\overset{O}{\overset{\|}{C}}CH_2\overset{O}{\overset{\|}{C}}CH_3$$

Htfa는 아세틸아세톤과 비슷한 형태로 착화합물을 형성한다(연습 문제 55번 참조). Be^{2+}와 Cu^{2+}는 tfa^- 이온과 착화합물을 형성하여 $M(tfa)_2$를 만든다. 각 금속 착화합물에 대해 두 개씩의 이성질체가 형성된다.

a. Be^{2+} 착화합물은 사면체이다. $Be(tfa)_2$의 두 이성질체를 그려라. 어떤 종류의 이성질 현상이 일어나는가?

b. Cu^{2+} 착화합물은 사각평면 구조이다. $Cu(tfa)_2$의 두 이성질체를 그려라. $Cu(tfa)_2$에는 어떤 종류의 이성질 현상이 일어나는가?

95. 다음의 금속 이온 중 강한장에서와 같이 약한장에서 짝이 없는 전자의 수가 같은 것은?

Ti^{2+}, Ti^{4+}, Cu^+, Cu^{2+}, Pd^{2+}, V^{2+}, Cr^{2+}, Cr^{3+}

***96.** 다음 화합물 중 광학 이성질현상을 나타내는 것은?

a. *cis*-$Pt(NH_3)_2Cl_2$

b. *trans*-$Ni(en)_2Br_2$ (en은 에틸렌다이아민)

c. *cis*-$Ni(en)_2Br_2$ (en은 에틸렌다이아민)

d.

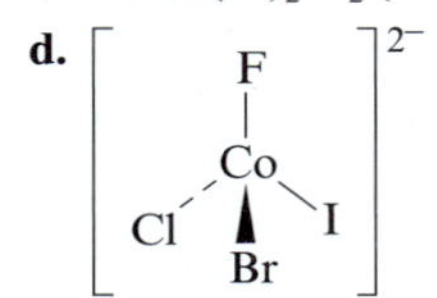

97. 아래 주어진 화합물에 대하여 올바른 결정장 도표를 나타낸 것은?

a. $Zn(NH_3)_4^{2+}$ (정사면체)

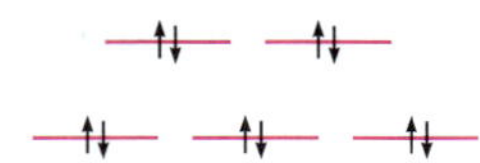

b. $Mn(CN)_6^{3-}$ (강한장)

c. $Ni(CN)_4^{2-}$ (사각평면, 반자기성)

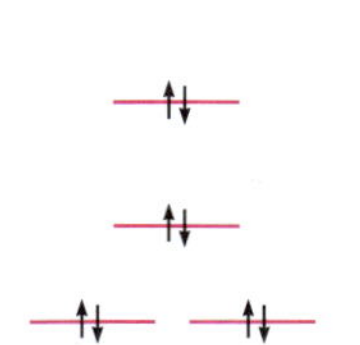

98. 다음 배위 화합물의 이름을 써라.

a. $Na_4[Ni(C_2O_4)_3]$

b. $K_2[CoCl_4]$

c. $[Cu(NH_3)_4]SO_4$

d. $[Co(en)_2(SCN)Cl]Cl$

99. 다음 물질의 화학식을 써라.

a. 염화 헥사키스피리딘코발트(III) [hexakis(pyridine)cobalt(III) chloride]

b. 아이오딘화 펜타암민아이오도크로뮴(III) [pentaammineiodochromium(III) iodide]

c. 브로민화 트리스에틸렌다이아민니켈(II) [tris(ethylenediamine)nickel(II) bromide]

d. 테트라사이아노니켈산(II)산 포타슘 [potassium tetracyanonickelate(II)]

e. 테트라클로로백금(II)산 테트라암민다이클로로백금(IV) [tetraamminedichloroplatinum(IV) tetrachloroplatinate(II)]

100. 착이온 $Ru(phen)_3^{2+}$는 DNA 구조의 탐지자로 사용되어 왔다. (Phen은 두 자리 리간드이다.)

a. $Ru(phen)_3^{2+}$에서 어떤 이성질체가 발견되겠는가?

b. Ru^{2+}의 거의 모든 착이온이 그렇듯이, $Ru(phen)_3^{2+}$는 반자기성이다. 이 착이온에서 *d* 오비탈에 대한 결정장 도표를 그려라.

Phen = 1,10-phenanthroline = 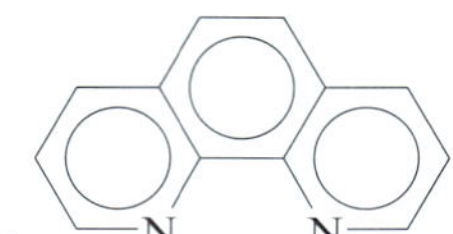

101. 다음 배위 화합물의 수용액을 생각하자: $Co(NH_3)_6I_3$, $Pt(NH_3)_4I_4$, Na_2PtI_6, 그리고 $Cr(NH_3)_4I_3$. 각각의 배위 화합물 수용액이 담긴 비커에 $AgNO_3$ 수용액을 첨가하면 존재하는 전이 금속 몰당 몇 몰의 AgI가 침전될까? 각각의 전이 금속은 팔면체 착화합물을 형성한다고 가정하라.

***102.** 다음 표는 착화합물에 대한 결정장 도표에서 짝짓지 않은 전자의 개수를 나타내고 있다. 각 화합물에 대해 약한장, 강한장, 확실치 않은 경우로 가정하고 표를 완성하라.

화학종	짝짓지 않은 전자의 개수	분류
$Fe(CNS)_6^{4-}$	0	______
$CoCl_4^{2-}$	3	______
$Fe(H_2O)_6^{3+}$	5	______
$Fe(CN)_6^{4-}$	0	______

103. 팔면체 착물의 금속 이온은 낮은 스핀의 경우보다 높은 스핀의 경우에 4개 이상의 비공유 전자들을 갖는다. 다음 중 금속 이온이 될 수 있는 것은?

$$Mn^{2+}, Mn^{3+}, Fe^{2+}, Fe^{3+}, Co^{2+}, Co^{3+}, Ni^{2+}$$

104. 다음 반응의 평형 상수 K_a는 1.0×10^{-5}이다.

$$Co(H_2O)_6^{3+}(aq) + H_2O(l) \rightleftharpoons Co(H_2O)_5(OH)^{2+}(aq) + H_3O^+(aq)$$

a. $[Co(H_2O)_6]Cl_3$의 0.10 *M* 용액의 pH를 계산한다.

b. 질산 코발트(II) 1.0 *M* 용액이 질산 코발트(III) 1.0 *M* 용액보다 높거나 낮은 pH를 가질 것인가? 설명하라.

c. Co^{3+} 착이온은 일반적으로 낮은 스핀인 반면, Co^{2+} 착이온은 일반적으로 고스핀이다. 설명하라. 이러한 상황에서, $Co(H_2O)_6^{3+}$와 $Co(H_2O)_6^{2+}$에 몇 개의 비공유 전자가 존재하는가?

105. 일산화 탄소와 헤모글로빈(Hb)의 결합은 헤모글로빈(Hb)이 O_2와 결합하는 것보다 더 강하게 결합하기 때문에 독성이 있다. 다음 반응과 대략적인 표준 자유 에너지 변화를 생각해 보자.

$$Hb + O_2 \longrightarrow HbO_2 \qquad \Delta G^\circ = -70\text{ kJ}$$
$$Hb + CO \longrightarrow HbCO \qquad \Delta G^\circ = -80\text{ kJ}$$

위의 자료를 이용하여 25°C에서 다음 반응의 평형 상수 값을 계산하라.

$$HbO_2(aq) + CO(g) \rightleftharpoons HbCO(aq) + O_2(g)$$

106. 다음 반응 과정에서

$$Co(NH_3)_5Cl^{2+}(aq) + Cl^-(aq) \longrightarrow Co(NH_3)_4Cl_2^+(aq) + NH_3(aq)$$

생성물에서 *cis*와 *trans* 이성질체의 예상 비율은 얼마인가?

107. 철산 이온(ferrate), FeO_4^{2-}는 산성 용액에서 암모니아 수용액을 원소 형태의 질소로 환원시키고 자신은 Fe(III) 이온으로 변할 만큼 센 산화제이다.

a. FeO_4^{2-}에서 철의 산화 상태는? 이 다원자 이온에서 철의 전자 배치는?

b. 0.243 *M* FeO_4^{2-} 용액 25.0 mL를 1.45 *M* 암모니아 수용액 55.0 mL와 반응시켰다면 25°C, 1.50기압 하에서 생성된 질소 기체의 부피는 얼마나 되겠는가?

108. a. 착이온 $Cr(NCS)_6^{3-}$의 흡수 스펙트럼에서 $1.75 \times 10^4\text{ cm}^{-1}$의 에너지를 갖는 광자를 흡수하는 띠가 있다. $1\text{ cm}^{-1} = 1.986 \times 10^{-23}$ J 이라면, 이 광자의 파장은 얼마인가?

b. $Cr(NCS)_6^{3-}$에서 Cr—N—C의 결합각이 180°일 것으로 예상된다. Cr^{3+}와 NCS^- 간에 Lewis 산-염기 반응이 일어나 180°의 Cr—N—C 결합각을 만든다면 NCS^- 리간드에서 N 원자의 혼성 오비탈은 무엇인가? $Cr(NCS)_6^{3-}$는 다음 반응식에 따라 에틸렌다이아민(en)과 치환 반응을 일으킨다.

$$Cr(NCS)_6^{3-} + 2en \longrightarrow Cr(NCS)_2(en)_2^+ + 4NCS^-$$

$Cr(NCS)_2(en)_2^+$는 기하 이성질현상을 보이는가? $Cr(NCS)_2(en)_2^+$는 광학 이성질현상을 보이는가?

도전 문제

109. 다음 착이온에 대하여 생각하자. A와 B는 리간드이다.

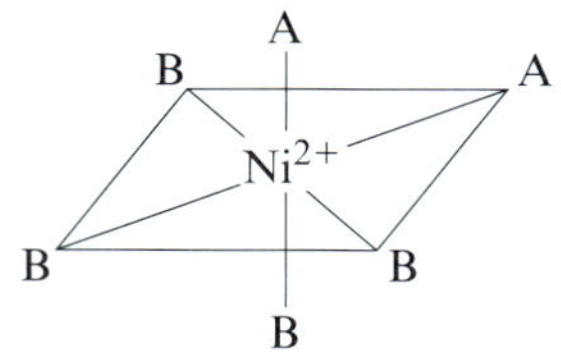

착물은 반자기성이라고 알려졌다. 이 경우 A와 B는 매우 비슷한 또는 매우 다른 결정장을 나타내는가? 설명하라.

110. 다음 Cr^{3+}의 유사 팔면체 착이온에 대하여 생각하자. A와 B는 리간드이다.

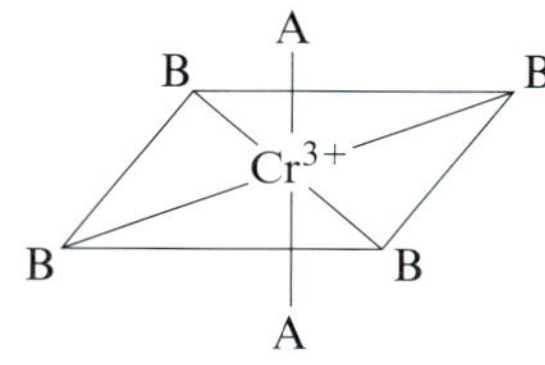

리간드 A가 리간드 B보다 강한장을 만든다. A 리간드는 z축에 놓여 있다고 간주하고, 이 착이온에 대한 적당한 결정장 도표를 그려라.

111. 다음 자료들을 생각하자.

$$Co^{3+} + e^- \longrightarrow Co^{2+} \qquad \mathscr{E}° = 1.82\ V$$
$$Co^{2+} + 3en \longrightarrow Co(en)_3^{2+} \qquad K = 1.5 \times 10^{12}$$
$$Co^{3+} + 3en \longrightarrow Co(en)_3^{3+} \qquad K = 2.0 \times 10^{47}$$

여기에서 en은 에틸렌다이아민 리간드이다.

a. 다음 반쪽-반응의 $\mathscr{E}°$ 값을 구하라.

$$Co(en)_3^{3+} + e^- \longrightarrow Co(en)_3^{2+}$$

b. 위의 a 문제에 대한 답을 근거로 Co^{3+}와 $Co(en)_3^{3+}$ 중 어떤 것이 더 센 산화제인지 답하라.

c. b 문제의 결과를 설명하기 위해 결정장 모형을 사용하라.

112. 1983년 노벨 화학상을 받은 Henry Taube는 전이 금속 착화합물의 산화-환원 반응 메커니즘에 대한 많은 연구를 하였다. 다음 반응은 그가 연구한 반응 중 하나이다.

$$Cr(H_2O)_6^{2+}(aq) + Co(NH_3)_5Cl^{2+}(aq) \longrightarrow \text{Cr(III) 착화합물} + \text{Co(II) 착화합물}$$

크로뮴(III) 착화합물과 코발트(III) 착화합물은 치환 반응성이 없다. 크로뮴(II)과 코발트(II) 착화합물들은 쉽게 리간드의 교환이 이루어진다. 반응 생성물 중 하나가 $Cr(H_2O)_5Cl^{2+}$이었다면, $(H_2O)_5Cr—Cl—Co(NH_3)_5$가 중간체로 형성되었다고 말할 수 있는가? 설명하라.

113. 킬레이트 리간드는 같은 종류의 주개 원자를 갖는 한 자리 리간드보다 훨씬 더 안정한 착이온을 형성한다. 예를 들면 다음과 같다.

$$Ni^{2+}(aq) + 6NH_3(aq) \rightleftharpoons Ni(NH_3)_6^{2+}(aq) \qquad K = 3.2 \times 10^8$$
$$Ni^{2+}(aq) + 3en(aq) \rightleftharpoons Ni(en)_3^{2+}(aq) \qquad K = 1.6 \times 10^{18}$$
$$Ni^{2+}(aq) + penten(aq) \rightleftharpoons Ni(penten)^{2+}(aq) \qquad K = 2.0 \times 10^{19}$$

여기에서 en은 에틸렌다이아민이고, penten의 구조식은 다음과 같다.

$$(NH_2CH_2CH_2)_2N—CH_2—CH_2—N(CH_2CH_2NH_2)_2$$

이렇게 증가된 안정도를 *킬레이트 효과*라고 부른다. 결합 에너지에 의하면, 위 반응에 대한 엔탈피 변화가 매우 달라질 것으로 생각하는가? 위 반응에 대해 엔트로피 변화의 순서를 가장 덜 선호하는 것부터 가장 선호하는 것의 순으로 나열하여 보라. 형성 상수 값은 어떻게 $\Delta S°$와 관계가 있는가? 이것으로 킬레이트 효과를 어떻게 설명할 수 있겠는가?

114. 삼각평면 착이온에 대해 d 오비탈의 결정장 갈라짐을 정성적으로 그려라. (z축이 착화합물의 평면에 수직하게 놓아라.)

115. 삼각쌍뿔 구조의 착이온에 대해 d 오비탈의 결정장 갈라짐을 정성적으로 그려라. (z축이 삼각평면에 수직하게 놓아라.)

116. 다음의 경우에 대해 d 오비탈의 에너지 준위를 그려라.

a. x축에 리간드를 갖는 선형 착화합물

b. y축에 리간드를 갖는 선형 착화합물

117. 다음 착이온에 대한 가장 알맞은 결정장 도표를 그리고 설명하라.

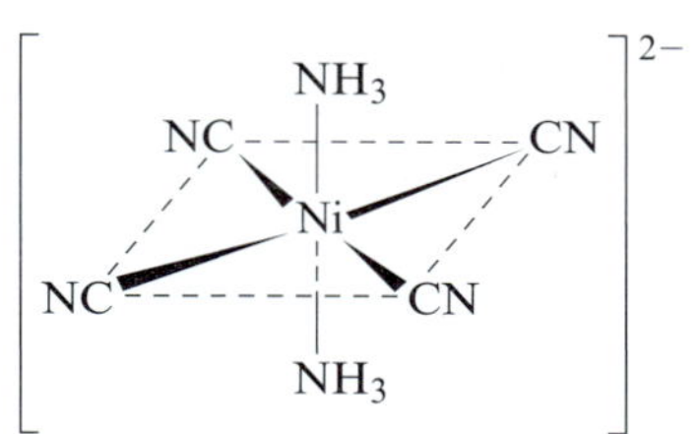

주의: CN^- 리간드는 NH_3보다 *훨씬 더* 강한 결정장이다. NH_3 리간드는 z축 상에 놓여 있다고 가정하라.

118. 에틸렌다이아민테트라아세테이트($EDTA^{4-}$)는 그림 21.7에 나타낸 구조로 화학 분석에서 착화제로 사용된다. $EDTA^{4-}$ 수용액은 중금속 중독에서 중금속을 가용성 착이온의 형태로 제거하는 데 사용된다. 착이온은 중금속 이온이 생화학적 조직과 반응하는 것을 사실상 막는다. $EDTA^{4-}$와 Pb^{2+}의 반응은 다음과 같다.

$$Pb^{2+}(aq) + EDTA^{4-}(aq) \rightleftharpoons PbEDTA^{2-}(aq) \qquad K = 1.1 \times 10^{18}$$

0.050 M의 Na_4EDTA가 포함되어 있는 pH = 13.00으로 맞춰진 1.0 L의 수용액에 0.010 mol $Pb(NO_3)_2$ 용액을 첨가했다고 생각하자. 이 용액에서 $Pb(OH)_2$가 침전되겠는가? [$Pb(OH)_2$의 $K_{sp} = 1.2 \times 10^{-15}$.]

119. 0.10 mol의 AgBr은 3.0 M NH_3 1.0 L에서 완전히 녹겠는가? AgBr(s)의 K_{sp} 값은 5.0×10^{-13}이고, 착이온 $Ag(NH_3)_2^+$의 총괄 생성 상수는 1.7×10^7이며 이 반응은 다음과 같다.

$$Ag^+(aq) + 2NH_3(aq) \rightleftharpoons Ag(NH_3)_2^+(aq) \qquad K = 1.7 \times 10^7$$

120. 코발트 화합물의 2.58-g 시료를 300.0 mL의 용액에 용해시켰다. 용액의 삼투압은 25°C에서 3.14 atm이다. 다음 중 코발트 화합물의 화학식은 어느 것인가?

a. $[Co(NH_3)_5Cl]Cl_2$

b. $[Co(NH_3)_5F]F_2$

c. $[Co(H_2O)_6]Cl_2$

d. $[Co(NH_3)_5ONO]Cl_2$

e. $[Co(NH_3)_5NO_2]Cl_2$

121. $Cr(NO_3)_3$ 수용액에 암모니아와 KI 용액을 첨가하였다. 그 결과 고체가 분리되었고(화합물 A), 다음의 자료들이 얻어졌다:

i. 0.105 g의 화합물 A를 과량의 O_2 조건하에서 강하게 가열하였더니 0.0203 g의 CrO_3이 얻어졌다.

ii. 두 번째 실험에서 0.341 g의 화합물 A에 존재하는 NH_3를 완전히 적정하는 데 0.100 M HCl이 32.93 mL가 들어갔다.

iii. 화합물 A에는 무게비로 73.53% 아이오딘이 존재하였다.

iv. 0.601 g의 화합물 A를 10.00 g의 H_2O (K_f = 1.86°C · kg/mol)에 녹였을 때 어는점이 0.64°C 만큼 낮아졌다.

이 화합물의 화학식은? 착이온의 구조는 무엇인가? (*힌트*: Cr^{3+}는 6배위를 가정하고, NH_3와 I^-를 리간드로 생각한다. 필요하면 I^- 이온은 상대 이온일 수 있다.)

마라톤 문제

이 문제들은 여러 가지 개념과 기법을 하나의 상황으로 통합하도록 구성되었다.

122. 크로뮴의 착이온을 포함하며, 분자식이 $CrCl_3 \cdot 6H_2O$인 세 개의 염이 있다. 첫 번째 염 0.27 g을 강력한 탈수제로 처리하면 0.036 g의 무게가 감소된다. 두 번째 염 270 mg을 같은 탈수제로 처리하면 18 mg의 무게가 감소한다. 세 번째 염은 같은 탈수제에 의해 무게가 변하지 않는다. 과량의 질산은 수용액을 각 염의 0.100 *M* 수용액 100.0 mL에 첨가시키면 각각 염화 은이 다른 양만큼 생성된다. 첫 번째 용액은 1430 mg AgCl을, 두 번째는 2870 mg의 AgCl을, 세 번째는 4300 mg의 AgCl을 생성하였다. 이들 중 두 개의 염은 녹색을 띠며, 다른 하나는 보라색이다.

앞의 관찰에 의거하여 이 염들의 구조식을 제시하라. 그 중 어느 염이 보라색일지 기술하라. 염의 자기적 성질에 대한 연구가 구조식을 규명하는 데 도움이 될 것인가? 설명하라.

Chapter 22

거미줄은 살아있는 유기체가 만드는 유기 폴리머의 한 가지 예이다. (Podlesnyak Nina/Shutterstock)

유기 분자 및 생물 분자

Organic and Biological Molecules

4A족(14족) 원소인 탄소와 규소는 대부분 천연에서 얻는 물질의 기본이 되는 원소이다. 규소는 산소에 대한 친화력이 크기 때문에 아석, 모래 또는 토양의 구성 성분인 실리카(silica) 및 규산염(silicate)을 형성하는 Si—O—Si 사슬이나 고리 구조를 만든다. 규소가 지질학적 계의 기본인 것처럼, 탄소는 생물학적 계의 기본이 된다. 탄소는 자신들끼리 강하게 결합하여 긴 사슬이나 고리를 형성하는 특이한 능력을 갖고 있다. 또한 탄소는 수소, 질소, 산소, 황, 할로젠과 같은 비금속 원소와도 강하게 결합한다. 이러한 결합 특성 때문에 엄청난 수의 탄소 화합물이 알려져 있다. 그 수는 현재 수백만이 넘으며, 계속 빠르게 증가하고 있다. 이들 중 많은 화합물은 생명을 유지하고 재생산하는 역할을 하는 **생체분자**(biomolecule)들이 있다.

탄소가 포함된 화합물과 그 성질을 연구하는 학문을 **유기 화학**(organic chemistry)이라고 한다. 탄소 화합물 중 산화물이나 탄산염과 같은 몇 가지 화합물은 무기 물질로 간주되지만, 그 외 대다수는 유기 화합물로 이들은 탄소 원자가 포함된 사슬이나 고리 구조를 가지고 있다.

원래 무기 물질과 유기 물질의 구분은 관심의 대상인 화합물이 생체에서 생성되었는지 여부에 따라 정해졌다. 예를 들어, 19세기 초까지 사람들은 유기 물질은 어떤 종류의 "생명의 기"를 가지고 있기 때문에 오직 생물체에서만 합성될 수 있다고 믿었다. 그러나 이러한 관점은 1828년 독일의 화학자 Friedrich Wöhler(1800~1882)가 무기염인 사이안산 암모늄을 단순히 가열하여 요소(urea)를 합성함으로써 이 생각은 틀린 것이 되었다.

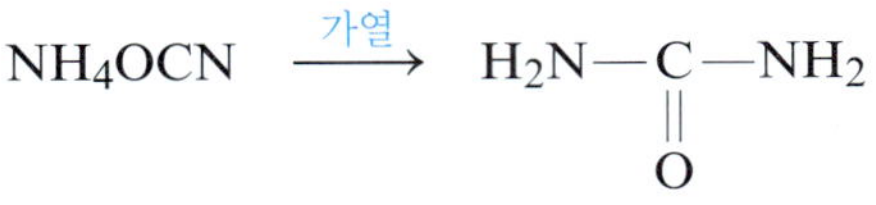

$$\underset{\text{사이안산 암모늄}}{NH_4OCN} \xrightarrow{\text{가열}} \underset{\text{요소}}{H_2N-\overset{\displaystyle O}{\overset{\|}{C}}-NH_2}$$

요소는 소변의 주성분으로 유기 물질임이 확실하다. 그러나 이 화합물은 생명체에서뿐만 아니라 실험실에서도 합성할 수 있음이 확인된 것이다.

유기 화학은 생체계를 이해하는 데 매우 중요한 역할을 한다. 그 외에도 현대 생활의 필수품인 합성 섬유, 플라스틱, 인공 감미료, 의약품 등도 공업 유기 화학의 산물이다. 또한, 현대 문명이 의존하고 있는 중요 동력인 에너지도 석탄 및 석유에 들어 있는 유기 물질에 기반을 두고 있다.

유기 화학은 이렇게 매우 방대한 학문이다. 따라서 이 책에서는 아주 간단한 소개만을 다룰 수밖에 없다. 여기서는 가장 간단한 유기 물질인 탄화수소를 먼저 다루고, 대부분의 다른 유기 물질이 어떻게 탄화수소의 유도체로 간주될 수 있는지를 공부하기로 한다.

22.1 알케인: 포화 탄화수소

이름에서 알 수 있듯이 **탄화수소**(hydrocarbon)는 탄소와 수소로 만들어진 화합물이다. 화합물 내 탄소 원자들이 모두 단일 결합을 형성하고 있는 탄화수소는 **포화되어**(saturated) 있다고 말한다. 그 이유는 화합물 내의 탄소 원자들은 그들이 결합할 수 있는 최대 수인 네 개의 다른 원자와 결합되었기 때문이다. 탄소와 탄소 사이의 다중 결합을 포함하고 있는 탄화수소는 **불포화되었다**(unsaturated)고 말한다. 다중 결합에 참여한 탄소 원자들은, 아래의 에틸렌에 대한 수소 분자의 *첨가 반응*(addition reaction)에서 볼 수 있듯이, 다른 원자들과 더 반응할 수 있기 때문이다.

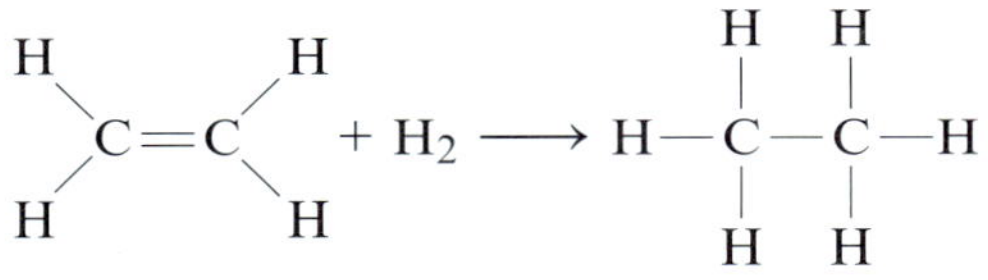

$$\underset{\text{불포화}}{H_2C=CH_2} + H_2 \longrightarrow \underset{\text{포화}}{H-\overset{\displaystyle H}{\overset{|}{\underset{\displaystyle H}{\underset{|}{C}}}}-\overset{\displaystyle H}{\overset{|}{\underset{\displaystyle H}{\underset{|}{C}}}}-H}$$

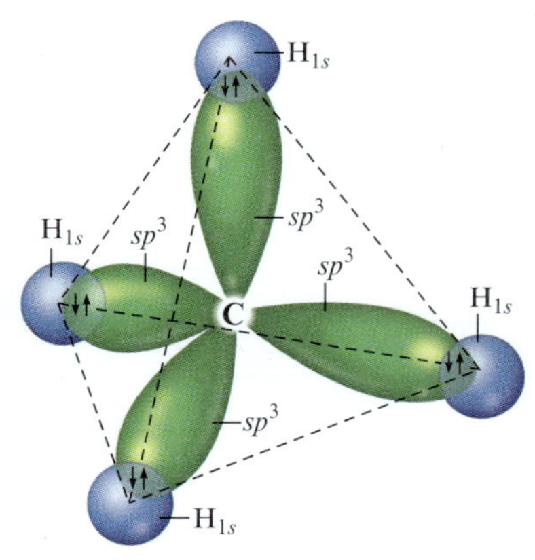

그림 22.1 메테인의 C—H 결합.

그림 22.2 (a) 에테인(C_2H_6)의 Lewis 구조. (b) 공간 채움 모형과 구와 막대 모형으로 나타낸 에테인의 구조.

에틸렌 내의 각 탄소 원자들은 세 개의 원자(탄소 하나와 수소 두 개)와 결합되어 있기 때문에, 탄소 원자 사이의 이중 결합 중 하나의 결합이 끊어지면, 각 탄소는 다른 원자 하나와 더 결합할 수 있다.

알케인(alkane)이라고 하는 포화 탄화수소 중에서 가장 간단한 화합물은 *메테인*(*methane*, CH_4)이다. 9.1절에서 언급하였듯이 메테인은 사면체 구조를 가지며, 탄소 원자는 네 개의 sp^3 혼성 오비탈을 이용하여 네 개의 수소 원자와 결합하고 있다(그림 22.1). 그 다음은 두 개의 탄소 원자를 포함하는 *에테인*(*ethane*, C_2H_6)이다(그림 22.2). 에테인에서 각 탄소는 네 개의 원자들에 둘러싸여 있고, 편재 전자 모형으로 예상할 수 있듯이 사면체 배열인 sp^3 혼성을 하게 된다.

그 다음 두 개의 알케인은 *프로페인*(*propane*, C_3H_8)과 *뷰테인*(*butane*, C_4H_{10})이다(그림 22.3). 역시 각 탄소에는 네 개의 원자가 결합되어 있고, 따라서 sp^3 혼성화되어 있다.

알케인 화합물들 내에서 탄소 원자들이 한 줄로 긴 "끈"이나 사슬을 형성하고 있으면 **노말**(*n*-), **곧은 사슬**(straight-chain), 또는 **가지 없는 탄화수소**(unbranched hydrocarbon)라 부른다. 그림 22.3에서 보는 바와 같이, 노말 알케인 내의 사슬은 실제 직선이 아니라 지그재그 형이다. 왜냐하면 사면체의 C—C—C 각이 109.5°이기 때문이다. *n*-알케인의 구조는 일반적으로 다음과 같이 나타낸다. 여기에서 *n*은 정수이다.

$$\mathrm{H{-}\overset{\displaystyle H}{\underset{\displaystyle H}{C}}{-}\left(\overset{\displaystyle H}{\underset{\displaystyle H}{C}}\right)_{\!n}{-}\overset{\displaystyle H}{\underset{\displaystyle H}{C}}{-}H}$$

이 계열의 화합물은 이전 화합물에 *메틸렌*(*methylene*, CH_2) 기를 넣어 늘리면서 이 구조에서 C—H 결합은 생략하여 구조를 간단하게 그린다. 예를 들어, 위의 *n*-알케인의 일반식은 다음과 같이 간단하게 나타낸다.

$$\mathrm{CH_3{-}(CH_2)_n{-}CH_3}$$

처음 열 개의 *n*-알케인과 일부 물성이 표 22.1에 실려 있다. 모든 알케인은 일반식 C_nH_{2n+2}로 나타낸다. 예를 들어, 노네인은 탄소가 아홉 개이므로 $C_9H_{(2\times9)+2}$, 즉 C_9H_{20}이다. 표 22.1에서 보는 바와 같이 녹는점과 끓는점은 몰질량이 증가함에 따라 증가한다.

알케인의 이성질현상

뷰테인과 그보다 큰 알케인은 **구조 이성질현상**(structural isomerism)을 나타낸다. 21.4절에서 언급하였듯이 구조 이성질현상은 두 분자를 구성하는 원자들은 같지만 결합 형태가 다를 때 나타난다. 예를 들어, 뷰테인에는 곧은 사슬 분자(노말 뷰테인 또는 *n*-뷰테인)와 곁가지를 가진 사슬 구조(아이소뷰테인)가 존재한다(그림 22.4). 이들은 구조가 서로 다르기 때문에 물성도 다르다. 즉, *n*-뷰테인은 끓는점은 −0.5°C인 데 비해 아이소뷰테인은 끓는점이 −12°C이다.

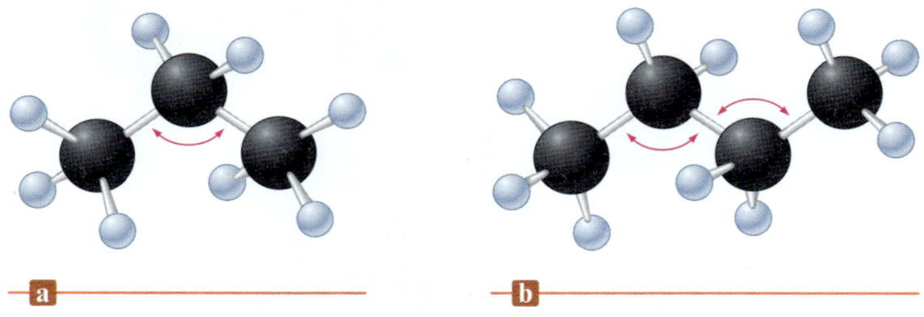

그림 22.3 (a) 프로페인($CH_3CH_2CH_3$)과 (b) 뷰테인($CH_3CH_2CH_2CH_3$)의 구조. 붉은색으로 나타낸 결합각은 109.5°이다.

표 22.1 처음 10개의 노말 알케인의 몇 가지 성질

이름	분자식	몰질량	녹는점(°C)	끓는점(°C)	구조 이성질체 수
메테인(methane)	CH_4	16	−182	−162	1
에테인(ethane)	C_2H_6	30	−183	−89	1
프로페인(propane)	C_3H_8	44	−187	−42	1
뷰테인(butane)	C_4H_{10}	58	−138	0	2
펜테인(pentane)	C_5H_{12}	72	−130	36	3
헥세인(hexane)	C_6H_{14}	86	−95	68	5
헵테인(heptane)	C_7H_{16}	100	−91	98	9
옥테인(octane)	C_8H_{18}	114	−57	126	18
노네인(nonane)	C_9H_{20}	128	−54	151	35
데케인(decane)	$C_{10}H_{22}$	142	−30	174	75

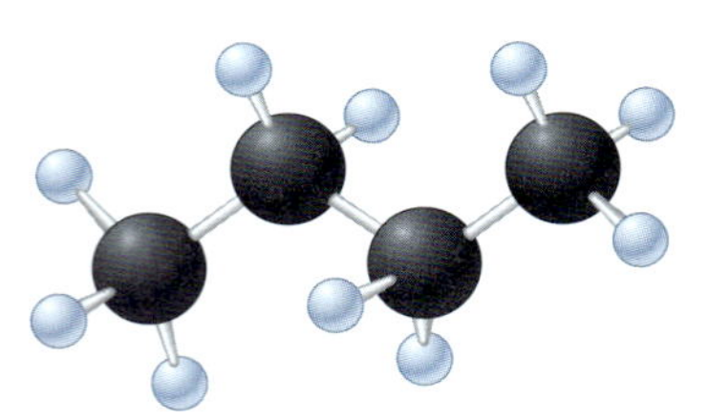
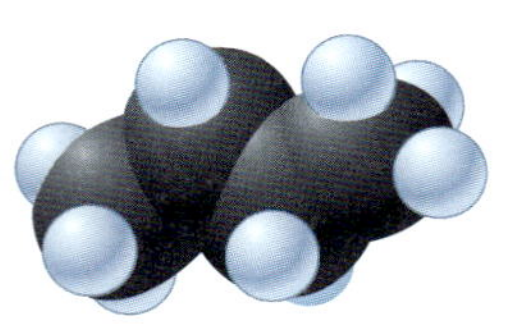

a

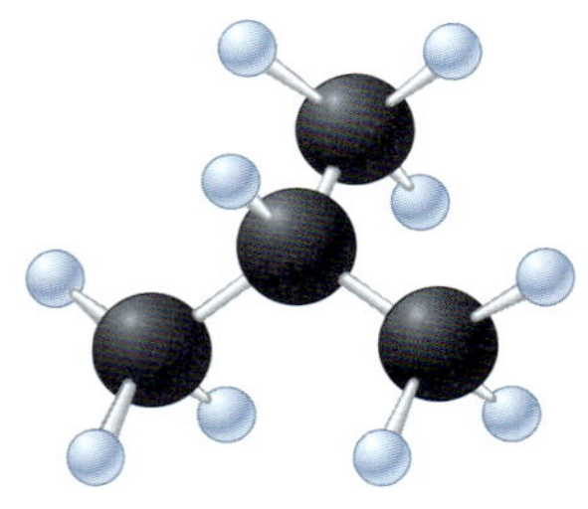
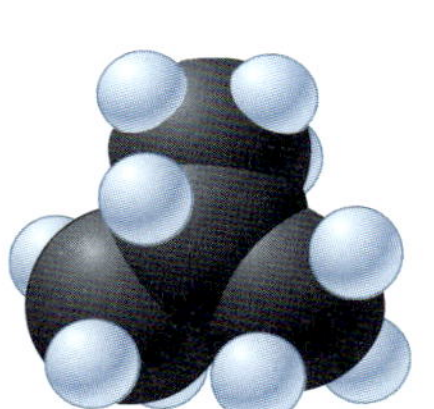

b

그림 22.4 (a) 노말 뷰테인(간단하게 *n*-뷰테인으로 표시). (b) 뷰테인의 곁가지를 가진 이성질체.

예제 22.1 구조 이성질현상

펜테인의 이성질체들을 그려라.

풀이 펜테인(C_5H_{12})은 다음 이성질체들을 갖는다.

1.

$CH_3-CH_2-CH_2-CH_2-CH_3$

n-펜테인

2.

$$\begin{array}{c} \quad CH_3 \\ \quad | \\ CH_3-CH-CH_2-CH_3 \end{array}$$

아이소펜테인

3.

$$\begin{array}{c} CH_3 \\ | \\ CH_3-C-CH_3 \\ | \\ CH_3 \end{array}$$

네오펜테인

다음 구조들은 얼핏 보기에는 다르게 보이나 실제는 구조 2와 같음에 유의하라.

$$\begin{array}{c} \qquad\quad CH_3 \\ \qquad\quad | \\ CH_3-CH_2-CH-CH_3 \end{array} \qquad \begin{array}{c} CH_3-CH-CH_2-CH_3 \\ | \qquad\qquad \\ CH_3 \qquad\qquad \end{array} \qquad \begin{array}{c} CH_3-CH_2-CH-CH_3 \\ \qquad\quad | \\ \qquad\quad CH_3 \end{array}$$

연습 문제 22.19 참조

명명법

문자 그대로 수백만 개의 유기 화합물이 알려져 있기 때문에 모든 화합물의 관용명을 암기하기란 불가능한 일이다. 그러므로 모든 화합물을 명명하기 위해서는 체계적인 방법이 필요하다. 알케인을 명명하는 데는 다음의 규칙을 사용한다.

표 22.2 흔히 사용되는 알킬 치환기와 그 이름

구조*	이름[†]
$-CH_3$	메틸
$-CH_2CH_3$	에틸
$-CH_2CH_2CH_3$	프로필
$\begin{array}{c} \vert \\ CH_3CHCH_3 \end{array}$	아이소프로필
$-CH_2CH_2CH_2CH_3$	뷰틸
$\begin{array}{l} \quad\vert \\ CH_3CHCH_2CH_3 \end{array}$	*sec*-뷰틸
$\begin{array}{c} H \\ \vert \\ -CH_2-C-CH_3 \\ \vert \\ CH_3 \end{array}$	아이소뷰틸
$\begin{array}{c} CH_3 \\ \vert \\ -C-CH_3 \\ \vert \\ CH_3 \end{array}$	*tert*-뷰틸

* 한쪽이 열려 있는 결합은 탄소 사슬에 치환기로 결합될 수 있는 자리를 나타낸다.

† 뷰틸 기의 경우, *sec*-는 *두 개*의 다른 탄소 원자와 결합되어 있는 탄소, 즉 이차 탄소가 치환기로 작용하는 경우를 뜻하며, *tert*-는 *세 개*의 다른 탄소 원자에 접해 있는 탄소, 즉 삼차 탄소가 치환기로 작용함을 뜻한다.

알케인의 명명 규칙

1. 뷰테인보다 탄소 수가 많은 알케인의 명명은 접미사로 "–*에인(-ane)*"을 탄소의 수에 해당하는 그리스 어원(*pent*: 다섯, *hex*: 여섯 등)에 붙인다. 가지 달린 탄화수소에서는 가장 긴 연결 사슬이 탄화수소의 기본명이 된다. 예를 들어, 아래 구조에서 가장 긴 사슬은 여섯 개의 탄소 원자를 포함한다. 그러므로 이 화합물은 헥세인의 유도체로 명명하여야 한다.

$$\begin{array}{c} CH_3 \\ | \\ CH_2 \\ | \\ CH_2 \\ | \\ CH_3-CH_2-CH-CH_2-CH_3 \end{array}$$

여섯 개의 탄소

2. 알킬 기가 치환기로 나타날 때에는 –*에인(-ane)*을 빼고 –*일(-yl)*을 붙여 명명한다. 예를 들어, $-CH_3$는 메테인(methane)으로부터 H 원자 한 개를 뺀 것이므로 *메틸(methyl)*이라 부르며, $-C_2H_5$는 *에틸(ethyl)*, $-C_3H_7$은 *프로필(propyl)*이라 부른다. 그러므로 위의 화합물은 에틸헥세인이다(표 22.2 참조).
3. 치환기의 위치는 가지에 가장 가까운 쪽 끝에서 시작하여, 가장 긴 탄소 사슬에 연속적으로 번호를 매겨 지정한다. 예를 들어, 다음 화합물은 3-메틸헥세인이라고 부른다. (다음 화합물을 명명하기 위해 번호를 붙이는 방법이 여러 개 가능하지만 위의 것이 옳다.)

$$\begin{array}{c} CH_3 \qquad\qquad\qquad \\ | \qquad\qquad\qquad \\ CH_3-CH_2-CH-CH_2-CH_2-CH_3 \end{array}$$

1	2	3	4	5	6	올바른 번호 붙이기
6	5	4	3	2	1	잘못된 번호 붙이기

(*계속*)

그 이유는 분자의 왼쪽 끝이 곁가지에 가깝고, 치환기의 위치를 정하면 작은 번호를 갖게 되기 때문이다. 또한 번호와 치환기 이름은 하이픈으로 연결한다는 것을 유의하라.

4. 치환기의 위치와 이름 다음에 원래 알케인의 이름을 적는다. 치환기가 여럿일 때 알파벳 순서에 따라 치환기를 나열하고, 같은 종류의 치환기가 여러 개 있을 때에는 접두어 *di-*(*다이*−), *tri-*(*트라이*−) 등을 이용하여 개수를 나타낸다.

예제 22.2 이성질현상과 명명법

알케인 C_6H_{14}의 구조 이성질체를 그리고, 각각을 명명하라.

풀이 체계적으로 진행하려면 긴 사슬부터 시작하고, 탄소를 재배열하여 사슬이 짧고 가지가 달린 구조를 그려야 한다.

1. $CH_3CH_2CH_2CH_2CH_2CH_3$ 헥세인(hexane)

   아래의 구조는 다르게 보이지만 가장 긴 사슬이 여섯 개의 탄소 원자를 포함하기 때문에 같은 헥세인이다.

$$\begin{array}{l} CH_3 \\ | \\ CH_2CH_2CH_2CH_2 \\ \qquad\qquad\quad | \\ \qquad\qquad\quad CH_3 \end{array}$$

여섯 개의 탄소 원자

2. 주사슬에서 탄소 한 개를 들어내어 메틸 치환기로 만들어 보자.

$$\begin{array}{l} 1 \quad 2 \quad 3 \quad 4 \quad 5 \\ CH_3CHCH_2CH_2CH_3 \\ \quad\;\; | \\ \quad\;\; CH_3 \end{array}$$

2-메틸펜테인

   가장 긴 사슬은 다섯 개의 탄소를 가지므로 이는 치환된 펜테인이 된다. 즉, 2-메틸펜테인이다. 2는 사슬에서 메틸 기의 위치를 나타낸다. 만약 오른쪽 끝에서부터 번호를 붙인다면 메틸 기는 4번 탄소에 위치하게 되어 4-메틸펜테인이라 할 수 있다. 그러나 위치를 지정하는 번호는 가능한 것 중 가장 작은 숫자로 쓰기로 하였으므로, 2번 위치가 옳다.

3. 메틸 기는 3번 탄소에도 위치할 수 있다.

$$\begin{array}{l} 1 \quad 2 \quad 3 \quad 4 \quad 5 \\ CH_3CH_2CHCH_2CH_3 \\ \qquad\quad | \\ \qquad\quad CH_3 \end{array}$$

3-메틸펜테인

   이제 펜테인에 한 개의 메틸 치환기를 옮겨 놓을 다른 가능성은 없다.

4. 다음에는 두 개의 탄소를 원래의 여섯 개 탄소 사슬로부터 떼어내는 방법이 있다.

$$\begin{array}{l} 1 \quad 2 \qquad 3 \quad 4 \\ CH_3CH - CHCH_3 \\ \quad\;\; | \qquad | \\ \quad\;\; CH_3 \;\; CH_3 \end{array}$$

2,3-다이메틸뷰테인

   이때에는 가장 긴 사슬이 네 개의 탄소로 되어 기본명은 뷰테인이 된다. 두 개의 메틸 기가 있으므로 접두사 *다이*(*di-*)를 붙인다. 번호는 두 메틸 기가 뷰테인 사슬의 두 번째와 세 번째 탄소에 위치함을 나타낸다. 숫자가 둘 이상 사용된 경우에는 숫자 사이에 쉼표를 넣어 구분한다.

5. 두 개의 메틸 기는 다음과 같이 한 탄소에 붙어 있을 수도 있다.

$$\underset{1}{CH_3}-\underset{2}{C}(CH_3)_2-\underset{3}{CH_2}\underset{4}{CH_3}$$

2,2-다이메틸뷰테인

또한 아래와 같이 에틸 치환기가 붙은 뷰테인도 고려해 볼 수 있다.

$$CH_3-CH(CH_2CH_3)CH_2CH_3$$

펜테인

그러나 실제로 이것은 가장 긴 사슬이 다섯 개의 탄소로 구성되어 있으므로 3-메틸펜테인으로 앞서 언급한 바 있다. 즉 새로운 이성질체가 아니다. 사슬을 더 줄여 세 개의 탄소 원자로 만들어도 더 이상의 이성질체는 존재하지 않는다. 예를 들면, 아래 구조는 앞서 본 2,2-다이메틸뷰테인이다.

$$CH_3-C(CH_3)(CH_2CH_3)-CH_3$$

따라서 헥세인(C_6H_{14})의 구조 이성질체는 헥세인, 2-메틸펜테인, 3-메틸펜테인, 2,3-다이메틸뷰테인, 2,2-다이메틸뷰테인 등 다섯 개만 가능하다.

연습 문제 22.21과 22.22 참조

대화형 예제 22.3 화합물 이름에서 구조 쓰기

다음 화합물의 구조를 그려라.

a. 4-에틸-3,5-다이메틸노네인(4-ethyl-3,5-dimethylnonane)

b. 4-*tert*-뷰틸헵테인(4-tert-butylheptane)

풀이 **a.** 기본명 *노네인*은 아홉 개의 탄소로 구성된 사슬을 의미하므로, 그 구조는 다음과 같다.

$$\overset{1}{C}H_3\overset{2}{C}H_2\overset{3}{C}H(CH_3)-\overset{4}{C}H(CH_2CH_3)-\overset{5}{C}H(CH_3)\overset{6}{C}H_2\overset{7}{C}H_2\overset{8}{C}H_2\overset{9}{C}H_3$$

b. 헵테인은 일곱 개의 탄소로 된 사슬이며, *tert*-뷰틸 기는 다음과 같다.

$$-C(CH_3)_2CH_3 \quad (H_3C-C(-)(CH_3)-CH_3)$$

이므로, 다음의 구조를 얻는다.

$$
\begin{array}{c}
\overset{1}{C}H_3\overset{2}{C}H_2\overset{3}{C}H_2\overset{4}{C}H\overset{5}{C}H_2\overset{6}{C}H_2\overset{7}{C}H_3 \\
| \\
H_3C-\underset{\displaystyle |}{\overset{}{C}}-CH_3 \\
CH_3
\end{array}
$$

연습 문제 22.25와 22.26 참조

알케인의 반응

▲
캠핑 때 사용하는 뷰테인 라이터.

알케인은 포화된 화합물이고, C—C와 C—H 결합은 비교적 센 결합이기 때문에 반응성이 거의 없다. 예를 들면, 25°C에서 알케인은 산이나 염기 또는 센 산화제와도 반응하지 않는다. 이와 같은 화학적 안정성 때문에 알케인은 윤활제로 쓰이거나 플라스틱과 같은 구조를 형성하는 물질의 골격으로서 가치가 있다.

온도가 충분히 높으면, 알케인은 산소와 격렬하게 발열 반응을 한다. 이 **연소 반응**(combustion reaction) 때문에 알케인은 연료로 많이 사용된다. 예를 들어, 뷰테인과 산소의 반응은 아래와 같다.

$$2C_4H_{10}(g) + 13O_2(g) \longrightarrow 8CO_2(g) + 10H_2O(g)$$

알케인은 **치환 반응**(substitution reaction)도 일으켜서 주로 수소 원자가 할로젠 원자로 치환된다. 예를 들면, 메테인은 다음과 같이 연속적으로 염소화된다.

화살표 위의 *hv*는 자외선을 나타낸다.

$$CH_4 + Cl_2 \xrightarrow{hv} \underset{\text{클로로메테인}}{CH_3Cl} + HCl$$

$$CH_3Cl + Cl_2 \xrightarrow{hv} \underset{\text{다이클로로메테인}}{CH_2Cl_2} + HCl$$

$$CH_2Cl_2 + Cl_2 \xrightarrow{hv} \underset{\substack{\text{트라이클로로메테인} \\ \text{(클로로폼)}}}{CHCl_3} + HCl$$

$$CHCl_3 + Cl_2 \xrightarrow{hv} \underset{\substack{\text{테트라클로로메테인} \\ \text{(사염화 탄소)}}}{CCl_4} + HCl$$

마지막 두 반응의 생성물은 두 가지 이름을 갖는 점에 유의하라. 하나는 체계적인 명명이고, 다른 하나는 괄호 안에 주어진 관용명이다. (이런 식의 표현 방식을 이 장에서 관용명을 가진 다른 화합물이 나올 때에도 계속 사용하겠다.) 화살표 위에 표시된 자외선(hv)은 Cl—Cl 결합을 깨어 염소 원자를 형성하는 데 필요한 에너지를 공급해 준다는 표시로 사용한다.

$$Cl_2 \longrightarrow Cl\cdot + Cl\cdot$$

염소 원자는 한 개의 짝짓지 않은 전자를 가지고 있으며, 하나의 점으로 표시되어 있다. 이 화학종은 반응성이 매우 커서 C—H 결합을 공격할 수 있다.

염소와 플루오린으로 동시에 치환되어 있는 메테인의 일반식은 CF_xCl_{4-x}이다. 이 화합물들은 클로로플루오로탄소(CFC)라고 부르며, 이들은 *프레온*(*Freon*)으로도 알려져 있다. 이 화합물들은 반응성이 매우 작아 냉장고나 에어컨의 냉매로 오랫동안 널리 사용되었다. 화학적 불활성으로 인해 CFC가 극지방의 보호 오존층을 고갈시킨 대기에 축적될 수 있었다(12.8절 참조). 다행히도 CFC의 사용은 1987년 몬트리올 의정서에 의해 금지되어 오존 수치는 상승했다.

알케인은 또한 수소 원자들을 떼어내는 **탈수소화 반응**(dehydrogenation reaction)을

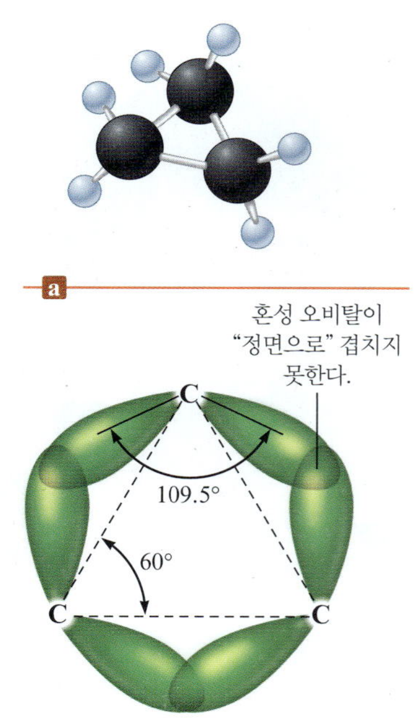

그림 22.5 (a) 사이클로프로페인(C_3H_6)의 분자 구조. (b) 사이클로프로페인에서 C—C 결합을 이루는 sp^3 오비탈의 겹침.

일으켜 불포화 탄화수소를 생성한다. 예를 들면, 에테인은 높은 온도에서 산화 크로뮴(III) 존재하에서 탈수소화 반응을 일으켜 에틸렌을 생성한다.

$$CH_3CH_3 \xrightarrow[500°C]{Cr_2O_3} \underset{\text{에틸렌}}{CH_2{=}CH_2} + H_2$$

고리형 알케인

탄소 원자는 사슬도 형성하지만, 고리도 만든다. 가장 간단한 **고리형 알케인**(cyclic alkane, 일반식 C_nH_{2n})은 사이클로프로페인(C_3H_6)[그림 22.5(a)에서 보는 것과 같은]이다. 사이클로프로페인의 탄소 원자는 60°의 결합각을 가지는 정삼각형을 이루어야 하기 때문에 일반 알케인에서처럼 sp^3 혼성 오비탈이 정면으로 효율적으로 겹치지 못한다[그림 22.5(b)]. 그 결과 약하고 *스트레인*이 큰 C—C 결합이 형성되어 사이클로프로페인은 곧은 사슬 프로페인에 비해 훨씬 반응성이 크다. 사이클로뷰테인(C_4H_8)에서 탄소 원자는 88°의 결합각을 가진 사각형을 이룬다. 그 결과 사이클로뷰테인의 반응성도 상당히 크다.

그러나 이 계열의 다음 두 화학종인 사이클로펜테인(C_5H_{10})과 사이클로헥세인(C_6H_{12})은 매우 안정하다. 이것은 이들 고리가 사면체 결합각에 아주 가까운 결합각을 가지므로 인접 탄소 원자 사이의 sp^3 혼성 오비탈의 겹침이 정면에서 효율적으로 일어나 아주 강한 정상적인 C—C 결합을 이루기 때문이다. 사면체 결합각을 갖기 위하여 사이클로헥세인은 평면 구조가 아닌 "구부러진" 고리 모양을 갖는다. 사이클로헥세인은 그림 22.6에서와 같이 두 가지 형태, 즉 *의자형*(*chair* form)과 *보트형*(*boat* form)으로 존재할 수 있다. 보트형에서는 고리 위쪽 두 개의 수소 원자가 서로 가깝게 존재하고, 이들 사이의 반발력이 크므로 의자형이 더 안정하다. 25°C에서 사이클로헥세인은 99% 이상 의자형으로 존재한다.

사이클로알케인의 구조는 다음과 같은 구조로 간단하게 그릴 수 있다.

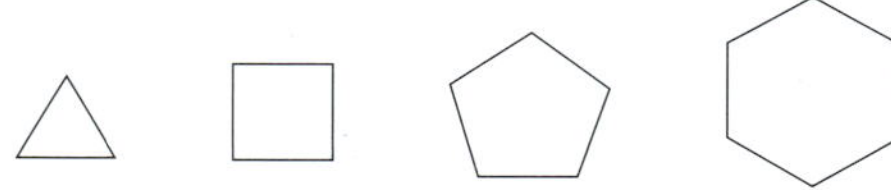

그러므로 다음 구조는 메틸사이클로프로페인을 나타낸다.

사이클로알케인의 명명법은 기본명 앞에 *사이클로-*(*cyclo-*)라는 접두사를 포함시키는 것을 제외하고는 다른 알케인의 명명 규칙을 그대로 따른다. 고리는 치환기의 위치를 나타내는 번호가 작은 값을 갖도록 번호를 붙인다.

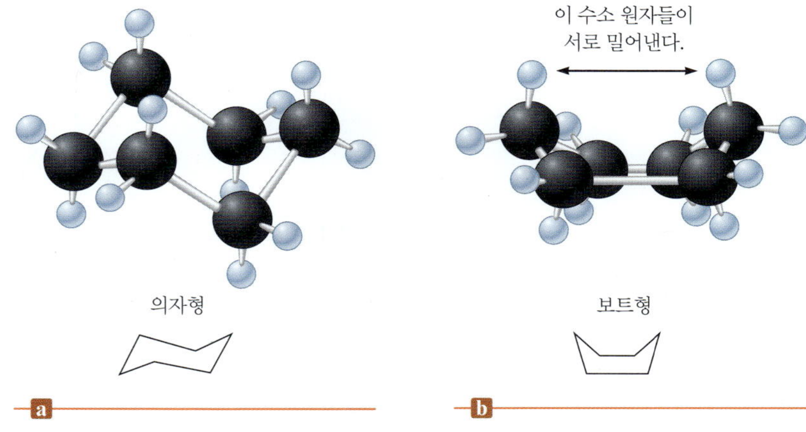

그림 22.6 사이클로헥세인의 (a) 의자 형태와 (b) 보트 형태.

직업 속의 화학

생명공학 회사 부국장

Rameh Hafezi는 암과 감염병에 대한 면역치료제를 개발하는 바이오 기술 회사에서 부국장(Associate Director)으로 근무하고 있다. 그녀는 Arizona 대학교에서 화학 학사 학위를, Massachusetts Amherst 대학교에서 화학 석사 학위를 취득했다. 지난 20여 년 동안 그녀는 미국 내 주요 바이오 제약 회사들에서 인턴십을 거치고 연구원으로 활동해 왔다.

Hafezi는 다양한 분야의 과학자들과 협력하는 과정에서 큰 동기를 얻으며, 첨단 과학이 인간의 수명을 연장할 수 있는 가능성을 지닌 환경에서 일할 때 가장 큰 보람을 느낀다. 그녀는 학생들에게 "학창 시절부터 인맥을 쌓고, 분야 내 전문가들로부터 배우는 자세를 가지라"고 조언한다.

Rameh Hafezi

대화형 예제 22.4 고리형 알케인의 명명

다음 사이클로알케인을 명명하라.

a. $CH_3-CH-CH_3$ (사이클로헥세인 고리에 결합, 고리에 CH_3)

b. 사이클로뷰테인 고리에 CH_2CH_3와 $CH_2CH_2CH_3$

풀이 a. 여섯 개의 탄소를 가진 사이클로헥세인은 다음과 같이 번호를 붙인다.

(고리 번호 1–6; 1번 탄소에 $CH_3-CH-CH_3$, 3번 탄소에 CH_3)

1번 탄소에는 아이소프로필 기가 있고, 3번 탄소에는 메틸 기가 있다. 알킬 기는 알파벳 순서로 이름을 나열하여야 하므로 1-아이소프로필-3메틸사이클로헥세인(1-isopropyl-3-methylcyclohexane)이 된다.

b. 사이클로뷰테인은 다음과 같이 번호를 붙일 수 있다.

(고리 번호 1–4; 1번 탄소에 CH_2CH_3, 2번 탄소에 $CH_2CH_2CH_3$)

이름은 1-에틸-2-프로필사이클로뷰테인(1-ethyl-2-propylcyclobutane)이다.

연습 문제 22.29와 22.30 참조

22.2 알켄과 알카인

알케인에서 수소 원자들이 제거되면 탄소–탄소 다중 결합이 얻어진다. 탄소–탄소 이중 결합을 적어도 하나 이상 포함하는 탄화수소를 **알켄**(alkene)이라 부르며, 일반식은 C_nH_{2n}이다. 가장 간단한 알켄(C_2H_4)은 관용명으로 *에틸렌*(*ethylene*)이라 하며, 그 Lewis 구조는 다음과 같다.

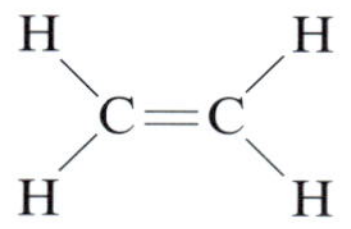

$$\begin{matrix} H & & & & H \\ & \diagdown & & \diagup & \\ & & C{=}C & & \\ & \diagup & & \diagdown & \\ H & & & & H \end{matrix}$$

9.1절에서 논의했듯이 에틸렌의 각 탄소는 sp^2 혼성화되어 있다. C—C σ 결합은 sp^2 오비탈 사이에 전자쌍을 공유하여 형성되며, π 결합은 p 오비탈 사이에 전자쌍을 공유하여 만들어진다(그림 22.7 참조).

알켄의 체계적인 명명법은 알케인에서와 거의 유사하다.

1. 탄화수소의 기본명은 *-에인*(*-ane*) 대신 *-엔*(*-ene*)으로 끝난다. 따라서 C_2H_4의 체계적인 이름은 *에텐*(*ethene*)이며, C_3H_6는 *프로펜*(*propene*)이 된다.
2. 탄소 수가 네 개 이상이 되면 이중 결합의 위치는 이중 결합에 포함된 탄소 원자의 번호 중에서 작은 번호로 나타낸다. 따라서 $CH_2{=}CHCH_2CH_3$는 1-뷰텐이며, $CH_3CH{=}CHCH_3$는 2-뷰텐이 된다.

그림 22.7에서 에틸렌의 두 탄소의 p 오비탈들은 π 결합을 형성하기 위해 평행하게 배열되어 있어야 함에 유의하라. 이것 때문에 자유 회전이 가능한 알케인(그림 22.8)과는 대조적으로 알켄의 C=C 결합은 실온에서 자유 회전을 하지 못한다. 이중 결합으로 연결된 탄소 간의 회전이 제약받으므로 알켄은 ***시스-트랜스 이성질현상***(cis-trans isomerism)을 나타낸다. 예를 들면, 2-뷰텐에는 두 개의 입체 이성질체가 존재한다(그림 22.9). 이중 결합의 한쪽으로 같은 치환기가 놓일 경우 *시스*(*cis*)라고 하며, 서로 다른 방향에 놓일 경우 *트랜스*(*trans*)라 부른다.

알카인(alkyne)은 탄소–탄소 삼중 결합을 가진 불포화 탄화수소이다. 가장 간단한 알카인은 C_2H_2이며 관용명으로 *아세틸렌*(*acetylene*)이라고 하며, 체계적인 명명법으로는 *에타인*(*ethyne*)이다. 9.1절에서 언급하였듯이 아세틸렌의 삼중 결합은 두 탄소 원자의 두 *sp* 혼성 오비탈에 의한 하나의 σ 결합과 두 탄소 원자에서 각각 두 개씩의 $2p$ 오비탈의 겹침에 의한 두 개의 π 결합으로 설명된다(그림 22.10).

알카인의 명명은 기본 알케인의 접미사 *-에인*(*-ane*) 대신 *-아인*(*-yne*)을 사용한다. 따라서 $CH_3CH_2C{\equiv}CCH_3$ 분자는 2-펜타인(2-pentyne)이라 부른다.

고리형 알켄에서 치환기의 번호는 이중 결합이 포함되도록 번호를 매겨야 한다.

알케인처럼 불포화 탄화수소도 고리 구조를 가질 수 있다. 다음 예를 보라.

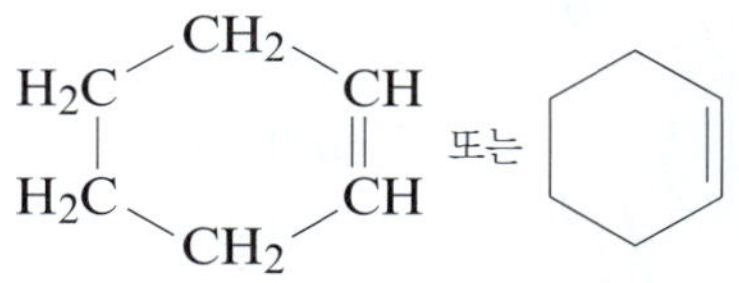

CH_2, H_2C, CH, H_2C, CH, CH_2 또는 [고리 구조]

사이클로헥센

CH_3, CH, H_2C, CH_2, $HC{=}CH$ 또는 [고리 구조, CH_3]

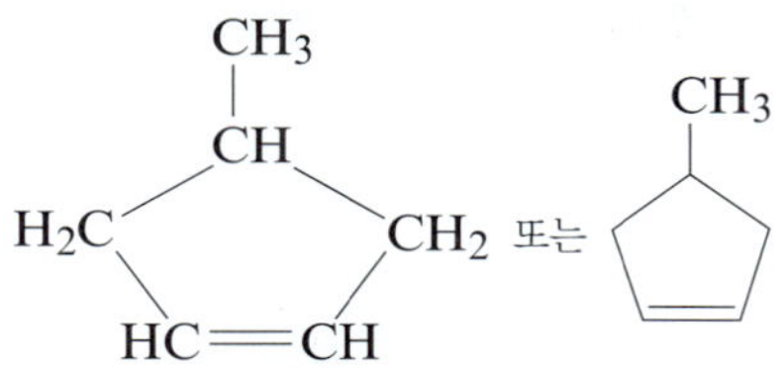

4-메틸사이클로펜텐

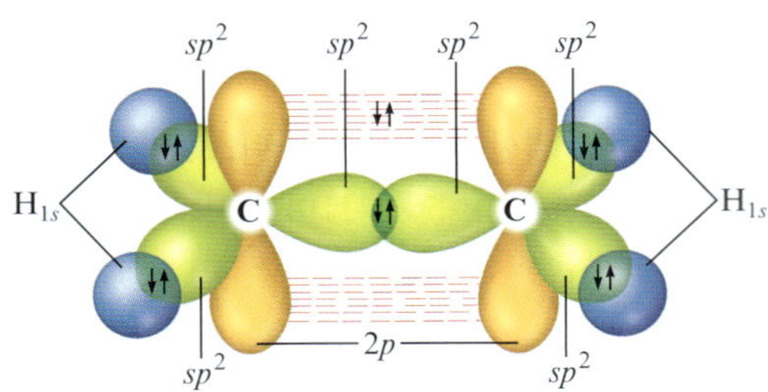

그림 22.7 에틸렌의 결합.

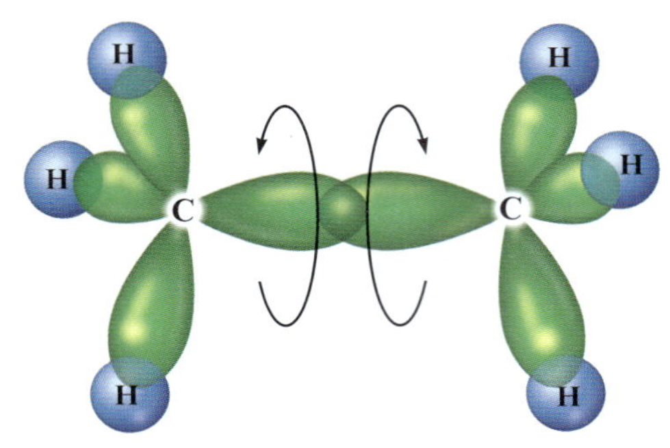

그림 22.8 에테인의 결합은 탄소 원자의 sp^3 오비탈을 포함한다.

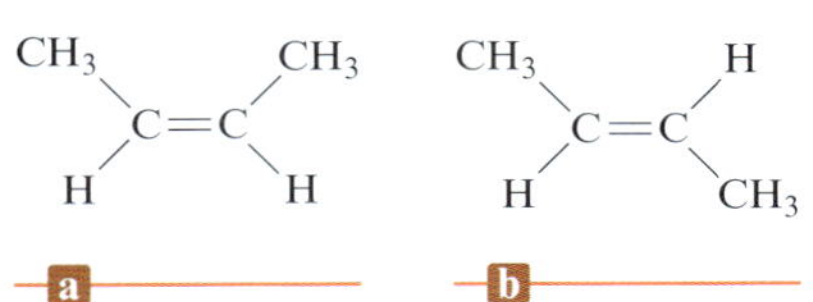

그림 22.9 2-뷰텐의 두 가지 입체 이성질체. (a) *시스*-2-뷰텐과 (b) *트랜스*-2-뷰텐.

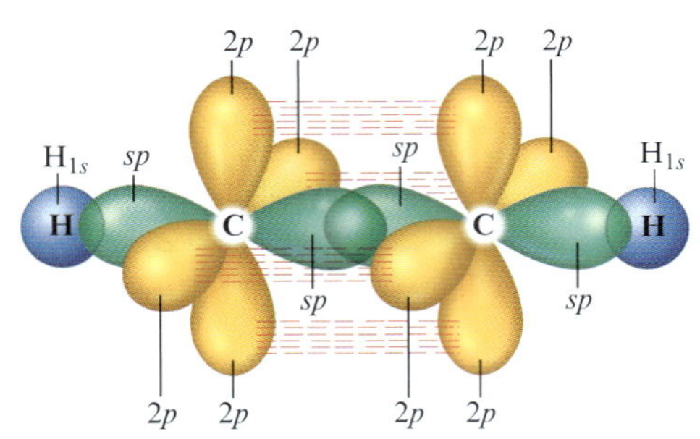

그림 22.10 아세틸렌의 결합.

대화형 예제 22.5 알켄과 알카인의 명명

다음 각 분자들을 명명하라.

a.

```
        H        CH3
         \      /
          C == C
         /      \
CH3CH2CH         H
       |
       CH3
```

b.

```
CH3CH2C≡CCHCH2CH3
          |
          CH2
          |
          CH3
```

풀이 **a.** 가장 긴 사슬은 여섯 개의 탄소를 가지며, 이는 다음과 같이 번호를 붙인다.

```
                  1
        H  3   2  CH3
         \      /
 6  5  4  C == C
CH3CH2CH         H
       |
       CH3
```

따라서 이 탄화수소는 2-헥센이다. 그리고 수소 원자가 이중 결합의 서로 반대쪽에 존재하므로 이것은 *트랜스*-이성질체이다. 이 화합물의 이름은 *트랜스*-4-메틸-2-헥센이다.

b. 가장 긴 사슬은 일곱 개의 탄소를 가지며, 다음과 같이 번호를 붙인다(삼중 결합의 번호가 최소가 되도록).

```
 1  2  3  4 5  6  7
CH3CH2C≡CCHCH2CH3
          |
          CH2
          |
          CH3
```

▲ Oxyacetylene torch(옥시아세틸렌 토치)를 사용하고 있는 근로자.

이 탄화수소는 3-heptyne (3-헵타인)이다. 치환기의 이름이 포함된 완전한 이름은 5-ethyl-3-heptyne (5-에틸-3-헵타인)이다. 삼중 결합의 위치는 해당 결합에 참여하는 두 탄소 원자 중 번호가 더 작은 쪽을 기준으로 표시된다.

연습 문제 22.33, 22.34, 22.54 참조

알켄과 알카인의 반응

알켄과 알카인은 불포화 탄화수소이므로 이들의 가장 중요한 반응은 **첨가 반응**(addition reaction)이다. 이 반응에서는 C—C σ 결합보다 약한 π 결합이 깨어져 첨가된 원자들과 새로운 σ 결합이 형성된다. 예를 들어, **수소화 반응**(hydrogenation reaction)에서는 수소 원자들이 첨가된다.

$$\underset{\text{1-프로펜}}{CH_2{=}CHCH_3} + H_2 \xrightarrow{\text{촉매}} \underset{\text{프로페인}}{CH_3CH_2CH_3}$$

이 반응을 실온에서 빠르게 진행시키기 위해서 백금, 팔라듐 또는 니켈 등의 촉매를 이용한다. 이 촉매들은 12.7절에서 언급한 바와 같이 비교적 강한 H—H 결합을 깨는 데 도움을 준다. 알켄의 수소화 반응은 산업적으로 매우 중요한 공정이다. 특히, 일반적으로 액체인 불포화 지방(이중 결합을 가진 지방)을 고체인 포화 지방으로 변화시켜 쇼트닝을 제조하는 데 이용된다.

할로젠화 반응(halogenation reaction)은 불포화 탄화수소에 할로젠 원자들을 첨가시키는 반응이다.

$$\underset{\text{1-펜텐}}{CH_2{=}CHCH_2CH_2CH_3} + Br_2 \longrightarrow \underset{\text{1,2-다이브로모펜테인}}{CH_2BrCHBrCH_2CH_2CH_3}$$

어떤 불포화 탄화수소를 포함하는 다른 중요한 반응은 **중합반응**(polymerization)이다. 이 반응은 작은 분자 여러 개를 서로 연결시켜 커다란 분자를 만드는 과정이다. 이 중합반응은 22.5절에서 논의하게 된다.

22.3 방향족 탄화수소

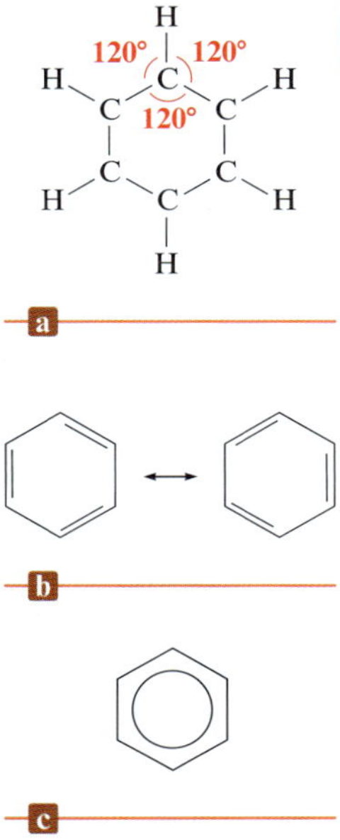

고리형 불포화 탄화수소 중 하나의 특별한 부류로 **방향족 탄화수소**(aromatic hydrocarbon)가 있다. 가장 간단한 방향족 화합물은 벤젠(C_6H_6)이다. 이것은 그림 22.11(a)처럼 평면 고리 구조를 가진다. 벤젠의 결합을 편재 전자 모형으로 설명하면, 그림 22.11(b)에서와 같이 공명 구조를 이용하여 모든 C—C 결합이 동등하다. 그러나 9.5절에서 설명한 바와 같이 벤젠의 구조는 각 탄소의 sp^2 혼성 오비탈이 C—C와 C—H σ 결합을 형성하는 데 사용되고, 각 탄소의 남은 $2p$ 오비탈이 π 분자 오비탈을 형성하는 데 사용되는 것으로 표현하는 것이 가장 좋다. 이 π 결합 전자들의 비편재화는 그림 22.11(c)에서처럼 고리 내부에 동그라미로 표시한다.

π 전자가 비편재화된 벤젠 고리는 다른 전형적인 불포화 탄화수소와 아주 다른 반응성을 보인다. 앞에서 본 것처럼 불포화 탄화수소는 빠른 첨가 반응을 한다. 그러나 벤젠에는 첨가 반응이 일어나지 않는다. 그 대신 수소 *원자가 다른 원자로 치환되는 치환 반응*이 일어나며, 예로서 다음과 같은 반응이 있다.

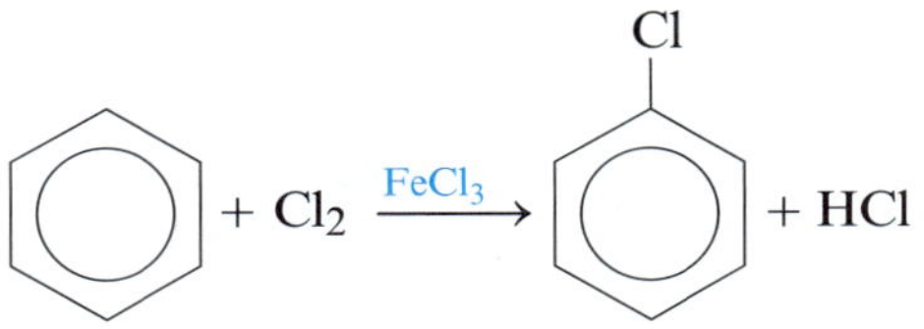

$$C_6H_6 + Cl_2 \xrightarrow{FeCl_3} \underset{\text{클로로벤젠}}{C_6H_5Cl} + HCl$$

H, 120°, 120°, C, H, C, 120°, C, H, C, C, H, C, H
a
b
c

그림 22.11 **(a)** 벤젠의 구조는 모든 결합각이 120°인 평면 고리이다. **(b)** 벤젠의 두 공명 구조. **(c)** 흔히 사용되는 벤젠의 표시. 동그라미는 비편재화된 전자를 나타낸다. 벤젠에 있는 모든 C—C 결합은 동등하다.

$$C_6H_6 + HNO_3 \xrightarrow{H_2SO_4} C_6H_5NO_2 + H_2O$$

나이트로벤젠

$$C_6H_6 + CH_3Cl \xrightarrow{AlCl_3} C_6H_5CH_3 + HCl$$

톨루엔

각 반응에서 화살표 위에 나타낸 화합물이 치환 반응을 촉진시키는 데 필요하다.

치환 반응은 포화 탄화수소의 특성이며, 첨가 반응은 불포화 탄화수소의 특성이다. 벤젠이 포화 탄화수소처럼 행동한다는 사실은 비편재화된 π 전자계가 매우 안정함을 의미한다.

벤젠 유도체의 명명법은 포화된 고리계와 유사하다. 치환기가 두 개 이상 있으면 치환기의 위치를 표시하기 위하여 번호를 붙인다. 예를 들면, 다음 화합물의 이름은 1,2-다이클로로벤젠이다.

(1,2-다이클로로벤젠 구조: 고리 탄소 번호 1–6, 1번과 2번 탄소에 Cl)

다른 명명법에서는 두 개의 치환기가 서로 옆에 있으면 *오쏘*(*ortho*-, *o*-), 한 개의 탄소를 건너뛰어 있으면 *메타*(*meta*-, *m*-), 서로 반대 방향에 있으면 *파라*(*para*-, *p*-) 등의 접두어를 쓴다. 벤젠이 치환기일 경우 **페닐 기**(phenyl group)라 부른다. 몇 가지 방향족 화합물의 예를 그림 22.12에 나타내었다.

벤젠은 가장 간단한 방향족 분자이다. 좀 더 복잡한 방향족 계는 여러 개의 "접합된(fused)" 벤젠 고리로 구성되어 있다. 표 22.3에서 몇 가지 예를 볼 수 있다.

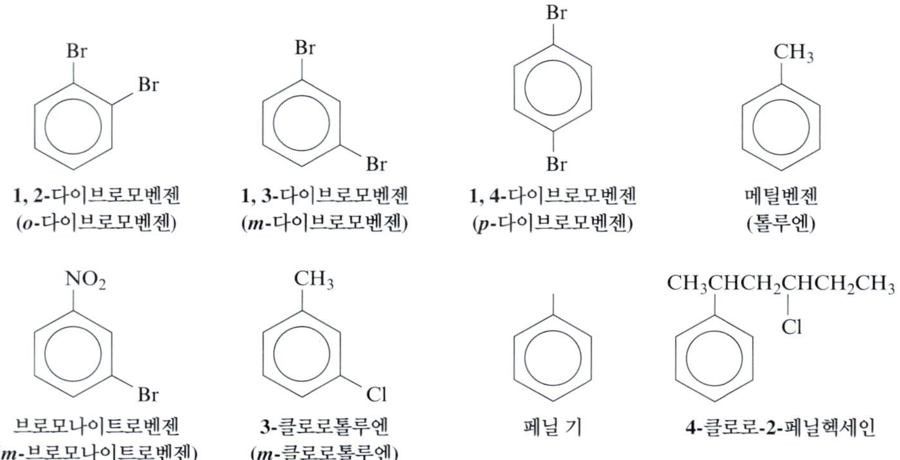

그림 22.12 몇 가지 치환된 벤젠 유도체와 그들의 이름. 괄호 안은 관용명이다.

표 22.3 더 복잡한 방향족 계

구조식	이름	용도 및 영향
	나프탈렌 (Naphthalene)	예전에 방충제로 사용
	안트라센 (Anthracene)	염료
	페난트렌 (Phenanthrene)	염료, 폭발물, 약품 원료
	3,4-벤즈파이렌 (3,4-Benzpyrene)	연기나 연무에 있는 발암성 물질

22.4 탄화수소 유도체

많은 유기 화합물에는 탄소와 수소 이외에도 다른 원소들이 포함되어 있다. 그러나 이들 대부분의 화합물은 **탄화수소 유도체**(hydrocarbon derivative)로 볼 수 있다. 기본적으로는 탄화수소이지만 **작용기**(functional group)라고 부르는 추가로 원자나 원자단이 결합되어 있는 탄화수소이다. 널리 알려진 작용기를 표 22.4에 수록하였다. 각 작용기는 각각의 특징적인 화학적 성질을 갖고 있으므로 각 작용기별로 나누어서 설명하기로 한다.

알코올

알코올(alcohol)은 하이드록시 기(—OH)를 가지고 있는 것이 특징이다. 몇 가지 흔한 알코올을 표 22.5에 나타내었다. 알코올에 대한 체계적인 명명은 모체 탄화수소의 어미 *-e*를 *-ol*로 바꾸면 된다. —OH 기의 위치는 번호로 지정하며, 그 치환기가 위치한 탄소 위치를 지정하는 번호는 가능한 작은 수가 되도록 정한다(앞서 이용한 원리와 같다). 또한 알코올은 —OH 기가 결합되어 있는 탄소에 연결된 탄화수소 치환기 수에 따라서도 분류한다. 여기에서 R, R′, R″은 탄화수소 치환기(알킬 기)이며, 이들은 같을 수도 있고 다를 수도 있다.

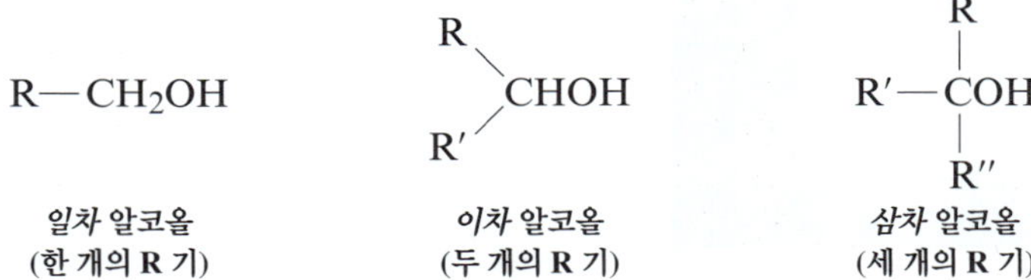

Digital Vision/Getty Images

▲ 방향족 고리를 가지고 있는 화합물은 흔히 염료로 사용된다. 네팔(Nepal)의 시장에서 판매하고 있는 염료.

일반적으로 알코올은 몰질량에서 예측되는 끓는점보다 훨씬 높은 온도에서 끓는다. 예를 들면, 메탄올의 몰질량은 32이고, 에테인의 몰질량은 30이다. 두 화합물의 몰질량은 비슷하지만 메탄올의 끓는점은 65°C이며 에테인의 끓는점은 −89°C이다. 이 차이는 액체 상태에서 작용하는 분자 간 인력의 종류를 비교하면 쉽게 이해할 수 있다. 에테인 분자는 비극성이며, 아주 약한 London 분산력을 가진다. 그러나 메탄올의 극성 —OH 기는 물에서처럼(10.1절) 광범위한 수소 결합을 형성하여 상대적으로 높은 끓는점을 갖게 된다.

많은 중요한 알코올들이 있지만 그중에서 가장 간단한 구조의 메탄올과 에탄올이 매우 큰 상업적 가치를 지닌다. 한때 공기를 차단한 상태에서 나무를 가열함으로써 얻어졌기에,

표 22.4 흔히 볼 수 있는 작용기들

종류	작용기	일반식*	예
할로탄화수소	—X (F, Cl, Br, I)	R—X	CH_3I 아이오도메테인 (아이오딘화 메틸)
알코올	—OH	R—OH	CH_3OH 메탄올 (메틸 알코올)
에테르	—O—	R—O—R′	CH_3OCH_3 다이메틸 에터
알데하이드	$-\overset{O}{\overset{\|}{\mathrm{C}}}-\mathrm{H}$	$\mathrm{R}-\overset{O}{\overset{\|}{\mathrm{C}}}-\mathrm{H}$	CH_2O 메탄알 (폼알데하이드)
케톤	$-\overset{O}{\overset{\|}{\mathrm{C}}}-$	$\mathrm{R}-\overset{O}{\overset{\|}{\mathrm{C}}}-\mathrm{R'}$	CH_3COCH_3 프로판온 (다이메틸 케톤 또는 아세톤)
카르복실 산	$-\overset{O}{\overset{\|}{\mathrm{C}}}-\mathrm{OH}$	$\mathrm{R}-\overset{O}{\overset{\|}{\mathrm{C}}}-\mathrm{OH}$	CH_3COOH 에탄산 (아세트산)
에스터	$-\overset{O}{\overset{\|}{\mathrm{C}}}-\mathrm{O}-$	$\mathrm{R}-\overset{O}{\overset{\|}{\mathrm{C}}}-\mathrm{O}-\mathrm{R'}$	$CH_3COOCH_2CH_3$ 에틸 에탄오에이트 (아세트산 에틸)
아민	$—NH_2$	$R—NH_2$	CH_3NH_2 아미노메테인 (메틸아민)

* R과 R′는 탄화수소 치환기를 나타낸다.

표 22.5 몇 가지 흔히 볼 수 있는 알코올들

화학식	체계명	관용명
CH_3OH	메탄올	메틸 알코올
CH_3CH_2OH	에탄올	에틸 알코올
$CH_3CH_2CH_2OH$	1-프로판올	*n*-프로필 알코올
$\underset{\mathrm{OH}}{\mathrm{CH_3\underset{\|}{C}HCH_3}}$	2-프로판올	아이소프로필 알코올

Ian Shaw/Stone/Getty Images

▲ 와인 제조업자가 현대적인 와인 저장고에서 와인을 한잔 따르고 있다.

목정(*wood alcohol*)이라고도 알려진 메탄올은 지금은 공업적으로(미국에서 연간 약 6백만 톤) 일산화 탄소를 수소화 반응시켜 얻는다.

$$CO + 2H_2 \xrightarrow[ZnO/Cr_2O_3]{400°C} CH_3OH$$

메탄올은 아세트산 및 여러 종류의 접착제, 섬유 및 플라스틱을 합성하는 데 출발 물질로 사용되며, 자동차 연료로도 이용되고 있다. 메탄올은 인간에게 매우 유독하여, 삼키면 눈이 멀고 죽을 수도 있다.

에탄올은 맥주, 포도주 및 위스키 등의 음료에 들어 있는 알코올로 옥수수, 보리, 포도 등에 있는 글루코스를 발효시켜 얻는다.

$$\underset{\text{글루코스}}{C_6H_{12}O_6} \xrightarrow{\text{효모}} \underset{\text{에탄올}}{2CH_3CH_2OH} + 2CO_2$$

이 반응은 이스트에 들어 있는 효소에 의해 촉진된다. 이 촉매 작용은 알코올의 양이 13%(대부분의 포도주가 이 정도의 에탄올을 포함한다)가 될 때까지 진행된다. 이 농도 이상에서는 이스트가 살아남지 못한다. 그 이상의 알코올을 얻으려면 발효 혼합물을 증류해야 한다.

메탄올처럼 에탄올도 자동차의 내연기관의 연료로 사용할 수 있다. 에탄올을 휘발유와 섞어 가소홀(gasohol)을 만든다. 공업적으로는 주로 용매로 사용되며, 아세트산의 합성에도 이용된다. 화학 공업에서 에탄올의 가장 흔한 제법은 다음과 같이 에틸렌과 물을 반응시키는 것이다.

$$CH_2{=}CH_2 + H_2O \xrightarrow[\text{촉매}]{\text{산}} CH_3CH_2OH$$

많은 다가 알코올(두 개 이상의 —OH 기를 포함)이 알려져 있으며, 그중에서 가장 중요한 것은 *1,2-에테인다이올*(*1,2-ethanediol*, 에틸렌 글라이콜)이다.

$$\begin{array}{l} H_2C-OH \\ \quad | \\ H_2C-OH \end{array}$$

이것은 자동차 부동액의 주성분이며, 유독성 물질이다.

—OH 기가 붙어있는 가장 간단한 방향족 알코올은 **페놀**(phenol)이라 부른다. 이 물질은 보통 알코올과 비슷하게 보이지만 실제 물성은 알코올과 매우 다르다. 미국에서 연간 백만 톤이 생산되어 대부분 접착제나 플라스틱 등과 같은 고분자 물질의 합성에 사용된다.

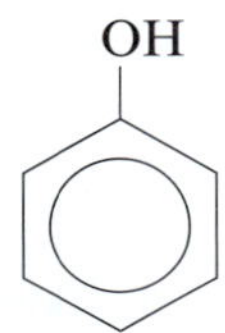

대화형 예제 22.6 알코올의 명명과 분류

다음 각각의 알코올의 체계명을 쓰고, 이 알코올이 일차, 이차, 삼차인지 분류하라.

a. $CH_3CHCH_2CH_3$ (2번 탄소에 OH)

b. $ClCH_2CH_2CH_2OH$

c. $CH_3CCH_2CH_2CH_2CH_2Br$ (2번 탄소에 CH_3와 OH)

풀이 **a.** 사슬의 번호는 다음과 같이 붙인다.

$$\overset{1}{CH_3}\overset{2}{C}H\overset{3}{C}H_2\overset{4}{C}H_3 \text{ (C2에 OH)}$$

—OH 기가 네 개의 탄소 사슬에서 두 번째에 위치하므로 2-뷰탄올이라 부른다. 이때 —OH 기가 결합되어 있는 탄소는 $—CH_3$와 $—CH_2CH_3$로 치환되어 있음에 유의하라.

$$\underset{R}{CH_3}-\overset{H}{\underset{OH}{C}}-\underset{R'}{CH_2CH_3}$$

따라서 이것은 *이차*(*secondary*) 알코올이다.

b. 탄소 사슬의 번호를 다음과 같이 붙여 주므로

$$Cl-\overset{3}{CH_2}-\overset{2}{CH_2}-\overset{1}{CH_2}-OH$$

이름은 3-클로로-1-프로판올이며, *일차*(*primary*) 알코올이다.

$$Cl-CH_2CH_2-\underset{\displaystyle H}{\overset{\displaystyle H}{\underset{|}{\overset{|}{C}}}}-OH$$

한 개의 R이 —OH 기를 가진 탄소에 결합되어 있다.

c. 탄소 사슬의 번호 붙임은 다음과 같다.

$$\overset{1}{CH_3}-\overset{2}{\underset{\displaystyle OH}{\underset{|}{\overset{\displaystyle CH_3}{\overset{|}{C}}}}}-\overset{3}{CH_2}-\overset{4}{CH_2}-\overset{5}{CH_2}-\overset{6}{CH_2Br}$$

따라서 화합물의 이름은 6-브로모-2-메틸-2-헥산올이며, —OH 기가 결합되어 있는 탄소에 세 개의 R 기가 치환되어 있으므로 *삼차*(*tertiary*) 알코올이다.

연습 문제 22.65 참조

알데하이드와 케톤

JL Varga/iStockphoto.com

▲ 신남알데하이드는 계피 향을 내는 물질이다.

알데하이드와 케톤은 다음과 같은 **카보닐 기**(carbonyl group)의 작용기를 갖는다.

$$\rangle C=O$$

케톤(ketone)에서는 카보닐 기가 아세톤에서처럼 두 개의 탄소에 결합되어 있다.

$$CH_3-\underset{\displaystyle O}{\underset{\|}{C}}-CH_3$$

알데하이드(aldehyde)에서는 카보닐 기에 적어도 한 개의 수소 원자가 결합되어 있으며, 폼알데하이드는 다음 구조식을 갖는다.

$$H-\underset{\displaystyle O}{\underset{\|}{C}}-H$$

또한, 아세트알데하이드는 다음과 같다.

$$CH_3-\underset{\displaystyle O}{\underset{\|}{C}}-H$$

알데하이드의 체계명은 모체 알케인의 끝자 *-e*를 *-al*로 바꾸어주면 된다. 케톤의 경우에는 끝자 *-e* 대신 *-one*을 붙이며, 필요한 경우 카보닐 기의 위치를 표시해 준다. 흔히 쓰이는 알데하이드와 케톤의 예가 그림 22.13에 있다. 알데하이드 작용기는 항상 탄소 사슬의 끝에 있으므로 명명법에서 치환 위치를 지정할 때 알데하이드 탄소를 1번 위치로 한다는 것을 주목하라.

케톤은 용매로서 매우 유용하며(예로, 아세톤은 매니큐어 제거제의 성분), 따라서 공업적인 용제로 많이 쓰인다. 알데하이드는 전형적으로 강한 냄새를 갖는다. 바닐린은 바닐라 콩의 향기를, 신남알데하이드는 신나몬(계피)의 특징적 향기를 내는 반면, 썩은 버터의 악취는 뷰티르알데하이드의 냄새이다.

알데하이드와 케톤은 공업적으로 대부분 알코올을 산화시켜 얻는다. 예를 들어, *일차*(*primary*) 알코올을 산화시키면 알데하이드가 생성된다.

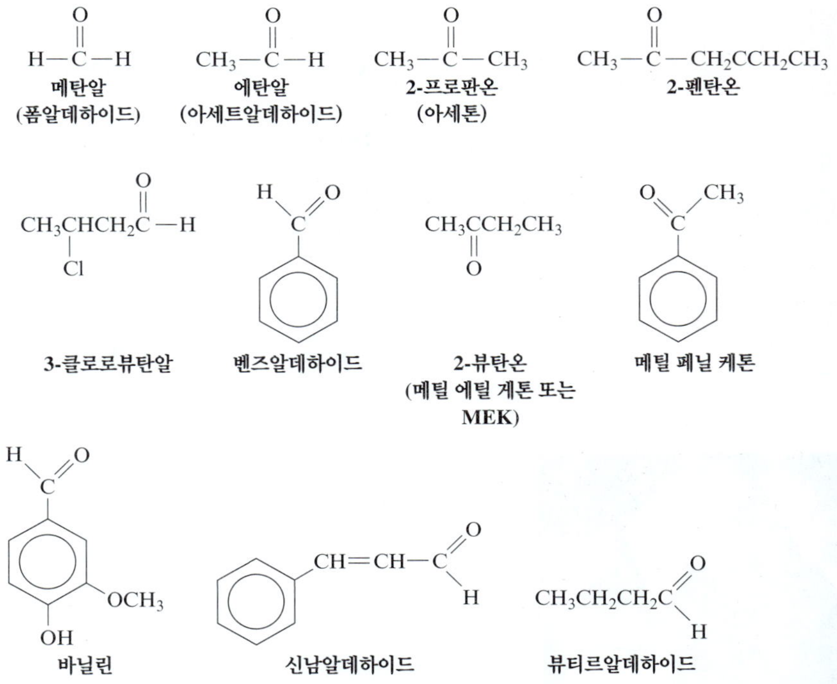

$H-\overset{O}{\overset{\|}{C}}-H$ 메탄알 (폼알데하이드)

$CH_3-\overset{O}{\overset{\|}{C}}-H$ 에탄알 (아세트알데하이드)

$CH_3-\overset{O}{\overset{\|}{C}}-CH_3$ 2-프로판온 (아세톤)

$CH_3-\overset{O}{\overset{\|}{C}}-CH_2CCH_2CH_3$ 2-펜탄온

CH_3CHCH_2CHO (3번 탄소에 Cl) 3-클로로뷰탄알

벤즈알데하이드

$CH_3CCH_2CH_3$ (C=O) 2-뷰탄온 (메틸 에틸 케톤 또는 MEK)

메틸 페닐 케톤

OCH_3, OH 바닐린

$CH{=}CH-CHO$ 신남알데하이드

$CH_3CH_2CH_2CHO$ 뷰티르알데하이드

그림 22.13 대표적인 케톤과 알데하이드. 알데하이드 작용기는 탄소 사슬의 한쪽 끝에 있으므로 명명할 때 이 작용기가 붙은 탄소가 항상 1번이 된다.

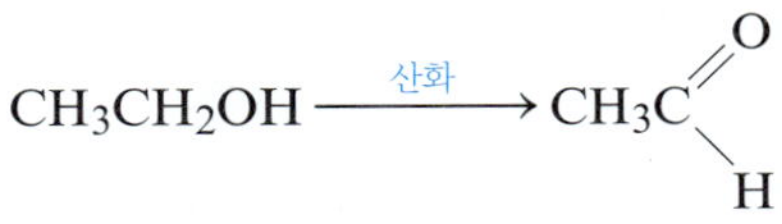

$$CH_3CH_2OH \xrightarrow{\text{산화}} CH_3CHO$$

이차(*secondary*) 알코올을 산화시키면 케톤이 생성된다.

$$CH_3CH(OH)CH_3 \xrightarrow{\text{산화}} CH_3\overset{O}{\overset{\|}{C}}CH_3$$

$CH_3CH_2CH_2COOH$
뷰탄산(butanoic acid)

COOH
벤조산(benzoic acid)

$CH_3CH(Br)CH_2CH_2COOH$
4-브로모펜탄산 (4-bromopentanoic acid)

$Cl_3C-COOH$
트라이클로로에탄산 Trichloroethanoic acid (trichloroacetic acid)

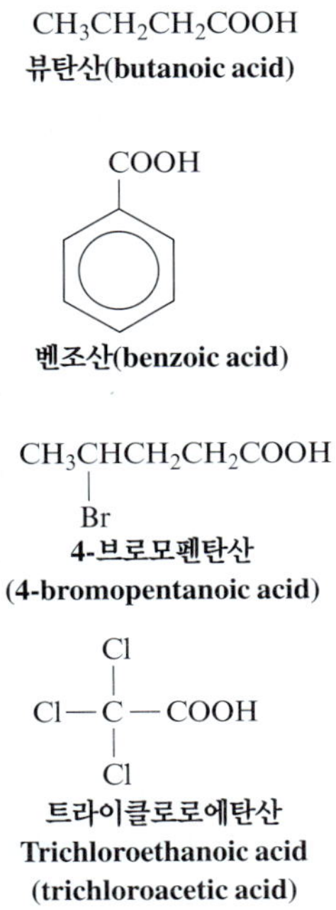

그림 22.14 몇 가지 카복실산.

카복실산과 에스터

카복실산(carboxylic acid)은 다음의 **카복시 기**(carboxyl group)를 가지고 있다.

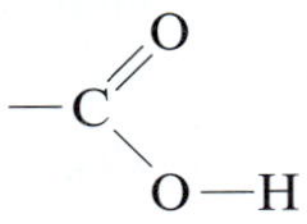

$$-C(=O)-O-H$$

이들의 일반식은 RCOOH이다. 일반적으로 카복실산은 수용액에서 약산이다(14.5절 참조). 유기산은 모체 알케인에서 *-e*를 빼고 *-oic acid*를 붙여 명명한다. 따라서 관용적으로 아세트산이라 부르는 CH_3COOH의 모체 알케인이 에테인이므로 체계적 이름은 에탄산(ethanoic acid)이 된다. 다른 카복실산의 예는 그림 22.14에 실었다.

많은 카복실산은 일차 알코올을 센 산화제로 산화시켜 얻는다. 예를 들어, 에탄올을 과망가니즈산 포타슘으로 산화시키면 아세트산이 얻어진다.

$$CH_3CH_2OH \xrightarrow{KMnO_4(aq)} CH_3COOH$$

카복실산은 알코올과 반응하여 **에스터**(ester)와 물을 생성한다. 예를 들어, 아세트산과 에탄올을 반응시키면 아세트산 에틸과 물이 생성된다.

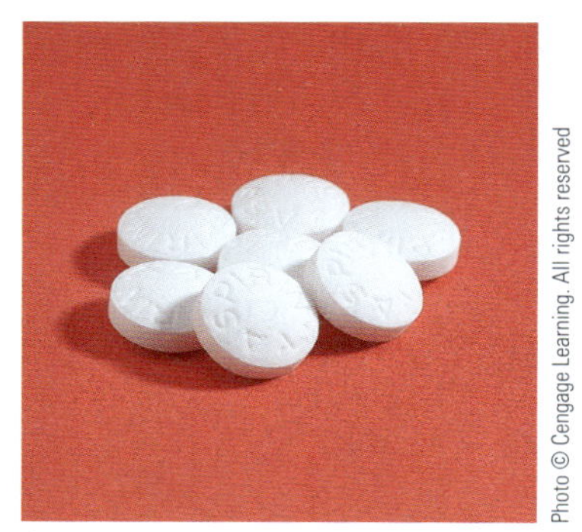

▲
아스피린 정.

▲
컴퓨터를 이용해 얻은 아세틸살리실산(아스피린)의 공간-채움 모형.

$$CH_3\overset{O}{\overset{\|}{C}}-OH \quad H-OCH_2CH_3 \longrightarrow CH_3\overset{O}{\overset{\|}{C}}-OCH_2CH_3 + H_2O$$

반응하여
물을 생성

에스터는 대부분의 경우 달콤한 과일 향기를 가지므로 자극적인 냄새를 지닌 카복실산과는 아주 대조적이다. 예를 들어, 바나나 향기는 아세트산 *n*-아밀(*n*-amyl acetate)에서 비롯된다.

$$CH_3C(=O)OCH_2CH_2CH_2CH_2CH_3$$

또한 오렌지 향은 아세트산 *n*-옥틸(*n*-octyl acetate)로 인한 것이다.

$$CH_3\underset{O}{\underset{\|}{C}}-OC_8H_{17}$$

에스터의 영어식 체계명은 산 이름에서 *-oic*를 빼고 *-oate*를 붙인다. 알코올 부분의 경우 *-yl*을 끝에 붙여 먼저 명명한다. 예를 들어, 아세트산 *n*-옥틸(*n*-octyl acetate)의 체계명은 에탄산 *n*-옥틸(*n*-octyl ethanoate, 에탄산으로부터)이다.

매우 중요한 에스터는 살리실산과 아세트산의 반응에서 얻어진다.

$$C_6H_4(COOH)OH \quad HO-\underset{O}{\underset{\|}{C}}CH_3 \longrightarrow C_6H_4(COOH)O-\underset{O}{\underset{\|}{C}}CH_3 + H_2O$$

살리실산 아세트산 아세틸 살리실산

생성물은 보통 *아스피린*(*aspirin*)으로 알려진 아세틸살리실산으로 진통제로 많이 사용된다.

아민

아민(amine)은 암모니아의 유도체로 볼 수 있으며, 한 개 이상의 N—H 결합이 N—C 결합으로 바뀌어져 있다. 만약 한 개의 N—C 결합이 있으면 *일차*(*primary*) 아민, 두 개이면 *이차*(*secondary*) 아민, NH_3의 모든 N—H 결합이 N—C로 바뀌면 *삼차*(*tertiary*) 아민이라 부른다(그림 22.15). 몇 가지 아민의 예를 표 22.6에 나타내었다.

간단한 아민에 대해서는 흔히 관용명이 쓰이며, 좀 더 복잡한 분자에 대한 체계적 명명은 $—NH_2$ 작용기에 대해 *아미노-*(*amino-*)라는 이름을 붙인다. 예를 들면, 다음 분자의 이름은 2-아미노뷰테인이다.

$$CH_3\underset{NH_2}{\underset{|}{C}}HCH_2CH_3$$

대부분의 아민은 불쾌한 "생선" 냄새를 풍긴다. 예를 들어, 동물이나 인간의 살이 썩는 냄새는 $H_2NCH_2CH_2CH_2NH_2$ (putrescine)이나 $H_2NCH_2CH_2CH_2CH_2CH_2NH_2$ (cadaverine)와 같은 아민 때문이다.

방향족 아민은 주로 염료로 합성하는 데 많이 이용되며, 대부분의 아민은 발암성 물질이므로 조심스럽게 다루어야 한다.

표 22.6 몇 가지 흔히 볼 수 있는 아민

화학식	관용명	종류
CH_3NH_2	메틸아민	일차
$CH_3CH_2NH_2$	에틸아민	일차
$(CH_3)_2NH$	다이메틸아민	이차
$(CH_3)_3N$	트라이메틸아민	삼차
NH_2 (벤젠 고리)	아닐린	일차
H–N (두 벤젠 고리)	다이페닐아민	이차

R—N(H)(H) 일차 아민

R—N(R′)(H) 이차 아민

R—N(R′)(R″) 삼차 아민

그림 22.15 일차 아민, 이차 아민 및 삼차 아민의 일반식. 여기에서 R, R′, R″는 탄소 치환기를 나타낸다.

22.5 중합체(고분자)

중합체(polymer)는 몰질량이 매우 크고 대부분이 사슬 모양이며, *단위체(monomer)*라 부르는 작은 분자로부터 얻어지는 분자이다. 중합체는 합성 직물, 고무, 플라스틱을 만드는 데 사용되며, 일상생활에 커다란 혁신을 가져다주는 데 중요한 역할을 했다. 미국 공업 화학자 중의 약 50%가 중합체 화학 분야에 종사한다고 추정된다. 이 사실은 중합체가 우리 경제 및 생활수준에 얼마나 중요한가를 말해 준다.

중합체의 개발과 성질

중합체 공업의 발전은 뜻밖의 발견이 과학의 진보에 얼마나 중요한 역할을 하는가를 보여주는 좋은 예이다. 중합체 화학의 많은 발견은 과학자들이 우연히 관찰한 결과를 이후 철저하게 연구한 결과이다.

플라스틱 시대의 시작은 1846년의 어느 날로 거슬러 올라간다. 스위스 Basel 대학교의 화학 교수였던 Christian Schoenbein은 질산과 황산이 담긴 플라스크를 실수로 쏟았다. 그는 서둘러 아내의 무명 앞치마로 이것을 닦은 후, 걸레가 되어버린 앞치마를 물로 헹군 후 이를 말리려고 뜨거운 난로 앞에 걸었는데 앞치마가 건조된 것이 아니라 타버렸다.

▲ 배클라이트로 만든 1951년대 라디오.

이 결과를 재미있게 여겨, Schoenbein은 같은 일을 이번에는 잘 통제된 조건에서 실험해 본 후 새롭게 얻어진 물질이 질산 셀룰로스라고 결론을 내렸으며, 이 물질은 매우 놀랄 만한 성질을 가지고 있다는 것도 발견하였다. 그가 경험하였듯이 질산 셀룰로스는 가연성이 매우 컸으며, 어떤 조건하에서는 폭발성도 있었다. 더구나 그는 이 물질을 적당한 온도에서 성형한 후 식히면, 질기긴 하나 탄성이 있다는 점을 발견하였다. 예상할 수 있듯이 처음에는 이 물질의 큰 폭발성이 다른 성질보다 더 큰 관심을 끌었고, 질산 셀룰로스는 무연 화약의 기본이 되었다. Schoenbein의 발견은 진정한 의미의 합성 중합체의 발견이라고 볼 수는 없으나(이미 형성된 천연 중합체인 셀룰로스의 변형법의 발견일 뿐), 사진 필름, 인조 섬유 및 다양한 형태의 성형물을 생산하게 해 줌으로써 많은 산업들의 근간이 되었다.

▲ 확대한 나일론 섬유.

초기의 합성 중합체들은 여러 유기 반응의 부산물로 얻어졌으며, 원하지 않는 불순물로 여겨졌다. 그래서 지금은 우리 생활에 필수적인 중합체들도 처음 합성되었을 때는 실망 속에 내버려졌었다. 벨기에 태생의 미국 화학자 Leo H. Baekeland(1863~1944)는 페놀과 폼알데하이드를 반응시켜서 얻은 "타르형" 생성물을 내버리지 않은 화학자였다.

화학의 선구자

Wallace H. Carothers(1896~1937)

Wallace H. Carothers

나일론 및 첫 합성 고무(네오프렌)의 개발에 공이 큰 Wallace H. Carothers는 뛰어난 유기 화학자로, 1896년 미국 Iowa주의 벌링턴(Burlington)에서 태어났다. Carothers는 어렸을 때 도구 및 기계 장치에 매료되었으며, 실험에 많은 시간을 소비하였다. 1915년에 Missouri의 Tario 대학에 입학하였으며, 화학에 어찌나 우수하였던지 졸업도 하기 전에 화학 강사가 되었다.

그 후에 Carothers는 Illinois Urbana 대학교 Champaign으로 옮겨 1924년에 유기화학 박사과정을 마쳤을 때 교수로 임명되었다. 그는 1926년에 Harvard 대학교로 옮겼고, 1928년 기초 연구 분야의 새로운 과제에 참여하기 위해 Dupont사로 옮겼다. Dupont에서 Carothers는 유기 화학부의 책임자였으며, 그 회사에 있던 10년 동안 고분자 화학의 기초를 닦는 데 중요한 역할을 하였다.

Carothers는 33살에 이미 세계적으로 유명한 화학자가 되었으며, 고분자 분야에서 일하던 거의 모든 사람이 그의 조언을 받기를 원했을 정도였다. 그는 공업 화학자로는 최초로 영예로운 국립과학원 회원으로 선출되었다.

Carothers는 시를 애송하였고, 클래식 음악의 애호가였다. 불운하게도 그는 심각한 우울증으로 고통을 받았고, 1937년에 필라델피아의 어느 호텔방에서 사이안화염 용액을 마시고 자살하였다. 그는 당시 41세였다.

Baekeland의 연구에 의하여 Bakelite라 부르는 진정한 의미의 첫 합성 플라스틱이 발견되었다. Bakelite를 고압, 고온에서 특정 모양으로 일단 성형하고 나면 형태가 고정되어 다시 가열하여도 물러지거나 녹아버리지 않는다. Bakelite는 **열경화성 중합체**(thermoset polymer)이다. 이에 비하여 질산 셀룰로스는 **열가소성 중합체**(thermoplastic polymer)로, 성형한 후에도 다시 용융이 가능하다.

1907년 Bakelite의 발견은 거대한 플라스틱 산업으로 발전하였다. 전화기, 당구공과 전기 기기의 절연체를 생산하는 중합체 화학의 초창기에는 이들 물질의 정체에 관하여 많은 논쟁이 있었다. 독일의 화학자 Hermann Staudinger가 1920년에 이미 중합체는 강한 화학 결합으로 연결된 매우 큰 분자라고 추측하였지만, 그 당시 화학자 대부분은 이들 물질이 작은 분자들이 화학 결합보다는 약한 힘에 의하여 엉겨져 있는 콜로이드와 같은 물질이라고 생각했다.

중합체가 거대 분자임을 이해시키는 데 크게 공헌한 화학자는 DuPont 사의 Wallace H. Carothers였다. 그가 이룬 여러 업적 중 나일론의 합성이 있다. 나일론 이야기도 과학 연구에서 우연한 발견이 얼마나 중요한가를 보여준다. 처음 나일론이 만들어졌을 때, 그 생성물은 구조적 특성이 거의 없는 점착성 물질이었다. 이 때문에 처음에는 나일론이 별 유용성이 없는 물질로 무시되었다. 그러나 어느 날 Carothers의 연구진 중의 한 화학자인 Julian Hill이 조그마한 끈적거리는 나일론 덩어리를 젓개 막대 끝에 놓고 잡아당겨 긴 끈을 만들었다. 그는 이 끈이 비단 같은 외양과 강도를 갖는다는 사실을 알게 되었으며, 나일론을 유용한 섬유로 뽑을 수 있다는 것을 알게 되었다.

▲
다리 결합은 타이어의 고무를 강하고 견고하게 해준다.

나일론이 이와 같은 성질을 나타내는 이유는 지금은 잘 알려져 있다. 나일론이 만들어지면 처음에는 중합체 사슬이 스파게티처럼 마구잡이로 배향하고 있어 무정형성이 크다. 그러나 실(thread)로 뽑으면 사슬들이 정돈되어(나일론의 결정성이 증가) 이웃 사슬 간에 수소 결합을 증가시킨다. 이와 같은 결정성이 증가하면, 그 결과 수반되는 수소 결합의 증가로 강한 섬유가 만들어지며 매우 유용한 물질이 된다. 상업적으로는 작은 구멍을 지닌 *방적돌기*(*spinneret*)를 통하여 강제적으로 방사함으로써 중합체 사슬을 정렬시켜 나일론을 생산한다.

중합체의 강도를 증가시키는 또 한 가지 성질은 이웃 사슬 간의 공유 결합인 **다리 결합**

Charles Goodyear는 천연 고무를 유용한 제품으로 만들기 위해 수년간 노력하였다. 1839년 우연히 황이 들어간 고무를 뜨거운 난로에 떨어뜨렸는데 예상과 달리 고무가 녹지 않았다. Goodyear는 이 관찰을 발전시켜 가황 처리 고무를 개발하였다.

(crosslinking)이다. Bakelite는 다리 결합을 많이 하고 있으며, 이 때문에 이 중합체는 강하고 질기다. 다리 결합의 또 한 예는 고무의 제조에서 볼 수 있다. 가공하지 않은 천연 고무는 다음과 같은 구조로 되어 있으며, 제조에 적합하지 않은 부드러운 점착성 물질이다.

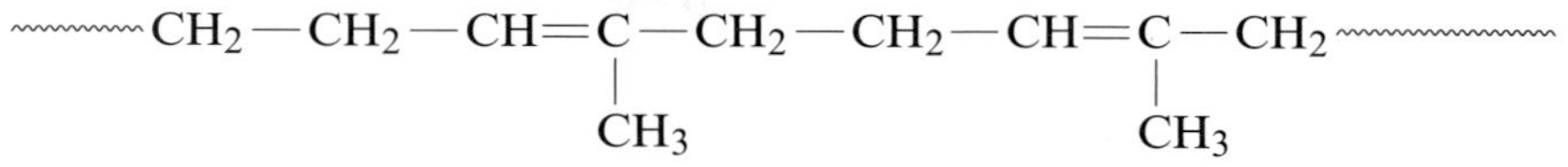

$$\sim\sim CH_2-CH_2-CH{=}\underset{\displaystyle CH_3}{\underset{|}{C}}-CH_2-CH_2-CH{=}\underset{\displaystyle CH_3}{\underset{|}{C}}-CH_2\sim\sim$$

그러나 1839년 미국의 화학자 Charles Goodyear(1800~1860)가 우연히 고무에 황을 섞고 그 혼합물을 가열한 결과[**가황**(vulcanization) 과정], 탄성은 그대로 유지되며 강도는 증진된 고무를 얻었다. 이런 성질의 변화는 다른 가닥 사슬 간의 탄소 원자들을 황 원자가 공유 결합을 통해 연결하여 다리 결합을 만들기 때문이다.

중합체의 종류

가장 간단하고 잘 알려진 중합체는 *폴리에틸렌*(*polyethylene*)이다. 이것은 에틸렌 단위체로부터 얻어진다.

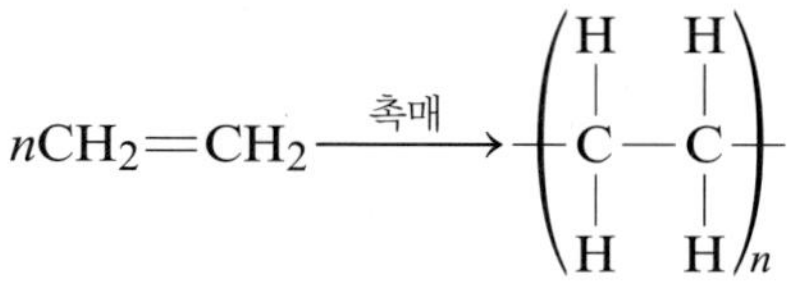

$$n\,CH_2{=}CH_2 \xrightarrow{\text{촉매}} \left(\begin{matrix} H & & H \\ | & & | \\ C & - & C \\ | & & | \\ H & & H \end{matrix}\right)_n$$

여기에서 n은 큰 숫자(보통 수천)를 나타낸다. 폴리에틸렌은 강하고 유연한 플라스틱으로서 배관, 병, 절연체, 포장용 필름, 쓰레기 봉투 그리고 다른 많은 일상용품을 만드는 데 사용된다. 이러한 성질은 에틸렌 단위체에 붙은 치환체에 따라 조절할 수 있다. 예를 들어, 테트라플루오로에틸렌을 단위체로 사용하면 테플론이라는 중합체가 얻어진다.

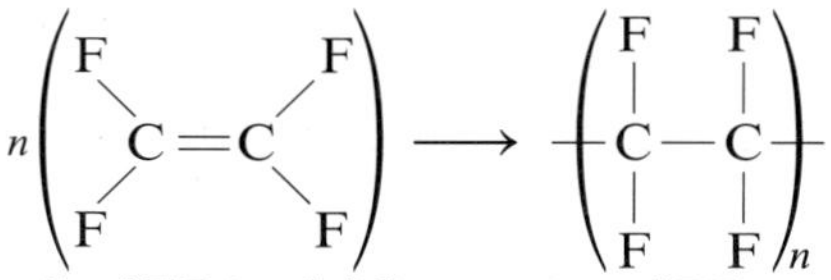

$$n\left(\begin{matrix} F & & & & F \\ & \diagdown & & \diagup & \\ & C & = & C & \\ & \diagup & & \diagdown & \\ F & & & & F \end{matrix}\right) \longrightarrow \left(\begin{matrix} F & & F \\ | & & | \\ C & - & C \\ | & & | \\ F & & F \end{matrix}\right)_n$$

테트라플루오르에틸렌 **테플론**

치환체를 가진 폴리에틸렌의 일종인 테플론의 발견은 화학 연구에서 우연한 발견이 중요함을 보여주는 또 다른 예이다. 1938년 Dupont사의 화학자인 Roy Plunkett는 기체상의 테트라플루오로에틸렌의 화학에 대해 연구하고 있었다. 그는 약 100파운드의 이 화합물을 합성하여 강철 실린더에 보관하였다. 그러나 그 중 한 실린더의 밸브를 열었을 때 기체가 나오지 않아 실린더의 가운데를 잘라 보았는데 하얀 고체 분말이 들어있었다. 이 분말은 테트라플루오로에틸렌의 중합체로 밝혀졌고, 결국 이 중합체는 테플론으로 개발되었다. 테플론은 센 C—F 결합 때문에 화학 약품에 강하며, 반응성이 없고, 질기며, 불연성 물질로 전기 절연체, 요리 기구의 눌어붙지 않게 하는 표면 처리제, 또는 낮은 온도에서 사용되는 베어링 등을 만드는 데 사용된다.

다른 폴리에틸렌 중합체는 클로로 기, 메틸 기, 사이아노 기, 페닐 기를 포함하는 단위체로부터 얻는다. 몇 가지 예가 표 22.7에 요약되어 있다. 모든 경우 치환된 에틸렌 단위체에서의 탄소-탄소 이중 결합은 중합체에서 단일 결합으로 변한다. 치환에 따라 다양한 물성이 얻어진다.

폴리에틸렌 중합체는 중요한 중합반응의 하나인 **첨가 중합반응**(addition polymerization)에 의하여 합성된다. 이 반응에서는 한 단위체가 다른 단위체에 단순히 "첨가됨"으로써 중합체가 형성되며, 다른 생성물은 만들어지지 않는다. 일반적으로 중합체 형성 과정은 하이드록시 라디칼(HO·)과 같이 홀전자를 갖는 화학종인 **자유 라디칼**(free radical)에 의

표 22.7 몇 가지 일반적인 합성 중합체와 그들의 단위체 및 용도

단위체		중합체		
이름	화학식	이름	화학식	용도
에틸렌	$H_2C{=}CH_2$	폴리에틸렌	$-(CH_2-CH_2)_n-$	플라스틱 관, 병, 전기절연체, 장난감
프로필렌	$H_2C{=}C(H)(CH_3)$	폴리프로필렌	$-(CH(CH_3)-CH_2-CH(CH_3)-CH_2)_n-$	포장용 필름, 카펫, 실험실용 기구, 장난감
염화 바이닐	$H_2C{=}C(H)(Cl)$	폴리염화 바이닐 (PVC)	$-(CH_2-CH(Cl))_n-$	배관, 판자벽, 마루타일, 의류, 장난감
아크릴로 나이트릴	$H_2C{=}C(H)(CN)$	폴리아크릴로 나이트릴(PAN)	$-(CH_2-CH(CN))_n-$	카펫, 직물
테트라플루오로에틸렌	$F_2C{=}CF_2$	테플론	$-(CF_2-CF_2)_n-$	요리용 기구 코팅, 전기절연체, 베어링
스타이렌	$H_2C{=}C(H)(C_6H_5)$	폴리스타이렌	$-(CH_2CH(C_6H_5))_n-$	용기, 열 절연체, 장난감
뷰타다이엔	$H_2C{=}C(H)-C(H){=}CH_2$	폴리뷰타다이엔	$-(CH_2CH{=}CHCH_2)_n-$	타이어 접지면, 코팅수지
뷰타다이엔과 스타이렌	위 참조	스타이렌–뷰타다이엔 고무	$-(CH(C_6H_5)-CH_2-CH_2-CH{=}CH-CH_2)_n-$	합성고무

하여 개시된다. 자유 라디칼이 에틸렌을 공격하면 에틸렌 분자의 π결합이 깨어지면서 새로운 자유 라디칼이 형성된다.

$$H_2C{=}CH_2 + \cdot OH \longrightarrow HO-CH_2-CH_2\cdot$$

이와 같이 형성된 새로운 자유 라디칼이 다른 에틸렌 분자와 다시 반응한다.

$$\text{HO}{-}\text{CH}_2{-}\text{CH}_2\cdot \;+\; \text{CH}_2{=}\text{CH}_2 \longrightarrow \text{HO}{-}\text{CH}_2{-}\text{CH}_2{-}\text{CH}_2{-}\text{CH}_2\cdot$$

이런 과정이 수천 번 반복되면 긴 사슬의 중합체가 형성된다. 종결 단계에서는 *두 개의 라디칼*(*two radicals*)이 서로 반응하여 결합을 형성함으로써 라디칼이 소멸되고, 반응은 끝나게 된다.

다른 형태의 중합반응은 **축합 중합반응**(condensation polymerization)이다. 이 과정에서는 중합체 사슬이 생길 때 물과 같은 작은 분자가 떨어져 나온다. 가장 널리 알려진 축합 반응의 예는 *나일론*의 합성이다. 나일론은 두 가지 다른 종류의 단위체가 사슬을 형성한 **혼성 중합체**(copolymer)이다. 반면에 **동종 중합체**(homopolymer)란 같은 종류의 단위체가 모여 중합체를 형성한 경우를 의미한다. 현재 일반적으로 사용되는 나일론의 한 종류는 헥사메틸렌다이아민과 아디프산을 축합 중합시켜 얻으며, 새로운 C—N 결합을 하기 위해 물 분자가 떨어져 나온다.

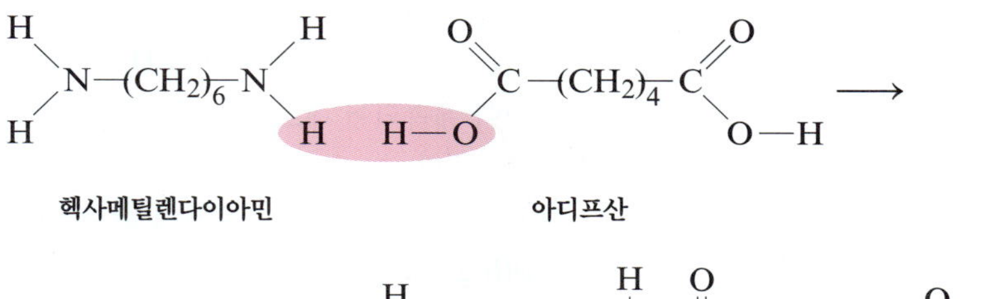

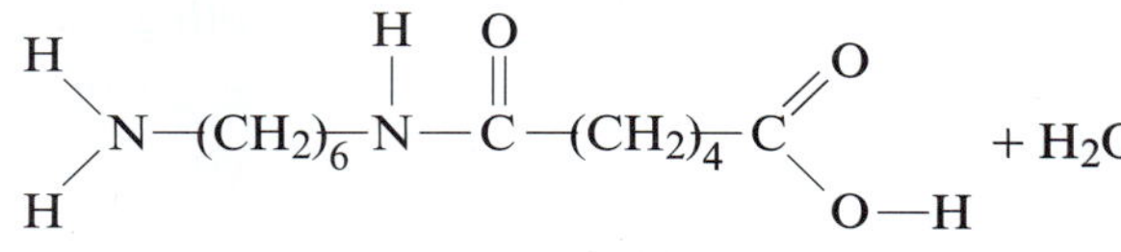

두 개의 단위체가 결합되어 형성된 이와 같은 분자는 **이량체**(dimer)라 부르며, 이 이량체는 다시 한쪽 끝에 아미노 기를, 다른 쪽 끝에 카복시 기를 가지고 있기 때문에 축합 중합반응을 계속할 수 있다. 계속해서 양 끝은 다른 단위체와 반응할 수 있도록 열려 있다. 이러한 과정을 되풀이하여 다음과 같은 형태의 긴 사슬 중합체가 생성된다.

$$\left(\text{NH}{-}(\text{CH}_2)_6{-}\text{NH}{-}\text{C(=O)}{-}(\text{CH}_2)_4{-}\text{C(=O)} \right)_n$$

이 형태가 나일론의 기본 구조이다. 나일론의 형성 반응은 쉽게 진행되므로 시범 강의에서 자주 이용된다(그림 22.16). 나일론의 성질은 산이나 아민 단위체 내 탄소의 개수에 따라 변화시킬 수 있다.

미국에서는 매년 백만 톤 이상의 나일론이 생산되며 천, 카펫, 밧줄 등을 만드는 데 쓰인다. 다양한 형태의 다른 축합 반응들이 중합체를 만드는 데 사용된다. 예를 들어, 데이크론(Dacron)은 에틸렌 글라이콜(다이알코올)과 다이카복실산의 하나인 테레프탈산과의 축합 반응에 의하여 얻어진다.

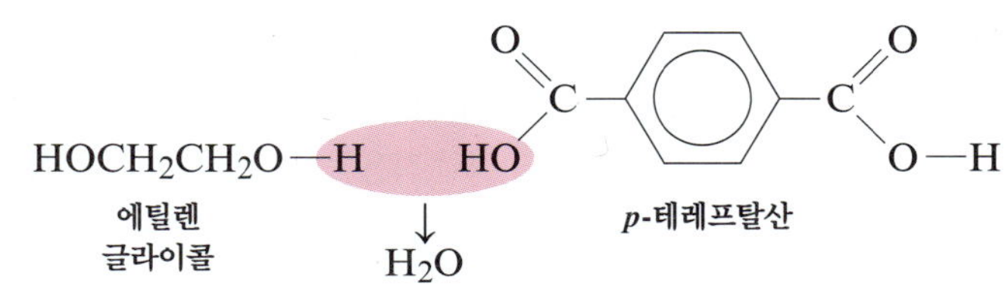

그림 22.16 나일론의 합성 반응은 비커에 들어있는 두 개의 섞이지 않는 액체의 경계면에서 이루어진다. 아래층에는 CCl_4에 녹은 염화 아디포일이 있고, 위층에는 헥사메틸렌다이아민이 물에 녹아 있다. C—N 결합이 형성됨에 따라 HCl 분자가 떨어져 나온다.

염화 아디포일의 화학식은 다음과 같다.

$$\text{Cl}{-}\text{C(=O)}{-}(\text{CH}_2)_4{-}\text{C(=O)}{-}\text{Cl}$$

또한 헥사메틸렌다이아민의 화학식은 다음과 같다.

$$H_2N{-}(CH_2)_6{-}NH_2$$

데이크론 내에서 반복되는 단위는 다음과 같다.

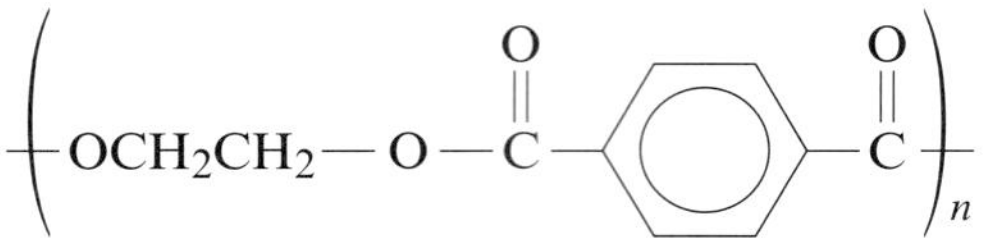

$$\left(-\mathrm{OCH_2CH_2}-\mathrm{O}-\overset{\overset{\displaystyle \mathrm{O}}{\|}}{\mathrm{C}}-\langle\bigcirc\rangle-\overset{\overset{\displaystyle \mathrm{O}}{\|}}{\mathrm{C}}- \right)_n$$

이 중합반응에서는 카복실산과 알코올이 반응하여 다음과 같은 에스터를 형성한다.

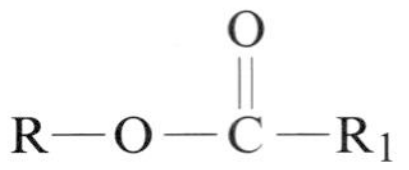

$$\mathrm{R}-\mathrm{O}-\overset{\overset{\displaystyle \mathrm{O}}{\|}}{\mathrm{C}}-\mathrm{R_1}$$

따라서 데이크론은 **폴리에스터**(polyester)라 부른다. 데이크론은 그 자체로 또는 양털과 섞어서 옷감을 만드는 섬유의 제조에 쓰인다.

에틸렌으로부터 만드는 중합체

중합체 공업의 대부분은 에틸렌 및 치환된 에틸렌의 중합반응에 의한 거대분자의 생산이다. 이전에서 보았듯이, 에틸렌 분자는 이중 결합이 개시제에 의하여 끊어지고 첨가 중합 반응을 한다.

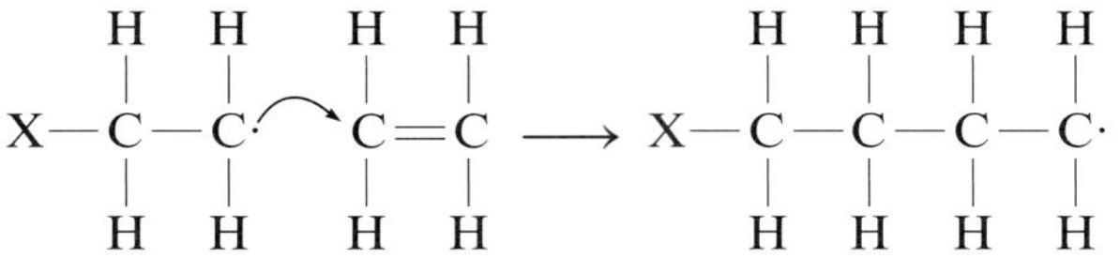

$$\mathrm{X}-\underset{\underset{\displaystyle \mathrm{H}}{|}}{\overset{\overset{\displaystyle \mathrm{H}}{|}}{\mathrm{C}}}-\underset{\underset{\displaystyle \mathrm{H}}{|}}{\overset{\overset{\displaystyle \mathrm{H}}{|}}{\mathrm{C}}}\cdot \;\; \underset{\underset{\displaystyle \mathrm{H}}{|}}{\overset{\overset{\displaystyle \mathrm{H}}{|}}{\mathrm{C}}}=\underset{\underset{\displaystyle \mathrm{H}}{|}}{\overset{\overset{\displaystyle \mathrm{H}}{|}}{\mathrm{C}}} \longrightarrow \mathrm{X}-\underset{\underset{\displaystyle \mathrm{H}}{|}}{\overset{\overset{\displaystyle \mathrm{H}}{|}}{\mathrm{C}}}-\underset{\underset{\displaystyle \mathrm{H}}{|}}{\overset{\overset{\displaystyle \mathrm{H}}{|}}{\mathrm{C}}}-\underset{\underset{\displaystyle \mathrm{H}}{|}}{\overset{\overset{\displaystyle \mathrm{H}}{|}}{\mathrm{C}}}-\underset{\underset{\displaystyle \mathrm{H}}{|}}{\overset{\overset{\displaystyle \mathrm{H}}{|}}{\mathrm{C}}}\cdot$$

이 과정이 계속되어 새로운 에틸렌 분자가 첨가되고, 결국에는 열가소성 재료인 폴리에틸렌이 생성된다.

폴리에틸렌에는 저밀도 폴리에틸렌(low-density polyethylene, LDPE)과 고밀도 폴리에틸렌(high-density polyethylene, HDPE)의 두 가지 형이 있다. LDPE는 곁사슬을 많이 가지고 있으며, 곁사슬들이 곧은 사슬로 되어 있는 HDPE에서처럼 사슬이 밀집 패킹을 하지 못한다.

psi는 제곱 인치당 파운드의 약자이다: 15 psi ≈ 1 atm.

전통적으로 LDPE는 고압(≈20,000 psi)과 고온(500°C)에서 제조한다. 이와 같이 격렬한 반응 조건은 특별히 설계된 시설이 필요하며, 안전상의 이유 때문에 반응은 보통 강화 콘크리트 울타리 뒤에서 행한다. 최근에는 촉매의 사용으로 낮은 압력과 온도에서 중합이 가능하게 되었다. 트라이에틸알루미늄[$Al(C_2H_5)_3$]과 염화 타이타늄(IV)을 사용하는 촉매계는 독일의 Karl Ziegler와 이탈리아의 Guilio Natta에 의하여 개발되었다. 이것은 매우 효과적인 촉매이지만, 공기와 접촉하면 발화하므로 매우 주의하여 다루어야 한다. 더 안전한 촉매가 Phillips 석유회사에서 개발되었다. 이것은 산화 크로뮴(III)(Cr_2O_3)과 규산 알루미늄으로 된 촉매로서, 미국에서는 이 촉매를 주로 사용한다. 촉매 반응의 생성물은 선형도가 매우 크며(곁가지가 없음), 흔히 *선형 저밀도 폴리에틸렌*(*linear low-density polyethylene*)이라 부른다. 이는 HDPE와 매우 흡사하다.

LDPE의 주요 용도는 많은 소비재의 포장에 쓰이는 질긴 투명 필름의 제조에 쓰인다. 미국에서 매년 약 100억 파운드의 LPDE를 만드는데, 그중 2/3는 이 목적으로 쓰인다. HDPE의 주 용도는 병과 같은 소비재인데, 블로우-성형(blow-molded)으로 얻는 제품에 사용된다(그림 22.17 참조).

분자량(몰질량이 아님)은 고분자 산업에서 흔히 사용하는 용어이다.

폴리에틸렌의 유용한 성질은 주로 큰 분자량에 기인한다. 비극성 사슬들에서 단위체 간의 상호작용은 매우 작지만, 사슬이 매우 길 경우 이러한 작은 인력들이 누적되어 상당한 힘을 발휘하게 되고, 그 결과 사슬들끼리 강하게 결합하게 된다. 또한 긴 사슬 사이의 물리적 엉킴도 많다. 이런 작용들이 서로 합해져 중합체는 강하고 질기게 된다. 그러나 폴리에틸렌과 같은 재료는 용융 상태에서는 유동성이 있으므로 용융시켜 새로운 모양으로 성형이 가능하다(열가소성).

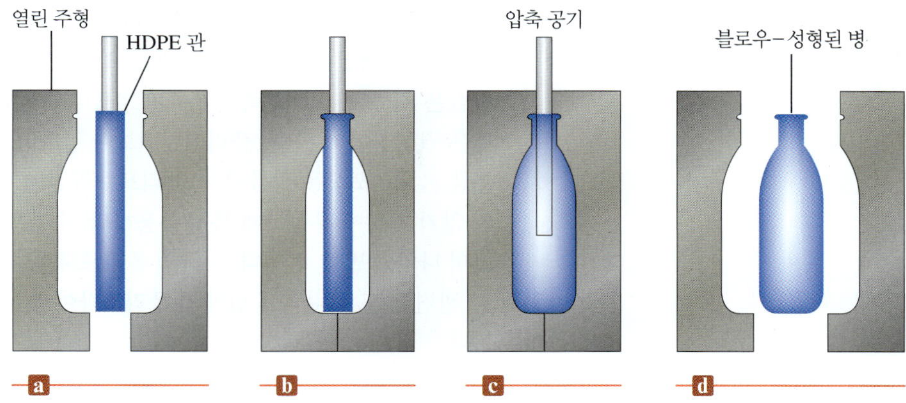

그림 22.17 HDPE의 주 용도는 음료수, 샴푸, 표백제 등의 병과 같은 블로우-성형(blow-molded) 제품의 제조이다. **(a)** HDPE 관을 주형(다이)에 삽입한다. **(b)** 주형을 닫고 관의 밑을 막는다. **(c)** 압축 공기를 불어넣고 가열된 HDPE를 팽창시켜 주형 모양이 되게 한다. **(d)** 성형된 병을 주형에서 꺼낸다.

큰 분자량이 중합체의 성질을 유용하게 하므로, 자칫하면 가능한 한 긴 사슬을 갖는 중합체를 만드는 것이 목적이라고 생각할지 모른다. 그러나 그렇지는 않다. 중합체는 분자량이 증가함에 따라 가공이 어려워진다. 대부분의 공업적 공정에서는 중합체 용융물이 장치 내부의 관에서 흐를 수 있어야 한다. 그러나 사슬 길이가 길어지면 점성도도 증가한다. 실제로 중합체 분자량의 상한은 제조 공정이 필요로 하는 유동성에 의해 결정된다. 따라서 최종 제품은 일반적으로 물성과 작업의 가공성을 절충하여 만든다.

중합체의 여러 가지 성질이 분자량의 영향을 받지만, 그렇지 않은 중요한 성질도 있다. 예컨대, 사슬 길이는 화학 약품의 공격에 대한 중합체의 저항성에는 영향을 주지 않는다. 색깔, 굴절률, 경도, 밀도 및 전기 전도성 등과 같은 물리적 특성들도 분자량에 별로 영향을 받지 않는다.

지금까지 중합체 재료의 강도를 변화시키는 한 가지 방법이 사슬 길이를 변화시키는 것임을 살펴보았다. 중합체의 성질을 바꾸는 또 한 가지 방법은 치환기의 변화이다. 예를 들면, 다음과 같은 단위체로부터 얻어지는 중합체의 성질은 X의 종류에 의존한다.

$$\begin{array}{ccc} H & & H \\ & C{=}C & \\ H & & X \end{array}$$

가장 간단한 예는 폴리프로필렌이며, 단위체는 프로필렌이다.

$$\begin{array}{ccc} H & & H \\ & C{=}C & \\ H & & CH_3 \end{array}$$

폴리프로필렌의 구조는 다음과 같다.

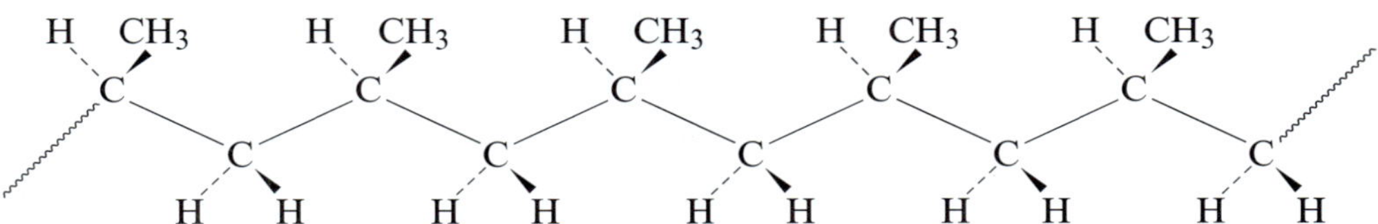

CH_3 기는 위에 보여준 것처럼 사슬의 같은 편에 배열하고 있을 수도 있고(**아이소택틱 사슬**, isotactic chain), 다음과 같이 교대로 있을 수도 있다(**신디오택틱 사슬**, syndiotactic chain).

또는 마구잡이 배향(**어택틱 사슬**, atactic chain)을 할 수도 있다.

사슬의 배열은 중합체 성질에 중요한 영향을 미친다. 밀집 패킹을 하는 아이소택틱성 사슬은 Ziegler-Natta 촉매인 $Al(C_2H_5)_3 \cdot TiCl_4$를 사용하여 만든다. 따라서 폴리프로필렌은 결정성이 더 크며, 폴리에틸렌보다 강하고 단단하다. 폴리프로필렌의 주 용도는 성형 부품, 섬유, 포장용 필름이다. 폴리프로필렌 섬유는 면과는 달리 땀으로부터 물을 흡수하지 않기 때문에 운동복에 특히 유용하다. 수분은 피부에서 폴리프로필렌 의복의 표면으로 스며 나와 증발할 수 있다. 미국의 폴리프로필렌 생산량은 연간 70억 파운드이다.

관련된 또 하나의 중합체인 **폴리스타이렌**(polystyrene)은 스타이렌 단위체로부터 만든다.

$$\mathrm{H_2C{=}CH{-}C_6H_5}$$

▲ PVC 파이프는 산업 분야에서 널리 사용된다.

순수한 폴리스타이렌은 너무 잘 부서져 여러 용도에 부적합하므로 폴리스타이렌에 기초한 중합체의 대부분은 스타이렌과 뷰타다이엔의 *공중합체*(*copolymer*)이다.

$$\mathrm{H_2C{=}CH{-}CH{=}CH_2}$$

이 혼성 중합체에는 폴리스타이렌 매트릭스에 뷰타다이엔 고무를 첨가한다. 얻어지는 중합체는 매우 질겨, 나무 대용으로 가구 제조에 종종 사용된다.

폴리스타이렌에 기초한 또 다른 제품으로는 아크릴로나이트릴-뷰타다이엔-스타이렌(ABS)이 있으며, 질기고 단단하며, 화학적 내성을 갖는 플라스틱으로 배관 및 라디오 하우징, 전화기 등과 내충격성이 필수적 성질인 골프채의 머리 부분에 쓰인다. 원래 ABS는 세 단위체를 혼성 중합하여 만들었다.

$$\underset{\text{아크릴로나이트릴}}{\mathrm{H_2C{=}CH{-}CN}} + \underset{\text{스타이렌}}{\mathrm{H_2C{=}CH{-}C_6H_5}} + \underset{\text{뷰타다이엔}}{\mathrm{H_2C{=}CH{-}CH{=}CH_2}} \longrightarrow \left(\mathrm{CH_2{-}CH(CN){-}CH_2{-}CH(C_6H_5){-}CH_2{-}CH(CH{=}CH_2)}\right)_n$$

지금은 *접목*(*grafting*)이라는 특수 공정으로 만든다. 먼저 뷰타다이엔을 중합하고, 여기에 사이아노 기와 페닐 기를 화학적으로 접붙인다.

고용량 중합체인 **폴리 염화 바이닐**(polyvinyl chloride, PVC)은 다음의 단위체인 염화 바이닐로부터 만든다.

$$\mathrm{H_2C{=}CHCl}$$

화학의 선구자

Percy Lavon Julian(1899~1975)

Percy Lavon Julian은 DePauw 대학교에서 학사 학위를, Harvard 대학교에서 석사 학위를, 그리고 오스트리아의 Vienna 대학교에서 박사 학위를 받았다. 그는 화학 박사 학위를 받은 최초의 아프리카계 미국인들 중 한 명이었다. Julian은 연구 화학자로서의 경력을 쌓았고, 식물에서 추출한 의약품을 화학적으로 합성하는 선구자였다. 그는 최초로 천연물인 physostigmine을 합성하였다. 그리고 식물로부터 추출한 인간 호르몬 프로게스테론과 테스토스테론을 대규모로 공업적으로 합성하는 분야에서 선구자였다. 그의 연구는 스테로이드 약물 산업의 코르티손과 피임약 생산의 기초를 닦았다.

그는 나중에 멕시코의 참마인 얌(yam)으로부터 스테로이드 중간체를 합성하기 위해 자신의 회사를 창업했다. 그의 작업은 스테로이드 중간체를 만드는 비용을 크게 줄이는 데 도움이 되었고, 이것은 여러 가지 중요한 약물의 사용을 상당히 확장시켰다.

Julian은 130개 이상의 화학 특허를 받았다. 그는 미국 국립 과학원 회원으로 선출된 최초의 아프리카계-미국인 화학자였다.

22.6 천연 중합체

단백질

Michael Abbey/Science Source

▲
근육 내의 단백질은 수축이 가능하다.

유용한 합성 물질 대부분은 중합체라는 것을 배웠다. 또한 매우 많은 천연 화합물들 역시 중합체라는 것은 그리 놀라운 일은 아니다. 몇 가지만 열거하자면 녹말, 머리카락, 흙과 바위 중의 규산염 사슬, 비단과 무명 섬유, 나무에 있는 셀룰로스 등이다.

이 절에서는, 천연 고분자의 한 종류인 **단백질**(protein)을 다룬다. 우리 몸의 약 15% 정도가 단백질로 이루어져 있고, 이들의 몰질량은 대략 6,000~1,000,000그램의 범위를 가지고 있다. 단백질은 우리 체내에서 여러 가지 기능을 수행한다. **섬유상 단백질**(fibrous protein)은 다양한 조직의 구조를 형성하고 강도를 유지하는 데 이용된다. 예를 들어 근육, 머리카락 및 연골의 주성분이 이들이다. 전체적인 모양이 공처럼 생긴 **구상 단백질**(globular protein)은 몸속의 "일꾼" 분자이다. 이들 단백질은 산소와 영양분을 저장하고 있거나 운반하는 데 사용되고, 생명 유지에 필요한 수천 개 반응을 가능하게 하는 촉매 역할을 하며, 외부에서 침입한 이물질과 싸우며, 체내의 여러 조절 기능에 참여하고, 영양분의 복잡한 신진 대사 과정에 필요한 전자를 운반한다.

단백질을 이루는 기본 구조는 **α-아미노산**(α-amino acid)이다. R은 H, CH_3, 또는 더 복잡한 치환기를 나타낸다. 이들 분자에는 아미노 기(—NH_2)와 카복시 기(—CO_2H)가 같은 탄소(α-탄소)에 동시에 결합되어 있기 때문에 α-아미노산이라 부른다. 단백질에서 가장 흔히 발견되는 20개 아미노산이 그림 22.18에 나타나 있다.

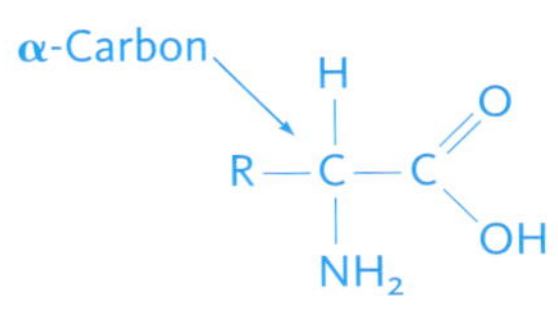

그림 22.18에서 보여 주는 것과 같이 **곁사슬**(side chain), R에 따라 극성 집단과 비극성 집단으로 분류한다. 비극성 곁사슬은 대부분 탄소와 수소 원자를 포함하며, 극성 곁사슬은 여러 개의 질소와 산소 원자를 포함한다. 극성 곁사슬은 *친수성*(*hydrophilic*, 물을 좋아함)이고, 비극성 곁사슬은 *소수성*(*hydrophobic*, 물을 싫어함)이기 때문에 이 차이점이 중요하며, 이 특성은 단백질의 삼차원 구조 형성에 큰 영향을 미친다.

단백질 중합체는 다음 반응에서 보듯이, 아미노산들의 축합 반응에 의해서 만들어진다.

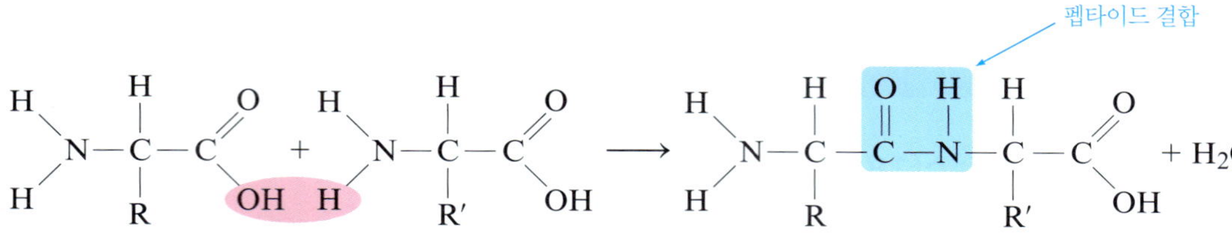

펩타이드 결합

$$\mathrm{H_2N{-}CHR{-}C(=O){-}OH} + \mathrm{H{-}NH{-}CHR'{-}C(=O){-}OH} \longrightarrow \mathrm{H_2N{-}CHR{-}C(=O){-}NH{-}CHR'{-}C(=O){-}OH} + H_2O$$

생물학적인 체액의 pH에서, 그림 22.18에 나타낸 아미노산은 다른 형태로 존재한다. 즉, —COOH에 있던 양성자는 $—NH_2$기로 옮겨간다. 예를 들어 글라이신은 $H_3^+NCH_2COO^-$의 형태로 존재한다.

펩타이드 결합은 나이론에도 있다(22.5절 참조).

앞에서 보여준 생성물을 **다이펩타이드**(dipeptide)라고 부른다. 그 이유는 다음 그림에 표현한 결합을 생화학자들은 **펩타이드 결합**(peptide linkage)이라고 부르기 때문이다. (이와 똑같은 원자단을 유기 화학자들은 아마이드라고 부른다.)

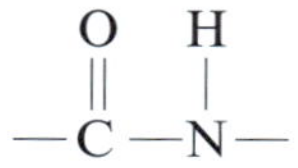

$$—\overset{\overset{\displaystyle O}{\|}}{C}—\overset{\overset{\displaystyle H}{|}}{N}—$$

축합 반응이 계속 일어나면 사슬이 늘어나면서 **폴리펩타이드**(polypeptide)가 되고, 결국에는 단백질이 된다.

20개의 아미노산을 순서에 관계없이 연결시키는 방법에는 거의 무한대의 조합이 가능하므로, 아주 많은 종류의 단백질이 합성될 수 있다. 따라서 생물체는 여러 기능에 적합한 단백질을 맞춤 생산할 수 있다.

단백질 사슬 중의 아미노산 배열 순서, 또는 서열을 **일차 구조**(primary structure)라고 하는데, 복잡한 화학 구조 대신 아미노산의 이름에서 딴 세 글자 알파벳을 사용하여 나타낸다(그림 22.18 참조). 순서는 말단 카복시 기가 오른쪽에, 말단 아미노 기는 왼쪽에 위치하도록 나타낸다. 예를 들면 라이신, 알라닌, 류신(leucine)으로 구성된 트라이펩타이드 중에서 가능한 구조 중 하나는 다음과 같고, 이는 (아미노 말단)lys-ala-leu(카르복시 말단)로 나타낸다.

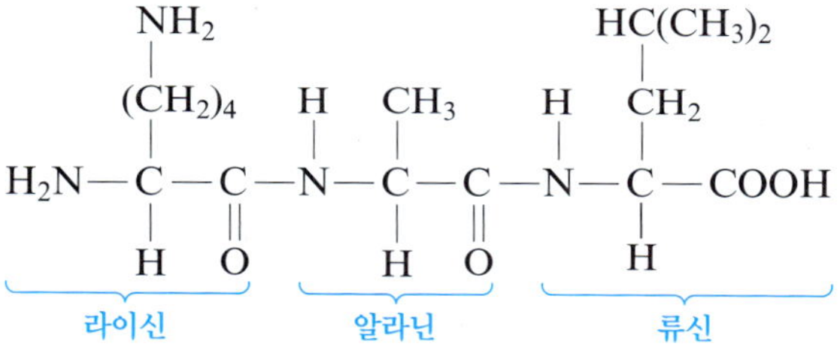

$$\underbrace{H_2N{-}\overset{\overset{\displaystyle NH_2(CH_2)_4}{|}}{\underset{\underset{\displaystyle H}{|}}{C}}{-}\underset{\underset{\displaystyle O}{\|}}{C}}_{\text{라이신}}{-}\underbrace{\overset{\overset{\displaystyle H}{|}}{N}{-}\overset{\overset{\displaystyle CH_3}{|}}{\underset{\underset{\displaystyle H}{|}}{C}}{-}\underset{\underset{\displaystyle O}{\|}}{C}}_{\text{알라닌}}{-}\underbrace{\overset{\overset{\displaystyle H}{|}}{N}{-}\overset{\overset{\displaystyle HC(CH_3)_2CH_2}{|}}{\underset{\underset{\displaystyle H}{|}}{C}}{-}COOH}_{\text{류신}}$$

예제 22.7로부터, 세 가지 아미노산으로 구성된 폴리펩타이드에는 여섯 가지 서열이 가능한 것을 알 수 있다. 첫 번째 자리에는 아미노산 세 개 중 어느 것이라도 가능하며, 두 번째 자리에는 아미노산 하나를 이미 사용했으므로 아미노산 두 개 중에서 가능하며, 세 번째 자리에서는 한 가지 가능성밖에 없다. 따라서 가능한 서열 방법 수는 $3 \times 2 \times 1 = 6$이다. $3 \times 2 \times 1$을 흔히 3!이라고 쓴다. 동일한 논리에 따르면, 네 가지 아미노산으로 구성된 폴리펩타이드에는 4!, 즉 $4 \times 3 \times 2 \times 1 = 24$개의 가능한 서열이 있다.

대화형 예제 22.7 트라이펩타이드 서열

타이로신, 히스티딘, 시스테인으로 구성된 트라이펩타이드의 가능한 모든 서열을 써라.

풀이 여섯 가지 가능한 서열이 있다.

tyr-his-cys	his-tyr-cys	cys-tyr-his
tyr-cys-his	his-cys-tyr	cys-his-tyr

연습 문제 22.113 참조

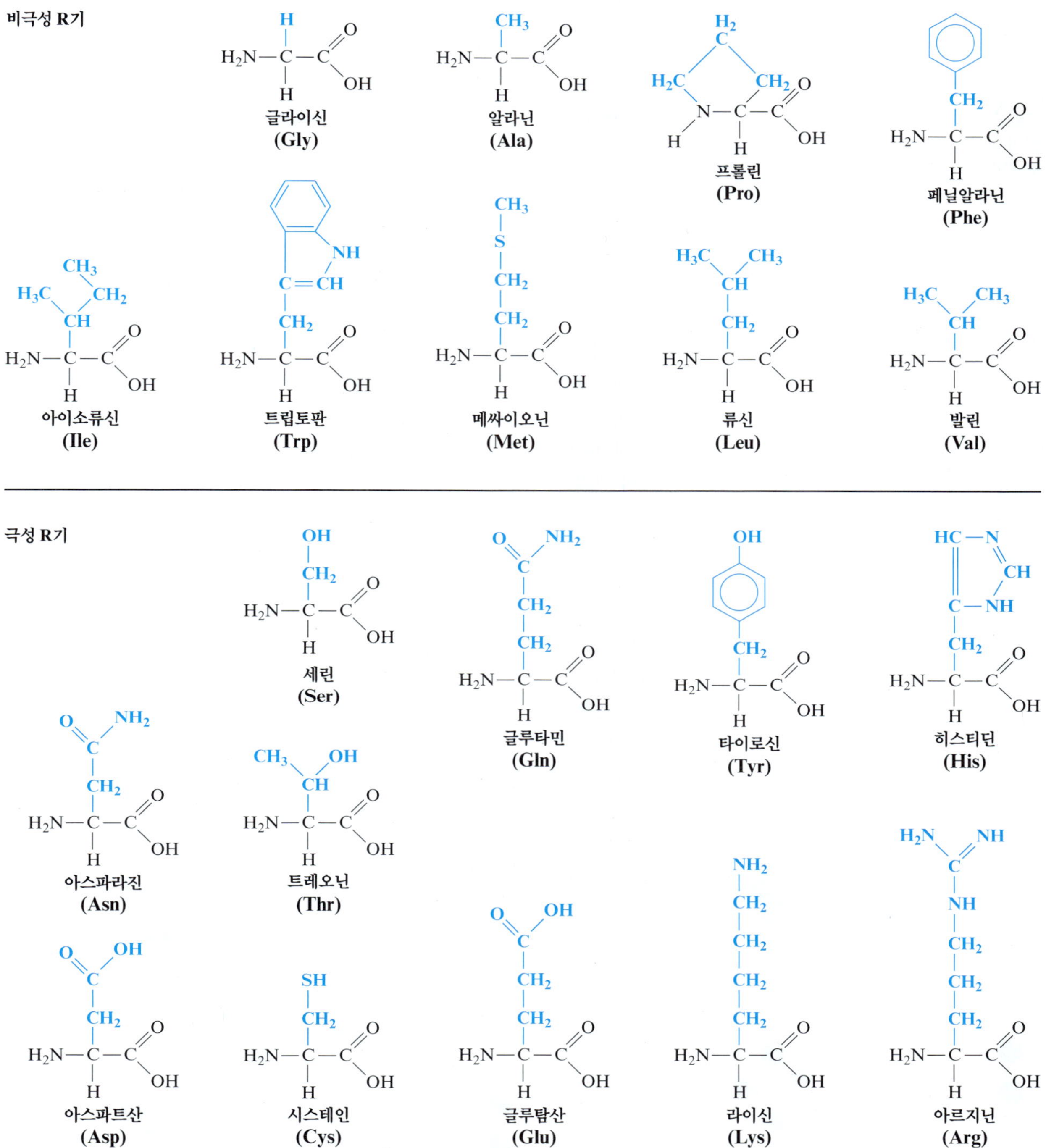

그림 22.18 대부분 단백질에서 발견되는 20개의 아미노산. 아미노산 간의 차이를 제공하는 R기는 파란색으로 표시하였다.

대화형 예제 22.8 폴리펩타이드 서열

20개의 서로 다른 아미노산으로 구성된 폴리펩타이드에는 몇 가지 가능한 서열이 있는가?

풀이 답은 20!이다.

$$20 \times 19 \times 18 \times 17 \times 16 \times \cdots \times 5 \times 4 \times 3 \times 2 \times 1 = 2.43 \times 10^{18}$$

연습 문제 22.114 참조

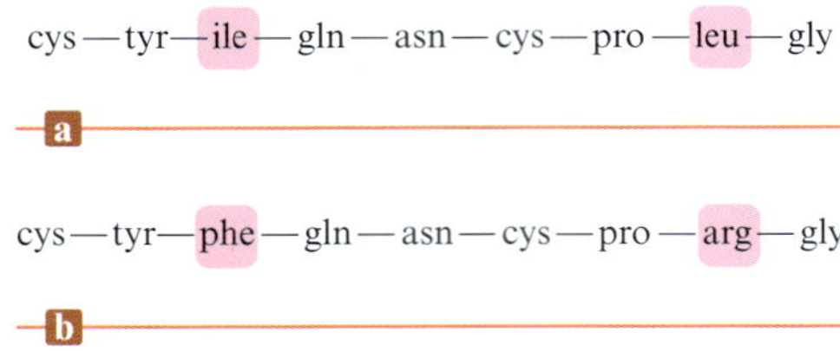

그림 22.19 (a) 옥시토신과 (b) 바소프레신의 아미노산 서열. 다른 아미노산은 색깔로 강조 표시하였다.

폴리펩타이드의 일차 구조가 얼마나 중요한가를 보여주는 예로 *옥시토신(oxytosin)*과 *바소프레신(vasopressin)*을 들 수 있다. 이 둘은 모두 9개 아미노산으로 이루어진 폴리펩타이드이고, 그중 단 두 개의 아미노산만 서로 다르다(그림 22.19). 그러나 이들은 인체에서 전혀 다른 기능을 가진다. 옥시토신은 자궁의 수축과 모유의 분비를 촉진시키는 호르몬이며, 바소프레신은 혈압을 높이고, 신장의 기능을 조절한다.

아미노산의 배열 순서 다음으로 단백질 구조를 결정하는 두 번째 단계는 긴 분자의 사슬의 배치이다. **이차 구조**(secondary structure)는 한 아미노산에 있는 카보닐 기 중 산소 원자의 고립 전자쌍과 다른 아미노산의 질소에 결합된 수소 사이의 수소 결합이 여러 개 상호작용하여 형성된다.

$$\rangle C = \ddot{O}\!: \cdots H - N \langle \qquad \delta^- \quad \delta^+$$

이와 같은 상호작용이 한 사슬 *내에서* 코일을 형성하여 일어나면, 그림 22.20과 22.21에서 보여주는 것과 같이 **α-나선**(α-helix)이라고 부르는 구조를 만든다. 이와 같은 이차 구조는 단백질이 탄력성을 갖게 하며, 이런 구조는 양모, 머리카락, 힘줄 내에 있는 섬유상 단백질에서 발견된다. 수소 결합이 *다른* 단백질 사슬 *사이에* 작용하면 그림 22.22에 나타낸 것과 같은 **병풍 구조**(pleated sheet; **"β-병풍 구조"라고 알려짐**)를 이룬다. 비단은 이러

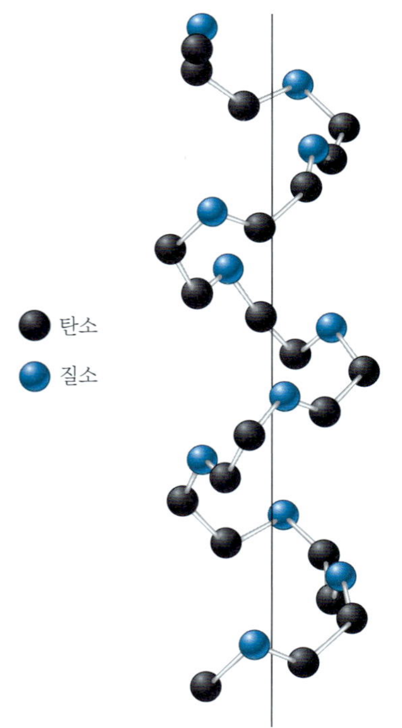

그림 22.20 단백질 사슬 내의 수소 결합으로 인해 α-나선이라고 하는 안정적인 나선형 구조를 갖는다. 나선 골격에 주된 원자들만 표시하였다. 수소 결합은 표시하지 않았다.

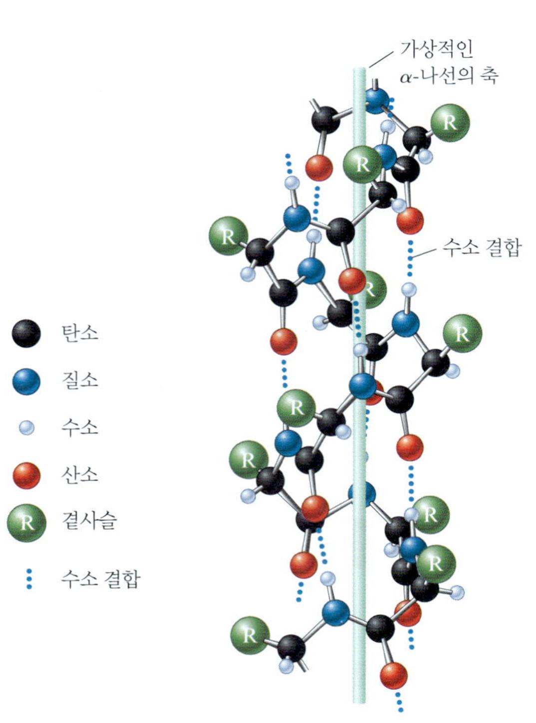

그림 22.21 α-나선 구조를 가지는 단백질 사슬의 일부분을 공과 막대 구조로 보여주고 있다. 동시에 수소 결합도 표시하였다.

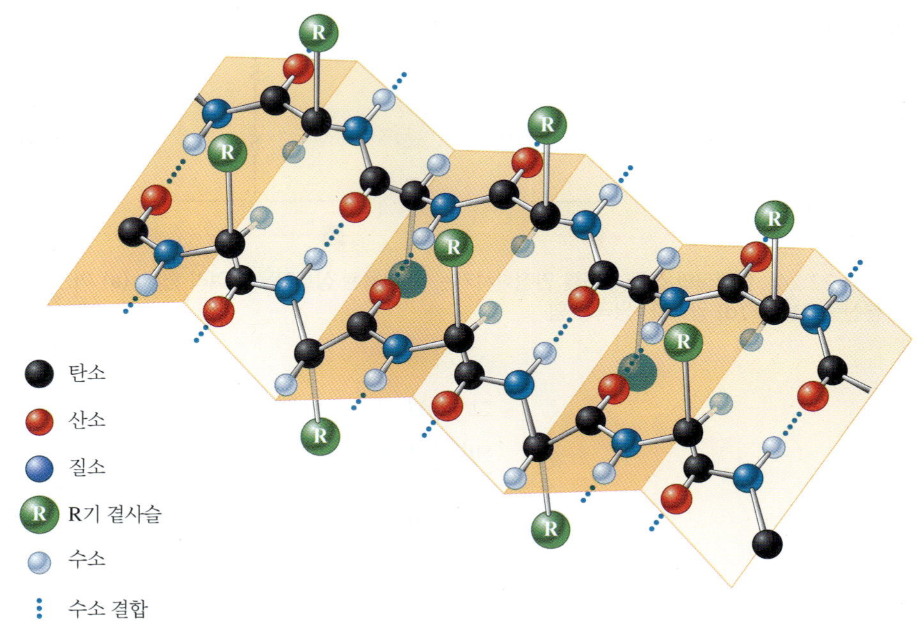

그림 22.22 수소 결합이 단백질 한 가닥 내에서 이루어지지 않고, 단백질 사슬 간에 작용하면 병풍 구조라고 하는 안정한 구조를 형성한다. 이 구조는 여러 가닥의 단백질로 이루어지며, 비단 같은 천연 섬유나 근육에서 볼 수 있다.

한 구조를 가지고 있으므로, 유연하면서도 매우 강하고 늘어지지 않는다. 병풍 구조는 근육의 섬유질에도 발견된다. α-나선 구조를 이루는 단백질 내의 수소 결합을 *사슬 내*(단백질 사슬 내)의 수소 결합이라고 하며, 병풍 구조를 이루는 수소 결합을 *사슬 간*(단백질 사슬 간)의 수소 결합이라고 한다.

상상할 수 있듯이 단백질처럼 큰 분자는 고정적인 모양을 갖기 어려워 상당한 유연성을 가지고 있다. 단백질이 갖는 고유의 모양은 그 기능에 따라 결정될 것이라 생각한다. 머리카락이나 양모, 비단, 힘줄 섬유와 같이 길고 가는 구조에는 길게 늘어진 모양이 필요하다. 머리카락이나 양모 내의 α-케라틴, 힘줄에 있는 콜라젠 등은 α-나선 이차 구조를 가지고 있거나[그림 22.23(a)], 비단 등에서는 병풍 이차 구조가 나타난다[그림 22.23(b)]. 이처럼 조직의 구조를 형성하는 데 사용되지 않는 인체 내의 많은 단백질들은 마이오글로빈(그림 21.31 참조)처럼 구형이다. 마이오글로빈 내 이차 구조를 이루는 기본적인 구성요소는 α-나선이다. 그러나 밀집된 구형 구조를 형성하기 위해, α-나선은 일정 길이가 되면 휘어지고 이 나선 구조들이 촘촘히 쌓여지도록 배열하게 된다. 이때 휘어지는 부분은 나선이나 병풍처럼 잘 정의된 이차 구조를 갖지 못하고 **무작위 코일 배열**(random-coil arrangement)이라고 부르는 이차 구조를 갖는다.

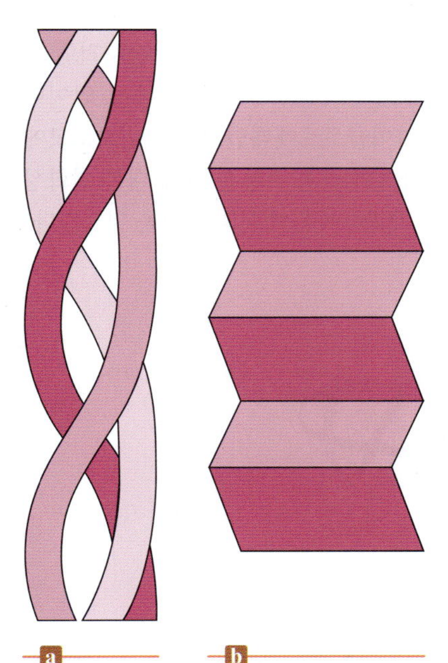

그림 22.23 (a) 힘줄에 들어있는 콜라젠은 세 가닥의 단백질(각 단백질은 나선 구조를 갖는)이 서로 꼬여 초나선(superhelix)이라고 하는 구조를 만든다. 그 결과 비교적 가늘고 긴 단백질이 얻어진다. (b) 비단 섬유에서처럼 여러 단백질이 엮어져 얻어지는 병풍 구조에서는 길게 늘어선 단백질을 얻을 수 있다.

이렇게 형성된 단백질 전체의 모양(그것이 길고 좁은 모양이든지, 또는 공 모양이든지)을 **삼차 구조**(tertiary structure)라고 한다. 삼차 구조는 수소 결합, 쌍극자–쌍극자 상호작용, 이온 결합, 공유 결합, 비극성 원자단 간의 London 분산력 등 몇 가지 종류의 상호작용에 의해서 유지한다. 이 책에서 이미 다루었던 이들 상호작용들을 그림 22.24에 요약하였다.

다음에 나타낸 아미노산인 *시스테인*은 많은 단백질의 삼차 구조를 안정화시키는 특별한 역할을 한다.

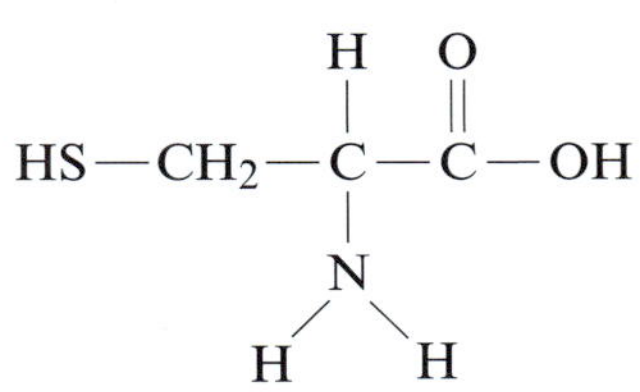

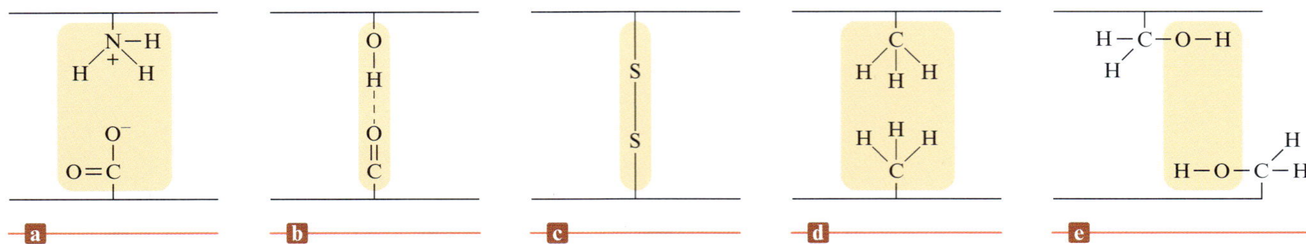

그림 22.24 단백질의 삼차 구조를 안정화시키는 데 사용된 상호작용의 여러 형태. (a) 이온 간 결합, (b) 수소 결합, (c) 공유 결합, (d) London 분산력, 그리고 (d) 쌍극자−쌍극자 힘.

그 이유는 두 시스테인에 있는 —SH 기가 산화제 존재하에서 반응하여 **이황화물 결합**(disulfide linkage)이라고 하는 S—S 결합을 형성하기 때문이다.

$$\mathrm{C-CH_2-S-H + H-S-CH_2-C \longrightarrow C-CH_2-S-S-CH_2-C}$$

이황화물 결합에 관한 화학 지식의 실제적인 응용은 그림 22.25에 요약하였듯이 머리카락을 영구적인 물결 모양으로 만드는 퍼머넌트 웨이빙(permanent waving)이다. 머리카락 단백질의 S—S 결합을 환원제로 처리하여 끊고, 단백질의 삼차 구조를 원하는 모양으로 구부리기 위하여 커얼러(curler)에 넣고 고정시킨다. 이렇게 구부러진 모양을 유지한 채 산화제로 처리하면 새로운 S—S 결합이 생겨서 머리카락 단백질이 새로운 구조를 갖게 된다.

단백질의 삼차원적 구조는 그 기능과 매우 밀접한 관계가 있다. 이 구조를 파괴시키는 과정을 **변성**(denaturation)이라고 한다(그림 22.26). 예를 들어, 달걀을 요리하면 달걀 내 단백질에 변성이 일어난다. 에너지는 단백질을 변성시킬 수 있으며, 생명체에 잠재적인 위험 요소이다. 예를 들면, 자외선, X-선 또는 핵 방사능은 단백질 구조를 파괴하여, 암이나 유전 장애를 일으킬 수 있다. 단백질 손상은 벤젠, 트라이클로로에테인, 1,2-다이브로모에테인과 같은 화학 물질에 의해서도 일어날 수 있다. 금속인 납과 수은은 황에 대한 친화성이 매우 크므로, 단백질 사슬 사이의 이황화물 결합을 파괴하여 단백질의 변성을 일으킨다.

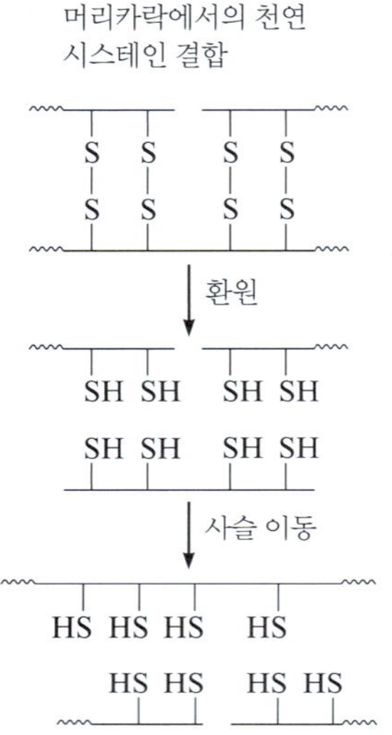

커얼러에서 머리카락의 삼차 구조가 바뀐다.

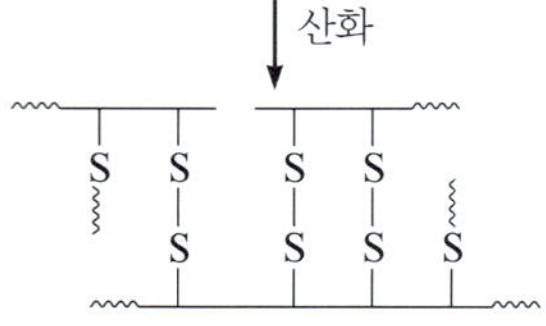

파마한 머리카락에서의 새로운 시스테인 결합

그림 22.25 파마한 머리카락.

그림 22.26 단백질의 열변성을 나타낸 그림.

단백질 구조는 유연성이 매우 크므로 광범위한 특정 기능을 갖는 단백질을 맞춤 생산할 수 있게 해 준다. 단백질은 살아있는 유기체의 "일꾼(workhorse)" 분자이다.

비판적 사고 단백질 내에 있는 모든 수소 결합을 하지 못하도록 하는 어떤 질병이 발생하였다면? 그러한 조건에서 살 수 있겠는가?

탄수화물

생물학적으로 중요한 분자들의 또 한 부류로 **탄수화물**(carbohydrate)이 있다. 이들은 대부분의 생명체가 필요로 하는 식량을 제공하는 기능을 하고, 식물에서는 구조 물질로서의 역할을 한다. 대부분의 탄수화물은 CH_2O라는 실험식으로 나타낼 수 있으므로, 처음 이들 물질을 수화된 탄소라고 여겼고, 탄수화물이라는 이름이 유래되었다.

녹말과 셀룰로스와 같은 탄수화물은 **단당류**(monosaccharide) 또는 **단순당**(simple sugar)이라 부르는 단위체로 이루어진 중합체이다. 단당류는 폴리하이드록시 케톤이나 알데하이드이다. 가장 중요한 것들은 탄소 원자를 다섯 개(**펜토스, 오탄당**) 또는 여섯 개(**헥소스, 육탄당**)를 가지고 있다. 중요한 헥소스 중의 하나가 *프럭토스*(*과당*)로서, 꿀이나 과일 속에 들어 있으며 그 구조는 다음과 같다.

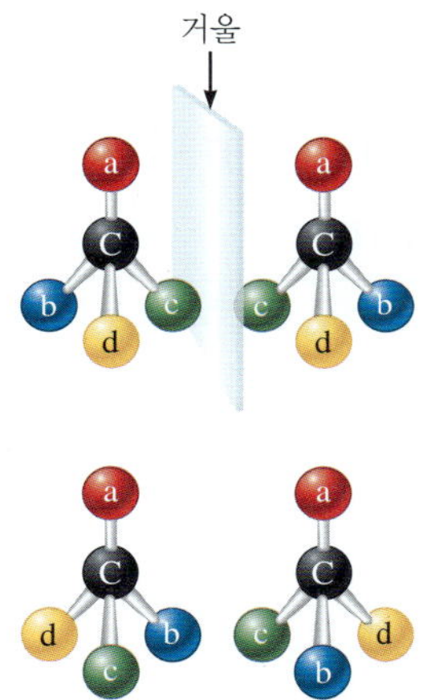

그림 22.27 사면체 탄소 원자가 서로 다른 네 개의 치환기를 가질 경우, 거울상들은 서로 포개질 수 없다. 아래에 있는 두 형태는 위의 분자를 다른 배열로 나타낸 것이다. 이들 거울상을 비교해 보고 서로 포개질 수 없음을 확인하라.

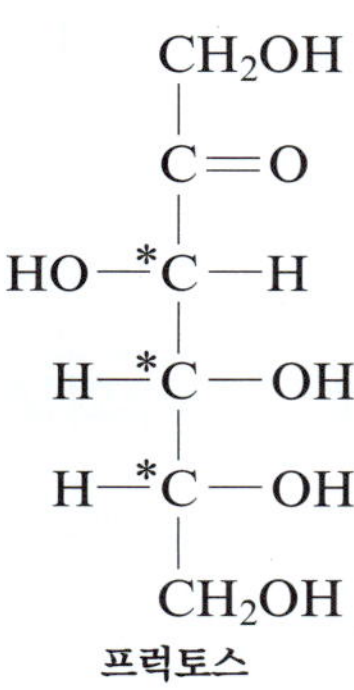

여기에서 별표 *는 카이랄(손대칭) 탄소 원자를 나타낸다. 21.4절에서 배웠듯이 어떤 분자가 그 자신의 거울상과 서로 포갤 수 없을 때 광학 이성질현상을 나타낸다. 한 탄소 원자에 *서로 다른* 네 원자단이 사면체 배치로 결합하고 있을 때에는 *항상* 포갤 수 없는 거울상이 존재하게 되고(그림 22.27), 결과적으로 한 쌍의 광학 이성질체가 생긴다. 예를 들면, 다음에 나타낸 가장 간단한 당인 글리세르알데하이드(glyceraldehyde)를 생각해 보자.

H O
C
H—*C—OH
CH_2OH

이 화합물은 손대칭(카이랄) 탄소 하나를 가지며, 그림 22.28에 보여 주듯이 두 개의 광학 이성질체가 존재한다.

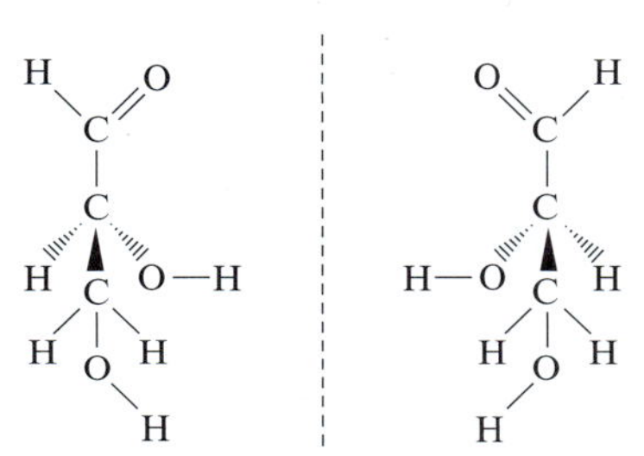

그림 22.28 글리세르알데하이드의 거울상 광학 이성질체. 이들 거울상들은 서로 포개지지 않음을 확인해 보라.

프럭토스(fructose)에는 서로 다른 네 개의 치환기를 지닌 카이랄 탄소가 세 개가 있다. 따라서, 편광을 회전시키는 능력이 서로 다른 광학 이성질체가 2^3개, 즉 8개가 가능하다. 이들 중에서 위에 보여준 특정한 이성질체를 D-프럭토스라 부르며 표 22.8에 나타내었다. 일반적으로 단당류에서는 하나의 이성질체가 다른 이성질체보다 자연에 훨씬 더 많이 존재한다. 가장 중요한 펜토스(pentose)와 헥소스(hexose)를 표 22.8에 나타내었다.

당류의 일반 이름	탄소의 개수
트라이오스(삼탄당)	3
테트로스(사탄당)	4
펜토스(오탄당)	5
헥소스(육탄당)	6
헵토스(칠탄당)	7
옥토스(팔탄당)	8
노노스(구탄당)	9

표 22.8 몇 가지 중요한 단당류

펜토스

D-라이보스	D-아라비노스	D-리뷸로스
CHO	CHO	CH_2OH
H—C—OH	HO—C—H	C=O
H—C—OH	H—C—OH	H—C—OH
H—C—OH	H—C—OH	H—C—OH
CH_2OH	CH_2OH	CH_2OH

헥소스

D-글루코스	D-만노스	D-갈락토스	D-프럭토스
CHO	CHO	CH_2OH	CH_2OH
H—C—HO	HO—C—H	C=O	C=O
HO—C—H	HO—C—H	HO—C—H	HO—C—H
H—C—OH	H—C—OH	H—C—OH	H—C—OH
H—C—OH	H—C—OH	H—C—OH	H—C—OH
CH_2OH	CH_2OH	CH_2OH	CH_2OH

예제 22.9 탄수화물 중의 카이랄 탄소

다음 펜토스에는 몇 개의 카이랄(손대칭) 탄소 원자가 있는가?

```
H   O
 \ //
  C
  |
H—C—OH
  |
H—C—OH
  |
H—C—OH
  |
  CH2OH
```

풀이 네 개의 치환기가 모두 다른 탄소 원자를 찾아야 한다. 가장 위에 있는 탄소 원자는 치환기가 세 개뿐이므로 카이랄 탄소가 될 수 없다. 아래의 그림에서 파란색으로 나타낸 세 개의 각 탄소는 네 개의 다른 치환기를 가지고 있다.

```
H   O          H—C=O          H—C=O
 \ //            |              |
  C            H—C—OH         H—C—OH
  |              |              |
H—C—OH         H—C—OH         H—C—OH
  |              |              |
H—C—OH         H—C—OH         H—C—OH
  |              |              |
H—C—OH           CH2OH          CH2OH
  |
  CH2OH
```

화학 관련 읽을거리 Chemical Connections

그늘에서 피부 그을리기

오늘날 가장 잘 팔리는 화장품 중 하나는 셀프 태닝 로션이다. 밝은 피부톤을 가진 많은 사람들은 카리브해에서 휴가를 보내고 돌아온 것처럼 보이기를 원하지만, 햇빛을 과하게 쬐는 것은 조기 노화를 일으키고 피부암으로 이어질 수 있다는 사실을 잘 알고 있다. 그래서 화학은 진짜로 그을린 것처럼 보이게 할 수 있는 로션을 개발했다. 이 로션에는 모두 아래와 같은 구조를 가진 다이하이드록시아세톤(dihydroxyacetone, DHA)이라는 활성 성분이 들어 있다.

```
     H     O     H
      \    ‖    /
H—O—C — C — C—OH
      /         \
     H           H
```

DHA는 무독성으로, 고등 동식물의 탄수화물 대사에서 중간체로 발견되는 단순당이다. 이 화장품에 사용되는 DHA는 글리세린(아래 구조)을 세균으로 발효시켜 만든다.

```
            H
            |
     H      O      H
      \     |     /
H—O—C  —  C  —  C—O—H
      /     |     \
     H      H      H
```

DHA의 태닝 효과는 1950년대 미국 Cincinnati 대학교의 어린이 병원에서 우연히 발견하였다. 이 병원에서는 글라이코젠 저장 질환(glycogen storage disease)이 있는 어린이의 치료에 DHA를 사용하였는데, DHA가 우연히 피부에 떨어졌을 때 갈색 점이 생겼다.

갈색 변화 과정의 메커니즘은 1912년 Louis-Camille Mailard에 의해 발견된 Maillard 반응과 관련이 있다. 이 과정에서 아미노산이 당과 반응하여 갈색이나 황금색 생성물을 만든다. 식품의 제조와 보관 과정에서 일어나는 갈색 변화의 대부분이 이와 같은 반응이다. 맥주가 황금빛 갈색을 띠는 것도 이 때문이다.

피부의 갈색 변화는 맨 바깥쪽의 죽은 부분인 각질층에서 일어난다. 여기에서 DHA는 그곳에 있는 단백질의 유리 아미노 기($-NH_2$)와 반응한다.

DHA는 대부분의 태닝 로션에 2~5% 농도로 존재하는데, 더 많이 태운 효과를 내기 위해 어떤 생산품에서는 더 높은 농도로 들어 있기도 하다. pH가 7보다 높으면 로션 자체가 갈색으로 변하기 때문에 태닝 로션은 pH 5로 완충되어 있다.

이 새로운 생산품 때문에 이제 피부 그을리기는 안전하면서도 쉬워졌다.

Ingredients: Water, Aloe Vera Gel, Glycerin, Propylene Glycol, Polysorbate 20, Fragrance, Tocopheryl Acetate (Vitamin E Acetate), Imidazolidinyl Urea, Dihydroxyacetone.

셀프 태닝 제품들과, 성분이 표시된 라벨을 확대해 보여주는 모습.

각각에서 다섯 번째 탄소 원자는 단지 세 가지 종류의 치환기(두 개의 수소 원자)만을 가지고 있어서 카이랄 탄소가 아니다.

따라서 이 펜토스는 세 개의 카이랄 탄소 원자를 가지며, 다음 그림에서 파란색으로 나타내었다.

표 22.8에서 나타낸 D-라이보스와 D-아라비노스는 이 펜토스의 8개 이성질체 중 두 개에 해당한다.

연습 문제 22.122와 22.127~22.134 참조

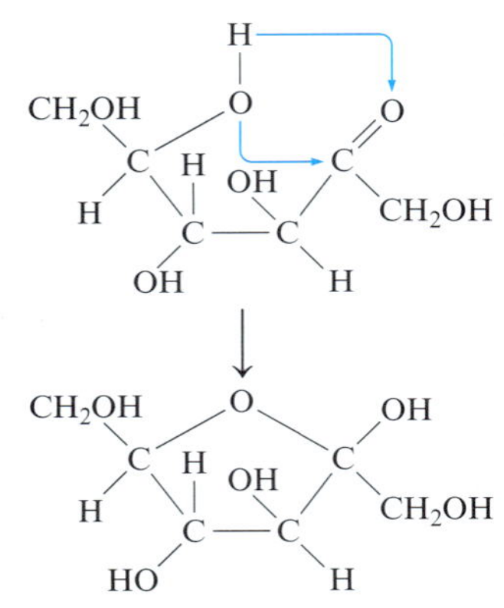

그림 22.29 D-프럭토스의 고리화 반응.

지금까지는 단당류를 곧은 사슬 분자처럼 나타내었으나, 이들은 수용액에서 고리화하여 고리 구조를 만든다. 그림 22.29는 프럭토스에 대한 고리화 반응을 보여준다. 새로운 결합이 한쪽 끝에서 말단에 있는 하이드록시 기의 산소와 케톤 기의 탄소 사이에 생긴다. 고리형에서 프럭토스는 C—O—C 결합을 갖는 오원자(오각형) 고리이다. 그림 22.30에는 D-글루코스의 경우 같은 유형의 반응이 하이드록시 기와 알데하이드 기 사이에서 일어난다. 이 경우 육원자(육각형) 고리가 만들어진다.

단당류를 연결하여 더 큰 탄수화물을 만들 수 있다. 예를 들면, **설탕**(**수크로스**, sucrose)은 글루코스와 프럭토스에서 물 한 분자가 제거된 후 두 고리 사이에 C—O—C 결합이 형성된 **이당류**(disaccharide)이다. 이러한 결합을 **글라이코사이드 결합**(glycoside linkage, 그림 22.31)이라 부른다. 수크로스를 음식물로 섭취하면 몸에서 역반응이 일어난다. 침 속에 있는 효소는 이 이당류의 분해 반응을 촉진한다.

큰 중합체들은 많은 단당류(monosaccharide) 단위체가 연결되어 있으며 이를 다당류(polysaccharide)라 부른다. 그림 22.32에서 보여주듯이 각 고리는 두 개의 글라이코사이

그림 22.30 글루코스의 고리화 반응. 서로 다른 두 개의 고리가 가능하다. 둘의 차이는 그림에 표시된 것처럼 한 탄소에 있는 하이드록시 기와 수소의 방향이다. 각 구조에 대해 α와 β로 구별하여 부른다.

▲
각설탕이 담긴 그릇.

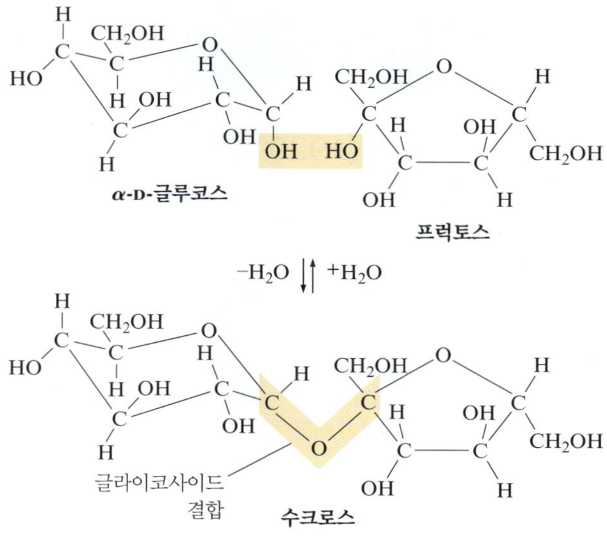

그림 22.31 설탕은 α-D-글루코스와 프럭토스로 이루어진 이당류(disaccharide)이다.

드 결합에 의하여 연결되어 있다. 이들 중합체 중에서 녹말, 셀룰로스, 글라이코젠이 가장 중요하다. 이들 물질은 모두 글루코스로만 이루어진 중합체이지만, 이들의 차이는 글라이코사이드 결합 성질, 곁가지의 개수 그리고 분자량(몰질량) 등을 만들어낸다.

녹말(starch)은 α-D-글루코스의 중합체이며, 아밀로스와 아밀로펙틴의 두 부분으로 구성되어 있다. *아밀로스(amylose)*는 α-글루코스의 곧은 사슬의 중합체[그림 22.32(a)]이며, *아밀로펙틴(amylopectin)*은 같은 α-글루코스 중합체이지만 곁가지가 많고, 몰질량이 아밀로스의 10~20배가 된다. 주 중합체 사슬 곁에 세 번째 글라이코사이드 결합을 연결시키면 가지가 달린 구조가 얻어진다.

녹말은 식물의 탄수화물 저장원으로, 식물이 나중에 세포의 에너지원으로 사용할 글루코스의 저장형이다. 글루코스가 고분자 형태로 저장되어야 삼투압에 의한 식물 내부 구조의 스트레스가 감소한다. 11.6절에서 배웠듯이, 삼투압을 좌우하는 것은 용질 분자(또는 이온)의 농도이기 때문이다. 따라서 각 글루코스 분자를 결합하여 긴 사슬로 만들면 용질 분자의 농도를 비교적 낮게 유지하여 삼투압을 최소화한다.

셀룰로스(cellulose)는 목질 식물이나 목면과 같은 천연 섬유의 주요 구조 성분으로 β-D-글루코스의 중합체이며, 구조는 그림 22.32(b)에 나타내었다. 셀룰로스의 β-글라이코사이드 결합은 녹말의 상대적인 배향이 다른 글루코스 고리를 가진다. 이 차이가 별것 아니게 보일지 모르지만 사실 매우 중요한 영향을 미친다. 인간의 소화계는 녹말의 α-글라이코사이드 결합의 파괴를 도와주는 효소인 α-글라이코시데이스(α-glycosidase)를 갖고 있다. 그러나 이 효소는 셀룰로스의 β-글라이코사이드 결합은 분해시키지 못한다. 그 이유는 아마도 효소의 활성 자리와 탄수화물이 꼭 맞는 구조가 아니기 때문인 것으로 여겨진다. β-글라이코사이드 결합을 분해하는 효소인 β-글라이코시데이스(β-glycosidase)는 흰개미, 소, 사슴이나 기타 동물의 소화 장기 내에 있는 박테리아에서 발견된다. 따라서 사람과는 달리 이들 동물은 셀룰로스로부터 영양분의 섭취가 가능하다.

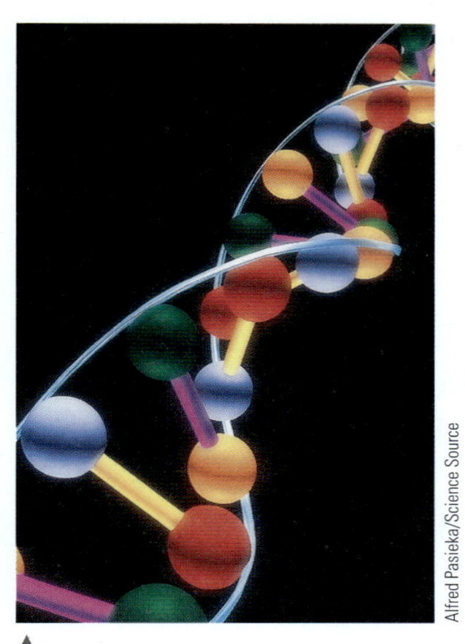

▲
DNA의 염기쌍을 보여주는 컴퓨터 영상. 파란색의 선은 당-인산 골격을 나타내며, 색깔 막대는 염기쌍 간의 수소 결합을 의미한다.

글라이코젠(glycogen)은 동물에서의 주요 탄수화물 저장 형태로 아밀로펙틴과 유사한 구조를 가지지만, 가지가 더 많이 있다. 곁가지가 많으면 에너지가 필요할 때 글라이코젠이 글루코스로 더 쉽고 빨리 분해되는 것으로 보인다.

화학의 선구자

Rosalind Elise Franklin(1920~1958)

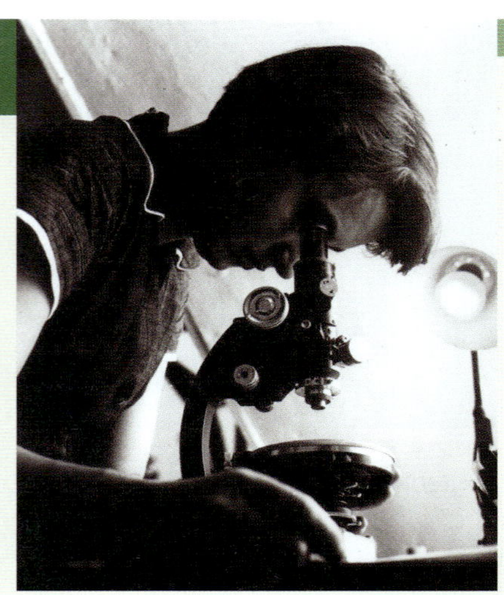

Rosalind Elise Franklin은 영국의 X-선 결정학자로, DNA 구조를 이해하는 데 선구적인 공헌을 한 과학자이다. Francis Crick과 James Watson은 1953년 DNA의 나선 구조를 제안했다. 후에 Crick은 Franklin의 X-선 회절 데이터가 Watson-Crick의 돌파적 발견에 결정적인 역할을 했다고 밝혔다. 그러나 당시 Franklin의 연구가 아직 출판되지 않았기 때문에, DNA 구조 발견에 대한 그녀의 공헌은 정당하게 인정받지 못했다.

이후 연구에서 Franklin은 담배 모자이크 바이러스와 소아마비 바이러스에 대한 선구적인 연구를 이끌었다. 그러나 Franklin의 연구 경력은 난소암으로 인해 비극적으로 짧았고, 그녀는 37세의 나이로 생을 마감했다.

그림 22.32 (**a**) 중합체 아밀로오스는 녹말의 주요 성분이며 α-D-글루코스 단량체로 구성된다. (**b**) β-D-글루코스 단량체로 이루어진 중합체인 셀룰로오스이다.

핵산

생명체가 가능한 것은 각 세포가 분열할 때, 생명 유지에 필요한 중요한 정보를 다음 세대로 전달할 수 있기 때문이다. 이 과정에 세포핵 내에 있는 염색체가 관여한다는 것은 오랫동안 알려져 왔다. 그러나 1953년 이후에야 이 오묘한 세포의 재능을 과학자들이 분자 수준에서 이해하게 되었다.

유전 정보를 저장하고 전달하는 물질은 **데옥시라이보핵산**(deoxyribonucleic acid, DNA)이라 부르는 중합체로, 큰 것은 분자량이 수십억이나 되는 거대한 분자이다. **라이보핵산**(ribonucleic acid, RNA)이라 부르는 또 다른 유사한 모양의 핵산과 함께 DNA는 세포가 생명 기능을 수행하는 데 필요한 여러 단백질을 합성하는 데 관여한다. RNA 분자는 핵 밖의 세포질에 있으며, DNA 중합체보다는 작고 분자량은 몰당 20,000~40,000 g이다.

핵산의 단위체는 **뉴클레오타이드**(nucleotide)라 부르며, 이는 다음과 같은 세 부분으로 구성되어 있다.

(a) 데옥시라이보스

(b) 라이보스

그림 22.33 펜토스의 구조. (a) 데옥시라이보스. (b) 라이보스. 데옥시라이보스는 DNA에 존재하는 당 분자이며, 라이보스는 RNA에 들어있다.

유라실(U) RNA · 사이토신(C) DNA RNA · 타이민(T) DNA · 아데닌(A) DNA RNA · 구아닌(G) DNA RNA

그림 22.34 DNA 및 RNA에 들어있는 유기 염기.

1. *오탄당*; DNA에 들어 있는 데옥시라이보스와 RNA에 들어 있는 라이보스(그림 22.33)
2. *질소를 포함하는 유기 염기*(그림 22.34)
3. *인산 분자*(H_3PO_4)

염기와 당은 그림 22.35(a)에 보여준 것처럼 결합하여 한 단위를 이루고, 이 단위는 다시 인산과 반응하여 에스터[그림 22.35(b)]인 뉴클레오타이드를 만든다. 뉴클레오타이드가 그림 22.36과 같은 고분자를 만들 때에는 탈수 반응인 축합 반응을 통하여 서로 연결된다.

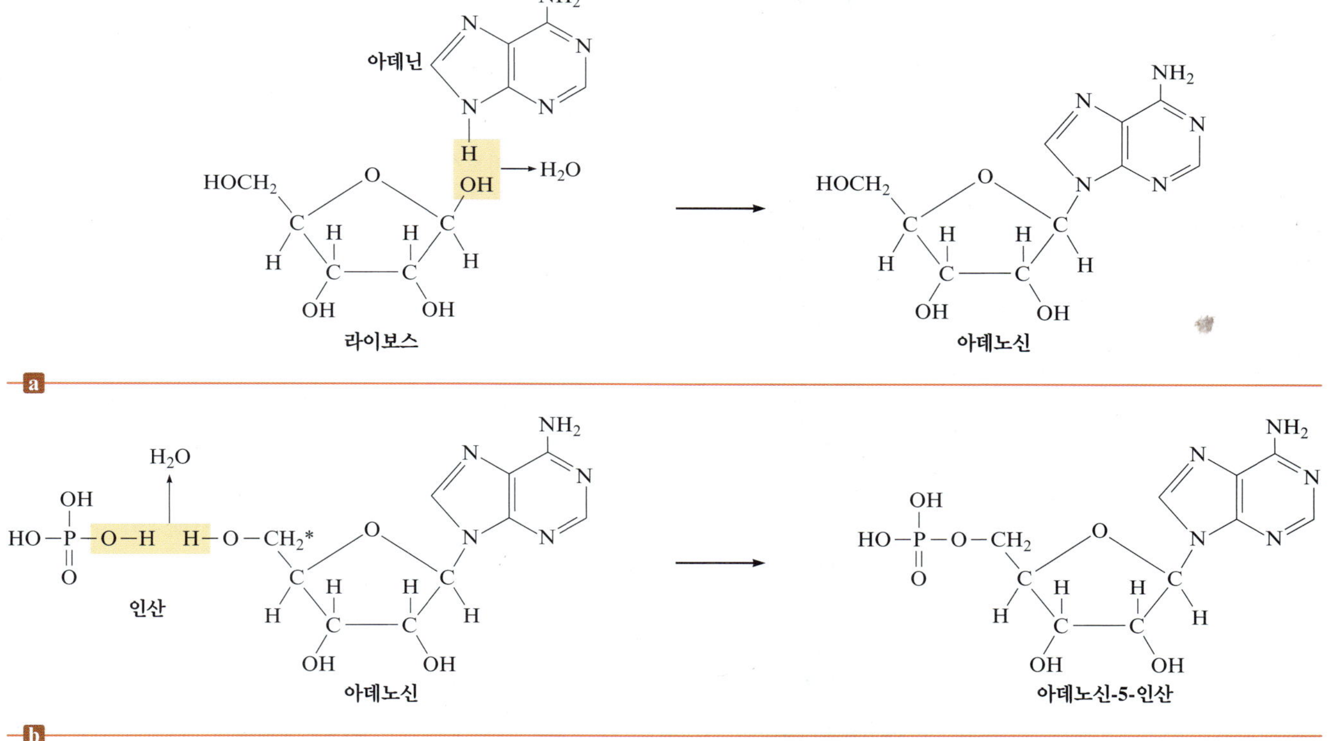

그림 22.35 (a) 아데노신은 아데닌과 라이보스의 반응으로 형성된다. (b) 아데노신과 인산이 반응하면 에스터인 아데노신-5-인산이 생긴다. 이것을 뉴클레오타이드라 한다(생물학적인 pH에서, 인산은 여기에서 나타낸 것처럼 양성자가 모두 결합되어 있지는 않다).

RNA 사슬을 따라 전개되는 반복 단위

그림 22.36 전형적인 핵산 사슬의 일부분. 뼈대는 당과 인산 에스터로 되어 있다.

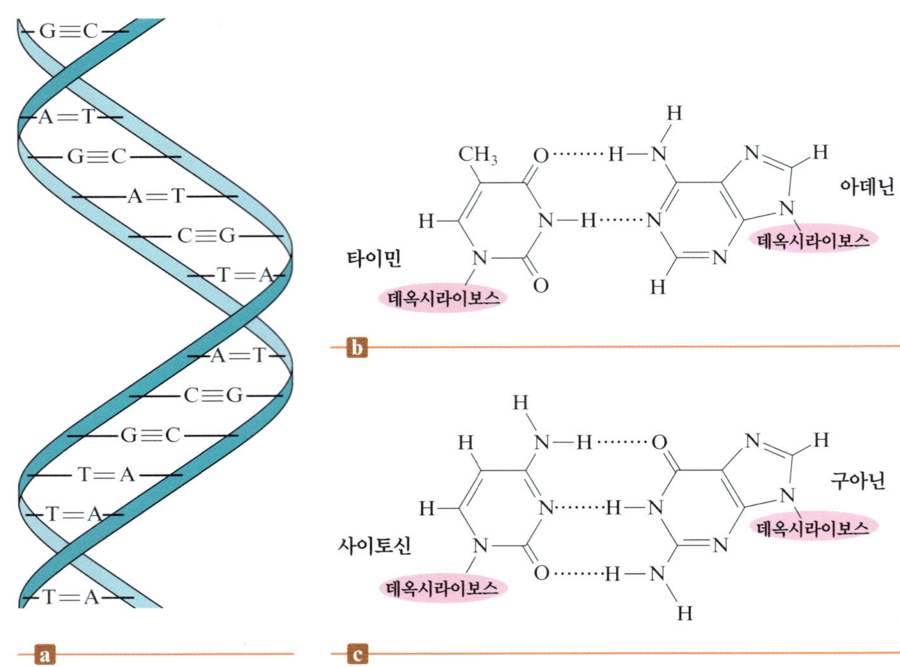

그림 22.37 (a) DNA 이중 나선은 두 가닥의 당과 인산 뼈대로 형성되어 있다. 두 뼈대는 각각에 달려있는 염기들의 수소 결합으로 연결되어 있다. (b) 타이민-아데닌, (c) 사이토신-구아닌 쌍의 상보적인 배열

이런 고분자는 *10억* 개의 단위를 포함할 수 있다.

DNA 기능에 영향을 미치는 가장 중요한 점은 *두 가닥에 상보적인 염기를 갖는 이중 나선 구조*이다. 염기들은 그림 22.37이 보여주듯이 서로 수소 결합을 형성한다. 사이토신과 구아닌의 구조를 보면 이들은 수소 결합을 통해 완벽한 쌍을 형성할 수 있다. 따라서 이들은 DNA 이중 나선에서 *항상* 짝을 이루고 있다. 타이민과 아데닌도 이와 비슷하게 수소 결합으로 쌍을 형성한다.

세포 분열이 일어날 때 DNA의 두 가닥은 풀리고 새로운 상보적인 가닥이 풀어진 가닥들에 각각 짝을 이루며 만들어진다는 증거가 많이 있다(그림 22.38 참조). DNA 가닥 속에 있는 염기들은 항상 같은 방식으로 (사이토신은 구아닌과, 타이민은 아데닌과) 짝을 이루므로 풀린 가닥은 일단 기본 틀의 역할을 하여 이에 상보적인 염기들만 (뉴클레오타이드의 다른 부분도 함께) 붙게 된다. 이 과정에서 원래의 구조와 똑같은 두 개의 이중 나선 DNA 구조가 얻어진다. 새로 생긴 두 이중 나선 각각은 원래 DNA에서 유래한 가닥과 새로 얻어진 가닥을 포함한다. DNA의 이와 같은 복제가 세포 분열 시 유전 정보의 전달을 가능하게 한다.

DNA의 또 다른 주요 기능은 **단백질 합성**(protein synthesis)이다. **유전자**(gene)라 부르는 DNA의 어느 부분은 특정 단백질에 대한 암호를 담고 있다. 이들 암호는 세포의 단백질 합성 "장치"에 단백질의 일차 구조(아미노산의 배열)에 대한 정보를 전해 준다. 단백질 내의 모든 아미노산들은 저마다 그에 해당하는 특유의 암호가 있어, 단백질의 사슬이 자랄 때 올바른 아미노산만이 삽입되도록 되어 있다. 각 아미노산에 대한 암호는 세 개의 염기로 한 세트를 이룬 **코돈**(codon, 유전 암호)이라 부른다.

DNA는 유전 정보를 저장하며, RNA는 이 정보를 단백질 합성이 일어나는 라이보솜에 전달한다. 이 복잡한 과정에서 우선 **전령 RNA**(messenger RNA, mRNA)라는 특수한 RNA가 만들어진다. mRNA는 세포핵 내의 적당한 DNA 부분(유전자)에서 만들어진다. 즉, DNA 복제 때와 같이 이중 나선이 "풀리면서" 염기의 상보성을 유지하면서 합성된다.

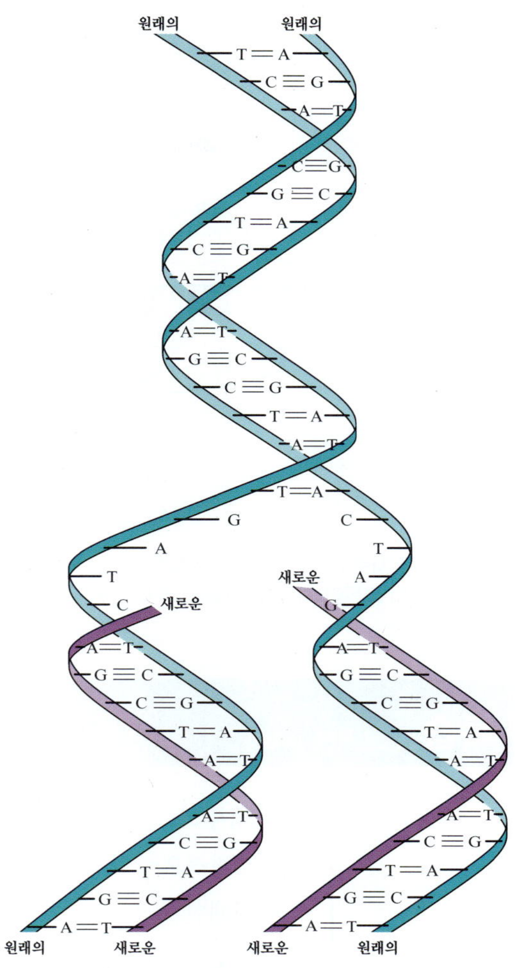

그림 22.38 세포 분열이 진행될 때 원래의 이중 나선은 풀리고 각각 나선에 상보적인 나선이 새로 생성된다.

그런 후 mRNA는 세포의 세포질로 이동한 후, 라이보솜의 도움을 받아 세포질에서 단백질을 합성한다.

전달 RNA(transfer RNA, tRNA)라는 작은 RNA 조각들은 특정한 아미노산을 찾아내도록 맞춤형으로 만들어져 있다. mRNA의 코돈이 지시하는 대로 성장하는 단백질 사슬에 덧붙여 준다. 전달 RNA는 전령 RNA보다 분자량이 작다. 아데닌, 구아닌, 사이토신, 유라실을 포함하는 75~80개의 뉴클레오타이드의 사슬로 되어 있다. 이 사슬은 원래 한 가닥으로 이루어져 있지만, 사슬 내의 일부 염기들이 서로 상보적인 배열을 이루기 때문에, 이들 사이에 수소 결합이 형성되어 사슬이 여러 부분에서 접히게 된다. tRNA는 **역코돈**(anticodon)을 이용해 상보적인 염기 세 개로 이루어진 mRNA에 들어 있는 유전 정보를 해독해 낸다. 생성 중에 있는 단백질에 어떤 아미노산이 들어오는가는 역코돈(안티코돈)에 의해 결정된다.

단백질은 여러 단계를 거쳐 합성된다. 먼저 tRNA 분자가 아미노산을 mRNA로 가져간다[tRNA의 역코돈은 mRNA의 코돈에 상보적이어야만 한다(그림 22.39)]. 이 아미노산이 제자리에 들어가면 또 다른 tRNA가 mRNA의 다음 코돈 자리에 상응하는 새 아미노산을 가지고 들어간다. 두 아미노산은 펩타이드 결합으로 연결되며, 첫 코돈에 있던 tRNA는 떨어져 나간다. 이 과정은 mRNA의 코돈에 정확히 맞는 tRNA 역코돈을 짝 맞춤을 통해 사슬을 따라 반복된다.

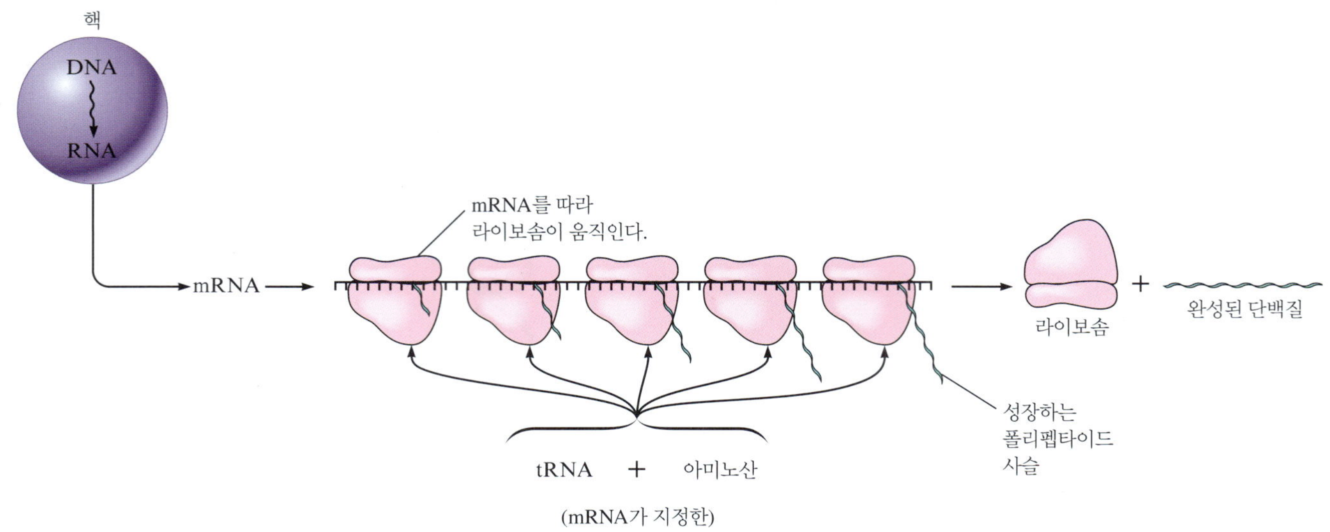

그림 22.39 DNA의 특정 유전자로부터 만들어진 mRNA 분자는 라이보솜의 도움을 받아 단백질을 형성하는 틀로 사용된다. tRNA 분자들은 특정 아미노산에 결합된 후, mRNA의 코돈이 지정하는 대로 아미노산을 알맞은 자리에 붙여준다.

개념 정리 및 복습 For Review

주요 용어

생체 분자
유기 화학

22.1절

탄화수소
포화
불포화
알케인
노말(곧은 사슬 또는 가지 없는) 탄화수소
구조 이성질현상
연소 반응
치환 반응
탈수소화 반응
고리 알케인

22.2절

알켄
시스-트랜스 이성질현상
알카인
첨가 반응
수소화 반응
할로젠화 반응
중합반응

22.3절

방향족 탄화수소
페닐 기

탄화수소

- 일반적으로 탄소 사슬 또는 고리를 지니며 주로 탄소와 수소 원자들로 구성된 화합물
- 알케인
  - C—C 단일 결합만 있는 화합물
  - 일반식 C_nH_{2n+2}로 표현
  - 화합물의 각 탄소 원자는 최대 수인 4개의 다른 원자와 결합되어 있어 포화되어 있다고 한다.
  - 이 탄소 원자들은 sp^3 혼성화되어 있다고 말한다.
  - 구조 이성질현상으로 가지달린 사슬 구조의 이성질체 가능
  - O_2와 반응하여 CO_2와 H_2O 생성(연소 반응이라 함)
  - 치환 반응 가능
- 알켄
  - 하나 이상의 C═C 이중 결합을 지닌 탄화수소
  - 가장 간단한 알켄은 C_2H_4(에틸렌)이며, sp^2 혼성화된 탄소 원자를 포함
  - 알켄에서 C═C 이중 결합의 회전이 제한되므로 *시스-트랜스* 이성질현상이 존재
  - 첨가 반응이 일어남
- 알카인
  - 하나 이상의 C≡C 삼중 결합을 지닌 탄화수소
  - 가장 간단한 알카인은 C_2H_2(아세틸렌)이며 *sp* 혼성화된 탄소를 포함
  - 첨가 반응 가능

22.4절
탄화수소 유도체
작용기
알코올
페놀
카보닐 기
케톤
알데하이드
카복실산
카복시 기
에스터
아민

22.5절
중합체
열경화성 중합체
열가소성 중합체
다리 결합
가황
첨가 중합반응
자유 라디칼
축합 중합반응
혼성 중합체
동종 중합체
이량체
폴리에스터
아이소택틱 사슬
신디오택틱 사슬
어택틱 사슬
폴리스타이렌
폴리염화 바이닐(PVC)

22.6절
단백질
섬유상 단백질
구상 단백질
α-아미노산
곁사슬
다이펩타이드
펩타이드 결합
폴리펩타이드
일차 구조
이차 구조
α-나선
병풍 구조
무작위 코일 배열
삼차 구조
이황화물 결합
변성
탄수화물
단당류(단순당)

- 방향족 탄화수소
  - 비편재화된 π 전자를 갖는 탄소 원자로 구성된 고리를 포함
  - 첨가 반응보다는 치환 반응 진행

탄화수소 유도체

- 하나 이상의 작용기 포함
- 알코올: —OH 기를 가지고 있다.
- 알데하이드: (H)C=O 기를 가지고 있다.
- 케톤: >C=O 기를 가지고 있다.
- 카복실산: —C(=O)OH 기를 가지고 있다.

중합체

- 단위체라고 하는 작은 분자들로부터 큰 분자 형성
  - 첨가 중합반응: 자유 라디칼 메커니즘에 의해 단위체가 서로 첨가
  - 축합 중합반응: 단위체가 물과 같은 작은 분자를 내놓으며 서로 연결

단백질

- 몰질량이 6,000~1,000,000인 일종의 천연 고분자
- 섬유상 단백질은 근육, 머리카락, 연골 등의 구조 물질 형성
- 구상 단백질은 산소의 수송 및 저장, 생체 반응의 촉매 작용, 생체계의 조절 등 많은 생체 작용을 수행
- 단백질의 구성 단위(단위체)인 α-아미노산의 축합 반응에 의해 펩타이드 결합 형성
- 단백질의 구조
  - 일차: 사슬 내의 아미노산 서열 순서
  - 이차: 단백질 사슬의 배열
  - α-나선
  - 병풍구조
  - 삼차: 단백질의 전체 모양

탄수화물

- 탄소, 수소, 산소로 구성
- 거의 모든 생체의 영양 공급원
- 단당류는 대부분 오탄소나 육탄소의 폴리하이드록시 케톤이나 알데하이드
  - 단당류는 서로 결합하여 설탕, 녹말, 셀룰로스와 같은 더 복잡한 구조의 탄수화물 형성

펜토스
헥소스
수크로스
이당류
글라이코사이드 결합
녹말
셀룰로스
글라이코젠
데옥시라이보핵산(DNA)
라이보핵산(RNA)
뉴클레오타이드
단백질 합성
유전자
코돈
전령 RNA (mRNA)
전달 RNA (tRNA)
역코돈

유전 정보 전달

- 세포가 분열할 때, 유전 정보는 이중 나선 구조를 지닌 데옥시라이보핵산(DNA)을 통하여 전달
  - 세포 분열 중 이중 나선의 두 가닥이 풀리고, 원래의 DNA의 각 가닥을 따라 새로운 중합체 형성
  - DNA 이중 나선 내부에서 특정 쌍이 서로 수소 결합하는 유기 염기에 의해 유전 정보 전달

복습 질문

1. 탄화수소란 무엇인가? 포화 탄화수소와 불포화 탄화수소의 차이는 무엇인가? 곧은 사슬 구조 및 가지 달린 구조의 탄화수소를 각각 구분하여 설명하라. 알케인이란 무엇인가? 고리 알케인이란 무엇인가? 알케인의 두 가지 일반식은 무엇인가? 알케인에 있는 탄소 원자들의 혼성화는 무엇인가? 알케인의 결합각은 얼마인가? 사이클로프로페인과 사이클로뷰테인의 반응성이 큰 이유는 무엇인가?

노말(곁가지가 없는) 탄화수소는 흔히 *곧은 사슬 탄화수소*를 의미한다. 이 용어는 무엇을 의미하는가? 이것은 정말로 곧은 사슬 탄화수소의 탄소 원자들이 일직선상에 배열되어 있다는 것을 의미하는가? 설명하라. 고리 알케인의 간단한 표시법에서 일반적으로 수소는 표시하지 않는다. 고리 구조에서 각 탄소에 결합되어 있는 수소의 수는 어떻게 결정할 수 있는가?

2. 알켄이란 무엇인가? 알카인이란 무엇인가? 다중 결합이 하나씩만 있다면 알켄과 알카인의 일반식은 각각 무엇인가? 알켄과 알카인에서의 결합각은 각각 얼마인가? C_2H_4와 C_2H_2를 예로 하여 알켄과 알카인에서의 결합을 설명하라. 알켄과 알카인에서는 왜 회전이 제한되는가? C_nH_{2n}이 고리 알켄의 일반식인가? 아니라면 다중 결합이 하나만 있다는 조건에서 일반식은 무엇인가?

3. 방향족 탄화수소는 무엇인가? 벤젠은 공명을 나타낸다. 그 이유를 설명하라. 벤젠의 결합각은 얼마인가? 벤젠의 결합에 대해 자세히 설명하라. 벤젠의 π 전자는 비편재화되어 있지만, 간단한 알켄과 알카인의 π 전자는 편재되어 있다. 그 차이점을 설명하라.

4. 알케인, 알켄, 알카인 및 방향족 화합물의 명명법을 요약하여 설명하라. 탄화수소의 명명에서 다음의 잘못된 표현들을 수정하라.

a. 탄화수소의 기본명은 연속적인 탄소 원자 사슬이 가장 짧은 것을 기준으로 한다.
b. 모든 탄화수소의 접미사로 *-에인(-ane)*을 사용한다.
c. 치환기의 위치 번호는 가능한 한 가장 큰 수를 부여한다.
d. 알켄과 알카인에서 이중 또는 삼중 결합의 위치를 나타내기 위하여 번호를 붙일 필요는 없다.
e. 알켄과 알카인에서 치환기의 위치 번호는 가급적 낮은 수를 부여한다.
f. 방향족 탄화수소에서 *오쏘-(ortho-)*라는 용어는 두 치환기가 벤젠의 탄소-1과 탄소-3에 결합되어 있다는 것을 의미한다.

5. 다음 탄화수소 유도체들은 각각 어떠한 작용기를 특징적으로 갖는가?

a. 할로탄화수소(halohydrocarbon)
b. 알코올(alcohol)
c. 에터(ether)
d. 알데하이드(aldehyde)
e. 케톤(ketone)
f. 카복실산(carboxylic acid)
g. 에스터(ester)
h. 아민(amine)

각 작용기의 예를 써라. 각 작용기를 명명하기 위해 어떠한 접두사 또는 접미사를 사용하는가? 각각에서의 결합각

은 얼마인가? 각 작용기에 있는 결합에 대해 설명하라. 일차, 이차, 삼차 알코올들의 차이는 무엇인가? 위의 a~h 작용기들에서 어떠한 경우에 작용기의 위치를 나타내기 위한 번호가 필요한가? 카복실산은 흔히 RCOOH로 표기한다. —COOH가 의미하는 것은 무엇이며, R은 무엇을 나타내는가? 알데하이드는 RCHO로 쓰기도 한다. —CHO가 의미하는 것은 무엇인가?

6. 이성질현상(isomerism)과 공명(resonance)을 구분하여 설명하라. 구조 이성질현상과 기하 이성질현상을 구분하여 설명하라. 여러 구조 이성질체들을 그릴 때 가장 어려운 점은 어떤 이성질체들이 서로 다르고, 어떤 이성질체들이 이미 그린 구조와 동일한지 알아내는 것이다. 즉, 어떤 구조들은 서로 하나의 탄소 단일 결합의 회전에 의한 차이만 있는지 아는 것이다. 구조 이성질체들과 서로 동일한 화합물들을 어떻게 구분하겠는가?

알켄과 사이클로알케인은 서로 구조 이성질체이다. C_4H_8을 이용하여 각각의 예를 들라. 알켄과 사이클로알케인의 또 다른 공통점은 둘 다 화합물 내에 있는 하나 이상의 결합에서 회전의 제한을 받아 *시스-트랜스*(*cis-trans*) 이성질현상을 보인다는 것이다. *시스-트랜스* 이성질현상을 나타내기 위한 알켄이나 사이클로알케인에서의 필요 조건은 무엇인가? *시스*와 *트랜스* 이성질체의 차이에 대하여 설명하라.

알코올과 에터는 서로 구조 이성질체이며, 알데하이드와 케톤도 마찬가지이다. 각각의 예를 들어보라. 표 22.4에서 어떤 작용기가 카복실산의 구조 이성질체인가?

광학 이성질현상이란 무엇인가? 어느 유기 화합물이 광학 이성질현상을 보일 것인가를 확인하기 위해서 어떤 점을 살펴보아야 하는가? 1-브로모-1-클로로에테인(1-bromo-1-chloroethane)은 광학 활성을 보이지만, 1-브로모-2-클로로에테인(1-bromo-2-chloroethane)은 광학적으로 비활성이다. 설명하라.

7. 탄화수소 분자들 사이에 작용하는 힘에는 어떤 것이 있는가? *n*-헵테인이 *n*-뷰테인보다 끓는점이 높은 이유를 설명하라. 탄화수소 이성질체들에 적용할 수 있는 일반적인 규칙으로, 곁가지의 수가 증가하면 끓는점이 내려간다. 이것이 사실인 이유를 설명하라.

표 22.4에 나열된 작용기들은 모두 London 분산력을 보이며, 또한 추가적으로 쌍극자-쌍극자 힘을 갖는다. 각 작용기에 대해서 이를 설명하라. 알코올과 에테르는 서로 구조 이성질체이지만, 알코올은 유사한 크기의 에테르에 비해 매우 높은 온도에서 끓는다. 이를 설명하라. 유사한 크기의 카복실산과 에스터의 끓는점을 비교하였을 때 어떠하겠는가? $CH_3CH_2CH_3$, CH_2CH_3OH, CH_3CHO와 HCOOH는 거의 같은 몰질량을 갖고 있지만 서로 끓는 온도가 매우 다르다. 왜 그런가? 이 화합물들을 끓는점이 증가하는 순으로 나열하라.

8. 치환 반응과 첨가 반응의 차이를 구분하여 설명하라. 각 반응의 예를 하나씩 제시하라. 알케인과 방향족은 매우 안정한 화합물들이다. 이들이 반응하기 위해서는 특별한 촉매가 있어야 한다. Cl_2가 알케인이나 벤젠과 반응할 때 각각 어떠한 촉매가 필요한가? 알켄이나 알카인에 Cl_2를 첨가할 때는 특별한 촉매가 필요하지 않다. 알켄이나 알카인이 알케인이나 방향족 화합물보다 반응성이 큰 이유는 무엇인가? 모든 유기 화합물은 연소될 수 있다. 어떤 유기 화합물이 C, H, O 만을 포함하고 있다고 가정한다면 이 연소 반응에서 필요한 또 다른 반응물은 무엇이며, 생성물들은 무엇인가?

다음은 22.4절에서 다룬 다른 유기 반응들이다. 각 반응에 대해 예를 하나씩 들라.

a. 알켄에 H_2O를 (H^+ 존재하에서) 첨가하면 알코올이 생성된다.

b. 일차 알코올은 알데하이드로 산화되며, 더 산화시키면 카복실산이 된다.

c. 이차 알코올은 케톤으로 산화된다.

d. 알코올과 카복실산을 (H^+ 존재 하에서) 반응시키면 에스터가 만들어진다.

9. 다음 각각에 대해 정의하고 예를 하나씩 들라.

a. 첨가 중합체
b. 축합 중합체
c. 공중합체
d. 동종 중합체
e. 폴리에스터
f. 폴리아마이드

열경화성 중합체와 열가소성 중합체의 차이를 설명하라. 중합체의 물성이 사슬의 길이와 곁가지 친 정도에 어떻게 의존하는지 설명하라. 중합체의 물성을 바꾸기 위하여 다리 결합제가 어떻게 사용되는지 설명하라. 아이소택틱 폴리프로필렌이 어택틱 폴리프로필렌보다 강한 섬유를 만든다. 설명하라. 폴리에틸렌이나 폴리염화 바이닐 중에서 어느 중합체의 분자 간 작용하는 힘이 더 클 것이라고 예상할 수 있는가? (평균 사슬 길이는 같다고 가정한다.)

10. 아미노산의 일반식을 제시하라. 일부 아미노산들은 친수성으로, 다른 것들은 소수성으로 분류된다. 이 용어들이 의미하는 것은 무엇인가? 아미노산 수용액들은 완충용액이다. 이를 설명하라. 그림 22.18에 있는 아미노산들 대부분은 광학적으로 활성이다. 이를 설명하라. 펩타이드 결합이란 무엇인가? 글라이신(glycine), 세린(serine) 및 알라닌(alanine)이 반응하여 어떻게 트라이펩타이드(tripeptide)를 생성하는가를 보여라. 단백질이란 무엇이며, 단백질을 구성하는 단위체는 무엇인가? 단백질의 일차 구조, 이차 구조, 삼차 구조를 각각 설명하라. 각각의 구조를 유지하는 힘

의 종류에 대해 예를 제시하라. 변성(denaturation)이 어떻게 단백질의 기능에 영향을 미치는지 설명하라.

11. 탄수화물이란 무엇이며, 탄수화물에서의 단위체는 무엇인가? 표 22.8에 있는 단당류들은 모두 광학적으로 활성이다. 이를 설명하라. *이당류(disaccharide)*란 무엇인가? 이당류의 하나인 설탕(sucrose)은 어떤 단당류들로 구성되어 있는가? 단당류 단위 사이에 형성되는 결합을 무엇이라고 부르는가? 녹말, 셀룰로스, 글라이코젠의 차이는 무엇인가?

12. DNA와 RNA 간의 구조적 차이를 설명하라. 핵산에서의 단위체를 뉴클레오타이드(nucleotide)라고 한다. 뉴클레오타이드를 구성하는 세 부분은 무엇인가? 아데닌, 구아닌, 사이토신, 타이민을 핵산 염기라고 한다. 이 화합물들의 어떠한 구조적 특징이 이들을 염기로 작용하게 하는가? DNA는 이중 나선 구조를 지닌다. 이를 설명하라. DNA를 구성하고 있는 두 개의 가닥 간에 서로 상보적인 염기 짝지음을 하여 어떻게 전체적으로 이중 나선 구조를 형성하는지 설명하라. 세포 분열 과정의 DNA 분자 복제에서 어떻게 상보적인 염기 짝지음이 관여하는가? 단백질 합성이 어떻게 일어나는지 설명하라. 코돈이란 무엇이며, 유전자란 무엇인가? DNA 분자로부터 염기 하나를 없애면 치명적인 돌연변이가 일어나지만, 하나의 염기를 다른 염기로 치환하면 심각한 돌연변이가 일어나지 않는 수가 많다. 이 차이를 설명하라.

활동 학습 질문

이 문제들은 학생들이 강의실에서 그룹을 만들어 함께 풀어보도록 고안하였다.

1. C_5H_{12}의 화학식을 갖는 세 가지 구조 이성질체를 생각해 보자.

a. 이 이성질체들 중 하나가 Br_2와 적절한 촉매로 반응할 때 하나의 단일 브롬화 생성물만 형성된다. 이 이성질체의 이름과 단일 브로민화 생성물의 이름을 써라.

b. 또 다른 이성질체가 Br_2와 적절한 촉매로 반응할 때 세 가지 서로 다른 단일 브로민화 생성물이 생성될 수 있다. 이 이성질체의 이름과 세 가지 단일 브로민화 생성물의 이름을 써라.

c. 세 번째 이성질체가 Br_2와 적절한 촉매로 반응할 때 네 가지 서로 다른 단일 브로민화 생성물이 생성될 수 있다. 이 이성질체의 이름과 네 가지 단일 브로민화 생성물의 이름을 써라.

d. C_5H_{12}의 세 가지 구조 이성질체의 끓는점은 각각 9.5°C, 28°C, 36°C이다. 이 끓는점들을 해당 이성질체와 짝지어라. 힌트: 일반적으로 탄화수소의 가지가 많을수록 끓는점이 낮아진다.

2. 다음과 같은 생성물을 생성하는 반응의 예를 제시하라. 유기 반응물과 각 반응물의 이름을 써라. 연습 문제 82와 87을 참조하라. 산화 반응의 경우, 화살표 위에 '산화'라고만 쓰고 실제 시약은 쓰지마라.

a. 알켄
b. 모노할로겐화 알케인
c. 다이할로겐화 알케인
d. 테트라할로겐화 알케인
e. 모노할로겐화 벤젠
f. 알켄
g. 일차 알코올
h. 이차 알코올
i. 삼차 알코올
j. 알데하이드
k. 케톤
l. 카복실산
m. 에스터

분홍색 번호의 질문과 연습문제에 대한 정답은 온라인에서 확인할 수 있습니다(차례의 QR을 스캔해보세요).

질문

3. 왜 탄소는 다양한 화합물을 형성할 수 있는가?

4. 이론적으로, 다음의 결합각을 나타내는 탄화수소의 예를 들라: 60°, 90°, 109.5°, 120°, 180°.

5. 이성질체 문제를 풀고 있던 학생이 혼돈을 일으켜 C_7H_{16}의 구조 이성질체로 다음의 여섯 개의 화합물명을 제시하였다.

a. 1-sec-뷰틸프로페인(1-sec-butylpropane)
b. 4-메틸헥세인(4-methylhexane)
c. 2-에틸펜테인(2-ethylpentane)
d. 1-에틸-1-메틸뷰테인(1-ethyl-1-methylbutane)
e. 3-메틸헥세인(3-methylhexane)
f. 4-에틸펜테인(4-ethylpentane)

이 여섯 개 이름 중에서 실제 독립적인 구조 이성질체는 몇 개인가?

6. 다음 유기 화합물들은 존재할 수 없다. 왜 그런가?

a. 2-클로로-2-뷰타인(2-chloro-2-butyne)
b. 2-메틸-2-프로판온(2-methyl-2-propanone)
c. 1,1-다이메틸벤젠(1,1-dimethylbenzene)
d. 2-펜탄알(2-pentanal)
e. 3-헥산산(3-hexanoic acid)
f. 5,5-다이브로모-1-사이클로뷰탄올(5,5-dibromo-1-cyclobutanol)

7. 탄화수소 화합물이 여럿 있을 때, 끓는점이 높아지는 순으로 탄화수소를 나열하기 위해서는 어떠한 구조적인 특징들을 살펴보아야 하는가?

8. 표 22.4에 있는 작용기 중 어느 것이 분자 간 수소 결합을 보이겠는가? CH_2CF_2는 수소 결합을 하겠는가? 설명하라.

9. 다음 중 분자의 모든 결합 주위의 회전이 자유로운 화합물은?
- **a.** 사이클로프로페인(cyclopropane)
- **b.** 에테인(ethane)
- **c.** 에텐(ethene)
- **d.** 에타인(ethyne)
- **e.** 벤젠(benzene)

10. 다음 네 가지 유형의 탄화수소 중 쉽게 첨가 반응을 하는 것은 어느 것인가?
- **a.** 알케인(alkane)
- **b.** 알켄(alkene)
- **c.** 알카인(alkyne)
- **d.** 방향족 화합물(aromatics)

11. 다음 중에서 알케인과 사이클로알케인에 대한 설명이 *틀린* 것은?
- **a.** 사이클로뷰테인은 고리의 탄소 원자들이 원하는 사면체 결합각 109.5°보다 크게 작아서 반응성이 크다.
- **b.** 사이클로알케인은 알케인의 구조 이성질체이다.
- **c.** 알케인에 있는 모든 탄소들은 sp^3 혼성을 하고 있다.
- **d.** 사이클로알케인은 *시스/트랜스* 이성질체를 나타낼 수 있다.
- **e.** 알케인은 모든 결합 주위를 회전할 수 있다.

12. 다음 중 사이클로헥세인(cyclohexane)에 대한 설명 중 *틀린* 것은?
- **a.** 분자식은 C_6H_{12}이다.
- **b.** 의자 형태가 보트 형태보다 더 안정하다.
- **c.** 평면 분자이다.
- **d.** 모든 결합 각도는 약 109°이다.
- **e.** 2-헥센(2-hexene)의 구조 이성질체이다.

13. 폴리펩타이드는 폴리아마이드라고도 한다. 나일론은 폴리아마이드의 일종이다. 폴리아마이드란 무엇인가? 사슬 길이가 평균적으로 같다고 가정하고, 폴리탄화수소, 폴리에스터 및 폴리아마이드 중에서 어느 중합체가 가장 강한 섬유를 만들지 또 어떤 중합체가 가장 약한 섬유를 만들지 예상해 보고 설명하라.

14. 폴리스타이렌이란 무엇인가? 다음 공정들에 의해 더욱 강한 폴리스타이렌 수지가 만들어진다. 각 경우에 대해서 그 이유를 설명하라.
- **a.** 신디오택틱 폴리스타이렌이 만들어지도록 촉매 첨가
- **b.** 1,3-뷰타다이엔과 황의 첨가
- **c.** 폴리스타이렌 사슬의 길이 증가
- **d.** 선형 폴리스타이렌을 만드는 촉매 첨가

15. 중합체 형성에 관한 다음 질문들에 대해 답하라.
- **a.** 폴리에스터 동종 중합체를 만들기 위해서는 단위체에는 어떠한 구조적 특징이 있어야 하는가?
- **b.** 폴리아마이드 혼성 중합체를 만들기 위해서는 단위체에는 어떠한 구조적 특징이 있어야 하는가? (*힌트*: 나일론은 폴리아마이드의 한 예이다. 단위체들을 나일론으로 연결하기 위해서는 각 연결점마다 아마이드 작용기가 생겨야 한다.)
- **c.** 첨가 중합체와 축합 중합체를 모두 만들 수 있는 단위체에는 어떠한 구조적 특징이 있어야 하는가?

16. 22.6절에서 생물학적으로 중요한 세 가지 종류의 천연 중합체들에 대해 논의하였다. 이 세 가지 종류의 중합체는 무엇이며, 이 중합체를 구성하는 단위체들은 무엇인지 그리고 이들이 생물학적으로 중요한 이유를 설명하라.

17. 단백질의 일차, 이차 또는 삼차 구조는 변성에 의해 변화되는가?

18. 녹말이 물에 녹을 때 어떤 힘이 작용하는가?

연습 문제

이 절의 연습 문제는 비슷한 유형의 문제를 두 개씩 짝지어 놓았다.

탄화수소

19. 헥세인(C_6H_{14})의 구조 이성질체 다섯 개를 그려라.

20. 연습 문제 19의 구조 이성질체들을 명명하라.

21. 다음과 같은 기본 골격(가장 긴 탄소 사슬) 이름을 갖는 C_8H_{18}의 모든 구조 이성질체들을 그리고 명명하라.
- **a.** 헵테인(heptane)
- **b.** 뷰테인(butane)

22. 다음 어근의 이름(가장 긴 탄소 사슬)을 갖는 C_8H_{18}의 모든 구조 이성질체를 그려라. 구조 이성질체의 이름을 써라.
- **a.** 헥세인(hexane)
- **b.** 펜테인(pentane)

23. 다음 각 화합물의 구조식을 그려라.
- **a.** 2-메틸프로페인(2-methylpropane)
- **b.** 2-메틸뷰테인(2-methylbutane)
- **c.** 2-메틸펜테인(2-methylpentane)
- **d.** 2-메틸헥세인(2-methylhexane)

24. 각 화합물의 구조식을 그려라.
- **a.** 2,2-다이메틸헵테인(2,2-dimethylheptane)
- **b.** 2,3-다이메틸헵테인(2,3-dimethylheptane)
- **c.** 3,3-다이메틸헵테인(3,3-dimethylheptane)
- **d.** 2,4-다이메틸헵테인(2,4-dimethylheptane)

25. 건망증이 있는 한 교수가 두 화합물을 각각 다음과 같이 명명했다. 4-에틸-2-프로필펜테인(4-ethyl-2-propylpentane) 및 3-아이소뷰틸헥세인(3-isobutylhexane). 한 학생은 올바른 구조식을 그릴 수 있지만 이름이 알케인에 대한 명명법 규칙을 따르지 않는다고 지적했다. 4-에틸-2-프로필펜테인과 3-아이소뷰틸헥세인의 정확한 이름은 무엇인가?

26. 건망증이 있는 한 교수가 두 화합물을 각각 다음과 같이 이름 명명했다. 2-에틸-4-*tert*-부틸펜테인(2-ethyl-4-*tert*-butylpentane) 및 2-3-다이브로모-2,3-다이아이소프로필뷰테인(2-3-dibromo-2,3-diisopropylbutane). 한 학생은 올바른 구조식을 그릴 수 있지만 이름이 알케인에 대한 명명법 규칙을 따르지 않는다고 지적했다. 2-에틸-4-tert-부틸펜테인과 2-3-다이브로모-2,3-다이아이소프로필뷰테인의 정확한 이름은 무엇인가?

27. 다음을 각각 명명하라.

a.
$$\begin{array}{c} CH_3 \\ | \\ CH_3-C-CH_2-CH-CH_2-CH_3 \\ | \qquad\quad | \\ CH_3 \qquad CH_3 \end{array}$$

b. $CH_2(CH_3)-CH_2-CH_2-CH(CH_3)-CH_2-CH_2-CH_2(CH_3)$
$$\begin{array}{l} CH_2-CH_2-CH_2-CH-CH_2-CH_2-CH_2 \\ | \qquad\qquad\qquad\quad | \qquad\qquad\qquad\quad | \\ CH_3 \qquad\qquad\qquad CH_3 \qquad\qquad\qquad CH_3 \end{array}$$

c.
$$\begin{array}{c} CH_3 \qquad CH_3 \\ | \qquad\quad | \\ CH_3-C-CH_2-C-CH_3 \\ | \qquad\quad | \\ CH_3 \qquad CH_3 \end{array}$$

d.
$$\begin{array}{l} \quad CH_2-CH_3 \\ \quad | \\ CH_3-C-CH_2-CH_2-CH_2-CH_2-CH_3 \\ \quad | \\ \quad CH_2-CH_3 \end{array}$$

28. 다음 각 알케인(alkanes)을 명명하라.

a. $CH_3-CH_2-CH_2-CH_2-CH_3$

b.
$$\begin{array}{l} \quad CH_3 \qquad\qquad\qquad CH_3 \\ \quad | \qquad\qquad\qquad\quad | \\ CH_3-CH-CH-CH_2-CH \\ \qquad\quad | \qquad\qquad\quad | \\ \qquad\quad CH_2 \qquad\quad CH_3 \\ \qquad\quad | \\ \qquad\quad CH_3 \end{array}$$

c.
$$\begin{array}{l} \qquad\qquad\qquad\qquad CH_3 \\ \qquad\qquad\qquad\qquad | \\ \qquad\qquad\qquad\qquad CH-CH_3 \\ \qquad\qquad\qquad\qquad | \\ CH_3-CH_2-CH_2-CH-CH-CH_2-CH_2-CH_3 \\ \qquad\qquad\qquad\qquad\quad | \\ \qquad\qquad\qquad\quad CH_3-CH_2 \end{array}$$

29. 다음 각 사이클로알케인의 이름을 쓰고, 화합물의 화학식을 표시하라.

a. (사이클로뷰테인 고리)$-\underset{\displaystyle CH_3}{\underset{|}{CHCH_3}}$

b. (사이클로펜테인 고리, CH_3 치환)$-\overset{\displaystyle CH_3}{\overset{|}{\underset{\displaystyle CH_3}{\underset{|}{CCH_3}}}}$

c. (사이클로헥세인 고리) CH_3, $CH_2CH_2CH_3$, CH_3

30. 다음 각각의 사이클로알케인의 이름을 써라.

a. (사이클로프로페인 고리)$-I$

b. (사이클로헥세인 고리) CH_3, CH_3, CH_3, Cl

c. Cl, (사이클로펜테인 고리) CH_2CH_3

31. 포화 탄화수소의 예를 두 가지 들어라. 포화 탄화수소에서 각 탄소 원자에는 몇 개의 다른 원자가 결합되어 있는가?

32. *불포화* 탄화수소의 두 가지 예에 대한 구조를 그려라. 탄화수소를 불포화 상태로 만드는 구조적 특징은 무엇인가?

33. 다음 각 알켄의 이름을 써라.

a. $CH_2{=}CH-CH_2-CH_3$

b.
$$\begin{array}{l} \qquad\qquad\qquad\qquad\quad CH_2CH_3 \\ \qquad\qquad\qquad\qquad\quad | \\ CH_3-CH{=}CH-CHCH_3 \end{array}$$

c.
$$\begin{array}{l} \qquad\qquad CH_3 \\ \qquad\qquad | \\ CH_3CH_2CH-CH{=}CH-CHCH_3 \\ \qquad\qquad\qquad\qquad\qquad\quad | \\ \qquad\qquad\qquad\qquad\qquad\quad CH_3 \end{array}$$

34. 다음 각 알켄과 알카인을 명명하라.

a.
$$\begin{array}{c} CH_3\,CH_3 \\ |\qquad | \\ CH_3-C{=}C-CH_3 \end{array}$$

b.
$$\begin{array}{l} CH_3 \qquad CH_3 \\ | \qquad\qquad | \\ C{\equiv}C-CH-CH_2-CH_3 \end{array}$$

c.
$$\begin{array}{l} CH_2{=}C-CH-CH_3 \\ \qquad\quad | \qquad | \\ \qquad CH_3\ CH_2-CH_3 \end{array}$$

35. 다음 화합물들의 구조를 그려라.

a. 3-헥센(3-hexene)

b. 2,4-헵타다이엔(2,4-heptadiene)

c. 2-메틸-3-옥텐(2-methyl-3-octene)

36. 다음 각 화합물들의 구조를 그려라.

a. 4-메틸-1-펜타인(4-methyl-1-pentyne)

b. 2,3,3-트라이메틸-1-헥센(2,3,3-trimethyl-1-hexene)

c. 3-에틸-4-데센(3-ethyl-4-decene)

37. 다음 각 방향족 탄화수소의 구조를 그려라.

a. *o*-에틸톨루엔(o-ethyltoluene)

b. *p*-다이-*tert*-뷰틸벤젠(p-di-tert-butylbenzene)

c. *m*-다이에틸벤젠(m-diethylbenzene)

d. 1-페닐-2-뷰텐(1-phenyl-2-butene)

38. 큐멘(cumene)은 아세톤과 페놀의 공업적 생산에서 출발 물질로 사용된다. 큐멘의 구조는 다음과 같다.

$$\begin{array}{l} \qquad\qquad CH_3 \\ \qquad\qquad | \\ C_6H_5-CH \\ \qquad\qquad | \\ \qquad\qquad CH_3 \end{array}$$

큐멘의 체계명을 써라.

39. 다음 각 알케인을 명명하라.

a. 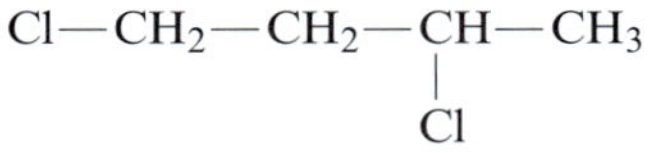 $Cl-CH_2-CH_2-CH-CH_3$
$\qquad\qquad\qquad\quad |$
$\qquad\qquad\qquad\; Cl$

b. $CH_3CH_2CH_2CCl_3$

c. 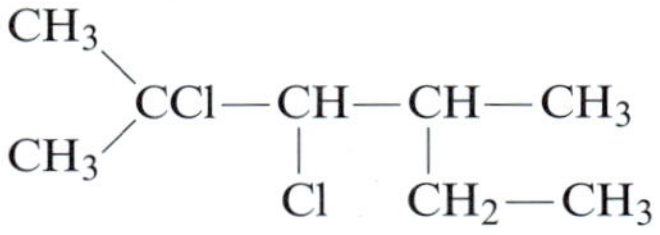 CH_3
$\quad\diagdown$
$\quad CCl-CH-CH-CH_3$
$\quad\diagup \qquad\; | \qquad |$
$CH_3 \qquad Cl \quad CH_2-CH_3$

d. CH_2FCH_2F

40. 다음 각 화합물을 명명하라.

a. 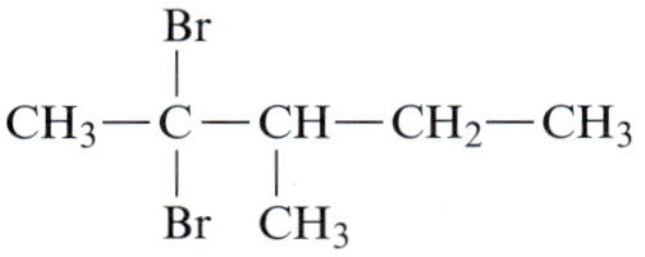
$\qquad Br$
$\qquad |$
$CH_3-C-CH-CH_2-CH_3$
$\qquad | \quad\; |$
$\qquad Br \;\; CH_3$

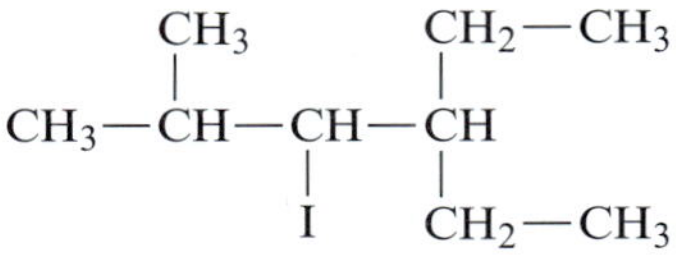

b.
$\quad CH_3 \qquad\qquad CH_2-CH_3$
$\quad | \qquad\qquad\quad |$
$CH_3-CH-CH-CH$
$\qquad\qquad | \qquad |$
$\qquad\qquad I \qquad CH_2-CH_3$

c.
$\qquad\qquad\qquad F$
$\qquad\qquad\qquad |$
$CH_3-CH-CH_2-CH-CH_2-CH_2-CH_2-CH_2-CH_3$
$\qquad |$
$\qquad CH_3$

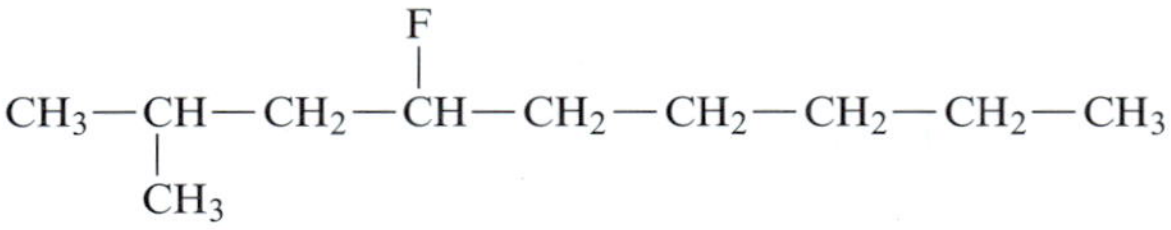

41. 다음 화합물들을 각각 명명하라.

a. 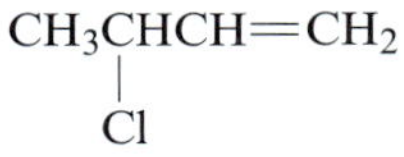 $CH_3CHCH{=}CH_2$
$\qquad\quad |$
$\qquad\quad Cl$

b. 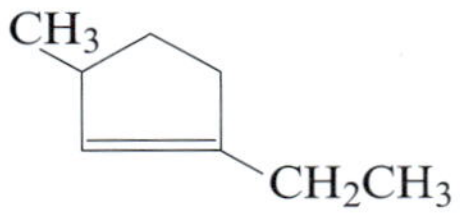 CH_3 (고리 위), CH_2CH_3 (사이클로펜텐 고리)

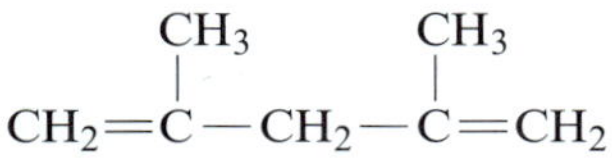

c. 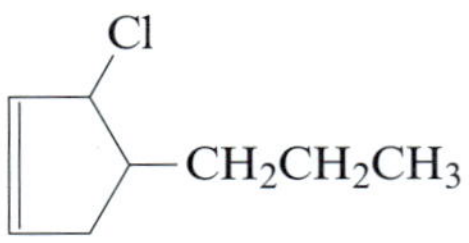 Cl, $CH_2CH_2CH_3$ (사이클로펜텐 고리)

d. 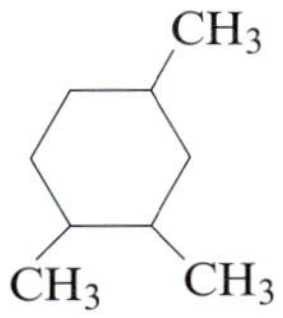 CH_3, CH_3, CH_3 (사이클로헥세인 고리)

e. 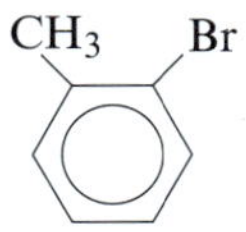 CH_3, Br (벤젠 고리)

f. 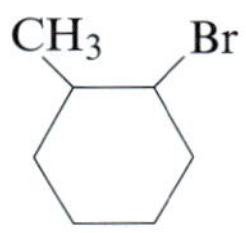 CH_3, Br (사이클로헥세인 고리)

g. 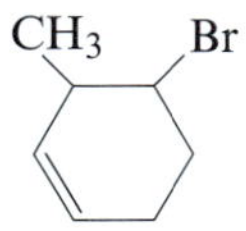 CH_3, Br (사이클로헥센 고리)

42. 다음 각 알켄과 알카인을 명명하라.

a. 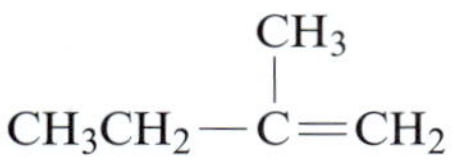
$\qquad\qquad CH_3$
$\qquad\qquad |$
$CH_3CH_2-C{=}CH_2$

b.
$\qquad CH_3 \qquad\quad CH_3$
$\qquad | \qquad\qquad |$
$CH_2{=}C-CH_2-C{=}CH_2$

c.
$\qquad\qquad\qquad\qquad\qquad\qquad\qquad CH_3$
$\qquad\qquad\qquad\qquad\qquad\qquad\qquad |$
$CH_3CH_2CH-CH{=}CH-CH_2CH$
$\qquad\qquad |\qquad\qquad\qquad\qquad\quad |$
$\qquad\quad CH_2CH_3 \qquad\qquad\qquad CH_3$

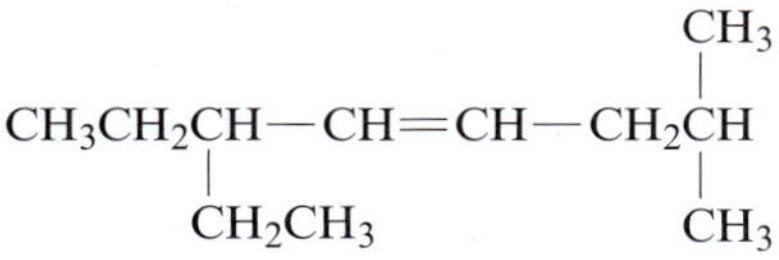

d. 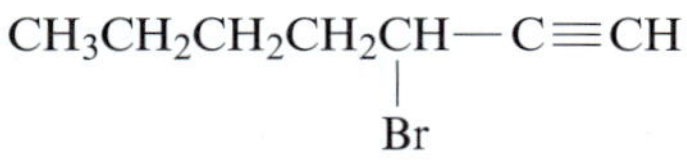 $CH_3CH_2CH_2CH_2CH-C{\equiv}CH$
$\qquad\qquad\qquad\qquad |$
$\qquad\qquad\qquad\quad Br$

e. 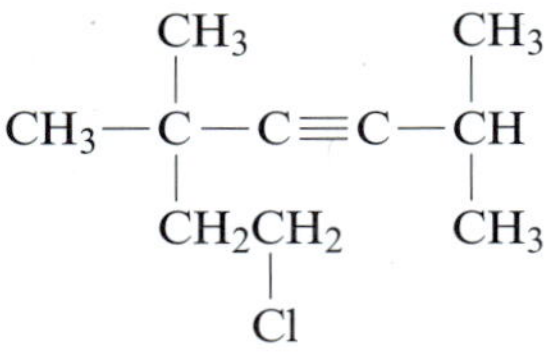
$\qquad CH_3 \qquad\qquad CH_3$
$\qquad | \qquad\qquad\quad |$
$CH_3-C-C{\equiv}C-CH$
$\qquad | \qquad\qquad\quad |$
$\quad CH_2CH_2 \qquad\; CH_3$
$\qquad\quad |$
$\qquad\quad Cl$

f. 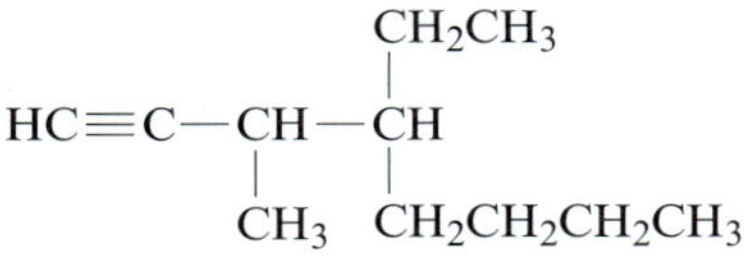
$\qquad\qquad\qquad CH_2CH_3$
$\qquad\qquad\qquad |$
$HC{\equiv}C-CH-CH$
$\qquad\qquad | \qquad |$
$\qquad\quad CH_3 \;\; CH_2CH_2CH_2CH_3$

이성질현상

43. 1,2-다이클로로에테인(1,2-dichloroethane)으로 명명될 수 있는 화합물은 하나밖에 없으나, 1,2-다이클로로에텐(1,2-dichloroethene)으로 명명될 수 있는 것은 두 개의 분명히 다른 화합물이 있다. 왜 그런지 설명하라.

44. 다음 네 가지 구조의 화합물을 보자.

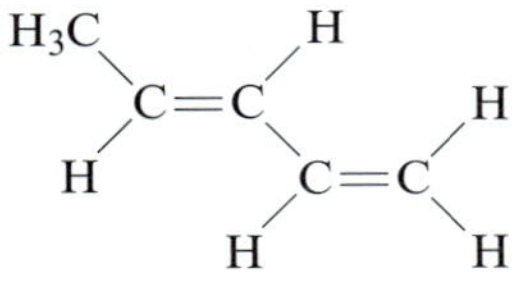

(i) H_3C, H / $C{=}C$ / H ; $C{=}C$ / H, H, H

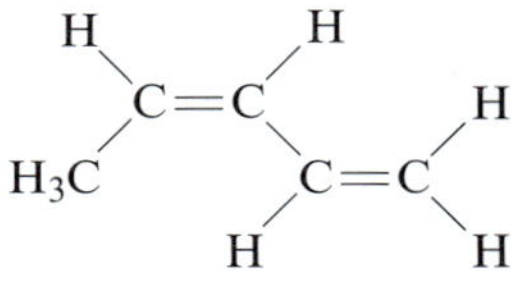

(ii) H, H / $C{=}C$ / H_3C ; $C{=}C$ / H, H, H

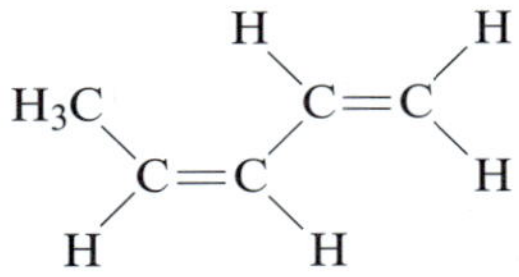

(iii) H, H / $C{=}C$ / H ; H_3C / $C{=}C$ / H, H

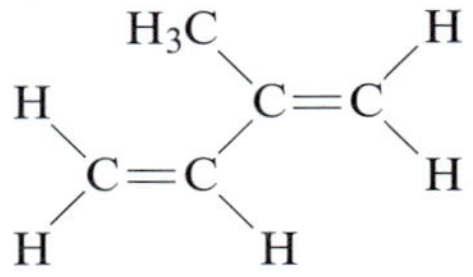

(iv) H_3C, H / $C{=}C$ / H ; H / $C{=}C$ / H, H

a. 이 화합물들 중 어느 것들이 동일한 물리적 성질(녹는점, 끓는점, 밀도 등)을 갖는가?

b. 이 화합물들 중 어느 것(들)이 *트랜스* 이성질체인가?

c. 이 화합물들 중 어느 것이 *시스*–*트랜스* 이성질현상을 보이지 않는 것인가?

45. 다음 네 가지 구조의 화합물을 보자.

I. H_3C CH_3
C=C
H CH_2CH_3

II. H CH_3
C=C
H $CH_2CH_2CH_3$

III. H_3C H
C=C
H $CH_2CH_2CH_3$

IV. H_3C $CH_2CH_2CH_3$
C=C
H H

다음 중 이들 화합물에 대한 설명 중에서 *틀린* 것은?

a. I과 II는 서로의 구조 이성질체이다.
b. II와 III은 서로의 구조 이성질체이다.
c. III 및 IV는 각각의 다른 기하(*시스/트랜스*) 이성질체이다.
d. I과 IV는 서로 기하 이성질체이다.

46. 다음 네 가지 구조의 화합물을 보자.

I. H_3C CH_3
C=C
H CH_2F

IV. H_3C CH_3
C=C
F CH_3

II. H CH_3
C=C
H_3C CH_2F

V. CH_2F H
C=C
H_3C CH_3

III. CH_3CHF CH_3
C=C
H H

이들 화합물에 대한 다음 설명 중 틀린 것은 어느 것인가?

a. I과 IV는 서로의 구조 이성질체이다.
b. II는 시스 이성질체이다.
c. I과 III는 서로의 구조 이성질체이다.
d. I과 II는 서로 기하 이성질체이다.
e. I와 V는 서로의 구조 이성질체이다.

47. 연습 문제 33과 35의 화합물 중 어느 것이 *시스–트랜스* 이성질현상을 보이는가?

48. 연습 문제 34과 36의 화합물 중 어느 것이 *시스–트랜스* 이성질현상을 보이는가?

49. C_3H_5Cl의 모든 구조 이성질체들과 기하(*시스–트랜스*) 이성질체들을 그려라.

50. 브로모클로로프로펜의 모든 구조 및 기하(*시스–트랜스*) 이성질체들을 그려라.

51. C_4H_7F의 모든 구조 및 기하(*시스–트랜스*) 이성질체들을 그려라. 고리형 이성질체는 무시하라.

52. *시스–트랜스* 이성질현상은 고리를 가진 분자에서도 가능하다. 1,2-다이메틸사이클로헥세인(1,2-dimethylcyclohexane)의 *시스* 및 *트랜스* 이성질체들을 그려라. 연습 문제 51에서 C_4H_7F의 모든 비고리형의 구조 및 기하 이성질체들을 그렸다. 이제 C_4H_7F의 고리형 구조 이성질체와 기하 이성질체를 그려라.

53. 다음 화합물의 구조를 그려라.

a. *시스*-2-헥센(*cis*-2-hexene)
b. *트랜스*-2-뷰텐(*trans*-2-butene)
c. *시스*-2,3-다이클로로-2-펜텐(*cis*-2,3-dichloro-2-pentene)

54. 다음 화합물들을 각각 명명하라.

a. CH_3 Br
C=C
H H

b. CH_3 CH_2CH_3
C=C
CH_3CH_2 $CH_2CH_2CH_3$

c. I
|
CH_3CHCH_2 H
C=C
$CH_3CH_2CH_2$ I

55. 화학식 C_6H_{12}를 갖는 분자들은 구조 이성질체, 기하 이성질체 및 광학 이성질체가 있을 수 있다. C_6H_{12}에 대한 이러한 유형의 이성질체를 예를 들어 설명하라.

56. 화학식 $C_5H_{11}F$를 갖는 분자들은 구조 및 광학 이성질체가 있을 수 있다. $C_5H_{11}F$에 대한 이러한 유형의 이성질체를 예를 들어 설명하라. $C_5H_{11}F$는 기하학적 이성질체를 나타낼 수 없는 이유는 무엇인가?

57. 화학식이 C_5H_{10}인 이성질체를 생각해 보자.

a. *시스/트랜스* 이성질체를 나타내는 알켄의 이름을 써라.
b. *시스/트랜스* 이성질체를 나타내지 않는 알켄의 이름을 써라.
c. *시스/트랜스* 이성질체를 나타내는 사이클로알칸의 이름을 써라.
d. *시스/트랜스* 이성질체를 나타내지 않는 사이클로알케인 이름을 써라.

58. 화학식 C_4H_7I를 갖는 이성질체를 생각해 보자.

a. 광학 이성질현상을 나타내는 알켄의 이름을 써라.
b. *시스/트랜스* 이성질체를 나타내는 알켄의 이름을 써라.
c. *시스/트랜스* 이성질체를 나타내는 사이클로알케인의 이름을 써라.

59. 탄화수소의 수소 원자 하나를 할로젠 원자로 치환하면, 치환된 화합물에서 가능한 이성질체의 수는 원래 탄화수소에 있는 수소 종류의 수에 의존한다. 에테인의 모든 수소는 동일하므로 클로로에테인은 한 가지밖에 없다. 그러나 프로페인에서는 메틸의 수소와 메틸렌의 수소 치환에 의해 두 가지 이성질체가 가능하다. 다음 명칭의 화합물에서 수소 하나가 염소 원자로 치환될 때 몇 개의 이성질체가 얻어지겠는가?

a. *n*-펜테인(*n*-pentane)

b. 2-메틸뷰테인(2-methylbutane)
c. 2,4-다이메틸펜테인(2,4-dimethylpentane)
d. 메틸사이클로뷰테인(methylcyclobutane)

60. 다이클로로벤젠은 세 가지의 이성질체가 가능하며, 그중 하나는 나프탈렌 대신 좀약의 주성분으로 사용되고 있다.

a. 다이클로로벤젠(dichlorobenzene)의 *오쏘*, *메타*, *파라* 이성질체를 각각 그려라.
b. 트라이클로로벤젠(trichlorobenzene)의 이성질체는 몇 개인가?
c. 벤젠 고리에 염소 원자 하나가 존재하면, 그 다음 치환은 벤젠 고리의 첫 염소 원자에 대해 *오쏘*나 *파라* 위치로 일어나게 된다. 이와 같은 사실은 *m*-다이클로로벤젠(*m*-dichlorobenzene)의 합성에 대해 무엇을 의미하는가?
d. 트라이클로로벤젠(trichlorobenzene)의 이성질체들 중에서 어느 것이 가장 합성하기 어려우리라 예상되는가?

작용기

61. 다음 화합물에 존재하는 작용기들을 각각 카복실산, 에스터, 케톤, 알데하이드 또는 아민으로 분류하라.

a. 안트라퀴논(염료 제조에 사용되는 중요한 출발 물질)

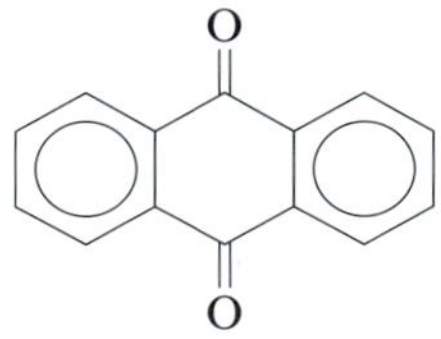

b.

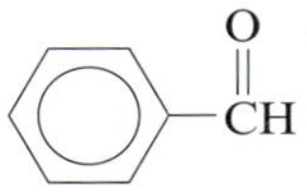

c. HO—C(=O)—CH_2CHCH_3 (with CH_3 on CH)

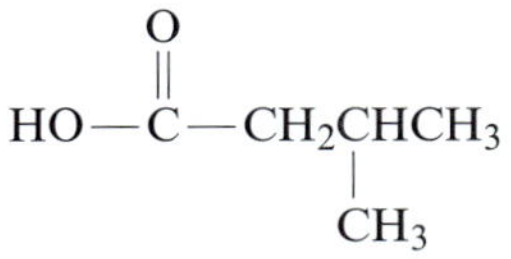

d. (C₆H₅)—NH—(C₆H₅)

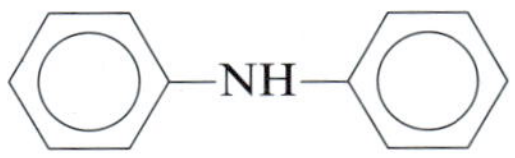

62. 다음 화합물에 존재하는 작용기들을 밝혀라.

a.

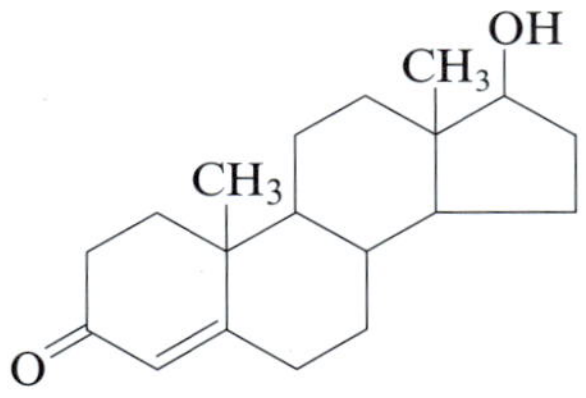

테스토스테론(Testosterone)

b.

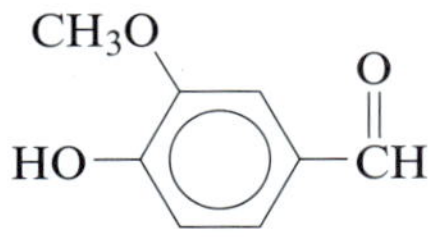

바닐린(Vanillin)

c.

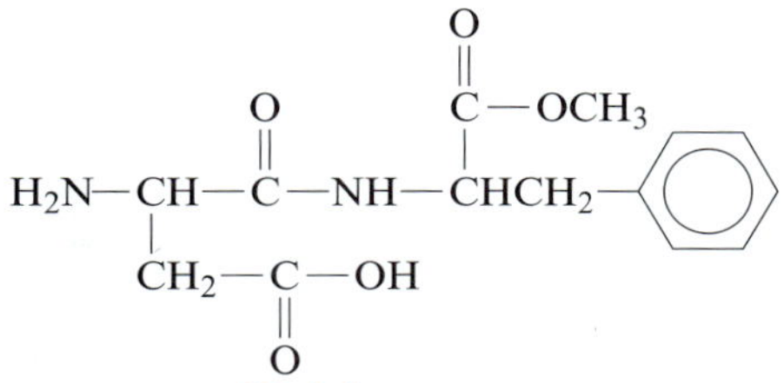

아스파탐(Aspartame)

63. 미모신(mimosine)은 콩류 식물의 씨와 잎에서 다량으로 발견되는 천연물로, 실험 쥐에서 털의 성장과 탈모를 방지하는 효능을 보인다.

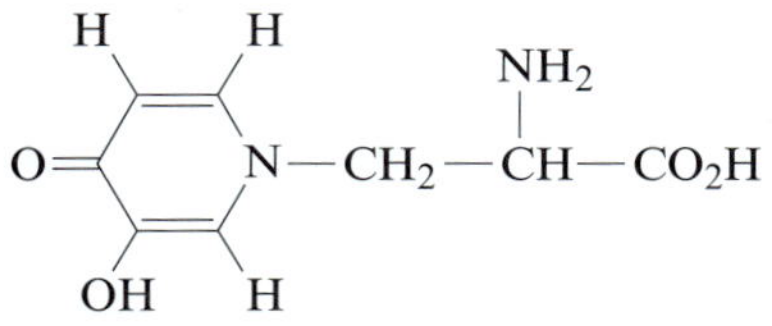

미모신, $C_8H_{10}N_2O_4$

a. 미모신에는 어떤 작용기들이 있는가?
b. 미모신에 있는 여덟 개의 탄소 원자에서 각각의 혼성화는 무엇인가?
c. 미모신에는 σ와 π 결합이 각각 몇 개 있는가?

64. 미녹시딜(minoxidil, $C_9H_{15}N_5O$)은 남성의 일부 탈모 증세에 대한 치료제로 허가되어 Pharmacia사에서 생산하고 있는 화합물이다.

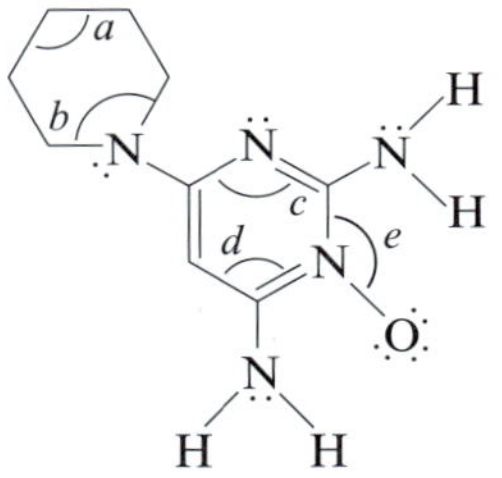

a. 미녹시딜이 산성 또는 염기 수용액 중 어느 곳에 잘 녹을지 설명하라.
b. 미녹시딜에 있는 질소 원자 다섯 개의 혼성화는 각각 무엇인가?
c. 미녹시딜에 있는 탄소 원자 아홉 개의 혼성화는 각각 무엇인가?
d. *a*, *b*, *c*, *d*, *e*로 표시된 결합각에서 각각의 대략의 결합각은 얼마인가?
e. 위 그림에 표시되지 않은 수소 원자를 포함하여 미녹시딜에 존재하는 모든 σ 결합의 수는 얼마인가?
f. 미녹시딜에는 π 결합이 몇 개 있는가?

65. 다음 알코올 각각의 체계명을 쓰고, 이들이 일차, 이차, 삼차인지 분류하라.

a. $CH_3CHCH_2CH_2$ (Cl on C2, OH on C4)

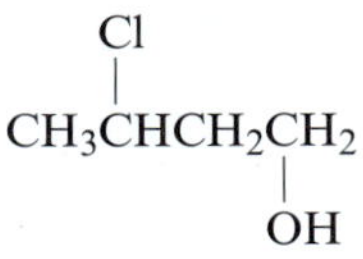

c. (cyclopentane with CH_3 and OH)

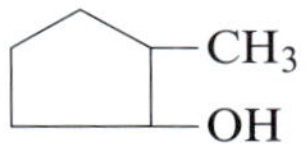

b. $CH_3C(OH)(CH_2CH_2CH_3)CH_2CH_3$

66. 다음 알코올 각각의 구조식을 그려라. 이 알코올들을 일차, 이차, 삼차로 구별하라.

a. 1-뷰탄올(1-butanol)

b. 2-뷰탄올(2-butanol)

c. 2-메틸-1-뷰탄올(2-methyl-1-butanol)

d. 2-메틸-2-뷰탄올(2-methyl-2-butanol)

67. 화학식이 $C_4H_{10}O$인 모든 알코올을 명명하라. 분자식이 $C_4H_{10}O$인 에테르는 모두 몇 개인가?

68. 화학식이 $C_5H_{12}O$인 모든 알코올을 명명하라. 분자식이 $C_5H_{12}O$인 에테르는 모두 몇 개인가?

69. 화학식이 C_4H_8O을 갖는 모든 알데하이드와 케톤을 명명하라.

70. 화학식이 $C_5H_{10}O$을 갖는 모든 알데하이드와 케톤을 명명하라.

71. 다음 화합물들을 명명하라.

a. $CH_3CH(Cl)CH(Cl)C(=O)CH_2$ (CH₂ 아래에 CH_3)

b. $HC(=O)CH(CH_3)CH(CH_2CH_3)CH_3$

c. 벤젠 고리에 CH_3와 $CH(=O)$이 메타 위치로 결합한 구조

72. 다음 각각의 구조식을 그려라.

a. 폼알데하이드(메탄알)[formaldehyde (methanal)]

b. 4-헵탄온(4-heptanone)

c. 3-클로로뷰탄알(3-chlorobutanal)

d. 5,5-다이메틸-2-헥산온(5,5-dimethyl-2-hexanone)

73. 다음 화합물들을 명명하라.

a. $Cl-C_6H_4-C(=O)-OH$ (para)

b. $CH_3CH_2CH(CH_2CH_2CH_3)CH(CH_3)-C(=O)-OH$

74. 다음 각각의 구조식을 그려라.

a. 3-메틸펜탄산(3-methylpentanoic acid)

b. 메탄산 에틸(ethyl methanoate)

c. 벤조산 메틸(methyl benzoate)

d. 3-클로로-2,4-다이메틸헥산산(3-chloro-2,4-dimethylhexanoic acid)

75. a. 다음 각 알코올을 명명하라.

$HO-CH_2CH_2CH_2CH_2CH_3$

$HO-C(CH_3)_2-CH_2-CH(OH)-CH_3$

b. *시스-트랜스* 이성질체가 있는 경우 입체 화학을 포함하여 다음 각 알코올을 명명하라.

사이클로헥세인 고리의 인접한 두 탄소에 OH가 결합한 구조(하나는 점선 쐐기, 하나는 굵은 쐐기)

$CH_2=CH-CH(OH)-CH(CH_3)-CH_3$

76. 다음 각 유기 화합물들을 각각 명명하라.

a. $CH_3CH_2CH_2CH_2CH_2CH_2CH(=O)$

b. $CH_3CH(CH_3)CH_2CH(CH_2CH_3)CH_2CH(=O)$

c. $CH_3CH_2C(=O)CH_2CH_2CH_3$

d. $CH_3CH_2C(=O)CH(CH_3)-CH(CH_3)CH_3$

e. $CH_3CH_2CH(CH_3)CH(CH_3)CH_2C(=O)OH$

77. 다음 기술 중 어느 것(들)이 *잘못*되었는가? *잘못*된 것의 이유를 설명하라.

a. $CH_3CH_2CH_2C(=O)OCH_3$은 펜탄산의 구조 이성질체이다.

b. $HC(=O)CH_2CH_2CH(CH_3)CH_3$은 2-메틸-3-펜탄온의 구조 이성질체이다.

c. $CH_3CH_2OCH_2CH_2CH_3$은 2-펜탄올의 구조 이성질체이다.

d. $CH_2=CHCH(OH)CH_3$은 2-뷰테날의 구조 이성질체이다.

e. 트라이메틸아민은 $CH_3CH_2CH_2NH_2$의 구조 이성질체이다.

78. 다음에 기술된 이성질체를 그려라. 각각의 경우에서 하나 이상의 이성질체가 가능할 수 있다.

a. *트랜스*-2-뷰텐의 이성질체인 고리 화합물
b. 프로판산의 이성질체인 에스터
c. 뷰탄알의 이성질체인 케톤
d. 뷰틸아민의 이성질체인 이차 아민
e. 뷰틸아민의 이성질체인 삼차 아민
f. 2-메틸-2-프로판올의 이성질체인 에테르
g. 2-메틸-2-프로판올의 이성질체인 이차 알코올

유기 화합물들의 반응

79. 자외선이 있으면 알케인은 할로겐과의 치환 반응을 일으킬 수 있다. 이러한 반응은 하나의 수소(모노할로겐화)에서 화합물의 모든 수소가 할로겐으로 대체될 수 있기 때문에 제어하기 어렵다. 아래 반응에서 형성되는 서로 다른 단일 염소화 생성물은 몇 가지인가? 그리고 그들의 이름을 써라.

$$CH_3-\underset{}{\overset{CH_3}{\overset{|}{C}H}}-\underset{\underset{CH_3}{|}}{CH}-CH_3 + 1\ Cl_2 \xrightarrow{\text{빛}} ? + HCl$$

80. 자외선이 있으면 알케인은 할로겐과 치환 반응을 일으킬 수 있다. 이러한 반응은 하나의 수소(모노할로겐화)에서 화합물의 모든 수소가 할로겐으로 대체될 수 있기 때문에 제어하기 어렵다. 아래 반응에서 형성될 수 있는 서로 다른 단일 염소화 생성물은 몇 가지인가? 그리고 그들의 이름을 써라.

$$CH_3-\underset{\underset{CH_3}{|}}{CH}-CH_2-\overset{CH_3}{\overset{|}{C}H}-CH_3 + 1\ Cl_2 \xrightarrow{\text{빛}} ? + HCl$$

81. 다음 반응식들을 완결하라.

a. $CH_3CH{=}CHCH_3 + H_2 \xrightarrow{Pt}$

b. $CH_2{=}C\underset{\underset{CH_3}{|}}{H}CH{=}\underset{\underset{CH_3}{|}}{C}H + 2Cl_2 \longrightarrow$

c. 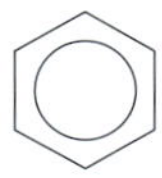 (벤젠) $+ Cl_2 \xrightarrow{FeCl_3}$

d. $CH_3\underset{\underset{CH_3}{|}}{C}{=}CH_2 + O_2 \xrightarrow{Spark}$

82. HCl, HBr 및 HOH (H_2O)과 같은 시약들은 탄소–탄소 이중 결합이나 삼중 결합에 첨가될 수 있으며, H가 다중 결합의 한 탄소에 결합하고 Cl, Br 또는 OH가 다중 결합의 다른 탄소와 결합한다. 경우에 따라서는 두 가지 생성물이 가능하다. 다중 결합의 탄소 중에서 이미 더 많은 수소와 결합하고 있는 탄소에 사용한 시약의 수소 원자가 결합하여 주생성물이 만들어진다. 이와 같은 규칙에 따라 다음 반응들 각각에서의 주생성물의 구조를 그려라.

a. $CH_3CH_2CH{=}CH_2 + H_2O \xrightarrow{H^+}$

b. $CH_3CH_2CH{=}CH_2 + HBr \longrightarrow$

c. $CH_3CH_2C{\equiv}CH + 2HBr \longrightarrow$

d. 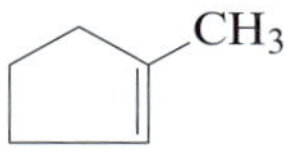 (1-메틸사이클로펜텐, CH_3) $+ H_2O \xrightarrow{H^+}$

e. 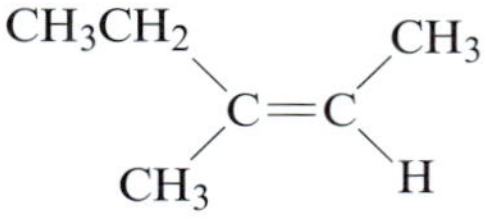 $(CH_3CH_2)(CH_3)C{=}C(CH_3)(H) + HCl \longrightarrow$

83. C_4H_8을 물과 산 촉매로 처리하면 삼차 알코올이 주요 생성물로 얻어진다. 반응하는 C_4H_8 이성질체의 구조식과 생성되는 삼차 알코올의 구조식은 무엇인가? (연습 문제 82 참조)

84. 프로파인(propyne)이 과량의 HCl과 반응하면 세 가지 다른 생성물이 얻어질 수 있다. 이 반응의 세 가지 가능한 생성물은 무엇인가? 주생성물은 무엇인가? 파이(π) 결합이 하나도 남지 않을 때까지 프로파인이 반응한다고 가정하라. (연습 문제 82 참조.)

85. 톨루엔($C_6H_5CH_3$)과 기체 염소를 철(III) 촉매로 반응시켰을 때, 생성물은 $C_6H_4ClCH_3$ 분자식의 *오쏘*와 *파라* 이성질체 혼합물이다. 하지만 Fe^{3+} 촉매 없이 광촉매 반응시켰을 경우, 생성물은 $C_6H_5CH_2Cl$이다. 이에 대하여 설명하라.

86. $Cl_2(g)$와 에테인의 반응보다는 $HCl(g)$과 에텐의 반응으로 클로로에테인을 제조하는 것이 더 선호되는 이유를 설명하라(연습 문제 82 참조).

87. 적절한 반응물을 사용하여 알코올을 알데하이드, 케톤 및 카복실산으로 산화시킬 수 있다. 일차 알코올은 알데하이드로 산화시킬 수 있고, 이를 다시 카복실산까지 산화시킬 수 있다. 이차 알코올은 케톤으로 산화시킬 수 있지만, 삼차 알코올은 이러한 산화 반응이 일어나지 않는다. 다음 알코올들을 산화 반응시켜 얻어진 생성물들의 구조를 그려라.

a. 3-메틸-1-뷰탄올(3-methyl-1-butanol)
b. 3-메틸-2-뷰탄올(3-methyl-2-butanol)
c. 2-메틸-2-뷰탄올(2-methyl-2-butanol)
d. 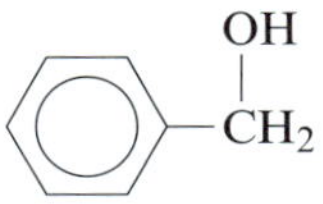 (벤젠 고리)–CH_2–OH
e. 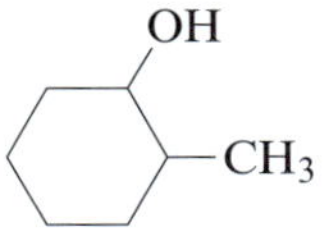 (사이클로헥산 고리: OH, CH_3)
f. 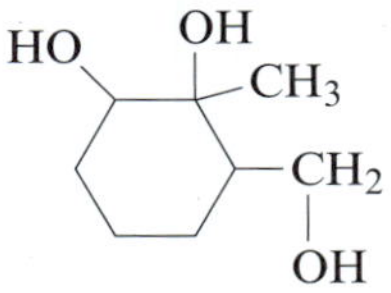 (사이클로헥산 고리: HO, OH, CH_3, CH_2–OH)

88. 알데하이드를 산화시키면 카복실산이 얻어진다.

$$R-\overset{O}{\overset{\|}{C}}H \xrightarrow{[\text{산화제}]} R-\overset{O}{\overset{\|}{C}}-OH$$

다음 산화 반응의 생성물의 구조를 그려라.

a. 프로판알 $\xrightarrow{[\text{산화제}]}$

b. 2,3-다이메틸펜탄알 $\xrightarrow{\text{[산화제]}}$

c. 3-에틸벤즈알데하이드 $\xrightarrow{\text{[산화제]}}$

89. 다음 중의 어떤 유기 화합물이 산화되어 카복실산이 생성되었다. 다음 중 어느 것이 반응하였는가? (연습 문제 87 참조)

a. 1-뷰탄올(1-butanol)

b. 2-뷰탄올(2-butanol)

c. 2-메틸-2-프로판올(2-methyl-2-propanol)

d. 2-메틸-2-뷰탄올(2-methyl-2-butanol)

e. 3-메틸-2-뷰탄올(3-methyl-2-butanol)

90. 화합물 $CH_2{=}CHCH_2CH_2CH_3$를 산촉매하에서 먼저 H_2O와 반응시킨 다음 산화시켰을 때 생성되는 주생성물은 무엇인가? (연습 문제 82 및 87 참조)

91. 다음 화합물 합성 방법을 써라.

a. 프로펜(propene)으로부터 1,2-다이브로모프로페인(1,2-dibromopropane)

b. 알코올부터 아세톤(2-프로판온)

c. 알코올로부터 프로판산(propanoic acid)

92. 다음 각 쌍의 화합물에서 이들을 서로 구별하기 위해 어떠한 실험을 할 수 있는가?

a. $CH_3CH_2CH_2CH_3$, $CH_2{=}CHCH_2CH_3$

b. $CH_3CH_2CH_2COOH$, $CH_3CH_2\overset{O}{\overset{\|}{C}}CH_3$

c. $CH_3CH_2CH_2OH$, $CH_3\overset{O}{\overset{\|}{C}}CH_3$

d. $CH_3CH_2NH_2$, CH_3OCH_3

93. 다음 에스터의 합성법을 제시하라.

a. 아세트산 *n*-옥틸(n-octylacetate)

b. $CH_3CH_2CH_2CH_2CH_2CH_2O-\overset{O}{\overset{\|}{C}}CH_2CH_3$

94. 다음 반응을 완성하라(적당한 촉매가 있다고 가정하라).

a. $CH_3CO_2H + CH_3OH \rightarrow$

b. $CH_3CH_2CH_2OH + HCOOH \rightarrow$

중합체

95. Kel-F는 다음 구조의 중합체이다.

$$\left(\begin{array}{cccccc} F & F & F & F & F & F \\ | & | & | & | & | & | \\ C- & C- & C- & C- & C- & C \\ | & | & | & | & | & | \\ Cl & F & Cl & F & Cl & F \end{array}\right)_n$$

Kel-F의 단위체는 무엇인가?

96. 다음 중합체들을 제조하려면 어떤 단위체를 사용해야 하는가?

a. $\left(\underset{\underset{F}{|}}{CH}-CH_2-\underset{\underset{F}{|}}{CH}-CH_2-\underset{\underset{F}{|}}{CH}-CH_2\right)_n$

b. $\left(O-CH_2-CH_2-\overset{O}{\overset{\|}{C}}-O-CH_2-CH_2-\overset{O}{\overset{\|}{C}}\right)_n$

c. $\left(\overset{H}{\overset{|}{N}}-CH_2-CH_2-\overset{H}{\overset{|}{N}}-\overset{O}{\overset{\|}{C}}-CH_2-CH_2-\overset{O}{\overset{\|}{C}}\right)_n$

d. $\left(\underset{\underset{C_6H_5}{|}}{\overset{CH_3}{\overset{|}{C}}}-CH_2-\underset{\underset{C_6H_5}{|}}{\overset{CH_3}{\overset{|}{C}}}-CH_2-\underset{\underset{C_6H_5}{|}}{\overset{CH_3}{\overset{|}{C}}}-CH_2\right)_n$

e. $\left(\underset{\underset{C_6H_5}{|}}{CH}-\underset{\underset{CH_3}{|}}{CH}-\underset{\underset{C_6H_5}{|}}{CH}-\underset{\underset{CH_3}{|}}{CH}\right)_n$

f.

$$\left(\underset{\underset{H}{|}}{\overset{H}{\overset{|}{O}C}}-C_6H_{10}-\underset{\underset{H}{|}}{\overset{H}{\overset{|}{C}}}O\overset{O}{\overset{\|}{C}}-C_6H_4-\overset{O}{\overset{\|}{C}}O\underset{\underset{H}{|}}{\overset{H}{\overset{|}{C}}}-C_6H_{10}-\underset{\underset{H}{|}}{\overset{H}{\overset{|}{C}}}O\overset{O}{\overset{\|}{C}}-C_6H_4-\overset{O}{\overset{\|}{C}}\right)_n$$

(이 중합체는 Kodel이라고 하며, 때가 끼지 않는 카펫의 섬유 제조에 사용된다.)

이 중합체들이 축합 중합체인지, 첨가 중합체인지 분류하라. 또 어느 것이 공중합체인가?

97. "초강력 접착제(super glue)"에는 다음과 같은 구조를 갖는 사이아노아크릴산 메틸(methyl cyanoacrylate)이 포함되어 있다.

$$\underset{\underset{O-CH_3}{|}}{O{=}C}-\overset{NC}{\overset{|}{C}}{=}CH_2$$

이 물질은 접착시킬 표면에서 극소량의 물이나 알코올과 접촉하면 쉽게 중합반응을 일으킨다. 이 중합체는 접착하는 두 표면을 강하게 결합한다. 사이아노아크릴산 메틸로부터 만들어지는 중합체의 구조를 그려라.

98. 아이소프렌(isoprene)은 천연 고무를 구성하는 단위체이며, 구조는 다음과 같다.

$$CH_2{=}\overset{CH_3}{\overset{|}{C}}-CH{=}CH_2$$

a. 아이소프렌의 체계명을 써라.

b. 아이소프렌이 중합되면 다음 구조를 지닌 두 가지 형태의 중합체가 가능하다.

$$\left(CH_2-\overset{CH_3}{\overset{|}{C}}{=}CH-CH_2\right)_n$$

천연 고무에서는 *시스*-배열을 보인다. 이중 결합에 대해 *트랜스*-배열을 갖는 중합체를 구타 페르카(gutta percha)라고 부르며, 골프공 제조에 사용되기도 하였다. 세 개의 반복 단위를 사용하고, 탄소-탄소 이중 결합 주위의 절대 배열을 나타내어 천연 고무와 구타 페르카의 구조를 그려라.

99. 방탄복에 사용되는 케블라(Kevlar)는 다음 두 단위체의 축합 혼성 중합으로 제조한다.

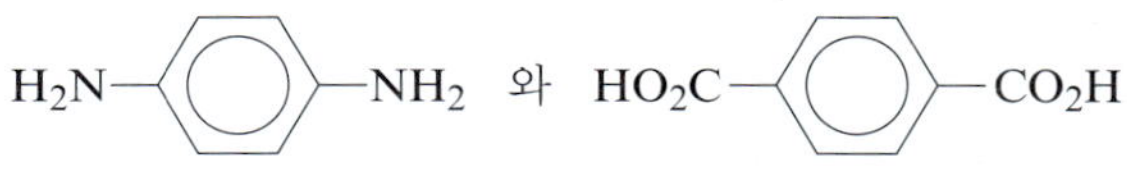

$H_2N-C_6H_4-NH_2$ 와 $HO_2C-C_6H_4-CO_2H$

케블라 사슬의 일부 구조를 그려라.

100. 젖산(lactic acid)으로부터 만든 폴리에스터는 피부 이식이나 외과 수술에서 봉합사로 사용되며, 체내에서 스스로 분해되어 없어진다. 이 중합체를 만드는 부분 구조를 그려라.

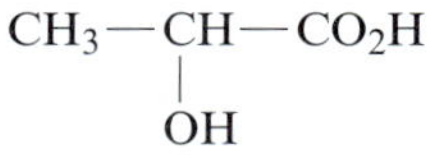

$CH_3-CH(OH)-CO_2H$

101. 폴리이미드(polyimide)는 강하고 400°C 정도의 온도에서도 안정한 중합체이다. 광섬유에서 석영 섬유의 보호막으로 사용된다. 다음 폴리이미드를 만들기 위해 사용되는 단위체들은 무엇인가?

(구조식: 벤젠 고리–N 이미드–벤젠 고리(피로멜리트 이미드)–N, 반복 단위 n)

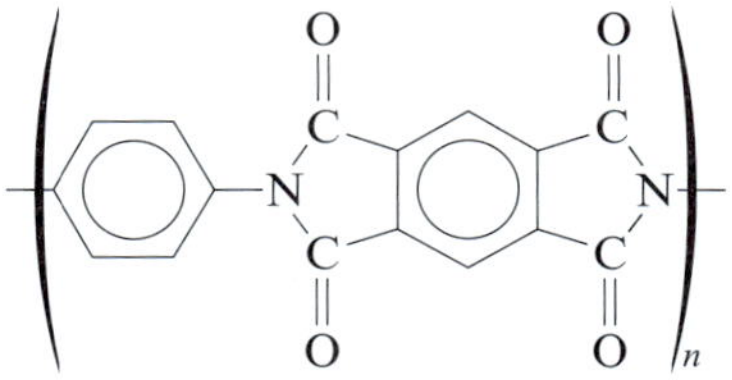

102. Amoco 화학 회사에서 플라스틱 엔진으로 만든 차의 주행에 성공하였다. 피스톤 덮개, 연결봉, 밸브-트레인 부품 등 엔진의 많은 부분을 *토를론*(*Torlon*)이라는 중합체로 만들었다.

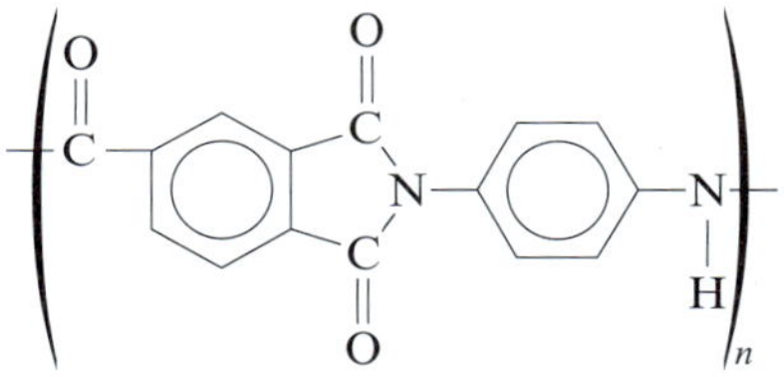

(구조식: C(=O)–벤젠 고리 이미드–N–벤젠 고리–N(H), 반복 단위 n)

이 중합체를 만들기 위해 사용되는 단위체들은 무엇인가?

103. 폴리스타이렌을 더 단단하게 하기 위하여 스타이렌과 다이바이닐벤젠을 혼성 중합시킨다.

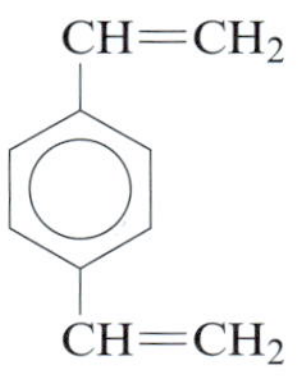

$CH{=}CH_2-C_6H_4-CH{=}CH_2$

다이바이닐벤젠에 의해 혼성 중합체가 더 단단해지는 이유를 설명하라.

104. 이중 결합이 있는 폴리에스터를 스타이렌이 포함된 중합체와 반응시켜 다리 결합을 만든다.

a. $HO-CH_2CH_2-OH$와 $HO_2C-CH{=}CH-CO_2H$의 혼성 중합체의 구조를 그려라.

b. 이 폴리에스터가 스타이렌과 반응하여 다리 결합된 중합체의 구조를 그려라.

105. 다음 중합체에서 어느 것이 더 강하거나 단단한지 고르고, 그 이유를 설명하라.

a. 에틸렌 글리콜과 테레프탈산의 혼성 중합체 또는 1,2-다이아미노에테인과 테레프탈산의 혼성 중합체(1,2-다이아미노에테인$=NH_2CH_2CH_2NH_2$)

b. $HO-(CH_2)_6-OH$의 중합체나

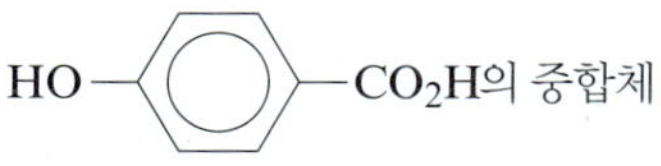

$HO-C_6H_4-CO_2H$의 중합체

c. 폴리아세틸렌 또는 폴리에틸렌(폴리아세틸렌의 단위체는 에타인)

106. 폴리(메타크릴산 라우릴)는 자동차 오일이 고온에서 점성이 떨어지는 것을 막기 위해 첨가제로 사용되며, 그 구조는 다음과 같다.

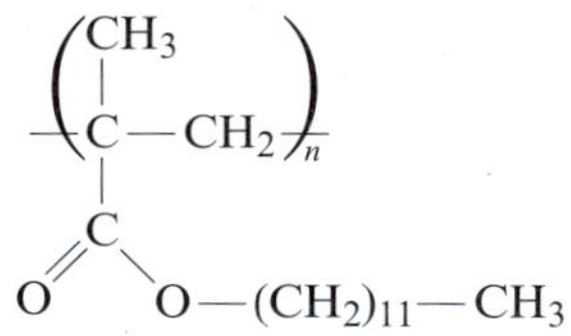

$$\left(C(CH_3)(C(=O)O-(CH_2)_{11}-CH_3)-CH_2 \right)_n$$

폴리(메타크릴산 라우릴)의 긴 탄화수소 사슬로 인해 이 중합체는 대부분 탄소 원자 12개 이상의 탄화수소 혼합물인 자동차 오일에 녹는다. 낮은 온도에서 이 중합체는 스스로 공 모양으로 뭉친다. 높은 온도에서는 이 공들이 풀려 중합체는 긴 사슬로 존재한다. 이와 같은 성질이 어떻게 오일의 점성을 조절하는 데 이용되는지 설명하라.

천연 고분자

107. 그림 22.18에 있는 아미노산들 중에서 R 기에 다음 작용기를 갖는 것은 어느 것인가?

a. 알코올 **c.** 아민

b. 카복실산 **d.** 아마이드

108. 순수한 결정형 아미노산을 가열하면 보통 고체가 녹기 전에 열분해가 먼저 일어난다. 그 이유를 설명하라(*힌트*: 결정형 아미노산은 *쯔비터 이온*이라는 $H_3N^+CRHCOO^-$의 형태로 존재한다).

109. NutraSweet이라는 상품명으로 시판되고 있는 인공 감미료 아스파탐(aspartame) 다이펩타이드의 메틸 에스터 구조는 다음과 같다.

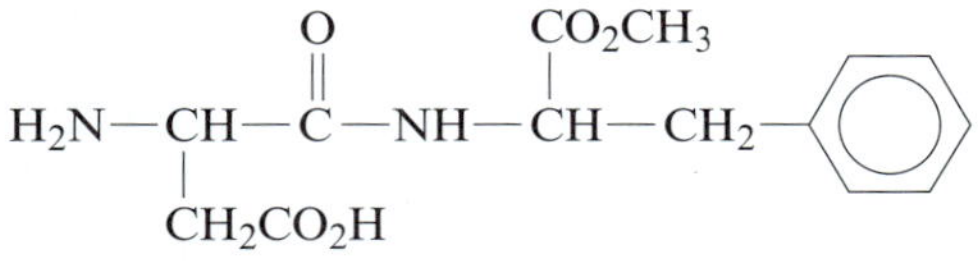

$$H_2N-CH(CH_2CO_2H)-C(=O)-NH-CH(CO_2CH_3)-CH_2-C_6H_5$$

a. 아스파탐 합성에 쓰인 두 아미노산은 무엇인가?

b. 아스파탐이 분해될 때 메탄올이 생길지도 모른다는 우려가 있다. 이 분자의 어느 부분에서 메탄올이 생기겠는가? 이 반응의 식을 써라.

110. 거의 모든 세포 내에서 발견되는 트라이펩타이드(tripeptide)인 글루타싸이온(glutathione)은 환원제로서 역할을 한다. 글루타싸이온의 구조는 다음과 같다.

$$^{-}OOCCHCH_2CH_2\overset{O}{\overset{\|}{C}}NHCH\overset{O}{\overset{\|}{C}}NHCH_2COO^{-}$$

(첫 번째 CH에 $\overset{+}{N}H_3$, 두 번째 CH에 CH_2SH 결합)

글루타싸이온은 어떠한 아미노산들로 구성되었는가?

111. 세린(serine)과 알라닌(alanine)으로부터 만들 수 있는 다이펩타이드(dipeptide) 두 가지의 구조를 그려라.

112. 트라이펩타이드인 gly−ala−ser과 ser−ala−gly의 구조를 그려라. 이 세 가지 아미노산을 이용하여, 몇 가지의 트라이펩타이드를 만들 수 있는가?

113. 다음의 아미노산들로 만들 수 있는 모든 테트라펩타이드(tetrapeptide)의 서열을 나열하라.

a. 두 개의 페닐알라닌과 두 개의 글라이신

b. 두 개의 페닐알라닌, 한 개의 글라이신, 한 개의 알라닌

114. 5개의 서로 다른 아미노산으로 만들 수 있는 펜타펩타이드(pentapeptide)의 수는 얼마인가?

115. 일반적으로 단백질의 이차 구조는 무엇을 나타내는가? 단백질의 이차 구조는 기능과 어떤 관련이 있는가?

116. 일반적으로 단백질의 삼차 구조는 무엇을 나타내는가? 단백질의 이차와 삼차 구조를 구별하라.

117. 단백질의 삼차 구조를 안정화시키는 그림 22.24에서의 상호작용을 보여 주는 아미노산들의 예를 들라.

118. 다음의 두 아미노산의 치환기들 사이에서 단백질 삼차 구조를 안정화시키는 데 어떤 종류의 상호작용이 발생하는가?

a. 시스테인과 시스테인

b. 글루타민과 세린

c. 글루탐산과 라이신

d. 프롤린과 류신

119. 산소는 적혈구에 있는 헤모글로빈 단백질에 의해 폐로부터 세포 조직으로 운반된다. 낫세포 빈혈증은 정상 헤모글로빈에서 글루탐산 하나가 발린으로 치환되어 있는 비정상 헤모글로빈 분자 때문에 일어난다. 이와 같은 치환이 헤모글로빈 구조에 어떠한 영향을 주는지 설명하라.

120. 인간에게서 100개 이상의 돌연변이 헤모글로빈 분자종이 발견되었다. 낫세포 빈혈증(연습 문제 119 참조)과는 달리 모든 돌연변이가 치명적인 것은 아니다. 치명적이지 않은 돌연변이 중 하나는 정상 헤모글로빈의 글루탐산이 글루타민으로 치환되어 있는 경우이다. 이와 같은 치환이 치명적이지 않은 이유에 대해 설명하라.

121. D-라이보스와 D-만노스의 고리형 구조를 그려라.

122. 단당류인 D-라이보스와 D-만노스에 있는 손대칭(카이랄) 탄소 원자를 표시하라.

123. 당의 일반명에는 얼마나 많은 탄소가 있는지 나타내는 *수치* 접두어와 함께, 당이 케톤인지 알데하이드인지 나타내기 위한 접두어 *케토*-(*keto*-)와 *알도*-(*aldo*-)를 종종 사용한다. 예를 들면, 단당류인 과당(프럭토스)은 케톤의 작용기를 가지면서 6개의 탄소로 구성된다는 것을 나타내기 위해 *케토헥소스*라고 부른다. 표 22.8에 있는 단당류들을 알도헥소스, 알도펜토스, 케토헥소스, 케토펜토스로 각각 구분해 보라.

124. 글루코스는 세 가지 형태를 가질 수 있다. 두 개의 고리 형태와 하나의 열린 사슬 구조이다. 수용액에서 글루코스는 극히 일부만이 열린 사슬 구조를 가진다. 그러나 글루코스를 분석할 때는 열린 사슬 구조에만 존재하는 알데하이드 기와의 반응에 의존한다. 이 실험이 가능한 이유에 대해 설명하라.

125. α-와 β-글루코스 사이의 구조적 차이는 무엇인가? 글루코스의 이 두 가지 고리 형태는 두 가지 서로 다른 고분자 화합물의 단위 구조가 된다. 이에 대해 설명하라.

126. 소는 셀룰로스를 소화시킬 수 있지만 사람은 소화시킬 수 없는 이유는 무엇인가?

127. 그림 22.18에서 어떠한 아미노산들이 한 개보다 많은 카이랄 탄소를 가지는가? 이 아미노산들의 구조를 그리고, 모든 카이랄 탄소 원자들을 표시하라.

128. 글라이신이 광학 활성을 가지지 않는 이유는 무엇인가?

129. 브로모클로로프로펜의 비고리형의 이성질체들 중에서 어느 것이 광학 활성을 가지는가?

130. C_4H_7F의 비고리형 이성질체 중에서 어느 것이 광학 활성을 나타내는가?

131. NutraSweet로 알려진 아스파탐은 다음의 구조를 가지고 있다.

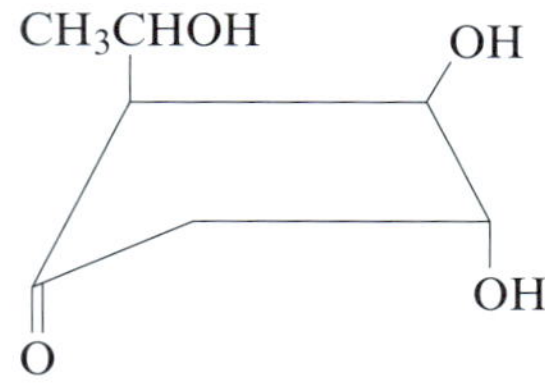

아스파탐은 몇 개의 카이랄 탄소 원자를 가지고 있는가?

132. 다음 구조에서 카이랄 탄소의 수는 몇 개인가?

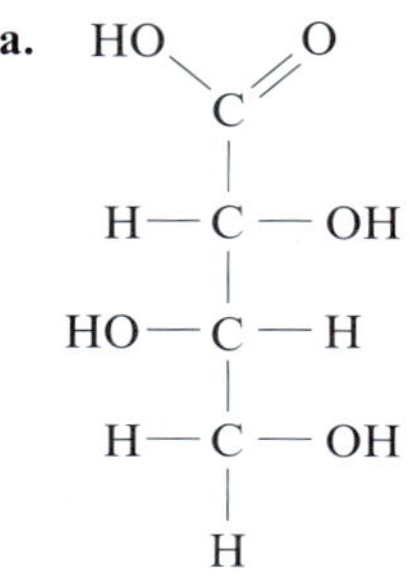

133. 다음 중 2개의 카이랄 탄소 원자를 포함하는 화합물은 어느 것인가?

a.

```
 HO     O
   \\  //
     C
     |
 H — C — OH
     |
HO — C — H
     |
 H — C — OH
     |
     H
```

b. 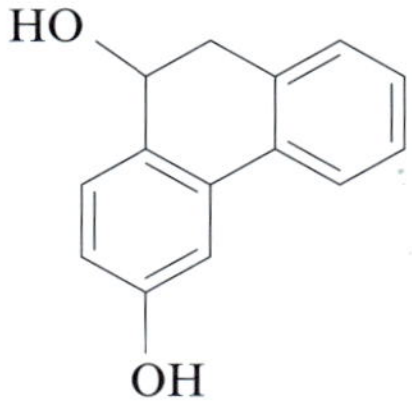 (구조: HO가 붙은 고리 화합물, OH)

c. 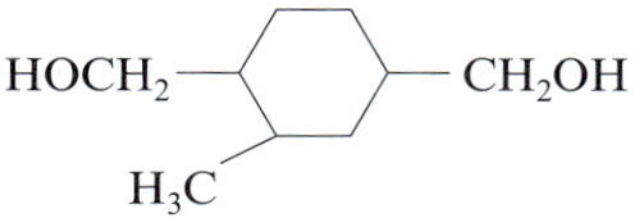 $HOCH_2$—(고리)—CH_2OH, H_3C

d. 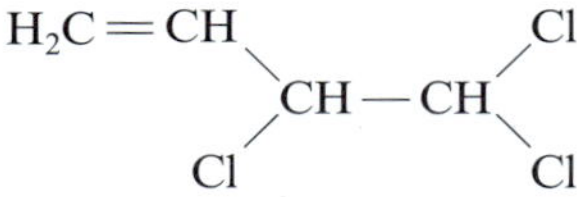 $H_2C{=}CH—CH(Cl)—CH(Cl)_2$

e. 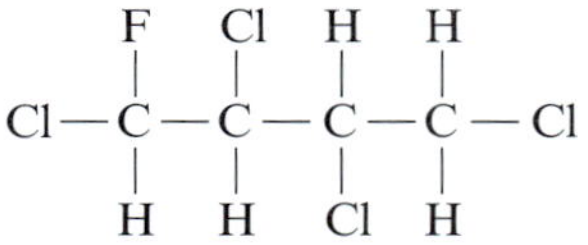 $Cl—CHF—CHCl—CClH—CH_2—Cl$

134. 에스트라디올은 다음과 같은 구조를 가진 여성 호르몬이다.

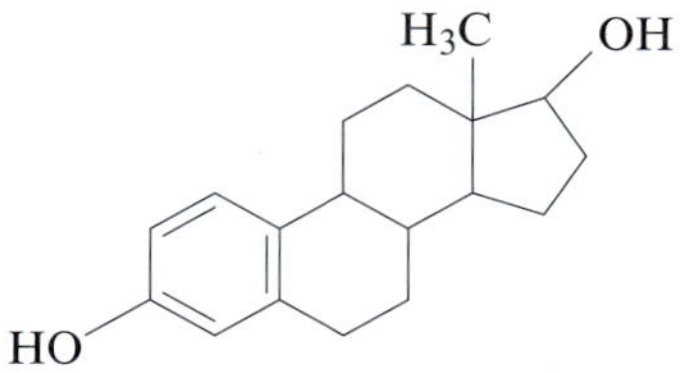

(구조: H_3C, OH, HO)

에스트라다이올(estradiol)의 분자식은 무엇인가? 에스트라다이올에는 몇 개의 카이랄 탄소가 있는가?

135. 특정 DNA 서열의 일부는 G–G–T–C–T–A–T–A–C이다. 상보적인 순서는 무엇인가?

136. 단백질의 특정 위치에 어떤 아미노산이 있어야 하는지를 지정해 주는 DNA의 한 유전 암호는 세 염기(세 글자)로 되어 있다. 아데닌, 사이토신(cytosine), 구아닌(guanine), 타이민(thymine)의 네 염기로부터 세 글자로 된 유전 암호를 몇 개나 만들 수 있을까?

137. RNA 분자에서 유라실과 수소 결합을 하는 염기는 무엇인가? 이 염기쌍의 구조를 그려라.

138. 토토머란 수소 원자의 위치가 다른 분자이다. 타이민의 토토머형은 다음의 구조를 가진다.

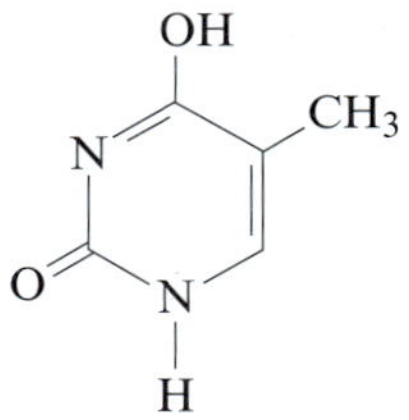

(구조: OH, CH_3, N, O, N, H)

타이민의 안정한 형태 대신 위의 토토머가 복제 중인 DNA 가닥에 있다면 어떤 결과가 나타날까?

139. 특정 아미노산에 대한 암호화된 mRNA 내의 염기 서열은 다음과 같다.

Glu: GAA, GAG
Val: GUU, GUC, GUA, GUG
Met: AUG
Trp: UGG
Phe: UUU, UUC
Asp: GAU, GAC

이들 서열들은 DNA에서의 서열에 대해 상보적이다.

a. 위에서 열거된 아미노산에 대한 DNA의 서열을 써라.

b. 펩타이드 trp-glu-phe-met의 해당하는 유전 암호에 DNA의 서열을 써라.

c. 문제 b의 테트라펩타이드(tetrapeptide)에 해당하는 암호로 나타낼 수 있는 DNA의 서열들은 몇 가지나 될 수 있는가?

d. DNA 서열 T–A–C–C–T–G–A–A–G로 만들어지는 펩타이드는 무엇인가?

e. 문제 d의 트라이펩타이드를 만들 수 있는 다른 DNA 서열은 무엇인가?

140. 정상 헤모글로빈의 DNA 서열에서 하나의 염기가 바뀌었을 경우에 낫세포 빈혈증을 초래하는 비정상 헤모글로빈으로 나타날 수 있다. DNA에서 glu에 대한 유전 암호의 어떤 염기가 바뀌어 val에 대한 유전 암호로 나타나게 되었는가? (연습 문제 119와 139 참조)

화학 활동 문제

141. 다음은 명명법이 잘못된 화합물들이다. 이들의 구조를 올바르게 그리고 명명하라.

a. 2-에틸-3-메틸-5-아이소프로필헥세인(2-ethyl-3-methyl-5-isopropylhexane)

b. 2-에틸-4-*tert*-뷰틸펜테인(2-ethyl-4-*tert*-butylpentane)

c. 3-메틸-4-아이소프로필펜테인(3-methyl-4-isopropylpentane)

d. 2-에틸-3-뷰타인(2-ethyl-3-butyne)

142. 빛이 있는 상태에서 염소는 알케인의 수소 중 하나(또는 그 이상)를 치환할 수 있다. 다음 반응에 대해 가능한 단일 염소화된 생성물을 그려라.

a. 2,2-다이메틸프로페인(2,2-dimethylpropane) + $Cl_2 \xrightarrow{hv}$

b. 1,3-다이메틸 사이클로 뷰테인(1,3-dimethylcyclobutane) + $Cl_2 \xrightarrow{hv}$

c. 2,3-다이메틸뷰테인(2,3-dimethylbutane) + $Cl_2 \xrightarrow{hv}$

143. 여러 개의 염소가 치환된 다이벤조-*p*-다이옥신(PCDD)들은 일부 화학 공정의 부산물로 극소량이 만들어지는 극독물이다. 이들은 여러 건의 환경 오염 문제, 이를테면 Love Canal에서의 화학 오염 사고나 베트남 전쟁 당시 제초제 살포 등과 관련된 것으로 알려졌다. 다이벤조-*p*-다이옥신의 구조와 이 화합물의 통상적인 위치 번호 매김은 다음과 같다.

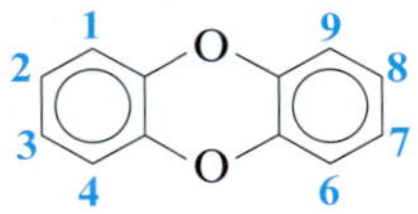

(구조: 1, 2, 3, 4, O, O, 6, 7, 8, 9)

독성이 가장 큰 PCDD는 2,3,7,8−테트라클로로-다이벤조-*p*-다이옥신이다. 이 화합물의 구조를 그려라. 네 개의 염소 원자가 포함된 다른 이성질체 두 개의 구조도 그려라.

144. 프로페인과 염소(및 적절한 촉매)의 반응을 생각해 보자.

a. 염소 원자 한 개가 치환된 단염화 생성물은 몇 가지가 가능한가? 그것들을 명명하라.

b. 몇 가지 다이클로로 생성물이 가능한가? 그것들을 명명하라. 그것들의 이름을 써라.

145. 유기 분자의 구조를 간결하게 그리는 방법으로 C—C 결합을 선으로 나타낸다. 예를 들면 C_4H_{10}의 화학식을 갖는 분자는 두 가지의 구조 이성질체가 존재하는데 이것에 대한 간결한 구조식은 다음과 같다.

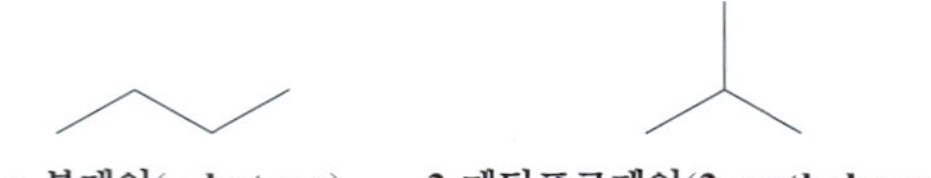

***n*-뷰테인(n-butane)** **2-메틸프로페인(2-methylpropane)**

각 지그재그 선의 말단은 탄소 원자이다. 간결한 표시법에서는 C—H 결합은 생략한다. 이 선 표시법을 사용하여 C_6H_{14}의 구조 이성질체를 그려라.

146. 간결한 선 표시법(연습 문제 145 참조)을 사용하여 C_7H_{16}의 구조 이성질체를 그려라.

147. 콘포메이션(conformation)은 단일 결합의 회전만으로 서로 구별되는 화합물을 말한다. 콘포메이션은 이성질체가 아니다. 다음 중 동일한 분자(즉, 서로의 콘포메이션)는 무엇인가?

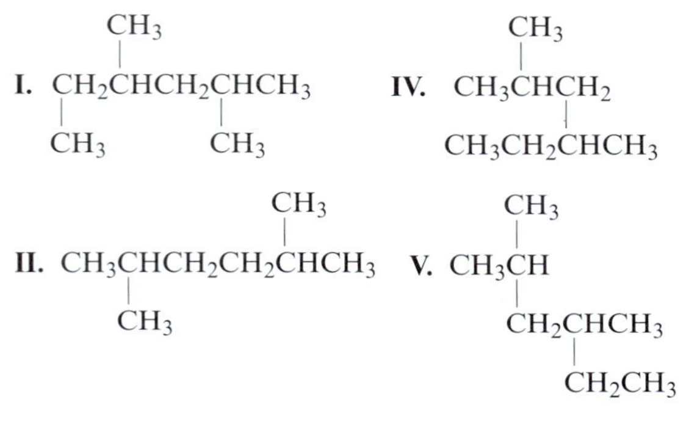

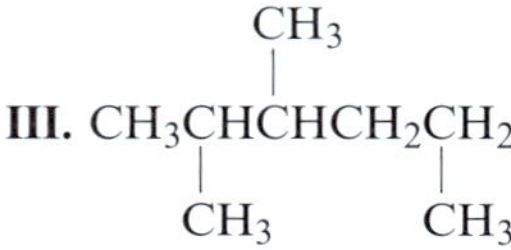

148. 세 가지 다른 작용기를 구성하는 직선 사슬 화합물의 끓는점 대 몰질량을 아래에 나타내었다.

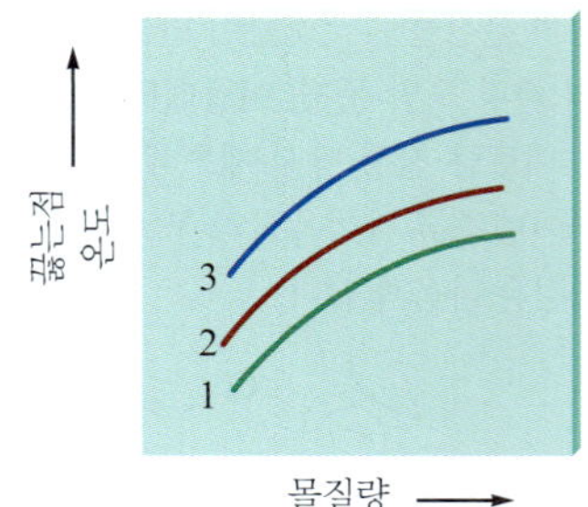

다음 중 3개의 다른 작용기는 무엇인가?

	1	2	3
a.	알코올	염류	알카인
b.	알켄	케톤	알코올
c.	사이클로알케인	카복실산	케톤
d.	알데하이드	케톤	알케인
e.	알데하이드	알케인	카복실산

149. 화학식 C_2H_6O를 갖는 두 이성질체는 −23°C와 78.5°C에서 끓는다. −23°C에서 끓는 이성질체와 78.5°C에서 끓는 이성질체의 구조를 그려라.

* **150.** 다음 유기 화합물들을 물에 대한 용해도가 증가하는 순서로 나열하라(물에 대한 용해도가 가장 낮은 것부터 가장 높은 순서로).

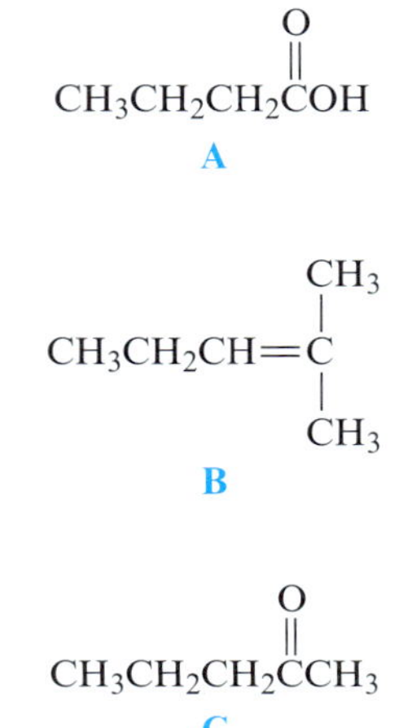

151. 스테아릴 알코올[$CH_3(CH_2)_6OH$]은 물에 녹지 않는 왁스 같은 고체인 반면, 메틸 알코올은 모든 비율로 물에 녹는 이유를 설명하라.

152. 옥탄산은 1 *M* HCl, 1 *M* NaOH, 순수한 물 중 어느 것에 더 잘 녹는지 그 이유를 설명하라. 모르핀(morphine, $C_{17}H_{19}NO_3$)과 같은 약들은 흔히 센산으로 처리한다. 가장 흔히 사용되는 모르핀은 염산 모르핀($C_{17}H_{20}ClNO_3$)이다. 왜 모르핀을 이와 같이 처리하는가? (*힌트*: 모르핀은 아민이다.)

153. 뷰탄산, 펜탄알, *n*-헥세인, 1-펜탄올의 네 가지 화합물의 끓는점이 무작위로 69°C, 103°C, 137°C, 164°C이다. 각 화합물과 끓는점을 바르게 짝지어라.

154. 다음 반응으로부터 형성되는 4가지 가능한 단일 염소화 생성물(C_5H_9Cl)을 생각해 보자.

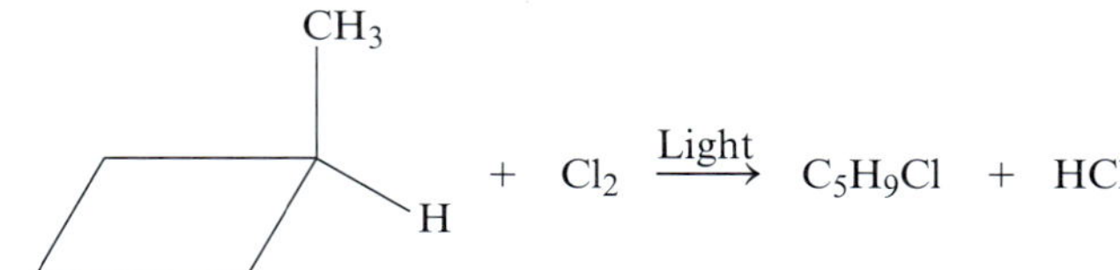

시스/트랜스 이성질체를 나타낼 수 있는 단일 염소화 생성물은 무엇인가?

*155. 에스터화 반응은 H_2SO_4과 같은 센산의 존재하에서 수행한다. 카복실산을 알코올과 함께 넣고 가열하면 에스터와 물이 생성된다. 여러분은 유기 작용기를 공부할 때에 실험실에서 과일향이 나는 에스터를 합성하였을 것이다. 다음 에스터화 반응을 완결시키려고 할 때 필요한 카복실산의 이름을 써라.

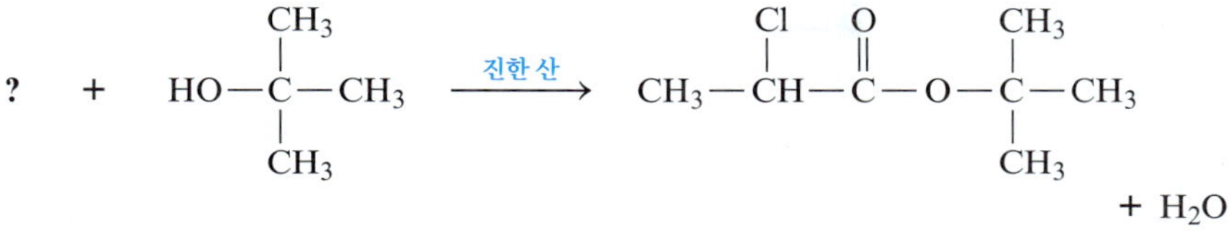

$$? + HO-C(CH_3)_2-CH_3 \xrightarrow{\text{진한 산}} CH_3-CH(Cl)-C(=O)-O-C(CH_3)_2-CH_3 + H_2O$$

156. 탄소와 수소만을 포함하는 화합물이 있다. 이 화합물은 C가 질량이 85.63%로 되어있다. 이 화합물을 H_2O와 반응시키면 이차 알코올이 주생성물로 생성되고 일차 알코올이 부 생성물로 생성된다(연습문제 82 참조). 이 탄화수소의 몰질량은 50~60 g/mol이다. 이 화합물의 이름을 써라.

157. 화학식 C_3H_8O인 세 가지 다른 유기 화합물이 있다. 이들 이성질체 중 단 두 개만이 $KMnO_4$(강력한 산화제)와 반응한다. 이러한 이성질체가 과량의 $KMnO_4$와 반응할 때 생성물의 이름은 무엇인가?

158. 다음 구조의 중합체를 생각해 보자.

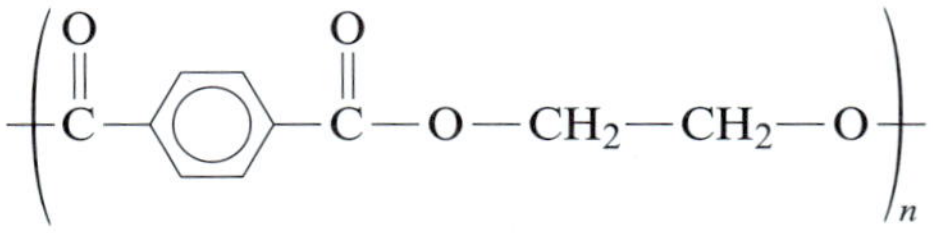

$$\left[C(=O)-C_6H_4-C(=O)-O-CH_2-CH_2-O \right]_n$$

이 중합체는 동종 중합체인가, 혼성 중합체인가? 첨가 중합반응으로 만들어지는가, 축합 중합반응으로 만들어지는가? 이 중합체의 단위체는 무엇인가?

159. 나일론은 사슬에 있는 질소 원자들 사이의 탄소 원자 수에 따라 이름이 주어진다. 나일론-46은 4개의 C 원자들 다음에 6개의 C 원자들이 있고 이것이 반복된다. 나일론-6는 항상 6개의 탄소 원자들이 반복해 들어있다. 나일론-46이 나일론-6보다 강한 이유를 설명하라. (*힌트*: 사슬 간 작용하는 힘의 세기를 고려하라.)

160. 중합체인 나이트릴은 아크릴로나이트릴과 뷰타다이엔으로부터 만든 혼성 중합체이며, 자동차용 호스와 개스킷의 제작에 사용된다. 나이트릴의 구조를 그려라(*힌트*: 표 22.7 참조).

161. *폴리아라미드*(*polyaramid*)는 방향족 기를 지닌 폴리아마이드를 지칭하는 용어이다. 이 중합체들은 처음에는 타이어 심으로 사용하기 위하여 만들었으나 다른 용도로도 많이 사용된다.

a. 케블라(Kevlar)는 방탄복을 포함한 고강도 복합재료에 사용되며, 구조는 다음과 같다.

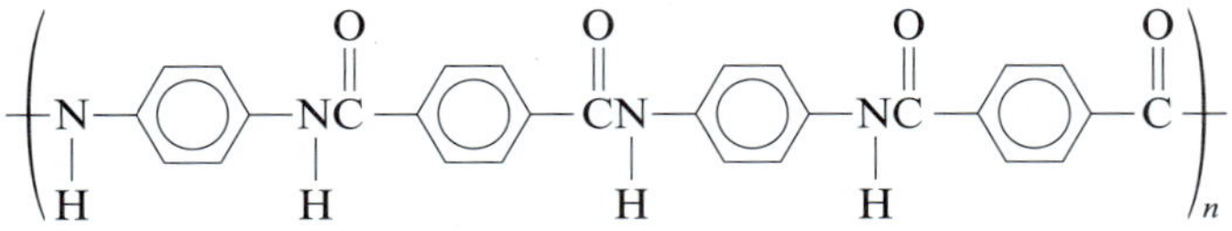

$$\left[N(H)-C_6H_4-N(H)C(=O)-C_6H_4-C(=O)N(H)-C_6H_4-N(H)C(=O)-C_6H_4-C(=O) \right]_n$$

케블라는 어떠한 단위체들로 만들어지는가?

b. 노멕스(Nomex)는 방화복에 사용되는 폴리아라미드이며, 다음 두 단위체의 공중합체이다. 노멕스 중합체의 구조를 그리고, 케블라와 노멕스 구조의 차이에 대해 설명하라.

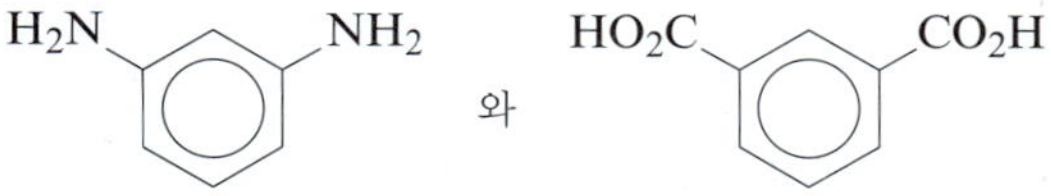

$H_2N-C_6H_4-NH_2$ (meta) 와 $HO_2C-C_6H_4-CO_2H$ (meta)

162. 대부분 아크릴 중합체가 탈 때 유독성 연기가 발생한다. 예를 들어, 비행기 화재에서 불 자체보다 연기를 마셔 희생되는 승객이 더 많다. 폴리아크릴로나이트릴의 연소를 예로 들어, 어떤 기체 반응 생성물이 가장 독성이 강한 것인지 예상해 보라.

163. 에틸렌 옥사이드는 산업적으로 매우 중요한 화합물이며, 그 구조는 다음과 같다.

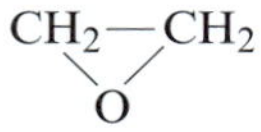

$$CH_2-CH_2 \text{ (O로 연결된 고리)}$$

대부분의 에테르는 반응성이 없지만, 에틸렌 옥사이드는 반응성이 매우 크다. 에틸렌 옥사이드는 C—O 결합에 첨가 반응이 일어난다는 점에서 C_2H_4(에틸렌)의 반응과 비슷하다.

a. 에틸렌 옥사이드의 반응성이 큰 이유는 무엇인가? (*힌트*: 산화 에틸렌의 결합각을 VSEPR 모형에서 예상되는 것과 비교하여 고려하라.)

b. 비이온성 계면 활성제가 필요한 분야에 널리 이용되는 중합체는 에틸렌 옥사이드의 첨가 중합반응으로 얻는다. 이 중합체의 구조를 그려라.

164. 폴리에스터 가닥 간의 교차 결합이 많이 일어나도록 만드는 한 가지 방법은 글리세롤을 이용하는 것이다. 알키드(Alkyd) 수지가 이러한 방법으로 만든 중합체이다. 이 중합체를 표면에 바른 후 가열하면 매우 단단한 외막이 형성되므로, 자동차나 큰 규모 설비의 도장에 쓰인다. 다음 화합물들의 축합에 의해 생성되는 중합체의 구조를 그려라.

$CH_2(OH)-CH(OH)-CH_2(OH)$ 과 $C_6H_4(CO_2H)_2$ (ortho)

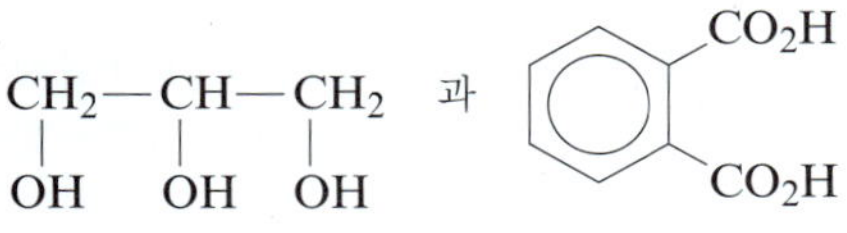

글리세롤 프탈산

이 중합체에서 어떻게 교차 결합이 일어나는지 설명하라.

165. 글루탐산 일소듐(MSG)은 일반적으로 음식의 맛을 내는 데 사용된다. MSG의 구조를 그려라.

166. **a.** 결합 에너지(표 8.5 참조)를 사용하여 글라이신 두 분자로부터 펩타이드 결합 하나를 만들 때의 ΔH를 계산하라.

b. ΔS는 글리신 두 분자 간의 펩타이드 결합 형성에 유리한가?

c. 단백질 형성은 자발적인 반응일까?

167. 두 뉴클레오타이드 간에 인산 에스터 결합이 생기는 반응은 대략 다음과 같이 쓸 수 있다.

$$당-O-\overset{O}{\underset{O}{P}}-OH + HO-CH_2-당 \longrightarrow$$

$$당-O-\overset{O}{\underset{O}{P}}-O-CH_2-당 + H_2O$$

두 뉴클레오타이드에서 다이뉴클레오타이드가 생기는 반응은 자발적이겠는가?

168. 문제 166과 167의 답을 고려해 볼 때, 열역학 제2법칙의 관점에서 단백질과 핵산의 존재를 어떻게 정당화할 것인가?

169. 모든 아미노산은 적어도 산성 및 염기성의 두 개의 작용기를 가지고 있다. 알라닌에서 카복시 기는 $K_a = 4.5 \times 10^{-3}$이고, 아미노 기는 $K_b = 7.4 \times 10^{-5}$이다. 알라닌이 물에 녹아 있을 때 세 가지의 이온이 가능하다. $[H^+] = 1.0\ M$일 때, 수용액에서 어떠한 이온 상태로 주로 존재할 것인가? $[OH^-] = 1.0\ M$일 때는 어떤가?

170. DNA에서 염기가 짝지어진 뉴클레오타이드 한 쌍의 평균 몰질량은 약 600 g/mol이다. 인접 염기쌍의 간격은 약 0.34 nm이며, DNA의 나선형 구조에서 매 3.4 nm마다 완전히 한 바퀴씩 돈다. 만일 DNA 분자의 분자량이 4.5×10^9 g/mol이라면 이 DNA α-나선 구조에서 몇 바퀴의 회전이 있는가?

171. 단백질을 가열하면 이차 구조를 유지하고 있는 수소 결합들이 끊어진다. 이 변성 과정에서 ΔH와 ΔS의 대수학적 부호는 각각 무엇인가?

172. 글라이신에서 카복실산 기의 $K_a = 4.3 \times 10^{-3}$이고, 아미노 기는 $K_b = 6.0 \times 10^{-5}$이다. 이 평형 상수들을 이용하여 다음 반응들의 평형 상수를 구하라.

a. $^{+}H_3NCH_2CO_2^- + H_2O \rightleftharpoons H_2NCH_2CO_2^- + H_3O^+$

b. $H_2NCH_2CO_2^- + H_2O \rightleftharpoons H_2NCH_2CO_2H + OH^-$

c. $^{+}H_3NCH_2CO_2H \rightleftharpoons 2H^+ + H_2NCH_2CO_2^-$

173. 유기금속 화합물이란 최소한 하나 이상의 금속-탄소 결합을 지닌 화합물이다. 유기금속의 한 예로, 금속-에틸 결합을 가지고 있는 $(CH_3CH_2)MBr$이 있다.

a. 만일 M^{2+}의 전자 배치 구조가 $[Ar]3d^{10}$이라면, $(CH_3CH_2)MBr$에서 M의 질량 백분율은 얼마인가?

b. $(CH_3CH_2)MBr$이 사용되는 반응의 하나는 다음의 예에서와 같이 케톤을 알코올로 변환시키는 것이다.

O
*
⟶
OH
*

반응물에서 생성물로 진행함에 따라 별표 친 탄소 원자의 혼성화는 어떻게 변하였는가?

c. 생성물의 체계명은 무엇인가? (*힌트*: 이 축약식에서 C—H 결합의 표기는 생략되었고, 특별히 다르게 표기되어 있지 않은 경우 선은 C—C 결합을 의미한다. 모든 유기 화합물에서 각 탄소 원자는 네 개의 결합을 하며, 산소는 단지 두 개의 결합을 갖는다.

174. 방향족 탄화수소 여러 개가 접합되어 있는 헬리센(helicene)은 나선이나 스크류 형태의 구조로 존재한다.

a. 0.1450 g의 고체 헬리센 시료를 공기 중에서 연소시켜 0.5063 g의 CO_2가 생성되었다. 이 헬리센의 실험식은 무엇인가?

b. 이 헬리센 시료 0.0938 g을 12.5 g의 용매에 녹여서 0.0175 M의 용액이 되었다면, 이 헬리센의 분자식은 무엇인가?

c. 이 헬리센 연소에서의 균형 맞춘 반응식은 무엇인가?

도전 문제

175. 에틸 카프레이트(ethyl caprate)는 와인 부케 제조에 사용되는 에스터(ester)이다. 때로는 "코냑 에센스(cognac essence)"라고도 한다. 에틸 카프레이트 시료를 연소 분석하였더니 질량으로 71.89% C, 12.13% 수소 및 15.98% O로 나타났다. 에스터를 가수 분해(물과의 반응)시켰더니 에탄올 및 카르복실산이 생성되었다. 카르복실산의 몰질량은 172 g/mol이고, 산의 COOH 기에 붙어있는 R 기는 직선 사슬 알케인이다. 에틸 카프레이트의 구조는 무엇인가?

176. 표 8.5에 주어진 결합 에너지를 사용하여 다음 반응에 대한 ΔH를 계산하라.

$$3CH_2{=}CH_2(g) + 3H_2(g) \rightarrow 3CH_3{-}CH_3(g)$$

$$C_6H_6(g) + 3H_2(g) \longrightarrow C_6H_{12}(g)$$

$C_6H_6(g)$와 $C_6H_{12}(g)$의 생성 엔탈피는 각각 82.9와 −90.3 kJ/mol이다. 부록 4의 표준 생성 엔탈피를 사용하여 두 반응에 대해 $\Delta H°$를 계산하라. 두 가지 방법으로 얻은 결과 사이의 차이점을 설명하라.

177. 아미노산의 등전점은 전체 분자로 전하를 지니지 않을 때의 pH이다. 글리신의 경우, 거의 모든 글라이신 분자가 $^{+}H_3NCH_2CO_2^-$ 형태로 있을 때이다. 글라이신의 이러한 형태는 산과 염기 모두로 작용할 수 있으므로 양쪽성이라 한다. 등전점에서의 주된 평형 반응이 용액 내의 완전한 형태의 염기와 완전한 형태의 산 간의 반응이라고 가정하면 그 반응은 다음과 같다.

$$2\,^{+}H_3NCH_2CO_2^- \rightleftharpoons H_2NCH_2CO_2^- + {}^{+}H_3NCH_2CO_2H \quad \text{(i)}$$

이 반응이 주된 평형 반응이라면 다음의 관계가 옳을 것이다.

$$[H_2NCH_2CO_2^-] = [^{+}H_3NCH_2CO_2H] \quad \text{(ii)}$$

이 결과와 연습 문제 172의 답을 이용하여 식 (ii)가 성립되는 pH를 계산하라. 이것이 글라이신의 등전점이 된다.

178. 1994년 텍사스 A&M 대학교의 과학자들은 천연에 존재하지 않는 아미노산의 합성을 보고하였다(*C & E News*, 1994. 4.18, pp 26~27):

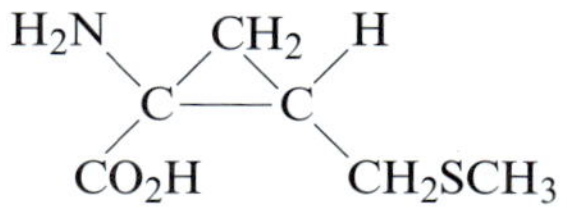

$$\begin{array}{c} H_2N \quad CH_2 \quad H \\ C—C \\ CO_2H \qquad CH_2SCH_3 \end{array}$$

a. 이 화합물은 천연에 존재하는 아미노산 중 어느 것과 가장 유사한가?

b. 테트라펩타이드인 phe–met–arg–phe—NH_2는 모르핀과 헤로인이라는 마약에 중독된 쥐의 뇌에서 합성된다. (—NH_2는 —CO_2H 대신에 —$\overset{\overset{\displaystyle O}{\|}}{C}$—$NH_2$이 펩타이드의 끝에 있다는 것을 나타낸다.) TAMU 과학자들은 원래의 아미노산 중 하나를 위의 합성 아미노산으로 치환된 유사 테트라펩타이드를 만들었다. 합성된 아미노산이 포함된 테트라펩타이드의 구조를 그려라.

c. 합성 아미노산의 카이랄 탄소를 지적하라.

179. 주석산(타타르산)의 구조는 다음과 같다.

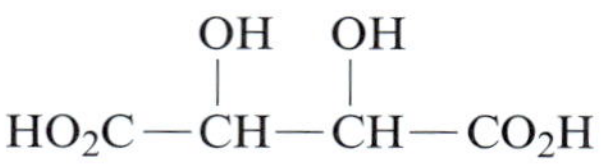

$$\begin{array}{c} \quad\quad OH \quad OH \\ \quad\quad | \quad\quad | \\ HO_2C—CH—CH—CO_2H \end{array}$$

a. 다음의 타타르산의 형태는 광학적으로 활성인가? 이를 설명하라.

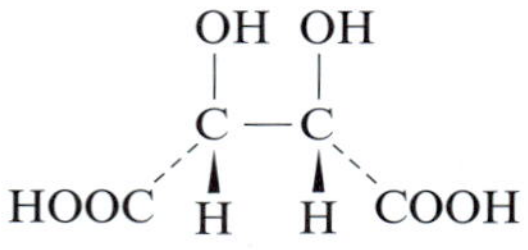

$$\begin{array}{c} OH \;\; OH \\ | \quad\; | \\ C — C \\ HOOC \;\; H \quad H \;\; COOH \end{array}$$

(*주의*: 점선은 작용기가 페이지 면의 뒤로, 쐐기형 선은 면의 앞으로 나와 있음을 의미한다.)

b. 타타르산의 광학적 활성형을 그려라.

180. 0.959 atm과 298 K에서 탄화수소 시료가 있다. 산소 속에서 전체 시료를 연소시켜서 1.51 atm과 375 K에서 이산화 탄소 기체와 수증기를 모았다. 이 혼합물의 밀도를 측정하였더니 1.391 g/L이었고, 순수한 탄화수소 시료의 부피보다 네 배가 더 컸다. 탄화수소의 분자식을 결정하고, 그 이름을 써라.

181. *Nocardia acidophilus* 균에서 천연적으로 만들어지는 항생제인 마이코마이신(mycomycin)의 분자식은 $C_{13}H_{10}O_2$이고, 체계명은 3,5,7,8-트라이데카테트라엔-10,12-다이노산(3,5,7,8-tridecatetraene-10,12-diynoic acid)이다. 마이코마이신(mycomycin)의 구조를 그려라.

182. 소브산(sobic acid)은 일부 식품, 특히 치즈에서 곰팡이와 균의 성장을 막기 위해 사용된다. 소브산의 체계명은 2,4–헥사다이엔산(2,4-hexadienoic acid)이다. 소브산의 네 가지 기하 이성질체들의 구조를 그려라.

183. 다음 반응들에 대하여 답하라. 여기에서 문제 b~d에 답하기 위해서는 연습 문제 82를 참조하라.

a. C_5H_{12}를 자외선을 이용해 $Cl_2(g)$와 반응시키면 염소가 하나 치환된 생성물이 네 개 얻어진다. 이 반응에서 C_5H_{12}의 구조는 무엇인가?

b. C_7H_{12}를 HCl과 반응시켰을 때 1-클로로-1-메틸사이클로헥세인이 주생성물로 얻어진다. 이 반응에 쓰인 C_7H_{12}의 두 가지 가능한 구조는 무엇인가?

c. 어느 탄화수소를 H_2O와 반응시키고, 이 반응의 주생성물을 산화 반응시켰을 때 아세톤(2-프로판온)이 얻어졌다. 이 반응에 쓰인 탄화수소의 구조는 무엇인가?

d. $C_5H_{12}O$를 산화시켰을 때 카복실산이 얻어졌다. 이 반응에 쓰인 $C_5H_{12}O$의 가능한 구조들은 무엇인가?

184. 폴리카보네이트는 열가소성 중합체의 일종이다. 안경의 플라스틱 렌즈와 자전거용 헬멧의 외피 등에 사용된다. 폴리카보네이트는 비스페놀-A (BPA)와 포스젠($COCl_2$)의 반응으로 만들어진다.

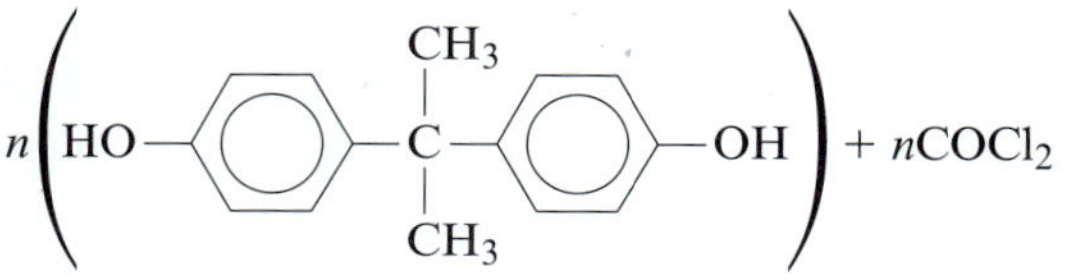

$$n\left(HO—\langle\bigcirc\rangle—\overset{\overset{\displaystyle CH_3}{|}}{\underset{\underset{\displaystyle CH_3}{|}}{C}}—\langle\bigcirc\rangle—OH\right) + nCOCl_2$$

BPA

$$\xrightarrow{\text{촉매}} \text{폴리카보네이트} + 2nHCl$$

페놀(C_6H_5OH)은 축합 반응을 종료(사슬 길이의 증가를 멈춤)시키기 위하여 사용한다.

a. 이 반응에서 얻어지는 폴리카보네이트 사슬의 구조를 그려라.

b. 이 반응은 축합 중합반응과 첨가 중합반응 중 어느 것인가?

185. 우레탄 결합은 아이소사이아네이트의 탄소–질소 이중 결합에 알코올이 첨가되어 얻어진다.

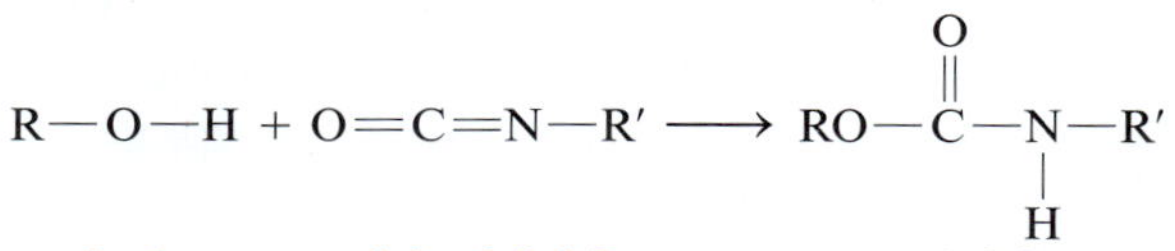

$$R—O—H + O{=}C{=}N—R' \longrightarrow RO—\overset{\overset{\displaystyle O}{\|}}{C}—\underset{\underset{\displaystyle H}{|}}{N}—R'$$

알코올 아이소사이아인산 우레탄

폴리우레탄(다이올과 다이아이소사이안산의 혼성 중합체)은 발포 단열재 및 다양한 건축 재료로 사용되고 있다. 다음 반응으로 만들어지는 폴리우레탄의 구조는 무엇인가?

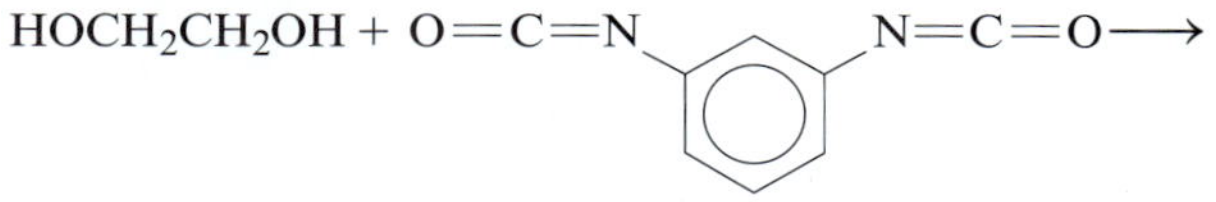

$$HOCH_2CH_2OH + O{=}C{=}N—\langle\bigcirc\rangle—N{=}C{=}O \longrightarrow$$

186. ABS 플라스틱은 질기고 강하여 내충격성 용도로 사용된다. 이 중합체는 아크릴로나이트릴(C_3H_3N), 뷰타다이엔(C_4H_6) 및 스타이렌(C_8H_8)의 세 가지 단위체로 구성되어 있다.

a. 이 세 가지 단위체들이 1:1:1의 몰비와 위에서 나열한 단위체의 순으로 반응한다고 가정하고 ABS 수지의 반복되는 기본 단위 두 가지 구조를 그려라.

b. ABS 수지 시료에는 질량비로 질소가 8.80% 포함되어 있다. 이 ABS 수지 시료 1.20 g이 완전히 반응하는 데는 Br_2 0.605 g이 필요하였다. 이 시료에서 아크릴로 나이트릴, 뷰타다이엔 및 스타이렌의 질량 백분율 비는 각각 얼마인가?

c. 이 세 가지 단위체들로 ABS 수지를 제조할 때 1:1:1의 몰비로 반응하지 않는다. 문제 b의 결과로부터 이 ABS 수지에 있는 단위체들의 상대적인 비를 구하라.

187. 고무 밴드를 입술로 가볍게 물고 당겨서 늘려라. 입술로 문 상태에서 서서히 늘린 고무 밴드를 이완시켜라.

a. 고무 밴드를 늘일 때 온도에 어떠한 변화가 생기는가?

b. 고무 밴드를 늘이는 것이 발열 과정인가? 흡열 과정인가?

c. 이 결과를 분자 간 작용하는 힘으로 설명하라.

d. 고무 밴드를 늘일 때 ΔS와 ΔG의 부호는 각각 무엇인가?

e. 고무 밴드를 늘일 때의 ΔS 부호에 대하여 분자적으로 설명하라.

188. 알코올은 많은 다른 화합물들을 생산하기 위한 매우 중요한 반응물이다. 다음에 주어진 화학 변환들은 1-뷰탄올부터 두 단계 이상의 과정을 통하여 수행할 수 있다. 이 변환을 위해서 필요하다고 생각하는 과정들(반응물, 촉매)을 각 단계의 반응식과 생성물을 그려서 보여라. 각 단계에는 한 가지 주생성물이 만들어진다(연습 문제 82 참조). (*힌트*: H^+ 존재하에서 알코올은 알켄과 물로 변환된다. 이는 알코올을 만들기 위해 알켄에 물을 첨가하는 바로 그 반응의 역과정이다.)

a. 1-뷰탄올 ⟶ 뷰테인

b. 1-뷰탄올 ⟶ 2-뷰탄온

189. 화합물 "brethalyzer"를 이용한 음주 측정은 내쉰 숨에 포함된 에탄올이 다이크로뮴산 이온(주황색)에 의해 산화되어 아세트산과 크로뮴(III) 이온을 만드는 반응을 통해 작동한다. 균형 반응식은 다음과 같다.

$$3C_2H_5OH(aq) + 2Cr_2O_7^{2-}(aq) + 2H^+(aq) \longrightarrow 3HC_2H_3O_2(aq) + 4Cr^{3+}(aq) + 11H_2O(l)$$

Brethalyzer 측정을 분석해 본 결과 4.2 mg의 $K_2Cr_2O_7$이 환원되었다. 내쉰 숨의 부피가 30.0°C, 750.0 mmHg에서 0.500 L라고 가정한다면 내쉰 숨에 있는 에탄올의 몰 백분율은 얼마인가?

마라톤 문제

이 문제들은 여러 가지 개념과 기법을 하나의 상황으로 통합하도록 구성되었다.

190. 다음 각 경우에서 빈칸에 적절한 답을 채워라. 모든 빈칸 채우기 문제들은 앞의 절들에서 다루었던 알케인, 알켄, 알카인, 방향족 탄화수소, 탄화수소 유도체에 관한 것이다.

a. 자연으로부터 얻어진 것이 아닌, 실험실에서 처음 얻어진 "유기" 화합물은 ______으로부터 만들어진 ______이다.

b. 탄소–탄소 결합이 모두 단일 결합인 유기 화합물을 _______(이)라고 한다.

c. 알케인에 있는 탄소 원자 주위 네 개의 전자쌍의 일반적 배향은 _____이다.

d. 알케인의 탄소 원자들이 하나의 곁가지도 없는 사슬로 되어 있는 경우 _____알케인이라고 한다.

e. 구조 이성질현상은 두 분자가 같은 원자들이 같은 수로 되어 있으면서 이 원자들 사이의 _______배열이 서로 다른 경우에 나타난다.

f. 모든 포화 탄화수소의 체계명은 분자의 탄소 수를 의미하는 기본명에 더해 _______으로 끝나게 한다.

g. 곁가지 친 탄화수소의 경우, 분자 내 _______ 연속적인 사슬의 탄소 수를 탄화수소의 기본 명으로 한다.

h. 분자의 탄화수소 골격에서의 치환기의 위치는 치환기가 결합된 탄소 위치의 ________ 로 나타낸다.

i. 알케인의 가장 중요한 이용은 열과 빛의 공급원이 되는 _____ 반응이다.

j. 할로젠 원소와 같은 반응성이 매우 큰 시약과의 반응으로 알케인은 _____ 반응을 일으키며, 알케인에 있는 하나 이상의 수소를 다른 원자로 치환시킬 수 있다.

k. 알켄과 알카인은 이중 결합이나 삼중 결합의 탄소 원자들에 다른 원자를 결합시켜 빠르고 완전한 _____ 반응을 진행시키는 특성이 있다.

l. 불포화 지방은 ______ 반응에 의해 포화 지방으로 바꿀 수 있다.

m. 벤젠은 ______ 탄화수소라고 하는 탄화수소 계열의 기본 물질이다.

n. 원자나 원자단이 유기 분자에 새로운 특성을 부여할 때 ______ 라고 한다.

o. ______ 알코올이란 하이드록시 기가 결합되어 있는 탄소에 단 하나의 탄화수소 기가 결합되어 있는 알코올이다.

p. 가장 간단한 알코올인 메탄올은 공업적으로 ______ (를)을 수소화 반응시켜 만들어진다.

q. 에탄올은 일반적으로 효모를 이용한 일부 탄수화물들의 ______ 에 의해 얻는다.

r. 알데하이드와 케톤은 모두 ______기를 지니고 있지만 탄화수소 사슬에서 이 작용기가 있는 위치는 다르다.

s. 알데하이드와 케톤은 그에 해당하는 알코올을 ______ 시켜 얻을 수 있다.

t. ______ 기를 포함하고 있는 유기산은 일반적으로 약산이다.

u. 일반적으로 향기로운 냄새를 내는 화합물을 ______ 라고 하며, 유기산과 _____의 축합 반응으로 만들어진다.

191. 다음 (1)~(17)의 문장에서의 설명에 해당하는 용어를 다음에서 골라 서로 짝지어라. 다음은 모두 탄수화물이나 단백질에 관한 것이다.

a. 알도헥소스
b. 타액
c. 셀룰로스
d. CH_2O
e. 시스테인
f. 변성
g. 이당류(disaccharide)
h. 이황화물(disulfide)
i. 구형(globular)
j. 글라이코젠
k. 글라이코사이드 결합
l. 소수성
m. 케토헥소스
n. 옥시토신
o. 병풍 구조(pleated sheet)
p. 폴리펩타이드
q. 일차 구조

(1) 많은 아미노산으로 구성된 중합체
(2) 두 시스테인 사이에 형성되는 결합
(3) 젖 분비를 촉진시키는 펩타이드 호르몬
(4) 대략 구형인 단백질
(5) 단백질의 아미노산 서열
(6) 비단 단백질의 이차 구조
(7) 물을 싫어하는 아미노산 치환기

(8) 머리털의 퍼머넌트 웨이브와 관련 있는 아미노산

(9) 단백질의 삼차 및(또는) 이차 구조의 깨어짐

(10) 동물에서의 글루코스 중합체

(11) 이당류 당에서 고리 사이의 —C—O—C— 결합

(12) 탄수화물이라는 이름이 유래된 실험식

(13) 글라이코사이드 결합의 촉매 분해 반응에 관여하는 효소가 있는 곳

(14) 탄소 여섯 개로 구성된 케톤기를 지닌 당

(15) 글루코스 중합체로 식물의 구조적 요소

(16) 두 단위체로 만들어진 탄수화물

(17) 탄소 여섯 개로 구성된 알데하이드 기를 가진 당

192. 다음 각 경우에서 빈칸에 적절한 답을 채워라. 다음은 모두 핵산에 관한 것이다.

a. 세포의 핵에 저장되어 있으며 유전 정보를 전달하는 물질은 DNA이며, 이는 ______ 의 약자이다.

b. DNA와 RNA에서 기본적으로 반복되는 단위체는 ______ 라고 부른다.

c. 오탄당인 데옥시라이보스는 DNA에서 발견되며, RNA에서는 ______ 이 발견된다.

d. DNA 또는 RNA에서 당 분자와 인산의 기본적인 결합은 인산 ______ 결합이다.

e. DNA를 구성하는 두 가닥에 있는 염기들은 서로 ______ 이라고 한다. 이는 염기들이 서로 정확하게 들어맞도록 수소 결합을 한다는 것을 의미한다.

f. 정상적인 DNA 가닥에서 염기 ______ 은 항상 염기 아데닌과 짝지어 있으며, ______ 은 사이토신과 짝지어 있다.

g. DNA 분자에서 특정 단백질 합성에 필요한 분자적 암호를 지니고 있는 일정 부분을 ______ 라고 한다.

h. 단백질의 합성에서 ______ RNA 분자는 특정 아미노산에 결합하여 ______ RNA 분자에 의해 만들어진 틀로 전달한다.

i. ______ 에 의해 지정된 암호에 따라 단백질의 정확한 일차 구조가 조립된다.

몇 가지 중요한 표의 페이지 번호

물리 상수

상수	기호	값
원자 질량 단위	amu	1.66054×10^{-27} kg
아보가드로 수	N	6.02214×10^{23} mol^{-1}
보어 반지름	a_0	5.292×10^{-11} m
볼츠만 상수	k	1.38066×10^{-23} J/K
전자 전하	e	1.60218×10^{-19} C
패러데이 상수	F	96.485 C/mol
기체 상수	R	8.31451 J/Kmol 0.08206 L atm/K mol
전자 질량	m_e	9.10939×10^{-31} kg 5.48580×10^{-4} amu
중성자 질량	m_n	1.67493×10^{-27} kg 1.00866 amu
양성자 질량	m_p	1.67262×10^{-27} kg 1.00728 amu
플랑크 상수	h	6.62608×10^{-34} J s
빛의 속도	c	2.99792458×10^{8} m/s

SI 단위와 변환 인자

길이

SI 단위: 미터(m)

1미터 = 1.09360야드
1센티미터 = 0.39370인치
1인치 = 2.54센티미터(정확히)
1킬로미터 = 0.62137마일
1마일 = 5280피트
= 1.6093킬로미터
1옹스트롬 = 10^{-10}미터
= 100피코미터

질량

SI 단위: 킬로그램(kg)

1킬로그램 = 1000그램
= 2.2046파운드
1파운드 = 453.59그램
= 0.45359킬로그램
= 16온스
1톤 = 2000파운드
= 907.185킬로그램
1톤 = 1000킬로그램
= 2204.6파운드
1 원자 질량 단위 = 1.66056×10^{-27}킬로그램

부피

SI 단위: 입방미터(m^3)

1리터 = $10^{-3}\ m^3$
= $1\ dm^3$
= 1.0567쿼트
1갤런 = 4쿼트
= 8파인트
= 3.7854리터
1쿼트 = 32온스
= 0.94633리터

온도

SI 단위: 켈빈(K)

$0\ K = -273.15°C$
$= -459.67°F$
$K = °C + 273.15$
$°C = \frac{5}{9}°F - 32$
$°F = \frac{9}{5}°C + 32$

에너지

SI 단위: 주울(J)

1주울 = $1\ kg \cdot m^2/s^2$
= 0.23901칼로리
= 9.4781×10^{-4} btu
(영국 열단위, British thermal unit)
1칼로리 = 4.184주울
= 3.965×10^{-3} btu
1 btu = 1055.06주울
= 252.2칼로리

압력

SI 단위: 파스칼(Pa)

1파스칼 = $1\ N/m^2$
= $1\ kg/m \cdot s^2$
1기압 = 101.325킬로파스칼
= 760 torr (mm Hg)
= $14.70\ lb/in^2$
1 bar = 10^5파스칼